# 储层改造特殊技术

主　编：王益山
副主编：罗平亚　周俊然　陈世春

石油工业出版社

## 内 容 提 要

本书以中国石油天然气集团公司重大专项《重大工程关键技术与装备研究》项目中课题7"储层改造工作液与关键工具研发"的相关研究成果为素材编写而成。主要内容包括：简要介绍了国内外储层改造技术发展现状；详细介绍了非交联缔合结构型压裂液、高温压裂液、可排放海水基压裂液、高温人工合成聚合物压裂液等压裂液添加剂的优选、核心处理剂的合成、性能评价、作用机理等，对不同条件下压裂液体系的配制及现场应用情况进行了分析和说明；系统介绍了无限制分段及选择性改造控制开采技术、电控滑套压裂技术、连续油管喷砂多簇射孔多层压裂技术等；最后，对井下开关储层改造的管柱力学进行分析、计算、设计、评价，并对相关软件做了介绍。

本书可供从事储层改造的工程技术及科研人员参考使用，也可供石油院校相关专业的师生参考。

### 图书在版编目(CIP)数据

储层改造特殊技术 / 王益山主编 . —北京：石油工业出版社，2017.12

ISBN 978-7-5183-2310-4

Ⅰ.①储… Ⅱ.①王… Ⅲ.①储集层-油层改造 Ⅳ.①P618.130.2

中国版本图书馆 CIP 数据核字(2017)第 290758 号

---

出版发行：石油工业出版社

    (北京安定门外安华里 2 区 1 号楼 100011)

    网  址：www.petropub.com

    编辑部：(010)64523533 图书营销中心：(010)64523633

经  销：全国新华书店

印  刷：北京中石油彩色印刷有限责任公司

---

2017 年 12 月第 1 版 2017 年 12 月第 1 次印刷

787×1092 毫米 开本：1/16 印张：37.5

字数：840 千字

---

定价：180.00 元

(如出现印装质量问题，我社图书营销中心负责调换)

版权所有，翻印必究

# 《储层改造特殊技术》编委会

主　任：王合林
副主任：石　林　　钟太贤　　伍贤柱　　付金华　　喻著成　　王玉华
　　　　张运通
成　员：马洪钟　　孙玉玺　　王　鹏　　吴达华　　韩　琴　　熊　战
　　　　吕选鹏　　于鸿斌　　刘　龙　　谢正凯　　慕立俊　　赵振峰
　　　　孙　智　　兰乘宇　　钱　斌　　李美平　　何启平　　宋振云
　　　　田效山　　丁士辉　　周树合　　刘巨保　　艾　池

# 《储层改造特殊技术》编写组

主　编：王益山
副主编：罗平亚　　周俊然　　陈世春
成　员：季小娜　　沈　华　　杨晓勇　　董赵朋　　范永涛　　刘义彬
　　　　刘永峰　　于长录　　蒋海涛　　蒋本强　　张京华　　郭贤伟
　　　　韩振强　　吴　刚　　李祖强　　王治华　　戴万海　　冯　强
　　　　王海炜　　梁红梅　　王　绮　　李绍辉　　郭　超　　田　野
　　　　高鹏宇　　田晓勇　　于怀彬　　李　睿　　董　颖　　王志刚
　　　　邱卫红　　苏　卿　　郭拥军　　王　翔　　吴　江　　薛小佳
　　　　周新宇　　戴　琨　　蔡远红　　张毅超　　李　斌　　杨　发
　　　　汪小宇　　陈效领　　李帅帅　　徐鸿志　　张明锋　　王宇宾
　　　　罗　敏　　张佳贺　　胡超洋　　杨振周

# 序 一

我国非常规资源主要包括有页岩气、致密气、煤层气、油页岩、致密油及重油、油砂等，资源总量大，但因其储层物性差，用常规方法和技术手段无法进行有效开发。资源储层特征决定了开发这类储层必须改善油气流渗流通道，进行储层压裂改造，才能达到有效开采。进入21世纪以来，储层压裂改造技术的革命使得非常规资源得以有效动用和大面积开发，并不断向深层和特殊区域发展。为赶超世界储层改造先进技术水平，满足非常规油气资源开发的特殊需求，中国石油天然气集团公司设立了《重大工程关键技术与装备研究》重大科技专项开展研究，该课题由中国石油集团渤海钻探工程有限公司(简称渤海钻探公司)牵头，共有9个局级单位参加，"产、学、研、用"一体化开展研究工作，解决了一系列瓶颈技术问题，包括深井高温高压、成本、改造效果、环境保护等。该课题经过近4年的研究，在理论、方法、工艺、工具、工作液、管柱等多个方面取得了重要进展，并取得了一系列的成果，为了不断完善这些技术，扩大现场应用范围，使其发挥更广泛的价值，渤海钻探公司牵头组织编写了《储层改造特殊技术》一书，现呈现给广大读者。

目前储层改造技术已发展成为一个与物探、钻井同等重要的、独立的系统工程。当年压裂作业时一口井的车组也就几台，压裂级别、数字化、自动化、协同作业的程度都不高，实施的工艺也比较简单，工作管柱、井口装备、工具相对比较单一，工作液及处理剂类型少，主要用于直井，不能实施非常规油气的有效开发。随着储层压裂改造技术的不断发展，如今一口井作业有时需几十台车协同工作，压裂的规模相当壮观，单井的压裂规模实现了千方砂、万方液的目标，不断满足在"深、低、海、非"条件下的无限制、可选择、大规模、能控制等技术目标，达到井眼长寿命、长期高产稳产。在苏里格大气田的开发初期，我们也研究了许多技术，并进行了许多的尝试，如气体钻井、欠平衡钻井等，都没有取得良好的效果。后来通过储层压裂改造技术的应用和不断进步，见证了苏里格大气田的有效开发。渤海钻探公司以工程技术研究院为主体研究的系统研究团队，不断将储层压裂改造技术的研究成果试验应用于现场，以不断推动我国的储层压裂改造技术进步，使渤海钻探公司在致密油气、页岩气、煤层气等非常规油气领域技术水平得到提高，储层压裂改造市场领域得到扩展。

在本书出版之际，对所有组织参与课题的研究人员及该书的编写人员表示衷心的感谢！让我们继续努力，为我国非常规油气储层改造技术事业做出更大的贡献。

渤海钻探公司总工程师

2017 年 6 月

# 序 二

《储层改造特殊技术》全面反映了由渤海钻探公司牵头承担的中国石油天然气集团公司重大科技攻关项目《重大工程关键技术与装备研究》课题7"储层改造工作液与关键工具研发"的研究成果。

面对深层、低渗透、海洋、非常规油气的勘探开发新形势，工程技术面临严峻的挑战。2013年，经中国石油天然气集团公司(简称集团公司)审查批准，《重大工程关键技术与装备研究》重大科技专项正式立项。针对集团公司主营业务发展中的"深、低、海、非"关键技术瓶颈问题，通过物、测、钻、井下等工程技术专项攻关，研发成功一批具有自主知识产权的重大高端装备、工具、软件、产品和技术，大大缩短了与国际先进水平的差距，跻身国际先进行列，全面提升工程技术的服务保障能力和核心竞争力，为提高"深、低、海、非"的资源动用率和勘探开发效益提供强有力的工程技术支撑。该重大专项下设10个子课题，《储层改造工作液与关键工具研发》是其中的课题7，旨在解决"深、低、海、非"油气资源勘探开发储层改造工作中耐温能力不够、不满足海水环境要求、不能适应压裂分段数越来越高难度及越来越大的要求、生产后期改造手段缺乏以及成本高的问题，攻关研究形成成本较低、环境适应能力强、改造工艺和工具配套、应用范围广、改造效果良好的储层压裂改造技术，以更好地满足"深、低、海、非"油气资源勘探开发储层改造的迫切需要。

由专业化公司、高等院校和研究院所组成"产、学、研、用"研究团队历经4年的科技攻关和现场试验，全面完成了攻关任务，取得一系列重要成果，储层改造工作液与关键工具研发及应用工艺取得了长足的发展和进步。将其所形成的自主创新成果全面系统的编写出版了《储层改造特殊技术》一书，主要内容包括：对国内外储层改造技术发展现状进行了调研和总结；对非交联缔合结构型压裂液、高温压裂液、可排放海水基压裂液、高温人工合成聚合物压裂液等压裂液添加剂的优选、核心处理剂的合成、性能评价、作用机理等室内研究情况进行了系统总结，对不同条件下体系的配制及现场应用情况进行了分析和说明；对无限制分段及选择性改造控制开采技术、电控滑套压裂技术、连续油管喷砂多簇射孔多层压裂技术的工艺、相关工具、技术优势等进行详细介绍；对井下开关储层改造的管柱力学进行分析、计算、设计、评价，并对相关软件做了介绍。全书以工程技术应用为主，具有理论与实践紧密结合，基础研究与工程应用紧密结合，微观研究与宏观研究紧密结合的特点，内容丰富、实用性强，对本专业的技术人员有很好的参考价值，也可作为石油高等院校的教学参考书。

中国工程院院士 罗平亚

**2017 年 6 月**

# 前　　言

随着勘探开发技术的不断发展，新增产量向低渗透、特低渗透油气储层的开发占比越来越大，这类油气藏的经济有效开发主要依靠储层改造技术，改造效果的好坏直接影响单井产量的高低。储层改造是一项系统工程，它是涉及到材料、体系、工具、工艺、相关理论、装备等多个领域的综合学科，针对不同地层条件下特殊的储层改造技术的研究，以降低改造成本、提高增产效果是压裂工程技术人员为之奋斗不懈的目标。

近几年，储层改造技术得到了飞速发展，发展了一些新理论，由"平面改造"转变为"体积改造"。发展了投球分段压裂技术、快钻桥塞射孔分段压裂技术、连续油管带压底封喷砂射孔压裂技术、智能滑套压裂技术等；随着可熔新型材料的出现，可熔球、可熔座、可熔桥塞等新压裂技术也在不断发展；压裂流体从最初的液体压裂发展到气液并举的压裂技术，如泡沫压裂、$CO_2$压裂、氮气压裂等；压裂支撑剂的材料也由陶粒向更低成本的石英砂发展形成多种支撑剂并举的格局；压裂液体系的种类也层出不穷，包括水基的、油基的、乳化的、醇基的、清洁的等；压裂工具竞相开发，不断推广应用，分层段环空封隔的型式包括皮碗式、压缩式、膨胀式、遇油遇水膨胀式等，井眼封隔的型式有永久坐封式、可溶式、可重复坐封式、可回收式、可钻式等。滑套类包括投球的、可开关的、TAP阀、压差滑套、破裂盘、单直径球座、多簇滑套等。桥塞的种类有金属快钻桥塞、复合桥塞、泵送桥塞、可熔桥塞等。还有其他各类用于压裂的配套工具如悬挂封隔器、水力锚、浮动装置、连续油管压裂配套工具等。用于设计的各种分析软件也更加贴近于现场应用，设计的符合性也不断提高。所有这些科研工作得到了快速发展，取得了丰硕成果，解决了油气田储层改造作业中所面临的实际问题，使储层改造工作更加快捷便利，成本更低廉，成功率更高，改造效果更好，油气产量越来越高，推动了我国储层改造的科技进步。

本书是以中国石油天然气集团公司重大专项《重大工程关键技术与装备研究》项目中的课题7"储层改造工作液与关键工具研发"的相关研究成果为素材进行编写，研究成果旨在满足在"深、低、海、非"特殊条件下的压裂需求，相关工作液达到性能优良、耐高温、低伤害储层、低成本、海洋作业要求，相关工具达到长水平段的级数、通径、簇数、开关不受限制，并具有多项功能，不断使完井、测试、作业和生产智能化。研究团队体现了产、学、研一体化的研究模式，本书以研究成果为基础，以重大专项研究内容为核心，以满足"深、低、海、非"目标为宗旨，对高温、深层、长水平段、高成本、海洋特殊作业条件下的压裂液和特殊工具进行了系统总结，希望这些成果能够更全面地呈现给相关从事储层改造的工作人员，在工作中便于更好地利用和借鉴，在未来的技术发展中有所启发和引导，希望能产生抛砖引玉的效果。

本书共分九章，第一章、第六章和第七章由渤海钻探公司编写，第二章由西南石油大学、大庆油田和长庆油田编写，第三章和第八章由川庆钻探公司编写，第四章由中国石油海洋工程有限公司编写，第五章由西部钻探公司编写，第九章由东北石油大学编写。本书在编写过程中得到了中国石油天然气集团公司科技发展部、中国石油集团钻井工程技术研究院的大力支持，参与编写相关单位的人员付出了辛勤的劳动和汗水，在此一并表示感谢！由于编者水平有限，书中难免存在不足和不妥之处，敬请广大读者批评指正。

2017年6月

# 目　　录

第一章　概述 ………………………………………………………………………（1）
　第一节　储层改造工作液的发展概况 …………………………………………（1）
　第二节　储层改造工具发展现状 ………………………………………………（15）
　第三节　储层改造技术发展现状 ………………………………………………（36）
　第四节　国内外储层改造面临的挑战及发展方向 ……………………………（50）

第二章　非交联缔合结构型压裂液 …………………………………………………（62）
　第一节　压裂液添加剂 …………………………………………………………（62）
　第二节　压裂液作用原理 ………………………………………………………（65）
　第三节　压裂液性能 ……………………………………………………………（66）
　第四节　压裂液典型配方及性能评价 …………………………………………（74）
　第五节　现场应用 ………………………………………………………………（79）
　第六节　大庆油田现场试验及评价 ……………………………………………（85）
　第七节　长庆低渗透油气田现场试验 …………………………………………（107）

第三章　高温压裂液 …………………………………………………………………（117）
　第一节　高温压裂液技术现状及发展趋势 ……………………………………（117）
　第二节　高温植物胶压裂液技术 ………………………………………………（119）
　第三节　高温低伤害聚合物压裂液技术 ………………………………………（131）
　第四节　高温低摩阻压裂液技术 ………………………………………………（140）
　第五节　高温压裂液配套技术 …………………………………………………（151）

第四章　可排放海水基压裂液 ………………………………………………………（181）
　第一节　海水的物理性质及海水对压裂液性能的影响 ………………………（181）
　第二节　海水基压裂液体系作用机理 …………………………………………（187）
　第三节　海水基压裂液用稠化剂 ………………………………………………（188）
　第四节　海水基压裂液用交联剂 ………………………………………………（194）
　第五节　海水基压裂液添加剂 …………………………………………………（196）
　第六节　海水基压裂液体系及综合性能 ………………………………………（198）
　第七节　海水基压裂液体系环保性能 …………………………………………（205）
　第八节　海水基压裂液施工工艺 ………………………………………………（207）

## 第五章　高温人工合成聚合物压裂液 ································ (219)
### 第一节　高温人工合成聚合物压裂液体系添加剂的分子结构设计 ········ (219)
### 第二节　高温人工合成聚合物压裂液体系增稠剂的合成与评价 ·········· (226)
### 第三节　高温人工合成聚合物压裂液体系交联剂的合成 ················ (256)
### 第四节　高温人工合成聚合物压裂液体系性能 ························ (273)
### 第五节　高温人工合成聚合物压裂液体系的作用机理 ·················· (289)

## 第六章　无限制分段及选择性改造控制开采技术 ······················ (298)
### 第一节　国内外技术现状分析 ····································· (299)
### 第二节　配套管柱结构及配套工具 ································· (308)
### 第三节　现场应用 ··············································· (329)

## 第七章　电控滑套压裂技术 ········································ (363)
### 第一节　概述 ··················································· (363)
### 第二节　水声信号井筒传输控制技术 ······························· (365)
### 第三节　射频识别井筒传输控制技术 ······························· (368)

## 第八章　连续油管喷砂多簇射孔多层压裂技术 ························ (372)
### 第一节　连续油管底部封隔器及配套工具 ··························· (372)
### 第二节　连续油管喷砂多簇射孔压裂技术 ··························· (377)
### 第三节　现场试验与推广应用 ····································· (403)

## 第九章　井下开关储层改造开关管柱力学分析 ························ (422)
### 第一节　无限级开关储层改造管柱结构设计与力学分析 ················ (423)
### 第二节　连续油管开关管柱力学分析模型及力学分析方法 ·············· (468)
### 第三节　连续油管开关管柱沿程摩阻及节流损失分析 ·················· (504)
### 第四节　无限制选择性开关储层改造连续油管力学分析软件 ············ (538)

## 参考文献 ······················································· (580)

# 第一章 概 述

## 第一节 储层改造工作液的发展概况

### 一、国内外储层改造工作液的发展历程及现状

20世纪50年代压裂液首次用于裂缝增产以来，发生了巨大的演变。早期的压裂液是将汽油作为分散介质，加入具有一定黏度的流体，这也是出现最早的油基压裂液；后来，随着井深的增加和井温的升高，对压裂液黏度及耐温的要求增加，开始采用天然植物胶压裂液、纤维素压裂液、合成聚合物压裂液，即传统的水基压裂液。20世纪80年代，因泡沫压裂液对地层伤害较小而得到广泛的应用，到了20世纪90年代，EniAgip流体专家与Schlumberger工程师推荐了一种黏弹性流体压裂作业，采用其所研发的黏弹性表面活性剂（VES），其特点是压裂过程中依靠自身的结构黏度携带支撑剂，不需要添加交联剂、破胶剂和其他各种化学添加剂，对地层的伤害较小。1999年出现将清洁压裂液与泡沫压裂液相结合形成清洁泡沫压裂液，结合了清洁压裂液与泡沫压裂液的优点，具有携砂能力强、滤失低、压裂效能高、返排能力强、地层伤害小的优势。压裂液从20世纪50年代发展到目前的清洁压裂液、清洁泡沫压裂液，仍以水基压裂液体系的应用为主。

瓜尔胶压裂液是应用最多的压裂液体系，应用份额占90%以上，包括合成聚合物压裂液、香豆胶压裂液、表面活性剂压裂液等，其他特色压裂液包括油基压裂液、乳化压裂液、泡沫增能压裂液、加重压裂液、低分子可回收压裂液、热化学压裂液以及滑溜水等，技术基本成熟并在特定储层或工艺需求的情况下得到应用。满足低伤害、低成本、高效环保等技术指标仍是未来压裂液发展方向。

20世纪80年代就开始了香豆胶室内研究与现场试验并获得成功，但受种植规模、加工水平、市场需求及其价格的影响，没有形成良好的产业链。借助植物胶加工和香豆胶综合开发利用技术的进步，联动种植、加工、科研、应用等形成产业链，可以提升香豆胶压裂液性能和规模化应用水平。性能和应用情况表明香豆胶是一种很有发展前途的植物胶，而且我国许多省份拥有适宜香豆子的耕种土地和种植经验，可作为瓜尔胶的替代产品之一。

纤维素压裂液在大港油田和玉门油田早有应用，因纤维素溶解缓慢、难交联成足够黏度冻胶、耐盐性差、增稠能力有限、残留物对地层伤害大等缺点，纤维素作为压裂液的研

究和应用就此中断。中国石油勘探开发研究院廊坊分院开发了一种酸性纤维素压裂液，有效解决了早期纤维素压裂液存在的问题，易配制、破胶彻底无残渣，可满足温度低于130℃储层压裂需求。中国石油大多数油田其储层集中在60~120℃温度范围内，尽管该体系也存在对含盐度大的水质较为敏感的缺陷，但形成的纤维素压裂液可在较大范围内一定条件下代替瓜尔胶压裂液。

尽管合成聚合物压裂液是一个方兴未艾的研究领域，但通过几十年发展实践证明，短期内很难真正成为瓜尔胶的替代品，且随着人们环保、节能意识的加强，天然聚合物将更受亲睐。

水平井工厂化作业目的是要提高施工效率、缩短施工周期、降低作业成本。压裂快速备水是实现工厂化作业关键环节之一。中国水资源缺乏与大规模作业大量用水形成深刻矛盾，而且现行压裂液体系大多对水质敏感，高矿化度水对稠化剂溶解分散、交联pH环境的形成产生影响，限制了非淡水的使用。过去一直是水质指标满足压裂液要求来发展压裂液技术，现场也是寻找合适水源满足配液需求，或对高矿化度水中离子进行螯合屏蔽处理，但成本高且效果有限。因成本和需求原因，先前的理念很难满足大规模及工厂化作业的需求。提高压裂液对高矿化度水的适应性，如高矿化度地层水、油层采出污水、海水等的使用，实现就地取材扩大适用水源，降低用水成本、缩短备水周期，保障大规模及工厂化作业的实施。黄原胶是各行业中最典型和最重要的抗盐增稠剂。依靠分子间力形成结构流体，黄原胶非交联基液弹性与瓜尔胶交联冻胶相近，在一定温度范围(120℃)内，非交联的黄原胶基液具有良好的携砂性能。非交联黄原胶与其他交联体系相比配方单一、影响性能因素少，此特点是实现压裂液回收再利用的重要优势。黄原胶不交联作为压裂液使用滤失较大，温度低于80℃时降解困难，会对地层带来较大伤害。为此，中国石油勘探开发研究院廊坊分院正在开展低温破胶和应用技术攻关研究。

在储层改造仍然依靠水力压裂工艺技术的背景下，专家认为提高压裂液对高矿化度水的适应性有着非常重要的现实意义，尽管一些无水压裂液技术研究已提上日程，但在不能回收再利用的情况下，目前还没有发现一种比水更丰富、更廉价的替代流体。

针对连续混配的需要，已经提出浓缩或速溶干粉压裂液研发的需求。分析认为稠化剂溶胀快慢可能会影响液体注入的摩阻和形成的冻胶流变性能。对于滑溜水压裂液稠化剂快速释放增黏，有利于降低摩阻，而对于线性胶或交联冻胶，稠化剂用量较大，充分溶胀后基液黏度较高，可能导致注入摩阻增加。

目前常用的瓜尔胶冻胶压裂液体系添加剂种类繁多、组成复杂，而且添加剂之间相互影响，比如pH调节剂提供的必要的碱性交联环境，不利于瓜尔胶的溶胀，在配制过程中就存在添加剂添加的先后顺序问题，而连续混配是快速在线配制，没有足够的时间来区分添加的顺序。因此，简化压裂液配方、减少添加剂间的相互影响，对于实现大规模在线连续混配尤为重要。这些需求更加凸显出研究类似黄原胶非交联超分子结构压裂液的必要性。

若要压裂液冻胶耐高温，通常使用高浓度稠化剂，随之而来的是现场配液难、交联反应快、摩阻高的问题，制约着超高温压裂液的实际有效应用。耐高温与稠化剂高用量、交联快与高摩阻等内在的矛盾相互制约,短期内很难根本解决。因此,建议液体技术与工艺技术相结合,用工艺技术弥补液体性能的不足。比如可以考虑减阻水携带耐高温纤维,代替超高温压裂液进行应用。减阻水摩阻低,可以实现大排量,通过大排量弥补液体滤失和纤维暂堵降低滤失实现造缝;利用纤维强悬浮性实现地层高温下携砂功能。

## 二、国内外先进压裂液体系

### (一)水基压裂液

水基压裂液是以水作为溶剂或者分散介质,向其中加入稠化剂、添加剂配制而成的。具有黏度高、携沙能力强、摩阻低、滤失低等优点。

水基压裂液一般以稠化剂的种类来命名。目前国内外使用的水基压裂液主要包括:天然植物胶水基压裂液、纤维素水基压裂液和合成聚合物水基压裂液等3种类型,它们分别以天然植物胶、纤维素、合成聚合物作为稠化剂。

1. 天然植物胶水基压裂液

天然植物胶水基压裂液包括瓜尔胶及其衍生物羟丙基瓜尔胶、羟甲基羟丙基瓜尔胶、田菁胶及其衍生物。由于天然植物胶的高分子链含有多个羟基,其吸附能力强,易形成水化膜,黏度高,但其破胶后往往产生大量的残渣,不溶物含量高,对地层伤害很大,且破乳困难。

2. 纤维素水基压裂液

纤维素水基压裂液包括羧甲基纤维素(CMC)冻胶压裂液,羟乙基、羟丙基纤维素压裂液和羧甲基—羟乙基纤维素(CMHEC)。纤维素是一种非离子型聚多糖,其大分子链上的众多羧基之间的氢键作用使纤维素压裂液增稠能力强、携砂性好、滤失小、残渣少,但其摩阻偏高,且耐温稳定性也较差,因此一般不适用于深井等高温层段。

3. 合成聚合物水基压裂液

合成聚合物水基压裂液使用的聚合物包括聚丙烯酰胺(PAM)、部分水解聚丙烯酰胺(HPAM)、丙烯酰胺—丙烯酰胺共聚物、甲叉基聚丙烯酰胺等。与前两种水基压裂液不同,这种水基压裂液的稠化剂均为人工合成的聚合物,因此,可通过控制合成条件的办法调整聚合物的性能来满足压裂液的性能指标,可以更高的满足压裂液对温度和黏度的要求,破胶后,残渣也很少,对地层伤害很小,但其对环境污染较大。

### (二)油基压裂液

油基压裂液是以油作为溶剂或分散介质,与各种添加剂配制而成的压裂液。目前国内外使用的油基压裂液主要有以下几种类型:以油溶性活性剂作为稠化剂,主要是脂肪酸盐;以油溶性高分子物质作为稠化剂,主要有聚异丁烯、聚丁二烯、聚异戊二烯、α-烯氢聚合物、聚烷基苯乙烯、氢化聚环戊二烯和聚丙烯酸。

汽油为非极性物质,无活泼官能团,化学惰性大,难以形成交联结构,所用成胶剂是低分子量的表面活性剂，本身不增加黏度，但可以在油中形成胶束，成胶剂扩散进入初交联剂液滴内时，其中所含的酸性磷酸酯溶解在液滴中并被中和，引起铝酸根离子浓度减小，铝离子浓度增大，在适当条件下形成铝离子的八面向心配价体。初成胶剂中所含的磷酸酯通过该配价体与铝离子形成桥架网状结构产物，与初成胶剂中的烷基磷酸酯形成长链大分子，使油的黏度大幅度升高。

采用油基压裂液，与地层及流体的配伍性好，基本上不会产生水堵、水敏，但其成本高，改性效果不如水基压裂液，且滤失量大，摩阻也较大，同时还容易引起火灾，易使作业人员、设备及场地受到油污。适用于低压、强水敏地层。

### （三）乳化压裂液

乳化压裂液为多相分散体系，一般为两相：一相是水或稠化水溶液、水冻胶液；另一相则是油，如原油、成品油、凝析油或液化石油气。体系中加入了易在两相界面上吸附或富集的表面活性剂，有利于形成稳定的乳化液。

依据乳化压裂液中两相组分的多少，将其分为水包油乳化压裂液和油包水乳化压裂液。水包油乳化压裂液是以水作为外相，油作内相，以水为分散介质而论，水包油乳化压裂液属于水基液。水相成分的不同，又可细分为活性水包油乳化压裂液、稠化水包油乳化压裂液、水冻胶包油乳化压裂液、醇液包油乳化压裂液。油包水乳化压裂液是以油作外相，水作内相，以油为分散介质而论，油包水乳化压裂液属于油基液。

水包油乳化压裂液与油包水乳化压裂液相比，各有优势。水包油乳化压裂液的摩阻低，有利于压裂施工，而且由于压裂液中的油相成分少，成本较低。油包水乳化压裂液中油相成分高，滤失量更低，对地层的伤害更小。

由于乳化压裂液的性能与多种因素有关，如各种添加剂类型、添加剂配比、油水比例等。这些因素对乳化压裂液的稳定性能和流变性能有不同程度的影响。乳化压裂液的特点是对地层伤害小，成本比油基压裂液低，耐温性差。其适应于浅井、低温、低砂比的水敏性地层压裂。

### （四）醇基压裂液

醇基压裂液是以醇作溶剂或分散介质配制的压裂液。一般醇仅是作为水基压裂液的添加剂出现的，以其低表面张力消除水锁或起除氧作用而用作稳定剂。将其作为压裂液的主要成分应用具有如下特点：成本高；低级醇极易燃；醇难以稠化，黏度低；醇基液表面张力低，具有消除水锁的功能，但配制的醇泡沫不稳定。醇基压裂液适用于水敏、低压和低渗透油层的压裂。可以配成调化醇、醇冻胶或醇泡沫压裂液。但其易燃性、对人体伤害性及成本高等缺点，使得在水敏地层油基压裂液比醇基压裂液应用更加广泛。醇冻胶压裂液往往是聚丙烯酰胺的衍生物，如二甲胺基甲基聚丙烯酰胺—甲醛田基冻胶压裂液，是用甲醛来交联的。

### (五)浓缩压裂液

为满足连续混配准确计量需要,将瓜尔胶粉悬浮在柴油或对环境更友好的矿物油中,形成浓缩液体稠化剂。浓缩压裂液是水基压裂液的一种,实际上是将稠化剂瓜尔胶粉,均匀地分散到一种液状介质中,因而在现场施工中,可实现压裂液连续配注。

浓缩液主要由3种成分组成,基液是柴油,增稠剂是羟丙基瓜尔胶,悬浮剂是一种聚合物稳定剂。

浓缩液组分的质量百分比浓度为柴油57.5%,聚合物稳定剂5.3%,瓜尔胶34.8%。

配制方法:在容器内,按一定顺序加入并且进行强烈搅拌,使其分散均匀,即得到浓缩液。加料顺序是"柴油→聚合物稳定剂→瓜尔胶→其他添加剂"。

因为瓜尔胶不溶于油,所以通过加入聚合物稳定乳化剂使瓜尔胶悬浮在油中达到相对稳定,从而解决长期放置问题。浓缩压裂液克服了现有水基压裂液的不足,具有性能稳定、流动性好、运输方便;易分散水化、溶胀速度快;水不溶物少、破胶快、残渣少及与地层液体相容性好等特点,完全满足防砂施工要求。

### (六)清洁压裂液

#### 1. 清洁压裂液的原理

清洁压裂液是在盐水中添加表面活性剂形成的一种黏弹性表面活性剂(VES)仅由表面活性剂与盐水相互溶解而成,无需交联剂等添加剂。主要包括:阳离子季铵盐类表面活性剂压裂液体系、甜菜碱性阳离子表面活性剂压裂液一级非离子型表面活性剂压裂液。清洁压裂液的主要成分包括长链的表面活性剂、胶束促进剂和盐。表面活性剂分子含有亲水与亲油2个基团,结构式如图1-1所示。

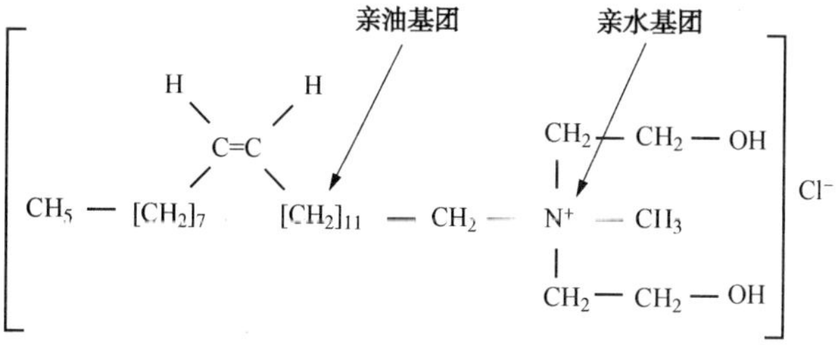

图1-1 表面活性剂结构式

首先将表面活性剂的液体不断注入盐水里,然后让溶液高速剪切、搅拌,使表面活性剂完全分散,实现压裂液的充分稠化。此类表面活性剂是一类具有特殊性质——黏弹性的表面活性剂,当其与盐水混合时,形成一种表面活性剂的疏水基向里,亲水基向外的胶束结构,此结构称为微胞。在清洁压裂液里,随浓度的增大,微胞变得像杆状或蠕虫状。如果表面活性剂的浓度超过临界胶束浓度(CMC),这些蠕虫状的微胞胶束便缠绕在一起,球状胶束转变成棒状胶束,棒状胶束通过范德华力和分子间的弱化学键,相互之间高度缠结,构成了网状胶束,类似于交联的长链聚合物形成的网状结构,具有了凝胶性质,溶液黏度大幅度增加并具有了一定的弹性。

当清压裂液与地层原油、天然气接触时,由于胶束的内部是亲油的,烃分子钻入到胶束的内部,使胶束膨胀,相互缠结的棒状胶束就会松开,棒状胶束向球状胶束转变,使液体黏度降低,最终变成单个分子,溶于烃中。当清洁压裂液被地层水稀释时,也会破坏表面活性剂的胶束而失去黏度。在油井或天然气井中,都会含有游离状态的烃类物质,因此不需要加入破胶剂,但在煤层中,由于煤层气大都以吸附方式附存于煤层孔隙中,有时基本上没有游离气。考虑到煤层中没有游离气而且水量很少的情况,就必须选用一种破胶剂用以备用。室内研究表明,加入少量的非离子的表面活性剂,也能破坏掉胶液的胶束结构,使清洁压裂液破胶水化。

2. 清洁压裂液的特点

清洁压裂液的特点是:其独特的流变性,滤失要比常规压裂液少得多,尤其是低渗透地层,滤失黏度则比聚合物压裂液要高得多;液体工作效率高,与聚合物压裂液相比,同样规模的施工其耗液量较少,减少不必要的缝高发育,因裂缝中无固相,所以用相当少的液量和支撑剂就可实现更有效的缝长和更高的产能;液体配制简单方便,现场不需要过多的设备,只由盐水和表面活性剂组成,利用井液或烃类破乳降解,无需聚合水化剂、杀菌剂、交联剂及其他添加剂,因而在返排时不会滞留任何固相,适合各种温度的地层,成本较高,要尽可能降低成本,才能大力推广使用。

清洁压裂液的优点:低伤害,由于无固相残渣,对储层和裂缝几乎无伤害;易返排,由于黏度较低(其携砂机理主要靠弹性),故返排率高;压裂液长时间剪切时,液体的黏度并不明显降低;缝高控制程度高,原因是黏度相对低,获得更合理的铺砂剖面;在相同的加砂规模下,更易取得长缝,可提高油气藏的泄油面积;添加剂少,配制工艺简单。缺点:成本高;滤失系数较冻胶几乎高一倍(无滤饼、黏度低)。

### (七) 无水压裂液

1. 氮气压裂液

氮气泡沫压裂液通常含有50%~70%氮气,其余为液体和表面活性剂组成。泡沫压裂液属于较为复杂的非牛顿液体,它的性质、流动行为和特征受到许多可变因素所控制。在压裂施工过程中,通过液氮泵车使液氮经过地面三通与含发泡剂的水基压裂液混合,形成一定质量的泡沫压裂液,利用液氮和冻胶的混合液进行加砂压裂施工。

$N_2$泡沫由$N_2$、起泡剂和水基压裂液组成,具有如下特点:

(1) 与常规水基压裂液相比,只有固体支撑剂和少量无聚合物压裂液进入煤层,减少了外来流体对储层的伤害。

(2) 泡沫压裂液可在裂缝壁面形成阻挡层,从而大大降低压裂液向地层内滤失的速度,减少滤失量,减轻压裂液对地层的伤害。

(3）泡沫压裂液携砂性能高，可以高砂比施工，从而提高裂缝铺砂浓度。

（4）返排效果好。由于泡沫密度低，井筒液柱压力低，对储层产生的回压也大大降低，有利于压裂液排出井筒；流动过程中泡沫里气体发生膨胀，会产生一定能量，加速压裂液的返排。

（5）注入的 $N_2$ 增加了储层中气体流动的能量和气体的渗透率，从而提高产量和采收率。

2. 二氧化碳压裂液

$CO_2$ 压裂液包含 $CO_2$ 泡沫压裂液和 $CO_2$ 干法压裂液。$CO_2$ 泡沫压裂液就是把液态 $CO_2$ 与常规水基压裂液按照一定的比例混合后形成以气相为内相、液相为外相的稳定泡沫体系从而用于压裂施工的一种压裂液。$CO_2$ 干法压裂液是以液态 $CO_2$ 代替常规水力压裂液的一种无水压裂体系。$CO_2$ 压裂液的使用可以大大降低或者消除压裂施工中水与地层的接触机会，从而大大降低了水锁和水敏造成的地层伤害。

$CO_2$ 干法加砂压裂是以 $CO_2$ 代替常规水力压裂液的一种新型无水压裂技术。其诸多优点主要体现在：

（1）无水相，完全消除水敏、水锁伤害。

（2）压裂液具有极低的界面张力，受热气化后能够从储层中完全、迅速返出。

（3）压裂液无残渣，对支撑裂缝导流床具有较好的清洁作用，保持了较高裂缝导流能力和较长的有效裂缝长度。

（4）$CO_2$ 在地层原油中具有较高的溶解度，能够降低地层原油黏度，改善原油流动性。

（5）超临界 $CO_2$ 具有极低的界面张力，理论上，对非常规天然气储层中吸附气的解析具有促进作用。

液态 $CO_2$ 作为压裂液有其不可避免的缺点，$CO_2$ 黏度较低，液态下黏度约为 $0.1mPa \cdot s$，气态和超临界状态下黏度约为 $0.02mPa \cdot s$，远远低于水较低的黏度导致压裂液滤失量大，携砂和造缝能力差，限制了压裂施工的规模，需通过提高黏度改善体系性能。因此，如何提高液态 $CO_2$ 的黏度，增强其携砂能力，扩大施工规模，将是该压裂液能否成功应用的关键。提高 $CO_2$ 黏度的方法是添加与 $CO_2$ 相溶的化学剂。液态 $CO_2$ 为非极性分子，是一种非常稳定的溶剂，具有极低的介电常数黏度和表面张力，常规增稠剂无法与液态 $CO_2$ 混溶提黏。国外的相关研究表明，高相对分子质量的聚合物不具有足够的溶解度来改变 $CO_2$ 的黏度，而通过添加一些特殊的低相对分子质量化合物则可以显著的增加二氧化碳的密度。

3. LPG 压裂液

LPG（液化石油气）作为一种特殊压裂介质，成分组成相对简单，主要由丙烷组成，还有少量的乙烷、丙烯、丁烷和添加剂成分。添加剂成分主要是由磷酸盐酸脂与硫酸铝反应生成的稠化剂，由于该稠化剂的碳链长度与储层流体相近，通过调节稠化剂的浓度可以获得理想的压裂液黏度，从而获得较好的携砂效果。与常规油基压裂液不同，LPG 压裂液所用的液化天然气为纯度达到 90% 的经过分馏的 HD-5 丙烷和丁烷。在储层温度≤96℃时可以选择100%的HD-5丙烷作为压裂液,而当温度>96℃时则需要加入一定比例的丁烷以保证施工过程中压裂液处于液体状态,若选用100%的丁烷作为压裂液则体系可以运用于150℃的高温储层。

LPG压裂在地下的表现与水力压裂有所不同。在压裂过程中,携砂特性具有液态介质的特征。在返排期间,LPG因压力和温度变化而气化,又体现出气体特征,再与天然气一起被重新返排至地面,分离后可重复利用,甚至无须分离直接进入生产管线。这种压裂手段相比传统水力压裂技术来说基本不需要水,也无须投入资金处理废水,极大地缓解了环境和水资源压力,杜绝了产层伤害,是压裂技术发展的新方向。

LPG压裂液的使用完全避免了压裂施工过程中水的使用,与水基压裂液相关的水敏、盐敏、润湿性反转等储层伤害可以完全消除。同时,LPG压裂还避免了施工结束后返排水基压裂液的处理工作,消除了压裂液对于环境的影响,具有较好的环境效益。与常规水力压裂技术相比,LPG压裂技术的压裂液返排率高有效裂缝长度长,且压裂液可以和储层流体混相,提高原油的最终采收率。

## (八) 支撑剂

在压裂过程中,将支撑剂注入压裂液中,在底下深层裂缝中面对高压、高温状态,能够保持渗透通道,同时还能够抵抗地下复杂的酸度和强力挤压,能保持一定的球度和圆度的高强材料。

美国Carbo公司的支撑剂最大支撑压力为14000psi,特别适用于中、低渗透率气井,其体积密度为$1.88g/cm^3$,在混合酸中的质量损失为4.5%,在10000psi压力值下16~30目的破碎率为3.2%,30~60目破碎率为2.3%,在12500psi压力下的16~30目的破碎率为6.1%,其特别适用于中深油井,但这种支撑剂有其局限性不能充分满足国内需求。目前,我国所用的支撑剂是用铝矾土为主料制备而成的,是石英砂、陶粒和树脂包裹陶粒的最佳替代品,加入不同种类的辅料,经过粉磨均匀、烘干、成球、高温煅烧、筛选而成型的。

### 1. 石英砂

石英砂的颗粒相对密度约为2.65,体积密度约为$1.75g/cm^3$,孔隙度为30%~38%,它的优点在于相对密度低,便于施工泵送,施工中减少泵和设备以及施工管线、管柱在井口内和井口部位磨蚀,较好的石英砂破碎成小碎块状,仍可以保持一定的导流能力,价格便宜,资源丰富。但从支撑剂的强度考虑,用天然石英砂支撑储层裂缝比较合适,被广泛地应用于浅层或中深层、低闭合压力、低温的油气井压裂。它的缺点是石英砂抗压强度低,开始破碎压力约为20MPa,不适合在中、高闭合压力的裂缝层中使用。石英砂破碎后的碎屑造成微粒运移、堵塞、嵌入、压裂液的伤害(滤饼和残渣)及非达西流动、时间等因素的影响,大大降低导流能力,甚至降低到原来的1/10或更低一些。表1-1为不同产地的石英砂性能对比。

表1-1 不同产地的石英砂性能对比表

| 项 目 | 围场石英砂 0.45~0.9mm | 兰州石英砂 0.45~0.9mm | 树脂陶粒砂 0.45mm~0.9mm | 树脂陶粒砂 0.425~0.85mm |
|---|---|---|---|---|
| 筛析(%) | 99.9 | 99.9 | 93.7 | 90.7 |
| 圆度 | 0.86 | 0.78 | 0.9 | 0.9 |
| 球度 | 0.8 | 0.76 | 0.9 | 0.9 |
| 酸溶解度(%) | 4.0 | 4.0 | 3.8 | 4.4 |
| 体积密度($g/cm^3$) | 1.61 | 1.67 | 1.41 | 1.54 |
| 视密度($g/cm^3$) | 2.64 | 2.64 | 2.38 | 2.46 |
| 蚀度(NUT) | 40 | 52 | 13.9 | 4.7 |
| 破碎率(%) | 8(28MPa) | 12.8(28MPa) | 4.73(52MPa) | 0.85(MPa) |

常用石英砂规格有40~70目粉砂、20~40目中砂和12~20目粗砂。压裂加砂组合方式有4种：(1)粉砂+中砂+粗砂；(2)粉砂+粗砂；(3)中砂+粗砂；(4)粗砂。粉砂加在前置液中，以减少压裂液滤失，利于造缝；中砂和粗砂支撑裂缝，改善储层渗透性；尾注粗砂可提高裂缝人口导流能力；单纯加人粗砂施工难度大，但压裂效果较好，并可避免排采时粉砂返吐堵塞裂缝。目前常用的支撑剂组合：石英砂支撑剂40~70目的占20%，20~40目的占70%~80%，12~20目的占10%。国内应用比较多的是兰州砂和承德砂。

2. 核桃壳

对于埋藏较浅的油气藏，核桃壳(1~3mm)也可作为压裂的支撑剂。核桃较石英砂和陶粒颗粒半径大，形成的裂缝孔隙大，故在较小的闭合压力下，其导流能力较石英砂要高很多。但用核桃壳充填裂缝导流能力随压力的上升下降很快，故其只适用于埋藏较浅的煤层压裂。

由于核桃壳的特性，其最常用作滤料而不是支撑剂。但是，用改性核桃壳制作的超低密度支撑剂ULW-1.25，在压裂支撑剂方面应用广泛。图1-2、图1-3分别为ULW-1.25与白砂的导流能力、渗透率比较。

ULW支撑剂的应用实例如表1-2所示。

表1-2 美国德州某气田ULW支撑剂应用

| | 场地 | 美国德州某气田 |
|---|---|---|
| 压裂条件 | 埋深(m) | 2484 |
| | 闭合压力(MPa) | 35.2 |
| | 层厚(m) | 40 |
| | 光滑水($m^3$) | 738.2 |
| | 排量($m^3/min$) | 12 |
| | 支撑剂 | ULW-1.25 |
| 模拟结束 | 由于砂重大部分砂子在井底附近很快沉到气层以下，形成砂堤，所以支撑长度也比压裂长度短很多。ULW-1.25支撑剂则均匀地分布在裂缝内，改善了缝的支撑长度，从而无论在长度上还是纵向上都改善了导流能力。测得的井初产能力为每日56677$m^3$，后来稳定在45340$m^3$。 | |

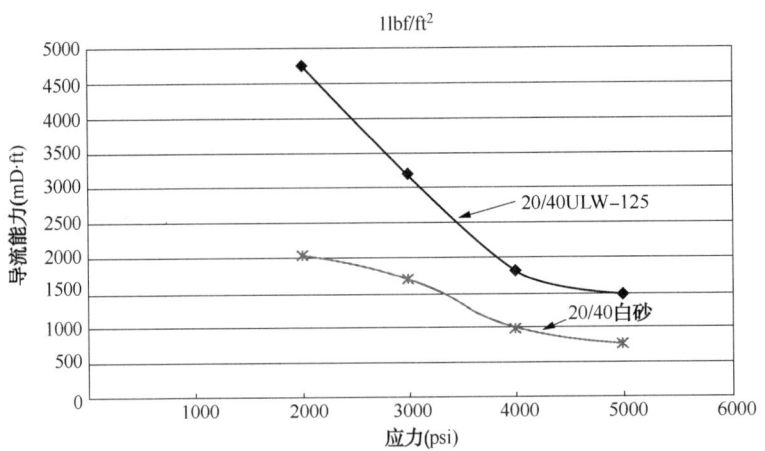

图1-2 20/40目ULW-1.25与20/40目白砂的导流能力比较

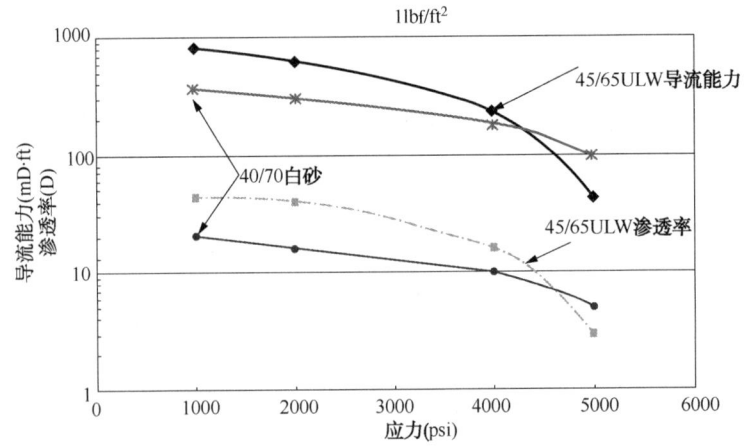

图1-3 45/65目ULW与40/70目白砂的导流能力和渗透率比较

**3. 纤维网络支撑剂**

压裂用支撑剂最大的缺点是在地层条件下会发生破碎，在压裂液返排和生产过程中出现吐砂现象，使裂缝的导流能力降低，纤维网络支撑剂用于解决支撑剂回流问题。其基本原理是通过纤维与支撑剂间的相互作用形成空间网状结构而增强支撑剂的内聚力，从而将支撑剂固定在原始位置，而流体可以自由通过，达到预防支撑剂回流的目的。

在加砂压裂过程中全程混合纤维，纤维与石英砂相互作用形成的网状结构，可以阻止颗粒下沉，改变支撑剂的沉降速度，沉降率相对石英砂在不含纤维的压裂液中降低了18%~22%，并通过这种网状结构来携带、运移、分布支撑剂。它包括不可降解和可降解的两类高效纤维，其作用在于优化支撑剂在裂缝中的铺置形态，提高有效支撑缝长，降低压裂液残渣伤害，配合液体快速返排，防止支撑剂回流。适用于孔渗性差、储量级别低、地层压力低的煤层。

目前纤维防砂、纤维压裂技术在川西地区得到了广泛的推广应用，取得了较好的效果。

**4. 低密度空心微球或多孔支撑剂**

为了满足低密度的技术要求，可将支撑剂制成空心微球、多孔隙球粒（均匀分散的通过小珠相互连通的微孔隙）。生产具有均匀孔隙的多孔隙球粒要比制造空心球粒容易，选优材料可以是高纯度铝、多铝红柱石和高强度陶瓷，密度在 $1.8\sim2.5\mathrm{g/cm^3}$。用这种方法生产的支撑剂可使它的密度接近砂子，且保持着更高的强度。

它的主要优点有：对压裂液黏度要求低，适用范围广；可达到提高砂比以产生较大裂缝导流能力；对施工排量要求低；沉降速度低，有利于控制缝高而增加支撑缝长。

**5. 陶粒**

陶粒支撑剂是一种用陶瓷原料制备的球形颗粒，主要原料是铝矾土，通过粉末制粒烧结而成，是一种人造支撑剂，在 20 世纪 90 年代以后才开始研制并使用。陶粒支撑剂具有耐高温、耐高压、耐腐蚀、高强度、高导流能力、低密度、低破碎率等特点，主要用于深层低渗透油气层，目前在国内外使用最为广泛。陶粒支撑剂主要有中等强度陶粒支撑剂和高强度陶粒支撑剂两种。

陶粒支撑剂的制备工艺主要有熔融喷吹法和烧结法两种。其中熔融喷吹法制备的陶粒是指先使用高温将混合料（铝矾土与辅助材料等）熔化，再经过高压气体喷吹成珠即可得到。此前，中国专利公开了一种可用于深层油、气井压裂的固体支撑剂及其制造方法。该方法的主要原料是三级以下的铝矾土，同时还有少量的无机添加剂，主要工艺是经过电弧熔融喷吹成球。该专利制造的陶粒具有较高的抗压强度（其单颗抗压强度在 390MPa 以上）不易破碎（破碎率为 $0.8\%\sim1.6\%$）、密度适中（$2.8\sim3.0\mathrm{g/cm^3}$）单颗表面光滑度高及成本低等特点，特别适合在深度、超深度（如 $3000\sim4500\mathrm{m}$）的油气井压裂中使用。

（1）陶粒支撑剂的优点：抗盐耐温性能；具有较高的强度；其破碎率在相同的闭合压力下与石英砂相比要更低一些，而导流能力则要更高并随着闭合压力的增加或承压时间的延长，其破碎率与石英砂相比同样也要低很多，且导流能力的递减率也要慢很多。

（2）陶粒支撑剂的缺点：要求高，由于其单颗颗粒的相对密度高，因而其对压裂液的黏度、流变性等性能及排量设备功率等泵送条件的要求都较高；物料中氧化铝的含量决定了陶粒颗粒的相对密度与抗压强度。陶粒的抗压强度与相对密度随着氧化铝含量的增加而增大，因此，与其他支撑剂相比，陶粒的物料选择要更加严格、复杂；陶粒的广泛使用受限制，主要是由于我国分布广泛（河北、山西、河南、山东、四川、贵州等）的铝矾土矿的开采和加工比较困难。

**6. 树脂包层支撑剂**

树脂包层支撑剂是一种将可固化或部分固化的酚醛树脂包裹到砂子、玻璃珠或陶粒上，并经热固处理制成的支撑剂。它是适用于低强度天然砂和高强度陶粒之间强度要求的支撑剂。颗粒相对密度为 2.55，比石英砂稍轻，体积密度在 $1.55\mathrm{g/cm^3}$ 左右。只要改变所选用的粒料材质就可制造出按用户要求的各种支撑剂，以满足从低温到高温、低闭合应力到高闭合应力范围内的不同要求，从而获得最佳经济效益。但树脂包层砂的固结需要较长的时间,因此在煤层气井返排压裂液和生产初期阶段存在支撑剂回流的可能,解决办法是将支撑剂与柔性玻璃纤维混合后注入裂缝,其作用是稳固支撑剂充填层,可以阻止回流。但由于其破碎率会随着闭合压力的增高而变大,使得裂缝宽度受到树脂模的弹性变形颗粒的压碎和重新排列的影响而变窄,从而影响到支撑裂缝的孔隙度和渗透率。因而,树脂包层砂的应用受到一定限制。

按包裹方法的不同,可分为树脂预固化层砂、固化树脂包层砂和树脂双涂层支撑剂。其中,最便宜的是树脂单涂层砂,最贵的是树脂双涂层陶粒。表1-3 为 0.45~0.90mm 预固化树脂包层砂与石英砂的对比。

表1-3 0.45~0.90mm 预固化树脂包层砂与石英砂的比较

| 项　　目 | | 石英砂 | 预固化树脂包层砂 |
| --- | --- | --- | --- |
| 体积密度($g/cm^3$) | | 1.55 | 1.60 |
| 颗粒相对密度 | | 2.65 | 2.55 |
| 不同闭合压力下群体破碎率(%) | 21MPa | 1.4 | — |
| | 28MPa | 4.0 | — |
| | 41MPa | — | 0.1 |
| | 52MPa | — | 0.4 |
| | 69MPa | — | 1.5 |
| | 83MPa | — | 4.5 |
| 不同闭合压力下支撑剂渗透率(D) | 21MPa | 300 | 290 |
| | 28MPa | 180 | 200 |
| | 41MPa | 70 | 150 |
| | 52MPa | 28 | 95 |
| | 69MPa | 16 | 62 |
| | 83MPa | — | 40 |

7. 低温覆膜树脂砂

它主要是针对煤层压后易出砂和支撑剂回流的问题。在携砂液阶段后期尾追覆膜树脂砂,随后注入固化剂使树脂缩聚并固化,把分散的砂粒变成一个有机的整体,阻止支撑剂随地层流体运移而导致地层出砂。图1-4 为低温覆膜树脂砂的作用机理。

覆膜树脂砂密度较小(1.50g/$cm^3$),粒径相对较大,具有较强的抗破碎能力,可充分保证裂缝的导流能力。在煤层温度(一般 16~32℃)下能很好的固结,保持良好的渗透性。考虑到覆膜树脂砂价格较贵的因素,施工时应充分考虑经济效益,适量利用该支撑剂。

8. 表面改性剂包层支撑剂

将表面改性剂作为液体添加剂在水力压裂过程中加入到水基压裂液中,它能快速为支撑剂包上一层薄而黏的表皮。表面改性剂是一种稳定的分子,能够抵抗酸性和腐蚀性处理剂的侵蚀。使用表面改性剂的支撑剂具有以下的优点:

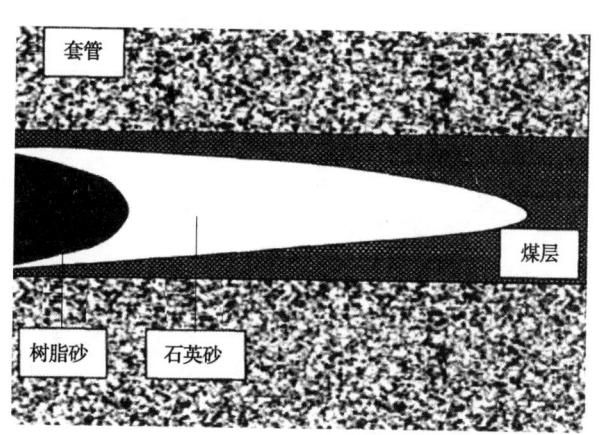

图 1-4 低温覆膜树脂砂作用机理

（1）表面改性剂能提高颗粒表面摩擦力，使支撑剂在压裂液中的沉降时间增加，最终降低沉降后填充层的密度，从而改善支撑剂在裂缝内的纵向分布，增加了支撑裂缝的高度，增大了充填层的孔隙度和渗透率。

（2）支撑剂内部的细颗粒以及在压裂过程中产生的细颗粒被表面改性剂包层固定，减少小颗粒堵塞孔隙空间的机会，将小颗粒固定是改善增产措施效果的一个重要因素，在以产生细颗粒的地层尤其明显。

（3）表面活性剂将包覆在支撑剂上，能阻止压裂液凝胶吸附到支撑剂表面，从而提高破胶剂降低凝胶黏度的效率，使裂缝更易得到清洗，从而提高压裂液返排率。

（4）由于支撑剂之间的高摩阻和黏滞性，使支撑剂更不易移动，支撑剂回流得到控制，尤其适用于强制闭合施工中，可以提高压裂液的返排率。

9. 支撑剂对比分析

前文中介绍了 8 种压裂支撑剂的性能、特点及适应性，优缺点比较如表 1-4 所示。

表 1-4　压裂支撑剂优缺点比较

| 支撑剂 | 优　点 | 缺　点 | 适 应 性 |
|---|---|---|---|
| 石英砂 | 密度低，便于施工泵送；价格便宜，资源丰富；碎裂后仍具有导流能力 | 抗压强度低；碎裂后运动对储层伤害大 | 浅层或中深层、低闭合压力、低温的储层气井压裂 |
| 核桃壳 | 颗粒粒径大，导流能力好 | 抗压强度低 | 只适用于埋藏较浅的储层压裂 |
| 纤维网络支撑剂 | 提高有效支撑缝长，降低压裂液残渣伤害，配合液体快速返排，防止支撑剂回流 | 抗压强度低，价格贵，与其他支撑剂混合使用 | 适用于孔渗性差、储量级别低、地层压力低的储层 |
| 低密度支撑剂 | 颗粒大，密度小，有较高的抗压强度，渗透性好 | 制作工艺复杂，价格贵 | 适用于中深层、中等闭合压力储层 |

续表

| 支撑剂 | 优 点 | 缺 点 | 适 应 性 |
|---|---|---|---|
| 陶粒 | 抗盐、抗温性能，相对密度较高，强度大 | 强度随制作工艺变化 | 适用于中、低闭合压裂井、深层、低渗透煤层 |
| 树脂包层支撑剂 | 密度小，介于石英砂与陶粒之间的支撑剂，为阻止回流 | 按不同要求，所需造价不同，在压裂初期使用 | 低温到高温、低闭合应力到高闭合应力范围内的不同要求 |
| 低温覆膜树脂砂 | 密度小，粒径大，抗压强度高，有很高的渗透性能 | 价格昂贵 | 和石英砂一起使用，阻止石英砂扩散 |
| 表面改性剂包层支撑剂 | 提高颗粒表面摩擦力，支撑剂沉降时间增加，增加裂缝的高度，增大孔隙度和渗透率 |  | 适用于强制闭合施工中，可以提高压裂液的返排率 |

目前广泛用于储层压裂的支撑剂是天然石英砂。通过对储层的了解，关于支撑剂建议进行以下的研究：

（1）加强支撑剂回流控制机理研究。如考虑多相流和非达西流对支撑剂导流能力的影响，支撑剂长期裂缝导流能力的影响因素的量化研究等。

（2）超低密度支撑剂广泛应用。研制空心球粒、多孔隙球粒的超低密度支撑剂，其真密度低于 $1.25 g/cm^3$。

（3）研制疏水支撑剂。根据荷花疏水效应，通过自组技术将疏水性单体自动组装到砂粒表面，形成单分子膜，然后在γ射线作用下产生界面膜。疏水支撑剂有较强的控水稳油作用，其抗压强度高，密度可随反应调节，性能优良。

（4）石英砂抗压强度较低，破碎后在储层内运动，对储层的伤害较大，因此需要研究固化物质来提高石英砂在储层中的稳定性。

（5）其他支撑剂的价格较为昂贵，制造工艺复杂，研究人员可以在保持支撑剂性能的情况下试图降低成本，简化生产工艺。

## （九）压裂液体系总结分析

压裂液体系优缺点比较见表1-5。

**表1-5 压裂液体系优缺点比较**

| 压裂液类型 | 优 点 | 缺 点 | 适 用 范 围 |
|---|---|---|---|
| 水基压裂液 | 廉价、安全、可操作性强、综合性能好 | 深度高，残渣，伤害高 | 除强水敏性储层外均可用 |
| 油基压裂液 | 配伍性好、密度低、易返排伤害小 | 成本高，安全性差，耐温较低 | 强水敏，低压储层 |
| 乳化压裂液 | 残渣少、滤失低、伤害较小 | 摩阻较高，油水比较难控制 | 水敏，低压储层、低中温井 |

续表

| 压裂液类型 | 优　点 | 缺　点 | 适用范围 |
|---|---|---|---|
| 醇基压裂液 | 黏度低、醇基液表面张力低，具有消除水锁的功能 | 醇泡沫不稳定、易燃性、对人体具有伤害性、成本高 | 水敏、低压和低渗透油层 |
| 浓缩压裂液 | 性能稳定、流动性好、运输方便；易分散水化、溶胀速度快；水不溶物少、破胶快、残渣少及与地层液体相容性好 | | 防砂施工 |
| 无水压裂液 | 不需要水，对储层的伤害小，消除水锁与水敏反应 | 黏度低，携砂能力差 | 低渗、低压和水锁水敏性油气藏 |

可见水基压裂液仍是国内外压裂液的主体，占国内压裂液的95%以上。它是以水为介质，添加稠化剂、交联剂、破胶剂等十二大类添加剂组成，具有良好的综合性能，即低摩阻、低滤失、耐高温、强携砂能力、易破胶、货源广、成本低、安全、可操作性强等特点。油基压裂液具有较高的施工摩阻，施工安全性较差，在制备时需要大量的技术力量和质量控制，且成本高，乳化压裂液油水比较难控制，摩阻高，泡沫压裂液施工压力高，需特殊设备，不适合目前大力推广应用的要求。

## 第二节　储层改造工具发展现状

### 一、封隔器现状

#### （一）UltraPak永久式插管封隔器

威德福UltraPak永久式插管封隔器是一种高强度、高性能永久式封隔器，此封隔器是为直井到大斜度井中的单层或多层完井中的高压差而设计的，结构如图1-5所示。

UltraPak永久式插管封隔器经过了整体工程设计并通过了ISO14310严格的测试要求，其技术参数见表1-6。

1. 特点

（1）按ISO14310标准进行全静态试验。
（2）在Q125套管中按API最高指标进行试验。
（3）心轴的屈服强度达到80000psi，适用于硫化氢环境。
（4）有适用于恶劣环境的材质供选择。
（5）高强度的整圈卡瓦。
（6）有适用于恶劣环境的橡胶材料供选择。

图1-5　UltraPak永久式插管封隔器

2. 优点

（1）在斜井中顶部凹形便于插管的插入。
（2）可提供全套完井附属工具。
（3）有电缆或液压的坐封方式供选择。

3. 应用范围

（1）高压生产或测试。
（2）用锚定或不固定的油管柱进行压裂酸化作业。
（3）用这种封隔器作为桥塞对下部层位进行封堵。
（4）不解封封隔器就可以起出油管。

表 1-6　UltraPak 永久式插管封隔器技术参数

| 套管 | | | | 封隔器 | | |
|---|---|---|---|---|---|---|
| 外径(in) | 重量(lb/ft) | 最小内径(in) | 最大内径(in) | 通径(in) | 最大外径(in) | 基本部件号 |
| 4.5 | 11.6~13.5 | 3.853 | 4.069 | 2.688 | 3.750 | 173369 |
| | 15.1~16.6 | 3.669 | 3.904 | 2.390 | 1.980 | 166863 |
| 5.5 | 20~23 | 4.578 | 4.868 | 2.688 | 4.440 | 167230 |
| | | | | 3.000 | 4.440 | 167058 |
| | 14~17 | 4.778 | 4.950 | 2.688 | 4.600 | 168803 |
| | | | | 3.000 | 4.600 | 168508 |
| 7 | 35~38 | 5.801 | 6.123 | 4.000 | 5.710 | 742891 |
| | 32~35 | 5.892 | 6.208 | 4.000 | 5.794 | 290138 |
| | 23~32 | 5.990 | 6.466 | 3.250 | 5.875 | 168371 |
| | | | | 4.000 | 5.875 | 718580 |
| 7.625 | 33.7~39 | 6.510 | 6.882 | 3.250 | 6.250 | 168563 |
| | | | | 4.000 | 6.375 | 277814 |
| | 29.7 | 6.781 | 6.987 | 3.250 | 6.250 | 737016 |
| | | | | 4.000 | 6.500 | 736651 |
| 9.625 | 40~53.5 | 8.405 | 8.968 | 3.250 | 8.125 | 728071 |
| | | | | 4.000 | 8.125 | 728191 |
| | | | | 4.750 | 8.125 | 173978 |

（二）BlackCat 可回收式插管封隔器

威德福 BlackCat 可回收式插管封隔器是一种可靠的高压封隔器，用于油气生产、砾石充填或者注入作业，其结构示意图如图 1-6 所示，其技术参数见表 1-7。BlackCat 封隔器用电缆或油管带液压坐封工具坐封，在管柱上带起出工具可将其回收。如果无法回收，旋转锁定部件很容易被磨铣掉。拥有专利的 BlackCat ECNER 组合胶筒用于高压条件并能承受抽吸作用。BlackCat 与 UltraPak 永久式封隔器系统使用相同的附属工具。

1. 特点

(1) 高压 ECNER 组合胶筒系统。

(2) 用油管或电缆下井。

(3) 旋转锁定部件很容易被磨铣掉。

(4) 回收机构不受赃物的影响。

(5) 有适用于恶劣环境的材质供选择。

(6) 下入或回收时不需旋转封隔器。

(7) 下卡瓦使封隔器回收很简单。

(8) 与 UltraPak 永久式封隔器系统使用相同的附属工具。

2. 优点

(1) 经过现场验证的可靠设计。

(2) 回收容易,保养简单。

(3) 尺寸紧凑、性能高。

(4) 附属工具和材质的选择范围广,使封隔器具有通用性。

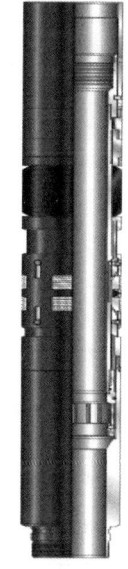

图 1-6 BlackCat 可回收式插管封隔器

3. 应用范围

(1) 高压生产或注入。

(2) 锚定或者不固定的插管作业。

(3) 大排量砾石充填。

(4) 酸化和压裂。

(5) 封隔器下面挂射孔枪。

(6) 斜井或水平井。

表 1-7 BlackCat 可回收式插管封隔器技术参数

| 套管 | | | | 封隔器 | | |
|---|---|---|---|---|---|---|
| 套管外径(in) | 重量(lb/ft) | 最小内径(in) | 最大内径(in) | 通径规环外径(in) | 密封通径(in) | 过密封最小内径(in) |
| 4.5 | 9.5~10.5 | 4.052 | 4.090 | 3.906 | 2.500 | 1.910 |
| | 11.6~13.5 | 3.920 | 4.000 | 3.771 | 2.500 | 1.910 |
| 5 | 18~21.4 | 4.126 | 4.276 | 3.969 | 2.688 | 1.933 |
| | 11.5~15.0 | 4.408 | 4.560 | 4.250 | 2.688 | 1.930 |
| 5.5 | 20~23 | 4.670 | 4.778 | 4.500 | 3.000 | 2.350 |
| | 14~20 | 4.778 | 5.012 | 4.625 | 3.000 | 2.359 |
| 7 | 29~35 | 6.004 | 6.184 | 5.813 | 3.250 | 2.390 |
| | 23~32 | 6.094 | 6.366 | 5.938 | 3.250 | 2.390 |
| | 29~35 | 6.004 | 6.094 | 5.813 | 4.000 | 3.000 |
| | 23~32 | 6.094 | 6.366 | 5.938 | 4.000 | 3.000 |

续表

| 套管 | | | | 封隔器 | | |
|---|---|---|---|---|---|---|
| 套管外径(in) | 重量(lb/ft) | 最小内径(in) | 最大内径(in) | 通径规环外径(in) | 密封通径(in) | 过密封最小内径(in) |
| 7.625 | 24~29.7 | 6.875 | 7.025 | 6.688 | 4.000 | 3.000 |
| | 29.7~39 | 6.625 | 6.875 | 6.438 | 4.000 | 3.000 |
| 9.625 | 40~53.5 | 6.875 | 7.025 | 6.688 | 4.000 | 3.000 |
| | 40~53.5 | 6.625 | 6.875 | 6.438 | 4.750 | 3.000 |
| | 40~53.5 | 6.625 | 6.875 | 6.438 | 4.750 | 3.000 |

### (三) Titanium XV RockSEAL II 封隔器

PackerPlus 公司 Titanium XV RockSEAL II 封隔器是双重元件、实心体液压坐封封隔器，将一个机械元件的密封强度和一个双重活塞缸的坐封力和机械体锁定系统相结合(图1-7)。该封隔器含有一个特殊设计的弹性体和最大横断面，能够在过大尺寸的井眼中提供出色的膨胀率。该封隔器采用反预设特征设计，能够使其在无预设或剪切封隔器的情况下顺利通过井眼中的井径缩小段。

图1-7 Titanium XV RockSEAL II 封隔器示意图

Titanium XV RockSEAL II 封隔器在裸眼井中运行，通过液压坐封。该元件通过机械压缩膨胀使封隔器免受地层伤害。如果需要取出封隔器时，可以直接提拉油管柱进行丢手、剪切丢手或根据具体要求采用其他方式解封。

1. 应用范围和技术优势

(1) 适应于高温高压条件。

(2) 独立区域封隔。

(3) 适合可回收桥塞使用。

(4)生产控制。

(5)生产测试。

2. 技术特征

(1)高膨胀率。

(2)井眼运行过程中的反预设特征。

(3)可调节坐封和接缝力。

(4)最小运行外径。

### (四) BASTILLE™可移动生产封隔器

1. 产品描述

BASTILLE™可移动生产封隔器为高压、高温(HP/HT)井环境提供了可靠的气密隔离,并且当需要去除时可以方便的脱离套管(可移动生产封隔器套管规格参数如表1-8)。在20000psi(1379bar)的高压条件、温度高达450℉(232℃)时能够提供一个V0标准(ISO 14310标准零气泡)的密封,并且所能承受的温差高达250℉(121℃)。

BASTILLE™可移动生产封隔器中能够直接允许生产管柱的通过,或是与一个锁紧式密封总成相连,使生产油管能够在无需解封封隔器的情况下自由起、放。无论是哪一种方式,它都能在超高压、高温条件下提供气密、可靠的密封,并保证在修井作业以及二次完井作业时能够灵活的拆卸。

永久性生产封隔器在使用时需要起、放管柱作业,这会带来成本增加、HSE风险、破坏套管的潜在风险等问题。与永久性的生产封隔器不同,BASTILLE™可移动生产封隔器的特点是所含有的切割—拆卸(cut-to-release)的特殊设计使其能够使用化学切割方法进行拆卸,或是在连续油管上与接上的贝克休斯机械切管机(MPC™)工具相连作用。

表1-8 可移动生产封隔器、套管规格参数

|  | 套管尺寸 | 9.625in |
|---|---|---|
|  | 套管重量 | 47.0~53.5lb/ft |
| 封隔器规格 | 连接处 | 5.500in |
|  | 最小内径 | 4.465in |
|  | 最大外径 | 8.310in |
|  | 温度范围 | 200~450℉(93~232℃) |
|  | 适用温度 | 20000psi(1379bar) |

2. 特点及适用范围

(1)多层完井。

(2）深水、超深水井。

(3）适应最高温度为 450 ℉（232℃），最高压力为 20000psi 的超高压、高温条件。

(4）基于 ISO 14310 标准的 V0 标准：

① 保证苛刻作业条件下的气密密封；

② 帮助维护井筒的完整性。

(5）切割—拆卸（Cut-to-release）模型设计：

① 保证拆卸前封隔器坐封在套管上；

② 保证一次性回收；

③ 其设置不需要管柱的移动，提高稳定性；

④ 支持单封隔器、多封隔器完井作业。

(6）重组封隔器结构：

① 当需要拆卸回收时，内部夹头能够释放封隔单元的能量；

② 特殊设计的部分能够使原本密封的封隔器壁解除密封，并释放套管壁上的滑套；

③ 完全脱离使封隔器能够在套管内自由的移动，便于回收。

### (五) SAB-3 型封隔器

1. 产品描述

贝克休斯 SAB-3 型封隔器分别是 DAB 型和 FAB 型封隔器的液压坐封型。SAB 型封隔器的特点是封隔器和密封附件组合的孔径尽可能大。SAB 型封隔器通过一个 K 型或 KC 型锚定油管密封接头连接到油管上下到井中预定深度，并施加油管压力坐封。这种封隔器很适合应用在海上常见的大斜度井中。

SAB-3 型封隔器是由流行的 SAB 型封隔器发展而来的，通过重新设计最大程度提高了强度、均匀坐封压力和适应硫化氢（$H_2S$）环境的各种合金材料的标准化。SAB-3 型封隔器内径与相对应尺寸的 DA 型封隔器内径相当。

2. 特征和优点

(1）坚固、细长结构，密封元件抗抽汲作用。不怕撞击损坏或过早坐封，而且当封隔器坐封时能保持安全和永久性密封，这样可以节省下井时间（与早期型号的永久型封隔器相比）。

(2）两个相对的全圆和全强度卡瓦，确保封隔器坐封后不移位。

(3）独特内锁、可膨胀金属护圈与套管接触，可以阻挡密封元件突出。

(4）安全性高的安装井口装置完井允许在封隔器坐封之前向油管替液。

(5）坐封不需要旋转或往复活动，减少配长、坐落等方面的问题。

(6）所有"O"形密封都有垫圈支撑，提高了长期的密封完整性。

(7）SAB-3 型封隔器设计承载能力最高达到 10000psi 压差。

(8）B 型接头允许在封隔器下方连接磨铣延伸筒或其他组件。

(9) 一体式合金钢主体符合 NACE 硫化氢作业标准 MR-02-75-88。

(10) 可选测试装置允许在下井之前对锚定油管密封接头、封隔器和尾管进行高压测试。

## 二、滑套现状

### （一）HCM 套管滑套

贝克休斯 HCM 套管滑套主要由液控管线、内套及密封组件组成，如图 1-8 所示。内套上下两端设置有液缸，并分别与液控管线连接，将液控管线引至地面控制单元，从而按照储层改造要求或地层生产情况控制滑套打开、关闭。HCM 套管滑套的主要优势在于其结构简单，无需下入特定工具对内套进行打开、关闭操作。当某一个滑套出现液控失效的异常状况时，滑套内套设计有台肩，可通过下入连续管工具与内套台肩配合进行滑套启闭补救施工。

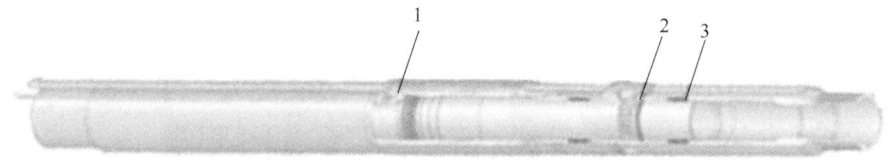

图 1-8　贝克休斯 HCM 套管滑套
1—液控管线；2—内套；3—密封组件

HCM 套管滑套适用最小套管为 $\phi$114.3mm，采用 $\phi$6.35mm 液控管线，管线耐压 50MPa，滑套内套开关压差 2~3MPa，活塞排液量约 240mL，因此，滑套在井底能对地面的液压控制产生及时响应，确保滑套开关快捷、准确；滑套入井后其过流面积达到 4200mm$^2$，具有较好的过流性能，不会影响后期生产、排液。

### （二）OptiFrac 滑套

威德福 OptiFrac 滑套自身带球座，投球后可憋压后打开内套筒，滑套结构示意如图 1-9 所示。帮助迅速开启通道，压裂作业及投产后关闭等作用。作业特征为：最多 9 层滑套；流动孔过流面积最大化；整个内套筒行程低于流动孔，不会冲蚀；球座磨洗后可采用标准钢丝工具开关；滑套上带有复合式膜壳，防杂质影响内套筒。滑套技术指标见表 1-9。

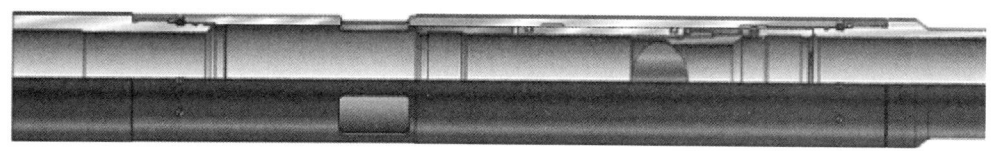

图 1-9　OptiFrac 滑套

表 1-9  威德福 OptiFrac 滑套技术指标

| 尺寸 | 4½in. | 兼容球尺寸 | 1½~3½in |
|---|---|---|---|
| 套管尺寸 | 7in, 32.0lb/ft | 剪切开启压力 | 1000~3000psi |
| 油管尺寸 | 4½in, 11.6lb/ft | 材质 | 球墨铸铁, 4140(125ksi) |
| 抗内挤 | 10000psi | 温度等级 | 325°F(163°C) |
| 抗外挤 | 10000psi | 拉伸强度 | 220000lbs |
| 最大外径 | 5.50in | 开关工具 | 标准 B |
| 最小内径 | 3.92in | 工具全长 | 57in |
| 磨洗尺寸 | 3⅞in | | |

### (三) Titanium XV FracPORT 滑套

PackerPlus 公司 Titanium XV FracPORT 滑套是一个投球驱动、液压激活的流动端口(图 1-10)。TitaniumXVFracPORT 滑套在两个 TitaniumXV RockSEALII 封隔器之间运行,对井眼中具体区域进行隔离和选择性压裂。多级 Titanium XV FracPORT 滑套可以随着尾管顶端最大的球座运行。Titanium XV FracPORT 滑套可以被铣磨掉以移除球座,也可以之后的操作中在带有或不带球座的位置进行关闭或重新开启,例如堵水操作。

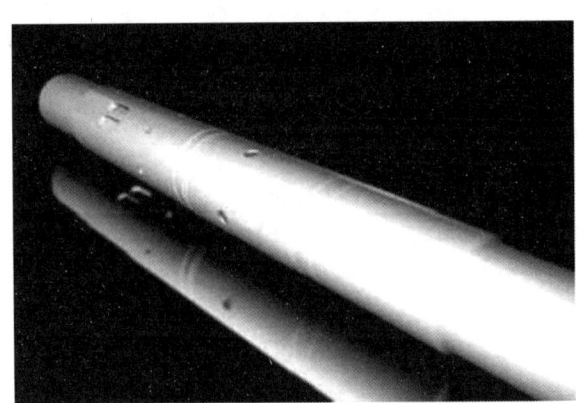

图 1-10  Titanium XV FracPORT 示意图

将适合的球体型号插入到钻柱中并向下泵送到 Titanium XV FracPORT 套筒基座上。然后向上压迫钻柱驱动工具来打开流体端口,使增产液流进环空内开启压裂。所有段都完成增产后,小球重新回到地面。

## 三、压裂系统现状

### (一) DeltaStim 多级压裂系统

哈利伯顿 DeltaStim 多级压裂系统主要包括膨胀式尾管悬挂器、裸眼封隔器、投球滑套和液压滑套。其主要工具的性能指标见表 1-10。

表 1-10　DeltaStim 多级压裂系统主要工具性能指标

| | | |
|---|---|---|
| 裸眼直径(mm) | | 155.6~158.8 |
| 基管直径(mm) | | 114.3 |
| 滑套 | 外径(mm) | 146.0 |
| | 内径(mm) | 95.3 |
| | 耐压(MPa) | 70 |
| | 耐温(℃) | 177 |
| | 最大排量(m³/min) | 11 |
| 遇油膨胀封隔器 | 外径(mm) | 148.6 |
| | 耐压(MPa) | 70 |
| | 耐温(℃) | 204 |

哈利伯顿 DeltaStim 多级压裂系统的投球滑套一般都会采用可多次开关的增产滑套(图1-11),压裂作业时投球憋压打开,滑套的内筒上设计有可利用连续油管开关的凹槽,后期可对压裂的各层段进行选择性的关闭。

图 1-11　DeltaStim 多级压裂系统中滑套结构示意图

哈利伯顿公司的自膨胀封隔器的结构相对也比较简单,主要由基管、胶筒和挡环组成,结构如图 1-12 所示。

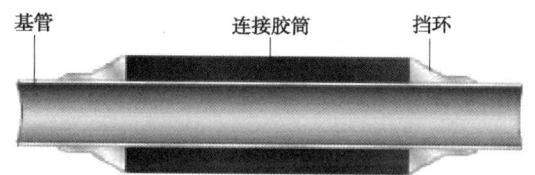

图 1-12　DeltaStim 多级压裂系统中自膨胀封隔器结构示意图

DeltaStim 多级压裂系统首次应用是在南得克萨斯州的 EagleFord 页岩气藏。此气藏的管理人员一直都在寻找降低页岩气开发的最优完井方式,哈利伯顿公司提供的这套系统,采用了膨胀式尾管悬挂器、遇油自膨胀封隔器和简易的投球滑套,大大降低了完井成本。图 1-13 为 DeltaStim 多级压裂系统的示意图。

### (二) nZone 投球多级压裂系统

斯伦贝谢 nZone 投球多级压裂系统可以在水平井、斜井以及垂直井无干预情况下完成 5 级压裂。最下端的地层可以用 Kick-Start 破裂片状阀来完成,随后的五级压裂段可用投球阀来完成(图 1-14)。投球阀有一个预坐封的阀座,可以使从地面上投入的球坐落在阀座上。

当投球坐落在阀座上时,便隔离了其下部各层段。应用地层压力可触发衬套并打开通过地层的压裂孔。尽管投球阀只有五个压裂级,还要进行球及阀座的布置,但它可以简化完井作业,更加节约成本。

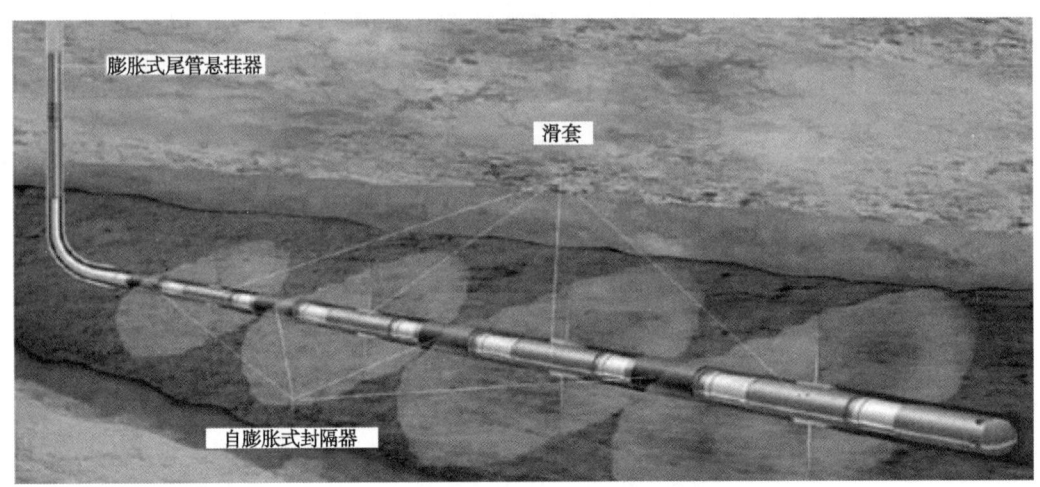

图 1-13　哈利伯顿公司的 DeltaStim 多级压裂系统

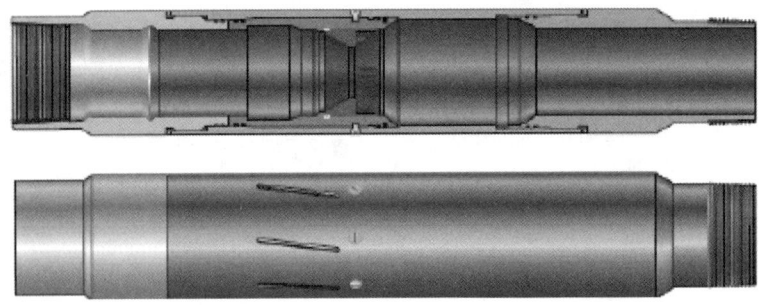

图 1-14　nZone 投球多级压裂系统内部和外部视图

在投球时需要注意的是要确保投掷球投入到正确的压裂阶段及相应的阀座上,并且只有当井眼清洗干净上一压裂阶段的支撑剂时才能投入,否则,如果支撑剂下沉到阀座上,投球就不能恰当地坐封在阀座上,这样便会导致阀门失效。

nZone 阀(图 1-15)是 nZone 投球多级压裂系统主要的阀门,它可以在单一井眼中连续进行无限级的压裂增产作业,而不需要减少套管的内径或是下电缆进行干预。

nZone 启动阀是该系统第二个阀门,它位于底部破裂片状阀的上部,它有一个经机器加工的双挤压 C 形环的剖面来盛放第一个投掷球,并启动压裂的顺序。当这个阀门转为打开状态时,控制管线就会增压,使下一个 nZone 阀来承接另外的投掷球。

### (三) Falcon 多级压裂系统

斯伦贝谢 Falcon 多级压裂系统可以在未胶结的水平井、斜井以及垂直井的压裂作业时隔离各个地层进行压裂作业。在连续的增产过程中,该系统使用可膨胀性或是水力坐封的

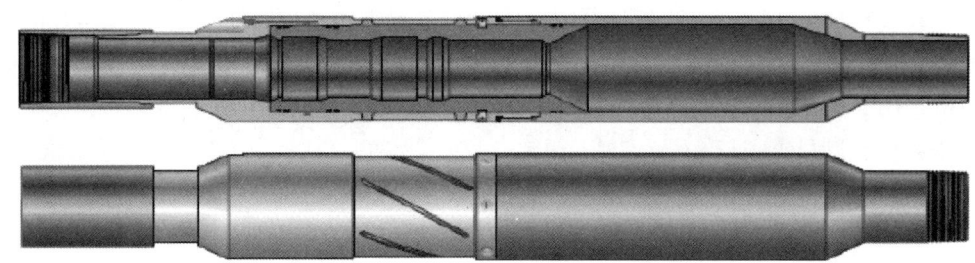

图 1-15　nZone 启动阀的内部和外部视图

封隔器封隔的级数达到 29 个(图 1-16)。从地面上投入的逐渐增大的球来触发各个独立的阶段。Falcon 多级压裂系统可用于需要进行酸化处理或是水力压裂的地层。与常规的封隔射孔作业相比,该系统最大限度地减少了操作的时间、成本和风险。

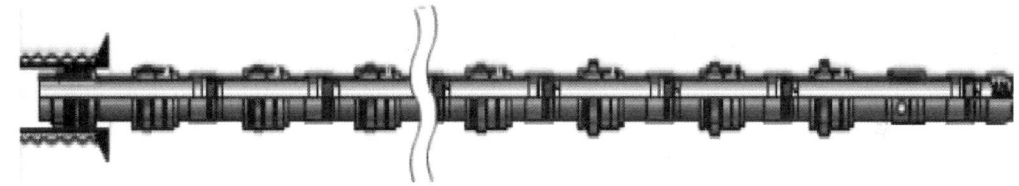

图 1-16　Falcon 多级压裂系统示意图

1. 应用范围

该压裂系统主要应用:未胶结的水平井、斜井以及垂直井中的地层隔离多级压裂;酸化处理过程中隔离岩石骨架压裂作业;当一口井需套管整体性评价时而进行的增产作业;砂岩、碳酸岩以及页岩区块的增产作业。

2. 技术特征

可以连续压裂 29 段地层,压力和温度等级为 10000psi(68948kPa)和 350℉(176℃);在压裂清洗过程中,阀座的形状可以在较低的压力下提高投球的返排能力,可钻阀座和投球可以保持全井眼畅通,提高生产量,使流过的面积达到最大,这样就减少了压裂泵的压力,提高了井底段的压裂效率,膨胀封隔器耐用机理的设计使它消除了外部耐磨覆盖层的使用。

3. 技术优势

一次下钻便可完成安装,减少了钻机时间和作业的风险;由于模块化设计可容纳多个规格参数及完成最后的修改,提高了作业效率;由于消除了电缆传输、固井以及连续油管操作,降低了费用;通过使用更少量的水,减少对环境的影响,所需更少的设备和人员。

4. 组件

(1) Falcon 穿流式循环阀。

Falcon 穿流式循环阀是 Falcon 多级压裂系统的重要组成部件,通过筛管送入井内并用于选择性的增产地层。在将该系统送入井下过程中,该阀门可以允许液体循环流过,在进行压裂作业前可以使用完井液驱替钻井液。随后，它将关闭来将内部套管与环空封隔开。

当筛管到达指定的位置后，从地面上投入的球泵入并坐封在球座上。当压力增加时，球便可以使滑套向下移动，永久地关闭了循环阀。这样产生的压力就可以坐封水力封隔器并触发水力压裂阀(图1—17)。

图1—17　Falcon穿流式循环阀

（2）Falcon投球触发压裂阀。

Falcon投球触发压裂阀是Falcon多级压裂系统不可或缺的组成部分。通过一个筛管送入井下，可用于选择性的地层压裂。通过这个阀，将所有压裂层建立起联系。如图1—18所示，Falcon投球触发压裂阀多个球，它坐落在穿流循环阀中，当压力增加时它可以使压裂衬套打开。可以选择左侧的单球座和右侧的多球座用在多个压裂级数。

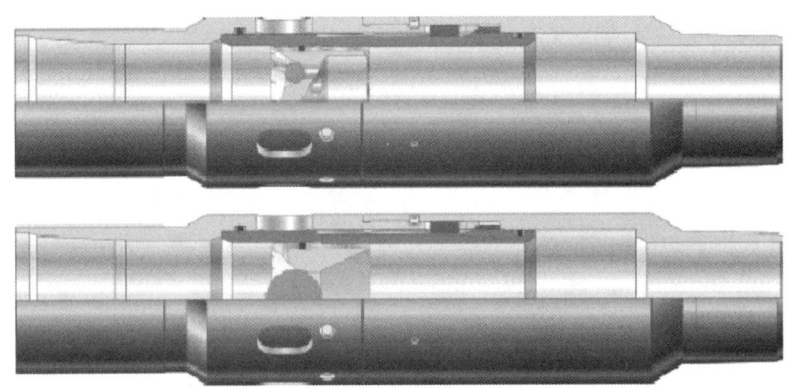

图1—18　Falcon投球触发压裂阀示意图

阀的数量由压裂层数所决定，同时，相应球的直径也不断地增大。根据要触发的阀门来决定从地面上投入合适尺寸的球。当压力增加时，球使衬套下移，露出了压裂孔，这样便与每层建立了联系。阀上的多球座的使用，加上较小直径的球来使球座磨蚀量和压降降到最低。压裂后，如果需要，在压裂后可以钻铣球座来实现全井眼通径。圆锥形的球座形状提高了球的返排的能力，可防止在压裂过程发生卡球而导致压裂层下面的产量减少。所有流经球座的回压小于500psi(磅每平方英寸)(3.447MPa)(规格参数见表1—11)。

表1—11　Falcon投球触发压裂阀规格参数

| 尺寸[in(mm)] | 4.5(114.3) | 5.5(139.7) |
| --- | --- | --- |
| 最大外径[in(mm)] | 5.625(146.05) | 7.655(194.44) |
| 最小内径[in(mm)] | 3.75(95.25) | 4.29(108.97) |

续表

| 尺寸[in(mm)] | 4.5(114.3) | 5.5(139.7) |
|---|---|---|
| 长度[in(mm)] | 2.24(0.85) | 2.24(0.85) |
| 最大爆破压力等级[psi(kPa)] | 10000(68948) | 10000(68948) |
| 温度等级[℉(℃)] | 325~350(162~176) | 350(176) |
| 连接 | 4.50APILT&C | 5.50APILT&C |
| 开启压力[psi(kPa)] 最小值 | 1800(12410) | 1800(12410) |
| 开启压力[psi(kPa)] 最大值 | 2200(15170) | 2200(15170) |
| 阀体抗拉强度[lbf(kPa)] | 359000(1596) | 636175(2829) |
| 阀体抗扭曲强度[lbf(kPa)] | 10000(13558) | 10000(13558) |

(3) Falcon 水力激发压裂阀。

Falcon 水力激发压裂阀是 Falcon 多级压裂系统不可或缺的组成部分(图 1-19)。通过一个筛管送入井下，可用于选择性的地层压裂。在关闭穿流循环阀后，通过这个阀在井底段将该系统与第一级压裂层建立起联系。

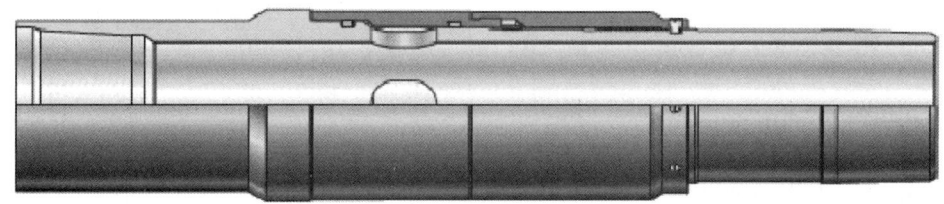

图 1-19　Falcon 水力激发压裂阀

Falcon 水力激发压裂阀位于穿流循环阀的上部，在关闭循环阀后通过增压来进行激发。当压力达到激发所需的压力时，衬套就会向下移动，使射流口暴露出来，这样便建立起与压裂层的联系。

每个系统只有一个阀门，位于穿流循环阀的上部，坐封压力约为 5500psi(37.92MPa)，较大的射流口可以增加流经的面积，这样便会产生更高的流动速率，压力和温度等级分别为 10000psi(68948kPa) 和 350℉(176℃)(规格参数见表 1-12)。

表 1-12　Falcon 水力激发压裂阀的规格参数

| 尺寸 in(mm) | 4.5(114.3) | 5.5(139.7) |
|---|---|---|
| 最大外径 in(mm) | 5.625(146.05) | 7.655(194.44) |
| 最小内径 in(mm) | 3.75(95.25) | 4.29(108.97) |
| 长度 in(mm) | 2.31(0.70) | 2.31(0.70) |
| 最大爆破压力等级[psi(kPa)] | 10000(68948) | 10000(68948) |
| 温度等级[℉(℃)] | 325~350(162~176) | 350(176) |
| 连接 | 4.50APILT&C | 5.50APILT&C |

续表

| 尺寸 in(mm) | 4.5(114.3) | 5.5(139.7) |
|---|---|---|
| 开启压力 | | |
| 最小值 | 4800(33094) | 4735(30164) |
| 最大值 | 5600(38610) | 5375(37059) |
| 阀体抗拉强度[lbf(kPa)] | 338000(13558) | 636175(2829) |
| 阀体抗扭曲强度[lbf(kPa)] | 10000(13558) | 10000(13558) |
| 孔的流经面积[in²(mm²)] | 10.43(64.52) | 28.28(182.45) |

(4) Falcon 水力坐封裸眼封隔器

Falcon 水力坐封裸眼封隔器是 Falcon 多级压裂系统不可或缺的组成部分(图1-20)。它安装在两个层段之间,然后可以依次地进行压裂作业。钻柱中封隔器的数量由所需压裂的层段所决定。

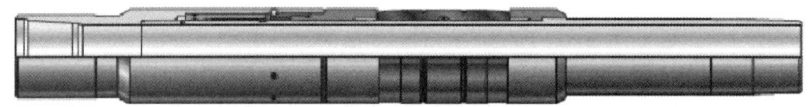

图 1-20　Falcon 水力坐封裸眼封隔器

在筛管下入到井内并水力密封后,可以通过压力同时坐封所有的封隔器。封隔器的外径为 5.75in,可以受到全尺寸保护。而且还装备了防抽汲元件,并在元件的两端安装了阻挡环,防止其受到挤压。当封隔器坐封后,内部紧锁环仍然保持着元件的坐封力,这样在温度升高后可以使封隔器处理多个反向压力。

在 10000psi 的反向压力及 300°F(149℃)的温度下进行测试。可容纳裸眼井的尺寸范围为 5.875~6.375ft,规格参数见表 1-13。

表 1-13　Falcon 水力坐封裸眼封隔器的规格参数

| 外径范围[in(mm)] | | 5.63~5.75(142.88~146.05) |
|---|---|---|
| 最小内径[in(mm)] | | 3.75(95.25) |
| 长度[in(mm)] | | 4.28(1.3) |
| 最大爆破压力等级[psi(kPa)] | | 10000(68948) |
| 最高温度[℉(℃)] | | 328(164) |
| 连接 | | 4.50APILT&C |
| 裸眼井尺寸范围 | | 5.875~6.375(149.23~161.93) |
| 开启压力[psi(kPa)] | 最小值 | 2287(33094) |
| | 最大值 | 2687(18526) |
| 阀体抗拉强度[lbf(kPa)] | | 320000(1423) |
| 阀体抗扭曲强度[lbf(kPa)] | | 10000(13558) |

### (四) TAP 压裂完井系统

斯伦贝谢 TAP 压裂完井系统结构如图 1-21 所示，主要包括启动阀、TAP 阀。TAP 阀主要由阀体、内滑套、活塞和 C 形环等组成。当上一级阀体的压力传导至活塞腔时，活塞下行挤压 C 形环，形成球座，以用于坐入井口投入的飞镖，隔离下部储层。启动阀和中继阀内无活塞和 C 形环，分别用于底层第 1 级滑套和压裂较厚储层。在油气井生产时，如遇产层出水等特殊情况，则可下入连续管开关工具将滑套关闭，以封堵底水。

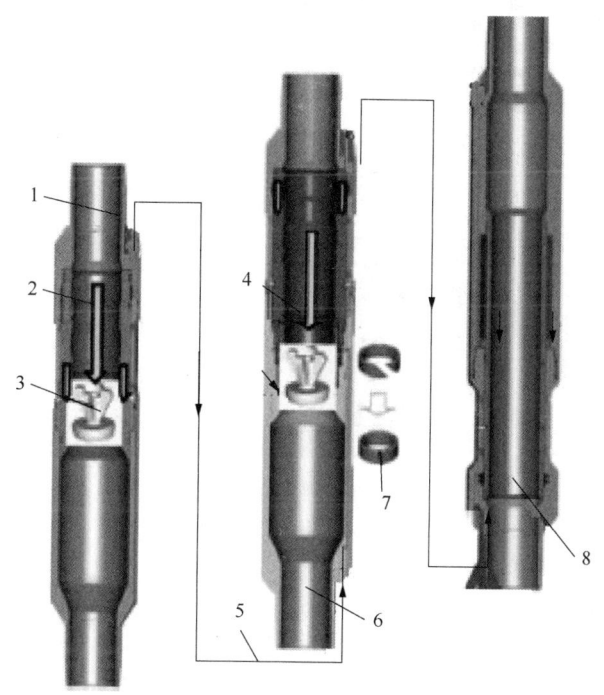

图 1-21 Schlumberger 公司的 TAP 压裂完井系统
1—启动阀；2—内滑套；3—飞镖；4—活塞；5—导压管；6—TAP 阀；7—C 形环；8—中继阀

当需要对多个薄油层进行增产改造时，需用金属导压管串接各压裂阀，因此，斯伦贝谢公司研制出一种特殊的管线卡紧装置(图 1-22)，将导压管线固定于接箍上，与套管一并入井，可防止导压管磕碰损坏。同时，为降低固井顶替作业时水泥浆在工具内壁残留，避免影响滑套内套滑动性能，研制了大、小胶碗组合的特殊固井胶塞(图 1-23)，该胶塞可提高系统可靠性。

目前 TAP 压裂完井系统仅适用于 $\phi$200mm 以上井眼和 $\phi$114.3mm 套管。受尺寸限制，TAP 阀现场应用时最大井斜不超过 68°，最大狗腿度每 30m 为 25°。滑套入井后间距大于 3m，因此，对油气藏厚度有一定要求。滑套整体耐压达到 70MPa，耐温 160℃。飞镖直径为 88.9mm，压裂结束后，飞镖返排至上层滑套球座下部，并形成过流通道，过流面积相当于 $\phi$73mm 油管，因此可有效确保后期排液、生产不会形成阻塞。

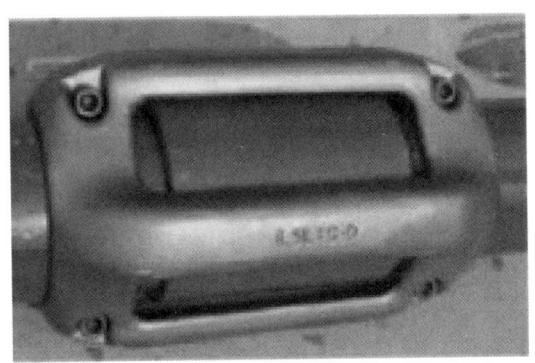

图 1-22 管线卡紧装置

图 1-23 特殊固井胶塞

### （五）FracPoint 多级压裂系统

贝克休斯 FracPoint 多级压裂系统尺寸系列如表 1-14 所示。贝克休斯公司在 2009 年 10 月将此系统成功应用在美国 BakkenShale 页岩气藏 Ogden11-3H 井中，使用投球滑套 1 次起下完井，压裂了 24 级。

表 1-14 FracPoint 多级压裂系统的尺寸

| 裸眼尺寸(mm) | 98.4~108.0 | 114.3~120.7 | 158.8~165.1 | 139.7~222.2 |
|---|---|---|---|---|
| 上层套管(mm) | 114.3 | 139.7 | 177.8 | 244.5 |
| 压裂管柱尺寸(mm) | 73.0 | 88.9 | 114.3 | 139.7 |

## 四、桥塞现状

### （一）Fast Drill Plug 快钻桥塞

Fast Drill 250 桥塞是专门为分段增产处理过程中水平井眼的层位封隔进行设计的，规格参数见表 1-15。

为了增加高岩屑或水平井应用的可靠性，250 系列桥塞装有固定卡瓦，能使桥塞在垂直井中超过 500ft/min、水平井中超过 250ft/min 的速度下入,同时泵送速度达到 12bbl/min。

表 1-15　Fast Drill 250 桥塞规格参数

| 压裂桥塞系列 | 卡瓦牙类型 | 套管尺寸(in) | 套管重量(lb/ft) | 最大套管内径[in(cm)] | 最小套管内径[in(cm)] | 最小工具外径[in(cm)] | 长度[in(cm)] | 额定压差[psi(MPa)] |
|---|---|---|---|---|---|---|---|---|
| FastDrill250 | 白陶瓷 | 4½ | 11.60~13.50 | 4.00(10.16) | 3.92(9.96) | 3.66(9.30) | 22.06(56.03) | 8000(55.16)min. |
| FastDrill250 CagedBall | 白陶瓷 | 4½ | 11.60~13.50 | 4.00(10.16) | 3.92(9.96) | 3.66(9.30) | 23.46(59.56) | 8000(55.16)min. |
| FastDrill250 | 白陶瓷 | 5½ | 17.00~23.00 | 4.89(12.73) | 4.67(11.86) | 4.37(11.10) | 25.36(64.42) | 8000(55.16)min. |
| FastDrill250With PumpDownGroove | 白陶瓷 | 5½ | 17.00~23.00 | 4.89(12.73) | 4.67(11.86) | 4.37(11.10) | 25.78(65.48) | 8000(55.16)min. |
| Fast Drill 250 Caged Ball | 白陶瓷 | 5½ | 17.00~23.00 | 4.89(12.73) | 4.67(11.86) | 4.37(11.10) | 26.75(67.95) | 8000(55.16)min. |

技术特点和优势:
(1) 带陶瓷嵌体的复合卡瓦。
(2) 通过工具时泵送速度超过 12bbl/min(无需抽气环)。
(3) 桥塞主要用于水平井应用。
(4) 压裂桥塞承受上端压力但允许下端回流。
(5) 水平井段插入速度超过每分钟 250ft,垂直井段插入速度超过每分钟 500ft。
(6) 采用常规密封三牙轮钻头、PDC 钻头钻出,或采用连接钻杆或连续油管碾碎。
(7) 有助于节省钻机时间并降低套管破损。

**(二) Copperhead 桥塞**

斯伦贝谢 Copperhead 型可钻桥塞和允许完井液通过的压裂塞(图 1-24)是一个井眼堵塞装置,通常在多级压裂中用于隔离各地层。桥塞有一个坚固的塞芯,它可以保持上下两个方向上的压力。该压裂塞是有止回阀的桥塞,允许压裂液从桥塞下自由流出。

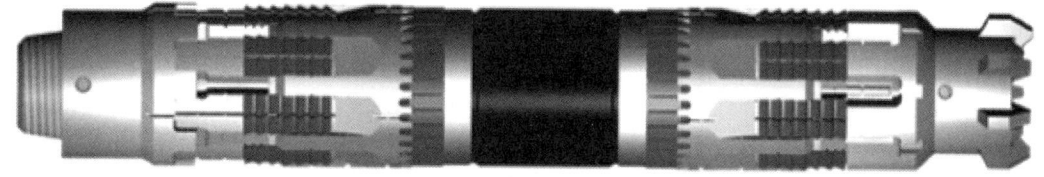

图 1-24　Copperhead 型可钻桥塞和允许完井液通过的压裂塞

该桥塞可以被钻成体积较小、大小均匀的碎屑,易于循环出井。Copperhead 桥塞的规格参数见表 1-16。

表 1-16　Copperhead 桥塞的规格参数

| 套管尺寸[in(mm)] | 套管质量[lb/ft(kg/m)] | 最大外径[in(mm)] | 额定压力[psi(kPa)] | 额定温度[℉(℃)] |
|---|---|---|---|---|
| 2.875(73) | 6.5(9.67) | 2.25(57.15) | 10000(68945) | 350(175) |
| 2.875(73) | 7.9~8.7(11.76~12.95) | 2.125(53.98) | 10000(68945) | 350(175) |
| 3.5(88.9) | 9.3~10.3(13.84~15.33) | 2.72(69.09) | 10000(68945) | 350(175) |
| 3.5(88.9) | 12.95(19.27) | 2.562(65.08) | 10000(68945) | 350(175) |
| 4.5(114.3) | 11.6~15.1(17.26~22.47) | 3.625(92.08) | 10000(68945) | 350(175) |
| 5.5(139.7) | 15.5(23.07) | 4.39(111.51) | 7000(48260) | 350(175) |
| 5.5(139.7) | 17~23(25.30~34.23) | 4.39(111.51) | 10000(68945) | 350(175) |
| 7(177.8) | 20~26(29.76~38.69) | 6.0(152.4) | 10000(68945) | 350(175) |
| 7(177.8) | 26~35(38.69~52.08) | 5.75(146.05) | 10000(68945) | 350(175) |

### (三) 贝克休斯桥塞

**1. Quick Drill 复合桥塞**

贝克休斯 Quick Drill 复合桥塞(图 1-25),可耐温 450℉(232℃),耐压 12500psi (86MPa),材料为易钻磨复合材料。桥塞需要电缆坐封工具坐封(E-4 服务工具),可实现坐封射孔联作。

图 1-25　Quick Drill 复合桥塞

Quick Drill 复合桥塞用于已下套管井,能够使用常规磨铣工具快速磨铣清除。该桥塞能封隔同一口井的多个作业层段,从而实现每一层段的单独作业或测试,然后在欠平衡环境下钻磨清除该桥塞。对于这种桥塞的欠平衡钻磨清除,一般采用连续油管输送井下马达和磨铣工具完成。Quick Drill 复合桥塞可以使用 E-4 型电缆压力坐封总成来坐封或者使用带有 J 型水力坐封工具的管子来坐封。

特点:耐压达 12500psi;作业成本低;无铜环或碳化钨遗留以控制钻磨桥塞;啮合机理防止钻磨桥塞时,桥塞打转;所用复合材料—容易磨铣;坐封后无剪切销钉等遗留;大卡瓦接触面积有效咬住套管;可带生产通道或不带生产通道。

带生产通道的桥塞:可以在桥塞磨掉之前进行试气、生产。

投球式:投球之后隔离下层。

单流阀式:内置提升阀,桥塞上部承压,流体可以从下往上流动。

无生产通道桥塞：压裂完成之后全部磨掉，进行生产。

Quick Drill 复合桥塞创新点：

（1）易于清除。它由高科技材料制造而成，远远比金属容易清除。钻磨这种桥塞所产生的非金属碎屑能更容易循环带回地面。

（2）在修井作业期间，大表面的卡瓦能更好地固定桥塞。因为该工具卡瓦的优异设计，桥塞在井筒中坐封后将不会移动。

（3）主体锁紧圈设计。该锁紧圈隔开了卡瓦卡齿及封隔的力，从而保证整个修井作业期间桥塞保持坐封和密封。

（4）双卡紧设计。双卡紧设计用于防止桥塞在钻磨中旋转。每个 Quick Drill 复合桥塞的顶部和底部设计有双作用锁紧机构，防止钻磨期间桥塞随钻磨工具旋转。可以实现快速而有效地钻掉多个桥塞。

（5）无阻碍钻磨。由于 Quick Drill 复合桥塞没有钢制剪销或剪钉，在卡瓦中也没有碳化钨、黄铜环，因此堪称目前最容易钻磨掉的桥塞（图 1-26）。

连续油管下入磨铣工具

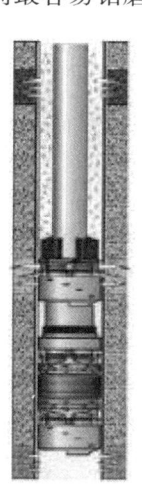
齿合式设计使上面桥塞剩余部分和下部桥塞锁紧，防止磨铣时的转动

低密度钻屑很容易随着循环液退出到井口

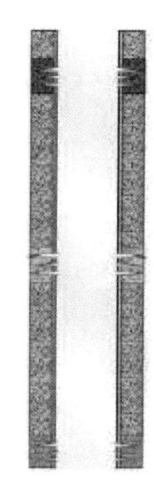
桥塞完全磨掉，有效防止了底层污染，得到了干净的井筒。

图 1-26　磨铣桥塞

**2. 贝克休斯 HMN 型可钻式桥塞**

贝克休斯 HMN 型可钻式桥塞的应用领域包括：为了进行挤水泥的施工操作；进行层位的封隔；进行压裂施工操作；对油气井进行临时性或者永久性的封堵和废弃施工操作。

HMN 型可钻式桥塞（图 1-27）是由水力驱动的、具有机械性能配置的、以铸铁作为材质的可钻式桥塞。应用 HMN 型可钻式桥塞的优势在于，在钻开桥塞的过程中，顶部的压力均衡确保了安全性，桥塞不至于移动至仰孔位置。这是因为整个过程中的压力被限制在了桥塞以下。

图1-27　贝克休斯HMN型可钻式桥塞

**3. SPECTRE 桥塞**

SPECTRE 桥塞使用了贝克休斯研发的高强度可控纳米电解金属材料，在井下温度和矿化度环境下可按预期速度完全降解。当遇到井筒流体时，包括桥塞本体、IN-Tallic 卡瓦系统以及密封部件在内的整个 SPECTRE 桥塞组合均可完全降解。

（1）技术优势。

① 无需连续油管施工。在压裂施工中和施工后，联合使用 SPECTRE 桥塞与 Alpha 滑套及 IN-Tallic 压裂球，即可完全摒弃连续油管操作。

在施工时，由压控式 Alpha 滑套首先建立与储层的通道，而非连续油管下入的射孔枪。IN-Tallic 可降解压裂球坐在 SPECTRE 桥塞的上部后启动压裂施工，全部产层完成增产处理后直接投产，无需干预，平均节约 3 天的完井时间。

② 避免计划外停工。与传统压裂桥塞一样，由钢丝绳下入的 SPECTRE 桥塞可以灵活选择性地布置在不同压裂层段，并实时调节下入深度。基于桥塞独特的抗冲击设计，其下入时的受力分布在整个工具串而非聚集在卡瓦系统上，可有效规避因遇阻而提前坐封的风险。

在设计深度上，桥塞的胶筒膨胀并密封在套管上。特殊设计的 IN-Tallic 卡瓦系统可以平衡套管咬合产生的的摩擦加持力，保证桥塞牢牢锚定就位。

桥塞和压裂球的制备材料仅与产出流体发生反应，可防止二者过早降解。在压裂施工时，桥塞可承受的压力高达 70MPa，也可保障顺利增产。

已枯竭的油气井中，桥塞残渣残留在其中，举升至地面十分困难，且该作业需要昂贵的冻胶和泡沫流体方可完成，而 SPECTRE 桥塞的可完全降解性恰恰解决了这一难题。

③ 更多触点触及更多油气层。一些盆地的作业常常需要水平侧钻超过 10000ft（3050m）的距离，而对于大多数桥塞/射孔联作完井来说，井眼长度通常受限于连续油管装置能够到达的井深。

SPECTRE 桥塞在压裂后无需钻出，适用于连续油管无法触及的油气层，而更多的段数也意味着更多的油气层和潜在产量。另外，该桥塞还十分适用于连续油管装置难以运输的边远地区，这意味着有潜在机遇的油气开发区域不再受制于物流。

④ 增加井筒覆盖范围，减少钻井数量。因 SPECTRE 桥塞不受施工深度的限制，使用该桥塞的油气井能够增加与储层的接触，减少地面设施和成本，创造一个更加环保和友好的施工环境。

全通径使后续作业变得简单易行，典型的页岩油气藏在短期的初始生产周期的产出量仅占其全部可采储量的不到10%。但通过洗井、加装人工举升泵、化学驱油以及重复压裂等增产措施可以提高采收率。SPECTRE桥塞使得这些需要无阻全通径的施工变得更加容易，且成本更低，完全无需在作业前钻开井筒剖面或者排除桥塞的残渣。

（2）应用案例。

在Oklahoma的Woodford页岩储层一口大位移井总深超过22200ft（6772m），水平段长达7109ft（2167m），但连续油管不能达到该井最深处。

在该井使用SPECTRE桥塞和复合桥塞，最终的完井工艺设计了45个压裂层段。在该井下部层段设置并使用了10个SPECTRE桥塞，最深和最浅的SPECTRE桥塞分别设置在22224ft（6773m）和20091ft（6123m）处。设计的压裂段跨越了总长7109ft的水平段中的2100ft（640m），如果使用复合桥塞完井，施工风险将变得很大。

当下部层段泵入流体时，地面的压力信号显示施工流体成功地进入了每一个压裂层段。SPECTRE桥塞利用可降解IN-Tallic压裂球来实现分段施工，提供了可完全降解的分段解决方案。剩余的上部层段使用34个传统复合桥塞进行了完井施工。压裂施工结束后复合桥塞被磨铣钻出，油井开始投产。在降解阶段，油气仍然能够从SPECTRE桥塞的扩大流通内径中流出。降解过程完成后，井筒中未留下桥塞或压裂球残渣，井筒维持全通径状态。

### （四）哈里伯顿Illusion压裂泵送桥塞

使用哈里伯顿Illusion压裂泵送桥塞（图1-28），无需预先下入定位短节就可以将桥塞坐封在井筒内任何井深，以利于优化射孔位置，提高压裂效果，且压裂后井筒内不会留有其他工具。Illusion压裂桥塞可以完全溶解，最终留下全通径的井眼用于生产，压裂后无需任何干预措施来洗井，因而在降低相关风险的同时，又能尽快投产，提高了资产的净现值（NPV）。

图1-28　Illusion压裂泵送桥塞

Illusion压裂泵送桥塞规格见表1-17。

表 1-17　Illusion 压裂泵送桥塞规格参数

| 套管尺寸（in） | 最大套管内径（in） | 最小套管内径（in） | 最大工具外径（in） | 工具长度（in） | 压力级别（psi） |
|---|---|---|---|---|---|
| 4½ | 3.920 | 3.829 | 3.54 | 14.41 | 10000 |
| 4½ | 4.004 | 3.920 | 3.68 | 14.17 | 10000 |
| 5 | 4.276 | 4.126 | 3.85 | 13.84 | 10000 |
| 5½ | 4.670 | 4.376 | 4.15 | 14.56 | 10000 |
| 5½ | 4.892 | 4.670 | 4.37 | 14.70 | 10000 |

# 第三节　储层改造技术发展现状

## 一、国内外压裂类型发展现状

在近年油气探明储量中，低渗透储量所占比例上升速度在逐年加大。低渗透油气藏渗透率、孔隙度低，非均质性强，绝大多数油气井必须实施压裂增产措施后方见产能，压裂增产技术在低渗透油气藏开发中的作用日益明显。

自 1947 年美国 Kansas 的 Houghton 油田成功进行世界第一口井压裂试验以来，经过 60 多年的发展，压裂技术从工艺、压裂材料到压裂设备都得到快速的发展，已成为提高单井产量及改善油气田开发效果的重要手段。压裂从开始的单井小型压裂发展到目前的区块体积压裂，其发展经历了以下五个阶段：

（1）1947—1970 年：单井小型压裂。压裂设备大多为水泥车，压裂施工规模比较小，压裂以解除近井周围污染为主，在玉门等油田取得了较好的效果。

（2）1970—1990 年：中型压裂。通过引进千型压裂车组，压裂施工规模得到提高，形成长缝增大了储层改造体积，提高了低渗透油层的导流能力，这期间压裂技术推动了大港等油田的开发。

（3）1990—1999 年：整体压裂。压裂技术开始以油藏整体为单元，在低渗透油气藏形成了整体压裂技术，支撑剂和压裂液得到规模化应用，大幅度提高储层的导流能力，整体压裂技术在长庆等油田开发中发挥了巨大作用。

（4）1999—2005 年：开发压裂。考虑井距、井排与裂缝长度的关系，形成最优开发井网，从油藏系统出发，应用开发压裂技术进一步提高区块整体改造体积，在大庆、长庆等油田开始推广应用。

（5）2005 年至今：广义的体积压裂。从过去的限流法压裂到现在的直井细分层压裂、水平井分段压裂，增大储层改造体积，提高了低渗透油气藏的开发效果。

经过五个阶段的发展，压裂技术日趋完善，形成了三维压裂设计软件和压裂井动态预测模型，研制出环保的清洁压裂液体系和低密度支撑剂体系，配备高性能、大功率的压裂车组，使压裂技术成为低渗透油气藏开发的重要手段之一。

### （一）区块开发压裂技术

区块开发压裂技术把低渗透油气藏整体区块作为一个研究对象，根据油气藏地质特征建立区块地质模型和裂缝模型，研究区块注采井网条件下压裂方案的可行性，预测区块油气井产量、采油速度和采出程度，形成一套集成油藏工程和压裂技术的区块开发方式，为低渗透油气藏高效开发提供新的技术手段。

低渗低压油藏宝14区块采用电阻率层析成像和微地震的方法检测裂缝方位及长度，在此基础上调整注采方式。根据裂缝参数优化结果，在一些高水淹地区采用水平周期注水、间歇注水，大大提高了区块注水驱油的效率。

### （二）重复压裂技术

重复压裂技术是指油气井第一次压裂裂缝失去作用后，对该井同一层位进行第二次或更多次压裂施工，恢复油气井产能。

美国巴肯油田是典型的低渗低孔油田，部署水平井初次压裂后水平段中有相当多的产层未有支撑剂铺置，导致压后产量不高且稳产时间短，为此开展了16口水平井重复压裂试验，现场施工成功率达93.7%，重复压裂的平均施工压力明显降低，已为该区增加650t的可采储量，增产效果明显。

国内重复压裂工艺技术在安塞油田、陇东油田延长储层以及新疆乌尔禾储层应用，增产效果显著。

### （三）煤层气压裂技术

煤层具有杨氏模量低、泊松比高、天然割理发育等特点，国外煤层气压裂技术从20世纪90年代大排量、低砂比压裂开始探索，发展到现在中排量、较高砂比、连续油管分层压裂，压后产量是常规压裂产量的1.5倍。在美国宾夕法尼亚州 mount pleasant 煤层气中共有33口井，通过使用LGB交联压裂液，压裂后区块产量增加到 $2831\times10^4m^3$/月，单井产量得到较大提高。

国内中国石油煤层气公司通过煤层岩性分析，形成了大排量、低伤害的煤层气压裂技术，韩城、三交、大宁-吉县区块共进行了220口井，463层的压裂施工，单井产量达2000~8000$m^3$/d，取得了明显的效果。

### （四）页岩气压裂技术

页岩气储层低渗、低孔，即是烃源岩，又是储层和盖层，大部分都需要压裂改造才能生产。美国页岩气发展历程如表1-18所示。

表 1-18 美国页岩气发展历程

| 阶　段 | 时　间 | 发展历程 |
|---|---|---|
| 第一阶段：大规模水力压裂 | 1981 | 第一口氮气泡沫压裂 |
| | 1990 | Barnett 页岩采用大型压裂 |
| | 1992 | 第一口水平井压裂 |
| 第二阶段：大规模滑溜水压裂 | 1997 | 第一次滑溜水压裂（6000m³） |
| | 1998 | 大规模滑溜水压裂和重复压裂 |
| 第三阶段：水平井分段压裂 | 2002 | 开始尝试井分段压裂 |
| | 2004 | 水平井滑溜水分段压裂广泛应用 |
| | 2005 | 开始同步压裂 |
| | 目前 | 体积压裂+同步压裂；水平井完井+滑溜水压裂+多级射孔+快速可钻桥塞 |

国内在四川盆地中南部威远—长宁—昭通等地区开展页岩气开发先导性试验，目前成功完成了威 201、宁 201、昭 104 井、宁 203 井四口探井的页岩气储层直井压裂改造和威 201-H1 井水平井压裂改造，测试产量在 $(0.72\sim1.86)\times10^4\mathrm{m}^3/\mathrm{d}$，显示该区块页岩气可采潜力巨大，为以后页岩气开发奠定了基础。

### （五）复杂储层压裂技术

复杂储层相应的压裂技术见表 1-19。

表 1-19 复杂储层压裂技术

| 复杂储层 | 相应的压裂技术 |
|---|---|
| 致密砂岩油气藏 | 整体优化压裂+开发压裂+液氮助排+不动管柱分压合采/水平井分段压裂技术 |
| 火成岩油气藏 | 新型压裂液+压裂控制技术+压裂诊断技术 |
| 深层稠油油藏 | 压前预处理+降黏压裂液+防砂技术 |
| 潜山高凝油藏 | 大型压裂技术+热压裂技术 |
| 碳酸盐岩油气藏 | 深度酸压+均匀酸压+多级注入 |

（1）致密砂岩油气藏压裂技术。致密砂岩油气藏具有低压、低渗、低产、低丰度等特点，储层压力系数低，压裂液进入地层已引起水锁损坏，影响压裂效果和返排效果。目前，在苏里格气田采用整体优化压裂技术，确定了最佳裂缝长度和井网部署方式，形成了一套直井不动管柱封隔器分层压裂技术+裸眼完井水平井分段压裂技术，提高直井/水平井单井产量至 $2/10\times10^4\mathrm{m}^3/\mathrm{d}$，取得了较好的经济开发效果。

（2）火成岩油气藏压裂技术。火山岩油气藏具有埋藏深、温度高、天然微裂缝发育、储层非均质性严重、储层敏感性强等特点，造成压裂施工难度大、压裂液滤失严重，影响了火山岩油藏的开发。大庆油田徐深气田为埋藏深、物性差的火山岩气藏，通过建立火山岩裂缝破裂和延伸数学模型，预测压裂施工风险，研制出 170℃高温压裂液体系和深井压裂工具，完成了人工裂缝控制和火山岩压裂施工规范的制定，该技术共实施火山岩直井压裂147口227层，最大单井无阻流量达$100×10^4m^3/d$，实现了火山岩油气藏增产效果的跨越式突破。

（3）深层稠油压裂技术。深层稠油埋藏深，地层温度高，常规压裂面临增产效果不明显、有效期短、出砂问题，难以满足稠油油藏生产的需求。吐哈油田鲁克沁深层稠油油藏针对原油黏度高、地层岩性疏松、无有效封隔等特点，开展了前期稠油压裂效果分析，形成了大孔径电缆射孔、压前解堵剂预处理、层内多段、多层体积压裂、水基降黏压裂液等配套技术，在现场试验3井次，施工成功率100%，平均单井日增油6.3t，取得了较好的压裂效果。

（4）潜山高凝油压裂技术。潜山储层主要孔隙类型为构造裂缝，油品性质为高凝油，具有含蜡量高、凝固点高、析蜡点高和蜡熔点高等特点，原油在地层中流动性差，开采难度大。辽河油田曹台古潜山油藏为高凝油油藏，随着注水开发，高渗透砂岩进入高含水期，低渗透砂岩注水效果差，为此，攻克潜山大型压裂难题，采用降滤失工艺和高温压裂液，提高了施工成功率。研发了热压裂液技术，压裂液入井后温度达60℃，降低了高凝油黏度，近年来实施3口井，单井最大加砂量达$80m^3$，累计增油2431t，取得了较好的增产效果。

（5）碳酸盐岩油气藏酸化压裂技术。碳酸盐岩油气藏储集空间复杂，既有裂缝溶蚀孔洞型、孔隙型，也有复合型。碳酸盐岩大部分储层非均质性强，裂缝发育，压裂液滤失严重，造成碳酸盐岩储层压裂是世界性难题。酸压技术从常规稠化酸、缓速酸发展到目前高效酸+多级注入酸压技术+闭合裂缝酸化技术，在低渗碳酸盐岩中取得较好的效果，近年来，国内外碳酸盐岩酸压技术发展迅速，转向酸压、水平井水力喷射酸压、裸眼封隔器分段酸压技术开始成为主流技术。斯伦贝谢纤维转向酸压技术开始应用于碳酸盐岩储层改造，在壳牌卡达尔海上油田应用16口井，转向效果明显。

# 二、国内外压裂工艺发展现状

## （一）投球滑套分段压裂工艺

投球滑套压裂工艺施工速度快，可减少压裂液对储层的伤害，适合泌阳凹陷致密砂岩油藏压裂开发。国外管外封投球滑套压裂技术垄断了国内技术应用市场，技术上的垄断造成实施费用非常高，严重制约了油田非常规油气资源的开发。

1. 管外封投球滑套压裂分段工艺管柱

管外封投球滑套压裂工艺管柱由插管丢手、悬挂封隔器、压裂封隔器、投球滑套、压差滑套、坐封球座等组成。

工艺原理：下入管外封投球滑套分段压裂工艺管柱，油管内泵入压裂液，升压打开压差滑套，打开底层的进液通道，实现对末端底层进行压裂。压裂完底层后，投送低密度阀球到管柱内部，将压裂液泵入油管内，将低密度球推至投球滑套，随管柱内压升高，投球滑套被打开，并将底层封堵，实现第 2 层压裂，然后逐级投球，完成对所有封隔层段的压裂。压裂后，靠地层的压力和产量，各级的低密度球随井液排出，返回到地面。

2. 工艺流程

(1) 通井。为了保证各井下工具能够可靠下入，防止封隔器下入被损坏或遇阻，确保悬挂封隔器锚定和坐封可靠。完井管柱下入前，需要对水平井进行 4 次通井。首先对上部直井段套管进行刮削通井，第 2 次通井针对水平井的裸眼水平段进行磨削通井。第 3 次通井采用与裸眼井设计尺寸相同的西瓜磨鞋来进行通井。第 4 次通井采用上两种西瓜磨鞋通过一根钻杆连接后通井。

(2) 下入完井管柱。缓慢下入完井管柱。地面投坐封球到坐封球座，内部打压坐封悬挂封隔器和所有压裂封隔器，之后升高压力丢手脱开，起出上部钻杆。下入完回接管柱，整个完井管柱下入完毕，形成管外封投球压裂工艺管柱。

(3) 压裂。完井管柱下入后，压差滑套和各投球滑套处于关闭状态。油管内泵入压裂液，升压打开压差滑套，打开底层的进液通道，即可实现对末端底层进行压裂。压裂完底层后，投送低密度球阀到管柱内部，直井段靠重力下行，到水平段，通过泵送一定的排量推动球向前移动，由于压差滑套已打开，泵送前置液到投球滑套，低密度球密封投球滑套，管柱内压升高，在一定内外压差下，投球滑套被打开，并将底层封堵，从而实现第 2 层的压裂。这样逐级投球，可完成对所有分隔的层段进行压裂。压裂后，靠地层压力和产量，各级的低密度球随井液排出，返回到地面，整个管柱保持畅通。

### (二) 快钻桥塞分段压裂工艺

桥塞封层技术起源于 20 世纪 60 年代，我国在 20 世纪 80 年代末开始引进，经过近二十年的不断研制开发与配套完善，在耐高温、高压、多用途、可回收与可靠性等方面得到了一系列的进步，使得桥塞分层技术在直井分层压裂方面趋于完善。

在水平井分段压裂施工中，常规桥塞分层压裂工艺遇到挑战，需解决桥塞的下入、坐封以及解封回收等方面存在技术困难，通过水力泵入方式、射孔与桥塞联作以及快钻桥塞等工艺、工具的配套，形成了水平井水力泵入式桥塞分段压裂技术。

1. 基本工艺

水平井水力泵入式快钻桥塞压裂技术具有封隔可靠、分段压裂级数不受限制、裂缝布放位置精准的特点，作为一项新兴的水平井改造技术，近年来在国外页岩气藏以及致密气藏开发中得到广泛应用。水力泵入式可钻桥塞分段压裂原理如图 1-29 所示。

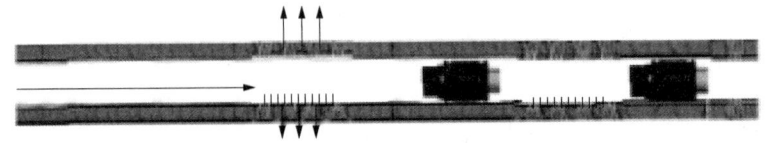

图 1-29 水力泵入式可钻桥塞分段压裂原理

工艺步骤为：(1)用连续油管或爬行器拖动射孔枪下入进行第1段射孔；(2)取出射孔枪，进行第1段压裂作业；(3)电缆作业下入可钻桥塞射孔枪水平段开泵泵送桥塞至设计位置；(4)点火坐封桥塞；(5)上提射孔枪至设计位置并射孔；(6)提出射孔枪和桥塞下入工具；(7)投球至桥塞球坐封隔已压裂层，并对该层进行压裂作业；(8)用同样的方式，根据下入段数依次下入桥塞，射孔，压裂；(9)分段压裂完成后，采用连续油管钻除桥塞，排液求产。

该工艺也有局限性，例如分层压裂施工周期相对较长、施工动用设备多、费用高、水平井水平段长度受限等。

2. 特点

（1）封隔可靠性高。通过桥塞实现下层封隔，通过试压可判断出是否存在窜层的可能性，在钻塞过程中，通过实测桥塞位置，可判断桥塞是否位移。

（2）压裂层位精确。通过射孔实现定点起裂，裂缝布放位置精准。可通过多级射孔，实现体积压裂，页岩气水平井现场应用十分普遍。

（3）压后井筒完善程度高。桥塞由复合材料组成，比重较小，钻磨后的桥塞碎屑可随油气流排出井口，为后续作业和生产留下全通径井筒。

（4）受井眼稳定性影响相对较小。采用套管固井完井，井眼失稳段对桥塞坐封可靠性无影响，优于裸眼封隔器分段压裂工艺。

（5）分层压裂段数不受限制。通过逐级泵入桥塞进行封隔，与多级滑套投球转向相比，分压级数不受限制，理论上可实现无限级分层压裂。

（6）下钻风险小，施工砂堵容易处理。与裸眼封隔器相比，管柱下入风险相对较小；施工砂堵发生后，压裂段上部保持通径，可直接进行连续油管冲砂作业。

3. 缺点

（1）分层压裂施工周期相对较长。施工过程中，需要通过电缆作业逐级下入桥塞、射孔；施工完成后，需要钻除桥塞；对于低压气井，压后需要下入小直径油管投产。

（2）施工动用的设备多，费用高。分段压裂施工过程中，除正常压裂设备外，需要动用连续油管作业设备、电缆作业设备以及井口防喷设备进行配合作业。

（3）水平井水平段长度受限。分段压裂技术施工过程中需要多次采用连续油管进行通井、射孔、钻塞作业，水平段长度受限连续油管最大下深限制。

## （三）连续油管带底封喷砂射孔分段压裂工艺

1. 基本原理

连续管水力喷砂射孔套管环空压裂技术通过连续管及喷砂射孔器在相应油层位置喷砂射孔，射孔后上提连续管进行环空水力压裂，形成水力支持裂缝，采用高砂比混合砂塞封堵已压裂段，完成第1段压裂，利用连续管探砂面并调整砂面，下放连续管至第2射孔井段，进行射孔套管环空压裂，砂塞封堵。重复上述工序，直至完成设计要求的各段压裂。

全井段压裂完成后,直接用连续管携带冲砂器进行冲砂塞至人工井底,清除井筒砂塞,完成全井施工。

2. 连续油管分段压裂管串结构

组合工具结构如图 1-30 所示。整个工具与连续油管连接,封隔器与锚定系统通过连续油管上提或下放实现解封与坐封。在喷砂射孔和主压裂阶段,工具处于坐封状态。在工具入井和转层运动过程中,封隔器与锚定系统处于解封状态。在压裂结束转层过程中,需通过连续油管循环洗井直到工具上提至设计位置完成坐封,确保井筒清洁,避免工具遇卡。

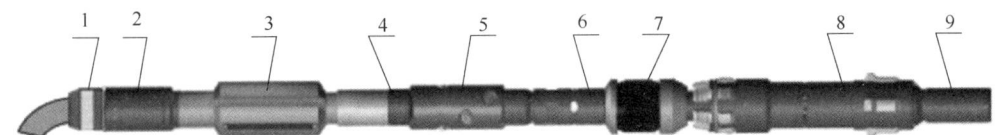

图 1-30  连续油管带底封分段压裂工具示意图

1—连续油管接头;2—机械丢手;3—扶正器;4—球座;5—水力喷射工具;
6—平衡阀/反循环接头;7—封隔器;8—机械式节箍定位器;9—导引头

3. 工艺流程

(1) 进行刮管与通井作业,确保分段压裂工具在井筒中顺利下入。

(2) 用连续油管带机械式套管接箍定位器进行定位。

(3) 进行回压测试,由于在喷砂射孔和射孔后循环洗井时,要求地面控制回压不低于坐封前井口压力,因此在压裂施工前,必须测试不同返排速度下,不同尺寸的油嘴所能控制的回压数据并做好记录,用于喷砂射孔和射孔后循环洗井期间油嘴控制回压时作参考。

(4) 通过连续油管循环射孔液,达到一定排量后开始加入石英砂进行喷砂射孔。

(5) 射开套管后,进行循环洗井,此时平衡阀打开,将射孔液和石英砂洗出井口。

(6) 进行该层的主压裂施工。

(7) 施工完成后,上提连续油管解封封隔器,再次定位进入下一层后,下放坐封封隔器,开始进行第 2 层施工。以此步骤完成所有层段施工后,上提连续油管出井口。

### (四) 无限级滑套分段压裂工艺

无限级压裂技术采用新型无级差套管滑套,根据油气藏产层情况确定滑套安放位置后,按照确定的深度将多个针对不同产层的滑套与套管一趟下入井内,然后实施常规固井,再依托配套工具依次打开各层滑套并分段压裂施工,以实现一趟管柱多层压裂。可用于非常规油气藏的增产改造,也可作为油气井生产时分层开采及封堵底水的有效手段。

连续管无限级滑套分段压裂技术是近 2 年发展起来的一种多级压裂技术,在国外曾经在 4 天内实现了 48 级的压裂作业。该技术本质上是由连续管带的井下工具组合(即连续管喷砂射孔环空分段压裂管串)来打开无限级滑套,通过油套环空压裂,其中滑套作为套管固井的一部分通过钻机下入,并位于设定的压裂深度,滑套的位置即为压裂层的位置。这种技术不需要投球,压裂后将连续管和井下工具组合全部起出井眼,井筒实现全通径,便于后期作业。苏里格地区储层致密，层系多，属于低压、低孔、低渗的"三低"气田，为了提高单井产量，近年来开发了大量的水平井，主要采用的压裂技术为水平井裸眼分段压裂技术，为了解决现场后续改造存在的一些问题，决定引进一种新的压裂方法。2013年6月，利用连续管无限级滑套分段压裂技术进行了一口井10层的加砂压裂，通过无限级滑套和套管一起固井，然后下入连续管井下工具组合逐个打开无限级滑套进行压裂，该井作业时间约15h，有8个滑套都顺利打开，当超压滑套不能打开时，及时进行了喷砂射孔作业，顺利完成了10层的主压裂，压裂过程中封隔器均坐封稳定可靠，解封顺利，出现砂堵不能解封时，第一时间建立起正循环解除了砂堵。该技术的成功实施为我国致密油气藏、页岩气和煤层气等非常规油气藏的压裂改造提供了一种新的解决方法。

1. 工艺技术原理

与普通套管完井不同，该工艺在二开套管完井时采用无限级滑套和套管连接后一起固井。无限级滑套与套管具有相同的钢级或者更高，在固井时，根据压裂层位设计无限级滑套的位置，无限级滑套的位置即为压裂层位。固井合格后，从井眼下入连续管井下工具组合，逐个打开无限级滑套，然后进行连续管和套管环空主压裂。压裂液通过滑套上的6个压裂孔进入地层。与连续管喷砂射孔环空分段压裂技术相比，正常情况下，该工艺无需喷砂射孔，从而减少了由于喷砂射孔造成的砂堵等危险，并且该工艺的压裂通道比连续管喷砂射孔环空分段压裂的压裂通道大，从而可以提高施工排量。

2. 技术工艺流程

（1）将滑套连同套管一起固井，使滑套位于设定的压裂层位。
（2）固井合格后通井，刮削。
（3）连续管带着井下工具组合下入。
（4）套管接箍定位器定位，找到滑套的位置，坐封封隔器，连续管和套管环空加压打开滑套，压裂第1层，上提解封封隔器。
（5）上提管柱到下一个滑套位置，坐封封隔器，加压打开滑套，压裂第2层。
（6）解封封隔器。
（7）重复第(5)和第(6)工序，实现多层分压。
（8）完成所有层的压裂施工后，起出连续管管柱，套管放喷排液，投产。

## （五）智能滑套分段压裂工艺

水平井分段压裂技术已成为当今油气增产的重要手段，采用封隔器和投球开启自锁滑套配合进行分段压裂的工艺属于机械封隔分段压裂技术工艺，是一道十分重要的工艺。但随着该技术工艺的发展与成熟，水平井水平段长度不断增加，压裂级数也随之增加，投球开启自锁滑套因球与球座需承受一定的压力，且受管径的限制，压裂级数受限。为此研究智能滑套压裂装置，实现压裂级数不受限制的目标。

1. 技术原理

为解决压裂级数受限、不同球座尺寸的滑套容易混淆等问题，需要研究一种滑套结构尺寸相同、激发开启滑套的球体结构尺寸也相同的压裂工具。目前，广泛应用于智能识别领域的 RFID 技术可实现智能识别和远距离通信。因此，提出将 RFID 技术应用于分段压裂工具中，解决压裂技术受限的问题。

RFID 无线射频技术的实现关键是控制系统，RFID 控制系统如图 1-31 所示，其工作原理是通过识别 RFID 标签的标识码进行智能识别。系统由 RFID 标签和阅读器组成，阅读器在其附近形成阅读场，当 RFID 标签进入到该阅读场时，阅读器读取标签的标识码，实现智能识别。

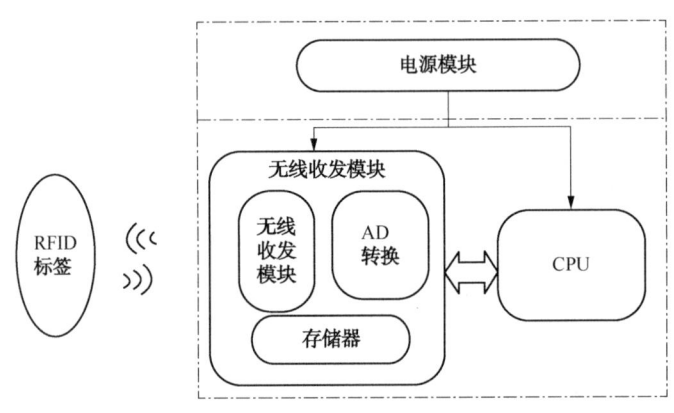

图 1-31　RFID 控制系统

在智能滑套分段压裂工具中，将 RFID 标签制作成信号球，当信号球经过控制装置时，控制装置标识信号球的标识码。如果标识码与控制装置匹配，那么控制装置控制驱动装置关闭该段的管道阀门，实现对该段管道的封堵，从而实现该段的压裂。这样，不同压裂段不是通过球座尺寸来区别，而是通过信号球的标识码来识别，从而实现了压裂级数不受限制的目的。

2. 智能滑套工具的要求

（1）系统要求。为了实现管道内的系统可靠地工作，智能滑套分段压裂工具的硬件系统性能要求如下：

① 水下通信的可靠通信距离不小于 100mm；
② 信号球以 2m/s 速度通过时信号读取率大于 90%；
③ 信号球与接收装置承压不低于 30MPa；
④ 整体耐温不低于 80℃。

（2）信号球。信号球由信号发射装置和承压外壳组成。为了提高信号发射装置在管道内的通过性能，将外部的承压外壳设计为球形。信号球的组成如图 1-32 所示，信号球由外部的壳体及内部的信号发生装置组成。

信号球的球壳和金属件主要起密封和承压作用，用于保护信号发生装置不被高温高压的油液损坏。因此，其密封和承压能力是设计时主要考虑因素。

信号球壳体材料采用加玻璃纤维的 PA66 材料，其屈服极限达到 83MPa，同时，中间的

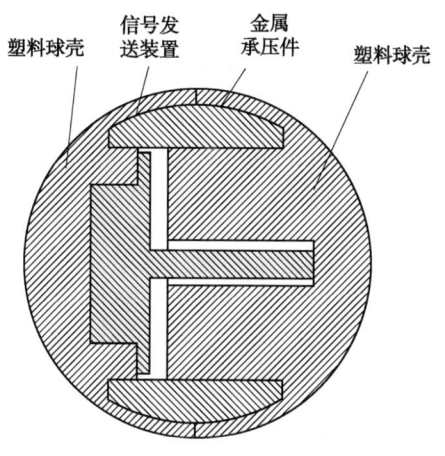

图 1-32 信号球组成

金属承压件采用 45#钢,提高了球体的承压性能。

无线信号发送装置由天线、无线收发模块和电源构成。无线收发模块包括微处理器 MSP430、无线收发芯片 CC1101、外围电路、天线匹配电路和天线。所有元器件均采用耐高温型号,且均采用 QFN 封装,能够承受钻井中的高温环境,同时减小了无线收发模块的体积。由于信号球要求体积小,对 PCB 电路板的尺寸进行了优化设计,将 PCB 电路板设计为圆形,使其适合在球体内安装,在满足电路功能的情况下,使 PCB 电路板的体积达到最小。

信号接收装置由控制系统电路板及外部的密封装置组成。

控制系统电路板用于接收来自信号球的无线信号,并控制驱动器使执行器动作控制系统电路板的功能原理如图 1-33 所示,RFID 控制系统由 CPU、无线收发芯片、天线匹配电路、天线以及电磁铁驱动模块组成。天线与天线匹配电路接收来自信号球的无线数字信号,并通过无线通信协议解码后将该数字信号传送给控制模块。控制模块分析该信号后通过标识码匹配,控制电磁铁驱动模块,进而控制电磁铁的动作。

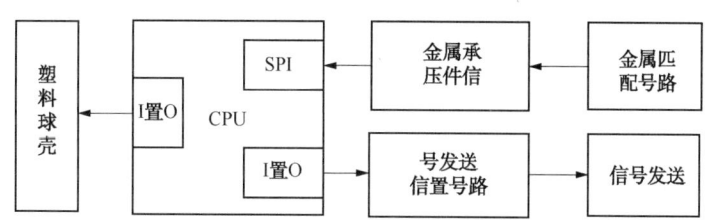

图 1-33 控制系统功能原理

### (六)电控滑套分段压裂工艺

电控滑套分段压裂技术自动化程度高,能够大大简化压裂工艺管柱,降低施工强度,具有机械结构简单,操作工艺简便可靠等特点,可实现管柱内通径一致,压裂级数不受限制,有效提高分段完井的实施效率和效果。

1. 组成与原理

电控滑套压裂技术提供了一种新型油井用分层压裂工具及打开装置，主要包括地面控制和显示系统、输送装置、电控仪器和井下电控开关，装置结构如图 1-34 所示。该技术采用测井钢丝或连续管连带电控仪器输送到井下，将电控开关打开进行压裂，同时电控仪还可以实时测试、上传井底的压力和流量信号，实时监测井底每一层的压裂情况。

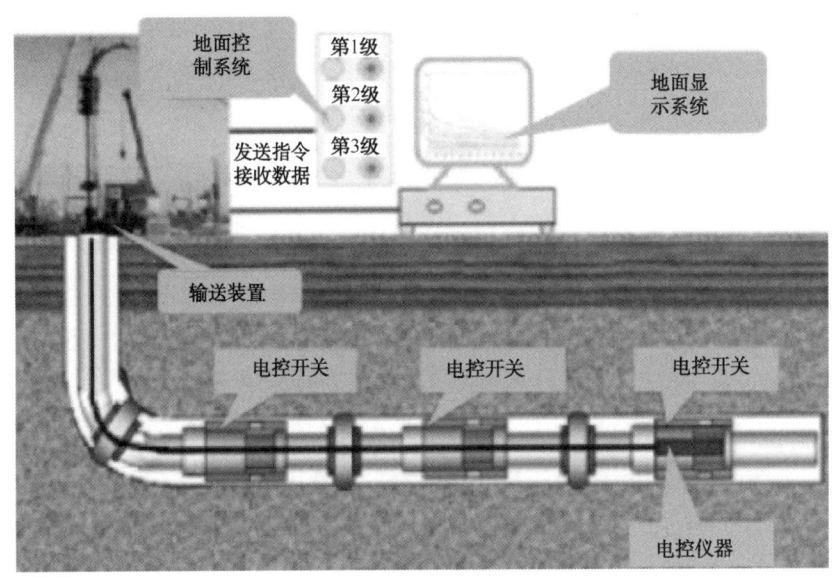

图 1-34　电控滑套分段压裂装置结构示意图

2. 技术特点

（1）所有的电控开关与套管内通径一致，压裂级数不受限。

（2）可任意打开某一层，可重复压裂或使用，压裂后关闭压裂工具可保证整体管柱的密封性。

（3）电控仪器下到位与电控开关配合后，拖拽力全靠电动仪器产生，不需要测井钢丝或连续管提供。

（4）设有电控打开模式和机械打开模式，避免因电控打开工具失效而无法打开的现象发生。

3. 关键工具

（1）井下电控开关。

① 结构及原理。

井下电控开关主要由定位短节、上接头、防冲击套、T 形盘、滑套、外套和下接头等组成，结构如图 1-35 所示。电控开关本身没有动力来源，不能动作，只能借助外力来实现，通过电控仪器来提供动力。电控仪器和井下电控开关配合后提供旋转力，带动旋转套筒旋转，旋转套筒外侧设有梯形外螺纹，与下接头中的梯形内螺纹相啮合，旋转套筒旋转的同时轴向运动，旋转套筒与滑套通过剪断销钉连接，带动滑套轴向运动，实现打开和关闭动作。

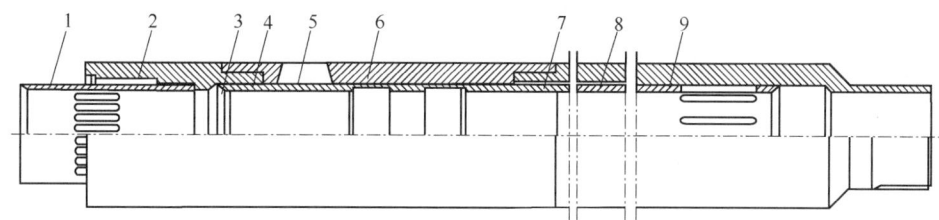

图 1-35 井下电控开关结构示意图

1—定位短节；2—上接头；3—防冲击套；4—T形盘；5—滑套；6—外套；7—剪断销钉；8—旋转套筒；9—下接头

当通过电控仪器无法打开电控开关时，通过连续管下入机械式拖动开关工具，工具到位后，开关块进入电控开关滑套中的定位槽内，通过拖动开关块带动滑套，然后剪断销钉，实现机械打开或关闭。

在压裂过程中，旋转套筒与下接头相对旋转时压裂砂有可能进入到它们之间的旋转螺纹中，旋转扭矩增大或者直接卡死不能旋转，为了避免这种现象的发生，把连接螺纹设计为矩形螺纹，这种螺纹在旋转时扣与扣之间不存在相互挤压，同时把外套上的内螺纹设计成分瓣式，在减小摩擦的同时还具有自洁功能。

② 主要技术参数。

外径 145mm，内径 124mm，长度 1980mm，设计旋转扭矩 30~50N·m，带砂扭矩 100~150N·m，耐压 70MPa，耐温 150℃。

（2）电控仪器。

① 结构。

电控仪器主要包括：旋转机械手电动定位装置和测试仪（图 1-36）。旋转机械手给井下电动开关提供旋转动力；电动定位装置使电控仪器在电控开关处产生轴向定位和径向定位；测试仪主要负责测试井下压裂数据并实时上传。

图 1-36 电控仪器

② 工作原理。

当电控仪器通过测试绞车（连续管）输送到位后，通过地面控制系统控制电动定位装置定位块打开，此时其外径大于电控开关内径，从而起到轴向定位作用；在轴向定位的同时电控仪器上的防旋定位滚轮正好卡在电控开关定位短节的防旋定位槽中，从而起到防旋转的作用，由于预先设定好距离，旋转机械手的旋转定位滚轮也卡在电控开关的旋转套筒的定位槽中，然后通过控制系统再控制旋转电动机械手旋转，带动旋转套筒旋转，从而带动滑套轴向运动，打开或关闭压裂通道；最后通过测试仪测试流量、温度及压力，并实时上传。

③ 主要技术参数。

外径 90mm，额定电压 220V，额定电流 3A，旋转扭矩 300N·m，耐压 70MPa，耐温 150℃。

### （七）可完全降解桥塞射孔分段压裂工艺

斯伦贝谢 Infinity 可完全降解桥塞射孔联作系统是一种无需干预作业的全井眼多级压裂增产改造系统（图 1-37），使用可降解的球座代替桥塞封隔层位。在所有压裂级增产改造之后，球座装置自动移除，与普通完井液接触之后完全降解并可预测。增产改造后的井保留了全井眼通道，从而能够立即生产。它的工艺程序与水平井水力泵入式快钻桥塞压裂一样，但它不需要钻除桥塞。具有如下优势：无需磨铣作业；降低成本；简化作业；消除卡桥塞的风险和成本；减少生产时间。

图 1-37 斯伦贝谢 Infinity 可完全降解桥塞射孔联作系统

### （八）小结

国内外具有丰富的低渗透油气资源，低渗透油气田的开发水平已经关系到石油、天然气工业的未来发展。无论是国外还是国内，水平井压裂技术是开发低渗透油气藏的重要技术手段。随着近几年的工艺技术进步、井下作业工具引进、研发和压裂入井材料配方优化，水平井分段压裂技术整体取得了较大突破，压裂井数逐年大幅度增加，大大增加了低渗透油气藏储量的动用程度。分段压裂工艺对比见表 1-20。

表 1-20 分段压裂工艺对比

| 分段压裂工艺 | 技术特点 | 适用范围 |
| --- | --- | --- |
| 投球滑套分段压裂工艺 | 结构上组合较简单、在施工上操作比较方便，在水平井中可以实现下行锁紧、实现高产而且不影响后续生产，各层压裂依次进行，作业风险小，大大缩短了压裂施工作业时间 | 提高油田采收率或对低渗透油气藏的水平井增产改造 |

续表

| 分段压裂工艺 | 技 术 特 点 | 适 用 范 围 |
|---|---|---|
| 快钻桥塞分段压裂工艺 | 封隔可靠性高；压裂层位精确；压后井筒完善程度高；受井眼稳定性影响相对较小；分层压裂段数不受限制；下钻风险小，施工砂堵容易处理。<br>分层压裂施工周期相对较长；施工动用的设备多，费用高；水平井水平段长度受限 | 页岩气藏以及致密气藏开发，非常规气藏储层改造 |
| 连续油管带底封喷砂射孔分段压裂工艺 | 压裂改造针对性强、作业速度快、压后利于油井后期综合治理 | 低孔、超低渗、低丰度、低产油藏，油井后期综合治理 |
| 无限级滑套分段压裂工艺 | 实现一趟管柱多层压裂 | 可用于非常规油气藏的增产改造，也可作为油气井生产时分层开采及封堵底水的有效手段 |
| 智能滑套分段压裂工艺 | 实现智能控制，压裂管径和压裂级数不受限制。探索阶段 | 长水平井分段压裂 |
| 电控滑套分段压裂工艺 | 自动化程度高，能够大大简化压裂工艺管柱，降低施工强度，具有机械结构简单，操作工艺简便可靠等特点，可实现管柱内通径一致，压裂级数不受限制。探索阶段 | 新型油井用分层压裂工具，提高分段完井的实施效率和效果 |
| 可完全降解桥塞射孔分段压裂工艺 | 具有简单的设计与操作，可完全降解的合金，无干预作业，提高储层接触面积可靠性等特点 | 可用于任何类型的井，并且特别适用于大位移井及欠压储层中的井 |

在过去的几年中，水平井分段压裂技术在压裂工具、作业效率、监测手段等方面取得了一系列的重大突破，攻克了页岩气和致密油等非常规油气开发所面临的难题，但是还存在压裂层位优选、随压甜点监测、压裂设计优化等问题，其未来发展方向将会集中在以下几个方面：

（1）压裂段数倍增技术。水平井分段压裂技术研发的近期目标是压裂段数越多越好，因为分压段数越多，遇到高产层段的几率就越大，增产效果就越好，美国页岩气和致密油开发成功的秘诀即在此。大幅度增加压裂段数可以通过段数倍增技术(Stage multiplier technologies)和多端口压裂技术(Multiport fracturing technologies)来实现。段数倍增技术主要是通过一个允许重复投球的端口工具实现同一尺寸的球多次投放。

2010年，这一技术使压裂级数从20级提高到了40级，下一步研发目标是使压裂级数增加4~6倍。多端口压裂技术的典型代表是PackersPlus公司新推出的QuickFrac工艺，主要原理是一次投球打开2~5个滑套，在地面进行15次压裂液泵送作业，就可以实现多达60段的压裂。QuickFrac系统已经成功地进行了油田试验，与标准的StackFRAC系统相比，该系统可以节约60%的作业时间。

（2）高导流能力压裂技术。传统提高裂缝导流能力的策略包括提高支撑剂的圆度和强度，降低支撑剂粉碎和胶化载荷等。斯伦贝谢公司正在推广一种可以实现无限导流能力的压裂新方法——高速通道压裂(HIWAY)。该方法从根本上改变了依靠支撑剂形成裂缝导流能力的方式，可在压后裂缝的支撑剂充填层内建立稳定的流动通道，在油藏和井筒之间实现无限导流能力。这项技术成功的秘诀在于：①通过特定的射孔设计、脉冲式泵注形成通道；②添加专有纤维保持通道稳定。目前这项技术已经在全球完成近2000口井的压裂作业，与常规压裂相比，压后产量提高20%以上。

（3）有利于形成缝网的压裂技术。对于页岩气、致密油等非常规油气的增产改造而言，最理想的状态是形成天然裂缝与人工裂缝相互交错的裂缝网络，从而增加改造体积，提高初始产量和最终采收率。目前国外正在试验和推广的有利于形成缝网的压裂技术有3种：同步压裂（Simulfrac）、拉链式压裂（Zipperfrac）和得克萨斯两部跳压裂（TexasTwoSteps）。

这3种压裂技术都是通过巧妙的压裂设计来增加井与井之间、段与段之间的岩石应力干扰，进而形成复杂交错的三维缝网。其中同步压裂近几年已经在Barnett页岩气开发中成功应用。采用该技术的页岩气井短期内增产非常明显，目前已发展为4口井同时压裂。

（4）随压甜点探测技术。水平井分段压裂技术的远期目标是追求压裂段数的少、精、准。通过研究射孔段对产量的贡献表明，只有30%的压裂段真正对产量有贡献，这也就意味着大部分压裂层段并没有压在出气区域上，从而造成了压裂段数越多、产量增加越大的认识误区。

因此，实际上水平井分段压裂技术的进步并不能算是一项革命性的技术，如果能使每一级压裂都压在产气区上，那么这项技术进步将是革命性的，对降低成本和提高效率将具有十分重大的意义。

目前业界也在持续探索布缝优化技术，比如可在压裂前通过LWD资料确定哪些地方可能有断层，哪些地方可能出水，从而提前采取针对措施避免损失的发生。

## 第四节　国内外储层改造面临的挑战及发展方向

### 一、储层改造面临的挑战及技术难题

随着低渗透、特低渗透等低品位油气储量的开发动用，尤其是进入21世纪以来，美国的页岩气革命和致密油大突破，传统意义上的储层改造技术由采油过程中的一项附属工艺，发展成为一个与物探、钻井同等重要的、独立的系统工程。在此形势下，中国石油的储层改造理念发生了明显的变化：由以往的附属工艺发展为独立的系统工程，由"平面改造"转变为"体积改造"，由从属地位转变为主体地位。

非常规资源是指现今无法用常规方法和技术手段进行勘探、开发的资源，主要有页岩气、致密气、煤层气、油页岩、致密油及重油、油砂等，其资源总量大，开采技术要求高，储层物性差，一般空气渗透率小于0.1mD，孔隙度小于10%。储层特征决定了开发这类储层必须采用强化手段——储层压裂改造技术，改善油气流渗流条件，从而达到有效开采的目的。早在20世纪70年代，北美就对非常规资源的勘探开发开始了探索，并取得了快速发展。

由于储层物性差,决定了非常规资源均需要采取压裂改造技术提高其单井产量。国外非常规资源储层压裂改造技术的发展可归纳为提高改造体积、降低对储层伤害以及降低作业成本三个方面,但不同储层特点决定了其压裂改造主体技术也有较大差异。

下面从致密油储层、深层碳酸盐岩、页岩气及煤层气等几个方面阐述储层改造所面临的挑战及技术难题。

### (一)致密油储层改造的挑战与技术难题

致密油属于非常规石油资源,储层特征较特殊,因此,致密油在开发过程中的流体流动机理、压裂储层改造原理和相应的储层改造技术等方面与常规油藏开发有所不同。以下为致密油压裂技术中涉及到的各项主要储层特征因素:

(1)孔隙度较低,渗透性极低,需要通过有效压裂改造形成复杂的缝网,提高致密油的可流动性。

(2)有机碳含量越高,成熟度越大,增产有效期越长。

(3)致密油油质轻,有利于致密油藏开发。

(4)油藏"甜点"区域天然裂缝已发育,如 Bakken 油区大部分的油井都钻遇了天然裂缝,天然裂缝是致密油压裂过程中的突破点,既为形成裂缝网络创造有利条件,也为致密油流动形成重要通道。

(5)致密储层岩石脆性矿物含量越高(一般在35%以上),脆性系数越高,这种特点有利于致密储层在压裂过程产生剪切滑移,是致密储层形成大规模复杂缝网的前提。

致密油压裂改造技术难题主要有以下几个方面。

(1)致密油压裂理论。

经典压裂理论的前提条件是,首先假设压裂人工裂缝起裂为张开型,且沿井筒射孔层段形成的双翼对称裂缝。近年来,不少研究者已经认识到起裂模型存在复杂缝网的起裂和延伸形态。针对致密储层基质渗透率极低的特点,认为一般常规压裂改造方式形成的单一裂缝很难获得更好的增产效果,实现致密油藏高效开发的重要前提就是在目标层形成复杂的裂缝网络。

致密储层天然裂缝及层理发育是形成复杂裂缝的重要因素。在现场压裂施工过程中,优化注液排量,优选液体黏度,确保缝内静压力满足裂缝开启条件,当压力大于岩石抗张强度后形成张性裂缝,同时由于充填脆性岩石矿物的天然裂缝在有效应力超过抗剪强度时,天然裂缝也会继续延伸形成复杂的裂缝网络。

目前我国对缝网压裂的机理研究还不够成熟,不能准确地对裂缝网络起裂和延伸进行数值分析,更多的是依赖微地震监测结果定性地判断裂缝网络的大致方位、尺寸和间距等参数,对后续的压后产能评估、经济评价以及施工优化设计等产生一定的影响。

(2)致密油藏压裂工艺。

水平井分段压裂是目前经过现场验证的致密油藏最为有效和成功的压裂技术,通过多级主裂缝及其延伸的缝网，尽可能与渗透率极低的致密储层充分接触，扩大改造体积。但采用水平井分段压裂技术所面临的问题也较为突出：①水平井距离传输较远，需要有效地控制支撑剂的沉降速度；②需要可靠的封隔器或桥塞实现不同改造位置的有效封隔；③近井区域裂缝扭曲和形态复杂，使得泵注压力大，继续延伸困难，并且限制砂浓度提高，压后导流能力有限。一般致密油改造层段多，液体和支撑剂用量大，施工时间长，特别是在同步压裂、重复压裂时，对设备及人员技术水平、协作能力等主观条件要求较高。

致密储层"甜点"区域自然裂缝已发育，油藏为"自生自储"，富含有机质，同时每个油藏储层又有其独特性。Barnett 储层的 $SiO_2$ 含量高，杨氏模量较高，具有均匀且较低的水平应力，水力裂缝与天然裂缝垂直相交，能够形成更复杂的网络裂缝系统。Eagle Ford 储层岩性为富含有机质的钙质泥岩和灰岩，非均质性强，矿物物性变化较大，因此不同的地区须进行有针对性的储层改造，以上这些特点也给开发带来了一定的困难和风险。

（3）致密油藏压裂材料。

无论是在致密油开发，还是在常规石油资源开发的压裂过程中，压裂液及其性能都是影响压裂最终效果的关键因素。早期致密储层开发借鉴页岩气开发经验，选用滑溜水作为压裂液。清水压裂机理与常规加砂压裂机理有较大的区别。清水压裂满足剪切破裂准则，地层发生剪切破裂后，两个粗糙缝面在剪应力作用下发生剪切滑移，剪切加宽的裂缝使渗透率得到保持。清水压裂形成的剪切裂缝导流能力低，该技术在低渗透储层、高强度岩石储层、低闭合应力储层等能取得更好的压裂增产效果。

然而，微地震研究表明：清水压裂能形成长裂缝，但是支撑裂缝的有效长度会随着支撑剂的浓度和铺置的有效性发生较大变化，清水压裂中不使用支撑剂会导致低的裂缝导流能力。目前，北美地区致密油开发更多采用混合压裂技术，用滑溜水造一定的缝长及缝宽后，继以聚合物压裂液携带 20/40 目、40/70 目砂子从而产生较高导流能力的水力裂缝。我国在鄂尔多斯致密油藏也顺利进行了混合水压裂试验，取得了不错的效果，但是仍然处于攻关试验阶段，还需要深入研究影响混合水压裂改造效果的压裂排量、压裂液注入方式以及地质因素等。

## （二）深层碳酸盐岩储层改造挑战与技术难题

不同特点的碳酸盐岩储层，其改造工艺千差万别。确定碳酸盐岩储层改造方案，需要综合考量各个方案的可行性和科学性。对于缝洞发育的储层，应该遵循以沟通缝洞发育带为基本原则，依据其发育区域距井筒的位置，通常采用酸化、小型酸压或者大规模穿透酸压改造技术工艺；对于裂缝发育、孔洞不发育的储层，主要以提高储层改造体积、形成网状沟通为目的，通常采用较大规模的酸压或者液量大、低砂浓度的加砂压裂改造工艺；对于缝洞不发育的溶蚀孔洞型储层，为了能够提高渗流面，应该对其进行深度改造，改造工艺通常采用深度酸压或者加砂压裂来完成；对于缝洞不发育的基质型储层，储层能否进行改造需要根据其孔渗条件来决定。改造技术通常采用加砂压裂或者深度酸化压裂进行，其目的主要是为了提高渗流面积、减小对储层的伤害。碳酸盐岩储层由于非均质性强，同一区块不同井以及同井不同的层位之间都可能存在较大的差异，因此，在进行储层方案优选的过程中，需要综合分析具体改造井储层的具体情况，有针对性的进行分析，最终达到储层改造的目的。

深层酸压因基岩系统基本不具有储渗能力，通过延长酸蚀缝长而增加泄油面积提高单井产能是很有限的，只有实现酸蚀裂缝与近井地带较大规模的天然裂缝系统沟通才能获得高产，所以深层酸压的目的在于增加沟通天然裂缝的机率。产能与酸压裂缝是否沟通天然裂缝系统密切相关，而与酸压缝长无直接关系。

深层或超深层碳酸盐岩储层酸压改造具有以下特点：

（1）储层温度较高，为100~140℃，酸岩反应速度较快，酸液缓速性能要求高。

（2）储层中微小缝洞较发育，酸液滤失严重，酸液的降滤失性能要求高。

（3）储层埋藏深，在4000~5700m，施工过程中管线摩阻大，井口泵压高，井底施工压力不易达到地层的破裂压力。

（4）井筒垂向静液柱压差大，残酸不易返排，对储层的二次污染更严重。

（5）深层或超深层油气藏多采用稀井高产，要求单井动用储量规模大和具有较高的产能。

为适应上述技术特点，酸压技术需要向具有降滤失、缓速、缓蚀、低摩阻、易返排的多性能酸液体系和配套的酸压工艺方向发展，从而获得更大规模的酸压裂缝和更高的酸蚀裂缝导流能力。

碳酸盐岩储层改造仍面临诸多挑战：

（1）由于碳酸盐岩强非均质性和酸岩反应中储层孔渗特性的变化，决定了酸化压裂过程中液体滤失难以估算，因此对压裂优化设计时裂缝的准确预测带来了难题。

（2）随着勘探开发工作的深入，储层埋深超过6000m，地层温度超过150℃的井越来越多，对液体的耐温性亦提出了更高的要求。

（3）水平井多段改造工艺仍不能解决后期水窜问题。

## （三）页岩气藏储层改造挑战与技术难题

属于非常规油气资源的页岩气藏具有一系列特殊的储层特征，导致开发过程中气体渗流机理、压裂增产原理和相应的改造技术明显不同于常规气藏。页岩气藏压裂改造涉及众多储层特征因素，最关键的包括：（1）黏土含量较高（Barnett页岩中含量达到30%以上），硅酸盐、碳酸盐含量高的储层岩石脆性较强，使得天然裂缝更易起裂和延伸，易于形成复杂缝网；（2）孔隙度低、渗透性极低（Barnett页岩中孔隙度在2%~6%，渗透率在50~600nD），需要通过有效压裂改造形成复杂缝网，提高页岩气的可流动性；（3）有机质含量越高，吸附气含量越大，增产有效期越长，且有机质中存在孔隙网络，在气体扩散作用下具有良好渗流能力；（4）高杨氏模量、中低泊松比的页岩脆性较强，利于实现页岩储层的大规模复杂缝网改造，塑性较强的页岩则需要首先确保长、窄、导流能力好的支撑主裂缝；（5）大量天然裂缝是压裂过程中的薄弱位置，既是形成裂缝网络的关键因素之一，也是气体流动的重要通道；（6）储层物性参数在空间分布的差异对裂缝的起裂、延伸、材料优选、施工设计、压裂效果等方面有重要影响。

页岩气藏压裂改造技术难题包括以下几个方面：

（1）页岩气藏压裂理论。

目前认为实现页岩气藏高效开发的重要前提就是在目的层形成复杂的裂缝网络。在施工过程中尽可能多的沟通天然裂缝，使得渗透率极低的基质在扩散作用下释放的气体通过裂缝的沟通提高流动能力。最终整个改造层位形成沟通页岩气藏和井底的大型复杂缝网系统，尽可能地增大页岩储层改造体积。

页岩储层中大量存在的天然裂缝和水平应力间的较小差异是形成复杂裂缝网络的重要地质条件。当压裂液进入地层，超过岩石抗张强度后形成张性缝，这与常规压裂一致，但由于充填脆性岩石矿物的天然裂缝在有效应力超过抗剪强度时，天然裂缝也会继续延伸，形成不同于常规双翼平面缝的复杂裂缝网络。目前还没有成熟的理论对裂缝网络起裂和延伸进行准确的数值分析，主要依据微地震监测结果从直观上定性地判断裂缝网络的大致方位、间距和尺寸等参数。

由于对页岩气藏天然裂缝的描述和对复杂裂缝网络认识的欠缺，使得在数值计算中难以对缝网等相关参数进行理论上合理的假设，直接影响压后产能、经济评价的准确性及施工优化设计的合理性。

（2）页岩气藏压裂材料。

与常规气藏压裂最显著的差异就是页岩气藏多使用滑溜水作为施工液体。由于液体中不含有残渣或不溶物，不易对储层造成伤害。在页岩气水平井多级压裂时，单级使用的滑溜水最大用量达到 18900m$^3$，因此滑溜水的低成本能实现页岩气的经济开发。

在天然裂缝发育的页岩储层中，滑溜水滤失量增大，易造成砂堵，加砂浓度和总体规模受到限制。滑溜水的黏度较低（在 4mPa·s 左右），支撑剂颗粒沉降较快，难以输送至裂缝深部或分支裂缝网络处，且容易在裂缝底部沉积，形成砂堤。最终使得支撑剂浓度分布不均匀，裂缝上部重新闭合，分支裂缝也难以形成有效的支撑，降低缝网改造程度，增加了施工不确定性。

由于滑溜水携砂能力的局限，如通过降低支撑剂颗粒大小和密度的方式控制支撑剂沉降速度，又会使得支撑剂承压能力下降或裂缝壁面塑性较强时易于嵌入，降低裂缝导流能力。

另外，储层泥质含量大，渗透率极低。除了常用的降阻剂外，滑溜水压裂还需要针对页岩气藏具体情况，研制和筛选合理的添加剂。如气水同产时，毛细管力作用较强，发生水锁现象，降低气相渗透率。常规表面活性剂虽能促进液体返排，但吸附性较强，有效作用距离短。页岩气藏压裂改造所需液量大，黏土稳定剂如果按照常规的比例配制，加入量非常大，又难以满足低成本、高效益的开发需要。

（3）页岩气藏压裂工艺。

水平井分段压裂是目前经过现场验证的页岩气藏最为有效和成功的压裂技术，通过多级主裂缝及其延伸出的缝网，尽可能实现与极低渗透率的储层充分接触，增大改造体积。但所面临的问题也较为突出：①水平段较长，在其最远端部起裂压力较高；②需要可靠的封隔器或桥塞实现不同改造位置的有效封隔；③近井区域裂缝扭曲和形态复杂，使得泵注压力大，继续延伸困难，并且限制砂浓度提高，压后导流能力有限。由于压裂液和支撑剂的特殊性能、裂缝网络复杂性以及改造规模的影响，需要不断优化泵注程序以满足现场需要。

页岩气改造层段多，液体和支撑剂用量大，施工时间长，特别是在同步压裂、重复压裂时，对设备、人员的水平、协作等主观条件要求高。

### （四）煤层气储层改造挑战与技术难题

目前的煤层压裂施工工艺设计是建立在对煤储层力学性质、裂隙系统及非均质性、地应力对压裂裂缝的影响控制因素认识不清的基础上，还不适应煤层地质的要求，没有形成有效的类似"网状裂缝"系统。由煤层的基本物性参数可知，其基本特征同常规砂岩存在明显的不同，此特征通过压裂只可造宽缝，不能造长缝，裂缝沟通的范围也和常规砂岩不同。目前的压裂工艺应用于煤层气开发只是对近井周围的处理，改善了井筒周围煤层的物性。

储层压裂改造改善井筒周围煤层物性的同时带来了3种弊病：

（1）提高了地层压力，与煤层气降压解吸产气机理相悖，可能产生大幅降低排采效率的问题。

（2）因为大量压裂液挤进煤层，造成煤层外来水越来越多，排水的时间也相应增长，降低了排采效率。

（3）降低了部分地区的解吸压力，实验证明，在含水饱和度低的区域，外来水进入支撑剂之外的煤层微观孔隙后，因静电力作用，紧贴甲烷被吸附，这样甲烷分子会同时受到静电力和吸附力的双重作用，更难解吸，最后会在支撑剂之外形成低解吸压力区带。

## 二、储层改造技术的发展方向

### （一）致密油储层改造发展建议

（1）加深对致密油孔隙结构及渗流特征的认识。一般致密油储层的平均孔隙度与常规低渗透层的平均孔隙度差距不大，但渗透率却差距较大。其原因主要是由于致密油储层特征，特别是孔隙结构特征与一般低渗透储层有着明显的差异，而这些差异将对致密油赋存规律渗流机理成藏模式等方面造成影响。因此，需要深入研究致密油储层孔隙结构特征，结合Navier-Stokes方程和孔隙渗流模型构建数字孔隙网络模型，通过孔隙网络模型来研究微观渗流。此外，还需要加强对致密油储层中矿物和微裂缝的识别研究，分析其对微观渗流的影响。

（2）加强致密储层岩石力学特性及脆性评价研究。可压裂性质是指致密储层能够被有效压裂从而具有增产能力的性质，是致密储层开发中重要的评价参数，其影响因素包括天然裂缝、脆性指数、成岩作用和石英含量等。因此，需要加强致密储层可压裂性的评估分析，尤其是在致密储层的脆性特征对裂缝形态的影响、压裂形成缝网的条件、裂缝延伸机理等方面开展研究工作，通过对比不同致密储层的可压裂性大小，优选适应的压裂工艺。

（3）促进压裂施工材料研制及改进。针对不同的致密储层条件和改造目标，研制、改进和优选适合的压裂液体系就显得尤为重要。压裂液残渣量越大，对储层造成的伤害程度越大。目前常通过降低压裂液中稠化剂浓度的方法达到降低压裂液残渣量的目的，但是这会减弱压裂液的交联强度、耐剪切性和耐温性。开发以有机硼交联的低浓度改性瓜尔胶压裂液新体系，在较低稠化剂浓度0.2%的情况下形成稳定的交联网状结构，以降低对储层的损害。

## （二）碳酸盐岩储层改造发展建议

（1）需要开展对耐温150℃以上酸液体系的技术攻关。

（2）由于酸岩反应及酸压机理非常复杂，室内模拟实验在诸多方面仍不能很好模拟现场工况条件，应进一步研究如何将室内实验与现场试验相结合。

（3）微地震裂缝监测技术在国外已成为裂缝诊断、施工质量控制及改造工作评估的重要手段，而国内则缺少相应的核心技术，应加快开展深层微地震等实时裂缝测试技术的攻关研究。

（4）应对超深水平井分段酸压改造工具进行攻关，优选裸眼封隔器和多级可开关滑套，设计水平井完井、改造一体化工具，以满足分段改造和后期出水封堵的需要，从而降低井控风险和提高施工效率。

## （三）岩气藏储层改造面临发展建议

### 1. 加深对页岩气地质特征及渗流机理认识

页岩气以自生自储作为其成藏的典型特点，气态烷烃主要的储集形式：以游离的方式在孔隙中存在、以吸附的方式在有机质中存在和以溶解方式存在。其中，吸附状态天然气含量介于20%~85%之间，因此在低孔、超低渗的页岩储层，形成复杂缝网，尽可能的沟通富含有机质的区域，是保证经济开采的重要前提。构成压裂后页岩储层的渗流介质主要有4类：非有机质基质孔隙、有机质孔隙、天然裂缝和水力压裂缝。微观上的渗流机理则包括：自由气流动、页岩气解析、页岩气扩散和压裂液渗吸。自由气流动指两方面：其一，有机质孔隙网络和非有机质孔隙中的非达西流动；其二，天然裂缝和水力裂缝中的达西流动。

靠近微孔隙和微裂缝的吸附气可以迅速解吸释放，而远离微裂缝的页岩基质内页岩气则只能靠扩散作用经过有机质表面被释放。并且天然裂缝的应力敏感也是影响气体渗流的主要因素。基质较小的孔隙直径（仅为 10~1000 倍的分子自由行程），滑脱效应较为严重。因此，应从宏观、微观方面加强对页岩气渗流机理研究。

2. 加强页岩气藏压裂基础理论研究

发育的天然裂缝和较小的水平主应力差，是形成缝网的重要前提。由于国外技术保密，关于剪切作用所产生的复杂分支缝并没有详细地描述和分析。目前最为普遍的方法是依据微地震测试数据点的分布和密度，并以地质数据及个人经验，结合地质建模软件划分复杂裂缝网络，形成离散裂缝网络模型。该方法虽与实际情况更为接近，但裂缝形态复杂，处理难度大，并需要压裂软件具有较强图形处理功能。而在计算页岩气藏压裂产能时，则是将复杂裂缝网络简化为长轴和短轴方向成一定比例的正交离散裂缝网络模型同步压裂和重复压裂都在于利用水平应力差值、人工暂堵措施以及裂缝延伸所造成的应力变化，对同时或后继延伸的裂缝造成影响。由于流体方向的改变，产生足够压差，缝内形成较高的净压力，一定程度上改变其延伸方向使其朝未形成裂缝网络的区域发展，扩大压裂增产体积。可借助于常规气藏的研究方法，但针对泥质含量高、脆塑性变化较大的页岩储层需要通过实验改进相关参数。

3. 压裂施工材料研制及改进

为适应不同储层条件和改造目标，对压裂液添加剂的研发、改进、筛选非常必要。优选合适的杀菌剂能控制大规模、长时间施工时液体和地层有机质中细菌生长，还能降解液体中的聚合物，调整液体的密度和黏度。为控制黏土矿物膨胀、脱落和运移，防止对本已很低的孔隙空间造成堵塞，黏土稳定剂必不可少。表面活性剂有助于液体返排和提高气体相对渗透率，需要满足用量小、被吸附能力弱的性能要求。滑溜水中加入防垢剂能预防由于注入较多低温液体，地层温度下降导致垢的形成。

国外较为重视对返排液的分析和处理，通过测量返排的体积，既能预测和分析页岩储层压裂效果，又能为邻井或同层位施工优选添加剂提供参考和依据。为实现大量返排液体重复利用，首先采用双氧水（过氧化氢）和漂白水这类强氧化剂，除去细菌和聚合物，再通过沉淀和过滤的方式，除去悬浮颗粒和垢，最后再加入阻垢剂保证处理后的液体与地层的配伍性，形成施工处理的基液。由于液体的反复使用，越来越高的矿化度对各类添加剂效果的影响需要进一步评价。

由于压裂液黏度低，裂缝网络复杂等因素，为提高支撑剂输送和铺置效果，低密度、小粒径、中高强度的支撑剂在现场使用较多。大量使用 50~100 目陶粒，其价格与石英砂相比更为昂贵，而石英砂在高闭合应力下容易破碎。因此树脂包层石英砂既能避免颗粒破碎伤害压后导流能力，又能降低施工成本。在颗粒表面形成微小气泡的浮力支撑剂和在储层就地形成的支撑剂目前在室内研究中取得了成功。

### 4. 工艺技术进步和设计优化

水平井段水泥固井后，其端部起裂和延伸压力较大。现场对应解决措施包括：利用测井数据，预测地应力，优选射孔方位；采用180°相位角，与目标裂缝面对应；采用酸溶性固井水泥能降低破裂压力15%以上；前置液中加入100目的降滤剂，控制近井复杂裂缝滤失。

Barnett页岩中水平井段长度介于450~1500m，通过可钻式复合桥塞，一般分为5~7段进行压裂。单段使用的液量在1892~7570m³，使用的砂量在113t左右。排量7.9~12.7m³/min。常规的泵注程序将砂密度限制在6~60kg/m³，前期支撑剂粒径为100目冲期以40~70目为主，最后尾追注入20~40目的支撑剂，其砂密度也相应提高到120~240kg/m³。通过泵注程序优化，依靠较高排量所产生的紊流和压裂中形成的砂堤，克服低黏液体携砂的困难。并且大液量、高排量在保证较厚的页岩储层不被压穿的同时，能形成更为复杂的裂缝网络。但在分支裂缝中由砂堤推移形成的支撑剂分布浓度较低，是滑溜水压裂中存在的缺陷，但也能通过改进压裂材料的性能提高携砂和铺置效果。

当储层天然裂缝不十分发育，且硅质矿物含量较少，泥质含量较高时，采用滑溜水压裂难以形成缝网，支撑剂颗粒易于嵌入裂缝壁面。改造策略应考虑形成导流能力较高的主裂缝，因此，针对特殊的地质条件采用泡沫压裂、冻胶压裂、复合压裂在现场取得成功的应用。

微地震监测技术是通过间接手段认识和评价缝网最为常用的手段，延伸过程中裂缝剪切破坏引起裂和错动产生的低频能量波，在观测井中收集，再经过微地震资料正、反演处理，实现对裂缝方位、密度和大致形态的描述和评价，能对施工效果进行准确评估，并为后期作业提供重要参考。

### （四）煤层气藏储层改造发展建议

（1）改变压裂改造方式，提高单井产量。在攻克目前压裂方式对煤层气开采存在的弊端上下功夫，逐步完善低伤害第二代活性水压裂技术。

（2）煤层气的开采同常规油气田开采有本质的区别，煤层气的开采有两个特征：①降压才能解吸产气；②大量外来水进入后会降低解吸压力。压裂设计和施工上要最大限度地解决这两个问题。

（3）采取超低前置液中等液量压后一小时快速反排的做法取得了较好的效果。"变压能为动能"，加快液体返排减少水滞留时间，同时快速释放煤层附加的压力，促使裂隙或割理张开，实现最低限度水滞留煤层的效果。

### （五）储层改造技术总体发展方向

目前储层改造技术的发展方向主要有以下几个方面。

1. 大排量、大规模压裂

目前油气藏储层改造过程中，以多级分段、分层压裂为主导技术，其技术的复杂程度、施工规模及成本投入远远大于常规的压裂技术，压裂逐渐以丛式井、井工厂发展，压裂液需求大、设备多、压裂返排量大、地层储层压力需求和流速都相应的提高，逐渐向大排量、大规模储层改造方向发展。

2015年，渤海钻探工程有限公司工程院在长庆苏里格气田苏75-60-34H井成功实施7段投球滑套分段压裂和3段开关滑套分段压裂施工作业，首次将裸眼分段压裂技术与选择性分段压裂技术相组合，实现真正意义上的无限级、可选择、大规模、能控制的分段储层改造与控制开采技术目标，填补这个领域的国内技术空白。

2. 无限级压裂

无限级压裂技术采用新型无级差套管滑套，根据油气藏产层情况确定滑套安放位置后，按照确定的深度将多个针对不同产层的滑套与套管一趟下入井内，然后实施常规固井，再依托配套工具依次打开各层滑套并分段压裂施工，以实现一趟管柱多层压裂。

无限级压裂目前有 Multistage Unlimited 压裂系统、OptiPort 压裂工具、HCM 套管滑套、TAP 压裂系统、ZoneSelect Monobore 分段压裂系统等。

Multistage Unlimited 压裂系统自2011年问世以来就投入了现场应用；2013年4月，在 Bakken 盆地一口水平段长达3200多米的井中一次性完成了50级压裂；2013年7月，在 Torquay 地层一口垂深2401m、水平段长3324m 的水平井中5天内完成了60级压裂；2014年3月，首次将无限级压裂系统与高流速滑溜水相结合，在 Cardium 地层两口水平井中成功实施了多级压裂作业，每口井的压裂级数大于60，其中一口井在24h内完成了40级压裂；2014年5月，在 Eagle Ford 单井中完成了92级压裂，创造了压裂级数的世界纪录，其中有80级是由一趟管柱完成压裂的。随后该公司又在 Bakken 分别以93级、94级和104级多次刷新了该记录。截止到目前，该压裂系统已在5723口井进行了应用，完成了95420级压裂，累计向地层中注入支撑剂$127×10^4$t，一趟管柱最多进行了97级压裂，单井最高压裂级数纪录为93级，压裂井的最大垂深为4681m，最大测量井深为6256m。

OptiPort 压裂工具主要作业于北美地区，截至目前，OptiPort 压裂工具已在北美地区施工超过1000口井，压裂级数超过10000级，为高效实现页岩气等非常规油气藏开发提供了宝贵的经验。

HCM 套管滑套在欧洲北海油田进行了试验性应用。采用 HCM 套管滑套后大大节约了后期修井维护成本，同时产量也明显提高。通过对滑套进行控制，有效调节地层产能，延长油气井寿命，为油气井高产、稳产提供了保障。

目前 TAP 压裂完井系统仅适用于200mm 以上井眼和114.3mm 套管。受尺寸限制，TAP 阀现场应用时最大井斜不超过68°，最大狗腿度每30m 为25°，滑套入井后间距大于3m，因此，对油气藏厚度有一定要求。滑套整体耐压达到70MPa，耐温160℃。飞镖直径为88.9mm，压裂结束后，飞镖返排至上层滑套球座下部，并形成过流通道，过流面积相当于

73mm 油管，因此可有效确保后期排液、生产不会形成阻塞。

ZoneSelect Monobore 分段压裂系统早期主要应用于北美地区，广泛用于水平井、大斜度井和直井，其耐压强度最高达到 134MPa，适用井下温度最高达到 163℃。连续管开关工具最大可配套使用的连续管为 60.3mm，确保油套环空过流面积和储层压裂效果。

压裂作业后级数的多少是评价压裂作业成功与否的重要指标，目前国内外大型油服和设备公司都在研发无限级压裂技术与工具。从滑套作用方式来说斯伦贝谢、BJ 和贝克休斯的套管滑套采用液压开启方式，滑套打开关闭动作响应迅速，有效避免机械打开可靠性难以保证的弊端；从滑套入井安全性来说，威德福、NCS 和 BJ 的滑套结构简单，在管柱中各自独立，入井时按照常规操作随套管一并下入。从压裂施工工艺来说，斯伦贝谢和贝克休斯的工具应用于分段压裂时，工艺流程简单，无需下入其他管柱，不需多次起下管柱进行开关滑套操作，针对压裂级数较多的场合，有利于提高施工效率。因此，无限级压裂技术是目前储层改造技术发展的方向之一。

3. 可重复压裂

目前在美国将近 30% 的压裂属于重复压裂，常规的重复压裂工作存在的主要问题是压裂后增产幅度小、含水上升、产量递减速度快、有效期短，有效率只有 62%。因此，开展重复压裂工艺技术研究，是提高重复压裂有效率的关键。国内的大庆、胜利、长庆等油田相继从理论与实践方面作了一些探索，取得了经验和认识。因此，总结已有的经验，对老缝进行暂堵，实现大规模重复压裂，以获得增产是储层压裂改造的发展方向。

4. 体积压裂

20 世纪基本上停留在单井单层、单井多层压裂改造的水平上，进入 21 世纪以来，水平井分段压裂、缝网压裂、体积压裂技术迅速得到发展而且成为主流。

随着油田开采技术的不断运用，这种技术的运用成为了石油开采中的重要技术模式。尤其是在近年来的发展中，成为低渗透油田产量提升的主力技术，加大了直井分层体积压裂技术和水平井分段压裂技术的突破。直井分层压裂技术的关键在于提高直井纵向剖面的动用程度，最大限度提高油井单产量；而水平井分段压裂技术在于改善油井储层的渗油能力，增大储层的泄油面积，提高油田开采量。直井分层压裂技术包括分隔器滑套分层压裂技术、连续油管喷砂射孔环空加砂压裂技术、TAP 套管滑套完井分层技术。水平井分段压裂技术包括水平井双封单卡分段压裂工艺技术、不动管柱滑套分段压裂工艺技术、水平井水力喷砂分段压裂技术、水平井裸眼封隔器分段改造技术、水平井复合桥塞分段压裂技术。它们的应用情况和技术特点不同，但是都标志着油田压裂技术的进步，标志着国内在储油改造技术上新的进展。低渗透油藏储层致密、渗透率低，但是在进行体积压裂后，其形成了复杂缝网和增大了改造体积，这样不仅在初期油量产出大，而且给予后期稳产极大支持，是油气藏储层改造的发展方向。

5. 可开关滑套压裂

水平井多级滑套裸眼分段压裂技术采用预制管柱施工、一次下入、连续投球作业的方式完井，具有施工方便、可靠性高以及节约施工时间等优点，广泛应用于页岩气和低渗透产层的定向井、水平井压裂改造。然而，随着技术的推广使用，其后续储层改造困难的弊端同样巨大，即受管柱内各级滑套球座的限制，当油气井产层出水时，无法下入工具进行堵水作业，同时也无法对储层进行重复性改造，限制了储层的最大化开发。可开关滑套压裂技术就是为了解决这些问题而研发的，开关滑套可以根据地质状况及分段压裂的段数进行调整，结构简单、操作方便，很好地解决了多层段压裂，可实现压裂后油管全通径，不影响后期措施及测试作业。可开关滑套压裂技术是储层改造工具上的一大进步，国内外对开关滑套工具进行着积极的改进与优化，是未来提高储层改造技术效率的发展方向。

# 第二章 非交联缔合结构型压裂液

非交联缔合结构型压裂液是一种依靠分子间缔合作用形成超分子聚集体，从而形成具有空间网络结构的溶液流体。这种压裂液与常规的瓜尔胶压裂液相比，无需交联，通过溶液中分子间相互缔合作用形成的网络结构来达到携砂的作用，因此，这类压裂液又被称为非交联缔合结构型压裂液。

非交联缔合结构型压裂液研发始于20世纪90年代。1993年至2000年，以西南石油大学罗平亚院士为首的科研团队从压裂液流变性能的技术要求出发，利用新兴的超分子化学与超分子结构溶液理论与实践和结构流体流变学相关理论与实践，提出并建立了"分子缔合作用形成超分子聚集体结构溶液来满足压裂液对流变性特殊要求"的理论。

2000年至2005年，根据这理论设计、研制、生产出新型的压裂液稠化剂系列产品。稠化剂在溶液中分子链能自动缔合而形成多个分子的结合体（即超分子聚集体），它们随速度梯度变化而可逆变化，由它们（随着其浓度增加）进而形成布满整个溶液空间的超分子空间网状结构，成为典型的结构（溶液）流体。即它是缔合（非交联）型结构流体，而瓜尔胶压裂液是交联型结构流体。2006年，按照压裂技术的要求，全面评价了这类新产品，证实了其用作压裂液的可行性，并利用这种新产品建立了相应的应用技术。

2005年至2017年已在大庆、长庆、青海、延长、中原等9个油田30多个地区，不同地层（包括煤层气）进行现场应用700余井次，取得了较好的增产效果。

本章将介绍非交联缔合结构型压裂液添加剂组成、压裂液作用原理、性能以及室内评价方法、指标要求、现场应用等内容。

## 第一节 压裂液添加剂

非交联缔合结构型压裂液主要由稠化剂、增效剂、黏土稳定剂、破胶剂、高温稳定剂、降滤失剂和其他辅助添加剂组成，其中稠化剂、增效剂、黏土稳定剂、破胶剂是非交联缔合结构型压裂液中常用的几种添加剂。相比于瓜尔胶压裂液来说，成分简单，配制简便，能够节约大量人力物力。

### 一、稠化剂

稠化剂（也称为增稠剂）是非交联缔合结构型压裂液的主剂，用以提高压裂液的黏度，在水溶液中依靠稠化剂分子间缔合作用形成空间网络状结构，从而达到悬浮、携带和输送支撑剂的作用。一般稠化剂为有机合成的疏水改性的缔合聚合物。

非交联缔合结构型压裂液稠化剂主要是有机合成的疏水改性的聚丙烯酰胺及其衍生物，又称为疏水缔合聚合物。其改性基团一般为阴离子烯属不饱和单体单元，所以该类疏水缔合聚合物稠化剂属于阴离子型聚合物。

疏水缔合聚合物稠化剂与常规水基压裂液所用稠化剂，比如瓜尔胶、羟丙基瓜尔胶等有着一定的区别，具体如表2-1所示。图2-1为常用的非交联缔合结构型压裂液稠化剂在不同浓度下的表观黏度。

表2-1 对不同稠化剂性能的对比

| 稠化剂名称 | 平均分子量 | 含水率（%） | 水不溶物含量（%） | 表观黏度① （30℃，$170s^{-1}$）（mPa·s） | pH 值 | 适用范围 |
|---|---|---|---|---|---|---|
| 瓜尔胶 | $190 \times 10^4$ | 7~9 | 8~25 | ≥80 | 6.8~7.0 | 低、中、高温储集层 |
| 羟丙基瓜尔胶 | | 7~10 | 2~12 | ≥70 | 7.0~7.5 | 低、中、高温储集层 |
| 香豆胶 | $25 \times 10^4$ | 5~10 | 7~17 | ≥180 | 6.5~7.5 | 低、中、高温储集层 |
| 疏水缔合聚合物稠化剂 | $400 \times 10^4$ | 8~12 | ≤0.5 | ≥110 | 6.0~7.0 | 低、中、高温储集层 |

注：①瓜尔胶、羟丙基瓜尔胶和疏水缔合聚合物稠化剂浓度为0.6%，香豆胶粉剂浓度为1%。

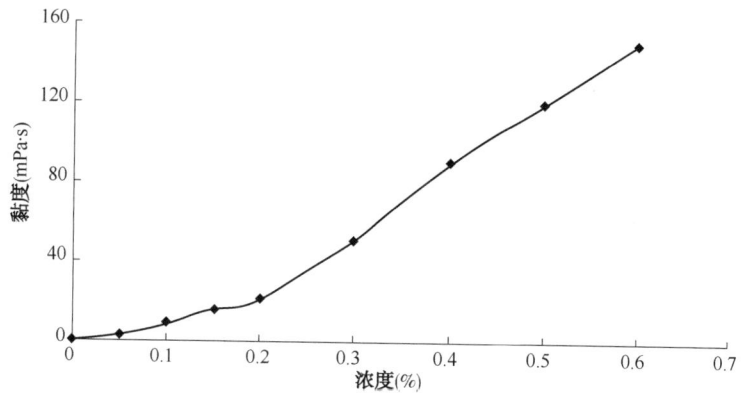

图2-1 不同浓度疏水缔合聚合物稠化剂溶液表观黏度

## 二、增效剂

增效剂是通过与聚合物的疏水基团发生作用，增强聚合物分子链间的疏水缔合作用，使得分子间缔合动态物理交联网络强度增大，使得疏水缔合聚合物溶液的增黏性、剪切稀释性、悬浮性、抗盐性、抗温性等性能相对于单一疏水缔合聚合物溶液得到进一步提升。

增效剂的选用由疏水缔合聚合物分子结构决定。非交联缔合结构型压裂液稠化剂是属于阴离子型聚合物，常用的增效剂为阴离子表面活性剂、非离子表面活性剂或者阴/非离子表面活性剂复配物。由于疏水缔合聚合物改性方式和采用的改性基团不一，使得与之配套的增效剂也各不相同。表 2-2 中给出了常用的阴离子表面活性剂和非离子表面活性剂种类。

表 2-2　常用表面活性剂

| 表面活性剂种类 | 常用表面活性剂 |
| --- | --- |
| 阴离子型表面活性剂 | 烷基苯磺酸盐、烷基硫酸盐、石油磺酸盐等 |
| 非离子型表面活性剂 | 壬基酚聚氧乙烯醚、辛基酚聚氧乙烯醚、脂肪醇聚氧乙烯醚、硬脂酸聚氧乙烯酯等 |

## 三、黏土稳定剂

黏土稳定剂的作用是利用黏土表面化学离子交换的特点,改变黏土表面的结合离子,从而改变黏土的物理化学性质,或破坏其离子交换能力,或破坏双电层离子间的斥力,达到防止黏土水化膨胀或分散运移的效果。

非交联缔合结构型压裂液中常用的黏土稳定剂类型有:

(1) 无机盐类。包括氯化钾、氯化钠、氯化铵等。其中,氯化钾是最常用的黏土稳定剂。

(2) 有机聚合物。多核或多基团有机聚合物通过聚合链各个核或基团与黏土表面各交换点联接,是黏土表面形成单层的聚合物吸附膜,起到稳定黏土的作用。一般使用的有机聚合物有聚 N-羧甲基丙烯酰胺、三甲基烯丙基氯化铵、三甲基苄基氯化铵等。

## 四、破胶剂

破胶剂是非交联缔合结构型压裂液中重要添加剂之一,其主要作用是压裂施工结束后,氧化破坏压裂液中的空间网络结构,降解聚合物大分子,进而降低压裂液黏度,使压裂液在地层压力作用下,返排出地层,减小压裂液对地层的伤害。常见的破胶剂有过氧化物破胶剂和胶囊破胶剂。

1. 过氧化物

应用的 pH 值范围广,成本低,破胶迅速。当储层温度低于 50℃ 时,需添加还原剂进行活化;高温时,破胶速度加快,过快破胶会影响施工的正常进行。一般常用的过氧化物破胶剂有过硫酸铵、过硫酸钾等。

2. 胶囊破胶剂

胶囊破胶剂主要是包裹的过硫酸铵、过硫酸钾等。在正常施工过程中,胶囊包裹的过氧化物与压裂液未直接接触,能够延缓压裂液破胶速度,有利于施工正常进行。该类破胶剂一般在高温井压裂施工过程中使用,成本较高。

## 五、其他添加剂

为了保证压裂液能够适应不同储层条件,满足不同的压裂工艺要求,一般根据具体的要求，选择添加一些其他添加剂，提高产品的适应性。其他添加剂主要有破乳剂、降滤失剂、高温稳定剂、低温破胶激活剂、消泡剂等。

## 第二节 压裂液作用原理

常规水基压裂液稠化剂增黏原理主要是靠聚合物分子链在溶液中的流体力学尺寸的大小，没有考虑高分子链间非共价键力的相互作用，因此常规水基压裂液体系的增黏能力、抗温能力、抗盐能力、抗剪切能力均比较差，必须通过提高聚合物用量和使用交联技术才能达到携砂要求，因而不可能消除残渣及其带来的伤害。

解决水基压裂液此类伤害问题有两种方式：第一，不使用聚合物增稠，稠化剂就不会带来不溶性残渣；第二，对于不溶物极低的新型稠化剂，不采用交联技术，但其有效黏度就可以达到压裂施工携砂要求。

西南石油大学罗平亚科研团队采用第二种方式解决了常规水基压裂液的伤害问题，形成了非交联缔合结构型压裂液。

根据高分子溶液流变学理论，溶液的有效黏度由两部分构成：

（1）聚合物分子链在溶液中的流体力学尺寸的大小，其有可能随温度、矿化度的提高而急剧下降，由它所形成的黏度称为"非结构黏度"。

（2）高分子链间非共价键力的相互作用，它可以随温度、矿化度的上升而上升或下降，并可进行调控，由它所形成的黏度称为"结构黏度"。

因此，$\eta_{\text{有效黏度}} = \eta_{\text{非结构黏度}} + \eta_{\text{结构黏度}}$。

常规水基压裂液稠化剂增黏原理主要是靠聚合物分子链在溶液中的流体力学尺寸的大小，没有考虑高分子链间非共价键力的相互作用，因此其体系的增黏能力、抗温能力、抗盐能力、抗剪切能力均比较差，必须提高聚合物用量（浓度）和使用交联技术。因此，可以在溶液原有的非结构黏度基础上，充分利用分子链间的非共价键作用来建立结构黏度，使体系的有效黏度大大增加。在不增加聚合物用量，不采用交联技术的情况下，体系的抗温能力、抗盐能力、抗剪切能力均大大提高，达到携砂要求。

根据高分子溶液流变学理论，流体的悬浮、携带能力主要由流体的静、动态屈服应力值即结构黏度所决定。因此，有效黏度相同而屈服应力值不同的流体，其携带能力不同。同时根据高分子溶液黏弹性理论，流体的携带能力主要由其储能模量 $G'$ 以及它的复合模量 $G*$ 决定。从微观作用机理上讲，它们都是由结构流体中分子间缔合作用形成的超分子结构状态所决定。

根据高分子溶液流变学理论、高分子溶液黏弹性理论、结构流体流变学理论及其应用的新进展，研制新型的聚合物稠化剂，在溶液中分子链能自动缔合形成多个分子的结合体即超分子聚集体（它们随速度梯度变化而可逆，而常规交联聚合物冻胶没有这种特性，其性能不断地受到热力和剪切的影响），进一步形成布满整个溶液空间的超分子空间网络结构，成为典型的结构流体。

结构型流体具有以下特性：高效增黏性，良好的抗盐性，良好的抗温性，良好抗剪切性，剪切稀释特性，优良的黏弹性，具有静/动屈服应力，良好悬浮性，可调控性（通过调整超分子聚集体结构，调控体系的性质）。

结构型流体溶液本身的特性决定它具有优良的携带能力。因此，这类溶液不需交联就能具有压裂液所需的各种性能。

## 第三节 压裂液性能

非交联缔合结构型压裂液属于结构流体溶液，结构流体溶液具有优良的黏弹性、优良的耐温抗剪切性，同时还具有低摩阻以及低残渣、低伤害的清洁特性。本节将从压裂液黏弹性、耐温抗剪切性能、摩阻性能以及清洁性能等几个方面介绍非交联缔合结构型压裂液性能。

### 一、压裂液黏弹性

压裂液的黏弹性对携砂机理十分重要，不同的流体具有不同的流动黏弹性特征。许多水溶胶在一定条件下能形成凝胶。凝胶具有的黏弹性，一般用储能模量 $G'$ 和耗能模量 $G''$，以及二者对剪切振动频率 $\omega$ 的依赖性来表征。$G'$ 对应于体系的弹性，而 $G''$ 对应于体系的黏性。在稀溶液中（$C<C*$），大分子不发生缠结，在很宽的频率范围内 $G''$ 都远大于 $G'$，且 $G'$ 和 $G''$ 均具有明显的频率依赖性。由于 $G''$ 与频率 $\omega$ 成正比，$G'$ 与 $\omega^2$ 成正比。因此，当频率较高时，$G'>G''$；而当浓度大于临界浓度（$C>C*$）时，$G'$ 和 $G''$ 仍然依赖于频率，并且在低频区，$G'<G''$，但随着频率的增加，二者发生交叉，在高频区出现 $G'>G''$（图 2-2）。

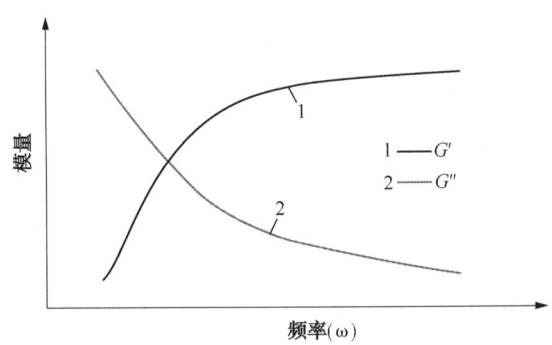

图 2-2 普通聚合物的储能模量和损耗模量变化规律

采用奥地利安东帕公司 Physica MCR301 型流变仪，在 110℃、稳态剪切条件下，测试非交联缔合结构型压裂液的储能模量 $G'$ 和耗能模量 $G''$ 与振荡频率的关系。

频率扫描试验结果如图 2-3 所示。从图可知，随着扫描频率的逐步增加，压裂液的储能模量 $G'$ 和复合模量 $G^*$ 增加。当频率在 4Hz 以下时，压裂液的储能模量 $G'$ 和复合模量 $G^*$ 随频率增加而呈线性增加；当频率超过 4Hz 以后，储能模量 $G'$ 和复合模量 $G^*$ 不再随频率增加而呈线性增加，增加速率变缓，之后不再增加。从图中还可看出，随着频率的增加，耗能模量 $G''$ 值很小，且几乎不变。

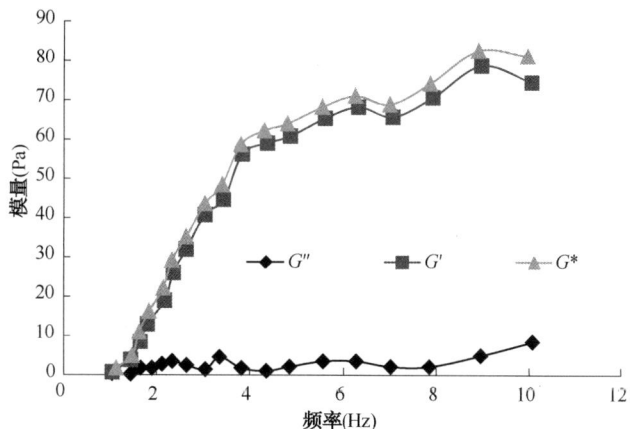

图 2-3　压裂液 110℃ 频率扫描曲线（0.15%GRF-2）

与普通聚合物溶液不同的是，普通聚合物溶液在低频率时，储能模量 $G'$ 小于耗能模量 $G''$，只有当频率大于某值后，储能模量 $G'$ 才会大于耗能模量 $G''$，聚合物溶液的耗能模量和储存模量曲线有一个交点。而非交联缔合结构型压裂液，在试验过程中，储能模量 $G'$ 始终明显地大于耗能模量 $G''$；复合模量 $G^*$ 与储能模量 $G'$ 值十分接近，说明了损耗模量 $G''$ 对复合模量 $G^*$ 的贡献值很小，$G^* \approx G'$。这说明非交联缔合结构型压裂液体系是典型的弹性流体。

图 2-4 ~ 图 2-7 是西南石油大学研发的非交联缔合结构型压裂液在 110℃、振荡频率 6.18Hz、不同浓度下压裂液的模量测试结果。从测试结果可知，该压裂液体系具有较强的黏弹性，储能模量 $G'$ 大于耗能模量 $G''$，弹性强于黏性；同时，增效剂含量在 0.2% ~ 0.35% 范围时，储能模量 $G'$ 最高，弹性最好，预示了该体系在此比例下具有良好的弹性。

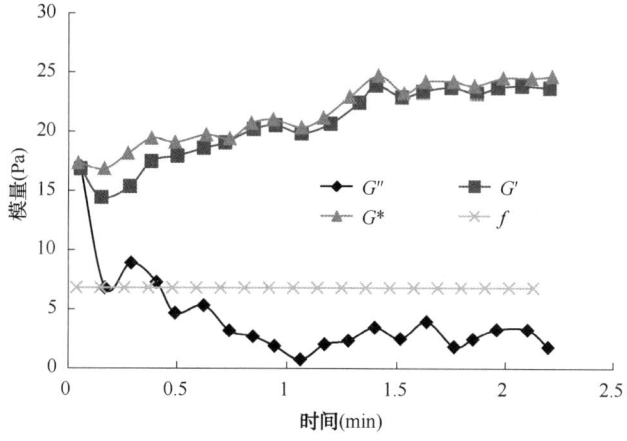

图 2-4　模量测试（110℃，辅剂 0.2%）

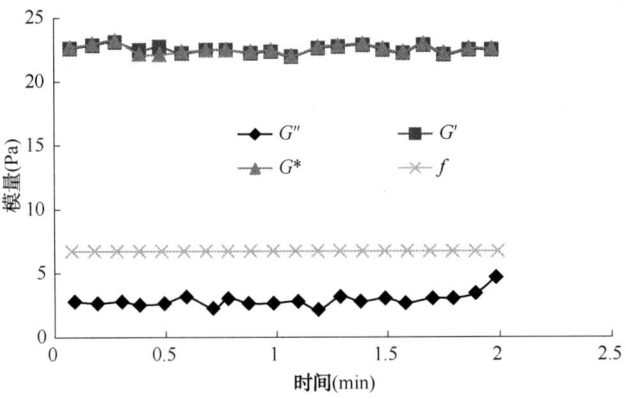

图 2-5　模量测试(110℃,辅剂 0.25%)

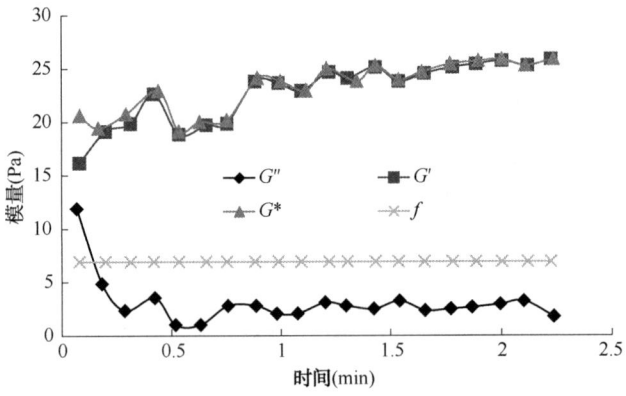

图 2-6　模量测试(110℃,辅剂 0.3%)

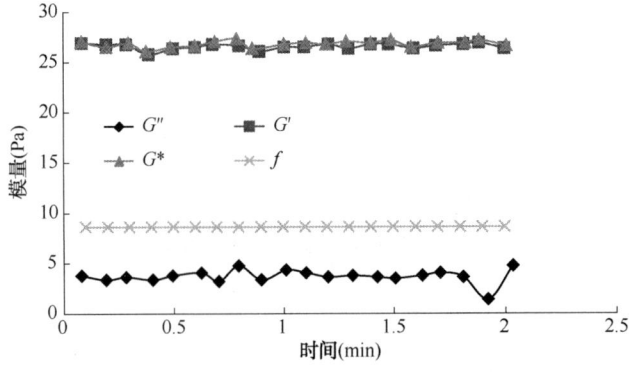

图 2-7　模量测试(110℃,辅剂 0.35%)

## 二、压裂液耐温抗剪切性能

压裂液在施工过程中主要起降低地层温度、压开地层形成裂缝、携带支撑剂进入地层等作用,而携带支撑剂进入地层是其最主要的作用。压裂液在进入地层过程中,将受到压裂设备、压裂管柱、射孔孔眼等的剪切作用,压裂液黏度将受到影响而降低;同时进入地层过程中,压裂液温度不断上升,压裂液结构会随之发生变化,黏度也会随之改变。常规水基压裂液主要依靠液体黏度进行携砂,因此,压裂液的耐温抗剪切性能是评判压裂液性能好坏的指标之一。

非交联缔合结构型压裂液是依靠稠化剂分子链间的缔合作用,形成具有空间网络的结构流体,这类结构流体溶液往往都具有较好的耐温抗剪切性能。图 2-8 是结构流体溶液典型的耐温抗剪切曲线。

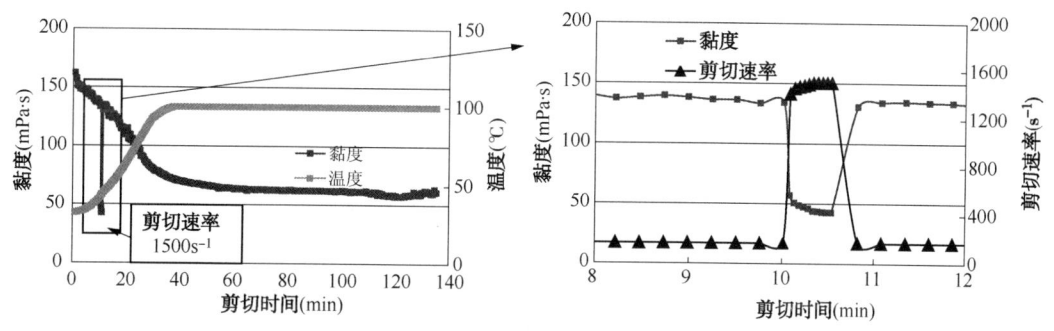

图 2-8 非交联缔合结构型压裂液典型耐温抗剪切曲线

从图 2-8 中可以看出,随着温度的升高,压裂液黏度逐渐下降,当温度稳定后,随着剪切时间的延长压裂液黏度基本保持平稳,表现出较好的稳定性;从右边放大曲线图可以看出,当剪切速率突然增大时,压裂液黏度下降;当剪切速率减小恢复至初始速率时,黏度上升恢复至原有黏度值。压裂液体系黏度恢复率高,表现出优异的抗剪切性能。

非交联缔合结构型压裂液优良的耐温抗剪切性能使得压裂液体系能够适应于高温油藏增产改造压裂液需求,同时对于喷砂射孔压裂工艺、连续油管压裂等对剪切速率较高的压裂工艺具有较好的适应性。

## 三、压裂液滤失性能

压裂液是压裂工艺的核心,它的主要功能是压开裂缝并沿缝输送支撑剂。压裂液大量滤失后,除了液体效率降低外,压裂液的黏度、流变性能等都会发生明显变化,滤失严重时出现砂堵、压裂液变的不可泵送等现象,造成压裂难度加大,甚至导致压裂失败;其次,对于常规水基压裂液而言,不溶物含量高,残渣含量大,压裂液大量滤失后会在岩石表面形成致密的滤饼,由于滤饼的渗透率比地层渗透率小得多,阻碍地层流体向裂缝的流动,同时滤饼占据了部分以至整个支撑剂之间的间隙,对裂缝的导流能力也会造成巨大伤害;

最后，压裂液滤液进入地层后会对地层造成不同程度的伤害，导致压裂增产效果差。

在滤失过程中，从裂缝到地层内部将会形成三个区域，依次为滤饼区、侵入区及油藏区，如图2-9所示。压裂液滤失的全过程可以分为三个阶段，与其对应的三种流动为：滤饼区的流动、侵入区的流动以及地层流体黏度及压缩控制过程。经典滤失理论认为压裂液在地层中的滤失受三种机理的控制，分别为滤液黏度、地层流体的压缩性及压裂液的造壁性。尤其是压裂液造壁性，它是压裂液滤失影响因素的关键所在。压裂液的滤失速度受压裂液综合滤失系数CL控制，综合滤失系数CL是综合以上三种机理定义出来的。

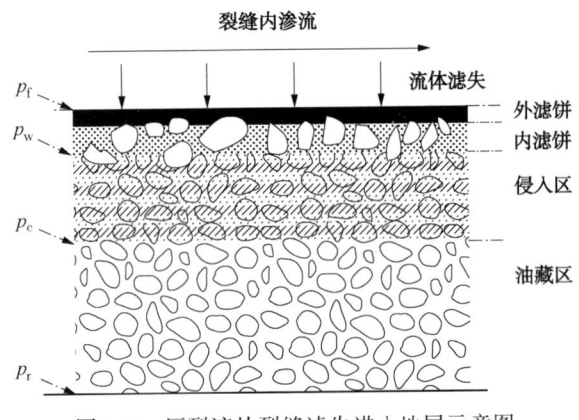

图2-9 压裂液从裂缝滤失进入地层示意图

目前使用最多的瓜尔胶压裂液，其稠化剂主要是瓜尔胶和改性瓜尔胶，其不溶物含量高，大概为2%~15%左右，在注入地层过程中，能够在岩石表面形成滤饼，具有较好的造壁性能，这类压裂液就适用于经典滤失理论。

非交联缔合结构压裂液所用缔合聚合物稠化剂为合成聚合物，水不溶物含量低，在岩石表面不能形成有效滤饼，这类压裂液体系不能用经典滤失理论来评价其滤失性能。

压裂液泵入地层劈开裂缝后，在缝内外压差的作用下，压裂液经缝面滤失到储层中，与常规瓜尔胶压裂液滤失现象不同的是，非交联缔合结构型压裂液在滤失时不会在裂缝面形成滤饼，压裂液以整体黏度进入地层，在储层孔隙介质中形成一层滤失带，我们可以将这一层区域看作"内滤饼"，所以在滤失过程中，从裂缝面到地层内部也将形成三个区域，依次为滤失带、侵入区及油藏区，如图2-10所示。压裂液直接通过裂缝面进入滤失带，将该处的流体驱替至地层内部。停泵后，即在裂缝闭合过程中，压裂液在压差作用下继续滤失，并向油藏更远处渗流。其中几个端面的压力即缝内压力、层面压力、侵入区前缘压力及地层压力也可用$p_f$、$p_w$、$p_c$及$p_r$来表示，这里$p_f>p_w>p_c>p_r$。

非交联缔合结构型压裂液无法在岩石表面形成滤饼，因此测试这类压裂液滤失性能时，不能采用高温高压滤失仪进行测试，该方法测试的滤失系数不能反映非交联缔合结构型压裂液真实滤失性能。西南石油大学罗平亚项目组根据非交联缔合结构型压裂液的性能特征，设计了一种测试该类压裂液滤失性能的装置（装置如图2-11所示），并利用该装置测试其研发的非交联缔合结构型压裂液滤失性能，测试结果如图2-12、表2-3所示。

## 第二章 非交联缔合结构型压裂液

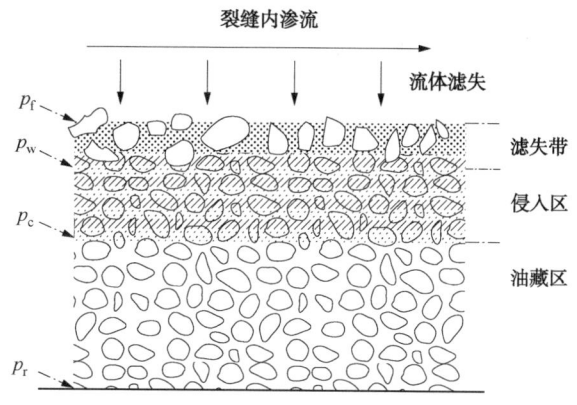

图 2-10 非交联缔合结构型压裂液从裂缝滤失入地层示意图

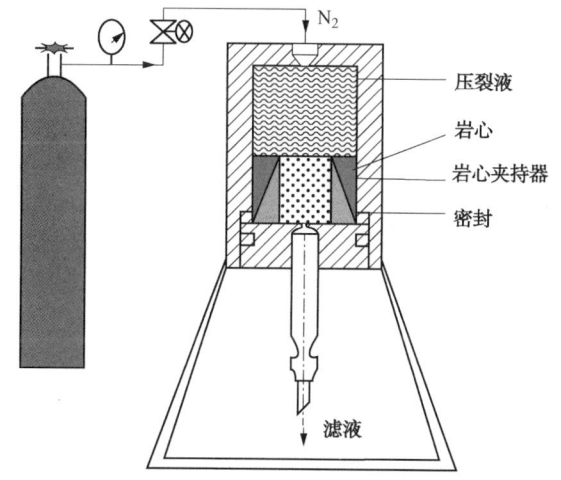

图 2-11 高温高压岩心滤失仪简易图

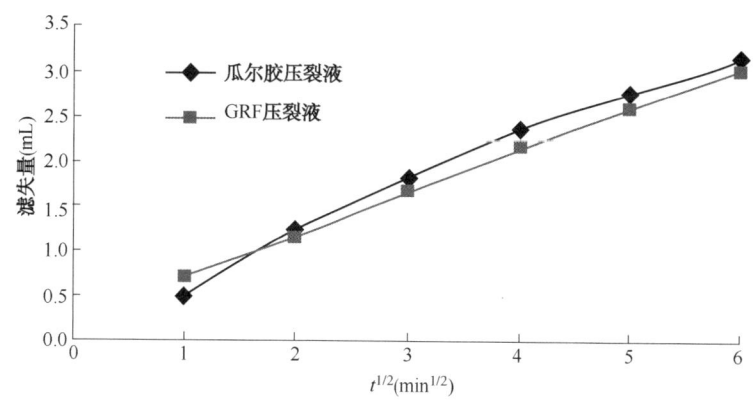

图 2-12 GRF 非交联缔合结构压裂液与瓜尔胶压裂液滤失曲线对比（80℃）

备注：GRF 压裂液：0.4%稠化剂 GRF-1H+0.3%增效剂 GRF-2+0.2%黏稳剂 GRF-16；
瓜尔胶压裂液：瓜尔胶原粉 0.4%+温度稳定剂 0.1%+破乳剂 BZP-2 0.2%+pH 调节剂 0.1%+交联剂 CYB-100 0.4%

表 2-3 压裂液滤失性能测试结果表

| 岩心编号 | 滤失液体 | 岩心截面积 $A$（$cm^2$） | 孔隙度（%） | 液测 $K_a$（$10^{-3}\mu m^2$） | 初滤失量（$m^3/m^2$） | 滤失系数（$m/min^{1/2}$） |
| --- | --- | --- | --- | --- | --- | --- |
| 1#b | 瓜尔胶压裂液 | 5 | 29.6 | 0.48 | 0.01377 | $5.9\times10^{-4}$ |
| 1#c | GRF 压裂液 | 4.99 | 29.4 | 0.51 | 0.04851 | $4.7\times10^{-4}$ |

从测试结果可知，该压裂液初滤失量高于瓜尔胶压裂液，但滤失系数略低于瓜尔胶压裂液，表现出较好的滤失性能。

非交联缔合结构压裂液属于黏弹性结构流体，溶液中存在超分子网状结构，同时也具有良好的黏弹性，而真实的储层岩心是由无数大小不等的孔隙和喉道构成的网络系统，黏弹性流体在其中的流动为剪切-拉伸流动，因此其进入孔隙吼道时必须同时克服分子链流动和网状结构流动时产生的内摩擦力，而且网状结构在通过比自己小的孔喉时，还必须通过变形或拆散成更小的网状结构来通过，导致其流动阻力将比常见的聚合物溶液的大。因此，压裂液黏弹性使得其在多孔介质中的渗流阻力较大，进而降低压裂液的滤失系数，达到较好的滤失性能。

## 四、压裂液摩阻性能

压裂液从泵出口经地面管线→井筒→射孔孔眼进入裂缝，在每个流动通道内部都会因为摩阻而产生压力损失，压力损失越大，造缝的有效压力就越小，因此对于压裂过程中要求压裂液摩阻小，提高造缝有效压力或者降低压裂设备所需功率。

非交联缔合结构型压裂液在高速剪切作用下，分子间缔合作用不足以克服高速剪切带来的外部作用力，分子间"缔合键"发生断裂，溶液表观黏度下降，表现出剪切稀释性，从而降低压裂液在高速流动状态下的摩擦阻力；另一方面，非交联缔合结构压裂液黏弹性强，属于黏弹性结构流体，溶液中存在着具有弹性可储存和释放能量的空间网络结构，压裂液依靠溶液中具有上述作用的空间网络结构来储存和释放高速流动过程中带来的外部作用力，这样就能够降低高速流动过程中带来的摩擦阻力，从而降低摩阻，在高速剪切作用下表现出低摩阻的特性。

非交联缔合结构压裂液的这种依靠分子间缔合作用形成具有空间网状结构从而达到携砂目的的特点，使得这类压裂液在高速剪切作用下具有低摩阻的特性，能够有效降低压裂施工过程中所需功率或者提高造缝有效压力。图 2-13 是非交联缔合结构压裂液典型的摩阻测试曲线。

## 五、压裂液低伤害性能

在非交联缔合结构型压裂液稠化剂是水溶性合成缔合聚合物，而且体系不交联，其溶液中的水溶性稠化剂本身无（极少）不溶物或可以忽略不计（$\leqslant 10\times 10^{-6}$），这就解决了水不溶物残渣问题，因而将是"清洁的"压裂液。图 2-14 为非交联缔合结构型压裂液破胶液示意图，其破胶液清澈透明，残渣含量低；而瓜尔胶破胶液浑浊，残渣含量较高。

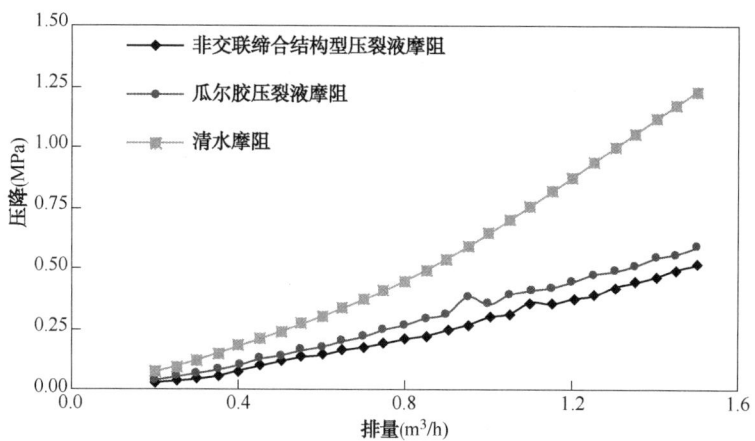

图 2-13 非交联缔合结构型压裂液典型摩阻曲线

(a) 非交联缔合结构型压裂液破胶液　　　　(b) 瓜尔胶破胶液

图 2-14 非交联缔合结构型压裂液破胶液和瓜尔胶破胶液示意图

压裂液对储层的伤害主要有对岩心基质渗透率伤害和对支撑充填层渗透率伤害。由于非交联缔合结构型压裂液残渣含量低且动态滤失系数小,所以其对储层的岩心基质渗透率以及对支撑充填层渗透率伤害率较小。

以西南石油大学与四川光亚聚合物化工有限公司联合研发的非交联缔合结构型压裂液为例,该压裂液体系对岩心基质渗透率伤害较小,伤害率在 10% 左右,瓜尔胶压裂液在 25% 左右;对支撑充填层渗透率伤害同样在 10% 左右,而瓜尔胶由于水不溶物含量较高,同时破胶后残渣含量高,使得其对支撑充填层渗透率伤害达到 90% 左右,伤害率高,影响压后增产效果。表 2-4 为岩心基质渗透率伤害率结果表,图 2-15、图 2-16 为支撑充填层伤害率测试结果和伤害后支撑充填层示意图。

表 2-4　岩心基质渗透率伤害率

| 压裂液 | 伤害前渗透率($10^{-3}\mu m^2$) | 伤害后渗透率($10^{-3}\mu m^2$) | 伤害率(%) |
| --- | --- | --- | --- |
| 非交联缔合结构压裂液 | 103.2 | 93.5 | 9.4 |
| 常规瓜尔胶压裂液 | 105.2 | 70.2 | 33.27 |

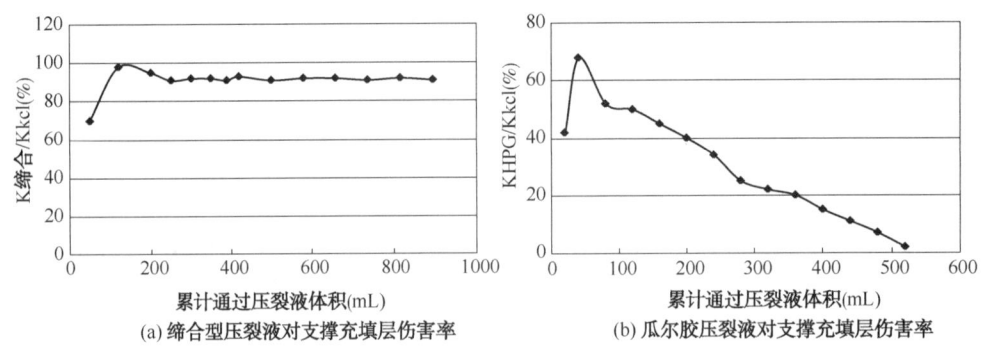

图 2-15 压裂液破胶液对支撑充填层伤害率测试结果

(a) 缔合型压裂液伤害示意图

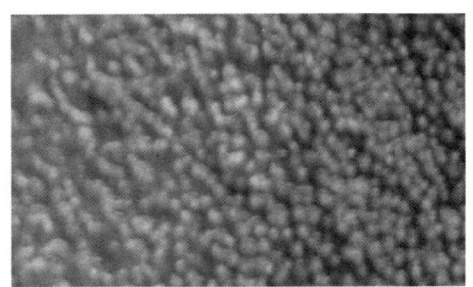
(b) 瓜尔胶压裂液伤害示意图

图 2-16 压裂液破胶液对支撑充填层伤害示意图

## 第四节 压裂液典型配方及性能评价

### 一、压裂液典型配方

非交联缔合结构型压裂液基本组成包括稠化剂、增效剂、黏土稳定剂和破胶剂。根据特殊油藏以及压裂工艺特点,需要再适当添加降滤失剂、高温稳定剂、消泡剂等添加剂。

目前,国内使用的非交联缔合结构型压裂液耐温能力在 30~150℃。常用的配方组成如表 2-5 所示,综合性能如表 2-6 所示。

表 2-5 非交联缔合结构型压裂液常用配方

| 添加剂类型 | 名 称 | 用 量 | 备 注 |
| --- | --- | --- | --- |
| 稠化剂 | 疏水缔合聚合物 | 0.25%~0.65% | |
| 增效剂 | 阴离子/非离子/阴非离子表活剂 | 0.2%~0.45% | |
| 黏土稳定剂 | 氯化钾、聚季铵盐类等 | 1%~2%(KCl)<br>0.2%~0.5%(聚季铵盐类) | |

续表

| 添加剂类型 | 名称 | 用量 | 备注 |
|---|---|---|---|
| 破胶剂 | 过硫酸铵、过硫酸钾等 | 0.01%~0.25% | 温度低于45℃需添加低温激活剂 |
| 降滤失剂 | 聚阴离子纤维素等 | 0.2%~0.3% | 裂缝性油气藏使用 |
| 高温稳定剂 | 海波等 | 0.15%~0.3% | 温度大于120℃使用 |
| 消泡剂 | 有机硅类 | 0.03%~0.05% | 连续混配工艺使用 |

表2-6 非交联缔合结构型压裂液性能数据表

| 序号 | 项目 | | 性能指标 |
|---|---|---|---|
| 1 | 基液表观黏度 (mPa·s) | 30℃≤t<60℃ | 30~80 |
| | | 60℃≤t<90℃ | 60~110 |
| | | 90℃≤t<150℃ | 80~150 |
| 2 | 耐温耐剪切能力 | 表观黏度(mPa·s) | ≥30 |
| 3 | 黏弹性 | 储能模量(Pa) | ≥1.5 |
| | | 耗能模量(Pa) | ≥0.5 |
| 4 | 岩心基质渗透率伤害率(%) | | ≤30 |
| 5 | 破胶性能 | 破胶时间(min) | ≤720 |
| | | 破胶液表观黏度(mPa·s) | ≤5.0 |
| | | 破胶液表面张力(mN/m) | ≤28.0 |
| | | 破胶液与煤油界面张力(mN/m) | ≤2.0 |
| 6 | 残渣含量(mg/L) | | ≤100 |
| 7 | 防膨率(%) | | ≥70 |
| 8 | 压裂液滤液与地层水配伍性 | | 无沉淀，无絮凝 |
| 9 | 降阻率(%) | | ≥60 |

## 二、压裂液性能评价

### (一)基液表观黏度测定

压裂液基液表观黏度是保证压裂液具有良好耐温、耐剪切性能的基础，是现场施工过程时质量控制的关键参数。

使用六速旋转黏度计在室温下，以$170s^{-1}$的剪切速率测定基液表观黏度。

### (二)耐温抗剪切性能测定

压裂液耐温抗剪切性能是压裂液温度稳定性与剪切稳定性的叠加。该性能是评价和优选压裂液最常用的方法，同样是通过确定压裂液体系在施工中表观黏度的变化，判断压裂液体系的流变性能是否达到工艺设计的要求。

采用哈克 RS6000 流变仪或者类似的流变仪，设置试验温度为储层温度，升温速度梯度为 $(3±0.5)$℃/min，并且同时测定 $170s^{-1}$ 剪切速率下的压裂液黏度变化，测试时间一般为压裂施工作业时间。最终用全过程取值对应的时间、温度和表观黏度关系来确定压裂液耐温耐剪切能力。图 2-17 是典型非交联缔合结构型压裂液耐温抗剪切曲线。

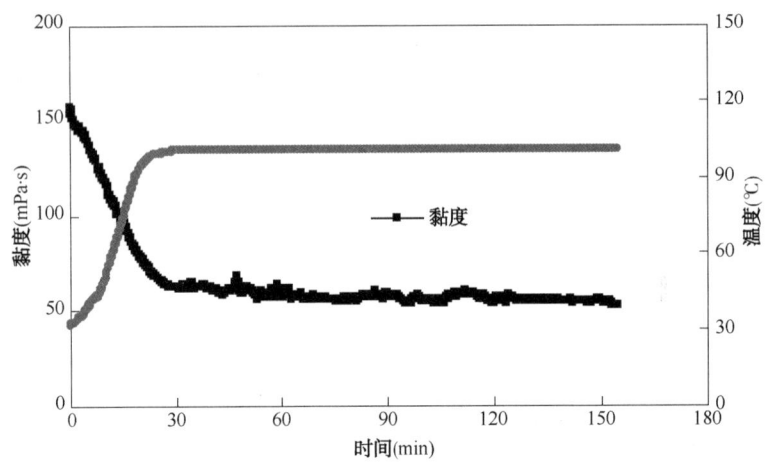

图 2-17 非交联缔合结构型压裂液典型耐温抗剪切曲线

### （三）储、耗能模量测定

采用哈克 RS6000 流变仪，根据胶液强度选择椎板系统，对于中等强度胶液选用 35mm 椎板系统，随着胶液强度的增大，可依次选用较小直径的椎板系统。

开启控制应力流变仪，控制进入仪器的气压为 $0.2\sim0.4$MPa；设置流变仪试验温度为储层温度（储层温度大于 90℃时，试验温度设置为 90℃），并恒温，误差范围为 ±0.1℃；将测试样品放置在测试台上，选择振荡测量模式，在 $0.628\sim6.28$rad/s 范围内通过试验，选取适当的振荡角频率，确定线性黏弹区；在线性黏弹区内选定一个应力值和振荡角频率进行振荡频率扫描，扫描时间为 $3\sim5$min。

### （四）破胶性能测定

压裂液破胶的好坏直接影响到压后压裂液返排和增产效果，也是压裂液性能的一个关键指标。通过对破胶时间与黏度的关系的测定，可以确定压裂施工过程中破胶剂的用量和压后关井时间。

将压裂液胶液与破胶剂混合均匀，将混合液装入破胶罐中并放入恒温水浴锅中，设置恒温水浴锅为试验温度（一般为储层温度，储层温度大于 100℃时设置为 95℃），每间隔一定时间，将液体倒出，测定压裂液黏度，直到压裂液黏度小于 5MPa·s 为止，得到破胶时间与黏度关系。

## (五)破胶液表面张力和界面张力测定

通过测定破胶液表界面张力和界面张力,能够判断压裂液压后返排性能。

1. 表面张力测定

用纯水清洁铂金片,然后将铂金片吊在表面张力仪内,将破胶液装入表面张力仪的玻璃皿中,将平台缓慢升起,直到铂金片完全浸入破胶液中,然后缓慢降低平台,测量破胶液表面张力。

2. 界面张力测定

用纯水清洁铂金片,然后将铂金片吊在表面张力仪内,将破胶液装入表面张力仪的玻璃皿中,将精制煤油倒入破胶液中,形成油水界面,将平台缓慢升起,直到铂金片完全浸入破胶液中,然后缓慢降低平台,测量破胶液界面张力。

## (六)残渣含量测定

残渣是压裂液常规破胶液中残存的不溶物质。测定残渣含量,为降低油层伤害、提高裂缝导流能力提供参考。

把破胶液全部倒入已烘干恒量的离心管中,将离心管放入离心机内,在3000r/min的转速下离心30min,然后慢慢倾倒出上层清液,再加入纯水50mL,用玻璃棒搅拌洗涤残渣样品,再放入离心机中离心20min,倾倒上层清液,将离心管放入恒温电热干燥箱中烘烤,在温度105℃±1℃条件下烘干至恒量。

压裂液残渣含量按式(2-1)计算:

$$\eta_3 = \frac{m_3}{V} \times 1000 \qquad (2-1)$$

式中　$\eta_3$——压裂液残渣含量,mg/L;
　　　$m_3$——残渣质量,mg;
　　　$V$——破胶液用量,mL。

要求平行做两个样品,测定结果误差不大于0.5%,结果取算术平均值。

## (七)防膨率测定

通过测定钠基膨润土在压裂液破胶液和水中体积膨胀增量评价压裂液防膨率。称取0.50g膨润土粉,精准至0.01g,装入10mL离心管中,加入10mL压裂液破胶液,充分摇匀,在室温下存放2h。装入离心机内,在转速为1500r/min下离心分离15min,读出膨润土膨胀后的体积$V_1$。分别用10mL水、10mL煤油取代压裂液破胶液,测定膨润土在水中的膨胀体积$V_2$和膨润土在煤油中的体积$V_0$。

压裂液破胶液防膨率按式(2-2)计算:

$$B_1 = \frac{V_2 - V_1}{V_2 - V_0} \times 100\% \qquad (2-2)$$

式中　$B_1$——防膨率,%；

　　　$V_1$——膨润土在压裂液破胶液中的膨胀体积，mL；

　　　$V_2$——膨润土在水中的膨胀体积，mL；

　　　$V_0$——膨润土在煤油中的体积，mL。

备注：相对误差不大于5.0%。

### （八）岩心基质渗透率伤害率测定

（1）伤害前岩心渗透率$K_1$的测定：使标准盐水从岩心夹持器反向端挤入岩心进行驱替，饱和盐水的流速低于临界流速。直至流量及压差稳定，稳定时间不少于60min。

（2）伤害过程：将压裂液滤液装入高压容器中，用压力源加压，使滤液从岩心夹持器正向端入口进入岩心。当滤液开始流出时，记录时间、滤液的累计滤失量，精确到0.1mL。测定过程中，测定时间为36min，温度允许波动为±5℃。挤完后，关闭夹持器两端阀门，使滤液在岩心中停留2h。试验温度为80℃。

（3）伤害后岩心渗透率$K_2$的测定：按SY/T 5107—2016《水基压裂液性能评价方法》中的方法测定岩心受到压裂液滤液伤害后的流动介质的渗透率$K_2$。

渗透率计算公式如式(2-3)所示。

$$K = \frac{Q \times \mu \times L}{\Delta p} \times 10^{-1} \quad (2\text{-}3)$$

式中　$K$——岩心渗透率，D；

　　　$Q$——实验流体的体积流量，$cm^3/s$；

　　　$\mu$——实验流体的黏度，mPa·s；

　　　$\Delta p$——岩心上下端面压差，MPa；

　　　$A$——岩心横截面积，$cm^2$。

（4）基质渗透率伤害率按式(2-4)计算。

$$\eta_d = \frac{K_1 - K_2}{K_1} \times 100\% \quad (2\text{-}4)$$

式中　$\eta_d$——渗透率伤害率,%；

　　　$K_1$——岩心伤害前渗透率，$\mu m^2$；

　　　$K_2$——岩心伤害后渗透率，$\mu m^2$。

### （九）配伍性测试

为选择适宜的添加剂及其用量，必须测定压裂液与储集层流体（地层水）的配伍性能，包括压裂液破胶后与地层水混合后是否会出现沉淀、悬浮物或混浊。

### （十）降阻率测试

压裂液降阻率是预测压裂施工泵压的关键参数，直接影响到压裂施工工艺设计。一般可在实验室用流动回路摩阻测试装置测试或者由现场施工压力曲线计算获得该参数。

实验室内测试降阻率方法参照 SY/T 6376—2008 中 7.13 的规定测定胶液降阻率测试方法测试。

## 第五节 现 场 应 用

压裂液现场应用包括压裂液的现场质量控制及现场压裂施工两大部分，它们是压裂液室内实验的延续，更是配方在现场应用中不可或缺的重要步骤。

### 一、现场质量控制

#### （一）现场配制压裂液

现场配制非交联缔合结构型压裂液基液的程序及要求如下。

(1) 备罐、备水、备料：

① 在井场中选择宽阔、平整的地面，按照设计要求备足压裂罐。将压裂液罐整齐摆放，便于后期压裂施工供液管线的顺利连接。

② 在压裂罐中提前注入满足配液指标要求的清水(一般会预留 $2\sim3m^3$ 的空间，便于后期配液)。累计总水量应该备足 20% 的富余量，当然该富余量也要根据各种工况的实际情况而定。

③ 压裂液其他各种干添、液添均应按照 20% 的富余量准备，为了保障施工的顺利进行，建议增稠剂与破胶剂的量准备到实际用量的 140% 左右。

(2) 配液的基本要求：

① 现场必须具备增稠剂的专用加入设备，如简易负压配液枪、高压喷射泵等。

② 配液泵车应该具有足够的数量以及配液排量，以提高压裂液的配制效率，一般在 $1000m^3$ 以上就考虑用两到三台配液泵车进行压裂液配制。配液泵车的单车排量一般不能小于 800L/min。

③ 压裂液在配制过程中应该始终处于搅拌或者循环状态。

④ 配液人员必须穿戴好所有劳保用品，如护目镜、工衣工裤、工鞋、防坠落绳套等，确保配液人员的安全。

(3) 添加剂的加料顺序：

① 首先利用增稠剂的专用加入装置吸入增稠剂，充分搅拌或循环 $20\sim30min$ 直至增稠剂充分溶胀，溶液中不存在鱼眼、不溶胀颗粒为佳。

② 待增稠剂溶胀充分后，用负压吸入装置吸入液态黏土稳定剂，继续循环 $4\sim10min$。

③ 压裂液工程师现场取样，主要检测基液表观黏度、pH 值以及加入增效剂后胶液的携砂性能。

④ 检测到的表观黏度值应达到室内实验值的80%以上，pH值应与室内结果相同，胶液的强度及携砂性能应达到室内实验值的90%以上。

⑤ 必要时加入pH调节剂。

(4) 压裂液配制质量控制：

在压裂液配制过程中，都应当严格遵循质量控制标准，以确保压裂液的性能达标和施工的成功。

① 配制前：

a. 检查配液罐的质量和清洁情况，配液罐应具有洁净的内涂层。

b. 确保在配液罐及配液用水中无沙土、残酸、原油、铁锈、腐败或易腐败物质（如昆虫、树叶）等影响压裂液性能的各种杂质，以及棉纱、线绳、编织袋等网状或丝状物品，以避免堵塞上水管线。

c. 计算并清点配液用水总量和添加剂数量，确保配液量以及配液用材料满足施工要求，并有足够的富余量。

② 配制中：配制压裂液过程中随时检测压裂液黏度和pH值及与配制的交联剂小样交联情况，以便及时调整基液的配制。

③ 配制后：

a. 配制完成后，在溶胀1h后的基液黏度应达到实验室值的90%以上。

b. 在压裂施工开始前1h内配制交联剂，并与配好的基液进行交联性能检测，并根据检测结果适当调整交联剂的配制量和比例。

c. 刚配好的压裂液不能立即施工。在施工前至少搅拌、循环一次，并时刻检测压裂液黏度和pH值变化，并根据需要追加适量杀菌剂。

④ 施工中：

a. 施工过程中应当严格按照破胶剂追加程序加入适量的破胶剂，尽管在配方优化过程中考虑了不同浓度破胶剂的破胶能力，但破胶剂追加过快或过慢均会给施工带来不利影响。

b. 施工中随时取样，检测压裂液的交联时间和交联状况。

⑤ 施工后：

a. 施工结束后，检查压裂液基液、交联剂和破胶剂的剩余量，与施工记录核对，确定实际用量。

b. 按施工设计开井放喷，当进入地层压裂液返排出来之后，应及时取样，检测其黏度和pH值，记录返排液量、速度和时间等参数。

(二) 增效辅剂和破胶剂的泵注程序

增效辅剂和破胶剂的加入必须按照施工设计要求进行，并且根据施工实时情况进行重新制定，确保施工成功率。表2-7是某高温井施工泵注程序，表中明确给出了增效辅剂、破胶剂的泵注程序。

表 2-7 增效辅剂和破胶剂泵注程序实例

| 泵注程序 | 阶段 | 液体性质 | 施工液量 (m³) | | 增效剂加量 (L) | 破胶剂加入量 (kg) | | 排量 (m³/min) | | 泵注时间 (min) |
|---|---|---|---|---|---|---|---|---|---|---|
| | | | 胶液 | 液氮 | | 胶囊 | 过硫酸铵 | 混砂液 | 液氮 | |
| 低替 | 1 | 胶液 | 11.6 | | 3.6 | 12 | | 0.3 | | 38.67 |
| 坐封 | 1 | 胶液 | 2.0 | | 12 | 1.0 | | 1.0 | | 2.00 |
| 前置液 | 1 | 胶液 | 270.0 | 23.40 | 36 | 16.0 | | 3.0 | 0.26 | 90.00 |
| 携砂液 | 1 | 胶液 | 47.5 | 4.30 | 36 | 9.6 | | 3.0 | 0.26 | 16.54 |
| | 2 | 胶液 | 53.3 | 4.93 | 36 | 6.0 | | 3.0 | 0.26 | 18.95 |
| | 3 | 胶液 | 62.5 | 5.90 | 36 | 9.0 | 3.2 | 3.0 | 0.26 | 22.68 |
| | 4 | 胶液 | 91.0 | 8.76 | 36 | 18.3 | 4.5 | 3.0 | 0.26 | 33.70 |
| | 5 | 胶液 | 70.0 | 6.87 | 36 | 20.6 | 7.6 | 3.0 | 0.26 | 26.44 |
| | 6 | 胶液 | 52.9 | | 36 | | 18.5 | 3.0 | | 20.37 |
| 顶替液 | 1 | 胶液 | 11.5 | | — | | 38.2 | 2.0 | | 6.85 |

## (三) 压后管理

压后管理是保证压裂液彻底破胶、快速返排的重要工艺措施,他能最大程度降低压裂液对地层带来的伤害,同样也是储层保护的工艺措施。

(1) 根据井筒能温度场变化,并按照施工中实际泵注程序和压裂液泵入量来确定裂缝内温度的变化情况,结合破胶剂的实际加入量来确定关井破胶所需要的关井时间。

(2) 压裂液最合理的返排是使裂缝内的支撑剂流出最少的同时,排出最多的注入液体。在压裂液的返排过程中,应采用地面管汇上的硬质合金油嘴来控制,随着井口压力和排量的下降,现场人员要逐步更换由小至大的油嘴,直至油管敞开放喷,严禁使用井口(采气树)阀门控制放喷,油嘴必须装在油嘴套中。建议压裂施工后,关井 3h 后开始放喷作业。

## 二、高温井现场应用

下面列举两口高温气井利用非交联缔合压裂液压裂施工的现场实例。

### (一) 例①

**1. 储集层基本参数**

储层中部温度 116℃,属于砂岩储集层,泥质含量 22.1%~43.1%。储层数据见表 2-8。

表 2-8  施工目的层数据

| 层段 | 岩性 | 电测井段（m） | 射孔井段（m） | 有效厚度（m） | 孔隙度（%） | | 渗透率（$10^{-3}\mu m^2$） | | 含水饱和度（%） | | 气测（%） | | 压裂次数 |
|---|---|---|---|---|---|---|---|---|---|---|---|---|---|
| | | | | | 电测 | 岩心 | 电测 | 岩心 | 电测 | 岩心 | 全烃基值 | 全烃峰值 | |
| 山1 | 灰色含气细砂岩 | 3311.8~3317.9 | 2214~3317 | 3 | 7.6 | — | 0.3 | — | 45.7 | — | 0.40 | 13.09 | 第一次 |
| 山1 | | 3322.5~3325.8 | 3323~3325 | 2 | 7.2 | — | 0.2 | — | 38.6 | — | | | |
| 山2 | 灰色含气细砂岩 | 3373.7~3376.2 | 3374~3376 | 2 | 7.3 | — | 0.2 | — | 39.1 | — | 1.08 | 3.90 | 第一次 |

2. 设计与实际施工参数对比

该井采取机械分段压裂工艺，一共分两层进行压裂。其压裂施工数据如表 2-9 所示。该井基本按照设计进行压裂施工，其压裂施工曲线如图 2-18 和图 2-19 所示。

表 2-9  压裂施工参数与设计参数对比表

| 施工参数与设计参数 | | 总液量（m³） | 前置液比例（%） | 携砂液量（m³） | 支撑剂用量（m³） | 平均砂比（%） | 平均砂浓度（kg/m³） | 最高砂比（%） |
|---|---|---|---|---|---|---|---|---|
| 山2层 | 设计 | 170 | 35 | 110 | 15 | 17.18 | 309 | 28 |
| | 施工 | 178 | 33 | 118 | 15 | 16.8 | 302 | 28 |
| 山1层 | 设计 | 493 | 39 | 301 | 50 | 17.5 | 310 | 28 |
| | 施工 | 542 | 35.4 | 350 | 50 | 16.3 | 289 | 26 |

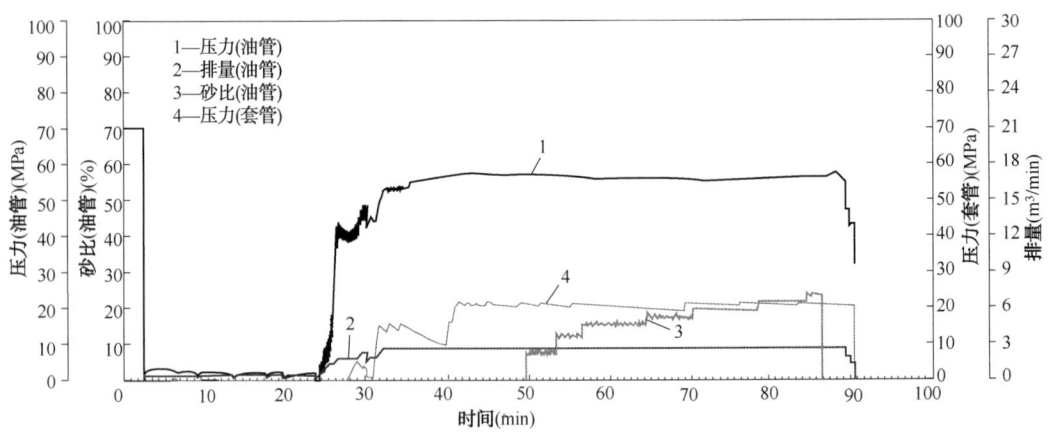

图 2-18  某高温井山 2 层压裂施工曲线

由图 2-18 和图 2-19 可以看出，该井两层段压裂曲线平稳，说明在整个压裂过程中，压裂液性能稳定，能够满足高温井对压裂液的要求。该井为新井，施工后无阻流量达到 $4\times 10^4 m^3/d$，压裂液效果显著。

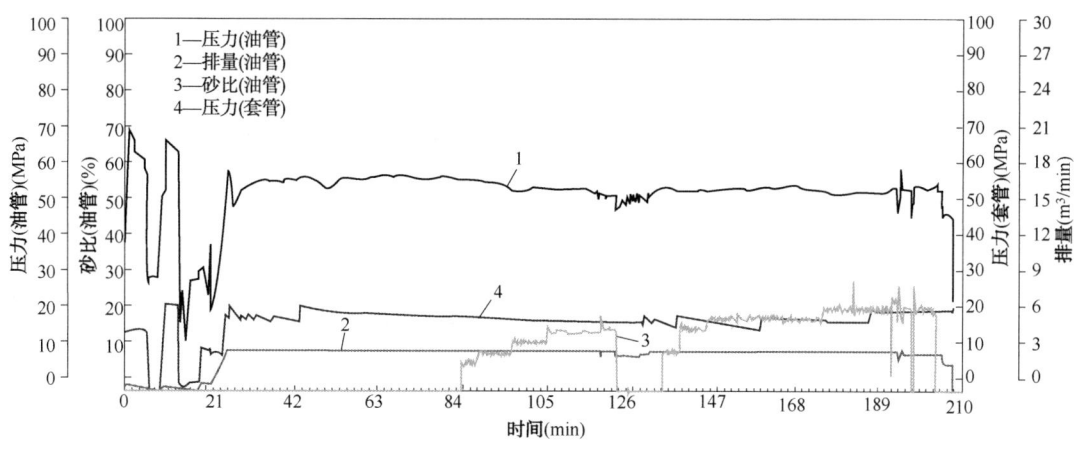

图 2-19 某高温井山 1 层压裂施工曲线

## (二) 例②

### 1. 储集层基本参数

储层中部温度 132℃，属于砂岩储集层，泥质含量 16.5%~23.2%。储层数据如表 2-10 所示。

表 2-10 施工目的层数据

| 层段 | 岩性 | 电测井段 (m) | 射孔井段 (m) | 有效厚度 (m) | 孔隙度 (%) | | 渗透率 ($10^{-3}\mu m^2$) | | 含水饱和度 (%) | | 气测 (%) | | 压裂次数 |
|---|---|---|---|---|---|---|---|---|---|---|---|---|---|
| | | | | | 电测 | 岩心 | 电测 | 岩心 | 电测 | 岩心 | 全烃基值 | 全烃峰值 | |
| 石盒子组 | 灰白色粗砂岩 | 3765.6~3770.6 | 3767~3770 | 3 | 8.7 | — | 0.13 | — | 44.4 | — | 0.10 | 5.91 | 第一次 |
| 山西组 | 灰白色中砂岩 | 3810.0~3816.8 | 3811~3815 | 4 | 4.9 | — | 0.05 | — | 50.8 | — | 0.04 | 0.69 | 第一次 |
| 山西组 | 浅灰色细砂岩 | 3823.8~3828.5 | 3824~3827 | 3 | 5 | — | 0.05 | — | 52.6 | — | 0.01 | 0.24 | 第一次 |

### 2. 设计与实际施工参数对比

该井采取机械分段压裂工艺进行压裂。其压裂施工数据如表 2-11 所示。该井基本按照设计进行压裂施工，其压裂施工曲线如图 2-20 和图 2-21 所示。

表 2-11 压裂施工参数与设计参数对比表

| 施工参数与设计参数 | | 总液量 ($m^3$) | 前置液比例 (%) | 携砂液量 ($m^3$) | 支撑剂用量 ($m^3$) | 平均砂比 (%) | 平均砂浓度 ($kg/m^3$) | 最高砂比 (%) |
|---|---|---|---|---|---|---|---|---|
| 山1层 | 设计 | 672 | 40 | 388.4 | 70 | 18.56 | 324 | 28 |
| | 施工 | 702 | 38.5 | 421 | 68 | 17.8 | 311 | 28 |

续表

| 施工参数与设计参数 | | 总液量（m³） | 前置液比例（%） | 携砂液量（m³） | 支撑剂用量（m³） | 平均砂比（%） | 平均砂浓度（kg/m³） | 最高砂比（%） |
|---|---|---|---|---|---|---|---|---|
| 盒8层 | 设计 | 220 | 36.3 | 140 | 20 | 16.5 | 288 | 28 |
| | 施工 | 200 | 40 | 120 | 50 | 16.1 | 282 | 28 |

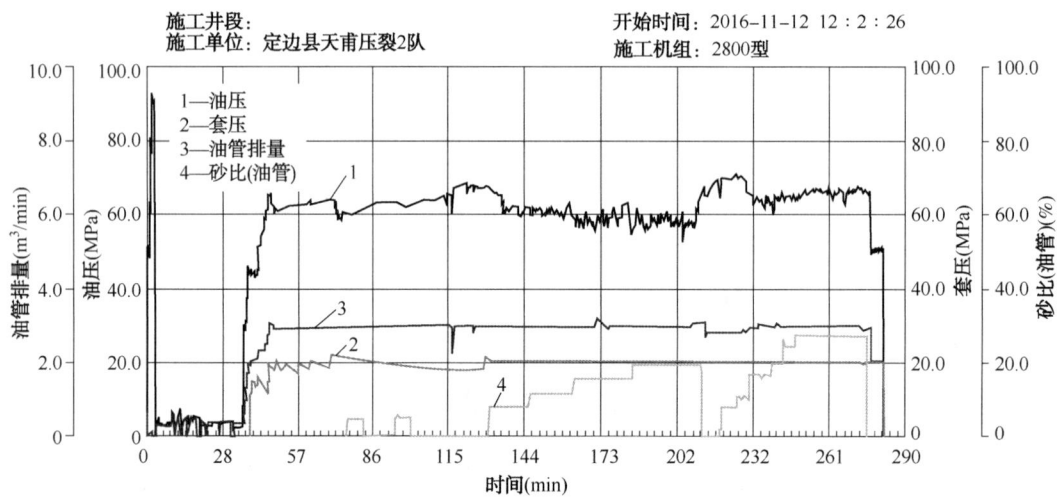

图2-20 某高温井山1层压裂施工曲线

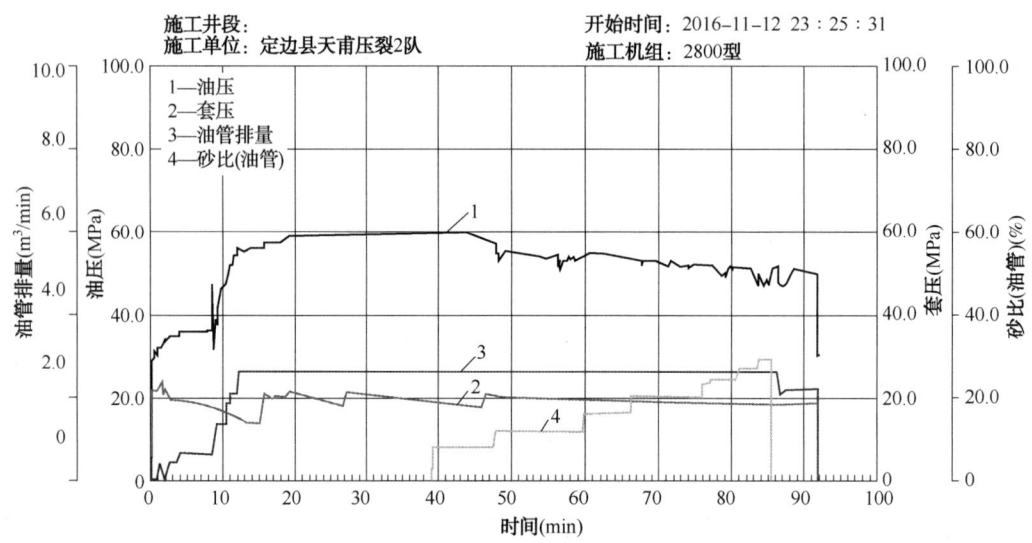

图2-21 某高温井盒8层压裂施工曲线

由图2-20和图2-21可以看出，该井两层段压裂曲线平稳，说明在整个压裂过程中，压裂液性能稳定，能够满足高温井对压裂液的要求。该井为新井，施工后无阻流量达到

$6.6\times10^4\text{m}^3/\text{d}$，压裂液效果显著。

# 第六节 大庆油田现场试验及评价

大庆油田原油产量主要由长垣老区、大庆外围、海塔油田等区块组成。大庆外围和海塔油田将成为大庆今后增储上产主战场。特别是大庆外围潜力巨大，已探明未动用储量几亿吨，主要分布在扶杨、葡萄花油层和复杂断块油藏。大型压裂成为大庆外围油田特低渗储层增油挖潜主要手段。非交联缔合结构型压裂液在大庆油田的应用过程中，主要应用于低渗、特低渗油藏的大庆外围油田。

## 一、大庆油田长垣外围地质概述

大庆外围油田主要有太平屯、葡萄花、高台子、敖包塔、杏西、龙虎泡、肇州、永乐、高西、哈尔温、新站、升平、宋芳屯、徐家围子、朝阳沟、模范屯、头台、榆树林等22个油田，分布大庆长垣周围。外围油田总含油面积 $3265.2\text{km}^2$，探明储量 $113735\times10^4\text{t}$。已动用面积 $737\text{km}^2$，已动用地质储量 $35969\times10^4\text{t}$。

### （一）大庆长垣外围油田储层物性条件

统计大庆外围已开发油田的孔隙度、渗透率数据发现，大部分区块的渗透率小于 $100\times10^{-3}\mu\text{m}^2$，孔隙度小于22%，其中43%的储层渗透率小于 $10\times10^{-3}\mu\text{m}^2$，孔隙度小于18%，属于特低和致密储层。大庆外围油田的低孔、低渗特征制约了油水的流动，影响了油田的注水开发。

大庆外围油田储量丰度低。从已开发区块看，总储量丰度为 $48.8\text{t}/\text{km}^2$，而萨葡油层储量丰度为 $34.76\text{t}/\text{km}^2$，扶杨油层储量丰度为 $68.02\text{t}/\text{km}^2$，高台子油层储量丰度为 $26.36\text{t}/\text{km}^2$。其中宋芳屯、模范屯、徐家围子、龙虎泡、新站油田萨葡油层储量丰度高于 $30\text{t}/\text{km}^2$；而扶杨油层中只有朝阳沟、榆树林、升平、和头台油田储量丰度高于 $60\text{t}/\text{km}^2$。

从大庆油田外围已经开发的低渗透油藏来看，油层的主要特点是断层性和构造岩性复合油藏，储层主要是河流相沉积的窄条带和断续条带的砂体，其中区块的平均空气渗透率是 $0.5\times10^{-3}\mu\text{m}^2$ 和 $22.5\times10^{-3}\mu\text{m}^2$ 之间，有很多储油层发育不同程度的天然裂缝。根据大庆油田外围低渗透油藏内的各个区块的渗透率和裂缝的发育程度不同，可以将大庆外围油藏的油层分为裂缝发育的低渗透储层、裂缝发育差的特低渗透储层和裂缝不发育的特低渗透储层。

大庆长垣外围油田主要为萨葡、扶杨油层，与大庆长垣油田萨、葡、高油层沉积条件相似，同样具有严重的非均质性，其非均质特征也表现出明显的层次性，因此，在储层沉积模型描述方面，完全可以借鉴喇萨杏油田比较成熟的分层次精细描述结果。但由于低渗透油藏所具有的特殊微观物理特征、油田分布的零散性、构造的复杂性以及开发阶段的不一致性，也决定了长垣外围油田在描述的具体内容上存在一定的差异。

## (二) 大庆长垣外围油田开发状况

截止到2016年,长垣外围油田探明储量$17.1\times10^8$t(27个油田),动用储量$10.0\times10^8$t(26个油田),采出程度11.46%,采油速度0.51%,从2007年开始连续10年年产量在$500\times10^4$t以上。投产油水井34420口;年产油$514.9\times10^4$t;累产油$11466\times10^4$t;年注水$3240\times10^4m^3$;累注水$53014\times10^4m^3$;综合含水67.2%(图2-22)。

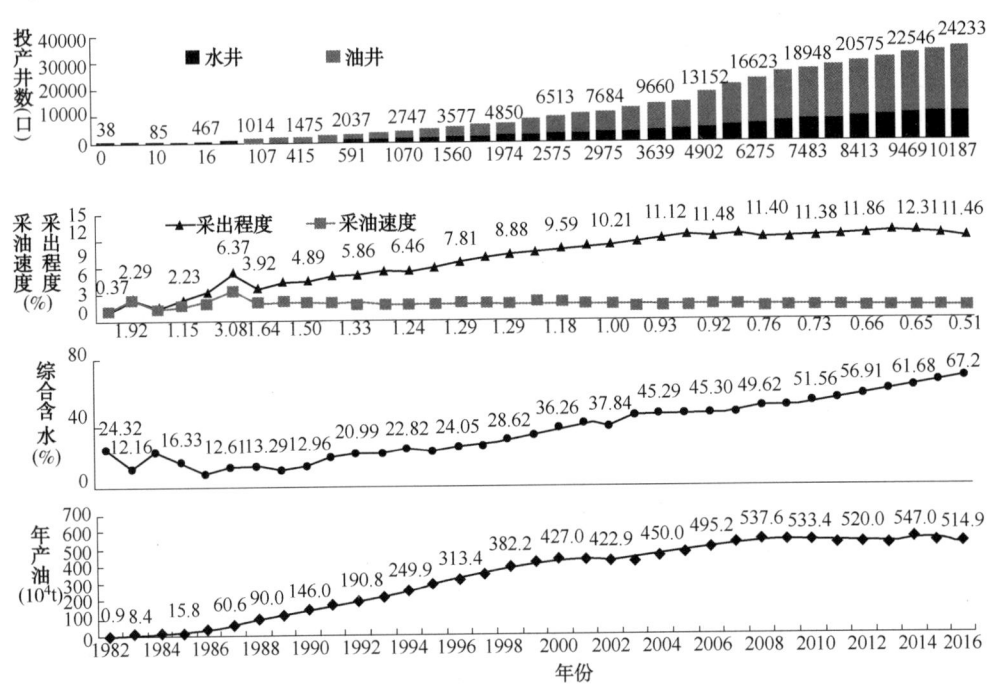

图2-22 大庆长垣外围油田综合开采曲线

萨葡油层:剩余储量$4.71\times10^8$t,以层内、注采不完善型剩余油为主;扶杨油层:剩余储量$3.68\times10^8$t,以裂缝干扰、井网控制不住及注采不完善型为主(图2-23、表2-12)。

表2-12 长垣外围油田萨葡、扶杨油层区块分类结果统计表

| 油层 | 类别 | 区块(个) | 地质储量($10^4$t) | 有效厚度(m) | 含油饱和度(%) | 渗透率($10^{-3}\mu m^2$) 范围 | 渗透率($10^{-3}\mu m^2$) 平均 | 地质储量丰度($10^4$t/km$^2$) | 孔隙度(%) | 裂缝频率(条/m) |
|---|---|---|---|---|---|---|---|---|---|---|
| 萨葡油层 | 一类 | 25 | 15830 | 4.4 | 60.6 | 87~253 | 199.8 | 43.7 | 21.1 | — |
| | 二类 | 49 | 14872 | 3.4 | 61.4 | 40.2~187 | 124.4 | 29.9 | 19.4 | — |
| | 三类 | 54 | 24698 | 3.2 | 57.4 | 2.1~98 | 32.0 | 22.4 | 18.5 | — |
| | 小计 | 128 | 55370 | 3.7 | 59.6 | 2.1~253 | 114.2 | 31.6 | 19.6 | — |
| 扶杨油层 | 一类 | 18 | 6987 | 9.1 | 63.2 | 11.0~25.0 | 17.7 | 74.2 | 16.9 | 0.099 |
| | 二类 | 32 | 12374 | 10.9 | 64.7 | 2.8~9.2 | 5.7 | 58.1 | 14.6 | 0.044 |
| | 三类 | 44 | 21576 | 12.1 | 60.5 | 0.5~3.1 | 1.4 | 63.6 | 12.8 | 0.022 |
| | 小计 | 94 | 40937 | 11.2 | 63.9 | 0.5~2.7 | 5.9 | 63.8 | 14.2 | 0.04 |

| 区块 | 萨葡油层 | | | 扶杨油层 | | |
|---|---|---|---|---|---|---|
| | 剩余储量 ($10^4$t) | 剩余油分布及类型 | | 剩余储量 ($10^4$t) | 剩余油分布及类型 | |
| 一类 | 13172.8 | 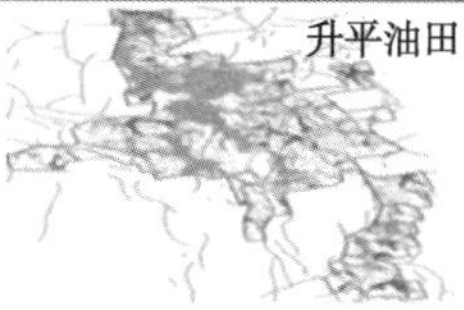 升平油田 | 整体分布零散以层内与注采不完善为主 | 5202.0 | 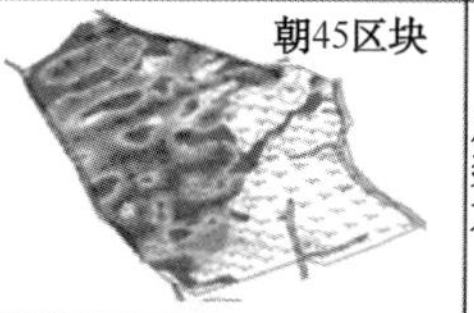 朝45区块 | 局部富集裂缝干扰与注采不完善型为主 |
| 二类 | 12660.2 | 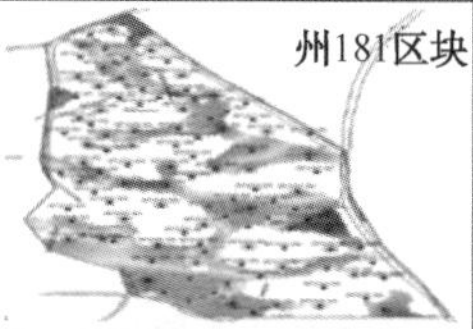 州181区块 | 局部富集,注采不完善及平面干扰为主 | 10793.3 | 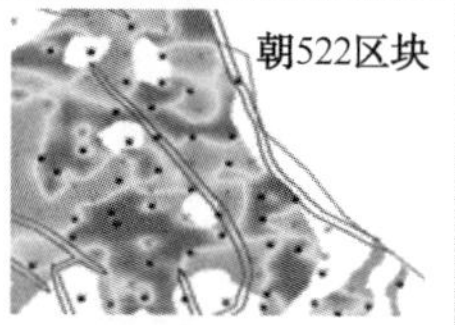 朝522区块 | 局部富集裂缝干扰与注采不完善型为主 |
| 三类 | 21267.0 |  九厂敖南 | 大面积分布,以层内和物性差及平面干扰型为主 | 20841.8 | 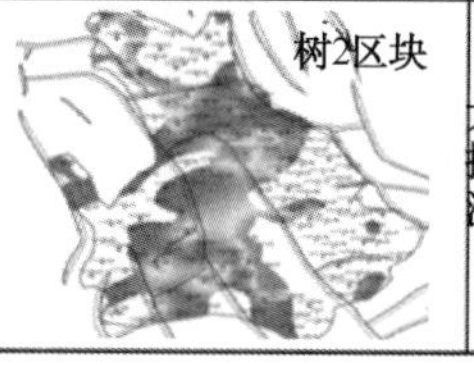 树2区块 | 大面积分布井网控制不住Ⅱ型和注采不完善为主 |

图 2-23 大庆外围油田剩余储量分布情况

## 二、非交联缔合结构型压裂液在大庆油田的适应性分析

大庆油田应用的压裂液主要以瓜尔胶体系为主,在 2012 年瓜尔胶价格高涨阶段,对整个油田的压裂生产造成了一定的冲击。为了解决压裂液体系单一、应对突发事件能力有限的问题,开始采用聚合物压裂液体系。

大庆长垣老区主要采用常规压裂,绝大部分井采用瓜尔胶压裂液体系,其余部分主要是驱油聚合物压裂液体系、非交联缔合结构型压裂液体系的推广应用现场试验。

大庆外围压裂主要采用常规压裂、缝网压裂以及水平井体积压裂等压裂工艺,采用的压裂液主要是瓜尔胶压裂液、"滑溜水+冻胶"复合压裂液等体系,另外有少量井采用全液态压裂液体系。

### (一) 非交联缔合结构型压裂液的特性

1. 抗温、抗剪切性

非交联缔合结构型压裂液体系,在温度恒定时,黏度随剪切时间延长基本保持不变,体系具有较好的抗剪切性。45℃、90℃和120℃压裂液配方耐温耐剪切性能曲线分别见图 2-24、图 2-25 和图 2-26。

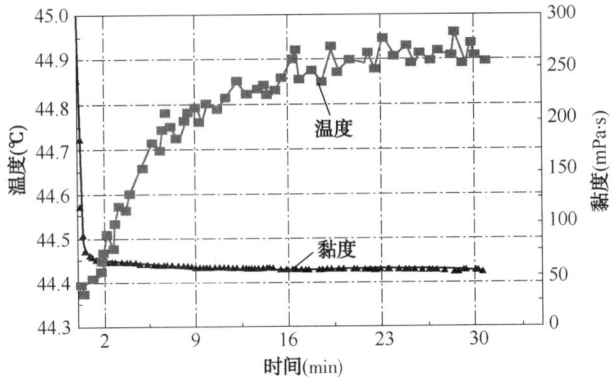

图 2-24　45℃压裂液配方耐温剪切性能曲线

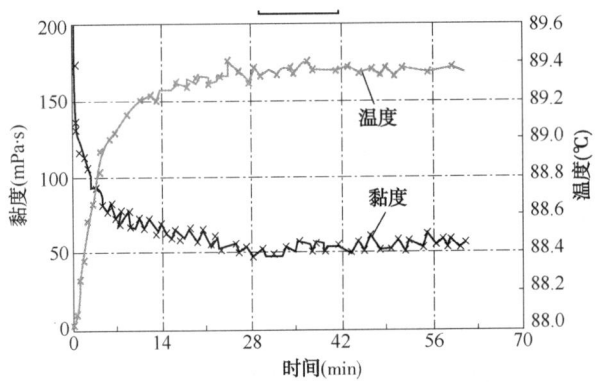

图 2-25　90℃压裂液配方耐温剪切性能曲线

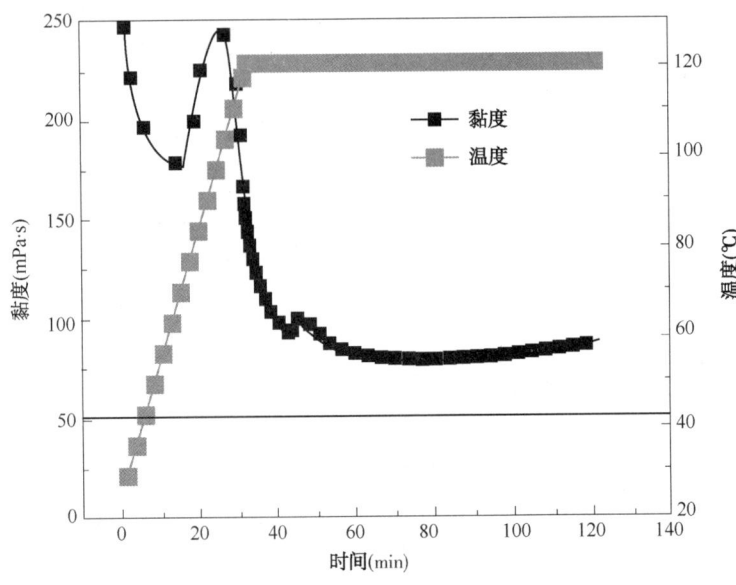

图 2-26　120℃压裂液配方耐温剪切性能曲线

模拟压裂液在管路中高速剪切作用。对比发现非交联缔合结构型压裂液抗剪切性优于瓜尔胶压裂液，适合于小管柱、连续油管、喷射压裂以及大排量压裂施工（见图2-27和图2-28）。

(a) 缔合压裂液剪切前　　　　　　　　(b) 缔合压裂液剪切后

图2-27　非交联缔合压裂液剪切前后对比

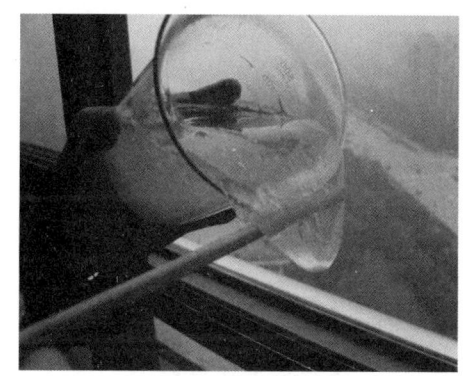 

(a) 瓜尔胶压裂液剪切前　　　　　　　　(b) 瓜尔胶压裂液剪切后

图2-28　瓜尔胶压裂液剪切前后对比

2. 悬砂性

在相同表观黏度条件下对比，非交联缔合结构型压裂液的悬砂能力完全能达到和超过常用瓜尔胶（交联）压裂液。悬砂性室内测试评价系统见图2-29，砂粒沉降速度随压裂液表观黏度的变化关系见图2-30。

3. 摩阻性能

室内摩阻测试表明，非交联缔合结构型压裂液摩阻低于瓜尔胶压裂液冻胶（图2-31）。
非交联缔合结构型压裂液配方：
GRF-1H 0.40%+GRF-2 0.20%+1%KCl；
瓜尔胶压裂液配方：
0.28%瓜尔胶+0.2%交联剂+0.3%pH调节剂+0.3%助排剂。

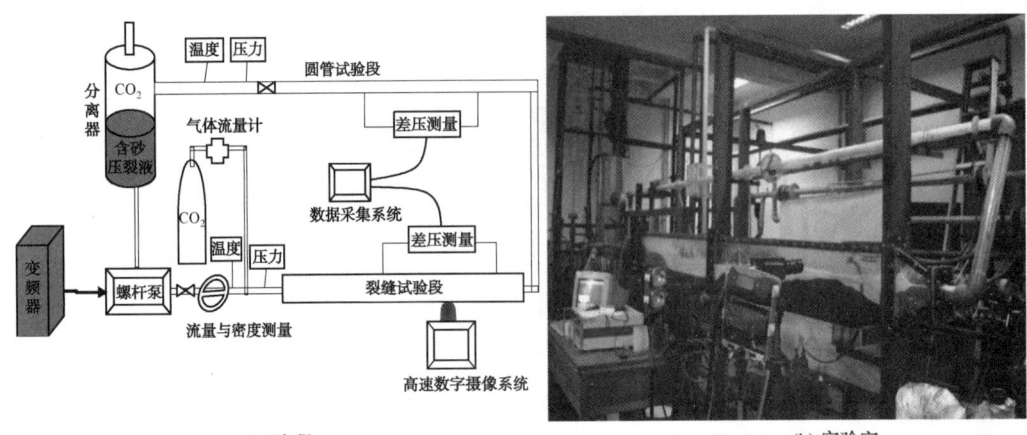

图 2-29 悬砂性室内测试评价

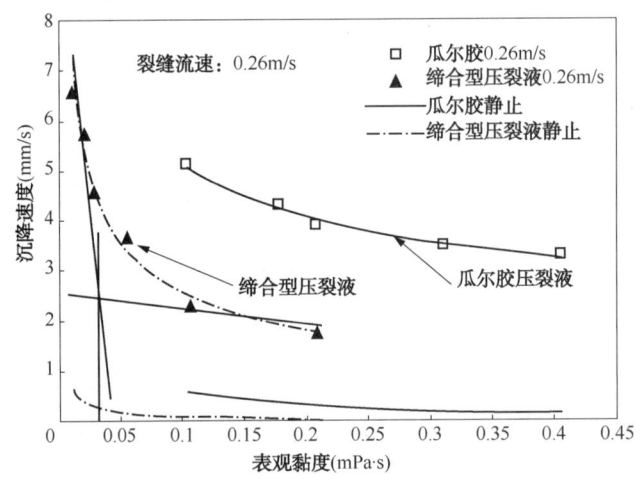

图 2-30 砂粒沉降速度随压裂液表观黏度的变化关系

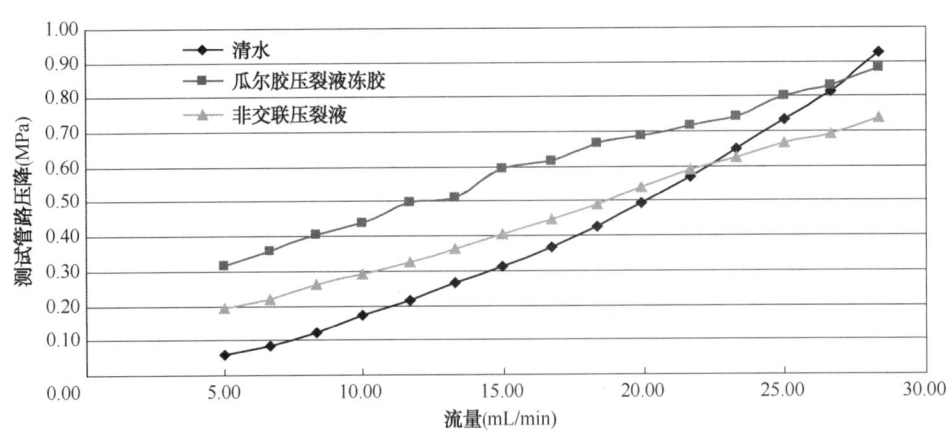

图 2-31 压裂液摩阻测试曲线

### 4. 破胶性能

采用常规氧化剂破胶技术，破胶水化液黏度符合行业标准要求。破胶试验数据见表2-13。

表2-13 破胶试验数据表

| 样品编号 | 破胶温度（℃） | APS（%） | 破胶水化液黏度（mPa·s） | | | | |
|---|---|---|---|---|---|---|---|
| | | | 0 | 1.0h | 2.0h | 3.0h | 4.0h |
| 1# | 45 | 0.25 | 75 | 33 | 12 | 3 | |
| 2# | 45 | 0.2 | 75 | 42 | 21 | 10 | 3 |
| 3# | 45 | 0.15 | 78 | 51 | 27 | 15 | 4.0 |
| 4# | 90 | 0.05 | 111 | 72 | 33 | 3.2 | |
| 5# | 90 | 0.03 | 111 | 81 | 45 | 18 | 1.5 |

1#、2#、3#配方为：0.4%GRF-1H+1%KCl+0.2%GRF-2；4#、5#配方为：0.55%GRF-1H+1%KCl+0.27%GRF-2。

### 5. 残渣及伤害特性

非交联缔合压裂液体系相比于瓜尔胶压裂液体系，具有残渣含量低、基质伤害率低、支撑充填层流动伤害率低等特点。非交联缔合压裂液与瓜尔胶压裂液的残渣含量测试见表2-14，伤害实验数据见表2-15。

表2-14 破胶残渣含量测试

| 压裂液类型 | 破胶液体积（mL） | 残渣含量（mg/L） |
|---|---|---|
| 非交联缔合压裂液 | 50 | 21.5 |
| 常规瓜尔胶压裂液 | 50 | 452 |

表2-15 伤害实验数据表

| 压裂液 | 伤害前渗透率（$10^{-3}\mu m^2$） | 伤害后渗透率（$10^{-3}\mu m^2$） | 伤害率（%） |
|---|---|---|---|
| 非交联缔合压裂液 | 103.2 | 93.5 | 9.4 |
| 常规瓜尔胶压裂液 | 105.2 | 70.2 | 33.27 |

非交联缔合压裂液破胶液支撑充填层流动伤害<10%，瓜尔胶压裂液破胶液对支撑充填层流动伤害>90%。

## （二）非交联缔合压裂液在大庆油田不同油层的配方优化

非交联缔合压裂液体系已在大庆油田老区、外围施工130余井次压裂施工，结合前期现场施工经验，以及老区、外围储层实际的储层地质特征，对后期老区、外围不同油藏施工压裂液配方进行优化调整。对高渗透储层，建议通过提高压裂液黏度、提高前置液比例、前置液加入降滤失剂或者前置液加入粉砂等方式控制滤失；对黏土矿物含量高的渗透率低的储层，压裂液体系中添加黏土稳定剂，防止黏土矿物膨胀，减少黏土矿物膨胀带来的储层伤害。

1. 控制滤失技术

储层压裂改造中压裂液在地层中滤失对储层改造的不利因素主要包括两个方面，一是限制裂缝长度和宽度的有效延伸，不利于沟通更大的含油气区域和砂比的提高，从而影响改造效果的提高；二是滤失会造成对地层的严重伤害，同样影响压后增产效果。

喇萨杏油田的储油层高低渗透层，薄厚油层交互分布，同一油层在平面上的不同部位物性差异很大。大部分油藏渗透率高，压裂液滤失严重，会降低压裂液效率，限制裂缝长度和高度的有效延伸。针对喇萨杏油田渗透率高的储层，需要采用降滤失措施。主要的降滤失措施有：(1)提高压裂液黏度，降低滤失；(2)提高前置液比例，提高造缝能力；(3)液体体系中加入降滤失剂或采用低滤失稠化剂；(4)前置液中加入降滤失粉砂。

大庆外围油田萨葡油层储层物性好于扶杨油层，已开发区块中扶杨油层空气渗透率为 $15.84 \times 10^{-3} \mu m^2$，而且泥质含量高，物性较差。压裂液滤液进入地层，对地层伤害大。因此，储层改造中必须优选出对地层伤害性小的工作液体系。要降低压裂液对地层的伤害，除了要求压裂液必须具备低伤害的特性外，还要最大限度地降低压裂液在地层中的滤失量。要降低压裂液在地层中的滤失，除了要求压裂液必须具备好的造壁性和低滤失特性外，建议针对滤失大的储层还要采用控滤失的工艺技术措施，这是储层压裂改造中控滤失技术应用的必要性所在。

2. 非交联缔合压裂液室内配方研究

针对大庆油田 40~90℃ 储层的油藏物性条件，开发应用具有清洁低伤害、抗温抗盐、携砂能力强、易破胶等诸多特性，并具有一定价格优势的非交联缔合结构型压裂液体系。

(1) 45℃ 低温压裂液配方组成及性能评价。

大庆油田长垣老区储层低温度、高渗透的特点，通过室内实验评价，形成了 45℃ 低温压裂液配方(表 2-16 和图 2-32)。

表 2-16 非交联缔合结构型压裂液 45℃ 配方综合性能评价表

| 综合性能 | 基液表观黏度 (mPa·s) | 剪切30min 黏度 (mPa·s) | 破胶液黏度 (mPa·s) | 残渣 (mg/L) | 表面张力 (mN/m) |
| --- | --- | --- | --- | --- | --- |
| 0.28% GRF-1H(新)+0.15% GRF-2+0.1%过硫酸钾 | 27 | 52.6 | 4.8 | 12 | 25.9 |
| 《压裂液通用技术条件》中清洁压裂液指标 | — | ≥30 | ≤5 | ≤100 | 28 |

45℃ 配方的增稠剂使用配比由开题初期的 0.4% 优化至 0.28%，辅剂由 0.2% 降至 0.1%，压裂液各项性能指标满足压裂液行业标准要求，压裂液成本由 160 元/m³ 优化至 98 元/m³，下降了 38.8%。

(2) 90℃ 中温压裂液配方组成及性能评价。

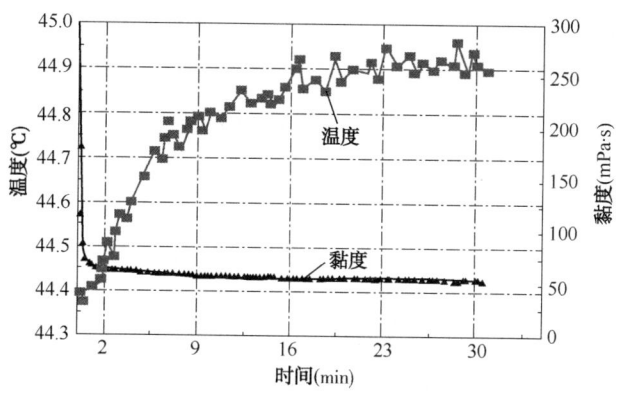

图 2-32 非交联缔合结构型压裂液 45℃配方抗温抗剪切曲线

90℃中温配方增稠剂配比由 0.5%优化至 0.3%，压裂液性能满足行业标准和施工要求。单方成本由最初 230 元优化至 109 元，下降 52.6%（表 2-17 和图 2-33）。

表 2-17 缔合聚合物压裂液体系调整后 90℃配方以及综合性能评价

| 综 合 性 能 | 基液表观黏度 (mPa·s) | 剪切 30min 黏度 (mPa·s) | 破胶液黏度 (mPa·s) | 残渣 (mg/L) | 表面张力 (mN/m) |
|---|---|---|---|---|---|
| 0.37% GRF-1H(新)+0.2%GRF-2+0.05%过硫酸铵 | 33 | 55.3 | 2.94 | 2 | 24.7 |
| 《压裂液通用技术条件》中清洁压裂液指标 | — | ≥50 | ≤5 | ≤100 | 28 |

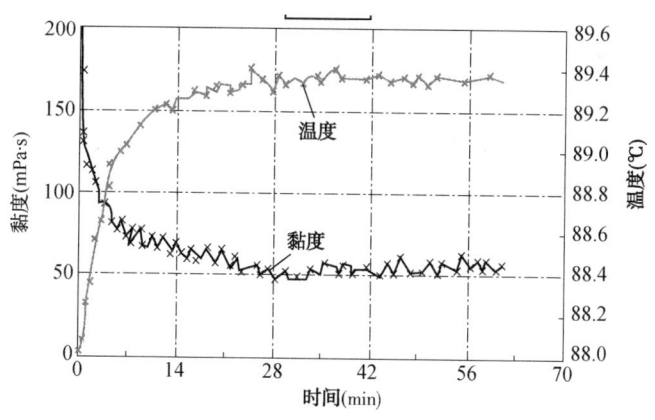

图 2-33 非交联缔合结构型压裂液 90℃配方抗温抗剪切曲线

3. 压裂液配方调试及优化

在前期压裂液室内评价和现场应用效果分析的基础上，对压裂液配方进行了进一步调试和优化，针对前期压裂施工中储层渗透率在 400mD 以内储层 0.35%配方施工正常，完成设计最高砂比 38%；渗透率 400mD 以上储层 0.35%配方施工曲线显示 35%以上砂比有脱砂显示。采取了优化压裂液添加剂的使用量，合理优化体系中稠化剂用量，黏土稳定剂的加量和比例等。通过大量的流变实验以及伤害实验评价，形成了适合于大庆老区喇萨杏油田和外围油田不同油藏的配方。

（1）喇萨杏油田不同油层配方。

① 萨尔图油层压裂液配方设计。

萨尔图油层埋深在700~1200m左右，油层温度在45℃左右，渗透率$50\times10^{-3}$~$1100\times10^{-3}\mu m^2$，蒙脱石有效含量小于0.5%。根据萨尔图油层的上述特点以及前期施工情况，确定配方如下：

a. 渗透率大于$400\times10^{-3}\mu m^2$储层：0.22%GRF-1H+0.11%降滤失剂GRF-4+0.3%GRF-2+0.25过硫酸铵或者0.4%GRF-1H+0.3%GRF-2+0.25%过硫酸铵（前置液）；0.33GRF-1H+0.3%GRF-2+0.25%过硫酸铵（携砂液）。

b. 渗透率小于$400\times10^{-3}\mu m^2$储层：0.33GRF-1H+0.3%GRF-2+0.25%过硫酸铵。

配方性能：

a. 基液黏度。在常温下，测试压裂液配方基液黏度，测试结果如表2-18所示。

表2-18 压裂液配方基液黏度测试结果

| 配 方 | 基液黏度（mPa·s） | | | |
|---|---|---|---|---|
| | 初始黏度 | 1h | 2h | 4h |
| 0.22%GRF-1H+0.11%降滤失剂GRF-4 | 45 | 45 | 45 | 45 |
| 0.4%GRF-1H | 63 | 63 | 63 | 63 |
| 0.33%GRF-1H | 48 | 48 | 48 | 48 |

b. 抗剪切性能。萨尔图油层推荐配方抗剪切测试曲线见图2-34。

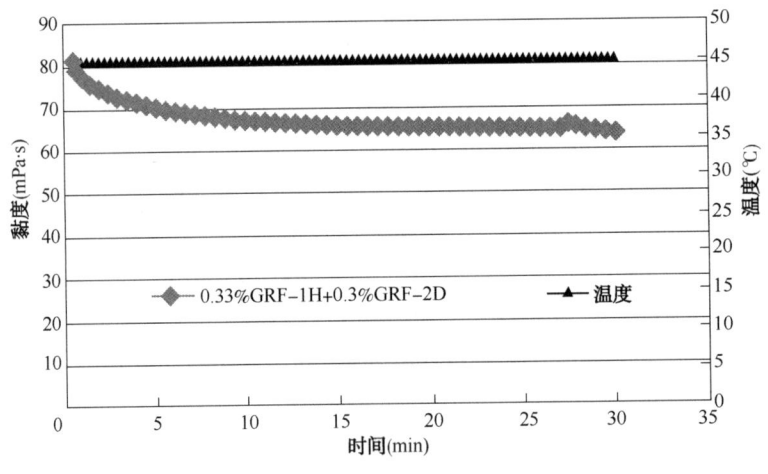

图2-34 萨尔图油层推荐配方抗剪切测试曲线

c. 滤失性能。采用气测渗透率为$800\times10^{-3}\mu m^2$左右的岩心，测试加入降滤失剂的压裂液配方的滤失性能，采用气测渗透率为$200\times10^{-3}\mu m^2$左右的岩心，测试未加降滤失剂的压裂液配方的滤失性能，测试结果如表2-19所示。

表 2-19　未加降滤失剂的压裂液配方的滤失性能测表

| 配方 | 滤失速度(m/min) | 初滤失量($m^3/m^2$) | 滤失系数($m/min^{0.5}$) |
| --- | --- | --- | --- |
| 0.22%GRF-1H+0.11%降滤失剂 GRF-4+0.3%GRF-2 | $2.9\times10^{-4}$ | 0.89 | $1.39\times10^{-3}$ |
| 0.4%GRF-1H+0.3%GRF-2 | $3.1\times10^{-4}$ | 0.93 | $1.42\times10^{-3}$ |
| 0.33%GRF-1H+0.3%GRF-2 | $3.7\times10^{-4}$ | 0.95 | $1.46\times10^{-3}$ |

d. 表面张力及防膨率。测试压裂液破胶液表面张力以及防膨率，测试结果如表 2-20 所示。

表 2-20　压裂液破胶液表面张力以及防膨率测试结果

| 配　方 | 表面张力(mN/m) | 防膨率(%) |
| --- | --- | --- |
| 0.22%GRF-1H+0.11%降滤失剂 GRF-4+0.3%GRF-2 | 24.31 | 83.6 |
| 0.4%GRF-1H+0.3%GRF-2 | 25.68 | 84.9 |
| 0.33%GRF-1H+0.3%GRF-2 | 25.73 | 84.6 |

e. 伤害率。选取气测渗透率为 $700\times10^{-3}\mu m^2$、$200\times10^{-3}\mu m^2$ 的岩心，测试配方对岩心基质渗透率伤害率，测试结果如表 2-21 所示。

表 2-21　配方对岩心基质渗透率伤害率测试结果

| 配　方 | 初始渗透率($10^{-3}\mu m^2$) | 伤害后渗透率($10^{-3}\mu m^2$) | 伤害率(%) |
| --- | --- | --- | --- |
| 0.22%GRF-1H+0.11%降滤失剂 GRF-4+0.3%GRF-2 | 235.6 | 210.86 | 10.5% |
| 0.4%GRF-1H+0.3%GRF-2 | 214.7 | 192.37 | 10.4% |
| 0.33%GRF-1H+0.3%GRF-2 | 68.3 | 61.14 | 10.48% |

从上述测试结果来看，不同渗透率范围的萨尔图油层压裂液配方性能良好，均能够满足压裂液性能要求，满足压裂施工要求。

② 葡萄花油层压裂液配方实验设计。

葡萄花油层埋深在 800~1300m 左右，油层温度在 45℃ 左右，渗透率 $50\times10^{-3}$~$700\times10^{-3}\mu m^2$，蒙脱石有效含量小于 0.35%。根据葡萄花油层的上述特点以及前期施工情况，确定配方如下：

a. 渗透率大于 $400\times10^{-3}\mu m^2$ 储层：0.22%GRF-1H+0.11%降滤失剂 GRF-4+0.3%GRF-2+0.25 过硫酸铵或者 0.4%GRF-1H+0.3%GRF-2+0.25%过硫酸铵(前置液)；0.33GRF-1H+0.3%GRF-2+0.25%过硫酸铵(携砂液)。

b. 渗透率小于 $400\times10^{-3}\mu m^2$ 储层：0.33GRF-1H+0.3%GRF-2+0.25%过硫酸铵。

压裂液配方性能见萨尔图油层压裂液配方性能。

③ 高台子油层压裂液配方实验设计。

高台子油层埋深在 800~1300m 左右，油层温度在 45℃ 左右，渗透率 $50\times10^{-3}$~$400\times$

$10^{-3}\mu m^2$,大部分区块蒙脱石有效含量小于0.35%,可以不用添加黏土稳定剂;南二、三区高台子区块蒙脱石有效含量大于1%,加入黏土稳定剂同时,提高压裂液黏度,降低滤失,从而降低滤液对储层的伤害。根据高台子油层的上述特点以及前期施工情况,确定配方如下:

a. 南二、三区高台子区块:0.35GRF-1H+0.5%大庆黏稳剂+0.3%GRF-2+0.25%过硫酸铵。

b. 其他区块:0.33GRF-1H+0.3%GRF-2+0.25%过硫酸铵。

配方性能:

a. 基液黏度见表2-22。

表2-22 基液黏度表

| 配方 | 基液黏度(mPa·s) | | | |
|---|---|---|---|---|
| | 初始黏度 | 1h | 2h | 4h |
| 0.35GRF-1H+0.5%大庆黏稳剂 | 51 | 51 | 51 | 51 |
| 0.33%GRF-1H | 48 | 48 | 48 | 48 |

b. 抗剪切性能。在45℃下,采用哈克RS6000流变仪,测试配方抗剪切性能,测试结果如图2-35所示。

c. 滤失性能。采用气测渗透率为$200\times10^{-3}\mu m^2$的岩心,测试配方的滤失性能,结果如表2-23所示。

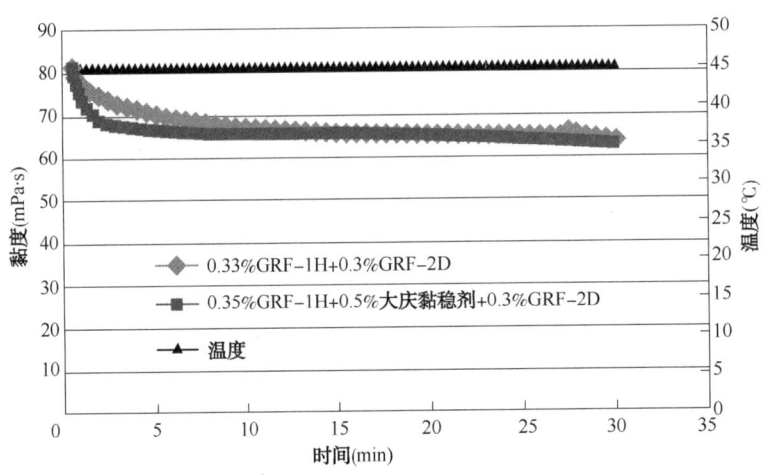

图2-35 高台子油层配方抗剪切测试曲线

表2-23 配方的滤失性能

| 配方 | 滤失速度(m/min) | 初滤失量(m³/m²) | 滤失系数(m/min^0.5) |
|---|---|---|---|
| 0.35GRF-1H+0.5%大庆黏稳剂+0.3%GRF-2 | $2.1\times10^{-4}$ | 0.73 | $1.41\times10^{-3}$ |
| 0.33%GRF-1H+0.3%GRF-2 | $2.7\times10^{-4}$ | 0.95 | $1.46\times10^{-3}$ |

d. 表面张力及防膨率。测试压裂液破胶液的表面张力以及防膨率,测试结果如表 2-24 所示。

表 2-24 压裂液破胶液的表面张力以及防膨率

| 配　方 | 表面张力(mN/m) | 防膨率(%) |
|---|---|---|
| 0.35GRF-1H+0.5%大庆黏稳剂+0.3%GRF-2 | 25.31 | 88.6 |
| 0.33%GRF-1H+0.3%GRF-2 | 25.73 | 84.6 |

e. 伤害率。选取气测渗透率为 $200\times10^{-3}\mu m^2$ 的岩心,测试配方对岩心基质渗透率伤害率,测试结果如表 2-25 所示。

表 2-25 岩心基质渗透率伤害率

| 配　方 | 初始渗透率 ($10^{-3}\mu m^2$) | 伤害后渗透率 ($10^{-3}\mu m^2$) | 伤害率 (%) |
|---|---|---|---|
| 0.35GRF-1H+0.5%大庆黏稳剂+0.3%GRF-2 | 72.36 | 65.41 | 9.6 |
| 0.33%GRF-1H+0.3%GRF-2 | 68.3 | 61.14 | 10.48 |

从上述测试结果来看,不同区块的高台子油藏压裂液配方性能良好,均能够满足压裂液性能要求,满足压裂施工要求。

(2) 外围油田不同油层配方。

① 葡萄花油层压裂液配方实验设计。

葡萄花油层埋深在 1200~1600m,油层温度在 60℃ 左右,油层大部分渗透率 $5\times10^{-3}$~$300\times10^{-3}\mu m^2$,榆树林、朝阳沟区块蒙脱石有效含量大于 0.5%,属于易水敏地区,另外龙虎泡、宋芳屯渗透率小于 $30\times10^{-3}\mu m^2$ 储层,考虑添加黏土稳定剂,同时提高压裂液黏度,降低滤失,减小滤液对地层伤害。根据葡萄花油层的上述特点以及前期施工情况,确定配方如下:

a. 榆树林,朝阳沟区块,龙虎泡、宋芳屯渗透率小于 $30\times10^{-3}mm^2$ 储层:0.35GRF-1H+0.5%大庆黏稳剂+0.3%GRF-2+0.15%过硫酸铵。

b. 其他区块:0.35GRF-1H+0.3%GRF-2+0.15%过硫酸铵。

配方性能:

a. 基液黏度见表 2-26。

表 2-26 基液黏度表

| 配　方 | 基液黏度(mPa·s) | | | |
|---|---|---|---|---|
| | 初始黏度 | 1h | 2h | 4h |
| 0.35GRF-1H+0.5%大庆黏稳剂 | 51 | 51 | 51 | 51 |
| 0.35%GRF-1H | 51 | 51 | 51 | 51 |

b. 抗剪切性能。在 60℃ 下,采用哈克 RS6000 流变仪,测试配方抗剪切性能,测试结果如图 2-36 所示。

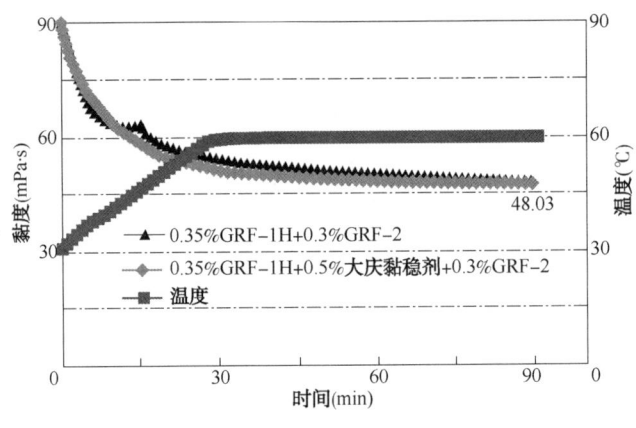

图 2-36 葡萄花油层配方抗剪切测试曲线

c. 滤失性能。采用气测渗透率为 $100 \times 10^{-3} \mu m^2$ 的岩心,测试配方的滤失性能,结果如表 2-27 所示。

表 2-27 滤失性能表

| 配方 | 滤失速度(m/min) | 初滤失量($m^3/m^2$) | 滤失系数($m/min^{0.5}$) |
|---|---|---|---|
| 0.35GRF-1H+0.5%大庆黏稳剂+0.3%GRF-2 | $1.9 \times 10^{-4}$ | 0.69 | $1.32 \times 10^{-3}$ |
| 0.35%GRF-1H+0.3%GRF-2 | $2.2 \times 10^{-4}$ | 0.91 | $1.41 \times 10^{-3}$ |

d. 表面张力及防膨率。测试压裂液破胶液的表面张力以及防膨率,测试结果如表 2-28 所示。

表 2-28 压裂液破胶液的表面张力以及防膨率测试

| 配方 | 表面张力(mN/m) | 防膨率(%) |
|---|---|---|
| 0.35GRF-1H+0.5%大庆黏稳剂+0.3%GRF-2 | 25.8 | 87.6 |
| 0.35%GRF-1H+0.3%GRF-2 | 26.1 | 84.62 |

e. 伤害率。选取气测渗透率为 $150 \times 10^{-3} \mu m^2$ 的岩心,测试配方对岩心基质渗透率伤害率,测试结果如表 2-29 所示。

表 2-29 岩心基质渗透率伤害率测试

| 配方 | 初始渗透率($10^{-3} \mu m^2$) | 伤害后渗透率($10^{-3} \mu m^2$) | 伤害率(%) |
|---|---|---|---|
| 0.35GRF-1H+0.5%大庆黏稳剂+0.3%GRF-2 | 47.3 | 43.07 | 8.94 |
| 0.35%GRF-1H+0.3%GRF-2 | 51.37 | 46.31 | 9.85 |

从上述测试结果来看,不同区块的葡萄花油层压裂液配方性能良好,均能够满足压裂液性能要求,满足压裂施工要求。

② 扶杨油层压裂液配方实验设计。

扶杨油层埋深在 1400~2000m 左右,油层温度在 80℃ 左右,渗透率 $0.2 \times 10^{-3} \sim 20 \times 10^{-3}$

μm², 大部分区块蒙脱石有效含量大于 0.5%。根据扶杨油层的上述特点以及前期施工情况, 确定配方如下:

0.35GRF-1H+0.5%大庆黏稳剂+0.3%GRF-2+0.1%过硫酸铵。

配方性能:

a. 基液黏度见表 2-30。

表 2-30 基液黏度表

| 配 方 | 基液黏度(mPa·s) | | | |
|---|---|---|---|---|
| | 初始黏度 | 1h | 2h | 4h |
| 0.35GRF-1H+0.5%大庆黏稳剂 | 51 | 51 | 51 | 51 |

b. 抗剪切性能。在 90℃下, 采用哈克 RS6000 流变仪, 测试配方抗剪切性能, 测试结果如图 2-37 所示。

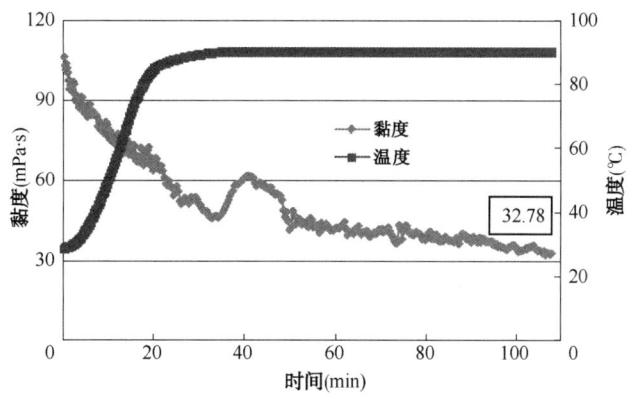

图 2-37 扶杨油层配方抗剪切测试曲线

c. 滤失性能。采用气测渗透率为 $10×10^{-3}$ μm² 的岩心, 测试配方的滤失性能, 结果如表 2-31 所示。

表 2-31 配方的滤失性能

| 配 方 | 滤失速度(m/min) | 初滤失量(m³/m²) | 滤失系数(m/min$^{0.5}$) |
|---|---|---|---|
| 0.35GRF-1H+0.5%大庆黏稳剂+0.3%GRF-2 | 2.48×10$^{-4}$ | 0.85 | 1.42×10$^{-3}$ |

d. 表面张力及防膨率。测试压裂液破胶液的表面张力以及防膨率, 测试结果如表 2-32 所示。

表 2-32 压裂液破胶液的表面张力以及防膨率

| 配 方 | 表面张力(mN/m) | 防膨率(%) |
|---|---|---|
| 0.35GRF-1H+0.5%大庆黏稳剂+0.3%GRF-2 | 25.41 | 88.7 |

e. 伤害率。选取气测渗透率为 $10×10^{-3}$ μm² 的岩心, 测试配方对岩心基质渗透率伤害率, 测试结果如表 2-33 所示。

表 2-33  对岩心基质渗透率伤害率

| 配　　方 | 初始渗透率 ($10^{-3}\mu m^2$) | 伤害后渗透率 ($10^{-3}\mu m^2$) | 伤害率 (%) |
|---|---|---|---|
| 0.35GRF-1H+0.5%大庆黏稳剂+0.3%GRF-2 | 2.6 | 2.36 | 9.23% |

从上述测试结果来看，不同区块的扶杨油藏压裂液配方性能良好，均能够满足压裂液性能要求，满足压裂施工要求。

(3) 非交联缔合压裂液在大庆各区块配方优选总结。

① 喇萨杏油田。

a. 萨尔图油层压裂液配方：

i 渗透率大于 $400\times10^{-3}\mu m^2$ 储层：0.22%GRF-1H+0.11%降滤失剂 GRF-4+0.3% GRF-2+0.25 过硫酸铵或者 0.4%GRF-1H+0.3%GRF-2+0.25%过硫酸铵（前置液）；0.33GRF-1H+0.3%GRF-2+0.25%过硫酸铵（携砂液）。

ii 渗透率小于 $400\times10^{-3}\mu m^2$ 储层：0.33GRF-1H+0.3%GRF-2+0.25%过硫酸铵。

b. 葡萄花油层压裂液配方：

i 渗透率大于 $400\times10^{-3}\mu m^2$ 储层：0.22%GRF-1H+0.11%降滤失剂 GRF-4+0.3% GRF-2+0.25 过硫酸铵或者 0.4%GRF-1H+0.3%GRF-2+0.25%过硫酸铵（前置液）；0.33GRF-1H+0.3%GRF-2+0.25%过硫酸铵（携砂液）。

ii 渗透率小于 $400\times10^{-3}\mu m^2$ 储层：0.33GRF-1H+0.3%GRF-2+0.25%过硫酸铵。

c. 高台子油层压裂液配方：

i 南二、三区高台子区块：0.35GRF-1H+0.5%大庆黏稳剂+0.3%GRF-2+0.25%过硫酸铵。

ii 其他区块：0.33GRF-1H+0.3%GRF-2+0.25%过硫酸铵。

② 外围油田。

a. 葡萄花油层压裂液配方：

i 榆树林，朝阳沟区块，龙虎泡、宋芳屯渗透率小于 $30\times10^{-3}\mu m^2$ 储层：0.35GRF-1H+0.5%大庆黏稳剂+0.3%GRF-2+0.15%过硫酸铵。

ii 其他区块：0.35GRF-1H+0.3%GRF-2+0.15%过硫酸铵。

b. 扶杨油层压裂液配方：

0.35GRF-1H+0.5%大庆黏稳剂+0.3%GRF-2+0.1%过硫酸铵。

(三) 现场试验情况

1. 缔合压裂液现场配制工艺

(1) 压裂液基液由固定站点配制，采用容量 $200m^3$ 的配液池，自动上料，自动上水搅拌，计量精确，搅拌均匀。

缔合压裂液主剂配制基液过程中，溶胀速度要低于常规瓜尔胶压裂液，配制压裂液时的搅拌时间由原来的15min调整到30min,预留充分的溶胀时间。主剂成分含表面活性剂,配制时泡沫多,主剂颗粒大小由50目调整到100目,提高溶胀速度、降低起泡量。

(2)配制好压裂液基液和交联剂由液罐车拉运至施工现场进行施工,施工加砂过程中实时追加破胶剂。

配制好的缔合压裂液随放置时间增长,黏度增长值要高于瓜尔胶压裂液,因此降低主剂和辅剂配比,按照配制和施工时间确定配方组成。

(3)施工完成关井反应后,返排液由废液罐车拉至废液池或处理站处理。

2. 现场试验

(1)采用非交联缔合结构型压裂液45℃低温配方,2015年在大庆油田采油一厂萨尔图油田进行了10口井现场试验(表2-34),按设计要求完成了压裂施工。

表2-34 采油一厂10口井施工情况汇总表

| 序号 | 井 号 | 压裂日期 | 层 数 | 用液量 | 配液及现场施工情况 |
|---|---|---|---|---|---|
| 1 | G223—285 | 2015-06-01 | 5层3缝 | 333 | 采用0.3%稠化剂GRF-1H配液后直接发液,基液黏度15mPa·s,稠化剂溶胀时间长,基液黏度变成幅度大。辅剂GRF-2配制需先加水后加料,否则泡沫多,影响施工。按设计完成现场施工,最高砂比35% |
| 2 | G232—S375 | 2015-06-03 | 3层2缝 | 206 | 采用0.28%稠化剂GRF-1H配液,搅拌30min后发液,基液黏度33mPa·s。现场施工效果好于第1口井,按压裂设计完成施工 |
| 3 | G421—S57 | 2015-06-04 | 4层1缝 | 214 | 同上 |
| 4 | G233—S365 | 2015-06-06 | 4层 | 175 | 采用0.28%稠化剂GRF-1H配液,辅剂GRF-2配比由0.15%下调至0.1%,搅拌30min后发液,基液黏度27mPa·s。能够按压裂设计完成施工 |
| 5 | G232—S295 | 2015-06-05—06 07 | 3层+4层 | 129+160 | 配比同上 |
| 6 | G323—S585 | 2015-06-16 | 3层 | 130 | 配比同上 |
| 7 | G421—48 | 2015-06-17 | 4层3缝 | 282 | 配比同上 |
| 8 | G425—S56 | 2015-06-19 | 5层1缝 | 243 | 配比同上 |
| 9 | G427—S56 | 2015-06-22 | 4层 | 184 | 配比同上 |
| 10 | G234—S43 | 2015-11-27 | 5层 | 231 | 配比同上 |

10口试验井平均单井日增油1.46t,日增液40.16t;对比井平均单井日增油1.42t,日增液18.36t。试验井在增油效果上与对比井持平。

(2)采用非交联缔合结构型压裂液60~90℃中温配方,2015年在大庆油田采油八厂完成6口井现场试验(表2-35),按设计要求完成了压裂施工。

表2-35 采油八厂6口井施工情况汇总表

| 序号 | 井 号 | 压裂日期 | 层 数 | 用液量 | 配液及现场施工情况 |
|---|---|---|---|---|---|
| 1 | 太东106—斜121 | 2015-11-16 | 5层 | 229 | 采用0.37%稠化剂GRF-1H配液后,基液黏度与室内评价有差异,黏度过高,黏度值达到40mPa·s以上,随压裂液放置时间延长,基液黏度逐渐增高。按设计完成现场施工,最高砂比35%,但施工过程中泵注压力要高于同区块对比井 |
| 2 | 芳168—68 | 2015-11-16 | 1层 | 95 | 同批次配制,压裂液配制和施工情况同上 |
| 3 | 芳42—64 | 2015-11-27 | 2层 | 140 | 稠化剂配比由0.37%下调为0.30%进行配液,辅剂GRF-2配比由0.15%下调至0.1%,搅拌30min后发液,基液黏度33mPa·s。调整配方后的压裂液能够按压裂设计正常完成施工 |
| 4 | 芳8—斜52 | 2015-11-28 | 2层 | 137 | 配比同上 |
| 5 | 芳8—54 | 2015-11-28 | 2层 | 122 | 配比同上 |
| 6 | 芳22—斜59 | 2015-11-30 | 3缝 | 145 | 配比同上 |

6口试验井平均单井日增油1.12t,日增液5.57t;对比井平均单井日增油0.72t,日增液5.11t。试验井在外围低渗透储层的增油效果要好于对比井。

(3) 2016年在采油七厂中温井试验33口井。压后平均单井日增油2.1t,平均单井日增液11.7t。

(4) 2016年在采油八厂中温井试验6口井。压后平均单井日增油1.9t,平均单井日增液2.0t。

3. 试验井事例

P90-462井井位于大庆长垣外围葡萄花油田,2016年11月2日,采用非交联缔合结构型压裂液进行了压裂改造。共压裂三层,葡Ⅰ6层,射开井段913.9~914.1m,射开厚度0.5m,渗透率无解释;葡Ⅰ4层,射开井段903.0~905.8m,射开厚度2.8m,有效厚度1.6m,渗透率0.15D;葡Ⅰ2层,射开井段892.6~894.2m,射开厚度1.6m,有效厚度0.5m,渗透率0.04D。P90-462井产均日产油量见图2-38。

三层压裂液用量157m³,施工过程中,压力无异常波动,液性稳定,加砂过程压力平稳,最高砂比35%,施工排量3.0m³/min,现场施工参数符合施工设计要求。三层压裂参数见表2-36。

该井2015年8月完钻,2015年11月份投产,投产当月平均日产油3.2t,之后的11个月月产量一直维持在0.56~1.82之间。压后当月平均日产油3.57t,之后各月日产油稳定在4.7t以上,压裂效果明显。

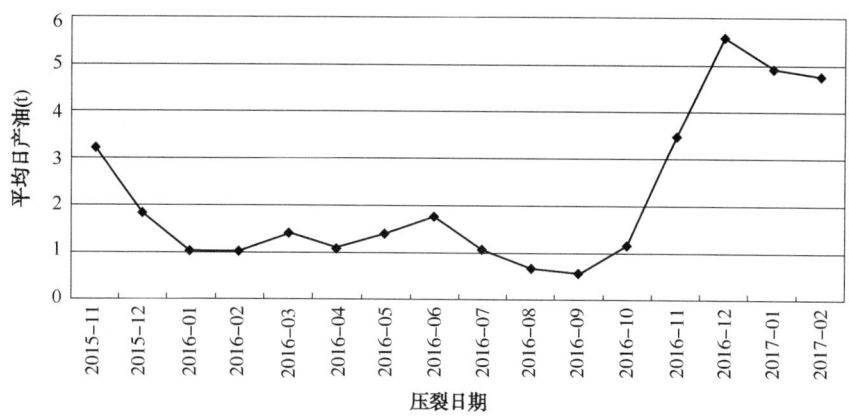

图 2-38　P90-462 井平均日产油

表 2-36　三层压裂液参数

| 层　位 | 施工时间（min） | 压裂液用量（m³） | 支撑剂用量（m³） | 破裂压力（MPa） | 平均砂比（%） | 最高砂比（%） | 施工排量（m³/min） |
|---|---|---|---|---|---|---|---|
| 葡I2 | 16 | 48.6 | 8 | 21 | 24.94 | 35 | 3 |
| 葡I4 | 19 | 59.83 | 10 | 18 | 24.94 | 35 | 3.1 |
| 葡I6 | 16 | 48.6 | 8 | 34 | 24.94 | 35 | 3 |

### (四) 前瞻技术先导性实验

目前大庆油田直井缝网压裂技术采用的是多段式复合压裂液体系，包括滑溜水、清水和交联冻胶压裂液三部分。滑溜水体系以减阻剂为主，利用其低摩阻特性提高施工排量，使压裂液更好地沟通天然裂缝，形成复杂缝网。交联冻胶压裂液是以快速水合瓜尔胶或改性瓜尔胶为主，进行携砂和裂缝支撑。两种体系施工过程中需要分别配制，添加剂种类多，需要较多的储液罐以及配液人员，不利于大规模缝网压裂提速增效。

利用缔合聚合物在低浓度条件下具有较好的减阻效果，高浓度条件下具有较好的携砂性能的特点，通过改变缔合聚合物增稠剂浓度，配制成滑溜水和冻胶压裂液，形成多功能压裂液体系，实现一种增稠剂多种功能的作用。

非交联缔合多功能压裂液体系具有以下几大优势：

（1）溶解速度快——满足连续混配要求。

通过调整分子结构以及设计超微粉粉碎装置减小产品粒径，提高产品的溶解速度。增稠剂溶解时间从 7min 缩短到 90s，溶解性有很大地提高（表 2-37）。

（2）一剂多能——配液工艺简便。

一种增稠剂既能作为滑溜水减阻剂，又能作为胶液体系稠化剂。滑溜水、胶液添加剂种类相同，仅用量不同，通过改变添加剂浓度即可配制成滑溜水、胶液，配制工艺简便，节约人力、物力（表 2-38）。

表 2-37  缔合聚合物改进前后溶解性能对标表

| 溶解时间（min） | 缔合聚合物增稠剂老产品溶解性能 | | 溶解时间（s） | 缔合聚合物增稠剂新产品溶解性能 | |
|---|---|---|---|---|---|
| | 黏度（mPa·s） | 溶解状态 | | 黏度（mPa·s） | 溶解状态 |
| 1 | 27 | 较多溶胀颗粒 | 30 | 36 | 少许溶胀颗粒 |
| 3 | 57 | 较多溶胀颗粒 | 60 | 45 | 少许溶胀颗粒 |
| 5 | 81 | 少量溶胀颗粒 | 90 | 66 | 无溶胀颗粒 |
| 7 | 72 | 无溶胀颗粒 | 120 | 66 | 无溶胀颗粒 |
| 10 | 75 | 无溶胀颗粒 | 150 | 66 | 无溶胀颗粒 |

备注：0.4%增稠剂。

滑溜水：0.05%~0.06%增稠剂（减阻剂）GRF-1H+0.2%~0.3%黏土稳定剂GRF-16+0.05%~0.06%增效辅剂GRF-2+0.05%消泡剂。

胶液：0.3%~0.4%增稠剂（稠化剂）GRF-1H+0.2%~0.3%黏土稳定剂GRF-16+0.3%~0.35%增效辅剂GRF-2+0.05%消泡剂+破胶剂。

表 2-38  多功能压裂液体系与"滑溜水+瓜尔胶压裂液体系"对比表

| 多功能复合压裂液体系 | 滑溜水+瓜尔胶压裂液体系 |
|---|---|
| 添加剂：增稠剂、黏稳剂、增效辅剂、消泡剂、破胶剂 | 添加剂：减阻剂、稠化剂、助排剂、黏稳剂、杀菌剂、交联剂、破乳剂、pH调节剂、消泡剂、破胶剂 |
| 添加剂少、现场容易添加 | 添加剂种类多，投入人力多，现场添加烦琐，容易出错 |
| 混配设备：需要2~3个液添泵，1个干添泵 | 混配设备要求高：2~3个液添泵，2~3个干添泵 |
| 10000m³液施工规模成本至少节约5~6t施工材料的储料罐、运输费、吊装费、减少占地面积 | 至少增加5~6t的材料储料（罐），增加设备费用，增加可观运输成本，增加占地面积 |

（3）减阻性能优异——节约功率。

滑溜水减阻性能优异，0.055%GRF-1H减阻剂在$10000s^{-1}$剪切速率时减阻率达到80%。减阻率相比于常规减阻剂减阻率提高10%左右，对于排量为$10~12m^3/min$压裂施工，可节约水功率1000hp左右，减少泵车，节约成本。减阻率测试图见图2-39。

（4）能够无限级变黏——形成复杂裂缝。

施工排量、体系黏度是体积压裂过程中缝网复杂程度的主要影响因素，多功能复合压裂液体系属于非交联压裂液，可以通过调节增稠剂加量，对体系黏度进行无限级变黏，在缝网和体积压裂施工过程中，可通过优化排量以及体系黏度形成复杂裂缝网络。目前，其他压裂液体系只能通过改变排量而无法通过调节黏度来达到此目的。图2-40为增稠剂黏度—浓度关系曲线。

（5）抗剪切能力强——满足大排量施工。

测试液体经过变剪切速率前后黏度变化，设置流变仪初始剪切速率$170s^{-1}$，剪切一段时间后，突然提高到$1500s^{-1}$，20~30s后剪切速率降低至$170s^{-1}$。测试结果表明，体系具有较好的抗剪切性。不同配方压裂液剪切能力对比见图2-41和图2-42。

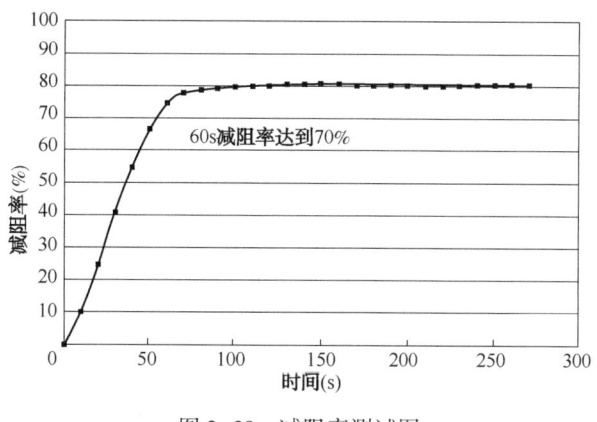

图2-39 减阻率测试图

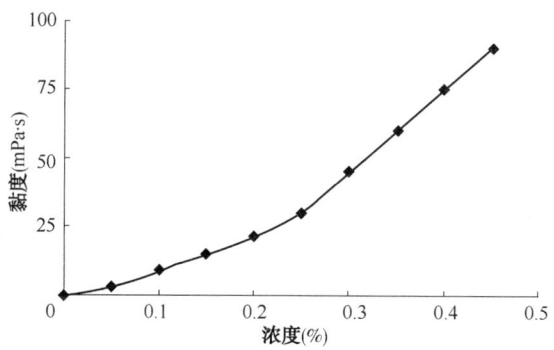

图2-40 增稠剂黏度—浓度关系曲线

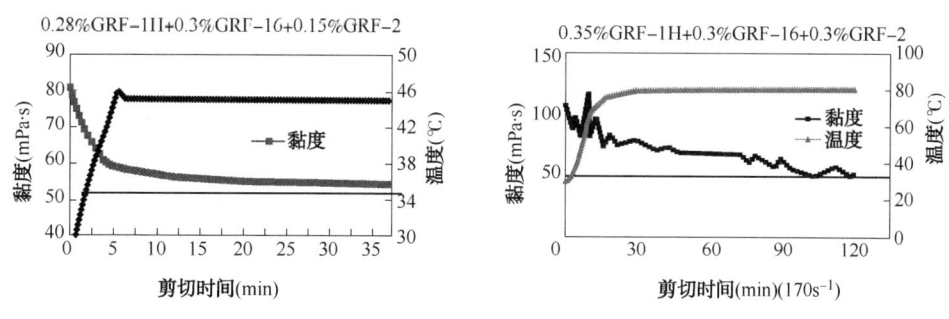

图2-41 不同配方压裂液剪切能力对比

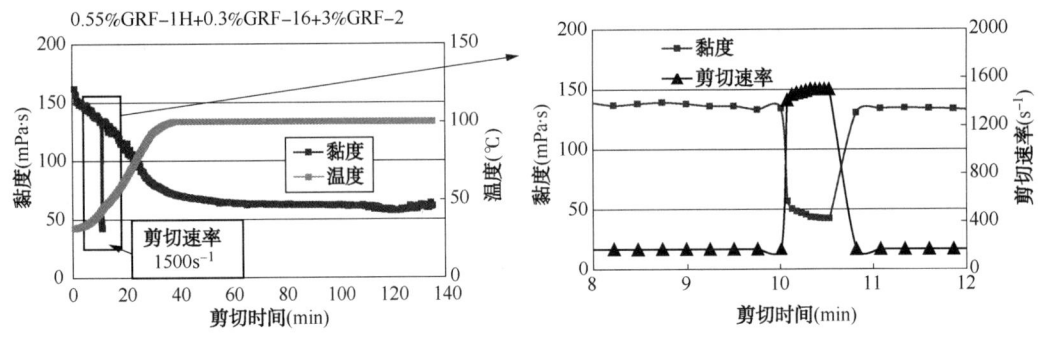

图 2-42 剪切能力对比

（6）携砂性能好——提高施工成功率。

胶液体系携砂性能好，动态悬砂时间大于 120min，能够保证压裂施工顺利进行。表 2-39 为悬砂性能测试表。

表 2-39 悬砂性能测试表

| 配　方 | 常温（25℃） | | 90℃ | | 备注 |
|---|---|---|---|---|---|
| | 静态悬砂时间（min） | 动态悬砂时间（min） | 静态悬砂时间（min） | 动态悬砂时间（min） | |
| 0.35% GRF-1H+0.3% GRF-16+0.3% GRF-2 | 60 | >120 | 35 | >120 | 瓜尔胶压裂液 90℃静态携砂时间 30min |

（7）低残渣、低伤害——提高增产效果。

胶液体系相比于瓜尔胶压裂液体系，具有残渣含量低（表 2-40）、基质伤害率低（表 2-41）的特点。

表 2-40 破胶残渣含量测试

| 压裂液类型 | 破胶液体积（mL） | 残渣含量（mg/L） |
|---|---|---|
| 缔合型非交联压裂液 | 50 | 32.5 |
| 常规瓜尔胶压裂液 | 50 | 452 |

表 2-41 伤害实验

| 压　裂　液 | 伤害前渗透率（$10^{-3}\mu m^2$） | 伤害后渗透率（$10^{-3}\mu m^2$） | 伤害率（%） |
|---|---|---|---|
| 缔合型非交联压裂液 | 123.2 | 112.24 | 8.9 |
| 常规瓜尔胶压裂液 | 105.2 | 70.2 | 33.27 |

（8）体系简单、环保——返排液处理简便。

体系增稠剂为粉剂、压裂液和滑溜水体系配方简单、添加剂种类少，抗盐性能好，返排液处理简便，可重复利用。在用的乳液型减阻剂配制的滑溜水和瓜尔胶压裂液体系，添

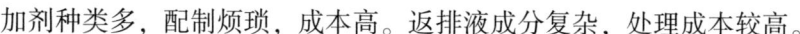

加剂种类多,配制烦琐,成本高。返排液成分复杂,处理成本较高。

### (五) 结论认识

(1) 该项目所形成的45℃低温、90℃中温2套非交联缔合结构型压裂液体系,以及针对大庆油田缝网压裂现场速配的缔合多效复合压裂液配方,通过室内性能评价,压裂液性能均能够满足行业标准和现场施工要求。采用现有的配制设备和压裂设备,即可以完成现场配液和压裂施工。

(2) 压裂液单方价格合理,实现了压裂液与立项同年瓜尔胶压裂液相比成本降低30%的目标。所形成的45℃低温配方98.5元/$m^3$,立项同年45℃常规压裂液207元/$m^3$,同比降低52.4%;90℃中温配方108.7元/$m^3$,立项同年90℃常规压裂液289元/$m^3$,同比降低62.4%。

(3) 从大庆老区和外围的现场试验井效果来看,两套不同温度段配方配制的压裂液性能稳定,同比效果不低于同区块瓜尔胶压裂液,可以应用于大庆油田油气勘探开发井压裂。

(4) 采用以非交联缔合物为主体的非交联缔合多功能压裂液,可以实现一种主剂在线变浓度配制滑溜水和压裂液两种不同液性的工作液,可以进一步简化现场配制工艺流程、提高大型压裂时效、缩短大型压裂施工周期。

## 第七节 长庆低渗透油气田现场试验

为了验证非交联缔合结构压裂液在鄂尔多斯盆地低渗透油气藏储层压裂改造中的适应性,在A、B区块进行了油气井压裂现场试验,压后增产效果高于邻井,表现出较好的适应性,具体情况如下。

### 一、A区块试验

根据前期针对A区块进行的压裂液配方优化及性能评价结果,该井压裂液配方如下。

滑溜水:0.15%稠化剂GRF-1H+0.05%消泡剂GRF-18+0.1%压裂用增效剂GRF-2+0.3%黏土稳定剂GRF-16。

胶液:0.40%稠化剂GRF-1H+0.05%消泡剂GRF-18+0.12%压裂用增效剂GRF-2+0.3%黏土稳定剂GRF-16。

选取A区块一口油井,采用水力喷砂体积压裂,按照1:1.2备液比例进行配液,共计配液1225$m^3$,由于该井压裂用水矿化度低,水质较好,压裂液基液黏度较高,达到90mPa·s左右,滑溜水黏度为9mPa·s左右,现场进行悬砂实验,悬砂情况如图2-43所示,悬砂效果较好,满足施工要求。图2-44、图2-45、图2-46分别为第一段、第二段、第三段压裂施工曲线,表2-42、表2-43、表2-44分别为第一段、第二段、第三段施工泵注程序。

从以上图表可以看出，现场压裂三段施工压力平稳，说明在施工过程中裂缝正常延伸，按照设计加砂完全，加砂率100%，说明液体性能稳定，满足现场施工要求，适应该区块储层压裂改造。

该井每段压后0.5h开始返排，总计返排800m³左右，返排率达到70%以上，压裂后日产纯油25m³，不产水，试油蝉联明显高于区块平均9m³水平，投产初期产量明显高于区块平均，非交联缔合结构型压裂液试验效果显著。表2-45为试验井压后产量对比表。

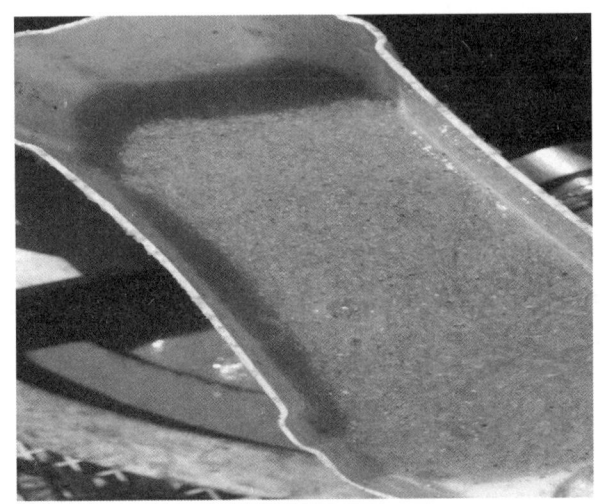

图2-43 悬砂示意图

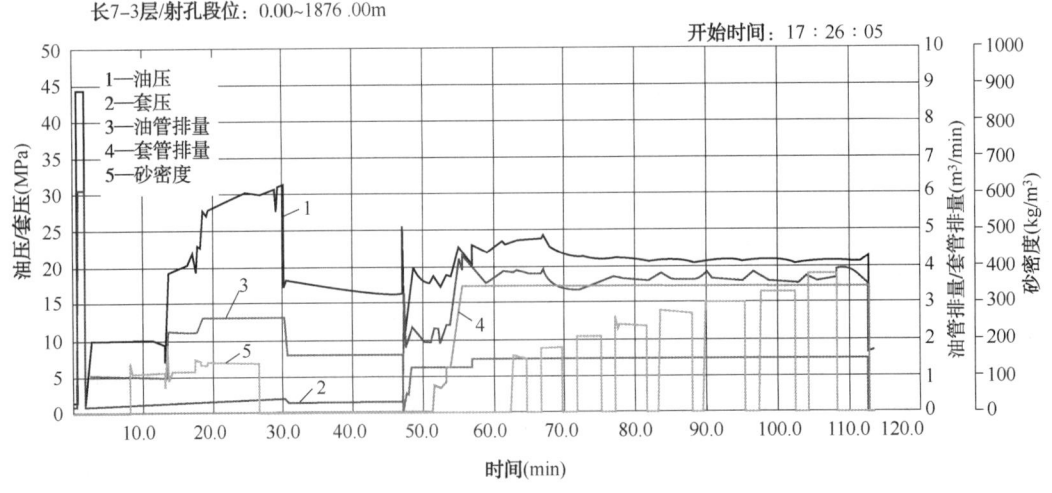

图2-44 第一段压裂施工曲线

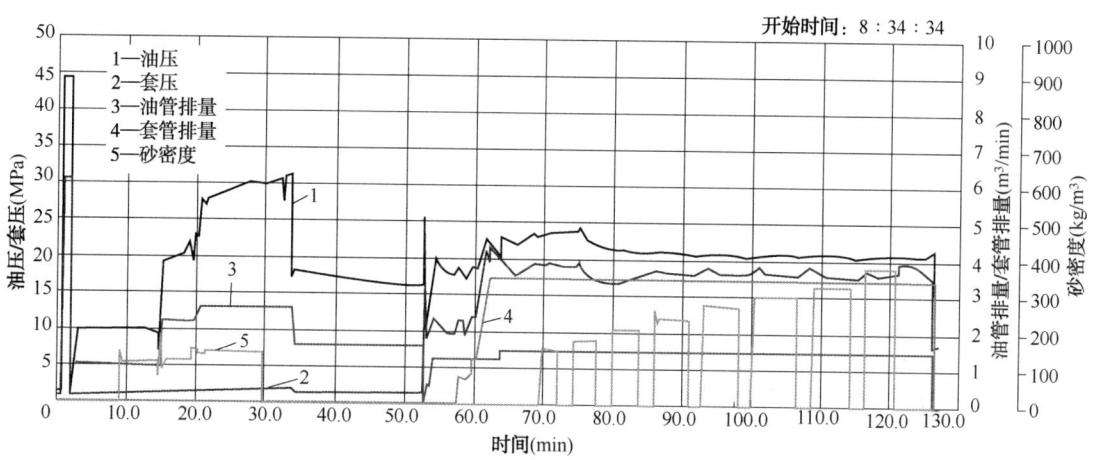

图 2-45 第二段压裂施工曲线

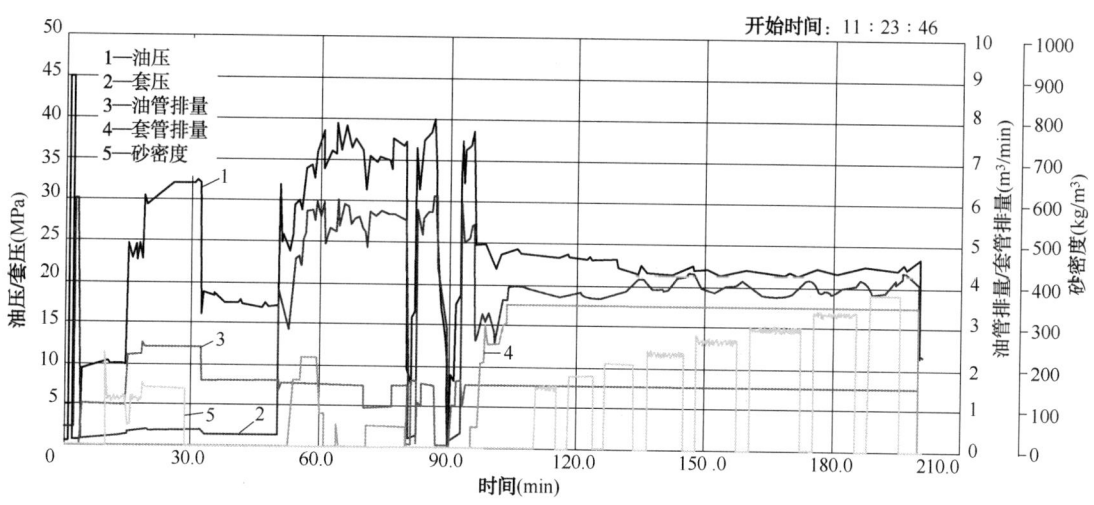

图 2-46 第三段压裂施工曲线

表2-42 第一段施工泵注程序

| 施工阶段 | 油管注入系统 | | | 环空注入系统 | | | | | 阶段时间(min) | 支撑剂类型 |
|---|---|---|---|---|---|---|---|---|---|---|
| | 液体类型 | 油管注入液量(m³) | 油管排量(m³/min) | 液体类型 | 环空注入液量(m³) | 环空排量(m³/min) | 砂密度(kg/m³) | 砂量(m³) | | |
| 前置液 | 滑溜水 | 14.1 | 1.5 | 滑溜水 | 33.0 | 3.5 | — | | 9.4 | |
| 携砂液 | 滑溜水 | 3.6 | 1.5 | 滑溜水 | 8.0 | 3.5 | 150 | 0.8 | 2.4 | 40/70目石英砂 |
| | 滑溜水 | 3.0 | 1.5 | 滑溜水 | 7.0 | 3.5 | | | 2.0 | |
| | 滑溜水 | 4.6 | 1.5 | 滑溜水 | 10.0 | 3.5 | 180 | 1.2 | 3.1 | |
| | 滑溜水 | 3.0 | 1.5 | 滑溜水 | 7.0 | 3.5 | | | 2.0 | |
| | 滑溜水 | 5.6 | 1.5 | 基液 | 12.0 | 3.5 | 210 | 1.7 | 3.7 | |
| | 滑溜水 | 3.0 | 1.5 | 滑溜水 | 7.0 | 3.5 | | | 2.0 | |
| | 滑溜水 | 6.6 | 1.5 | 基液 | 14.0 | 3.5 | 240 | 2.3 | 4.4 | |
| | 滑溜水 | 3.0 | 1.5 | 滑溜水 | 7.0 | 3.5 | | | 2.0 | |
| | 滑溜水 | 8.0 | 1.5 | 高砂密度携砂液 | 17.0 | 3.5 | 270 | 2.9 | 5.4 | |
| | 滑溜水 | 3.0 | 1.5 | 滑溜水 | 7.0 | 3.5 | | | 2.0 | |
| | 滑溜水 | 10.0 | 1.5 | 高砂密度携砂液 | 21.0 | 3.5 | 300 | 4.0 | 6.7 | 20/40目石英砂 |
| | 滑溜水 | 3.0 | 1.5 | 滑溜水 | 7.0 | 3.5 | | | 2.0 | |
| | 滑溜水 | 8.2 | 1.5 | 高砂密度携砂液 | 17.0 | 3.5 | 340 | 3.7 | 5.5 | |
| | 滑溜水 | 3.0 | 1.5 | 滑溜水 | 7.0 | 3.5 | | | 2.0 | |
| | 滑溜水 | 6.9 | 1.5 | 高砂密度携砂液 | 14.0 | 3.5 | 380 | 3.4 | 4.6 | |
| 顶替液 | 滑溜水 | 6.8 | 1.5 | 滑溜水 | 15.9 | 3.5 | — | | 4.5 | |

全程油管加入APS破胶剂120kg

关井30min，采用4~8mm油嘴控制放喷；放压完毕后，以0.8~1.0m³/min的排量反循环洗井31m³（根据反冲压力及出口出砂情况可以适当增加排量和冲砂液量）

## 表2-43 第二段施工泵注程序

| 施工阶段 | 油管注入系统 | | | 环空注入系统 | | | | | 阶段时间(min) | 支撑剂类型 |
|---|---|---|---|---|---|---|---|---|---|---|
| | 液体类型 | 油管注入液量(m³) | 油管排量(m³/min) | 液体类型 | 环空注入液量(m³) | 环空排量(m³/min) | 砂密度(kg/m³) | 砂量(m³) | | |
| 前置液 | 滑溜水 | 17.1 | 1.5 | 滑溜水 | 40.0 | 3.5 | — | | 11.4 | |
| 携砂液 | 滑溜水 | 5.4 | 1.5 | 滑溜水 | 12.0 | 3.5 | 150 | 1.2 | 3.6 | 40/70目石英砂 |
| | 滑溜水 | 3.4 | 1.5 | 滑溜水 | 8.0 | 3.5 | | | 2.3 | |
| | 滑溜水 | 6.0 | 1.5 | 滑溜水 | 13.0 | 3.5 | 180 | 1.6 | 4.0 | |
| | 滑溜水 | 3.4 | 1.5 | 滑溜水 | 8.0 | 3.5 | | | 2.3 | |
| | 滑溜水 | 6.9 | 1.5 | 基液 | 15.0 | 3.5 | 210 | 2.1 | 4.6 | |
| | 滑溜水 | 3.4 | 1.5 | 滑溜水 | 8.0 | 3.5 | | | 2.3 | |
| | 滑溜水 | 7.5 | 1.5 | 基液 | 16.0 | 3.5 | 240 | 2.6 | 5.0 | |
| | 滑溜水 | 3.4 | 1.5 | 滑溜水 | 8.0 | 3.5 | | | 2.3 | |
| | 滑溜水 | 10.4 | 1.5 | 高砂密度携砂液 | 22.0 | 3.5 | 270 | 3.8 | 6.9 | |
| | 滑溜水 | 3.4 | 1.5 | 滑溜水 | 8.0 | 3.5 | | | 2.3 | |
| | 滑溜水 | 12.4 | 1.5 | 高砂密度携砂液 | 26.0 | 3.5 | 300 | 5.0 | 8.3 | 20/40目石英砂 |
| | 滑溜水 | 3.4 | 1.5 | 滑溜水 | 8.0 | 3.5 | | | 2.3 | |
| | 滑溜水 | 10.2 | 1.5 | 高砂密度携砂液 | 21.0 | 3.5 | 340 | 4.6 | 6.8 | |
| | 滑溜水 | 3.4 | 1.5 | 滑溜水 | 8.0 | 3.5 | | | 2.3 | |
| | 滑溜水 | 8.3 | 1.5 | 高砂密度携砂液 | 17.0 | 3.5 | 380 | 4.1 | 5.6 | |
| 顶替液 | 滑溜水 | 6.8 | 1.5 | 滑溜水 | 15.8 | 3.5 | — | | 4.5 | |

全程油管加入APS破胶剂150kg

关井30min,采用4~8mm油嘴控制放喷；放压完毕后,以0.8~1.0m³/min的排量反循环洗井31m³(根据反冲压力及出口出砂情况可以适当增加排量和冲砂液量)

表2-44 第三段施工泵注程序

| 施工阶段 | 油管注入系统 | | | 环空注入系统 | | | | | 阶段时间(min) | 支撑剂类型 |
|---|---|---|---|---|---|---|---|---|---|---|
| | 液体类型 | 油管注入液量(m³) | 油管排量(m³/min) | 液体类型 | 环空注入液量(m³) | 环空排量(m³/min) | 砂密度(kg/m³) | 砂量(m³) | | |
| 前置液 | 滑溜水 | 27.9 | 1.5 | 滑溜水 | 65.0 | 3.5 | — | | 18.6 | |
| 携砂液 | 滑溜水 | 7.3 | 1.5 | 滑溜水 | 16.0 | 3.5 | 150 | 1.6 | 4.8 | 40/70目石英砂 |
| | 滑溜水 | 6.0 | 1.5 | 滑溜水 | 14.0 | 3.5 | | | 4.0 | |
| | 滑溜水 | 9.2 | 1.5 | 滑溜水 | 20.0 | 3.5 | 180 | 2.4 | 6.1 | |
| | 滑溜水 | 6.0 | 1.5 | 滑溜水 | 14.0 | 3.5 | | | 4.0 | |
| | 滑溜水 | 11.1 | 1.5 | 基液 | 24.0 | 3.5 | 210 | 3.4 | 7.4 | |
| | 滑溜水 | 6.0 | 1.5 | 滑溜水 | 14.0 | 3.5 | | | 4.0 | |
| | 滑溜水 | 13.1 | 1.5 | 基液 | 28.0 | 3.5 | 240 | 4.5 | 8.7 | |
| | 滑溜水 | 6.0 | 1.5 | 滑溜水 | 14.0 | 3.5 | | | 4.0 | |
| | 滑溜水 | 15.6 | 1.5 | 高砂密度携砂液 | 33.0 | 3.5 | 270 | 5.7 | 10.4 | |
| | 滑溜水 | 6.0 | 1.5 | 滑溜水 | 14.0 | 3.5 | | | 4.0 | |
| | 滑溜水 | 20.1 | 1.5 | 高砂密度携砂液 | 42.0 | 3.5 | 300 | 8.1 | 13.4 | 20/40目石英砂 |
| | 滑溜水 | 6.0 | 1.5 | 滑溜水 | 14.0 | 3.5 | | | 4.0 | |
| | 滑溜水 | 16.5 | 1.5 | 高砂密度携砂液 | 34.0 | 3.5 | 340 | 7.4 | 11.0 | |
| | 滑溜水 | 6.0 | 1.5 | 滑溜水 | 14.0 | 3.5 | | | 4.0 | |
| | 滑溜水 | 13.7 | 1.5 | 高砂密度携砂液 | 28.0 | 3.5 | 380 | 6.8 | 9.2 | |
| 顶替液 | 滑溜水 | 6.7 | 1.5 | 滑溜水 | 15.6 | 3.5 | — | | 4.5 | |

全程油管加入APS破胶剂225kg

关井30min,采用4~8mm油嘴控制放喷;放压完毕后,以0.8~1.0m³/min的排量反循环洗井30m³(根据反冲压力及出口出砂情况可以适当增加排量和冲砂液量)

表 2-45  试验井压后产量对比表

| 井号 | 层位 | 施工参数 | | | | | 投产初期 | | 投产三个月产量 | |
|---|---|---|---|---|---|---|---|---|---|---|
| | | 厚度<br>(m) | 孔隙度<br>(%) | 油饱<br>(%) | 砂量<br>(m³) | 入地液量<br>(m³) | 日产油<br>(t/d) | 日产水<br>(m³/d) | 日产油量<br>(m³/d) | 日产水量<br>(m³/d) |
| 试验井 | 长7 | 11 | 8.95 | 55.87 | 85 | 1206 | 7.88 | 3.26 | 3.82 | 2.56 |
| 区块平均 | 长7 | 12 | 9.7 | 50.9 | 88 | 1189 | 5.09 | 3.12 | 2.08 | 2.25 |

## 二、B 区块试验

根据前期针对 B 区块进行的压裂液配方优化及性能评价结果,该井压裂液配方如下。

0.45%稠化剂 GRF-1II+0.05 消泡剂 GRF-18+0.3%黏土稳定剂 GRF-16+0.3%增效剂 GRF-2。

根据该井压裂施工设计,采用连续混配进行配液,共计配液 1050m³,压裂液基液黏度为 102mPa·s 左右,胶液黏度为 150mPa·s,现场进行悬砂实验,悬砂情况如图 2-47 所示,悬砂效果较好,满足施工要求。

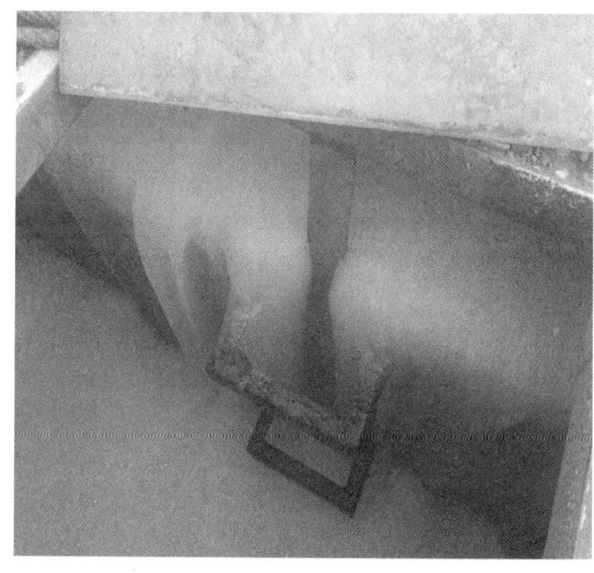

图 2-47  压裂液现场悬砂情况

试验井采用机械分层压裂工艺,压裂层段为山$_1^2$、山$_1^1$、盒$_{8下}$、盒$_{8上}$四层段。其中山$_1^2$、山$_1^1$设计加砂均为 25m³,盒$_{8下}$设计加砂 31m³,盒$_{8上}$设计加砂 20.7m³。

2016 年,对试验井进行压裂施工,施工参数表如表 2-46 所示,施工压力曲线如图 2-48~图 2-51 所示。

表 2-46 施工参数表

| 施工参数 | 山$_1^2$ | 山$_1^1$ | 盒$_{8下}$ | 盒$_{8上}$ |
| --- | --- | --- | --- | --- |
| 开泵时间 | 15：20 | | 19：39 | 22：25 |
| 坐封时间 | 16：00 | | | |
| 投球时间 | | 17：28 | 19：41 | 22：29 |
| 打滑套时间 | | 17：33 | 19：47 | 22：35 |
| 停泵时间 | | 19：00 | 21：15 | 23：58 |
| 送球液量(m³) | | 8.7 | 8.6 | 8.2 |
| 破裂压力(MPa) | 31.8 | 49.2 | 50.2 | 40.3 |
| 工作压力(MPa) | 44.2~49.7 | 44.6~49.2 | 48.4~51.1 | 42.3~48.1 |
| 砂量(m³) | 25.0 | 25.0 | 31.0 | 20.7 |
| 砂比(%) | 17.1 | 17.0 | 18.0 | 15.8 |
| 砂密度(kg/m³) | 299.3 | 297.5 | 315.0 | 276.5 |
| 前置液(m³) | 95.0 | 95.0 | 115.0 | 90.0 |
| 携砂液(m³) | 139.8 | 140.6 | 166.7 | 126.6 |
| 顶替液(m³) | 9.6 | 9.5 | 9.4 | 9.2 |
| 入地总液量(m³) | 244.4 | 245.1 | 291.1 | 225.8 |
| 排量(m³/min) | 2.4~3.2 | 2.8~3.0 | 3.3~3.5 | 2.4~3.0 |
| 液氮排量(L/min) | 100~150 | | | 150~100 |
| 液氮总量(m³) | 7.3 | | | 9.0 |
| 停泵油压(MPa) | | 19.4 | 18.6 | 19.5 |
| 停泵套压(MPa) | | 2.3 | 2.6 | 8.6 |

从图中可以看出，现场压裂 4 层段施工压力平稳，说明在施工过程中裂缝正常延伸，按照设计加砂完全，加砂率 100%，说明液体性能稳定，满足现场施工要求，适应该区块储层压裂改造。

该井压后 2h 开始返排，点火成功，火焰高度 0.5m；继续返排，次日火焰高度 2~3m；最后，火焰高度 5~6m；目前该井测试无阻流量为 $11.8515 \times 10^4 \mathrm{m}^3/\mathrm{d}$，较邻井无阻流量高（表 2-47）。

表 2-47 试验井与邻井产量对比表

| 井号 | 邻井 1 | 邻井 2 | 邻井 3 | 试验井 |
| --- | --- | --- | --- | --- |
| 无阻流量($\times 10^4 \mathrm{m}^3/\mathrm{d}$) | 9.7443 | 8.6076 | 9.9942 | 11.8515 |

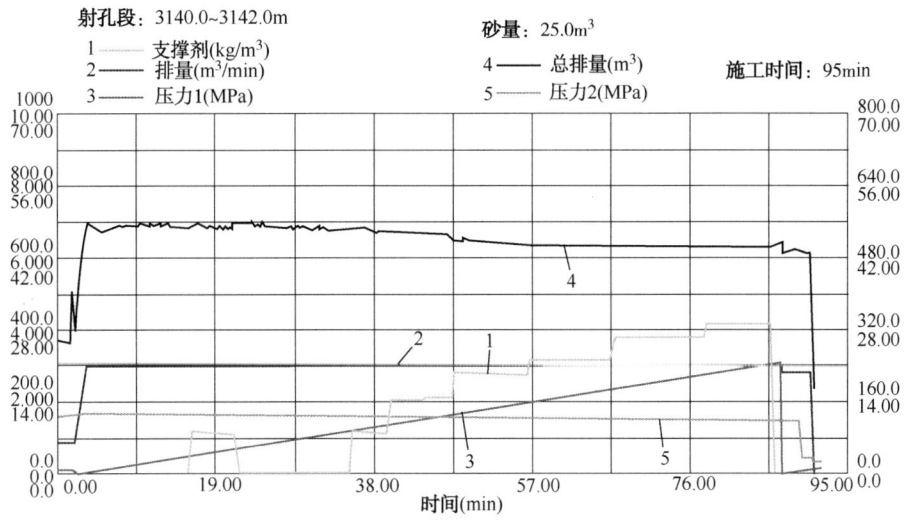

图 2-48  山$_1^2$ 层压裂施工曲线

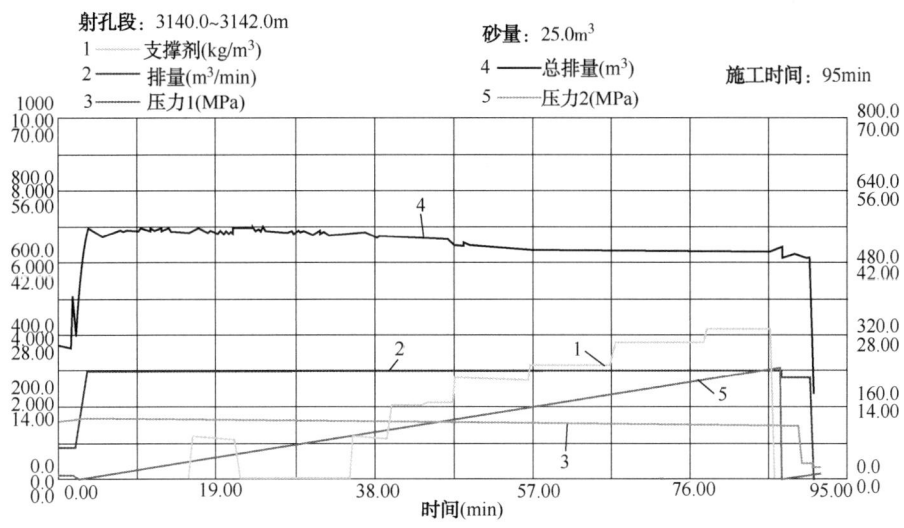

图 2-49  山$_1^1$ 层压裂施工曲线

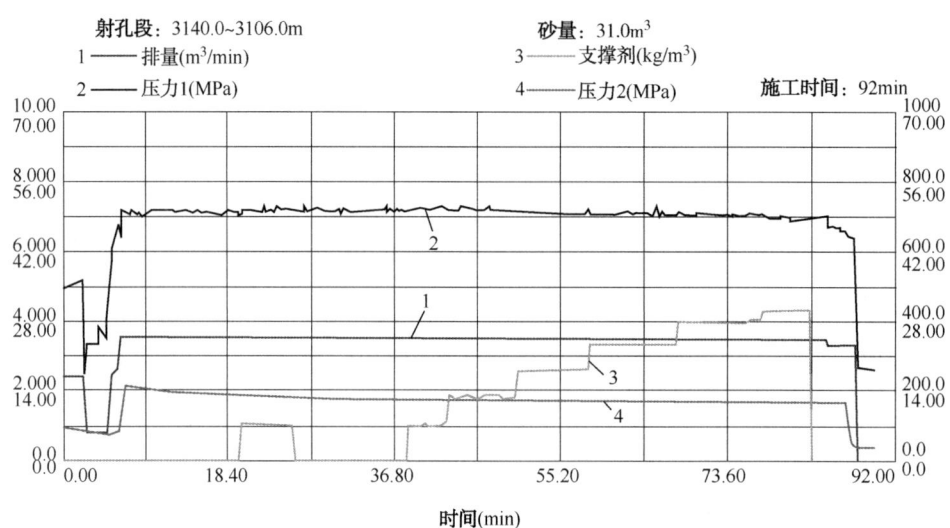

图 2-50 盒$_{8下}$层压裂施工曲线

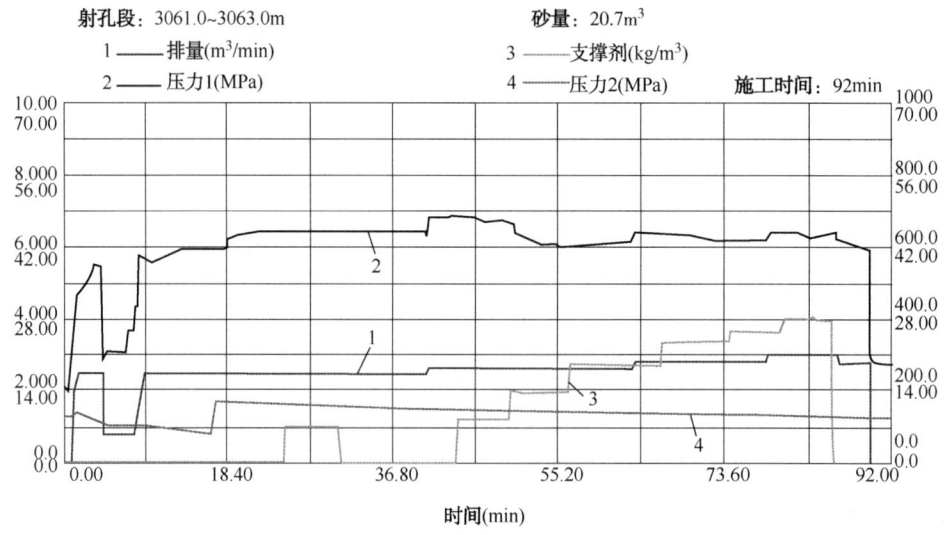

图 2-51 盒$_{8上}$层压裂施工曲线

# 第三章 高温压裂液

随着对油气资源需求增加，越来越多的储层深度超过6000m，甚至超过8000m；胜利、华北、吉林、塔河、大庆等油田及川西地区部分储层温度超过160℃，大庆塔东区块、吉林伊通区块、环渤海古潜山构造、四川磨溪高石梯区块、塔里木油田库车区块储层甚至达到了180℃以上。后续勘探目标层的温度预计会突破190℃甚至超过200℃。这些储层埋藏深、岩性致密，储渗条件较差，需要依靠水力压裂形成人工裂缝，沟通孔缝来获取油气产量。该类储层压裂施工压力高、排量低、对液体耐温性能要求高，风险大。开发适应超高温度储层的压裂液体系是这些区块实施压裂改造的基础。深层储层的压裂改造对压裂液体系的耐温耐剪切性能提出了更高的要求：压裂液在180℃以上的储层温度下可以保持良好的流变性和携砂能力。

常规羟丙基压裂液体系耐温不超过150℃，主要是交联官能团及聚合物主链的耐温稳定性达不到要求，在高温条件下会快速降解，黏度急剧下降，液体滤失增加，液体效率降低，无法满足压开储层、延伸人工裂缝及悬砂等工艺要求。同时，对耐高温前置液、酸液以及加重工作液等配套系列技术要求更高。

针对深井、超深井高温储层压裂改造，早期主要依赖进口国外液体技术。国内超过180℃的压裂液受稠化剂开发技术、交联技术，尤其是延迟交联技术限制，还需要进一步研究和提高。

## 第一节 高温压裂液技术现状及发展趋势

### 一、国内技术现状及发展趋势

#### （一）国内技术现状

压裂液一度受瓜尔胶价格大幅上涨及改造对象复杂化等诸多因素影响，逐步从较单一体系快速向多元化模式发展。应用于高温的新型压裂液体系包括低密度低残渣瓜尔胶压裂液体系和高温改性瓜尔胶压裂液体系。

**1. 低密度低残渣瓜尔胶压裂液体系**

针对瓜尔胶价格大幅上涨，为降低成本，长城钻探工程公司昆山公司、吉林油田、西部钻探、长庆油田等研发并应用了低密度压裂液体系。关键技术是交联剂采用长链分子设计，利用其长链多极性螯合技术，形成坚固的三维空间网络结构，达到降低稠化剂密度的目的，120℃时稠化剂用量仅为0.25%。具有低聚合物浓度、低残渣、低伤害（比常规压裂液降低55%）、低摩阻（比常规瓜尔胶压裂液降低30%左右）等特点，但一般不超过120℃。

2. 高温改性瓜尔胶压裂液体系

国内从2008年开始高温压裂液体系研究，其关键技术主要是稠化剂和交联剂开发。稠化剂采用改性瓜尔胶，在羟丙基瓜尔胶分子中引入羧甲基基团，交联剂多采用高价金属离子（钛或锆），与两个或两个以上的瓜尔胶分子上的羧甲基和羟基配体络合而成为具有环状结构的螯合配位化合物。由于为强的离子键以及羧甲基的羧基和锆形成离域的共轭结构交联作用强而且稳定，使得羧甲基瓜尔胶具有更好的耐高温耐剪切性能。

该体系具有低伤害（较常规羟丙基降低25%）、低残渣（较常规羟丙基低50%）、低摩阻（较常规降低30%~50%）、低成本（较国外公司每方降低成本400元）等特点。

大庆油田吉林探区自2009年昌37井（储层温度173℃）引进羧甲基瓜尔胶压裂液，近两年成为吉林探区目前广泛使用的压裂液体系。西部钻探高温超高温压裂液体系也有应用，使用温度在120~170℃。资料显示，昆山公司开发的JK1002高温压裂液体系耐温可达到180℃，并在吉林油田进行了180℃井的应用。

高温加重压裂液体系是在羧甲基羟丙基瓜尔胶压裂液基础上采用易溶硝酸盐、溴盐等加重，原液密度最高达1.45g/cm$^3$、最高耐温170℃、成本较低（比第一代加重液降低2700元/m$^3$）、易于配制。2012年，西部钻探在库车探区应用，现场最高使用温度170℃、最高加重密度为1.34g/cm$^3$。

### （二）国内技术发展趋势

随着国内油气田高温深井、复杂井的增加，压裂液体系向着针对性更强、种类更加多元的方向发展，针对大庆塔东、吉林伊通、环渤海古潜山、四川磨溪高石梯、塔里木库车等区块的高温储层（>180℃），研究高温（>180℃）的改性植物胶稠化剂、非交联稠化剂、耐高温高分子聚合物稠化剂及其配套添加剂，并形成压裂液体系是下步压裂液的发展方向。

## 二、国外技术现状及发展趋势

BJ公司在高温、超高温压裂液体系研究上具有优势，目前处于国际领先水平，据资料显示，研发的羧甲基羟丙基瓜尔胶稠化剂，加量为6kg/m$^3$，使用锆基交联剂，pH值为9~9.5，耐温可达425°F（200℃）。另外研究出了一种被称之为新流体技术，采用新一代胶体和破胶剂，耐温目标600°F（315℃），但未见实际应用报道。

国外的高温储层液体技术，一方面是对瓜尔胶进行改性，选择耐更高温度的官能团进行接枝，并在用量上力求更低；另一方面开发耐高温聚合物压裂液体系，着重是耐高温稠化剂及交联剂的研发。

# 第二节 高温植物胶压裂液技术

植物胶压裂液是目前最常用的水基压裂液。常用的稠化剂瓜尔胶作为一种天然产物，具有价廉、易得、环保等优点。在石油行业，应用较多的改性瓜尔胶主要包括羟丙基瓜尔胶、羧甲基瓜尔胶、羧甲基羟丙基瓜尔胶等。其分子链上含有丰富的邻位顺式羟基，在一定条件下与交联剂形成性能良好的冻胶。改性瓜尔胶形成的水基压裂液，具有携砂性好、抗高温能力强、冻胶黏弹性好、使用方便等优点，在油田作业中被广泛应用。但常规植物胶耐温性能需进一步提高。需要对植物胶的分子结构进行研究，并引入基团以便更好地交联，达到耐温的目的。

## 一、高温植物胶稠化剂技术

高温植物胶稠化剂耐高温性能研究需要从其分子结构研究着手，通过化学合成达到改性的目的，通过热重分析，评价与分析改性是否达到耐温要求，以瓜尔胶作为研究对象进行改性分析评价。

### （一）瓜尔胶的结构

瓜尔胶分子结构，多年来一直认为，瓜尔胶的组成是以一个甘露糖为主链，且有数个与其他甘露糖相结合的半乳糖边链。半乳糖和甘露糖苯环上 OH 根的排列不同。但近期的研究发现，在两个或 3 个连续的甘露糖上有半乳糖，表明其单体的排列可能更不规则。此外，甘露糖与半乳糖之比可能是 1.6∶1~1.8∶1，而不是如图 3-1 所示的 2∶1。

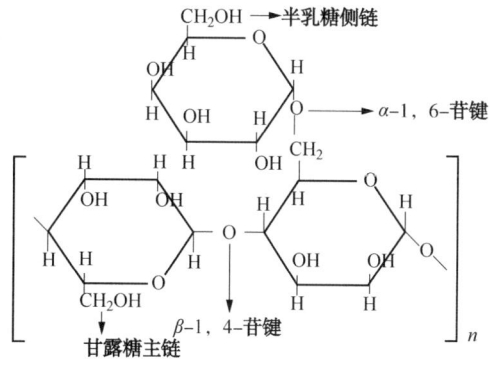

图 3-1 瓜尔胶结构

### （二）瓜尔胶的化学改性

为了降低瓜尔胶的水不溶物含量，加快其水合速度，改善其耐盐耐剪切性，需要对其进行化学改性，使其可广泛应用。通常瓜尔胶的化学改性是通过瓜尔胶与某种试剂发生化学反应，在瓜尔胶的结构上引入某个基团，生成一种衍生物。从瓜尔胶的分子结构来看，主链甘露糖呈卷曲状，其大量羟基基本被包裹在分子内部，不仅没有表现出应有的水溶性，反而由于分子内氢键作用，使得其水溶性和反应活性大大降低。而作为支链的半乳糖处于分子外部，且半乳糖上的$C_6$羟基为伯羟基，具有较高的反应活性。所以不管从立体位阻，还是从SN2反应的活性来看，半乳糖上的$C_6$羟基被化学改性的几率最大。

瓜尔胶改性方法主要分为四类：

(1) 官能团衍生。此类方法基于瓜尔胶糖单元上有3个羟基，这3个羟基在一定的条件下，可以发生醚化、酯化、氧化反应，生成醚、酯等衍生物。

(2) 接枝聚合。这类方法是基于一定的条件下，一些引发剂可以使得瓜尔胶与乙烯基类单体产生自由基，从而能够进行聚合反应，如丙烯酰胺、丙烯腈、丙烯酸、甲基丙烯酰胺等接枝。

(3) 交联法。此方法是用瓜尔胶主链上邻位顺式羟基可与硼或一些过渡金属离子，如钛、锆等作用形成凝胶。

(4) 酶降解法。此方法是利用酶的降解来改变瓜尔胶的性质。瓜尔胶改性常用的方法是官能团衍生，衍生的方法也有很多，根据瓜尔胶成键与取代基的方式不同又可分为醚化瓜尔胶，酯化瓜尔胶和氧化瓜尔胶等，根据取代基种类和衍生物性质不同又可分为阳离子瓜尔胶、阴离子瓜尔胶、两性离子型瓜尔胶、非离子型瓜尔胶、羟烷基阳离子瓜尔胶、羟烷基阴离子瓜尔胶等。

常用的羟丙基瓜尔胶和羧甲基瓜尔胶就是醚化瓜尔胶。在生产瓜尔胶粉的过程中，并不能将瓜尔胶与其他不溶于水的植物成分完全分离。因此在瓜尔胶溶液中，仍有6%~10%的不容残余物。利用丙烯氧化物可得到瓜尔胶衍生物，即羟丙基瓜尔胶(HPG)。这个反应改变了部分OH的位置，变成了—O—CH$_2$—CHOH—CH$_3$(HP基)，有效地移动若干个交联位置。这个过程再加之冲洗，去除了聚合物中的大量植物成分，因此HPG通常仅含约2%~4%的不容残余物。一般认为HPG对地层和支撑剂充填层的伤害较小。羟丙基的取代作用使HPG在高温下比瓜尔胶更为稳定，也有较强的耐生物降解性能，因此HPG更适合用于高温井(>150℃)中，添加少量的亲水羟丙基取代基也可使HPG更易溶于醇。羟丙基瓜尔胶重复单元结构见图3-2。

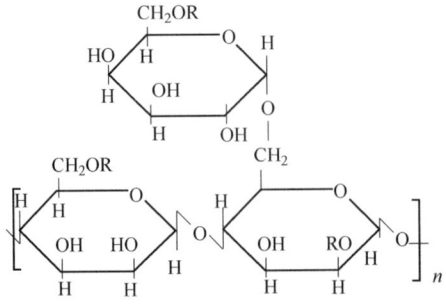

图3-2 羟丙基瓜尔胶重复单元结构

羧甲基瓜尔胶则是利用碱化反应和醚化反应改性而成的，克服了羟丙基瓜尔胶在高温下性能不佳，失效快的缺点，并且由于其可提供较高的基液黏度和交联黏度，留在井底的残余物更少，适合中高温井。同时主链上接有羧甲基时，与接其他基团相比具有更好的耐温性以及残留低、返排效果好等优点。

近年来使用的另一种瓜尔胶衍生物是羧甲基羟丙基瓜尔胶（CMHPG）。CMHPG 是在瓜尔胶分子结构上引入羧甲基和羟丙基两种取代基的阴离子型瓜尔胶衍生物，是一种重要的混合醚，它综合了羟丙基瓜尔胶（HPG）的优异盐相容性和羧甲基瓜尔胶（CMG）的悬浮稳定性，在酸性或强碱性介质中的稳定性有很大改善。引入极性亲水基团羧甲基，可以提高瓜尔胶的亲水性，使水不溶物含量减少并增加分子的支链数目，使瓜尔胶水溶速度加快，改善防腐储存性能。引入极性亲水非离子基团羟丙基减少了瓜尔胶分子中的氢键，提高了与电解质的相容性并降低水不溶物含量，并使其达到更高的温度稳定性。

### （三）合成原理

#### 1. 羧甲基瓜尔胶的合成原理

瓜尔胶羧甲基化反应原理为亲核取代反应，反应原理如下所示：

$$\text{Guar-(OH)}_n + n\text{NaOH} \longrightarrow \text{Guar-(O}^-\text{Na}^+)_n + n\text{H}_2\text{O}$$

$$\text{ClCH}_2\text{COOH} + \text{NaOH} \longrightarrow \text{ClCH}_2\text{COONa} + \text{H}_2\text{O}$$

$$\text{Guar-(O}^-\text{Na}^+)_n + n\text{ClCH}_2\text{COONa} \longrightarrow \text{Guar-(OCH}_2\text{COONa})_n + n\text{NaCl}$$

氢氧化钠与瓜尔胶的半乳甘露聚糖分子中的羟基键合成活性中心。氯乙酸与氢氧化钠反应形成氯乙酸钠，氯乙酸钠中卤素取代活性集团中的钠离子，生成了羧甲基瓜尔胶。

#### 2. 羟丙基瓜尔胶的合成原理

瓜尔胶的羟丙基化反应原理为亲核取代反应，反应原理如下所示：

$$\text{Guar-(OH)}_n + n\text{NaOH} \longrightarrow \text{Guar-(O}^-\text{Na}^+)_n + n\text{H}_2\text{O}$$

$$\text{Guar-(O}^-\text{Na}^+) + \text{H}_2\text{C}\underset{\text{O}}{\overset{}{\diagdown\diagup}}\text{CH—CH}_3 + \text{H}_2\text{O} \longrightarrow \text{Guar—O—CH}_2\text{—}\underset{\text{OH}}{\text{CH}}\text{—CH}_3 + \text{NaOH}$$

氢氧化钠与瓜尔胶的半乳甘露聚糖分子中的羟基键合成活性中心，然后与环氧丙烷进行亲核取代反应，形成羟丙基瓜尔胶。

#### 3. CMHPG 的合成原理

瓜尔胶的羧甲基化和羟丙基化的反应原理都是发生亲核取代反应，反应条件也基本相同，两个反应同时进行，可以缩短反应时间，减少瓜尔胶的降解。反应原理如下：

$$\text{Guar-(OH)}_n + n\text{NaOH} \longrightarrow \text{Guar(O}^-\text{Na}^+)_n + n\text{H}_2\text{O}$$

$$\text{ClCH}_2\text{COOH} + \text{NaOH} \longrightarrow \text{ClCH}_2\text{COONa} + \text{H}_2\text{O}$$

$$\text{Guar-(O}^-\text{Na}^+)_n + n\text{ClCH}_2\text{COONa} \longrightarrow \text{Guar-(OCH}_2\text{COONa}^+)_n + n\text{NaCl}$$

$$\text{Guar-(O}^-\text{Na}^+)_n + n\text{H}_2\text{C}\underset{\text{O}}{\overset{}{\diagdown\diagup}}\text{CH—CH}_3 + n\text{HCl} \longrightarrow \text{Guar-(O—CH}_2\underset{\text{OH}}{\text{CHCH}}_3)_n + n\text{NaCl}$$

$$\text{Guar}-\text{O}-\text{CH}_2-\underset{\underset{\text{OH}}{|}}{\text{CH}}-\text{CH}_3 + n\text{H}_2\text{C}\underset{\text{O}}{\overset{}{-}}\text{CH}-\text{CH}_3 \longrightarrow$$

$$\text{Guar}-\text{O}\overset{}{(}\text{CH}_2-\underset{\underset{\text{CH}_3}{|}}{\text{CH}}-\text{O})_n-\text{CH}_2-\underset{\underset{\text{CH}_3}{|}}{\text{CH}}-\text{OH}$$

（1）碱化阶段：瓜尔胶经过氢氧化钠处理时，氢氧化钠与瓜尔胶的半乳甘露聚糖分子中的羟基键合成活性中心。

（2）醚化阶段：瓜尔胶活性中心与渗入的氯乙酸钠及环氧丙烷结合，发生亲核取代反应，生成同时含有羧甲基和羟丙基的瓜尔胶衍生物。

4. CMHPG 结构分析

（1）红外表征（图 3-3 和图 3-4）。

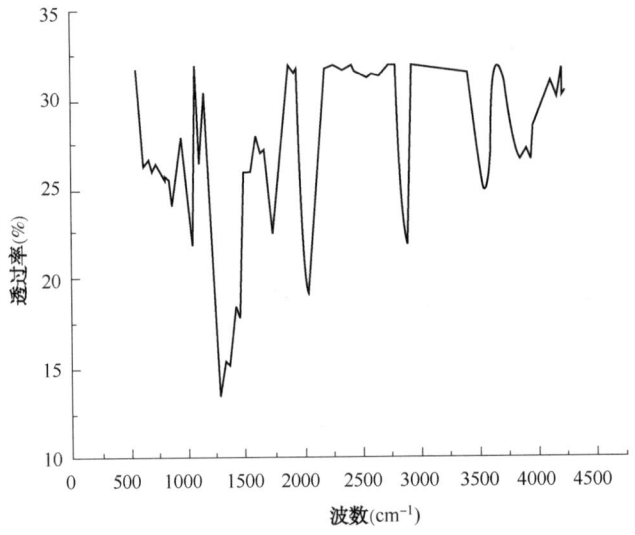

图 3-3 瓜尔胶原粉红外光谱图

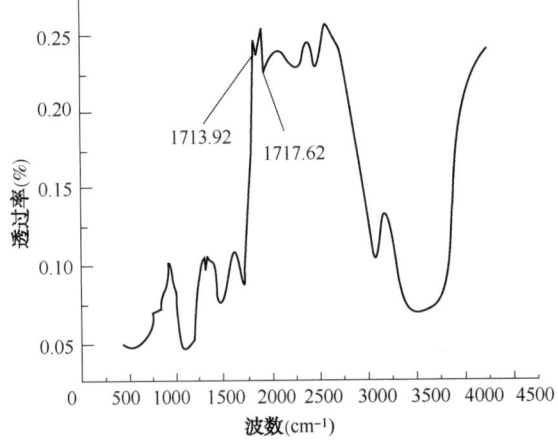

图 3-4 CMHPG 红外光谱

比较改性后的瓜尔胶比原粉的红外光谱图可以看出，出现了羰基吸收峰特征峰（1717.62cm$^{-1}$与1713.92cm$^{-1}$），说明羧甲基改性成功。

（2）CMHPG 核磁共振氢谱（图 3-5）。

$^1$H NMR（600MHz，Deuterium Oxide）δ6.44（d，$J$ = 2.3Hz，1H），4.95（s，1H），4.06（s，3H），3.94-3.90（m，12H），3.82（s，5H），3.75（d，$J$ = 11.2Hz，5H），3.68（s，8H），3.47（d，$J$ = 13.3Hz，2H），1.10-1.04（m，6H）。

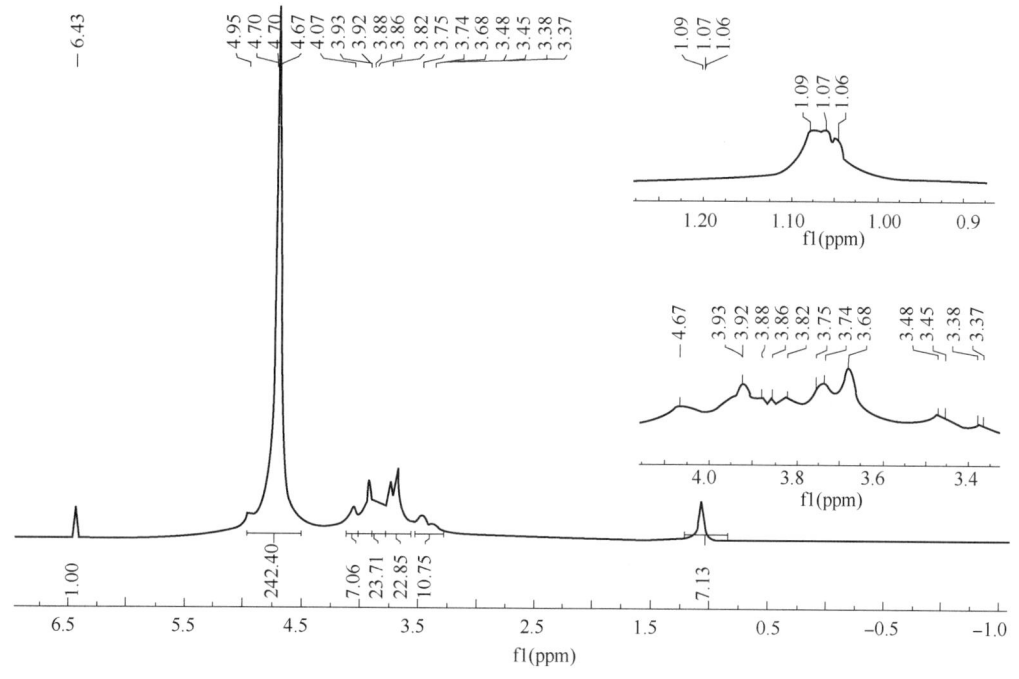

图 3-5 CMHPG 的核磁共振氢谱图

根据 CMHPG 的核磁共振氢谱图，δ = 6.44 处的单峰，为羧甲基上氢的化学位移；δ = 4.95 处的单峰为介于羧甲基与瓜尔胶六环结构之间的—CH—上的氢的化学位移；δ = 3.68 ~ 3.75 处为处于羟丙基上氢的化学位移；δ = 1.06 处，对应的是与主链相连亚甲基上氢的化学位移；δ = 1.18 处的双峰，为主链末端甲基上氢的化学位移。综上所述，根据官能团比对，结合红外分析，所得产物为目标产物。

（3）热重分析。

考察合成 GHPG 中各成分的热分解情况，设置温度区间 25~650℃，温度梯度 50℃，升温速率 10℃/min，测量环境为氮气。

图 3-6 是瓜尔胶原粉（GG）和 CMHPG 的热重分析图（TGA），由图可得，GG 在 150~200℃之间出现一个明显的失重台阶，CMHPG 在 220~310℃之间出现失重平台，说明 GHPG 相比 GG 分子主链断裂过程中其起始分解温度有所升高，但最大失重温度和分解完成温度提高，失重速率降低，失重减少，说明 CMHPG 耐高温性能好。多糖类化合物的分解是由于其分子间或分子内的脱水反应造成的。在瓜尔胶中接入疏水性的羧甲基和羟

丙基，虽然没有改变其大分子结构上的羟基的数目，但是改变了羟基的位置，随着大分子链段上疏水基团数目增多，其空间维族也随之增大，脱水反应就越困难，因此耐温性相对提升。

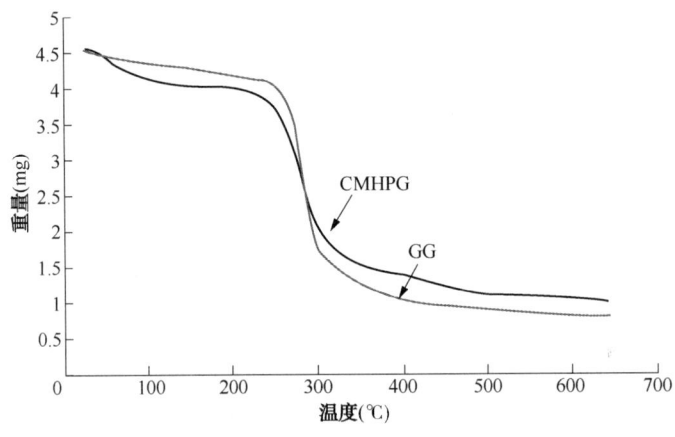

图3-6　GG和CMHPG的TGA分析图

## 二、高温交联剂技术

交联反应是金属或金属络合物交联剂将聚合物的各种分子联结成一种结构使原来的聚合物相对分子质量明显增加。通过化学键或配位键与稠化剂发生交联反应的试剂称为交联剂。

### （一）硼交联剂

根据硼原子的存在形式可以把硼交联剂分为无机硼交联剂和有机硼交联剂。无机硼交联剂主要是硼酸、硼砂及其他硼酸盐。交联条件：pH>8，以pH值为9~10最佳。适用于温度低于150℃的油气层压裂。瓜尔胶使用的无机硼交联剂主要是无机硼酸盐，硼酸盐离子与瓜尔胶的侧基半乳糖上的顺式邻位羟基反应，产生交联。由于硼酸盐离子与瓜尔胶上的顺式邻位羟基反应形成的化学键是共价键，因此交联过程具有可逆性。在高剪切速率作用下，交联网状结构被破坏，但是当剪切作用消失后，交联结构会慢慢恢复，因此硼交联的冻胶抗剪切能力强。以硼砂和羟丙基瓜尔胶为例的交联反应如下（硼交联机理）：

$$Na_2B_4O_7 \cdot 10H_2O \xrightarrow{-2H_2O} 2Na^+ + 2B(OH)_3 + 2B(OH)_4^-$$

$$B(OH)_3 + OH^- \rightleftharpoons B(OH)_4^-$$

无机硼交联剂交联效率高、冻胶强度好，但在剪切和加热时易解交联，而且交联时间过快导致管路摩阻高,泵送困难,因此一般用于中、低温环境。

为了实现延迟交联的目的,利用无机硼酸盐电离出的硼酸盐离子与有机配位体进行配位,形成有机硼络合物,即有机硼交联剂。由于络合过程是可逆的,当有机硼交联剂加入到瓜尔胶溶液后,瓜尔胶中有大量的顺式邻位羟基可与硼酸盐离子反应,溶液中的硼酸盐离子浓度降低导致有机硼交联剂解络合(有机硼交联剂合成的逆向反应)趋势增大,有机硼交联剂缓慢释放出更多的硼酸盐离子。当硼酸盐离子与瓜尔胶反应超过一定程度后,产生遍布整个溶液的交联网状结构,形成冻胶,从而达到延迟交联的目的。有机硼交联形成冻胶的耐温耐剪切性较好,冻胶破胶后对支撑裂缝导流能力伤害较小。

### (二) 过渡金属交联剂

用于压裂液交联剂的过渡金属离子主要是锆离子($Zr^{4+}$)、钛离子($Ti^{4+}$)和铬离子($Cr^{3+}$),由于钛和锆化合物与氧官能团(顺式—OH)具有亲和力,有稳定的+4价氧化钛以及低毒性,因而被普遍使用。

锆离子和钛离子原子最外层有剩余空轨道,可以与含有孤对电子的O、N原子形成共价键。在水中,锆离子和钛离子络合水分子,然后通过水解、羟桥过程,形成多核羟桥络离子。

(1) 络合:
$$Zr^{4+}+8H_2O \longrightarrow [(H_2O)_8Zr]^{4+}$$

(2) 水解:
$$[(H_2O)_8Zr]^{4+} \longrightarrow [(H_2O)_7Zr(OH)]^{3+}+H^+$$

(3) 羟桥:
$$2[(H_2O)_7Zr(OH)]^{3+} \longrightarrow [(H_2O)_6Zr]\underset{OH}{\overset{OH}{<>}}[Zr(H_2O)_6]^{6+}+2H_2O$$

(4) 进一步水解和羟桥:

$$[(H_2O)_6Zr]\underset{OH}{\overset{OH}{<>}}Zr(H_2O)_6]^{6+}+2H_2O+n[(H_2O)_7Zr(OH)]^{3+} \longrightarrow$$

$$[(H_2O)_6Zr]\cdots Zr\cdots Zr(H_2O)_6]^{2n+6}+nH^++2nH_2O$$

过渡金属的多核羟桥络离子含有多个活性官能团,而且由于过渡金属的原子半径大,过渡金属离子的吸电子能力很强,形成的多核羟桥络离子与羟基和羧基反应活性很高,因此过渡金属交联剂不仅可以交联瓜尔胶、聚乙烯醇等含有邻位顺式羟基的高分子稠化剂，也可以交联部分水解聚丙烯酰胺等含有羧基的高分子稠化剂。与硼交联剂的交联离子硼酸盐离子相比较，过渡金属交联剂的交联离子多核羟桥络离子的反应能力更强，而且通过络合、羟桥作用形成的多核羟桥络离子中可供反应的基团更多，因此过渡金属交联剂的交联效率高，用量低，同时形成的交联结构强度高、稳定性好。过渡金属交联剂也有无机过渡金属交联剂和有机过渡金属交联剂两大类。无机过渡金属交联剂主要是过渡金属的无机盐，如氧氯化锆、氯化锆、氯化钛等。与无机硼交联剂一样，采用无机过渡金属交联剂交联瓜尔胶时，交联时间不可控，流动阻力大，因此目前无机过渡金属交联剂主要用于在酸性环境下与含有羧基的高分子稠化剂（例如部分水解聚丙烯酰胺、羧甲基纤维素以及羧甲基瓜尔胶等）交联。在压裂施工中可以通过选择适当的交联剂和调节瓜尔胶压裂液基液的pH值，实现对延迟交联。但是由于有机锆和有机钛交联剂与瓜尔胶交联产生的化学键强，冻胶的强度高，而且交联过程不可逆，冻胶结构被破坏后就无法恢复，导致有机金属交联剂形成的冻胶在管道内的流动阻力大；冻胶对剪切非常敏感，抗剪切能力差；同时压裂完成后钛冻胶不具备短时间内彻底破胶、降解的能力，导致严重的支撑裂缝导流能力伤害，压后返排能力较低。因此有机金属交联剂主要用于高温、超高温等对温度要求很高的地层压裂中。

### （三）有机硼锆交联剂

由于有机硼交联剂形成的压裂液在耐温性上还存在一定局限性，耐温性达150℃以上的产品较少，而有机金属交联剂形成的压裂液也存在不耐剪切，伤害性大等缺点，20世纪90年代中期，国内外开发了有机硼锆交联剂，该交联剂能有效提升压裂液的耐温耐剪切能力、交联效率高、用量少，同时也具有延迟交联作用。有机硼锆交联剂与HPG的交联机理：有机硼锆络合物在水溶液中以纳米微粒的形式存在，当有机硼锆交联剂溶液与HPG溶液接触时，纳米微粒表面与瓜尔胶分子链发生交联，形成具有致密空间膜网结构的冻胶，在高温剪切作用下，纳米微粒与瓜尔胶分子链上的邻位顺式释基形成的交联键发生解离，而有机硼锆络合物释放出更多的硼离子和锆离子补充交联，产生二次交联，使冻胶的黏度回升达到峰值后下降至较为稳定的水平。

有机硼锆交联剂主要采用有机硼与有机锆复配方式合成。

(1) 有机硼交联剂合成原理。

有机硼交联剂合成的反应机理为将四硼酸钠（$Na_2B_4O_7$）与有机配体（用LIGAND表示，一般为多羟基化合物）在一定条件下（温度、化学助剂）反应，形成有机硼络合物溶液。

四硼酸钠在水中离解成硼酸和氢氧化钠：

$$Na_2B_4O_7 + 7H_2O \rightleftharpoons 4H_3BO_3 + 2NaOH$$

体系的酸碱度对硝酸盐的水解有很大的影响，加入适量的NaOH，提高体系pH值，促进硼酸盐的水解。

$$H_3BO_3 + 2H_2O \rightleftharpoons \begin{bmatrix} HO & HO \\ & B & \\ HO & HO \end{bmatrix}$$

(2) 有机锆交联剂合成原理。

有机锆交联剂合成原理分为4步：

① 解离反应：

$$ZrOCl_2 + (x+1)H_2O \longrightarrow ZrO_2 \cdot xH_2O + 2HCl$$

得到的二氧化锆水合物 $ZrO_2 \cdot xH_2O$ 是一种白色凝胶，它可以溶解在稀酸中，易生成溶胶。所以采用柠檬酸作配位体，可以提高 $ZrO_2 \cdot xH_2O$ 的溶解能力，也便于与锆离子进行络合反应，提高交联剂的耐温性能。

② 络合反应：

$$Zr^{4+} + 8H_2O \longrightarrow [(H_2O)_8Zr]^{4+}$$

③ 水解反应：

$$[(H_2O)_8Zr]^{4+} \longrightarrow [(H_2O)_7Zr(OH)]^{3+} + H^+$$

④ 羟桥作用：

$$2[(H_2O)_7Zr(OH)]^{3+} \longrightarrow [(H_2O)_6Zr \overset{OH}{\underset{OH}{\diamond}} Zr(OH)_6]^{6+} + 2H_2O$$

产物中多核羟桥络离子数目与体系 pH 值有关。pH 值越小，形成的多核羟桥络离子越少，产物主要以水合离子的形式存在，不利于凝胶的形成；pH 值越大，形成的多核羟桥络离子越多，聚合度增加，凝胶性能较好；pH 值很大时易生成氢氧化物，凝胶体系不均匀，性能较差。

(3) 有机硼锆交联剂合成原理。

合成的有机硼、有机锆交联剂有着相同的络合剂甘露醇，将两者混合并加热至40℃反应2h，两者会在同一甘露醇分子上络合，形成具有如下结构的有机硼锆交联剂。

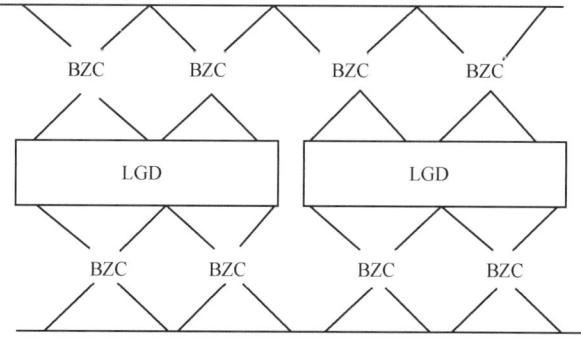

在保持稠化剂浓度、pH 值与其他添加剂的加量，交联比一定的条件下，单一因素控制，考察不同的硼锆配比对冻胶耐温抗剪切性能的影响，以确定最佳硼交联剂与锆交联剂的复配比例。

## 三、高温植物胶压裂液体系的组成和性能评价

### (一) 高温植物胶压力液体系的组成

通过对瓜尔胶稠化剂的加量、有机硼锆交联剂的加量、温度稳定剂的加量以及液体 pH 值的优化,结合压裂液体系需达到的性能指标进行体系配方调试,最终形成可耐 180℃ 高温的植物胶压裂液体系配方如下:

0.6%瓜尔胶稠化剂 CMHPG+0.6%有机硼锆交联剂+1%温度稳定剂,基液 pH 值为 10~11。

### (二) 高温植物胶压裂液体系的性能评价

压裂液耐温耐剪切性能、破胶、滤失及残渣含量依据 SY/T 5107—2016《水基压裂液性能评价方法》进行测定。

**1. 高温植物胶压裂液体系耐温耐剪切性能评价**

测量仪器为高耐温的 MARS Ⅲ 模块化流变仪,设置温度为 180℃,并在剪切速率为 $170s^{-1}$ 条件下连续剪切 120min,测量之前将所测样品经过一段时间的静置,使其充分交联,因为缩短所制得的压裂液体系的充分发生交联有两种手段:一是将其升温;二是延长交联时间。植物胶耐温耐剪切性能图见图 3-7。

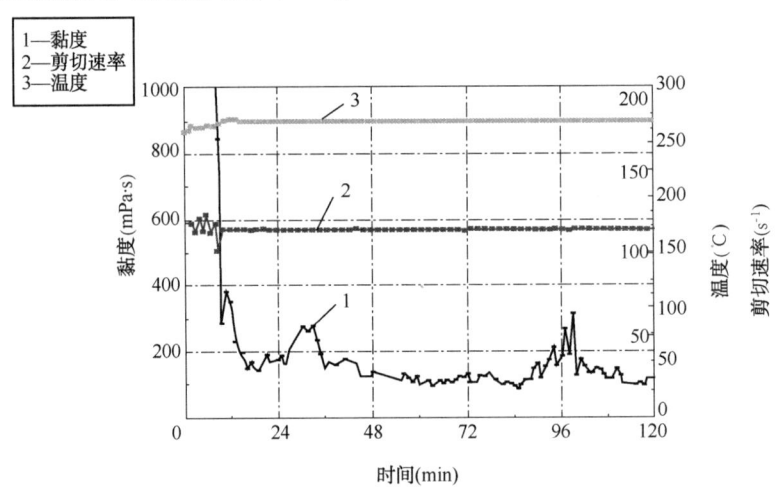

图 3-7　180℃,$170s^{-1}$ 剪切 2h 耐温性能图

通过流变曲线可以看出,在 $170s^{-1}$ 条件下剪切 120min,冻胶黏度依然保持在 100mPa·s 以上,证明该高温植物胶压裂液体系具有很好的耐温耐剪切特性。

**2. 高温植物胶压裂液体系滤失性能评价**

在水力裂缝延伸过程中,由于缝内外存在压力差,导致压裂液由壁面向地层滤失。压

裂液滤失是正常的，但滤失过多会产生诸多不利影响。首先，在注入液量不变的情况下，压裂液滤失量越大形成的裂缝体积越小，液体滤失会减小裂缝宽度和裂缝长度，裂缝越窄压裂液的剪切降解作用越大。其次，在压裂施工过程中，携砂液的滤失会使缝中砂密度增加，当增加到一定程度时会出现砂堵，使施工压力急剧上升以致被迫停泵或出现完全事故。最后，如果使用的压裂液与地层岩矿组成、地层流体性质配伍性较差，还会发生黏土膨胀、微粒堵塞等现象，使地层中和填砂裂缝内出现渗透率降低等的污染伤害问题，所以滤失是压裂液的一项重要性能。

当温度达到180℃，试验压差为3.5MPa时，记录压裂液滤失36min的数据，每6min取一个点，以积累滤失量为纵坐标，以时间平方根为横坐标，作图见图3-8。

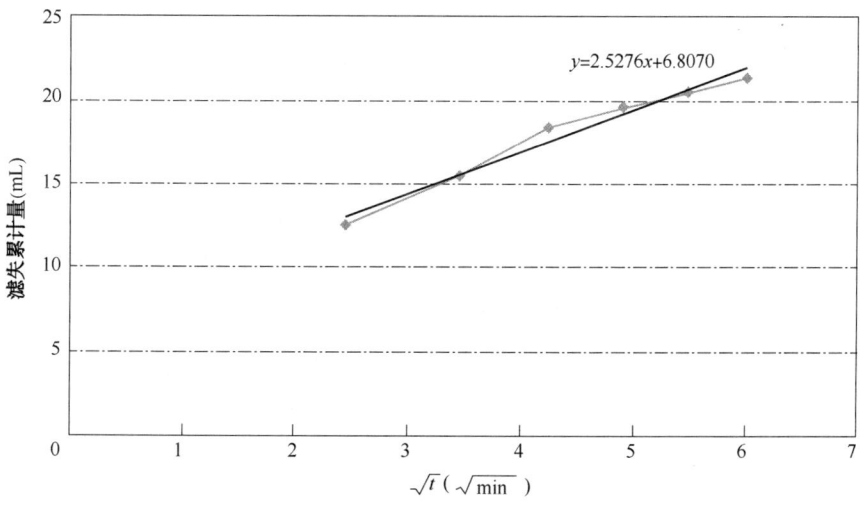

图3-8 滤失曲线

由图3-8可得：$m=2.5276\text{mL}/\sqrt{\min}$；$h=6.807\text{cm}^3$

$$V_c = \frac{C_w}{\sqrt{t}} = \frac{3.76 \times 10^{-4}}{\sqrt{36}} = 6.27 \times 10^{-5} \text{m/min}$$

$$V_{SP} = \frac{h}{A} = \frac{6.807}{33.6} = 0.203 \text{cm}^3/\text{cm}^2$$

$$C_w = 0.005 \times \frac{m}{A} = 0.005 \times \frac{2.5276}{33.6} = 3.76 \times 10^{-4} \text{m}/\sqrt{\min}$$

3. 高温植物胶压裂液体系静态破胶测试

根据SY/T 6380—2008《压裂用破胶剂性能试验方法》要求，温度进行储层温度高于100℃时，测定破胶液的温度选取为95℃。将加入不同过硫酸铵的压裂液置于95℃恒温水浴中静态破胶，测量各实验组破胶各性能指标，作表分析见表3-1。

表 3-1　压裂液体系静态破胶情况

| 过硫酸铵用量(ppm) | 破胶时间(h) | 破胶液黏度(mPa·s) | 残渣(mg/L) | 表面张力(mN/m) |
|---|---|---|---|---|
| 100 | 9 | 4.795 | 620 | 30.24 |
| 200 | 7 | 3.482 | 580 | 27.52 |
| 300 | 6.5 | 2.693 | 450 | 25.38 |
| 400 | 5.5 | 2.605 | 330 | 24.72 |
| 500 | 3.5 | 2.593 | 240 | 23.16 |

由表 3-1 可以看出，随着过硫酸铵用量的增加，各项性能均呈下降趋势。当过硫酸铵用量为 100ppm 时，破胶时间长，残渣量过大，表面张力过大，不符合实验要求，其余实验组各项性能指标符合实验要求，可通过实际工况要求和成本调节过硫酸铵用量。

**4. 高温植物胶压裂液体系冻胶结构**

将制得的高温植物胶压裂液，通过一系列处理，用电子显微镜测量其内部结构见图 3-9。

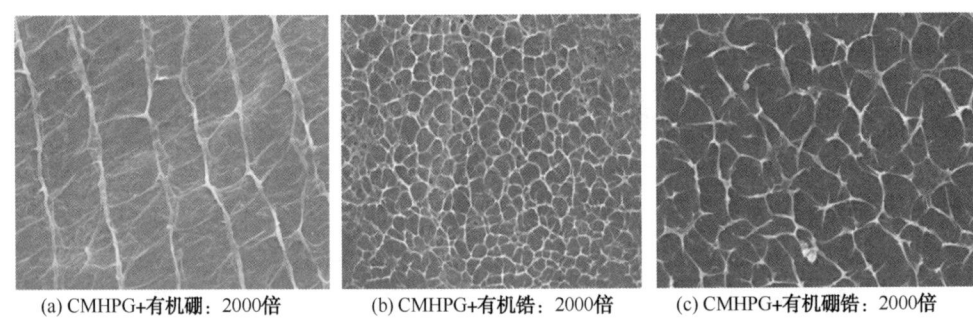

(a) CMHPG+有机硼：2000倍　　(b) CMHPG+有机锆：2000倍　　(c) CMHPG+有机硼锆：2000倍

图 3-9　不同交联剂交联 CMHPG 相同放大倍数下扫描电镜图像

图 3-9 所示是不同交联剂与 CMHPG 交联形成冻胶结构在相同放大倍数下的扫描电镜图像。有机硼、有机硼锆交联 CMHPG 形成的结构是空间膜网结构，像是孔网结构被膜覆盖后的结果，结构相对均匀规整。对比有机硼、有机锆和有机硼锆交联 CMHPG 形成的膜网结构发现：在相同放大倍数下，有机锆交联 CMHPG 结构比有机硼、有机硼锆交联 CMHPG 结构显得更加紧密，瓜尔胶链连接点的数目更多，被膜覆盖的单个孔结构更小，形成的交联键密度更大，单独就有机硼交联结构而言，有机硼锆交联键密度要大得多。

从结构分析可得到，交联键越密集，网状结构更加强韧致密，因此抗耐温剪切的性能越好。虽然单一有机锆在交联结构上比有机硼锆复合的紧密些，但考虑实际工况，有机硼锆复合交联剂延迟交联时间要长些，所以综合考虑，有机硼锆交联剂的性能更加优越。

**5. 高温植物胶压裂液体系伤害性能评价**

压裂液对储层的伤害是多因素作用的结果，其中包括：(1)压裂液滤饼、浓缩胶、残渣引起的支撑裂缝导流能力的伤害(固相伤害)；(2)压裂液滤液对储层基质渗透率的伤害以及外来流体与储层黏土矿物作用,产生水化膨胀、分散运移,堵塞储层孔隙喉道,导致储层渗透率伤害。

根据 SY/T 6376—2008《压裂液通用技术条件》的要求,用破胶后的压裂液测试压裂储层岩心的渗透率,其伤害率应在30%以下。对苏5井岩心采用压裂液滤液气测渗透率伤害率方法评价储层压裂液伤害。结果表明试验所用的配方对岩心伤害较低,见表3-2。

表3-2 压裂液对岩心的伤害评价

| 岩样编号 | 气测渗透率 $K_0(10^{-3}\mu m^2)$ | 孔隙度 $\phi$(%) | 试验温度(℃) | 伤害前气测渗透率 $K_1(10^{-3}\mu m^2)$ | 伤害条件 压差(MPa) | 时间(min) | 滤液量(g) | 伤害后气测渗透率 $K_2(10^{-3}\mu m^2)$ | 伤害率 DK(%) |
|---|---|---|---|---|---|---|---|---|---|
| 6-1 | 0.84 | 11.6 | 80 | 0.0459 | 2.0 | 36 | 2.6 | 0.0334 | 27.2 |
| 6-2 | 0.83 | 11.2 | 80 | 0.0573 | 2.0 | 36 | 5.7 | 0.0431 | 24.8 |

## 第三节 高温低伤害聚合物压裂液技术

针对聚合物压裂液耐超高温问题,国内外开展了基于聚合物稠化剂的研究。早期一般合成聚合物有聚丙烯酰胺、甲叉基聚丙烯酰胺等,其在油田开发中存在着对盐敏感,剪切稳定性差及温度稳定性差等缺点。近年来,出现的低分子聚合物压裂液其性能弥补了一般聚合物的缺点,但是低分子聚合物存在的缺点是不耐高温,而对于一些超过150℃的高温井来说,低分子聚合物产品就不再适用。

为了克服上述缺点,高温低伤害聚合物压裂液技术应运而生,该技术主要围绕开展基于改性聚丙烯酰胺的聚合物稠化剂的研究,并主要侧重于引进新的单体与丙烯酰胺共聚方面的研究,意在得到新型低伤害聚合物稠化剂并形成配套可耐180℃高温的低伤害聚合物压裂液体系。

### 一、高温低伤害聚合物稠化剂技术

#### (一) 耐高温聚合物稠化剂研究进展

近年来,合成高分子聚合物压裂液已成为国内外研究的热点,与天然聚合物相比,这些聚合物具有增稠能力强、破胶性能好、残渣少等特点。一般天然植物胶类稠化剂,成本高,含有水不溶物或固相,且其冻胶体破胶后残渣含量高,对地层伤害大。天然聚合物虽可经化学改性来增强其应用性能,但其使用成本也会升高。因此,通过合成不同分子结构的聚合物稠化剂来满足对油气田压裂施工的性能要求,就成为压裂液开发的一个重要手段。合成聚合物稠化剂主要是聚丙烯酰胺类,聚丙烯酰胺通过与有机钛锆等金属交联剂反应可形成水基冻胶压裂液,目前已合成的聚丙烯酰胺类稠化剂主要有聚丙烯酸钠、聚丙烯酸酯、聚乙烯基胺、聚乙烯醇等。

## (二)聚合物稠化剂分子结构设计

针对低伤害耐高温聚合物压裂液的性能要求,设计可在酸性条件下交联且具有稳定结构的含阳离子结构的聚合物为压裂液稠化剂,并在该聚合物中引入可在高温条件下可就地反应形成交联基团的结构。利用该稠化剂的阳离子结构特征,抑制地层中的黏土矿物因水化膨胀与运移产生的地层伤害;利用其酸性交联特性消除瓜尔胶及其衍生物压裂液因须在碱性条件交联导致高黏土含量地层的碱敏微粒运移产生的储层二次伤害;利用聚合物稠化剂中含有的可在高温条件下就地反应形成交联基团的结构特征提高所配制压裂液的耐温性能。

采用不同方法与工艺条件制备不同组成结构的稠化剂及交联剂并对其性能进行系统研究,在此基础上优化出能满足项目要求的聚合物稠化剂及与其匹配的交联剂及制备工艺技术。采用所制备的稠化剂和交联剂及必要助剂配制压裂液,研究压裂液性能及影响因素,优化压裂液配方,获得项目要求的耐高温低伤害聚合物压裂液。

耐高温聚合物稠化剂的分子结构应具备以下特征:

(1)主链结构:采用C—C单键结构。

提高主链的热稳定性是增强聚合物稠化剂抗温能力的关键。本方案设计的多元聚合物稠化剂是设计主链由C—C链构成的聚合物。因为C—C单键的平均键能很大,为347.3kJ/mol,故破坏C—C单键需要很高的热能。所以,以C—C链为主链的聚合物稠化剂具有抗高温的内在结构,在高温下不易降解。

(2)侧链结构:采用C—C、C—S和C—N等结构。

设计聚合物的侧链接枝时,主要选择水化基团、可交联基团、耐温耐剪切基团作为侧链,而失去侧链将引起稠化剂水化和耐温交联性能的降低或完全丧失。为此,本方案设计的处理剂的接枝侧链采用C—C、C—S以及C—N等结构。它们热能很高,具有很高的抗温能力,高温下不易断裂,且对增强聚合物稠化剂的耐剪切性能起到决定性作用。

(3)水化基团:采用数量—COO—基。

分子中引入亲水能力强的—COO—基,在高温下仍然具有很强的水化能力,高温去水化作用弱,增强稠化剂在水中的溶解分散性能,提高稠化剂的溶解起黏速度。

(4)黏土防膨基团:一定数量阳离子基团。

分子中引入一定量的阳离子基团,产生阳离子结构特征,抑制地层中的黏土矿物因水化膨胀与运移产生的地层伤害,提高聚合物压裂液的黏土防膨能力。

(5)交联基团:酰胺及高温交联基团。

分子链上引入酰胺基团和含有的可在高温条件下形成交联结构的基团,其与高温交联剂有机钛羟桥作用,通过酸性条件下交联形成交联冻胶,使聚合物达到增稠的效果。

## (三)耐高温聚合物稠化剂的合成

在耐高温聚合物稠化剂的合成中,采用丙烯酰胺、丙烯酸和阳离子作为单体,三元共聚溶液法合成得到，在合成过程中，采用"正交试验法"考察合成过程中各影响因素对聚合物稠化剂产物交联所得的耐高温压裂液耐温耐剪切性能的影响，再进一步通过"单因素法"优化出耐高温聚合物稠化剂的最佳合成反应工艺为：单体浓度为25%，阳离子单体与AA各占5%，pH为3~4，使用过氧化物引发剂，加量0.08%，采用聚合反应在45℃引发，并聚合3h后升温到55℃反应2h的分段控温聚合方法，全程通氮气保护，得到的聚合物稠化剂产品化学结构如图3-10所示。

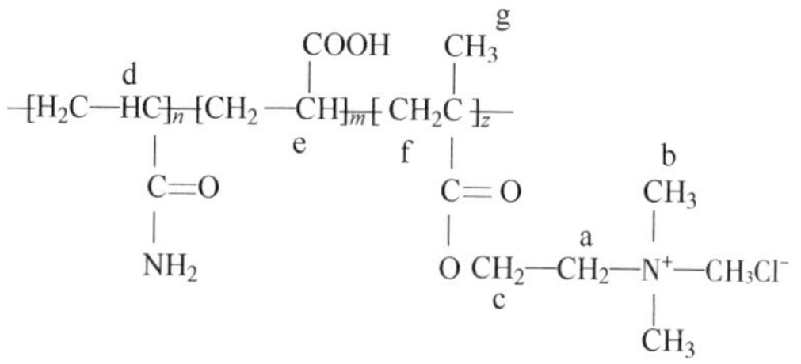

图3-10 聚合物稠化剂的化学结构示意图

## 二、聚合物交联剂技术

### （一）聚合物交联剂的交联机理

水溶液中的稠化剂基液与交联剂发生交联后，整个体系失去流动性而形成冻胶，其内部交联复杂，目前对其交联机理研究得很少。而针对高温储层增产改造用耐高温的冻胶压裂液，采用的是过渡区的高价金属离子交联剂，高价金属离子交联的多元聚合物冻胶，在压裂、堵水等采油工艺中已得到广泛的应用。

交联剂中的高价金属离子对聚合物稠化剂的交联，是一个有很多中间步骤的复杂过程，其整个过程可分成四个阶段：

（1）高价金属离子水解聚合。在高价金属离子（如锆、铬、钛等）水解过程中，存在聚合作用，这种聚合作用是通过羟桥作用实现的，产物称为多核羟桥络离子。

（2）聚合物稠化剂中的酰胺基团水解成—COOH。

（3）聚合物稠化剂中的—COOH电离：

$$R—COOH(电离) = R—COO^- + H^+$$

（4）R—COO$^-$与多核羟桥络离子交联：

$$R—COO^- + 多核羟桥络离子(交联) = 交联冻胶$$

根据酰胺基团水解所得的羧基带负电、羧基氧原子上有孤对电子、高价金属水解所得的多核羟桥络离子带很高的正电荷以及高价金属离子极易形成配位键等特点，可得多核羟桥络离子是与聚合物水解所得羧基中形成的极性键和配位键产生交联，从而形成冻胶。

## (二) 交联剂的选择

聚丙烯酰胺类聚合物作压裂液稠化剂时，其交联基团是酰胺基和羧基。为获得耐高温、抗剪切和具有延缓交联效果的交联剂，在一定温度下，以钛酸丁酯为主剂，乳酸/柠檬酸、丙三醇为配位体，乙二醇为溶剂，合成适用于聚丙烯酰胺压裂液体系的有机钛交联剂。丙三醇能与$Ti^{4+}$络合并提高交联剂的亲水性，避免与压裂液形成絮状物；乳酸/柠檬酸能与$Ti^{4+}$络合，延迟交联，并使交联剂自身是酸性条件的，使酸性交联成为可能。该聚丙烯酰胺类聚合物稠化剂含有高温交联基团，此有机钛交联剂配合活性高温稳定剂，可以有效提高压裂液的耐温抗剪切性能。同时有机钛交联剂的一大特点是酸性交联，而活性高温稳定剂同样在酸性条件下起作用。黏土中的矿物会与碱发生作用，导致黏土负电荷增加，水敏性增加，存在碱敏伤害的问题。酸性交联体系就可以有效避免这个问题。

考虑到压裂液需耐180℃高温剪切，可在交联剂中引入羰基化合物，通过羰基化合物在高温条件下释放的交联点与聚合物稠化剂的酰胺基团形成交联结构，可显著提升压裂液在高温剪切作用下的二次交联能力，有效提高压裂液的耐温耐剪切水平。

## (三) 有机钛复合交联剂的制备

以钛酸酯为主剂，多元酸和多元醇为配位体，醇为溶剂，质量分数60%，多元酸与多元醇质量比3:1，在85℃下反应3h得到有机钛交联剂TRGY。在有机钛交联剂TRGY的基础上引入一种羰基化合物W(质量分数20%)复合形成高温有机钛复合交联剂TRGWY。在不同W加量下制备的TRGWY交联剂与PADA质量分数0.6%的基液在pH=3.14条件下按100:1.5的交联比配制压裂液，考察不同W加量下制备的TRGWY交联剂配制的压裂液性能(表3-3和图3-11)。合成TGRWY交联剂时W的加量对交联剂性能有较大影响。W质量分数10%时合成的TRGWY交联剂性能最好，配制的压裂液能耐温抗剪切性能最好，在160℃、$170s^{-1}$剪切90min后黏度在200mPa·s左右，在180℃、$170s^{-1}$剪切90min后黏度仍在60mPa·s以上(图3-11)。W质量分数为30%时，配制的压裂液交联缓慢，且起始黏度低，只有300mPa·s左右，经160℃、$170s^{-1}$剪切10min左右黏度降到50mPa·s以下。采用W质量分数为20%制备的TRGWY配制的压裂液在160℃、$170s^{-1}$剪切90min后，压裂液黏度在70mPa·s左右，压裂液能耐160℃剪切。W的加量对PADA压裂液性能影响见表3-3，剪切性能曲线见图3-11。

表3-3　W加量对PADA压裂液性能的影响

| W加量(%) | 0 | 10 | 20 | 30 |
| --- | --- | --- | --- | --- |
| 交联时间 | 2min | 2min | 5min | 30min |
| 压裂液状态 | 可挂挑 | 可挂挑 | 可挂挑弹性好 | 起始黏度低，30min后可挂挑 |
| 压裂液耐温抗剪切性能 | 耐140℃剪切 | 耐180℃剪切 | 耐160℃剪切 | 耐150℃剪切 |

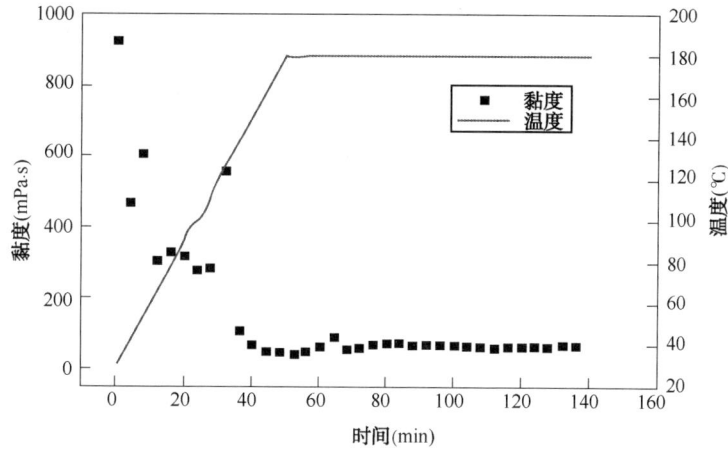

图 3-11 以 W 加量为 10%合成的 TRGWY 为交联剂的压裂液
在 180℃下流变曲线

## 三、高温低伤害聚合物压裂液体系技术

### （一）高温低伤害聚合物压裂液体系的组成

通过对聚合物稠化剂的加量、有机钛复合交联剂加量的确定以及黏土稳定剂、起泡助排剂等添加剂的优化，结合压裂液体系需达到的性能指标进行体系配方调试，最终形成可耐 180℃高温的低伤害聚合物压裂液体系配方组成如下：

0.6%聚合物稠化剂+0.1%pH 调节剂+0.2%KCl+0.5%起泡助排剂+1.5%有机钛复合交联剂

### （二）高温低伤害聚合物压裂液体系的性能

压裂液体系采用自来水在吴英混调器中配制，压裂液耐温耐剪切性能、破胶、滤失及残渣含量依据石油天然气行业标准 SY/T 5107 2005《水基压裂液性能评价方法》进行测定。

**1. 压裂液溶解分散性能**

图 3-12 是实验中测得的 0.6%聚合物稠化剂的溶解黏度随时间的变化情况，从实验中可以观察到，在常温下 0.6%的聚合物干粉遇水后能迅速溶解分散成均匀的溶液，溶解 30s 内便开始起黏，溶解搅拌过程中没有观察到鱼眼的产生。溶解黏度在 3min 后即能达到稳定黏度的 80%，5min 黏度达到稳定黏度的 90%，10min 后黏度基本没有变化，黏度稳定在 60~63mPa·s，可见，本产品溶解分散速度快，增稠性能优异，能够满足现场液体连续混配的工艺要求。压裂液黏度随时间的变化情况见图 3-12，压裂液的耐温耐剪切曲线见图 3-13。

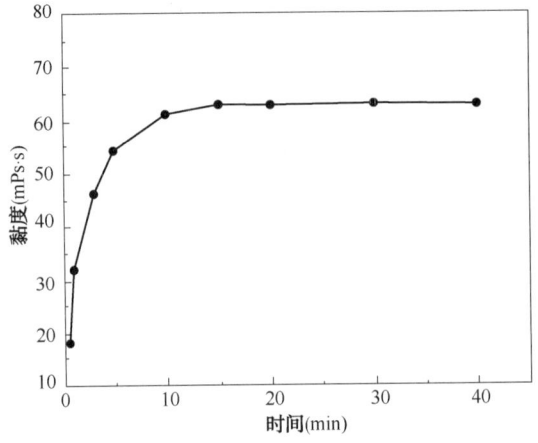

图 3-12 基液黏度随时间的变化情况

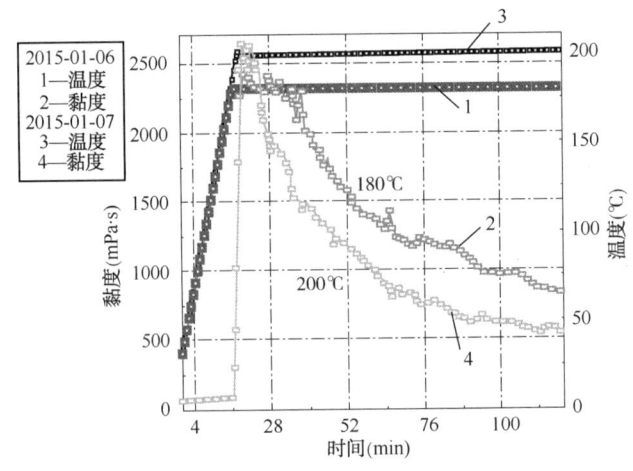

图 3-13 压裂液的耐温耐剪切曲线

2. 压裂液耐温耐剪切性能

将配制好的压裂液冻胶置于 MASⅢ 高温流变仪中，观察聚合物压裂液的抗温抗剪切性能，实验设定温度 180℃ 和 200℃，剪切速率 $170s^{-1}$，高温剪切时间 120min，耐温耐剪切曲线如图 3-13 所示。

从流变曲线可以看出，压裂液在 200℃ 高温条件下，$170s^{-1}$ 连续剪切 120min，黏度保持在 30mPa·s 以上，在 180℃ 温度下，黏度保持在 60mPa·s 以上。实验结果可以说明，该高温聚合物压裂液体系具有非常优异的耐温耐剪切性能，并且高温剪切实验之后的冻胶残液可以部分挑挂，不失水，保持较好的携砂性能，完全满足现场压裂施工的需求。实验中我们还对压裂液冻胶高温剪切前后进行了电镜扫描分析对比，电镜扫描图像见图 3-14。

  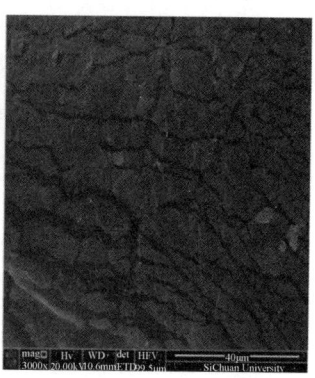

(a) 未经高温及剪切处理的聚合物压裂液冻胶　　(b) 180℃下高温放置90min的聚合物压裂液冻胶　　(c) 在180℃、170s$^{-1}$的条件下剪切90min的聚合物压裂液冻胶

图 3-14　压裂液冻胶的电镜扫描图

从图 3-14 中可看出，高温剪切条件下冻胶分子结构遭到了一定程度破坏，但未被彻底打断，断裂纹路显示仍保留了一定的小分子网络结构，这也说明该压裂液在超高温下（180℃）具备较好的耐温耐剪切水平。

**3. 压裂液冻胶的黏弹性能**

在温度为30℃，频率为1Hz的情况下，在 0.1%~100% 的应变范围内，对浓度为 0.6% 的聚合物稠化剂水溶液进行应变扫描，然后在应变为 1Pa，$\omega = 0.01 \sim 100 \text{rad/s}$ 的条件下对体系进行频率扫描，找到所需的频率为 1Hz，应变为 1Pa，最后在此条件下，测定体系的弹性模量 $G'$ 和黏性模量 $G''$ 随时间的变化关系。实验得出的黏弹性曲线如图 3-15 所示。

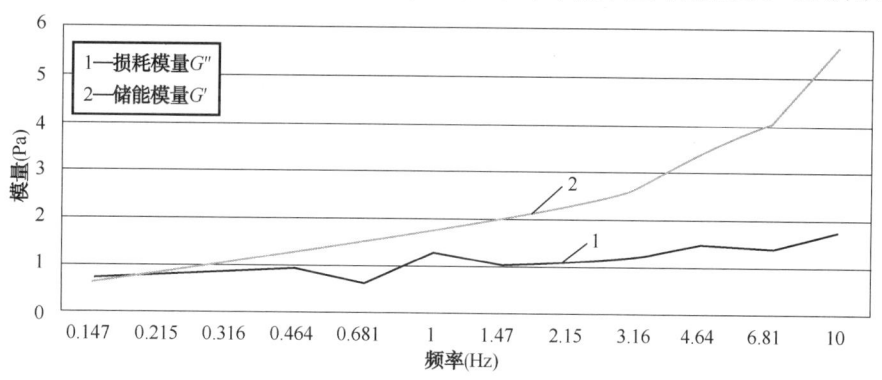

图 3-15　压裂液冻胶黏弹性曲线

由黏弹性曲线可以看出：在 0.1~10Hz 的频率范围内，压裂液储能模量 $G'$ 大于损耗模量 $G''$，说明压裂液具有较强的黏弹性；在 1Hz 的频率下，压裂液储能模量 $G'$ 为 1.77Pa，损耗模量 $G''$ 为 1.3Pa，符合标准 SY/T 6376—2008《压裂液通用技术条件》的要求。

**4. 压裂液的破胶性能**

压裂液的破胶性能是评价压裂液优劣的一个重要指标，天然植物型压裂液往往破胶不彻底，留有较多的残渣，常常堵塞充填层，造成导流能力下降，严重时甚至使压裂施工完全失败,并且对地层造成较大的伤害。故压裂液体系在施工结束后须彻底破胶,从而有利于压裂液最大限度地返排,减少对地层和裂缝的伤害。

聚合物由于其自身的特性,其作为稠化剂交联所得的冻胶压裂液具有破胶彻底的优点,该压裂液体系采用常规过硫酸铵(APS)氧化破胶即可。实验中我们考察了不同破胶剂加量条件下,压裂液的破胶时间和破胶后破胶液黏度的变化情况,实验结果见表3-4。

表3-4 高温聚合物压裂液破胶实验

| 温度<br>(℃) | 破胶剂加量<br>(%) | 不同破胶时间液体变化及黏度(mPa·s) | | | | | |
|---|---|---|---|---|---|---|---|
| | | 0.5h | 1h | 2h | 4h | 6h | 8h |
| 120 | 0.01 | 没破 | 没破 | 没破 | 稀胶 | 4.59 | |
| | 0.02 | 没破 | 没破 | 没破 | 4.64 | | |
| | 0.03 | 没破 | 没破 | 没破 | 3.76 | | |
| | 0.04 | 没破 | 没破 | 4.88 | 3.30 | | |
| | 0.05 | 没破 | 6.85 | 4.39 | | | |

从表3-4中可以看到,超高温压裂液在中高温条件下(120℃)都能彻底破胶,黏度降至5mPa·s以下,能达到彻底返排的目的。同时还可发现:当增加破胶剂的用量时,破胶速度加快;当温度升高时,破胶剂的用量更少,而且破胶更彻底。

5. 压裂液破胶液的表界面张力

本实验采用德国KRWSS公司的K12全自动张力仪对耐高温聚合物冻胶压裂液进行表界面张力测定,实验测得该体系破胶液的表面张力为23.8mN/m,界面张力7.84mN/m,这表明该破胶液具有较低的表界面张力,有利于现场压裂施工完成后冻胶破胶液的高效返排。

6. 压裂液的滤失性能

压裂液的滤失性能是关系到压裂液造缝、携砂性能的一个重要指标。测定压裂液的滤失性能有两种方法:静态滤失法和动态滤失法。本实验采用的是静态滤失法。依据压裂液滤失性的检测标准,测得在120℃下该压裂液体系的滤失斜率和滤失系数,结果如表3-5所示,从表中数据可以看出,超高温聚合物压裂液体系与同温度下基液黏度相当的瓜尔胶压裂液相比,超高温聚合物型压裂液体系滤失量低。

表3-5 高温聚合物压裂液滤失实验结果

| 时间(min) | 0 | 1 | 4 | 9 | 16 | 25 | 36 |
|---|---|---|---|---|---|---|---|
| 累积滤失量(mL) | 22.5 | 23.4 | 26.1 | 30.5 | 35.2 | 40.5 | 46.1 |
| 滤失系数 $C_\omega = 8.95\times10^{-4}$ m/min$^{-2}$ | | | | | | | |
| 静态初滤失量 $Q_{SP} = 8.81\times10^{-3}$ m$^3$/m$^2$ | | | | | | | |
| 滤失速率 $v = 1.49\times10^{-4}$ m/min | | | | | | | |

### 7. 压裂液的残渣含量

压裂液体系对地层的伤害主要的因素之一为破胶液中含有残渣,而由于残渣不易排出,从而导致裂缝的导流能力大幅度地降低,造成永久伤害,最终降低压裂效果。使用过硫酸盐破胶后的残渣测量为29mg/L,而植物胶压裂液的残渣一般在300mg/L以上。因此与植物胶相比,该体系残渣含量大幅度降低,这是该高温聚合物压裂液体系的又一大优点。

### 8. 压裂液的悬砂性能

室内测试拟静态环境下冻胶压裂液的携砂性能。选择支撑剂为石英砂,粒径为0.5mm,密度1.60g/cm³。首先将30%砂比的支撑剂加入装有耐高温聚合物冻胶压裂液的烧杯中,快速搅拌使支撑剂处于悬浮状态,并且分散均匀。然后再将冻胶压裂液倒入250mL的量筒中,测试支撑剂的沉降速率,支撑剂在压裂液中的状态见图3-16。

图3-16 支撑剂沉降试验

实验支撑剂采用陶粒,交联冻胶使用耐高温聚合物压裂液配方,从图3-16中可以看出,实验中的支撑剂基本在耐高温聚合物冻胶压裂液中基本处于静止的状态,交联后2h,其支撑剂仅下降约3mm。分析其原因,主要是交联冻胶压裂液为均匀、紧密的整体堆砌体,正是因为交联压裂液具有的整体堆砌结构赋予其类似固体的弹性,使交联冻胶压裂液具有很强的携砂能力。

### 9. 压裂液的动态混砂性能

在现场加砂压裂施工中,石英砂、陶粒等支撑剂与压裂液基液在混砂车上的掺化罐中混合后,经混砂车掺化罐与排出口连续管线供给压裂车,如果支撑剂与压裂液基液动态混砂效率低下,极有可能导致砂子沉入掺化罐底端,造成排出口堵塞,致使整个混砂车供液出现问题,对压裂施工造成严重威胁。因此,有必要考察压裂液与支撑剂的动态混砂性能。

实验中为了模拟压裂液基液与砂子在压裂施工中掺化罐中相混合的状态,按配方配置压裂液基液500mL,在搅拌过程中倒入比例为400kg/m³的陶粒量,具体实验过程如图3-17所示。

由图3-17可以看聚合物压裂液体系动态混砂性能较好,砂子加入基液过程中蛇型坠入的问题有所改善,在常规搅拌速度下,砂和基液迅速混合均匀,未出现明显底部堆砂现象。

图 3-17 压裂液基液与支撑剂动态混砂过程

10. 压裂液的储层伤害性能

压裂液对储层的伤害是多因素作用的结果,其中包括:

(1)压裂液滤饼、浓缩胶、残渣引起的支撑裂缝导流能力的伤害(固相伤害)。

(2)压裂液滤液对储层基质渗透率的伤害以及外来流体与储层黏土矿物作用,产生水化膨胀、分散运移,堵塞储层孔隙喉道,导致储层渗透率伤害。

根据石油行标 SY/T 5107—2016《水基压裂液性能评价方法》中压裂液对气层岩心伤害评价方法,对某低渗气藏岩心采用压裂液滤液气测渗透率伤害率方法评价储层压裂液伤害。

实验采用某井岩心,压裂液滤液聚合物压裂液的破胶过滤液。在温度 140℃、3.5MPa 压力下注压裂液,从出现滤液开始累计 36min;然后关井 2h;再在 2MPa 压力下,返排 2h 后测定伤害后渗透率,实验结果见表 3-6。

表 3-6 压裂液岩心伤害测试结果

| 岩样编号 | 破胶液类型 | 气测渗透率 $K_0(10^{-3}\mu m^2)$ | 孔隙度 $\phi(\%)$ | 伤害前气测渗透率 $K_1(10^{-3}\mu m^2)$ | 实验现象 | 伤害后气测渗透率 $K_2(10^{-3}\mu m^2)$ | 伤害率 DK(%) |
|---|---|---|---|---|---|---|---|
| 7-22/40(3) | 高温聚合物压裂液 | 0.00933 | 9.5 | 0.00155 | 出现滤液 | 0.00142 | 8.39 |
| 7-21/40(2) | | 0.017 | 9.7 | 0.00095 | 出现滤液 | 0.000906 | 4.63 |
| 7-21/40(3) | 瓜尔胶压裂液 | 0.0174 | 9.4 | 0.00109 | 出现滤液 | 0.00102 | 6.42 |
| 7-22/40(4) | | 0.0217 | 9.1 | 0.00637 | 出现滤液 | 0.00552 | 13.3 |

从表 3-6 结果可以看出,高温聚合物压裂液的平均岩心伤害率为 6.51%,低于瓜尔胶压裂液的 9.86%,对地层伤害小。

## 第四节 高温低摩阻压裂液技术

### 一、高温降阻剂技术

页岩气储层改造主要目的是在连通天然微裂缝系统的同时形成新的水力裂缝,形成缝网，以尽量增大改造体积。其压裂模式、加砂规模均与常规压裂不同，主要采用大排量、大液量的体积压裂以获得工业气流。体积压裂对应的主要工作液是滑溜水液体体系，通常以降阻剂为主，辅以其他添加剂（主要包括表面活性剂、黏土稳定剂、阻垢剂和杀菌剂等，总含量不超1%）。降阻剂是滑溜水压裂液的核心添加剂；丙烯酰胺类聚合物、聚氧化乙烯（PEO）、瓜尔胶及其衍生物、纤维素衍生物以及黏弹性表面活性剂等均可作为降阻剂使用。

随着页岩储层钻进越来越深，改造水平段长越来越长，页岩储层温度也随之增高，原有的降阻剂技术——常规降阻剂产品及配套滑溜水体系已不能完全满足在高温储层的增产改造对于滑溜水压裂液的性能需求，耐高温降阻剂产品及配套耐高温低摩阻滑溜水压裂液体系的开发运用需求变得越来越迫切，高温降阻剂技术应运而生，该技术要求耐高温低摩阻压裂液体系对应配套高温降阻剂产品具备较强的耐温耐剪切能力和较好的降阻能力，能够满足高温页岩储层改造压裂施工大排量、大液量的体积压裂工艺的要求。

### （一）降阻剂的降阻机理

压裂液这类流体在管道中流动时，会产生摩阻，引起能耗，表现为流体的压头损失，在施工中表现为泵压的增高，在流体中加入少量特定功能的添加剂能降低流体摩阻，减少能耗，降低压头损失，降低泵压，这种功能效果称为减阻，这种起到降阻功能的添加剂称为降阻剂。

减阻效率通常用减阻百分数 $DR$ 度量：

$$DR = \frac{f_s - f_p}{f_s} \times 100\% \qquad (3-1)$$

式中　$f_s$——同一雷诺数下纯溶剂的 Fanning 摩阻系数；

　　　$f_p$——同一雷诺数下减阻溶液的 Fanning 摩阻系数。

对于管道流动：

$$DR = \frac{\Delta p_s - \Delta p_p}{\Delta p_s} \times 100\% \qquad (3-2)$$

式中　$\Delta p_s$——定长管道纯溶剂的压力降；

　　　$\Delta p_p$——定长管道减阻溶液的压力降。

通过测量定长管子两端的压差和流速，即可由式(3-2)计算 DR%。

1948年，Toms 发现在氯苯中加入少量聚甲基丙烯酸酯可使摩阻降低约50%。此后，降阻研究工作迅速开展，至今已发现三大类物质可起到降阻作用：一是高分子化合物；二是皂类及性质与皂类相似的络合物等；三是适当大小的固体悬浮物。其中高分子化合物使用最广泛，它具有加量少（几个至几十 ppm）、减阻效率高的特点。

良好减阻效果的高分子化合物应具备以下特点：

（1）流体为高分子减阻剂的良溶剂，这种流体才有被减阻的可能。两者相溶性越好，其减阻效果越理想。

（2）分子结构是长直链型结构，柔顺性好，分支链少，减阻效果好。具有螺旋形结构的柔性大分子比线型的大分子减阻更为有效。

（3）分子量足够大（$10^5 \sim 10^6$）。对同一类型分子来说，分子量越高、链越长，减阻效果越好。

（4）高分子减阻剂在流场作用下会剪切降解，使降阻率大幅度下降。因此，优良的减阻剂还应具备良好的抗剪切性。作为减阻剂，高分子共聚物比均聚物的抗剪切能力要好，达到相同的减阻率，共聚物的分子量要比均聚物的分子量小得多，这意味着共聚物主链断裂的速率要比均聚物慢，同时抗剪性好。

对于高分子减阻剂的减阻机理至今众说纷纭。目前，大多数皆沿袭 J. G. Oldroyd 的设想。Oldroyd 认为聚合物分子极易受邻近管壁区域流动的影响，并认为解决湍流减阻的问题，应当抓住聚合物大分子和湍流之间的相互作用。湍流有一个显著的特点，就是旋转的涡流线相遇时发生的相互会引起涡流伸长。在这种作用下，大漩涡不断从平均流动中吸取能量。同时，较大的旋转的涡流伸长而形成较小的漩涡。较小的漩涡直径小，$Re$ 较小，相对来讲，受黏度的影响较大，它们的黏滞力会迅速地减弱，直至耗散为热能。因此，最小的漩涡尺寸决定于流动中的黏度大小。接近黏滞亚层边缘的小漩涡，包含了这个区域大部分的能量。这些小漩涡大小相当于黏滞亚层的厚度，可用一个长度度标 $L$ 和一个时间度标 $T$ 来表征：

$$L = \frac{10\nu}{u_\tau} \tag{3-3}$$

$$T = \frac{10\nu}{u_\tau^2} = \frac{10\mu}{\tau_\omega} \tag{3-4}$$

$$\nu = \mu/\rho$$

$$u_\tau = (\tau_\omega/\rho)^{1/2}$$

式中　$\nu$——运动黏度；

　　　$u_\tau$——摩擦速度；

　　　$\tau_\omega$——壁切应力。

Viyk 根据实测的速度分布，提出一个新的弹性底层的流动模式。紧靠管壁是黏性底层，其厚度与速度分布仍与溶剂相同，不同的是在黏性底层与湍流核心间有一个弹性底层。弹性底层的速度梯度较大，使得高聚物溶液的湍流核心部分速度分布曲线虽然与溶剂相平衡（分布规律相同），但向上移动了一个距离 $S^+$，即湍流核心部分的速度加大，相同条件下通过的流量增加，故发生减阻。可见弹性底层是聚合物分子与流动发生相互作用的区域，也就是发生减阻的区域。

Viyk 并指出减阻百分比随着弹性底层厚度的增加而增加。当弹性底层发展到管轴时，减阻达到了极限，这就是最大减阻情况，从而解释了最大减阻效应。

Viyk 的速度分布理论与实测结果相符，且能解释最大减阻，故得到较多的赞同。

高分子的干扰和减弱漩涡的作用：它认为流体在流动时的能量主要是由于产生了漩涡，而漩涡的产生是边界上的湍流和振动的结果。边界上的漩涡又能诱导产生新的小漩涡。由于产生许多小漩涡就要吸收能量,这些能量最终以热的形式释放出来。当高分子存在时,由于分子的伸展会干扰和减弱漩涡的产生。其机理可用图 3-18 的简单模型来说明。

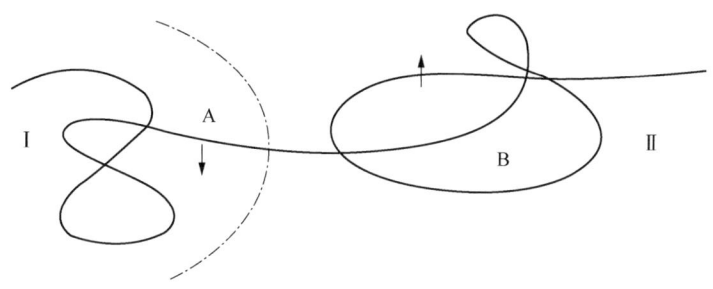

图 3-18　消除紊流漩涡的简单示意图

如图 3-18 所示,若一个大分子的一端正好躺在漩涡的中心。在区域 I 中是一个微小的漩涡,它的自转流动方向如图 3-18 所示,在 A 点上用箭头表示是向下流动。在区域 II 中 B 点上用箭头表示,是向上流动。但若有高分子存在于 A 点和 B 点上,这两个相反的力能将分子拉长,而贮存能量于分子之中,并能消除漩涡,从而得到减阻效果。

### (二) 高温降阻剂的分子结构特点

结合高温低摩阻压裂液体系的性能要求以及降阻剂的降阻机理,高温降阻剂的分子设计结构中有以下几个特点。

(1) 以丙烯酰胺及衍生物作为高分子的主链结构。有效的水溶性高分子降阻剂有聚丙烯酰胺(PAM)、羧甲基纤维素钠盐、瓜尔胶粉、田菁粉、槐树豆粉、皂角粉等。这些能起降阻作用的高分子聚合物产品通常线性主链且具有适合的分子量大小、离子类型、离子基团分布和强度。通常来说,含有较高黏度聚合物的液体有更好的降摩阻效果,即分子量越大、分子量分布越窄,降阻效果越好。但同时高分子量线性聚合物降阻剂在流场作用下容易剪切降解,使降阻效率大幅度下降。因此,性能优良的降阻剂都应具备良好的抗剪切性。高分子共聚物比均聚物的抗剪切能力要好,达到相同的降阻率,共聚物的分子量要比均聚物的分子量小得多,这意味着共聚物主链断裂的速率要比均聚物慢,同时抗剪性好。由于聚丙烯酰胺及衍生物具有较好的降阻性能,同时,丙烯酰胺、丙烯酸钠是很好的共聚单体,易于与其他单体共聚而形成性能更优异的丙烯酰胺衍生共聚物。加之,采用 C—C 单键结构提高主链的热稳定性,增强聚合物抗高温降阻剂抗温能力的关键,C—C 单键的平均键能很大,达 347.3kJ/mol,破坏 C—C 单键需要很高的热能,以 C—C 链为主链的聚合物产品具有抗高温的内在结构,在高温下不易降解,提高产品的耐高温剪切性能。

(2) 分子中包含—$SO_3^-$、—$COO^-$ 这类刚性基团,在高温下增加降阻剂产品的耐温耐剪切性能,同时这类基团亲水,易水化,可提高降阻剂的分散溶解增黏性能,特别是—$SO_3^-$ 在高温下仍然具有很强的水化能力,高温去水化作用弱,而且耐盐,即使在饱和盐水中仍然具有良好的溶解增黏性,除了这些性能之外,由于这类基团分子支链小,空间位阻低,在整个线性降阻剂分子充分伸展过程。

（3）分子其他侧链中主要选择 C—C、C—S、C—N 等结构，这类结构具有较好水化作用的同时，耐温耐剪切性能较优，在高温条件下不易导致降阻剂分子失去侧链而引起降阻剂产品水化和耐温性能的降低或丧失，它们热能很高，高温下不易断裂，对增强降阻剂产品的耐温耐剪切性能起到决定性作用。

（4）降阻剂分子设计中采用分子间缔合超分子结构，分子缔合是若干个简单分子联成复杂分子而又不会改变原物质化学性质的现象，即两个或多个分子通过分子之间的非共价键弱相互作用，如氢键、范德华力、偶极/偶极相互作用、亲水/疏水相互作用以及它们之间的协同作用生成的分子聚集体。一般而言，共价键很稳定，只有在提供足够能量的条件下才能裂开，而分子间氢键等弱相互作用具有动态可逆的特点，缔合减阻剂正是利用了这一动态可逆性。当聚合物浓度高于某一个临界浓度后，大分子链通过缔合作用聚集，形成以分子间缔合为主的超分子结构——三维动态网络结构，流体力学体积增大，聚合物的表观相对分子质量增加。在高剪切作用下，缔合形成的动态物理交联网络结构被破坏，剪切作用降低或消除后，大分子链间的物理交联重新形成，不发生通常的高分子量聚合物在高剪切速率下的不可逆剪切降解，从而实现降阻剂在高温下的高效降阻性能。

## 二、高温低摩阻压裂液体系技术

高温低摩阻压裂液体系由高温降阻剂辅以起泡助排剂、黏土稳定剂、杀菌助排剂等功能添加剂组成。体系中高温降阻剂及其他添加剂产品的性能需满足能源行业相关标准和现场配液工艺要求，体系性能整体达到页岩储层增产压裂施工工艺要求，实现压裂液体系的高降阻率、易返排、低伤害等性能特点。

### （一）高温降阻剂的综合性能

1. 高温降阻剂的溶解增黏性能

高温降阻剂产品在水中的分散溶解增黏的速度，直接影响着高温降阻剂产品的降阻性能，结合现场页岩气压裂施工经验，通常要求连续混配滑溜水在 60s 内迅速降低摩阻，达到最佳降阻性能，所以降阻剂产品在滑溜水中分散溶解增黏的性能就显得尤为重要。以下为高温降阻剂产品在不同加量下在清水和盐水中的黏度随时间的变化情况。

分别在清水中加入 0.05%、0.075% 和 0.1% 的高温降阻剂，测定在不同高温降阻剂产品加量下的滑溜水黏度，实验结果见表 3–7。

表 3–7 不同高温降阻剂加量下的滑溜水黏度

| 高温降阻剂加量（%） | 0.05 | 0.075 | 0.1 |
|---|---|---|---|
| 滑溜水黏度（mm/s） | 1.451204 | 2.010597 | 2.189728 |

在相同的高温降阻剂产品加量下(0.1%),测定在不同矿化度盐水下滑溜水的起黏情况,盐水采用 NaCl 配制,实验结果见表3-8。

表3-8 不同矿化度盐水下滑溜水黏度

| 总矿化度(mg/L) | 0 | 10000 | 20000 | 50000 | 100000 |
|---|---|---|---|---|---|
| 滑溜水黏度(mm/s) | 2.189728 | 1.657405 | 1.58417 | 1.41952 | 1.319795 |

对比表3-7和表3-8可看出,在相同降阻剂加量下,矿化度为0~100000mg/L 比较,滑溜水运动黏度下降幅度较小,在矿化度达100000mg/L 条件下,滑溜水运动黏度仍有清水黏度的60%,表明高温降阻剂在盐水中也有较好的起黏能力。

常温下(19℃),在 RS600 流变仪上测试高温降阻剂产品在清水中的时间分散溶解增黏性能见表3-9。

表3-9 高温降阻剂的分散溶解性

| 降阻剂加量(%) | 170s$^{-1}$溶解30s 黏度(mPa·s) | 170s$^{-1}$溶解50s 黏度(mPa·s) | 170s$^{-1}$2h 后稳定黏度(mPa·s) |
|---|---|---|---|
| 0.05 | 1.28 | 1.39 | 1.45 |
| 0.075 | 1.67 | 1.85 | 2.01 |
| 0.1 | 1.85 | 2.01 | 2.19 |

从分散溶解性实验结果可以看出:乳液型高温降阻剂产品的分散溶解速度是很快的,溶解30s 后,黏度达到稳定黏度的70%以上,溶解50s 后,黏度达到稳定黏度的90%以上。分散溶解速度满足页岩气大型压裂连续混配施工工艺需求。

**2. 高温降阻剂的耐温耐剪切性能**

在常温条件下(25℃),高温降阻剂产品浓度1%加量条件下,通过变剪切(剪切历程:0.5—1000—0.5s$^{-1}$)考察了反相乳液高温降阻剂的耐剪切性能,结果见图3-19。

在常温条件下(25℃),高温降阻剂产品浓度1%加量条件下,通过定剪切(170s$^{-1}$、1000s$^{-1}$)考察了反相乳液降阻剂的耐剪切性能,结果见图3-20。

从图3-19、图3-20中可以看出,反相乳液高温降阻剂在高剪切速率下,剪切稳定性好,且在回到低剪切速率下时黏度恢复,具有良好的剪切恢复能力。这是因为该降阻剂的疏水缔合结构,在高剪切作用下,疏水缔合作用被破坏,体系黏度下降,但因为疏水缔合作用的存在,有效保护了高分子聚合物主链不被打断,因而在高剪切速率下黏度稳定。回到低剪切速率后,由于疏水缔合作用的恢复,黏度升高,恢复到剪切之前状态。

在高温条件下(180℃),高温降阻剂产品浓度1%加量条件下,通过定剪切(170s$^{-1}$)考察了反相乳液降阻剂的耐剪切性能,结果见图3-21。

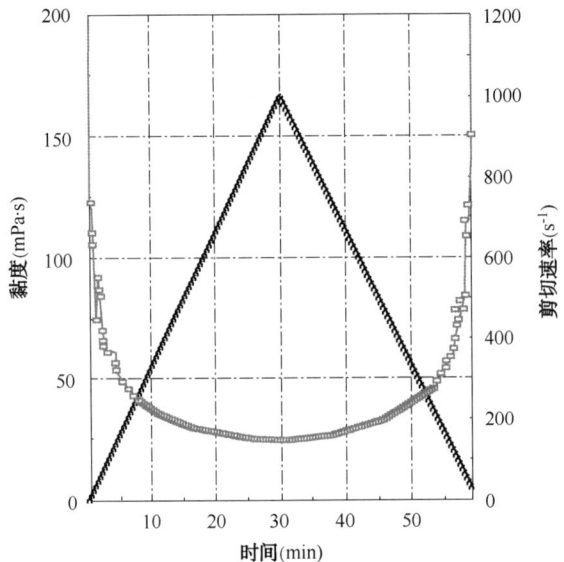

图 3-19 变剪切条件下降阻剂溶液黏度变化(1)

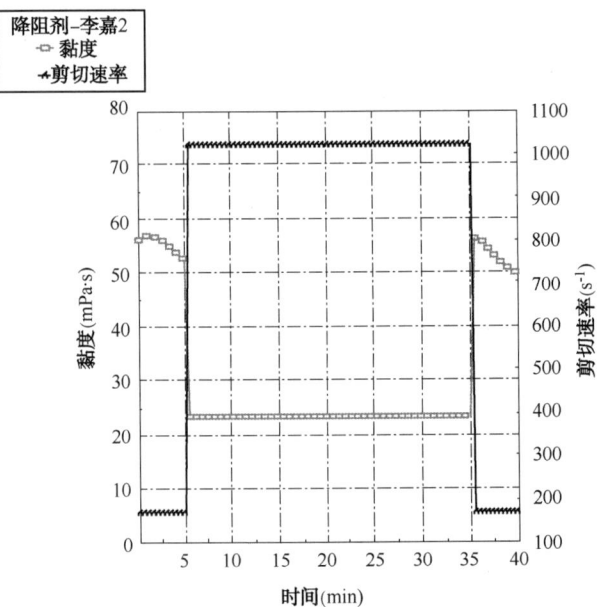

图 3-20 定剪切条件下降阻剂溶液黏度变化(2)

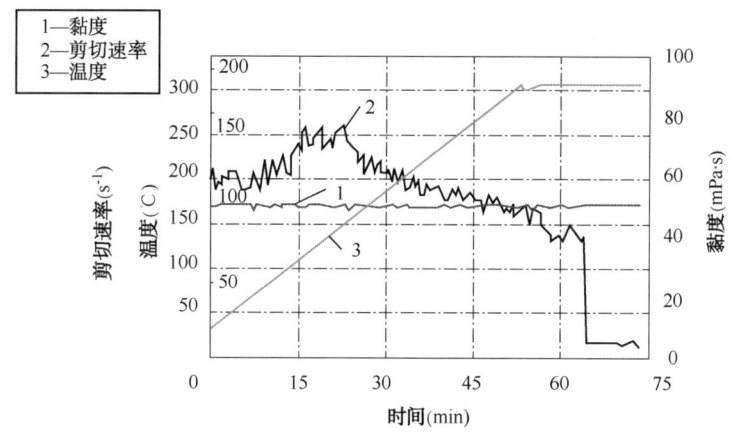

图 3-21 高温定剪切条件下降阻剂溶液黏度变化

从图 3-21 可以看出，反相乳液高温降阻剂在高温 180℃，170s⁻¹定剪切速率下，保持着较好的剪切稳定性，在剪切 1h 后仍然保持着较高的黏度，高温降阻剂分子链在高温剪切条件下未被打断，依然保持较好的舒展，这跟高温降阻剂的抗高温主链刚性结构与耐温基团的引入紧密相关。

3. 高温降阻剂的降阻性能

降阻剂的关键性能指标降阻率的测定，常规降阻剂的降阻性能通常可采用现场压裂施工测试或实验室模拟现场压裂的摩阻测试仪上进行评价，而高温降阻剂在高温下的降阻性能，目前还没有相关的实验室测定装置可进行测量，为了从侧面准备评价高温降阻剂产品的高温降阻能力，我们采用对高温降阻剂在 180℃高温下老化 30min 后，再在常温条件下用老化后的降阻剂配制滑溜水，在实验室降阻率测定装置上对滑溜水降阻率进行测定的方式来进行。

在常温（25℃）条件下分别在清水中加入不同浓度的高温降阻剂，在降阻率测定装置中测定不同高温降阻剂加量下的降阻率变化情况，实验结果见表 3-10，图 3-22。

表 3-10 不同高温降阻剂浓度下滑溜水的降阻率

| 降阻剂加量（%） | 0.025% | 0.05% | 0.1% | 0.15% | 0.2% | 0.25% |
|---|---|---|---|---|---|---|
| 降阻率（%） | 67.54 | 72.16 | 75.47 | 73.92 | 72.85 | 70.66 |

高温条件下老化后降阻剂配制滑溜水的降阻曲线如图 3-23 所示。图中可以看出，高温降阻剂在常温条件下具有良好的降阻性能，其降阻率随降阻剂加量的增大呈先提高后降低的趋势，在 0.05%降阻剂加量下即可达 70%以上，0.1%加量附近具有最好的降阻效果，降阻率可达 75.47%；而高温降阻剂在经高温老化后，仍然表现出较好的降阻性能，0.1%加量下，滑溜水降阻率达 65.8%，仍具有较好的降阻效果，完全满足 180℃高温井现场施工对压裂液体系的性能需求。

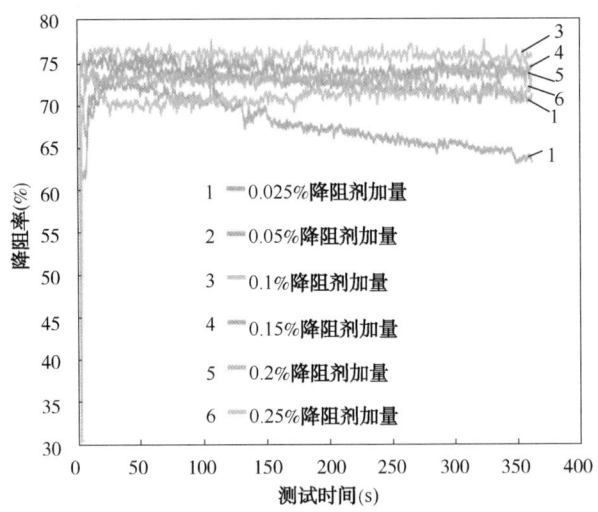

图 3-22　不同加量降阻剂常温下摩阻曲线

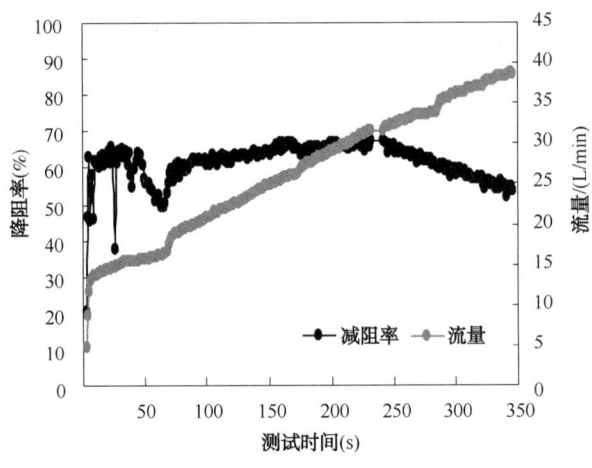

图 3-23　0.1%降阻剂(180℃老化30min)摩阻曲线

**4. 高温降阻剂的毒性**

对高温降阻剂产品按卫监督发〔2005〕272号《化学品毒性鉴定技术规范》LD50的测试进行了毒性检测。对高温降阻剂进行小鼠急性经口毒性试验,给予小鼠剂量系列(4640mg/kg、10000mg/kg、21500mg/kg、46400mg/kg组)后,动物均活动自如,未出现中毒症状和死亡情况,毛发光滑,饮食正常,口、鼻、眼无异常分泌物;体重增加;14天后解剖动物,肉眼观察重要脏器未出现明显病理变化。动物体重变化情况见表3-11,染毒各组与空白对照组体重均无明显统计学差异($P>0.05$),提示染毒组与空白对照组健康状况可能基本一致。

表 3-11　高温降阻剂对昆明鼠急性经口毒性的体重影响

| 组别 | 剂量(mg/kg) | 染毒前体重(g) | 染毒 1 周后体重(g) | 染毒两周后体重(g) |
|---|---|---|---|---|
| 空白对照组 | 20 | 28.22±1.44 | 32.98±2.3 | 35.3±3.04 |
| 染毒组 1 | 4640 | 28.78±0.98 | 33.44±2.11 | 36.64±2.87 |
| 染毒组 2 | 10000 | 28.32±0.61 | 33.38±0.47 | 36.64±1.14 |
| 染毒组 3 | 21500 | 28.64±0.47 | 32.94±0.74 | 36.52±1.27 |
| 染毒组 4 | 46400 | 28.64±0.96 | 32.74±1.21 | 36.26±1.48 |

试验结果表明高温降阻剂产品 LD50≥46400mg/kg，属微毒级别（按美国环保局急性毒性分类标准属无毒级别），且对皮肤、眼睛无刺激，按美国环保局的急性毒性分类标准（>5000mg/kg）则属无毒级别。

## （二）高温低摩阻压裂液体系的形成

### 1. 配套助排剂的确定

常温下，清水的表面张力为 72mN/m，要使储层中水珠变形流过砂粒间的毛细孔时，对流体流动产生的阻力效应较大。所以，工作液配方中往往加入适量的表面活性剂来降低流体的表面张力，以保证施工结束后残液的返排。

助排剂 SD2-10 为含氟表面活性剂，因用量小，助排效果好，多年来广泛应用于增产工作液配方中，基于此我们测试了不同浓度助排剂的表面张力，其结果见表 3-12。

表 3-12　助排剂 SD2-10 加量与表面张力的关系

| 助排剂 SD2-10 加量 | 0.2% | 0.3% | 0.35% | 0.4% | 0.45% | 0.5% | 0.6% | 1.0% |
|---|---|---|---|---|---|---|---|---|
| 表面张力(mN/m) | 26.50 | 25.66 | 26.68 | 24.71 | 23.65 | 22.70 | 22.52 | 22.45 |

表 3-12 的数据可以看出：SD2-10 加量在 0.5%~1.0%的表面张力值在 23mN/m 以下，满足行业标准要求。但是现场液体进入地层后，因岩石吸附等因数，返排液中添加剂会减少，减少幅度影响因数很复杂，所以推荐配方中 SD2-10 加量为 0.5%~1.0%，具体加量根据地层情况而定。

### 2. 配套黏土稳定剂的确定

在对含有黏土矿物页岩地层进行水力压裂时，压裂液使地层岩石结构表面性质发生变化、水相与黏土矿物接触或地层水相与压裂液水相的化学位差，引起黏土矿物各种形式的水化、膨胀、分散和运移，因此，高温低摩阻压裂液中必须加入黏土稳定剂，增强压裂液对黏土的抑制作用。实验中采用两种常用的黏土稳定剂做筛选，实验结果见表 3-13。

表 3-13　不同黏土稳定剂滑溜水的性能

| 配　方 | 防膨率(%) | 降阻率(%) | 分散溶解性 |
|---|---|---|---|
| 0.1%降阻剂+0.5%KCl | 74.64 | 73.86 | 分散溶解性好，未见分成、沉淀、悬浮物 |
| 0.1%降阻剂+0.5%TDC-15 | 75.8 | 75.32 | |
| 0.1%降阻剂+0.5%KCl+0.5%TDC-15 | 82.7 | 73.67 | |

从表 3-13 可以看出，在滑溜水体系中复合使用黏土稳定剂(0.5%KCl+0.5%TDC-15)，可显著提高滑溜水体系对黏土的防膨率，同时黏土稳定剂的添加对高温降阻剂的降阻性能无明显影响，配伍性好。

3. 高温低摩阻压裂液体系配方确定

根据以上实验结果，确定高温低摩阻压裂液配方见表 3-14。

表 3-14　高温低摩阻压裂液体系配方

| 名　称 | 高温降阻剂 | 助排剂 SD2-10 | 黏土稳定剂 |
|---|---|---|---|
| 加量(%) | 0.05~0.1 | 0.5 | 0.5%KCl+0.5%TDC-15 |

### (三) 高温低摩阻压裂液体系的综合性能

1. 高温低摩阻压裂液体系基本性能

按照高温低摩阻压裂液配方配制压裂液体系，对高温低摩阻压裂液体系的综合性能，按照能源行业相关标准进行评价，体系综合性能见表 3-15。

表 3-15　高温低摩阻压裂液体综合性能

| 性能名称 | 分散起黏时间(s) | 黏度(mPa·s) | | 降阻率(%) | | 表面张力(mN/m) | 防膨率(%) |
|---|---|---|---|---|---|---|---|
| | | 常温 | 老化后 | 常温 | 老化后 | | |
| 测试结果 | 15 | 2.46 | 1.86 | 76.2 | 66.3 | 26.5 | 81.6 |

2. 高温低摩阻压裂液的现场适应性

按照高温低摩阻压裂液体系配方，分别采用威远、长宁区块压裂返排液配制高温低摩阻压裂液体系，采用降阻率室内测定装置测得威远区块返排液配制的滑溜水降阻率为 72.26%，长宁区块返排液配制的滑溜水降阻率为 71.9%，降阻率曲线如图 3-24 和图 3-25 所示。

综上所述，高温降阻剂以威远—长宁区块压裂返排液配制的高温低摩阻压裂液体系，无絮凝沉淀产生，降阻率均在 70% 以上，说明高温降阻剂产品对威远—长宁区块返排液具有良好适应性，满足该区块返排液回用需求。

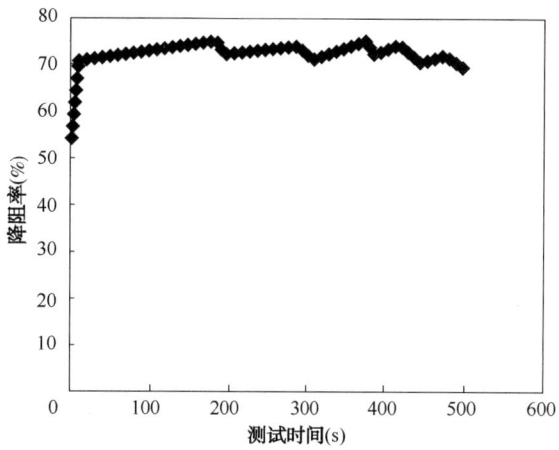

图 3-24 威远区块返排液配制滑溜水降阻率曲线

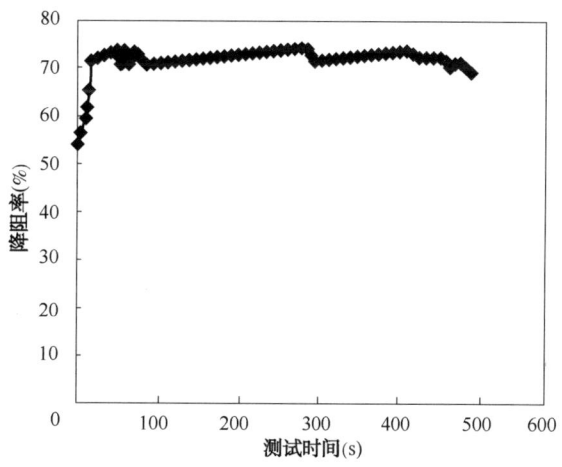

图 3-25 长宁区块返排液配制滑溜水降阻率曲线

## 第五节 高温压裂液配套技术

### 一、高温前置自生酸技术

高温前置自生酸由于低温稳定性、对管柱腐蚀小、高温逐步释放酸的特点，近年来越来越受到工程技术人员的关注。这主要因为高温自生酸是在地面不显酸性或显弱酸性、在井下随温度升高而逐级产生强酸的一种潜在性酸液。由于自生酸所具有的这种潜在性，使其酸液强度、氢离子浓度及与碳酸盐岩灰岩的反应速度都能在较长时间内维持一个相对稳定的较高水平，这就大大延长了酸液对地层的酸化酸蚀作用距离，从而扩大了酸化、酸压措施的地层波及范围，提高了地层的产出能力和地层能量，极大地扩大油藏的动用程度并明显增加油气井产量,同时也降低酸液对井下管柱的腐蚀作用。

### (一)高温自生酸添加剂技术

**1. 高温自生酸体系主剂简介**

(1) 分子结构。该体系主剂多氯酮醇的分子简式为 $C_nCl_m(OH)_x$(其中 $n=2\sim10$,$n\leqslant m\leqslant 2n$,$x=2\sim3$),其结构以四碳为例描述见图3-26。

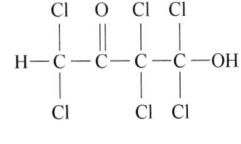

图3-26 多氯酮醇

(2) 物理性质。无色液体,具有类似醚的挥发性和刺激性气味。相对密度1.5(20/4℃)左右,难燃烧。不溶于水,溶于酚、醛、酮、冰醋酸、磷酸三乙酯、乙酰乙酸乙酯、环己胺等,与其他氯代烃溶剂、乙醇、乙醚和N,N-二甲基甲酰胺混溶。

(3) 化学性质。常温干燥情况下化学性质稳定,初始分解温度为130℃,在潮湿气氛中于90℃开始水解。

(4) 高温自生酸主剂热稳定性。

低温状态:水溶液在50℃以下非常稳定、长时间不发生任何反应、不显酸性、pH值几近于所选水质。

中高温形状:水溶液受热升温超过70℃后,开始缓慢水解,一般在连续恒热2~5h后体系pH值才出现下降,恒热超过24h后体系[$H^+$]能达到$10^{-3}$数量级(为了提高高温释酸速度添加了增速催化剂之后,体系的[$H^+$]可超过0.3mol/L以上);当受热升温超过90℃后,体系开始明显水解,释酸速度加快,在不添加催速剂情况下恒热90℃,1h后[$H^+$]可达1mol/L以上(加催化剂情况下释酸速度会加快)。

高温性状:当受热升温超过130℃后,体系水解、分解同时进行,反应速度明显加快,添加催化剂后释酸尤其明显。

### (二)高温自生酸释酸机理

释酸反应总方程:该体系水解产物为盐酸和次级氯代酮醇,分解产物为盐酸和多种氯代或羟基酸,整个释酸过程是分阶次进行的,严格的反应机理尚待进一步研究,大致的化学分解过程如图3-27所示。

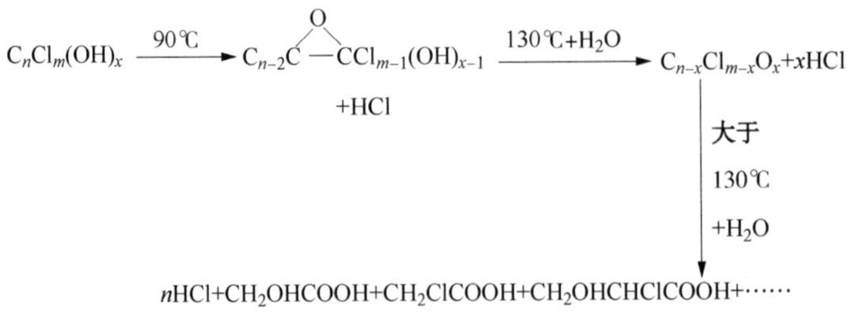

$$C_nCl_m(OH)_x \xrightarrow{90℃} C_{n-2}C\overset{O}{\diagup\!\!\!\diagdown}CCl_{m-1}(OH)_{x-1} \xrightarrow{130℃+H_2O} C_{n-x}Cl_{m-x}O_x+xHCl$$
$$+HCl$$

$$\xrightarrow[+H_2O]{\text{大于}130℃}$$

$$nHCl+CH_2OHCOOH+CH_2ClCOOH+CH_2OHCHClCOOH+\cdots\cdots$$

图3-27 多氯酮醇分解示意图

现以四碳化合物为例仔细描述该体系的释酸机理,大致分为如下四步:

第一步,在大于70℃温度下与羰基碳相连碳原子上极性最强的碳氯键最先受到极性水分子的攻击而出现水解,但由于抑制剂起主要作用,此步骤产生的盐酸极少,且反应很慢,如图3-28所示。

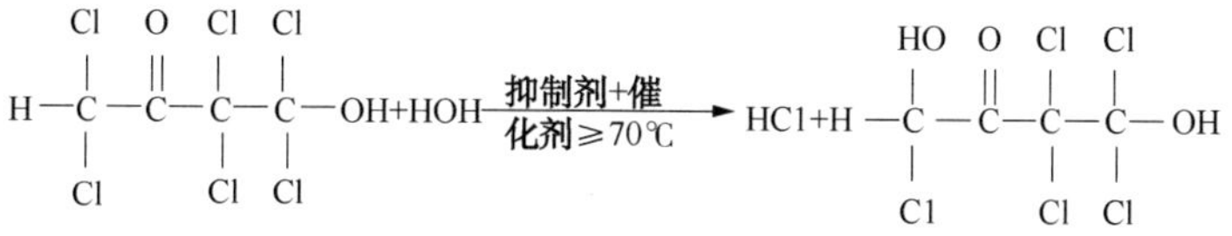

图 3-28  70℃水解

第二步,随着受热温度升高,分子振动加剧,化学键活性增大,加上催化剂和增速剂的催化作用,与羰基碳相连碳原子上极性较强的碳氯键受到更多更强攻击,发生逐次水解,匀速生成盐酸和更多级次的氯酮醇,由于温度已较高,此阶段的反应速度相对加快,如图3-29所示。

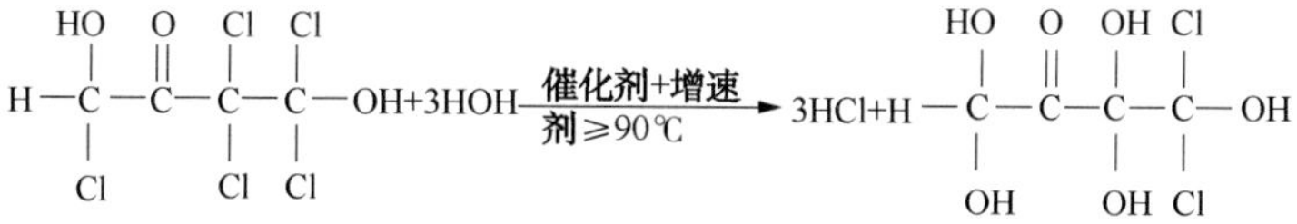

图 3-29  90℃水解

第三步,随着受热温度升高到130℃以上,分子振动加剧,化学键活性增大,加上催化剂和增速剂的催化作用,与羰基碳不相连碳原子上极性较弱的碳氯键亦受到攻击而发生水解,生成盐酸和更多级次的氯酮醇或全羟基酮,由于温度更高,此阶段的反应速度更快,如图3-30所示。

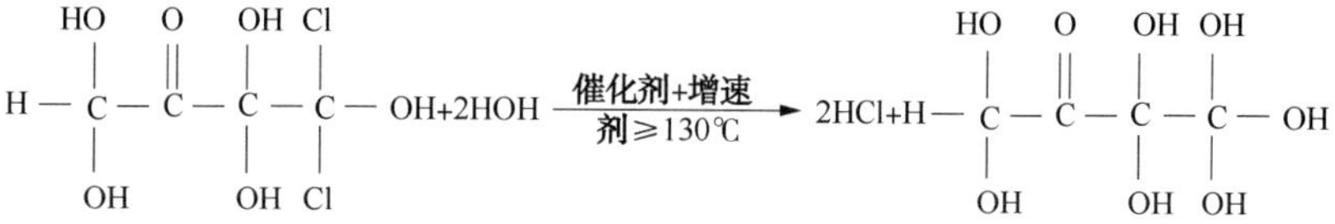

图 3-30  130℃水解

第四步,随着受热温度进一步升高,达到170℃以上后,更多级次的氯酮醇和全羟基酮将发生碳碳键断裂,彻底分解成多种小分子羧酸,此阶段由于温度更高,释酸反应速度也达到最快,如图3-31所示。

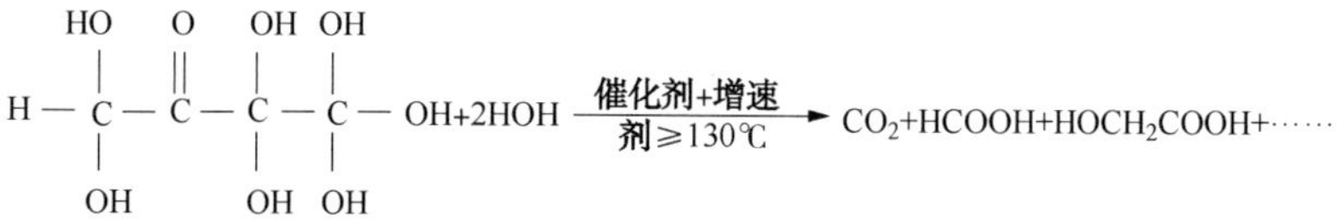

图 3-31  130℃水解

以上仅是多氯酮醇大致的释酸分解过程和理论上的反应机理,第三步与第四步也可能交换顺序或者交替同步进行,要探究真实的分解机理尚需进行大量实验和分子检测,譬如原子示踪、同位素标靶等,还需投入更先进的仪器,在此仅对其释酸机理提以粗浅的认识,有待于更科学的论证。

### (三) 高温自生酸添加剂

为了保证高温自生酸体系各项性能指标尽可能达到最优,在大量实验的基础上,为体系添加了长效催化剂、低温抑制剂、高温增速剂、混相融合剂、三种表活剂、裹挟剂、缓蚀剂、铁离子稳定剂、黏土防膨剂、助排剂等添加剂,具体作用分述如下。

#### 1. 催化剂

催化剂主要对主剂多氯酮醇发生在不同温度阶段的分解有特定的催化作用,选用不同的催化剂能大致调节多氯酮醇在不同温度阶段分解速度,用量微小变化也能起到增减多氯酮醇高温分解速度的作用,因而在不同温度、不同要求时必须添加不同的催化剂。

#### 2. 混相融合剂

该剂是对多氯酮醇的各种水解、分解催化剂有一定的保护作用,能够尽量避免各剂之间的相互干扰,减少地层水中所含杂质对催化剂的毒化作用,尤其是对提高高温分解速度的催化剂有良好的保护作用,能大大降低地层杂质使催化剂中毒的几率,确保高温超高温情况下,体系能提供稳定的[$H^+$]。

#### 3. 裹挟剂

主要以增稠剂溶液为首选,目的是增稠减阻,原因在于主剂多氯酮醇虽为液体,但不溶于水且密度达到 $1.5g/cm^3(20℃)$ 左右,如果直接将其与水混合,很容易出现分层不均匀现象,为了保证体系液相均匀、注入过程前后一致,加之酸压施工中为减小漏失对进井液体也都有增稠要求,为此特增加一定浓度的增稠剂溶液做裹挟剂,在施工现场进行搅拌混合,保证自生酸的新鲜,尽可能达到最佳施工效果。

#### 4. 其他添加剂

根据储层情况和施工工艺要求,可以添加缓蚀剂、铁离子稳定剂、黏土防膨剂、助排剂等常规添加剂。

### (四) 高温自生酸体系及性能

高温自生酸体系分成 A、B 两类,A 类主要由主剂多氯酮醇和各类催化剂(长效催化剂、低温抑制剂、高温增速剂)、混相融合剂等油溶性物质组成,命名为 ZSA。B 类主要有缓蚀剂、铁离子稳定剂、黏土稳定剂、助排剂、裹挟增稠剂等则水溶性物质组成,命名为 ZSB。施工前,按照施工方案将 ZSA 与 ZSB 混合均匀,配成新鲜酸液,依要求使用。

1. 高温自生酸体系低温性能

低温性能主要是指其在低温(≤50℃)下的稳定性,通过对自生酸在低温(≤50℃)下产生酸量的检测,能直接判断一个体系是否能作为高温自生酸使用;具体实验中,以体系在一定温度下的释酸浓度[HCl]、有效氢离子浓度[$H^+$]或者溶液的pH值变化来表征。

测试方法:直接用pH试纸、pH计或酸度仪测量一个高温自生酸样品的水溶液在一定温度一定时间内的pH值改变或氢离子浓度[$H^+$]的大小及其变化。考虑到一般现场地表温度,以50℃测试结果来确定是否适用于现场(表3-16)。

表3-16 高温自生酸体系50℃低温性能测试结果

| 时间(h) | 0.25 | 0.5 | 1.0 | 2.0 | 4.0 | 12.0 | 24.0 | 48.0 |
|---|---|---|---|---|---|---|---|---|
| pH值 | 7.0 | 7.0 | 6.5 | 6.5 | 6.0 | 4.0 | 2.0 | 0.5 |

由表3-16可以看出,该高温自生酸体系在50℃下的低温性能良好,放置12h体系的pH值仅从初始的7.0降低到4.0;放置24h pH值才降低到2.0;放置两天后体系的pH值才降到0.5。说明该体系50℃下的释酸水解极慢,能大幅度降低酸液对施工设备和井下管柱的腐蚀,能满足现场施工的需要。

2. 高温自生酸体系生酸性能

实验方法:依据酸液溶蚀碳酸钙的化学原理,用质量法,直接求出溶蚀前后碳酸钙的质量差,计算出参与溶蚀的酸液的量,最后求出反应过程中自生酸释放出的有效氢离子浓度[$H^+$],具体反应方程和计算公式如下:

$$CaCO_3 + 2H^+ = Ca^{2+} + H_2O + CO_2 \uparrow$$
$$100.09 \quad\quad 2$$
$$\Delta M \quad\quad [H^+]V$$

$$[H^+] = \frac{2 \times \Delta M}{100.09 \times V} = \frac{2 \times (M_{前} - M_{后})}{100.09 \times V} \tag{3-5}$$

式中 [$H^+$]——溶蚀反应中自生酸释放出的有效氢离子摩尔浓度(也即生酸能力),mol/L;

$\Delta M$——溶蚀反应前后碳酸钙的质量差,g($\Delta M = M_{前} - M_{后}$);

$M_{前}$——反应前加入的过量碳酸钙的质量,g;

$M_{后}$——反应后残留的剩余碳酸钙的质量,g;

$V$——溶蚀反应所加入的自生酸体积,L。

注意:溶蚀反应所用碳酸钙必须是纯度达到99.99%的分析纯碳酸钙;质量精度必须达到0.001g。

根据上述实验方法,通过不同温度条件下测试至180℃,计算高温自生酸体系的产酸能力。高温自生酸体系在180℃下恒温受热时测得的生酸能力实验结果及其走势曲线如表3-17和图3-32所示。

表 3-17　180℃下高温自生酸体系生酸能力测试结果

| 实验序号 | 受热温度（℃） | 反应时间（min） | 自生酸量（mL） | 碳酸钙质量（g） | | | HCl 浓度（mol/L） | |
|---|---|---|---|---|---|---|---|---|
| | | | | 反应前 | 反应后 | 消耗 | 单次 | 产率（%） |
| 1 | 40 | 4 | 50 | 20.001 | 19.998 | 0.003 | 0.001 | 0.0198 |
| 2 | 90 | 24 | 50 | 20.002 | 17.112 | 2.890 | 1.155 | 22.85 |
| 3 | 110 | 32 | 50 | 19.999 | 15.655 | 4.344 | 1.736 | 34.35 |
| 4 | 130 | 40 | 50 | 20.003 | 13.620 | 6.383 | 2.551 | 50.47 |
| 5 | 150 | 48 | 50 | 20.005 | 12.523 | 7.482 | 2.99 | 59.15 |
| 6 | 170 | 56 | 50 | 20.002 | 11.549 | 8.453 | 3.378 | 66.83 |
| 7 | 180 | 60 | 50 | 20.002 | 11.084 | 8.918 | 3.564 | 70.51 |
| 8 | 180 | 75 | 50 | 19.999 | 10.651 | 9.348 | 3.736 | 73.91 |
| 9 | 180 | 90 | 50 | 20.002 | 10.506 | 9.496 | 3.795 | 75.08 |
| 10 | 180 | 105 | 50 | 20.001 | 10.455 | 9.546 | 3.815 | 75.48 |
| 11 | 180 | 120 | 50 | 20.003 | 10.149 | 9.854 | 3.938 | 77.91 |
| 12 | 180 | 135 | 50 | 20.004 | 8.769 | 11.235 | 4.490 | 88.83 |
| 13 | 180 | 150 | 50 | 19.997 | 8.321 | 11.676 | 4.666 | 92.31 |
| 14 | 180 | 160 | 50 | 20.002 | 7.358 | 12.644 | 5.053 | 99.97 |
| 备注 | 实验用自生酸理论产盐酸最高浓度为 18.429g/100mL，折合摩尔浓度为 5.0546mol/L；最大[$H^+$]为 5.0546mol/L | | | | | | | |

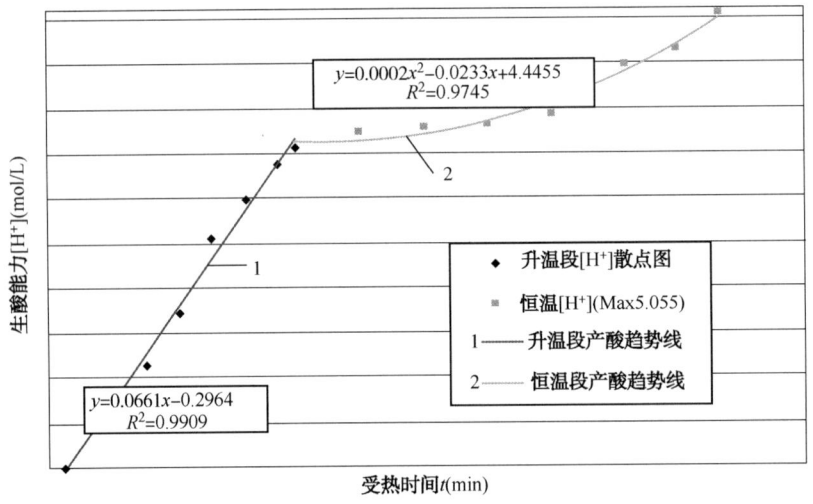

图 3-32　180℃下生酸能力曲线

由表 3-17 和图 3-32 可看出，该高温自生酸体系在 180℃恒温受热情况下，其生酸能力随时间的变化符合抛物线规律，累计释酸浓度基本上与受热时间的二次方成正比，大致在 160min 左右释酸反应完成，酸浓度达到最高值，单从表 3-17 来看，受热 160min 后，折合盐酸的产率达到 99.97%，体系释酸完全反应彻底。

## 3. 高温自生酸体系酸岩动态反应 $H^+$ 有效传质系数

固定高温自生酸酸液初始浓度,改变旋转速度,测试高温自生酸在 180℃/8MPa 下的氢离子有效传质系数 $D_{H^+}$($cm^2/s$)及与其他酸类对比数据见表 3-18。

表 3-18 氢离子有效传质系数测定结果

| 测试点 | 转速 (r/min) | 旋转雷诺数 | 搅拌时间 (s) | 酸液体积 (L) | 测得剩余酸液 (mol/L) $[H^+]_{前}$ | 测得剩余酸液 (mol/L) $[H^+]_{后}$ | 参与反应酸液 (mol/L) $[H^+]_{反应}$ | 参与反应酸液 (mol/L) $\Delta[H^+]$ | 反应速度 $J[mol/(cm^2·s)]$ | 有效传质系数 $D_{H^+}(cm^2/s)$ |
|---|---|---|---|---|---|---|---|---|---|---|
| 1 | 0 | — | — | 0.77 | 5.011 | 4.700 | 0.0433 | 0.3109 | $1.63 \times 10^{-4}$ | — |
| 2 | 200 | 421 | 300 | 0.75 | 4.700 | 4.558 | 0.3542 | 0.1423 | $7.25 \times 10^{-5}$ | $9.51 \times 10^{-7}$ |
| 3 | 400 | 843 | 300 | 0.73 | 4.558 | 4.345 | 0.4965 | 0.2132 | $1.06 \times 10^{-4}$ | $9.90 \times 10^{-7}$ |
| 4 | 600 | 1265 | 300 | 0.71 | 4.345 | 4.110 | 0.7097 | 0.2346 | $1.13 \times 10^{-4}$ | $7.41 \times 10^{-7}$ |
| 5 | 800 | 1688 | 300 | 0.69 | 4.110 | 3.891 | 0.9443 | 0.2192 | $1.03 \times 10^{-4}$ | $5.07 \times 10^{-7}$ |
| 6 | 1000 | 2109 | 300 | 0.67 | 3.891 | 3.709 | 1.1635 | 0.1817 | $8.27 \times 10^{-5}$ | $3.30 \times 10^{-7}$ |
| 7 | 1200 | 2528 | 300 | 0.65 | 3.709 | 3.593 | 1.3452 | 0.1165 | $5.14 \times 10^{-5}$ | $1.78 \times 10^{-7}$ |
| 备注 | 所用仪器为 SYX-2 型酸岩反应旋转岩盘仪,碳酸盐岩柱直径 2.5cm,测试温度 180℃/压力 8MPa;反应酸液 $[H^+]_{反应}$=酸液理论$[H^+]$-残余酸液$[H^+]$=5.0546-$[H^+]_{前}$,$\Delta[H^+]$=$[H^+]_{前}$-$[H^+]_{后}$ | | | | | | | | | |
| 参与比较酸液名称 | 180℃下高温自生酸 | | | | | 140℃下胶凝酸 | | | | |
| 1200 转时 $D_{H^+}(cm^2/s)$ | $1.78 \times 10^{-7}$ | | | | | $1.99 \times 10^{-5}$ | | | | |

由表 3-18 可知,随着转盘转数的提高,180℃下氢离子有效传质系数 $D_{H^+}$ 先增大后减小,当转速达到最高的 1200r/min 时高温自生酸体系的氢离子有效传质系数 $D_{H^+}$ 为 $1.78 \times 10^{-7} cm^2/s$,仅相当于胶凝酸 140℃下 $D_{H^+}$ 的 1/112。

氢离子有效传质系数表征的是氢离子从酸液到岩石表面的传质能力,是确定酸压酸化过程中岩石溶解速率的关键参数。该高温自生酸体系的 $D_{H^+}$ 较低,说明该体系的 $H^+$ 传质到地层岩石表面的速度慢得多,究其原因主要在于该高温自生酸体系的 $H^+$ 是在溶液中随着反应逐渐生成的,其原始浓度低、加之生成反应速率慢,这才是导致其 $D_{H^+}$ 较小的原因。$D_{H^+}$ 较低的特点对酸岩反应受传质速率控制的碳酸盐岩储层的酸化压裂施工有利,传质速率越低所能提高酸液的有效作用距离越大,沟通远井地层缝洞体的几率越高,能大大提高酸化压裂施工的有效性。

## 二、连续混配技术

连续混配技术就是将常规先配液、再施工的压裂工艺改为一种边配边注的连续式压裂施工工艺,所有的化学添加剂都在施工过程中加入,不但实现实时调整各种化工料和液体配方,还可根据实际施工情况配制液体,具有减少场地占用、降低劳动强度、减少液体浪费、有效提供压裂施工效率等优点。该项工艺主要由速溶的压裂液体系与连续混配设备完成,连续混配车主要包括液压系统、动力系统、混合系统、搅拌系统、控制系统、粉料输送系统、液体添加剂系统等组成。具有计算机自动控制、压裂液精确配比等功能。目前研制的混配车能够实现速溶瓜尔胶压裂液 $8m^3/min$，滑溜水和线性胶压裂液 $16m^3/min$ 的连续混配能力。

下面从连续混配装置、连续混配压裂液体系以及连续混配现场运用技术这三个方面分三节来介绍连续混配相关技术。

## （一）连续混配装置

### 1. 连续混配装置工作原理

压裂液用稠化剂（速溶瓜尔胶）经精密螺旋喂料机供给自动调节流量的喷射型混合器，给料量通过螺旋喂料机的转速调整，螺旋喂料机的下料量受计算机控制，计算机不断读取电子称单位时间的差值（下料量），根据清水流量和配比来调整喂料机的转速，维持设定的配液比。清水泵从外部吸取清水，经全程流量调节阀及流量计计量后泵入自动调节流量的喷射型混合器，与稠化剂（速溶瓜尔胶）进行混合。计算机根据设定的流量对全程流量调节阀进行调整，维持清水泵流量为设定值。稠化剂则根据水量的变化，相应地调整螺旋喂料机的转速，维持设定的配比。

从自动调节流量的喷射型混合器射出来的混合液经扩散槽除气后，进入混合罐接受高速搅拌。混合罐按照先进先出的原则设计。混合罐内的混合液被安装在罐底的传输泵抽出，混合后泵入水合罐，水合罐也是按照先进先出的原则设计，且内部装有搅拌器。混合液在罐内充分溶胀，并进一步搅拌。水合罐中的液体被泵入排出缓冲罐，混合液在排出缓冲罐进行最后一次搅拌由排出泵泵出，并将排出流出流量反馈给计算机，计算机启动液体添加剂泵，按设定比例加入液体添加剂，完成压裂施工液体配制，按此连续循环作业，保证压裂液源源不断地供应。

### 2. 连续混配装置性能参数

工作流量：$2.0 \sim 8.0 m^3/min$（采用两个高能恒压混合器，单个混合器排量为 $2.0 \sim 4.0 m^3/min$，双混合器工作时排量达 $4.0 \sim 8.0 m^3/min$）；

最大配液浓度：0.6%（粉水重量比）；

出口黏度：快速提高瓜尔胶液黏度，消除水包粉；

混配系统：高能恒压混合器，旋风式扩散槽，先进的混合罐，增黏搅拌器；

清水泵一：$260m^3/h$，$p=0.7MPa$；

清水泵二：$260m^3/h$，$p=0.7MPa$；

发液泵：$570m^3/h$，$p=0.4MPa$；

混合罐（有效容积）：$8m^3$，不锈钢；

储粉罐：$3.5m^3$ 不锈钢；

液添泵：3个液添泵（$10\sim40L/min$；$20\sim100L/min$，$40\sim400L/min$）；

底盘车：陕汽 SX1316NR466，8×4 驱；4575mm+1400mm；

车载发动机：C15，580HP/2100RPM；
混配车(mm)：≤11900×2500×4000。
连续混配车的外观见图3-33。

图3-33　连续混配车(装置)外观

3. 连续混配装置的构成

连续混配装置主要由高能恒压混合器、计量装置、在线监测仪、远程自动控制系统、自动上粉平台核心装置和环空供液泵橇、粉料连续供应装置等配套装置构成。

（1）双高能恒压混合器。

双高能恒压混合器是针对压裂液连续混配专门设计的一种新型混合器，它是一种自动调节流量的喷射性流量计，它通过负压抽吸稠化剂（速溶瓜尔胶），依靠喷嘴左右移动控制流量大小。混合器沿轴向设有粉料吸入管、喷嘴、中心管、端盖、活塞、进水口和锥形混合腔，粉料吸入管的一端与喷嘴固接，且中心管套设在粉料吸入管和喷嘴外，环状活塞与中心管的圆周外壁固接，中心管的圆周外壁与进水口及活塞下表面之间构成水压腔，中心管的圆周外壁与端盖及活塞上表面之间构成压力控制腔，喷嘴的圆周外壁与锥形混合腔上端的内壁之间形成流量调节口。它能自由调节喷嘴流量，并为混配时提供一个稳定的期望压力值，从而阻止结块，达到高能量混合的目的。双高能恒压混合器外观见图3-34。

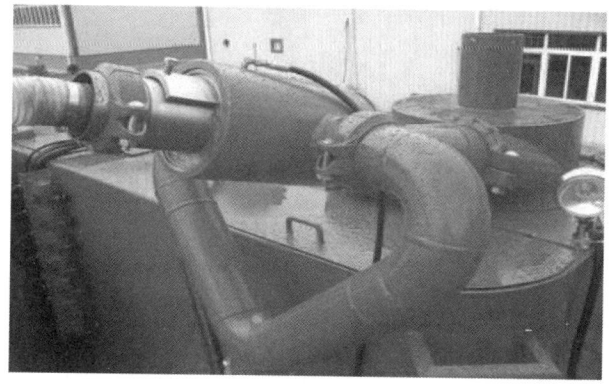

图3-34　双高能恒压混合器外观

（2）计量装置。

连续混配车因空间特别有限，选用电子称配合螺旋输送喂料机的称重方式。粉料计量系统主要由储粉罐、螺旋输送机、粉料松动装置、输粉软管、电子称、速度传感器、料斗等构成。加料精度达±1%。

（3）在线监测仪。

在线监测仪能够准确检测压裂液的重要性能参数，它是一套压裂液性能在线检测及数据采集装置。通过实时检测压裂液重要参数，使施工员及时掌握压裂液的性能指标。同时，在该装置上添加一套数据采集系统，将检测到的数据实时传输都仪表车上，便于施工员随时掌握压裂液的黏度和温度。图3-35为在线监测仪实物图。

图3-35　在线监测仪

在线检测仪感应探头采用316L不锈钢材质，具有良好的抗震性、耐温和耐压等性能。见图3-36。

图3-36　感应探头外观

在线检测仪的数据采集和存储功能能够自动记录并存储约 2 个月的历史数据。可以通过 RS232 串口，下载存储数据进行分析。测试数据通过 4~20mA 模拟量数据端口输入到仪表车数据采集系统。仪表车车载电脑对黏度和温度等模拟量信号进行系统集成，并对采集到的实时数据进行在线监控和分析处理等工作。控制器内部电路结构见图 3-37。

图 3-37　控制器内部电路结构

（4）远程自动控制系统。

设备全自动计算机控制，能根据施工设计要求随时调整配比及配液流量、物料与水位比控制是闭环控制，保证了配液质量的稳定可靠，液位自动控制保证各储液罐内的液位都保持在一个适宜的高度，不抽空、不溢罐。采用自动控制时，设备能够根据设定的指令自动将水和一定比例粉料、添加剂配制成一定数量的压裂液，还可以根据混砂车的瞬时变化实时改变配液流量，采用 RS232 通信接口与计算机通信。

（5）自动上粉平台。

在连续混配车上，安装一个液压油缸、两个轨道滑槽块承重钢板组成的提升装置。提升速度较快，大大缩短了现场装粉的准备时间。自动上粉平台实物图见图 3-38。

图 3-38　自动上粉平台

(6) 粉料连续供应装置。

粉料连续供应装置用于实现给混配车连续、快速的输送粉料，解决瓜尔胶粉尘污染、人员劳动强度大和人工成本高等问题。根据固井设备下灰罐的装卸原理设计的瓜尔胶粉运输设备，将瓜尔胶从生产地直接装罐运送到施工现场，在设备上设置除尘，实现密闭施工，真正做到环保、安全、节约、高效施工。粉料连续供应装置见图 3-39。

图 3-39 粉料连续供应装置

## （二）连续混配压裂液

在连续混配工艺中，液体从配制到进入施工层位仅有几分钟到十分钟左右的时间，所以相比常规压裂配液施工工艺，连续混配压裂液有其鲜明的特点，需要连续混配压裂液有着比常规压裂液更快的增黏速率，保证压裂液体系中稠化剂在连续混配配置时间内能快速溶胀增黏以及与交联剂形成有效的交联结构，通常我们要求在连续混配工艺中按设计的配液方法配制的压裂液，室温下溶解 5min 时的表观黏度值与 30℃下再溶解 4h 时的表观黏度值的百分比需达到 85% 以上，才能使压裂液能有效降阻、造缝和携砂，破胶、流变及残渣含量等其他压裂液性能指标达到常规压裂液性能水平，满足压裂施工设计性能要求，确保施工顺利。

当前国内储层压裂增产改造中主要采用连续混配线性胶压裂液、连续混配交联压裂液、连续混配滑溜水压裂液这三种连续混配压裂液体系。

### 1. 连续混配交联压裂液

连续混配交联压裂液用于常规砂岩、碳酸岩等储层增产改造中，对比常规交联压裂液，它同样要求压裂液稠化剂主剂在水中能迅速增黏，需有比常规压裂液更快的增黏速率，在短时间内接近或达到与提前配好并充分溶胀的常规压裂液基液黏度水平，保证压裂液交联冻胶性能稳定，压裂液其他性能达到常规压裂液性能标准。

增稠剂是连续混配压裂液的关键添加剂之一。连续配液工艺要求瓜尔胶粉具有良好的分散性，快速增黏性，能保证在连续剪切数分钟后基液表观黏度达到充分溶胀后表观黏度的85%以上，体系中一般选用速溶瓜尔胶作为增稠剂。

目前国内油气田应用的增稠剂水不溶物含量为7.7%~8.9%，改性后的速溶增稠剂水不溶物含量为7.1%~7.3%。基液黏度(0.4%，20℃)相差不大，前者为38~42mPa·s，后者为33~36mPa·s。手动搅拌下，速溶增稠剂在水中快速扩散或分散，黏度快速增加。而常规瓜尔胶在水中分散较慢，黏度增加慢，出现上下浓度不均匀现象；对于交联性来说，两者交联性能无明显差异。连续混配交联压裂液的主要技术指标见表3-19。

表3-19 连续混配交联压裂液技术指标

| 序号 | 项　目 | | 指　　标 | |
|---|---|---|---|---|
| | | | 植物胶冻胶 | 合成聚合物冻胶 |
| 1 | 交联性能 | | 与配套交联剂交联，呈弱凝胶状或冻胶状 | |
| 2 | 破胶液性能 | 破胶时间(min) | ≤720 | |
| | | 破胶液表观黏度(mPa·s) | ≤5.0 | |
| | | 破胶液表面张力(mN/m) | ≤28.0 | |
| | | 破胶液与煤油界面张力(mN/m) | ≤2.0 | |
| 3 | 残渣含量(mg/L) | | ≤400 | ≤50 |
| 4 | 与地层水配伍性 | | 无沉淀，无絮凝 | |
| 5 | 破乳率(%) | | ≥95 | |
| 6 | 降阻率(%) | | ≥60 | |
| 7 | 排出率(%) | | ≥35 | |
| 8 | CST比值 | | <1.5 | |

注：(1)破胶液与煤油界面张力、破乳率：不含凝析油的页岩气藏不评价。
(2)助排性能可任选表面张力和排出率评价。

**2. 连续混配线性胶压裂液**

连续混配线性胶压裂液主要用于页岩气压裂增产改造中，对比常规线性胶压裂液，无论是植物胶线性胶还是合成聚合物线性胶，都要求稠化剂能速溶增黏，满足连续混配工艺要求。连续混配线性胶压裂液技术指标见表3-20。

表3-20 连续混配线性胶压裂液技术指标

| 序号 | 项　目 | | 指　　标 | |
|---|---|---|---|---|
| | | | 植物胶线性胶 | 合成聚合物线性胶 |
| 1 | 表观黏度(mPa·s) | | ≥15 | |
| 2 | 增黏速率(%) | | ≥85 | |
| 3 | 破胶液性能 | 破胶液表观黏度(mPa·s) | ≤5.0 | |
| | | 破胶液表面张力(mN/m) | ≤28.0 | |
| | | 破胶液与煤油界面张力(mN/m) | ≤2.0 | |
| 4 | 残渣含量(mg/L) | | ≤400 | ≤50 |
| 5 | 与地层水配伍性 | | 无沉淀，无絮凝 | |

续表

| 序号 | 项目 | 指标 | |
|---|---|---|---|
| | | 植物胶线性胶 | 合成聚合物线性胶 |
| 6 | 破乳率(%) | ≥95 | |
| 7 | 降阻率(%) | ≥60 | |
| 8 | 排出率(%) | ≥35 | |
| 9 | CST比值 | <1.5 | |

注：(1)破胶液与煤油界面张力、破乳率：不含凝析油的页岩气藏不评价。

(2)助排性能可任选表面张力和排出率评价。

3. 连续混配滑溜水压裂液

在国内，连续混配滑溜水压裂液主要用于威远—长宁、滇黔北昭通、涪陵国家页岩气示范区页岩开发体积压裂施工中。页岩气压裂施工具有大规模、高排量的特点，针对该特点结合页岩气压裂用工作液(滑溜水)添加剂种类较少，加量少，配制相对简单，而混配排量高的特点，它主要通过在清水或者返排液中加入降阻剂的方法来配制，降阻剂一般有稠化水、乳液、粉剂三种类型，稠化水和乳液在施工中可通过混砂车自带比例泵抽吸的方式实现连续混配，而降阻剂如果是粉剂，则需要粉剂能在水中速溶分散增黏，并且能够满足连续混配装置抽吸粉剂的要求，确保滑溜水降阻性能不受影响。连续混配滑溜水压裂液技术指标见表3-21。

表3-21 连续混配滑溜水压裂液技术指标

| 序号 | 项目 | | 指标 |
|---|---|---|---|
| 1 | 溶解时间①(s) | | ≤40 |
| 2 | 溶解时间②(min) | | ≤5 |
| 3 | pH值 | | 6~9 |
| 4 | 运动黏度($mm^2/s$) | | ≤5.0 |
| 5 | 表面张力(mN/m) | | <28.0 |
| 6 | 界面张力(mN/m) | | <2.0 |
| 7 | 结垢趋势 | | 无 |
| 8 | 细菌含量 | SRB(个/mL) | <25 |
| | | FB(个/mL) | <$10^4$ |
| | | TGB(个/mL) | <$10^4$ |
| 9 | 与地层水配伍性 | | 无沉淀，无絮凝 |
| 10 | 破乳率(%) | | ≥95 |
| 11 | 降阻率(%) | | ≥70 |
| 12 | 排出率(%) | | ≥35 |
| 13 | CST比值 | | <1.5 |

注：(1)界面张力、破乳率：不含凝析油的页岩气藏不评价。

(2)助排性能可任选表面张力和排出率评价。

① 直接抽吸加入混砂车液剂类降阻剂。

② 粉剂类或溶解时间较长类降阻剂，利用连续混配橇类装置进行配制。

## (三)压裂液连续混配工艺

速溶瓜尔胶压裂液与大排量注入的滑溜水连续混配工艺的优点是节约成本、清洁环保、提高效率,这种连续混配压裂技术使压裂施工组织发生了革命性的改变,成为非常规油气藏特别是页岩气藏增产改造施工的有力利器。

### 1. 速溶瓜尔胶压裂液连续混配工艺

该工艺通常借助于国产连续混配车实现瓜尔胶压裂液的连续混配,首先通过连续混配车螺旋喂料机按液体设计瓜尔胶比例进行吸料,瓜尔胶与水混合液在混配车水合罐内受到搅拌作用溶胀,然后被泵入排出缓冲罐进行充分溶胀后由排出泵排出,液体添加剂泵根据排出排量按比例自动加入液体添加剂,具体混配流程如图3-40所示。

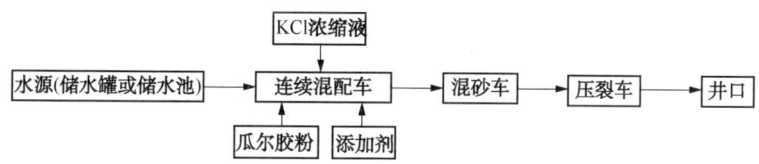

图3-40 速溶瓜尔胶压裂液连续混配工艺流程图

### 2. 页岩气压裂用滑溜水连续混配工艺

该连续混配工艺流程包括连续供水系统、添加剂在线精确加入系统、工作液混合系统等3大部分。工艺流程:首先清水泵从蓄水池泵注清水,经流量计记录流量后,添加剂泵根据清水流量实时按比例添加添加剂,然后经过渡罐(如果用过渡罐)搅拌均匀后供给混砂车。具体流程如图3-41所示。

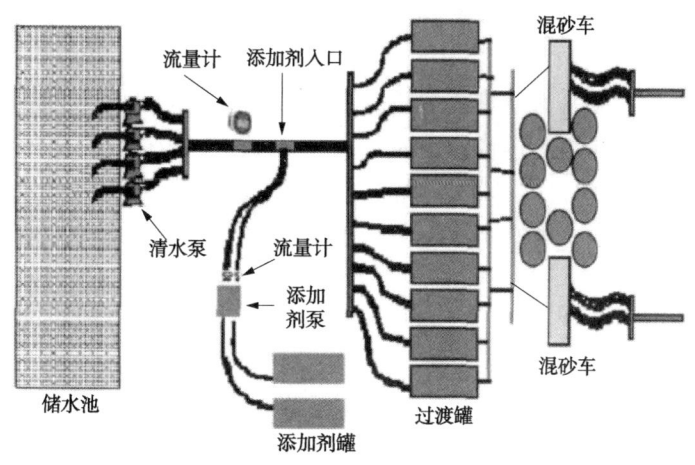

图3-41 滑溜水连续混配工艺流程图

根据水平井工厂化施工模式，制定了标准的工厂化施工井场布局，见图3-42。

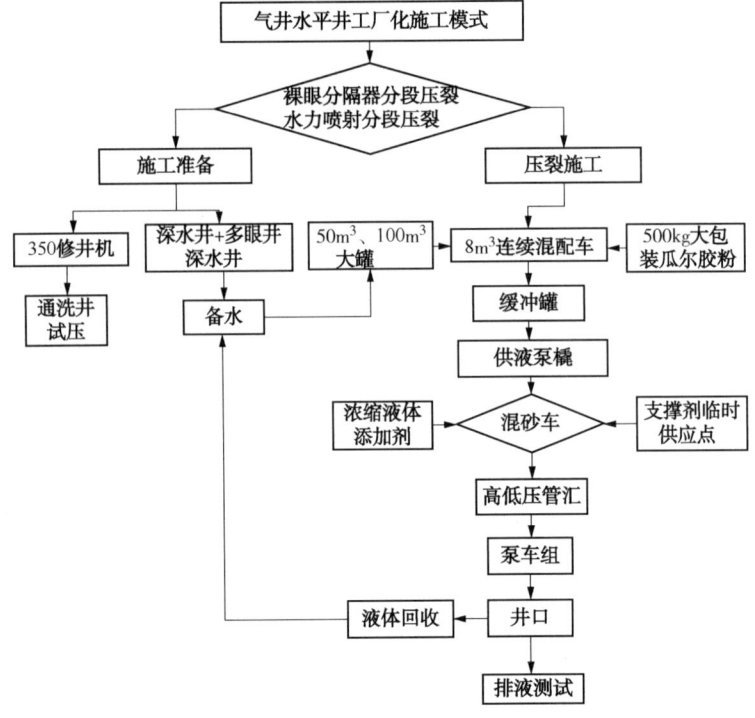

图3-42 水平井工厂化连续混配施工流程图

### （四）现场应用情况

近年来连续混配技术在国内油气田开发过程中获得大规模运用，在壳牌区块秋林井组、梓潼井组使用连续混配交联压裂液超万方，在威远—长宁、滇黔北昭通、涪陵等国家页岩气开发示范区多个页岩气开发平台井累积使用连续混配滑溜水压裂液数百万方，连续混配工作液及连续混配工艺在川渝地区已累计应用了36井次，单井工作液最大连续混配量为23655$m^3$，最高混配排量达16$m^3$/min；在长庆区域已推广应用77口井，累积配液16.9×10$^4$$m^3$，最大施工排量达15$m^3$/min，现场配制的压裂液质量高，外观均匀，各项技术性能指标均满足设计要求。作业过程中环保、高效，压裂施工整体作业能力发生了质的飞跃。表3-22和表3-23分别为滑溜水和速溶瓜尔胶压裂液连续混配现场典型应用情况。

表3-22 连续混配工作液及连续混配工艺现场应用表（滑溜水）

| 井　号 | 混配工作液类型 | 连续混配液量（$m^3$） | 混配排量（$m^3$/min） |
| --- | --- | --- | --- |
| W201-H3 | 滑溜水 | 10253.3 | 11.6~13.2 |
| N201-H1 | 滑溜水 | 21605.2 | 7.5~11.9 |
| N209 | 滑溜水 | 3880.0 | 9.5~10.1 |

续表

| 井 号 | 混配工作液类型 | 连续混配液量($m^3$) | 混配排量($m^3/min$) |
|---|---|---|---|
| YSH1-1 | 滑溜水 | 15802.5 | 12.0~12.3 |
| Z104 | 滑溜水 | 2213.3 | 14.1~15.0 |
| W201-H1 | 滑溜水 | 23655.0 | 14.5~18.0 |

表 3-23　连续混配工作液及连续混配工艺现场应用表(速溶瓜尔胶压裂液)

| 井 号 | 混配液量($m^3$) | 混配排量($m^3/min$) | 现场混配液黏度($mPa \cdot s$) | 室内测定黏度($mPa \cdot s$) |
|---|---|---|---|---|
| HC001-X3 | 405.0 | 3.0~3.2 | 45~48 | 46~47 |
| Y101-H1 | 670.0 | 3.1~3.5 | 42~45 | 44~45 |
| P8 | 540.0 | 3.2~3.4 | 46~49 | 47~49 |
| T202 | 590.0 | 6.2~8.4 | 31~35 | 32~36 |
| Zi5 | 630.0 | 6.4~8.5 | 28~36 | 30~38 |

## 三、可降解暂堵剂技术

我国低渗透油田石油地质储量丰富,但储层非均质性强;近年来,工程技术人员在压裂施工中常采用层间暂堵转向或层内暂堵转向技术,通过提高纵向改造程度和提高横向泄流面积,来增加长井段直井的改造体积,加大对低渗储层的改造力度,将储层产量最大化。暂堵剂在该技术中起决定性作用。

目前,市场上的压裂可降解暂堵剂主要有以下 4 种:可降解暂堵纤维、可降解暂堵颗粒、可降解暂堵球和高强度可溶性暂堵剂。

### (一)可降解暂堵纤维

可降解暂堵纤维利用可降解纤维堆砌、架桥作用,暂堵天然裂缝或酸蚀裂缝,实现物理转向,达到对储层均匀改造的目的,从而提高各段储层对产能的贡献,增加天然气产能。可降解纤维外观见图 3-43。

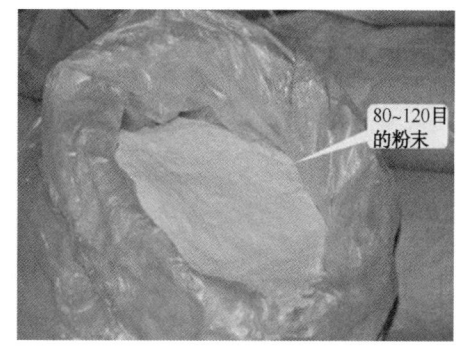

图 3-43　可降解暂堵纤维

1. 可降解暂堵纤维性能

可降解暂堵纤维性能指标如表3-24所示。

表3-24 可降解暂堵纤维性能指标

| 项 目 | 指 标 | |
|---|---|---|
| | 短纤维 | 粉状纤维 |
| 长度(mm) | 15.00±1.00 | — |
| 筛余量(80~120目)(%) | — | ≥90 |
| 分散性 | 不上浮、不下沉 | |
| 溶解时间(h) | <5 | |

2. 可降解暂堵纤维使用方法

在现场施工过程中,通常采用1~2台混浆车,人工加入可降解纤维,施工排量1.0~2.0m³/min。

可降解纤维促进了裂缝中支撑剂均匀分布,在地层温度下随时间降解,对地层无伤害,通过降滤失,增加缝内净压力,实现转向作用,同时可防止出砂,降低施工摩阻、减少液体滤失等。但纤维承压能力有限,对开度较大的裂缝封堵难度较大,液体注入难度大,存在管线堵塞的风险。

(二)可降解暂堵颗粒

可降解暂堵颗粒技术是在施工过程中,暂堵颗粒进入地层中的裂缝产生滤饼桥堵,可以形成高于裂缝破裂压力的压差值,使后续工作液不能向裂缝进入,从而压力液进入高应力区或新裂缝层,促使新缝的产生和支撑剂的铺置变化,力争实现段内不同储层有效改造,增大改造范围。可降解暂堵颗粒外观见图3-44。

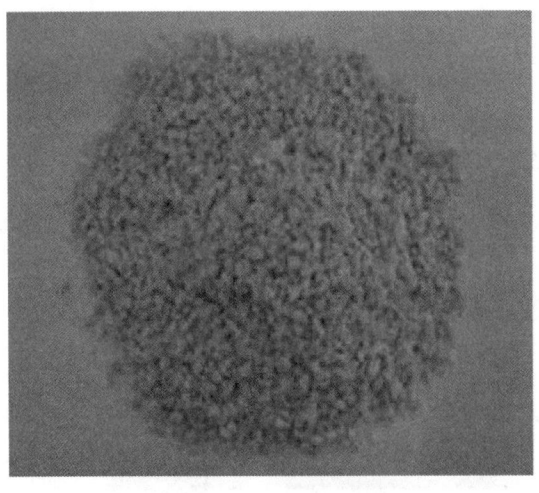

图3-44 可降解暂堵颗粒

1. 可降解暂堵颗粒性能

可降解暂堵颗粒性能如表3-25所示。

表3-25 可降解暂堵颗粒性能指标

| 项 目 | | 指 标 | | |
|---|---|---|---|---|
| 密度(20℃±1℃)(g/cm³) | | 1.20±0.08 | | |
| 型号 | | Ⅰ型 | Ⅱ型 | Ⅲ型 |
| 粒径(目) | | 18/140 | 6/18 | 4/6 |
| 筛余量(%) | | ≥90 | ≥90 | ≥90 |
| 耐温抗压强度 | 温度(℃) | 90 | 110 | 150 |
| | 抗压强度(MPa) | ≥5 | ≥8 | ≥15 |
| 溶解时间(90℃±1℃)(h) | | ≤24 | | |

2. 可降解暂堵颗粒使用方法

加入前停泵,关井口,泄压,将可降解暂堵颗粒混入机油中,然后人工装入混砂车排出与高压分配器间的 $\phi$152.4mm 低压管线,通过混砂车小排量送入高压管汇中,关旋塞,开井口,压裂车起泵施工。

可降解暂堵颗粒可启动新层、改善支撑剂的有效分布、拓展分层压裂的应用领域。纵向上启动新层,改善储层产出剖面;平面上裂缝转向,沟通新的泄油区;控制有效缝长,改善裂缝内支撑剂的有效分布;在水平井段内压裂多条裂缝;在套管变形井、落物井上实现分层压裂。但其使用需要施工中途停泵—加料—起泵,存在一定施工风险。

### (三)可降解暂堵球

可降解暂堵球(图3-45)通过对射孔炮眼的暂堵塞,起到与封隔器相当的作用,实现长水平段的分段转向,达到分层改造目的。

图3-45 可降解暂堵球

1. 可降解暂堵球性能

可降解暂堵球性能如表 3-26 所示。

表 3-26 可降解暂堵球性能指标

| 项 目 | | 指 标 | | | | |
|---|---|---|---|---|---|---|
| 密度(20℃±1℃)(g/cm³) | | 1.53±0.05 | | | | |
| 型号 | | I 型 | II 型 | III 型 | IV 型 | V 型 |
| 直径(mm) | | 5.50±0.50 | 9.00±0.50 | 11.00±0.50 | 13.50±0.50 | 15.00±0.50 |
| 耐温抗压强度 | 温度(℃) | 90 | 100 | 110 | 120 | 130 |
| | 抗压强度(MPa) | ≥30 | ≥35 | ≥40 | ≥60 | ≥70 |
| 溶解率(90℃±1℃)(%) | | ≥70 | | | | |

2. 可降解暂堵球使用方法

在现场施工过程中，通常将可降解暂堵球放入旋塞中，并根据投球次数来确定旋塞数量。

可降解暂堵球分层改造是基于产层之间破裂压力存在着差异，在进行投球分层压裂施工时，首先压开破裂压力低的储层，再投入一定数量的暂堵球将其射孔孔眼堵住，造成井底压力升高，压开破裂压力相对较高的储层，如此逐层压开产层。其施工使用工具简单，施工后暂堵球可回收或沉入井底口袋，对储层污染小。但需要在压裂施工中途高压区进行投球作业，存在一定的施工风险。

(四) 高强度可溶性暂堵剂

高强度可溶性暂堵剂(图 3-46)是根据不同的储层特性及施工工艺，实现缝内转向，形成的高效导流能力通道的多缝、长缝。

图 3-46 高强度可溶性暂堵剂

1. 高强度可溶性暂堵剂性能

高强度可溶性暂堵剂性能如表3-27所示。

表3-27 高强度可溶性暂堵剂性能指标

| 项 目 | | 指 标 |
|---|---|---|
| 溶解时间（h） | 60℃ | 2.5 |
| | 100℃ | 4.5 |
| 突破压力（MPa） | | ≥20 |
| 水不溶物（%） | | ≤0.75 |

2. 高强度可溶性暂堵剂使用方法

高强度可溶性暂堵剂一般是在施工中，停止段塞后，从混砂车参合罐匀速加入，随着液体进入地层。

高强度可溶性暂堵剂适用直井、水平井砂岩及页岩压裂改造，可根据储层特性及压裂工艺，达到降低滤失、启动新层、拓展油气的最大泄流面积的目的；具有承压能力强、封堵效果好、可溶性好、现场使用简单、封堵时间可调等优点。

## 四、压裂返排液处理、循环利用技术

国内对压裂返排液的处理方法主要是自然风干和化学处理，自然风干是将压裂返排液储存在专门的返排液池中，采取自然蒸发的方法进行干化，最后直接填埋。这种方式不仅耗费大量时间，而且填埋后的污泥块依然会渗滤出油、重金属、醛、酚等污染物，存在严重的二次污染。化学处理是将返排液集中进行加药絮凝、过滤等预处理，然后将返排液回注到地层中，这种方法的处理工艺流程复杂，应用范围有一定的局限性。

### （一）压裂返排液处理现状

近年来，国内学者对压裂废液的处理开展了大量研究，并取得一定进展，对各技术现状及特点总结如下。

1. 中和法

中和法主要针对酸化压裂废液而言，常用的中和剂有CaO、NaOH、$Na_2CO_3$等。陈立荣在处理酸化废液时，选用CaO和NaOH复配中和剂，中和残酸迅速，产生污泥量少，而且CaO和NaOH反应产生的$Ca(OH)_2$也具有一定絮凝和净化污水的作用。王建国等针对桥口油田的钻井、酸化及压裂等作业废液进行处理，探讨了废酸液中和预处理-废液混合-污泥吸附混凝沉降法处理作业废水的技术。采用酸液预中和，污泥吸附混凝沉降去除废液中的有害成分，再掺入采出污水的处理方式，作业废液中水质指标达到GB 8978—1996《污水综合排放标准》一级，中和预处理后水质指标中总铁达到GB 8978—1996《污水综合排放标准》一级。

#### 2. 絮凝沉降法

絮凝沉降是在压裂返排液中加入絮凝剂和助凝剂,使杂质、悬浮微粒沉降,实现固液分离,为目前水处理技术中重要的分离方法之一。复配絮凝剂对$COD_{Cr}$去除效果最好。何红梅等采用复配絮凝剂处理压裂废液,使废液的$COD_{Cr}$值从2298mg/L下降到597mg/L,大大改善了水质,实用价值较高。赵洪彬对呼伦贝尔油田含油污水开展污水达标现场实验,通过横向流聚结-气浮-两级过滤,使出水达到大庆油田低渗透油层回注水水质要求。絮凝沉降法尚存在药剂消耗量大、产生污泥量大等不足。

#### 3. 初级氧化法

向废液中投加氧化剂(如次氯酸钙、次氯酸钠、二氧化氯等)使废液中的高分子有机物降解,从而降低$COD_{Cr}$含量。万里平在处理压裂废液时,采用次氯酸钠为氧化剂处理出水,结果表明,次氯酸钠在酸性条件下处理效果较好,$COD_{Cr}$去除率约50%。刘真针对洗井压裂返排液特点,提出在紫外光照射的情况下,投加次氯酸钠处理絮凝后出水的方法。结果显示,该法能氧化分解水中难处理的大部分有机物,$COD_{Cr}$去除率为75%,其氧化能力超过仅用次氯酸钠氧化的效果。

#### 4. 微电解法

微电解法又称为内电解法,它集氧化还原、絮凝吸附、催化氧化、络合及电沉积等作用于一体,主要是利用金属腐蚀原理,在废水中形成Fe/C原电池,电极反应产物具有高化学活性,使难降解的物质转变成易降解的物质。张爱涛等采用$Ca(OH)_2$破胶-微波絮凝-Fe/C微电解-微波$H_2O_2$氧化的方法证明:对油田酸化压裂废水进行处理的微波辅助工艺是可行的,其中Fe/C微电解单元,出水$COD_{Cr}$为147mg/L,去除率达88%,同时还为后续的微波$H_2O_2$氧化提供$Fe^{2+}$,有利于后续反应。

微电解法具有以废治废的意义,且操作简单。但也存在一些问题,如反应器运行一段时间后,填料表面易钝化,填料易板结;酸性条件下易造成铁溶解;处理速度相对较慢等。

#### 5. 高级氧化技术

高级氧化技术(Advanced Oxidation Process,简称AOP)是20世纪80年代发展起来的一种处理难降解有机污染物的新技术,它通过不同途径产生活性极强的羟基自由基"OH·","OH·"几乎能无选择性地将废水中难降解的有机污染物氧化降解成无毒或低毒的小分子物质,甚至直接矿化为二氧化碳和水及其他小分子羧酸,达到降解有机物的目的。

目前国内高浓度难降解废水的AOPs主要包括芬顿氧化法、催化臭氧氧化法、超临界水氧化、$TiO_2$光催化氧化法和电催化氧化法。

#### 6. Fenton氧化法

Fenton试剂催化氧化法(简称Fenton法)是一种高级氧化法,主要用于难处理的有机污染物。芬顿法通常和其他方法联用。黄浪等采用镀铜铁屑/$H_2O_2$法预处理华北油田酸化废水,包含了微电解与Fenton法,使$COD_{Cr}$去除率高达90%以上,效果优于单独用

Fenton 法。周国娟等采用 Fenton 氧化—絮凝处理方法对压裂废水进行回注处理研究，处理后压裂废水中的悬浮物含量为 25mg/L，平均腐蚀速率为 0.011mm/a，达到油田回注水的水质要求。

杨丹丹等采用催化铁内电解加 Fenton 试剂氧化处理工艺，对德阳新场气田压裂返排液进行室内处理研究，返排液的 $COD_{Cr}$ 可降至 40mg/L。刘士鑫等应用微电解法与 Fenton 法处理预先经混凝处理的港深 11-8 井压裂返排液，废水 $COD_{Cr}$ 总去除率可达 73%。

Fenton 法存在的主要问题是设备易受腐蚀（$H_2O_2$ 具有极强的腐蚀性）；水色变深（有 $Fe^{3+}$ 存在）；污泥产生量大（氢氧化铁沉淀）等。

**7. 催化臭氧氧化技术**

臭氧在碱性溶液中拥有 2.07V 的氧化电位，其氧化能力仅次于氟。研究表明，影响臭氧化技术对油田作业废水 $COD_{Cr}$ 去除效果的主要因素为 pH 值、$COD_{Cr}$ 和臭氧加入量。张红岩等采用混凝—臭氧氧化法处理三磺泥浆体系钻井废水，$COD_{Cr}$ 去除率为 77.2%；在 pH 值为 12.5、氧化 5min 时，$COD_{Cr}$ 去除率达 81.2%；混凝—氧化法两步反应的 $COD_{Cr}$ 总去除率为 95.7%，出水无色，达到了 GB 8978—1996《污水综合排放标准》一级。

臭氧具有强氧化性，且可自行分解，无二次污染，是理想的绿色氧化药剂。

**8. 超临界水氧化法**

超临界水氧化法（SCWO）是 20 世纪 80 年代中期美国学者 Modell 提出的一种能破坏有机污染物结构的新型高效废水废物处理技术。王亮等研究了含油废水在超临界水中的氧化降解过程，并用自由基反应机理解释了超临界水氧化反应机理。结果表明，间歇式超临界水氧化反应装置处理含油废水，$COD_{Cr}$ 去除率可达 90% 以上。SCWO 法具有反应速率快、氧化分解彻底和无二次污染等优点。一般只需几秒至几分钟即可将废水中的有机物氧化分解，去除率可达 99% 以上。

**9. $TiO_2$ 光催化法**

$TiO_2$ 光催化法目前已成功应用于油田压裂液处理方面，其对于含油废水有较好的处理效果。王松等开展了"混凝-氧化-吸附-光氧化法"处理河南油田压裂返排液，并在该油田开展了中试，效果较好。张海燕等以制备纳米级光催化活性催化剂为主要研究方向开展实验，取得了显著的效果。$TiO_2$ 作为催化剂之一，具有价格低廉、无毒、稳定等特性，但其回收利用方式一直未取得突破性进展。

**10. 生物生化法**

生物生化法主要是通过微生物的代谢作用，使污水中呈溶解胶体状态的有机污染物转化为稳定的无害物质，使废水得以净化。刘军等以天津大港油田港深 11-8 井压裂返排液为研究对象，先用混凝-微电解-吸附预处理，再用生物法处理后，压裂返排液 $COD_{Cr}$ 去除率达 99.2%，水质达到 GB 8978—1996《污水综合排放标准》一级。何红梅等用混凝-Fe/C 微电解-活性炭吸附法对大港油田港深 11-8 井的压裂返排液进行预处理，然后直接投加细菌进行生化处理，结果表明：预处理可将压裂返排液的$COD_{Cr}$去除65%，而且提高了压裂返排液的可生化性，降低后续生化处理的负荷；经过15d的生化处理，$COD_{Cr}$去除率达98.6%。

生物生化法处理一般具有很强的针对性和可行性，其工艺简单，具有投资少，运行管理方便等优点；缺点是所需时间长，寻找优势菌种是一个迫切需要解决的问题。

11. 吸附法

废水中含有很多未被氧化的有机物，可加入吸附剂（通常为多孔介质的粉末或颗粒）与废液混合，使其中的一种或多种污染物被吸附在多孔物质表面而被除去，实际应用较多的是活性炭颗粒，它吸附能力极强，能脱色除臭，去除水中微量有机污染物，对无机污染物也具有良好吸附能力。

万里平等同时采用双氧水氧化与活性炭吸附的方法处理川中酸化废水（微电解处理后），结果表明，该法能有效降低废水中污染物含量，$COD_{Cr}$去除率可达90%以上，与先氧化后吸附的分步法处理相比，该法可操作性强，投入费用低，处理效果好。吸附法的主要不足是其对进水的预处理要求较高，因此往往只能放置在处理工艺流程的末端；优质的吸附剂吸附成本高，造成总处理成本增加；活性炭再生费用较高。

由上可知，目前我国在压裂返排液处理技术已经形成了众多的处理技术，但各个技术或多或少存在些许问题，无论是药剂成本、设备成本，还是处理工艺复杂，总之在油田压裂废水及返排水处理上还有待进一步研究。

## （二）页岩气压裂返排液处理回用技术及循环利用

1. 返排液处理技术思路

返排液处理回用技术取决于返排液水质、水量特点和压裂液配液水质要求。在现场工艺允许的情况下，一般只需去除总悬浮颗粒，然后与清水混合稀释配液即可满足压裂作业要求。进一步处理经过软化、脱盐，则可以外排。处理的技术路线见图3-47。

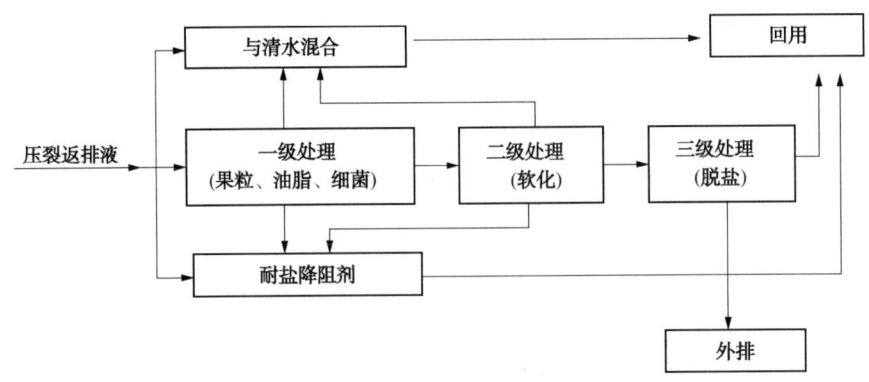

图3-47 返排液处理技术路线

## 2. 稀释法处理返排液

由页岩气井压裂后返排液检测结果可知，返排率大部分未超过30%，只有威205井达到了58%。而同一区块其他页岩气井的压裂规模均会与返排井规模相当，所以，将同一区块的返排液稀释回用，返排液的比例不会超过50%。用清水将返排液稀释50%后各离子质量浓度见表3-28。

表3-28 返排液稀释前后各离子质量浓度对比

| 离子 | 配液清水 | H2 平台 (mg/L) | | 威 204 (mg/L) | |
| --- | --- | --- | --- | --- | --- |
| | | 稀释前 | 稀释后 | 稀释前 | 稀释后 |
| $K^+$ | 10.9 | 208 | 109.45 | 116.18 | 63.54 |
| $Na^+$ | 59.4 | 11023 | 5541.2 | 4450 | 2254.7 |
| $Ca^{2+}$ | 10.2 | 359 | 184.6 | 379 | 194.6 |
| $Mg^{2+}$ | 0.14 | 278 | 139.07 | 290 | 145.07 |
| 总铁 | 0.44 | 56.3 | 28.37 | 59.9 | 30.17 |

从表3-28可看出，稀释后各离子浓度复合返排液重复利用标准，可以用于直接配制滑溜水。为进一步研究返排液最大应用比例，将返排液与清水不同比例混合配制滑溜水，并测定黏度。实验发现，当返排液比例在50%以内时，滑溜水黏度在1.5mPa·s左右。返排液稀释不同比例后配制滑溜水黏度测试结果见图3-48。

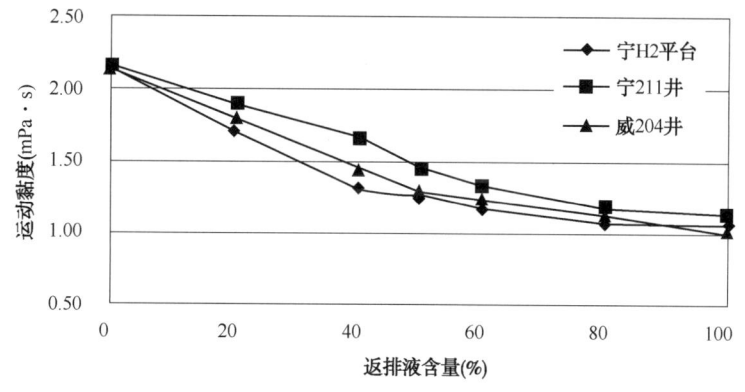

图3-48 返排液稀释不同比例后配制滑溜水黏度

将25L返排液与25L清水混合后，加入5g降阻剂，配制成降阻剂浓度为0.1%的滑溜水，待充分溶胀后测定其降阻率为64%，与相同降阻剂浓度下清水配制滑溜水的降阻率相当，可以满足现场施工需求。该方法操作简单，几乎无成本，适用于返排液液量不大，或者施工规模较大时，能够将返排液以较低的比例混合入清水中，使配液水中的离子浓度在降阻剂的可接受范围内。

## 3. 化学沉降过滤处理返排液

（1）化学沉降过滤处理返排液原理。

返排液中含有降阻剂分子碎片及多种金属离子，可以先加入氧化剂将降阻剂氧化，降低水中的化学需氧量（COD），同时能够将水中的 $Fe^{2+}$ 氧化为 $Fe^{3+}$，然后加入碱，二价及多价金属的碱盐在水中溶解度较低，会在水中形成沉淀，方便过滤去除。

（2）室内实验研究。

返排液中含有破碎的高分子片段及各种金属离子，可以采用化学氧化、沉降、过滤的办法去除返排液中的各种杂质及二价和多价金属离子。将氧化剂 NaClO 加入返排液中，氧化水中的降阻剂分子片段和低价金属离子，随后加入碱石灰，形成沉淀，过滤，得到上层清液，用于后续实验。化学沉降处理返排液试验见图 3-49。

(a) 加入前　　　　　　　　　(b) 加入后

图 3-49　返排液加入 NaClO 和碱石灰前后对比图

从图 3-49 可以看出，处理后的水由浅黄浑浊的状态变得清澈透明，水中的杂质沉降于底部。对处理前后的水进行离子分析，实验结果见表 3-29。

表 3-29　化学法处理前后水质对比

| 项目<br>液体 | pH | TDS | COD（mg/L） | 总硬度 | K(mg/L) | Na(mg/L) | Fe(mg/L) |
|---|---|---|---|---|---|---|---|
| 配液清水 | 7.35 | 402 | 1410 | 717 | 10.4 | 59.4 | 0.443 |
| 返排液 | 7.66 | 20600 | 109 | 760 | 104 | 3108 | 1.28 |
| 处理后 | 9.58 | 20000 | 818 | 680 | 109 | 5804 | 18.1 |

返排液经处理后化学需氧量（COD）下降了 42%，说明氧化去除返排液中高分子有机物效果明显；对降阻剂影响最大的 Fe 离子在返排液中被氧化成 +3 价，加入碱石灰后生成不溶于水的 $Fe(OH)_3$ 容易过滤去除，因此 Fe 浓度下降了 90% 以上；其他 $K^+$、$Na^+$ 等生成的盐易溶于水，去除效果不理想。

在理后的返排液中加入 0.1% 的降阻剂，测得液体黏度为 1.64mPa·s，降阻率 60.4%，能够满足施工要求。

（3）现场实验。

现场实验装置全部采用橇装结构，方便运输作业，包括：

① 反应罐两个，罐体为筒状，直径 2m，深 3.2m，有效容积 6m³，带有搅拌装置。用于添加药品后的反应及沉降。两个罐可分别进行反应和沉降操作，交替作业，提高处理

效率。

② 计量罐一个,用于现场加药。

③ 板框式过滤器一套,用于过滤反应后的沉淀。

现场反应罐和板框式过滤机见图3-50。

(a) 反应罐　　　　　　　　(b) 过滤机

图3-50　反应罐和板框式过滤机

首先在将$5m^3$返排液泵入反应罐中,按照$6.4kg/m^3$的浓度加入32kg药品,搅拌反应10min后,将罐中的液体抽入过滤器过滤,即完成处理。处理前后水质对比情况见图3-51。

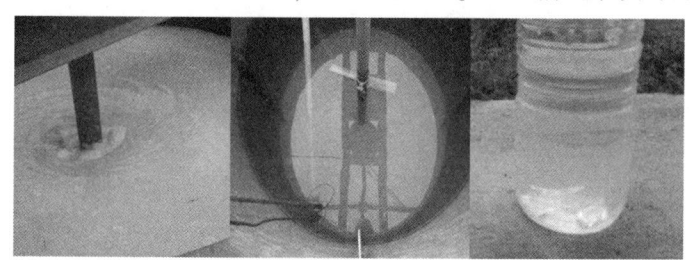

图3-51　处理前后水质对比

现场共处理返排液$30m^3$,用时3h,处理能力达到$10m^3/h$。经检验,处理后水质与实验室处理结果相近。现场取样加入0.1%降阻剂黏度达到$1.60mPa·s$。

(4) 电絮凝处理返排液。

电絮凝设备的工作原理:给多组并联的极板接通直流电,在极板之间产生电场,使待处理的水流入极板的空隙。此时通电的极板会发生电化学反应,溶出$Al^{3+}$或$Fe^{2+}$等离子并在水中水解而发生絮凝反应,在此过程中,同时发生电气浮、氧化还原等其他作用,这些作用的结果,使水中溶解性、胶体和悬浮态污染物得到有效转化和去除,其原理见图3-52。由于电絮凝的特性,处理后的返排液由弱酸性变为中性,有利于降阻剂的溶解起黏。

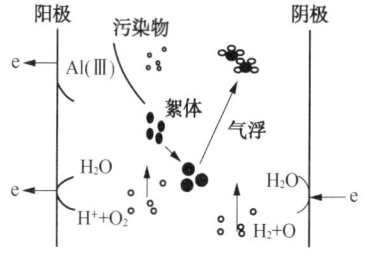

图3-52　电絮凝原理

水中一价金属离子由于生产的盐水溶性良好,无法通过过滤去除,几乎没有变化。二价金属离子Ca、Mg能生成碱性沉淀,能明显去除。三价金属离子Fe生成的$Fe(OH)_3$几乎不溶于水，因此去除效率极高，达到 97.3%。表 3-30 为电絮凝法处理返排液前后水质情况对比。

表 3-30　电絮凝处理前后水质对比

| 项目 | pH | TDS | $K^+$(mg/L) | $Na^+$(mg/L) | $Mg^{2+}$(mg/L) | $Ca^{2+}$(mg/L) | $Fe^{3+}$(mg/L) |
|---|---|---|---|---|---|---|---|
| 处理前 | 6.2 | 23271 | 664 | 8419 | 177 | 548 | 22.6 |
| 处理后 | 7.14 | 20557 | 729 | 8083 | 129 | 418 | 0.61 |
| 去除率 | — | 11.58% | -9.79% | 3.99% | 27.12% | 23.72% | 97.3% |

返排液中主要影响降阻剂效果的因素就是二价及多价金属离子，因此电絮凝处理十分适合于返排液的处理。该方法工艺简单，可连续处理，自动化高，劳动强度小，处理效果好；缺点在于前期投入高，能耗大，不能有效处理 K、Na 等一价金属离子。

## 五、加重技术

压裂施工过程中井口施工压力与各压力之间存在以下关系：$p_{施工} = p_{破裂} + p_{摩阻} - p_{液柱}$。由于地层破裂压力主要由地层岩石的力学特性决定，要降低压裂施工时井口的压力可以通过减小压裂液摩擦阻力和增大压裂液静液柱压力来实现。对于减小摩阻，可以采用延迟交联等技术实现；而增大静液柱压力则可以通过增加压裂液的密度实现。增加压裂液密度的技术被称为压裂液加重技术。

### （一）加重剂性能及分类

加入压裂液中能够增加压裂液密度并且不会明显影响压裂液性能的添加剂被称为压裂液加重剂。加入了加重剂的压裂液被称为加重压裂液。

加重剂应当满足以下几点要求：有较大的溶解度，现场易于配置，成本低；有较好的化学稳定性，与压裂液无不良反应，不影响压裂液性能；与地层流体配伍性良好，以免产生储层伤害。目前普遍使用的压裂液的交联环境多为碱性条件，使用强碱弱酸盐等碱性盐类就会生成氢氧化物沉淀，而且大量碱性盐使溶液的碱性偏强，稠化剂虽然能很好地分散，但不能水合增黏。所以，加重剂一般选择一价金属的强酸盐。

目前常用无机盐 NaCl、KCl、$NaNO_3$、NaBr 及其混合物作为加重剂对压裂液进行加重。常规压裂液的密度较低，一般为 $1.0 \times 10^3 \sim 1.04 \times 10^3 \text{g/cm}^3$；加入加重剂后压裂液密度显著提高，最大密度的理论值为该温度下加重剂饱和水溶液的密度，但受现场技术条件的制约，很难达到该理论值。

常用各种加重剂性能如表 3-31 所示。

根据压裂施工目的储层的压力系数和盐敏程度确定加重压裂液的密度及加重剂的种类，密度由压裂液基液即配液用盐水提供。现场实际应用中，可以直接用加重材料配制一定浓度的盐水，或者就地取用海水、卤水、油田采出水等含盐盐水，再添加淡水或盐混合配成密度符合设计要求的配液用盐水。

表 3-31 加重剂密度与饱和溶解度

| 加重剂 | 加重剂密度（g/cm³） | 20℃下水中饱和溶解度（g） | 20℃下饱和水溶液密度（g/cm³） |
|---|---|---|---|
| KCl | 1.987 | 34.2 | 1.17 |
| NaCl | 2.165 | 35.9 | 1.19 |
| NaNO$_3$ | 2.257 | 87 | 1.32 |
| NaBr | 3.203 | 90.8 | 1.48 |

NaBr 的密度和溶解度在常用无机盐加重剂中最大，加重效果明显，国外大多采用 NaBr 作为加重剂。但是 NaBr 有毒，易导致死亡，且价格昂贵，国内在实际应用中很少单独使用 NaBr 作为加重剂。在单一的某种加重盐达不到要求密度时，可以通过两种无机盐复配使用达到密度。不同复合加重剂溶液的密度见表 3-32。

表 3-32 复合加重剂溶液的密度

| 序 号 | 复合加重剂组成 | 密度（g/cm³） |
|---|---|---|
| 1 | 4%KCl+40%NaNO$_3$ | 1.35 |
| 2 | 8%KCl+40%NaNO$_3$ | 1.40 |
| 3 | 8%KCl+44%NaBr | 1.514 |

## （二）国内外加重压裂液体系

国内外加重压裂液体系主要有硼酸盐交联体系、羧甲基羟丙基瓜尔胶锆交联体系、黏弹性表面活性剂体系、瓜尔胶有机硼交联体系等。加重剂主要为盐类，形成的压裂液密度最高可达 1.70g/cm³，最高耐温可达 180℃。

1. 硼酸盐交联体系

该体系研制并首次应用于 2004 年墨西哥湾成功实施的当时最深（超过 7864m）的试井和压裂填充完井中。墨西哥湾深度超过 6000m 的井日益增多，针对压力梯度和摩阻高的问题，研制了溴化钠作为加重剂、密度 1.38g/cm³ 的硼酸盐交联体系，曾用在温度低于 149℃ 的近海工作平台的压裂增产改造中。可降低井口压力 22%～39%。

2. 羧甲基羟丙基瓜尔胶锆交联体系

该体系采用 1.47g/cm³ 溴化钠的浓盐水配制基液，用羧甲基羟丙基瓜尔胶作稠化剂，加入酸性缓冲液促进凝胶水化，完全水化后在基胶中加入 pH 值调节剂。为了提高压裂液的返排，要在基胶中加入非离子型表面活性剂；作业中为了保持高温稳定性，还要加入稳定剂。当流体注入井下时再注入锆交联剂，加入延迟交联剂可延长交联时间。性能检测结果表明，该体系适用于 149℃ 以上高温，性能良好，而且稳定。

3. 黏弹性表面活性剂体系

青海涩北气藏地层压力系数在 1.3 左右，盐敏性强，临界矿化度大于 80g/L。为了满足这类高压油气藏的改造要求，研制了密度介于 1.05～1.70g/cm³ 的黏弹性表面活性剂压裂液体系。基于涩北气田的水资源条件,使用当地密度为 1.40g/cm³ 的盐湖水配制,为此专门研制了 CFP-Ⅲ 表面活性剂,基本配方中用量为 15~40g/L。20℃下的流变性显示剪切变稀特性;20~45℃黏度基本恒定,45~90℃黏度随温度上升而增大,超过 90℃后黏度下降,110℃时为 53mPa·s,因此可用于 120℃地层;在 20℃、170s$^{-1}$ 下剪切 60min 黏度降低 25%,继续剪切时黏度不变;加入 0.5% 多烃类处理剂时彻底破胶,破胶液黏度与盐水相当;对储层岩心渗透率的伤害率仅为 6.08%~11.14%。

4. 瓜尔胶有机硼交联体系

塔里木油田部分储层具有埋深 4000~6000m、温度 120~150℃、孔隙压力系数大于 2.0、延伸压力梯度高达 0.03MPa/m、岩石致密的特点,为此中国石油勘探开发研究院廊坊分院研制了羟丙基瓜尔胶有机硼交联高密度压裂液,加重材料包括氯化钾、氯化钠、溴化钾、溴化钠及其复合盐,形成了不同密度(最高达 1.53g/cm³)的系列配方。井深以 6000m 计,该压裂液比常规压裂液降低井口压力 30MPa 左右,具有密度可调、可控延迟交联、摩阻低、滤失低、耐温、耐剪切、流变性能良好、破胶彻底、对储层伤害低等特点。该体系已在塔里木油田成功实施多次。墨西哥湾和其他近海水域在水深 1829m、井深达 7620m 的深水项目研究中,曾使用溴化钠加重的瓜尔胶有机硼延迟交联体系,密度可达 1.50g/cm³,降压 20% 以上。

# 第四章 可排放海水基压裂液

## 第一节 海水的物理性质及海水对压裂液性能的影响

### 一、海水的物理性质

海水是一种溶解有多种无机盐、有机物质和气体以及含有许多悬浮物质的混合溶液,迄今为止,已经测定海水中还有八十多种元素。从化学上,可将海水中的溶质分为五种:主要成分、营养性盐、气体、痕量元素和有机化合物。

海水中的主要成分是阳离子和阴离子,占所有溶质的99.99%。表4-1为海水中主要成分的含量。

表4-1 海水中主要成分的含量

| 成 分 | 化学式 | 海水中含量(g/kg) | 相对百分比(%) |
| --- | --- | --- | --- |
| 氯离子 | $Cl^-$ | 19.35 | 55.07 |
| 钠离子 | $Na^+$ | 10.76 | 30.62 |
| 硫酸根离子 | $SO_4^{2-}$ | 2.71 | 7.72 |
| 镁离子 | $Mg^{2+}$ | 1.29 | 3.68 |
| 钙离子 | $Ca^{2+}$ | 0.41 | 1.17 |
| 钾离子 | $K^+$ | 0.39 | 1.10 |
| 碳酸氢根离子 | $HCO_3^-$ | 0.14 | 0.40 |
| 溴离子 | $Br^-$ | 0.0067 | 0.19 |
| 锶离子 | $Sr^{2+}$ | 0.008 | 0.02 |
| 硼离子 | $B^{3+}$ | 0.004 | 0.01 |
| 氟离子 | $F^-$ | 0.001 | 0.01 |
| 合计 |  | 35.0697 | 99.99 |

海水中的主要成分是影响压裂液性能的最主要因素。其对压裂液性能的影响主要表现在使压裂液基液黏度降低、耐温性能、耐剪切性能变差等方面。其中海水中阳离子,如钠

离子、钙离子和镁离子,是影响压裂液性能的根本因素。

在世界大洋中,海水中主要成分的变化主要与海水的蒸发、降雨、洋流、气候等因素有关,即使是同一海域,在不同的季节,海水中的主要成分绝对含量也会有所不同。例如,我国渤海湾、黄海、东海、南海海域中的海水的主要成分绝对含量就不相同(表4-2)。

表4-2 我国各个海域海水主要成分的含量(g/kg)

| 成分 | 渤海湾 | 黄海 | 东海 | 南海 |
| --- | --- | --- | --- | --- |
| $Cl^-$ | 19.01 | 19.15 | 19.20 | 19.72 |
| $Na^+$ | 10.57 | 10.65 | 10.68 | 10.96 |
| $SO_4^{2-}$ | 2.66 | 2.68 | 2.69 | 2.76 |
| $Mg^{2+}$ | 1.27 | 1.28 | 1.28 | 1.31 |
| $Ca^{2+}$ | 0.403 | 0.406 | 0.407 | 0.418 |
| $K^+$ | 0.383 | 0.386 | 0.387 | 0.400 |
| $HCO_3^-$ | 0.137 | 0.139 | 0.139 | 0.143 |
| $Br^-$ | 0.0066 | 0.0066 | 0.0066 | 0.0068 |
| $Sr^{2+}$ | 0.0079 | 0.0079 | 0.00079 | 0.0082 |
| $B^{3+}$ | 0.00393 | 0.00396 | 0.0040 | 0.00408 |
| $F^-$ | 0.00098 | 0.00099 | 0.001 | 0.00102 |
| 合计 | 34.45 | 34.71 | 34.80 | 35.73 |

尽管各个海域海水主要成分绝对量不同,但是海水中离子的组成具有恒定性,即任何两种海水中的主要成分的含量比值不变,如 $Cl^-/SO_4^{2-}$,$Ca^{2+}/Mg^{2+}$。

海水中的含盐量用盐度来表示,其定义为单位质量(1kg)的海水所包含的盐类的总质量。海水的盐度是含盐量的一个标度,与温度、压力三者是研究海水的物理过程和化学过程的基本参数。但是要精确测定出海水的盐度,十分困难,并且各个大洋、海域的盐度也略有差异。目前测量海水盐度的方法有化学方法、比重法、折射法和电导法。世界大洋的平均盐度约为35‰。即每千克海水中的含盐量为35g。从表4-2也可以看出,我国各个海域海水的平均盐度。

营养性盐主要包括氮(N)、磷(P)和硅(Si)的化合物,其主要表现形式主要是硝酸盐、磷酸盐、铵盐和硅酸盐等。痕量元素是海洋中极小量的无机成分,主要是Li、I、Mo、Zn、Fe、Al、Cr等,在海水中以各式各样的形式和形态存在。痕量元素含量微乎其微,甚至可以用 $10^{-6}$ g/kg 表示,如海水中锂元素的含量仅有 $170×10^{-6}$ g/kg 左右。在海水与大气的界面,存在着气体的交换。气体与海水中的水分子发生水合作用,从而溶解在海水中,这些溶解在海水中的气体主要有 $N_2$、$O_2$、$CO_2$、$CH_4$、$H_2$、Ar、Ne、He。气体与水分子在水中存在下列平衡：

$$G(g) + nH_2O(l) \rightleftharpoons G \cdot nH_2O(l) + 热量$$

式中　G表示各种气体。

海水中还含有各种复杂的有机化合物，如蛋白质分子、糖类、油脂类、腐殖质等。有机化合物的含量一般非常低，主要来源于生物的新陈代谢和腐烂过程。但是近年来受人类活动的影响，在近海大陆架附近，海水中的有机化合物除上述以外，还含有表面活性剂、烃类等。

## 二、海水对压裂液用稠化剂的影响

海水对稠化剂的影响主要表现在盐度对基液黏度的影响、对稠化剂稳定性的影响。

海水对基液，即聚合物溶液黏度的影响，主要是海水中的盐对基液黏度的降低作用。康万利研究表明，阴离子对HPAM溶液黏度的影响较小，基液黏度的降低主要来自于阳离子，尤其是二价阳离子。同时其实验结果表明，当阳离子浓度相同时，$Mg^{2+}$和$Ca^{2+}$使基液黏度降低的幅度最大，并且$Mg^{2+}$的影响大于$Ca^{2+}$的影响，其次是$Na^+$和$K^+$。

矿化度对基液黏度的降低，主要来自于阳离子对基液分子链段的双电层压缩作用。在不含盐的水中，稠化剂分子链段中含有阴离子，链段之间相互排斥，基液中分子链段舒展，分子链段之间相互缠绕交联，形成空间网状结构，如图4-1(a)扫描电镜图所示，这种空间网状结构阻碍了水的自由运动，因而基液黏度较大。在含有阳离子的海水中，聚合物上的羧酸根通过静电引力和阳离子作用，在稠化剂分子外层形成双电子层压缩作用，使得稠化剂分子由舒展状态变的团聚、卷曲[图4-1(b)扫描电镜图所示]，分子之间的尺寸变小，分子与分子之间的被游离水包围，作用明显减弱，因此，稠化剂分子的黏度下降。图4-2是海水基稠化剂在纯水、海水中黏度随时间的变化关系。

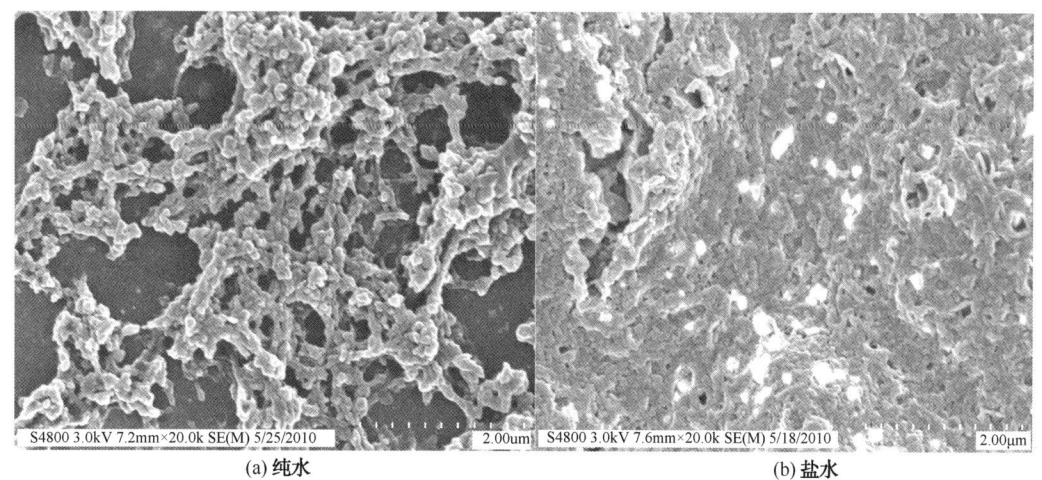

图4-1　稠化剂分子在纯水和1%盐水存在状态的SEM照片

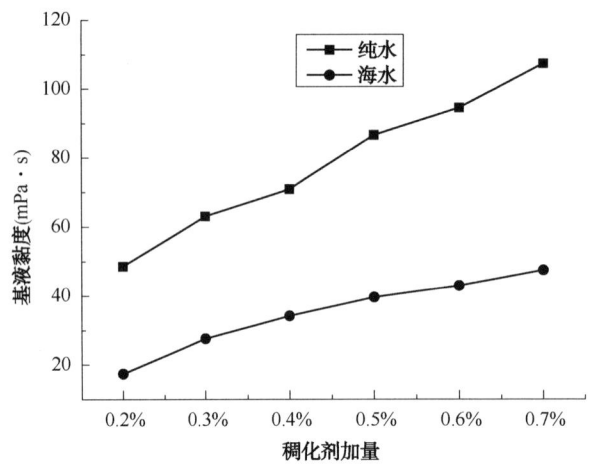

图 4-2 海水基稠化剂在纯水、海水中黏度随时间的变化关系

海水中的钙镁离子及浓度是影响稠化剂分子稳定性的主要因素之一。压裂液基液之所以能够和有机金属离子交联形成冻胶，其主要作用是金属离子和稠化剂分子上的羧酸根基团反应，形成交联的网状结构。同样，钙镁离子也可以与稠化剂分子上羧酸根结合，引起相分离，稠化剂分子从基液中沉降絮凝，造成基液黏度降低。如图 4-3 所示为钙离子与稠化剂分子的反应结构式。

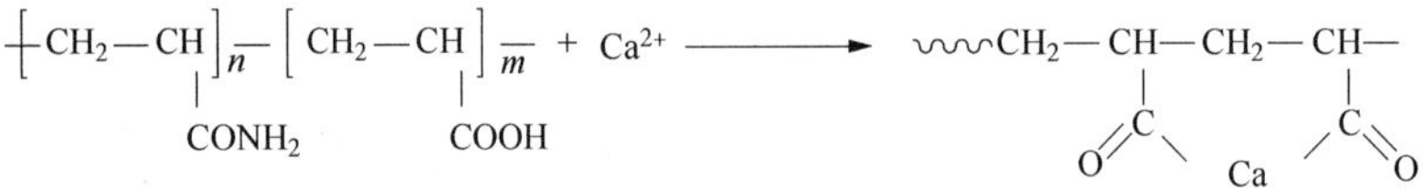

图 4-3 钙离子与稠化剂分子的反应结构式

学者 Zaitoun 发现聚丙烯酰胺共聚物与 $Ca^{2+}$ 发生絮凝的临界水解度为 33%，当水解度大于 33%，聚合物会发生沉析。Torbi 等还比较了 $Mg^{2+}$、$Ca^{2+}$、$Ba^{2+}$ 二价离子对聚丙烯酰胺共聚物稳定性的影响，发现 $Ba^{2+}$ 和 $Ca^{2+}$ 的影响较接近，其次是 $Mg^{2+}$。

为提高稠化剂分子对海水中二价离子的耐受性，避免基液与二价离子发生絮凝沉淀，通常向聚合物中引入耐水解或可抑制 PAM 水解的功能性的单体，如 N-乙烯基吡咯烷酮（NVP）、2-丙烯酰胺-2-甲基丙磺酸（AMPS）、烷基丙烯酰胺酯疏水单体等。Lin 等制备了 AM/NVP/N，N-二甲基-N-甲基丙烯酰氧乙基-十二烷基溴化铵（DMDA）的疏水的三嵌段共聚物 P(AM-NVP-DMDA)，发现引入功能单体 NVP 和疏水单体后，明显提高了三元共聚物的耐盐性。但是单体 NVP 和疏水单体价格较高，无形中增加了稠化剂分子的成本。AMPS 侧链中连接有强极性的-$SO_3H$ 基团，很大程度上增加了共聚物的流体力学体积，具有一定的抗水解能力。并且已有文献表明，AMPS 基共聚物具有优越的耐温抗盐性，不会与二价金属离子 $Ca^{2+}$、$Mg^{2+}$ 等发生絮凝沉淀。因此在海水基稠化剂分子的共聚过程中，技术人员向分子链段中引入了耐盐单体 2-丙烯酰胺-2-甲基丙磺酸。通过耐盐单体的共聚降低了聚合物链上丙烯酸结构单元的含量和结构单元的邻序列的排布,降低了主链上羧酸根的比例,使之不易与钙、镁离子絮凝沉淀,从而达到耐盐的目的。

### 三、海水对交联剂的影响

在压裂液体系中,聚丙烯酰胺类稠化剂用的交联剂为有机金属类交联剂,主要是以金属离子为交联离子,以有机化合物为交联剂配体络合而成。一般用的金属离子主要是钛离子(Ⅳ)、锆离子(Ⅳ)、铝离子(Ⅲ)、铬离子(Ⅲ)等,常用的有机化合物多为乳酸(盐)、乙酸、稀盐酸等,以及三乙醇胺、丙三醇等多元醇。

海水对交联体系的影响,主要是海水中的二价离子和交联剂配体的络合,如乳酸和钙离子的络合、三乙醇胺和镁离子的络合等。因此,一般的交联剂会经常出现在海水中失效,甚至不交联的现象,影响交联剂的交联和携砂性能。

海水中还含有一些有机物,如脂肪酸等。这些脂肪酸和交联剂中的高价金属离子相遇后,脂肪酸中的羧酸根极有可能和金属离子发生作用。如脂肪酸可与金属离子形成金属有机盐,这些金属有机盐遇到稠化剂分子后,有可能不交联,或交联过快,影响冻胶性能。但是海水中的有机化合物含量较低时,其影响可以忽略。

### 四、海水对基液剪切性能的影响

根据 Ostwald-Dewael 幂律方程描述流变行为:

$$\tau = k\gamma^n$$

式中 $\tau$——剪切应力;

$\gamma$——剪切速率;

$n$——流动指数,当稠化剂溶液或基液为牛顿流体时,$n=1$,当为非牛顿流体 $n<1$;

$k$——稠度系数。

文献[38]用流变仪对不同矿化度的稠化剂溶液进行了流变参数的测试,结果如表4-3所示。

表4-3 不同盐浓度下部分水解的聚合物溶液的流变参数

| 盐质量浓度(g/L) | $n$ | $k(mPa \cdot s^n)$ | $\tau(MPa)$ |
| --- | --- | --- | --- |
| 0.508 | 0.40 | 513 | 1187.84 |
| 3.700 | 0.57 | 151 | 499.62 |
| 6.788 | 0.76 | 69 | 340.20 |

由表4-3可见,随着盐浓度的增大,聚合物溶液的剪切应力下降,说明聚合物溶液的弹性模量下降。原因是在一定矿化度的聚合物水溶液中,分子链上羧酸根与阳离子形成上电子层压缩作用,分子链蜷曲,线团尺寸缩小,流动阻力减小,随着盐浓度的变大而降低。

文献重点研究了盐浓度对弹性模量 $G'$ 和损耗模量 $G''$ 的影响,如图4-4所示。

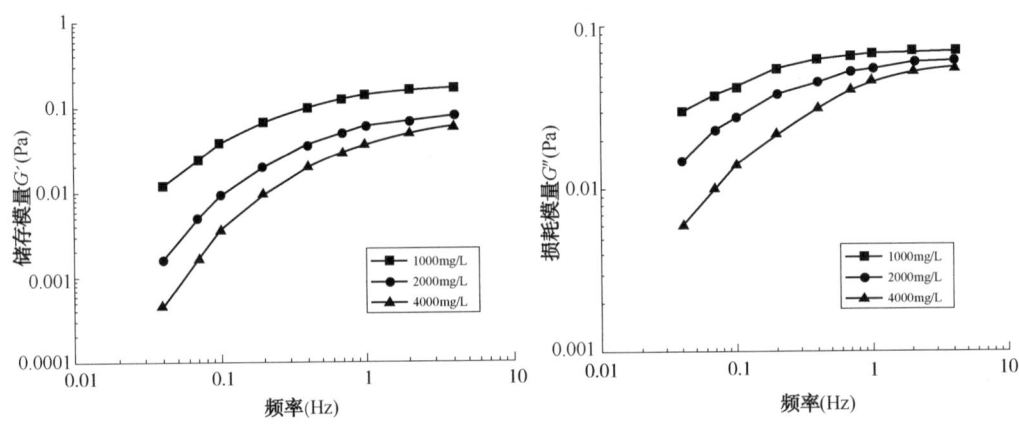

图 4-4　盐浓度对弹性模量 $G'$ 和损耗模量 $G''$ 的影响

在线性黏弹区，随着盐质量浓度的增大，聚合物溶液的 $G'$ 和 $G''$ 均有不同程度的升高。

为克服海水对基液黏度的降低作用，提高其耐剪切性能，我们在稠化剂的合成过程中，向分子链中引入了 2-丙烯酰胺-2-甲基丙磺酸（AMPS）结构单元。单体 2-丙烯酰胺-2-甲基丙磺酸上有磺酸基，它极易在水中电离生成磺酸根，而磺酸根具有较强的抗剪切性能。另外，AMPS 还有一个位于大分子链段侧面的叔丁基，对主链有屏蔽作用，在高剪切下不易发生不可逆降解，也是聚合物耐剪切的一个重要原因。

### 五、海水对聚合物氧化降解的影响

低温下，海水中的溶解氧对稠化剂分子的氧化作用可以忽略。但是在高温的储层，溶解氧对稠化剂分子的降解作用是不可避免的。

稠化剂聚丙烯酰胺共聚物分子链的氧化降解被认为是由自由基引发的过程，使聚合物主链断裂，分子量降低，黏度降低。溶解氧能够首先和丙烯酰胺结构单元上的叔氢形成过氧化物，随后过氧化物分解产生羟基自由基"—OH"，随后羟基自由基进攻聚合物链段，夺取聚合物链段上的叔氢，形成聚合物自由基，新生成自由基发生链段重排，聚合物主链断裂。其反应机理如下（式中 Ploy 代表稠化剂分子）：

$$Poly + O_2 \longrightarrow Poly\text{-}OOH$$
$$Poly\text{-}OOH \longrightarrow Poly\text{-}O\cdot + \cdot OH$$
$$\cdot OH + Poly \longrightarrow Poly\cdot + H_2O$$
$$Poly\cdot \longrightarrow Poly_1 + Poly_2\cdot$$
$$Poly_2\cdot + O_2 \longrightarrow Poly\text{-}OO\cdot$$
$$Poly\text{-}OO\cdot + Poly \longrightarrow Poly\text{-}OOH + Poly\cdot$$

## 第二节 海水基压裂液体系作用机理

聚丙烯酰胺聚合物水基压裂中常用的稠化剂之一，主要是通过丙烯酰胺(AM)单体与丙烯酸(AA)、2-丙烯酰胺-2-甲基丙磺酸(AMPS)、乙烯基吡咯烷酮(NVP)、丙烯腈(AN)、丙烯酸叔丁酯(BtA)、N,N-二甲基丙烯酰胺(N,N-DAM)等共聚得到。根据压裂对稠化剂分子的要求，可以得到不同分子量、不同结构单元、不同水解度的稠化剂分子。聚丙烯酰胺共聚物结构示意图见图4-5。

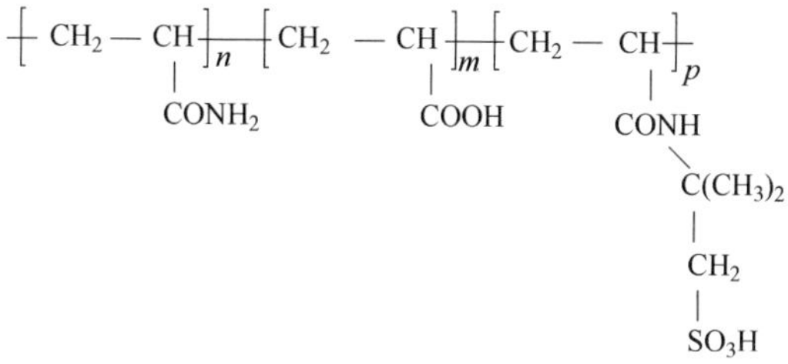

$$\mathrm{\underset{CONH_2}{\left[CH_2-CH\right]_n}\underset{COOH}{\left[CH_2-CH\right]_m}\underset{\underset{SO_3H}{\underset{|}{CH_2}}\underset{|}{\underset{|}{C(CH_3)_2}}\underset{|}{\underset{|}{CONH}}}{\left[CH_2-CH\right]_p}}$$

图4-5 聚丙烯酰胺共聚物结构式示意图(以AM，AA和AMPS共聚物为例)

水解是聚合物稠化剂在溶液中一直进行的化学行为，其水解主要和温度、pH值等有关。对于压裂用聚合物稠化剂分子，非水解的聚丙烯酰胺共聚物是不能和交联剂形成冻胶的，通过共聚或者后期水解，提高羧酸根的数量或水解度，在相同条件下，可形成可挑挂的冻胶。这主要和稠化剂分子形成冻胶的机理有关。冻胶的形成主要是稠化剂分子上的羧酸根和交联剂作用的结果。

相关文献也系统研究了锆(Ⅳ)、Ti(Ⅳ)等高价金属离子和聚合物稠化剂的交联机理。稠化剂分子与有机金属交联剂的交联过程主要分为两步：

(1) 以锆离子为例，首先是金属离子与有机配位体解离，形成多核羟桥络离子；

(2) 交联剂水解产生的多核羟桥离子带有正电，聚合物上的羧基带负电，羧基上的氧原子含有孤对电子。然后，聚合物和多核羟桥离子进行交联反应，形成冻胶。反应机理如下：

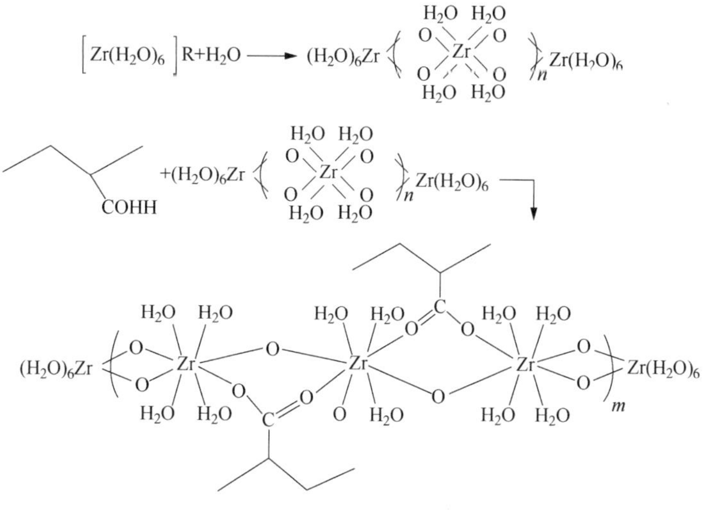

$$\left[Zr(H_2O)_6\right]R + H_2O \longrightarrow (H_2O)_6Zr\underset{H_2O\ H_2O}{\overset{H_2O\ H_2O}{\left\{\underset{O\ O}{\overset{O\ O}{Zr}}\right\}_n}}Zr(H_2O)_6$$

— 187 —

## 第三节 海水基压裂液用稠化剂

### 一、海水基稠化剂的选择

目前在各大油田的水力压裂中，最常用的是稠化剂瓜尔胶类和合成聚合物类两种。

瓜尔胶是一种由两年生豆科植物种子中提取的非离子多聚糖，分子链中有半乳糖和甘露糖两种糖单元，甘露糖单元通过 $\beta$-1,4 糖苷键连接形成瓜尔胶的主链，$\alpha$-D-半乳糖结构单元通过 $\alpha$-1,6 糖苷键连接在主链上，形成只有一个单元的侧。为提高瓜尔胶的水溶性，通常对瓜尔胶进行改性，改性瓜尔胶主要有羟丙基瓜尔胶、羧甲基瓜尔胶和羟丙基羧甲基瓜尔胶。形成的衍生物，具有增稠能力强、抗盐性好、热稳定性好的特点，可与交联剂反应形成冻胶。改性瓜尔胶常用交联剂主要有硼砂、有机硼、金属离子、有机过渡金属和有机硼锆等交联剂，如图 4-6 所示为改性瓜尔胶结构式。

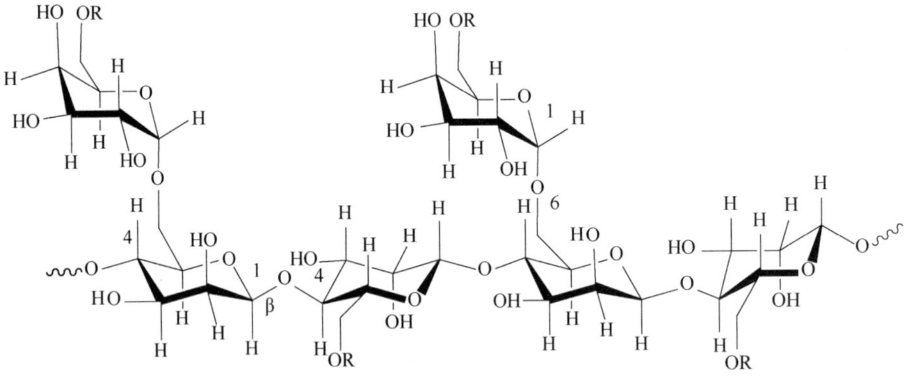

$R=CH_2COOH(Na)$ 或者 $R=CH_2CH(OH)CH_3$

图 4-6　改性瓜尔胶结构式

但是瓜尔胶体系需要在碱性条件下才能交联，而 $OH^-$ 离子会与钙镁离子发生反应生成沉淀，而除掉钙镁离子需要较大的成本和时间，这是瓜尔胶体系不能直接形成海水压裂液的主要原因，因此选择聚合物体系作为稠化剂。

聚合物体系主要是丙烯酰胺、丙烯酸与 2-丙烯酰胺-2-甲基丙磺酸、乙烯基吡咯烷酮、丙烯腈、丙烯酸叔丁酯、N,N-二甲基丙烯酰胺、烷基丙烯酸酯等单体的共聚物，其结构如图 4-5 所示。聚合物类稠化剂在我国使用较早，20 世纪 90 年代胜利油田就采用聚丙烯酰胺/有机钛冻胶在 150℃ 以下的地层进行压裂，获得了较好的降水增油效果。克拉玛依采油工艺研究院研制开发的 DP-1 聚丙烯酰胺类压裂液也已现场应用几百井次，效果良好。2008 年周成裕等以丙烯酰胺和 N-烷基丙烯酰胺为主体合成了一种聚合物稠化剂，具有良好的流变性能和携砂性能。2010 年陈馥等以丙烯酰胺、丙烯酸和丙烯酰胺基-2-甲基丙磺酸为单体制备出 AM/AMPS/AA 三元共聚物，其能够很好地交联，所得压裂液冻胶黏度可达 240mPa·s，耐温能力达 130℃左右，在 170s 下剪切 120min 后黏度仍大于 90%，抗盐能力好，用过硫酸铵破胶，黏度小于 5mPa·s，且几乎无残渣，减小了对地层的伤害。有学者认为含有一定的亲水性链段和适宜的疏水性链段的水溶性嵌段聚合物，其水溶液在浓度超过临界成胶浓度时，可以形成特定结构的黏弹性冻胶体系。2010 年吴伟等以苯乙烯、甲基丙烯酸、丙烯酸乙酯为单体，以双硫酯为链转移剂，采用活性自由基聚合方法合成了含有两亲嵌段共聚物压裂液增稠剂，形成的冻胶具有优越的耐剪切性能。

从以上可以看出，与瓜尔胶体系不同，聚合物的分子结构可以根据性能的要求进行自行设计，合成性能优越的稠化剂。如向分子链中引入 2-丙烯酰胺-2-甲基丙磺酸，可以提高稠化剂的耐剪切、耐盐性能；向分子链中引入乙烯基吡咯烷酮，可以提高稠化剂的耐温和抗水解性能；向分子链中引入疏水单体烷基丙烯酰胺，可以合成具有优越流变性能的疏水缔合稠化剂；向分子链中引入双丙烯酰胺类单体，可以得到支化/超支化的分子，有效提高了稠化剂的交联位点，有利于提高稠化剂与交联剂的交联性能。

同时，与瓜尔胶的分子糖单元由糖苷键 C—O 链接不同，从聚合物结构单元之间是通过 C—C 键为主链进行连接的。糖苷键 C—O 的平均键能为 166kJ/mol 左右，C—C 单键的平均键能为 347.3kJ/mol，这就意味着破坏 C—C 单键比破坏 C—O 键需要较高的热能，这种结构决定了聚合物稠化剂在高温储层条件下具有较高的耐温、耐剪切性能。

对于海水基压裂液体系，除考虑携砂、破胶等性能外，还需要考虑耐温、耐盐、耐剪切等因素。因此，相比于瓜尔胶体系，聚合物类稠化剂是海水基压裂液体系最佳的选择，并且聚合物类稠化剂形成的基液，无需调节 pH 值，即可实现交联。

根据海水基压裂液体系耐温、耐盐、耐剪切性能的要求，研究人员通过向分子链中引入了 AMPS 以提高压裂液的耐盐、耐剪切性能；同时引入了双基团单体作为支化剂，形成了支化的稠化剂分子结构，增加了交联位点；引入了含羧酸根的单体，为有机金属类交联剂提供交联基团，合成了四元结构的海水基稠化剂，记为 GC-510C（以下如无特别说明，GC-510C 均指海水基稠化剂），可与交联剂形成可挑挂的冻胶，表现出了优越的耐温、耐盐、耐剪切性能。

## 二、海水稠化剂的中试合成工艺和性能测试

海水基稠化剂是为适应海上油田开采中高温压裂而研发的稠化剂，可与配套的有机锆交联剂联合使用，产品形态为细粉状。经室内实验，该产品可直接用海水配制，具有良好的溶解性和快的溶解速率，与配套交联剂可实现快速交联，交联所得凝胶具有高的凝胶强度和优异的耐温性，适用于海水基压裂液体系。

为形成稳定加工工艺、具有稳定性能的产品，对海水基稠化剂进行了中试试验。通过对中试工艺流程的选择、配料工艺、聚合工艺（单体配比、加料顺序、反应温度、溶液 pH 值、聚合时间）优化，后处理工艺、设备和工艺条件（造粒尺寸、干燥时间、颗粒粒径、含水量）优化等过程工艺控制，确定了稠化剂 GC-510C 生产的工艺流程、设备选型和工艺条

件，完善了稠化剂的聚合配方，建立了稠化剂 GC-510C 工业生产的全套技术。图 4-7 为海水基稠化剂 GC-510C 半成品和成品。

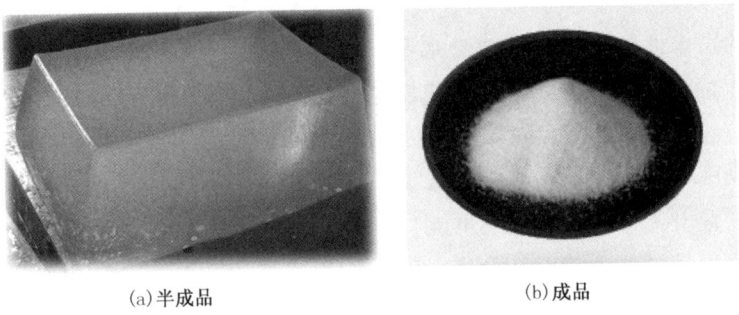

(a) 半成品　　　　　　　(b) 成品

图 4-7　海水基稠化剂 GC-510C 半成品和成品

## （一）中试工艺流程选择

海水基稠化剂的生产工艺采用间歇式操作方式。生产规模按单釜生产 100kg 计算，聚合液单体质量浓度约为 30%。聚合方式采用紫外光引发方式进行，海水基稠化剂的生产工艺流程见图 4-8。

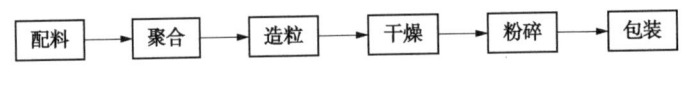

图 4-8　稠化剂生产工艺流程框图

生产工艺流程简述：
(1) 配料工序。称取相应单体溶解，加入链转移剂等添加剂，调节 pH 值。
(2) 聚合工序。加入引发剂，通氮气除氧，开启紫外光引发系统聚合，出料。
(3) 捏合造粒工序。将胶块加入捏合机中，加入防黏剂，进行捏合造粒。
(4) 干燥工序。将捏合后的颗粒置于干燥机中干燥，除去水分。
(5) 磨粉工序。用双辊研磨机二次研磨工艺将产品颗粒进行破碎，通过振动筛筛分出小于一定目数的粉末样品。

## （二）配料工艺

海水基稠化剂的聚合过程为间歇过程，需要在聚合之前将各物料称量、溶解、混合均匀，制得所需质量浓度的水溶液。其中单体 AMPS 为酸性固体，聚合时需以盐的形式进行，因此 AMPS 必须溶解并中和。AMPS 的中和过程会放出大量热，加之 AMPS 用量大，导致溶液温度上升，控制不当会发生自聚。因此需要单独对 AMPS 进行中和，得到单体 AMPS 的盐溶液 AMPS-Na，待其冷却后再与其他物料混合溶解。

为了防止 AMPS 中和过程中温度升高而造成自聚，溶解 AMPS 用的去离子水和配制好的 NaOH 溶液均需置于冷库中冷却至 15℃ 备用。

### (三) 聚合工艺控制

海水基稠化剂的生产采用了紫外光引发，该方法具有易于低温聚合，易控制，重复性好等优点。

聚合操作工艺为：将配制好的 AMPS-Na 溶液加入聚合釜，再加入规定量的丙烯酰胺、双基团单体、羧酸根单体及链转移剂，加水到规定质量浓度，调节 pH 值为 6.5~7.0，通氮气 7~8min 后，加入引发剂和络合剂溶液，开启紫外光灯，光照引发聚合至胶块硬度达足够硬度出料。

在聚合过程中，起始温度、氮气除氧效率、引发剂加量、溶液 pH 值、尿素加量等因素均会对产品特性黏数、水解度和溶解时间等性能造成影响，因此，需要对以上工艺条件进行严格控制，以获得性能稳定的合格产品。

在具体操作中，针对室内的合成工艺，进行了简单优化，以期获得满意的海水基稠化剂分子量和交联性能，并对聚合工艺进行了调整。具体采用的措施有：

（1）延长通氮气的时间，在中和过程中通入氮气，通过氮气流的搅动作用使氢氧化钠溶液分散均匀，并且在加入引发剂后继续通入氮气一定时间。

（2）降低起始聚合温度，降低链转移率，保证分子量。

（3）降低引发剂用量和链转移剂加量，以获得较高的稠化剂分子量和更高的交联性能。

通过以上措施，得到了性能稳定的海水基稠化剂配方，见表 4-4。

表 4-4 海水基稠化剂聚合配方

| 序号 | 原材料 | 百分比(%) | 序号 | 原材料 | 百分比(%) |
| --- | --- | --- | --- | --- | --- |
| 1 | 丙烯酰胺 | 65~75 | 5 | 链转移剂 | 0.15~0.3 |
| 2 | 2-丙烯酰胺-2-甲基丙磺酸 | 10~15 | 6 | pH 调节剂 | 0.5~1.5 |
| 3 | 羧酸根单体 | 5~8 | 7 | 络合剂(10%溶液) | 0.08~0.12 |
| 4 | 双基团单体 | 1~2 | 8 | 引发剂(10%溶液) | 0.005~0.03 |

注：百分比均为原材料占总量的百分比。以上原材料之和占水溶液的 30%。

### （四）捏合造粒、烘干工艺

在聚合物的工艺中，为了使聚合后的胶块能够通过捏合机造粒，使破碎后的胶粒能够分散开，需要在捏合过程中加入一定量的防黏剂，防黏剂是由煤油和司盘 80 按一定的质量比进行混合得到。

在此生产过程中，防黏剂的加量也需要严格控制。防黏剂加入过多，容易造成后期海水基稠化剂干燥后发黄变色；加入量过低，胶粒分散不开，易团聚，影响后期干燥粉碎效果。图 4-9 是不同防黏剂加量下得到的海水基稠化剂样品。

图 4-9　不同防黏剂加量下海水基稠化剂的外观

捏合造粒之后，得到小颗粒状的胶粒，接下来的工序是对胶粒进行干燥。干燥设备为单滚筒热风干燥机，采用蒸汽为热源，通过换热器将空气加热后吹入滚筒中，对物料进行干燥。在实际生产中，可以通过调整换热器蒸汽压力控制热风温度，根据经验，以滚筒干燥机通风口处的温度升至105℃时，视为胶粒干燥完成。在海水基稠化剂干燥过程中，烘干时间与一次烘干的物料数量成正比关系。一般来讲，500kg 的胶粒，同时烘干的时间为 3~3.5h，800kg 的胶粒烘干时间为 5~6h，1200kg 同时烘干时间为 7~8h。

在实际生产中发现，当同时烘干的胶粒过多时，干燥后产品的溶解速度会明显变慢，同时有不溶物产生。这是由于聚合物显弱酸性，聚合物在高温烘干时易发生亚酰胺化作用，导致支化或交联所致。因此在烘干过程中，不宜烘干过多的胶粒，并且要严格控制滚筒干燥机出风口温度，当温度达到100℃以后，可关闭蒸汽开关，使烘干后段主要靠物料自身温度烘干剩余水分，此时干燥时间较短，可保证产物具有良好的溶解性和溶解速率。

### (五) 磨粉工艺

经过捏合造粒烘干后，得到米粒状颗粒产品，其直径约在 3~4mm 之间。因此，需要对该颗粒进行破碎。在海水基稠化剂的加工过程中，采用双辊研磨机二次研磨工艺对烘干后的颗粒进行破碎，将破碎后的产品通过振动筛进行筛分。需要注意的是，由于磨粉过程存在高强度的机械剪切作用，会使产品的分子量有一定程度的降低，表 4-5 为磨粉过程对产物特性黏数(分子量)的影响。

表 4-5　磨粉过程对产物特性黏数(分子量)的影响

| 序号 | 特性黏数(mL/g) | | 特性黏数降低量(mL/g) |
|---|---|---|---|
| | 磨粉前 | 磨粉后 | |
| 1 | 1149 | 1084 | 65 |
| 2 | 1156 | 1085 | 71 |
| 3 | 1132 | 1075 | 57 |

磨粉后产品的粒径大小对其溶解速度有着显著的影响,一般溶解时间与粒径的平方成正比,因此减小产品的粒径是提高其在海水中溶解速率的主要措施。经过磨粉工艺加工后,最终产品中目数在60目以上的颗粒占总重达到92%~93%,产品平均粒径为200~250μm。在0.6%的加量下,产品粒径与溶解速率的对应关系见表4-6。

表4-6 稠化剂粒径与溶解速率的关系

| 粒度(目) | 粒径(μm) | 完全溶解时间(min) |
| --- | --- | --- |
| 30~40 | 380~550 | 18~25 |
| 40~50 | 270~380 | 13~18 |
| 50~60 | 250~270 | 10~13 |
| ≥60 | <250 | ≤8 |

## (六)海水基稠化剂样品性能测试

采用以上优化后的合成配方与生产工艺,最终中试生产了合格的海水基稠化剂GC-510C产品2000kg,生产的稠化剂具有快的溶解速度(小于10min)和良好的高温流变性能。以海水配制0.6%浓度溶液,加入0.3%交联剂所形成的凝胶产品初始黏度可达800mPa·s,升温至150℃过程中,黏度平稳下降,150℃下可稳定在100mPa·s以上(图4-10),达到了性能指标的要求。表4-7给出了该产品的质量检测结果,各项指标均达到了性能指标考核要求。

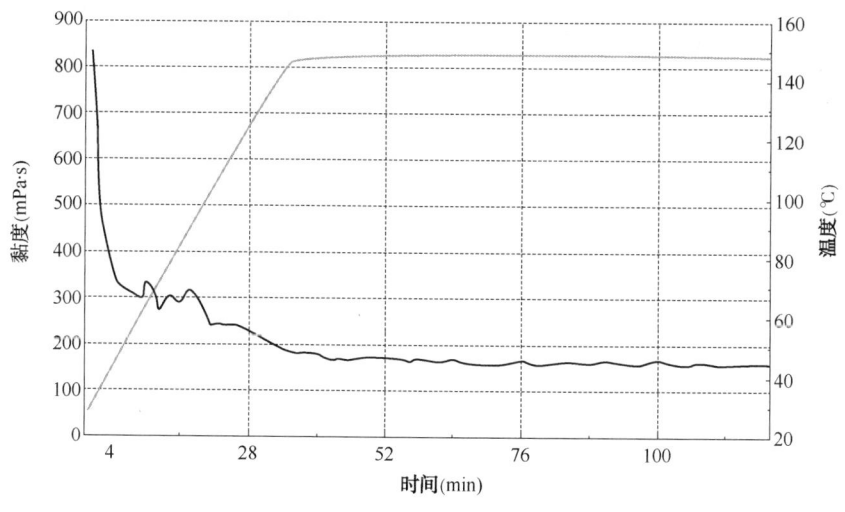

图4-10 海水基稠化剂形成的冻胶的高温流变曲线

表4-7 海水基稠化剂产品的理化指标

| 序号 | 项目 | 要求指标 | 测试结果 |
| --- | --- | --- | --- |
| 1 | 产品外观 | 白色粉末 | 白色粉末 |
| 2 | 粒度(60目以上)占比(%) | ≥90 | 93 |

续表

| 序号 | 项    目 | 要求指标 | 测试结果 |
|---|---|---|---|
| 3 | 特性黏数(mL/g) | 950—1200 | 1084 |
| 4 | 水解度(%) | 5—8 | 6.5 |
| 5 | 固含量(%) | 90—93 | 91.7 |
| 6 | 溶解速度(min) | ≤10 | 6 |
| 7 | 交联性能 | 可挑挂 | 可挑挂 |
| 8 | 耐温性(150℃，170s$^{-1}$，剪切2h黏度)(mPa·s) | ≥100 | 167 |

## 第四节　海水基压裂液用交联剂

### 一、海水基交联剂的选择

聚合物压裂液耐温、耐剪切等综合性能不仅与稠化剂自身耐温能力有关，还与交联剂的选择有很大的关系，交联剂与稠化剂形成冻胶的状态，对携砂有着较大影响，进而影响着压裂施工效果和增产效果。

目前，聚合物稠化剂用的交联剂种类很多，主要是有机锆、有机钛、有机铝、有机铬等，其区别主要是所用的金属离子不同、络合配位体不同、加工工艺不同。高价金属离子具有空轨道，可与提供孤对电子的羧基形成配位键，达到交联的目的。通常为提高交联剂的稳定性，增强其交联性能，会向金属离子中引入有机配体。因此这些交联剂主要是无机金属盐和有机配位体通过配位键络合而成，这些配位体主要有乳酸、三乙醇胺、丙三醇、异丙醇等。在交联过程中，其首先形成金属离子的多核羟桥络合离子(图4-11)。

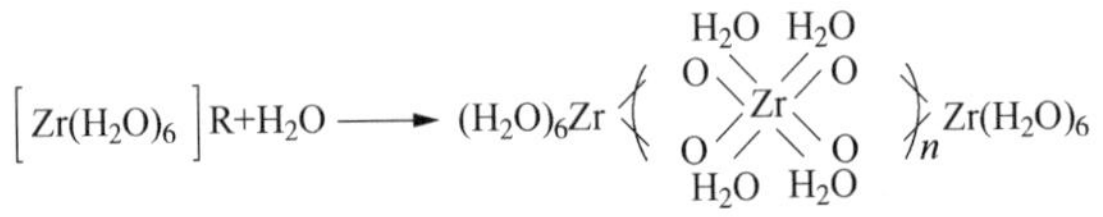

$$[Zr(H_2O)_6]R+H_2O \longrightarrow (H_2O)_6Zr \left\{ \begin{array}{c} H_2O\ H_2O \\ O\ \diagdown\ O \\ Zr \\ O\ \diagup\ O \\ H_2O\ H_2O \end{array} \right\}_n Zr(H_2O)_6$$

图4-11　多核羟桥络合离子的形成

然后多核羟桥络合离子和稠化剂分子形成配位键(图4-12)，进而形成三维网状结构冻胶。

国内外学者对有机金属类交联剂进行大量研究。2010年，尧君等合成了以三乙醇胺、吡咯烷酮和多元醇为配体的有机锆，该交联剂适用pH范围为6~12，适用温度范围为80~140℃，该交联剂在现场成功应用十余次，取得了较好的增产效果。2011年，吕海燕等以钛酸四丁酯、碱、糖以及二元醇作为反应原料合成了一种有机钛交联剂，该交联剂形成的压裂液具有携砂能力强、摩阻低、延迟时间可控、低伤害等优点。2012年，王丽伟等以链烷醇胺和有机酸为配体合成了有机锆，该交联剂在酸性条件下可与聚丙烯酰胺类聚合物交联，形成的冻胶在200℃、170s$^{-1}$下连续剪切120min后保留黏度为170mPa·s，具有很好的耐温

图 4-12 多核羟桥络合离子与稠化剂分子羧酸根的交联

性能，为我国高温深井的开发提供了技术支撑。李丛妮等利用氯化铝和柠檬酸在一定条件下合成了梓檬酸铝交联剂，并将合成的交联剂与聚丙酰胺进行了交联，交联效果良好，但是耐温稍低。

通过文献调研，可以看出有机锆与聚合物体系交联，形成的冻胶压裂液耐温性能高，适用于高温储层(180~200℃)压裂液；交联剂通过调节有机配体，可起到延缓交联的作用；交联 pH 范围广，可适用于弱酸性到 pH=14 的环境。

因此以锆为交联离子，以多元醇和有机酸作为有机配体配体，重点考察了金属盐与多元醇/有机酸比例、反应体系的 pH 值、加料顺序、反应温度和反应时间等对交联剂性能影响，室内合成了有机锆交联剂，记为 GC-506E(以下如无特别说明，GC-506E 均指海水基交联剂)。

## 二、海水基交联剂中试合成

在室内合成的基础上，开展了海水基交联剂的中试合成实验。通过对工业原料的筛选，对加料顺序、初始 pH 值、反应温度、反应时间等合成工艺的优化，对后处理工艺、仪器设备定型等过程工艺控制，确定定型交联剂 GC-506E 生产的工艺流程、工艺条件，建立了交联剂工业生产的工艺流程，如图 4-13 所示。交联剂现场中试生产设备见图 4-14 所示。

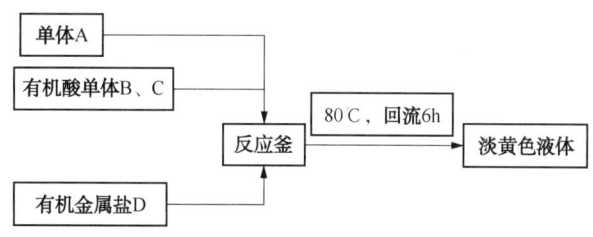

图 4-13 海水基交联剂 GC-506E 的中试工艺流程

图 4-14　交联剂现场中试生产设备

以中试产品 GC-510C 配制海水基基液[图 4-15(a)]，按交联比 0.3% 加入 GC-506E，得到了可挑挂的冻胶[图 4-15(b)]。图 4-15 为海水基压裂液交联前后的状态对比。

(a) 交联前海水基基液　　　　　　(b) 交联后冻胶状态

图 4-15　海水基压裂液交联前后状态

## 第五节　海水基压裂液添加剂

### 一、破胶剂研制优选

压裂液体系在施工结束后能否及时破胶，保证返排，关系到对地层伤害程度的大小和压裂后形成的裂缝能否达到预期效果。破胶效果主要表现在压裂液破胶后残渣含量及破胶液黏度两个方面。常用作压裂液破胶剂的主要有生物酶破胶剂、氧化性盐破胶剂和过氧化物破胶剂。

生物酶破胶剂属于生物途径，通过降低化学键的活化能，使化学键更容易断裂，从而实现压裂液破胶水化。酶破胶剂的破胶速度主要取决于它的活性，使用时要求必须维持在低pH值下，若使用酶破胶剂破胶，大部分需要将其改性，造成成本的提高，因此，针对大部分水基压裂液来说，酶破胶剂并不能满足其破胶需求。氧化还原破胶体系在水基冻胶压裂液中应用范围最为广泛，属于化学途径的破胶体系。常见的氧化破胶剂有过硫酸铵、过硫酸钾、过硫酸钠等。通过热分解产生硫酸活性自由基，其破胶速度取决于氧化剂的分解速率，氧化剂的分解速度取决于温度的高低，这主要是因为氧化性盐破胶剂的分解主要受温度影响。过氧化物破胶剂主要包含过氧化氢、过氧二苯甲酰等，其破胶机理液主要使通过过氧化物分解成过氧基团，过氧基团夺取聚合物链上的叔氢，迫使稠化剂分子链段断裂，起到破胶的目的。过氧化物的分解也主要受温度的限制，但是不同的过氧化物，分解温度不同，选择范围比较宽。

为此考察了过氧化物、生物酶、强氧化剂三种不同破胶剂在不同加量下海水基压裂液的破胶情况，结果见表4-8。

表4-8　三种不同的破胶剂不同加量下的破胶情况

| 破胶剂 | 加量(%) | 1h破胶黏度 | 2h破胶黏度 | 3h破胶黏度 |
| --- | --- | --- | --- | --- |
| 强氧化剂 | 0.04 | 12.4 | 4.8 | 3.6 |
| | 0.06 | 10.2 | 4.0 | 3.4 |
| | 0.08 | 6.2 | 3.8 | 3.2 |
| 过氧化物 | 0.04 | 14.5 | 6.8 | 5.0 |
| | 0.06 | 13.4 | 5.2 | 4.8 |
| | 0.08 | 10.9 | 4.9 | 4.4 |
| 生物酶 | 0.04 | 8.5 | 7.3 | 5.9 |
| | 0.06 | 7.3 | 6.2 | 5.1 |
| | 0.08 | 6.0 | 5.0 | 4.2 |

由表4-8可以看出，2h后，添加强氧化剂型破胶剂的破胶液的黏度最低，因此优选强氧化剂作为体系的破胶剂。

## 二、助排剂研制优选

为提高压裂后破胶液的返排效率，最有效的方法是向体系中添加助排剂，它能产生很低的表面张力和界面张力，增大接触角，有利于破胶液的返出。最早用作助排剂的是氟碳表面活性剂，由于其具有良好的热稳定性、表面活性高、耐酸性强，对降低表面张力更有效，因此常作为助排剂用于压裂液体系中。由于氟碳类表面活性剂价格昂贵，因此常将氟碳表面活性剂与其他的表面活性剂复合使用，如阴离子表面活性剂、非离子表面活性剂和两性表面活性剂。复配后的助排剂在降低表界面张力方面明显优于单一使用的氟碳类表面活性剂。后来原苏联学者提出了有机硅作为助排剂，其机理是有机硅中的Si-C键可与砂岩表面形成一层吸附膜，可以降低油水界面张力，增大相对岩石表面的润湿角，因此也可用作压裂液返排中。

通过前期的调研，将不同的表面活性剂与氟碳类表面活性剂进行复配，得到了三种不同的助排剂。不同助排剂与体系配伍性和对破胶液表界面张力影响的实验结果见表4-9。

表4-9 助排剂性能测试结果

| 序号 | 助排剂名称 | 配伍性 | 破胶液表界面张力（mN/m） | |
|---|---|---|---|---|
| | | | 表面张力 | 界面张力 |
| 1 | GC-505 | 1%加量，配伍性良好 | 27.10 | 1.25 |
| 2 | GC-505-1 | 1%加量，配伍性良好 | 27.10 | 1.93 |
| 3 | GC-505-2 | 1%加量，配伍性好 | 29.53 | 1.98 |

可以看出，3种助排剂与体系配伍性均良好；从破胶液表、界面张力看，GC-505性能最好。因此优选研制的GC-505作为体系的助排剂，确定其加量为1%。

## 第六节 海水基压裂液体系及综合性能

为保证压裂过程顺利及压后施工效果，压裂液必须具备如下性能：

（1）耐温耐剪切性能好。即压裂液在温度升高、泵注地层高速剪切速率的条件下，黏度不发生大幅度降低导致支撑剂沉积，影响施工效果。

（2）悬砂能力强。压裂液的黏度是影响其悬砂能力的重要因素。黏度较高，支撑剂即可悬浮于压裂液中，有利于支撑剂均匀分布在裂缝中。但黏度也不能过高，过高则压后裂缝的高度太高，不利于产生宽而长的裂缝，油层渗流面积减小，降低增产效果。

（3）低残渣。要尽量降低压裂液中的水不溶物含量，提高破胶能力，减少残渣对岩石孔隙及填砂裂缝的堵塞，增大油气导流能力。

（4）易返排。裂缝闭合后，压裂液破胶液返排越快、越彻底，对油气层伤害越小。

（5）配伍性好。压裂液与油气储层区域的岩石矿物及流体接触后不产生影响施工效果的物理和化学反应，即不引起地层水敏及产生颗粒沉淀。

（6）滤失小。滤失性是指在压力差的作用下，压裂液中的自由水向井壁岩石的孔隙或缝隙中渗透的现象。压裂液黏度对其滤失性能具有较大影响，黏度越小，自由水含量越多，压裂液滤失越大。降滤失剂能大大降低压裂液滤失量，在施工过程中压裂液滤失量越低，在同一排量下压出裂缝面积就越大，压裂施工效果也就越好

为考察耐高温海水基压裂液体系的性能特点，按照行业标准SY/T 5107—2016《水基压裂液性能评价方法》中规定的压裂液性能测定方法，进行了实验测试，将实验结果与行业标准SY/T 6376—2008《压裂液通用技术条件》中规定的技术指标进行了对比。

### 一、耐温耐剪切性能

压裂液在施工过程中要承受一定高温和不同剪切速率的剪切，因此对压裂液的耐温耐

剪切性能要求非常高,要求其在施工时间内保持一定的黏度,以保证液体能够正常携砂,避免出现砂堵等安全事故,保证施工进行。

对海水基压裂液体系的耐温耐剪切性能进行了考察,考察了体系在150℃下的流变性能,见图4-16。可以看出,在150℃,$170s^{-1}$条件下,剪切120min,黏度>100mPa·s,满足行业标准中耐温耐剪切能力>50mPa·s的要求,也说明体系耐温性达到150℃高温。

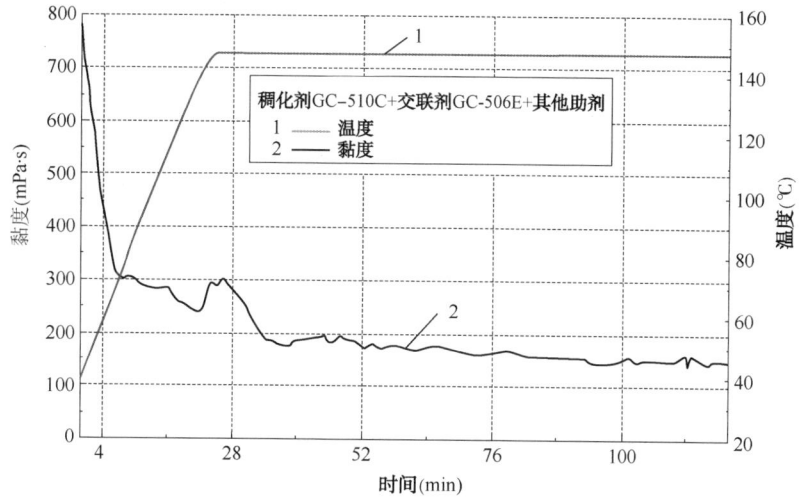

图4-16 海水基压裂液150℃流变曲线

## 二、悬浮携砂性能

为了考察海水基压裂液体系的悬浮携砂能力,在150℃测定了该体系的变剪切曲线,如图4-17所示。

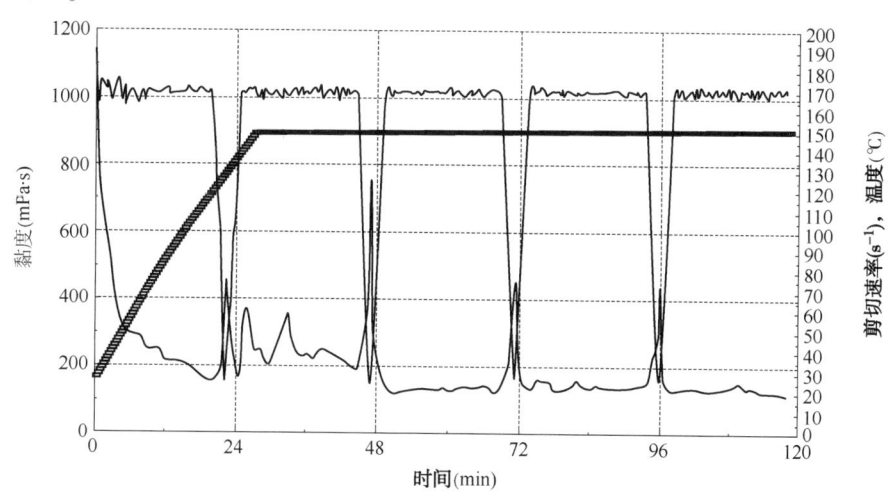

图4-17 海水基压裂液变剪切曲线

由图 4-17 可以计算出，该压裂液体系的流动行为指数 $n'$ 和稠度系数 $K'$ 分别为 0.3835 和 4.1665，大于标准要求的 0.3 和 2.0。由此可以表明，海水基压裂液体系具有足够的悬浮携砂能力。图 4-18 为不同时刻海水基压裂液的静态携砂实验图片及吐舌行为图片。

(a) 初始时刻　(b) 20min　(c) 40min　(d) 60min　(e) 携砂液吐舌行为

图 4-18　海水基压裂液的静态携砂实验

## 三、降滤失性能

压裂液的滤失性能体系的影响很大，滤失速率越低造缝能力越强。压裂液的滤失性是压裂液体系必须考察的性能。为了考察海水基压裂的降滤失性能，在 150℃ 下，依据 SY/T 5107—2016，对该体系进行了静态滤失性能测试。如图 4-19 所示为累积滤失量和时间的平方根之间的关系。

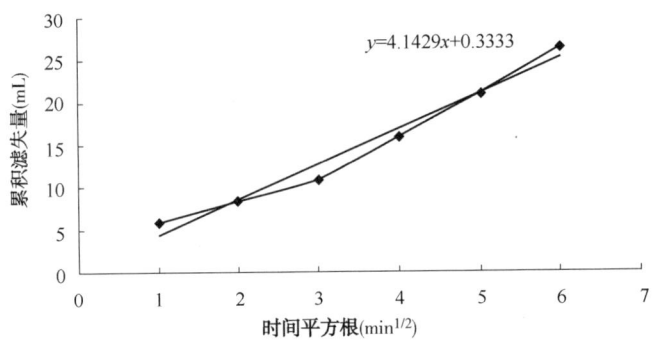

图 4-19　累积滤失量和时间的平方根之间的关系

由图中的拟合公式可以计算出海水基压裂液体系的滤失系数、初滤失量和滤失速度，如表 4-10 所示。

表 4-10　海水基压裂液的滤失参数

| 测试项 | 实验结果 | 技术指标 |
| --- | --- | --- |
| 滤失系数 $C_3$（m/min$^{1/2}$） | $9.05 \times 10^{-4}$ | $\leqslant 1.0 \times 10^{-3}$ |
| 初滤失量 $Q_{sp}$（m$^3$/m$^2$） | $1.5 \times 10^{-2}$ | $\leqslant 5.0 \times 10^{-2}$ |
| 滤失速度 $V_c$（m/min） | $1.2 \times 10^{-4}$ | $\leqslant 1.5 \times 10^{-4}$ |

由表 4-10 可以看出，海水基压裂体系滤失系数、初滤失量和滤失速率均高于指标要求，具有优越的降滤失性能。

## 四、破胶性能

破胶速率是需要控制的一个关键因素，破胶太快，容易造成脱砂，堵塞井筒；破胶太慢，影响后期返排，甚至造成不能破胶，影响施工效果。针对以上三种破胶剂，对适用于海水基压裂液体系的破胶剂进行了筛选。

通过对不同破胶剂的筛选，氧化性盐破胶剂的破胶液黏度最小，破胶效果最好。针对优选出的氧化性盐破胶剂，考察了不同破胶剂加量对破胶时间、破胶液黏度和表界面张力的影响。图 4-20 为不同破胶剂加量下的破胶液，表 4-11 为破胶液的性能参数。

图 4-20　不同破胶剂加量下的破胶液

表 4-11　海水压裂液的破胶性能

| 序号 | 破胶温度（℃） | 破胶剂加量（%） | 破胶时间（h） | 破胶液黏度（mPa·s） | 破胶液助排性能 ||
|---|---|---|---|---|---|---|
| | | | | | 表面张力（mN/m） | 界面张力（mN/m） |
| 1 | 150 | 0.04 | 4 | 4.3 | 26.94 | 1.22 |
| 2 | | 0.06 | 3 | 4.3 | 27.22 | 1.29 |
| 3 | | 0.08 | 2 | 4.1 | 26.92 | 1.21 |
| 4 | | 0.10 | 1 | 3.9 | 27.08 | 1.23 |

由表 4-11 可以看出，通过调节破胶剂的加量，可以控制破胶时间，且破胶后破胶液的黏度低于 5mPa·s，破胶液的表界面张力满足标准的要求。并且从图 4-21 可以看出，破胶液清澈透明，残渣含量低，实测值仅为 38mg/L，远远低于常规瓜尔胶的残渣含量。

压裂液体系能否在储层温度下在适当时间内彻底破胶，对于实现压后快速返排、提高裂缝导流能力至关重要。表面活性剂压裂液体系为非共价键交联，冻胶遇适量地层水和油气时，会引起表面活性剂与盐分子间作用距离增大，胶束的相互缠结状态受到破坏，从而使冻胶体系自动破胶。在室内，对可排放海水基压裂液体系的破胶性能进行了评价，实验结果如表 4-12 所示。

表4-12 可排放海水基压裂液体系破胶性能实验结果

| 温度(℃) | 破胶剂(%)(体积比,2h) | | | | |
|---|---|---|---|---|---|
| | 1 | 2 | 2.5 | 3 | 3.5 |
| | 黏度(mPa·s) | | | | |
| 30 | 70 | 120 | 120 | 120 | 120 |
| 80 | 82 | 115 | 100 | 78 | 56 |
| 90 | 85 | 76 | 67 | 54 | 21 |
| 100 | 72 | 54 | 18 | 8 | 4 |
| 110 | 68 | 48 | 12 | 6 | 3 |

实验结果表明,通过调整破胶剂的加量可以实现可排放海水基压裂液体系在2h内彻底破胶,能够满足压裂施工的需求。

## 五、岩心基质渗透率伤害率

岩心基质渗透率伤害率是评价压裂液体系对储层伤害水平的综合指标,降低岩心基质渗透率伤害率对于提高裂缝导流能力,实现压裂改造效果具有重要意义。室内用高温高压岩心流动实验仪评价了可排放海水基压裂液体系在110℃下对X3-1-1井的岩心基质渗透率伤害率,实验结果见表4-13,实验测试后的岩心照片和实验仪器见图4-21。

表4-13 可排放海水基压裂液体系岩心基质渗透率伤害率实验结果

| 岩心编号 | 渗透率($\times 10^{-3}\mu m^2$) | 孔隙度(%) | 伤害率(%) |
|---|---|---|---|
| 1 | 0.145 | 7.87 | 9.61 |
| 2 | 0.101 | 7.65 | 14.12 |
| 3 | 0.345 | 8.95 | 10.80 |
| 4 | 0.236 | 7.82 | 11.12 |
| 平均 | 0.207 | 8.07 | 11.41 |

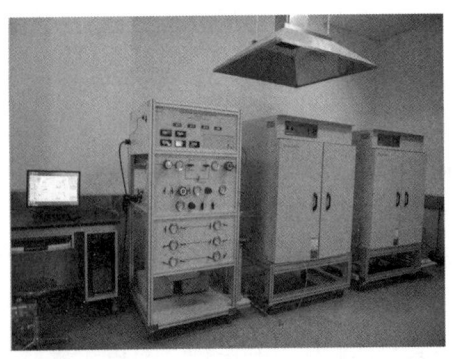

图4-21 实验后的岩心照片与实验设备

由实验结果可知，可排放海水基压裂液体系的岩心基质渗透率伤害率较小，平均为11.81%；实验后的岩心照片表明在岩心端面无明显滤饼产生。

按照标准 SY/T 5107—2016 对海水基压裂液体系进行了岩心伤害实验，并与常规瓜尔胶体系进行了对比，如表4-14所示。

通过与常规瓜尔胶压裂体系对比，发现海水基压裂液对岩心的伤害率满足标准的要求，对岩心的伤害程度低于瓜尔胶体系。

表4-14　海水基压裂液的岩心伤害率

| 压裂液 | 岩心规格（D×H，cm×cm） | 煤油渗透率（mD） | | 伤害率（%） |
| --- | --- | --- | --- | --- |
| | | 伤害前 | 伤害后 | |
| 海水基1# | 2.51×4.53 | 3.2959 | 2.8549 | 13.38 |
| 海水基2# | 2.508×4.60 | 0.4960 | 0.4221 | 14.90 |
| 瓜尔胶1# | 2.51×4.73 | 5.9731 | 4.6782 | 21.68 |
| 瓜尔胶2# | 2.509×4.79 | 0.8375 | 0.5942 | 29.05 |

## 六、稳定性能

对于瓜尔胶体系是天然的多聚糖高分子，在现场压裂施工时，若长期放置，容易滋生细菌，易造成基液黏度的下降。为了压裂液基液长期存放的稳定性，在常温下考察了基液黏度随时间的变化关系（图4-22）。

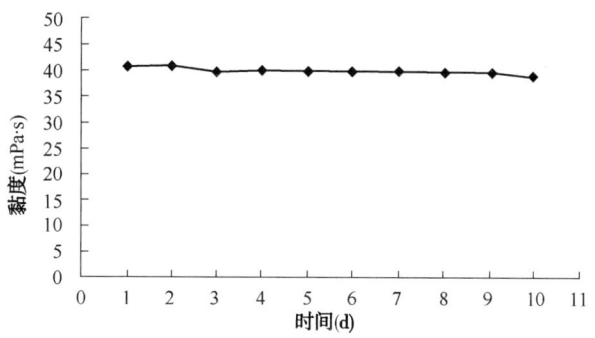

图4-22　海水基基液黏度随时间的变化关系

由图4-22可以看出，在0~9天的时间内，基液黏度基本维持稳定不变，直至第10天基液开始部分脱水，表明海水基稠化剂基液黏度具有良好的稳定性，有利于海洋压裂施工工期的选择。

## 七、海水浊度对压裂液流变性能的影响

在海洋进行压裂施工时，由于大气洋流等多种原因，海水中会含有一定的悬浮物，浊度变大。为了考察海水的悬浮物含量对压裂液体系的影响，分别配制了不同悬浮物含量和

不同浊度的海水,以供配制基液。然后考察了海水基悬浮物对流变性能的影响,如表4-15所示。

表4-15 海水悬浮物含量对流变性能的影响

| 悬浮物含量(mg/L) | 浊度(NTU) | 流变性能(mPa·s)(120℃,170s$^{-1}$,120min) |
| --- | --- | --- |
| 0 | 0.507 | 171 |
| 100 | 10.4 | 169 |
| 200 | 32.4 | 165 |
| 500 | 77.4 | 149 |
| 1000 | 144 | 136 |
| 2000 | 317 | 115 |
| 3000 | 602 | 104 |
| 5000 | 698 | 86 |
| 6000 | 751 | 45 |

从表4-15中可以看出,当悬浮物含量高于3000mg/L时,剪切后的表观黏度降低至100mPa·s左右;当悬浮物含量高于5000mg/L时,剪切后的表观黏度降低至50mPa·s左右,此时仍能满足标准的要求。由此表明该压裂液体系对配液用海水具有较宽的使用范围,抗污染能力强(据调查,渤海湾悬浮物平均含量≤90mg/L,浊度≤10NTU)。

## 八、海水基压裂液综合性能测试结果

通过以上对海水基压裂液各个性能的测试,得到了海水基压裂液体系的综合性能相关测试记过,如表4-16所示。

表4-16 压裂液体系的综合性能

| 序号 | 项目 | | 测定结果 | 技术指标 |
| --- | --- | --- | --- | --- |
| 1 | 基液黏度(mPa·s) | | 42 | 30~100 |
| 2 | 交联时间(s) | | 18~30s可调 | 30~300 |
| 3 | 耐温耐剪切能力(mPa·s) | | 152 | ≥50 |
| 4 | 滤失速率(m/min) | | 1.2×10$^{-4}$ | ≤1.5×10$^{-4}$ |
| 5 | 滤失系数 $C_3$(m/min$^{1/2}$) | | 9.05×10$^{-4}$ | ≤1.0×10$^{-3}$ |
| 6 | 岩心基质渗透率伤害(%) | | 14.1 | ≤30 |
| 7 | 破胶性能 | 破胶时间(min) | 240 | ≤720 |
| | | 黏度(mPa·s) | 4.0 | ≤5 |
| | | 表面张力(mN/m) | 27.11 | ≤28 |
| | | 界面张力(mN/m) | 1.89 | ≤2.0 |
| 8 | 残渣含量(mg/L) | | 38 | ≤600 |
| 9 | 海水悬浮物含量耐受能力(mg/L) | | 3000 | 渤海湾悬浮物平均含量<90mg/L |

# 第四章 可排放海水基压裂液

将海水基压裂液综合性能测试结果与 SY/T 6376—2008《压裂液通用技术条件》进行对比。从表4-16可以看出，海水基液压裂液各个性能指标优于指标的要求。

## 第七节 海水基压裂液体系环保性能

### 一、国内海上可排放法律法规及评价方法

我国对海洋环境保护有近二十年的历史，颁布了环境质量标准、海洋污染物排放控制标准及其环境性能分析方法标准，相关的法律法规逐渐趋于完善，为此针对海上可排放法律法规及评价方法进行了充分调研。表4-17是我国现行的海洋保护相关法律法规及评价方法。

表4-17 国内海洋保护相关的法律法规及评价方法

| 法律法规及标准 | 标准号 | 实施日期 |
| --- | --- | --- |
| 中华人民共和国环境保护法（1989） | / | 1989-12-26 |
| 中华人民共和国海洋环境保护法 | / | 2000-04-01 |
| 中华人民共和国海洋倾废管理条例 | / | 1985-04-01 |
| 中华人民共和国海洋石油勘探开发环境保护条例 | / | 1983-12-29 |
| 中华人民共和国环境保护法（2015） | / | 2015-01-01 |
| 海洋石油勘探开发污染物排放浓度限值 | GB 4914—2008 | 2009-05-01 |
| 海洋石油勘探开发污染物生物毒性（第1部分）：分级 | GB 18420.1—2009 | 2009-11-01 |
| 海洋石油勘探开发污染物生物毒性（第2部分）：检测方法 | GB/T 18420.2—2009 | 2009-11-01 |
| 进出口重晶石中汞、镉含量的测定 | SN/T 1325—2003 | 2004-02-01 |
| 石油天燃气工业钻井液现场测试（第1部分）：水基钻井液 | GB/T 16783.1—2014 | 2015-06-01 |
| 海洋石油开发工业含油污水分析方法 | GB/T 17923—1999 | 2000-05-01 |

《中华人民共和国海洋环境保护法》《海洋石油勘探开发污染物排放浓度限值》等法律标准对海洋石油勘探开发污染物的排放标准和浓度进行了明确规定。根据标准《海洋石油勘探开发污染物排放浓度限值》，渤海海域属于一级海域，对压裂液环保性能要求更高，海水基压裂液必须满足渤海湾可排放标准。

GB 4914—2008《海洋石油勘探开发污染物排放浓度限值》规定海洋石油勘探开发污染物的排放要求/浓度限值，按污染物排放海域的不同分为三级：

一级：适用于渤海、北部湾，国家规定的其他海洋保护区域和其他距最近陆地4mile以内的海域。

二级：除渤海湾、北部湾，国家划定的其他海洋保护区域外，其他距最近陆地大于

4mile 小于 12mile 的海域。

三级：适用于一级和二级海区外的其他区域。

注：距最近陆地指以领海基线为起点计算的距离。

表 4-18 为压裂液渤海湾排放需要满足的标准。

表 4-18　渤海湾压裂液应该满足的可排放标准

| 检测项 | | 渤海湾污染物排放限值 | 执行的法律法规及标准 | 检测方法 |
| --- | --- | --- | --- | --- |
| 生物毒性允许值 | | 30000mg/L | 中华人民共和国海洋环境保护法；GB 18420.1—2009 | 对虾仔虾或卤虫幼体法 |
| 重金属检测 | Hg | 1mg/kg | GB 4914—2008 | 冷原子吸收光谱法 |
| | Cd | 3mg/kg | GB 4914—2008 | 原子吸收光谱法 |
| | Pb | 1mg/L | GWKB 4—2000 | 原子吸收光谱法 |

## 二、海水基压裂液生物毒性检测

如表 4-18 所述，我国对渤海湾污染物排放的浓度限值做了具体要求，排放物的生物毒性容许值为 30000mg/L。为评价该体系是否达到可排放的要求，委托国家海洋局天津海洋环境检测中心对海水基压裂液体系破胶液及单个添加剂进行了生物毒性测试，并出具了报告。表 4-19 为稠化剂、交联剂、助排剂和破胶液的生物毒性测试测试值。

表 4-19　稠化剂、交联剂、助排剂和破胶液生物毒性测试值

| 样品 | 稠化剂 | 交联剂 | 助排剂 | 破胶液 |
| --- | --- | --- | --- | --- |
| 测试值（mg/L） | $5.60 \times 10^4$ | $1152.23 \times 10^4$ | $107.34 \times 10^4$ | $9.02 \times 10^4$ |

实验结果表明，压裂液体系破胶液和各个添加剂对卤虫的 96h 半致死浓度 $LC_{50}$ 值均高于标准要求的 30000mg/L，达到一级海域可排放标准。

## 三、重金属含量检测

为满足我国对海洋污染物排放中重金属浓度限值要求，委托中国石油集团安全环保技术研究院对海水基压裂液破胶液进行了重金属毒性检测，重金属毒性检测数值如表 4-20 所示。

表 4-20　破胶液重金属毒性检测结果

| 检测项 | 破胶液（mg/L） | 检测项 | 破胶液（mg/L） |
| --- | --- | --- | --- |
| Hg | 0.0005 | Pb | 未检出 |
| Cd | 0.0009 | | |

表 4-20 可以说明，海水基压裂液体系破胶液重金属含量极低，Pb 含量为零，破胶液达到了海洋污染物排放的限值要求。

## 第八节 海水基压裂液施工工艺

### 一、海上深井压裂装备

水力压裂是油田增产、增注,保持油田稳产的一项重要工艺技术。它利用液体传导压力的性能,在地面利用高压泵组,以大于地层吸收能力的排量将高黏度液体泵入井中,在井底憋起高压,此压力超过油层的地应力和岩石抗张强度,在地层产生裂缝,继续将带有支撑剂的携砂液注入裂缝,裂缝既得到延伸,又得到支撑。停泵后就在油层形成了具有一定宽度的高渗透填砂裂缝,由于这个裂缝扩大了油气流动通道,改变了流动方式,降低了渗流阻力,可起到增产增注作用。在海上组织压裂施工需要克服海洋多变的气候及动荡的潮流带来的影响,施工设备和陆地大致相同,只不过采用的是橇装设备,将设备固定在金属结构框架里,移动时通过吊车吊装,比较大型的设备需要分解成几部分固定的模块以满足吊车的吊装能力,施工之前再按照固定模块组装,整套海洋压裂橇装机组包括压裂橇、混砂橇、仪表橇、供液橇和管汇系统。

#### (一)压裂橇

压裂橇主要用于油气田深井、中深井的各种压裂作业,是压裂的主要动力设备,其作用是产生高压,大排量的向地层注入压裂液,压开地层,并将支撑剂注入裂缝。可以单机进行施工作业,也可以多台设备组成机组与其他设备实现联机作业。

压裂橇将动力系统和压裂泵分别安装在两个独立的橇座上,工作时将两个橇座固定在整体式底座上,橇座之间的液、气路管线采用快速接头连接,用来执行高压力、大排量的油井增产作业。

压裂橇由动力橇、压裂泵橇和底座三部分组成,拆装方便。动力橇主要由发动机、液力传动箱、燃油系统、电路系统、气路系统、压裂泵润滑系统、仪表及控制系统、橇座等组成;压裂泵橇主要由压裂泵、吸入排出管汇、安全系统、橇座等组成,配有自动超压保护装置和机械超压保护安全阀两套系统。

#### (二)混砂橇

混砂橇主要用于加砂压裂作业中将液体(可以是清水、基液等)和支撑剂(石英砂或陶粒)、添加剂(固体或液体)按一定比例均匀混合,可向施工中的压裂橇(组)以一定压力泵送不同砂比、不同黏度的压裂液进行压裂施工作业,适用于中、大型油气井的压裂加砂施工作业。

混砂橇主要由供液、输砂、传动三个系统组成,全部动力由发动机提供,采用全液压电控的方式实现混砂橇各个执行部件的操作。控制系统采用网络传输方式,可以实现混砂橇台上和远程的手动和自动控制。

### (三) 管汇系统

管汇系统由高压管汇橇、低压管汇橇、井口管汇橇、高压柔性软管以及快速脱离装置组成。工作时低压管汇橇将混砂橇混合好的压裂液供给每台压裂橇，经过压裂泵加压后排出到高压管汇橇，然后输送到井口。

高压管线是将从泵头出来的液体输送至井口，必须选用符合 API 标准 1502 接头的连接方式，工作时，使用活动弯头和高压直管将压裂橇排出管汇与高压管汇橇连接起来。

使用低压软管将压裂橇吸入管汇与低压管汇橇连接起来；使用低压软管将混砂橇排出口与低压管汇橇连接起来。选择绕钢丝的硬软管作为离心泵的吸入管，无钢丝的软管作为离心泵的排出软管。吸入软管要求可承受 100psi 的内压力和 14.5psi 的真空度。排出软管要求能承受 100psi 的内压力和 5∶1 的安全系数。

完成其他压裂作业前的准备工作之后，确认整个高压管路系统连接可靠后方可进行压裂作业。

在海上作业之中，需要在高压泵和井口之间采用挠性的连接方式，因为风向、海潮等因素会导致船体上下浮动，如果采用硬管线连接对施工安全来说风险太大。高压柔性软管可用常规 1502 接头连接，并可配快速接头，在海上风浪较大的情况下可以方便快速连接。当施工过程中突然遇到大风或巨浪等恶劣海况时，使用快速脱离装置可以迅速实现高压管线脱开，利于施工船及时安全离开，避免施工船和平台相撞的事故出现，另外高压软管是通过托架固定在平台舷边，高压托架承载了软管的大部分重量，随潮汐涨落，工程船和平台会有一定的落差，在布置高压软管时要提前留出一定的弯曲余量(图 4-23)。

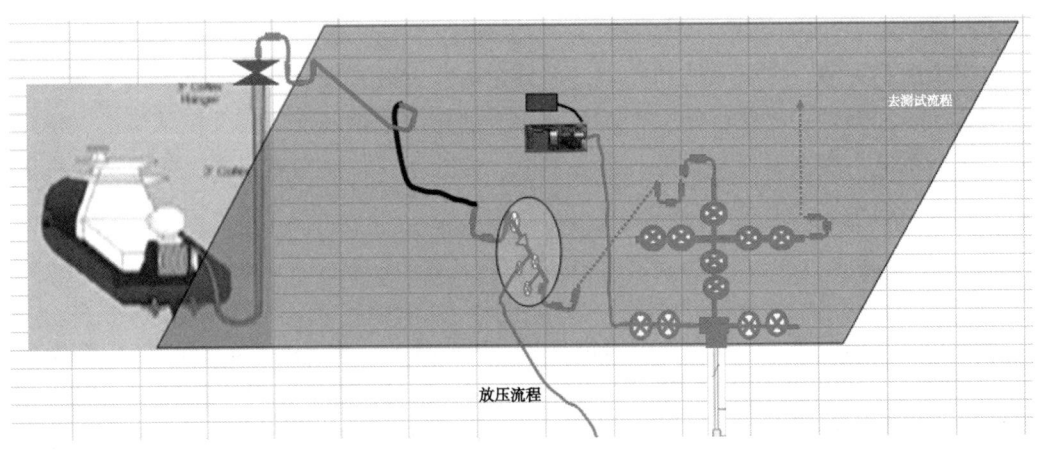

图 4-23 施工船和平台连接示意图

## (四) 供液橇

供液橇主要是将压裂液从其他储液罐中转移到缓冲罐，起到保证压裂液的连续供给，降低液罐抽空带来的风险。供液橇主要由发动机和离心泵组成，经过特殊处理过的离心泵适用输送于各种腐蚀性流体，排量大，效率高，与负压喷砂泵组合后可以快速完成压裂液的配制。

## (五) 仪表橇

仪表橇主要完成海洋酸化施工泵组、混酸橇远程网络控制，施工数据采集、传输；压裂施工工程设计、数据分析等功能。

压裂橇组远程控制包括设备启停、油门、档位、工作状态显示、紧急停机的功能。

通过仪表橇对混砂橇远程集中控制，实现压裂液和支撑剂以及各种液体或者干粉等添加剂按设计要求排量、比例混合及外输，同时实现液位自动控制。

仪表橇数据采集系统安装在专用的工业计算机系统内，实现施工实时数据监测和相应数据采集，生成施工综合曲线及施工报告。仪表橇压裂施工数据分析及施工设计软件系统采用 FracPT。图 4-24 是仪表橇的功能图，图 4-25 是仪表撬显示施工综合曲线。

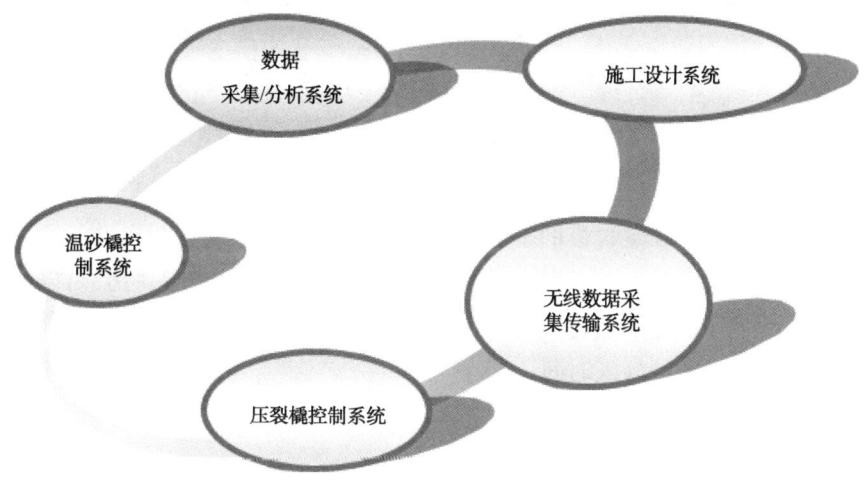

图 4-24　仪表橇的功能图

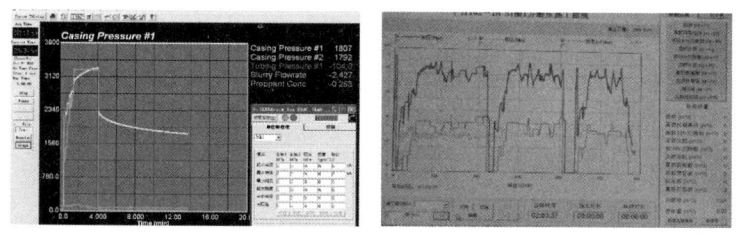

图 4-25　仪表撬显示施工综合曲线

### (六) 施工船舶

国外油气服务公司为满足各类恶劣海况专门建造了增产措施作业船,全世界有30多艘增产作业船广泛地分布在英国北海、西非海域、墨西哥湾、巴西海域等海上油气井主产区,该类船舶有着良好的操控性,优越的动力定位能力,强大的泵注能力,高效的混合搅拌能力,完善的网络控制系统。

在渤海湾地区,由于目前的工作量达不到配置专用增产作业船的必要。但又不得不解决压裂施工的需求。目前只能用生产支持船,将各压裂施工设备按照施工流程合理布局在工作船甲板上。船舶甲板面必须平整坚实,能支撑起压裂橇组的重量并保证压裂橇对中安装,工作船甲板工作面要满足压裂施工设备布局,能摆放施工泵注设备、混砂橇以及足够容积的施工液罐、储液罐和计量液罐;船舶动力系统和锚定系统工况良好,有充足的救生设施和消防设施,工程船的吃水深度必须满足施工井的相应低潮时的深度。

所用压裂施工用设备的尺寸及重量,是确定工作船甲板的主要依据,压裂施工流程及设备布局见图4-26。

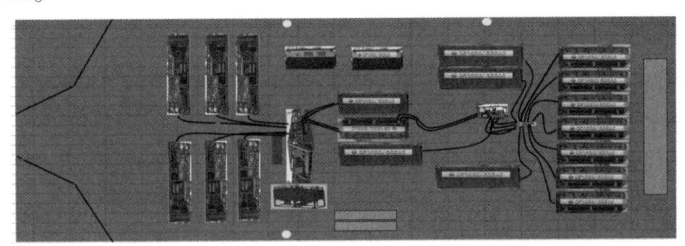

图4-26 压裂施工布局图

随着随海洋石油勘探开发规模的不断扩大,海上油气田产能不断提升,长时间的码头停靠上料将无法满足海洋开发的需要,开发和建设一体化酸化压裂船将会是以后的发展趋势。有了一体化酸化压裂船的支持,可以高效快捷安全地完成各类增产措施作业,并能极大减少对码头的依靠,节约施工时间。

## 二、海水基压裂实现方式

我国渤海湾由于风浪相对较少,大部分海上的油气井都分布在近浅海,组织压裂施工,主要有以下两种方式。

(1) 平台作业,工程船辅助。将橇装机组吊运至平台上组装,在平台上完成整个施工作业,这样的方式不受潮汐风浪的影响,安全性较高,但缺点是受到平台作业面积的制约,施工规模有限。鉴于本地区平台大多较小的现实,在渤海湾海域普遍采用的都是自升式平台,不足以承载压裂设备和液罐,故很少采用。

(2) 工程船作业,平台辅助。将各种橇装施工设备固定在大型工程船甲板上,施工作业只在工程船上完成,作业平台起到辅助作用的施工方式,通过高压软管线将泵注设备和油气井井口连接起来。该类施工方式组织简便，配套成熟，但定位能力偏弱，海况要求较高，超过6级以上风浪情况的情况下不可以进行海上作业，适用于近岸浅海水域，是目前我国近海海域石油服务公司最主要的施工方式。

针对不同的施工规模可以选择不同的施工船舶，在水深超过20m的海域由于风浪较大、工程作业船在靠近平台时都不系缆绳，如果实施小规模的压裂施工，由于所需设备较少，可以采用三用工作船为施工载体船，该类三用工作船配备了组合舵，有着优良的推进和操纵性能，可以在一定的风浪条件下保持定位能力，可以满足海上压裂施工需要。在渤海湾的大部分油气井所在的海域，由于风浪较小，当工程船满载着施工设备群靠近平台后，可以采用"首部带缆，尾部抛锚"的方式将工程船固定在平台一侧，选择海况和气象条件较好的时候完成施工作业。

## 三、压裂施工

### （一）施工前准备

施工之前作业方需要及时收集相关信息资料，资料主要内容包括海洋水文资料、气象资料、施工井资料、施工要求、应急计划等。

（1）施工海域的海洋水文资料，包括潮位、潮流速度和潮流方向、波浪、海况、含沙量、海冰及海水的理化性质等水深、潮汐、海底状况。

（2）近期的气象资料，包括风速、风向、降水量、气压、气温及湿度等。

（3）施工井资料，包括井位，井口结构及方位，井口的连接螺纹的类型和尺寸，井口承压能力，井下管柱结构，套管的尺寸、单位重量及其螺纹类型和结构等。

（4）施工要求，包括施工工艺，施工规模，施工所需的材料和设备，施工现场的风险及风险评估，施工方案、施工步骤等。

（5）应急计划，包括现场应急处置方案，火灾爆炸应急预案、人员受伤应急预案、人员落水应急预案、危险化学品泄漏应急预案、设备故障应急预案、管线开裂应急预案，紧急情况流程及泵注程序改进等。

### （二）施工动员和设备摆放

施工方负责人在施工动员时需要完成对施工场地危险识别，做好风险分析，并与参与现场施工的所有员工交流讨论可能出现的风险，制定相应的防范措施，做出设备运输和摆放计划。

### （三）安全会议

施工方负责人在施工动员之前必须完成安全会议的召开，需要明确人员岗位分工，岗位风险及控制措施，对施工现场进行风险识别并评估，对化学药剂和可燃液体进行风险评估，确保每一位在场的参与者都清楚灭火器的放置位置及正确的使用方法，清楚安全区域及紧急逃生路线。

## 四、设备的就位及连接

根据工程船甲板工作区的不同，选择不一样的设备就位位置，设备摆放应符合安全要求，液力端安置在靠近平台方向的地方，仪表橇要放置在视野开阔处，远离高压区，最好按照功能区摆放设备，高压区与供液区、人员活动区隔离开。制定设备摆放计划后，要绘制设备就位图示，按照图示摆放设备。设置安全警示带、安全警示标识，划出紧急集合区及救援区登船入口处应设置设备布置图、逃生路线图。

管线连接主要包括软管线的连接、高压管线的连接、泵与主管线连接、主管线的连接、井口连接等。

### （一）软管线的连接

选择绕钢丝的硬软管作为离心泵的吸入管，无钢丝的软管作为排出软管。吸入软管要求可承受100psi的内压力和14.5psi的真空度。排出软管要求100psi的内压力和5∶1的安全系数。为了达到最好的输液效果，应该选择合适数量的吸入软管用于连接，这些软管应尽可能短，软管必须并联而不能串联，串联会造成输液困难。

### （二）高压管线的连接

高压管线是将从泵头出来的液体输送至井口，必须选用符合API标准1502接头的连接方式，为防止高压泵注期间管线爆裂，高压管线及高压管汇都要用钢丝绳绷紧，每隔10m用倒链固定。

在连接管线的时候确保母头朝向井口方向，保证管线具有活动的余地，采用活动弯头来维持管线的韧性。对于管线水平方向的变化必须采用两个弯头，对于高程的变化必须采用3个弯头。表4-21是施工设备的泵送压力和流量限制。

表4-21 施工设备的泵送压力和流量限制

| 尺寸(外径)(in) | 最大工作压力[psi(MPa)] | 最大流量($m^3$/min) |
| --- | --- | --- |
| 1.5 | 15000(103) | 0.72 |
| 2 | 20000(138) | 0.72 |
| 2 | 15000(103) | 1.35 |
| 3 | 15000(103) | 3.18 |
| 4 | 10000(69) | 6.36 |

### （三）泵与主管线或管汇的连接

从泵到主管线或者管汇的连接必须有一个单流阀，有条件可以增加一个旋塞阀，中间必须增加弯头以保证没有刚性连接。必须确保任何一台泵可以与井口和其他泵完全隔绝开来。能够在不干扰其他泵的情况下对单台泵进行泄压。如果只有一台泵,那么与井口采油树相连的阀门可以作为分隔阀。

### (四) 主管线连接

主管线必须安置一个单流阀,尽可能地靠近进口。单流阀必须放置在地面,在泵送携砂液时必须采用挡板式的单流阀,飞镖型单流阀只能在施工流体为纯液体的时候使用。氮气或者二氧化碳管线必须采用飞镖型单流阀。

在主管线上布置两条管线,一条用于返排,一条用于泄压,返排管线必须安装在采油树或者主管线上,尽可能地靠近井口。如果返排管线安装在主管线上,使用 T 形三通连接,T 形三通连接在止回阀与井口之间,返排管线上连接油嘴管汇,进过油嘴调节后进入计量装置。泄压管线必须固定,不能含有活动弯头,具体要求参照 SY 5727—2014《井下作业安全规程》中的规定。

在海上作业时,需要在高压泵和井口之间采用挠性的连接方式,因为风向、海潮等因素会导致船体上下浮动,如果采用硬管线连接对施工安全来说风险太大。可供选择的挠性高压软管有 coflexip、copper 或 Parker Hannifin 高压软管。coflexip 的结构一共有 7 层管线,最外层是约 1/2in 的不锈钢环,然后是多层的橡胶和金属网,最内层是热塑管(图 4-27)。Coflexip 高压软管可用常规 1502 接头连接,并可配快速接头,在海上风浪较大的情况下可以方便快速连接。与平台连接后高压软管线应留出不小于潮差的长度余量。

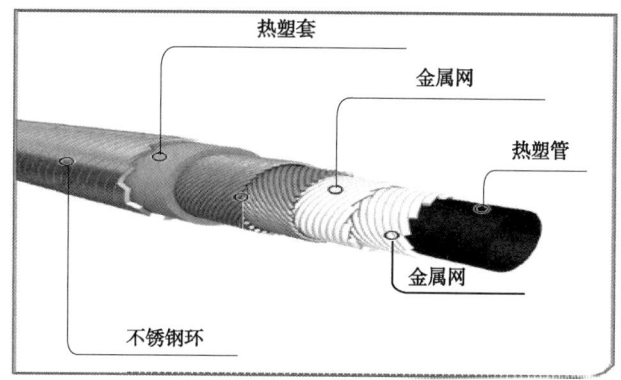

图 4-27  coflexip 高压软管结构

当施工过程中突然遇到大风或巨浪等恶劣海况时,使用快速脱离装置可以迅速实现高压管线脱开,利于施工船及时安全离开,避免施工船和平台相撞的事故出现(图 4-28)。

### (五) 井口连接

主管线和井口之间的连接需要用到法兰和螺栓固定,不允许出现螺纹的连接方式,井口安装压裂专用采油树并加固,加四道钢丝绳并固定。采油树安装执行中国石油企业标准中相应的采油(气)树的安装要求。

图 4-28 快速解脱装置

## 五、压裂施工工序

压裂施工一般包括以下工序：循环、试压、试挤、压裂、加砂、替挤、扩散压力、活动管柱。特殊情况可进行酸预处理、小型压裂测试、压后压降监测等工序。

（1）循环：目的是检查压裂机组设备性能，保证地面流程管线畅通。为了防止出现气穴现象，在起泵之前要先循环走泵。不适当的操作会导致破裂盘损坏或者伤害泵的寿命。循环时单机排量不低于 $1m^3/min$，时间不少于 30s。

（2）试压：平稳启动压裂高压泵，对井口阀门以上的设备和地面管线进行承压性能试验，压力为预测泵压的 1.2~1.5 倍，稳压 5min，不刺不漏压力不降为合格。

（3）试挤：打开井口阀门，关闭循环放空阀门，逐台启动压裂泵，按设计要求排量将压裂液挤入地层，压力由低到高直到稳定。检查井下管柱和工具情况，检查压裂层位的吸液能力。

（4）压裂：试挤正常后，逐台启动压裂车，以高压大排量持续挤入前置液，使裂缝形成并扩展延伸。油层破裂的瞬间破裂压力与地层深度的比值，称为压裂破裂梯度，反映油层破裂的难易程度。

（5）加砂：油层裂缝形成后，泵压和排量稳定后便可加砂。要分段控制好混砂比，要逐渐提高且均匀加砂，保证压力、排量平稳，严禁中途停泵。

（6）替挤：加砂完成后，打开混砂橇的旁通替挤流程，向井内注入替挤液，将携砂液替挤到油层裂缝中，要严格执行设计，严禁超量替挤。

（7）扩散压力：压裂施工结束后，关闭所有进出口阀门，等待压裂液破胶滤失及裂缝闭合，防止出砂，造成裂缝口铺砂浓度过低。

## 六、压裂工具、压裂管柱及异常情况处理

### (一) 压裂工具

压裂管柱主要包括压裂油管、封隔器、喷砂器、水力锚、安全接头等。

1. 压裂封隔器

压裂封隔器主要起封隔油层的目的,保障压裂细分改造的要求,可分为扩张式和压缩式两类,常用封隔器性能特点见表4-22。

表4-22 压裂封隔器性能表

| 名称 | 用途 | 工作压力(MPa) | 温度(℃) | 外径(mm) | 长度(mm) |
| --- | --- | --- | --- | --- | --- |
| K344-114 | 常规低温浅井压裂 | 50 | 70 | 114 | 870 |
| K344-114 导压封隔器 | 大砂量、高砂比压裂 | 50 | 90 | 114 | 1470 |
| K344-114 可洗井 | 用于斜直井分层压裂 | 50 | 70 | 114 | 1066 |
| Y344-114 | 用于中深井压裂 | 70 | 120 | 114 | 1255 |
| Y344-114 可洗井 | 常规井高砂比压裂 | 50 | 70 | 114 | 1255 |
| Y443-114 | 高温、深井压裂 | 80 | 150 | 114 | — |

2. 喷砂器

喷砂器的作用,一是节流,造成套管内外压差,保证封隔器密封,二是通往地层的通道口,三是避免压裂砂直接冲击套管内壁造成伤害。

3. 压裂油管

压裂油管应使用专用油管,其规格和钢级承压部件的额定工作压力大于施工作业最高压力,以满足施工要求。中深井和深井分别应用承压70MPa、钢级N80和承压90MPa、钢级P110的外加厚油管。

### (二) 压裂管柱

1. 深井压裂排液一体化管柱

深井压裂排液一体化管柱可以不动管柱完成压裂以及压裂液返排联作施工,当地层能量不足的时候,可以通过水力泵完成井筒液人工举升,降低现场作业工人劳动强度,减少施工时间和施工费用。管柱结构:采油树+油管+内滑套防垢水力泵+托砂皮碗+油管1根+单向堵塞器工作筒+RTTS封隔器+油管1根+喇叭口(图4-29)。

2. 深井射孔压裂排液一体化管柱

该管柱可以不动管柱一次完成负压射孔—压裂—排液联作施工。具有不压井,减少起下管柱次数,施工效率高的特点。管柱结构(自下而上):射孔枪+点火头+油管+减震器+筛

管接头+RTTS 封隔器+传压接头+安全接头+油管+球座+油管 1 根+滑套水力泵+托砂皮碗+油管 2 根+校深短接+油管+井口采油树。

3. 桥塞压裂管柱

针对常规压裂管柱卡距小于 40m、跨距小于 140m 的局限性，引进了适合大跨距、油层分散的井段施工的桥塞压裂管柱。压裂时将可取式桥塞释放于预设压裂层段的下面，上提管柱至待压层段上面，此时卡距内没有油管连接，能够将多个分散的薄差油层封隔在一个压裂层段中进行改造，降低了压裂成本，提高了薄差油层的开发价值。由于具有反洗井功能，可满足施工中控制替挤量和高砂比的要求，见图 4-30。

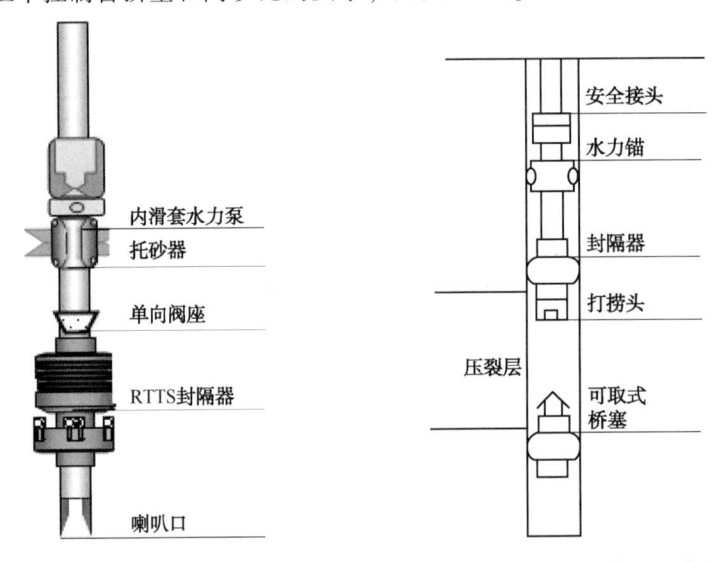

图 4-29　压裂排液一体化管柱图　　图 4-30　桥塞压裂管柱示意图

### （三）压裂施工异常情况处理

压裂施工过程中，经常出现压不开、压窜、砂堵、砂卡等事故。可利用井口泵注压力、套压表、注入排量、砂比的变化及压裂液排量的记录曲线准确判断，及时处理。

1. 压不开

压力随注入量的增加急剧上升，很快达到施工许可压力上限，主要原因：地层性质、吸液能力差；管柱堵塞、工具问题、管柱深度有误；射孔质量问题，井筒与地层连通不好。

处理方法：磁性定位校验卡点深度。深度无差错则挤酸处理目的层，降低地层破裂压力及解除近井污染后再压裂。深度若有差错，则调整准确后再压裂。磁性定位测井时，根据下井仪器的遇阻深度判断管柱是否堵塞。有堵塞则起出管柱，通油管后重下压裂管柱再压裂。管柱无堵塞且深度准确，仍压不开则起出压裂管柱，检查喷砂凡尔是否卡死，凡尔卡死则换喷砂器等工具，重下压裂管柱再压裂。如深度准确、无堵塞、喷砂器均正常，则进行扩层、改层压裂，或放弃对该层压裂。

## 2. 压窜

压窜是指压裂施工中，压裂液由某一异常通道返至第一级封隔器以上油套环空，使地面套压持续升高，或返至最下一级封隔器以下油套环空，使管柱上顶的异常施工现象。

压窜原因分两大类，一是管外窜槽，二是管柱问题。管外窜槽包括地层窜槽、水泥环窜槽。管柱问题包括封隔器不坐封、封隔器胶筒破裂、油管破裂、油管接箍短脱、管柱深度差错等。

处理方法：停泵，套管放空，反复2~3次；仍有窜槽显示则磁性定位校验卡点深度；深度无差错则上提管柱至未射孔井段，验封；验封仍有窜槽显示则起出管柱，发现管柱短脱则进行打捞，正常验封起出则检查油管和封隔器破损情况；验封没有窜槽显示则说明地层窜，进行扩层、改层压裂，或放弃对该层压裂。

## 3. 砂堵

加砂过程中，压力大幅度上升说明有砂堵迹象，应立即停砂或降低砂比。如压力继续上升可能发生端部脱砂或砂堵。原因是压裂液携砂性或抗剪切性差；砂比过高或提的过快；地层滤失性大，裂缝发育，压裂液滤失严重；前置液量过少，压裂液破胶过快。

处理方法：发生砂堵后应立即进行放喷、返排，在管柱允许条件下进行反洗。

## 七、海上施工压裂液现场配制

### （一）备料要求

（1）运往现场的压裂用料要求性能达到相关标准要求，且包装无损。
（2）配液用水为过滤掉机械杂质的海水。

### （二）配液要求

（1）配液用罐在卸压裂用清水之前，必须用清水将罐壁和罐底冲洗干净，在确保无残留洗罐液后，方可卸水。
（2）压裂用水必须清洁干净，无杂质，无油污；液罐各闸门灵活可靠，安全设施完好，液位计清晰。
（3）压裂液配置严格按照设计要求进行 $30m^3$ 罐泵出有效体积按 $28m^3$ 计算。
（4）液体配制方法：
① 交联剂：在 $6m^3$ 交联剂罐中加入高温交联剂；
② 压裂液：12 个 $30m^3$ 罐配压裂液，先加入黏土稳定剂，然后加入稠化剂，最后加入助排剂，循环 15min 以上。

### （三）配液设备需求

（1）清洁的储液罐。往储液罐里加入配液用清水之前，必须用清水将罐壁和罐底冲洗干净，在确保无残留洗罐液后，方可加水。

(2) 液罐各闸门灵活可靠，安全设施完好，液位计清晰。

(3) 供液橇：提供供液动力，用于循环压裂液。

(4) 负压喷射泵：依据水力喷射泵的射流原理工作的，即高压流体(动力液)通过小尺寸缩径端面时，其速度能显著增加，压能显著降低，从而在端面周围形成相对"负压"区，产生抽吸作用，吸入稠化剂与动力液混合，配制成为压裂液。

(5) 精确的计量设备，利用混砂橇上的柱塞泵可以精确计量并控制交联剂的加入。

### (四) 液体配置流程

(1) 压裂液配置。压裂罐(过滤掉机械杂质的海水)+2 根 4in 低压管线+供液橇+喷射泵+2in 高压软管线至所配置液罐。稠化剂通过喷射泵吸入。其他添加剂从罐口直接加入。

注：配液时施工人员要在入料口上风向，并使用有效的有毒有害气体监测仪随时监测，若发现情况异常或防护措施无效，应及时停止作业，立即撤至安全区域，待制定有效措施后进行下步工作。

(2) 交联液配制。交联剂罐(2.5m³清水)+2in 管线+气动隔膜泵+2in 管线回交联剂罐。

(3) 压裂液、交联剂配置完毕后现场交联试验，确保最佳交联比施工。

注：现场配制交联剂人员需佩戴护目镜、耐酸碱手套、口罩，应缓慢加入，避免因放热剧烈，溅出碱液伤人，如果碱液溅到皮肤和眼睛里，应用大量水冲洗，眼睛接触用大量水冲洗后用硼酸溶液冲洗，急速医疗。

图 4-31 为现场施工配液流程图。

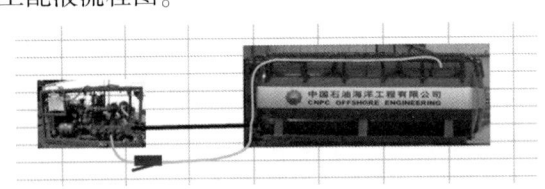

图 4-31 配液流程图

# 第五章 高温人工合成聚合物压裂液

随着浅层石油资源大量被开发而不断减少，石油需求却不断增加，油气勘探开发不得不向深部地层发展，压裂面临的地层温度已越来越高，高温条件下，热作用断链、功能基团的热降解都会使高分子溶液体系本身的黏度大幅度降低。高温条件下，也会使交联压裂液体系的交联键减弱或断链，使压裂液的交联黏度大幅度降低，这些因素的共同作用使压裂液性能不能满足压裂工程要求。因此，耐高温的压裂液是油田化学发展的主要方向之一。开展耐高温的压裂液增稠剂、交联剂研制及其作用机理研究，不仅具有现实的实际应用意义，还对进一步开发性能更优良的压裂液体系具有理论指导意义。

准噶尔盆地南缘下组合背斜群是新疆油田"十二五"天然气增储上产最主要的攻关领域，目前已部署实施独山1井、大丰1井，计划论证乐土1井。其中，独山1井设计井深6185m，地层压力系数超过1.7，井底温度153℃左右；大丰1井设计井深7050m，预计地层压力系数1.55左右，井底温度180℃左右。由于埋藏深压实严重，岩石更加致密，低孔低渗，自然产能很难满足深层天然气经济开发要求，需实施压裂改造措施，才能有效动用。塔里木库车前陆冲断带油气资源丰富，是勘探开发的主战场，目前正投入开发的大北—克深区块，井温150~191℃，是国内典型的高温高压深层气藏。由于超深井高温、高压、高地应力的特点，目前要取得最佳的压裂改造效果及更高的施工成功率，压裂技术难以满足施工需要，其中耐高温压裂液技术尤为重要。

根据新疆油田、塔里木油田勘探开发目标及天山南北山前构造带开发技术需求，需配套攻关高温高压深层气藏压裂改造技术，形成适宜于天山南北山前深井储层改造低成本低摩阻高温压裂液体系。本研究的目的在于针对新疆地区油田开发需求，研制一种抗温能力大于180℃的人工合成聚合物压裂液体系，包括压裂液增稠剂的研究、配套的交联剂的研究、压裂液体系性能研究以及压裂液抗温机理的研究，以满足该地区目前以及将来油田开发中高温压裂液的实际需要。

## 第一节 高温人工合成聚合物压裂液体系添加剂的分子结构设计

由于工程目的、储层物性、施工技术等多方面的不同要求，有多个性能指标需要满足，通常是通过在压裂液体系中加入不同的外加剂来满足各项性能要求。压裂液体系是由多种外加剂组成的工作液体系，对于抗高温的压裂液体系，其中的抗高温增稠剂和交联剂是其技术关键，必须对整个体系进行综合性设计，才能使工作液体系具有良好的抗温性能和综合性能。

## 一、抗高温压裂液体系增稠剂分子结构设计

### (一)流体黏度的本质

流体(溶液)具有黏度的本质是流体有相对运动时，流体中的分子、粒子、离子或流体团之间的摩擦力。流体分为牛顿流体和非牛顿流体，非牛顿流体大多数是结构性流体。一定浓度的高分子溶液是一种结构性流体，结构流体流变学认为结构性流体的有效表观黏度$\eta_{AV}$由非结构黏度$\eta_{ISV}$和结构黏度$\eta_{SV}$两部分构成：

$$\eta_{AV} = \eta_{ISV} + \eta_{SV} \tag{5-1}$$

式中　$\eta_{AV}$——流体的有效表观黏度，Pa·s 或 mPa·s；

$\eta_{ISV}$——由高分子流体力学尺寸决定的非结构黏度，Pa·s 或 mPa·s；

$\eta_{SV}$——由高分子间作用力决定的结构黏度，Pa·s 或 mPa·s。

高分子溶液的非结构黏度是指聚合物溶于水以后，高分子链在水溶液中水化伸展，同时吸附、包裹一定水分子，此时分子的流体力学体积增大，运动惯性增大，即运动摩擦阻力增大，使水溶液黏度提高，这也是普通高分子有增黏作用的主要原因。显然，高分子溶液浓度越大黏度越高；相同浓度下高分子分子量越大、支链越多、分子越伸展、水化越充分，体系黏度越大。

### (二)流体黏度在压裂液中的作用

高分子溶液的结构黏度是指由于高分子链间相互作用，使聚合物溶液运动摩擦力增大或整体流体力学体积增大而产生的黏度。高分子链间相互作用包括缠绕、缔合、氢键、电荷吸引、人为交联等非共价键力和化学键力。这些作用力越强，则流体的结构强度越高，也即流体的结构性越强。

在普通流体(如水)中，如有与流体存在密度差的固相颗粒，由于密度差的原因，颗粒会上浮(固相密度低于流体密度)或下沉(固相密度高于流体密度)。当流体具有较强结构性时，流体中的固相颗粒必须破坏流体结构后才能上浮或下沉；当其不能破坏这种结构时，颗粒会稳定的悬浮于流体中。在油田压裂施工中需要流体有足够的黏度和流体结构性来携砂，即需要砂或其他支撑剂能稳定悬浮于流体中。由于工程目的、地层岩性、地层环境(温度、矿化度等)、经济成本的要求，仅靠增加高分子溶液来达到压裂液需要的黏度是不能满足上述要求的；同时改变分子结构，其可实现性有一定限度，如增大分子量，目前部分水解聚丙烯酰胺(HPAM)最高能达到$3000×10^4$左右，更高分子量的HPAM的制备十分困难，同时，高分子量还会带来溶解困难、抗剪切性差等其他问题。因此，在水基压裂液中，主要是通过交联使分子量适当的高分子溶液产生足够的结构性和有效黏度而悬浮支撑剂。

### (三) 普通增稠剂抗温性差的原因分析

根据高分子的增黏原理，无论是高分子溶液还是高分子溶液的交联体系，保持高分子主链和功能基团的完整性，是保持其具有较高黏度的关键。压裂液增稠剂的抗温性就是指在高温下保持高分子的完整性，使其体系具有足够的黏度和足够的交联基团数量、交联能力。增稠剂不抗高温的原因主要有两方面：一是在高温和特定的介质下高分子主链断裂、水解、降解等；二是在高温和特定的介质下功能基团，特别是交联基团的水解、降解。

**1. 主链断裂**

天然植物胶改性产品、纤维素改性产品、淀粉改性产品等是常用的压裂液增稠剂。尽管许多研究者进行了大量研究，其抗温性能仍然达不到200℃高温的要求，其主要原因是高温下主链的断链。例如，压裂液目前最常用的增稠剂——羟丙基瓜尔胶的结构见图5-1。

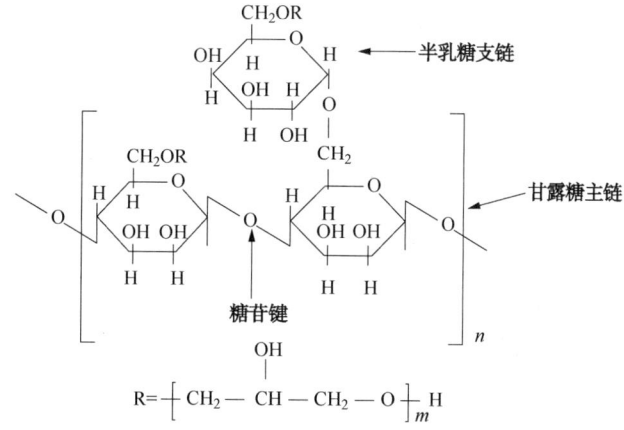

图5-1 羟丙基瓜尔胶(HPG)的分子结构

HPG的分子主链是由糖苷键连接，相关文献中表明，在中性条件下，温度达到177℃时因糖苷键的水解迅速降解；而其交联条件pH通常在9~11，在高温、碱性条件下糖苷键水解更为严重，体系黏度迅速下降，无法满足携砂要求。

**2. 功能基团脱落**

在油田化学品中，通常引入磺酸基来提高其抗温抗盐性能和快速溶解性，目前合成类的增稠剂，主要是通过AMPS(2-丙烯酰胺基-2-甲基丙磺酸盐)来引入磺酸基，AMPS其结构如图5-2所示。磺酸基的功能：通过水化作用增大高分子流体力学体积；电荷排斥作用使高分子伸展；通过电荷作用、配位键作用与交联剂结合，大幅度增加结构黏度。由于磺酸基是通过酰胺基的C-N间连接在高分子上，该化学键的极性较强，在酸或碱环境中都会水解致使磺酸基脱落，特别是当温度大于120℃时，水解速度大大加快，其结果是使高分子失去增黏和交联作用。

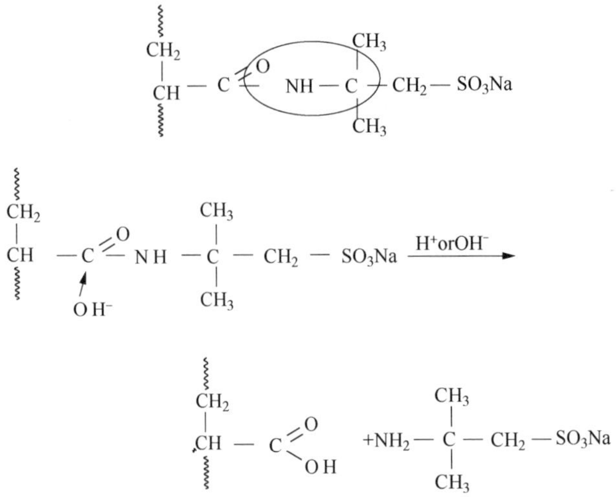

图 5-2　AMPSN 的结构及水解示意图

### (四) 抗高温增稠剂分子结构的构建

抗温压裂液增稠剂和配套交联剂，其分子结构的构建除应满足压裂液基本性能要求外，主要应从主链和功能侧基两方面考虑其抗温能力。

#### 1. 抗高温增稠剂分子主链的构建

主链的抗温能力主要是由主链化学键强弱和极性决定，因此，主链化学键应具备键能高、极性小的特点，以避免高温下的热降解和酸、碱、盐等介质中的水解或分解。通常共价键的键能较大，热降解的可能性小；电负性相同的同种原子或电负性差较小的不同原子间形成的共价键的极性较小，其在酸碱介质中发生水解等化学反应的可能性小。

#### 2. 抗高温增稠剂分子交联基团的构建

压裂液中高分子通常是通过交联的方式获得较大的黏度，显然，交联化学键或交联作用力越强，交联形式越多，其抗温能力越好。抗高温增稠剂高分子结构中，一是要有足够数量的能进行交联的功能基团；二是这些基团与适合的交联剂交联时，形成的交联作用力要有足够的强度；三是可以通过设计分子结构和交联剂结构，形成多种交联作用，如同时具有离子键、电荷吸引、配位键等，以提高其抗温性能。

#### 3. 抗高温增稠剂分子功能基团的构建

高分子压裂液体系要求较高黏度的目的是使其有足够的悬砂和携砂能力。现有压裂液主要是通过提高溶液黏度、空间网状结构(即流体的结构性)来实现这种目的。当高温下，高分子降解、交联作用减弱时，黏度急剧下降，其悬砂携砂作用大幅度减弱，甚至达不到工程的基本要求。事实上，提高高分子溶液的黏度和悬砂携砂能力的因素还很多，这些作用也可以使压裂液即使在黏度不太高时也可能具有良好的悬砂携砂作用。在高分子主链抗温设计的基础上，加强高分子功能基团的设计，将前人不太重视的因素，进行强化，以满足高温压裂液性能要求。这些因素包括提高功能基团的水化作用,增大高分子流体力学体积;增强功能基团对砂粒的吸附作用,即使高温下高分子部分断链或交联作用减弱,通过高分子对砂粒的吸附作用,使其满足悬砂、携砂能力。提高功能侧基团的空间效应,使高分子溶液具有较高的黏度和悬砂、携砂能力;形成预交联较强的化学键,减轻热降解对黏度的影响,提高其抗温性能。引入苯环等刚性基团,提高高分子的热稳定性。

**4. 抗高温增稠剂分子模型构建**

根据上述设计思路,构建的抗高温压裂液增稠剂分子模型如图 5-3 所示,分子结构如图 5-4 所示。

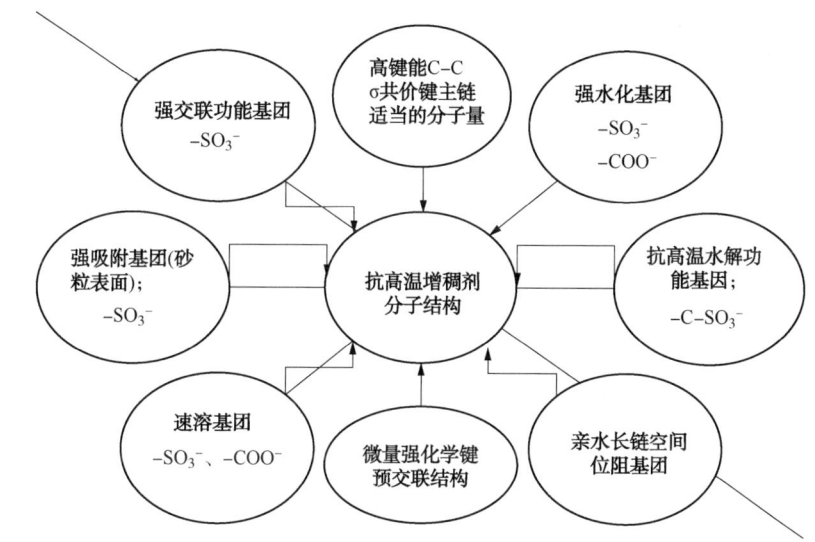

图 5-3 抗高温增稠剂分子模型

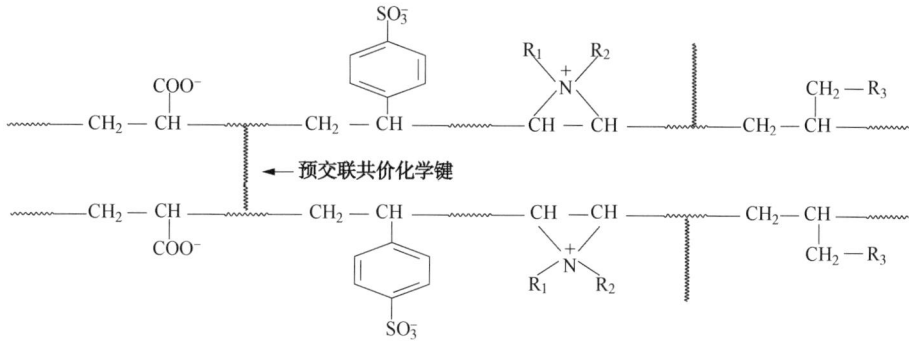

图 5-4 抗高温增稠剂分子结构模型示意图

抗高温聚合物增稠剂的分子结构具备以下特征:

(1) C—Cσ 共价主链结构:高键能、抗高温能力强,C—C 单键的平均键能大,为 347.3kJ/mol,故破坏 C—C 单键需要很高的热能,在高温下不易降解。同类原子形成的共价键，键的极性小，不易水解。

（2）多种多功能基团：—$SO_3^-$、—$COO^-$、—$N^+(R)_3$。其中，—$SO_3^-$、—$COO^-$主要通过电荷作用（离子键）、氧原子孤对电子配位键而形成交联作用，—$N^+(R)_3$在高温下水解，产生叔胺阳离子，其N原子有孤对电子与交联剂形成配位键，增强交联的能力。

（3）强水化基团：—$SO_3^-$、—$COO^-$、—$N^+(R)_3$。通过—$SO_3^-$、—$COO^-$、—$N^+(R)_3$的水化作用增大高分子流体力学体积，增加黏度。

（4）多种形式的吸附基团：—$SO_3^-$、—$COO^-$、—$N^+(R)_3$。砂粒表面含有较多的羟基，—$SO_3^-$、—$COO^-$可以通过氢键在砂粒表面吸附；砂粒表面羟基的氧原子有孤对电子，相当于负电荷，-$N^+(R)_3$带正电荷可以在其表面形成较强的吸附，即使高分子部分降解断链，黏度降低，这种吸附作用仍使压裂液体系有足够的悬砂、携砂能力。

（5）功能基团与碳链直接相连，极性较小，在高温下不易水解，确保在高温下的各种功能较好的发挥作用。

（6）高分子中有较长的亲水性侧基，其空间效应增大高分子流体力学体积，有效提高高分子的增黏能力和抗剪切能力。

（7）高分子中有热稳定性高的苯环类刚性基团。

（8）适当的分子量：聚合物增稠剂分子量对其性能起到很大的影响，当其分子量太小时，高分子本身增黏能力差、可相互交联基团过少，不能得到很好的交联效果；而当其分子量过大时，一方面，使聚合物增稠剂的溶解性变差，且基液黏度太高，影响地面携砂液的配置和压裂泵的泵效，另一方面，高分子容易被剪切断链，耐剪切性差。增加液相黏度的目的是悬砂，压裂液中的悬砂能力主要依靠高分子的交联来实现，因此，过高的分子量没有太大意义。本项目研究设计的增稠剂的目标分子量在$200×10^4 \sim 800×10^4$之间。

上述基团及其多种功能综合作用，可以有效增加高分子的抗温能力和抗剪切能力。

## 二、抗高温压裂液体系交联剂分子结构设计

交联的作用是将体系中高分子交联成空间网状结构的、具有足够结构性的流体。交联剂也是压裂液获得较高黏度的关键因素。显然，交联剂与分子间的作用力越强，体系黏度越大，抗温性越好。较强的作用力包括化学键、强的电荷作用、络合作用等，提高交联剂作用力的强度是压裂液体系具有高黏度和抗温性应考虑的主要方法。

### （一）现有交联剂抗温性差的原因分析

1. 交联键的断裂或交联力的减弱

交联后的高分子溶液黏度高是交联的结果，交联作用力主要有化学键、配位键、电荷吸引、疏水缔合等形式，当交联键断裂或交联力减弱，压裂液体系的黏度就会迅速下降。例如，瓜尔胶是通过硼酸、有机硼或钛、锆无机化合物及有机络合物交联，交联力主要是电荷作用、配位键作用等弱作用力，在高温下，交联键因热断链或配位作用减弱而失去交

联作用，不能抗高温和超高温，如图 5-5 所示。

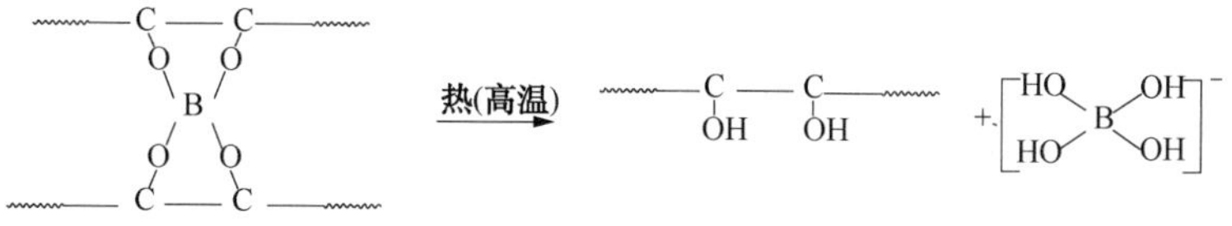

图 5-5 硼交联瓜尔胶的热降解示意图

2. 高温下交联剂结构改变

交联剂的交联作用是通过适当的交联功能基团实现，当这些功能基团减少或消失时，就不能形成有效交联。目前常用的交联剂，本身抗温能力有限，即在高温下其结构会改变或交联功能基团减少，导致体系黏度下降。例如，硼或有机硼交联羟丙基瓜尔胶体系中，交联剂是通过水解产生 4 个羟基与羟丙基瓜尔胶上的临位顺式羟基缩合脱水形成无机酸酯交联结构（这种结构可以看成无机酸酯）。这个反应本身是可逆反应，高温下逆反应速度增加，交联减弱；交联键的键能低、极性高，在高温、酸碱介质中易发生断键、水解等反应；高温下，硼及有机硼水解产生的交联功能基团脱落，交联能力减弱，如图 5-6 所示。无机钛、锆交联剂交联羟丙基瓜尔胶也会发生类似的情况。

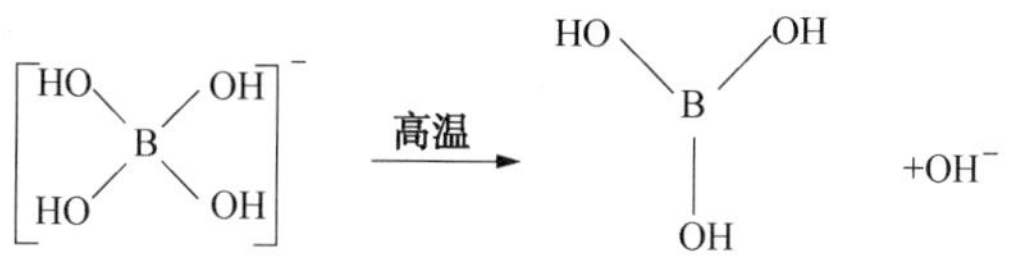

图 5-6 高温下交联剂结构变化示意图

### （二）抗高温交联剂分子模型构建

现有压裂液主要是通过交联使高分子溶液形成结构性流体，来提高压裂液的悬砂和携砂能力。如前分析，现有的交联剂和交联方式本身在其结构和机理上存在不抗高温的缺陷。事实上，还有其他交联方式和各种作用力可以提高交联能力。在利用前人交联高分子原理的基础上，将前人不重视的因素，诸如电荷作用、配位键作用、络合作用等因素，引入交联作用中，以满足高温压裂液性能要求。

根据上述分析及设计理念，并针对前面设计的增稠剂高分子结构特点，设计的交联剂分子模型如图 5-7 所示；设计的高价金属离子有机络合物交联剂及水解后具有交联功能的羟桥络离子结构如图 5-8 所示。

交联剂具有以下特点：

（1）中心离子正电荷数大，易与增稠剂的负电基团形成离子键。

（2）中心离子具有 p 或 d 空轨道，易与增稠剂中具有孤对电子的原子形成配位键。

（3）交联剂或其水解产物为多核化合物，交联点多，交联能力强，抗温性好。

（4）交联键形式多，键能大，抗温性能好。

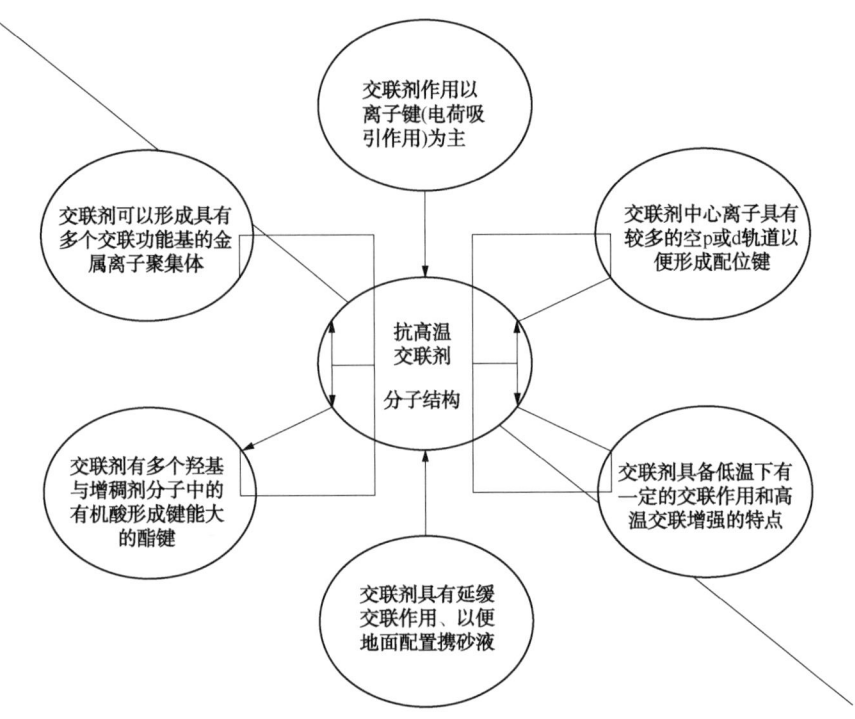

图 5-7 抗高温交联剂结构模型示意图

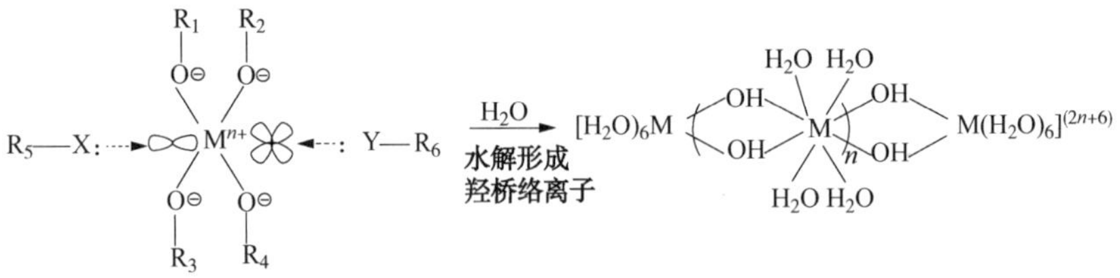

图 5-8 高价金属离子有机络合交联剂结构及羟桥络离子结构示意图

其中：$R_1$、$R_2$、$R_3$、$R_4$、$R_5$、$R_6$ 代表配体有机基团，这些基团可以相同也可以不同，可以是单独的基团也可以是整体基团；X、Y 代表可以提供孤对电子形成配位键的原子，可以相同或不同；

∞ ❀代表中心原子的空轨道

# 第二节　高温人工合成聚合物压裂液体系增稠剂的合成与评价

压裂液是一种包括支撑剂、增稠剂、交联剂等材料和其他功能添加剂的复杂体系，以满足压裂造缝、地层配伍、工程条件等需求。压裂液中增稠剂、交联剂是决定其基本性能的主要外加剂，特别是对于抗高温压裂液体系，增稠剂、交联剂以及其形成的携砂液的抗温性能，关系到压裂施工的成败，因此，增稠剂、交联剂是新型压裂液体系研究的出发点和重点。

## 一、抗高温增稠剂单体的设计和筛选

根据本章第一节中构建的分子模型及分子结构特性,参考现有的化学合成方法和原料来源可行性、经济可行性,本项目研究采用含分子结构中所需功能基团的双键单体,在水溶液体系中,以自由基聚合的方式合成设计的增稠剂高分子。

### (一)抗高温增稠剂的合成单体

符合目标增稠剂分子设计要求的单体如下:

(1)主链高键能的C—Cσ共价单键结构形成的单体。含可供聚合双键的烯基单体是高分子类油田化学品主链结构形成的常用单体,考虑到增稠剂本身使用于水基压裂液中,其合成是在水溶液中进行,而且单体的功能基团应具有可交联性等特点,这些要求都需要高分子有较好的水溶性。拟选用丙烯酰胺(AM)、丙烯酸(AA)作为主链结构形成的单体,其具有形成的主链因C—C单键的平均键能高,为347.3kJ/mol,故破坏C—C单键需要很高的热能,即理论上热稳定性好;聚合能力强、形成聚合物分子量高、亲水性溶解性好、主链抗温能力强、含有可交联基团、来源广、价格合理等优点。

(2)具有交联功能的单体。根据本章第一节(二)中构建的抗高温交联剂模型、分子结构特点,其交联是有机金属离子配合物水解后形成的多核羟桥络离子通过离子键、配位键、氢键、电荷吸引作用进行交联,增稠剂高分子上应具有提高相反电荷离子、孤对电子的配位原子的特点。可供选择的单体有:丙烯酰胺(AM)分子中含具有孤对电子及可形成氢键的N原子;丙烯酸(AA)含有负电荷基团—COO$^-$;2-丙烯酰胺基-2-甲基丙磺酸钠、烯丙基磺酸钠(AS)、甲基烯丙基磺酸钠(MAS)、苯乙烯磺酸钠(PSN)含有抗温抗盐、强负电荷交联基团—SO$_3^-$;二甲基二烯丙基氯化铵(DMDAAC)、二甲基烯丙基氯化铵(DMAC)含有孤对电子和含形成氢键的N原子。考虑到聚合能力、抗温性等因素,拟选用丙烯酰胺(AM)、丙烯酸(AA)、对苯乙烯磺酸钠(PSN)、二甲基二烯丙基氯化铵(DMDAAC)作为功能单体。其中—SO$_3^-$通过键能较大、键极性较小的C—S键结合,高温下或在酸碱环境中—SO$_3^-$基降解、水解的可能性小,稳定性高。

(3)增强悬砂能力的吸附基团。普通增稠剂高分子,仅靠高分子溶液或其交联体系的结构性——空间网状结构来悬砂,当在高温下高分子降解、交联力减弱时,悬砂能力下降,如果增稠剂分子不能在砂粒表面形成吸附,即使溶液的黏度不高、结构性不强,也具有良好的悬砂性。砂粒表面通常带一定的负电性,可以吸附带正电的基团或离子,也可以通过氢键吸附带负电的基团或离子;可供选择的基团有-N$^+$(R)$_3$、—SO$_3^-$、—COO$^-$等,—N$^+$(R)$_3$主要通过电荷引力产生吸附,—SO$_3^-$、—COO$^-$主要通过氢键吸附。拟选用二甲基二烯丙基氯化铵(DMDAAC)、对苯乙烯磺酸钠(PSN)、丙烯酸(AA)作为吸附基团的单体。

(4)刚性基团。刚性基团是指在高分子侧链上体积较大、结构热稳定性高的基团,刚性基团其体积较大,可以有效增大高分子的流体力学体积提高黏度;防止高分子相互作用而均匀分布于溶液中，有利于增加黏度；较大的刚性基团的空间位阻作用，防止高分子折叠和卷曲，使高分子伸展，有利于增加黏度。由于抗温的需要，要求刚性基团应具有较高的热稳定性。拟引入的刚性基团为苯环，选用的单体为对苯乙烯磺酸钠（PSN）。

（5）水化基团。水化作用增大高分子流体力学体积，增加黏度。可供选择的单体有：丙烯酰胺（AM）、丙烯酸（AA）、2-丙烯酰胺基-2-甲基丙磺酸钠、烯丙基磺酸钠（AS）、甲基烯丙基磺酸钠（MAS）、苯乙烯磺酸钠（PSN）、二甲基二烯丙基氯化铵（DMDAAC）、二甲基烯丙基氯化铵（DMAC），考虑到水化能力的强弱、聚合能力以及其他功能要求，拟选择的单体是丙烯酰胺（AM）、丙烯酸（AA）、苯乙烯磺酸钠（PSN）、二甲基二烯丙基氯化铵（DMDAAC）。

（6）亲水长链空间位阻侧基。亲水长链侧基体积大，可以通过增加高分子流体力学体积而增加黏度；亲水性强、分子伸展而增加黏度；长链的分子间缠绕作用增加高分子溶液的结构性而增加黏度。拟选用的亲水长链空间位阻侧基单体为烯丙基聚氧乙烯醚（APEG）。

（7）强化学键预交联结构。在高分子间形成少量的强化学键预交联结构，可以提供其抗温性。本项目研究拟选用的预交联单体为$N'$，$N'$-亚甲基双丙烯酰胺（MBA）。

根据上述分析，本项目研究的单体确定为丙烯酰胺（AM）、丙烯酸（AA）、苯乙烯磺酸钠（PSN）、二甲基二烯丙基氯化铵（DMDAAC）、烯丙基聚氧乙烯醚（APEG）、$N'$，$N'$-亚甲基双丙烯酰胺（MBA），合成实验中的增稠剂命名为FS-xx-xx。

### （二）抗高温增稠剂合成反应原理

所选用的单体均为含双键的水溶性原料，在自由基引发下可以聚合为无规高分子共聚物，反应原理如图5-9所示。

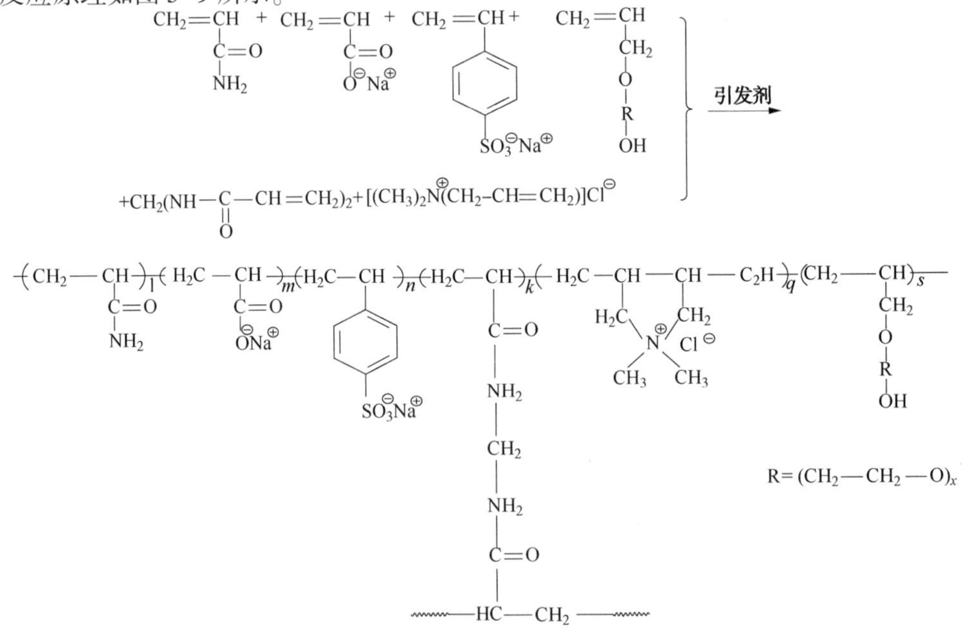

图5-9 抗温增稠剂高分子合成反应原理图

## 二、引发体系选择

目前,工业上最常用的引发体系有自由基引发体系、光引发体系、辐射引发体系等。自由基引发是聚合物制备和生产的主要方式之一。自由基引发剂指一类能产生自由基(即初级自由基)的化合物,故称自由基引发剂,可用于引发烯类、双烯类单体的自由基聚合和共聚合反应。自由基引发体系包括热分解型、氧化还原型、复合引发体系、双功能(既参与聚合又能引发)引发体系。考虑到本研究使用单体的性质与活性,拟主要采用热分解型、氧化还原型引发剂进行研究。

## 三、聚合实施方式的选择

高分子聚合的实施方法主要有本体聚合、溶液聚合、乳液聚合、悬浮聚合等。分析对比以上的4种聚合方法,其中溶液聚合具有反应能力强、引发剂容易扩散、引发效率较高;聚合物传热比较容易,不易产生局部过热,温度较易控制;方法简单、成本低等优点。考虑到本项目研究选用的单体都是水溶性单体、目标物分子量有较高要求,聚合过程的热交换、经济性、可操作性等因素,拟采用自由基引发水溶液聚合的方法合成增稠剂高分子。

## 四、抗高温增稠剂的合成研究

### (一)实验仪器与药品

增稠剂合成研究中使用的主要实验药品、试剂见表5-1;主要合成、分析、评价使用的实验仪器见表5-2。

表5-1 增稠剂合成的主要实验药品、试剂表

| 实验材料名称(代号) | 等级 | 生产厂家 |
| --- | --- | --- |
| 丙烯酰胺(AM) | 工业级 | 江西昌九农科化工有限公司 |
| 丙烯酸(AA) | 工业级 | 山东邹平国安化工有限公司 |
| 苯乙烯磺酸钠(PSN) | 工业级 | 青州市奥星化工有限公司 |
| 二甲基二烯丙基氯化铵(DMDAAC) | 工业级 | 淄博宏泰化工有限公司 |
| 烯丙基聚氧乙烯醚(APEG) | 工业级 | 邢台蓝天精细化工股份有限公司 |
| N,N-亚甲基双丙烯酰胺(MBA) | 化学纯 | 天津市东丽区天大化学试剂厂 |
| 过硫酸铵(APS) | AR | 天津市东丽区天大化学试剂厂 |
| 过氧化苯甲酰(BPO) | AR | 天津市东丽区天大化学试剂厂 |
| 偶氮二异丁腈(AIBN) | AR | 天津市东丽区天大化学试剂厂 |
| 亚硫酸氢钠(SHS) | AR | 天津市东丽区天大化学试剂厂 |
| 硫酸亚铁 | AR | 天津市东丽区天大化学试剂厂 |
| 双氧水 | AR | 天津市东丽区天大化学试剂厂 |

续表

| 实验材料名称(代号) | 等级 | 生产厂家 |
|---|---|---|
| 氢氧化钠 | AR | 天津市东丽区天大化学试剂厂 |
| 无水乙醇 | CP | 天津市东丽区天大化学试剂厂 |
| 四氯化钛($TiCl_4$) | CP | 天津市东丽区天大化学试剂厂 |
| 氧氯化锆($ZrOCl_2$) | CP | 天津市东丽区天大化学试剂厂 |

表 5-2 主要合成、分析、评价使用的实验仪器

| 实验仪器 | 型号 | 生产厂家 |
|---|---|---|
| 电热恒温水浴锅 | DK-S26 | 常州朗越仪器制造有限公司 |
| 电热鼓风干燥箱 | 101-1A 型 | 天津市泰斯特仪器有限公司 |
| 分析天平 | ME204 | 瑞士—梅特勒—托利多 |
| 乌氏黏度计 | 内径 0.55mm | 扬州红旗玻璃仪器厂 |
| pH 计 | DDS-IIA | 上海盛磁仪器有限公司 |
| 搅拌器 | EUROSTAR100 | 德国 IKO 公司 |
| 旋转黏度计 | HTD13035-6 | 青岛海通达专用仪器有限公司 |
| 流变仪 | HAAKERS6000 | 赛默飞世尔科技(中国)有限公司 |
| 傅里叶红外光谱仪 | WQF520 | 北京瑞利分析仪器有限公司 |
| 核磁共振波普仪 | BrukerAVANCE Ⅲ HD400 | 瑞士 Bruker 公司 |
| X-射线衍射仪 | X-Pert ProX | 荷兰 PANalytical 公司 |

### (二)增稠剂合成基本方法

将单体按设计比例称量,溶解于适量水中,用40%的 NaOH 溶液调剂 pH 到设定范围,以一定流量通入氮气以除去水中溶解氧气,将溶液加热到指定温度,以一定速度加一定浓度和总量的引发剂,引发剂加完后,在指定温度下恒温一定时间后降温至室温,即得目标聚合物样品。

### (三)增稠剂合成中的主要评价指标与方法

以 SY/T 6378—2008《压裂液通用技术条件》中水剂压裂液技术指标为基本依据进行合成增稠剂评价。在合成阶段评价指标及参考要求见表 5-3。

表 5-3 聚合物合成阶段评价指标及要求表

| 项目 | 指标 | 说明 |
|---|---|---|
| 表观黏度(mPa·s) | 50~100 | 基液浓度为 0.8%~1.2% |
| 交联时间(s) | 100~300 | 交联剂为四氯化钛,用量为基液质量的 0.5% |
| 交联黏度(mPa·s) | 500~2500 | 交联剂为四氯化钛,用量为基液质量的 0.5% |
| 高温剪切后表观黏度(mPa·s) | 50~150 | 交联压裂液150℃高温剪切2h |
| 分子量 $M(\times 10^4 g/mol)$ | 400~800 | 黏度法 |
| 挑挂性 | 整体挑挂良好 | 交联后可整体挑挂,有足够的黏弹性 |

1. 压裂液基液配制基本方法

以 500g 为基液的总质量，按比例称取纯水和增稠剂；将装有计量水的烧杯固定并装上恒速搅拌器，调整转速至水产生 1~2cm 深度的漩涡；将增稠剂缓慢加入漩涡中部，加入速度以不产生鱼眼为准；加完增稠剂后，在室温下搅拌 12h，放置 10h；称重烧杯内基液质量，如总质量低于应有质量的 5.0g 以上，应补水至总质量为 500g，并搅拌 30min，即为压裂液基液（以下简称为基液）。

2. 压裂液交联基本方法

将压裂液基液 500g，调剂 pH＝7~8，在 25℃ 和快速搅拌下，于 1min 内，按基液总质量加入一定量的交联剂，继续搅拌 30min，即为交联压裂液（以下简称为交联液）。

3. 抗高温聚合物增稠剂表观黏度测定方法

将压裂液基液，在 25℃ 下恒温搅拌 30min，用六速黏度计测定基液的表观黏度。

4. 交联黏度的测定方法

以压裂液交联基本方法配制的交联液，用流变仪（HAAKE RS6000）测定交联后压裂液的黏度。

5. 耐温耐剪切性能的测定方法

以压裂液交联基本方法配制的交联液，用流变仪（HAAKE RS6000）测定交联后压裂液黏度随温度和剪切时间的变化。

6. 悬砂性能的测定方法

在室温下，配制一定浓度的交联压裂液 200mL，倒入在 250mL 量筒中，加入 20.0g 水润湿的支撑剂（20 目的砂或 20 目的陶粒），小心轻轻搅拌，使支撑剂刚好完全浸于交联压裂液中，静置测定砂粒在压裂液中沉降 10cm 所用的时间，计算出沉降速度。

7. 抗高温聚合物增稠剂分子量测定方法

采用经典的"黏度法"来测定聚合物增稠剂的特性黏度，再通过 Mark-Houwink 经验式计算其黏均分子量。

$$[\eta]=KM^{\alpha} \tag{5-2}$$

式中 $[\eta]$——特性黏度，$cm^3/g$；

$M$——溶质（聚合物增稠剂）的分子量；

$K$，$\alpha$——与测定条件及聚合物结构有关的常数。

具体实验方法：

(1) 配制 5mol/L 的 NaCl 溶液，在 30.0℃ 下测定其乌式黏度计中的流出时间 $t_0$，单位 s。

(2) 用 5mol/L 的 NaCl 溶液配制一定质量浓度（$C$，$g/cm^3$）的增稠剂溶液，溶液浓度以其在乌式黏度计中流出时间为 5mol/L 的 NaCl 溶液的 2.5~3.0 倍为准。

（3）将乌式黏度计洗净、晾干，加入10mL配制的合适浓度的增稠剂溶液，置于30.0℃的超级恒温水槽中，恒温30min。

（4）测定初始质量浓度 $C$ 增稠剂溶液在乌式黏度计中的流出时间 $t$，单位 s。

（5）分别加入5mL、5mL、10mL、10mL、10mL，稀释并混合均匀，在30.0℃下恒温30min后，测定在乌式黏度计中流出的时间 $t$，单位 s。

（6）计算比浓黏度 $\eta_{sp}/C$ 和比浓对数黏度 $\ln\eta_r/C$；将初始质量浓度 $C$ 视为1，则稀释后的浓度分别为2/3，1/2，1/3，1/4，1/5。

其中：$\eta_r$ 为相对黏度，量纲为1；$\eta_{sp}$ 为增比黏度，量纲为1。

$$\eta_r = \frac{\eta}{\eta_0} = \frac{t}{t_0} \tag{5-3}$$

$$\eta_{sp} = \frac{\eta - \eta_0}{\eta_0} = \frac{\eta}{\eta_0} - 1 = \eta_r - 1 \tag{5-4}$$

（7）以 $\eta_{sp}/C$-$C$，$\ln\eta_r/C$—$C$ 作图，其在纵坐标的交点为特性黏度 $[\eta]$。

（8）根据公式(5-2)计算分子量。参考增稠剂分子结构和相似结构高分子的文献资料，在30.0℃的条件下，确定 $K$ 的值为 $5.31 \times 10^{-3}$，$\alpha$ 的值为0.72。

### （四）单体种类对增稠剂性能的影响

单体种类不同，高分子的结构和性能不同。为验证设计思路的正确性，以AM、AA为主链主要骨架单体，依次增加设计的其他功能单体，考察其对增稠剂的增稠性的影响。实验条件：将单体按表5-4中摩尔数配制成25.0%的溶液，调剂pH值为6，加热至45℃，通氮气10min，加入单体总质量1.0%的引发剂APS(浓度为10%)，60℃下恒温反应10h后取出。按将一定量的聚合物配制成1.0%的基液溶液，测定其表观黏度；将基液溶液加入基液质量的0.5%四氯化钛溶液交联，测定其交联性；用交联压裂液，在150℃、$170s^{-1}$、剪切120min下，测定其耐温抗剪切性；用浓度为1.0%交联压裂液，测定其沉降速度。测定实验结果如表5-5所示，典型的挑挂性如图5-10~图5-15所示。150℃和200℃抗温抗剪切性能如图5-16、图5-17所示。

表5-4 单体种类对增稠剂性能影响实验配方数据表

| 实验编号 | 单体种类及摩尔数 | | | | | |
|---|---|---|---|---|---|---|
|  | $n_{AM}$ | $n_{AA}$ | $n_{PSN}$ | $n_{APEG}$ | $n_{DMDAAC}$ | $n_{MBA}$ |
| FS-01-01 | 5.0 | 2.0 | — | — | — | — |
| FS-01-02 | 5.0 | 2.0 | 1.0 | — | — | — |
| FS-01-03 | 5.0 | 2.0 | 1.0 | 0.005 | — | — |
| FS-01-04 | 5.0 | 2.0 | 1.0 | 0.005 | 0.1 | — |
| FS-01-05 | 5.0 | 2.0 | 1.0 | 0.005 | 0.1 | 0.0005 |

表 5-5　单体种类对增稠剂性能影响评价实验数据表

| 实验编号 | FS-01-01 | FS-01-02 | FS-01-03 | FS-01-04 | FS-01-05 |
|---|---|---|---|---|---|
| 溶解性 | 快 | 快 | 较快 | 较快 | 较慢 |
| 表观黏度(mPa·s) | 58.4 | 53.3 | 54.6 | 62.7 | 70.2 |
| 交联黏度(mPa·s) | 584 | 713 | 857 | 896 | 943 |
| 150℃抗温性(黏度)(mPa·s) | 28.3 | 35.7 | 48.4 | 52.9 | 64.6 |
| 悬砂性(沉降速度)(mm/min) | 1.15 | 1.23 | 0.83 | 0.42 | 0.31 |
| 交联性 | 可交联 | 可交联 | 交联性好 | 交联性好 | 交联性好 |
| 挑挂性 | 较差 | 较好 | 好 | 好 | 好 |

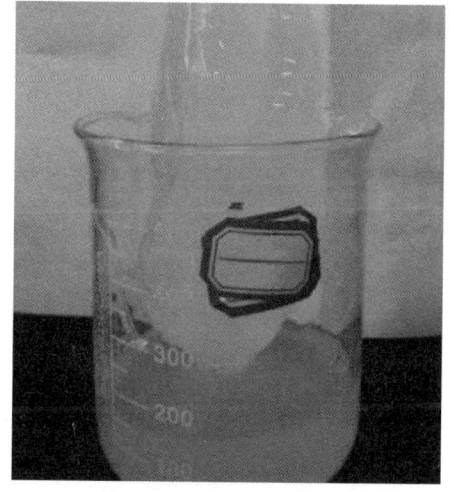

图 5-10　FS-01-01 挑挂图

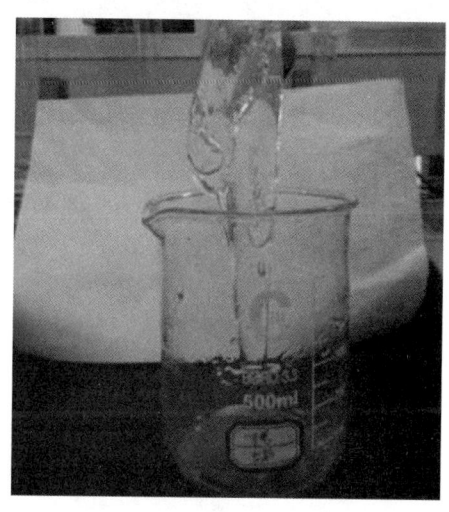

图 5-11　FS-01-02 挑挂图

图 5-12　FS-01-03 挑挂图

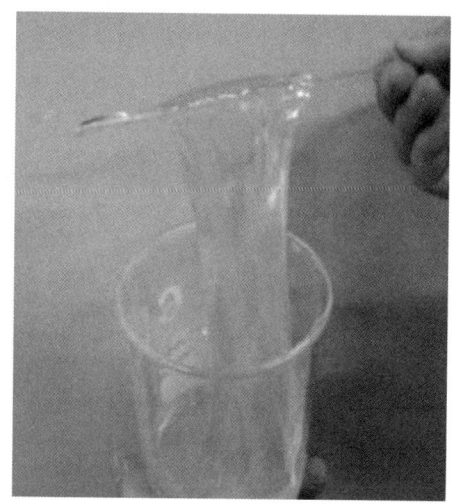

图 5-13　FS-01-04 挑挂图

 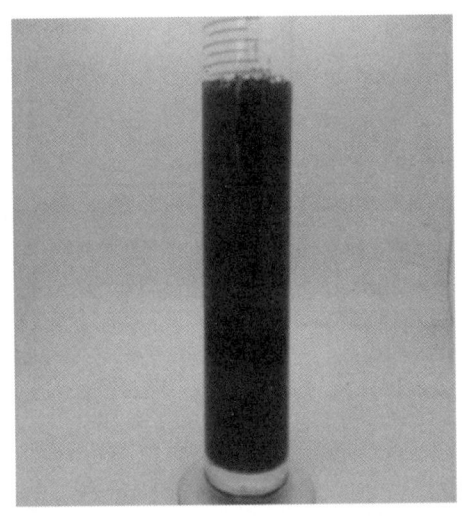

图 5-14　FS-01-05 挑挂图　　　　图 5-15　FS-01-05 悬砂图

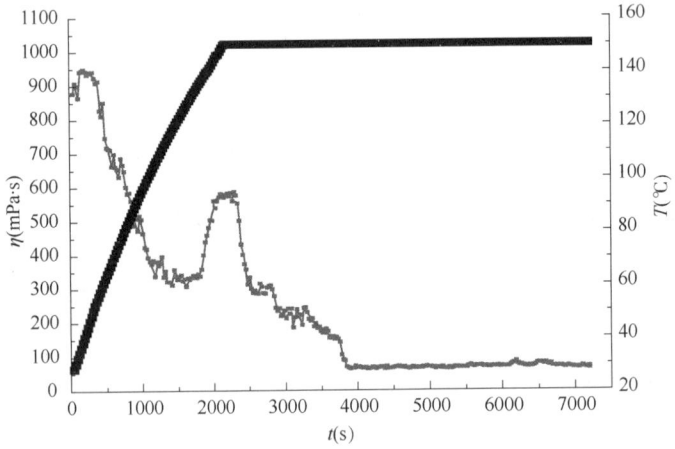

图 5-16　FS-01-05 样品 150℃ 抗温抗剪切实验图

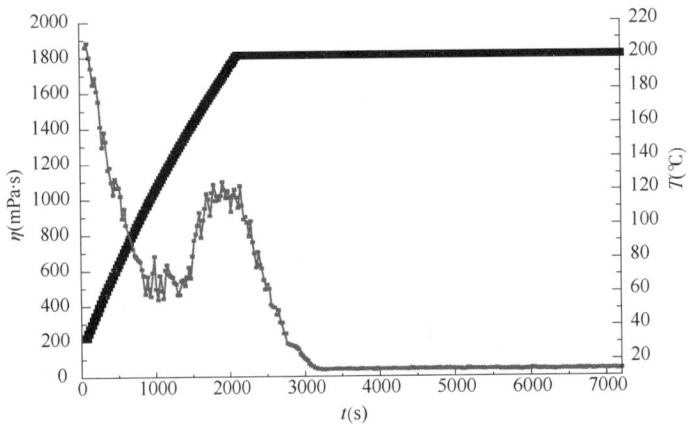

图 5-17　FS-01-05 样品 200℃ 抗温抗剪切实验图

由表 5-4、表 5-5、图 5-10~图 5-15 实验数据可知：样品 FS-01-01 为 AM 和 AA 共聚物，单体本身聚合能力强，分子量较大，且具有的交联基团相对比例较高，因此，其基液表观黏度、可交联性、悬砂性都较好，但抗温性较差。样品 FS-01-02 是加入抗温及刚性基团后的产品，其基液表观黏度略有降低，但其抗温性明显增加。样品 FS-01-03 增加了长支链，其基液表观黏度、可交联性、悬砂性较样品 FS-01-02 明显改善。样品 FS-01-04 增加了可在砂粒表面吸附的正电吸附基团，其悬砂性明显改善。样品 FS-01-05 增加了化学键预交联剂，基液表观黏度、悬砂性均有所改善。从溶解性分析，当加入长链单体和化学预交联剂后，对溶解性有一定影响，在后续单体比例实验中，应适度减少这两种单体的比例。综上表明：分子设计中的各种功能基团都发挥了相应的功能，初步说明了分子结构设计的正确性和可行性。由图 5-16 和图 5-17 可知，样品 FS-01-05 交联液在 150℃和 200℃下剪切保留黏度分别为 64.6mPa·s 和 41.3mPa·s，初步表明增稠剂有较好的抗高温抗剪切性能，且有一定对应关系，因此，在条件筛选阶段以 150℃为考察条件。

### （五）单体配比对增稠剂性能的影响

单体配比决定了增稠剂高分子结构与性质，压裂液体系的实用性由多项指标决定，增稠剂高分子上含有多种功能基团，每个基团的含量对产品应用与压裂液体系中的各项指标都会有或多或少的影响，为了获得综合性能良好的产品，采用正交实验方法，设计了不同单体比例的合成方案，以综合评分方法考察其综合性能。正交表表头如表 5-6 所示，实验结果如表 5-7、表 5-8 和表 5-9 所示。合成基本条件：以合成 25%浓度的 500g 样品为总量，按正交表摩尔比计算所需各物质的量；加入计量水；调节 pH 值为 6；加热至 45℃，通氮气 10min，加入单体总质量 1.0%的引发剂过硫酸铵（APS），60℃下恒温反应 16h 后取出。按本章第二节四、（三）中方法进行评价，实验条件为：基液浓度 1.0%，交联剂加量为基液质量的 0.5%四氯化钛溶液；在 150℃、$170s^{-1}$、剪切 120min 下，测定其耐温抗剪切性。

1. 单体配比对增稠剂性能影响正交表设计

根据前期初步试探实验和参考文献资料，单体配比对增稠剂性能影响正交表设计如表 5-6 所示。

表 5-6 单体配比对增稠剂性能影响正交实验表 $L_{25}(5^6)$

| 实验序号 | 因素 | | | | | |
|---|---|---|---|---|---|---|
| | A $n_{AM}$ | B $n_{AA}$ | C $n_{PSN}$ | D $n_{APEG}$ | E $n_{DMDAAC}$ | F $n_{MBA}$ |
| 1 | 4.0 | 0.5 | 0.60 | 0.0010 | 0.020 | 0.00020 |
| 2 | 4.5 | 1.0 | 0.80 | 0.0020 | 0.060 | 0.00040 |
| 3 | 5.0 | 1.5 | 1.0 | 0.0030 | 0.100 | 0.00060 |
| 4 | 5.5 | 2.0 | 1.2 | 0.0040 | 0.140 | 0.00080 |
| 5 | 6.0 | 2.5 | 1.4 | 0.0050 | 0.180 | 0.0010 |

## 2. 单体配比正交实验表

单体配比正交实验表如表5-7所示。

表5-7 单体配比正交实验表

| 实验序号 | 因素 | | | | | |
|---|---|---|---|---|---|---|
| | A $n_{AM}$ | B $n_{AA}$ | C $n_{PSN}$ | D $n_{APEG}$ | E $n_{DMDAAC}$ | F $n_{MBA}$ |
| FS-02-1 | 4.0 | 0.50 | 0.60 | 0.0010 | 0.020 | 0.00020 |
| FS-02-2 | 4.0 | 1.0 | 0.80 | 0.0020 | 0.060 | 0.00040 |
| FS-02-03 | 4.0 | 1.5 | 1.0 | 0.0030 | 0.10 | 0.00060 |
| FS-02-04 | 4.0 | 2.0 | 1.2 | 0.0040 | 0.14 | 0.00080 |
| FS-02-05 | 4.0 | 2.5 | 1.4 | 0.0050 | 0.18 | 0.0010 |
| FS-02-06 | 4.5 | 0.50 | 0.80 | 0.0030 | 0.14 | 0.0010 |
| FS-02-07 | 4.5 | 1.0 | 1.0 | 0.0040 | 0.18 | 0.00020 |
| FS-02-08 | 4.5 | 1.5 | 1.2 | 0.0050 | 0.020 | 0.00040 |
| FS-02-09 | 4.5 | 2.0 | 1.4 | 0.0010 | 0.060 | 0.00060 |
| FS-02-10 | 4.5 | 2.5 | 0.60 | 0.0020 | 0.10 | 0.00080 |
| FS-02-11 | 5.0 | 0.50 | 1.0 | 0.0050 | 0.060 | 0.00080 |
| FS-02-12 | 5.0 | 1.0 | 1.2 | 0.0010 | 0.10 | 0.0010 |
| FS-02-13 | 5.0 | 1.5 | 1.4 | 0.0020 | 0.14 | 0.00020 |
| FS-02-14 | 5.0 | 2.0 | 0.60 | 0.0030 | 0.18 | 0.00040 |
| FS-02-15 | 5.0 | 2.5 | 0.80 | 0.0040 | 0.020 | 0.00060 |
| FS-02-16 | 5.5 | 0.50 | 1.2 | 0.0020 | 0.18 | 0.00060 |
| FS-02-17 | 5.5 | 1.0 | 1.4 | 0.0030 | 0.020 | 0.00080 |
| FS-02-18 | 5.5 | 1.5 | 0.60 | 0.0040 | 0.060 | 0.0010 |
| FS-02-19 | 5.5 | 2.0 | 0.80 | 0.0050 | 0.10 | 0.00020 |
| FS-02-20 | 5.5 | 2.5 | 1.0 | 0.0010 | 0.14 | 0.00040 |
| FS-02-21 | 6.0 | 0.50 | 1.4 | 0.0040 | 0.10 | 0.00040 |
| FS-02-22 | 6.0 | 1.0 | 0.60 | 0.0050 | 0.14 | 0.00060 |
| FS-02-23 | 6.0 | 1.5 | 0.80 | 0.0010 | 0.18 | 0.00080 |
| FS-02-24 | 6.0 | 2.0 | 1.0 | 0.0020 | 0.020 | 0.0010 |
| FS-02-25 | 6.0 | 2.5 | 1.2 | 0.0030 | 0.060 | 0.00020 |

## 3. 单体配比正交实验各项指标实验数据表

单体配比正交实验各项指标实验数据表如5-8所示。

表 5-8　单体配比正交实验各项指标实验数据表

| 实验序号 | 参数及实验值 | | | | |
| --- | --- | --- | --- | --- | --- |
| | 基液表观黏度 $\eta_{av}$（mPa·s） | 交联黏度 $\eta_{jv}$（Pa·s） | 耐温耐剪切性 $\eta_{sv}$（mPa·s） | 悬砂能力 $v$（mm/min） | 分子量 $M$（×10$^6$） |
| FS-02-01 | 20.60 | 0.710 | 47.17 | 3.23 | 4.74 |
| FS-02-02 | 36.30 | 0.800 | 59.1 | 2.22 | 5.07 |
| FS-02-03 | 38.00 | 0.750 | 57.14 | 1.82 | 5.35 |
| FS-02-04 | 40.20 | 0.620 | 62.92 | 1.54 | 6.13 |
| FS-02-05 | 33.88 | 0.650 | 63.44 | 1.89 | 6.09 |
| FS-02-06 | 51.60 | 0.717 | 46.99 | 1.39 | 6.80 |
| FS-02-07 | 54.90 | 0.962 | 43.25 | 1.02 | 4.18 |
| FS-02-08 | 65.87 | 1.260 | 66.13 | 1.69 | 3.84 |
| FS-02-09 | 68.80 | 1.302 | 55.63 | 1.41 | 6.03 |
| FS-02-10 | 50.20 | 0.761 | 63.99 | 1.03 | 6.84 |
| FS-02-11 | 43.40 | 0.712 | 53.58 | 1.49 | 5.73 |
| FS-02-12 | 54.28 | 0.708 | 56.07 | 1.30 | 6.53 |
| FS-02-13 | 46.70 | 0.909 | 58.83 | 1.20 | 4.11 |
| FS-02-14 | 65.53 | 0.664 | 40.41 | 0.99 | 6.78 |
| FS-02-15 | 50.63 | 0.714 | 58.38 | 1.82 | 7.15 |
| FS-02-16 | 42.80 | 0.909 | 34.53 | 1.42 | 5.25 |
| FS-02-17 | 59.20 | 1.100 | 38.63 | 1.32 | 5.44 |
| FS-02-18 | 45.95 | 0.694 | 34.27 | 0.44 | 8.80 |
| FS-02-19 | 58.50 | 0.616 | 43.79 | 1.39 | 6.07 |
| FS-02-20 | 46.70 | 0.775 | 49.75 | 1.34 | 4.58 |
| FS-02-21 | 57.90 | 0.942 | 38.09 | 1.18 | 5.50 |
| FS-02-22 | 22.60 | 0.680 | 27.23 | 0.56 | 8.14 |
| FS-02-23 | 44.13 | 0.750 | 38.36 | 0.39 | 7.20 |
| FS-02-24 | 48.03 | 0.708 | 45.66 | 0.81 | 8.21 |
| FS-02-25 | 37.45 | 0.637 | 42.19 | 0.73 | 7.09 |

**4. 各项指标评分规则**

（1）基液黏度评分 $C_{av}$ 的评判规则：

$\eta_{av} = 0 \sim 20.0 \text{mPa·s}$，$C_{av} = \eta_{av} \times 2.0$；$\eta_{av} = 20.0 \sim 40.0 \text{mPa·s}$，$C_{av} = 40.0 + (\eta_{av} - 20.0) \times 1.0 = 20.0 + \eta_{av}$；$\eta_{av} = 40.0 \sim 60.0 \text{mPa·s}$，$C_{av} = 60.0 + (\eta_{av} - 40.0) = 20.0 + \eta_{av}$；$\eta_{av} = 60.0 \sim 80.0 \text{mPa·s}$，$C_{av} = 80.0 + (\eta_{av} - 60.0) \times 0.75 = 35.0 + \eta_{av} \times 0.75$；$\eta_{av} = 80.0 \sim 100.0 \text{mPa·s}$，$C_{av} = 95.0 + (\eta_{av} - 80.0) \times 0.25 = 75.0 + \eta_{av} \times 0.25$；$\eta_{av} > 100.0 \text{mPa·s}$，$C_{av} = 100$。

（2）交联黏度评分 $C_{jv}$ 的评判规则：

$\eta_{jv} = 0 \sim 200.0 \text{mPa·s}$，$C_{jv} = \eta_{jv} \times 0.1$；$\eta_{jv} = 200.0 \sim 400.0 \text{mPa·s}$，$C_{jv} = 20.0 + (\eta_{jv} -$

200.0)×0.1；$\eta_{jv}$ = 400.0~600.0mPa·s，$C_{jv}$ = 40.0+($\eta_{jv}$-600.0)×0.1；$\eta_{jv}$ = 600.0~800.0mPa·s，$C_{jv}$ = 60.0+($\eta_{jv}$-600.0)×0.1；$\eta_{jv}$ = 800.0~1000.0mPa·s，$C_{jv}$ = 80.0+($\eta_{jv}$-800.0)×0.05；$\eta_{jv}$ = 1000.0~1200.0mPa·s，$C_{jv}$ = 90.0+($\eta_{jv}$-1000.0)×0.05；$\eta_{jv}$ > 1200.0mPa·s，$C_{jv}$ = 100。

(3) 耐温耐剪切性 $C_{sv}$ 评分的评判规则：

$\eta_{sv}$ = 0~20.0mPa·s，$C_{sv}$ = $\eta_{sv}$；$\eta_{sv}$ = 20.0~40.0mPa·s，$C_{sv}$ = 20.0+$\eta_{sv}$；$\eta_{sv}$ = 40.0~60.0mPa·s，$C_{sv}$ = 60.0+($\eta_{sv}$-40.0)/2；$\eta_{sv}$ = 60.0~90.0mPa·s，$C_{sv}$ = 70.0+($\eta_{sv}$-60.0)/3；$\eta_{sv}$ = 90.0~120.0mPa·s，$C_{sv}$ = 80.0+($\eta_{sv}$-90.0)/3；$\eta_{sv}$ 120.0~150.0mPa·s，$C_{sv}$ = 90.0+($\eta_{sv}$-120.0)/3；$\eta_{sv}$>150.0mPa·s，$C_{sv}$ = 100。

(4) 悬砂性评分 $C_{fs}$ 的评判规则：

$v \geq$ 10.0mm·min$^{-1}$，$C_{fs}$ = 20.0；$v$ = 5.00~10.0mm·min$^{-1}$，$C_{fs}$ = 40.0-4×($v$-10.0)；$v$ = 3.00~5.00mm·min$^{-1}$，$C_{fs}$ = 60.0-10×($v$-3.00)；$v$ = 1.00~3.00mm·min$^{-1}$，$C_{fs}$ = 80.0-10×($v$-1.00)；$v$ = 0.500~1.00mm·min$^{-1}$，$C_{fs}$ = 100.0-40×($v$-0.500)；$v$<0.500mm·min$^{-1}$，$C_{fs}$ = 100。

(5) 分子量评分 $C_M$ 的评判规则：

$M$<2.00×10$^6$，$C_M$ = 10.0×$M$/10$^6$；$M$ = (2.00~3.00)×10$^6$，$C_M$ = 20.0+($M$/10$^6$-2.00)×20，$M$ = (3.00~4.00)×10$^6$；$C_M$ = 40.0+($M$/10$^6$-3.00)×20，$M$ = (4.00~5.00)×10$^6$，$C_M$ = 60.0+($M$/10$^6$-4.00)×20；$M$ = (5.00~6.00)×10$^6$，$C_M$ = 80.0+($M$/10$^6$-5.00)×10.0；$M$ = (6.0~7.0)×10$^6$，$C_M$ = 90.0+($M$/10$^6$-6.0)×5.0；$M$ = (7.00~8.00)×10$^6$，$C_M$ = 95.0+($M$/10$^6$-7.0)×5.0；$M$>8.00×10$^6$，$C_M$ = 100。

5. 各项指标的权重系数分配

综合考虑压裂液性能的重要性，指标权重：基液黏度为15%；交联黏度为20%；耐温耐剪切性为35%；基液悬砂性为20%；分子量为10%。主要实验装置和仪器如图5-18和图5-19所示。

图5-18 旋转黏度计

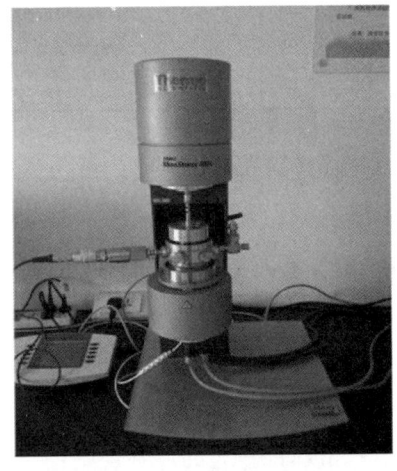

图5-19 RS6000流变仪

6. 单体配比正交实验数据分析

单体配比正交实验数据及分析结果如表5-9和表5-10所示。

**表5-9 综合评分计算表**

| 实验序号 | 参数评分值 | | | | | 综合评分 |
|---|---|---|---|---|---|---|
| | 基液表观黏度评分 $C_{av}$ | 交联黏度评分 $C_{jv}$ | 耐温耐剪切性评分 $C_{sv}$ | 悬砂能力评分 $C_{fs}$ | 分子量评分 $C_M$ | |
| FS-02-1 | 44.60 | 100.00 | 63.59 | 57.70 | 74.80 | 68.99 |
| FS-02-2 | 56.30 | 100.00 | 69.55 | 67.80 | 80.70 | 75.32 |
| FS-02-03 | 65.70 | 100.00 | 68.57 | 71.80 | 83.50 | 77.56 |
| FS-02-04 | 74.20 | 100.00 | 70.97 | 74.60 | 90.65 | 80.86 |
| FS-02-05 | 81.88 | 100.00 | 81.15 | 79.20 | 90.45 | 86.92 |
| FS-02-06 | 86.60 | 86.70 | 63.50 | 76.10 | 94.00 | 78.19 |
| FS-02-07 | 48.90 | 73.10 | 61.63 | 79.80 | 63.60 | 66.78 |
| FS-02-08 | 51.40 | 96.25 | 72.04 | 73.10 | 56.80 | 73.43 |
| FS-02-09 | 76.60 | 100.00 | 67.81 | 75.90 | 90.15 | 80.48 |
| FS-02-10 | 70.20 | 96.05 | 71.33 | 79.70 | 94.20 | 80.99 |
| FS-02-11 | 63.40 | 81.20 | 66.79 | 75.10 | 87.30 | 74.02 |
| FS-02-12 | 84.28 | 85.80 | 68.04 | 77.00 | 92.65 | 79.32 |
| FS-02-13 | 43.70 | 85.45 | 69.41 | 78.00 | 62.20 | 70.68 |
| FS-02-14 | 89.15 | 66.40 | 60.20 | 80.32 | 93.90 | 74.05 |
| FS-02-15 | 82.63 | 96.40 | 69.19 | 71.80 | 95.75 | 80.76 |
| FS-02-16 | 62.80 | 95.45 | 54.53 | 75.80 | 82.50 | 72.50 |
| FS-02-17 | 69.20 | 28.30 | 58.63 | 76.80 | 84.40 | 61.44 |
| FS-02-18 | 90.95 | 36.40 | 54.27 | 100.00 | 100.00 | 71.40 |
| FS-02-19 | 78.50 | 33.60 | 61.89 | 76.10 | 90.35 | 65.36 |
| FS-02-20 | 46.70 | 37.50 | 64.88 | 76.60 | 71.60 | 60.77 |
| FS-02-21 | 67.90 | 67.10 | 58.09 | 78.20 | 85.70 | 69.31 |
| FS-02-22 | 86.60 | 93.95 | 47.23 | 97.80 | 100.00 | 79.05 |
| FS-02-23 | 84.13 | 100.00 | 58.36 | 100.00 | 96.00 | 83.76 |
| FS-02-24 | 88.03 | 90.80 | 62.83 | 87.52 | 100.00 | 81.85 |
| FS-02-25 | 83.45 | 83.65 | 61.09 | 90.64 | 95.45 | 79.22 |

表5-10 单体配比对增稠剂性能影响正交实验结果数据分析表

| 实验序号 | 因素 | | | | | |
|---|---|---|---|---|---|---|
| | A $n_{AM}$ | B $n_{AA}$ | C $n_{PSN}$ | D $n_{APEG}$ | E $n_{DMDAAC}$ | F $n_{MBA}$ |
| Ⅰ | 343.52 | 343.40 | 361.60 | 361.82 | 342.37 | 347.02 |
| Ⅱ | 379.83 | 360.02 | 362.56 | 365.38 | 366.33 | 352.71 |
| Ⅲ | 363.32 | 358.58 | 360.36 | 363.91 | 353.01 | 369.20 |
| Ⅳ | 357.67 | 361.62 | 362.44 | 346.65 | 366.05 | 367.47 |
| Ⅴ | 353.12 | 373.84 | 350.50 | 359.69 | 357.30 | 361.05 |
| Ⅰ/5 | 68.70 | 68.68 | 72.32 | 72.36 | 69.59 | 69.40 |
| Ⅱ/5 | 75.97 | 72.00 | 72.51 | 73.08 | 73.07 | 70.54 |
| Ⅲ/5 | 72.66 | 71.72 | 72.07 | 72.78 | 70.79 | 73.84 |
| Ⅳ/5 | 71.53 | 72.32 | 72.49 | 69.33 | 73.41 | 73.49 |
| Ⅴ/5 | 70.62 | 74.77 | 70.10 | 71.94 | 72.64 | 72.21 |
| R | 7.27 | 6.09 | 2.41 | 3.75 | 3.82 | 4.44 |
| 最优方案 | A2 | B5 | C2 | D2 | E4 | F3 |
| 影响程度 | A>B>F>E>D>C | | | | | |

**7. 单体对增稠剂性能影响分析**

根据正交实验数据,将各单体用量对增稠剂性能影响趋势进行分析。

(1) AM用量对增稠剂性能的影响。

将AM加量变化对各项性能指标的综合评分作图,如图5-20所示。

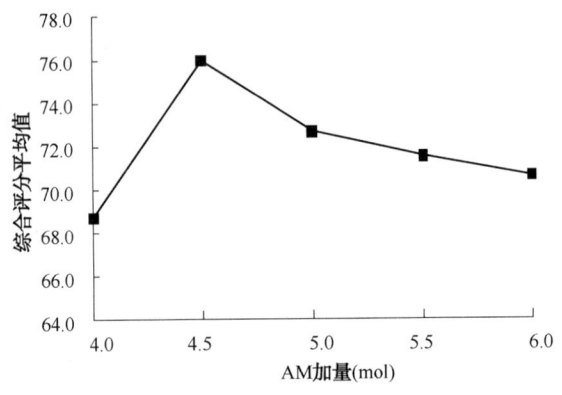

图5-20 AM加量对增稠剂综合性能的影响

图5-20实验结果表明,AM加量对增稠剂综合性能影响很大。随着AM加量的增加,增稠剂综合性能评分先增加后减小。一方面,分子量是决定增稠剂高分子增黏能力的重要因素,较高的分子量是增稠剂具有良好性能的基本条件;另一方面,压裂液的悬砂性、抗温性靠交联形成,受高分子中交联基团数量影响较大。丙烯酰胺(AM)是形成增稠剂骨架主链的主要单体,其反应活性高,聚合能力强,当AM含量较小时,难以形成较长的主链骨

架高分子，其综合性能必定受到严重影响。增稠剂分子中酰胺基虽然也可以有一定的交联性，但交联能力不强，本研究合成的聚合物高分子中的交联基团主要是羧酸基、磺酸基，当 AM 含量过多时，高分子中交联羧酸基、磺酸基的相对含量就会降低，其交联性能就会受到较大影响，而压裂液的抗温性、抗剪切性、悬砂性由交联结构决定，因此，其综合性能必定受到影响。结合正交实验及单体含量比例，确定 AM 加量为 4.50mol。

（2）AA 用量对增稠剂性能的影响。

将 AA 加量变化对各项性能指标的综合评分作图，如图 5-21 所示。

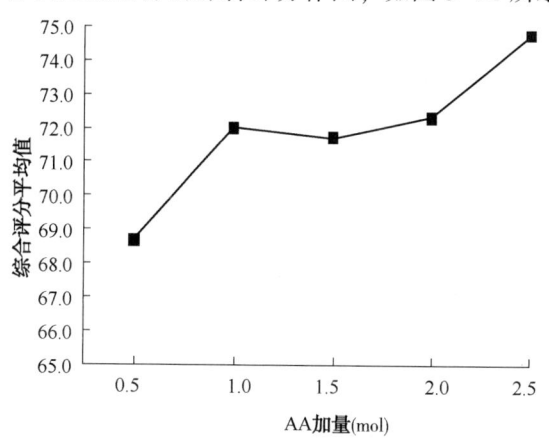

图 5-21　AA 加量对增稠剂综合性能的影响

图 5-21 实验结果表明，AA 加量对增稠剂综合性能影响较大。随着 AA 加量的增加，综合性能评分逐渐增加，增稠剂综合性能在 AA 加量为 2.50mol 时最好，分析分子结构特点认为可能的原因是随着 AA 增加，其与 AA 共聚能力强，形成的聚合物分子量增加，且分子链上负电荷速率增加，相互排斥，分子在水溶液中更伸展，使溶液黏度增加，同时—$COO^-$ 是主要的交联基团之一，—$COO^-$ 含量也对综合性能有利。

（3）PSN 用量对增稠剂性能的影响。

将 PSN 加量变化对各项性能指标的综合评分作图，如图 5-22 所示。

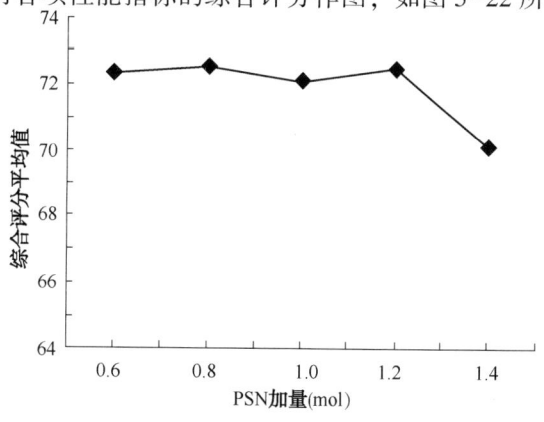

图 5-22　PSN 加量对增稠剂综合性能的影响

图 5-22 实验结果表明，随着 PSN 加量在 0.60~1.2mol 时，综合性能评分变化不大，产生这种趋势可能的原因是由于 PSN 聚合能力相对较弱，影响聚合物的分子量，使基液黏度等靠分子量大小获得的性能有所下降，但同时其中的 $-SO_3^-$ 既是交联基团，又是抗温基团，因此，提升增稠剂交联后的诸如交联黏度、抗温性、携砂性等性能，其综合性能仍然较好；当 PNS 加量大于 1.2mol，将对聚合物分子量产生严重影响，尽管这些较低分子量的聚合物也会交联，但其抗温抗剪切性都将受到较大影响，因此，综合性能出现本质性下降。从正交实验结果看，PNS 加量为 0.80mol 是最佳加量。

（4）APEG 用量对增稠剂性能的影响。

将 APEG 加量变化对各项性能指标的综合评分作图，如图 5-23 所示。

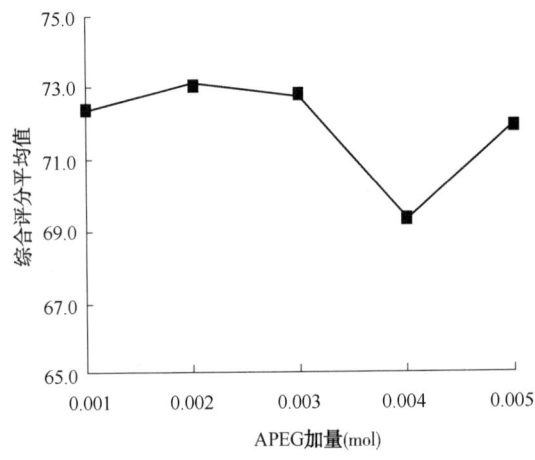

图 5-23　APEG 加量对增稠剂综合性能的影响

图 5-23 实验结果表明，APEG 加量在 0.002mol 时，增稠剂综合性能最好。APEG 聚合后可能是高分子中形成长支链，从而提高溶液的结构性，增强其综合性能。结合正交实验结果及 APEG 可能对产品溶解性的影响，确定 APEG 加量为 0.002mol。

（5）DMDAAC 用量对增稠剂性能的影响。

将 DMDAAC 加量变化对各项性能指标的综合评分作图，如图 5-24 所示。

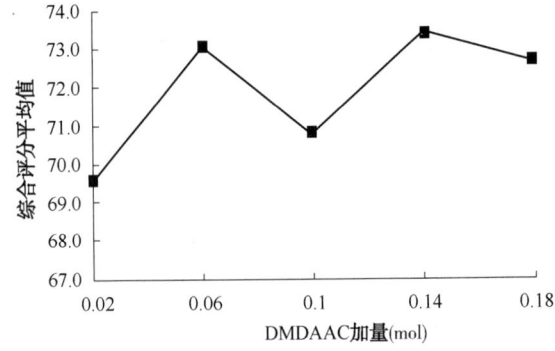

图 5-24　DMDAAC 加量对增稠剂综合性能的影响

图 5-24 实验结果表明，随着 DMDAAC 加量增加，综合性能有变好的趋势，主要原因有两方面：一是阳离子基团的引入，提高了悬砂性；二是在低温时，由于分子内缔合，分子卷曲，而在高温时，由于热运动作用，缔合解除，分子伸展，阳离子基团中的 N 的孤对电子能充分的与交联剂（多核羟桥络合物）中的羟基置换而形成有效交联，从而使其抗温性得到较大提升。依据正交实验结果和 DMDAAC 的主要作用，最终确定 DMDAAC 加量为 0.14mol。

（6）MBA 用量对增稠剂性能的影响。

将 MBA 加量变化对各项性能指标的综合评分作图，如图 5-25 所示。

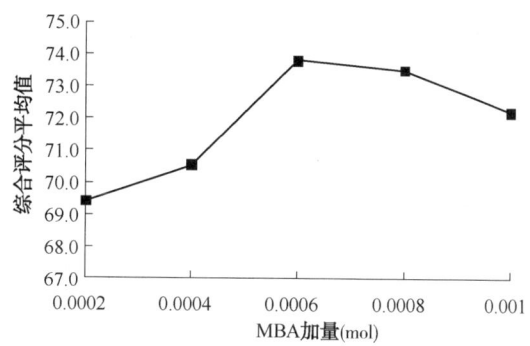

图 5-25　MBA 加量对增稠剂综合性能的影响

图 5-25 实验结果表明，随着 MBA 加量增加，综合性能先下降，后有所上升。产生这种趋势的主要原因可能是随着 MBA 加量增加，分子交联度增加，不利于交联剂作用，综合性能下降；进一步增加 MBA 加量，聚合物分子量大，高分子的高温稳定性有所提升，因此，综合性能有所上升。在实验过程中还发现，当 MBA 加量较大时，增稠剂的完全溶解时间将增长。考虑到压裂液主要是靠交联剂作用而获得主要性能，结合正交实验结果和增稠剂的溶解性要求，最终确定 MBA 加量为 0.0006mol。

从正交实验结果可知，单体用量对增稠剂性能影响大小的顺序为：AM>AA>MBA>DMDAAC>APEG>PSN；正交实验找出的最优单体摩尔比例为：$n_{AM} : n_{AA} : n_{PSN} : n_{APEG} : n_{DMDAAC} : n_{MBA} = 4.5 : 2.5 : 0.80 : 0.0020 : 0.14 : 0.00060$。

正交实验中部分实验的耐温耐剪切实验如图 5-26~图 5-31 所示；交联挑挂图如图 5-32~图 5-37 所示。

### （六）引发剂的种类与用量对增稠剂性能的影响

根据单体的特点，合成中拟采用自由基聚合溶液（水溶液）聚合法合成增稠剂聚合物高分子。在自由基聚合中，引发剂对产物的分子结构、分子量、溶解性等有重要影响。需对引发剂的种类、用量进行考察，以优选出适合的引发剂种类和用量。实验中，以压裂液的主要指标——表观黏度、交联黏度、抗温抗剪切性、悬砂能力、分子量的综合评分进行评判。实验条件：基液浓度 1.0%，交联剂加量为基液质量的 0.5% 四氯化钛溶液；在 150℃、170$s^{-1}$、剪切 120min 下，测定其耐温抗剪切性。

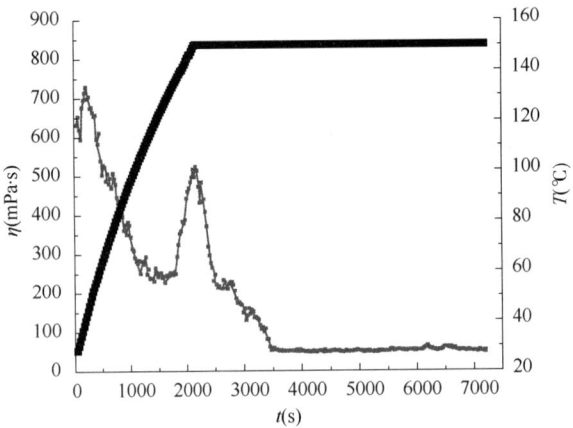

图 5-26　FS-02-01 样品的抗温抗剪切图

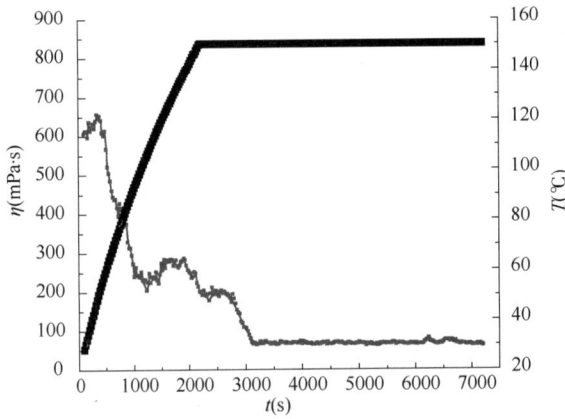

图 5-27　FS-02-05 样品的抗温抗剪切图

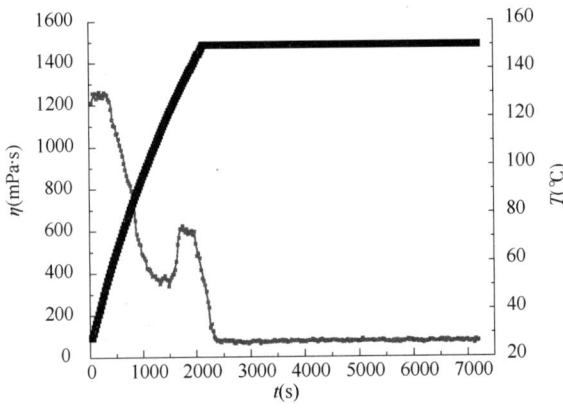

图 5-28　FS-02-08 样品的抗温抗剪切图

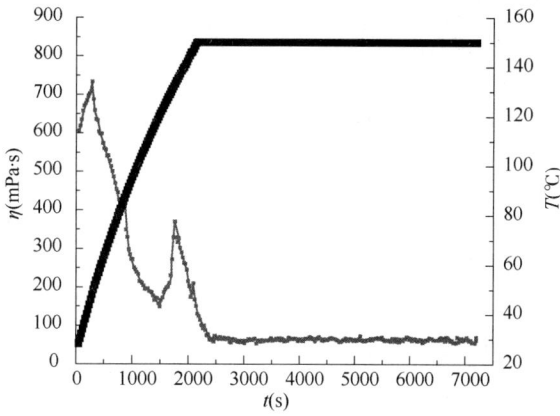

图 5-29　FS-02-12 样品的抗温抗剪切图

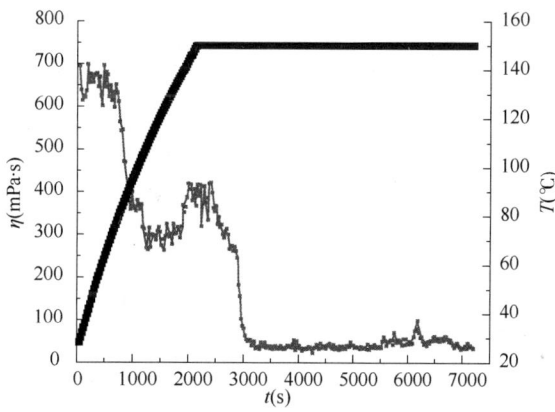

图 5-30　FS-02-18 样品的抗温抗剪切图

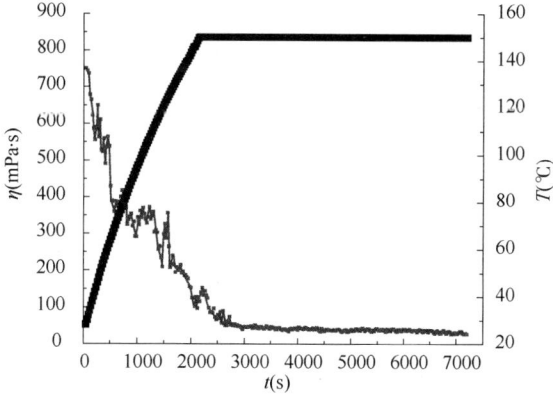

图 5-31　FS-02-23 样品的抗温抗剪切图

图 5-32　FS-02-01 样品

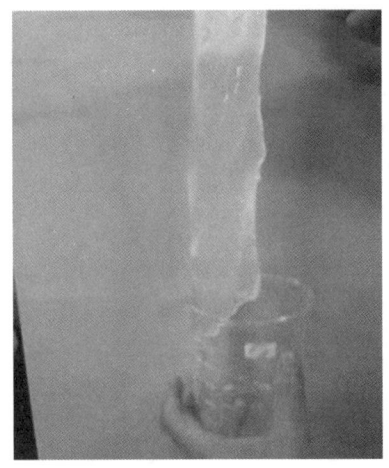

图 5-33　FS-02-05 样品

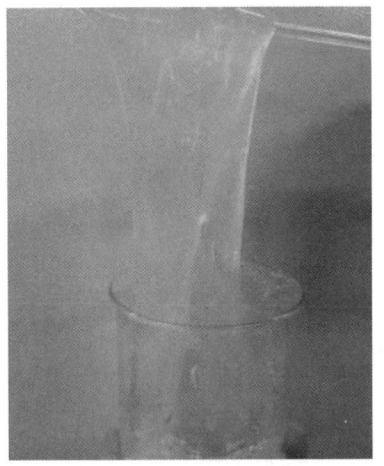

图 5-34　FS-02-08 样品

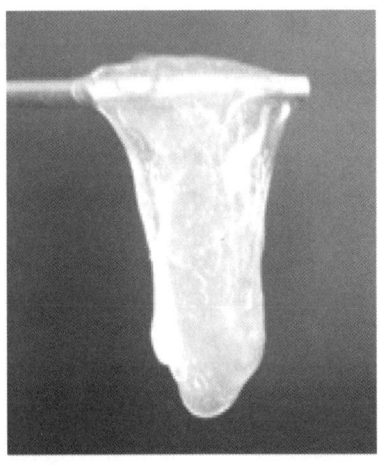

图 5-35　FS-02-12 样品

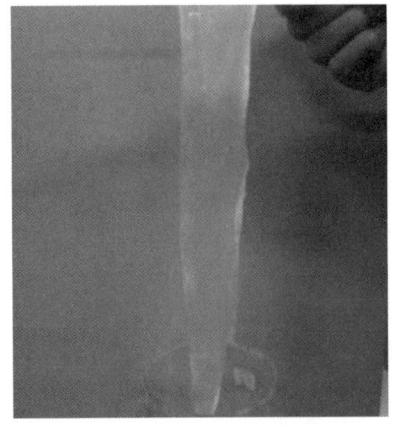

图 5-36　FS-02-18 样品

图 5-37　FS-02-23 样品

1. 引发剂种类对增稠剂性能的影响

在自由基聚合中，引发剂的种类决定了反应所需的温度、自由基的活性等性质。根据产生自由基机理不同、产生自由基温度不同，实验中选择了 5 种不同的引发剂进行考察，即属于热分解类的过氧化苯甲酰（BPO）、过硫酸铵（APS）和偶氮二异丁腈（AIBN），以及属于氧化还原反应类的过硫酸铵（APS）—亚硫酸氢钠（SHS）和硫酸亚铁（$Fe^{2+}$）—双氧水（$H_2O_2$）。实验方案：单体摩尔比 $n_{AM}:n_{AA}:n_{PSN}:n_{APEG}:n_{DMDAAC}:n_{MBA}$ = 4.5：2.5：0.80：0.0020：0.14：0.00060；单体浓度 25.0%；体系 pH 为 6；通 $N_2$ 时间为 10min；引发剂用量为单体总质量的 1.0%；引发温度 45℃；60℃恒温反应时间为 16h。实验结果如表 5-11 所示。

表 5-11 引发剂种类优选实验数据表

| 实验编号 | 引发剂种类 | 表观黏度 $\eta_{av}$(mPa·s) | 交联黏度 $\eta_{jv}$(Pa·s) | 抗温抗剪切性 $\eta_{sv}$(mPa·s) | 悬砂能力 $v$(mm/min) | 分子量 $M$(×$10^6$) | 综合评分 |
|---|---|---|---|---|---|---|---|
| FS-03-01 | BPO | 41.33 | 1.00 | 61.63 | 1.25 | 5.06 | 75.45 |
| FS-03-02 | APS | 49.42 | 1.30 | 71.06 | 0.786 | 5.78 | 82.69 |
| FS-03-03 | AIBN | 36.80 | 0.71 | 56.44 | 0.965 | 4.54 | 69.90 |
| FS-03-04 | APS-SHS | 33.50 | 0.71 | 46.58 | 1.56 | 5.22 | 67.50 |
| FS-03-05 | $Fe^{2+}$-$H_2O_2$ | 28.19 | 0.51 | 38.00 | 2.03 | 3.86 | 53.37 |

表 5-11 实验数据表明：APS 作为引发剂的效果最好。氧化—还原体系（APS-SHS，$Fe^{2+}$-$H_2O_2$）所需的引发温度低，反应过快，短时间内单体大量聚合，产生大量热，易引起热聚合、热加速聚合、热交联，因此，增稠剂溶解性差，压裂液整体性能差。热分解引发剂中，AIBN、BPO、APS 的分解温度接近（40~80℃），但 AIBN、BPO 在水中溶解度小，不利于均匀聚合，综合性能难以保证；APS 易溶于水，可以保证均匀聚合，较快分解温度为 60℃以上，但在 35℃就可以分解，反应放热可以适当加速其分解，60℃半衰期为 33h，70℃半衰期为 7.7h，也比较适合于初步设定的温度范围和恒温反应时间范围，压裂液的综合性能也较优，因此，选择过硫酸铵（APS）为引发剂。

2. 引发剂用量对增稠剂性能的影响

在自由基聚合中，引发剂用量决定了聚合反应速度、自由基的浓度、放热速度等性质。通过设计了系列引发剂浓度，考察其对增稠剂性能的影响。实验方案：单体摩尔比 $n_{AM}:n_{AA}:n_{PSN}:n_{APEG}:n_{DMDAAC}:n_{MBA}$ = 4.5：2.5：0.80：0.0020：0.14：0.00060；单体浓度 25.0%；体系 pH 值为 6；氮气通入时间 10min；引发剂为 APS；引发温度 45℃；60℃恒温反应时间为 16h。实验结果见表 5-12。

表 5-12  引发剂用量优选实验数据表

| 实验编号 | 引发剂用量(%) | 表观黏度 $\eta_{av}$(mPa·s) | 交联黏度 $\eta_{jv}$(Pa·s) | 抗温抗剪切性 $\eta_{sv}$(mPa·s) | 悬砂能力 $v$(mm/min) | 分子量 $M(\times 10^6)$ | 综合评分 |
|---|---|---|---|---|---|---|---|
| FS-04-01 | 0.4 | 55.59 | 1.43 | 49.64 | 0.682 | 5.95 | 81.52 |
| FS-04-02 | 0.6 | 53.68 | 1.37 | 61.80 | 0.606 | 6.89 | 84.35 |
| FS-04-03 | 0.8 | 59.51 | 1.39 | 79.48 | 0.648 | 6.47 | 86.76 |
| FS-04-04 | 1.0 | 49.42 | 1.30 | 71.06 | 0.786 | 5.78 | 82.69 |
| FS-04-05 | 1.2 | 41.24 | 1.19 | 57.38 | 1.43 | 4.63 | 75.56 |
| FS-04-06 | 1.4 | 33.23 | 1.06 | 49.56 | 1.84 | 4.23 | 70.04 |

表 5-12 实验数据表明,引发剂加量低于或高于单体总质量的 0.8% 时,压裂液的综合性能都不是很好。主要原因是引发剂加量过少,引发速度慢,单体反应不充分;加量较大,则引发速度过快,放热快,易形成低分子聚合物,短时间内单体大量聚合,产生大量热,易引起热聚合、热加速聚合、热交联等副反应。根据上述实验,引发剂加量在 0.6%~0.8% 较为适宜,考虑到工业化生产中,热交换不如室内实验中充分,恒温温度可能高于引发 45℃,引发剂加量在 0.6%~0.8% 的范围可以作为工业化生产引发温度调节的依据;室内研究选择引发剂的最佳加量为单体总质量的 0.8%。

### (七) 合成条件对增稠剂性能的影响

合成反应的温度、合成反应的时间、合成反应体系的 pH 值、合成反应体系单体的总浓度都对产物的分子量、交联性、抗温性等有一定的影响。本节将用单因素法对合成反应条件进行优化。本节实验中,以压裂液的主要指标:表观黏度、交联黏度、抗温抗剪切性、悬砂能力、分子量的综合评分进行评判,评价方法本章第三节四、(四)中步骤进行,评分依据、权重系数同本章第三节四、(五)。实验条件为:基液浓度 1.0%,交联剂加量为基液质量的 0.5% 四氯化钛溶液;在 150℃、170s$^{-1}$、剪切 120min 下,测定其耐温抗剪切性。

**1. 引发温度对增稠剂性能的影响**

反应温度是化学反应最重要的影响因素。在自由基聚合反应中,温度关系到自由基产生速度、聚合速度、放热速度等问题,从而影响分子结构、分子量、抗温性等性质。本节设计系列反应温度,考察其对增稠剂性能的影响。实验方案:单体摩尔比 $n_{AM}:n_{AA}:n_{PSN}:n_{APEG}:n_{DMDAAC}:n_{MBA}=4.5:2.5:0.80:0.0020:0.14:0.00060$;单体浓度 25%;体系 pH 值为 6;氮气通入时间 10min;引发剂用量为单体总质量 0.8% 的 APS;60℃恒温反应时间为 16h。实验结果见表 5-13。

表 5-13　引发温度对聚合物性能影响实验数据表

| 实验编号 | 引发温度（℃） | 表观黏度 $\eta_{av}$(mPa·s) | 交联黏度 $\eta_{jv}$(Pa·s) | 抗温抗剪切性 $\eta_{sv}$(mPa·s) | 悬砂能力 $v$(mm/min) | 分子量 $M(\times 10^6)$ | 综合评分 |
|---|---|---|---|---|---|---|---|
| FS-05-01 | 35 | 58.46 | 1.57 | 90.95 | 0.620 | 6.27 | 88.35 |
| FS-05-02 | 40 | 66.47 | 1.63 | 98.60 | 0.587 | 6.56 | 90.31 |
| FS-05-03 | 45 | 59.51 | 1.39 | 79.48 | 0.648 | 6.47 | 86.76 |
| FS-05-04 | 50 | 59.86 | 1.39 | 79.48 | 0.648 | 5.49 | 86.06 |
| FS-05-05 | 55 | 99.18 | 1.16 | 72.17 | 0.833 | 4.54 | 84.86 |
| FS-05-06 | 60 | 75.34 | 1.02 | 58.31 | 1.42 | 3.32 | 75.91 |

表 5-13 实验结果表明，引发温度过低或过高对压裂液的综合性能都不利。引发温度过低，引发剂分解速度慢，聚合速度慢，自由基终止几率增加，单体反应不充分；引发温度过高，则反应速度过快，放热快，自由基数量多，易形成低分子聚合物，同时还可能引发热交联，影响聚合物的溶解性和交联性。根据上述实验，考虑到工业化生产中，热交换不如室内实验充分，引发温度范围在 35~40℃ 适宜，可以作为工业化生产引发温度调节的依据，本项目的室内研究选择引发温度为 40℃。

2. 单体总浓度对增稠剂性能的影响

单体总浓度关系到聚合反应放热速率、分子碰撞几率等问题，从而影响分子结构、分子量、抗温性等性质。实验设计系列单体浓度，考察其对增稠剂性能的影响。实验方案：单体摩尔比 $n_{AM}:n_{AA}:n_{PSN}:n_{APEG}:n_{DMDAAC}:n_{MBA}=4.5:2.5:0.80:0.0020:0.14:0.00060$；体系 pH 值为 6；氮气通入时间 10min；引发剂用量为单体总质量 0.8% 的 APS；引发温度 40℃；60℃ 恒温反应时间为 16h。实验结果见表 5-14。

表 5-14　单体浓度对聚合物性能影响实验数据表

| 实验编号 | 单体浓度（%） | 表观黏度 $\eta_{av}$(mPa·s) | 交联黏度 $\eta_{jv}$(Pa·s) | 抗温抗剪切性 $\eta_{sv}$(mPa·s) | 悬砂能力 $v$(mm/min) | 分子量 $M(\times 10^6)$ | 综合评分 |
|---|---|---|---|---|---|---|---|
| FS-06-01 | 20 | 61.42 | 1.46 | 70.72 | 1.36 | 6.93 | 82.66 |
| FS-06-02 | 24 | 68.64 | 1.55 | 83.73 | 0.856 | 7.18 | 86.98 |
| FS-06-03 | 28 | 74.56 | 1.63 | 102.85 | 0.638 | 7.22 | 91.64 |
| FS-06-04 | 32 | 71.43 | 1.57 | 100.30 | 0.562 | 7.37 | 91.68 |
| FS-06-05 | 36 | 66.47 | 1.59 | 98.60 | 0.587 | 7.06 | 90.56 |

表 5-14 实验结果表明，单体总浓度较低，不利于分子量增长，干燥过程中易黏连，单体总浓度较高，易引起热交联，增稠剂性能较差。单体总浓度的适宜范围在 28%~32%，可以作为工业化生产的调节范围。本文室内研究选择单体总浓度为 28%。

3. 反应时间对增稠剂性能的影响

反应时间关系到单体的转化率等问题，从而影响分子结构、分子量、抗温性等性质。

实验设计系列反应时间,考察其对增稠剂性能的影响。实验方案:单体摩尔比 $n_{AM}:n_{AA}:n_{PSN}:n_{APEG}:n_{DMDAAC}:n_{MBA}=4.5:2.5:0.80:0.0020:0.14:0.00060$;单体浓度28%;体系pH值为6;氮气通入时间10min;引发剂用量为单体总质量0.8%的APS;引发温度40℃;60℃恒温反应时间为16h。实验结果见表5-15。

表5-15 反应时间对聚合物性能影响实验数据表

| 实验编号 | 反应时间 (h) | 表观黏度 $\eta_{av}$(mPa·s) | 交联黏度 $\eta_{jv}$(Pa·s) | 抗温抗剪切性 $\eta_{sv}$(mPa·s) | 悬砂能力 $v$(mm/min) | 分子量 $M(\times 10^6)$ | 综合评分 |
|---|---|---|---|---|---|---|---|
| FS-07-01 | 12 | 57.94 | 1.50 | 89.25 | 0.864 | 6.51 | 85.95 |
| FS-07-02 | 14 | 67.25 | 1.54 | 96.05 | 0.712 | 7.22 | 89.44 |
| FS-07-03 | 16 | 74.56 | 1.63 | 102.85 | 0.638 | 7.22 | 91.64 |
| FS-07-04 | 18 | 75.60 | 1.61 | 102.85 | 0.602 | 7.51 | 92.19 |
| FS-07-05 | 20 | 76.13 | 1.63 | 104.55 | 0.578 | 7.66 | 92.72 |
| FS-07-06 | 22 | 76.73 | 1.64 | 105.40 | 0.578 | 7.70 | 92.91 |
| FS-07-07 | 24 | 78.65 | 1.69 | 107.10 | 0.524 | 7.82 | 93.81 |

对于有机聚合反应,随着反应时间的延长,单体转化率增加,有利于形成较高分子量的高分子,对压裂液综合性能有利。表5-15实验结果表明:当反应时间大于20h后,压裂液综合性能变化不大。20~24h可以作为工业化生产中的控制范围。本项目实验研究选择的反应时间为24h。

**4. 反应体系pH对增稠剂性能的影响**

反应体系的pH关系到单体在反应体系中存在的形式、引发剂分解速度等问题,从而影响分子结构、分子量、抗温性等性质。实验设计系列pH值,考察其对增稠剂性能的影响。表5-16实验方案:单体摩尔比 $n_{AM}:n_{AA}:n_{PSN}:n_{APEG}:n_{DMDAAC}:n_{MBA}=4.5:2.5:0.80:0.0020:0.14:0.00060$;单体浓度28%;氮气通入时间10min引发剂用量为单体总质量0.8%的APS;引发温度40℃;60℃恒温反应时间为24h。实验结果见表5-16。

表5-16 体系pH对聚合物性能影响实验数据表

| 实验编号 | 体系pH | 表观黏度 $\eta_{av}$(mPa·s) | 交联黏度 $\eta_{jv}$(Pa·s) | 抗温抗剪切性 $\eta_{sv}$(mPa·s) | 悬砂能力 $v$(mm/min) | 分子量 $M(\times 10^6)$ | 综合评分 |
|---|---|---|---|---|---|---|---|
| FS-08-01 | 4.0 | 47.68 | 1.47 | 73.36 | 1.38 | 7.23 | 83.97 |
| FS-08-02 | 5.0 | 63.68 | 1.61 | 96.90 | 0.732 | 7.54 | 90.40 |
| FS-08-03 | 6.0 | 78.65 | 1.69 | 107.10 | 0.524 | 7.82 | 93.81 |
| FS-08-04 | 7.0 | 82.91 | 1.95 | 109.65 | 0.578 | 7.61 | 93.83 |
| FS-08-05 | 8.0 | 76.13 | 1.70 | 104.55 | 0.578 | 7.96 | 93.00 |
| FS-08-06 | 9.0 | 85.35 | 2.01 | 105.40 | 0.562 | 7.32 | 92.84 |
| FS-08-07 | 10.0 | 88.74 | 2.01 | 99.45 | 0.634 | 7.11 | 89.36 |

表5-16实验结果表明,体系的pH在中性附加,pH对增稠剂性能影响不大。考虑到弱

酸性条件有利于引发剂在低温下的分解，本项目室内研究确定体系的 pH=6~7。

**5. 氮气通入时间对增稠剂性能的影响**

氧气对于大多数自由基反应来说是一种阻聚剂，反应体系溶解氧的存在会严重影响单体的聚合效率和聚合速度等问题，从而影响分子结构、分子量、抗温性等性质。实验设计系列通入氮气的时间，考察其对增稠剂性能的影响。实验方案：单体摩尔比 $n_{AM} : n_{AA} : n_{PSN} : n_{APEG} : n_{DMDAAC} : n_{MBA}$ =4.5 : 2.5 : 0.80 : 0.0020 : 0.14 : 0.00060；单体浓度 28%；体系 pH 值为 6~7；引发剂用量为单体总质量 0.8% 的 APS；引发温度 40℃；60℃ 恒温反应时间为 24h。实验结果见表 5-17。

表 5-17 通 $N_2$ 时间对聚合物性能影响实验数据表

| 实验编号 | 通 $N_2$ 时间 (min) | 表观黏度 $\eta_{av}$(mPa·s) | 交联黏度 $\eta_{jv}$(Pa·s) | 抗温抗剪切性 $\eta_{sv}$(mPa·s) | 悬砂能力 $v$(mm/min) | 分子量 $M$(×$10^6$) | 综合评分 |
|---|---|---|---|---|---|---|---|
| FS-09-01 | 0 | 63.16 | 1.57 | 70.89 | 0.985 | 6.88 | 83.69 |
| FS-09-02 | 5.0 | 72.65 | 1.65 | 81.35 | 0.985 | 7.39 | 86.23 |
| FS-09-03 | 10 | 78.65 | 1.69 | 107.10 | 0.524 | 7.82 | 93.81 |
| FS-09-04 | 15 | 82.30 | 1.84 | 113.05 | 0.574 | 7.88 | 94.33 |
| FS-09-05 | 20 | 83.35 | 1.84 | 114.75 | 0.580 | 7.87 | 94.62 |
| FS-09-06 | 25 | 83.78 | 1.85 | 115.60 | 0.572 | 7.89 | 94.99 |
| FS-09-07 | 30 | 81.95 | 1.76 | 108.80 | 0.542 | 7.89 | 93.39 |

表 5-17 实验结果表明：当通入 $N_2$ 时间大于 15min 后，通 $N_2$ 时间对增稠剂性能影响不大，为确保能尽量除去体系中的溶解氧气，确定通 $N_2$ 时间为 20min。

**6. 增稠剂合成反应的最佳方案**

综合正交实验和验证实验结果，本项目研究最终确定的增稠剂最佳合成方案为：单体摩尔比 $n_{AM} : n_{AA} : n_{PSN} : n_{APEG} : n_{DMDAAC} : n_{MBA}$ =4.5 : 2.5 : 0.80 : 0.0040 : 0.18 : 0.00020；单体浓度 28.0%；体系 pH 值为 6~7；氮气通入时间 20min；引发剂用量为单体总质量 0.8% 的 APS；引发温度 40℃；60℃ 恒温反应时间 24h。

**7. 增稠剂合成反应的稳定性和可重复性**

为考察合成反应的稳定性，对合成反应进行重复稳定性实验和实验室放大实验，合成条件为最佳方案条件。实验结果见表 5-18。

表 5-18 合成反应稳定性、实验室放大实验数据表

| 实验编号 | 样品总量 $W$(g) | 表观黏度 $\eta_{av}$(mPa·s) | 交联黏度 $\eta_{jv}$(Pa·s) | 抗温抗剪切性 $\eta_{sv}$(mPa·s) | 悬砂能力 $v$(mm/min) | 分子量 $M$(×$10^6$) | 综合评分 |
|---|---|---|---|---|---|---|---|
| FS-10-01.1 | 500 | 82.30 | 1.839 | 113.05 | 0.574 | 7.88 | 94.37 |
| FS-10-01.2 | 500 | 83.26 | 1.729 | 99.45 | 0.612 | 7.73 | 92.44 |
| FS-10-01.3 | 500 | 81.08 | 1.816 | 100.30 | 0.603 | 7.82 | 92.58 |

续表

| 实验编号 | 样品总量 $W(g)$ | 表观黏度 $\eta_{av}(mPa \cdot s)$ | 交联黏度 $\eta_{jv}(Pa \cdot s)$ | 抗温抗剪切性 $\eta_{sv}(mPa \cdot s)$ | 悬砂能力 $v(mm/min)$ | 分子量 $M(\times 10^6)$ | 综合评分 |
|---|---|---|---|---|---|---|---|
| FS-10-02.1 | 1000 | 80.74 | 1.733 | 96.05 | 0.666 | 7.75 | 91.53 |
| FS-10-02.2 | 1000 | 81.61 | 1.824 | 114.75 | 0.632 | 7.52 | 93.90 |
| FS-10-02.3 | 1000 | 81.08 | 1.816 | 108.80 | 0.603 | 7.86 | 93.59 |
| FS-10-03.1 | 5000 | 84.74 | 1.767 | 119.85 | 0.565 | 7.12 | 94.95 |
| FS-10-03.2 | 5000 | 82.74 | 1.805 | 95.20 | 0.627 | 7.74 | 91.81 |
| FS-10-03.3 | 5000 | 81.78 | 1.851 | 102.85 | 0.619 | 7.89 | 92.81 |

表5-18实验结果表明，在最佳合成方案条件下合成增稠剂，产品性能稳定，重复性稳定性较好，放大实验性能稳定。

为验证增稠剂的抗温抗剪切性能，对增稠剂在180℃、200℃进行耐温耐剪切实验，考虑到高温影响，压裂液配方为：1.0%增稠剂+0.5%交联剂四氯化钛和0.2%氧氯化锆。实验结果如图5-38~图5-41所示。

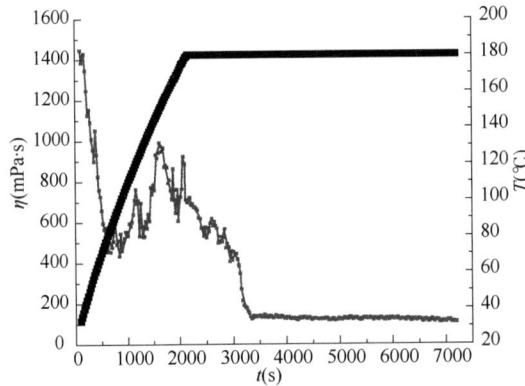

图5-38 样品FS-10-03.1的180℃耐温耐剪切图

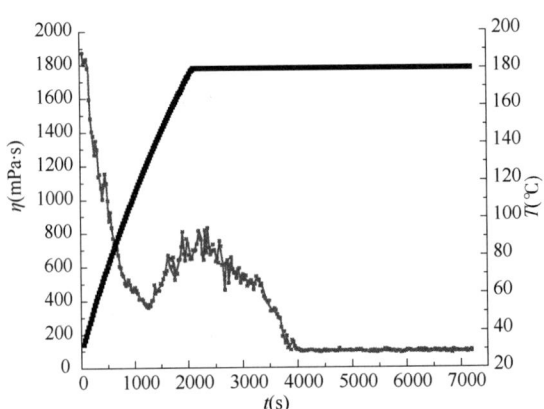

图5-39 样品FS-10-03.1的180℃耐温耐剪切图

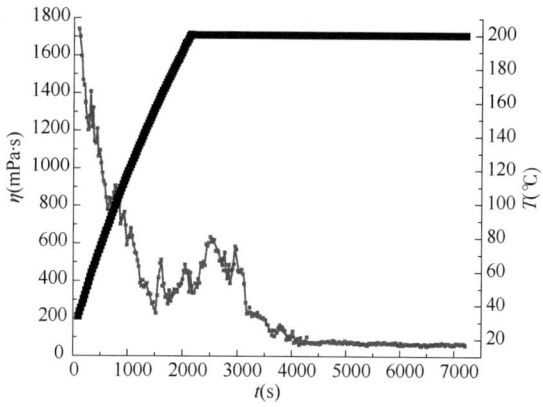

图 5-40　样品 FS-10-03.1 的 200℃耐温耐剪切图

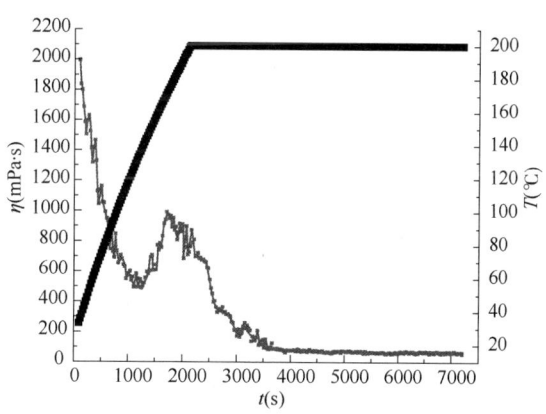

图 5-41　样品 FS-10-03.1 的 200℃耐温耐剪切图

图 5-38~图 5-41 的实验结果表明，本研究最佳条件下合成的增稠剂，在适当交联剂种类、加量下，具备抗 200℃高温的能力。

8. 最佳条件下合成的增稠剂的结构表征

为考察增稠剂聚合物合成的有效性、增稠剂聚合物本身结构、性质、特点，为其机理研究、机理解释、应用指导，采用红外光谱、H—核磁共振谱、X—射线衍射等手段对聚合物结构进行表征。

（1）抗高温聚合物增稠剂样品的提纯。

取一定量所合成的聚合物增稠剂凝胶溶解于去离子水中配制成 5%的溶液，用无水乙醇沉淀；反复用去离子水溶解沉淀和无水乙醇沉淀三次，得白色沉淀物，并将沉淀物浸泡于无水乙醇中 6h，以充分除去未反应完全的单体；然后取出沉淀物放在表面皿上置于 80℃烘箱中烘至恒重，得到纯净的聚合物增稠剂产品，用于红外光谱、核磁共振谱、X 射线衍射等结构表征。

（2）抗高温聚合物增稠剂粉剂样品的制备。

将合成的聚合物增稠剂凝胶，在造粒机上进行造粒，造粒的同时加入煤油和 SPAN-20 复配的分散剂，得到小胶粒，将小胶粒在 80℃下干燥 4~6h（两次称重差不超过胶体颗粒质量 2.0%），将所得的烘干聚合物，使用粉碎机粉碎，得到聚合物增稠剂粉剂样品，用于压裂液性能评价。

（3）增稠剂聚合物结构的红外光谱表征见图 5-42。

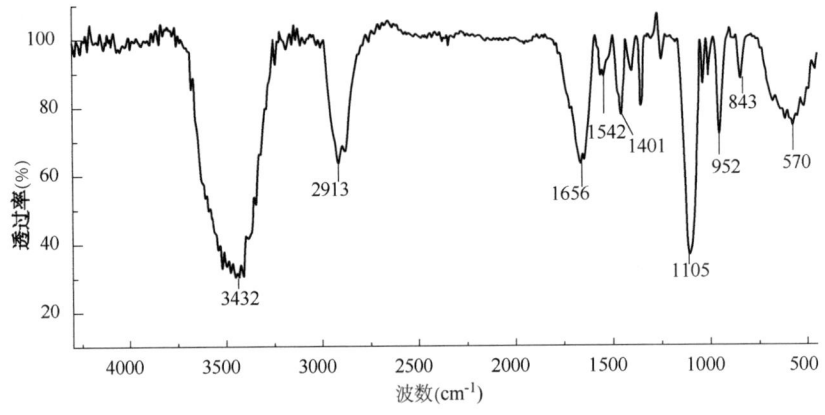

图 5-42　增稠剂的 IR 光谱图

结合增稠剂可能分子结构和图 5-42 分析可知，3432$cm^{-1}$ 为 N—H 伸缩振动峰；2913$cm^{-1}$ 处为羧酸中羟基 O—H 特征吸收峰；1656$cm^{-1}$ 酰胺的 C=O 峰；1542$cm^{-1}$ 为羧酸盐的 C=O 峰；1401$cm^{-1}$ 为磺酸基单体中苯环基团的特征峰；1105$cm^{-1}$ 为长支链聚醚的 C—O 伸缩振动峰；952$cm^{-1}$ 磺酸基团的特征吸收峰；843$cm^{-1}$ 磺酸基单体苯环的特征峰；570$cm^{-1}$ 磺酸基团中的 S—O 特征吸收峰。

（4）增稠剂聚合物结构的 H-核磁共振光谱表征见图 5-43。

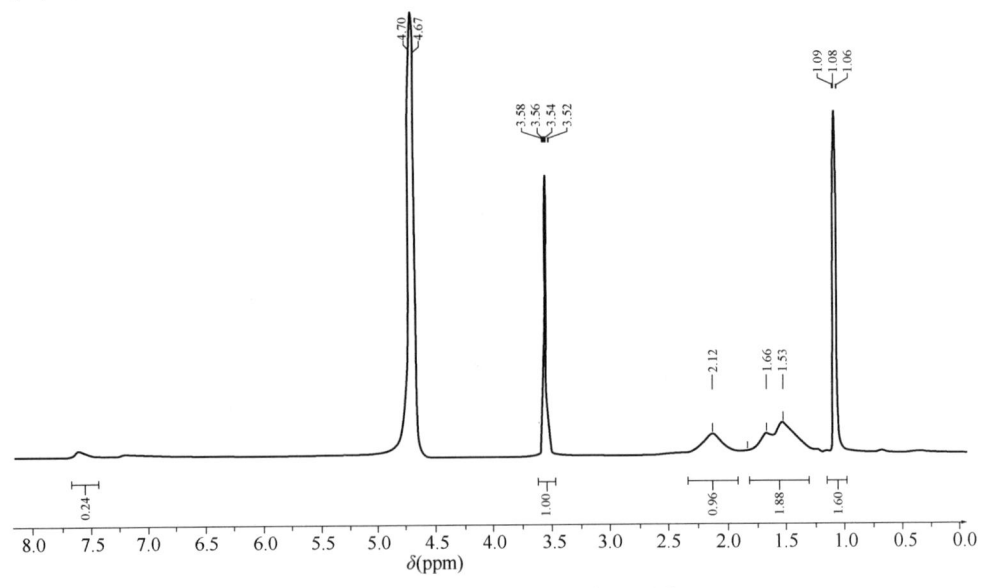

图 5-43　增稠剂聚合物 H-核磁图谱

图 5-43 中 $\delta$ = 1.08ppm、$\delta$ = 1.50ppm、$\delta$ = 1.66ppm 为主链的三种不同环境的氢，$\delta$ = 2.12ppm 为季铵盐上甲基氢，$\delta$ = 3.54ppm 为长支链聚醚上亚甲基氢，$\delta$ = 4.67ppm 为酰胺基

氢、δ=4.70ppm 为支链聚醚端基-OH 的氢，δ=7.62ppm 为磺酸基连接的苯环上氢。

（5）增稠剂聚合物结构的 X 射线衍射表征（XRD 图谱）见图 5-44。

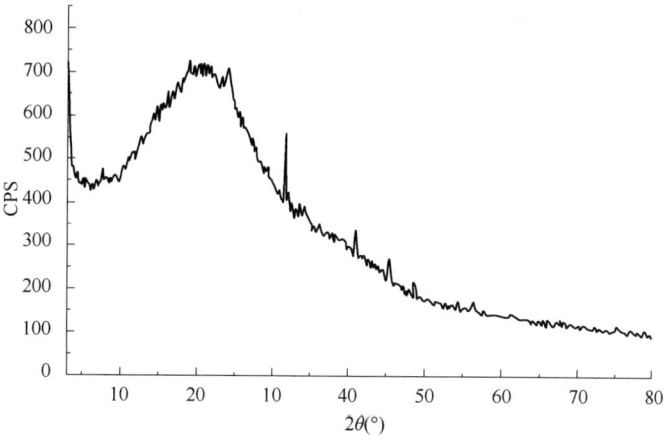

图 5-44　增稠剂聚合物的 XRD 图谱

图 5-44 表明，增稠剂无明显的 X 射线衍射峰，原因是由于增稠剂主要是无规非晶态物质共聚物。X 射线衍射中少量的小尖峰是残余单体中和后产生的盐类物质。

（6）增稠剂聚合物分子量的表征。

按本章第三节（四）中的方法，测定最佳合成条件下增稠剂聚合物的分子量，实验结果见表 5-19 和图 5-45。其中 5.0molNaCl 溶剂流出时间为 101.8s，增稠剂聚合物溶液浓度为 0.0030mg/mL。

表 5-19　增稠剂分子量测定数据表

| 相对浓度 | 1 | 2/3 | 1/2 | 1/3 | 1/4 | 1/5 |
|---|---|---|---|---|---|---|
| 流出时间（s） | 301.8 | 221.5 | 186.5 | 155.1 | 140.6 | 132.1 |
| 比浓黏度 $\eta_{sp}/C$ | 1.965 | 1.764 | 1.664 | 1.571 | 1.525 | 1.488 |
| 比浓对数黏度 $\ln\eta_r/C$ | 1.087 | 1.166 | 1.211 | 1.263 | 1.292 | 1.303 |

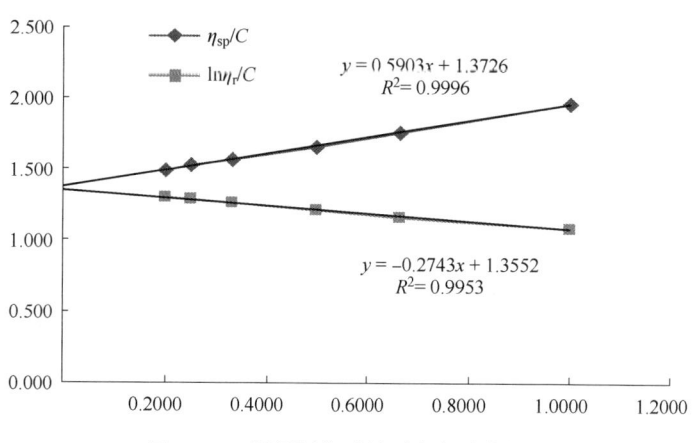

图 5-45　增稠剂分子量测定实验数据图

从图 5.45 中取 $\eta_{sp}/C$ 和 $\ln\eta_r/C$ 的截距 $A$ 平均值，$A = (1.3726+1.3552)/2 = 1.3639$；则 $[\eta] = A/C = 1.3639/0.0030 = 454.63\text{mL/mg}$；带入公式（3-1）得 $M = 708.64 \times 10^6$。

## 第三节 高温人工合成聚合物压裂液体系交联剂的合成

抗高温压裂液体系中，最关键的两种添加剂是增稠剂和交联剂。对于本项目研究的交联剂，要求交联剂与本项目研究的增稠剂有相适应的交联性；本身应具有抗高温性能；交联剂交联力较强；交联后的压裂液体系有抗 200℃ 高温的能力。本章将根据前面设计的交联剂分子模型和结构，对交联剂进行合成，并总结其性能特征。

### 一、抗高温压裂液体系交联剂分子结构设计

在压裂液中与稠化剂通过化学键或配位键发生交联反应的试剂称为交联剂。交联剂对压裂液体系的成胶速度和耐温耐剪切性、对储层渗透率都有较大的影响。交联剂大致可以分为无机和有机两类，无机交联剂主要分为硼砂、硼酸、氧氯化锆、三氯化铬等，有机交联剂主要有有机硼、有机钛、有机锆。表 5-20 是常用的水基压裂液的交联剂。有机硼、有机钛、有机锆是目前国内外公认的抗温交联剂，但各有其优缺点。有机硼主要用于糖类结构中顺式邻位羟基交联，交联条件为弱碱性；有机钛、有机锆主要用于交联—$SO_3^-$、—$COO^-$ 等负离子基团和非离子的—$CONH_2$ 等，交联条件为弱酸性。根据增稠剂的分子结构及功能基团的特点，钛、锆类交联剂更适合其交联。

表 5-20 常用水基压裂液交联剂

| 交联基团 | 稠化剂 | 交联剂 | 交联条件 |
| --- | --- | --- | --- |
| —$COO^-$ | HPAM、CMCCMGM | $BaCl_2$、$AlCl_3$、$CrCl_3$、$Zr^{4+}$、$Ti^{4+}$、$K_2Cr_2O_7 + Na_2SO_3$、$KMnO_4 + KI$ | 酸性交联 |
| 邻位顺式羟基 | GG、HPGM、PVA、CMGM | 硼砂、硼酸、二硼酸钠、五硼酸钠、有机钛、有机锆、有机硼 | 碱性交联 |
| 邻位反式羟基 | HEC、CMC | 醛、二醛 | 酸性交联 |
| —$CONH_2$ | HPAM、PAM | 醛、二醛、$Zr^{4+}$、$Ti^{4+}$、六次甲基四胺 | 酸性交联 |
| —$CH_2CHO$ | PEO | 木质素、磺酸钙酚醛树脂 | 碱性交联 |

#### （一）交联剂中心原子的设计

有机钛的特点是水解快、交联快，低温下有足够的交联能力，但交联压裂液的抗温、抗剪切性相对较差。有机锆的特点是水解慢、交联慢，在高温下其水解速度加快，可以弥补有机钛因高温而部分失去的交联作用，从而提高压裂液体系的抗温、抗剪切能力，其缺点是在低温下交联较慢，影响压裂液体系的悬砂性。其主要原因是交联剂中心原子的结构

不同。有机钛、锆交联剂一般是中心离子与有机配体形成的络合物,其性质由中心离子的原子结构和有机配体的络合能力决定。中心原子 Ti、Zr 属于同族元素,外层电子构型分布为 $3d^24s^2$、$4d^25s^2$,其失去 4 个电子的离子($Ti^{4+}$、$Zr^{4+}$)的电子构型分别 $3d^04s^0$、$4d^05s^0$,共有 6 个空轨道可以接纳孤对电子形成配位键,即只能形成六配位体化合物,但实际上 $Ti^{4+}$、$Zr^{4+}$ 的羟桥化合物形成的是 8 配位体化合物,说明 $Ti^{4+}$、$Zr^{4+}$ 的外层其他空轨道也参加接纳电子形成配位键。根据能量规则,只能是外层邻近的 p 轨道,即可以形成配位键的轨道有,$3d^04s^04p^0$、$4d^05s^05p^0$,但从能级差来看,$Ti^{4+}$ 离子的 4s 和 4p 轨道能级差大于 $Zr^{4+}$ 的 5s 和 5p 轨道,因此,$Ti^{4+}$ 形成的配位键弱于 $Zr^{4+}$ 形成的配位键,配位键的离解可能性是 $Ti^{4+}$ > $Zr^{4+}$,即其抗温性 $Zr^{4+}$ > $Ti^{4+}$。在高温压裂液的交联中,既需要在地面低温下有较快的交联速度,以便携砂,又需要交联剂在高温下有较强的交联性(即配位键稳定性),以满足高温下的悬砂能力。$Ti^{4+}$ 离子半径小、电性相对较强、能级差较大、水解较快,能和—$SO_3^-$、—$COO^-$ 等酸根负离子快速形成配位键;$Zr^{4+}$ 离子半径大、电性相对较弱、能级差小,也能和—$SO_3^-$、—$COO^-$ 等酸根负离子形成配位键,但形成速度较慢;而在高温时,其形成速度会大大提高,同时其配位键稳定性高,表现出较好的高温交联性。

根据以上分析,拟采用有机钛、有机锆复合体系作为交联剂,充分利于其各自的优点,相互弥补其性能的缺点,利用有机钛低温快速交联的特点,以满足地面配制及低温输送阶段的悬砂性要求;用有机锆满足高温下压裂液的抗温抗剪切性能和悬砂性能,即选用 $Ti^{4+}$、$Zr^{4+}$ 两种离子作为中心原子制备复合交联剂。

### (二)交联剂配体的设计

压裂液中的携砂液是压裂液施工的关键工作液,在配制压裂携砂液作业中,要求压裂液基液黏度不能太高,以确保混砂能顺利进行;同时要求在混砂后要有较高的黏度,以满足压裂液的悬砂要求。压裂液基液是高分子聚合物溶液,本身具有较高的黏度,使地面混砂作业中产生混砂不均、下砂受阻等问题,交联后的压裂液黏度更高,甚至使混砂作业无法进行。因此,工程上压裂液基液要在混砂作业完成后的一定时间内交联。对于高温压裂液,要求交联剂既要在混砂阶段交联速度较慢,混砂后在输送管线及低温井筒内有较快交联速度,在高温下有较强的交联能力。

无机高价钛、锆等金属离子能通过与—$CONH_2$、—$COO^-$、—$SO_3^-$ 等的络合作用交联高分子,但其交联速度较快,如果直接使用无机钛、锆配制压裂液,将严重影响混砂作业。为解决地面混砂问题,通常是将其预先形成有机络合物,这种络合物具有一定的稳定性,但也可以在较慢的速度下与—$CONH_2$、—$COO^-$、—$SO_3^-$ 等基团较好而交联高分子,因此,设计出具有适当稳定性的交联剂有机络合物是研究的关键。

交联剂有机络合物的稳定性受与其作用的有机配体的络合能力、结构等有关,考虑到高温压裂液的工程普通要求和抗高温的特殊要求,设计的交联剂为钛、锆复合交联剂。其中有机钛交联剂满足低温阶段的交联要求,有机锆满足高温下的交联要求。可以通过选择不同配位能力的配位剂种类、加量以调整有机交联剂的络合物稳定性,来控制交联剂与压裂液配位体的交换速度，从而控制交联速度。为了方便生产和使用，采用"一锅煮法"进行交联剂的制备。根据文献资料和理论分析，可供选择的络合剂有三乙醇胺、异丙醇、葡萄糖酸、乳酸、丁二酸、马来酸、乙酰丙酮等。为满足抗温性能要求，必须选择有较强络合能力的配体，以控制增稠剂基团与其交换而交联增稠剂的速度。配位剂的选择主要从提供孤对电子能力和形成络合物结构的稳定性考虑。选择进行试验的配位剂单体是三乙醇胺、异丙醇、马来酸、乙酰丙酮，其中三乙醇胺、异丙醇主要靠羟基氧原子提供孤对电子，配位能力较弱，以满足低温交联要求；马来酸、乙酰丙酮，主要依靠羧基氧负离子、酰基酮上的氧原子提供配位键，其配位能力强，同时可以形成钳形螯合物，提高交联剂的稳定性，以满足高温交联要求，其理想结构如图 5-46。合成的交联剂的交联时间应控制在 2~10min 内。

## 二、抗高温交联剂的合成

### （一）实验仪器与药品

交联剂研究中涉及的主要药品、试剂见表 5-21；主要合成、分析、评价仪器见表 5-22。

表 5-21　主要药品、试剂表

| 实验材料名称、代号 | 等级 | 生产厂家 |
| --- | --- | --- |
| 四氯化钛（$TiCl_4$） | 化学纯 | 天津市东丽区天大化学试剂厂 |
| 氧氯化锆（$ZrOCl_2$） | 化学纯 | 天津市东丽区天大化学试剂厂 |
| 乙酰丙酮（AAT） | 化学纯 | 天津市东丽区天大化学试剂厂 |
| 马来酸（MA） | 化学纯 | 天津市东丽区天大化学试剂厂 |
| 丁二酸（DSH） | 化学纯 | 天津市东丽区天大化学试剂厂 |
| 异丙醇（IPA） | 化学纯 | 天津市东丽区天大化学试剂厂 |
| 三乙醇胺（TEA） | 化学纯 | 天津市东丽区天大化学试剂厂 |
| 丙酮 | 化学纯 | 天津市东丽区天大化学试剂厂 |

表 5-22　主要实验仪器表

| 实验仪器 | 型号 | 生产厂家 |
| --- | --- | --- |
| 电热恒温水浴锅 | DK-S26 | 常州朗越仪器制造有限公司 |
| 玻璃合成仪器 | 24#标准磨口 | 扬州红旗玻璃仪器厂 |
| 旋转蒸发仪 | R201D | 巩义市英峪高科仪器厂 |
| 混调器 | HR2839 | 上海沪东电控仪器厂 |

续表

| 实验仪器 | 型号 | 生产厂家 |
|---|---|---|
| 旋转黏度计 | HTD13035-6 | 青岛海通达专用仪器有限公司 |
| 流变仪 | HAAKE RS6000 | 赛默飞世尔科技(中国)有限公司 |
| 傅里叶红外光谱仪 | WQF520 | 北京瑞利分析仪器有限公司 |
| 核磁共振波普仪 | BrukerAVANCEⅢHD400 | 瑞士 Bruker 公司 |
| X-射线衍射仪 | X-PertProX | 荷兰 PANalytical 公司 |

### (二) 实验方法

1. 交联剂合成基本方法

在三颈烧瓶中,加入丙酮水溶液(体积比为丙酮:水=7:3)和设计比例的络合剂;氮气保护和一定温度下,往烧瓶中滴加四氯化钛和氧氯化锆的丙酮溶液,30~40min 加完,搅拌反应1.5h;升高温度至指定温度,继续搅拌恒温回流反应一定时间;用旋转蒸发仪蒸去丙酮溶剂,得到不同交联剂(实验研究中命名及编号为 JL-xx-xx)。

2. 交联性能评价基本方法

用合成的增稠剂配制成0.8%的水溶液基液,加入基液质量的0.5%的合成交联剂,快速搅拌均匀,放置在25℃恒温水浴锅中恒温2h后,用旋转黏度计测定其在25℃下交联黏度。

3. 交联时间评价基本方法

用合成的增稠剂配制成0.8%的水溶液基液,放置在25℃恒温水浴锅中恒温30min后,加入基液质量的0.5%的合成交联剂,快速搅拌均匀,用旋转黏度计测定其在25℃下黏度随时间变化情况,判断其交联时间。

4. 交联剂抗温性能基本方法

用合成的增稠剂配制成0.8%的水溶液基液,加入基液质量的0.5%的合成交联剂,快速搅拌均匀,放置在25℃恒温水浴锅中恒温2h后,用高温高压流变仪测定其黏度随温度的变化情况,判断交联剂的抗温能力。

5. 交联剂综合性能评判方法

交联剂的性能主要是看其交联压裂液的性能,压裂液是多指标体系,采用综合评分(即加权评分)的方法来评判交联剂的性能。交联时间、挑挂性按下列方法评分。

(1) 交联时间 $t_{CL}(s)$ 评分方法:$t_{CL}<60s$,$C_{CL}=20t/60$;$t_{CL}=60~120s$,$C_{CL}=20+20(t-60)/60$;$t_{CL}=120~180s$,$C_{CL}=40+20(t-120)/60$;$t_{CL}=180~240s$,$C_{CL}=60+20(t-180)/60$;$t_{CL}=240~300s$,$C_{CL}=80+20(t-240)/60$;$t_{CL}=300~360s$,$C_{CL}=100-20(t-300)/60$;$t_{CL}=360~420s$,$C_{CL}=80-20(t-360)/60$;$t_{CL}=420~480s$,$C_{CL}=60-20(t-420)/60$;$t_{CL}=480~$

540s，$C_{CL}$ = 40−20($t$−480)/60；$t_{CL}$ = 540~600s，$C_{CL}$ = 20−20($t$−540)/60；$t_{CL}$>600s，$C_{CL}$ = 0。

（2）交联压裂液的挑挂性（$C_{TG}$）评分规则：不能有效交联或无法挑挂，$C_{TG}$ = 0；能交联但不能挑挂，$C_{TG}$ = 0~20；能交联、有一定的挑挂性，但交联不完全或有未交联的基液，$C_{TG}$ = 20~40；能完全交联、无基液但不能整体挑挂，$C_{TG}$ = 40~60；能完全交联、整体挑挂性好，但黏弹性差，$C_{TG}$ = 60~80；能完全交联、整体挑挂性好、黏弹性好，$C_{TG}$ = 80~100。

各项指标的权重系数：根据压裂液性能指标的重要性、实验考查的重点、指标的客观性，各项指标的权重确定为，交联时间占15%；交联黏度占20%；耐温耐剪切性占35%；悬砂能力占20%；挑挂性占10%。

## 三、实验结果与讨论

### （一）不同络合配体对交联剂性能的影响

根据交联剂结构设计及其交联原理，初步选择三乙醇胺、异丙醇、马来酸、乙酰丙酮作为有机复合交联剂的配体，其中，马来酸、乙酰丙酮为主要络合剂，三乙醇胺、异丙醇为辅助络合剂。

配体数量关系到完整络合物结构的形成，从 $Ti^{4+}$、$Zr^{4+}$ 的原子轨道结构 $(n-1)d^0ns^0$ 来看，其配位数为6（图5-46）；从 $Ti^{4+}$、$Zr^{4+}$ 的羟桥结构（图5-47）来看，$(n-1)d^0ns^0np^0$ 更外层的空轨道 $np$ 也能参与形成配位键，即可能参与形成配位键的原子轨道结构是 $(n-1)d^0ns^0np^0$，其配位数为8。

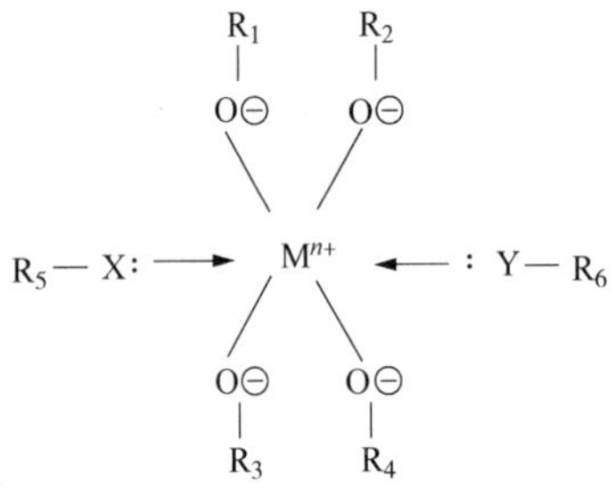

图5-46　$Ti^{4+}$、$Zr^{4+}$ 正常配位结构 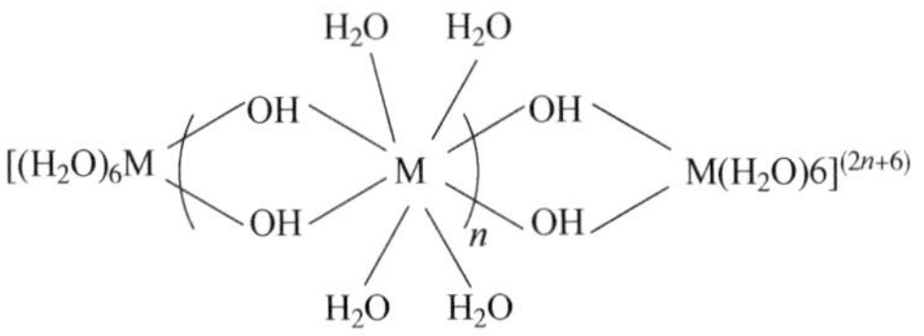　　　　图5-47　$Ti^{4+}$、$Zr^{4+}$ 的多核羟桥结构

根据晶体场理论，在较强配体（如负离子、强孤对电子）的作用下，能级分裂、能级差增大，形成6配位体化合物的可能性大，因此，中心离子摩尔比按 $n_{氧氯化锆}:n_{四氯化钛}$ = 1 : 1 配料，配位单体按中心离子摩尔数的6~8倍配料。原料配比见表5-23。

按表5-23比例，在三颈烧瓶中，加入丙酮水溶液（体积比为丙酮：水 = 7 : 3）和设计比例的络合剂；氮气保护和0℃的冰水浴下，往烧瓶中滴加四氯化钛和（或）氧氯化锆的丙酮溶液，30~40min加完，搅拌反应1.0h；升温至60℃；搅拌恒温回流反应一定时间；用旋转蒸发仪蒸去丙酮溶剂，得到不同交联剂剂。性能试验结果如表5-24和5-25所示。

# 第五章 高温人工合成聚合物压裂液

表 5-23 交联剂合成单体种类及配比表

| 实验编号 | $n_{ZrOCl_2}$ | $n_{TiCl_4}$ | $n_{AAT}$ | $n_{MA}$ | $n_{DSH}$ | $n_{TEA}$ | $n_{IPA}$ |
|---|---|---|---|---|---|---|---|
| JL-01-01 | 0.100 | 0.100 | 0.400 | — | — | 0.200 | — |
| JL-01-02 | 0.100 | 0.100 | 0.400 | — | — | — | 0.400 |
| JL-01-03 | 0.100 | 0.100 | — | 0.400 | — | 0.200 | — |
| JL-01-04 | 0.100 | 0.100 | — | 0.400 | — | — | 0.400 |
| JL-01-05 | 0.100 | 0.100 | — | — | 0.400 | 0.200 | — |
| JL-01-06 | 0.100 | 0.100 | — | — | 0.400 | — | 0.400 |
| JL-01-07 | 0.100 | 0.100 | 0.200 | 0.200 | — | 0.200 | — |
| JL-01-08 | 0.100 | 0.100 | 0.200 | 0.200 | — | — | 0.400 |

注：表中"—"表示未加该种物质。

表 5-24 交联剂合成单体种类及配比实验性能测试数据表

| 实验编号 | 交联时间（s） | 交联黏度 $\eta_{jv}$(Pa·s) | 耐温耐剪切性 $\eta_{sv}$(mPa·s) | 悬砂性 $v$（mm/min） | 挑挂性定性描述 |
|---|---|---|---|---|---|
| JL-01-01 | 78 | 1.44 | 65.8 | 0.282 | 完全交联、整体挑挂、黏弹性较差 |
| JL-01-02 | 113 | 1.49 | 68.7 | 0.278 | 完全交联、整体挑挂、黏弹性较差 |
| JL-01-03 | 554 | 1.09 | 91.0 | 0.626 | 完全交联、整体挑挂、黏弹性较好 |
| JL-01-04 | 567 | 0.96 | 105.0 | 0.737 | 完全交联、整体挑挂、黏弹性较好 |
| JL-01-05 | 119 | 1.26 | 52.7 | 0.337 | 完全交联、整体挑挂、少量基液 |
| JL-01-06 | 134 | 1.23 | 54.3 | 0.314 | 完全交联、整体挑挂、少量基液 |
| JL-01-07 | 228 | 1.06 | 83.0 | 0.222 | 完全交联、整体挑挂、黏弹性较好 |
| JL-01-08 | 242 | 1.00 | 98.9 | 0.216 | 完全交联、整体挑挂、黏弹性较好 |

表 5-25 交联剂合成单体种类及配比实验综合评分表

| 实验编号 | 交联时间评分 $C_{CL}$ | 交联黏度评分 $C_{jv}$ | 耐温耐剪切性评分 $C_{sv}$ | 悬砂能力评分 $C_{fs}$ | 挑挂性评分 $C_{TG}$ | 综合评分 |
|---|---|---|---|---|---|---|
| JL-01-01 | 26.00 | 95.60 | 71.93 | 100.0 | 70.00 | 76.08 |
| JL-01-02 | 37.70 | 98.40 | 72.90 | 100.0 | 65.00 | 77.67 |
| JL-01-03 | 85.30 | 77.60 | 80.33 | 94.96 | 90.00 | 87.85 |
| JL-01-04 | 77.70 | 70.60 | 85.00 | 90.52 | 95.00 | 86.62 |
| JL-01-05 | 39.70 | 86.40 | 66.35 | 100.0 | 40.00 | 73.18 |
| JL-01-06 | 44.70 | 84.80 | 67.15 | 100.0 | 40.00 | 74.21 |
| JL-01-07 | 76.00 | 75.80 | 77.67 | 100.0 | 90.00 | 86.19 |
| JL-01-08 | 80.67 | 72.80 | 82.97 | 100.0 | 100.0 | 89.17 |

由表 5-24 和 5-25 实验结果可得，当主络合剂仅为乙酰丙酮（AAT）时，交联剂表现出交联时间较短，交联黏度较高，挑挂性较好的特点，但黏弹性较差的特点；主要是由于 AAT 本身相当于一个负电荷，另一个相当于一个配位键，络合能力相对较弱，在有增稠剂

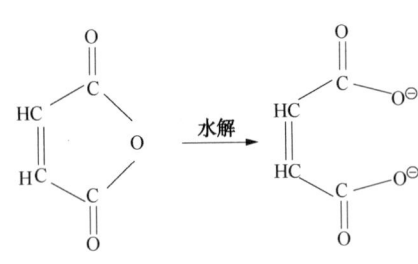

图 5-48 马来酸酐及其水解物结构图

负离子基团竞争时，配体交换速度快，易快速交联；但交联点多形成的胶体具有脆性，黏弹性较差。当主络合剂仅为马来酸酐（MA）时，交联剂表现出交联时间较长，交联黏度较好，挑挂性较好的特点；主要是由于 MA 马来酸酐（及水解产物）本身具有两个负电荷，同时 MA 具有固定的"钳形结构"（图 5-48），与带正电的中心离子能形成螯合结构，络合能力相对较强，在有增稠剂负离子基团竞争时，配体交换速度慢，交联时间过长。当主络合剂仅为丁二酸（DSH）时，交联剂表现出交联时间较短，交联黏度较高，挑挂性较好的特点；主要是由于 DSH 与 MA 具有类似的结构和相同的负电荷数，但不具有 MA 所具有固定的"钳形结构"，与带正电的中心离子不易形成螯合结构，络合能力相对较弱，在有增稠剂负离子基团竞争时，配体交换速度快，易快速交联；部分交联后，胶体黏度大，不利于交联剂扩散，形成少量基液。当主络合剂为乙酰丙酮（AAT）和马来酸酐（MA）交联剂表现出交联时间较适宜，交联黏度较高，挑挂性较好的特点，主要是由于 AAT 与 MA 都能与带正电的中心离子有效形成络合物，可以弥补单独时交联时间过长或过短的不足。从辅络合剂三乙醇胺（TEA）和异丙醇（IPA）的影响来看，加有 IPA 的交联剂较加有 TEA 的交联的交联时间长，主要是由于这两种络合剂都是通过配位键与中心离子络合，但 IPA 侧基较 TEA 小，空间位阻小，有利于形成稳定的络合物，络合物越稳定，交联时间就会越长，总体对交联性能影响不大，可以适当延长交联时间，这也可以作为工业化生产时的交联剂性能的微调手段。通过上述分析，结合综合评分及设置的交联时间范围，最佳方案为 JL-01-08；即中心离子为 $Zr^{4+}$、$Ti^{4+}$；单体种类确定为主络合剂：AAT、MA 复合物；络合单体初步配比（摩尔比）为：$n_{ZrOCl_2}:n_{TiCl_4}:n_{AAT}:n_{MA}:n_{IPA}=0.100:0.100:0.200:0.200:0.400$。

## （二）中心离子配比对交联剂性能的影响

中心离子的比例是影响交联时间和交联胶体质量的主要因素，为考察其影响，在确定的络合剂种类及初步配比的基础上，固定其他反应条件，设计系列中心离子比例，考察其对交联压裂液性能的影响。中心离子配比见表 5-26，实验数据及综合评分见表 5-2 和表 5-28。

表 5-26 中心离子配比表

| 实验编号 | $nZrOCl_2$ | $n_{TiCl_4}$ | $n_{MA}$ | $n_{AAT}$ | $n_{IPA}$ |
|---|---|---|---|---|---|
| JL-02-01 | 0.060 | 0.140 | 0.200 | 0.200 | 0.400 |
| JL-02-02 | 0.080 | 0.120 | 0.200 | 0.200 | 0.400 |
| JL-02-03 | 0.100 | 0.100 | 0.200 | 0.200 | 0.400 |
| JL-02-04 | 0.120 | 0.080 | 0.200 | 0.200 | 0.400 |
| JL-02-05 | 0.140 | 0.060 | 0.200 | 0.200 | 0.400 |

表 5-27 中心离子配比实验性能测试数据表

| 实验编号 | 交联时间（s） | 交联黏度 $\eta_{jv}$（Pa·s） | 耐温耐剪切性 $\eta_{sv}$（mPa·s） | 悬砂性 $v$（mm/min） | 挑挂性定性描述 |
|---|---|---|---|---|---|
| JL-02-01 | 154 | 1.17 | 76.4 | 0.174 | 完全交联、整体挑挂、黏弹性稍差 |
| JL-02-02 | 186 | 1.06 | 87.7 | 0.183 | 完全交联、整体挑挂、黏弹性较好 |
| JL-02-03 | 242 | 1.00 | 98.9 | 0.216 | 完全交联、整体挑挂、黏弹性较好 |
| JL-02-04 | 276 | 0.96 | 113 | 0.226 | 完全交联、整体挑挂、黏弹性较好 |
| JL-02-05 | 313 | 0.90 | 109 | 0.194 | 完全交联、整体挑挂、黏弹性较好 |

表 5-28 中心离子配比实验综合评分表

| 实验编号 | 交联时间评分 $C_{CL}$ | 交联黏度评分 $C_{jv}$ | 耐温耐剪切性评分 $C_{sv}$ | 悬砂能力评分 $C_{fs}$ | 挑挂性评分 $C_{TG}$ | 综合评分 |
|---|---|---|---|---|---|---|
| JL-02-01 | 51.33 | 81.80 | 75.47 | 100.00 | 75.00 | 81.36 |
| JL-02-02 | 62.00 | 75.60 | 79.23 | 100.00 | 95.00 | 85.10 |
| JL-02-03 | 80.67 | 72.80 | 82.97 | 100.00 | 100.00 | 89.17 |
| JL-02-04 | 92.00 | 70.40 | 87.67 | 100.00 | 100.00 | 92.06 |
| JL-02-05 | 95.67 | 67.20 | 86.33 | 100.00 | 95.00 | 91.03 |

由表 5-26 和 5-27 实验结果可知，中心离子配比主要是对交联剂的交联时间有一定影响，由于两种中心离子都能与优选出的络合剂形成较稳定的络合物结构，因此对交联时间影响不如配体种类大。根据综合评分、设置的交联时间及抗高温性能，确定中心离子的最佳配比为 $n_{ZrOCl2} : n_{TiCl_4} = 0.120 : 0.0800$。

## （三）主络合剂配比对交联剂性能的影响

### 1. 络合剂 MA、AAT 配比对交联性能的影响

从前面实验可知，主络合剂对交联剂有较大影响，本节参考前面研究的结果，固定其他反应条件，设计了系列 MA 与 AAT 比例，考察其对交联剂的性能影响，实验各物质配比见表 5-29，实验结果及数据分析见表 5-30 和 5-31。

表 5-29 主络合剂配比表

| 实验编号 | $n_{ZrOCl}$ | $n_{TiCl_4}$ | $n_{MA}$ | $n_{AAT}$ | $n_{IPA}$ |
|---|---|---|---|---|---|
| JL-03-01 | 0.120 | 0.080 | 0.160 | 0.240 | 0.400 |
| JL-03-02 | 0.120 | 0.080 | 0.180 | 0.220 | 0.400 |
| JL-03-03 | 0.120 | 0.080 | 0.200 | 0.200 | 0.400 |
| JL-03-04 | 0.120 | 0.080 | 0.220 | 0.180 | 0.400 |
| JL-03-05 | 0.120 | 0.080 | 0.240 | 0.160 | 0.400 |

表 5-30 主络合剂配比实验数据表

| 实验编号 | 交联时间（s） | 交联黏度 $\eta_{jv}$(Pa·s) | 耐温耐剪切性 $\eta_{sv}$(mPa·s) | 悬砂性 $v$（mm/min） | 挑挂性定性描述 |
|---|---|---|---|---|---|
| JL-03-01 | 204 | 0.92 | 108 | 0.186 | 完全交联、整体挑挂、黏弹性较好 |
| JL-03-02 | 237 | 1.02 | 104 | 0.208 | 完全交联、整体挑挂、黏弹性较好 |
| JL-03-03 | 276 | 0.96 | 113 | 0.226 | 完全交联、整体挑挂、黏弹性较好 |
| JL-03-04 | 294 | 1.05 | 117 | 0.152 | 完全交联、整体挑挂、黏弹性较好 |
| JL-03-05 | 368 | 1.00 | 96.3 | 0.169 | 完全交联、整体挑挂、黏弹性较好 |

表 5-31 主络合剂配比实验综合评分表

| 实验编号 | 交联时间评分 $C_{CL}$ | 交联黏度评分 $C_{jv}$ | 耐温耐剪切性评分 $C_{sv}$ | 悬砂能力评分 $C_{fs}$ | 挑挂性评分 $C_{TG}$ | 综合评分 |
|---|---|---|---|---|---|---|
| JL-03-01 | 68.00 | 68.40 | 86.00 | 100.00 | 95.00 | 87.00 |
| JL-03-02 | 79.00 | 73.60 | 84.67 | 100.00 | 100.00 | 89.67 |
| JL-03-03 | 92.00 | 70.40 | 87.67 | 100.00 | 100.00 | 92.06 |
| JL-03-04 | 98.00 | 75.40 | 89.00 | 100.00 | 100.00 | 94.38 |
| JL-03-05 | 77.33 | 72.80 | 82.10 | 100.00 | 95.00 | 87.87 |

表 5-29 和表 5-30 实验结果表明，随着 MA 含量增加（AAT 含量减少），交联时间延长，交联压裂液性能变化不大，整体性能良好。主要是由于 MA 形成的交联剂络合物稳定性更高，增稠剂与之较好速度就会较慢，交联时间延长。从实验数据变化来看，在 $n_{MA}:n_{AAT}=0.20:0.20\sim0.24:0.16$ 的范围内，交联时间满足本项目研究设置的时间最佳范围（4~6min），交联后压裂液的综合性能优良，该范围可以作为交联剂工艺化生产的调节和控制范围。室内研究阶段选择的比例为综合评分最高的比例，即 $n_{MA}:n_{AAT}=0.22:0.18$。

2. 主络合剂（MA+AAT）与辅络合剂 IPA 配比对交联性能的影响

辅助络合剂对交联剂性能也有一定影响，本节参考前面研究的结果，固定其他反应条件，设计了系列（MA+AAT）与 IPA 比例，考察其对交联剂的性能影响，实验各物质配比见表 5-32，实验结果及数据分析见表 5-33 和表 5-34。

表 5-32 辅助络合剂 IPA 用量实验配比表

| 实验编号 | $n_{ZrOCl}$ | $n_{TiCl_4}$ | $n_{MA}$ | $n_{AAT}$ | $n_{IPA}$ |
|---|---|---|---|---|---|
| JL-04-01 | 0.120 | 0.080 | 0.220 | 0.180 | 0.580 |
| JL-04-02 | 0.120 | 0.080 | 0.220 | 0.180 | 0.440 |
| JL-04-03 | 0.120 | 0.080 | 0.220 | 0.180 | 0.400 |
| JL-04-04 | 0.120 | 0.080 | 0.220 | 0.180 | 0.360 |
| JL-04-05 | 0.120 | 0.080 | 0.220 | 0.180 | 0.320 |
| JL-04-06 | 0.120 | 0.080 | 0.220 | 0.180 | 0.280 |

表 5-33　辅助络合剂 IPA 用量实验数据表

| 编号 | 交联时间（s） | 交联黏度 $\eta_{jv}$(Pa·s) | 耐温耐剪切性 $\eta_{sv}$(mPa·s) | 悬砂性 $v$（mm/min） | 挑挂性定性描述 |
| --- | --- | --- | --- | --- | --- |
| JL-04-01 | 327 | 0.92 | 118 | 0.186 | 完全交联、整体挑挂、黏弹性较好 |
| JL-04-02 | 318 | 1.02 | 126 | 0.144 | 完全交联、整体挑挂、黏弹性较好 |
| JL-04-03 | 294 | 1.05 | 117 | 0.152 | 完全交联、整体挑挂、黏弹性较好 |
| JL-04-04 | 284 | 1.09 | 114 | 0.208 | 完全交联、整体挑挂、黏弹性较好 |
| JL-04-05 | 277 | 1.00 | 116 | 0.220 | 完全交联、整体挑挂、黏弹性较好 |
| JL-04-06 | 262 | 1.04 | 117 | 0.169 | 完全交联、整体挑挂、黏弹性较好 |

表 5-34　辅助络合剂 IPA 用量实验综合评分表

| 实验编号 | 交联时间评分 $C_{CL}$ | 交联黏度评分 $C_{jv}$ | 耐温耐剪切性评分 $C_{sv}$ | 悬砂能力评分 $C_{fs}$ | 挑挂性评分 $C_{TG}$ | 综合评分 |
| --- | --- | --- | --- | --- | --- | --- |
| JL-04-01 | 91.00 | 68.40 | 89.33 | 100.00 | 95.00 | 91.61 |
| JL-04-02 | 94.00 | 73.60 | 92.00 | 100.00 | 100.00 | 94.48 |
| JL-04-03 | 98.00 | 75.40 | 89.00 | 100.00 | 100.00 | 94.38 |
| JL-04-04 | 94.67 | 77.20 | 88.00 | 100.00 | 95.00 | 93.37 |
| JL-04-05 | 92.33 | 72.80 | 88.67 | 100.00 | 95.00 | 92.42 |
| JL-04-06 | 87.33 | 74.60 | 89.00 | 100.00 | 95.00 | 92.12 |

由表 5-33 和表 5-34 实验结果可知，辅助络合剂 IPA 对交联剂性能有一定影响，但影响较小；交联后压裂液的综合性能优良，IPA 加量在 0.360~0.440 之间总体性能差别不大，辅助络合剂 IPA 可以作为工业化生产中交联时间的微调和控制手段。当主络合剂由于电荷排斥、空间位阻等因素而使络合不充分时，由于 IPA 不带电荷和本身体积小、空间位阻小等特点，可以弥补主络合剂留下的配位空缺。显然，当其用量增加，其作用增强，络合剂稳定性增加，交联时间有所延长，但这种作用是辅助作用，因而，其作用的影响较小。根据实验结果、IPA 的作用大小及经济性，室内研究选择的 IPA 最佳加量为 0.440。

### （四）反应条件对交联剂性能的影响

**1. 反应温度对交联性能的影响**

温度是影响化学反应的重要因素，本节参考前面研究的结果，固定其他反应条件，设计了系列滴加氧氯化锆和四氯化钛混合溶液时的温度，考察其对交联剂的性能影响，实验温度见表 5-35，实验结果及数据分析见表 5-36 和表 5-37。

表 5-35　交联剂合成反应温度表

| 实验编号 | JL-05-01 | JL-05-02 | JL-05-03 | JL-05-04 | JL-05-05 |
|---|---|---|---|---|---|
| 反应温度(℃) | -5.0 | 0 | 5.0 | 15.0 | 20.0 |

表 5-36　交联剂合成温度实验性能数据表

| 实验编号 | 交联时间 $t(s)$ | 交联黏度 $\eta_{jv}(Pa \cdot s)$ | 耐温耐剪切性 $\eta_{sv}(mPa \cdot s)$ | 悬砂性 $v$ (mm/min) | 挑挂性定性描述 |
|---|---|---|---|---|---|
| JL-05-01 | 287 | 1.07 | 108 | 0.120 | 完全交联、整体挑挂、黏弹性较好 |
| JL-05-02 | 318 | 1.02 | 126 | 0.144 | 完全交联、整体挑挂、黏弹性较好 |
| JL-05-03 | 332 | 1.05 | 122 | 0.117 | 完全交联、整体挑挂、黏弹性较好 |
| JL-05-04 | 362 | 0.97 | 117 | 0.189 | 完全交联、整体挑挂、黏弹性较好 |
| JL-05-05 | 393 | 1.00 | 115 | 0.166 | 完全交联、整体挑挂、黏弹性较好 |

表 5-37　交联剂合成单体配比实验综合评分表

| 实验编号 | 交联时间评分 $C_{CL}$ | 交联黏度评分 $C_{jv}$ | 耐温耐剪切性评分 $C_{sv}$ | 悬砂能力评分 $C_{fs}$ | 挑挂性评分 $C_{TG}$ | 综合评分 |
|---|---|---|---|---|---|---|
| JL-05-01 | 95.67 | 76.40 | 86.00 | 100.00 | 95.00 | 92.67 |
| JL-05-02 | 94.00 | 73.60 | 92.00 | 100.00 | 90.00 | 93.48 |
| JL-05-03 | 89.33 | 75.40 | 90.67 | 100.00 | 100.00 | 93.66 |
| JL-05-04 | 79.33 | 71.20 | 89.00 | 100.00 | 95.00 | 90.28 |
| JL-05-05 | 69.00 | 72.80 | 88.33 | 100.00 | 95.00 | 88.80 |

表 5-36 和表 5-37 实验结果表明，温度升高交联剂的交联时间有所延长，主要是由于高温下，有利于络合能力较强的 MA 快速与中心离子形成温度络合物，从前面实验可知，MA 在交联剂络合物中的含量增加，其稳定性提高，交联时间将延长。总体来说，温度对交联后压裂液性能影响不大，且压裂液综合性能优良，考虑到工业化生产的控制便利和经济性，选择反应的温度为 5.0℃。

2. 恒温反应时间对交联性能的影响

反应时间对有机化学反应有较大的影响，本节参考前面研究的结果，固定其他反应条件，设计了系列恒温回流反应时间，考察其对交联剂的性能影响，反应时间见表 5-38，实验结果及数据分析见表 5-39 和表 5-40。

表 5-38　交联剂合成恒温反应时间表

| 实验编号 | JL-06-01 | JL-06-02 | JL-06-03 | JL-06-04 | JL-06-05 | JL-06-06 |
|---|---|---|---|---|---|---|
| 反应时间(h) | 1.5 | 2.0 | 2.5 | 3.0 | 3.5 | 4.0 |

# 第五章 高温人工合成聚合物压裂液

表 5-39 交联剂合成恒温反应时间实验数据表

| 实验编号 | 交联时间 $t(\text{s})$ | 交联黏度 $\eta_{jv}(\text{Pa·s})$ | 耐温耐剪切性 $\eta_{sv}(\text{mPa·s})$ | 悬砂性 $v$ (mm/min) | 挑挂性定性描述 |
|---|---|---|---|---|---|
| JL-06-01 | 346 | 1.01 | 118 | 0.204 | 完全交联、整体挑挂、黏弹性较好 |
| JL-06-02 | 332 | 1.05 | 122 | 0.117 | 完全交联、整体挑挂、黏弹性较好 |
| JL-06-03 | 318 | 1.04 | 106 | 0.103 | 完全交联、整体挑挂、黏弹性较好 |
| JL-06-04 | 302 | 1.09 | 114 | 0.154 | 完全交联、整体挑挂、黏弹性较好 |
| JL-06-05 | 296 | 1.02 | 120 | 0.132 | 完全交联、整体挑挂、黏弹性较好 |
| JL-06-06 | 287 | 1.03 | 129 | 0.146 | 完全交联、整体挑挂、黏弹性较好 |

表 5-40 交联剂合成恒温反应时间实验综合评分表

| 实验编号 | 交联时间评分 $C_{CL}$ | 交联黏度评分 $C_{jv}$ | 耐温耐剪切性评分 $C_{sv}$ | 悬砂能力评分 $C_{fs}$ | 挑挂性评分 $C_{TG}$ | 综合评分 |
|---|---|---|---|---|---|---|
| JL-06-01 | 84.67 | 73.00 | 89.33 | 100.00 | 95.00 | 91.54 |
| JL-06-02 | 89.33 | 75.40 | 90.67 | 100.00 | 95.00 | 93.16 |
| JL-06-03 | 94.00 | 74.80 | 85.33 | 100.00 | 95.00 | 91.88 |
| JL-06-04 | 99.33 | 77.20 | 88.00 | 100.00 | 95.00 | 94.07 |
| JL-06-05 | 98.67 | 73.60 | 90.00 | 100.00 | 95.00 | 93.98 |
| JL-06-06 | 95.67 | 74.00 | 93.00 | 100.00 | 95.00 | 94.66 |

无机的钛锆本身可以作为羧基、酰胺基、磺酸基的交联剂,进行络合剂是为了控制其交联速度和交联后压裂液的耐温耐剪切性。根据设置的综合评价方法来看,表现出反应时间对其性能影响不大,在滴加钛锆中心离子及反应 2h 后,升温后的反应时间 3h 后其性能变化不大,为保证交联剂性能和控制生产成本,确定恒温反应时间为 3h。

3. 交联剂最佳条件

综上交联剂合成方案及合成条件研究结果,交联剂最佳合成条件:$n_{\text{ZrOCl}_2} : n_{\text{TiCl}_4} : n_{\text{MA}} : n_{\text{AAT}} : n_{\text{IPA}} = 1.20 : 0.800 : 0.220 : 0.180 : 0.440$;初始反应温度为 5℃,恒温反应温度为 60℃,反应时间为 3h。

4. 交联剂最佳条件下重复稳定性及室内放大实验

为考察交联剂合成稳定性和可重复性,设计了不同量的实验方案,考察其重复稳定性和放大可能性,实验结果见表 5-41,综合评分见表 5-42。

表 5-41 合成反应稳定性、实验室放大实验数据表

| 实验编号 | 样品总量 $W(\text{g})$ | 交联时间 $t(\text{s})$ | 交联黏度 $\eta_{jv}(\text{Pa·s})$ | 抗温抗剪切性 $\eta_{sv}(\text{mPa·s})$ | 悬砂能力 $v(\text{mm/min})$ | 挑挂性 |
|---|---|---|---|---|---|---|
| JL-07-01 | 500 | 324 | 1.05 | 128 | 0.154 | 优良 |
| JL-07-02 | 1000 | 305 | 0.98 | 115 | 0.132 | 优良 |
| JL-07-03 | 5000 | 311 | 1.09 | 119 | 0.113 | 优良 |

表 5-42　合成反应稳定性、实验室放大实验综合评分表

| 实验编号 | 交联时间评分 $C_{CL}$ | 交联黏度评分 $C_{jv}$ | 耐温耐剪切性评分 $C_{sv}$ | 悬砂能力评分 $C_{fs}$ | 挑挂性评分 $C_{TG}$ | 综合评分 |
| --- | --- | --- | --- | --- | --- | --- |
| JL-07-01 | 92.00 | 75.00 | 92.67 | 100.00 | 95.00 | 94.18 |
| JL-07-02 | 98.33 | 71.60 | 88.33 | 100.00 | 95.00 | 92.97 |
| JL-07-03 | 96.33 | 77.40 | 89.67 | 100.00 | 95.00 | 94.24 |

表 5-42 实验结果表明，在最佳合成方案条件下合成交联剂，产品性能稳定，重复稳定性较好，放大实验性能稳定。

正交实验中的部分的耐温耐剪切实验图如图 5-49~图 5-54 所示；交联挑挂图如图 5-55~图 5-58 所示，悬砂图见图 5-59 和图 5-60。

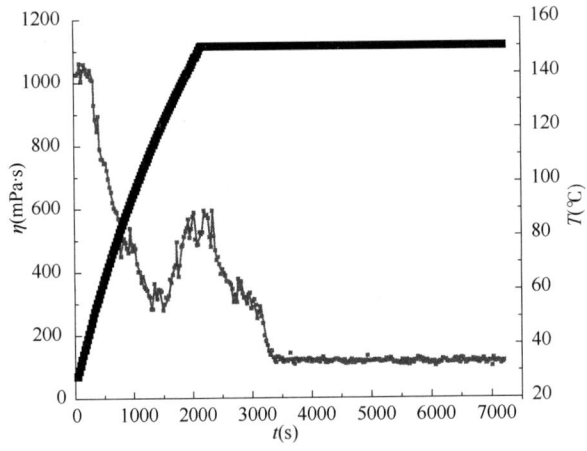

图 5-49　JL-01-08 样品的抗温抗剪切图

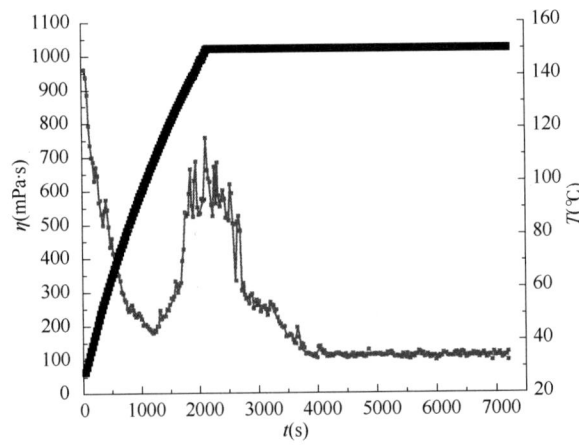

图 5-50　JL-02-04 样品的抗温抗剪切图

# 第五章 高温人工合成聚合物压裂液

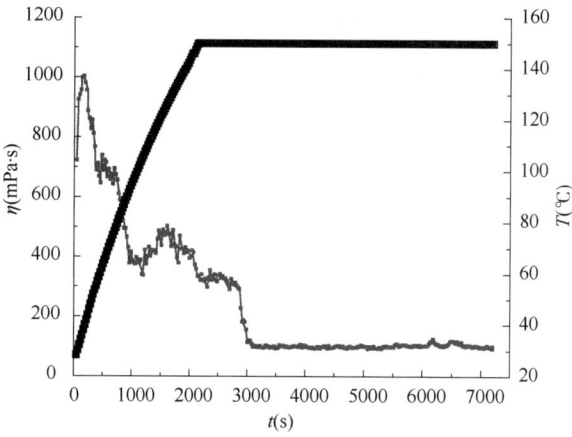

图 5-51 JL-03-04 样品的抗温抗剪切图

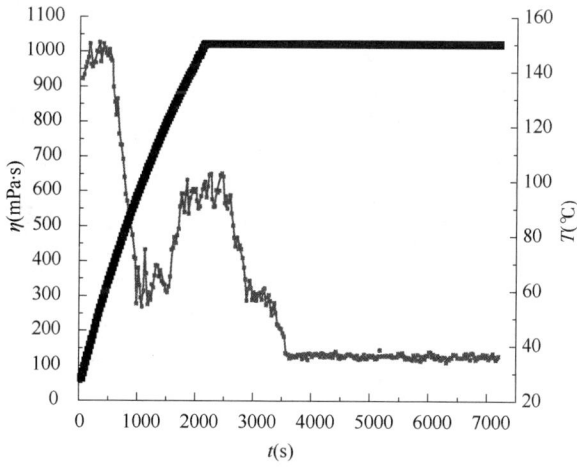

图 5-52 JL-04-02 样品的抗温抗剪切图

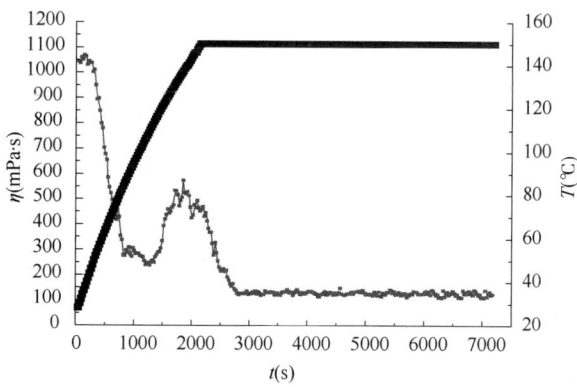

图 5-53 JL-05-03 样品的抗温抗剪切图

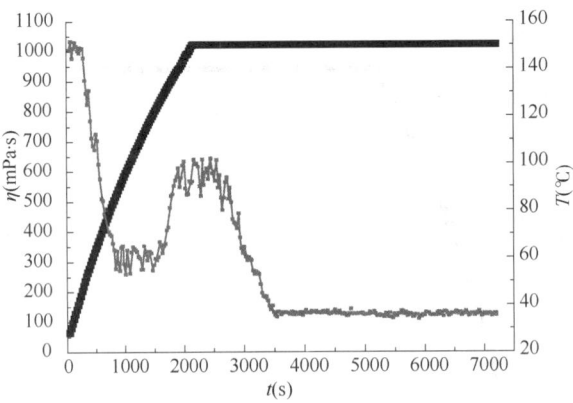

图 5-54　JL-06-06 样品的抗温抗剪切图

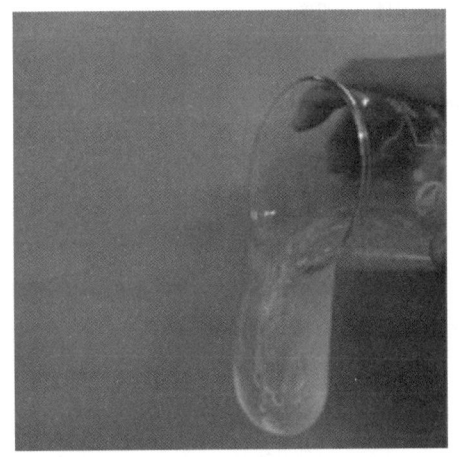

图 5-55　JL-01-08 样品的挑挂图

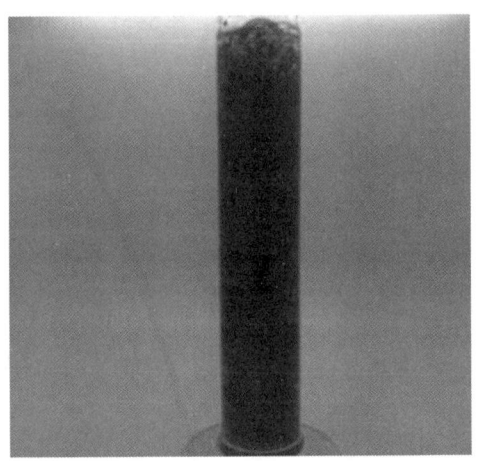

图 5-56　JL-04-02 样品的挑挂图

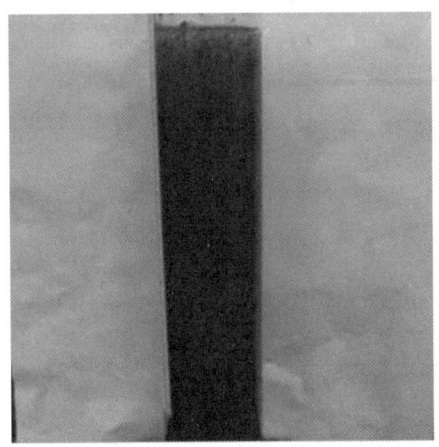

图 5-57　JL-02-04 样品的挑挂图

图 5-58　JL-05-03 样品的挑挂图

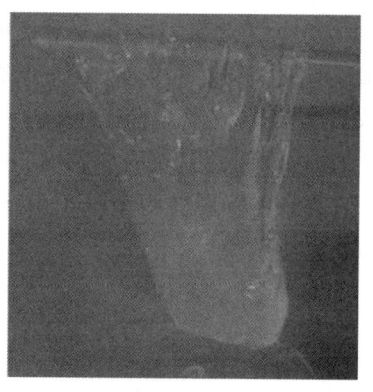
图 5-59　JL-03-04 样品的沉降图

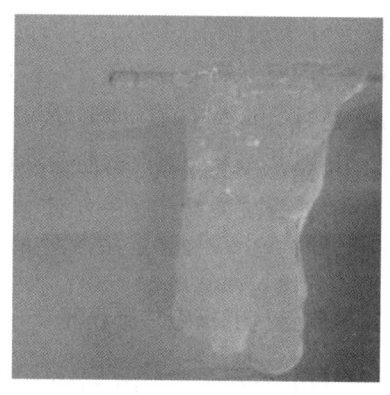
图 5-60　JL-04-02 样品的沉降图

## 四、交联剂结构表征

实验所得有机锆交联剂为棕红色的液体。有机合成反应中合成的物质往往是不纯的，其中常夹杂一些反应的副产物、未作用的原料及催化剂等，为确定合成产物中有机锆的结构，必须将合成产物进行纯化。纯化此类物质的有效方法通常是将合成出的产物分离提纯，重结晶。

交联剂的分离和纯化方法采用沉淀法，实验步骤：①将制备的交联剂溶液，加入一定量四氢呋喃（THF），抽滤，除去 MA 沉淀；②滤液用活性炭脱色 2h，滤去活性炭；③滤液蒸发浓缩后，加入适量正己烷，剧烈搅拌，得到白色粉末状沉淀，抽滤，将得到的滤饼真空抽干，即得纯化的有机钛、锆复合交联剂样品。

### （一）交联剂结构的红外表征

为鉴定合成出物质并确定其结构，对纯化的有机锆进行了红外光谱分析和 XRD 分析。有机锆的红外分析结果如图 5-61 所示。

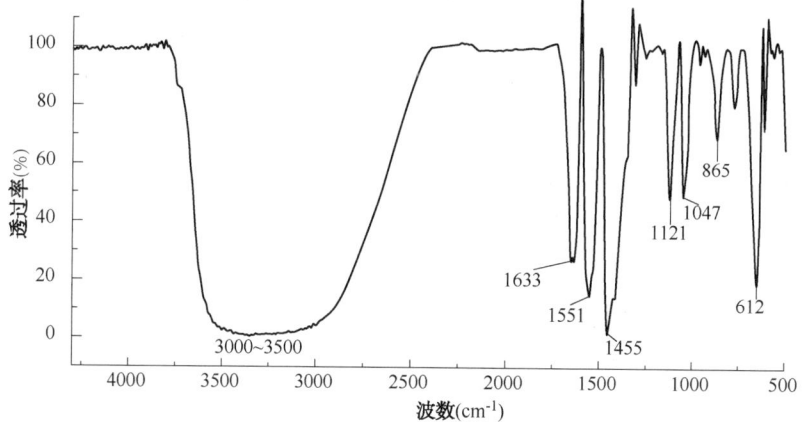
图 5-61　交联剂的红外谱图

根据图 5-61 和交联剂的可能结构分析，3000~3500cm$^{-1}$ 处为多核络合物中 O—H 伸缩峰及水分子与异丙醇、马来酸的缔合峰，这种宽且强的吸收带是多核羟基络合物的典型特征；1633cm$^{-1}$ 处为羧酸盐 C=O 伸缩峰，1551cm$^{-1}$ 处为乙酰丙酮中 C=O 伸缩峰；1455cm$^{-1}$ 处为异丙醇中甲基的不对称面内弯曲振动特征峰；1121cm$^{-1}$ 为乙酰丙酮中的=C—C 伸缩振动峰；1047cm$^{-1}$ 处为羧酸盐中 C—O 伸缩峰；865cm$^{-1}$ 处为马来酸中 C=C 双键特征峰；612cm$^{-1}$ 处为乙酰丙酮中 C=C—CO—共振结构双键特征吸收峰。

### (二) 交联剂结构的核磁共振表征

有机锆的 XRD 分析结果如图 5-62 所示。

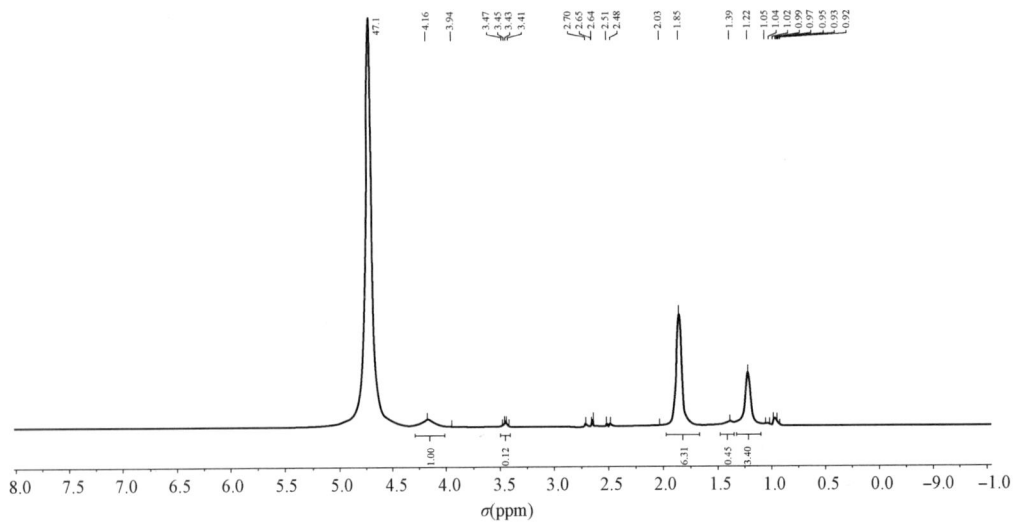

图 5-62　交联剂的质子核磁共振谱

根据图 5-62 和交联剂的可能结构分析，$\delta$=1.22ppm(异丙醇 CH$_3$CH—)；$\delta$=1.85ppm(乙酰丙酮 CH$_3$CO—，烯醇式)；$\delta$=2.03ppm(乙酰丙酮 CH$_3$CO—，酮式)；$\delta$=2.64ppm(异丙醇=CH—)；$\delta$=2.70ppm(乙酰丙酮—CH$_2$—，酮式)；$\delta$=2.51ppm(异丙醇—CH—OH)；$\delta$=3.43ppm(马来酸=CH—)；$\delta$=3.47ppm(乙酰丙酮=CH—，烯醇式)；3.94(异丙醇—OH)；$\delta$=4.16ppm(乙酰丙酮—OH)。

### (三) 交联剂结构的 X 衍射表征

将交联剂分离沉淀物进行 X 衍射分析，其图谱如图 5-63 所示。

交联剂的 X 衍射分析图谱表明，交联剂是一种复杂结构的混合物，没有明显的晶体结构性质，主要是由于交联剂是一种复合物，且其络合剂是多种结构较为复杂的分子，其与中心离子的结合量和结合方式也是多种多样的。在衍射角 2 为 11.3°附近有一个较明显的衍射峰，表明交联剂的固体是一种层状结构。

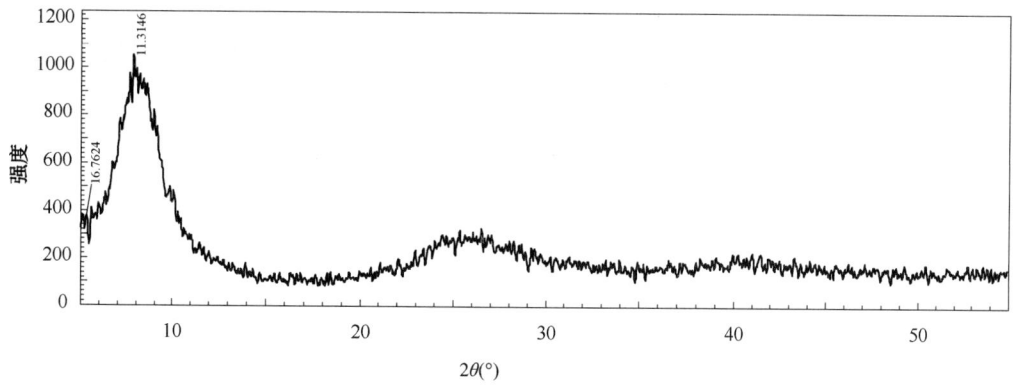

图 5-63　交联剂的 X 衍射图谱

### (四) 交联剂的结构

根据分析复合交联剂的可能结构如图 5-64 所示。

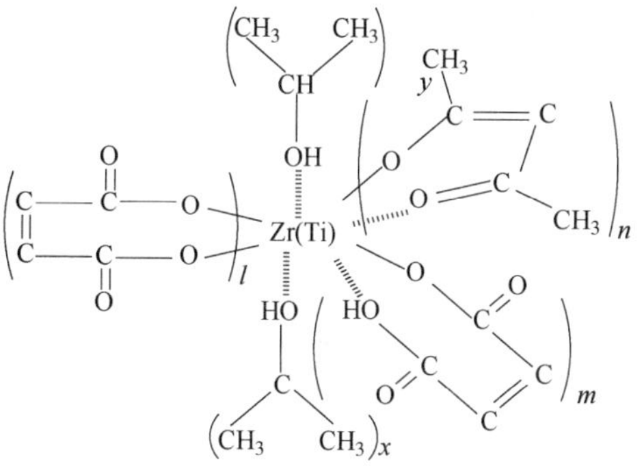

图 5-64　复合交联剂的可能结构

## 第四节　高温人工合成聚合物压裂液体系性能

压裂液是由多种物质组成的复杂体系，其中增稠剂和交联剂是两种对压裂液性能影响最大的添加剂，本章将以这两种添加剂组成基本的压裂液体系，对其综合性能、相互影响规律、抗温性能等进行研究，为其应用打下基础。

### 一、实验主要仪器、药品

本章研究中的主要药品、试剂见表 5-43；主要合成、分析、评价仪器见表 5-44。

表 5-43 主要药品、试剂表

| 实验材料名称、代号 | 等级 | 生产厂家 |
|---|---|---|
| 增稠剂(XSS302)① | 中试级样品 | 本项目实验合成或实验放大样品 |
| 交联剂(SJL302)① | 中试级样品 | 本项目实验合成或实验放大样品 |
| NaOH | 化学纯 | 天津市东丽区天大化学试剂厂 |
| 过硫酸铵 | 化学纯 | 天津市东丽区天大化学试剂厂 |
| NaCl、KCl、$CaCl_2$、$MgCl_2$ | 化学纯 | 天津市东丽区天大化学试剂厂 |
| 黏土稳定剂(KJ-03) | 工业级 | 克拉玛依市精佳公司 |
| 延迟助剂(TO302) | 工业级 | 克拉玛依市精佳公司 |
| 助排剂(XJ-06) | 工业级 | 克拉玛依市新聚工贸有限公司 |
| 破胶剂(KJWP) | 工业级 | 克拉玛依市精佳公司 |

注：①XSS302、SJL302 分别为最佳条件下合成的增稠剂和交联剂的统一代号。

表 5-44 主要实验仪器表

| 实验仪器 | 型号 | 生产厂家 |
|---|---|---|
| 电热恒温水浴锅 | DK-S26 | 常州朗越仪器制造有限公司 |
| 分析天平 | ME204 | 瑞士梅特勒-托利多 |
| 旋转黏度计 | HTD13035-6 | 青岛海通达专用仪器有限公司 |
| 流变仪 | HAAKERS6000 | 赛默飞世尔科技(中国)有限公司 |
| 高温高压翻转失水仪 | DFC-0805 | 辽宁贝斯瑞德石油装备制造有限公司 |
| 表面张力仪 | K100 | 德国 KRUSS 公司 |
| 高温反应釜 | FYF-200 | 成都锐飞石油科技有限公司 |
| 岩心伤害驱替系统 | FDS-800 | 美国 TEMCO |

## 二、主要实验方法

压裂液基液配制、交联液配制和压裂液的表观黏度、交联黏度、耐温耐剪切能力等性能指标，参照中华人民共和国石油天然气行业标准 SY/T 5107—2016《水基压裂液性能评价方法》中规定的方法测定。实验配方及实验条件在不同实验中规定。

## 三、增稠剂的基本性能

增稠剂是压裂液的主要添加剂之一，其溶解性、用量对压裂液性能、压裂液经济性、应用可行性等起着决定性作用，本节将对增稠剂性能进行研究。

### （一）增稠剂的溶解性能

通常固体高分子聚合物溶解越充分，体系黏度越大。取 XSS302 配成 0.8% 的溶液，在一定转速下搅拌溶解一定时间，测其表观黏度，考察 XSS302 在水中的溶解速度。实验结果如图5-65、表5-45所示。

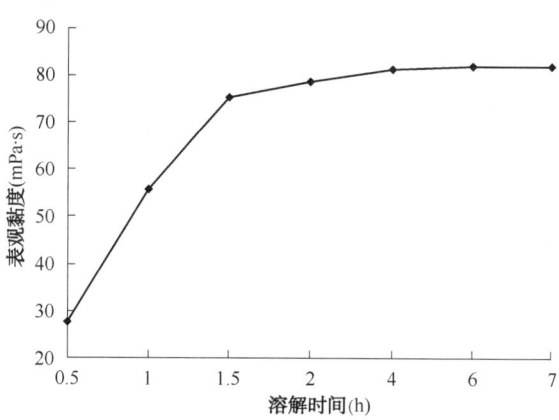

图 5-65　XSS302水溶液表观黏度随溶解时间的变化图

表 5-45　增稠剂 XSS302 的溶解性能

| 溶解时间（h） | 0.5 | 1 | 1.5 | 2 | 4 | 6 | 7 |
|---|---|---|---|---|---|---|---|
| XSS302 表观黏度（mPa·s） | 27.6 | 55.8 | 75.2 | 78.7 | 81.3 | 82.0 | 81.9 |

由图5-65可见，搅拌溶解1.5h后，搅拌溶解2h后，XSS302水溶液黏度达到最终黏度的96%，表明XSS302在2h内已完全溶解，2h后体系黏度略有增加，这是溶解的熟化过程，4h后黏度基本保持不变。且此时聚合物溶液均匀透明，无胀团、无鱼眼现象。说明XSS302溶解性良好，可以满足现场施工要求。

## （二）增稠剂的黏浓关系

黏度是压裂液具有良好性能的基本前提，增稠剂的增黏性是衡量增稠剂性能的主要指标，本节中设计了系列增稠剂浓度，测定其基液表观黏度，考察其增黏能力。将合成的XSS302用去离子水配制成一系列不同浓度的溶液，搅拌一定时间后测其表观黏度，绘制表观黏度随XSS302加量的变化曲线，实验结果如表5-45和图5-66。

表 5-46　增稠剂 XSS302 的黏浓关系实验数据表

| XSS302 浓度（%） | 0.6 | 0.8 | 1.0 | 1.2 | 1.4 |
|---|---|---|---|---|---|
| 表观黏度（mPa·s） | 43.7 | 76.4 | 107 | 197 | 485 |

从表观黏度随XSS302浓度的变化曲线可以看出，合成的XSS302具有良好的增黏性能，这是由于共聚物分子链上的有较多的羧酸基、磺酸基和季铵盐离子等亲水性较强的基团，其水合作用和电荷排斥作用，使XSS302分子链得到充分伸展，使得流体力学体积增大，表现出较大的表观黏度。当增稠剂浓度在1.0%~1.2%以上时，溶液的黏度明显急剧增大，这是由于增稠剂是一种两性离子聚电解质，当溶液中聚合物较多时，一方面高分子之间相互缠绕，另一方面，分子间电荷缔合作用的几率和强度大大增加，从而使高分子流体力学体积成倍增加，流体团相对运动阻力大幅度提高，表观黏度明显呈指数级的增加。

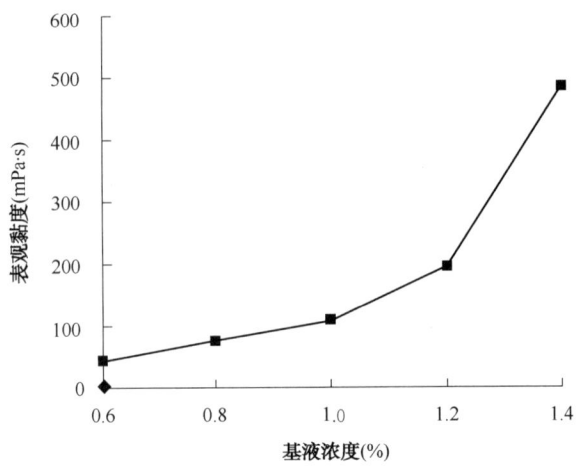

图 5-66 水溶液表观黏度随 XSS302 浓度的变化图

### (三)增稠剂的抗温性

增稠剂的抗温性是指增稠剂溶液黏度随温度升高的变化情况,考虑到实验条件的可行性和便捷性,本节将分段考察增稠剂溶液本身的抗温性能。即 100℃ 以下和 100℃ 以上两段考察。在 100℃ 以下时,方法是取 XSS302 和 HPAM 产品,用去离子水配成浓度为 0.8% 的溶液,测其在 30℃、40℃、50℃、60℃、70℃、80℃、90℃ 时的黏度,结果见表 5-47。在 100℃ 以上时,方法是将聚合物用去离子水配制成 1.0% 的溶液,在一定温度下用高温高压流变仪测定其黏度变化规律,实验结果如表 5-48。

表 5-47 增稠剂 XSS302 的黏浓关系实验数据表

| 温度(℃) | | 30 | 40 | 50 | 60 | 70 | 80 | 90 |
|---|---|---|---|---|---|---|---|---|
| 表观黏度(mPa·s) | HPAM | 69.6 | 47.2 | 35.6 | 27.8 | 23.3 | 17.4 | 15.2 |
| | XSS302 | 74.3 | 67.8 | 61.2 | 54.6 | 43.7 | 41.4 | 38.4 |
| 黏度保留率(%) | HPAM | 100 | 67.8 | 51.1 | 39.9 | 33.5 | 25.0 | 21.8 |
| | XSS302 | 100 | 91.3 | 82.4 | 73.5 | 58.8 | 55.7 | 51.7 |

表 5-48 增稠剂 XSS302 的黏浓关系实验数据表

| 温度(℃) | 100 | 120 | 140 | 160 | 180 | 200 |
|---|---|---|---|---|---|---|
| 表观黏度(mPa·s) | 101 | 92.6 | 83.7 | 62.2 | 49.5 | 42.4 |
| 黏度保留率(%) | 100 | 91.7 | 82.9 | 61.6 | 49.0 | 42.0 |

实验结果表明:相同条件下增稠剂 XSS302 水溶液的表观黏度远大于均聚物 HPAM 水溶液的表观黏度。90℃ 与 30℃ 相比,XSS302 的黏度保持率为 51.7%,而在相同条件下 HPAM 的黏度保持率仅为 21.84%,说明在 100℃ 以下,合成的增稠剂 XSS302 较 HPAM 有较强的耐温性能;在 50℃ 前的低温阶段,XSS302 溶液黏度下降平缓,主要是由于本项目研究的增稠剂是两性离子聚合物,低温区随温度升高,分子内缔合部分解除,抵消了热降黏作用。

在180℃与100℃相比，保留黏度在50mPa·s以上，可以保证在高温下压裂液的悬砂能力；200℃与100℃相比，XSS302的黏度保持率为43.58%，保留黏度在40mPa·s以上；由于增稠剂XSS302有阳离子吸附基团可以提供悬砂性能，保留黏度在40mPa·s以上时实际上也可以保证悬砂能力；综述实验结果，XSS302增稠剂具有良好的抗温能力和悬砂能力。其具有良好的抗温能力的原因主要有几方面：一是聚合物溶液的黏度随温度升高而降低的原因之一就是水溶性高分子的水化作用减弱，由于XSS302中引入了水化能力更强的磺酸基，即在较高温度下，磺酸基水化结合水脱离的可能性小，高分子由于水化作用继续保持较大的水力学体积，因此，黏度保留率较高；二是由于XSS302中引入了刚性基团和支链，有利于防止高温下高分子脱水而发生的卷曲作用；三是XSS302的分子结构为两性离子聚合物，高温下分子内缔合作用减弱，有利于增加体系黏度；四是XSS302的分子结构中所含磺酸基直接与碳原子相连热稳定性高，发生高温脱落的可能性小，有利于其高分子水化。

### （四）增稠剂的抗盐性

压裂液在施工的地层中流动时，往往会遇到具有一定矿化度的地层水，盐类物质通常对水溶性高分子溶液的黏度有较大影响，具有较好的抗盐性也是压裂液的基本要求。聚合物的盐敏性与其分子结构有很大关系，本节将对不同盐类对增稠剂性能影响进行考察。

1. 增稠剂XSS302的抗NaCl能力

取XSS302和HPAM产品，用氯化钠溶液配制成矿化度为500、1000、2000、5000、10000mg/L，XSS302和HPAM浓度为500mg/L的溶液，测定水溶液的表观黏度。实验结果如表5-49所示。

表5-49 氯化钠浓度对增稠剂溶液黏度影响实验数据表

| NaCl浓度（mg/L） | | 0 | 250 | 500 | 750 | 1000 | 1500 | 2000 | 3000 | 5000 | 10000 |
|---|---|---|---|---|---|---|---|---|---|---|---|
| 表观黏度（mPa·s） | HPAM | 34.2 | 22.6 | 19.6 | 17.3 | 15.7 | 13.9 | 12.3 | 11.2 | 9.2 | 8 |
| | XSS302 | 36.5 | 39.3 | 41.4 | 37.5 | 28.8 | 25.4 | 23.2 | 22.1 | 21.7 | 20.6 |

随着矿化度增大，无论是聚合物XSS302还是聚合物HPAM，它们在盐水溶液中，起初都呈现随矿化度浓度的增大表观黏度总体下降的现象，这表现出聚电解质的典型行为，但XSS302黏度保留值远大于HPAM，说明XSS302有较好的抗盐性能，其主要原因是XSS302中引入了亲水性和抗盐性更强的磺酸基，减弱了电解质的作用。XSS302在NaCl浓度为500g/L前黏度有明显增加的过程，这是由于本项目合成的增稠剂为两性离子聚合物，外加电解质的离子电荷所屏蔽作用，解除了分子量电荷缔合作用，使高分子更加伸展，导致黏度增加，即所谓的"反电解质效应"；当外界电解质再继续增加时，阳离子浓度大幅度增加，与增稠剂分子链上的羧基、磺酸基形成了反离子对的"离子氛"，屏蔽了高分子链上的负电荷，使聚合物线团间的静电斥力减弱，溶液中的聚合物分子由伸展渐趋于蜷曲，分子的有效体积缩小，线团紧密，电解质效益起主要作用，所以溶液黏度下降，表现出一般的聚电解质行为。

## 2. 增稠剂的抗 $CaCl_2$ 能力

取 XSS302 和 HPAM 产品，用氯化钙溶液配制成矿化度为 500、1000、2000、5000、10000mg/L，XSS302 和 HPAM 浓度为 500mg/L 的溶液，测定水溶液的表观黏度。实验结果如表 5-50 所示。

表 5-50 氯化钙浓度对增稠剂溶液黏度影响实验数据表

| $CaCl_2$ 浓度 (mg/L) | | 0 | 250 | 500 | 750 | 1000 | 1500 | 2000 | 5000 | 10000 |
|---|---|---|---|---|---|---|---|---|---|---|
| 表观黏度 (mPa·s) | HPAM | 35.9 | 27.2 | 19.6 | 13.3 | 9.7 | 7.8 | 6.3 | 5.8 | 4.4 |
| | XSS302 | 38.2 | 46.7 | 39.3 | 31.5 | 24.7 | 18.4 | 15.8 | 12.5 | 11.5 |

在相同的盐含量时，加入 $CaCl_2$ 的 XSS302 溶液和 HPAM 溶液比加入 NaCl 的溶液表观黏度降低幅度更大，说明 $Ca^{2+}$ 对 XSS302 和 HPAM 的表观黏度比 $Na^+$ 影响更大，这是因为金属离子的价数越高，引起 ζ 电位降低的程度就越大，因而二价金属离子比一价金属离子对聚电解质溶液黏度的影响更严重。当 $CaCl_2$ 浓度增大到 2000mg/L 时，HPAM 溶液中开始出现絮状沉淀物，而 XSS302 溶液没有这一现象。产生上述现象的原因是 $CaCl_2$ 浓度较大时，HPAM 分子链上的羧酸根与 $Ca^{2+}$ 离子结合，生成沉淀物，发生相分离；而 XSS302 分子链上的磺酸根则不会与 $Ca^{2+}$ 离子络合生成沉淀物，显示出了磺酸基的强阴离子性特征和抗盐能力。XSS302 在 $CaCl_2$ 浓度为 250mg/L 前黏度的增加，同 NaCl 的影响一样是"反电解质效应"的结果。

## 3. 增稠剂的抗不同矿化度盐能力

用矿化度为 $4×10^4$mg/L 的标准水分别配制成矿化度不同的、XSS302 和 HPAM 浓度为 500mg/L 的溶液，测定 XSS302 水溶液的表观黏度。实验结果如表 5-50 所示。标准盐水组成：2.0%KCl+5.5%NaCl+0.45%$MgCl_2$+0.55%$CaCl_2$。

表 5-51 矿化度对增稠剂溶液黏度影响实验数据表

| 标准盐水浓度 (mg/L) | | 0 | 500 | 700 | 1000 | 2000 | 5000 | 10000 |
|---|---|---|---|---|---|---|---|---|
| 表观黏度 (mPa·s) | HPAM | 34.8 | 19.6 | 15.8 | 12.7 | 9.3 | 7.8 | 6.2 |
| | XSS302 | 37.4 | 48.3 | 34.7 | 25.2 | 18.7 | 15.8 | 14.5 |

实验结果表明，在盐水溶液中，矿化度达到 2000mg/L 时，离子屏蔽效应基本结束，XSS302 溶液在矿化度为 10000 以上时，黏度保留率为 38.8%，说明其对高矿化度盐水地层有较好的适应性。

综上所述，共聚物 XSS302 具有较好的抗盐能力和抗高价金属离子的能力。

### （五）pH 值对增稠剂的表观黏度影响

为考察 pH 值对 XSS302 表观黏度的影响，配制了一系列 XSS302 浓度为 0.5% 而溶液 pH 值不同的溶液，在 60℃、6r/min 下测其表观黏度如表 5-52 所示，绘制表观黏度随溶液 pH 值变化曲线如图 5-67 所示。

表 5-52  pH 对 XSS302 表观黏度影响实验数据表

| pH | 4 | 5 | 6 | 7 | 8 | 9 | 10 | 11 |
|---|---|---|---|---|---|---|---|---|
| 表观黏度（mPa·s） | 13.3 | 17.1 | 28.7 | 39.5 | 42.6 | 37.8 | 19.9 | 4.97 |

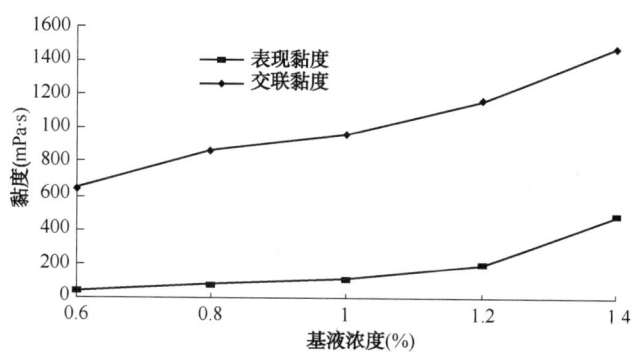

图 5-67  XSS302 溶液表观黏度随 pH 的变化

随着溶液 pH 值的增大，其表观黏度先升高，在 pH 值为 8 时达到最大，pH 继续升高，溶液的表观黏度持续下降，说明合成的增稠剂最佳使用 pH 值条件为 8，在 pH 值为 7~9 之间，均有较好的应用性能。

## 四、增稠剂对压裂液性能的影响

增稠剂浓度对压裂液性能有较大影响，压裂液的主要性能包括交联黏度、抗温抗剪切性能、悬砂性能等，为考察增稠剂对压裂液性能的影响，设计系列实验对其性能进行考察。

### （一）增稠剂浓度对压裂液基液和交联黏度的影响

用增稠剂 XSS302 配置成不同溶液的基液，加入基液质量 0.5% 的交联剂 SJL302，交联 10min，测定其交联黏度。实验结果如表 5-53 和图 5-68 所示。

表 5-53  增稠剂 XSS302 的黏浓关系实验数据表

| XSS302 基液浓度（%） | 0.60 | 0.80 | 1.0 | 1.2 | 1.4 |
|---|---|---|---|---|---|
| 基液黏度（mPa·s） | 43.9 | 76.6 | 113 | 196 | 483 |
| 交联黏度（mPa·s） | 650 | 864 | 967 | 1162 | 1480 |

从图 5-68 中可以看出，随着基液浓度的增加，交联冻胶的黏度呈现出增大的趋势，当基液浓度 1.0% 时，交联冻胶的状态最佳，耐温性能也是最好的，而当基液浓度为 1.2% 时，由于基液的黏度过大，导致交联冻胶状态变差，冻胶易碎，黏壁。综合考虑冻胶性能和现场应用成本，基液浓度 1.0% 为最佳。

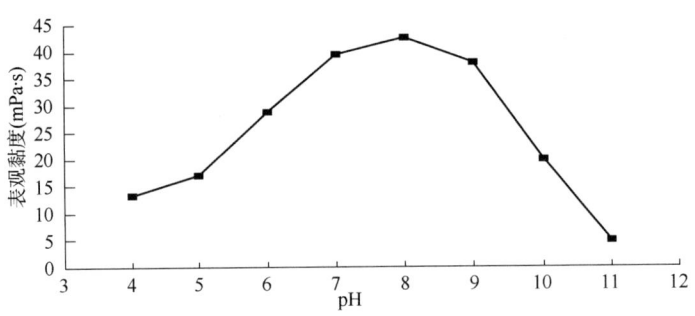

图 5-68 增稠剂 XSS302 的黏浓关系实验数据图

## (二) 增稠剂浓度对压裂液抗温抗剪切性能的影响

用增稠剂 XSS302 配置成不同溶液的基液,加入基液质量 0.5% 的交联剂 SJL302,交联 10min,测定其在 150℃ 和 170s$^{-1}$ 剪切 2h 的黏度变化情况。考察增稠剂浓度对其抗温抗剪切性能。实验结果如表 5-54 所示。

表 5-54 增稠剂 XSS302 的浓度对抗温抗剪切性能影响

| 增稠剂浓度(%) | 0.60 | 0.80 | 1.0 | 1.2 | 1.4 |
|---|---|---|---|---|---|
| 保留黏度(mPa·s) | 23.4 | 53.2 | 64.1 | 87.2 | 126.7 |

从表 5-54 中可以看出,随着基液中增稠剂浓度的增加,交联压裂液的抗温抗剪切能力增大,保留黏度呈现出增大的趋势。在 150℃ 下,当基液中增稠剂浓度 0.80% 时,其抗温抗剪切保留黏度就可以满足行业标准的基本要求;当基液中增稠剂浓度 1.2% 时,保留黏度达到 87.2mPa·s,其最佳加量在 0.80%~1.2%。

## (三) 增稠剂对压裂液抗温性能的影响

抗温性能测定方法:用增稠剂 XSS302 配置成不同溶液的基液,加入基液质量 0.5% 的交联剂 SJL302,交联 10min,在 130~200℃ 温度下,高温反应釜中搅拌老化 8h,用高温高压流变仪测定老化后黏度。实验结果如表 5-54 和图 5-69 所示。

表 5-55 增稠剂 XSS302 的浓度对抗温性能的影响

| 增稠剂浓度(%) | 不同温度下的保留黏度(mPa·s) | | | | | | |
|---|---|---|---|---|---|---|---|
| | 130℃ | 140℃ | 150℃ | 160℃ | 170℃ | 180℃ | 200℃ |
| 0.80 | 69.8 | 58.6 | 53.1 | 45.4 | 38.7 | 26.5 | 23.8 |
| 0.90 | 78.3 | 65.8 | 57.2 | 49.9 | 43.5 | 35.2 | 31.6 |
| 1.0 | 91.5 | 82.7 | 66.4 | 61.3 | 56.9 | 49.6 | 43.4 |
| 1.1 | 103.1 | 96.7 | 83.8 | 78.7 | 67.3 | 61.4 | 55.2 |
| 1.2 | 119.2 | 108.5 | 91.3 | 86.7 | 81.8 | 74.3 | 68.5 |

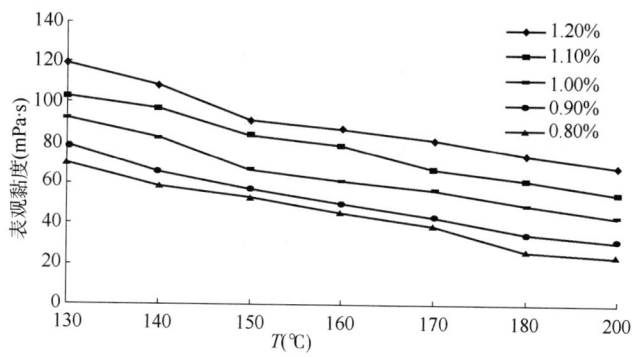

图 5-69　XSS302 不同浓度下表观黏度随温度的变化图

由表 5-55、图 5-69 可知,当增稠剂浓度为 1.0% 时,200℃ 老化后黏度达到 43.4mPa·s,根据本研究设计的理念,已经可以满足压裂液高温悬砂要求;当增稠剂浓度为 1.1% 时,200℃ 老化后黏度达到 55.2 mPa·s,满足行业标准要求。实验结果表明,增稠剂总体抗温能力较好,可以满足 200℃ 高温压裂要求。

### (四) 增稠剂浓度对压裂液悬砂性能的影响

用增稠剂 XSS302 配置成不同溶液的基液,加入基液质量 0.5% 的交联剂 SJL302,交联 10min,测其悬砂性能。实验结果如表 5-56 所示。

表 5-56　增稠剂 XSS302 的浓度对悬砂性能的影响

| XSS302 基液浓度(%) | 0.6 | 0.7 | 0.8 | 0.9 | 1.0 | 1.1 |
| --- | --- | --- | --- | --- | --- | --- |
| 悬砂性 $v$(mm/min) | 0.452 | 0.326 | 0.207 | 0.127 | 0.089 | 0.042 |

由表 5-56 可知,当增稠剂浓度为 0.6% 时,支撑剂沉降速度为 0.452mm/min;当增稠剂浓度为 1.1% 时,支撑剂沉降速度为 0.042mm/min。实验结果表明,本研究合成的增稠剂配置的压裂液交联体系具有优良的悬砂性能。

## 五、交联剂对压裂液性能的影响

### (一) 交联剂对压裂液交联黏度的影响

用增稠剂 XSS302 配置成 1.0% 的基液,加入不同基液质量的交联剂 SJL302,交联 10min,测定其交联黏度。实验结果如表 5-57 和图 5-70 所示。

表 5-57　交联剂的浓度对交联黏度影响

| 交联剂浓度(%) | 0.5 | 0.6 | 0.7 | 0.8 | 0.9 | 1.0 |
| --- | --- | --- | --- | --- | --- | --- |
| 交联黏度(mPa·s) | 726.3 | 898.2 | 997.5 | 1123.2 | 1312.1 | 1563 |

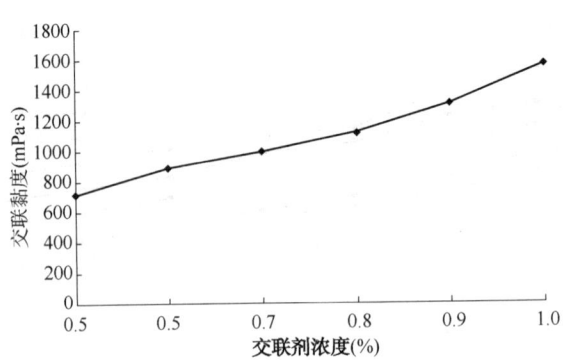

图 5-70　交联剂的浓度对交联黏度影响图

从表 5-57 和图 5-70 可以看出,随着交联剂加量增加,压裂液体系交联黏度增大;当交联剂加量为 0.5% 时,冻胶黏度达到近 700mPa·s 以上,完全能满足携砂要求;当交联剂加量为 0.7% 时,冻胶黏度达到近 1000 mPa·s。实验中发现,当交联剂加量大于 1.0% 时,冻胶会有一定脆性,其抗剪切性能可能会受到较大影响,考虑到抗高温要求及压裂液泵送阻力等因素,推荐的交联剂加量范围为 0.5%~0.8%。

## (二)交联剂对压裂液抗温抗剪切性能的影响

用增稠剂 XSS302 配置成 1.0% 的基液,加入不同基液质量的交联剂 SJL302,交联 10min,测定其在 150℃ 和 170s$^{-1}$ 剪切 2h 的黏度变化情况。考察交联剂浓度对其抗温抗剪切性能影响。实验结果如表 5-58 和图 5-71 所示。

表 5-58　交联剂的浓度对抗温抗剪切性能影响

| 交联剂浓度(%) | 0.50 | 0.60 | 0.70 | 0.80 | 0.90 | 1.0 |
|---|---|---|---|---|---|---|
| 保留黏度(mPa·s) | 56.7 | 61.4 | 71.7 | 83.2 | 102.3 | 122.8 |

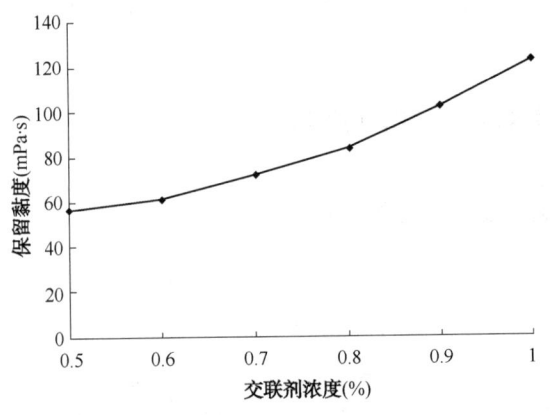

图 5-71　交联剂的浓度对抗温抗剪切性能影响图

从表 5-57 和图 5-71 可以看出,随着交联剂加量增加,压裂液体系保留黏度增加;当交联剂加量为0.6%时,冻胶黏度达到近43.4mPa·s,完全能满足携砂要求;当交联剂加量大于0.8%时,高温剪切后保留黏度增加趋势变缓,这可能是交联剂加量增加,冻胶脆性增加,其抗温性反而受到不利影响。考虑到抗高温要求及压裂液泵送阻力等因素,推荐的交联剂加量范围为0.5%~0.8%。

### (三)交联剂对压裂液携砂性能的影响

用增稠剂XSS302配置成1.0%的基液,加入不同基液质量的交联剂SJL302,交联10min,测其悬砂性能。实验结果如表5-59和图5-72所示。

表5-59 不同交联剂浓度对悬砂性能影响

| 交联剂浓度(%) | 0.50 | 0.60 | 0.70 | 0.80 | 0.90 | 1.0 |
|---|---|---|---|---|---|---|
| 悬砂性 $v$(mm/min) | 0.139 | 0.095 | 0.075 | 0.064 | 0.044 | 0.036 |

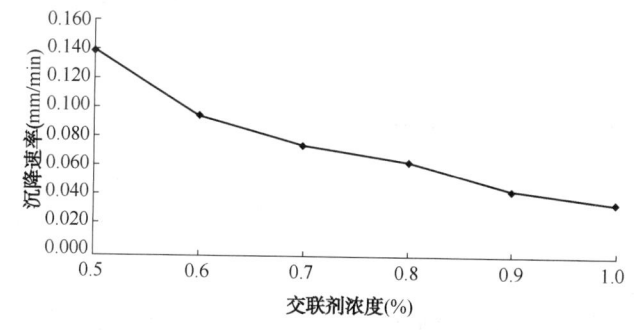

图5-72 不同交联剂浓度对悬砂性能影响图

实验结果表明,不同交联剂加量下压裂液体系完全能满足悬砂性能要求。

## 六、压裂液体系的综合性能

性能优良的压裂液配方不仅需要增稠剂、交联剂,还需要添加其他各种外加剂,如延迟助剂、助排剂、破乳剂、破胶剂和黏土稳定剂。根据常用的外加剂和实验室初探,以下列典型配方的压裂液体系,参照相关行业标准开展系统的性能评价。

### (一)抗温压裂液悬砂性能评价

压裂液是一种具有黏弹特性的流体,压裂液的悬砂性能是评价压裂液优劣的一个重要指标。在试验温度和静态条件下,支撑剂的沉降高度与沉降时间具有线性关系,其斜率即为该支撑剂的静态沉降速率。

试验方法:在100mL量筒中量取100mL压裂液;压裂液选取圆球度较好、粒径尺寸中等的支撑剂(石英砂或陶粒),放入后测试各自在不同时刻的下降位置,并求取平均值;利用线性关系拟合出沉降高度与时间的关系式,斜率为沉降速度。压裂液基液:1.0%稠化剂XSS302+2.0%KCl(黏土稳定剂)+0.3%黏土稳定剂(KJ-03)+0.3%助排剂(XJ-06);交联液:0.6%交联剂 SJL302+0.1%延迟助剂 TO302。实验结果如图 5-73 所示。

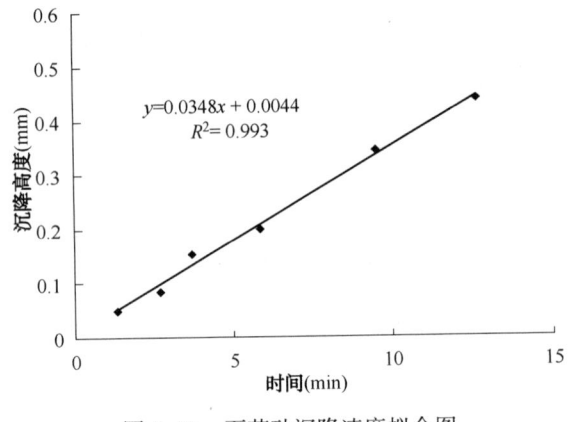

图 5-73　石英砂沉降速度拟合图

线性拟合表明:支撑剂在抗高温压裂液中沉降速度仅为 0.0348mm/min,表明所配置的压裂液体系悬砂性能良好,满足现场施工要求。

### (二)抗温压裂液抗温抗剪切性能评价

优异的流变性能是施工成功的关键,压裂液在压裂施工过程中经历了不同的温度场、剪切速率场和滤失浓缩的变化,这些因素都将影响压裂液流变性能。其中温度是影响压裂液流变性的关键因素。

使用 RS6000 流变仪,180℃和 200℃下,在 $170s^{-1}$ 剪切速率下对压裂液连续剪切 120min 后的剪切稳定性,用全过程取值对应的时间、温度和表观黏度的关系来表征压裂液耐温抗剪切能力。180℃实验的压裂液基液:1.0%稠化剂 XSS302+2.0%KCl(黏土稳定剂)+0.3%黏土稳定剂(KJ-03)+0.3%助排剂(XJ-06);交联液:0.7%交联剂 SJL302+0.1%延迟助剂 TO302。200℃实验的压裂液基液:1.1%稠化剂 XSS302+2.0%KCl(黏土稳定剂)+0.3%黏土稳定剂(KJ-03)+0.3%助排剂(XJ-06);交联液:0.7%交联剂 SJL302+0.1%延迟助剂 TO302。实验结果分别如图 5-74 和图 5-75 所示。

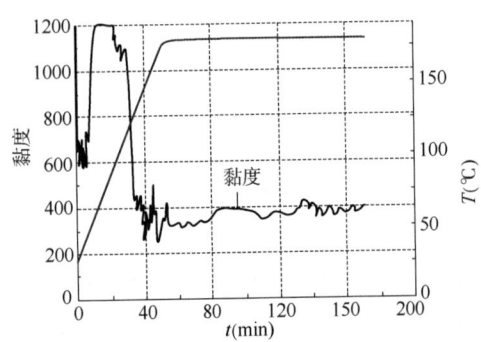

图 5-74　压裂液 180℃抗温抗剪切实验图

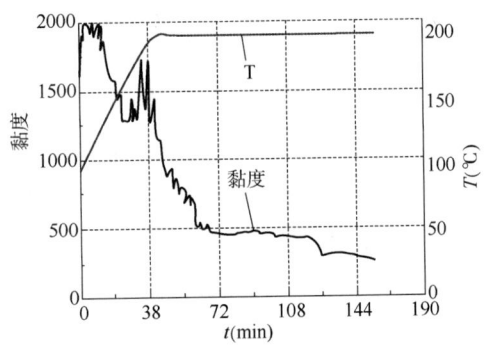

图 5-75　压裂液 200℃抗温抗剪切实验图

从图 5-74 和图 5-75 可以看出耐高温压裂液体系冻胶前 10min，随着温度的上升，在 170s$^{-1}$恒定剪切速率下，冻胶黏度呈现出下降的趋势，在接下来的 10~30min 的时间内，冻胶黏度波荡起伏，分析出现此情况有两种原因：一是由于此时体系已经处于高温高压的情况下，交联冻胶中的高分子出现了温度诱导结构，其形成与消失导致了冻胶的黏度呈现出上升与下降的波荡起伏状态，最终形成与消失达到一个平衡使冻胶黏度趋向稳定；二是可能是由于体系中的有机锆交联剂中的锆离子缓慢释放，导致了从 10min 开始的黏度上升，当锆离子释放完全后，冻胶黏度在高温高剪切条件下又开始下降，最终由于冻胶的耐温耐剪切性能，黏度趋向稳定。

### （三）抗温压裂液滤失性能评价

压裂液的滤失性能直接影响到压裂施工中的流体造缝效率和裂缝的几何形状。对无微裂缝的低渗地层，常采用合适的压裂液黏度或适当提高排量的方法降低滤失提高压裂液的造缝效率。试验测试了压裂液配方在不同温度下的静态滤失的初滤失量 $V_s$ 和静滤失系数 $C'_w$。测定方法按 SY/T 6376—2008《压裂液通用技术条件》的要求进行。120℃实验的压裂液基液：0.70%稠化剂 XSS302+2.0%KCl（黏土稳定剂）+0.3%黏土稳定剂（KJ-03）+0.3%助排剂（XJ-06）；交联液：0.6%交联剂 SJL302+0.1%延迟助剂 TO302。150℃实验的压裂液基液：0.80%稠化剂 XSS302+2.0%KCl（黏土稳定剂）+0.3%黏土稳定剂（KJ-03）+0.3%助排剂（XJ-06）；交联液：0.6%交联剂 SJL302+0.1%延迟助剂 TO302。180℃实验的压裂液基液：1.0%稠化剂 XSS302+2.0%KCl（黏土稳定剂）+0.3%黏土稳定剂（KJ-03）+0.3%助排剂（XJ-06）；交联液：0.7%交联剂 SJL302+0.1%延迟助剂 TO302。实验结果见表 5-60。

表 5-60　压裂液静态滤失实验数据表

| 温度（℃） | 滤失系数（m/$\sqrt{min}$） | 滤失速度（m/min） | 初滤失量（m$^3$/m$^2$） |
| --- | --- | --- | --- |
| 120 | 3.46×10$^{-4}$ | 5.76×10$^{-5}$ | 0.49×10$^{-3}$ |
| 150 | 5.06×10$^{-4}$ | 8.37×10$^{-5}$ | 0.58×10$^{-3}$ |
| 180 | 5.78×10$^{-4}$ | 9.76×10$^{-5}$ | 0.89×10$^{-3}$ |

从表 5-60 中可以看出，随着温度升高，压裂液的滤失系数、滤失速率以及初滤失量都增大。这是由于压裂液滤失性能主要取决于压裂液的黏度和造壁性。随着温度升高，压裂液冻胶的结构越不稳定，压裂液的黏度和造壁性会降低。在 180℃温度下，压裂液的滤失系数小于要求的滤失系数≤6.0×10$^{-4}$m$\sqrt{min}$，滤失速率小于要求的 1.0×10$^{-4}$m/min，初滤失量小于要求的初滤失量≤1.0×10$^{-3}$m$^3$/m$^2$，这说明在 180℃下，使用稠化剂 XSS302 和交联剂 SJL302 制备的压裂液的滤失小，具有良好的滤失性能，满足行业标准要求：压裂液滤失系数≤6.0×10$^{-4}$m$\sqrt{min}$，滤失速度≤1.0×10$^{-4}$m/min，初滤失量≤1.0×10$^{-3}$m$^3$/m$^2$。

## (四) 抗温压裂液破胶性能评价

压裂液的破胶性能是评价压裂液优劣的一个重要指标，天然植物型压裂液大多具有破胶不彻底、残渣多等缺点，常常堵塞充填层，造成导流能力下降，严重时甚至使压裂施工完全失败，并且对地层造成较大的伤害。故压裂液体系在施工结束后须彻底破胶，从而最大限度地返排，减少对地层和裂缝的伤害。用于高温地层压裂的聚合物压裂液普遍采用氧化破胶的方式破胶，最常用的氧化破胶剂为过硫酸盐。压裂液破胶温度理论上应该选为地层温度，但在室内研究中一般压裂液的破胶温度低于地层温度，这主要是为了保证现场施工过程中压裂液在地层一定会完全破胶，能迅速返排。因此室内选择在90℃、120℃、150℃和180℃条件下，以过硫酸铵作为破胶剂来测试压裂液的破胶性能（破胶剂过硫酸铵加量为0.8%）。残渣含量是考察压裂液伤害性的主要指标，本研究用行业标准SY/T 5107—2016《水基压裂液性能评价方法》规定测定，破胶液用表面张力仪测定压裂液破胶后的表面张力。90℃实验的压裂液基液：0.60%稠化剂 XSS302+2.0% KCl(黏土稳定剂)+0.3%黏土稳定剂(KJ-03)+0.3%助排剂(XJ-06)；交联液：0.5%交联剂 SJL302+0.1%延迟助剂 TO302。120℃实验的压裂液基液：0.70%稠化剂 XSS302+2.0%KCl(黏土稳定剂)+0.3%黏土稳定剂(KJ-03)+0.3%助排剂(XJ-06)；交联液：0.6%交联剂 SJL302+0.1%延迟助剂 TO302。150℃实验的压裂液基液：0.80%稠化剂 XSS302+2.0%KCl(黏土稳定剂)+0.3%黏土稳定剂(KJ-03)+0.3%助排剂(XJ-06)；交联液：0.6%交联剂 SJL302+0.1%延迟助剂 TO302。180℃实验的压裂液基液：1.0%稠化剂 XSS302+2.0%KCl(黏土稳定剂)+0.3%黏土稳定剂(KJ-03)+0.3%助排剂(XJ-06)；交联液：0.7%交联剂 SJL302+0.1%延迟助剂 TO302。实验结果如表5-61所示。0.6%和1.0%基液破胶液图见图5-76和图5-77。90℃、120℃、150℃和180℃配方交联液破胶液图分别见图5-78~图5-81。

表 5-61 压裂液破胶性能

| 破胶温度<br>(℃) | 破胶时间<br>(min) | 压裂液破胶后的黏度*<br>(mPa·s) | 残渣含量*<br>(mg/L) | 破胶液表面张力*<br>(mN/m) |
| --- | --- | --- | --- | --- |
| 90 | 60 | 3.3 | 337.7 | 25.76 |
| 120 | 60 | 2.9 | 285.0 | 23.15 |
| 150 | 60 | 2.1 | 268.2 | 21.58 |
| 180 | 60 | 1.6 | 251.4 | 20.38 |

注：带"*"的数据为加热到指定温度，破胶60min后的实验数据。

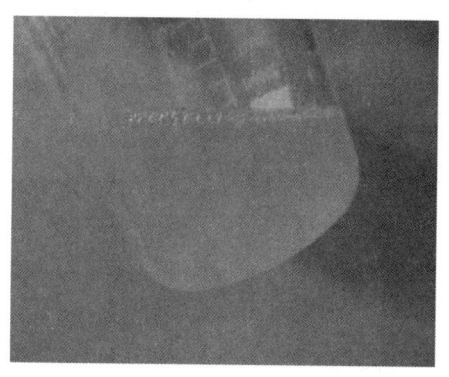

图 5-76　0.6%基液破胶液图

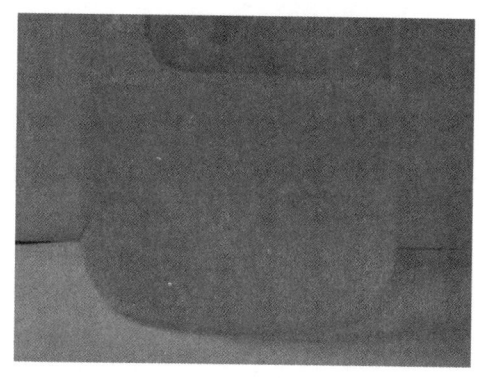

图 5-77　1.0%基液破胶液图

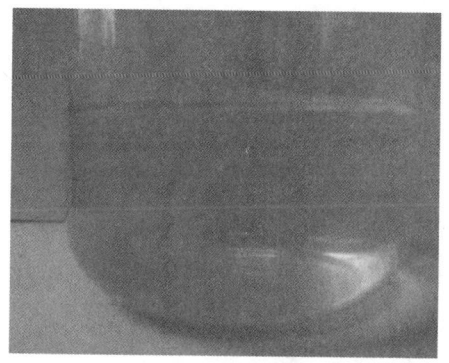

图 5-78　90℃配方交联液破胶液图

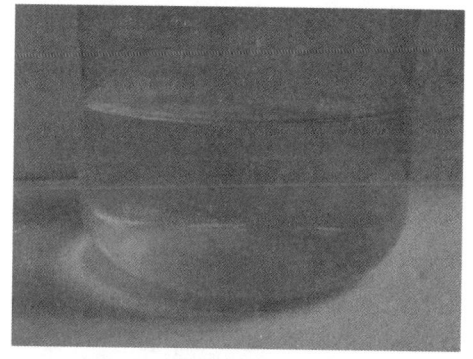

图 5-79　120℃配方交联液破胶液图

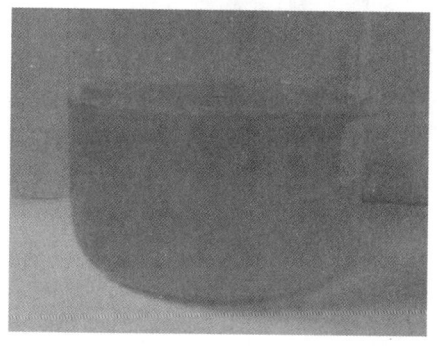

图 5-80　150℃配方交联液破胶液图

图 5-81　180℃配方交联液破胶液图

根据 SY/T 6376—2008《压裂液通用技术条件》的要求标准规定：压裂液破胶后的表面张力≤28.0mN/m，界面张力≤2.0mN/m，残渣含量≤550mg/L。故压裂液破胶后表、界面张力以及残渣含量均符合要求，且破胶剂的破胶速度较快，能使压裂液的黏度在较短时间内急剧下降，能满足高温条件下压裂施工的要求。

（五）破胶液对地层的伤害试验

为了考察压裂液对地层综合性伤害，进行了岩心伤害试验，用直径 $\phi$1.5in，长 5～

6.5cm 的人造岩心，试验温度为 90℃。实验装置如图 5-82 所示。岩心伤害驱替系统装置见图 5-83。

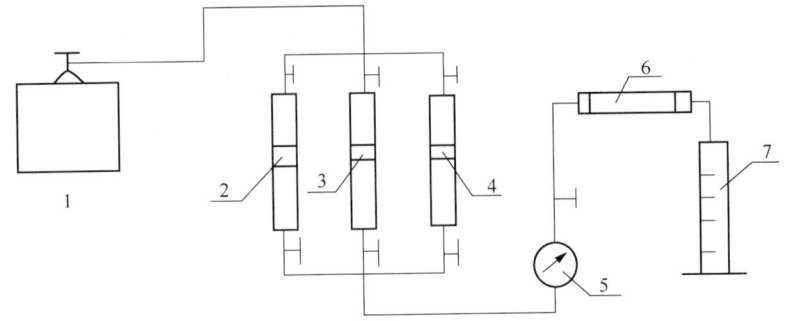

图 5-82　岩心流动试验装置流程示意图
1—平流泵；2—中间容器（煤油）；3—中间容器（破胶液）；4—中间容器（标准盐水）；
5—精密压力表；6—岩心和岩心夹持器；7—液体收集器

图 5-83　岩心伤害驱替系统

实验步骤：

（1）按照标准盐水的配方（$2\%KCl+5.5\%NaCl+0.45\%MgCl_2+0.55\%CaCl_2$），准确的称量 $KCl$、$NaCl$、$MgCl_2$、$CaCl_2$ 加入容量瓶中用蒸馏水配制，可适当加热，不断搅拌，直到完全溶解，用漏斗过滤，用真空泵脱气 1h。

（2）用游标卡尺测定出人造岩心的长和直径。

（3）用煤油作模拟油，煤油用硅粉处理，除去水分及杂质，用漏斗过滤，用真空泵脱气 1h。

（4）伤害液：1#，1.0%聚合物+0.6% 交联剂；在高温高压滤失仪中进行滤失，收集足够滤液；2#，1.0%聚合物+0.6% 交联剂，90℃破胶（破胶剂过硫酸铵加量为 0.8%）2h 的破胶液。

（5）将岩心放入高温高压岩心流动实验仪夹持器中，正通盐水，使盐水从岩心下端挤入从上端流出，直到流量和压差稳定，稳定通入盐水 60min。

（6）正通煤油，稳定通入煤油 60min，测定岩心原始渗透率，计算岩心伤害前的渗透率 $K_1$。

（7）反通压裂液滤液，关闭夹持器两端阀门，使其在岩心中停留 2h。

（8）正通煤油，稳定通入煤油 60min，测定岩心原始渗透率，计算岩心伤害前的渗透率 $K_2$。

基质岩心渗透率计算公式为：

$$K = \frac{Q\mu L}{\Delta PA} \times 10^{-1}$$

式中　$K$——煤油或盐水通过岩心渗透率，$\mu m^2$；
　　　$Q$——煤油或盐水通过岩心的体积流量，mL/s；
　　　$L$——岩心轴向长度，cm；
　　　$A$——岩心截面面积，$cm^2$；
　　　$\mu$——流动介质的黏度，mPa·s；
　　　$\Delta P$——岩心进出口的压差，MPa。

渗透率损害率计算式为：

$$\eta_d = \frac{K_1 - K_2}{K_1} \times 100\%$$

式中　$\eta_d$——基质伤害率，%；
　　　$K_1$——岩心挤压裂液前基质渗透率，$10^{-3}\mu m^2$；
　　　$K_2$——岩心挤压裂液后基质渗透率，$10^{-3}\mu m^2$。

表 5-62　不同压裂液岩心伤害实验数据表

| 压裂液编号 | 2R (cm) | L (cm) | 渗透率($\times 10^{-3} \mu m^2$) | | 伤害率 $\eta_d$(%) |
|---|---|---|---|---|---|
| | | | $K_1$ | $K_2$ | |
| 1# | 3.81 | 5.89 | 215 | 175 | 18.7 |
| 2# | 3.81 | 5.87 | 264 | 231 | 12.5 |

从上表 5-62 实验数据可知，抗高温压裂液和瓜尔胶压裂液体系对岩心伤害率分别是 18.7% 和 12.5%。低于行业标准中伤害率不大于 30% 的指标。且抗高温压裂液对地层的伤害性小于瓜尔胶，这是该抗高温压裂液体系优于瓜尔胶之一。

# 第五节　高温人工合成聚合物压裂液体系的作用机理

油田化学工作液外加剂的作用机理，对其应用领域、范围、配方、工艺措施及效果分析具有指导意义，本节将介绍两种压裂液主要外加剂的作用机理。

## 一、主要材料、试剂及仪器

实验使用的主要材料、试剂及仪器如表 5-63 和表 5-64 所示。

表 5-63　主要实验药品、试剂表

| 实验材料名称(代号) | 等级 | 生产厂家 |
| --- | --- | --- |
| 氢氧化钠 | AR | 天津市东丽区天人化学试剂厂 |
| 增稠剂 XSS302 | 工业级 | |
| 交联剂 SJL302 | 工业级 | |
| KCl | 化学纯 | 天津市东丽区天大化学试剂厂 |
| 黏土稳定剂(KJ-03) | 工业级 | 克拉玛依市精佳公司 |
| 延迟助剂(TO302) | 工业级 | 克拉玛依市精佳公司 |
| 助排剂(XJ-06) | 工业级 | 克拉玛依市新聚工贸有限公司 |
| 破胶剂(KJWP) | 工业级 | 克拉玛依市精佳公司 |

表 5-64　主要实验仪器表

| 实验仪器 | 型号 | 生产厂家 |
| --- | --- | --- |
| 电热恒温水浴锅 | DK-S26 | 常州朗越仪器制造有限公司 |
| 分析天平 | ME204 | 瑞士 梅特勒—托利多 |
| 旋转黏度计 | HTD13035-6 | 青岛海通达专用仪器有限公司 |
| 流变仪 | HAAKE RS6000 | 赛默飞世尔科技(中国)有限公司 |
| 同步综合热分析仪 | STA-449F3 | 德国 Netzsch 公司 |
| 环境扫描电子显微镜 | Quanta450 | 美国 FEI 公司 |

## 二、压裂液抗温机理

影响增稠剂抗温性的因素有两方面：一是增稠剂本身的热稳定性，即增稠剂高分子在体系环境和高温下，高分子本身稳定，不易发生断裂、功能基团脱落等物理或化学变化；二是交联体系的交联键，在体系环境和高温条件下，不易发生水解、断键等情况。

### (一)增稠剂的热稳定性研究

前面的实验结果表明，增稠剂基液有良好的抗温性。增稠剂本身的热稳定性是其配制成压裂液具有抗温性的基础，为此，通过热重分析，考察其耐温性能和最高分解温度，实验结果如图 5-84 所示。

根据图 5-84 和增稠剂分子结构特点分析，对热重曲线作出如下解释：由于增稠剂高分子中含有较多的强水化基团，吸水能力强，产物不易烘干，温度在 120℃ 前的失重主要是高分子中吸附水、结晶水的脱除；增稠剂高分子在 120~300℃ 基本没有热失重，说明增稠剂在 120~300℃ 基本稳定；300~380℃ 仅失重 8% 左右，分析认为这部分失重主要是增稠剂中长支链聚醚键的断裂与分解；380~520℃ 大量失重，分析认为这部分失重主要是增稠剂高分子主链的大量断链、分解造成；说明增稠剂至少可以抗温到 300℃，增

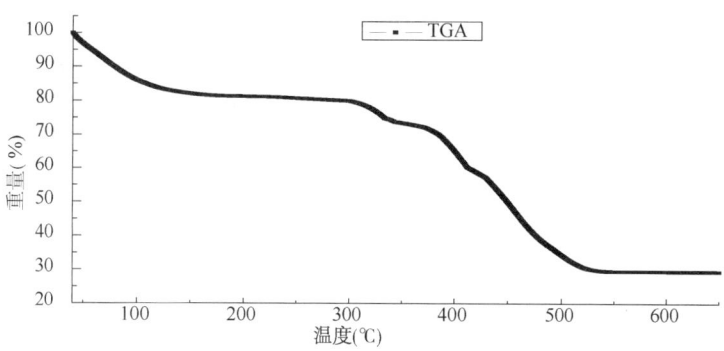

图 5-84　增稠剂的热重曲线图

稠剂本身具有较好耐温性能。

压裂液体系，无论是基液体系还是交联体系，当增稠剂高分子因高温发生链断裂、功能基团热分解等，都会造成高分子分子量降低、水化基团减少、交联基团消失等不良后果，从而引起本高分子水力学体积变小、水化能力减弱、交联能力下降，其结果是压裂液体系的黏度下降、悬砂能力降低。因此，可以认为项目研制的增稠剂的抗温机理是增稠剂高分子本身具有良好的热稳定性，是压裂液体系具有较好抗温能力的根本保证。

### （二）交联压裂液的热稳定性研究

前面交联压裂液体系的抗温抗剪切性能实验结果表明，本压裂液体系可以抗200℃的高温。交联压裂液体系在增稠剂高分子热稳定性保证的前提下，其交联键的高温稳定性是另一重要条件。为此，用扫描电子显微镜，分析交联压裂液体系，高温剪切前后压裂液体系结构变化，考察交联键的耐温性能，交联液组成：1.0%增稠剂 XSS302＋0.7%交联剂 SJL302，剪切温度为180℃，$170س^{-1}$剪切2h，实验结果如图5-85和图5-86所示。

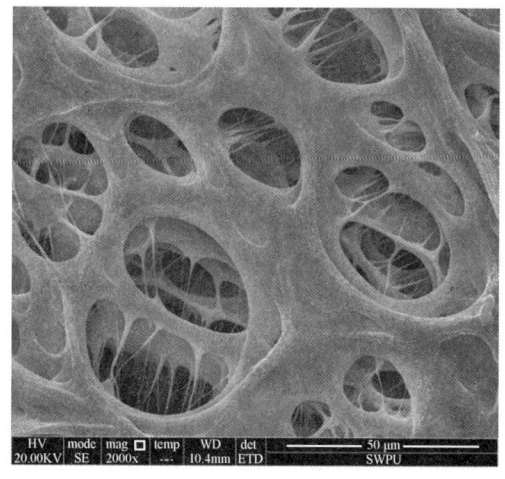

图 5-85　交联压裂液高温剪切前的扫描电镜照片

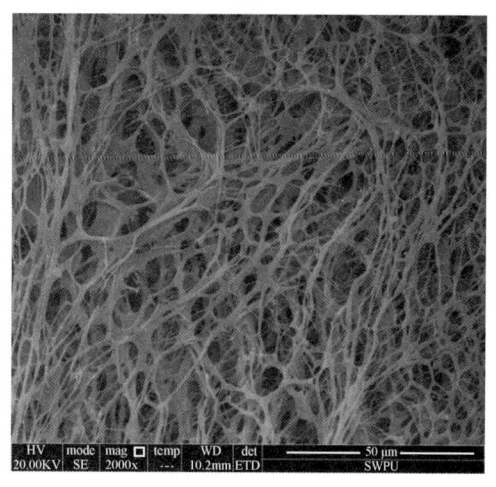

图 5-86　交联压裂液高温剪切后的扫描电镜照片

从交联压裂液高温剪切前后的扫描电镜图 5-85 和图 5-86 可以看出，剪切前的交联液结构是叠层、膜状、连续网状结构，形成的膜较宽，说明交联剂的交联能力强、交联效果良好；剪切后的交联液结构仍然是叠层、膜状、网状结构；但膜的宽度和连续性有所降低，说明高温对交联键有一定的破坏作用。然而，其网状结构仍然是连续的叠层空间网状结构，无论是从微观还是从剪切保留黏度来看，这种结构仍然足够悬浮支撑剂。说明交联键大部分没有被破坏，交联键本身具有较好的抗温性能。

## 三、压裂液流变性

将在前面试验的基础上，得到的优化配方的压裂液体系，参照相关行业标准开展系统的性能评价。所用的压裂液组成为压裂液基液：1.0% 稠化剂 XSS302+2.0%KCl（黏土稳定剂）+0.3% 黏土稳定剂（KJ-03）+0.3% 助排剂（XJ-06）+0.0375% 破乳剂（PC220）。交联液：0.7% 交联剂 SJL302+0.1% 延迟助剂 TO302。

### （一）黏弹性

材料既具有黏性，又具有弹性的性质称作黏弹性。黏弹性是冻胶压裂液流变性质的重要性质之一，其力学行为介于纯弹性固体和纯黏性液体之间。黏弹性材料因具有弹性和黏性而具有储存能量和消耗能量的特点，可以通过储能模量 $G'$ 和损耗模量 $G''$ 来表征；储能模量 $G'$ 用来表征高分子的弹性，损耗模量 $G''$ 用来表征高分子的黏性；因此可认为储能模量 $G'$ 和损耗模量 $G''$ 为黏弹性流体的流变参数。在流变学中用损耗角参数 $\delta$ 来反映流体消耗能量的特征，并且 $\tan\delta = G''/G'$，当 $\tan\delta > 1$ 时，说明损耗模量 $G''$ 大于储能模量 $G'$，黏性成分占优势，体系表现为流体的特征；当 $\tan\delta < 1$ 时，说明储能模量 $G'$ 大于损耗模量 $G''$，弹性成分占优势，体系表现为固体的特征，如凝胶状态；当 $\tan\delta = 1$ 时，储能模量 $G'$ 等于损耗模量 $G''$，材料处于即将流动的临界状态。

一般是用储能模量 $G'$ 和耗能模量 $G''$ 随着剪切频率来表征，$G'$ 对应的是凝胶的弹性，而 $G''$ 对应的是凝胶的黏性。

压裂施工中要求压裂液有足够的携砂能力，保证在支撑剂进入目标裂缝前不会发生脱砂现象。大量实践表明压裂液的携砂性不只与黏度有关，还与压裂液的黏弹性能有关。压裂液的黏弹性依赖于体系的微观结构，任一组分或微观结构的变化都会导致体系表现出不同的黏弹行为，一般通过小幅振荡实验来测定压裂液的黏弹性。本研究压裂液的黏弹性测试参照 SY/T 6296—2013《采油用聚合物冻胶强度的测定流变参数法》。剪切应力 1.0Pa，扫描范围在 0.01~10Hz 范围内 $G'$ 和 $G''$ 与频率 $f$ 的关系。交联液组成配方 1：0.8% 增稠剂 XSS302+0.6% 交联剂 SJL302，实验结果如图 5-87；交联液组成配方 2：1.0% 增稠剂 XSS302+0.7% 交联剂 SJL302，实验结果如图 5-88。

从图 5-87 和图 5-88 中可以看出，在扫描范围在 0.01~10Hz 范围内，$G'$ 和 $G''$ 呈现的趋势基本保持一致，储能模量 $G'$ 大于损耗模量 $G''$，说明压裂液处于冻胶状态。压裂液形成的交联结构在静止条件下比较"松散"，随着振荡频率增加，压裂液受到外界的作用，交联结

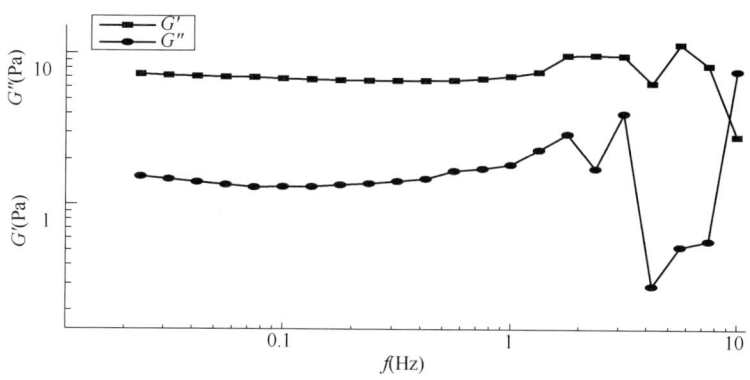

图 5-87 聚合物压裂液 $G'$ 和 $G''$ 与频率 $f$ 的关系

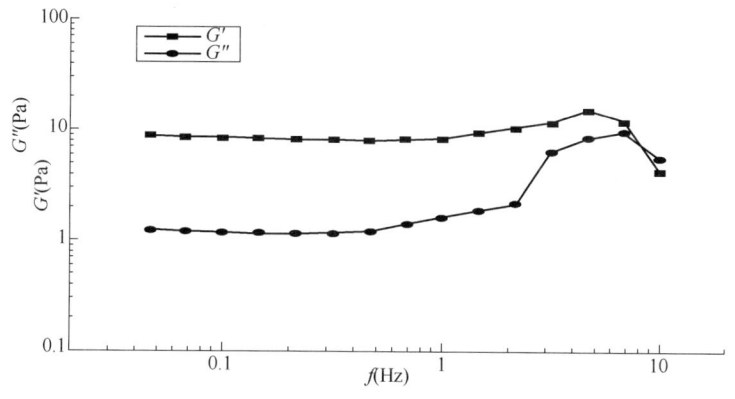

图 5-88 聚合物压裂液 $G'$ 和 $G''$ 与频率 $f$ 的关系

构变得相对比较"规则",宏观上表现为压裂液的弹性增加,即 $G'$ 增大。振动频率进一步增加到超过一定范围后会呈现出破坏交联结构的倾向,导致冻胶的黏性会逐渐增大,即 $G''$ 增大。当振荡频率产生大于交联结构承受能力的外界作用后,交联结构被破坏,冻胶的弹性迅速降低,黏性迅速增加,此时冻胶逐渐转变为溶胶。从图 5-87 和图 5-88 的整个过程来看,压裂液 $G'$ 和 $G''$ 随频率 $f$ 变化的过程呈明显的诱导黏弹性过程。

一般取频率为 0.1Hz 处的 $G'$ 和 $G''$ 来表征冻胶的黏弹性。从图 5-87 中可得到压裂液在 0.1Hz 处 $G'$ 为 6.79Pa,$G''$ 为 1.31Pa;从图 5-88 中可得到压裂液在 0.1Hz 处 $G'$ 为 8.43Pa,$G''$ 为 1.19Pa,储能模量 $G'$ 在 1~10Pa 之间,两种配方都属于中强度冻胶;而且满足压裂液在 0.1Hz 时,远大于 $G' \geqslant 1.5$Pa,$G'' \geqslant 0.3$Pa 的标准要求,说明压裂液具有良好的黏弹性。配方 2 的增稠剂和交联剂用量高于配方 1,配方 2 的 $G'$ 比配方 1 的 $G'$ 大,说明适当增加增稠剂或交联剂,都有利于提高交联压裂液的黏弹性。

## (二)压裂液流变参数分析

幂律流体方程主要描述假塑性流体的流变行为,其基本特点是流体流动时,剪切力与剪切速率具有指数函数的关系,数学表达为:

$$\tau = K \cdot \gamma^n \tag{5-5}$$

式中指数 $n$ 表征假塑性流体在一定剪切速率范围内的非牛顿程度，$n$ 值越小，非牛顿性越强，表现为流体的黏度对剪切速率或剪切力的变化越敏感。因此，$n$ 称为"流型指数"其量纲为1。稠度系数 $K$ 表征的是流体的黏稠性，$K$ 值越大，流体越黏，流体流动阻力越大。高分子溶液大多数属于假塑性流体，$K$ 可以反映结构对黏度的贡献，$K$ 越大，结构可能越强。$K$ 值越大，黏度越高，因此 $K$ 称为"稠度系数"。对于压裂液冻胶，由于具有交联结构，冻胶的流动不是单纯的黏性流动。但是压裂液冻胶强度一般不高，在中等剪切速率范围内，可认为压裂液冻胶也满足幂律流体方程。

用高温高压流变仪测量时剪切速率由低到高 $0\sim170\text{s}^{-1}$ 测其相应的剪切应力，按幂律流体数学模型进行回归，测得压裂液的稠度系数 $K$ 和流型指数 $n$。将公式 $\tau = K \cdot \gamma^n$ 两边取常用对数得到：

$$\lg\tau = \lg K + n\lg\gamma \tag{5-6}$$

以 $\lg\tau$ 和 $\lg\gamma$ 作图，得一直线，此直线在纵坐标上的截距等于 $\lg K$，斜率等于 $n$。实验用压裂液配方为 1.0% 稠化剂 XSS302+0.7% 交联剂 SJL302 制备压裂液剪切 10min 后在不同温度下的流变参数，实验结果如表 5-65。

表 5-65 不同温度下聚合物压裂液流变参数

| 温度 (℃) | 流变参数 | |
|---|---|---|
| | $n$ | $K$ (mPa·s) |
| 120 | 0.5379 | 1.7832 |
| 150 | 0.6425 | 0.5136 |
| 180 | 0.7853 | 0.3158 |

从表 5-64 中还可以看出随着温度升高，聚合物压裂液的稠度系数 $K$ 不断减小，而流动指数 $n$ 不断增大。随着温度升高，压裂液冻胶的交联程度降低，类似于高分子长链的缠绕程度减少，压裂液中水分子的运动阻力减少，表现为压裂液的表观黏度下降，相应的稠度系数 $K$ 也相应减小。对于假塑性流体，随着剪切速率或剪切应力的增大，高分子分子链缠绕程度下降，导致压裂液的表观黏度随着剪切速率或剪切应力的增大而下降，呈现"剪切变稀"。升高温度，同样的剪切速率或剪切应力变化范围内，聚合物高分子链缠绕程度变化范围越小，压裂液越接近于牛顿流体，压裂液的表观黏度随剪切速率或剪切应力变化的幅度越小，对剪切作用的变化敏感程度下降。

## 四、交联压裂液的微观结构分析

高分子聚合物溶解在溶液中会提高溶液的黏度，主要是高分子聚合物在溶液中的聚集状态会随着浓度的不断提高而变化。实验设计合成的高分子聚合物为具有支链直链大分子，当基液浓度很小时，聚合物分子链之间相互独立不缠结；当基液的浓度增大到一定程度后，基液中聚合物分子浓度的提高会增加聚合物分子链相互碰撞的机会，基液中高分子必然会有相互缠结的现象。聚合物分子链由于分子之间的缠绕作用，增加了分子之间的内摩擦力，从而基液的黏度增加。但是，这种缠结是物理性的，缠结的结点并没有发生任何反应而牢固的缠结在一起，当遇到剪切时会迅速断开。当在基液中加入交联剂发生交联后，聚合物高分子之间通过基团之前的络合作用，分子链相互连接到一起结实而有弹性的空间网状结构，这种结构的形成是化学性的作用，具有耐剪切性能。微观分析可以对聚合物分子在溶液中的形态进行观察。本书采用 Quanta 450 环境扫描电子显微镜对聚合物溶液基液和交联液进行微观分析，从而更直观形象地认识聚合物的交联机理。基液的配制为 1.0%稠化剂 XSS302，交联液的配置为：1%稠化剂 XSS302+交联液 0.7%交联剂 SJL302。

将溶液样品放进冷冻观察室，向其周围所在的环境不断注入液氮，将环境温度降至超低温(-140℃左右)，使样品淬冷，从而使样品中分子的微观结构被冻结，在低真空下水分子逐渐升华，然后直接观察溶液中聚合物分子的微观结构和形态。实验结果如图 5-89~图5-96。

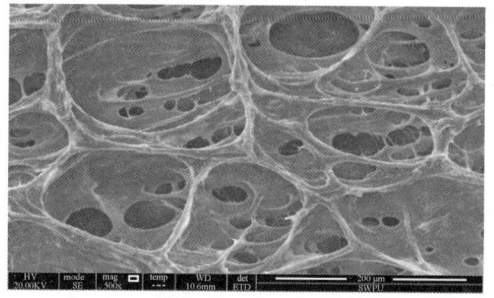

图 5-89　基液微观结构电镜图(200 倍)

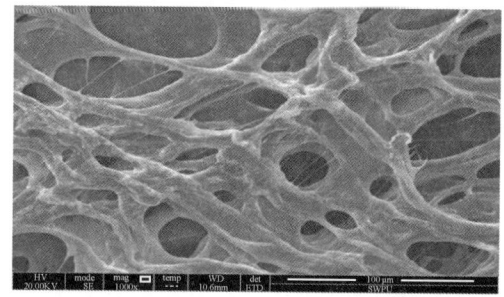

图 5-90　基液微观结构电镜图(300 倍)

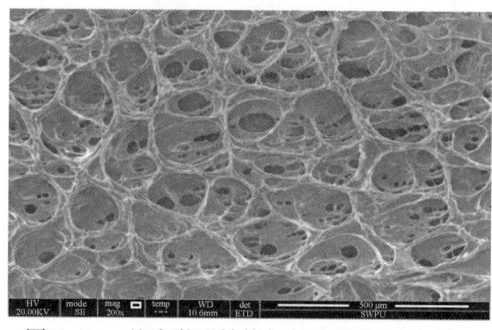

图 5-91　基液微观结构扫描电镜图(500 倍)

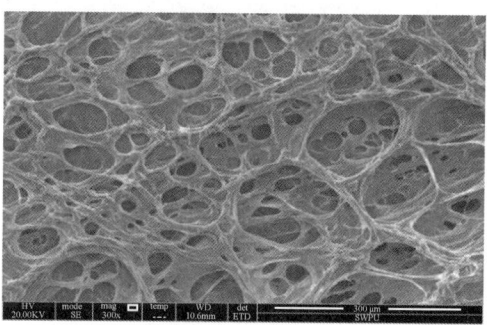

图 5-92　基液微观结构扫描电镜图(1000 倍)

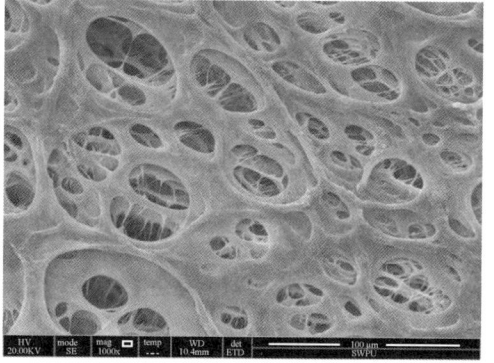

图 5-93　交联液微观结构电镜图(500 倍)

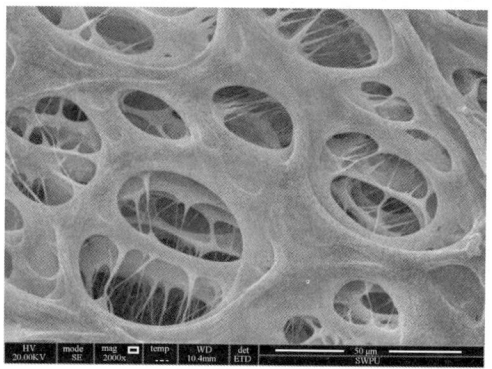

图 5-94　交联液微观结构电镜图(1000 倍)

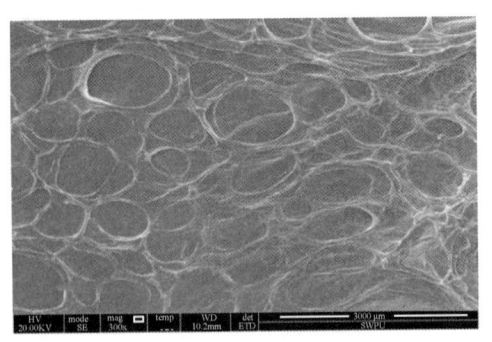 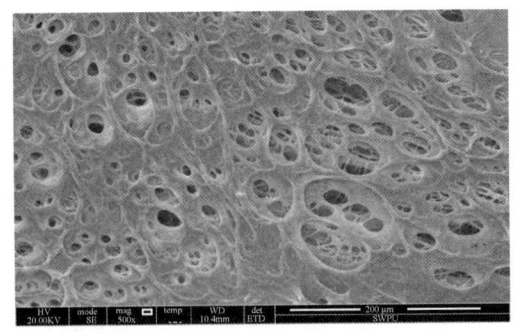

图 5-95　交联液微观结构电镜图（1500 倍）　　　图 5-96　交联液微观结构电镜图（2000 倍）

从图 5-89~图 5-92 可以看出聚合物分子在溶液中相互缠结在一起。对这种缠结结构仔细观察可以发现，其结构为束状或层状结构，其孔隙、孔洞较大，层间无明显交联点和交联结构，其原因是在未经交联的聚合物基液中，聚合物分子链之间仅仅通过相互的缠结，或者分子链上某些基团的"氢键"作用形成了一种弱交联的网状结构；此时溶液的黏度完全是靠分子链的相互缠结或弱交联结构分子的内摩擦力来提高的，因此黏度与交联液比较低，基液的黏度仅为 110mPa·s 左右。

从图 5-93~图 5-96 可以看出交联后聚合物分子溶液中的结构为叠层、膜状、连续网状结构，形成的膜较宽，说明交联剂的交联能力强、交联效果良好；其孔隙、孔洞较小，层间有明显交联点和丝状交联结构。放大 1000 倍和 2000 倍的效果图可以清晰看到交联结点"胀大"的形态，而连接交联点的部分粗壮而有弹性。此时，交联液的黏度可达到 800mPa·s 以上。原因是在交联后的压裂液中，交联剂通过化学键进行交联，其交联点和交联强度大大增加，交联性结构明显，这也是交联压裂液具有较好抗温性的主要原因。

## 五、压裂液携砂机理

压裂液携砂能力是压裂液的最基本的性能之一，压裂液携砂性能的好坏将直接影响到压裂施工的安全性和成功率。良好的压裂液携砂性可以在施工中有效阻止砂粒沉降，保证施工安全进行，同时便于将支撑剂带入裂缝中并将砂子置于预定地层位置，能显著提高施工砂比和新生裂缝中的填砂密度，进而提高压裂施工效果。通过交联压裂液的微观结构观察，结合本项目设计的支撑剂、交联剂结构特点，研究和分析其悬砂机理。微观结构观察实验配方：1.0% 稠化剂 XSS302 和 0.6% 交联剂 SJL302，采用扫描电镜观察结构。实验结果如图 5-97 和图 5-98 所示。

从图 5-97 和图 5-98 可以明显观察到本文的压裂液交联体系的微观结构具有如下特点：
（1）交联压裂液的微观结构中存在明显的叠层式膜状结构；
（2）层状结构紧密且凹凸不平的褶皱；
（3）通过丝状交联形成了布满整个空间的连续网状结构，其孔隙、孔洞较小。

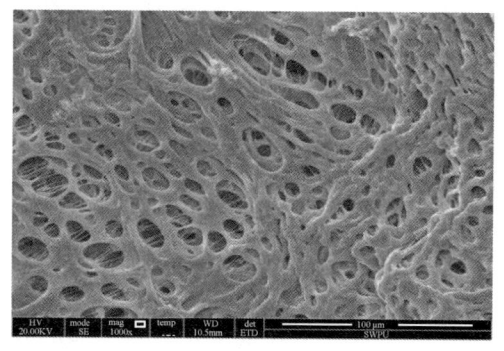
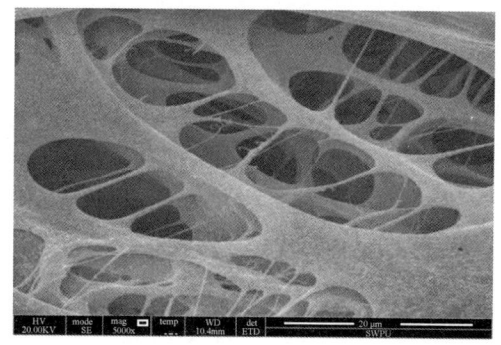

图 5-97　交联液微观结构电镜图（1000 倍）　　图 5-98　交联液微观结构电镜图（5000 倍）

根据上述特点及本项目研制的增稠剂和交联剂的结构特点，压裂液的携砂机理主要是以下几种作用：

（1）当膜状结构平面垂直于重力场时，交联膜状结构有较高的强度和黏弹性，可以阻止支撑剂的下沉，起到悬浮支撑剂的作用（图5-99）。

（2）当膜状结构平面平行于重力场时，交联膜状结构凹凸不平的褶皱形成喉道，支撑剂通过喉道时坎于喉道，阻止支撑剂下沉（图5-100）。

（3）层间交联的丝状网络结构提高了支撑剂下沉阻力，阻止支撑剂快速下沉（图5-101）。

（4）支撑剂（石英砂、陶粒等）表面通常带有部分负电荷，本项目研究的增稠剂带有部分正电荷，布满整个空间的增稠剂分子与支撑剂之间通过电荷吸引作用可以控制支撑剂下沉速度（图5-102）。

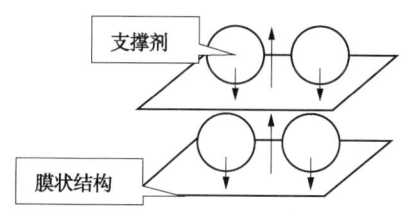
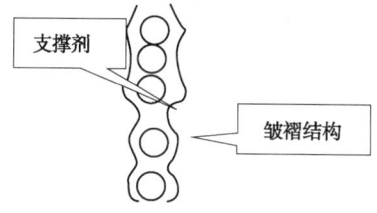

图 5-99　膜状结构阻止支撑剂沉降示意图　　图 5-100　皱褶结构阻止支撑剂沉降示意图

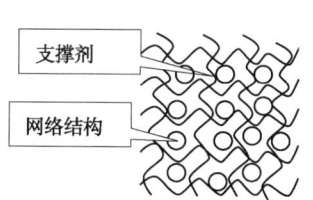
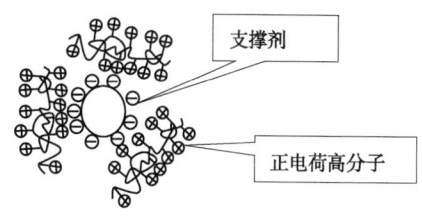

图 5-101　网络结构阻止支撑剂沉降示意图　　图 5-102　电荷作用阻止支撑剂沉降示意图

# 第六章　无限制分段及选择性改造控制开采技术

对于渗透率极低、渗流阻力大、连通性差的油气藏，往往压开多条裂缝来增加油气渗流能力。水平井段跨度大，压裂时如何实现各段间的有效封隔，是保证水平井改造有效性需要考虑的重要方面。对于低渗透油藏来说，仅采用水平井井身结构开发，多数情况下仍无法得到足够高的、有经济价值的产量，为了最大限度提高产量，对低渗透油藏水平井进行压裂就显得十分必要。

对于分段压裂技术，裸眼分段压裂是水平井的有效关键配套技术之一，运用分段压裂，可实现在较短时间内一次性完成对多个储层压裂，并最大限度地减少对储层的伤害，以储层的有效保护和改造，达到多层合采提高单井产量、最大限度提高气层地质储量可动用程度的目的。国内外较新的实用分级压裂工艺包括裸眼封隔器分级压裂、连续油管水力喷射分层压裂、不动管柱水力喷射分级压裂、连续油管喷砂射孔环空填砂压裂、快钻桥塞分级压裂等。目前，国内外应用最多分段压裂技术是投球分段压裂技术，该技术在压裂过程中利用暂堵球来实现分段压裂的一项技术，其工艺原理是：在压裂过程中，首先压开物性最好的井段（第1条裂缝起裂位置），利用已压开井段吸液量大的特点，在完成第1个目的井段压裂施工后，用压裂液将设计数量的暂堵球带入已压开井段的射孔孔眼处，暂堵该井段的孔眼，迫使压裂液进入其他未压开井段，从而使物性次好的目层段被压开（第2条裂缝起裂位置）。如此反复进行，直至压开设计的所有裂缝为止，最后泵注顶替液完成压裂施工，达到有效改造水平井的目的。但是，现场应用表明，现有的压裂技术对于油气藏的短期增产效果十分明显，但是，油气井产量递减十分严重，究其原因，在于各段逐级压裂后，只能同时开采，一旦某一段出现问题，就会严重影响该井的整体产量，甚至导致该井报废。其他压裂技术也都存在类似问题，不是只是解决了通径和段数限制问题，并没有解决选择性的问题。

因此，总体来说，存在以下几个问题：

（1）现有分段压裂技术，只能逐级压裂和合采，各层互相影响，而且开采效果受到球座尺寸和球返排效果影响，再者其作业是一次性的，无法重复作业；

（2）现有压裂工具分段能力有限，不能满足长水平段水平井压裂需求；

（3）现有分段压裂工具在边底水油气藏中不能实施控水压裂；

（4）缺乏选择性压裂和控制开采工具。

至于开采方式而言，目前主要有：裸眼完井、尾管射孔完井和筛管+裸眼封隔器完井。裸眼完井方式是最为简单和低成本的完井方式，但由于其自身的应用局限性和缺陷，已经很少应用；尾管射孔完井方式是目前国内最为广泛和最主要使用的完井方式，该方式有利于避开夹层水、底水、气顶，可实施水平段分段射孔、试油、注采和进行选择性增产措施，但是产量较低，不能充分发挥水平井的产能优势；筛管+裸眼封隔器完井方式既起到裸眼完井的作用，又防止了裸眼井壁坍塌堵塞井筒的作用，同时在一定程度上起到防砂的作用，而且能提供足够的流通面积，储层不受水泥浆的污染，可防止井眼坍塌，成本相对较低，能够最大限度发挥产能，但是如果出现产层变化如水锥等复杂情况后，没有很好的解决处理方法。目前我国各个油田水平井完井情况大致如此，对于水平井在生产层段多，又具有各自单独油气顶和油水界面的复杂油气藏开采所需的多层单油管选择性多级压裂及控制开采技术，则还没有相应的解决办法。正是由于目前水平井完井技术存在许多无法消除的缺陷，导致水平段层间互窜、井眼寿命缩短、采收率及产量降低，达不到采用水平井高效开采的理想效果。而选择性开采方法能够解决这些难题。选择性开采技术，不仅可以克服注水泥完井技术存在的缺陷，又可以良好地实现层段封隔，达到单一井眼条件下多层或单层复杂油气藏选择性分层封隔、开采、封堵和作业。

选择性开采技术方法综合了尾管射孔完井和筛管+裸眼封隔器完井两种完井方法的优点，产量高而且可以采取多种作业方法进行改造产层，是一种较先进的完井方法。该选择性多级压裂及控制开采方法是通过在地面能够进行开关操作的选择性多级压裂及控制开采工具和高性能的管外封隔器和特型尾管悬挂器等工具和设备的配合使用，实现多层单油管选择性多级压裂及控制开采工艺，不仅能够防止地层水侵入和完成分层段试油、采油，同时还具有裸眼完井渗流面积大，完善程度高等优点，同其他完井方式相比，还可以采取大强度酸化、压裂等措施和特殊修井作业。

根据最新资料显示，随着技术的进步和更高效开采的需要，国外分段压裂技术已经在向分段压裂和控制开采相结合的方向发展，即选择性多级压裂及开采技术，并已经在现场推广应用，取得了良好的效果。该技术的最大特点是可以突破现有压裂技术必须一次逐级压裂的局限，实现根据各产层的实际情况，有选择性地和针对性地压裂某一层。

# 第一节　国内外技术现状分析

## 一、国外研究现状

通过大量的国内外油气田区块的开发实践调研表明：在低渗透、薄互层、稠油气藏以及边际小断块等区域，开发方式选用水平井是最佳的。水平井技术最早于20世纪20年代提出，40年代初开始付诸实施，80年代中后期，相继在美国、法国等国家得到产业化应用，并由此形成研究和应用水平井开发技术的高潮。近年来，全世界的水平井钻完井总数呈现指数形式的增长。截至目前，全世界的水平井井数累计约为5万口左右，有共计69个国家应用了水平井开发技术,其中以美国、加拿大的水平井数最多,二者共占全世界水平井井数的 88.4%。

在水平井分段压裂工艺方面,国外比国内研发起步早、技术较为成熟。国外几大著名油田服务公司一直致力于这一技术的研发和实践,许多原创技术基本上都是由这些服务公司所研发,并经过实践应用,形成了在水平井分段压裂方面的各自的技术优势;特别在水平井钻井完井和分段压裂工艺的有效结合应用方面,例如利用管外封隔器分段压裂的钻井完井技术,采用连续油管配合分段压裂,快速高效,施工风险也大为降低等。

根据最新资料显示,随着技术的进步和更高效开采的需要,国外分段压裂技术已经在向分段压裂和控制开采相结合的方向发展,即选择性多级压裂及开采技术,并已经在现场推广应用,取得了良好的效果。该技术的最大特点是可以突破现有压裂技术必须一次逐级压裂的局限,实现根据各产层的实际情况,有选择性地和针对性地压裂某一层。

## 二、国内研究现状

国内多个油田也开展了水平井的开发技术的研究,应用的油藏主要有低渗透砂岩油气藏(含低压储层)、稠油油气藏、不整合屋脊式砂岩油气藏以及火山岩油气藏等类型。中国石油从 2002 年开始,加大力度发展水平井。2006 年至 2008 年,水平井钻井数踏上了三个新的台阶。2006 年水平井完钻 522 口,2007 年水平井完钻 600 口。2008 年就完钻井数超过 1000 口。中国石化从 1991 年才开始发展水平井发展较慢,截至 2002 年底,仅钻水平井 325 口;但从 2002 年以后迅速发展,至 2008 年底,中国石化新增完钻水平井 1386 口,累计完成水平井 1711 口。三大石油公司里,中海油水平井起步最晚,但后期发展速度较快。自 2000 年以来每年水平井数量增长 20%~30%,截至 2008 年,共计完钻水平井 126 口。其中水平井在生产 96 口,分支水平井在生产 30 口,从最初 2 个油田扩大至目前的 14 个油田。

国内水平井分段压裂工艺技术的研发参考借鉴了国外的先进经验和技术,一些油田通过引进、学习和再创新,也初步形成了自己的一些相关技术,但在水平井分段压裂改造的理念上,主要还是把其作为采油生产中提高产量的技术手段,还没有把钻井完井和分段压裂有效结合在一起进行低渗透油气田的开发;而且在技术的研发和应用水平上还存在一定差距。

总之,目前无论国内,还是国外,大多数水平井分段压裂工艺只能实现一次性逐级压裂和压后各段只能合并开采,不能实现全通径,受级别的限制,不能进行单段的测试、压裂和地层评价,段与段之间相互影响,不能独立作业,压裂效果不理想,不能二次压裂,而导致一旦某一段出现问题,就会严重影响水平井的整体产量,甚至导致整井报废,无法长期增产技术难题,需要研究以无限制选择性储层改造及控制开采工具为核心的系列储层改造工具。

## 三、常见分段压裂工艺

水平井增产机理主要是通过增加井筒与油层的接触渗流面积，降低渗流阻力，达到提高油气产量和最终采收率的目的。但是由于低渗透油藏的渗透率较低，储层油气渗流阻力较大，加之低渗透储层孔隙度小，孔喉连通性差，造成了水平井的单井产能有时较低，无法满足经济开发的要求。后期需要对水平井进行储层改造，以改变储层的渗流面积，达到提高水平井产能的目的。

由于水平井与常规直井井筒位置在空间的大不相同，故在压裂改造时，二者的改造工作重点也有所不同。主要是集中于以下几个方面：水平井的水力裂缝的起裂和延伸规律的认识；水平井压后的产量预测和评估；裂缝条数和几何尺寸的优化；储层保护工作；分段压裂施工工艺以及井下分隔工具可靠性等。几种主要水平井压裂方式的比较如下。

### （一）液体胶塞、填砂隔离分段压裂技术

此项技术源于在国外，始于20世纪90年代初，主要用于套管完井，如图6-1所示。其基本做法是：首先射开第1段，利用油管压裂该层；采用液体胶塞和砂子隔离已压裂井段；隔离成功后，射开第2段，利用油管压裂该段，继续利用液体胶塞和砂子隔离；利用上述方法，可以达到依次压开所需改造的各个井段的目的。施工全部结束后，将胶塞和砂塞冲开，采用合层排液求产。

长庆油田自90年代开始，在水平井井筒支撑剂沉降规律及填砂、冲砂试验研究和液体隔离胶塞等室内试验研究的基础上，依据井网、地质特点，优化裂缝分布、射孔参数、压裂施工参数，完成了7口井17层段的水平井液体胶塞分段压裂改造试验，均取得了较好的改造效果。

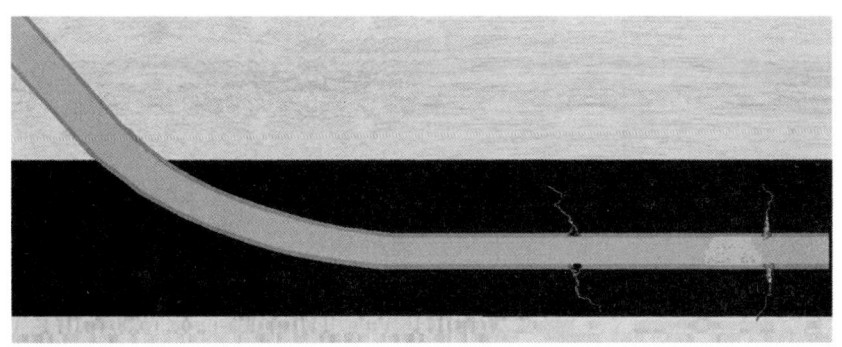

图6-1 液体胶塞分段压裂示意图

该方案的不足是：隔离分段时所使用的液体胶塞浓度较高，易对所隔离的层段产生大的伤害；压后合采排液之前，势必要冲开胶塞和砂塞，在钻塞冲砂过程中对隔离的上下储层会造成二次伤害；施工工序比较烦琐，作业周期较长。

因此，尽管该技术早在20世纪90年代初就提出了但是由于上述弊端难以克服，故发展起来后没有得到进一步的推广与应用。

### （二）机械桥塞隔离水平井分段压裂工艺技术

该技术应用于套管完井的井中。桥塞隔离分段的关键井下工具之一是桥塞，国外主要油田服务公司和国内相关油田生产企业都有自己的桥塞产品。桥塞一般的坐封方式有电缆、机械、液压等方式，解封方式有下工具上提下放、液压式、钻铣方式。其具体工艺有多种，例如，下部桥塞隔离、上部逐层段射孔分段压裂，封隔器+机械桥塞分段压裂等；该技术也可将直井桥塞分段压裂工艺经过革新后应用于水平井中。

2008年哈里伯顿公司的新型可钻式桥塞如图6-2所示，用高强度、低密度符合材料制作；可钻，液体输送，电缆坐封；易钻铣，碎屑易于反排出井；一个桥塞的钻铣掉时间由4h缩短到35min。

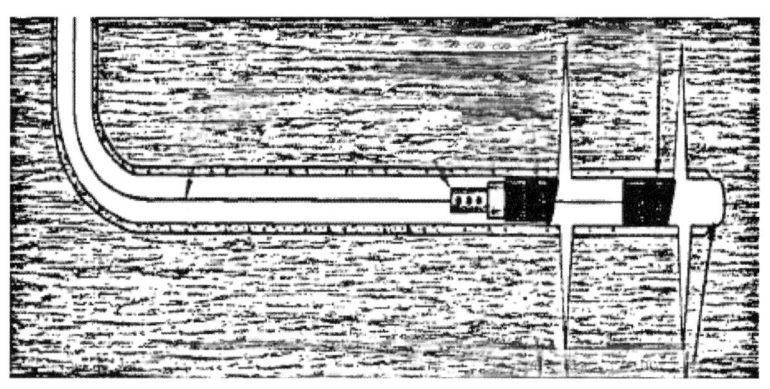

图 6-2 Halliburton 液送桥塞分段压裂示意图

与国外相比较，国内在该技术的工艺和井下工具性能等方面存在一定差距，应用上以可回收式桥塞和可钻式桥塞为主，如图6-3和图6-4所示。

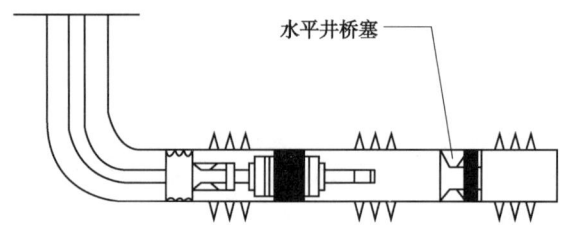

图 6-3 封隔器+机械桥塞水平井分段压裂管柱示意图

可钻式桥塞技术是采取逐段射孔、桥塞封堵，逐段压裂的方式，工艺流程如下：

（1）第一段射孔用爬行器拖动射孔枪下入，进行第一段射孔，取出射孔枪，进行第一段压裂作业；

（2）用电缆作业下入桥塞及射孔枪，水平段开泵泵送桥塞至预订位置；

（3）点火坐封桥塞，上提射孔枪至预设位置，射孔起出射孔枪和桥塞下入工具；

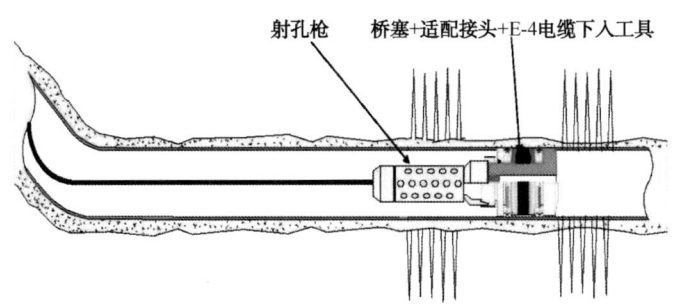

图 6-4　可钻式机械桥塞分段压裂技术

（4）压裂作业，投球至桥塞球座，封隔已压裂层；

（5）按层数重复上述步骤；

（6）压裂作业后连续油管下入磨铣工具钻掉桥塞投产。

目前据国外报道，机械桥塞承压达 86MPa，耐温 200℃，20min 可以钻穿。该项压裂技术在水平井分段压裂中优点明显。

桥塞隔离分段的最大优点是分层改造目的性强，井筒隔离效果较好。存在的缺点和不足是桥塞砂卡风险比较高，作业周期较长。

### （三）水平井限流分段压裂工艺技术

限流法分段压裂常用于未射孔的新井，严格说来它是一种完井压裂技术。其基本改造机理是指在压裂过程中，当压裂液高速通过不同射孔孔眼进入储层时会产生不同的孔眼摩阻，通过调整射孔的孔眼数量和位置，改变不同孔眼处的摩阻。泵注入储层的排量越大，孔眼摩阻也会增大。随着井底空隙处净压力的增加，一旦超过压裂层段的破裂压力，层段即被打开，压力越高，打开的层位数量越多，通过减少射孔的孔眼，增加孔眼摩阻，使得不同破裂压力的层位尽可能多地达到同时破裂，如图 6-5 所示。

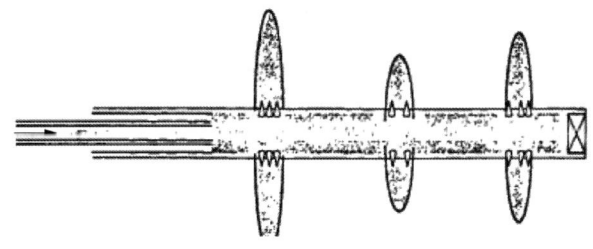

图 6-5　限流压裂示意图

最早提出"限流压裂"理念的是王德明院士，针对大庆油田薄层难于动用问题，王德明院士适时提出了"限流压裂法"。20 世纪 70 年代后期主持研究完成了限流法压裂技术，一次压开 20~30 个薄油层、最多一次压开 70 多个薄油层的成果。国内杨兆中、冯明生、张士城等教授都做过一些关于限流压裂施工参数、压开层位计算、射孔方案等的理论研究和试验工作。

现场应用情况：2007年，胜利油田进行了3口水平井限流压裂试验，井号分别是高89-平1、史126-平1和商75-平1，除了史126-平1效果较好外，其他两口井没有达到预期的效果。截至2008年底，大庆油田水平井限流压裂应用17口井24井次，49段压裂合并为24段，多压开25个层，对比分析认为，段内限流压裂与常规分段压裂增油效果基本相当。

这种方式由于不需要下入井下分段工具，所以施工风险较小，时间也短，成本还低，具有一定的优势。缺点也比较明显，由于储层内各个层位的物性差异较大，加之水平井埋藏较深，受地面设备能力限制等问题，容易导致各层位压裂裂缝启裂和延伸不均，裂缝长度受限，甚至有的层段不能压开，这极大地影响水平井的增产效果。

### （四）水力喷射加砂分段压裂技术

水力喷射加砂分段压裂技术（Hydraulic Jet Fracture，简称HJF）是集射孔、压裂、隔离一体化的新型增产措施，如图6-6和图6-7所示。

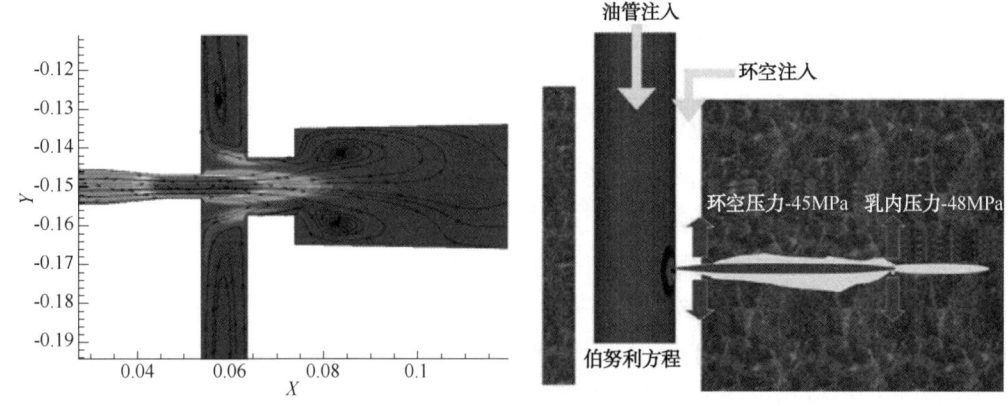

图6-6 水力喷射示意图

图6-7 水力喷射工具组合示意图

它主要是利用专用喷射工具产生高速流体穿透油层套管和外部的岩石，形成楔形孔眼，随后高速流体在孔眼底部不断冲刷积聚，产生高于破裂压力的压力，造出一条单一的主裂缝。其技术原理是根据伯努利运动方程，将水力的压力能转换为砂子的动能，在地层中射流，形成裂缝，通过环空补充液体，使井底压力控制在裂缝延伸压力以下，保护套管。环空补充的液体在相对真空压差作用下进入射流区，与喷嘴喷射出的液体一起被吸入地层，驱使主裂缝向前延伸，因井底压力始终控制在储层裂缝的延伸压力以下，起到隔离的作用，故在压裂下一层段时，无需采用封隔器或与桥塞等隔离工具，较好地实现自动封隔。通过多次拖动管柱，可依次压开所需改造井段。

水力喷射压裂技术应用范围较广，即可在裸眼、筛管完井的水平井使用，也可以在套管井上进行，施工的安全性较高，通过一趟管柱即可在水平井快速、准确地压开多条裂缝。水力喷射工具配套也很方便，即可与常规油管相连接入井，也可以与非标配套，比如大直径的连续油管（Coiled Tubing，直径60.3 mm）相结合，施工更为便捷。国内外应用此技术进行过加砂压裂和酸化处理，已超过数百井次。

缺点和不足：对套管抗压性能要求较高，而且对套管有损伤，影响套管的使用寿命和油气井的寿命，多层连续施工，可能需要多层更换喷射工具，压裂后需要清洗井筒，水力喷射参数设计上存在许多不确定因素，影响整体压裂效果。

### （五）连续油管喷射环空加砂压裂技术

连续油管喷射环空加砂压裂技术是利用连续油管喷射射孔，然后环空压裂施工。施工后段加入高砂段沉降井筒封堵，试挤；上提连续油管喷射射孔、环空加砂压裂，如此反复压裂多段，施工后直接连续油管冲砂。该工艺能适应任何井筒，施工简便，安全性高，一天可压多层，最大可达44级，目前国内苏里格、胜利已成功应用，如图6-8所示。

图6-8　连续油管喷射环空加砂压裂技术

### （六）油套两段压裂工艺技术

该技术是利用水力锚和封隔器或者卡瓦式锚定封隔器组成的管柱，把油层段分成上下两段，通过油管内处理下部层段、油套环空处理上部层段。

吉林油田研发的油套两段压裂工艺技术以及应用情况，如图6-9所示，分层工具是Y444液压锚定封隔器，曾经在吉林油田应用23井次41井段，取得了较好的效果。

该技术的优点：下井工具少，一旦发生砂卡管柱事故，处理难度要比多段多级封隔器

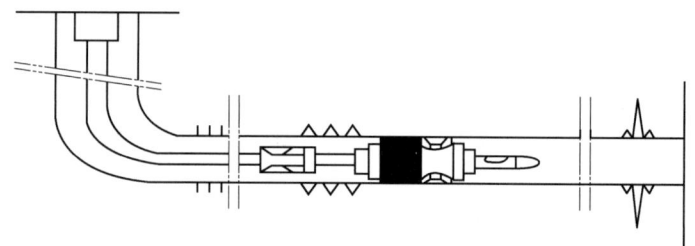

图 6-9　油套两段压裂管柱示意图

管柱难度小；施工简单，费用较低；已成功地应用于浅层油藏，相对成熟。

缺点和不足：对套管耐压性能要求较高，而且对套管有损伤，缩短了套管和井的寿命；一次管柱只能处理两段；Y444 双向锚定封隔器存在砂埋砂卡较高风险；在深井中应用受到一定限制。

### （七）分段封隔器+机械桥塞分段压裂工艺技术

该技术利用机械桥塞和封隔器分别封隔下部层段和上部层段。在新井和全部射开的老井中都可以应用，利用水力锚+封隔器的管柱压裂最下一段后，用机械桥塞（或丢手封隔器）进行封堵，然后上返改造上一段；最后打捞桥塞，合层排液求产。大庆油田利用该分段压裂技术，在 2009 年前完成 4 井次 8 层段压裂施工。

技术优点：分层改造目的性强，分段隔离效果较好；未全部射开的新井和已全部射开的老井均可应用。

缺点和不足：桥塞及卡瓦工具存在砂卡砂埋风险；需要反复起下管柱，作业周期较长，压裂液滞留地层时间长，对油气层伤害较大。

### （八）双级封隔器单卡瓦分段压裂工艺技术

该工艺管柱主要由双级封隔器、水力锚、喷砂器等工具组成，管柱示意图如图 6-10 所示。工艺原理是：一次性射开所有待改造层段，配接好工具下入井内对应油层位置；油管内加液压使双级封隔器坐封，通过喷砂器压裂对应层段，压裂过程中，液压力推动水力锚锚定套管使管柱不动；该层段压裂完成后，上提管柱重复上述步骤压裂下一层段，实现一趟管柱完成各层段的压裂。

该技术在大庆油田南 237-平 297 等 3 口井进行了试验，一趟管柱最多可以进行 5 段压裂施工。

技术优点：分层改造目的性强，分段隔离效果较好；一次可以对多段进行措施改造。

缺点和不足：易砂卡水力锚及封隔器，造成井下事故；井下工具要反复移动作业，易发生损坏。

### （九）水平井裸眼封隔器完井分段压裂技术

管柱采用封隔器、喷砂滑套、低密度球组成。按卡点排好工具位置，一次性下入井底，

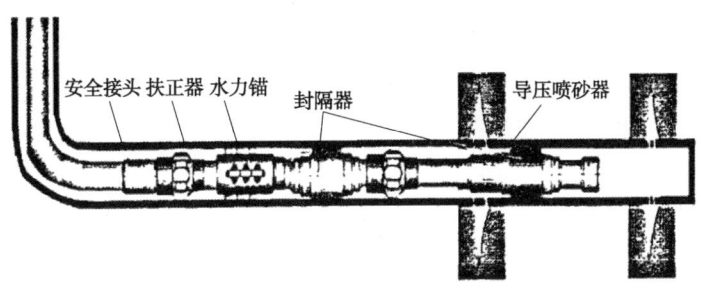

图 6-10　双级封隔器单卡瓦压裂管柱示意图

利用节流压差坐封封隔器，然后利用投球逐级找开喷砂滑套的方式实现分段压裂，可不动管柱一趟管柱完成多个层段的压裂，如图 6-11 所示。据国外最新使用证明，一天可压 13 层，最大层数达 36 级。该项压裂技术定位准确，使压裂改造具有更强的针对性，效果明显好于常规分段，但多用于气井压后直接投产，不起管柱。

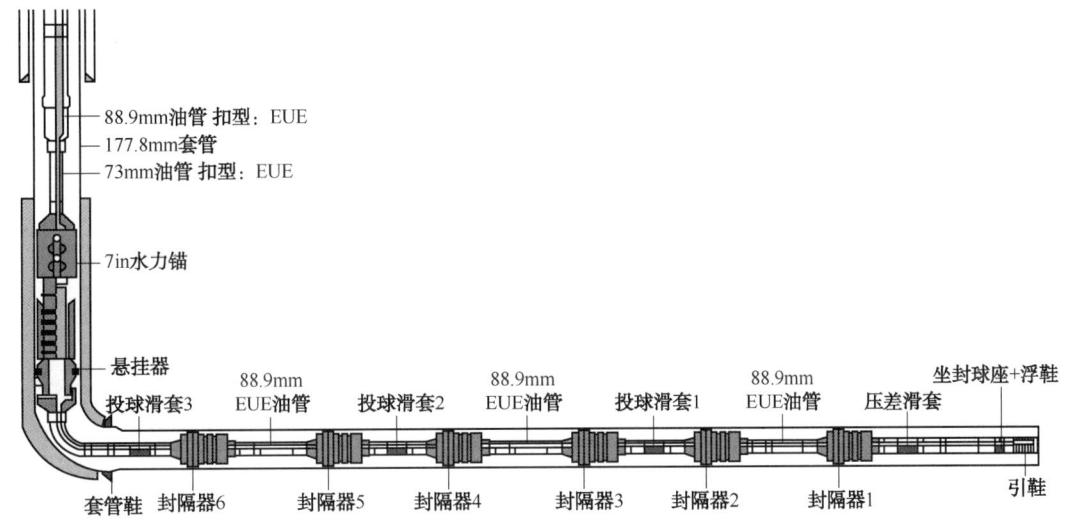

图 6-11　分段压裂工艺管柱示意图

综上所述，目前用于水平井压裂的分段压裂工艺和施工管柱组合种类较多，也都各有千秋，有着不同的适应性和各自的优缺点。现场应用表明，现有的压裂技术对于油气藏的短期增产效果十分明显，但是，油气井产量递减十分严重，究其原因，在于各段逐级压裂后，只能同时开采，一旦某一段出现问题，就会严重影响该井的整体产量，甚至导致该井报废。根据最新资料显示，随着技术的进步和更高效开采的需要，国外分段压裂技术已经在向分段压裂和控制开采相结合的方向发展，即选择性多级压裂及开采技术，并已经在现场推广应用，取得了良好的效果。该技术的最大特点是可以突破现有压裂技术必须一次逐级压裂的局限，实现根据各产层的实际情况，有选择性地和针对性地压裂某一层。

## 第二节 配套管柱结构及配套工具

根据生产井产层的实际分布情况,如图 6-12 所示的产层分布,确定选择性多级压裂开关滑套和封隔器等工具的下井数量、下深、间距等参数,按照从下往上依次是引鞋+浮箍+油管+自封球座+油管+封隔器+油管+全通径可开关滑套+油管+封隔器+油管+全通径可开关滑套+油管+悬挂器(图 6-13),该管串是假设有两个产层需要分层选择性压裂开采的水平井选择性施工工艺管柱,施工中,如果有更多的产层,可以在悬挂器的下部连接更多的封隔器和全通径可开关滑套,就能够实现多产层的分层选择性多级压裂及控制开采和压裂开采。

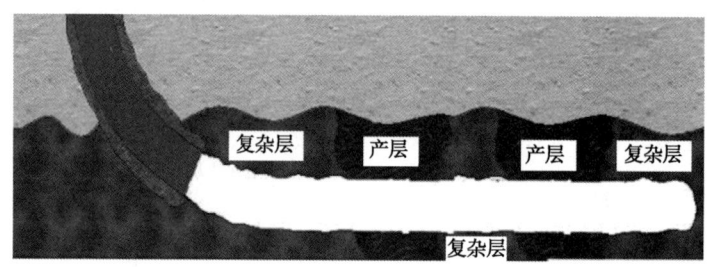

图 6-12 产层分布示意图

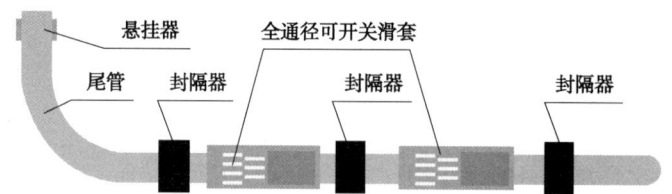

图 6-13 选择性多级压裂完井管柱结构示意图

管串入井时,所有的可开关滑套都是关闭的,下到设计位置,坐封所有的封隔器和坐挂悬挂器,起出送入钻具,然后根据开采的需要,下入选择性多级压裂开关工具到目的层,打开相应的可开关滑套,然后进行压裂施工,压开地层;在打开下一目的层之前,先用开关工具关闭已打开的可开关滑套,关闭上一层,然后再下入选择性多级压裂开关工具到目的层,打开相应的可开关滑套,然后进行压裂施工,压开地层;在后续的开采过程中,根据需要下入选择性多级压裂开关工具,打开相应的可开关滑套,即可实现多产层的分层试油、酸化、压裂和采油。

无限制分段及选择性改造控制开采技术其主要分为选择性多级压裂及开采技术完井管串和选择性多级压裂及开采技术压裂管串。

### 一、选择性多级压裂及开采技术完井管串

选择性多级压裂及控制开采技术完井管串主要由尾管悬挂器、水力膨胀封隔器、可开关滑套、坐封球座、引鞋、油管等工具组成,通过钻具送入到指定层位,如图 6-14 所示。

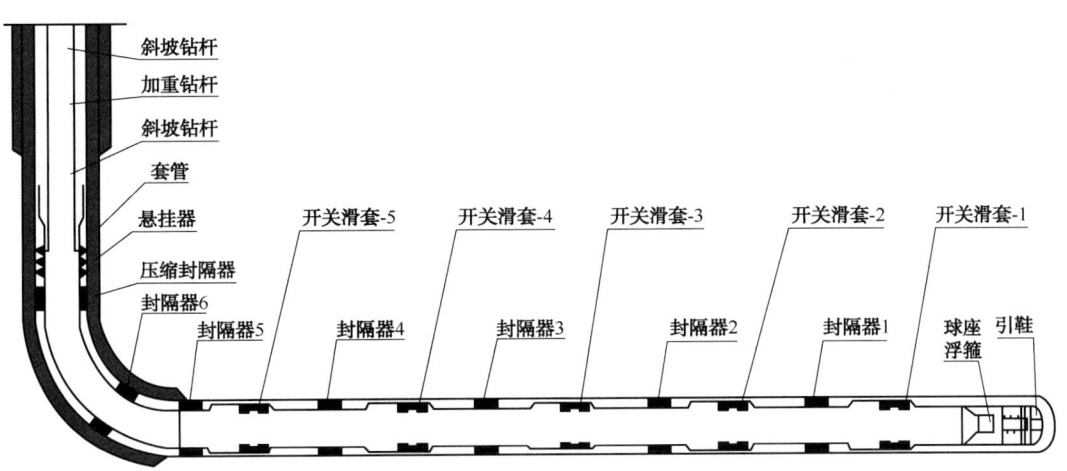

图 6-14　选择性多级分段压裂及控制开采技术下完井管串示意图

## 二、选择性多级压裂及开采技术压裂管串

选择性多级压裂及开采技术系统研制了先进的选择性多级压裂可开关滑套和选择性多级压裂开关工具，通过二者的有机配合，能够确保选择性压裂可开关滑套的安全可靠打开或关闭。选择性多级压裂开关工具用于完井后，通过地面控制选择性多级压裂可开关滑套的打开和关闭作业。该系统能够实现完井后对任意产层的产能控制，提高各产层开采效率。

选择性多级压裂施工方案，通过连续油管车送入开关工具管串，实现任意层位选择性多级压裂开关工具的选择性打开或关闭，如图 6-15 所示。

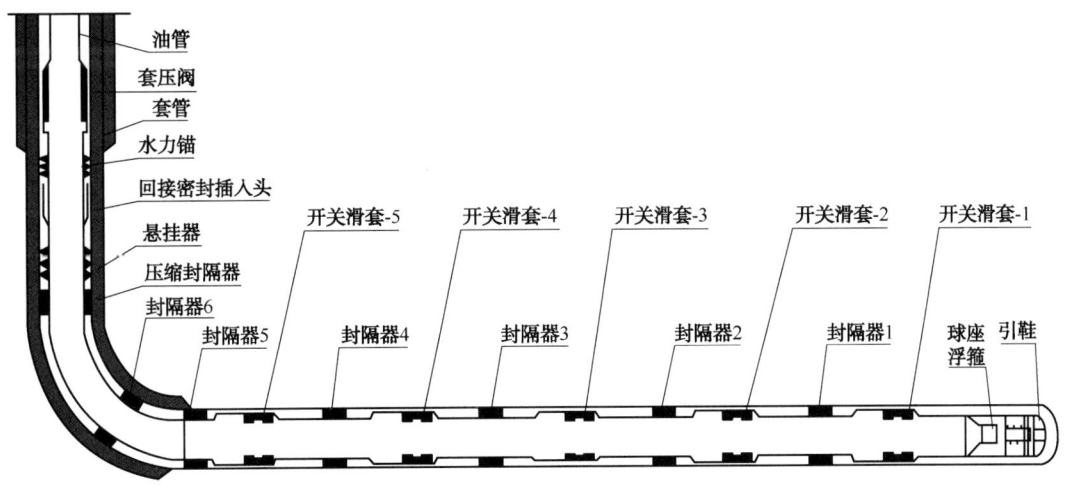

图 6-15　选择性多级及控制开采技术压裂管串示意图

### （一）选择性多级压裂及开采技术施工管柱

根据压裂完成后直接采气的工艺需要，在 6in 井眼条件下，设计了下部为 4in 或 4½in

尾管，上部为3½in采气管，井口接采气装置，上部接连续管装置，压后直接开采图6-16。一次连成在连续管作业中是没有的，上小下大以往无法实现的作业管柱。

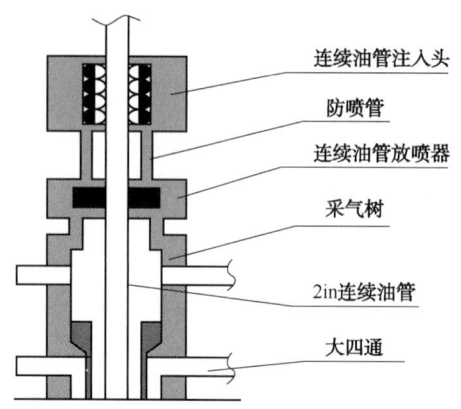

图6-16　选择性多级压裂及控制开采施工管柱结构示意图

## （二）连续管开关管串

根据完井及开采作业需要，开展选择性多级压裂及控制开采连续管开关管柱结构设计，形成合理的管串：引鞋+开关工具+安全接头+加压工具+转换接头+连接器+连续管（图6-17）。

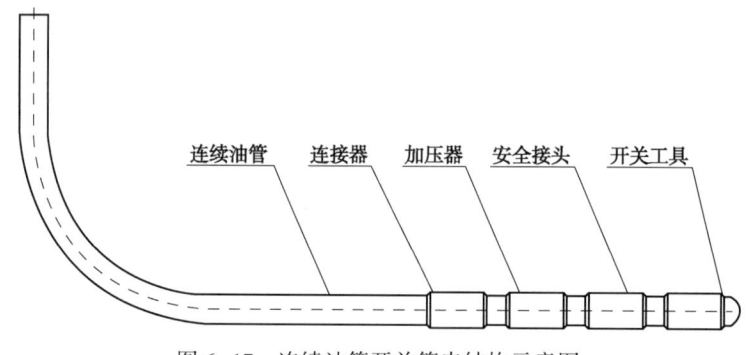

图6-17　连续油管开关管串结构示意图

## 三、配套工具

选择性多级压裂及控制开采技术配套工具主要包括选择性多级压裂及控制开采技术完井管串和选择性多级压裂及控制开采技术压裂管串，选择性多级压裂及控制开采技术完井管串主要包括全通径尾管悬挂器、裸眼水力膨胀封隔器、选择性多级压裂可开关滑套、多功能球座、套压阀以及回接密封插头等配套工具；选择性多级压裂及控制开采技术压裂管串主要包括选择性多级压裂开关工具、连接接头及连续油管等。

选择性多级压裂及控制开采技术可开关滑套的作用是可开关滑套随完井管柱下到需要选择性开采的油气层，而后，根据产层开采的需要与否，再由作业管柱下入开关工具，通过开关工具与可开关滑套配合机构的动作，实现可开关滑套的打开或关闭，从而实现对应产层打开与关闭,即实现该产层的选择性开采或不开采。

根据工艺的需要,创新设计 4 类专用工具,形成了适用于 6in 井眼的系列选择性多级压裂及控制开采技术专有工具,经过了室内性能试验和现场应用,验证了工具可靠性。其关键技术参数如下:

(1)分段:无限级;
(2)工具耐压差:60MPa;
(3)工具长期耐温:120 ℃;
(4)适应条件:各种井(直井、水平井、油井、气井等);
(5)外径小于 146mm、适用于 6in 井眼;
(6)抗拉 80tf、抗压 50t;
(7)可开关滑套地面无故障开关 50 次以上。

## (一)可开关滑套

1. 可开关滑套的功能

根据选择性多级压裂及控制开采技术工艺及后续采油作业的要求,所研制的可开关滑套必须实现和达到以下功能和要求:

(1)可开关滑套整体强度及力学性能必须大于对应完井管柱的强度及力学性能;
(2)可开关滑套打开时的流通面积必须大于对应采油管柱内孔的流通面积;
(3)可开关滑套处于关闭状态时整体密封耐压差大于 60MPa;
(4)可开关滑套内开关套能够长期开关动作灵活;
(5)可开关滑套内与开关工具配合部位要经久耐用。

2. 可开关滑套

(1)结构原理。

选择性可开关滑套主要有上本体、活动套、中本体和下本体等组成。上本体、中本体和下本体通过螺纹依次连接形成选择性多级压裂及控制开采可开关滑套的主体结构,其可以通过上下油套管螺纹与完井油套管组成选择性多级压裂及控制开采管柱。选择性可开关滑套内部设计有活动套,其可以轴向往复移动,实现完井管柱内外环空的联通和关闭,满足产层选择性开采的需要。

(2)技术参数。

4in 选择性多级压裂及控制开采选择性可开关滑套的主要技术参数见表 6-1 所示。

表 6-1 选择性可开关滑套主要技术参数

| 型号 | 最大外径(mm) | 最小内径(mm) | 长度(mm) | 连接扣型 | 耐压差(MPa) | 耐温(℃) |
|---|---|---|---|---|---|---|
| 4in | φ143 | φ88 | 2100 | 4in TBG | 60 | ≥150 |

(3) 强度计算。

根据该选择性可开关滑套的设计结构，可以明显看出，选择性可开关滑套强度最为薄弱的环节就是开流通孔的横截面，而且，由于该选择性可开关滑套所采用的材料与油管本体材料相同。因此，在计算选择性可开关滑套强度时只需验算流通孔处的横截面是否大于4in油管的横截面即可。

(4) 流通当量面积计算。

流通当量面积是指选择性可开关滑套的选择性可开关滑套处于开启状态下时，选择性可开关滑套内外能够建立的流通面积。该计算的主要目的是验算选择性可开关滑套的开孔面积是否大于完井后采油管柱的流通面积，以确保采用选择性多级压裂及控制开采方式完井后，完井工具能够提供足够大的原油流通面积，保证较高的采油效率。

## (二) 开关工具

### 1. 结构原理

本文介绍的打开工具是液压张开式的，其主要有上本体、节流嘴、密封组、活块、活塞轴、复位弹簧和引鞋等组成。节流嘴安放于活塞轴的上端起到对流过循环液节流的作用，使工具内外产生压差，压差作用在活塞轴上端面产生推力，推动活塞下行，从而带动活块径向外张，推动或拉动活动套打开或关闭。

### 2. 技术参数

对应4in可开关滑套其主要技术参数见表6-2。

表6-2 开关工具主要技术参数

| 型号 | 最大外径<br>（mm） | 最小内径<br>（mm） | 长度<br>（mm） | 连接<br>扣型 | 耐压差<br>（MPa） | 耐温<br>（℃） |
|---|---|---|---|---|---|---|
| 4in | φ80 | φ20 | 600 | 2⅜in TBG | 15 | ≥150 |

### 3. 开关工具喷嘴压降计算

本项计算的依据是钻井作业中钻头压降的计算理论和方法，其公式是：

$$p_b = 0.0861 \times \rho \times Q^2 / d^4 \qquad (6-1)$$

式中　$p_b$——钻头压降，MPa；

　　　$\rho$——钻井液密度，g/cm³；

　　　$Q$——泵排量，L/s；

　　　$d$——喷嘴当量直径，cm。

另外，为了计算的方便和实用，在本计算前首先假定该开关工具采用500型压裂车提供流体循环动力，并分别选择其Ⅱ档和Ⅲ档排量，流体密度为$\rho=1.10$g/cm³进行计算。

### 4. 复位弹簧设计计算

本复位弹簧的设计采用《机械设计手册(电子版)》附带的弹簧设计计算软件提供的计算

方法，进行强度等参数设计计算和校核。

5. 活块受力分析

活块的受力分析主要分为两种状态：一是在活塞的推动下，活块伸缩受力分析，即活块燕尾槽锥角对活塞轴向力与活块径向力之间关系的影响；二是活块伸出工作时，在选择性可开关滑套给活块反作用力的情况下，活块与活塞之间力学关系分析。

（1）活块燕尾槽锥角对活塞与活块相互作用力的影响。

本设计为了对比活块在与工具轴向不同夹角的情况下，分别对活塞轴向与活块移动方向夹角为90°和82°的条件下进行了受力分析，具体如下。

当二者夹角为90°时，也即活块垂直与工具的轴线，活塞与活块之间相互作用关系及其受力情况如图6-18所示。

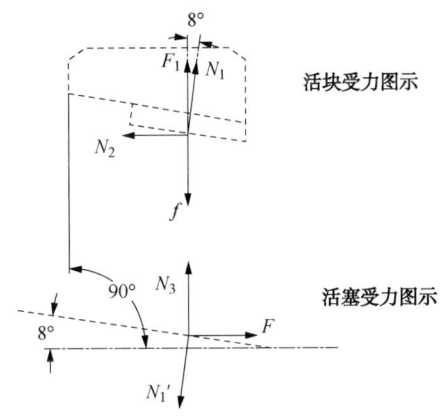

图6-18 夹角为90°时活塞与活块之间相互作用关系

图中 $F$ 代表活塞受到轴向推力；$N'_1$ 代表活块对活塞的反作用力；$N_3$ 代表活塞受到的径向力；$N_1$ 代表活塞对活块的作用力；$N_2$ 代表活块受到来自于本体对其产生的工具轴向压力；$f$ 代表活块移动时受到的摩擦力；$F_1$ 代表在合力的作用下活块径向移动的推力；$\theta$ 代表燕尾槽锥角。

因此，由图6-18分别所示的活塞和活块的受力图示，利用力学关系可得如下力学关系：

对于活塞：

$$N'_1 = F/\sin\theta \qquad (6-2)$$

对于活块：

$$F_1 = N_1 \times \cos\theta - f \qquad (6-3)$$

$$f = \mu \times N_1 \times \sin\theta \qquad (6-4)$$

又根据作用力与反作用力之间的关系，可知：

$$N'_1 = N_1 \qquad (6-5)$$

故由式（6-2）、式（6-3）、式（6-4）和式（6-5）可得，活塞轴向力 $F$ 与活块径向力之间的关系：

$$F_1 = F(\cos\theta - \mu\sin\theta)/\sin\theta \qquad (6-6)$$

设：

$$\eta = (\cos\theta - \mu\sin\theta)/\sin\theta \tag{6-7}$$

并为其定名为活塞轴向力与活块径向力之间关系系数。将设定的活块燕尾槽锥角 $\theta = 8°$，并根据普通钢材的摩擦系数 $\mu = 0.15 \sim 0.2$，取摩擦系数 $\mu = 0.2$，带入式(6-7)可得：$\eta_8 = 6.9$。

同理，活块收回时，活塞轴向力与活块受力也存在同样的关系。而且，以此类推，根据公式(6-7)还可以计算出对于其他活块与活塞轴向夹角的情况下，活塞的轴向推力与活块受到的径向力之间的关系曲线，如图6-19所示。

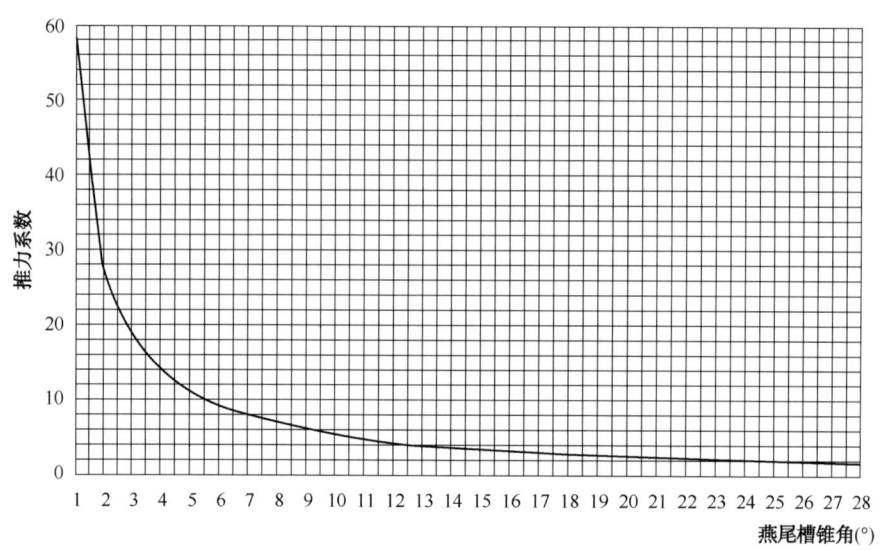

图6-19 夹角为90°时燕尾锥角与活塞对活块推力系数关系曲线

由图6-19中曲线可知，在为活塞施加同样轴向力的情况下，燕尾槽锥角越小，活塞轴向力与活块径向力之间关系系数，对活块产生的径向推力就越大，即活块越容易推出，但随着角度的增大，活塞轴向力与活块径向力之间关系系数显著减小。因此，结合本工具的具体尺寸和要求，燕尾槽锥角设计为8°是合适的，能够满足工作需要。

当二者夹角为82°时，也即活块与其燕尾槽平面垂直，活塞与活块之间相互作用关系及其受力情况如图6-20所示，其中 $F$ 代表活塞受到轴向推力；$N'_1$ 代表活块对活塞的反作用力；$N_3$ 代表活塞受到的径向力；$N_1$ 代表活塞对活块的作用力；$N_2$ 代表活块受到来自于本体对其产生的工具轴向压力；$f$ 代表活块移动时受到的摩擦力；$F_1$ 代表在合力的作用下活块径向移动的推力。

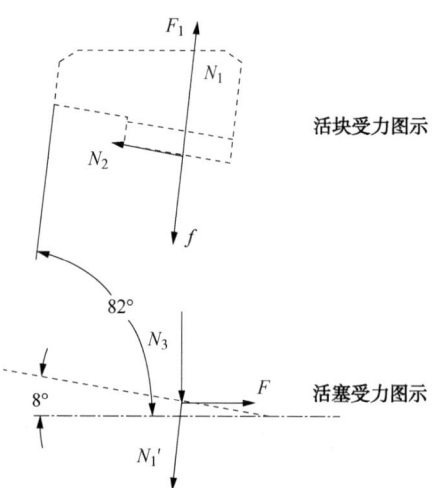

图6-20 夹角为82°时活塞与活块之间相互作用关系

由受力图示 6-20 显然可得：

$$F_1 = F/\sin\theta \tag{6-8}$$

则在条件下，活塞轴向力与活块径向力之间关系系数：

$$\eta = 1/\sin\theta \tag{6-9}$$

将设定的活块燕尾槽锥角 $\theta=8°$，带入式(6-9)可得：

$$\eta_8 = 7.19$$

同理，活块收回时，活塞轴向力与活块受力也存在同样的关系。而且，以此类推，根据公式(6-9)还可以计算出对于其他活块与活塞轴向夹角的情况下，活塞的轴向推力与活块受到的径向力之间的关系曲线，如图 6-21 所示。

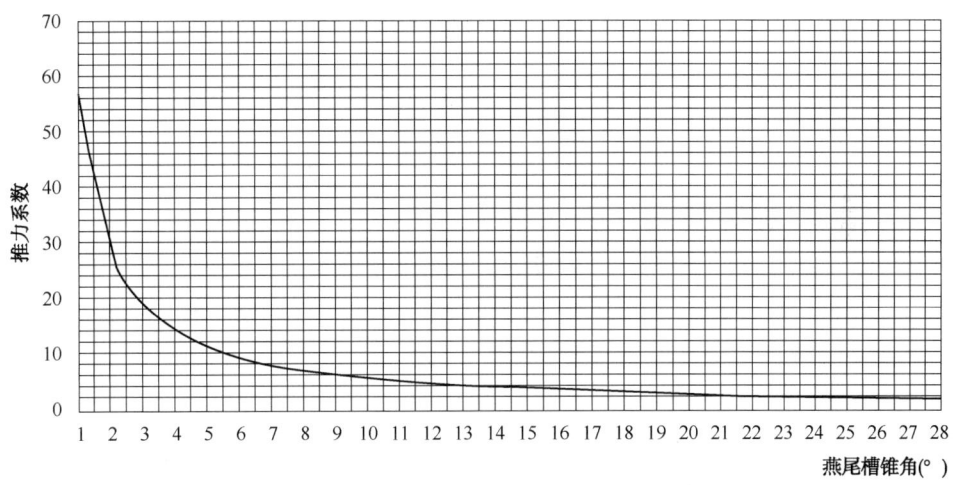

图 6-21　夹角为 82°时燕尾槽锥角与活塞对活块推力系数关系曲线

因此，由以上的计算和图 6-19 与图 6-21 的曲线对比可知，活块移动方向与活塞轴向的夹角对活塞与活块之间力的相互作用影响不大，但是，由此，我们也可以得出，当活块的移动方向与燕尾槽平面垂直时，活块移动更容易，因此，该工具的设计中采用活块的移动方向与燕尾槽平面垂直的设计。

（2）不同设计条件下活块工作时受力分析

活块工作时受力分析，是指活块伸出其推动选择性可开关滑套时，活块的受力状态，此计算也分别对活塞轴向与活块移动方向夹角为 90°和 82°的条件下进行了受力分析，具体如下。

① 当夹角为 90°时活塞与活块之间相关作用力分析。

本设计的活块具有打开和关闭选择性可开关滑套两种功能，需要分别对两种工作状态下的活块与活塞的受力进行分析。

a. 打开选择性可开关滑套时受力分析。

活塞轴向与活块移动方向夹角为 90°时，活块打开选择性可开关滑套时其受力如图 6-22 所示。图中 $N_1$ 代表选择性可开关滑套给于活块的反作用力，其余字母意义同上。

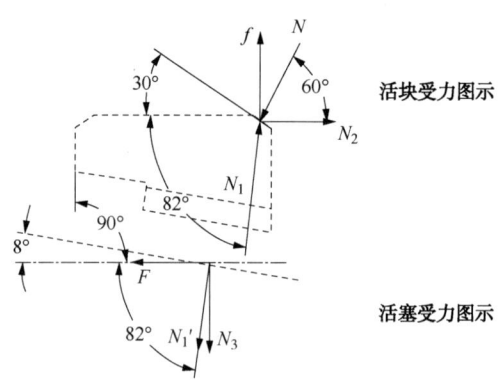

图 6-22 夹角为 90°打开滑套时活塞与活块之间相互作用关系

由图 6-22 对活块的受力分析,可得:

$$N_2 = N\cos 60° - N_1\cos 82° \tag{6-10}$$

$$f = \mu N_2 = \mu(\cos 60° - N_1\cos 82°) \tag{6-11}$$

活块在其垂直方向受力平衡可得:

$$N\sin 60° = f + N_1\sin 82° \tag{6-12}$$

故,由式(6-10)、式(6-11)和式(6-12)可得活块受到选择性可开关滑套的反作用力 $N$ 与活块受到的来自活塞的作用力 $N_1$ 之间关系为:

$$N_1 = N(\sin 60° - \mu\cos 60°)/(\sin 82° - \mu\cos 60°)$$
$$= 0.8N \tag{6-13}$$

对活塞受力进行分析可得:

$$F = N'_1\sin 8° \tag{6-14}$$

又由作用力和反作用力之间的关系可得:

$$N_1 = N'_1 \tag{6-15}$$

因此,由式(6-13)、式(6-14)和式(6-15)并计算可得,活块受到选择性可开关滑套的反作用力与活塞轴向力之间存在如下关系:

$$F = 0.11N \tag{6-16}$$

即当活块受到选择性可开关滑套反作用力时,该力将对开关工具的活塞产生 0.11 倍选择性可开关滑套反作用力的轴向力。

b. 关闭选择性可开关滑套时受力分析。

活塞轴向与活块移动方向夹角为 90°时,活块关闭选择性可开关滑套时其受力如图 6-23 所示,图中字母意义同上。

由图 6-23 对活块和活塞的受力分析显然可知,对于活块移动方向与活塞芯轴垂直,即夹角为 90°时,活块在打开和关闭选择性可开关滑套时受力状态完全相同,其都将对开关工具的活塞产生 0.11 倍选择性可开关滑套反作用力的轴向力。

② 夹角为 82°时活塞与活块之间相关作用力分析。

a. 打开选择性可开关滑套时受力分析。

活塞轴向与活块移动方向夹角为82°时，活块打开选择性可开关滑套时其受力如图6-24所示，图中字母意义同上。

由图6-24对活块的受力分析，可得：

$$N_2 = N\cos 68° \tag{6-17}$$

$$f = \mu N_2 = \mu N\cos 68° \tag{6-18}$$

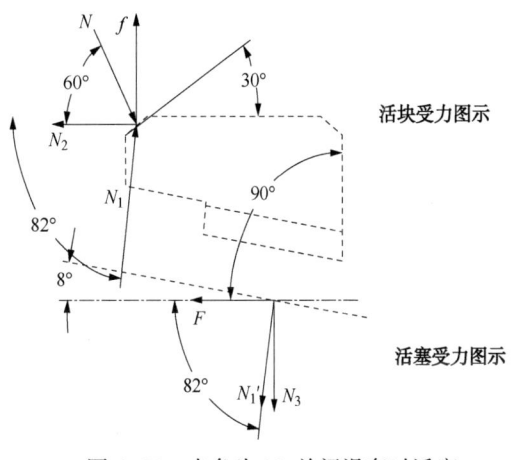

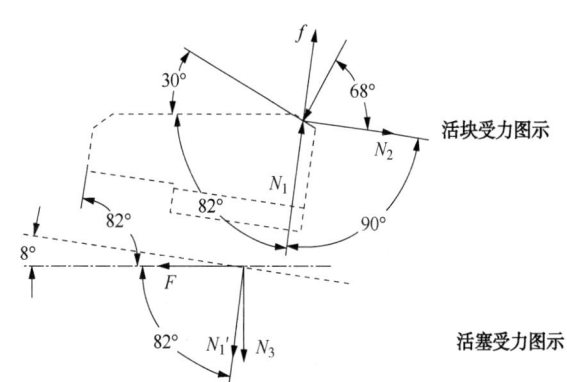

图6-23 夹角为90°关闭滑套时活塞
与活块之间相互作用关系

图6-24 夹角为82°打开滑套时活塞
与活块之间相互作用关系

活块在其垂直方向受力平衡可得：

$$N\sin 68° = f + N_1 \tag{6-19}$$

故，可得活块受到选择性可开关滑套的反作用力 $N$ 与活块受到的来自活塞的作用力 $N_1$ 之间关系为：

$$N_1 = N\sin 68° - \mu N\cos 68°$$
$$= 0.85N \tag{6-20}$$

对活塞受力进行分析可得：

$$F = N'\sin 8° \tag{6-21}$$

又由作用力和反作用力之间的关系可得：

$$N = N' \tag{6-22}$$

因此，由式(6-20)、式(6-21)和式(6-22)并计算可得，活块受到选择性可开关滑套的反作用力与活塞轴向力之间存在如下关系：

$$F = 0.12N \tag{6-23}$$

即当活块受到选择性可开关滑套反作用力时，该力将对开关工具的活塞产生0.12倍选择性可开关滑套反作用力的轴向力。

b. 关闭选择性可开关滑套时受力分析。

活塞轴向与活块移动方向夹角为82°时，活块关闭选择性可开关滑套时其受力如图6-

25 所示，图中字母意义同上。

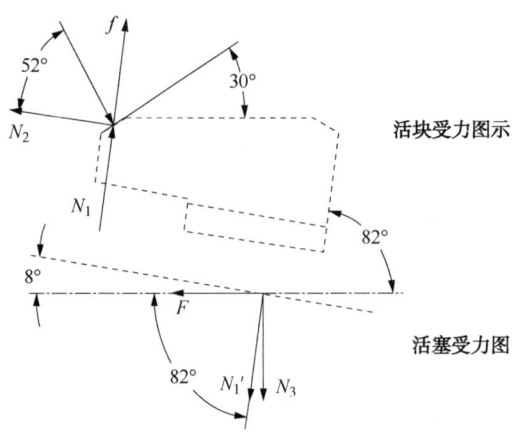

图 6-25　夹角为 82°关闭滑套时活塞与活块之间相互作用关系

由图 6-25 对活块的受力分析，可得：

$$N_2 = N\cos52° \tag{6-24}$$

$$f = \mu N_2 = \mu N\cos52° \tag{6-25}$$

活块在其垂直方向受力平衡可得：

$$N\sin52° = f + N \tag{6-26}$$

故，由式(6-24)、式(6-25)和式(6-26)可得活块受到选择性可开关滑套的反作用力 $N$ 与活块受到的来自活塞的作用力 $N_1$ 之间关系为：

$$N_1 = N\sin52° - \mu N\cos52°$$
$$= 0.67N \tag{6-27}$$

对活塞受力进行分析可得：

$$F = N'_1 \sin8° \tag{6-28}$$

又由作用力和反作用力之间的关系可得：

$$N_1 = N'_1 \tag{6-29}$$

因此，由式(6-27)、式(6-28)和式(6-29)并计算可得，活块受到选择性可开关滑套的反作用力与活塞轴向力之间存在如下关系：

$$F = 0.09N \tag{6-30}$$

即当活块受到选择性可开关滑套反作用力时，该力将对开关工具的活塞产生 0.09 倍选择性可开关滑套反作用力的轴向力。

因此，由以上的分析和计算可以得出，活块的移动方向与活塞的轴向夹角在小范围内变化时，其无论是对活块与活塞之间力的传递，还是对活块工作时的受力影响都不大，但是，显然当活块的移动方向与活塞的轴向夹角为 82°，即活塞移动方向垂直于燕尾槽斜面时，活塞受力的传递更为顺畅，动作会更灵活，因此，本设计采用该种设计方案。

## (三)连续油管加压工具

研制的连续油管加压工具(图6-26)应用了脉冲原理结构,满足整体管柱外径小、内径大、推力大的特点。

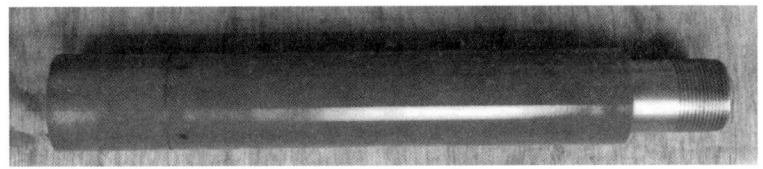

图6-26 连续油管加压工具

## (四)连续油管安全接头

研制的连续油管安全接头(图6-27)根据整体管柱的要求设计的外径小、内径大,且安全可靠。

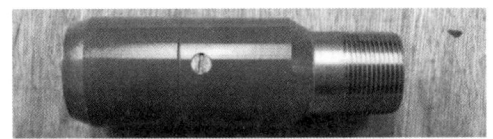

图6-27 连续油管安全接头

## (五)悬挂器

悬挂器为耐高压、坐挂、丢手可靠、回接密封性好、安全性高的压裂悬挂器。尾管悬挂器关键技术参数见表6-3。选择性多级压裂悬挂器见图6-28。

表6-3 尾管悬挂器关键技术参数表

| 序号 | 检验项目 | 要求 | 序号 | 检验项目 | 要求 |
|---|---|---|---|---|---|
| 1 | 总 长(mm) | 5430±50 | 7 | 本体钢级 | P110 |
| 2 | 最大外径(mm) | 148±1 | 8 | 坐封压力(MPa) | 10~11 |
| 3 | 最小内径(mm) | 85 | 9 | 悬挂能力(t) | 50 |
| 4 | 上连接螺纹 | 3½inIF | 10 | 上层套管壁厚(mm) | 9.19,10.36 |
| 5 | 连接螺纹 | 4½inLTC | 11 | 扶正外径(mm) | 151 |
| 6 | 密封试验压力(MPa) | ≥60 | | | |

图6-28 选择性多级压裂悬挂器

### (六)压裂封隔器

为了使选择性多级压裂完井管串顺利下入,水力膨胀裸眼封隔器胀封后,保证封隔器能成功的封隔产层,故在悬挂器与第一个水力膨胀封隔器之间套管内添加一个压缩式封隔器。

**1. 功能及结构原理**

(1)功能。

根据选择性多级压裂及控制开采技术工艺及后续采油作业的要求,所研制的压缩式封隔器必须实现和达到以下功能和要求:

① 压缩式封隔器整体强度及力学性能必须大于对应完井管柱的强度及力学性能;
② 压缩式封隔器坐封后能够封堵套管与裸眼段,并且能够承受环空压差60MPa;
③ 压缩式封隔器整体密封耐压差大于60MPa;
④ 压缩式封隔器一旦坐封,不会出现封堵不严、密封性逐渐变差的现象。

(2)结构原理。

本项目研制的压缩式封隔器主要有芯轴、液缸、本体、胶筒等组成,其结构如图6-29所示。该压缩式封隔器除了采用常用三胶筒结构,通过液压作用推动液缸下行,压缩胶筒,胶筒变形胀封套管与其之间的环形空间,起到封堵上下层的作用。该压缩式封隔器还设计了防松机构,一旦封隔器坐封后,该机构防止液缸回退,导致封堵失效。

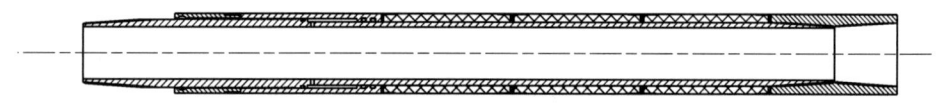

图6-29 压缩式封隔器结构示意图

**2. 技术参数**

本项目完成了7in套管内完井用的压缩式封隔器的研制,其主要技术参数见表6-4所示。

表6-4 封隔器主要技术参数

| 最大外径<br>(mm) | 最小内径<br>(mm) | 长度<br>(mm) | 连接<br>螺纹 | 耐压差<br>(MPa) | 耐温<br>(℃) |
|---|---|---|---|---|---|
| φ145 | φ88 | 1200 | 4in TBG | 60 | ≥150 |

**3. 理论设计计算**

(1)封隔器上下压帽强度设计。

压帽钢体的抗内压强度计算:

$$\frac{2pb^2}{b^2-a^2} = \sigma \tag{6-31}$$

式中 $p$——胶筒承受的内压,MPa;
  $b$——钢体最大外半径,mm;
  $a$——钢体最小内半径,mm;
  $\sigma$——钢体的抗内压强度,MPa。

一般情况下,安全系数取 1.5,因此封隔器上、下压帽具有足够安全强度要求。

(2)中心管强度设计。

压裂施工时,中心管承受最大拉应力,如图 6-30 所示,其许用拉力为:

$$[F] = (\pi/4)(D^2 - d^2)\sigma_s \qquad (6-32)$$

式中 $[F]$——许用拉压力,N;
  $D$,$d$——中心管外、内径,mm;
  $\sigma_s$——材质屈服强度。

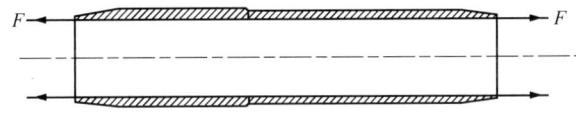

图 6-30 中心管受力示意图

封隔器中心管可能承受的最大拉力为:

$$F_1 = (\pi/4)D_{套}^2 P \qquad (6-33)$$

式中 $F_1$——最大拉力,N;
  $D_{套}$——套管内径,mm。

$F_1$ 远小于 $[F]$,中心管设计具有足够强度。

(3)胶筒与套管间的接触应力计算。

对于各项参数已经确定的胶筒,其能承受压差的多少取决于接触应力 $p_{rw}$。工作胶筒一般处于稳定变形阶段,其接触应力 $p_{rw}$ 由两部分组成:

$$p_{rw} = p_r + p_{rl} \qquad (6-34)$$

式中 $p_r$——胶筒受机械轴向力坐封产生的接触应力,kPa;
  $p_{rl}$——胶筒受液压压差作用产生的接触应力,kPa。

$$p_r = \frac{\mu}{\pi(1-\mu)(R_3^2 - R_1^2)} \times \left[T - \frac{2\pi ER(R_3 - R_2)}{1+\mu}\right] \qquad (6-35)$$

$$p_{rl} = \frac{\mu}{1-\mu} p_2 \qquad (6-36)$$

式中 $\mu$——胶筒的泊松比;
  $T$——胶筒坐封时承受的轴向力,N;
  $E$——胶筒的弹性模量,kPa;
  $p_z$——胶筒承受压差时高压端压力,kPa。

将式(6-35)、(6-36)代入(6-34)可得:

$$p_{rw} = \frac{\mu}{1-\mu} \times \left[ p_z + \frac{T}{\pi(R_3^2 - R_1^2)} - \frac{2ER_3(R_3 - R_2)}{(1+\mu)(R_3^2 - R_1^2)} \right] \quad (6-37)$$

式(6-37)中 $\pi$、$R_1$、$R_2$、$R_3$ 对于参数确定的胶筒来说是常量，而 $\mu = \frac{1}{\varepsilon}\left(1 - \sqrt{\frac{1}{1+\varepsilon}}\right)$，在胶筒整个受力变形过程中，随胶筒的线应变 $\varepsilon$ 而变化，当胶筒的压缩距一定，$\mu$ 也就确定了，其变化范围为 0.40~0.49，则式(6-37)可简化为：

$$p_{rw} = Ap_z + BT - CE \quad (6-38)$$

其中，
$$A = \frac{\mu}{1-\mu}$$

$$B = \frac{\mu}{\pi(R_3^2 - R_1^2)(1-\mu)}$$

$$C = \frac{2\mu R_3(R_3 - R_2)}{(1-\mu^2)(R_3^2 - R_1^2)}$$

① $Ap_z$ 为由工作压差产生的应力。要使胶筒不泄漏，则要求 $p_{rw} > p_z$。也就是说，如果胶筒工作压差越大，则需要 $BT-CE$ 补偿的应力越大，那么就需要更大的坐封力 $T$，这不仅会使胶筒的肩突更严重，还会降低其使用寿命，甚至损坏。

② $BT-CE$ 为轴向坐封力产生的应力。此应力随坐封力增加而增加，并随橡胶的弹性模量增加而减小，这是因为橡胶越硬，需克服其本身的弹性而消耗的功越多。式(103)是在忽略胶筒与套管间摩擦力的情况下推导出来的，$p_{rw}$ 在整个胶筒工作长度 $H_0$ 范围内无变化。实际上，胶筒与套管间的摩擦力是存在的。可知胶筒从哪端压缩，哪端接触应力就大，其耐压差能力就强。

③ 增大坐封力 $T$，可以提高接触应力，但 $T$ 的增大是受限制的。这是因为胶筒座与套管间有一定间隙，若轴向力太大，则胶筒肩突太多，超过其抗撕裂强度时胶筒易损坏而失效。

4. 有限元分析计算

(1) 封隔器有限元模型的建立。

封隔器是油田分层工艺必不可少的井下工具，其关键元件是具有弹性和密封能力的胶筒，它已被广泛地应用于完井、注水、压裂、酸化、防砂、机械采油、气举等采油工艺技术中。压缩式胶筒是在轴向载荷作用下，产生轴向压缩和径向膨胀来填满油管和套管之间的环形空间，胶筒与套管壁之间产生接触压力从而起到隔绝井液和压力、封隔产层以及防止层间流体和压力互相干扰等作用。胶筒作为密封元件其力学特性是很重要的，胶筒与套管接触所产生的接触压力，是胶筒承受工作压差的必要条件，因此研究坐封力、工作压差和接触应力之间的关系对从理论上认清胶筒的密封机理和胶筒密封的可靠性具有非常重要的意义。

胶筒所用材料为橡胶，橡胶最显著的特性就是它的超弹性，即在很小的力的作用下就能产生很大的变形，正是这一性质使得橡胶材料被制成密封元件并在工程中得到广泛应用。

由于封隔器胶筒密封系统是轴对称图形,故在这里可取封隔器密封系统的轴截面来建模,如图6-31所示。该模型主要由坐封本体、支撑环、胶筒和套管等组成,忽略了与力学分析无关的零部件,模型中零部件的几何形状、尺寸和材料都与实际相同。

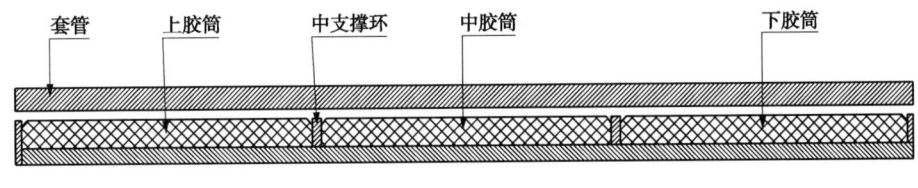

图6-31 密封胶筒有限元分析简化模型

（2）封隔器胶筒力学性能参数的确定。

① 超弹材料应变能函数：材料响应总是假设各向同性和等温性。由于这一假设,应变能函数按应变不变量来表示。除非明确指出,超弹性材料都假设为几乎和完全不可压缩材料。材料热膨胀也假设为各向同性的。在模拟不可压缩或者几乎不可压缩超弹性材料时,采用以下几种模型来模拟不可压缩或者几乎不可压缩超弹性材料的应变能函数。

Neo-Hookean 模型（代表应变势能的最简单形式,应用于应变范围20%~30%）：

$$W = \frac{\mu}{2}(I_1 - 3) + \frac{1}{d}(J - 1)^2 \qquad (6-39)$$

式中 $\mu$——初始剪切模量；

$d$——材料不可压缩参数。

初始体积弹性模量与材料不可压缩性的关系：$K = \dfrac{2}{d}$

其中,$K$为初始体积弹性模量,即引起体积整体变化所必需的流体净压变化。

② Mooney-Rivlin 模型：适用于应变大约为100%（拉）和30%（压）的情况,与其他选项相比,交高阶的 Mooney-Rivlin 选项,对于较大应变的求解,可得到较好的近似。这个选项包括2、3、5或9个参数的 Mooney-Rivlin 模型。

2参数模型：

$$W = C_{10}(I_1 - 3) + C_{01}(I_2 - 3) + \frac{1}{d}(J - 1)^2 \qquad (6-40)$$

其中,$C_{10}$,$C_{01}$,$d$为材料常数。

3参数模型：

$$W = C_{10}(I_1 - 3) + C_{01}(I_2 - 3) + C_{11}(I_1 - 3)(I_2 - 3) + \frac{1}{d}(J - 1)^2 \qquad (6-41)$$

其中,$C_{10}$,$C_{01}$,$C_{11}$,$d$为材料常数。

5参数模型：

$$W = C_{10}(I_1 - 3) + C_{01}(I_2 - 3) + C_{20}(I_1 - 3)^2 + C_{11}(I_1 - 3)(I_2 - 3)$$

$$+ C_{02}(I_1 - 3)^2 \frac{1}{d}(J - 1)2 \qquad (6-42)$$

其中，$C_{10}$，$C_{01}$，$C_{11}$，$C_{20}$，$C_{02}$，$d$ 为材料常数。

9 参数模型：

$$W = C_{10}(I_1 - 3) + C_{01}(I_2 - 3) + C_{20}(I_1 - 3)^2 + C_{11}(I_1 - 3)(I_2 - 3)$$
$$+ C_{02}(I_1 - 3)^2 + C_{30}(I_1 - 3)^2 + C_{21}(I_1 - 3)^2(I_2 - 3)$$
$$+ C_{12}(I_1 - 3)(I_2 - 3) + C_{03}(I_1 - 3)^2 + \frac{1}{d}(J - 1)^2 \qquad (6-43)$$

式中 $C_{10}$，$C_{01}$，$C_{11}$，$C_{20}$，$C_{02}$，$C_{21}$，$C_{12}$，$C_{30}$，$C_{03}$，$d$ 为材料常数。

剪切模量通过下式给出：$\mu = 2(C_{10} + C_{01})$

Polynomial Form 模型：

$$W = \sum_{i+j=1}^{N} C_{ij}(I_1 - 3)^i(I_2 - 3)^j + \sum_{K=1}^{N} \frac{1}{d_K}(J - 1)^{2K} \qquad (6-44)$$

其中，$N$ 为材料常数，$C_{ij}$ 为 Rivlin 因数，$d_K$ 为材料常数。

一般而言，在计算过程中没有对 $N$ 的限制，大的 $N$ 值能更好地拟合精确的结果，然而，另一方面给拟合材料常数造成数值困难，并且需要足够的数据来覆盖变形范围。因此不推荐使用很大的 $N$ 值。与高阶 Mooney-Rivlin 选项相比，本选项对高应变水平可提供较好的近似。

设置 $N=1$ 和 $C_{01}=0$ 时，这一选项等价于 Neo-Hookean 选项，对于 $N=1$ 时本选项等价于 2 常数的 Mooney-Rivlin 选项，$N=2$ 时等价于 5 个参数 Mooney-Rivlin 选项，$N=3$ 等价于 9 常数的 Mooney-Rivlin 选项。体积弹性模量 $K = \frac{1}{d_1}$。

Ogden Potential 模型：Ogden 模型是以左柯西应变张量的主拉伸比为基础的函数。形式如下：

$$W = \sum_{i+j=1}^{N} \frac{\mu_i}{\alpha_i}(\lambda_1^{\alpha_i} + \lambda_2^{\alpha_i} + \lambda_3^{\alpha_i} - 3) + \sum_{K=1}^{N} \frac{1}{d_K}(J - 1)^{2K} \qquad (6-45)$$

其中，$N$ 为材料常数，$\mu_i$，$\alpha_i$，$d_K$ 材料常数。

和多项式形成相似，没有对 $N$ 的限制，大的 $N$ 值能更好地拟合精确的结果，然而，另一方面给拟合材料常数造成数值困难，并且需要足够的数据来覆盖变形范围。因此通常不推荐 $N>3$。与其他选项相比，Ogden 选项通常对大应变水平的求解提供最好的近似。可应用的应变水平可达到 700%。初始剪切模量定义为 $\mu = \frac{1}{2}\sum_{i=1}^{N}\alpha_i\mu_i$，体积弹性模量定义为 $K = \frac{1}{d_1}$。当 $N=1$ 和 $a_1=2$ 时，Ogden 模型相当于 Neo-Hookean 模型。当 $N=2$ 和 $a_1=2$，$a_2=-2$ 时，Ogden 模型可修改成 2 参数的 Mooney-Rlivlin 模型。

Arruda-Boyce 模型：这个选项可用于直到 300% 的应变水平。

$$W = \mu \begin{pmatrix} \dfrac{1}{2}(I_1 - 3) + \dfrac{1}{20\lambda_L^2}(I_1^2 - 9) + \dfrac{11}{1010\lambda_L^4}(I_1^3 - 27) \\ + \dfrac{19}{7000\lambda_L^6}(I_1^4 - 81) + \dfrac{519}{673750\lambda_L^8}(I_1^5 - 234) \end{pmatrix} + \dfrac{1}{d}\left(\dfrac{J^2 - 1}{2} - \ln J\right)$$

(6-46)

式中 $\lambda_L$ 为网格拉伸极限，当 $\lambda_L$ 无限大时，这个模型可以修改成 Neo-Hookean 模型。

Gent 模型：可用于应变率高达 300%。

$$W = \dfrac{\mu J_m}{2}\ln\left(1 - \dfrac{I_1 - 3}{J_m}\right)^{-1} + \dfrac{1}{d}\left(\dfrac{J^2 - 1}{2} - \ln J\right)$$

(6-47)

式中 $J_m$ 为 $I_1-3$ 的极限值。当 $J_m$ 无限大时，这个模型可以修改成 Neo-Hookean 模型。

Yeoh 模型：Yeoh 模型是缩短的多项式超弹性模型。

$$W = \sum_{i=1}^{N} C_{i0}(I_1 - 3)^i + \sum_{K=1}^{N}\dfrac{1}{d_k}(J - 1)^{2K}$$

(6-48)

当 $N=1$ 时本选项等价于 Neo-Hookean 选项。剪切模量 $\mu = 2C_{10}$，体积弹性模量定义为 $K = \dfrac{1}{d_1}$。

在本文中采用普遍使用的 Mooney-Rivlin 2 参数模型。

(3) 材料常数的确定。

材料常数一般可以通过两种方法得到：一是通过充分的实验，提出材料属性的大致模型，然后从理论上做数学模拟和物理解释，形成一般的数学表达式，在将该表达式放到实际中去验证和修改，就可得到材料常数；二是根据橡胶硬度和材料常数的关系确定。对于不可压缩橡胶材料 Mooney-Rivlin 模型，在没有实验数据的情况下，可以通过文献的方法得到近似的力学性能常数。

弹性模量 $E$ 和剪切模量 $G$ 的关系如下：

$$G = \dfrac{E}{2(1 + \mu)}$$

(6-49)

对于不可压缩材料泊松比 $\mu = 0.5$，从而得到 $E = 3G$。$E$ 和材料常数的关系为：

$$E = 6(C_{10} + C_{01})$$

(6-50)

橡胶硬度 $H_r$（IRHD 硬度）与弹性模量的关系如下：

$$\log E = 0.0198 H_r - 0.5432$$

(6-51)

取 $C_{01}/C_{10} = 0.5$，根据公式(6-50)和公式(6-51)，计算不同硬度的弹性模量和材料常数见表 6-5。模型的几何及力学参数见表 6-6，胶筒橡胶采用 Mooney-Rivlin 模型，通过测定胶筒的硬度分别为 95、82、90，取 $C_{10}$ 为 1.92556，$C_{01}$ 为 0.96278。边界条件是中心管和套管上下端 Y 方向固定，由于套管外有水泥胶结，所以在套管外侧的 X 方向固定，同时下支撑环固定，在上支撑环加载向下的载荷，范围在 10~80kN，在此条件下对胶筒进行计算。

(4) 封隔器胶筒有限元结果分析。

为了研究管柱在施工作业过程中弯曲变形规律，首先就必须分析封隔器胶筒与套管接触所产生的接触压力。而胶筒所用材料为橡胶，橡胶最显著的特性就是它的弹性，即在很小的力的作用下就能产生很大的变形，使得橡胶材料的力学性能同时包含了几何和材料双重非线性,给橡胶材料构件的理论分析和计算带来了很大的困难。为了便于分析和求解,在建立封隔器胶筒有限元分析模型的基础上,利用大型有限元分析软件 ANSYS 11.0 进行分析,分析结果如图 6-32 所示。

表 6-5 材料常数和硬度的关系

| 序号 | 硬度（IRHD） | 弹性模量（MPa） | 材料常数 $C_{10}$ | 材料常数 $C_{01}$ |
|---|---|---|---|---|
| 1 | 60 | 4.41 | 0.49000 | 0.24500 |
| 2 | 64 | 5.30 | 0.58889 | 0.29444 |
| 3 | 70 | 6.69 | 0.77333 | 0.38667 |
| 4 | 76 | 9.14 | 1.01555 | 0.50778 |
| 5 | 82 | 12.03 | 1.33667 | 0.66833 |
| 6 | 90 | 17.33 | 1.92556 | 0.96278 |
| 7 | 95 | 21.77 | 2.41889 | 1.20944 |

表 6-6 几何和力学参数

| 名称 | 几何参数 内径 $d_i$(mm) | 几何参数 最大外径 $d_o$(mm) | 几何参数 高度 $h$(mm) | 力学参数 弹性模量 $E$(MPa) | 力学参数 泊松比 $\mu$ |
|---|---|---|---|---|---|
| 中心管 | 98 | 115 | — | 206000 | 0.25 |
| 套管 | 159.4 | 177.8 | — | 206000 | 0.25 |
| 支撑环 | 115 | 148 | 4 | 206000 | 0.25 |
| 胶筒 | 115 | 148 | 200 | 9.14 | 0.49 |

图 6-32 表示轴向载荷为 10~40kN 时的胶筒变形图以及接触应力云图,从图中可以看出,随着轴向载荷增大,轴向压缩量也增大,开始时压缩量增大较明显,当轴向载荷大于 50kN 时压缩量变化较缓慢,胶筒变形趋于稳定;同时也可以发现随着坐封力的增大,胶筒与套管的接触长度和接触压力逐渐增加,胶筒外表面柱面部分径向变形受限制,胶筒内表面变形如外表面一样向外鼓,当载荷增加时胶筒被压扁并在最后被压实。而且从图中还可以看出从上到下,胶筒接触应力依次减弱,这是由于摩擦力的作用,使得下面的胶筒轴向载荷低于上面胶筒的轴向载荷,从而导致上胶筒比下胶筒与套管的接触应力要大。

图 6-33~图 6-35 是 3 个胶筒在不同载荷作用下与套管之间的接触应力分布曲线。从图中可以看出,胶筒接触应力沿胶筒接触长度分布不均匀,当坐封力较小时,胶筒中部接触应力较大,分布也较均匀;当轴向载荷较高时,接触应力分布曲线呈现两个峰值,这是由于初始胶筒内外表面都向外膨胀,在继续压缩变形的过程中,向外膨胀的内表面反而挤向中心管的缘故;当轴向载荷继续增加时,接触应力分布曲线仍然呈现两个峰值,但是靠近加载端的胶筒上的接触应力迅速增加,这种现象的产生是与胶筒受力变形状况相联系的,当轴向坐封力较小时,套管对胶筒的摩擦力小,接触应力分布趋于对称,当载荷较高时,胶筒受摩擦力的影响,靠加载端接触应力增高。

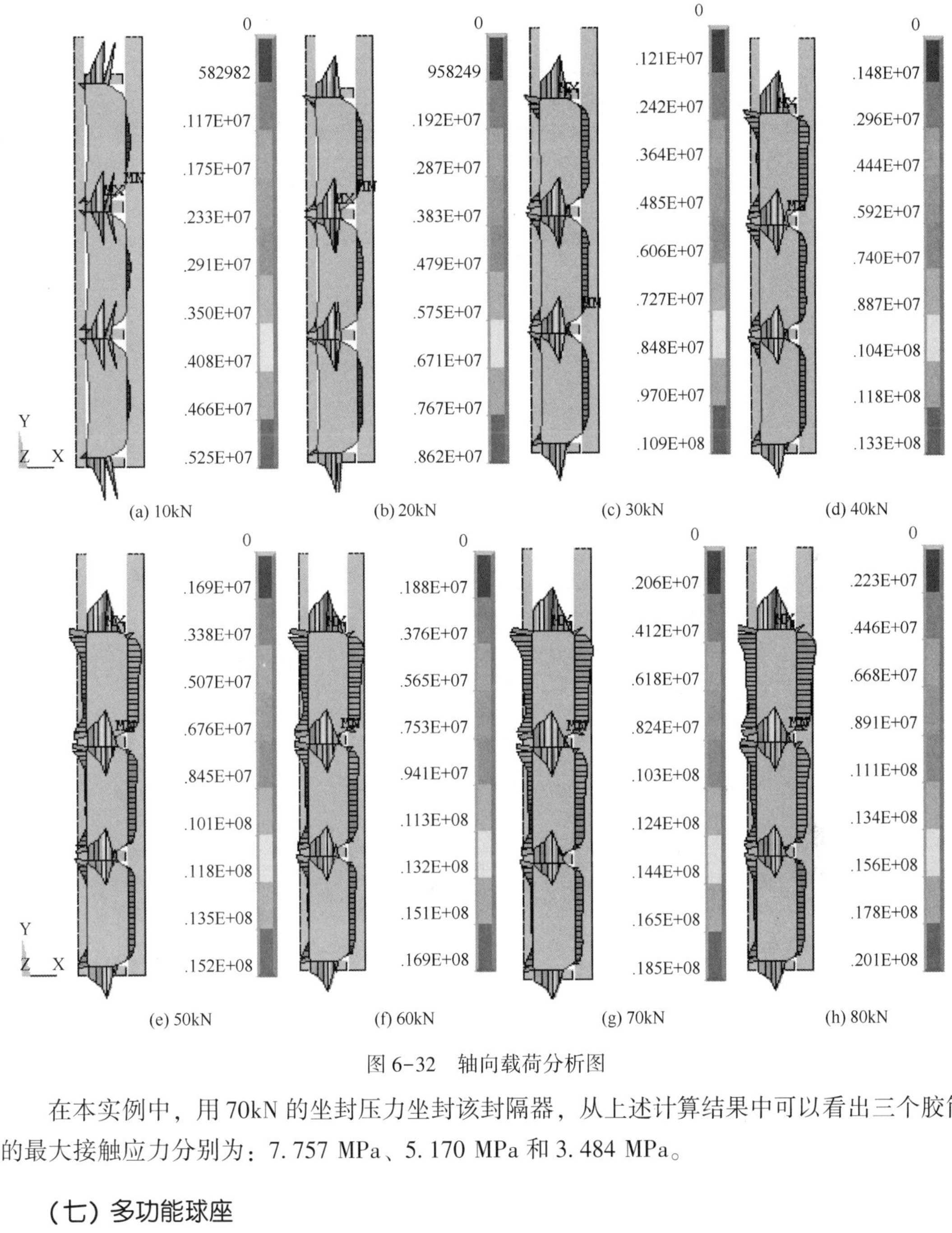

图 6-32 轴向载荷分析图

在本实例中，用 70kN 的坐封压力坐封该封隔器，从上述计算结果中可以看出三个胶筒的最大接触应力分别为：7.757 MPa、5.170 MPa 和 3.484 MPa。

## （七）多功能球座

研制的多功能球座（图 6-36）的主要功能是：一是起到防倒流的回压作用；二是起到球座的作用；三是起到永久关闭的作用。其结构主要有本体、坐封球、密封、活动体、和尚杆头和下堵头等组成。当活动体在初始位置时起到防倒流的回压作用，当坐封球坐放于活动体上，管内加压，活动密封机构下行，实现管柱和井眼的永久封隔。

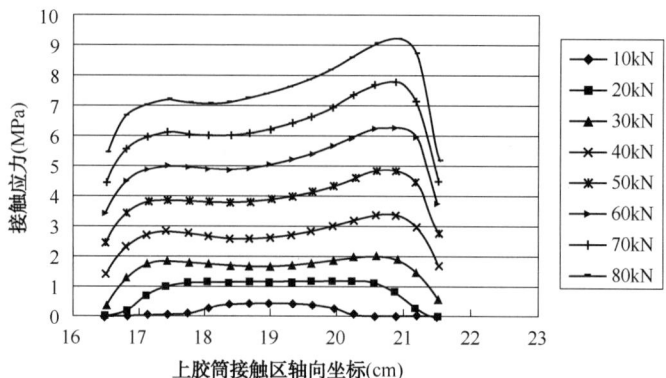

图 6-33　坐封过程中上胶筒的接触应力分布

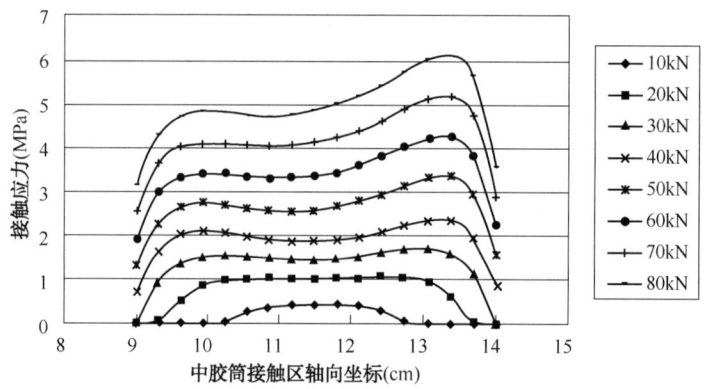

图 6-34　坐封过程中中胶筒的接触应力分布

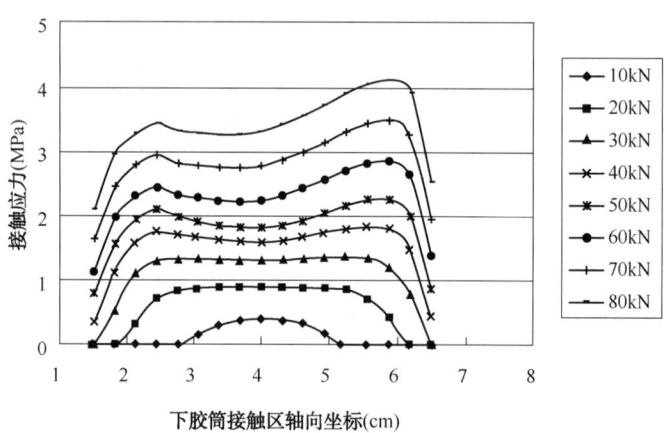

图 6-35　坐封过程中下胶筒的接触应力分布

图 6-36　多功能球座

## (八) 套压阀

研制的套压阀(图6-37)采用了结构简单、外压差打开的耐高压、开启压力准、可靠的套压阀。

图 6-37 套压阀

## (九) 水力锚深化

对水力锚(图6-38)内部机构进行了改进,实现锚得牢、易收回、耐高压。

图 6-38 水力锚

# 第三节 现场应用

在试验井中进行了系统性模拟实验的基础上,在苏里格气田成功开展了现场应用。苏76-4-1井有两个气层,底部有煤层。为了确切掌握每个气层的产能参数,并封隔可能影响产能的层,决定采用选择性多级压裂及控制开采技术,完井施工中下入两个可开关滑套对应相应两个产层,其余用封隔器封隔,最终成功完成了该井的压裂施工,并点火成功。在苏76-16-10H水平井成功实现了五段选择性多级压裂施工作业,成功打开和关闭5个可开关滑套,实施了5段11条缝压裂,标志着"水平井选择性多级压裂及控制开采技术"在水平井应用取得圆满成功。在苏76-43-35井现场应用中,实现了第一、第二段合酸压、试采和评价,第三段压裂,验证了工具耐酸的能力。在苏75-60-34H井现场应用中,创造性地研究出了复合选择性分段压裂及控制开采技术,为解决长水平段下入困难、达到储层高效改造、实施大规模压裂、特殊层段能有效控制,项目组创新设计了7段投球滑套+3段开关滑套复合分段压裂管柱,研究设计了全套工具,配套设计了井口装置,使储层改造实现了真正意义上的无限制、可选择、大规模、能控制的技术目标,并提供了全方位技术支持和现场服务,顺利完成了大排量体积压裂施工作业,滑套打开和关闭成功,施工排量达到 $9.2m^3/min$,施工压力达到 $72MPa$,经过产量测试,获日产天然气 $20 \times 10^4 m^3$,均创造了苏里格地区储层改造技术的新纪录。在苏75-54-34H井现场应用中设计了11段复合滑套分段压裂技术,优化配套了全套复合分段压裂工具和配套设备,达到储层高效改造、大规模压裂、特殊层段能有效控制,使储层改造实现了真正意义上的无限制、可选择、大规模、能控制、精细化的技术目标,并为该井提供了全方位技术支持和现场服务,顺利完成了压裂施工作业,施工排量 8m³/min,总液量达到了 99000m³,总砂量 600m³,滑套打开和关闭成功,刷新了该区块水平井入井液量最大、砂量最大、入井液氮量最大、水平井单段加砂量最大等 4 项记录。通过 5 口井的现场试验,形成了成熟的配套技术,下面以其中具有代表性的三口井为例进行介绍这三口井在不同的技术需求、不同的工艺、不同的压裂要求、不同的技术参数、不同的管柱、不同的井口、不同的井型、不同的工具下的现场应用情况。

## 一、苏 76-16-10H 井现场应用

苏 76-16-10H 位于内蒙古鄂尔多斯市乌审旗乌审召苏木乌审召嘎查苏 17-10X 井东北侧 995 m,完钻井深 4417m,是一口开发水平井,根据测井资料显示,该井含有五个全烃值较高的气层。为了确切掌握每个气层的产能参数,并封隔可能影响产能的层,决定采用选择性多级压裂及控制开采技术,完井施工中下入五个可开关滑套对应相应五个产层,其余用封隔器封隔。成功实施了水平井 5 段 11 条缝的选择性多级压裂及控制开采技术,为复杂油气藏分层段选择性高效开采和作业奠定了技术基础。

### (一)基本数据

1. 地质概况及井身结构

地质概况及井身结构基本数据见表 6-7。

表 6-7 基本数据表

| 井 别 | 开发井 | 开钻日期 | 2013.05.08 | 完钻日期 | 2013.06.12 |
|---|---|---|---|---|---|
| 完井日期 | | 完钻层位 | 石盒子组 | 完钻井深(m) | 4417.00(斜) |
| 海拔(m) | 地面:1381.16,补心:1386.06 | | 井口坐标 | X:4346957.26 Y:19297777.75 | |
| 地理位置 | 内蒙古鄂尔多斯市乌审旗乌审召苏木乌审召嘎查苏 17-10X 井东北侧 995 m | | | | |
| 构造位置 | 鄂尔多斯盆地伊陕斜坡苏 76 区块 | | | | |
| 井身结构 | 钻头尺寸×深度(mm×m) | 套管名称 | 外径(mm) | 壁厚(mm) | 钢级 | 下入深度(m) | 水泥返高(m) |
| | 374.6×581.00 | 表层套管 | 273.05 | 8.89 | J55 | 580.34 | 地面 |
| | 215.9×3467.00 | 技术套管 | 177.80 | 10.36/9.19 | N80 | 3464.14 | / |
| | 152.4×4417.00 | 盲管 | / | / | / | / | / |
| | | 筛管 | / | / | / | / | / |
| | 阻流环 3451.58m | / | 人工井底(m) | / | 联入 4.90m | (技套) | |

## 第六章 无限制分段及选择性改造控制开采技术

续表

| 井　别 | 开发井 | 开钻日期 | 2013.05.08 | 完钻日期 | 2013.06.12 |
|---|---|---|---|---|---|
| 井斜情况 | 最大井斜(°) | 91.7 | 深度(m) | 3898.98 | 方位(°) | 163.20 |
| | 总方位(°) | 164.11 | 总位移(m) | | 1422.74 |
| 固井质量 | | 合　格 | | 完井方法 | 裸眼完井 |
| 造斜井段全长(m) | | 不填 | 总方位(°) | 163.46 | 井底水平位移(m) | 1422.74 |
| 最大井斜(°) | | 91.7 | 造斜点井深(m) | 2752.00 | 气层顶界深(m) | 3095.00 |
| 中靶半径(m) | | 不填 | | 井底垂深(m) | 3171.48 |
| 水平井井眼轨迹 | 井深(m) | 垂深(m) | 井斜(°) | 方位(°) | 靶前位移(m) |
| | 3467.00 | 3169.37 | 89 | 163.50 | 472.9 |
| | 4417.00 | 3171.48 | 89.2 | 164.1 | 1422.74 |
| 水平段长(m) | | | 950 | | |

**2. 气测解释**

气测解释见表6-8。

表6-8　气测解释表

| 序号 | 井段(m) | 厚度(m) | 岩性 | 全烃(%) 基值 | 全烃(%) 显示 | 烃组分(%) C1 | C2 | C3 | iC4 | nC4 | 解释结论 |
|---|---|---|---|---|---|---|---|---|---|---|---|
| 1 | 3095~3118 | 23.00 | 浅灰色含气细砂岩 | 0.5620 | 27.9810 | 24.162 | 1.5590 | 0.3220 | 0.0430 | 0.0190 | 气层 |
| 2 | 3290~3298 | 8.00 | 浅灰色含气中砂岩 | 1.5420 | 2.0910 | 1.1300 | 0.0800 | 0.0360 | 0.0000 | 0.0000 | 含气层 |
| 3 | 3299~3306 | 7.00 | 浅灰色含气中砂岩 | 1.4370 | 2.2770 | 1.3780 | 0.0940 | 0.0390 | 0.0000 | 0.0000 | 含气层 |
| 4 | 3359~3377 | 18.00 | 浅灰色含气中砂岩 | 0.9160 | 16.7790 | 12.699 | 0.9950 | 0.1780 | 0.0460 | 0.0190 | 气层 |
| 5 | 3424~3442 | 18.00 | 浅灰色含气中砂岩 | 1.0480 | 2.5920 | 1.2130 | 0.0870 | 0.0400 | 0.0000 | 0.0160 | 含气层 |
| 6 | 3501~3537 | 36.00 | 浅灰色含气中砂岩 | 0.6960 | 38.4780 | 30.235 | 2.2700 | 0.3560 | 0.0350 | 0.0130 | 气层 |
| 7 | 3542~3562 | 20.00 | 浅灰色含气中砂岩 | 0.8260 | 2.4440 | 2.1190 | 0.1190 | 0.0210 | 0.0030 | 0.0000 | 含气层 |
| 8 | 3592~3607 | 15.00 | 浅灰色含气中砂岩 | 0.4050 | 2.0200 | 1.7840 | 0.0850 | 0.0130 | 0.0020 | 0.0000 | 含气层 |
| 9 | 3921~3931 | 10.00 | 浅灰色含气中砂岩 | 0.5600 | 1.7790 | 1.5060 | 0.0720 | 0.0110 | 0.0000 | 0.0000 | 含气层 |
| 10 | 3943~4113 | 170.0 | 浅灰色含气中砂岩 | 1.4410 | 80.0680 | 65.645 | 5.2180 | 0.8630 | 0.0990 | 0.0090 | 气层 |
| 11 | 4135~4265 | 130.0 | 浅灰色含气中砂岩 | 1.6110 | 13.2800 | 9.6070 | 0.6690 | 0.0980 | 0.0110 | 0.0000 | 气层 |
| 12 | 4283~4287 | 4.00 | 浅灰色含气中砂岩 | 0.7250 | 1.4090 | 1.2430 | 0.0450 | 0.0110 | 0.0000 | 0.0000 | 含气层 |
| 13 | 4289~4302 | 13.00 | 浅灰色含气中砂岩 | 0.4980 | 2.6420 | 2.3150 | 0.1290 | 0.0230 | 0.0040 | 0.0000 | 含气层 |

## 3. 电测解释

电测解释见表6-9。

**表6-9 电测解释表**

| 层位 | 层号 | 井段<br>(m) | 层厚<br>(m) | 地层电阻率<br>(Ω·m) | 补偿声波<br>(μs/m) | 孔隙度<br>(%) | 渗透率<br>($10^{-3}\mu m^2$) | 含气饱和度<br>(%) | 泥质含量<br>(%) | 解释结论 |
|---|---|---|---|---|---|---|---|---|---|---|
| 石盒子组 | 32 | 3461.0~3470.7 | 9.70 | 42.55 | 209.35 | 2.01 | 0.10 | 0.00 | 16.13 | 干层 |
| | 33 | 3471.8~3479.5 | 7.70 | 53.29 | 201.36 | 0.42 | 0.03 | 0.00 | 21.54 | 干层 |
| | 34 | 3482.1~3489.3 | 7.20 | 48.30 | 207.25 | 0.88 | 0.04 | 0.00 | 24.93 | 干层 |
| | 35 | 3489.3~3496.0 | 6.70 | 101.78 | 217.17 | 6.49 | 0.35 | 42.93 | 14.21 | 差气层 |
| | 36 | 3499.2~3507.5 | 8.30 | 142.96 | 203.76 | 3.34 | 0.20 | 0.51 | 8.35 | 干层 |
| | 37 | 3507.5~3514.0 | 6.50 | 139.70 | 210.41 | 5.32 | 0.31 | 30.23 | 3.94 | 差气层 |
| | 38 | 3514.0~3530.9 | 16.90 | 161.13 | 221.40 | 8.98 | 0.54 | 61.95 | 5.04 | 气层 |
| | 39 | 3530.9~3538.7 | 7.80 | 123.57 | 200.60 | 2.50 | 0.16 | 0.00 | 9.55 | 干层 |
| | 40 | 3541.7~3552.5 | 10.80 | 35.41 | 214.48 | 4.27 | 0.30 | 32.15 | 18.59 | 差气层 |
| | 41 | 3552.5~3557.8 | 5.30 | 36.01 | 218.63 | 6.62 | 0.45 | 50.27 | 10.84 | 气层 |
| | 42 | 3557.8~3562.0 | 4.20 | 43.06 | 204.80 | 1.47 | 0.06 | 1.42 | 15.41 | 干层 |
| | 43 | 3567.7~3596.6 | 28.90 | 48.49 | 206.13 | 1.35 | 0.05 | 0.07 | 22.76 | 干层 |
| | 44 | 3596.6~3605.4 | 8.80 | 29.70 | 233.02 | 11.70 | 0.72 | 54.75 | 9.47 | 气层 |
| | 45 | 3605.4~3608.1 | 2.70 | 33.91 | 210.58 | 2.11 | 0.07 | 0.00 | 21.51 | 干层 |
| | 46 | 3612.3~3620.7 | 8.40 | 49.95 | 207.51 | 0.67 | 0.05 | 0.00 | 22.19 | 干层 |
| | 47 | 3627.3~3667.6 | 40.30 | 41.69 | 210.13 | 2.08 | 0.10 | 0.04 | 15.84 | 干层 |
| | 48 | 3674.5~3685.0 | 10.50 | 86.40 | 223.49 | 7.92 | 0.33 | 46.55 | 17.13 | 差气层 |
| | 49 | 3749.2~3768.6 | 19.40 | 44.27 | 208.93 | 0.75 | 0.03 | 0.07 | 26.02 | 干层 |
| | 50 | 3768.6~3795.6 | 27.00 | 33.47 | 227.46 | 7.88 | 0.30 | 40.74 | 21.03 | 差气层 |
| | 51 | 3812.4~3855.2 | 42.80 | 47.89 | 210.05 | 0.90 | 0.06 | 0.09 | 23.03 | 干层 |
| | 52 | 3874.8~3881.0 | 6.20 | 48.61 | 206.63 | 1.54 | 0.11 | 0.10 | 15.89 | 干层 |
| | 53 | 3881.0~3891.7 | 10.70 | 36.73 | 222.54 | 6.48 | 0.30 | 31.22 | 19.61 | 差气层 |
| | 54 | 3899.0~3942.4 | 43.40 | 42.49 | 212.87 | 1.71 | 0.07 | 0.69 | 21.43 | 干层 |
| | 55 | 3942.4~4112.1 | 169.7 | 30.10 | 262.54 | 17.16 | 1.93 | 67.04 | 5.42 | 气层 |
| | 56 | 4112.1~4116.4 | 4.30 | 34.14 | 235.29 | 6.79 | 0.27 | 31.49 | 24.51 | 差气层 |

续表

| 层位 | 层号 | 井段(m) | 层厚(m) | 地层电阻率($\Omega \cdot m$) | 补偿声波($\mu s/m$) | 孔隙度(%) | 渗透率($10^{-3}\mu m^2$) | 含气饱和度(%) | 泥质含量(%) | 解释结论 |
|---|---|---|---|---|---|---|---|---|---|---|
| 石盒子组 | 57 | 4135.6~4141.3 | 5.70 | 28.18 | 207.46 | 0.80 | 0.06 | 0.00 | 26.77 | 干层 |
| | 58 | 4141.3~4147.5 | 6.20 | 27.74 | 213.41 | 5.90 | 0.31 | 30.51 | 10.80 | 差气层 |
| | 59 | 4147.5~4188.5 | 41.00 | 26.80 | 242.16 | 13.07 | 1.05 | 58.28 | 6.98 | 气层 |
| | 60 | 4188.5~4194.0 | 5.50 | 36.86 | 218.46 | 5.54 | 0.31 | 33.94 | 14.99 | 差气层 |
| | 61 | 4195.0~4209.4 | 14.40 | 37.29 | 215.90 | 6.95 | 0.31 | 42.42 | 12.98 | 差气层 |
| | 62 | 4209.4~4210.7 | 1.30 | 29.98 | 247.62 | 4.80 | 0.05 | 2.67 | 30.62 | 干层 |
| | 63 | 4210.7~4219.5 | 8.80 | 25.37 | 254.35 | 12.97 | 0.73 | 60.65 | 10.03 | 气层 |
| | 64 | 4219.5~4221.2 | 1.70 | 25.72 | 244.35 | 3.05 | 0.03 | 0.00 | 32.56 | 干层 |
| | 65 | 4221.2~4264.7 | 43.50 | 23.65 | 241.55 | 13.25 | 0.85 | 55.74 | 7.16 | 气层 |
| | 66 | 4264.7~4273.5 | 8.80 | 28.33 | 210.71 | 0.55 | 0.04 | 0.00 | 29.43 | 干层 |
| | 67 | 4273.5~4277.0 | 3.50 | 21.24 | 228.26 | 8.97 | 0.51 | 51.94 | 14.16 | 气层 |
| | 68 | 4277.0~4279.5 | 2.50 | 21.98 | 213.78 | 6.44 | 0.32 | 35.22 | 14.10 | 差气层 |
| | 69 | 4282.2~4285.2 | 3.00 | 25.55 | 229.10 | 9.01 | 0.56 | 60.49 | 13.98 | 气层 |
| | 70 | 4285.2~4286.8 | 1.60 | 26.93 | 215.03 | 4.79 | 0.31 | 32.61 | 27.58 | 差气层 |
| | 71 | 4288.0~4292.0 | 4.00 | 22.32 | 238.45 | 7.68 | 0.33 | 39.70 | 20.03 | 差气层 |
| | 72 | 4292.0~4302.0 | 10.00 | 23.19 | 246.33 | 11.39 | 0.62 | 55.46 | 13.12 | 气层 |
| | 73 | 4332.5~4386.7 | 54.20 | 42.24 | 212.64 | 2.04 | 0.10 | 0.08 | 18.61 | 干层 |
| | 74 | 4388.9~4396.0 | 7.10 | 52.56 | 216.59 | 3.18 | 0.12 | 1.70 | 16.75 | 干层 |

### (二) 施工情况

**1. 下选择性多级压裂完井管串**

通井结束后,开始按照选择性多级压裂完井管串设计要求,下完井管柱,下入过程顺利,未有遇阻。

完井管串下入完后,用2%KCl水溶液顶替井筒内泥浆,顶替出悬挂器位置以下井眼内的全部泥浆。停泵,投球,开泵送球,坐封球到位,泵压上升到一定值,坐挂尾管悬挂器。然后泵压上升到一定值时,涨封封隔器,并实现自封球座浮箍永久封堵。最后进行尾管悬挂器丢手,丢手成功,上提送入钻具,并用2%KCl水溶液顶替井筒内尾管悬挂器以上泥浆。苏76-16-10H井完井工具现场图见图6-39。

图 6-39  苏 76-16-10H 井完井工具现场图

下入选择性多级压裂回接管柱，同时在油管以及工具装有相应尺寸的扶正器，下入过程顺利。

2. 压裂井段设计

根据实际随钻伽马测井、岩屑录井、钻时等资料，结合钻遇的砂泥岩发育状况，裸眼段长 950m，分 5 段 11 条裂缝，同段中压裂二条以上裂缝时，前一段裂缝压裂完成后加入暂堵剂。压裂分段参数见表 6-10。

表 6-10  压裂分段参数

| 压裂级序 | 卡封井段(m) | 预测起裂位置1(m) | 预测起裂位置2(m) | 预测起裂位置3(m) | 预测起裂位置4(m) |
| --- | --- | --- | --- | --- | --- |
| 1 | 4226~井底 | 4224 | | | |
| 2 | | | 4355.5 | | |
| 3 | | | | 4470 | |
| 4 | | | | | 4294 |
| 5 | 3880~4110 | 4037 | | | |
| 6 | | | 4096 | | |
| 7 | | | | 3970.5 | |
| 8 | | | | | 3888.5 |
| 9 | 技套~3814 | 3804 | | | |
| 10 | | | 3760 | | |
| 11 | | | | 3690 | |
| 12 | | | | | 3633 |

加砂参考该井测井解释结果以及砂体分布特点，设计压裂施工参数（表 6-11），结合本井地层特点，采用排量 6.0m³/min，规模 30~50m³/级施工，前置液比为确定为 36%~38%，最高砂比 30%。

表 6-11 压裂施工参数表

| 压裂级序 | 滑套位置<br>（m） | 段内堵剂<br>（kg） | 砂量（m³）<br>20~40<br>目陶粒 | 总净液量<br>（m³） | 液氮量<br>（m³） | 排量<br>（m³/min） | 平均砂比<br>（%） | 前置液比<br>（%） |
|---|---|---|---|---|---|---|---|---|
| 1 | 4202~井底 |  | 50 | 416.4 | 5 | 6 | 21.2 | 38.0 |
| 2 |  | 50 | 30 | 248.9 | 3 | 6 | 21.1 | 38.0 |
| 3 | 4138~4202 |  | 50 | 390.8 | 5 | 6 | 21.2 | 38.0 |
| 4 | 3874~4138 |  | 50 | 412.6 | 5 | 6 | 21.2 | 38.0 |
| 5 |  | 50 | 40 | 343.1 | 4 | 6 | 21.1 | 38.0 |
| 6 |  | 100 | 40 | 316.1 | 4 | 6 | 21.1 | 37.0 |
| 7 | 3745~3874 |  | 50 | 403.7 | 5 | 6 | 21.2 | 37.0 |
| 8 |  | 50 | 30 | 243.2 | 3 | 6 | 21.1 | 37.0 |
| 9 | 技套~3745 |  | 50 | 399.7 | 5 | 6 | 21.2 | 37.0 |
| 10 |  | 50 | 30 | 257.2 | 3 | 6 | 21.1 | 36.0 |
| 11 |  | 100 | 30 | 238.2 | 3 | 6 | 21.1 | 36.0 |
| 累计 |  | 400 | 450 | 3669.9 | 45 |  |  |  |

3. 压裂施工情况

（1）打开1号滑套及第一段压裂情况。

开关工具进行地面试验正常后，连续油管地面准备，开始下入开关工具管串。下到4380m处，开泵打开开关工具，然后上提到4349m时，1号滑套打开。进行验封，确认打开1号可开关滑套，然后开放喷阀门泄压，出口有持续出液迹象，验证地层打开。缓慢起出开关工具管串，装好井口。

起泵压裂第一条裂缝，该段压裂施工正常，压裂曲线如图6-40所示。

起泵压裂第二条裂缝，该段压裂施工正常，压裂曲线如图6-41所示。

（2）关闭1号滑套、打开2号滑套及第二段压裂情况。

按照设计要求，第一段压裂施工完成后，关井40min，下入连续油管开关工具管串。压裂第二条裂缝，该段压裂施工正常，如图6-42所示。

（3）关闭2号滑套、打开3号滑套及第三段压裂情况。

按照现场情况，第二段压裂施工完成后，先下入连续油管冲砂，再下入开关工具关2号滑套，验封成功后，打开3号滑套，然后缓慢起出连续油管到井口。

开泵压裂第四条裂缝，该段压裂施工正常，压裂曲线如图6-43所示。

压裂第五条裂缝，该段压裂施工正常，压裂曲线如图6-44所示。

压裂第六条裂缝，该段压裂施工正常，压裂曲线如图6-45所示。

（4）关闭3号滑套、打开4号滑套及第四段压裂情况。

按照现场情况，第三段压裂施工完成后，先下入连续油管冲砂，再下入开关工具关3号滑套，验封成功后，打开4号滑套，然后缓慢起出连续油管到井口。

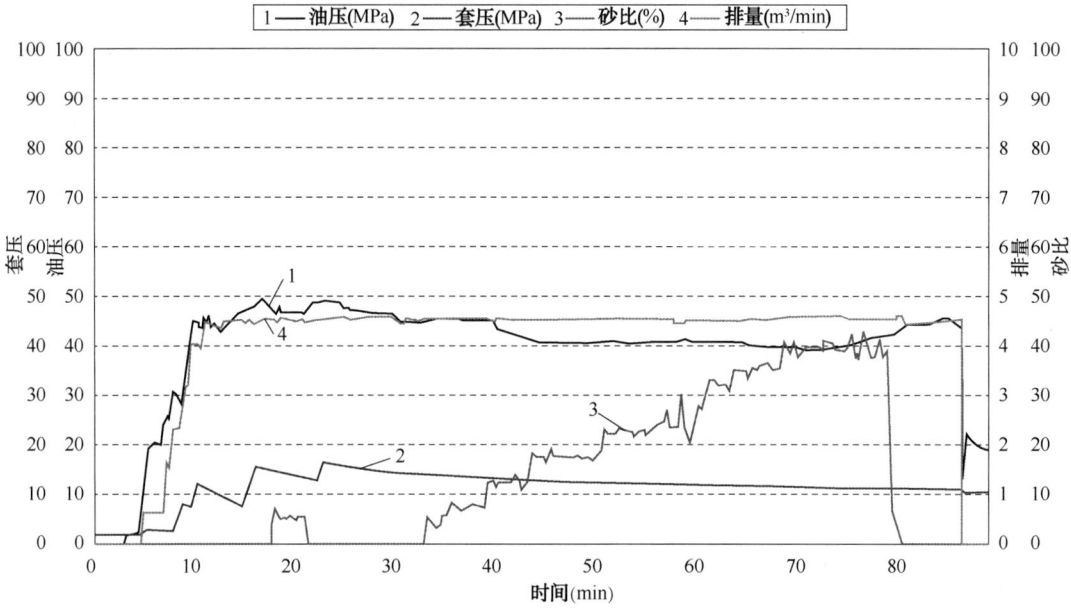

图 6-40 苏 76-16-10H 井第 1 条裂缝压裂施工曲线

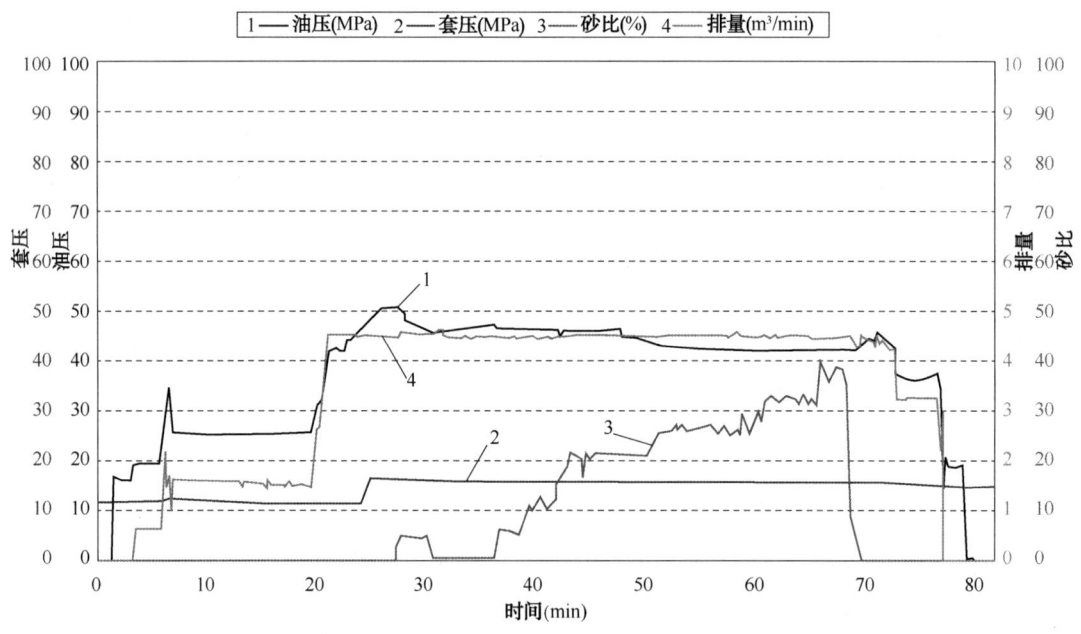

图 6-41 苏 76-16-10H 井第 2 条裂缝压裂施工曲线

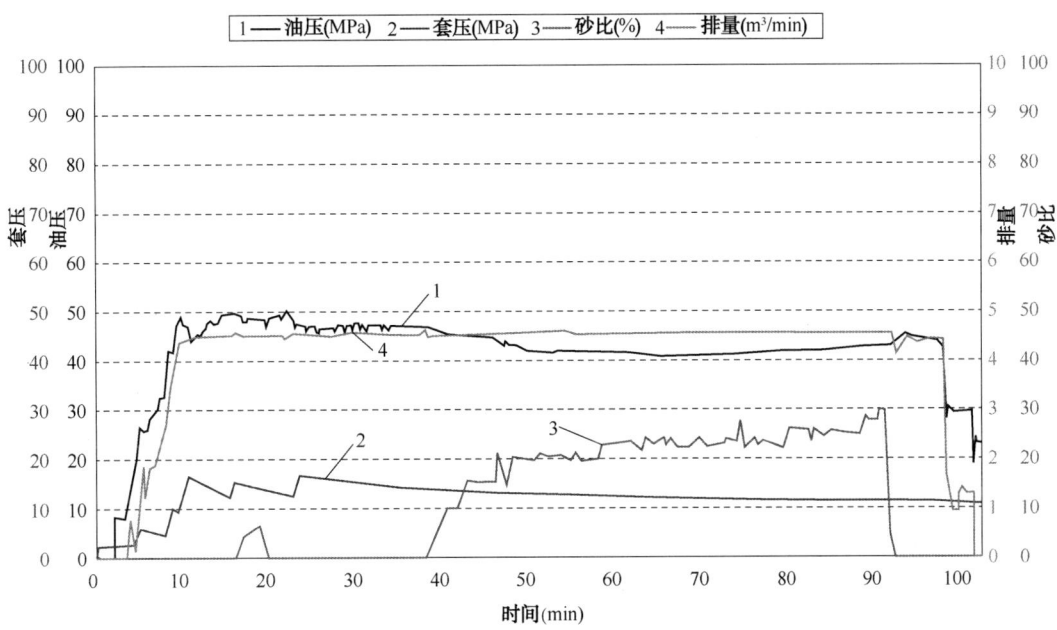

图 6-42 苏 76-16-10H 井第 3 条裂缝压裂施工曲线

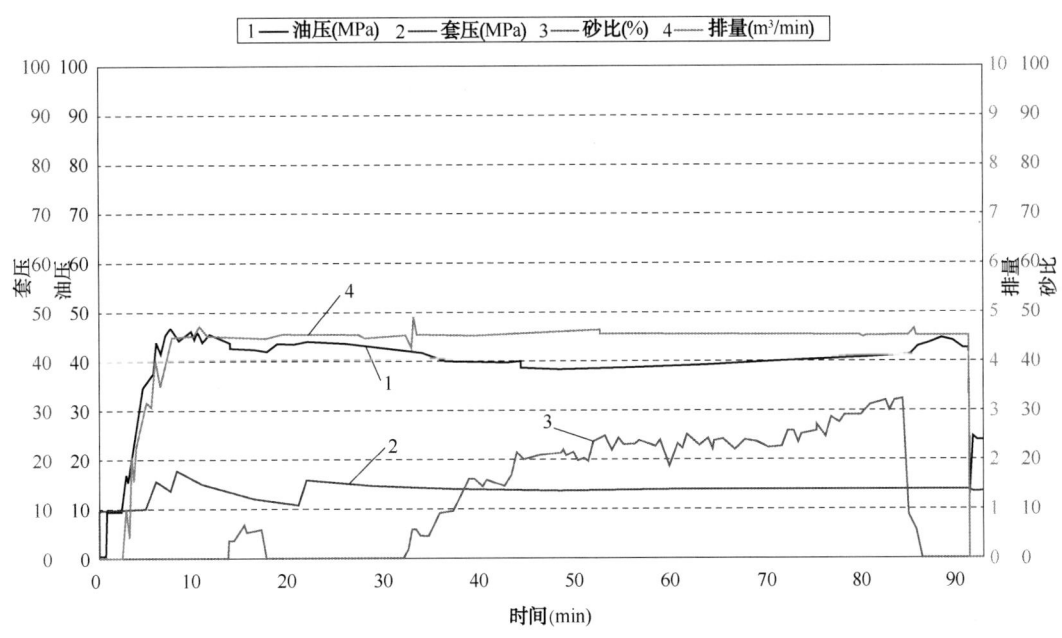

图 6-43 苏 76-16-10H 井第 4 条裂缝压裂施工曲线

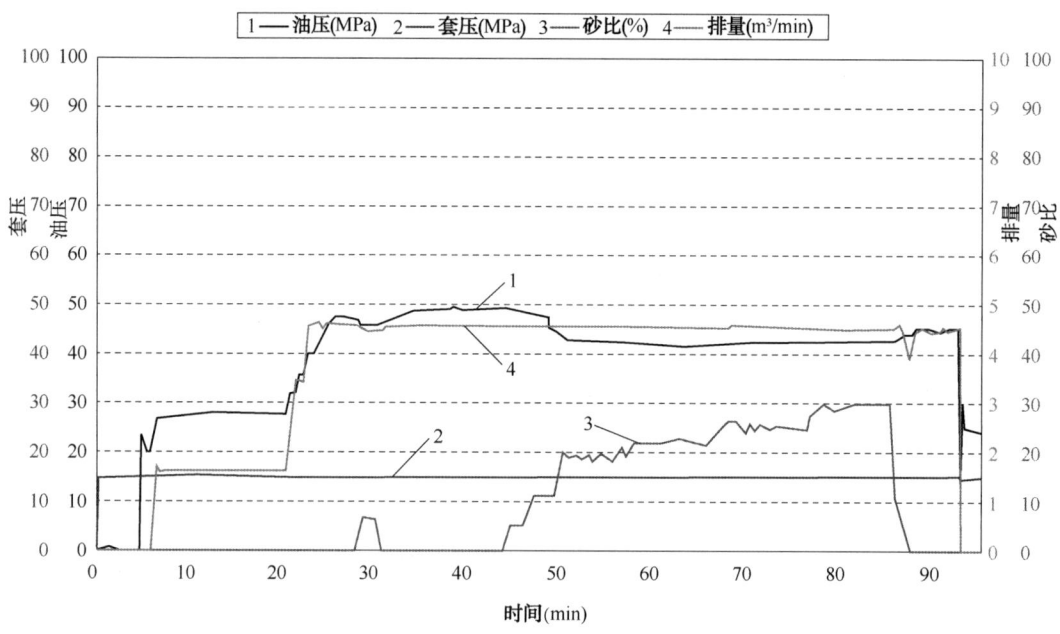

图 6-44 苏 76-16-10H 井第 5 条裂缝压裂施工曲线

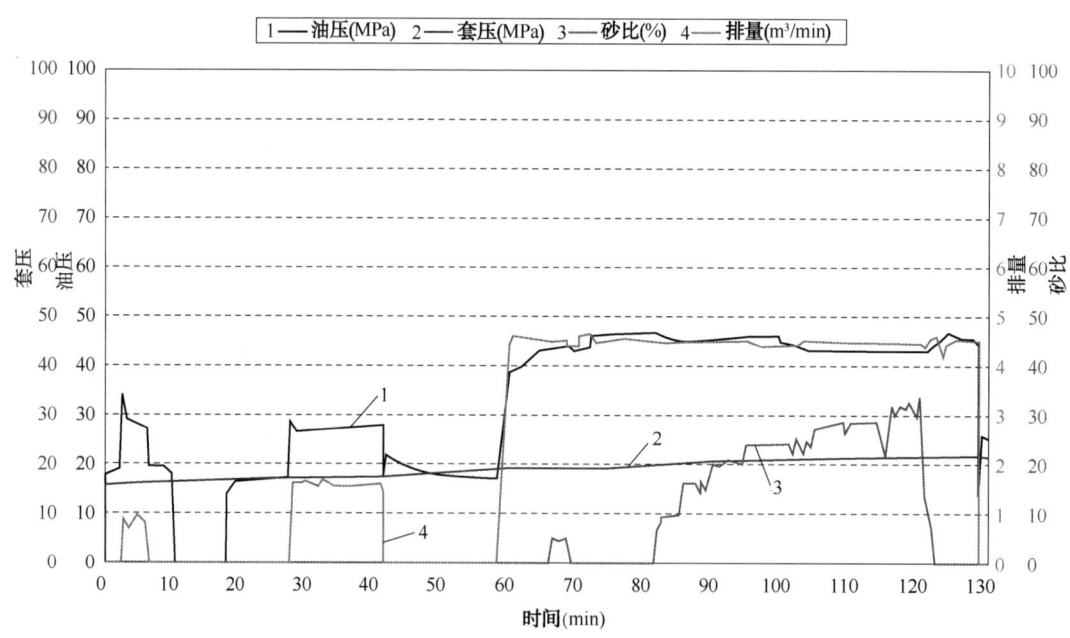

图 6-45 苏 76-16-10H 井第 6 条裂缝压裂施工曲线

开泵压裂第七条裂缝,该段压裂施工正常,压裂施工曲线如图 6-46 所示。

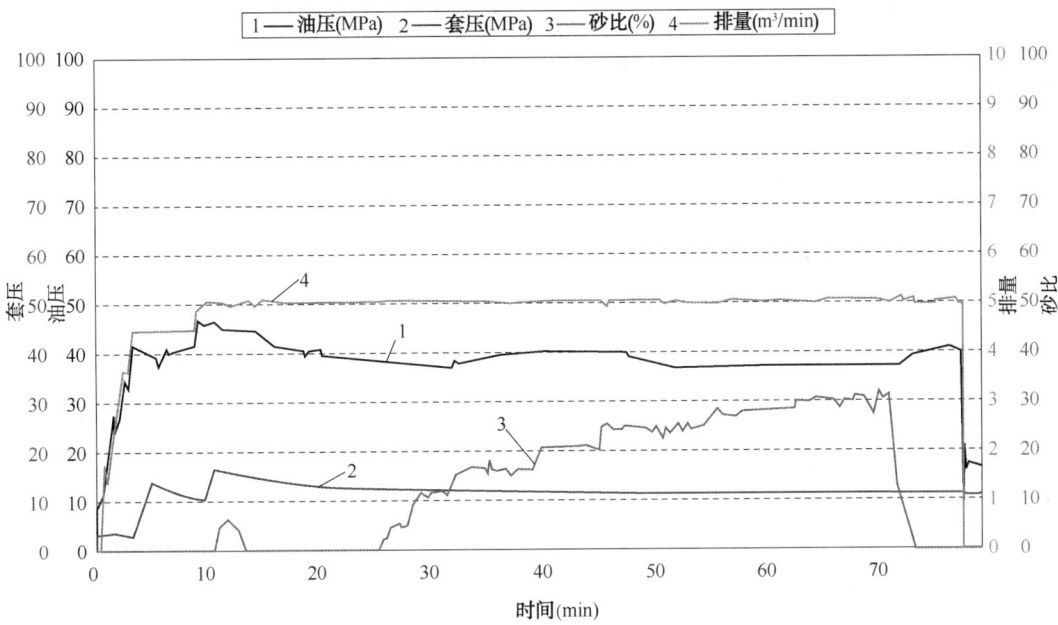

图 6-46　苏 76-16-10H 井第 7 条裂缝压裂施工曲线

压裂第八条裂缝,该段压裂施工正常,压裂施工曲线如图 6-47 所示。

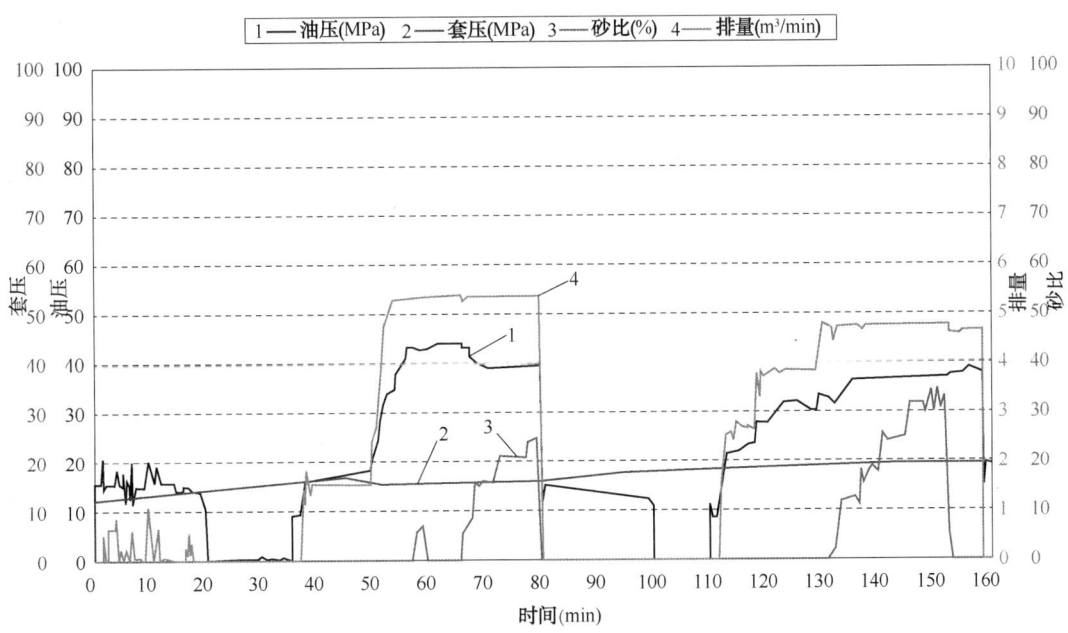

图 6-47　苏 76-16-10H 井第 8 条裂缝压裂施工曲线

(5)关闭 4 号滑套、打开 5 号滑套及第五段压裂情况。

按照现场情况,第四段压裂施工完成后,先下入连续油管冲砂,再下入开关工具关 4 号滑套,验封成功后,打开 5 号滑套,然后缓慢起出连续油管到井口。

压裂第九条裂缝,该段压裂施工正常,压裂施工曲线如图 6-48 所示。

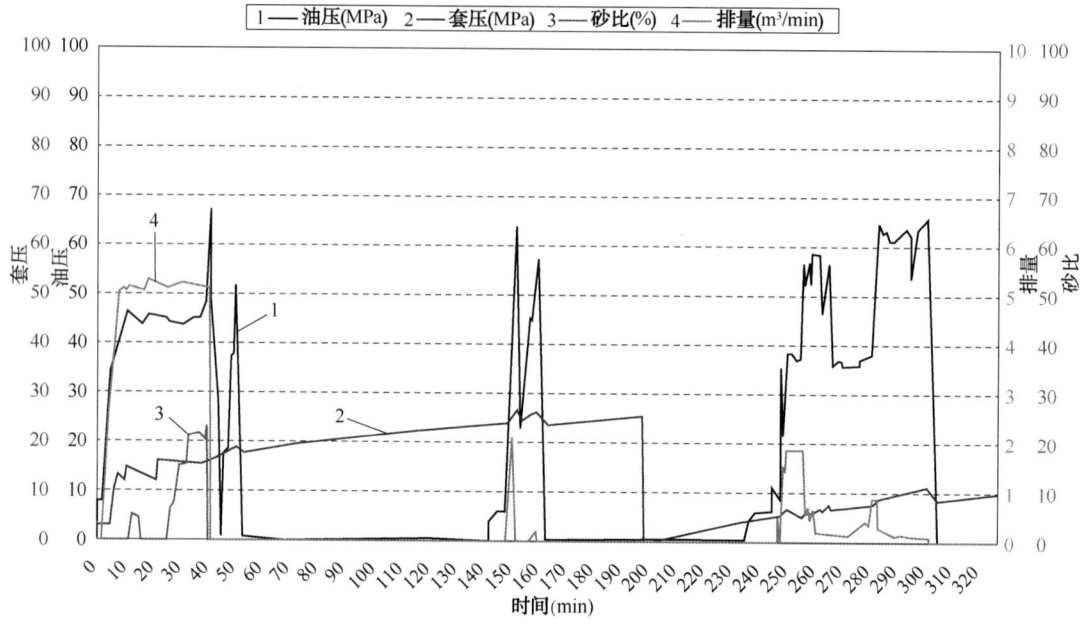

图 6-48　苏 76-16-10H 井第 9 条裂缝压裂施工曲线

压裂第十条裂缝,该段压裂施工正常,压裂施工曲线如图 6-49 所示。

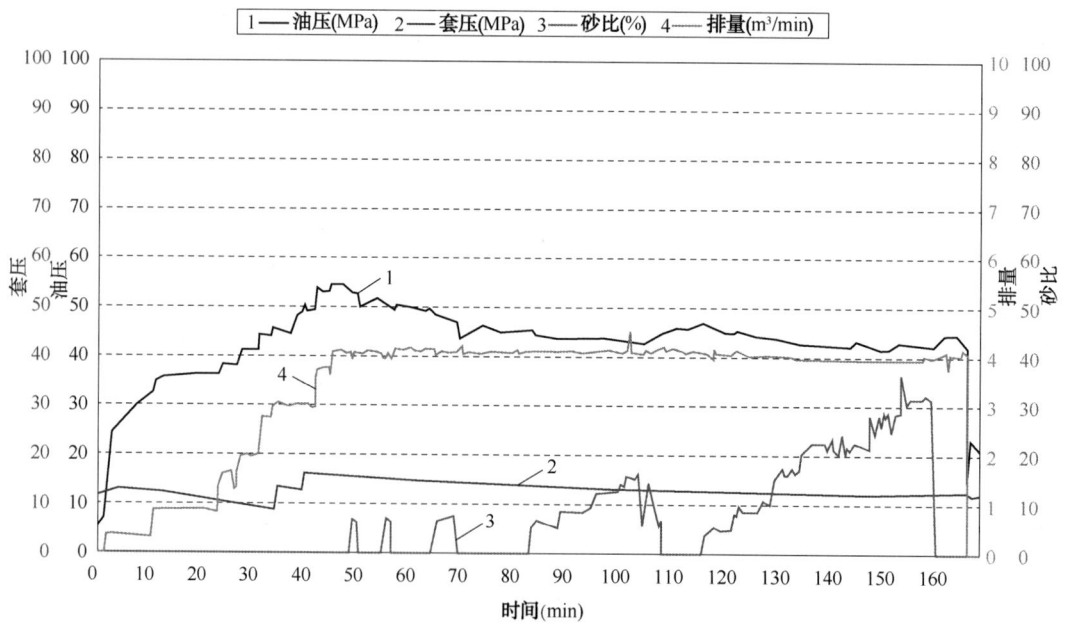

图 6-49　苏 76-16-10H 井第 10 条裂缝压裂施工曲线

第十一条裂缝由于该段砂堵后压力太高,风险太大,没有进行压裂。

(6)打开全部地层情况。

按照现场情况,第五段压裂施工完成后,先下入连续油管冲砂到井底,再下入开关工具打开 1 号到 4 号滑套。起出工具的过程中打开放喷阀门放喷,井口有气体出来,并可以点火,放喷初期点火图如图 6-50 所示;

图 6-50　放喷初期点火图

(7)打开套压阀及放喷情况。

开泵,使用一定排量向套管内打压,压力升高到设计值后,打开套压阀,使用 8mm 油嘴放喷,放喷口火焰继续变大。

## 二、苏 76-43-35 井现场应用

苏 76-43-35 井是一口评价直井,井深 3224m。该井采用三开设计,钻探目的是甩开评价,探明盒$_8$、山西组含气范围,兼探浅层及奥陶系含气范围,落实地质储量。

### (一)基本数据

1. 井眼基本数据

苏 76-43-35 井井眼基本数据见表 6-12。

表 6-12　苏 76-43-35 井井眼基本数据表

| 井别/井型 | 评价/直井 | 开钻日期 | 2013.08.10 | 完钻日期 | 2013.09.19 |
|---|---|---|---|---|---|
| 完钻层位 | 奥陶系 | 完钻井深(m) | 3224 | | |
| 地面海拔(m) | 1366.74 | 补心海拔(m) | 1374.24 | 完井方法 | 裸眼完井 |
| 人工井底(m) | 3224 | 补心高 | | 井　型 | 直井 |

续表

| 井别/井型 | 评价/直井 | | 开钻日期 | 2013.08.10 | 完钻日期 | 2013.09.19 |
|---|---|---|---|---|---|---|
| 地理位置 | 内蒙古自治区鄂尔多斯市乌审旗苏 76-43-38X 井西南侧 1769 m | | | | | |
| 构造位置 | 鄂尔多斯盆地伊陕斜坡苏 76 区块 | | | | | |
| 钻探目的 | 甩开评价，探明盒$_8$、山西组含气范围，兼探浅层及奥陶系含气范围，落实地质储量 | | | | | |
| 井位坐标 | 纵 X：4367788.00m | | | | 横 Y：19312630.50m | |
| 最大井斜 | — | 井深（m） | | 3224 | 闭合方位角 | — | 总闭合距 | — |
| 井身结构 | 钻头尺寸×深度（mm×m） | | 套管尺寸×深度（mm×m） | | 水泥返深（m） | 试 泵 情 况 |
| | 374.70×863 | | 244.5×860 | | 地面 | 试压 15MPa，稳压 30min，压降为 0 |
| | 215.9 ×3170.3 | | 177.8 ×3168.1 | | 2477 | |
| | 152.4×3224 | | 114.3×3224 | | | |
| 固井质量 | 固井质量合格 | | | | | |
| 说明 | （1）套管鞋处：3168.1m；<br>（2）井底深：3224m；<br>（3）裸眼段长：54m | | | | | |

2. 气测解释表

苏 76-43-35 井气测解释见表 6-13。

表 6-13 苏 76-43-35 井气测解释表

| 序号 | 解释井段（m） | 厚度（m） | 岩性 | 全烃（%） | | 烃 组 分（%） | | | | | 解释结论 |
|---|---|---|---|---|---|---|---|---|---|---|---|
| | | | | 基值 | 显示 | C1 | C2 | C3 | iC4 | nC4 | |
| 1 | 2963~2967 | 4 | 浅灰色含气细砂岩 | 0.0544 | 3.1404 | 2.0945 | 0.0044 | 0.0000 | 0.0000 | 0.0000 | 含气层 |
| 2 | 3033~3043 | 10 | 浅灰色含气细砂岩 | 0.3742 | 7.8400 | 6.9748 | 0.0441 | 0.0102 | 0.0000 | 0.0000 | 含气层 |
| 3 | 3144~3146 | 2 | 灰色含气细砂岩 | 0.2165 | 0.6076 | 0.4763 | 0.0356 | 0.0069 | 0.0010 | 0.0012 | 含气层 |
| 4 | 3148~3150 | 2 | 灰色含气细砂岩 | 0.2165 | 0.5568 | 0.4793 | 0.0350 | 0.0064 | 0.0010 | 0.0012 | 含气层 |
| 5 | 3152~3154 | 2 | 灰色含气细砂岩 | 0.2979 | 0.7780 | 0.6515 | 0.0474 | 0.0089 | 0.0000 | 0.0000 | 含气层 |
| 6 | 3155~3158 | 3 | 灰色含气细砂岩 | 0.2979 | 1.4640 | 1.0840 | 0.0982 | 0.0153 | 0.0000 | 0.0000 | 含气层 |
| 7 | 3159~3161 | 2 | 灰色含气细砂岩 | 0.2979 | 0.6919 | 0.5727 | 0.0417 | 0.0080 | 0.0000 | 0.0000 | 含气层 |
| 8 | 3175~3176 | 1 | 灰褐色含气灰质白云岩 | 0.0233 | 0.5462 | 0.4121 | 0.0293 | 0.0067 | 0.0000 | 0.0000 | 含气层 |

## 3. 电测解释数据

苏76-43-35井电测解释数据见表6-14。

表6-14 苏76-43-35井电测解释数据表

| 层位 | 层号 | 井段<br>(m) | 层厚<br>(m) | 地层<br>电阻率<br>(Ω·m) | 补偿<br>声波<br>(μs/m) | 补偿<br>密度<br>(g/cm³) | 补偿<br>中子<br>(%) | 孔隙度<br>(%) | 渗透率<br>($10^{-3}$<br>$\mu m^2$) | 含气<br>饱和度<br>(%) | 泥质<br>含量<br>(%) | 解释<br>结论 |
|---|---|---|---|---|---|---|---|---|---|---|---|---|
| 石千峰组 | 1 | 2719.1~2722.1 | 3.0 | 47.62 | 204.55 | 2.52 | 7.67 | 2.60 | 0.12 | 0.00 | 11.77 | 干层 |
|  | 2 | 2730.0~2735.7 | 5.7 | 36.42 | 206.91 | 2.48 | 6.90 | 2.76 | 0.15 | 0.00 | 9.90 | 干层 |
|  | 3 | 2738.9~2742.5 | 3.6 | 25.72 | 213.18 | 2.48 | 9.38 | 1.72 | 0.08 | 0.00 | 19.08 | 干层 |
|  | 4 | 2751.9~2753.2 | 1.3 | 66.06 | 197.66 | 2.52 | 5.49 | 0.10 | 0.01 | 0.00 | 15.63 | 干层 |
|  | 5 | 2769.5~2797.4 | 27.9 | 19.40 | 216.18 | 2.49 | 8.91 | 2.75 | 0.12 | 0.00 | 16.89 | 干层 |
|  | 6 | 2802.8~2807.3 | 4.5 | 30.44 | 208.61 | 2.51 | 8.69 | 1.31 | 0.06 | 0.00 | 20.04 | 干层 |
| 盒1 | 7 | 2816.7~2821.4 | 4.7 | 13.22 | 219.94 | 2.53 | 12.70 | 2.91 | 0.09 | 0.00 | 22.24 | 干层 |
| 盒3 | 8 | 2846.4~2851.1 | 4.7 | 14.49 | 215.90 | 2.52 | 12.20 | 2.95 | 0.11 | 0.00 | 19.60 | 干层 |
|  | 9 | 2862.9~2868.8 | 5.9 | 9.96 | 229.56 | 2.53 | 15.41 | 4.96 | 0.19 | 0.00 | 11.77 | 干层 |
|  | 10 | 2869.8~2871.4 | 1.6 | 18.84 | 214.68 | 2.39 | 12.43 | 2.95 | 0.11 | 0.00 | 16.95 | 干层 |
| 盒6 | 11 | 2929.0~2930.8 | 1.8 | 18.05 | 216.52 | 2.48 | 11.33 | 3.72 | 0.12 | 0.00 | 14.59 | 干层 |
|  | 12 | 2936.6~2940.7 | 4.1 | 22.67 | 218.46 | 2.54 | 11.67 | 2.83 | 0.12 | 0.00 | 17.39 | 干层 |
| 盒7 | 13 | 2942.3~2946.7 | 4.4 | 15.60 | 227.29 | 2.59 | 14.09 | 2.92 | 0.09 | 0.00 | 24.46 | 干层 |
|  | 14 | 2949.9~2952.7 | 2.8 | 7.36 | 232.93 | 2.38 | 20.19 | 5.41 | 0.17 | 0.00 | 12.41 | 干层 |
|  | 15 | 2963.3~2965.2 | 1.9 | 26.83 | 222.35 | 2.47 | 9.51 | 7.00 | 0.35 | 41.03 | 9.22 | 差气层 |
| 盒8上 | 16 | 2993.0~2998.2 | 5.2 | 46.74 | 209.66 | 2.56 | 11.03 | 1.54 | 0.08 | 0.00 | 17.23 | 干层 |
|  | 17 | 3002.0~3005.9 | 3.9 | 47.81 | 210.32 | 2.55 | 10.95 | 1.83 | 0.08 | 0.00 | 15.66 | 干层 |
| 盒8下 | 18 | 3022.5~3024.3 | 1.8 | 31.07 | 216.81 | 2.53 | 9.30 | 2.20 | 0.13 | 0.00 | 20.92 | 干层 |
|  | 19 | 3025.6~3033.9 | 8.3 | 38.98 | 218.66 | 2.52 | 9.45 | 3.02 | 0.15 | 0.13 | 20.40 | 干层 |
|  | 20 | 3033.9~3036.7 | 2.8 | 21.93 | 255.58 | 2.38 | 10.89 | 14.19 | 0.99 | 53.22 | 7.18 | 气层 |
|  | 21 | 3036.7~3041.2 | 4.5 | 27.09 | 223.91 | 2.50 | 11.32 | 3.55 | 0.10 | 0.00 | 19.95 | 干层 |
|  | 22 | 3045.1~3046.5 | 1.4 | 118.74 | 210.72 | 2.54 | 11.71 | 0.10 | 0.01 | 0.00 | 20.72 | 干层 |
| 山1 | 23 | 3050.2~3055.8 | 5.6 | 52.25 | 208.59 | 2.56 | 13.23 | 0.40 | 0.03 | 0.00 | 23.73 | 干层 |
|  | 24 | 3057.5~3065.6 | 8.1 | 35.23 | 219.84 | 2.52 | 15.12 | 2.45 | 0.06 | 0.00 | 20.21 | 干层 |
|  | 25 | 3066.3~3072.8 | 6.5 | 24.27 | 224.04 | 2.51 | 13.60 | 3.40 | 0.07 | 0.00 | 17.50 | 干层 |
| 山2 | 26 | 3078.7~3084.6 | 5.9 | 50.43 | 211.37 | 2.54 | 10.82 | 2.00 | 0.08 | 0.17 | 18.33 | 干层 |
|  | 27 | 3111.7~3112.8 | 1.1 | 42.60 | 229.00 | 2.50 | 16.38 | 3.17 | 0.07 | 0.00 | 23.60 | 干层 |
|  | 28 | 3113.5~3116.3 | 2.8 | 39.44 | 213.86 | 2.50 | 12.00 | 1.43 | 0.07 | 0.00 | 24.03 | 干层 |

续表

| 层位 | 层号 | 井段<br>(m) | 层厚<br>(m) | 地层<br>电阻率<br>(Ω·m) | 补偿<br>声波<br>(μs/m) | 补偿<br>密度<br>(g/cm³) | 补偿<br>中子<br>(%) | 孔隙度<br>(%) | 渗透率<br>($10^{-3}$<br>μm²) | 含气<br>饱和度<br>(%) | 泥质<br>含量<br>(%) | 解释<br>结论 |
|---|---|---|---|---|---|---|---|---|---|---|---|---|
| 本溪组 | 29 | 3142.8~3148.7 | 5.9 | 27.14 | 216.22 | 2.46 | 8.38 | 5.86 | 0.50 | 17.54 | 9.01 | 含气水层 |
| | 30 | 3148.7~3150.6 | 1.9 | 23.51 | 213.49 | 2.51 | 16.01 | 0.36 | 0.04 | 0.00 | 28.07 | 干层 |
| | 31 | 3150.6~3159.7 | 9.1 | 28.77 | 221.01 | 2.45 | 4.63 | 6.55 | 0.59 | 19.29 | 11.12 | 含气水层 |
| 马家沟组 | 32 | 3169.0~3174.0 | 5.0 | 68.45 | 528.43 | 2.31 | 44.24 | 0.22 | 0.08 | 0.00 | 26.57 | 干层 |
| | 33 | 3174.0~3176.0 | 2.0 | 55.48 | 436.33 | 2.58 | 29.30 | 5.73 | 0.17 | 0.11 | 9.98 | 主裂缝带 |
| | 34 | 3178.0~3179.1 | 1.1 | 151.34 | 322.40 | 2.43 | 17.50 | 0.10 | 0.01 | 0.00 | 31.52 | 干层 |
| | 35 | 3181.8~3184.1 | 2.3 | 45.90 | 195.93 | 2.62 | 11.50 | 0.10 | 0.00 | 0.00 | 13.36 | 干层 |
| | 36 | 3184.1~3191.0 | 6.9 | 79.02 | 316.53 | 2.72 | 6.27 | 3.35 | 0.22 | 1.53 | 6.19 | 主裂缝带 |
| | 37 | 3191.0~3208.3 | 17.3 | 4435.04 | 166.40 | 2.74 | 2.50 | 0.15 | 0.32 | 0.00 | 2.79 | 干层 |
| | 38 | 3210.3~3218.0 | 7.7 | 67863.8 | 153.64 | 2.65 | 1.37 | 0.10 | 0.01 | 0.00 | 2.68 | 干层 |

4. 测井综合解释图

测井综合解释见图6-51。

5. 射孔数据

根据实际伽马测井、岩屑录井、钻时等资料,结合钻遇的砂泥岩和灰岩发育状况,需要对盒8下层为3033~3037m层孔段进行射孔(表6-15)。

表6-15 苏76-43-35井试气射孔数据

| 层位 | 层号 | 解释井段<br>(m) | 厚度<br>(m) | 孔隙度<br>(%) | 渗透率<br>($10^{-3}$μm²) | 含气<br>饱和度<br>(%) | 解释<br>结论 | 射孔井段<br>(m) | 厚度<br>(m) |
|---|---|---|---|---|---|---|---|---|---|
| 盒8下 | 19 | 3025.6~3033.9 | 8.3 | 3.02 | 0.15 | 0.13 | 干层 | 3033.0~<br>3037.0 | 4.0 |
| | 20 | 3033.9~3036.7 | 2.8 | 14.19 | 0.99 | 53.22 | 气层 | | |
| | 21 | 3036.7~3041.2 | 4.5 | 3.55 | 0.10 | 0.00 | 干层 | | |

6. 完井管柱结构

根据实际伽马测井、岩屑录井、钻时等资料,结合钻遇的砂泥岩和灰岩发育状况,分3段设计,其中第一段3184~3191m,第二段3033~3037m,第三段3174~3175m。苏76-43-35井完井管串见图6-52。

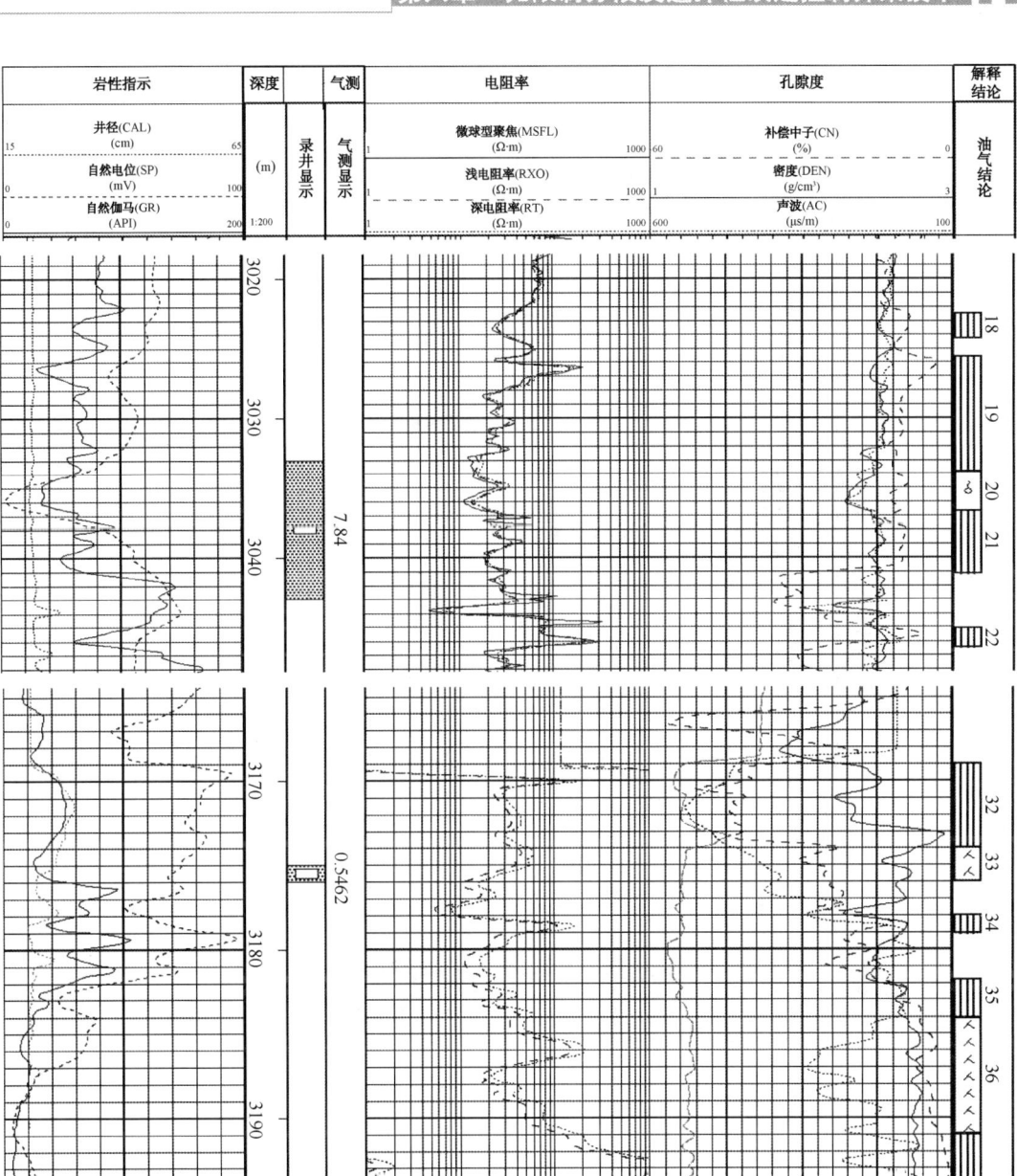

图 6-51 苏 76-45-35 井测井综合解释成果图

## (二) 施工情况

1. 关键施工程序

(1) 通井。

(2) 下完井管柱。

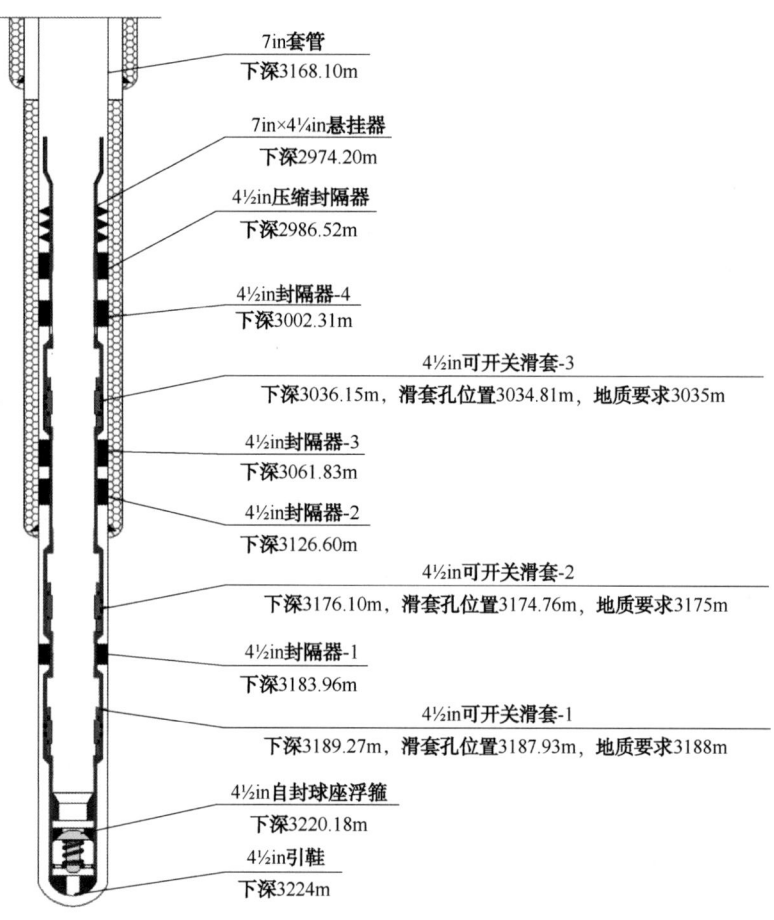

图 6-52 苏 76-43-35 井完井管串示意图

（3）打开第一和第二个开关滑套。

（4）酸压第一和第二层。

（5）第一和第二层试气。

（6）关闭第一和第二个开关滑套，即关闭第一和第二层。

（7）打开第三个开关滑套。

（8）根据试气结果，决定第一和二层是否具备开采价值，分别采用如下工艺：

① 若第一和二层具备开采价值，则下入 $3\frac{1}{2}$in EU 油管，压裂第三层，而后打开第一和二个开关滑套，即第一和二层，实现三层合采；

② 若第一和二层不具备开采价值，则下入 $2\frac{3}{8}$in 油管，压裂第三层，只采第三层。

2. 下完井管柱情况

按照设计要求，对入井套管及工具进行了检查和通径，满足了设计要求，下入过程顺利，未有遇阻。苏 76-43-35 井现场准备入井完井工具见图 6-53。

## 3. 现场施工情况

（1）第一和第二个滑套打开。

钻井队搬家后，作业队完成了井口的安装，连续油管设备按照规定时间完成现场安装和准备工作（图 6-54）。

图 6-53 苏 76-43-35 井现场准备入井完井工具

图 6-54 苏 76-43-35 井开关滑套施工现场

开关工具连接至连续油管后，地面开泵，开关工具顺利张开和关闭，满足入井要求，开始连续油管开关管串入井。

连续油管探井底 3214.5m，基本与设计人工井底深度相符。上提连续油管至第一个开关滑套以下，开泵，泵压 45MPa，上提连续油管开关管串至第一个开关滑套位置，悬重增加，停泵，缓慢下放连续油管开关管串 20m，完成第一个开关滑套打开作业。上提连续油管开关管串至第二个开关滑套位置，开泵，泵压 45MPa，上提连续油管开关管串至第二个开关滑套位置，悬重增加，停泵，缓慢下放连续油管开关管串 10m，完成第二个开关滑套打开作业。

验第一和第二个滑套打开情况，从井口以 $0.47m^3/min$ 向井筒内注液，连续 10min 泵压稳定在 19MPa，证明了第一和第二个开关滑套完全打开时，满足酸压施工要求。

（2）第一和第二段酸压情况。

苏 76-43-35 井第一和第二段酸压施工曲线见图 6-55。

（3）第一、第二段返排及试气情况。

酸压后，放喷 4h 后，累计返液 $148m^3$，然后返液速度明显变慢，至第二天又返出越 $70m^3$ 后，停返，始终无气。

第一次下入连续油管液氮气举，下入连续油管至 3000m，液氮气举至返排口出现基本全是氮气无液体流出，开始上提油管至 1000m，停车停泵，观察返排口排液情况。

至井口无气液返出时，再次下放连续油管至 3000m，开始液氮气举，返排口开始排出液体，继续气举，返排口排出情况为气液混合，开始上提连续油管，继续通入氮气进行气举，返排口排出情况为气液混合，继续上提连续油管，继续通入氮气进行气举，返排口排出情况为气液混合；上提连续油管至井深 1000m 处，继续通入氮气进行气举，返排口排出

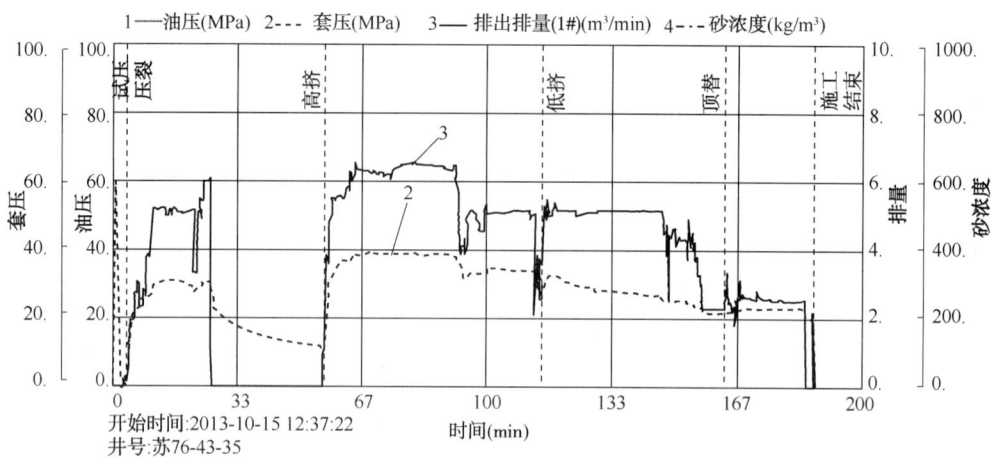

图 6-55 苏 76-43-35 井第一、第二段酸压施工曲线

情况为气液混合，期间有断续点着火现象，火焰高越 1m（图 6-56）。

观察返排情况 1 天后，认为第一和第二段不具备开采价值，决定放弃第一和第二层。

图 6-56 苏 76-43-35 井第一、第二段酸压后点火现场

（4）第一和第二开关滑套关闭情况。

开关工具连接至连续油管后，开关工具顺利张开和关闭，满足入井要求，开始连续油管开关管串入井。

上提连续油管串至第二个开关滑套以上，开泵，泵压 45MPa，下放连续油管开关管串至第二个开关滑套位置，悬重减少，停泵，缓慢上提连续油管开关管串 20m，完成第二个开关滑套关闭。下放连续油管开关管串至第一个开关滑套以上位置，开泵，泵压 45MPa，下放连续油管开关管串至第一个开关滑套位置，悬重减少，停泵，缓慢上提连续油管开关管串 10m，完成第一个开关滑套关闭作业。

验第一和第二个滑套关闭情况,从井口以 0.47m³/min 向井筒内注液,连续 3min 泵压超过 50MPa,证明了第一和第二个开关滑套完全关闭。

以同样方法打开第三段。

(5)第三段压裂情况。

① 压裂方式。

选用 $\phi$60.32mm 油管,采取环空注入压裂工艺。工具及下入深度(自上而下):$\phi$60.32mm 油管+$\phi$60.32mm 喇叭口×(3000±5)m。

② 现场施工情况。

苏 76-43-35 井第三段压裂施工曲线见图 6-57。

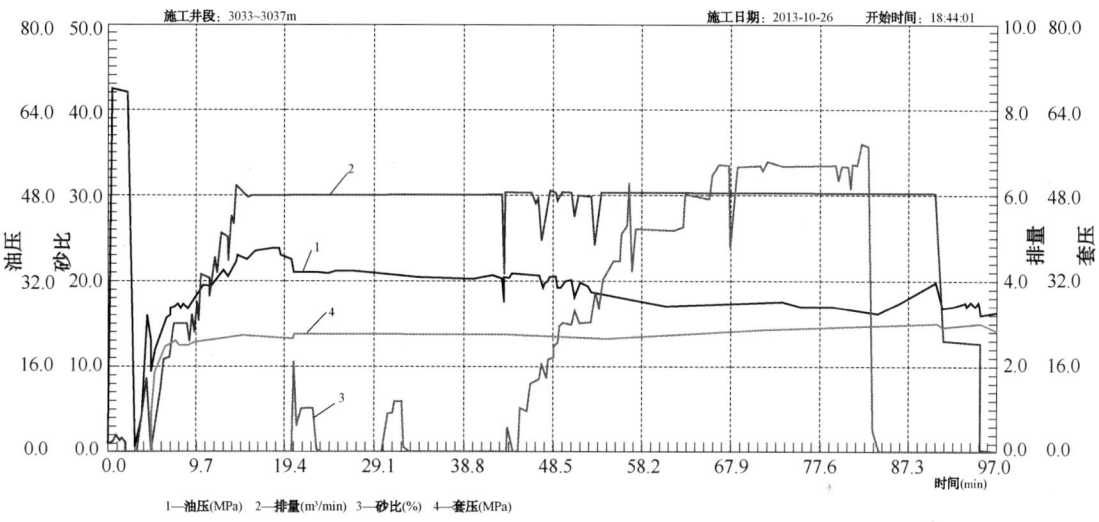

图 6-57 苏 76-43-35 井第三段压裂施工曲线

③ 返排情况。

返排时,点火高度约 4~5m,预计产量在 (1~2)×10⁴m³,对于单层直井来说,产量理想。

### (三)认识与结论

选择性多级压裂及控制开采技术在苏 76-43-35 井成功实施了 3 段选择性酸压施工,完成了分段酸化、测试和压裂等作业,验证了技术的可靠性、先进性和广泛适用性。

苏 76-43-35 井施工过程中成功实施了第一、二段合并酸化和试采,完成了对目的层的单独评价,而且酸化、试采评价后,两段开关滑套仍然实现了成功关闭,满足了第三段的压裂需要,验证了选择性多级压裂及控制开采技术的先进性、工具可靠性和对各个目的层独自控制性,为单一井筒单独层段的独立评价提供了技术保障。

苏 76-43-35 井选择性多级压裂及控制开采技术的成功应用,国内外首次实施了单一井筒各储层段独自酸压或评价。

### 三、苏 75-54-34H 井现场应用

苏 75-54-34H 是位于内蒙古自治区鄂托克旗乌兰镇乌兰柴达木嘎查的一口开发水平井,完钻井深 4810m,实钻水平段长 1227.3m。改井采用了以"水平井裸眼分段压裂技术"与"选择性多级压裂及控制开采技术"相结合的复合分段压裂完井技术,分 11 段进行完井压裂改造,其中水平井裸眼分段压裂 6 段,选择性多级压裂 5 段,共注入液量 9419m$^3$,加砂 634m$^3$,最高施工压力 63.2MPa,最大排量 8.5m$^3$/min。

#### (一) 基础数据

**1. 气井基本数据**

苏 75-54-34H 井基本数据见表 6-16。

表 6-16 苏 75-54-34H 井基本数据

| 井别 | 开发井(水平井) | | 地理位置 | 内蒙古自治区鄂托克旗乌兰镇乌兰柴达木嘎查 | | | |
|---|---|---|---|---|---|---|---|
| 海拔 | 地面:1406.67m | | 构造位置 | 鄂尔多斯盆地伊陕斜坡苏 75 区块 | | | |
| | 补心:7.50m | | 钻井目的 | 苏 75 块开发建产 | | | |
| 设计坐标 | 井口 | | A | | B | | 水平段长(m) |
| | X: 4345440.5 | Y: 19250299.7 | X: 4345100 | Y: 19250300 | X: 4343900 | Y: 19250300 | 1200 |
| 开钻日期 | 2016.4.30 | | 完钻层位 | 盒 8 段 5 | 实钻水平段长度(m) | | 1227.3 |
| 完钻日期 | 2016.6.15 | | 完钻井深 | 4810m | 完井日期 | | 2016.6.21 |
| 钻头程序 | $\phi$346.0mm×1018.00 m+$\phi$243.1.0 mm×2952.00 m+ $\phi$215.9mm×3610.00 m+$\phi$152.40mm×4810.00m | | | | | | |
| 套管程序 | 套管名称 | 外径(mm) | 壁厚(mm) | 内径(mm) | 深度(m) | | 水泥返高(m) |
| | 表层套管 | 273.1 | 8.89 | 255.32 | 1017.51 | | 水泥返至地面 |
| | 技术套管 | 177.8 | 10.36 | 157.08 | 310.11 | | 1734 |
| | | 177.8 | 10.36 | 157.08 | 2495.39 | | |
| | | 177.8 | 10.36 | 157.08 | 3607.27 | | |
| 固井质量 | 合格 | | | 人工井底 | | | 已钻 |
| 备注 | | | | | | | |

**2. 施工管柱数据**

苏 75-54-34H 井施工管柱数据见表 6-17。

## 第六章 无限制分段及选择性改造控制开采技术

表 6-17 苏 75-54-34H 井施工管柱数据

| 油管数据 | 外径（mm） | 扣型 | 下入井深（m） | 长度 m | 内径（mm） | 壁厚（mm） | 钢 级 | 抗内压（MPa） | 抗外挤（MPa） |
|---|---|---|---|---|---|---|---|---|---|
| 完井管柱 | 88.9 | EUE | 4166~4807 | 641 | 76 | 6.45 | N80 | 70.1 | 72.7 |
|  | 114.3 | LTC | 3124~4166 | 1042 | 101.6 | 6.35 | P110 | 73.7 | 52.3 |
| 回接管柱 | 114.3 | LTC | 0~3124 | 3124 | 101.6 | 6.35/7.37 | P110 | 73.7/85.6 | 52.3/73.6 |

### 3. 井身结构示意图

苏 75-54-34H 井身结构见图 6-58。

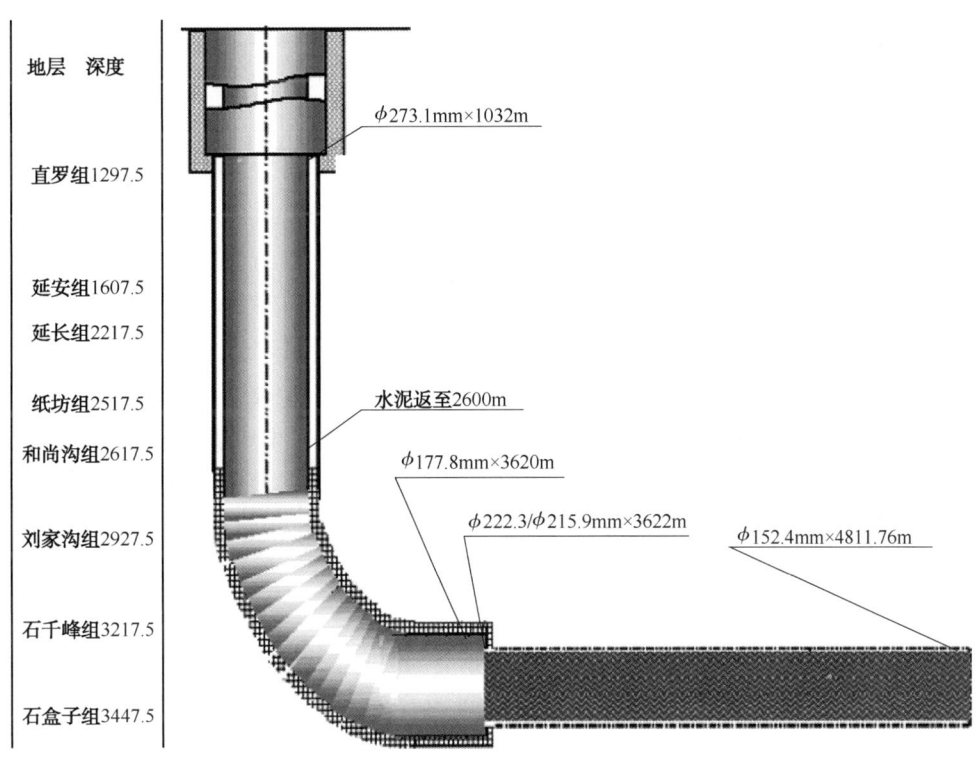

图 6-58 苏 75-54-34H 井身结构

### 4. 压裂井段

苏 75-54-34H 井压裂井段数据见表 6-18。

表 6-18 苏 75-54-34H 井压裂井段数据表

| 层段 | 压裂井段(m) | 压裂井段长度(m) |
|---|---|---|
| 第一段 | 4749.45~4794.83 | 45.34 |
| 第二段 | 4647.65~4749.45 | 101.8 |

续表

| 层段 | 压裂井段(m) | 压裂井段长度(m) |
|---|---|---|
| 第三段 | 4543.51~4647.65 | 104.14 |
| 第四段 | 4441.46~4543.51 | 102.05 |
| 第五段 | 4320.09~4441.46 | 121.37 |
| 第六段 | 4169.85~4320.09 | 150.24 |
| 第七段 | 4051.06~4169.85 | 118.79 |
| 第八段 | 3945.1~4051.06 | 105.96 |
| 第九段 | 3763.41~3945.1 | 181.69 |
| 第十段 | 3689.97~3763.41 | 73.44 |
| 第十一段 | 3605.11~3689.97 | 84.86 |

5. 压裂方式及设计思路

（1）压裂方式。

采用裸眼封隔器对裸眼水平段进行封隔分段，油管注入方式逐段加砂压裂。

（2）设计思路。

① 根据水平段测井、录井解释结果，采用裸眼封隔器分11段进行压裂。

② 为了更充分的改造水平段目的层，根据本区块水平井开发成功经验，采用"大液量、大排量"的体积压裂改造思路，以造复杂缝为目的。液体采用混合压裂液体系，即"滑溜水+基液+冻胶"的方式：利用前置滑溜水造缝；基液携带小粒径陶粒形成复杂缝，后置冻胶携带较高浓度、较高粒径陶粒连续加砂，增加裂缝导流能力。

③ 泥质含量较高的储层段，适当提高前置液量。

④ 多级支撑剂段塞打磨降低裂缝弯曲摩阻，保证加砂顺畅。

⑤ 本井采用羟丙基瓜尔胶压裂液体系，并采用较大排量施工，以降低液体滤失、提高液体的造缝效率。

⑥ 该地区闭合应力约50MPa，支撑剂选择中密度高强度支撑剂。

⑦ 本井采气树选用KQ65/70型采气树。

⑧ 为了实现快速排液，采取首尾段全程伴注液氮方式，其余段采取前置液伴注液氮方式，排量设计为150~200L/min。

（3）施工参数优化。

① 施工排量、压力及管柱优化。

施工管柱用 $3\frac{1}{2}$ in×641.0m + $4\frac{1}{2}$ in×4166m 油管，根据计算 7.0m³/min 时，施工压力 57.8MPa；8m³/min 时，施工压力 67.5MPa；因此该井施工排量确定为 7~8m³/min（具体施工排量根据现场施工压力确定），排量压力关系预测见表6-19。

表 6-19 施工压力预测表

| 排量<br>(m³/min) | 摩阻<br>(MPa) | 破裂压力<br>(MPa) | 静液柱压力<br>(MPa) | 液氮摩阻<br>(MPa) | 施工泵压<br>(MPa) |
|---|---|---|---|---|---|
| 6.0 | 25.2 | 56.1 | 34 | 3 | 50.3 |
| 7.0 | 32.7 | 56.1 | 34 | 3 | 57.8 |
| 8.0 | 42.4 | 56.1 | 34 | 3 | 67.5 |
| 9.0 | 52.3 | 56.1 | 34 | 3 | 77.4 |
| 10.0 | 64.0 | 56.1 | 34 | 3 | 89.1 |

② 液氮排量预测。

根据该井施工压力,预计液氮注入排量为 150~200L/min。

③ 裸眼完井管柱设计。

根据实际随钻伽马测井、岩屑录井、钻时等资料,结合钻遇的砂泥岩发育状况,设计水平段长 1229m,分 11 段设计,分段及封隔器的坐封位置见表 6-20。

表 6-20 井下工具位置表

| 分 段 | 井 段(m) | 封隔器坐封位置(m) | 滑套位置(m) |
|---|---|---|---|
| 第一段 | 4749.45~4794.83 | (裸封1)4749.45 | (压差滑套)4783.03/4780.69 |
| 第二段 | 4647.65~4749.45 | (裸封2)4647.65 | (投球滑套1)4679.27 |
| 第三段 | 4543.51~4647.65 | (裸封3)4543.51 | (投球滑套2)4575.14 |
| 第四段 | 4441.46~4543.51 | (裸封4)4441.46 | (投球滑套3)4473.03 |
| 第五段 | 4320.09~4441.46 | (裸封5)4320.09 | (投球滑套4)4361.33 |
| 第六段 | 4169.85~4320.09 | (裸封6)4169.85 | (投球滑套5)4220.68 |
| 第七段 | 4051.06~4169.85 | (裸封7)4051.06 | (开关滑套1)4086.03 |
| 第八段 | 3945.1~4051.06 | (裸封8)3945.10 | (开关滑套2)3981.55 |
| 第九段 | 3763.41~3945.1 | (裸封9)3763.41 | (开关滑套3)3830.03 |
| 第十段 | 3689.97~3763.41 | (裸封10)3689.97 | (开关滑套4)3726.80 |
| 第十一段 | 3605.11~3689.97 | (裸封11)3605.11 | (开关滑套5)3630.43 |
| | | (套封1)3137.96 | |

悬挂封隔器:3124.27m

④ 完井管柱。

苏 75-54-34H 井完井管柱示意图见图 6-59。

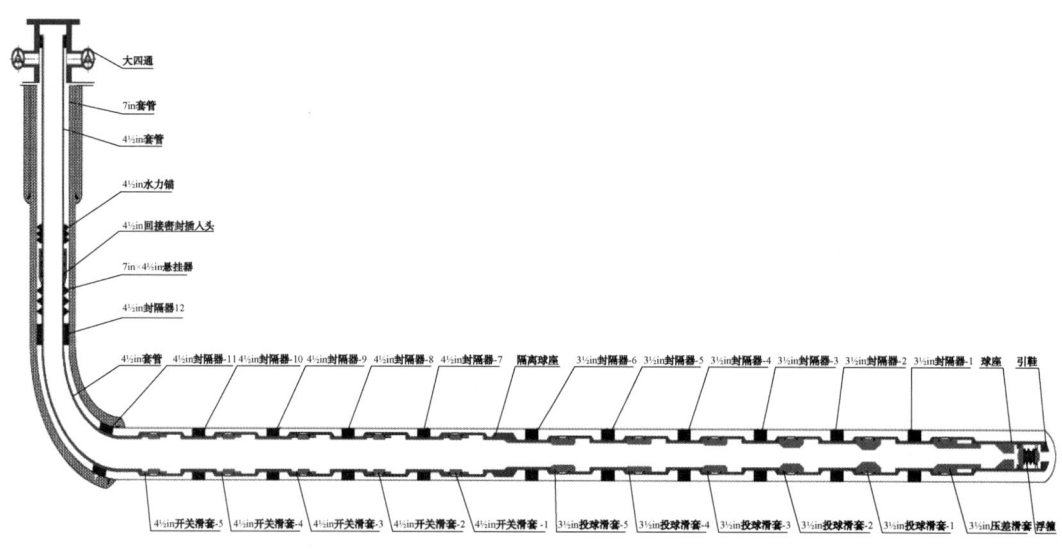

图 6-59 苏 75-54-34H 井完井管柱示意图

⑤ 回接管柱。

$4\frac{1}{2}$in 回接密封插头→$4\frac{1}{2}$in 水力锚→$4\frac{1}{2}$in 套管。

## (二) 完井施工情况

1. 通井过程

该井共分三趟通井，其过程概述如下：

(1) 第一趟单西瓜皮通井作业。

(2) 第二趟套管刮壁作业。

(3) 第三趟双西瓜皮+通井短节通井。

2. 下入完井管串

(1) 由井下作业队配备 2%KCl 溶液 120m³。

(2) 测量 $3\frac{1}{2}$in 油管与 $4\frac{1}{2}$in 套管长度，并根据压裂层位位置排好管串组合。

(3) 下入完井管柱，坐挂悬挂器。悬挂器坐挂后，涨封封隔器。

(4) 管柱验封：用水泥车继续打压至 25MPa，进行验证管柱密封性实验。

(5) 验封合格后，停泵，泄压，悬挂器倒扣，起出钻具。

(6) 回接管柱。

## (三) 压裂施工情况

1. 第一段压裂

第一段滑套采用压差滑套，滑套开启显示明显。该段设计液量 730.4m³，实际注入液量

794.4m³，设计沙量45m³，实际加砂45m³，最高施工排量7m³/min，最高施工压力63.2MPa，停泵压力9~24.2MPa(图6-60)。

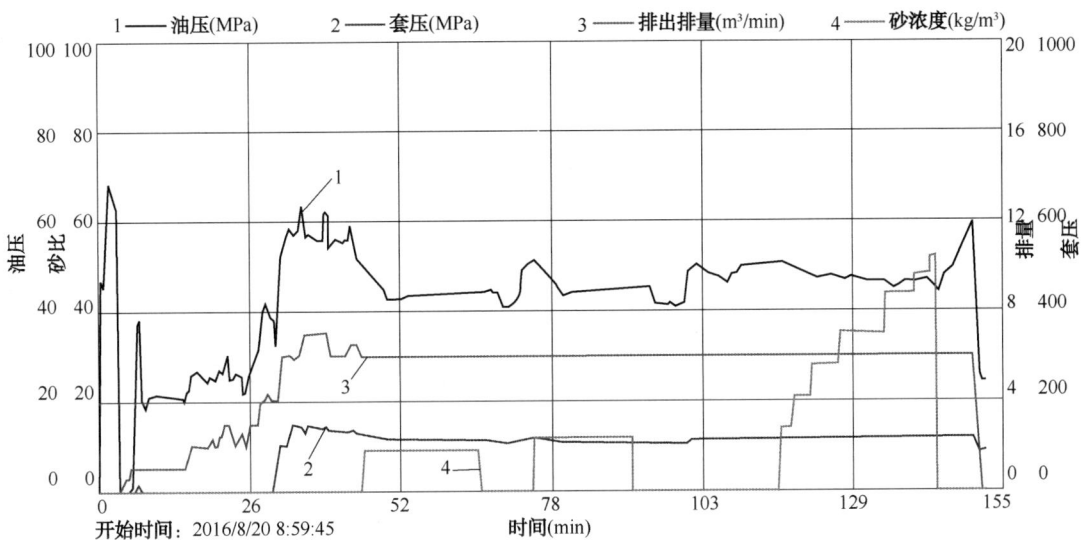

图6-60 第一段压裂曲线

2. 第二段压裂

第二段采用投球滑套压裂，该段设计液量851m³，实际注入液量968.1m³，设计沙量60m³，实际加砂60m³，最高施工排量8m³/min，最高施工压力55.5MPa，停泵压力28.9~18.9MPa(图6-61)。

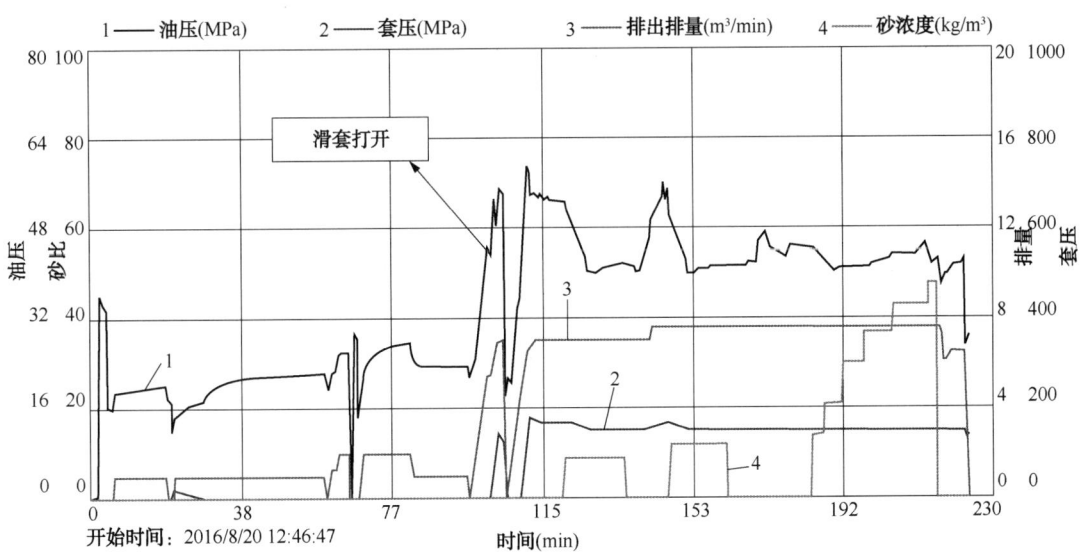

图6-61 第二段压裂曲线

3. 第三段压裂

第三段采用投球滑套压裂,该段设计液量759.4m³,实际注入液量895.1m³,设计沙量58m³,实际加砂58m³,最高施工排量7.4m³/min,最高施工压力58.5MPa,停泵压力35~10.4MPa(图6-62)。

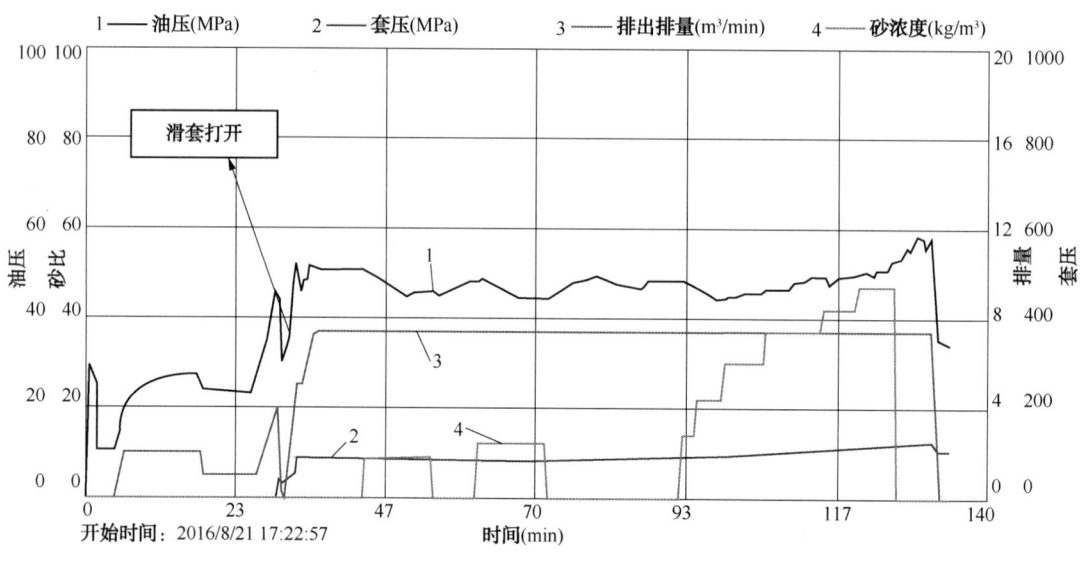

图6-62 第三段压裂曲线

4. 第四段压裂

第四段采用投球滑套压裂,该段设计液量749.8m³,实际注入液量807.3m³,设计沙量54m³,实际加砂49.3m³,最高施工排量8m³/min,最高施工压力60MPa,停泵压力34.2~18.2MPa(图6-63)。

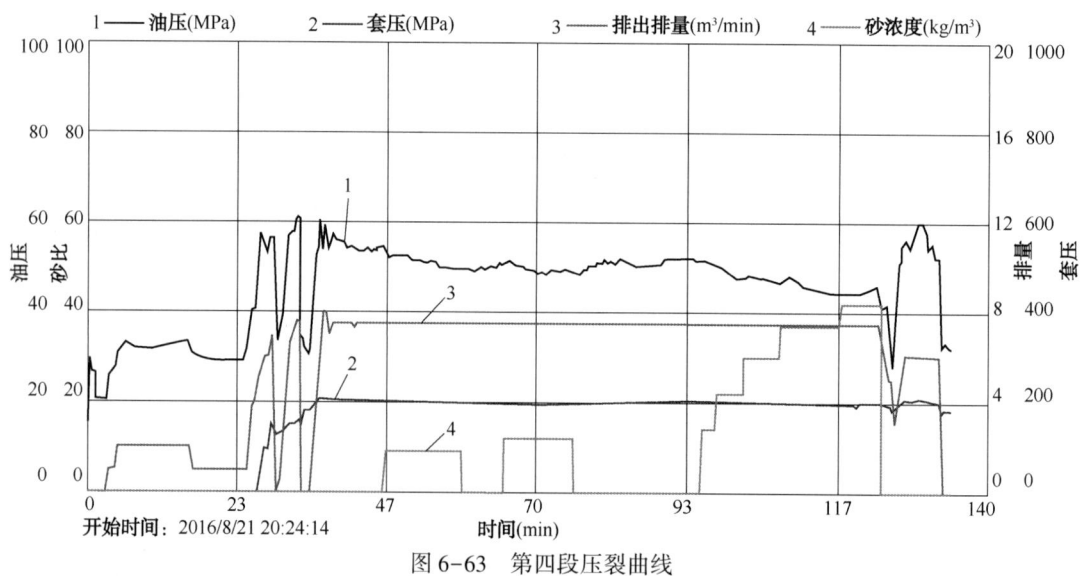

图6-63 第四段压裂曲线

## 5. 第5段压裂

第五段采用投球滑套压裂,该段设计液量753.3m³,实际注入液量817.3m³,设计沙量54m³,实际加砂56m³,最高施工排量8m³/min,最高施工压力52.6MPa,停泵压力29.5~14.6MPa(图6-64)。

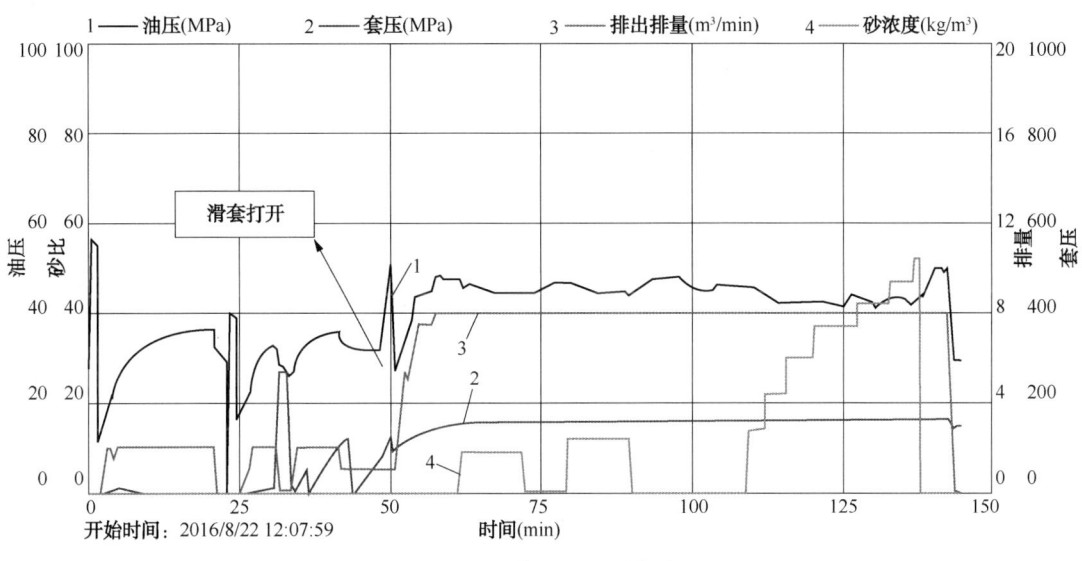

图6-64 第五段压裂曲线

## 6. 第6段压裂

第六段采用投球滑套压裂,该段设计液量795.1m³,实际注入液量868m³,设计沙量60m³,实际加砂30.3m³,最高施工排量8m³/min,最高施工压力44MPa,停泵压力23.2~6.6MPa。该段实际加砂量比设计量少一半,是由于当时交联剂不足,无法继续加砂导致。

该段顶替结束后,投入直径72隔离球,以2m³/min排量送球,注入液量26m³后降排量至1m³/min送球。注入量29m³时球到位,压力持续上升至40MPa,判断坐封后停泵。

## 7. 第7段压裂

第七段采用选择性可开关滑套压裂。压裂前先利用连续油管携带开关工具下入滑套入井位置将滑套打开,然后起出连续油管并检查和更换工具,待该段压裂结束后,下入开关工具关闭滑套,同时打开下一段滑套,起出连续油管检查和更换工具,如此反复操作,直到压完最后一段,下入开关工具一次性打开所有可开关滑套,起出连续油管后返排求产。

该段设计液量744.8m³,实际注入液量788.9m³,设计沙量54m³,实际加砂60m³,最高施工排量8m³/min,最高施工压力47MPa,停泵压力30.5~7.8MPa(图6-65)。

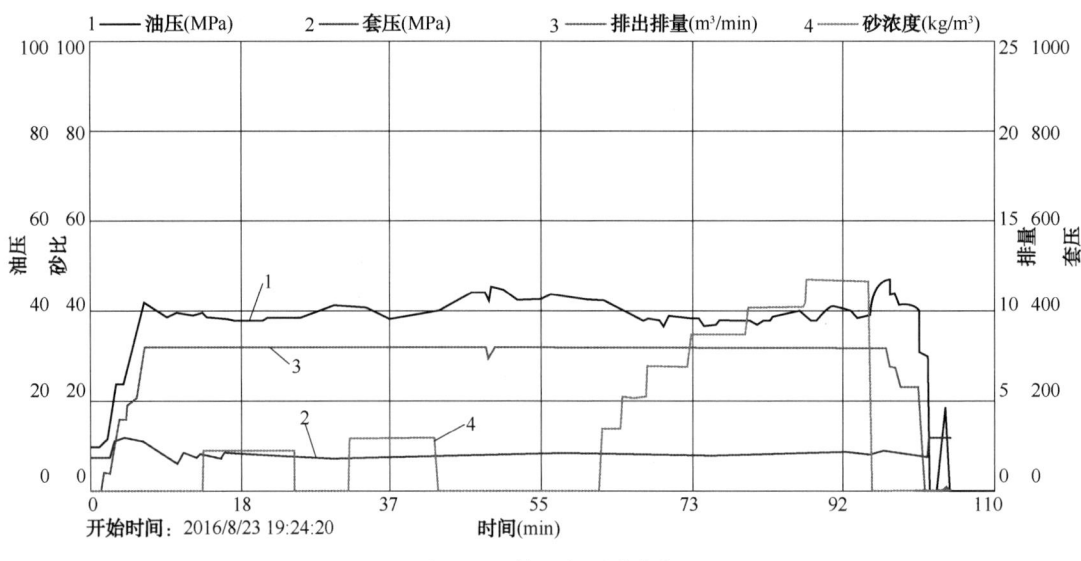

图 6-65 第七段压裂曲线

**8. 第 8 段压裂**

第八段采用选择性可开关滑套压裂，该段设计液量 775.1m³，实际注入液量 825.3m³，设计沙量 58m³，实际加砂 72m³，最高施工排量 8m³/min，最高施工压力 47MPa，停泵压力 27.8~22.4MPa(图 6-66)。

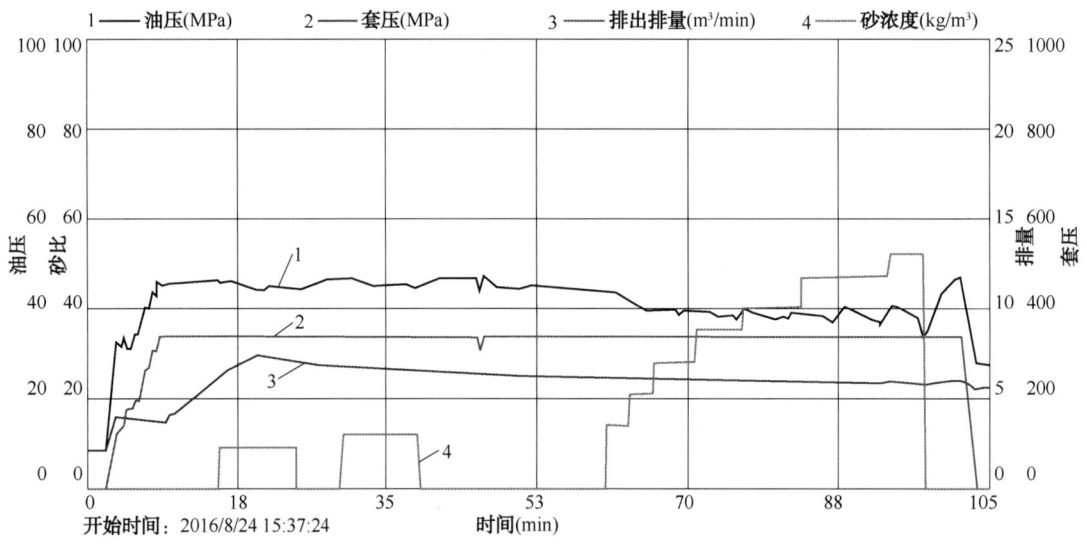

图 6-66 第八段压裂曲线

**9. 第 9 段压裂**

第九段采用选择性可开关滑套压裂，该段设计液量 840.7m³，实际注入液量 857.8m³，设计沙量 63m³，实际加砂 65m³，最高施工排量 8m³/min，最高施工压力 39MPa，停泵压力

21.3~24.8MPa(图6-67)。

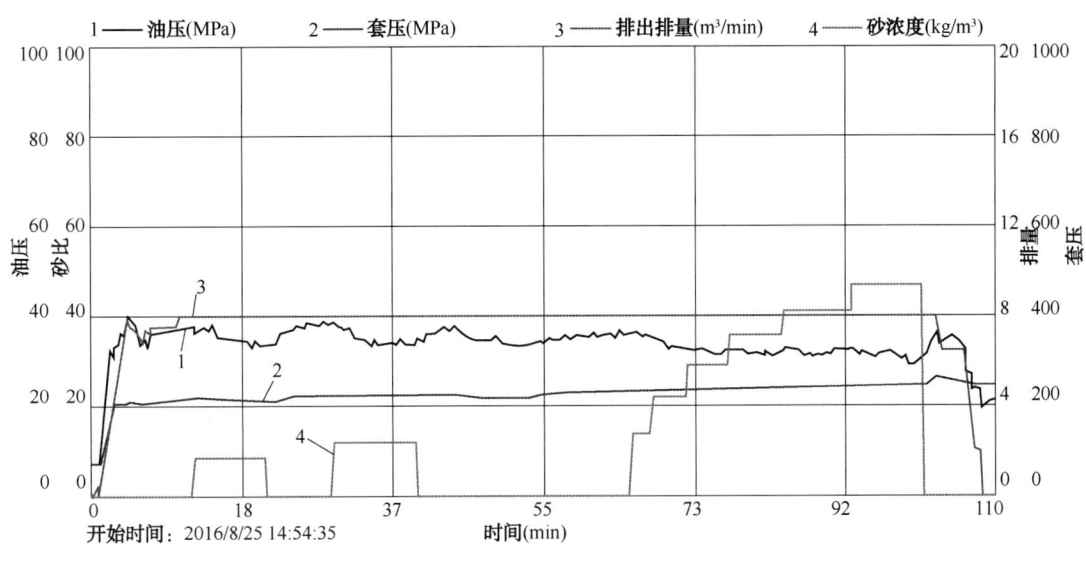

图6-67　第九段压裂曲线

10. 第10段压裂

第十段采用选择性可开关滑套压裂,该段设计液量846.4m³,实际注入液量901.5m³,设计沙量64m³,实际加砂74.4m³,最高施工排量8.5m³/min,最高施工压力44MPa,停泵压力28.3~16.1MPa(图6-68)。

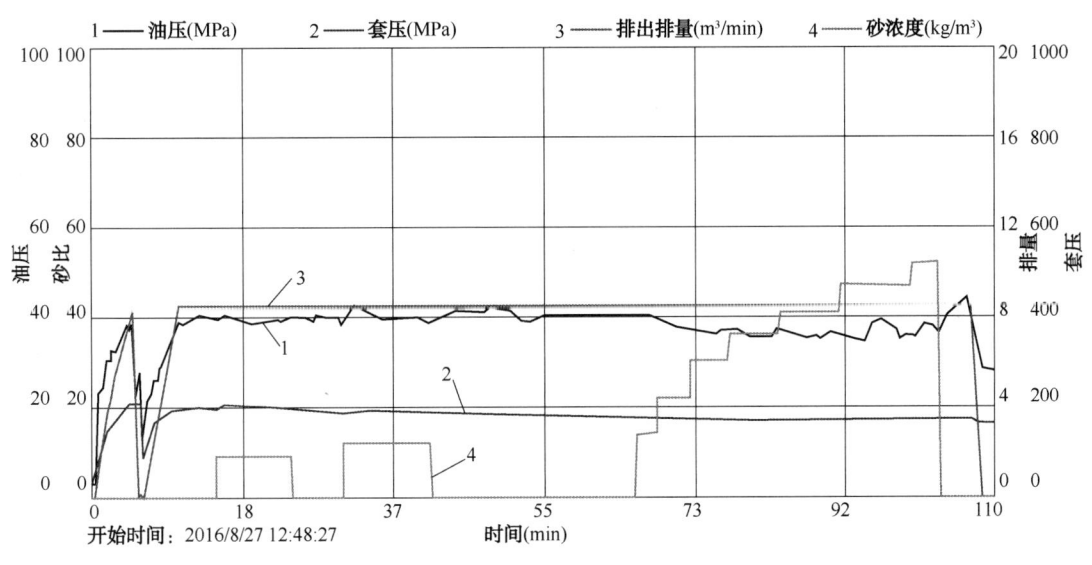

图6-68　第十段压裂曲线

11. 第11段压裂

第十一段采用选择性可开关滑套压裂,该段设计液量865.4m³,实际注入液量

868.3m³，设计沙量 64m³，实际加砂 64m³，最高施工排量 8m³/min，最高施工压力 46.8MPa，停泵压力 25.6~26MPa(图 6-69)。

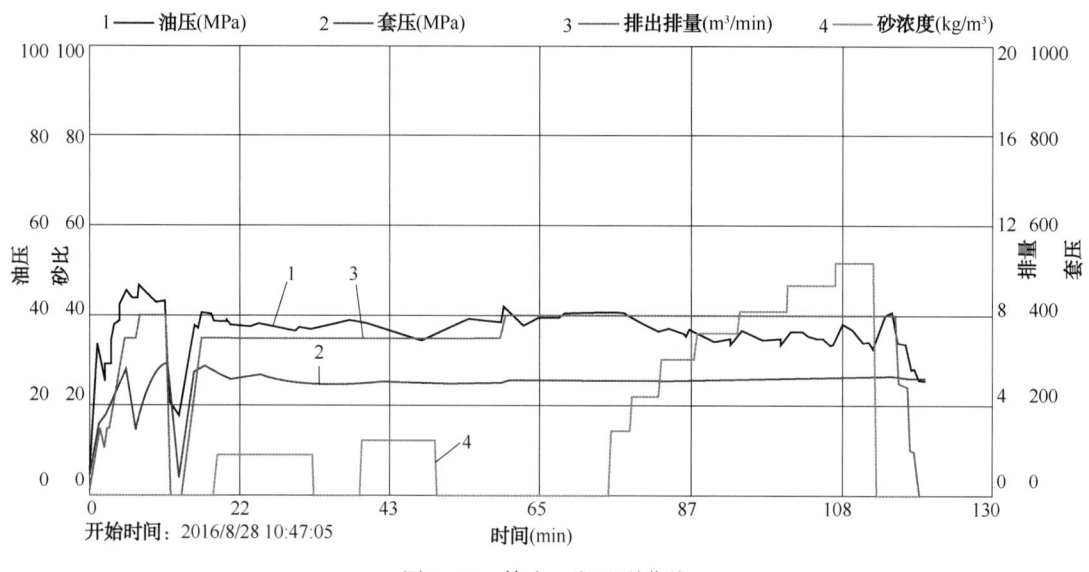

图 6-69　第十一段压裂曲线

12. 打开所有可开关滑套，排液

第十一段压裂结束后更换新工具，地面测试正常后下入工具准备打开下面 4 个可开关滑套。依次打开第 8、第 9、第 10 段滑套。所有开关滑套全部打开，各段压裂全部完成。

## 四、应用效果

苏 75-54-34H 井是一口开发水平井，完钻井深 4810m，水平段长 1227.3m，根据地质需要，设计采用了大排量体积压裂和关键层段开关控制分段储层改造技术，设计了 11 段复合滑套分段压裂技术，优化配套了全套复合分段压裂工具和配套设备，达到储层高效改造、大规模压裂、特殊层段能有效控制，使储层改造实现了真正意义上的无限制、可选择、大规模、能控制、精细化的技术目标。顺利完成了压裂施工作业，施工排量 8m³/min，总液量达到了 99000m³，总砂量 600m³，滑套打开和关闭成功，刷新了该区块水平井入井液量最大、砂量最大、入井液氮量最大、水平井单段加砂量最大等 4 项纪录。

根据目前跟踪掌握的情况，5 口试验井产量情况如表 6-21 所示。

表 6-21　选择性多级压裂及控制开采技术试验井产量情况表

| 序号 | 井　号 | 段　数 | 产　量 |
|---|---|---|---|
| 1 | 苏 76-4-1 | 2 段 | 日产：1.22×10⁴m |
| 2 | 苏 76-16-10H | 5 段 11 条缝 | 日产：3.56×10⁴m³ |
| 3 | 苏 76-43-35 | 3 段(实采 1 段) | 日产：1.2×10⁴m³ |

续表

| 序号 | 井号 | 段数 | 产量 |
|---|---|---|---|
| 4 | 苏75-60-34H | 10段 | 日产：$20×10^4m^3$ |
| 5 | 苏75-54-34H | 11段 | — |

该技术在苏76-4-1直井首次成功实施了2段选择性多级压裂现场试验，验证了技术的可行性和可靠性，压裂效果超过同类井。在苏76-16-10H水平井进行了5段11条缝选择性多级压裂现场试验，实现了13次开关，而且单层滑套进砂量达到同类压裂的3倍，仍然成功实现了多次开关，再次验证了工具的可靠性和先进性。在苏76-43-35井成功实施了分段酸压和测试，工具成功经历了酸压和分段测试的较长时间工作，更加验证了配套工具和技术的全面应用领域。在苏75-60-34H井实施了10段复合分段压裂管柱，使储层改造实现了真正意义上的无限制、可选择、大规模、能控制的技术目标，完成了大排量体积压裂施工作业，滑套打开和关闭成功，施工排量达到$9.2m^3/min$，施工压力达到72MPa，经过产量测试，获日产天然气$20×10^4m^3$，创造了苏里格地区储层改造技术的新纪录。苏75-60-34H井复合分段压裂技术的实施填补了该领域的技术空白。在苏75-54-34H井实施了11段复合滑套分段压裂技术，优化配套了全套复合分段压裂工具和配套设备，达到储层高效改造、大规模压裂、特殊层段能有效控制，使储层改造实现了真正意义上的无限制、可选择、大规模、能控制、精细化的技术目标，施工排量$8m^3/min$，总液量达到了$99000m^3$，总砂量$600m^3$，滑套打开和关闭成功，刷新了该区块水平井入井液量最大、砂量最大、入井液氮量最大、水平井单段加砂量最大等4项记录。通过应用获得以下结论：

(1) 该技术能够实现良好的层段间封隔：在苏76-16-10H水平井分5段，每一段在同排量条件下的进液压力是不一样的，分别为45、37.5、42、47、37MPa，验证了段间封隔可靠，也验证了地层的非均质性，以往的工具难做到。

(2) 工具开关可靠：开关滑套现场应用了18套，开关50次。其中水平段应用了13套，开关33次，尤其是在苏76-16-10H水平井试验的开关滑套，每一工具开关至少3次，并且单个可开关滑套经历了相当于常规滑套三段的进液量和加砂量，仍然开关成功，验证了工具的可行性和可靠性。

(3) 该技术能够实现分层段测试：在苏76-43-35井试验中，针对第一、第二层进行了酸压后评价测试，然后确定后续作业方式，并且选择性多级压裂及控制开采工具经历了酸压、排液后仍然成功关闭，实现了良好的分层改造和测试，为今后单井筒各层段分段评价提供了技术保障。

(4) 通过无限制、可选择、能控制、自验证的作业，获得了良好的作业效果：同地区直井的产量为$(7～8)×10^3m^3$，而苏76-4-1井的产量为$1.22×10^4m^3$，油压一直保持15MPa；苏76-16-10H水平井预计产量$3.56×10^4m^3$，初期实际产量$5×10^4m^3$；苏75-54-34H水平井日产到了$20×10^4m^3$，创造了区块记录。

(5) 能与其他分段压裂技术综合应用，满足不同层段的个性化改造需求。在苏75-60-

34H 和苏 75-54-34H 国内外首次成功实现了开关滑套与投球滑套的组合应用,创造了储层改造技术的先例,为复杂油气藏高效改造指明了方向。

(6)分别在直井、水平井应用了选择性多簇酸化、选择性试气、选择性多级压裂、合采、选择性分采、复合滑套压裂,各层段的压裂情况分析,显示了工具强大的功能,实现了真正意义的选择性多级压裂及控制开采技术,获得了良好的作业效果。

(7)井筒畅通:作业完成后能够保持井筒通畅,保障产气通道畅通,保证生产效果。

# 第七章　电控滑套压裂技术

本章对电控滑套技术的最新研究进展及井筒无线信号传输技术进行了分析调研，重点对水声信号井筒传输控制技术和射频识别井筒传输控制技术进行了论述，从其基本工作原理、技术难点、关键结构设计等方面详细分析了将水声通信技术和射频识别技术应用于石油钻井领域的设计方法。

## 第一节　概　　述

随着储层改造技术的发展，市场竞争日趋激烈，智能化与节约化趋势势在必行。针对常规和非常规油、天然气、煤层气、页岩气等分层改造与控制开采的需求，目前国内外已经形成多种分级改造与分采技术，其中滑套是常用分段措施改造与控制开采的核心工具之一。但目前的滑套在应用中级数受限，还需在提高控制级数、提高作业效率等方面进行攻关。

电控可开关滑套是一种新型井下控制工具，通过由地面向井下传输控制信号，从而控制井下任意一个滑套的开关。该滑套可用于解决压裂中分段级数受限的问题。由于无需下入工具即可实现对该滑套的反复开关操作，因此施工周期短(有效减少了辅助作业时间与作业准备时间)、减少辅助液体用量、分级段数多、改造针对性强、便于实现井下分层管理，同时可以极大地节省施工成本，减小作业风险。对该工具的研发将有助于实现储层改造技术快速便捷，降低施工成本，为推进智能化完井做好技术准备，提高市场竞争力。

### 一、电控滑套技术研究进展

国外研究方面，贝克休斯公司研制的 InCharge 智能完井系统实现了完全电气化，使用可变阻流器和高精度温度压力传感器，对油管和环空中井底油层的实时压力、温度和流量及油井的生产和注入情况进行监测，对各个油层的流量进行连续监测和控制。该系统还可以通过个人计算机选择打开或者关闭某一产层。威德福公司研制的远程控制滑套通过控制与滑套相连的两条液压管线中的压强来实现滑套开关的目的。

国内研究方面，智能电动开关滑套由地面给出信号控制井下电动开关滑套的开关动作，操作过程简单可靠，工作效率高，可以实现管柱内径全通径，电动开关滑套的使用数量不受限制，最终实现水平井、直井的分段压裂不受级数限制，施工过程简单可靠，避免了管柱来回拖动，节约了施工成本。一种液压滑套通过地面液压控制装置产生压力变化的液压作为控制信号，传递给水平段的各个压裂施工单元内的液压滑套，液压滑套接收到各自压力信号后才能打开或关闭，从而不用逐级投球便能实现水平段无限极分段压裂，同时还可实现后期分段生产。一种井下电液控制压裂滑套通过向井下电液控制压裂滑套内投放电子标签球来控制滑套的开关，操作简单方便。

## 二、井筒无线信号传输控制技术

由上述电控开关滑套的国内外研究进展可知，要实现滑套的开启与关闭，控制信息的井下传输及井下储层、地层信息的实时上传监测是两大基本问题。传统信息传输采用有缆传输方式，无法做到实时、高效、低成本运行，且需要大量的人工操作，无法满足目前采油工业自动化的需求。因此，我们急需开发能适用于多种井况条件的无缆传输方式，利用网络和通信技术实现油气生产现场各类数据的实时上传和分析，完成地面对井下控制指令的精准下达。然而，不同于地面信息的无线传输，井下信息的无线通信由于特殊的环境面临巨大的技术瓶颈和挑战。由于井下温度高（当井下深度5000m以上时，其温度可达100℃以上）、井内空间狭小、油管按节连接、套管内壁不光滑、井下水油气多种介质状态并存等多种原因，地面对井下阀门的控制指令传达的准确性逐渐降低，同时井下数据的上传也由于信道条件逐渐恶化而难以保证较高的精度和速率。特殊的作业环境对深井无线智能控制系统提出了更高的要求。此外，不同油井环境也对无线通信方式的选择提出了不同的要求。如何针对复杂环境，在信道恶劣的条件下实现井下多个阀门的无线智能控制是研究的重点和难点。

常用的井下无线信息通信技术包括钻井液脉冲传输技术、电磁波传输技术、声波传输技术和射频识别技术等。

钻井液脉冲传输技术通过脉冲发生器改变钻柱内的钻井液压力，形成压力波而将测量数据以脉冲的形式传递到地面，由地面安装的压力传感器接收信号，并通过信号分析获得需要的数据信息。其优点是对钻杆要求不高，利用钻井液作为介质，技术成熟、结构简单、可靠性好、可远距离传输，缺点是传输速度慢，数据传输过程中易受噪声影响，不能用于水平钻探，传输速度对钻井液含气量非常敏感，脉冲信号衰减程度受多种因素影响。

电磁波脉冲信号传输技术由井下数据处理模块对传感器测量到的信号进行处理，将处理后的信号加载到载波信号上进行调制，由超低频电磁波发射器将已调制信号向四周发射，地面的电磁波接收装置接收到电磁波信号后，对电磁波信号进行处理，从而得到井下随钻测量数据。优点是信号传输速率较高，可有效应用于欠平衡钻进、水平钻探中，系统无活动部件，工作可靠，制造成本低，不受井斜角大小、钻井液、钻进方式等条件限制；缺点是信号传输距离较短，地层适应性差。

声波传输技术利用声波作为载波信号实现地面与井下信息的双向通信，传输速率可达到1kbit/s，具有传输距离远、通信速率高、信号稳定、通用性好的优点，但受空间形状、管壁光滑度、介质成分、温度、压力等因素影响，声波在管柱内传播时存在不同程度的衰减,且传输过程中可能存在的多径效应、多普勒效应和起伏效应会影响信号解码的正确性。

射频识别技术由阅读器通过发射天线发送特定频率的射频信号,当电子标签进入有效工作区域时产生感应电流,从而获得能量、电子标签被激活,使得电子标签将自身编码信息通过内置射频天线发送出去;阅读器的接收天线接收到从标签发送来的调制信号,经天线调节器传送到阅读器信号处理模块,经解调和解码后将有效信息送至后台主机系统进行相关的处理;主机系统根据逻辑运算识别该标签的身份,针对不同的设定做出相应的处理和控制,最终发出指令信号控制阅读器完成相应的读写操作。其优点是信号传输稳定、传输速率快、通用性好、受井下环境影响较小,但在井下复杂工作环境下,阅读器对电子标签的识别速度、识别率、标签的存储容量等均是影响其在石油钻井领域应用的限制条件。

本文重点对采用水声波和射频传输方式实现注水油井、长距离非直线油井等不同井况下的阀门控制进行介绍。水声声波、无线射频信号作为控制指令的载体,以油井内的水汽油混合物、抽油管壁、标签为传播媒介,通过发射、接收系统完成对信息的编码、调制、放大、发送、接收、采样、解码等,最终实现地面对深井阀门的精准控制。

## 第二节 水声信号井筒传输控制技术

### 一、水声信号传输控制技术原理

在油气井中,套管内空间存在大量的水、油、气混合物,尤其在油井注水后,管内有长达几千米的水油混合介质。该介质属性复杂,利用传统的电磁波进行无线传输,会遇到严重的信号衰减。因此,考虑采用声波作为媒介进行控制信息传输,它是唯一能够实现水下通信的信息载体。由于声波在空气中会严重衰减,气、水两种介质交界面存在严重声反射现象,因此需要油井套管内的空气介质空间越小越好。基于此,传送控制信息前需要将管道内注满水,井内液面上升到地面位置处。为了保证声波传输的可靠性,注水结束后需将注水泵关闭,尽可能减小噪声干扰带来的信息传递误差。水声通信系统结构如图7-1所示。

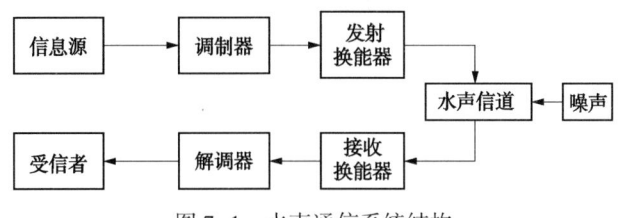

图7-1 水声通信系统结构

图7-1中,信息源将原始的信息转化为电信号,原始电信号的特点是包含频率较低的频谱息号,不利于信号远距离的发送和接收,因此,往往不会将原始电信号直接传输,而是将原始电信号在调制器里按照一定的调制方式转化为易于发射的信号,再经过发射换能

器转化为相应的水声声波信号；接收端的接收换能器负责接收水声信号，并且将水声信号转化为相应的调制信号；调制信号在解调器中将原始的基带信号解调出来，发送给受信者，实现水声通信的全过程。调制信号包含两个特征：携带了原始的基带信号；比基带信号更适合在信道中传输。调制信号通常又称为频带信号。

在发射调制信号前，调制信号需要在水声换能器转化成声波信号。水声换能器的作用相当于电磁波通信中的天线，主要功能是负责发送和接收信号，换能器可以实现电信号与声波之间的转换。为了实现信号的远距离发送，换能器需要大功率输出，因此发送换能器需要设计阻抗匹配的功放电路。同一个换能器无法对所有频段的信号实现转换，它自身有一定的工作带宽。在设计调制器时，载波的频率要适合水声换能器的工作频带。只有满足工作频带的要求，从功率放大器输出的调制信号才会在换能器里转化为声波信号，发射到水声信道中去。接收换能器又叫水听器，它可以将信道中的声波信号转为相应的电信号，在复杂的信道中接收到的信号必然有许多的干扰，因此接收换能器后端需要设计模拟滤波电路，滤掉其他干扰信号。

## 二、水声信号井筒传输控制技术难点

### （一）水声传感器的耐高压技术。

井口和井下均为高压环境，普通换能器及元器件无法承受高压而不能正常工作。因此，采用耐高压金属作为换能器主体材料，并设计合理的设备安装方式，对设备的正常运转及实验人员的人身安全至关重要。

### （二）水密技术

水声通信设备的水密技术无疑是设备研制过程中需要重点考虑的问题，对设备的正常工作至关重要。设备研制过程中要从设备整体、局部多角度进行水密、技术与工艺设计，并且要考虑通信设备和其他设备的协调性，以及与井下结构的协同设计。

### （三）狭小环状空间内声场建模与衰落测算

水声声波所在空间为套管与抽油管之间的环状空间，声波在其中传播会存在多种模式以及多级反射。由于套管直径很小，声波在其中会受到流体黏滞性的影响，出现不同于广阔空间内传播的额外衰减。为了抑制多模式声波的出现，需要测算截止频率，选择低于截止频率范围内的声波作为发射信号的中心频率。同时要综合考虑换能器指向性、接收换能器灵敏度选择、非理想水介质对声衰减的影响，此过程十分复杂。

### （四）高效的信道编码和调制技术

水声通信中带宽是最宝贵的无线通信资源，但是由于水声通信的恶劣环境，通信质量无法保证，一般采用前向纠错编码的方法来提高传输质量。而采用前向纠错编码方案，不可避免的会带来带宽扩展。所以说水声通信是一个发射功率受限，传输频带受限的典型系统，要求采用兼具频带有效性和功率有效性的高效信道编码和调制方案，同时要综合考虑水声无线通信环境下，接收端进行同步的代价。

### （五）同步技术

同步技术是接收端能否进行正确解调、译码的前提条件。由于水声通信的恶劣环境，对水声通信系统的同步提出了更高的挑战，如何恢复载波信号的频率和相位来实现码元同步，如何设计同步符号和信息符号的比例即帧结构都是本设备在研制过程中迫切需要解决的问题，必须根据水声通信特定的信道环境属性，综合考虑多径效应、多普勒频移和通信模式等诸多因素来合理设计同步方案。

## 三、水声换能器

水声信号在传输过程中，随着信号传输距离增大，信号就会损失更大的能量，直到信号减弱到无法检测，也就是"消失"。声波传输时的能量损耗影响这套通信系统的通信距离。声波在传送时，波阵面 S 会不断地扩大，那么单位面积上的能量密度就会减少，信号在发射方向上的声强减少。因为声波的辐射方向总是向四面八方辐射，所以这种损耗叫扩展损耗，是不可避免的。

声波损耗的另一种形式是发生了能量转化，一般来说是声能转化为热能，在声波传递时，这种扰动的声波介质会与周围静态介质发生摩擦，做功生成热能，进而导致声波信号的衰减。这种能量损耗是叫做吸收损耗，产生热能的损耗是不可逆转的。黏滞理论是指分子之间存在黏滞力，在声波穿过过程中会消耗声波的能量，产生热量。

针对油井环境，通过对声传播进行合理建模、对声损失进行分析及估算，我们从理论层面得出如下结论，并给出了发射信号频率的建议值，用于初步实验。

（1）井口的声波指向性低，在衰减可容忍的频段内指向性不会有本质改变，因此频率高低对指向性不起作用。

（2）通过截止频率来看，在我们所考虑的频段内，只有单模波出现。考虑频段内，满足远场条件。

（3）从衰减程度和发射功率角度讲，频率在 10kHz 左右比较合适，但只是理论分析结果，需要实验验证和修正。因此，换能器考虑制作频率 12kHz 左右一对，防止高频出现不可预测的严重衰减，参数如表 7-1 所示，结构设计如图 7-2 所示。

表 7-1 水声换能器技术指标

| 序 号 | 参数名称 | 发射换能器技术指标 | 接收换能器技术指标 |
| --- | --- | --- | --- |
| 1 | 尺寸（mm） | 外径 55 | 外径 25 |
| 2 | 长度（mm） | 220 | 约 100 |
| 3 | 抗压力（MPa） | 70~80 | |

续表

| 序号 | 参数名称 | 发射换能器技术指标 | 接收换能器技术指标 |
|---|---|---|---|
| 4 | 耐温(℃) | −20~50 | 170 |
| 5 | 抗冲蚀能力 | 能抵抗5m/s沙粒流冲蚀 | |
| 6 | 频率(kHz) | 12 | |
| 7 | 传输距离(km) | 4.5 | |

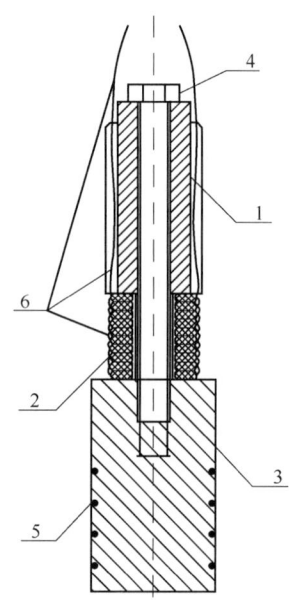

图7-2 水声换能器

1—压盖中心管；2—压电陶瓷组；3—发声体；4—固定螺栓；5—密封圈；6—音频传输线

图7-2中，发声体由钛合金制成，外周设有密封圈，压电陶瓷组采用压电陶瓷圆环和薄金属片交替堆叠而成，两者间通过环氧树脂胶合。压电陶瓷圆环由PZT压电陶瓷制成，相邻圆环间极化方向相反，薄金属片为铝合金材料，厚度设计为0.1mm，薄金属片上焊有音频传输线，压电陶瓷组、发声体、压盖中心管通过固定螺栓连接为一体。

## 第三节 射频识别井筒传输控制技术

### 一、射频识别井筒传输控制技术原理

RFID系统至少包含电子标签和阅读器两部分。其中，电子标签又称为射频标签、应答器、数据载体；阅读器又称为读出装置，扫描器、通信器、读写器(取决于电子标签是否可以无线改写数据)。电子标签与阅读器之间通过耦合元件实现射频信号的空间(无接触)耦合，在耦合通道内，根据时序关系，实现能量的传递和数据的交换。射频识别系统的基本

模型如图7-3所示。

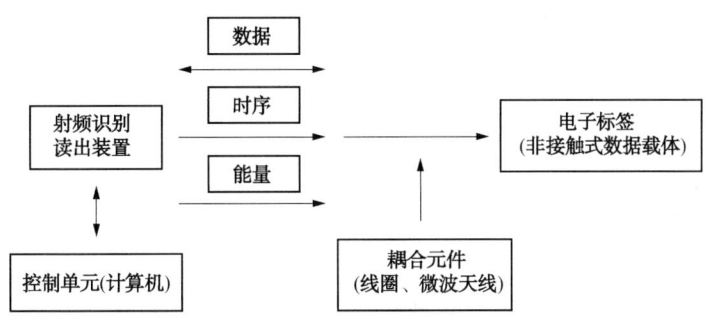

图7-3 射频识别系统的基本模型

RFID阅读器(读写器)通过天线与RFID电子标签进行无线通信,可以实现对标签识别码和内存数据的读出或写入操作。典型的阅读器包含有高频模块(发送器和接收器)、控制单元以及阅读器天线。

按照读写器发射频率的不同,RFID系统可分为低频段(135kHz以下)、高频段(13.56MHz)、超高频段UHF(860~960MHz)和微波频段(2.4GHz以上)等几大类。按电子标签供电方式的不同可以分为无源和有源两种。无源RFID电子标签通过自身的标签天线感应读写器发射的电磁波来产生整个芯片工作的电源。因此,如何高效地利用感应到的能量给芯片供电成为无源RFID标签芯片模拟前端中最重要的问题;有源电子标签由于本身带有电池,不需要射频供电,因此其工作距离较远,但寿命较短,而且成本相对较高。载波频率在13.56MHz的高频RFID系统由于具有较低的成本(低于超高频和微波频段)、较远的工作距离(最大达到1.5m)而得到最广泛应用。

发生在阅读器和电子标签之间的射频信号的耦合类型有两种:

(1)电感耦合:变压器模型,通过空间高频交变磁场实现耦合,依据的是电磁感应定律。

(2)电磁反向散射耦合:雷达原理模型,发射出去的电磁波,碰到目标后反射,同时携带回目标信息,依据的是电磁波的空间传播规律。

电感耦合方式一般适合于中、低频工作的近距离射频识别系统。典型的工作频率有:125kHz、225kHz和13.56MHz,识别作用距离小于1m。

井下RFID通信系统应用于低频,载波频率为125 kHz,采用电感耦合方式。

## 二、射频识别井筒传输控制系统设计

井下RFID通信系统架构如图7-4所示,系统由发送端和接收端两部分组成。发送端由RFID标签组成,负责向接收端发送标签内存储的信息;接收端由线圈天线和RFID接收板组成,负责接收RFID标签信息以及与主控器通信。

当RFID标签进入识别范围后,RFID接收板与标签进行通信,并将读取到的标签信息通过串口发送至主控制器,完成对设备的操作。射频通信系统性能参数见表7-2。

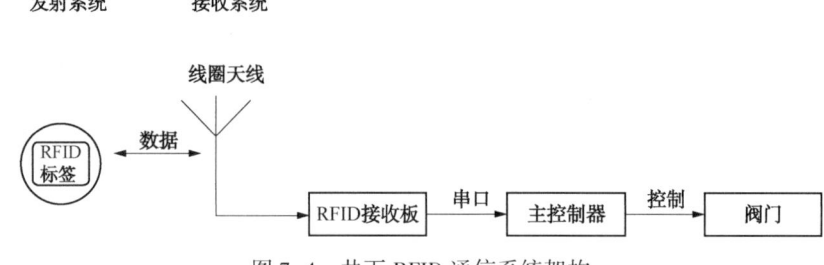

图 7-4　井下 RFID 通信系统架构

表 7-2　射频通信系统性能参数

| 序号 | 参数 | 指标 | 序号 | 参数 | 指标 |
| --- | --- | --- | --- | --- | --- |
| 1 | 系统主频 | 72MHz | 5 | 最大识别速度下识别率 | 85% |
| 2 | Flash 容量 | 32KB | 6 | 供电电压 | 7.4V |
| 3 | SRAM 容量 | 10KB | 7 | 系统工作年限 | >1 年 |
| 4 | 最大识别速度 | 4m/s | | | |

### 三、射频识别标签

RFID 标签由芯片及内置天线组成，芯片内保存有一定格式的电子数据，放在被识别物体上，作为待识别物品的标识性信息，它是射频识别系统真正的数据载体，内置天线用于和射频天线间进行通信。通常，标签没有自己的供电电源，其工作所需的能量，是通过耦合单元（非接触的）传输给标签的。当标签进入接收器感应范围时，天线谐振为标签供能，同时标签将 ROM 模块存储的信息通过天线发送至接收器，设计完成的 125kHz 射频标签如图 7-5 所示。

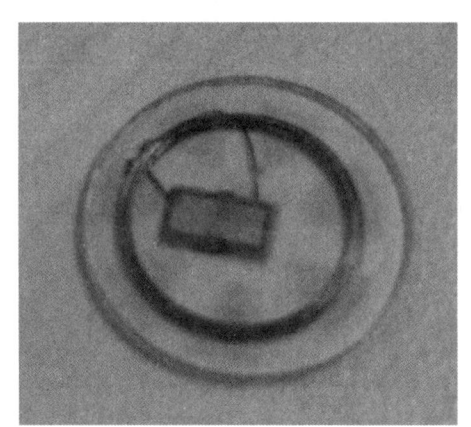

图 7-5　RFID 标签

### 四、射频识别绕组传感器设计

射频识别绕组传感器作为读写器信号发射装置，用于向读写器周围空间发射射频信号，并监测射频标签是否进入可识别区域。

射频识别绕组传感器安装在压裂管线中，包括依次螺纹连接且接口处密封的上接头、外筒和下接头，在外筒内、上接头和下接头之间安装有一个中心管，中心管为工程陶瓷中心管，在中心管中部的外周面上形成有一个环形长槽，在该环形长槽内设置有绕组，该绕组两端的导线分别经连接装置与外部测试仪器连接。中心管采用高性能的工程陶瓷，工程陶瓷为非屏蔽材料，能够耐高压、抗冲蚀，从而有效保证了该传感器的感应灵敏度和对线圈的保护。通过中心管两端的金属环或触点环以及外筒上的导线接头能够确保绕组的两根导线方便地与外接导线连接，从而能够方便、准确地进行检测，其结构如图 7-6 所示。

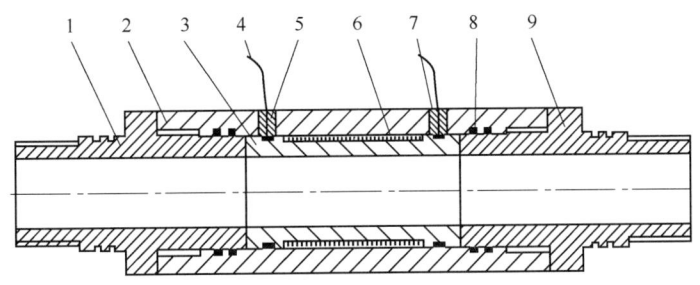

图 7-6 射频识别绕组传感器结构

1—上接头；2—外筒；3—中心管；4—外接导线；5—高压线接头；
6—线圈组；7—触点环；8—密封圈；9—下接头

图 7-6 中，在外筒 2 内、上接头 1 和下接头 9 之间安装有一中心管 3。该中心管 3 中间形成通孔，采用高性能的工程陶瓷如碳化硅、氮化硅或类似材料制成，能够耐高压、抗冲蚀，保证线圈组 6 与触点环 7 不受流体冲蚀与沙粒冲击破坏。在中心管 3 中部的外周面上形成有环形长槽 b，在环形长槽 b 内设置有绕组 6，绕组 6 两端的导线分别经连接装置与外部测试仪器连接。每个连接装置包括金属环 7、高压线接头 5 和外接导线 4，在中心管 3 外周面上靠近两侧端口处各形成有一环形槽 a，金属环 7 安装在该环形槽 a 内。两环形槽 a 和环形长槽 b 之间分别通过槽 c 连通，在外筒 2 上与中心管 3 两端的环形槽 a 分别对应的位置处各形成有一孔（图中未标出），高压线接头 5 安装在孔内。绕组 6 的两端的导线经槽 c 分别焊接在两个金属环 7 上，导线接头 5 的下端与触点环 7 接触，导线接头 5 的上端与外接导线 4 焊接。通过这种结构，即可保证中心管上的绕组与外部测试设备连接。金属环 7 优选采用触点环，该环由铜类等软质金属制成，导线接头下的触点可以压入环面，从而保证二者可靠接触。导线接头 5 优选为高压导线接头，具有密封外筒 2 的上孔的作用，使得中心管 3 外侧与外筒 2 内侧构成相对压力稳定的间隙腔，中心管 3 与外筒 2 之间间隙很小，足以阻挡砂粒进入绕组空间，该间隙腔两端压差极小，内部基本无流体通过，不会受到液体冲蚀与沙粒冲击，从而有效保证了施工中绕组的正常工作。绕组 6 由绝缘线绕制而成，可以按螺旋形绕制，也可以根据需要按照一定的规则缠绕。上接头 1 和下接头 9 结构类似，两者的一端均通过螺纹扣连接外筒 2，另一端均通过密封扣连接压裂管线。外筒 2 内部两侧各设有两个密封圈槽，通过密封圈与上、下接头之间形成密封。

使用时将该传感器两端分别接入压裂管线中，将两根外接导线接入测试仪器，即可实现对经过的流体进行检测。

# 第八章　连续油管喷砂多簇射孔多层压裂技术

连续油管喷砂多簇射孔多层压裂技术是通过封隔器封隔后，连续油管多簇喷砂射孔射开套管，环空进行主压裂，可实现较大规模分段改造。压裂一段后，解封封隔器，上提到上一施工层段，重复进行定位、坐封、射孔、压裂作业。该技术的关键是连续油管底部封隔分段压裂工具，包括多次重复坐封封隔器、压力平衡阀、机械接箍定位器和喷砂射孔工具等井下工具，适用于直井、斜井薄互层的精细压裂和水平井的多级分段改造。产品包括能够满足多次坐封及高压密封的封隔器密封系统、定位感应力可调的机械接箍定位器以及可以反复多次活动密封且具有正向封堵功能的压力平衡阀等多项创新技术。

多次重复坐封封隔器可多次坐封解封，能完成多段分段改造，施工后工具串可起出井筒，便于后期修井作业；机械接箍定位器可精确定位射孔位置，可实现薄互层改造。工具一次入井可以完成12段(层)及以上的分段改造，最小改造层厚度仅2m，相比常规作业，缩短施工周期60%以上。

## 第一节　连续油管底部封隔器及配套工具

### 一、工具管柱总体结构设计

连续油管喷砂多簇射孔多层压裂技术实现的关键是多次重复坐封封隔器、压力平衡阀、喷砂射孔工具、接箍定位器等关键部件组成的工具管柱，其中多次重复坐封封隔器及其工具管柱组合是实现储层针对性改造的核心(图8-1)。

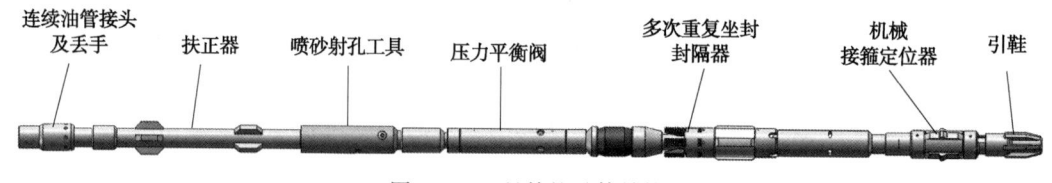

图8-1　工具管柱总体结构

#### (一)工具管柱结构

(自下而上)接箍定位器+封隔器+压力平衡阀(反循环阀)+喷射工具+扶正器+连续油管接头及丢手。

## (二) 工具管柱施工工艺流程

(1) 连续油管下喷砂射孔工具至100m进行封隔器功能测试;
(2) 下入连续油管至预定位置;
(3) 反循环替基液;
(4) 套管接箍定位器定位、校深;
(5) 下放连续油管坐封封隔器;
(6) 连续油管打压验封;
(7) 连续油管内喷砂射孔;
(8) 反循环替液,将喷砂液替出井筒;
(9) 按设计环空进行加砂压裂施工;
(10) 封隔器解封,上提连续油管至下一个施工井段;
(11) 重复步骤(2)~(10),完成下步施工。

## (三) 工艺原理

利用连续油管带机械封隔器下至需要压裂改造层段下部,然后通过连续油管向下施加重力,使封隔器坐封,封隔器坐封好后,再向连续油管内泵注带磨料的流体,带磨料的流体经喷射工具以高速射流穿透套管和地层,完成第一簇射孔。接着上提管柱在新的位置,再次坐封工具进行多簇射孔,形成主压裂流体进入通道。主压裂前将工具管串下放坐封至最下面一簇射孔深度以下位置,然后再通过连续油管与套管间的环形空间对以上多簇射孔层段实施压裂改造,压裂完成后,连续油管向上提升,机械封隔器解封,连续油管再上提工具管串至第二压裂改造层段下部,重复上述步骤,完成第二层段的压裂改造。如此重复,可在一口井内实现多簇射孔多个层段的改造作业。

## (四) 技术指标

(1) 工作压力:70MPa;
(2) 适应井深:≤5000m;
(3) 工作温度:≤150℃;
(4) 适应套管:5½in、5in、4½in。

## 二、多次重复使用的机械封隔器

针对套管及连续油管作业机的工作特点及连续油管强度,设计了可多次坐封封隔的机械封隔器。主要结构由坐封解封机构、锚定及承力机构、密封承压机构等组成,如图8-2所示。其实物图如图8-3所示。

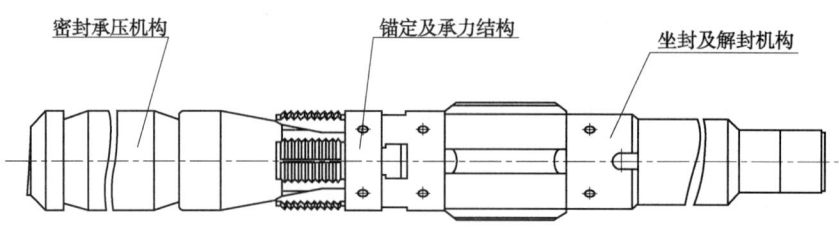

图 8-2 多次重复使用机械封隔器结构图

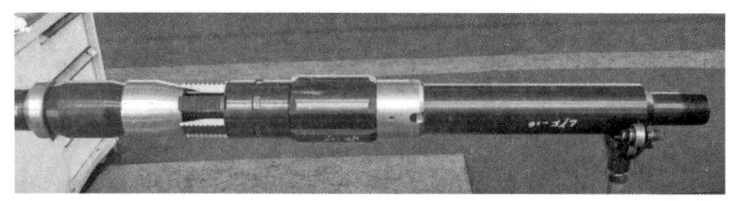

图 8-3 多次重复使用机械封隔器样机实物图

## (一) 工作原理

封隔器及配套工具下到预定位置附近后,通过封隔器下的接箍定位器准确定位后,先上提连续油管一定距离,然后下放连续油管一定吨位,封隔器锥体推动卡瓦张开卡着套管,继而压缩胶筒贴紧套管形成密封。喷射射孔及施工完成后,需解封时,上提连续油管,封隔器解封。

## (二) 技术指标

(1) 工作压力:70MPa;

(2) 工作温度:≤150℃;

(3) 工具一次入井可施工 5~12 段,最高可达 18 段;

(4) 5½in 规格最大外径 $\phi$117mm、最小内径 $\phi$45mm、总长 1245mm;

(5) 5in 规格最大外径 $\phi$105mm、最小内径 $\phi$38mm、总长 1170mm;

(6) 4½in 规格最大外径 $\phi$96mm、最小内径 $\phi$34mm、总长 1110mm。

## 三、压力平衡阀

为了确保封隔器的可靠解封及多次作业和施工后的反循环作业,研制了压力平衡阀,结构如图 8-4 所示,样机实物图如图 8-5 所示。

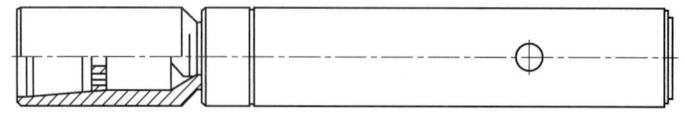

图 8-4 压力平衡阀结构图

图 8-5　压力平衡阀样机实物图

## （一）工作原理

封隔器坐封时，封隔器胶筒封隔了工具管柱与套管之间的环形空间，管内通道则由压力平衡阀上的密封头插入中心管内实现密封；需要解封时，上提管柱将压力平衡阀的密封头从中心管拔出，此时封隔器上下压力恢复平衡，继续上提管柱即可实现封隔器解封。如果遇到砂卡，可以通过压力平衡阀进行反循环冲洗后再进行下步操作。

## （二）技术指标

(1) 工作压力：70MPa；
(2) 工作温度：≤150℃；
(3) 5½in 规格最大外径 $\phi$85mm、总长 660mm；
(4) 5in 规格最大外径 $\phi$87mm、总长 664mm；
(5) 4½in 规格最大外径 $\phi$87mm、总长 664mm；
(6) 适应介质：酸、碱、盐。

## 四、喷砂射孔工具

喷砂射孔工具是通过喷嘴将流体高压能量转化为动能，产生高速射流冲击套管或岩石形成一定直径和深度的射孔孔眼。一般情况下，为了达到好的射孔效果，会在流体中加入石英砂或陶粒等。通过调整喷嘴位置、数量和大小，可实现不同方位、不同施工排量和不同压力下的压裂施工，其结构如图 8-6 所示，样机实物图如图 8-7 所示，入井后的喷砂射孔工具图如图 8-8 所示。

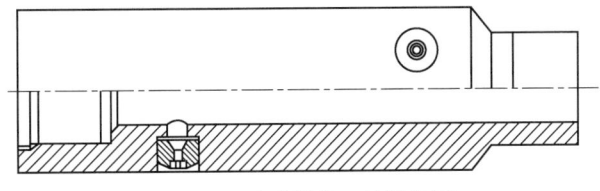

图 8-6　喷砂射孔工具结构图

技术指标：
(1) 5½in 规格最大外径 $\phi$94mm、内径 $\phi$32mm、总长 420mm；
(2) 5in 规格最大外径 $\phi$88mm、内径 $\phi$32mm、总长 420mm；
(3) 4½in 规格最大外径 $\phi$84mm、内径 $\phi$32mm、总长 420mm；

图 8-7　喷砂射孔工具样机实物图

图 8-8　入井作业后的喷砂射孔工具图

（4）射孔相位：60°、120°、180°可调；

（5）射孔孔数：1~9 孔可调；

（6）喷嘴直径：4.5mm、5mm、5.5mm、6mm。

## 五、机械接箍定位器

为了确保射孔层位的准确，通过在完井管串中设置短套管及连续油管拉力的变化原理，研制了机械接箍定位器，其机构如图 8-9 所示，样机实物图如图 8-10 所示。

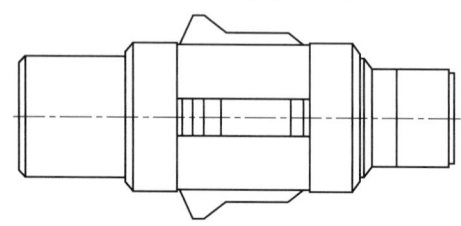

图 8-9　机械接箍定位器结构图

图 8-10　机械接箍定位器样机实物图

### （一）工作原理

两根套管通过套管接箍连接后，在接箍内形成了一个内空台阶。机械接箍定位器通过连续油管在套管内上提移动过程中，定位块凸台会卡入套管接箍内空台阶。由于定位块受弹簧力的作用，连续油管会短时增加一定的附加拉力。通过车上仪表采集的拉力脉冲变化和深度计数器数据，可确定井下套管接箍位置深度。

## （二）技术指标

（1） 5½in 规格最大外径 $\phi 133mm$、内径 $\phi 38mm$、总长 410mm；

（2） 5in 规格最大外径 $\phi 122mm$、内径 $\phi 28mm$、总长 410mm；

（3） 4½in 规格最大外径 $\phi 111mm$、内径 $\phi 28mm$、总长 410mm。

## 六、扶正器

为了保证封隔器的居中和方便坐封以及喷射工具的喷射效果，研制了扶正器，其结构如图 8-11 所示，样机实物图如图 8-12 所示。

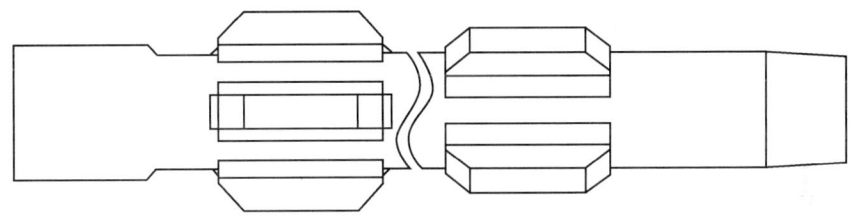

图 8-11　扶正器结构图

图 8-12　扶正器样机实物图

## 第二节　连续油管喷砂多簇射孔压裂技术

### 一、连续油管底封分级压裂工艺

多级压裂技术作为一种针对性强的压裂技术已成为砂岩油气藏、页岩气藏增产的有效手段。目前国内外较新的分级压裂工艺包括裸眼封隔器分级压裂、连续油管水力喷射分层压裂、不动管柱水力喷射分级压裂、连续油管喷砂射孔环空填砂压裂、电缆桥塞分级压裂等（表 8-1）。而连续油管带底封环空分级压裂是国外新近发展起来的一种多级压裂技术，其工艺原理是利用连续油管携带机械封隔器至需要压裂改造层段下部，然后由连续油管向下施加重力，机械封隔器得以坐封，封隔器坐封好后，通过连续油管泵注带磨料的流体，带磨料的流体经喷射工具以高速射流穿透套管和地层，形成主压裂流体进入通道，然后再通过连续油管与套管间的环形空间对射孔层段实施压裂改造，压裂完成后，连续油管向上提升，机械封隔器解封，连续油管再上提工具管串至第二压裂改造层段下部，重复上述步骤，完成第二层段的压裂改造，如此重复，便可在一口井内实现多个层段的改造。这一工艺在美国曾经在3天时间内实现了40级的压裂作业。

表8-1 目前几种分级压裂技术特点对比

| 工艺类型 | 分层方式 | 技术特点 |
| --- | --- | --- |
| 连续油管水力喷射压裂 | 水力喷射分层 | 可实现多层压裂，连续油管加砂，排量受限 |
| 连续油管喷砂射孔环空填砂压裂 | 砂塞分层 | (1)分段数不受限制，环空主压裂，可实现较大规模加砂压裂；<br>(2)填砂工艺复杂，施工完毕后需要冲砂，耗时较长 |
| 不动管柱逐层喷射压裂 | 水力喷射分层 | (1)通过喷射方式加砂，不带封隔器条件下实现分层；<br>(2)油管主压裂，受到工具尺寸限制，分层数目前不超过4层 |
| 电缆桥塞分级压裂 | 可钻式桥塞分层 | (1)分层级数不受限制；<br>(2)泵送桥塞耗时长，施工后需要钻磨桥塞，耗时较长 |
| 连续油管带封隔器套管分级压裂 | 封隔器分层 | (1)分层段数不受限制，分层灵活；<br>(2)环空主压裂；<br>(3)施工后无工具遗留，便于后期修井作业；<br>(4)施工后井筒清洁，可直接实现多层测试合采 |

经过合川、安岳、苏里格的现场实践已经证明，连续油管带底封环空分级压裂技术结合了封隔器分层、套管大排量注入和连续油管精确定位的优势，对于纵向上具有多个产层的油气藏分层压裂，尤其是薄互储层压裂具有显著优势。

该工艺在主压裂之前首先通过喷砂射孔射开套管和地层，根据伯努利原理，流体通过喷嘴的节流，将高压射孔液转化为高速射孔液对套管进行喷射冲蚀。喷砂射孔工艺仅以射开套管和地层为目的，冲蚀套管属于柔性材料切割机理。根据目前国内外实验结果，喷砂射孔形成的孔道直径一般可以达到25mm以上。

连续油管机械封隔器可以承受50MPa的工作压差（即$p_1-p_2=50$MPa），但在连续油管射孔过程中可能会出现$p_2>p_1$的情况，因此需严格控制地面回压，防止因地层压力过高而使得封隔器自动解封。连续油管底封工具坐封原理见图8-13。

(1)工艺流程。

①连续油管带机械套管接箍定位器进行定位；

②通过连续油管循环射孔液，达到一定排量后开始加入石英砂进行喷砂射孔；

③射开套管后，进行反循环洗井，此时平衡阀打开，将射孔液和石英砂洗出井口；

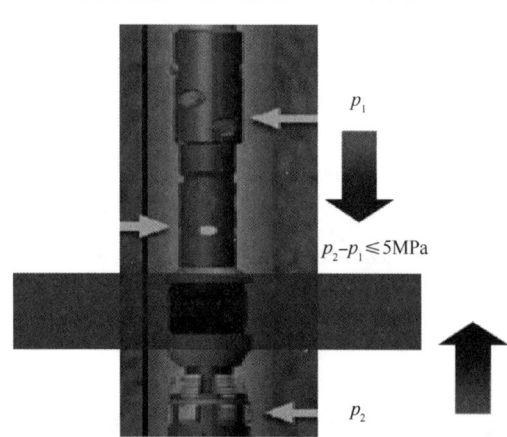

图8-13 连续油管底封工具坐封原理

④ 进行该层主压裂施工;

⑤ 施工后,上提连续油管解封封隔器,再次定位进入下一层后,下放连续油管坐封封隔器,进行第二层压裂施工。

重复这一过程完成所有层段压裂,然后上提连续油管出井口,将连续油管起出井口后,即具备生产条件,不但可实现多层直接测试投产,而且井筒清洁,便于后期修井作业(图8-14)。

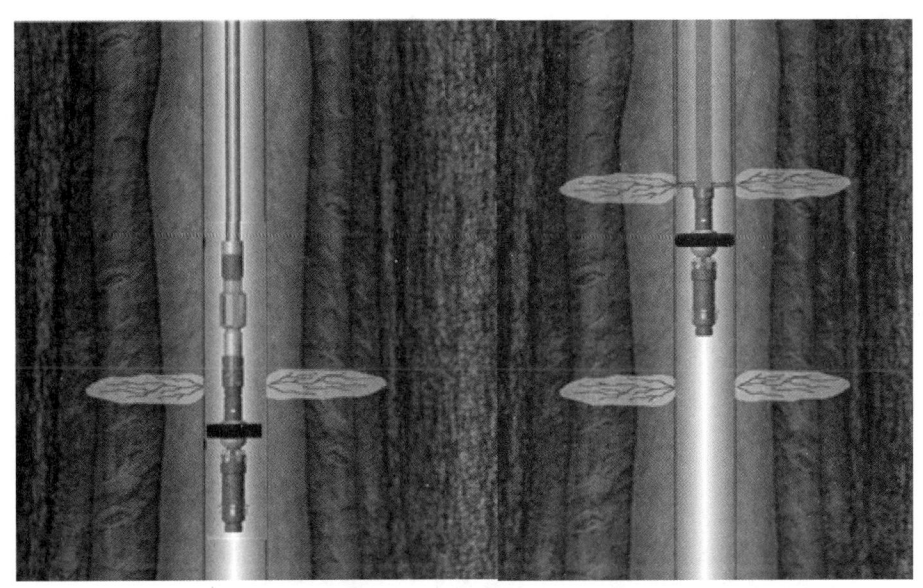

图8-14 连续油管带底封环空分级压裂工艺压裂施工、转层示意图

(2) 工具特点。

工具结构包括连续油管接头/丢手部分、扶正器、水力喷射工具、平衡阀/反循环接头、机械封隔器、封隔器锚定装置和机械式接箍定位器(MCCL)。工具在整个施工过程中有入井、坐封和解封状态。喷砂射孔和主压裂过程工具处于坐封状态,连续油管定位和转层过程中工具处于解封状态(图8-15)。

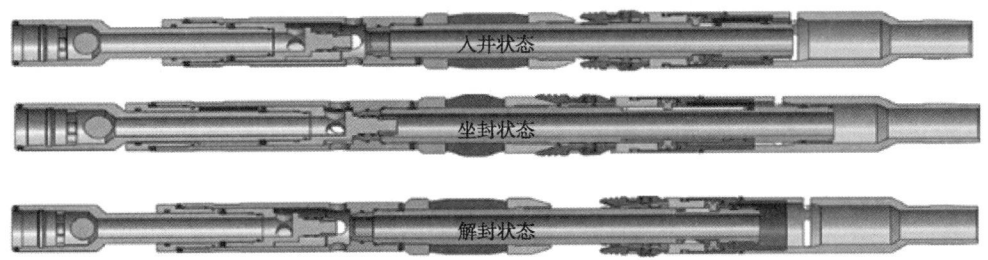

图8-15 带封隔器的分层喷射工具工作状态

该工艺的实现将进一步扩展连续油管压裂酸化的新发展,并为我国水平井分段改造提

供一种新的手段。该技术在实施过程中具有以下特点:

① 压裂效果的研究必然涉及纵向上多层压裂裂缝之间的延伸,裂缝之间窜层与否与层间距、隔层的岩石力学参数、压裂施工排量等因素都有关系。

② 该工艺均在套管完井条件下,采用射孔加砂一体化工艺进行薄互层的压裂,射孔孔眼间距和孔眼数将影响主裂缝的形成。

③ 该工艺通过封隔器的重复坐封解封实现多段封隔改造,施工完毕后即可取出压裂管柱实现多层测试合采,为后续修井提供了便利。

④ 该技术带来的套管压裂工艺的方式既能满足分层压裂,也能满足大排量泵注,因此在较大排量条件下,研究储层存在天然裂缝条件下的支撑剂铺置,可以为施工参数的合理选取带来指导性的参考依据。

## 二、直井薄互层压裂模型与机理

对于纵向上具有多个产层的薄互层压裂,通过分层压裂的方式可以获得更多的产能。图 8-16 是美国对于薄层改造采取多分支井+分层压裂方式开采的理想化示意图。

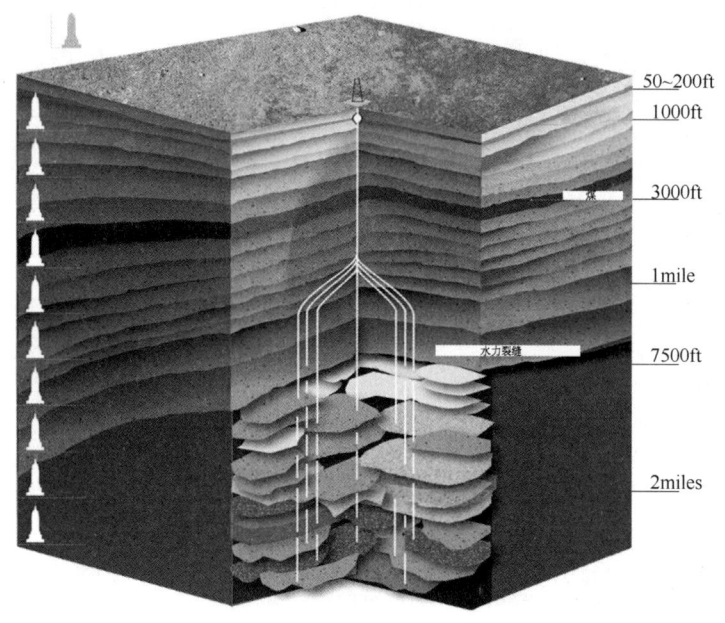

图 8-16 薄层改造的理想化模式

### (一) 直井分层压裂的裂缝延伸

多层压裂能使纵向上各个改造层段分别产生具有一定导流能力的支撑裂缝,改变生产剖面,提高储层动用程度,从而提高薄互层产能(图 8-17)。

但在实际压裂过程中,即使分层压裂,也可能会造成裂缝相互窜层的情况,且在多数情况下，实际施工后的裂缝监测发现，在大多数情况下裂缝造成了互窜（图8-18）。因此研究裂缝的起裂和延伸，对于优化薄互层加砂压裂的施工参数是十分必要的。

射孔井压裂时会产生多裂缝的情形，每个裂缝内都有压裂液支撑。如果裂缝相距较大，那么裂缝之间的相互影响会很小，众多小裂缝就会各自延伸而难以连接成一个大裂缝，在压裂上的响应是施工泵压高，施工难度大；如果裂缝之间的间距过小，两相邻的裂缝势必相互干扰、连接形成大裂缝，这对压裂施工是十分有利的，定量分析这种变化将有助于合理设计射孔与压裂参数。

 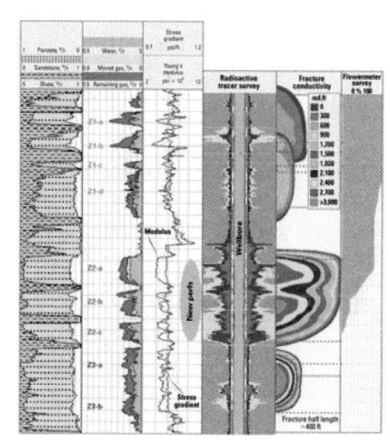

图8-17　多层压裂裂缝不窜层的理想化情况　　图8-18　实际案例发现多层压裂裂缝形成互窜

压裂后，理想状态下是各个层位出现一条主支撑裂缝，裂缝在各个控制区域内有自己的渗流空间。在整个大空间内，大渗流空间为多个层位空间内的椭圆边界球形流（图8-19）。

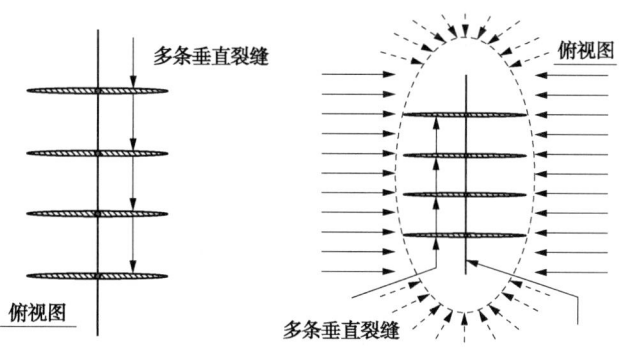

图8-19　理想状态下含有多条水力裂缝的基础渗流模型模拟模型示意图

然而对于实际薄互层压裂而言，裂缝存在转向、窜层、支撑剂铺置不均匀等多种现象，实际压裂后的情况并非是多个独立裂缝支撑各个改造层位。研究这些实际可能出现的问题，将指导施工设计参数和避免不利因素的产生，从而使得薄互层的多层压裂效果得到改善。

1. 理论研究及求解

建立套管射孔完井条件下的多层压裂应力分布模型,如图 8-20 和图 8-21 所示。

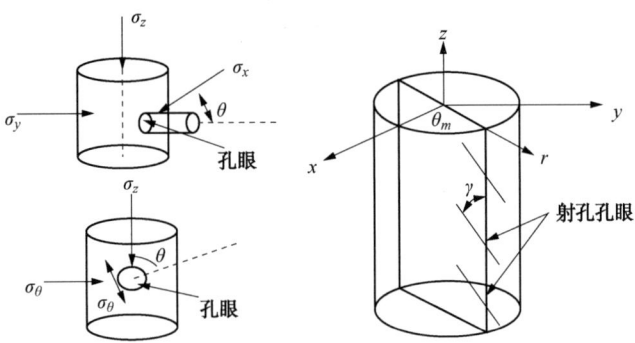

图 8-20 射孔井位置及应力情况

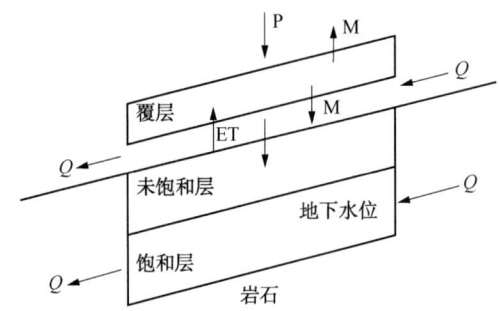

图 8-21 最大拉伸应力及其裂缝起裂方位与起裂角

井筒柱坐标下,各应力分量表示为式(8-1)和式(8-2):

$$
\begin{cases}
\sigma_r = p_w - \delta\phi(p_w - p_o) \\
\sigma_z = \sigma_{zz} - 2\nu(\sigma_{xx} - \sigma_{yy})\cos2\theta - 4\nu\sigma_{xy}\sin2\theta - cp_w \\
\quad + \delta(\dfrac{\alpha(1-2\nu)}{1-\nu} - \phi)(p_w - p_o) \\
\sigma_{r\theta} = \sigma_{rz} = 0 \\
\sigma_{\theta z} = 2(-\sigma_{xz}\sin\theta + \sigma_{yz}\cos\theta) \\
\sigma_\theta = (\sigma_{xx} + \sigma_{yy} + \sigma_z) + 2(\sigma_{xx} + \sigma_{yy} - \sigma_z)\cos2\theta' - 2(\sigma_{xx} - \sigma_{yy}) \\
\quad (\cos2\theta + 2\cos2\theta\cos2\theta') - 4\sigma_{xy}(1 + 2\cos2\theta)\sin2\theta - 4\sigma_{z\theta}\cos2\theta' \\
\quad - 2p_w(1 + \cos2\theta') + 2\delta(\dfrac{\alpha(1-2\nu)}{1-\nu} - \phi)(p_w - p_o)(1 + \cos2\theta')
\end{cases}
\tag{8-1}
$$

$$\begin{cases} \sigma_{xx} = (\sigma_H \cos'^2\beta + \sigma_h \sin'^2\beta)\cos'^2\psi \\ \quad + \sigma_v \sin'^2\psi \\ \sigma_{yy} = \sigma_H \sin'^2\beta + \sigma_h \cos'^2\beta \\ \sigma_{zz} = (\sigma_H \cos'^2\beta + \sigma_h \sin'^2\beta)\sin'^2\psi \\ \quad + \sigma_v \cos'^2\psi \\ \sigma_{xy} = (\sigma_H - \sigma_h)\cos\psi \sin\beta \cos\beta \\ \sigma_{yz} = (\sigma_h - \sigma_H)\sin\psi \sin\beta \cos\beta \\ \sigma_{xz} = (\sigma_H \cos'^2\beta + \sigma_h \sin'^2\beta - \sigma_v)\sin\psi \cos\psi \end{cases} \quad (8-2)$$

式中　$\alpha$——Biot 多孔弹性系数，$\alpha = 1 - \beta_v = 1 - C_r/C_b$；

　　　$p_w$、$p_o$——井底压力和储层孔隙压力；

　　　$C_r$、$C_b$——分别为岩石的骨架压缩率和容积压缩率；

　　　$\phi$——岩石孔隙度；

　　　$c$——应力修正系数；

　　　$\delta$——渗透性系数，地层可渗透时 $\delta = 1$，地层不可渗透时 $\delta = 0$；

　　　$\nu$——泊松比；

　　　$\sigma_H$、$\sigma_h$、$\sigma_v$——水平最大、最小主应力和垂直主应力；

　　　$\beta$、$\psi$——斜井的方位角和井斜角。

$$\gamma_1 = \frac{1}{2}\arctan\frac{2\sigma_{\theta z}}{\sigma_\theta - \sigma_z} \quad \text{或} \quad \gamma_2 = \frac{\pi}{2} + \frac{1}{2}\arctan\frac{2\sigma_{\theta z}}{\sigma_\theta - \sigma_z} \quad (8-3)$$

通过对 $\sigma_{\max}(\theta)$ 的求解，可以得到井壁周围应力小于零的 $\theta$ 值范围记为 $\theta_t$，微裂缝的半弦长可由式(8-4)表示出来：

$$L_f = \frac{r_w \sin\left(\dfrac{\theta_t}{2}\right)}{\sin\gamma} \quad (8-4)$$

$$\begin{cases} \sigma_1 = \sigma_z \\ \sigma_2 = \sigma_\theta \\ \tau = \sigma_{\theta z} \end{cases} \quad (8-5)$$

其中，$r_w$ 是井筒半径。通过以上计算，得到一列多裂缝的几何特征（$\gamma$、$L_f$）。所得的多裂缝模型如图 8-22 所示，再对裂缝的互相干扰进行分析，在压裂开始阶段，多裂缝的受力状态可由图 8-22 简化归结为图 8-23 所示的形式，在无穷远处所受的压力为 $\sigma_1$ 和 $\sigma_2$ 及剪切应力 $\tau$，且裂缝表面有流体压力 $p_w$。首先建立全局坐标系 $Oxy$，然后对每条裂缝以裂缝中心为原点，裂缝表面为实轴建立局部坐标系 $O_k x_k y_k$，如图 8-23。设第 $k$ 条裂纹的中心点在全局坐标系中的位置为 $C_k$，其长度为 $2L_k$，并且其裂缝面与全局坐标系中的 $Ox$ 轴所成角度为 $\gamma_k$。

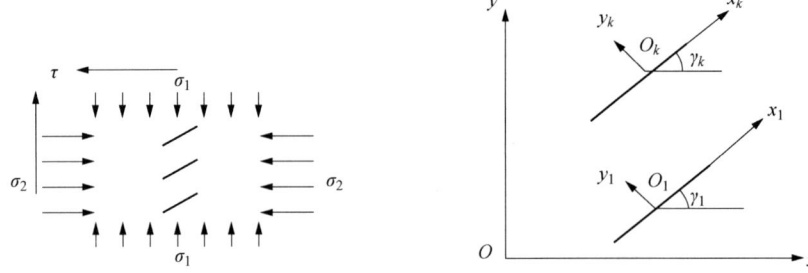

图 8-22 斜井压裂中缝高缝宽剖面受力状态　　图 8-23 多裂纹整体坐标系与局部坐标系

平面问题的应力应变场可以用两个复势函数 $\phi(z)$ 和 $\Omega(z)$ 表示为：

$$\sigma_x(z) + \sigma_y(z) = 2[\phi(z) + \overline{\Omega(z)}] \qquad (8-6)$$

$$\sigma_y(z) - i\sigma_{xy}(z) = \phi(z) + \overline{\Omega(\bar{z})} + (z - \bar{z})\overline{\phi'(z)} \qquad (8-7)$$

$$\begin{cases} \sum_{l=0}^{N} |\sigma_{yk}^{(l)}(z_k) - i\sigma_{xyk}^{(l)}(z_k)| = \\ \sum_{l=0}^{N} |\sigma_{yk}^{(l)}(x_k, 0) - i\sigma_{xyk}^{(l)}(x_k, 0)| = p_w \\ k = 1, 2, \cdots\cdots N, \ |x_k| < L_k \end{cases} \qquad (8-8)$$

单独考虑每条裂缝，把裂缝按无穷小位错连续分布来处理。应用位错理论，第 $k$ 条裂缝连续分布位错在其裂缝表面处所形成的应力与外力在此裂缝表面处形成的应力之和必为 $p_w$，如式(8-8)所示。式(8-8)中的 $\sigma_{yk}^{(0)}(z_k) - i\sigma_{xyk}^{(0)}(z_k)$ 为无穷远处的均布力 $\sigma_1$、$\sigma_2$、$\tau$ 对裂缝 $k$ 表面所产生的面力场，由 MUSKHELISHVILI 的坐标变换公式结合 shige Zhan 的论文，并采用 Sih 方法，对于二维裂缝有我们最终得到：

$$\begin{aligned}
&\sigma'_1 \frac{r}{L_k}\left(\frac{L_k^2}{r_1 r_2}\right)^{\frac{3}{2}} \sin\theta \sin\frac{3}{2}(\theta_1 + \theta_2) + \sigma'_1 \frac{r}{(r_1 r_2)^{\frac{1}{2}}} \cos(\theta - \frac{1}{2}\theta_1 - \frac{1}{2}\theta_2) \\
&+ \tau' \frac{r}{L_k}\left(\frac{L_k^2}{r_1 r_2}\right)^{\frac{3}{2}} \sin\theta \cos\frac{3}{2}(\theta_1 + \theta_2) - i[\sigma'_1 \frac{r}{L_k}\left(\frac{L_k^2}{r_1 r_2}\right)^{\frac{3}{2}} \sin\theta \cos\frac{3}{2}(\theta_1 + \theta_2) \\
&+ \tau' \frac{r}{(r_1 r_2)^{\frac{1}{2}}} \cos(\theta - \frac{1}{2}\theta_1 - \frac{1}{2}\theta_2) - \tau' \frac{r}{L_k}\left(\frac{L_k^2}{r_1 r_2}\right)^{\frac{3}{2}} \sin\theta \sin\frac{3}{2}(\theta_1 + \theta_2)] \\
&- 2\sum_{m=0}^{\infty} \alpha_{km} U_{m-1}(x_k/L_k) = p_w
\end{aligned} \qquad (8-9)$$

**2. 算例及其结果分析**

如图 8-24 所示，假设两条裂缝中心点连线距离为 $D$，此时定义长度比为 $D/L$，分析正应力 $\sigma'_1$、剪切应力 $\tau'$、裂缝偏角 $\gamma$、长度比 $D/L$ 和裂缝转角 $\theta_0$ 之间的关系(图 8-25)。

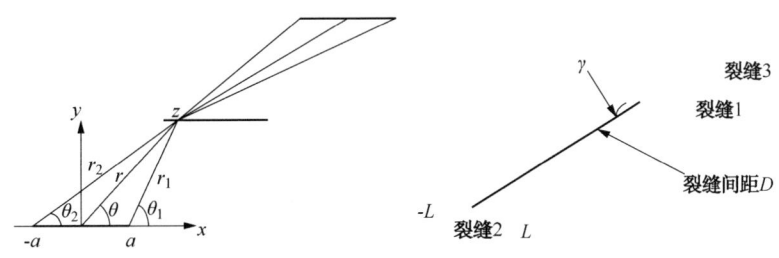

图 8-24 裂缝间位置关系图

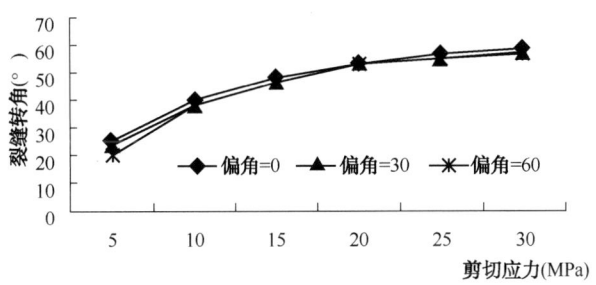

图 8-25 转角变化图（长度比=5，$\sigma'_1$=20MPa）

假设 $\sigma'_1=80$，$\tau'=0$，$\gamma=10°$，然后改变长度比，得到不同长度比情况下的裂缝应力强度因子值，如图 8-26 所示：$K_I$ 和 $K_{II}$ 的变化趋势大体相同，都是逐渐增大后又逐渐减小，到最后趋于稳定，$K_I$ 的值最后稳定在 2 左右，$K_{II}$ 稳定在 0 左右，看来当长度比大于 2.5 后，裂缝几乎不发生转向。不同偏角的转角变化如图 8-27 和图 8-28 所示。

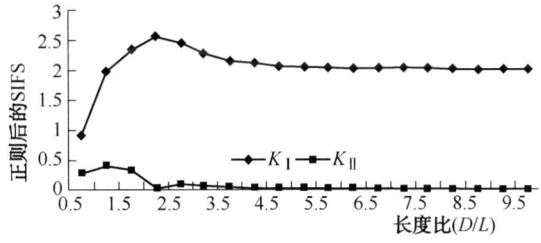

图 8-26 长度比与应力强度因子关系

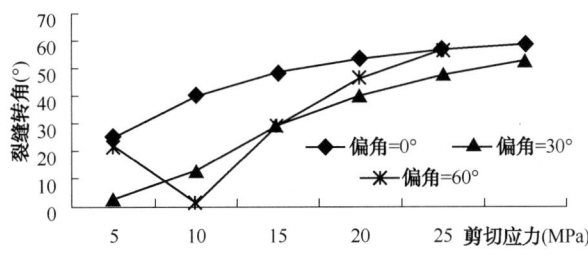

图 8-27 转角变化图（长度比=2，$\sigma'_1$=20MPa）

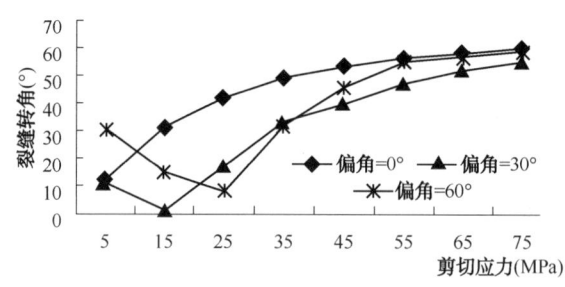

图 8-28 转角变化图(长度比=4，$\sigma'_1$=45MPa)

3. 小结

(1) 当裂缝偏角 $\gamma$ 等于零，也就是典型的直井情况时，两条裂缝中心点之间的距离 $D$ (射孔间距) 对各自应力情况下裂缝的转角影响很小。当剪切应力($\tau'$) 为零时，裂缝的转角也为零，说明裂缝不会转向，只按照原来的垂直最小水平主应力方向延伸。对同一正应力($\sigma'_1$)情况，当剪切应力逐渐变大，裂缝的转角也随之变大，因此剪切应力是裂缝产生转向的主导因素。

(2) 当裂缝偏角等于 30°时，模拟为典型的斜井情况。此时射孔间距对裂缝转角的影响变大(特别是间距小的情况)，当剪切应力为零或比较小时，大的射孔间距对应着较小的裂缝转角，当剪切应力较大时，情况刚好相反。同一应力情况下，大的射孔间距对应着较大的裂缝转角，但差别不大。

(3) 当裂缝偏角等于 60°时，模拟为典型的水平井情况。变化愈加明显，射孔间距对裂缝转角影响很明显，其特征与偏角等于 30°时类似。另外，在这三种情况下都存在一个现象，即随着应力的增大，角度的增加值却越来越小，这就表示有一个临界转角，该角度在 60°附近。

(4) 从以上分析中可以看出，对于薄互层而言，裂缝的转向不利于单个层段的单一主裂缝形成。因此在压裂过程中，应尽量采用较低的射孔跨度并使射孔孔道尽量覆盖整个井筒。使得裂缝发生转向的几率减少，从而减少裂缝转向、窜层的风险。

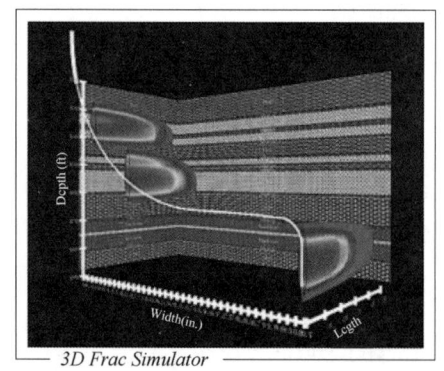

图 8-29 连续油管底封环空分级压裂对薄层大位移斜井加砂压裂示意图

(二)工艺对薄层压裂的适应性

薄层压裂中，连续油管底封环空分层压裂具备以下优势。

(1) 连续油管精确定位结合喷砂射孔，可实施储层纵向上定点压裂，针对性强(图 8-29)。

(2) 该工艺通过连续油管进行水力喷砂射孔后，环空主压裂，可选择的排量空间较大，能够根据储层情况和施工压力响应调整所需排量进行缝高控制。

(3) 通过喷砂射孔形成的孔道没有压实带，孔道宽度较大，孔眼摩阻相对较小。可通过连续油管定点向射孔孔眼注酸降破。对破裂压力较高的致密气藏具有明显优势。

薄互层分层压裂过程中，精确的定位、压裂工艺的定点、施工排量的可选空间大是决定压裂效果的三个重点因素，而连续油管带底封环空分级压裂工艺技术可以满足以上三个需要。

## 三、水平井分段压裂模型与机理

水平井为低渗储层改造技术的实施提供了更大的空间，通过水平井实施多段水力压裂，有望进一步降低地层能量损耗，提高气井产能。由此产生了水平段压裂如何分段、压裂规模、裂缝方向等几乎布局优选及参数匹配优化问题，这里借助复杂结构井产能预测模型，从不同方案的产量变化、累积产量的对比，确定出水平井分段压裂优化的一般策略。

### （一）水平井分段压裂模型的建立

模型假设通过水平井压裂产生多条垂直于水平井的 $n_f$ 条平行的无限导流裂缝，其物理模型见图 8-30。将每条裂缝划分成 $n$ 段，则共有 $NF=n\times n_f$ 个裂缝单元，裂缝离散化机制见图 8-31。

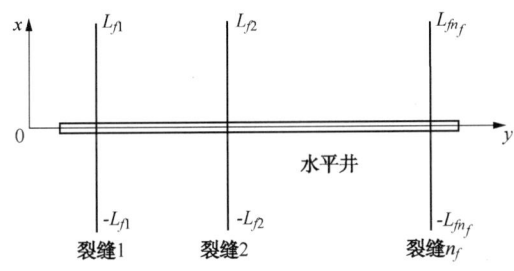

图 8-30 多裂缝系统物理模型

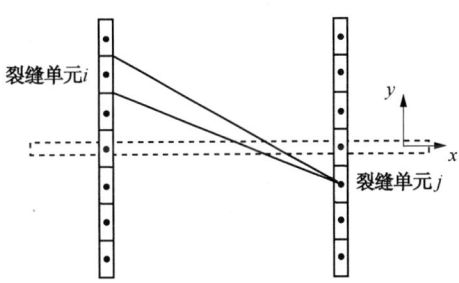

图 8-31 裂缝离散化机制

基于图 8-30 所示的多裂缝系统物理模型，忽略裂缝中流体的压缩性，针对第 $l$ 条裂缝建立有限导流裂缝流动方程的 Laplace 形式为：

$$\frac{\partial^2 \tilde{P}_{lfD}}{\partial x_D^2} + \frac{2}{C_{flD}}\frac{\partial \tilde{P}_{lD}}{\partial y_D}\bigg|_{y_D=0} = 0, \quad 0 < x_D < L_{lfD} \tag{8-10}$$

$$\tilde{q}_{lD}(x_D) = -\frac{2}{\pi}\frac{\partial \tilde{P}_{lD}}{\partial y_D}\bigg|_{y_D=0} \tag{8-11}$$

$$\frac{\partial \tilde{P}_{flD}}{\partial x_D}\bigg|_{x_D=0} = -\frac{\pi}{sC_{flD}} \tag{8-12}$$

其中，下标 $l$ 表示第 $l$ 条裂缝。

利用边界积分法导出井筒压力与 $x_D$ 处裂缝压力关系：

$$\tilde{P}_{wD} - \tilde{P}_{lfD}(x_D) = \frac{\pi}{sC_{lfD}}\left[x_D - \frac{2s}{\pi}\int_0^{x_D}\int_0^{x'}\tilde{q}_{lD}(x'')\mathrm{d}x''\mathrm{d}x'\right] \tag{8-13}$$

采用图 8-31 裂缝离散化机制,将裂缝 $l$ 等分成 $n$ 段,假设各个分段中的流率均匀分布,将(8-13)式离散化近似展开,多裂缝系统的 $n×n_f$ 个分段共构成 $NF=n×n_f$ 个方程。根据叠加原理,裂缝单元 $j$ 中心处的壁面压力 $\tilde{P}_{Dj}$ 为本单元压降加上全部其他单元的干扰压降之和,即:

$$\tilde{P}_{lfD}(x_D) = \tilde{P}_{Dj} = \sum_{i=1}^{NF} \tilde{q}_{Di}\tilde{G}_{ij} \qquad (8-14)$$

再加上流量约束:

$$\sum_{l=1}^{n_f}(\Delta x_l \sum_{i=1}^{n}\tilde{q}_{lD,i}) = \frac{1}{s} \qquad (8-15)$$

构成 $(n×n_f+1)$ 个方程,即可数值求解。

计算出裂缝长度 500m 间距 100m 的 5 段压裂水平井的裂缝流率分布(图 8-32)和压力场及流线分布(图 8-33)。

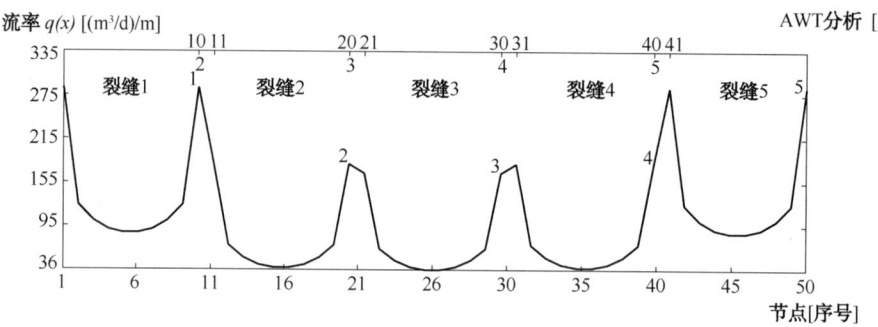

图 8-32 多段裂缝的流率分布

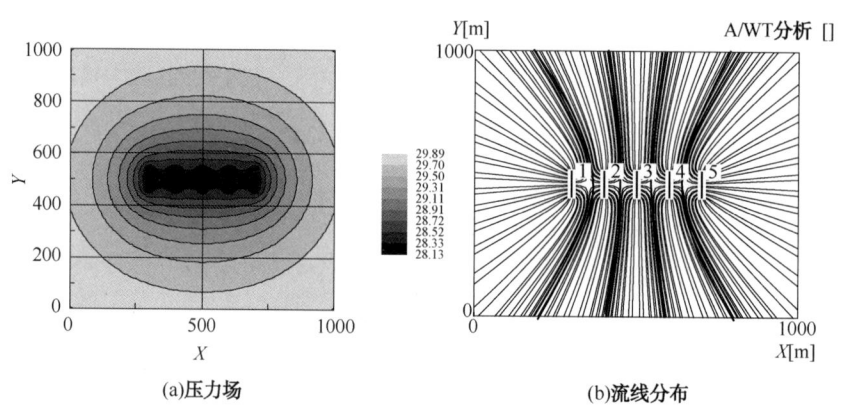

图 8-33 水平井 5 段压裂的压力场及流线分布

水平井多段压裂的裂缝流率分布整体上呈现 U 形分布形态,两端裂缝的产能贡献大,每条裂缝的流率呈现对称 U 形分布。流线分布图展现出中间位置的裂缝供给范围最小,两端裂缝供给范围最大,由过裂缝间距中点的抛物线状的分流线划分各自的供给区域。

(1) 多裂缝几何布局的影响。

假设气井以定压差生产，模拟单井控制区地层压力和流压的同步下降，产量自然递减的生产状态，考察多裂缝系统布局不同参数下的产量及累产变化，评价不同裂缝布局模式及裂缝布局参数的优劣，进一步确定裂缝参数的匹配关系。气藏模拟基础参数见表8-2。

表8-2 气藏基础参数

| 地层压力<br>（MPa） | 地层温度<br>（℃） | 相对密度 | 产层厚度<br>（m） | 孔隙度<br>（%） | 渗透率<br>（$10^{-3}\mu m^2$） |
|---|---|---|---|---|---|
| 25 | 65 | 0.65 | 20 | 3.5 | 0.25 |

(2) 非均匀裂缝长度的影响。

考察5条裂缝非均匀长度情况下的生产压差变化。裂缝总长度为500m，等间距100m，裂缝长度布局分为U形模式（175/50/50/50/175m）、均匀模式（100/100/100/100/100m）和反U形模式（50/100/200/100/50m）三种（图8-35），在生产压差5MPa条件下的产量对比见图8-34。

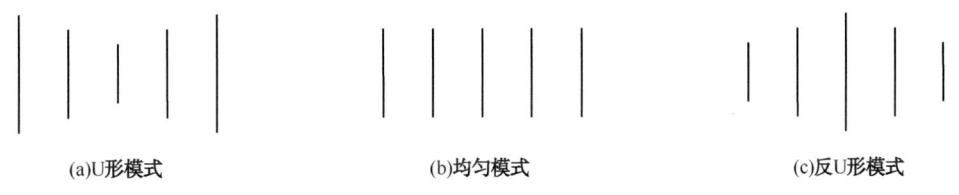

图8-34 3类缝长布局模式

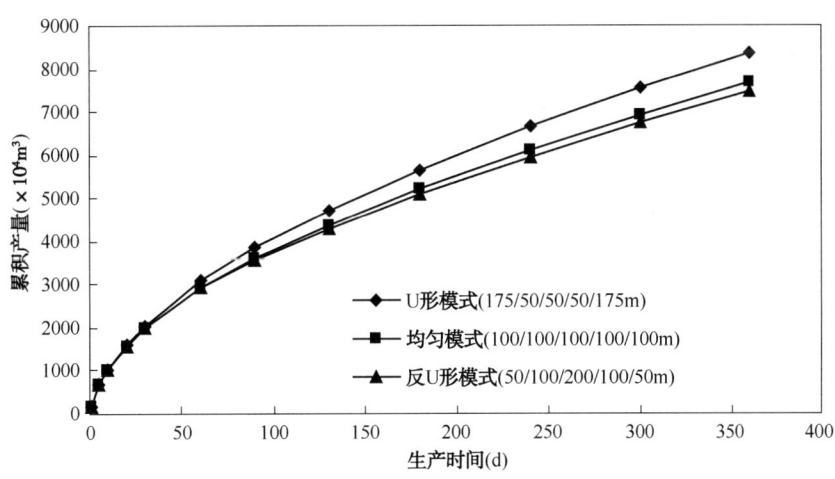

图8-35 非均匀缝长模式的累积产量对比

可见U形模式（既两端长中间短）的裂缝长度布局模式优于其他模式，因此，水平井的压裂设计应该适当扩大水平段两端的压裂规模，有意形成缝长的U形分布，可进一步提高增产效果。

(3)裂缝非均匀间距的影响。

考察 5 条裂缝非均匀间距情况下的生产压差变化,裂缝布局分为间距外密内疏模式(50/150/150/50m)、等间距模式(100m)和外疏内密模式(150/50/50/150m)三种,保持裂缝相同展布范围(400m),计算累积产量对比见图 8-36。

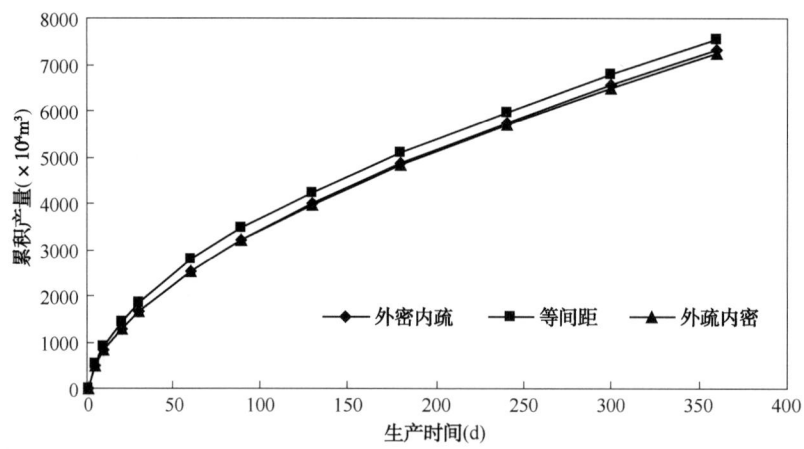

图 8-36 非均匀间距模式的累积产量对比

可见均匀间距的裂缝布局模式优于非均匀模式,因此,推荐分段压裂设计采用等间距模式。

(4)压裂规模与裂缝数量。

压裂工艺产生短裂缝相对容易,在同等水平段长度上是选择多短裂缝还是少长裂缝问题需要通过理论计算加以讨论。考虑 300m 长水平段上等间距 4 条 100m 长裂缝和 6 条 66.67m 短裂缝,两种方案的裂缝总长度相同。在定生产压差 5MPa 条件下的产量与累积产量变化图 8-37。

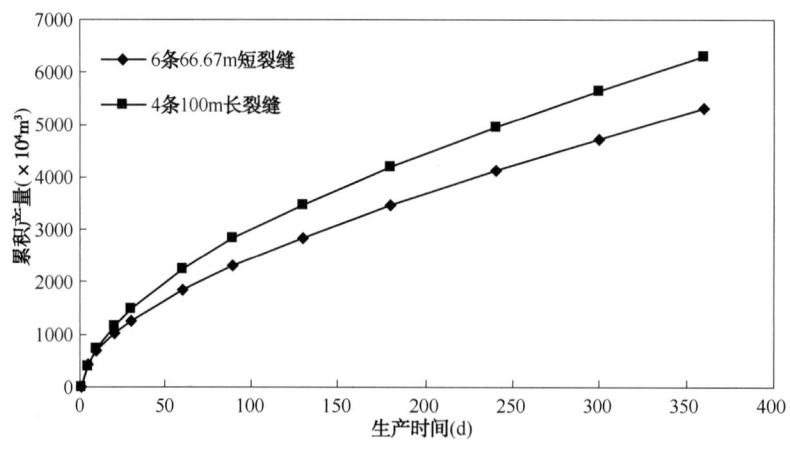

图 8-37 长缝和短缝方案的累积产量对比

在生产初期裂缝间的干扰未出现,裂缝总长度相同的两种方案的产量相近,但是长缝的连通范围更大，长缝大间距的干扰比短缝小间距更弱，裂缝间的干扰出现以后，长缝方案的累产明显优于短缝方案。

因此，推荐水平井分段压裂采用少段数长缝的大间距布局模式。

(5)缝长与间距的匹配。

考虑水平段压裂6段，形成150m等长的正交裂缝，生产压差5MPa，考察裂缝间距50m、100m、150m、200m、250m情况下的产量递减和累积产量变化见图8-38。

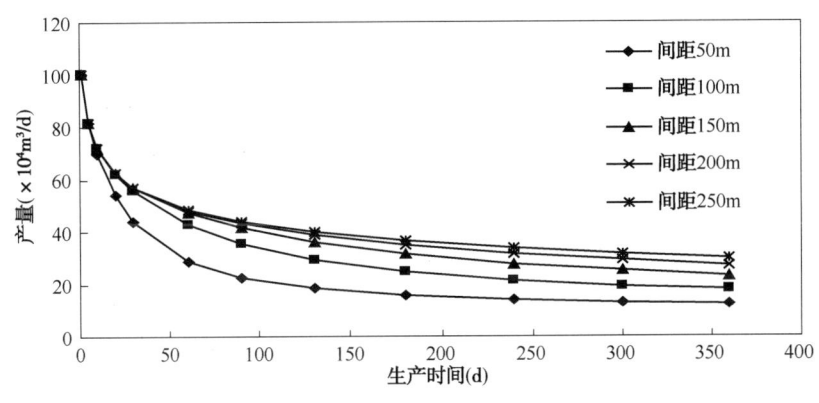

图8-38 裂缝间距对产量的影响

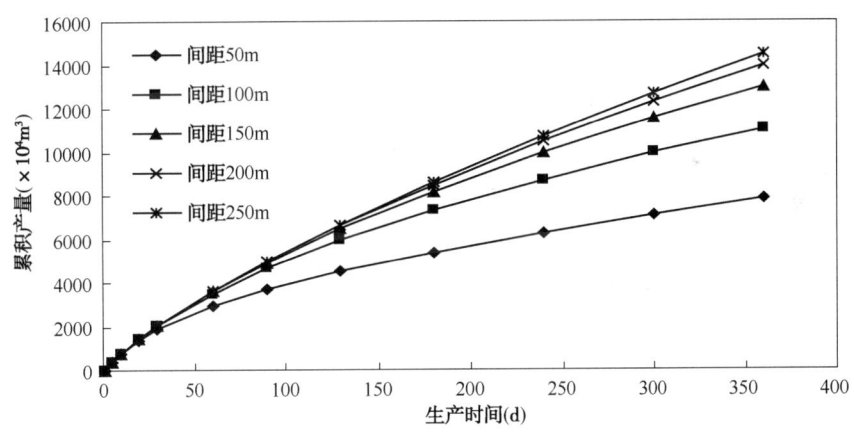

图8-39 裂缝间距对累积产量的影响

由图8-39可见，裂缝间距增加扩大了水平井控制面积，降低了裂缝的缝间干扰，大间距的中后期产量明显高于小间距情况，但是裂缝间距超过缝长(150m)后，产量和累积产量增幅较低。

在水平井分段压裂两端各保留50m确定不同分段间距的水平井长度，取总长度为总裂缝长度+水平段长度，以总长度近似的反映水平井压裂增产的成本，累产与总长度比则部分反映出不同间距分段方案的技术经济指标。

上述方案的累产与总长比评价结果见图8-40，可见取间距缝长比0.67~1的方案的累产与总长比较优(缝长固定情况下)。

因此，推荐分段压裂的间距缝长比为 0.67~1 之间。

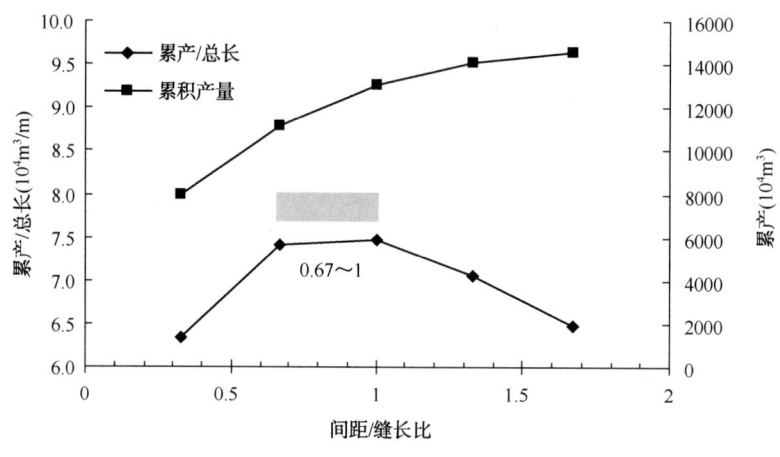

图 8-40　累产/总长比与间距缝长比关系

(6) 夹角与间距的匹配。

裂缝的延伸方向受地应力控制，将人工裂缝的延伸方向与水平井主井筒之间的夹角定义为裂缝夹角。裂缝的延伸方向受地应力控制，水平井多段压裂可能形成多条非正交裂缝，在水平井与地应力方向已确定的条件下，寻求裂缝间距与长度的合理组合，避免非正交裂缝方位的不利影响。

考察 6 段压裂缝长 150m、生产压差 5MPa 条件下，裂缝间距 100m、150m 和 200m 的夹角变化对产量和累产的影响。计算结果见图 8-41 和图 8-42。

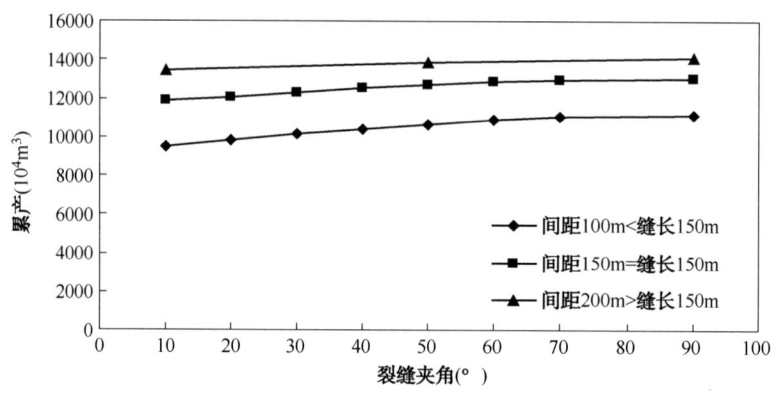

图 8-41　裂缝夹角对累积产量(360d)的影响

垂直于井筒的正交裂缝布局模式优于非正交模式，希望水平井压裂产生正交裂缝，则在水平段方位设计时应该选择最小主应力方向，以有利于压裂产生高导流能力正交裂缝。

裂缝井筒非正交的累产下降幅度对比见图 8-42，总体上裂缝夹角越小导致裂缝间的干扰越严重，累产下降幅度越大，但夹角>50°以上的影响较小(累产下降幅度<5%)，间距的增大也可削弱夹角影响，间距大于等于缝长后夹角影响较小(夹角>30°的累产下降幅度<6%)。

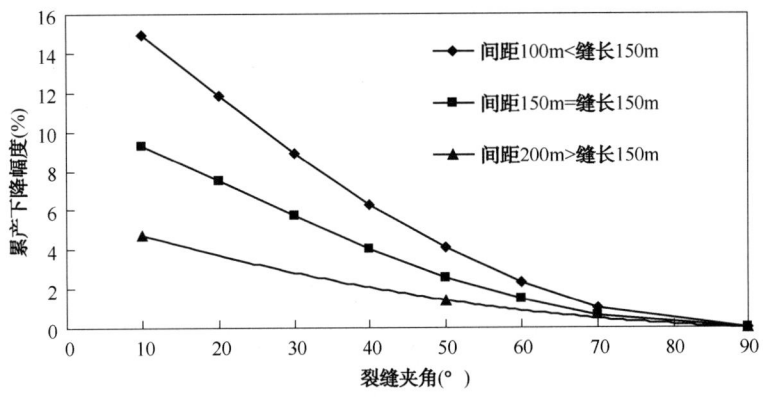

图 8-42　非正交裂缝的累产下降幅度对比

结合缝长与间距的匹配关系(间距缝长比=0.67~1),因此推荐:在裂缝与井筒非正交条件下(夹角<50°)分段间距大于等于缝长,即间距缝长比≥1。

## (二)水平井分段压裂应力阴影分析

应力阴影定义为:在单体震动之后相应于静应力的下降,地震波的速率也要下降。目前已在美国 Barnett 页岩气的地震映像中清楚观测到应力阴影产生的影响。

(1)应力阴影带来的影响。

当水力裂缝被压开后,裂缝面的正常压应力值升高,超过初始地应力($S_{min}$),增加的压力刚好等于裂缝静压力($p_{net}$)。压力在裂缝面的增加值刚好最大,但是应力干扰的范围却延伸至周围几百英尺。图 8-43 为压开的水力裂缝产生的应力阴影。

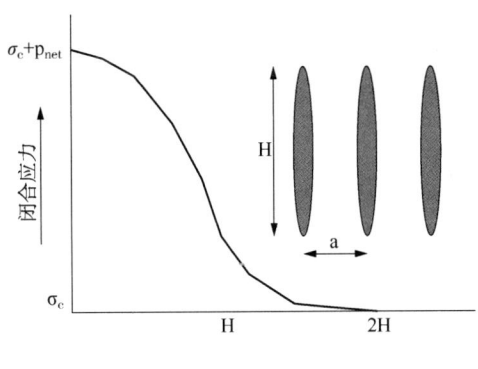

图 8-43　压开的水力裂缝产生的应力阴影

距离裂缝面越远,应力的影响力就越小且受控于裂缝平面尺寸中的最小值(长度和高度)。裂缝高度通常小于裂缝长度,因此应力影响的距离主要受控于裂缝高度。据观测发现,当缝距是缝高的 1.5 倍时,应力阴影的影响最小,达到 2.5 倍以上应力阴影的作用消失。应力阴影的影响在水平井完井设计中具有至关重要的作用,然而其重要性还没有得到充分认识。

应力阴影在水平井压裂中有两大主要影响：

① 裂缝周围增长的压应力阻止周边裂缝延伸。如果射孔簇/裂缝起裂点之间的距离较近，由于裂缝阴影的作用，水平井段中间部位形成的裂缝较短，跟部和趾部形成的裂缝则较长。

② 由于应力阴影的影响，局部最小水平主应力增大，当值大于原始最大水平主应力时，裂缝发生转向(图8-44)。

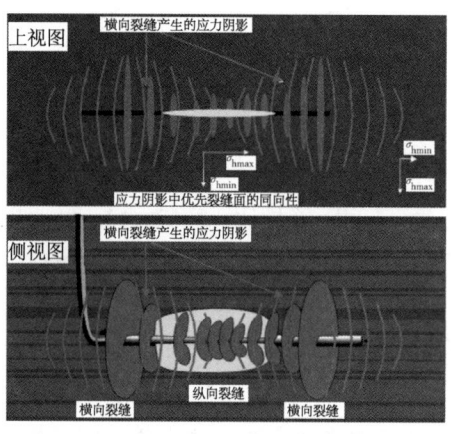

图8-44　应力阴影对横向裂缝发育的影响

(2) 应力阴影的现场实验。

在美国某气藏进行了4口水平井同步压裂，对应力阴影在压裂过程中，其对裂缝延伸的影响问题进行了实验研究。实验目的是测量水平井分级压裂中裂缝的延伸模式包括测量裂缝长度和裂缝方向，为井间距和同一井中不同裂缝间距的选择提供现场实验依据。

实验地点位于Willison盆地东北翼下三叠系Amaranth地层的Waskada油藏，岩性为红棕色—浅灰色砂岩夹杂少量页岩，细粒结构，白云质胶结，平均孔隙度13%，渗透率0.05~100mD(平均渗透率2.5mD)。

实验包括四口平行的水平井，其中两口压裂井，两口观测井(图8-45)。每口井的钻井、完井和压裂方式相似。2010年11月22日对观测井A和观测井B进行压裂施工后关井。

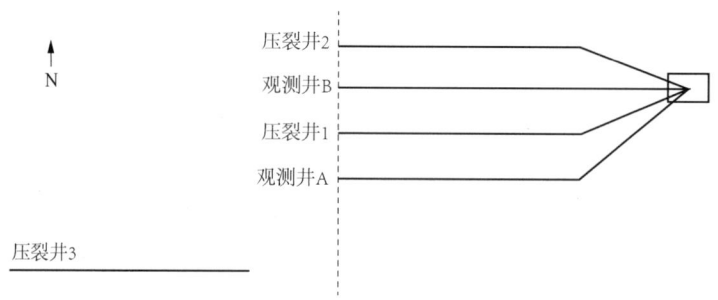

图8-45　4口进行应力阴影现场试验井位示意图

为测量温度和压力,每口井安装两个井底测量仪。A井和B井的测量周期分别为25天和28天,每30s测量一次。2012年12月11日和12月13日分别对1#井和2#井进行压裂。实验结束后,拆除观察井的测量仪,分析数据。

压裂施工后,观测井立即关井,因此在压裂井施工前,其仪器记录的压力值逐渐下降。由于井底压力较A井高,B井的压力下降速度也相对较快。压裂井施工时,两观测井的压力值均低于液柱压力值。

实验中可能出现两种结果:① 压开的新裂缝与观测井的主裂缝相交。由于裂缝延伸压力与观测井的压力相差较大,观测井压力快速上升直至两个压力值达到平衡;② 压开的新裂缝不与主裂缝相交,但距离较近导致观测井压力上升(应力阴影),这在短时间内导致裂缝压力小幅变化。

通过观测井中压力值增加的大小和模式可观测每口井的联通方式。下面两种情况都可产生上述第二种结果:① 裂缝应力阴影 压裂井中裂缝延伸对观察井中的一条或多条主裂缝产生挤压,从而导致其压力增加(图8-46)。增加的大小取决于阴影区的面积大小和两井之间的压差。当压开的新裂缝与观测井的主裂缝接近时,压力开始增加且随着阴影面积的增加,压力增加越来越大。在泵注结束阶段,随着压开裂缝的压力下降,主裂缝的压力也随着下降。② 压裂井中裂缝周边储层压力短暂增加导致观察井中主裂缝周边储层压力也上升。尽管上升的幅度小,但是影响的时间长。随着压裂井中形成的裂缝逐渐增多,应力阴影造成的影响也逐步累积并且增大。

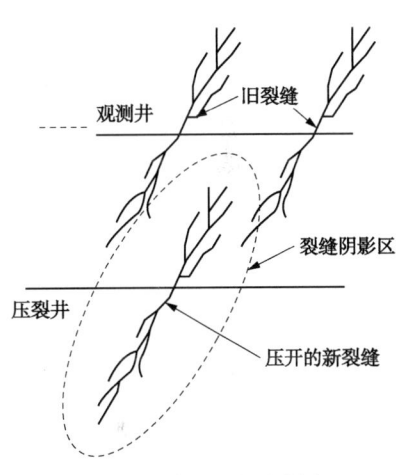

图8-46 裂缝阴影示意图

图8-47为1#压裂井,1和2段的施工数据。施工过程中引起观测井A和观测井B的压力小幅上升。从上图看出:施工开始,观测井的压力开始上涨直至压裂结束。由于A井主裂缝较B井长,1#压裂井中的新裂缝沿其方向的延伸速度较B井快或者新裂缝距离A井主裂缝更近,造成A井的应力阴影面积较B井更大,所以A井的压力变化较B井大。

通过对1#号井施工数据分析得出下列结论:

① 压裂井裂缝延伸引起观测井一条或多条静止裂缝压缩而压力提高,扩大阴影面积;

② 压裂井压裂时储层压力暂时提高,引起观测井附近裂缝的储层压力也升高,即使泵注结束,压力在远处仍然维持略高;

③ 压裂井每级开始压裂时,观察井压力增加,随着压裂结束压力逐渐下降;

④ 一些压裂段在压裂开始后观察井压力立即上升,显示出较强裂缝阴影的影响,也可能表示观察井的裂缝已与压裂井相交。

(3) 应力阴影对水平井分段的影响。

2012年,斯伦贝谢公司研发了UFM(Unconventional Fracture Model),强调对应力阴影

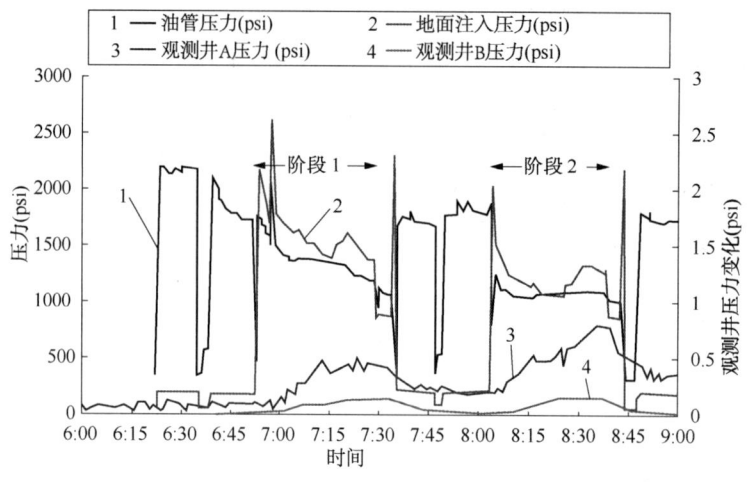

图 8-47 1#压裂井,1 和 2 段压裂施工图

的模拟,图 8-48 和图 8-49 为水平井分 4 级压裂的模拟结果。

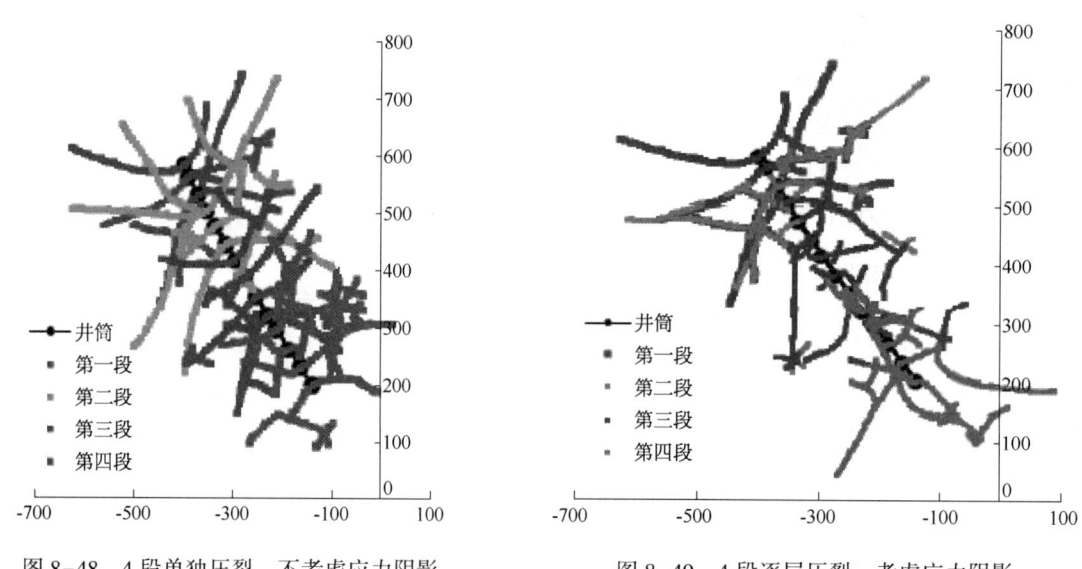

图 8-48 4 段单独压裂,不考虑应力阴影　　图 8-49 4 段逐层压裂,考虑应力阴影

从图 8-49 可看出,第一施工段由于没有应力阴影的作用,其延伸模式与图 8-48 一致;第二施工段受第一施工段应力阴影的影响,其延伸模式发生改变;第三段的裂缝网络与第二段裂缝网络延伸方向基本一致,但是由于应力阴影的作用,延伸距离较短;第四段由于应力阴影的作用,与第三段裂缝网络距离较远。可见,应力阴影客观存在并且可对裂缝间距选择提供指南。

综合上述分析,可以看出:

① 应力阴影客观存在,页岩气的分段间距、分簇间距将在一定程度上决定应力阴影的大小,并随之影响着压裂效果,值得引起重视。

② 考虑到应力阴影的影响,分段数量并非越多越好,应是立足于不同情况的经济选择。

③ 从压裂井的跟部到趾部(B点到A点)并非唯一的压裂顺序,交差式压裂秩序可减少应力阴影对裂缝延伸的影响(图8-50)。

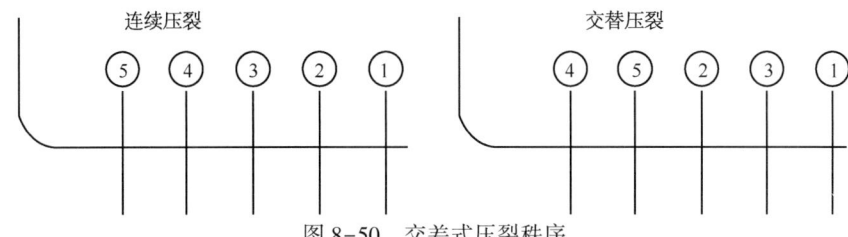

图 8-50 交差式压裂秩序

(4) 小结。

① 应力阴影的影响在水平井完井设计中具有至关重要的作用,然而其重要性还没有得到充分认识。通过现场实验和理论分析已经证实了这一现象的客观存在。

② 页岩气的分段间距、分簇间距将在一定程度上决定应力阴影的大小,并随之影响着压裂效果,分段数量并非越多越好,应立足于不同情况的经济选择。

③ 以往的压裂裂缝模拟软件如果没有考虑到应力阴影的影响,压裂裂缝体积将大于储层真实的裂缝体积。实际上由于应力阴影的影响,裂缝的延伸受到其他裂缝在延伸过程中产生的附加应力阻力。因此,若考虑应力阴影,储层被压开的体积往往小于目前软件模拟结果。

### (三) 苏里格水平井分段压裂优化策略

在上述裂缝几何布局影响分析基础上,根据苏里格盒$_8$储层层薄、孔渗条件差,地层压力系数低的特点,按照"最大限度提高泄流面积"的原则,形成压裂水平井分段压裂优化策略:

(1) 对于横向储层展布相对较均匀的储层,按照均匀间距模式进行分段;考虑到应力的相互干扰(应力阴影的影响),分段数不宜过密。

(2) 缝长U形布局:水平井跟端和指端适当加大施工规模。

(3) 正交裂缝布局:建议优化水平井眼轨迹为垂直于最大水平主应力方向,此时裂缝与井眼轨迹正交,为形成垂直裂缝创造条件。

(4) 大间距少裂缝:按照横向储层最佳裂缝穿透率的优化思路,优选裂缝间距较大、数量少的长缝方案。

(5) 推荐间距缝长比:正交裂缝 0.67~1,非正交裂缝(夹角<50°)≥1。

(6) 首选高渗带压裂提高产能,次选低渗带压裂增大供给范围。

## 四、连续油管底封分级压裂设计和施工配套技术

### (一) 喷砂射孔工艺技术

喷砂射孔工艺技术是将流体通过喷射工具,高压能量转换成动能,产生高速射流冲击

套管或岩石形成一定直径和深度的射孔孔眼。一般情况下，为了达到好的射孔效果，可在流体中加入石英砂或陶粒等。与常规射孔方式相比，喷砂射孔没有形成压实带污染，可以减轻近井筒地带应力集中，有利于提高近井筒地带渗透率，穿透近井筒污染带，降低生产压降，增加向井筒的渗流速度，从而提高油气井产量(图8-51)。

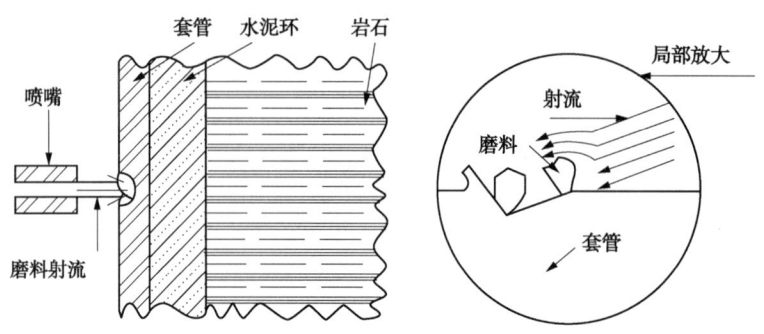

图 8-51　水力喷砂射孔切割套管原理示意图

1. 喷砂射孔裂缝起裂机理

高速射流冲击套管或岩石形成一定直径和深度的射孔孔眼后，射流继续作用在喷射通道中形成增压，同时向环空中泵入流体增加环空压力，喷射流体增压和环空压力的叠加超过破裂压力瞬间将射孔孔眼顶端处地层破裂。环空流体在高速射流的带动下进入射孔通道和裂缝中，使裂缝得以充分扩展，能够得到较大的裂缝。产生裂缝条件可表示为：

$$p_{增压} + p_{环空} \geqslant p_{破裂}$$

另外，控制喷射工具，酸液和动能都聚焦于井筒的某一特定位置，因而可以准确选择裂缝方位。

2. 射流的喷射距离

喷射距离，是指从喷嘴出口的基面到目的物之间的射流工作距离，实验表明，在六倍于喷嘴直径的距离之内，射流速度仍保持其初始流速 $v_0$ 不变，石灰岩模型的实验证明了这一点。应该注意到回溅液对喷嘴的反刺是相当严重的。

3. 最优喷射时间

最优喷射时间，使之在一定的工作压力下，喷射获得最大深度所需要的时间而言。当射流达到一定深度后，继续延长喷射时间孔深不再增加。实验发现，对套管和其他钢材，喷射时间一般在 5~10min 之内，即可达到满意的效果。

4. 含砂浓度和砂砾度

在水力喷砂射孔(切割)的施工作业中，砂砾具有很大的动能量，因此，液流中的含砂比和砂砾度，对喷射效果有很大影响，从理论上讲，砂子直径大，其动量就大，含砂比高，则喷射效果好，但是高的含砂比和大砂粒度的砂子产生的阻力大，碰撞严重，反而还影响喷射(切割)效果。

## (二) 施工配套技术

连续油管底部封隔分段压裂技术在现场应用中，工艺程序与常规压裂有明显不同，具体体现在以下几个方面：

(1) 封隔器靠连续油管施加的上提下放力实现坐封和解封，对连续油管操作要求高。

(2) 工艺采取喷砂射孔方式射开套管，射开之后进行封隔器坐封，因此需要从工具和工艺上防止砂卡。

(3) 主压裂过程中，连续油管内外压差应尽可能保持平衡。

(4) 射孔过程、封隔器坐封和解封过程中，封隔器上下压差必须保持在一定范围内，因此地面回压控制极其重要。

在具体施工过程中，采用了以下优化措施：

(1) 地面回压控制。

在喷砂射孔、主压裂以及封隔器坐封解封过程中，通过地面流程进行回压控制。采用 1.75in 连续油管施工时，须满足地面保持 $p_{下层井口} - p_{节流管汇针阀} \leqslant 5MPa$（图 8-52）。

地面流程可通过在放喷流程接旋塞阀和针阀进行回压的调整，具体实施过程中，还在针阀前安装油嘴以降低针阀使用损耗。

(2) 防砂卡措施。

该工艺由于连续油管带底部封隔器在井筒中存在多次上提下放的情况，若井筒存在一定残砂，可能会导致封隔器难以正常坐封。通过两种方法解决这一问题。

① 喷砂射孔后，进行反洗井，将射孔液和 CT 顶替液替出井筒。地面观测出砂情况，以放喷管线出口不出砂作为停止反洗井的标准。

② 一旦出现封隔器坐封不顺畅的情况，在封隔器解封状态下，通过地面流程进行连续油管与环空同时小排量泵注基液进行冲洗，能够解决这一问题（图 8-53）。

(3) 连续油管内外压力平衡控制。

通过连续油管带封隔器进行环空主压裂过程中，连续油管不仅要进行喷砂射孔、进行上提下放坐封解封封隔器作业，还在主压裂过程中一直留在井筒内部承受环空大排量注入带来的外挤力。因此在主压裂过程中，必须保证连续油管内外压差平衡（图 8-54）。因此，在主压裂过程中，连续油管应先开泵，保持小排量注入。主压裂完毕之前，环空应先停泵，以保持联系油管内外压差平衡。

(4) 短套管结合连续油管定位。

通过在施工井段中部和上部下入短套管的方式更能提高定位精确度，本工艺采用连续油管机械式接箍定位器，利用连续油管的悬重进行判断，短套管的下入增加了连续油管悬重变化频率。图 8-55 为 HC 某井采用的自然伽马、MCCL 与悬重校对曲线。

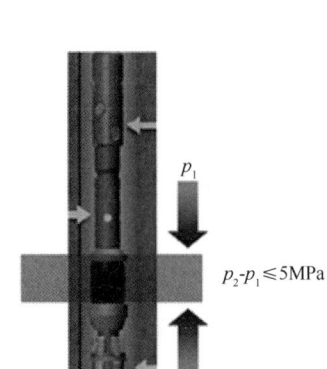
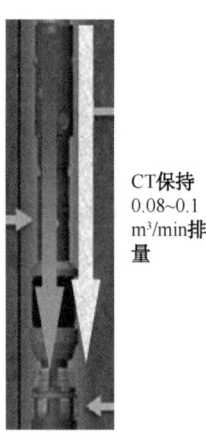

图 8-52　封隔器上下压差平衡示意图　　图 8-53　遇砂卡的冲洗示意图　　图 8-54　连续油管内外压力平衡示意图

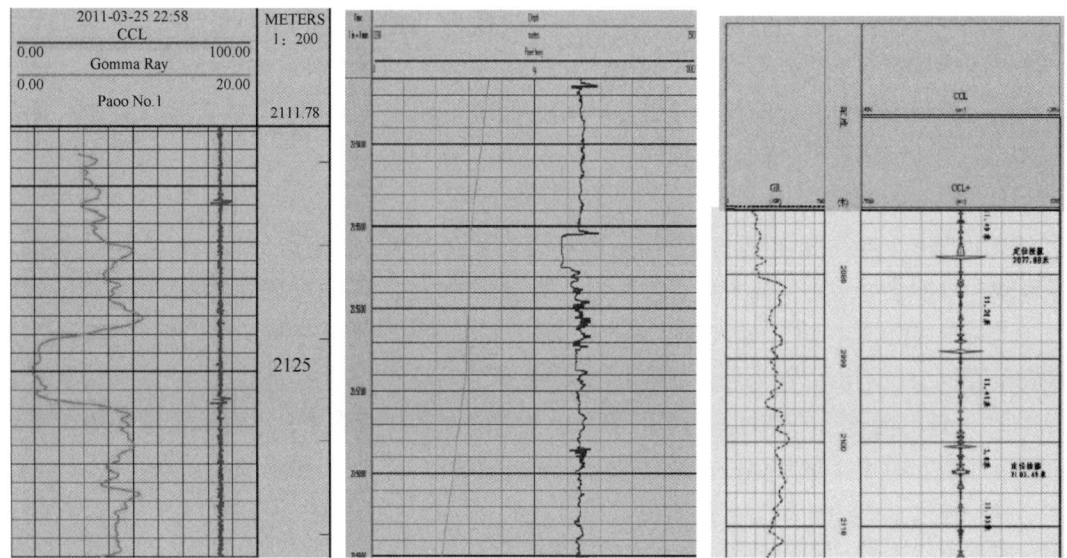

图 8-55　HC 某井采用的自然伽马、MCCL 与悬重校对曲线

## (三) 施工流程工艺技术

从合川须家河大斜度井到苏里格石盒子组水平井,连续油管底部封隔分段压裂通过现场应用不断优化施工流程并形成施工规范。目前已经形成了连续油管长水平井段置放技术和连续油管底部封隔分段压裂操作规范,现场应用的 8 口水平井改造中,有 5 井次水平段长超过 1000m。图 8-56 为连续油管底封环空分级压裂在大斜度井和水平井中的施工操作流程图、图 8-57 为连续油管底封环空分级压裂在各重点施工环节的规范化操作流程。图 8-58 为地面施工规范化管线示意图。

# 第八章 连续油管喷砂多簇射孔多层压裂技术

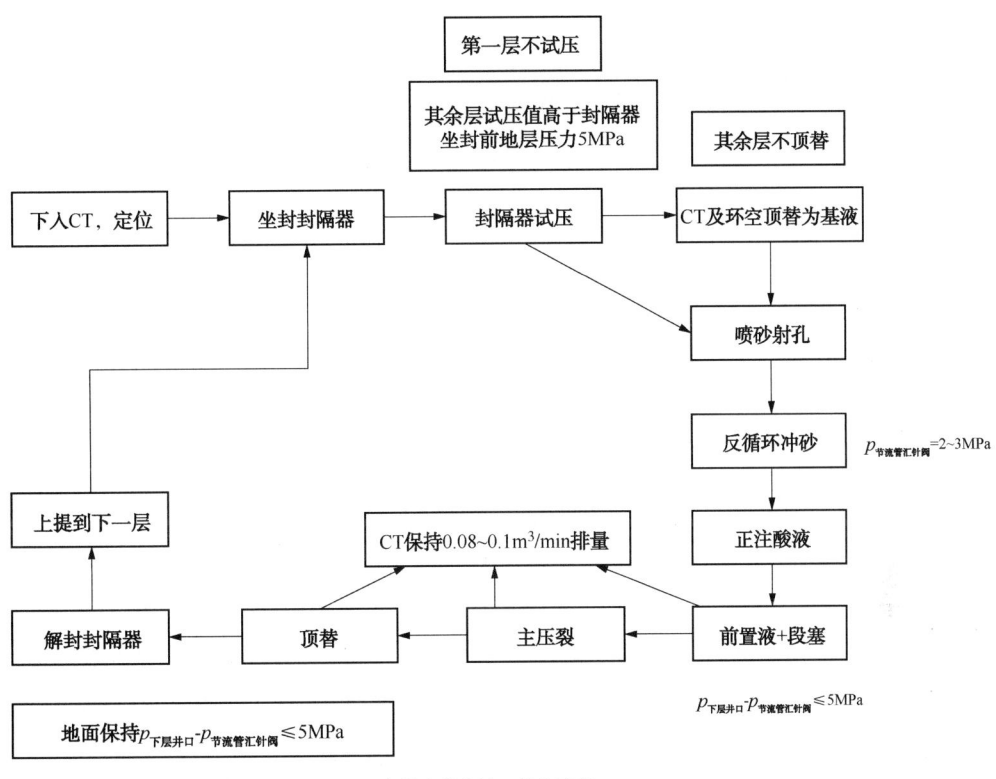

(a) 大斜度井中施工操作流程

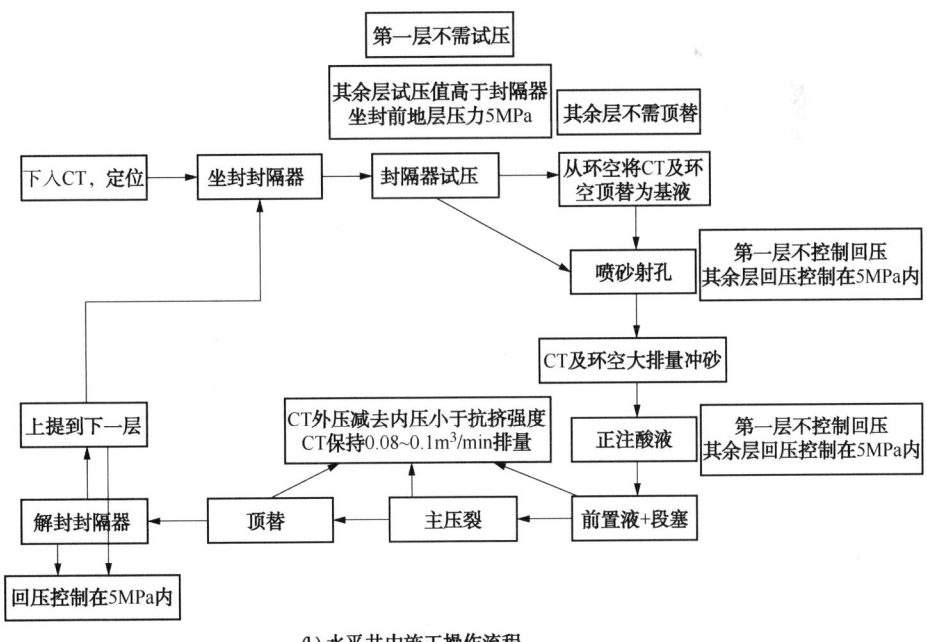

(b) 水平井中施工操作流程

图 8-56　连续油管底封环空分级压裂在大斜度井和水平井中的施工操作流程图

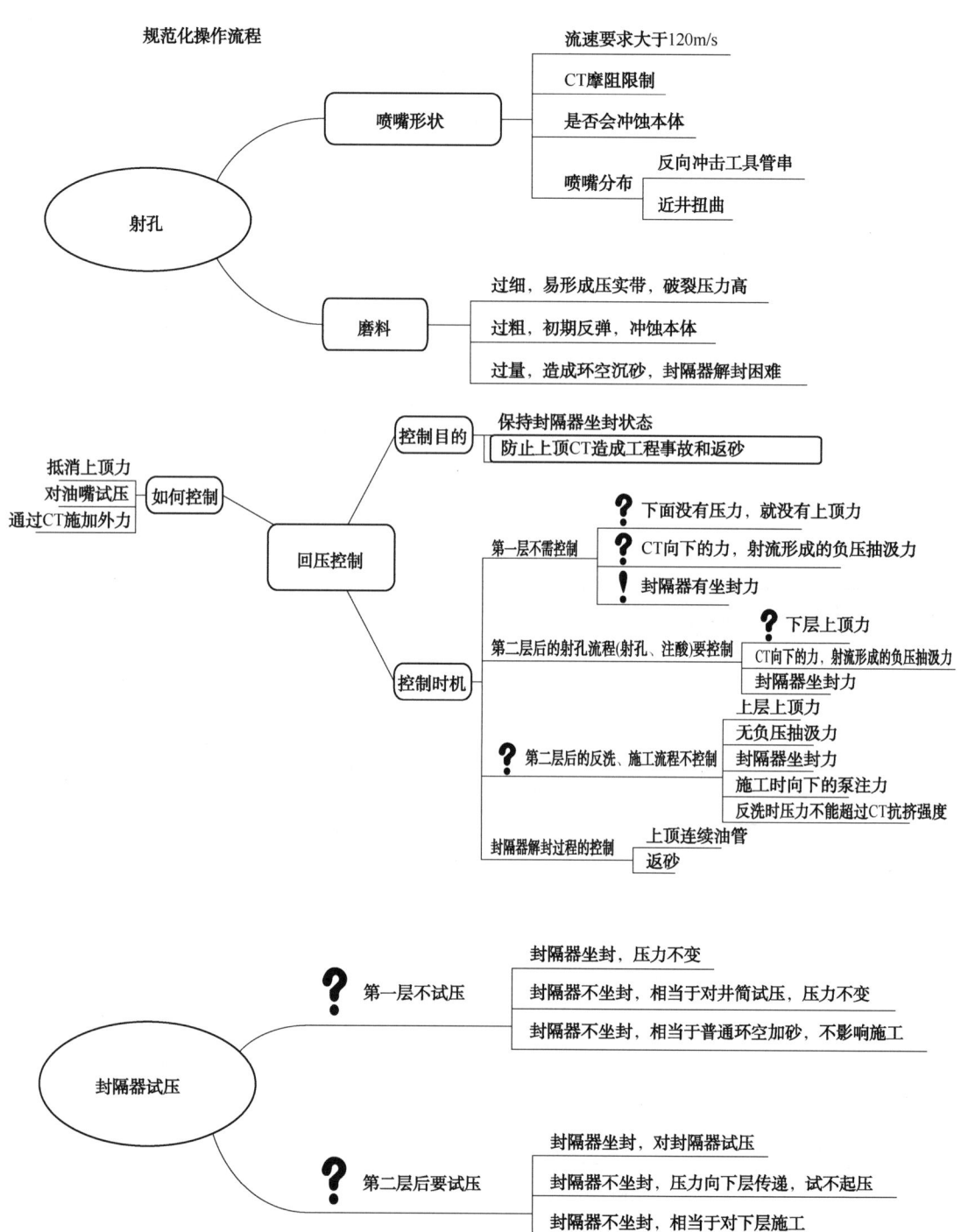

图 8-57 连续油管底封环空分级压裂在各重点施工环节的规范化操作流程

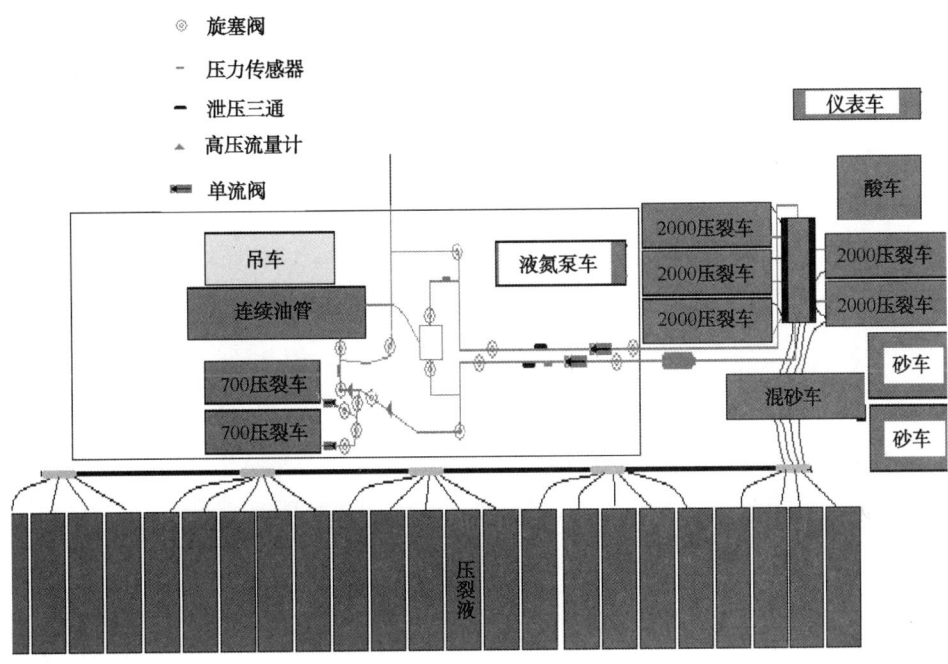

图 8-58　地面施工规范化管线示意图

## 第三节　现场试验与推广应用

连续油管喷砂多簇射孔多层压裂技术通过多次重复坐封封隔器的多次坐封解封,能完成多簇多段分段改造,施工后工具串可起出井筒便于后期修井作业;机械接箍定位器可精确定位射孔位置,可实现薄互层改造。自研制成功以来已累计应用近 30 井次,压裂近 300 层(段),最小改造层厚度仅 2m,并创造了套管水平井中连续压裂改造 18 段的国内记录。

### 一、苏 5-15-17H 井

#### (一) 基本情况

苏 5-15-17H 井基本情况见表 8-3。

表 8-3 苏 5-15-17H 井基本情况

| 构造位置 | 鄂尔多斯盆地伊陕斜坡 | | |
|---|---|---|---|
| 开钻日期 | 2011-08-16 | 完钻日期 | 2011-09-25 |
| 完钻井深 | 斜深 4679m，垂深 3380.49m | 完钻层位 | 盒$_8$ 段 |
| 完井方法 | 喷砂射孔 | 施工层位 | 盒$_8$ 段 |
| 储层井段(m) | 3650~4562m | 施工井段(m) | 3650~4562m(分 14 段) |
| 喷砂射孔参数 | 孔眼直径：4.7625mm(3/16in) | 井口装置 | 105MPa-180mm 压裂井口（连续油管喷砂射孔） |
| | 孔眼数：4 孔/段 | | |
| | 孔眼相位：90° | | |

## （二）钻头、套管程序及套管试压情况

钻头、套管程序及套管试压情况见表 8-4。

表 8-4 钻头、套管程序及套管试压情况

| 钻头尺寸×深度<br>（mm×m） | 套管尺寸×深度<br>（mm×m） | 水泥返深<br>（m） | 试 泵 情 况 |
|---|---|---|---|
| 346.00×603.00 | 273.1×602.49 | 地面 | 试压 10 MPa，稳压 30min |
| 241.3×2870.00 | 177.8×3653.43 | 2823.99 | 试压 35MPa，稳压 30min |
| 215.9×3658.00 | | | |
| 152.4×4679.00 | 114.3×(3243.47~4675.57) | 3243.47~4675.57 | 试压 35MPa，稳压 30min |

## （三）井身结构示意图

井身结构示意图如图 8-59 所示。

说明：（1）φ114.3mm 尾管喇叭口在 3243.47m，重合段长 409.96m；

（2）采用 G 级水泥浆体系，水泥浆密度 1.90g/cm$^3$，封固 3243.47~4675.57m 井段。

## （四）测井解释

苏 5-15-17H 井水平段导向综合图如图 8-60 所示。

## （五）施工工具

施工工具管串参数见表 8-5。

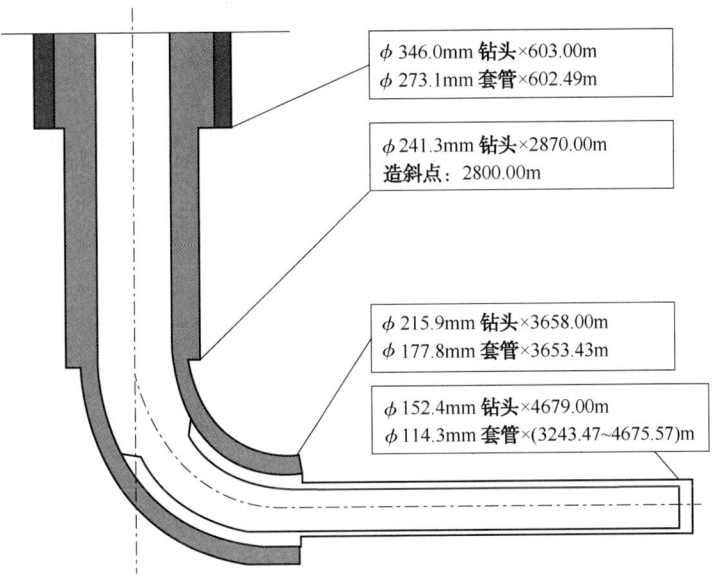

图 8-59 苏 5-15-17H 井井身结构图

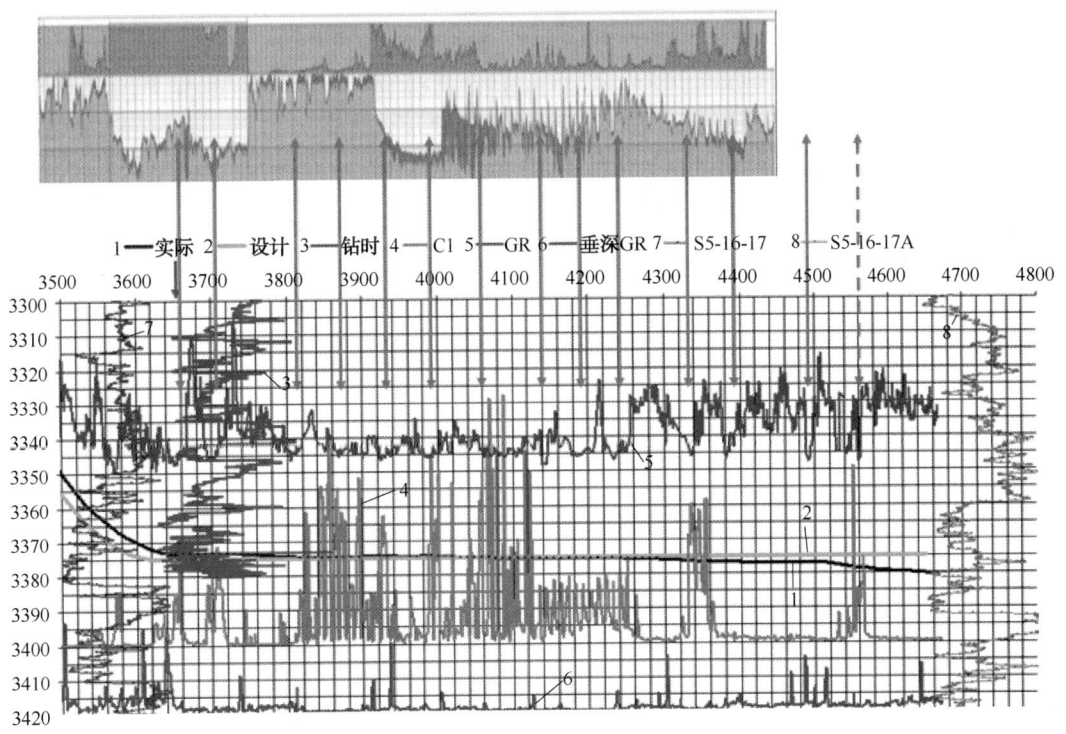

图 8-60 苏 5-15-17H 井水平段导向综合图

表8-5 施工工具管串参数

| 序号 | 工具名称 | 结构图 | 外径（mm） | 内径（mm） | 长度（m） | 下放总长度（m） | 上提总长度（m） |
|---|---|---|---|---|---|---|---|
| 1 | 2in CT 接头<br>NC16 转 2⅜in PAC | | | | 0.23<br>0.15 | 4.47<br>4.24 | (4.72)<br>(4.49) |
| 2 | 液压丢手 | | | | 0.51 | 4.09 | (4.34) |
| 3 | 变扣接头（PAC-EUE） | | | | 0.15 | 3.58 | (3.83) |
| 4 | 扶正器 | | 117.0 | 40.0 | 0.75 | 3.43 | (3.68) |
| 5 | 喷射工具 | | 94.0 | 40.0 | 0.37 | 2.68 | (2.93) |
| 6 | 平衡阀 | | 85.0 | 36.0 | 0.67<br>(+0.12) | 2.31 | (2.56) |
| 7 | 封隔器 | | 117.0 | 45.0 | 1.12<br>(+0.13) | 1.64 | (1.77) |
| 8 | 机械定位器上端 | | 100.0 | 48.0 | 0.15 | 0.52 | 0.52 |
| 8 | 机械定位器下端 | | 135.0 | 48.0 | 0.19 | 0.37 | 0.37 |
| 9 | 引鞋 | | 77.8 | 48.0 | 0.18 | 0.18 | 0.18 |

## (六) 施工概况及分析

泵压 30~46MPa，排量 2.8~3.2m³/min，共注入井筒压裂液液量 4086.9m³，注入地层砂量 451.86t，圆满完成该井施工，各段施工曲线、液量和砂量见图 8-61~图 8-74。

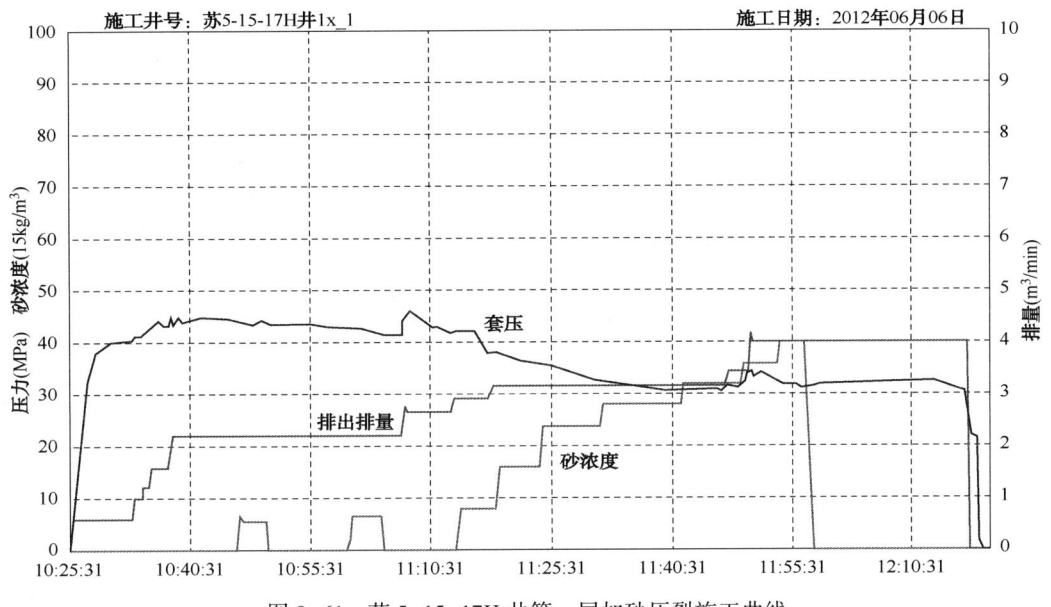

图 8-61　苏 5-15-17H 井第一层加砂压裂施工曲线

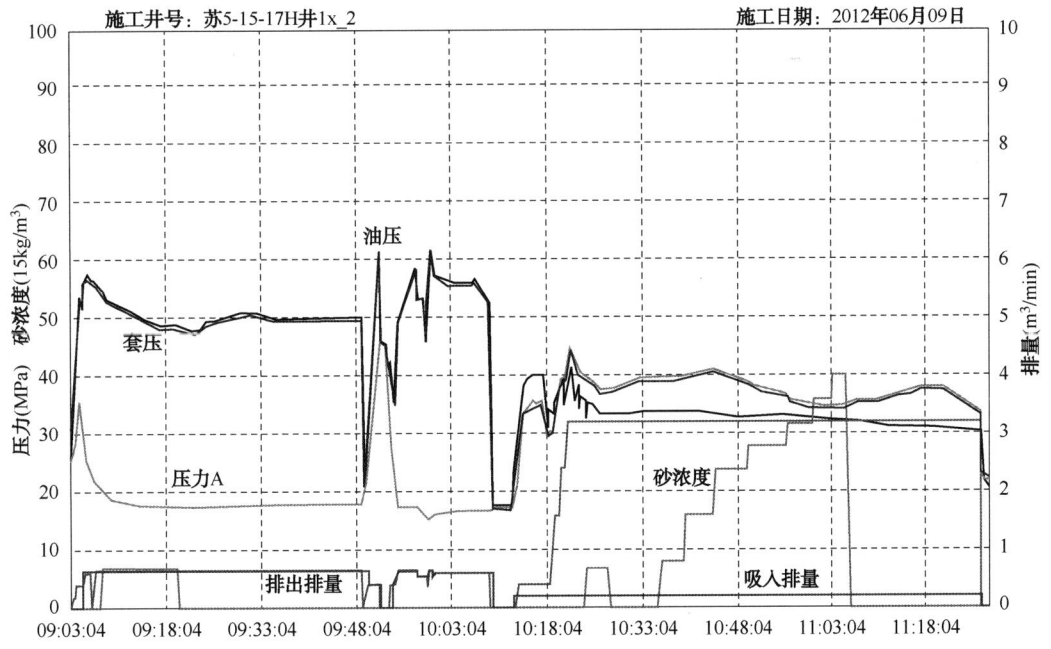

图 8-62　苏 5-15-17H 井第二层加砂压裂施工曲线

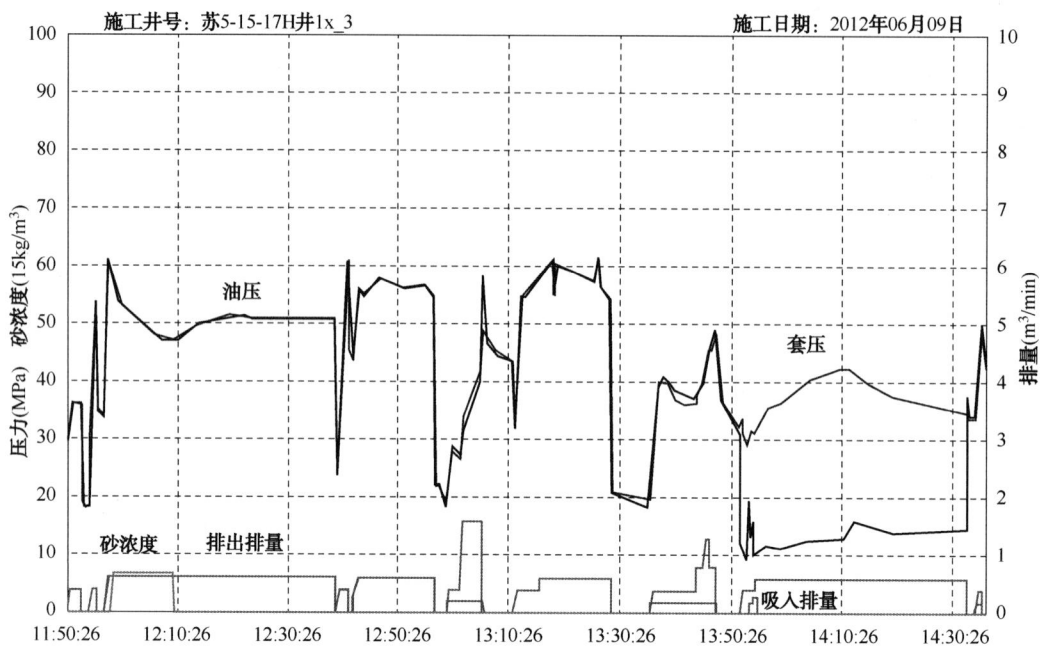

图 8-63　苏 5-15-17H 井第三层加砂压裂施工曲线

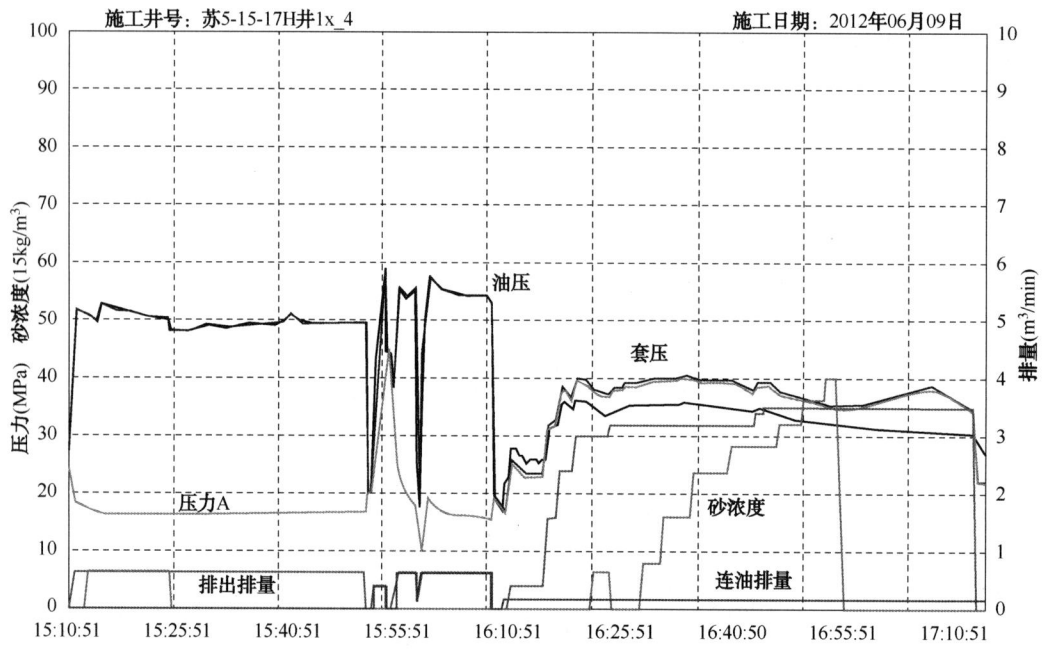

图 8-64　苏 5-15-17H 井第四层加砂压裂施工曲线

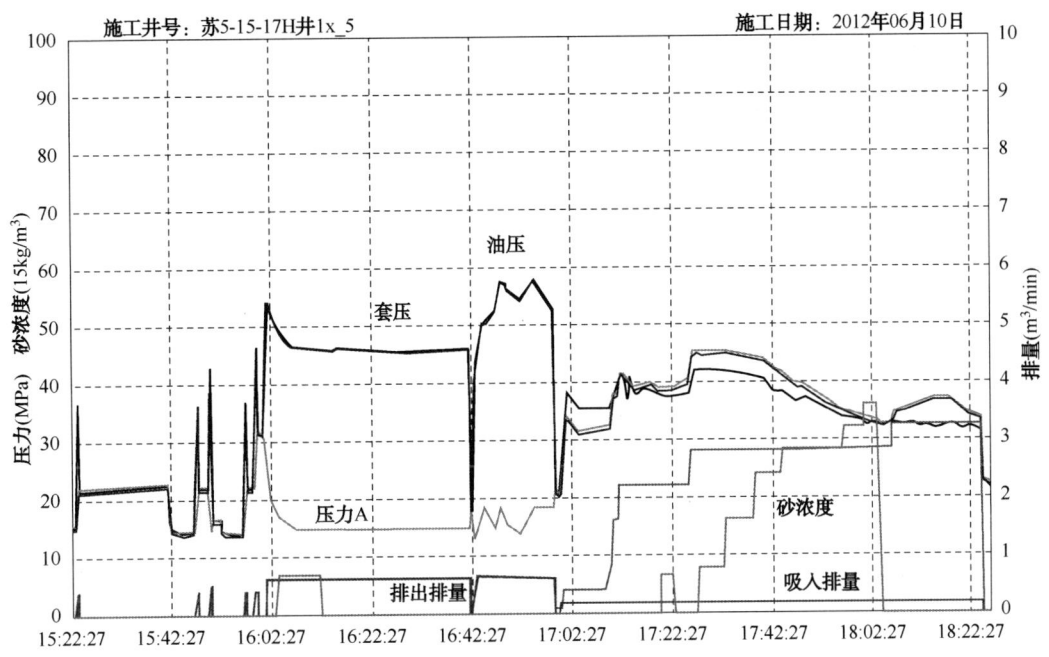

图 8-65　苏 5-15-17H 井第五层加砂压裂施工曲线

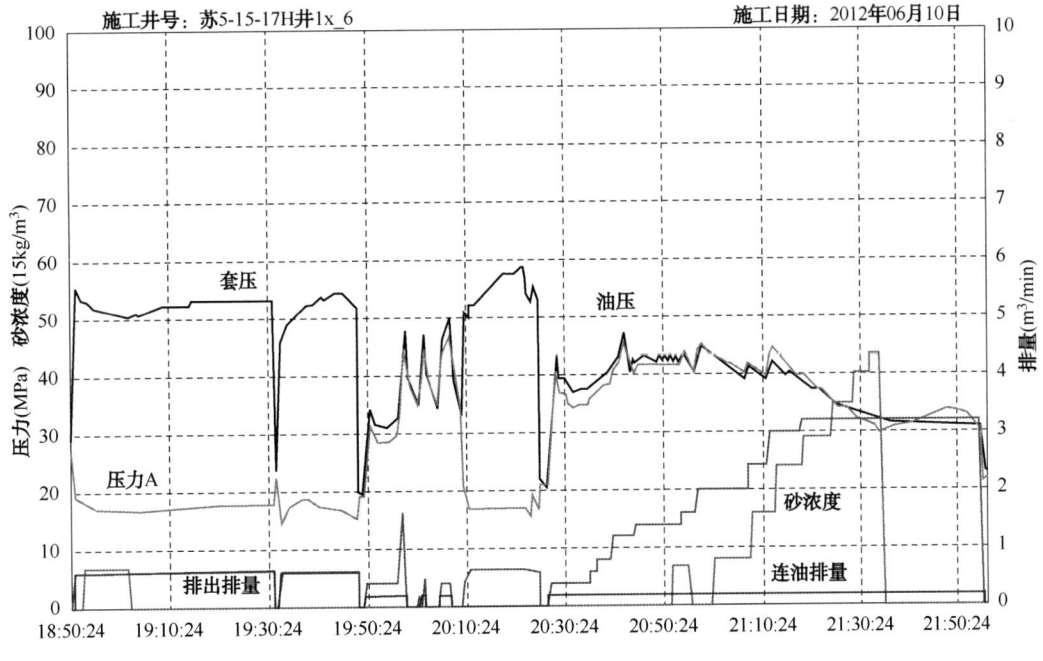

图 8-66　苏 5-15-17H 井第六层加砂压裂施工曲线

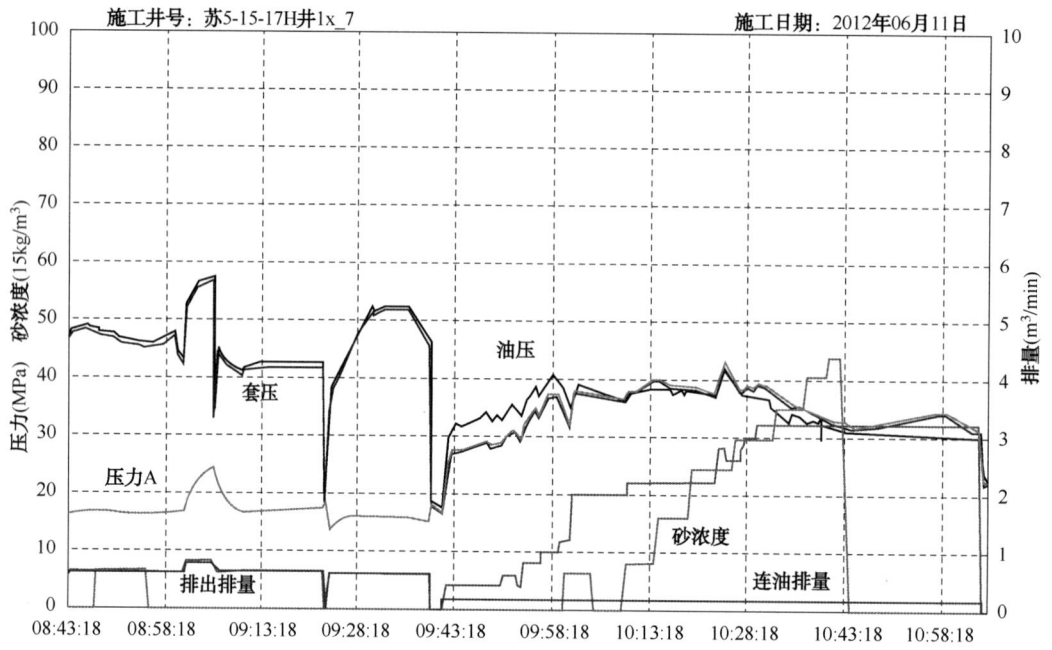

图 8-67 苏 5-15-17H 井第七层加砂压裂施工曲线

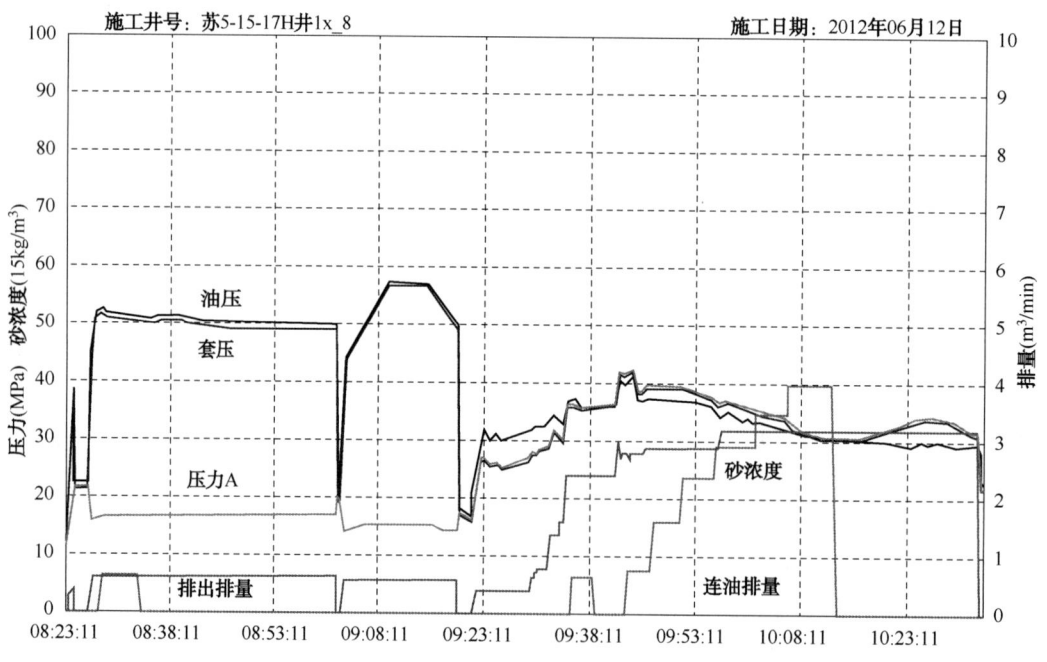

图 8-68 苏 5-15-17H 井第八层加砂压裂施工曲线

第八章 连续油管喷砂多簇射孔多层压裂技术

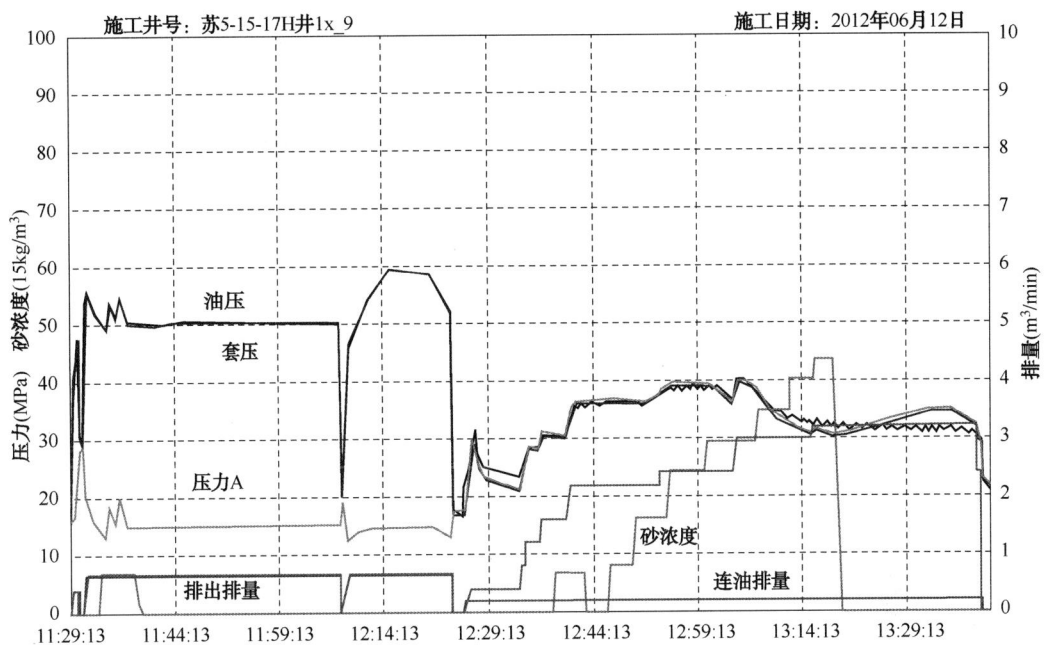

图 8-69 苏 5-15-17H 井第九层加砂压裂施工曲线

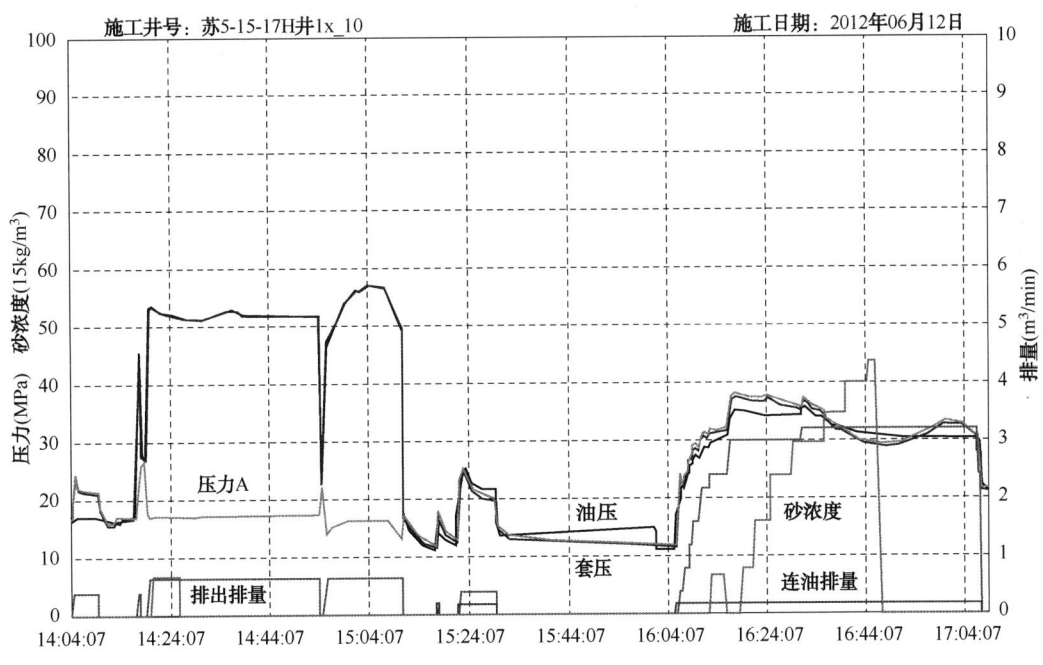

图 8-70 苏 5-15-17H 井第十层加砂压裂施工曲线

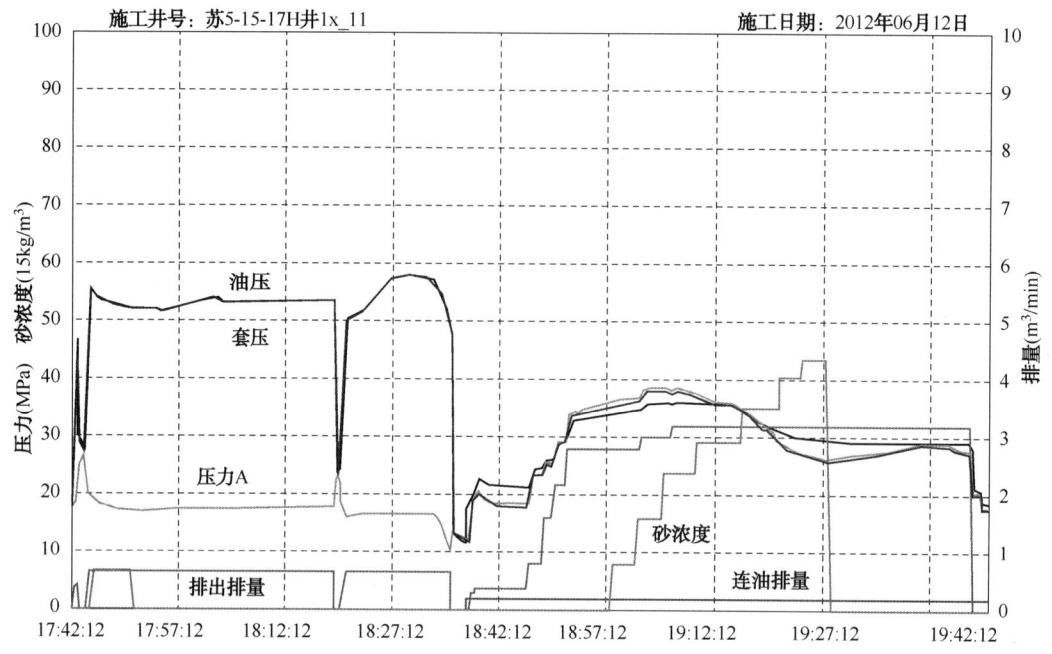

图 8-71 苏 5-15-17H 井第十一层加砂压裂施工曲线

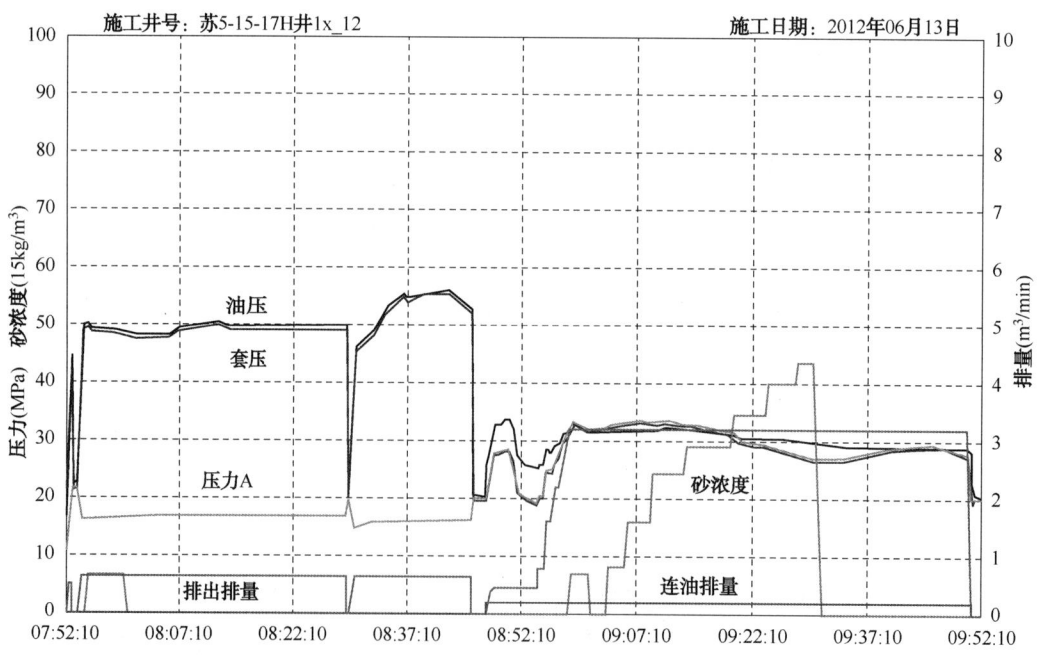

图 8-72 苏 5-15-17H 井第十二层加砂压裂施工曲线

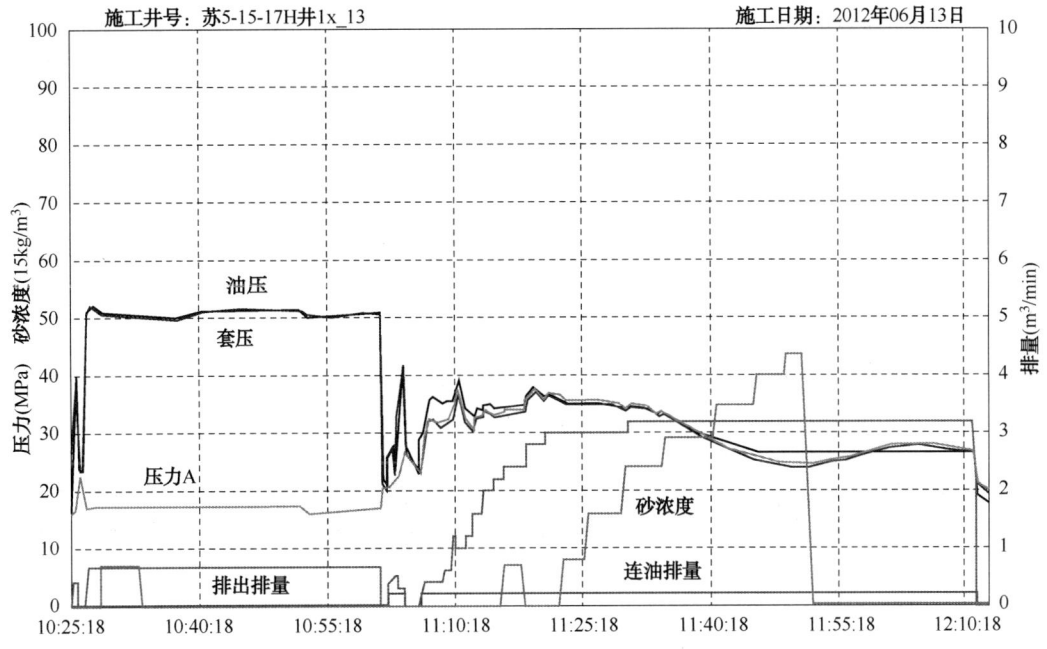

图 8-73　苏 5-15-17H 井第十三层加砂压裂施工曲线

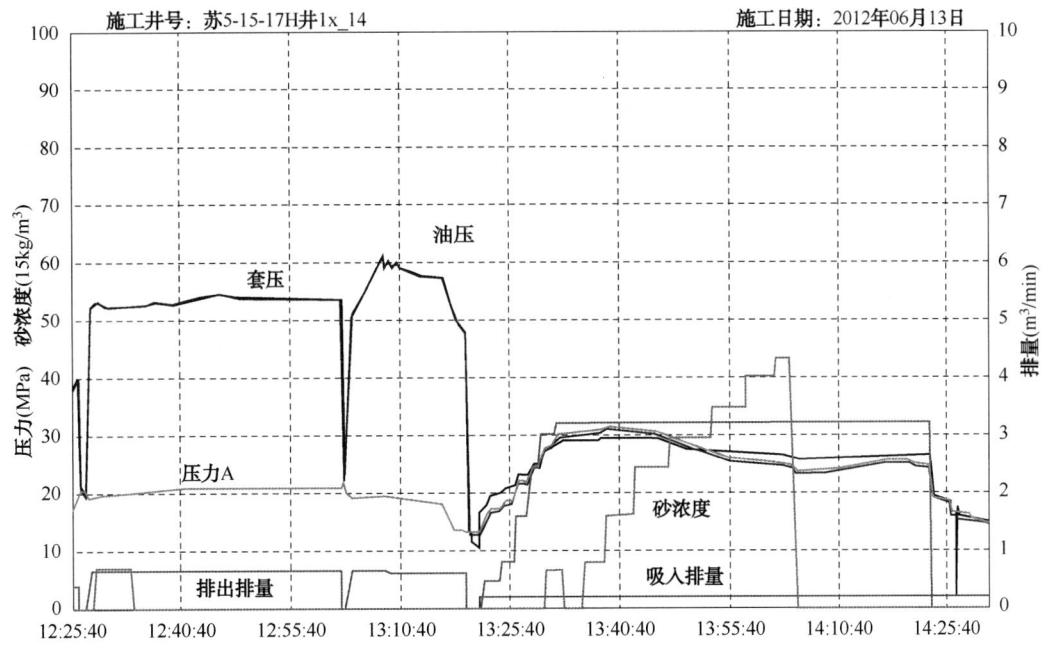

图 8-74　5-15-17H 井第十四层加砂压裂施工曲线

该井两趟工具对水平段进行了 14 段压裂，施工的成功进一步验证了连续油管带底封环空分级压裂在水平井的良好适应能力。

连续油管从上段的解封封隔器到下段的坐封，时间一般在 30min 内，说明了在水平井中的转层相对于直井而言同样具有可靠性和高效性。

该水平井在相同层位里进行分段压裂，且是在甜点区的相同层位，每层的停泵压力变化不大，不能采用停泵压力来说明是否转层成功；虽然每层施工均采用酸液预处理，但是每层的破裂压力变化幅度较大，可以表明转层成功。

从图 8-75 G 函数分析来看，曲线形态存在多个峰值，表明有多个破裂点形成。裂缝可能沟通了天然裂缝带。液体效率为 36.9%。说明由于储层存在天然裂缝，压裂沟通天然缝后滤失加大，液体效率低，导致缝宽较窄，对较低的砂浓度都出现敏感现象。

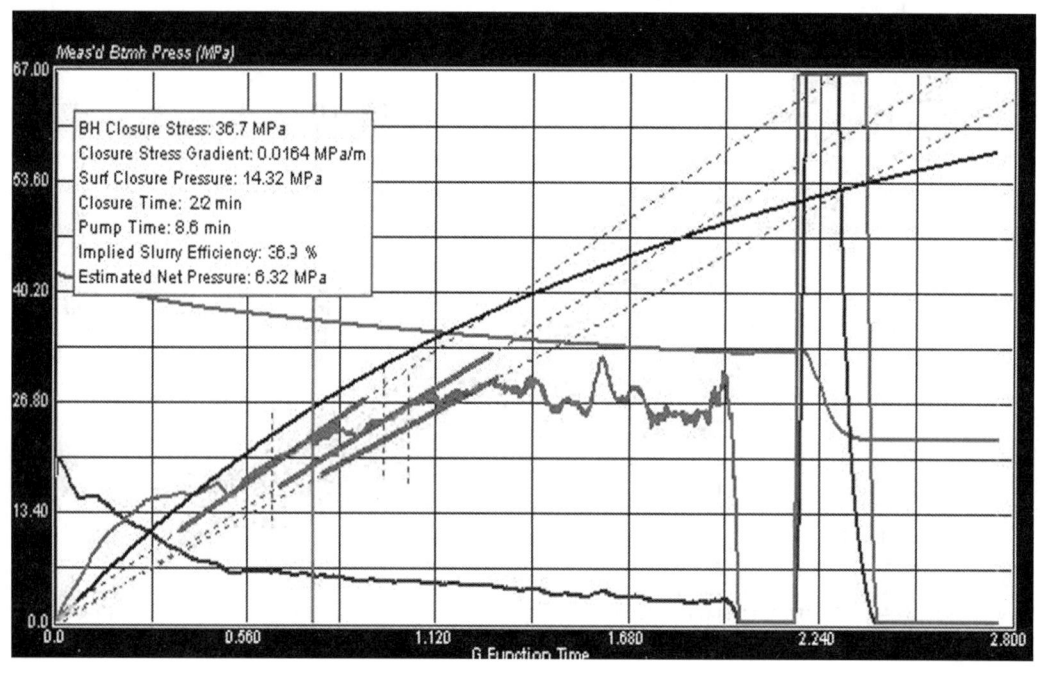

图 8-75 苏 5-15-17H 井第四段施工 G 函数分析

该井改造后经过排液测试，测得日产气 $90500m^3$，无阻流量 $576200m^3$。

## 二、桃 7-18-2 井

### （一）基本情况

桃 7-18-2 井基本情况见表 8-6。

表 8-6　桃 7-18-2 井基本情况

| 井　号 | 桃 7-18-2 | | 井别/井型 | | 开发井/直井 | |
|---|---|---|---|---|---|---|
| 构造位置 | 鄂尔多斯盆地伊陕斜坡 | | | | | |
| 开钻日期 | 2013-07-11 | | 完钻日期 | | 2013-08-02 | |
| 完钻井深 | 3569.00 | | 完钻层位 | | 马家沟组 | |
| 完井方法 | 射孔 | | 人工井底 | | 3537.70m | |
| 产层 | 山2，山1，盒8 | | 井口装置 | | KQ65-70MPa | |
| 最大井斜 | 2.06° | 井深 | 640m | 方位角 | 348.82° | 井底位移 | 19.73m |
| 短套管位置 | 3326.69～3330.29m | | | | | |
| 井身结构 | 钻头程序（mm×m） | | 套管程序（mm×m） | 水泥返深（m） | | 试压结果 | |
| | 311.2 × 644.00 | | 244.50 × 643.72 | 地面 | | 12MPa→12MPa(30min) | |
| | 215.9 × 3569.00 | | 139.7 × 3561.51 | 2816.00 | | 35MPa→35MPa(30min) | |
| 射孔数据 | 射孔井段 | | 3459～3461m，3389～3391m，3377～3379m，3368～3370m，3349～3351m | | | | |
| | 孔密 | 16 孔/m | 相位 | 60° | 枪型 | 102 | 弹型 | 127 |
| 油层套管数据 | 规格（mm） | 下至井深（m） | 内径（mm） | 壁厚（mm） | 钢级 | 抗内压（MPa） | 抗外挤（MPa） |
| | 139.70 | 3561.51 | 121.36 | 9.17 | N80 | 63.4 | 60.9 |
| 油层套管固井质量 | 139.7mm 套管固井质量评价：2720.04—2816.54 差—2821.24 中—2932.94 优—2935.14 中—3061.54 优—3079.74 中—3087.64 优—3090.54 中—3325.94 优—3338.34 中—3351.04 优—3379.44 差—3382.84 中—3385.04 差—3391.64 中—3396.14 差—3398.84 中—3403.84 差—3406.64 中—3432.34 差—3516.54 优—3533.44 中—3537.7 差 | | | | | | |

## （二）测井解释

储层测井解释结果见表 8-7，测井解释图见图 8-76。

表8-7 储层测井解释结果表

| 序号 | 层位组 | 井段(m) | 厚度(m) | 自然伽马API | 电阻率(Ω·m) | 补偿声波(μs/m) | 补偿中子(p.u) | 补偿密度(g/cm³) | 渗透率($10^{-3}$μm²) | 孔隙度(%) | 含水饱和度(%) | 解释结论 |
|---|---|---|---|---|---|---|---|---|---|---|---|---|
| 1 | 石盒子 | 3280.9~3283.8 | 2.9 | 61.2 | 12.7 | 226.7 | 2.57 | 15.4 | 0.1 | 5.9 | 99.2 | 水层 |
| 2 | | 3346.5~3350.6 | 4.1 | 62.6 | 57.2 | 229.3 | 2.52 | 11.1 | 0.1 | 6.1 | 59.3 | 气层 |
| 3 | | 3353.6~3355.9 | 2.3 | 64.4 | 94.5 | 221.8 | 2.53 | 10.5 | 0.05 | 4.5 | 79.1 | 含气层 |
| 4 | | 3357.8~3361.4 | 3.6 | 72.4 | 33 | 229.1 | 2.58 | 11.9 | 0.06 | 4.7 | 88.6 | 含气层 |
| 5 | | 3363.0~3369.8 | 6.8 | 55 | 59.3 | 227.2 | 2.53 | 8.4 | 0.1 | 6.9 | 54.2 | 气层 |
| 6 | | 3376.1~3379.4 | 3.3 | 54.4 | 88.5 | 230.5 | 2.48 | 9.3 | 0.1 | 7.7 | 48.6 | 气层 |
| 7 | | 3387.6~3393.9 | 6.3 | 56.5 | 69.2 | 226.3 | 2.52 | 10.9 | 0.1 | 6.7 | 55.1 | 气层 |
| 8 | 山西组 | 3448.9~3450.6 | 1.7 | 32.5 | 70.3 | 202.8 | 2.56 | 3.6 | 0.04 | 4 | 78.5 | 含气层 |
| 9 | | 3451.3~3461.7 | 10.4 | 41.1 | 47.9 | 214.2 | 2.58 | 5.4 | 0.1 | 5.6 | 52.3 | 气层 |
| 10 | 马家沟组 | 3493.1~3494.3 | 1.2 | 30 | 151.4 | 160.3 | 2.8 | 10.1 | 0.1 | 3.1 | 66.4 | 干层 |
| 11 | | 3499.0~3500.5 | 1.5 | 22.8 | 118.5 | 165.1 | 2.8 | 10.9 | 0.7 | 5 | 53.5 | 气层 |
| 12 | | 3502.6~3504.8 | 2.2 | 22.7 | 109.2 | 166.8 | 2.8 | 12.4 | 1 | 5.7 | 50.4 | 气水层 |
| 13 | | 3509.5~3511.9 | 2.4 | 23.2 | 141.3 | 164 | 2.77 | 11 | 0.6 | 5 | 48.9 | 气水层 |
| 14 | | 3537.5~3541.5 | 4 | 19.2 | 30.5 | 177.1 | 2.68 | 13.1 | 2.8 | 8.3 | 61.5 | 气水层 |
| 15 | | 3557.5~3559.0 | 1.5 | 27.8 | 348.9 | 154.2 | 2.78 | 10 | 0.01 | 1.7 | 66.9 | 干层 |

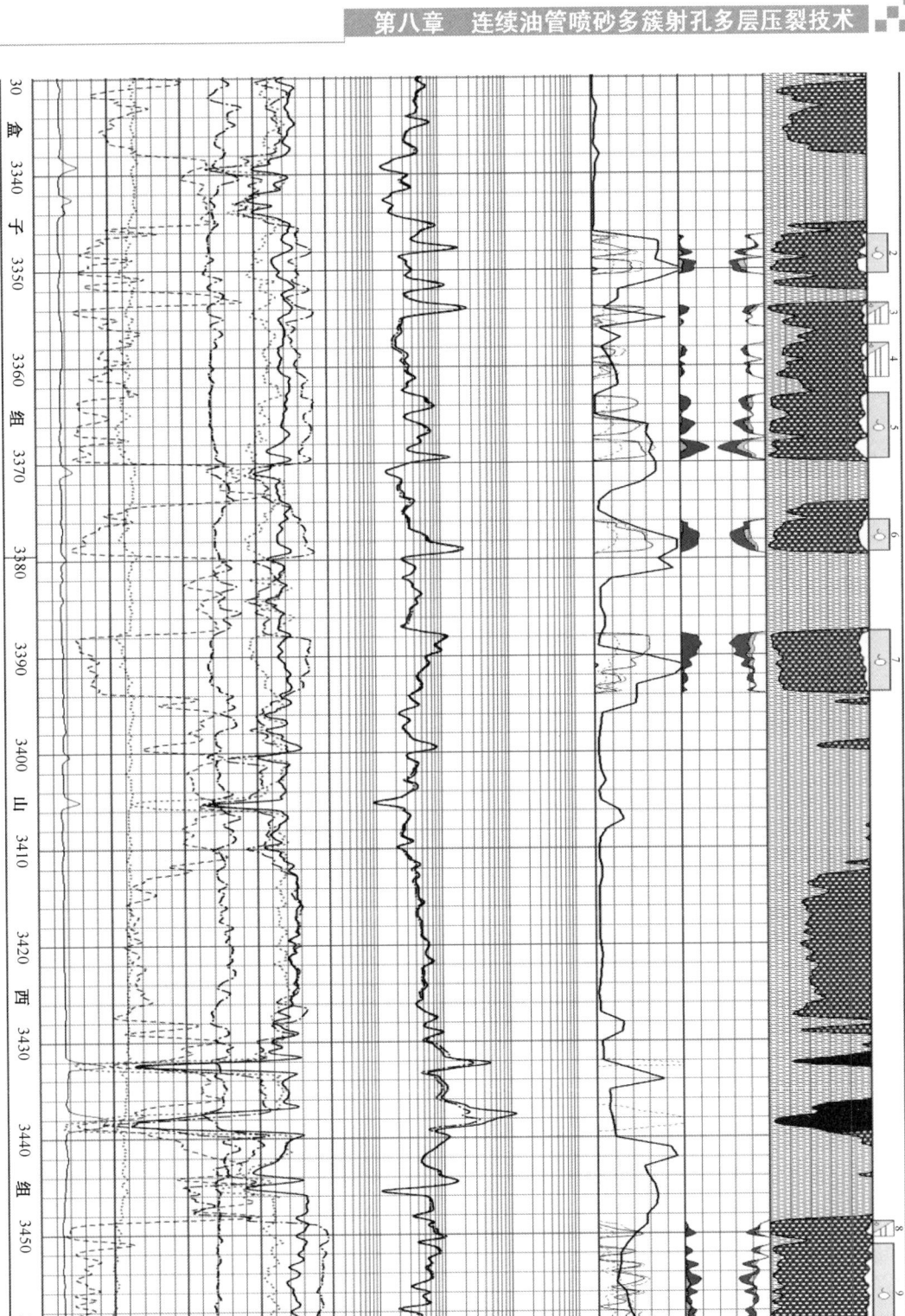

图 8-76 测井解释图

### (三) 施工工具

施工工具管串参数见表 8-8。

表 8-8　施工工具管串参数

| 序号 | 工具名称 | 结构图 | 外径（mm） | 内径（mm） | 长度（m） | 下放总长度（m） | 上提总长度（m） |
|---|---|---|---|---|---|---|---|
| 1 | 2in CT 接头 |  |  |  | 0.23 | 4.47 | (4.72) |
|  | NC16 转 2⅜in PAC |  |  |  | 0.15 | 4.24 | (4.49) |
| 2 | 液压丢手 |  |  |  | 0.51 | 4.09 | (4.34) |
| 3 | 变扣接头(PAC-EUE) |  |  |  | 0.15 | 3.58 | (3.83) |
| 4 | 扶正器 |  | 117.0 | 40.0 | 0.75 | 3.43 | (3.68) |
| 5 | 喷射工具 |  | 94.0 | 40.0 | 0.37 | 2.68 | (2.93) |
| 6 | 平衡阀 |  | 85.0 | 36.0 | 0.67 (+0.12) | 2.31 | (2.56) |
| 7 | 封隔器 |  | 117.0 | 45.0 | 1.12 (+0.13) | 1.64 | (1.77) |

续表

| 序号 | 工具名称 | 结构图 | 外径（mm） | 内径（mm） | 长度（m） | 下放总长度（m） | 上提总长度（m） |
|---|---|---|---|---|---|---|---|
| 8 | 机械定位器上端 | | 100.0 | 48.0 | 0.15 | 0.52 | 0.52 |
| 8 | 机械定位器下端 | | 135.0 | 48.0 | 0.19 | 0.37 | 0.37 |
| 9 | 引鞋 | | 77.8 | 48.0 | 0.18 | 0.18 | 0.18 |

### (四) 施工概况及分析

施工过程中，在第一层位：山2井段，进行了两次喷砂射孔，第一次喷射位置：3455.56m，第二次喷射位置：3452.31m，实现了两簇射孔工艺。第一层至第五层的加砂压裂施工曲线见图8-77~图8-81。

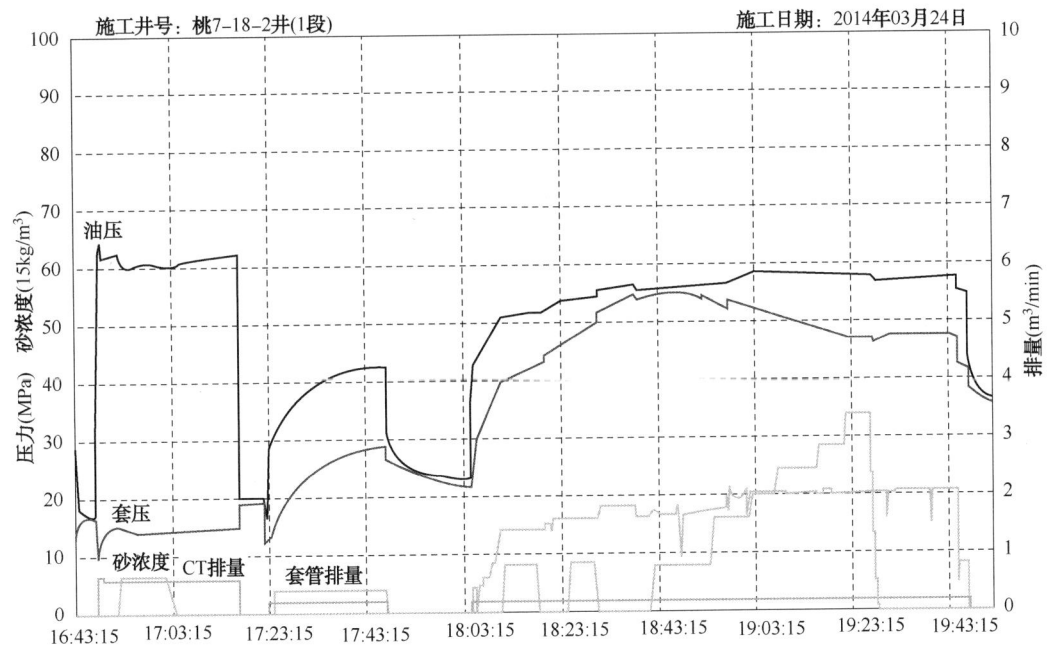

图8-77 第一层加砂压裂施工曲线

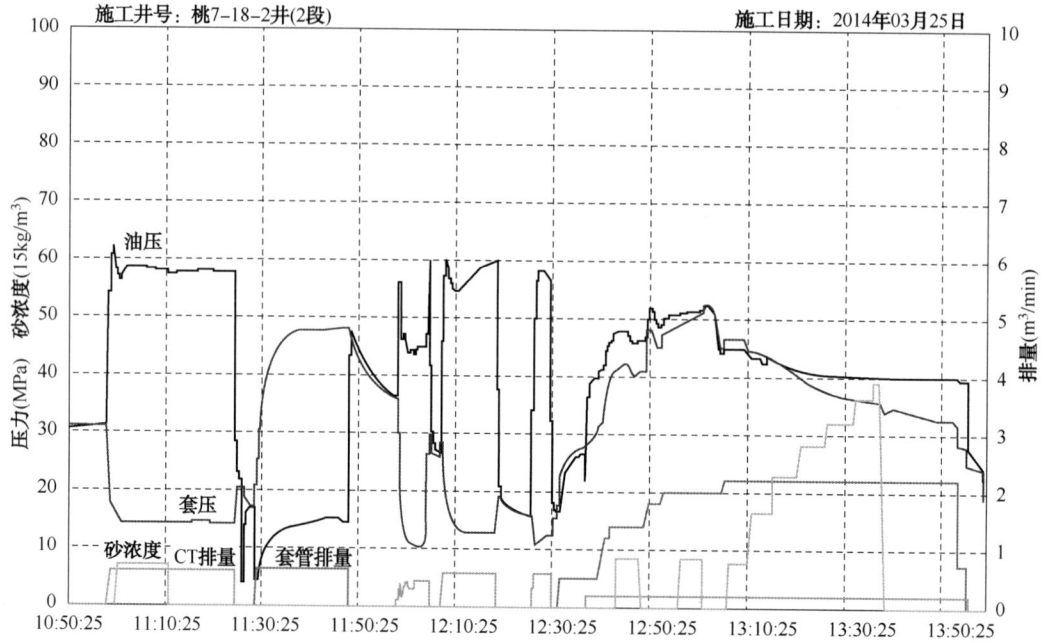

图 8-78 第二层加砂压裂施工曲线

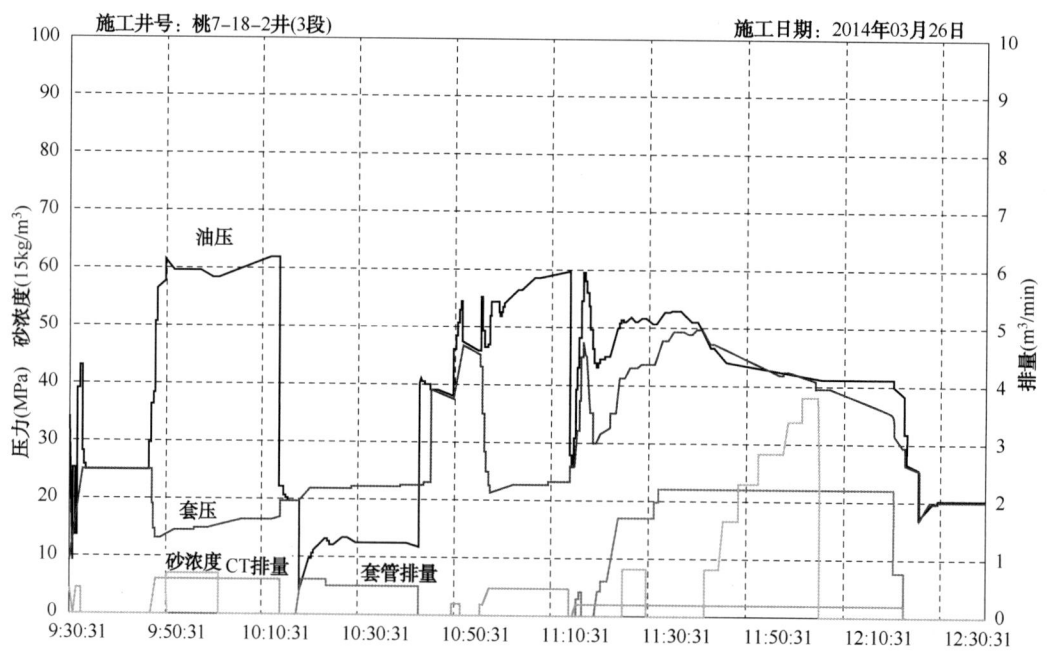

图 8-79 第三层加砂压裂施工曲线

第八章 连续油管喷砂多簇射孔多层压裂技术

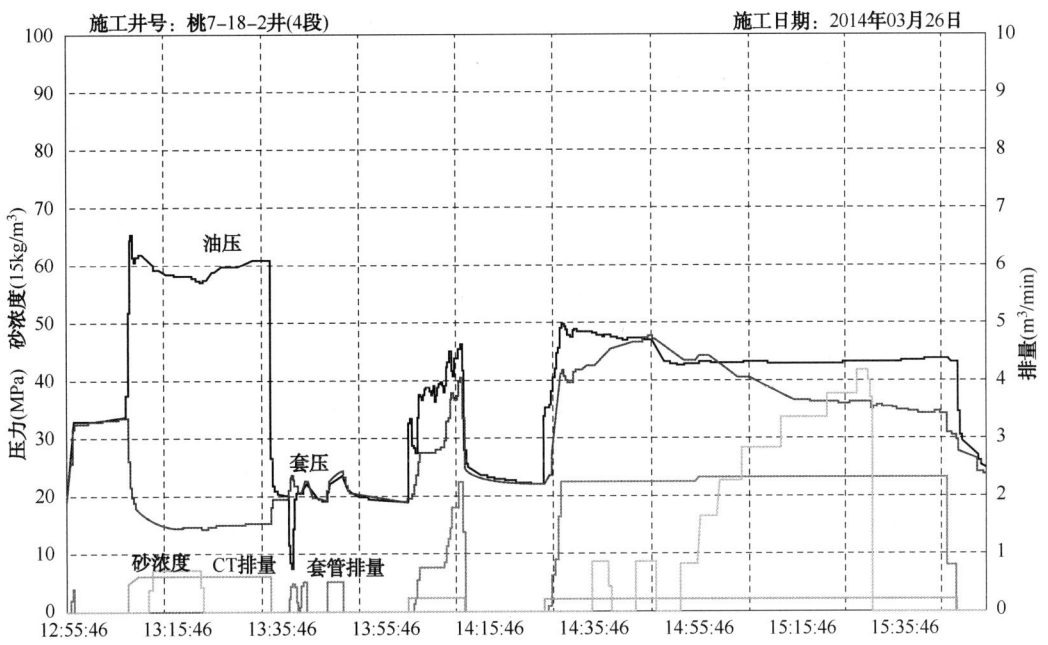

图 8-80 第四层加砂压裂施工曲线

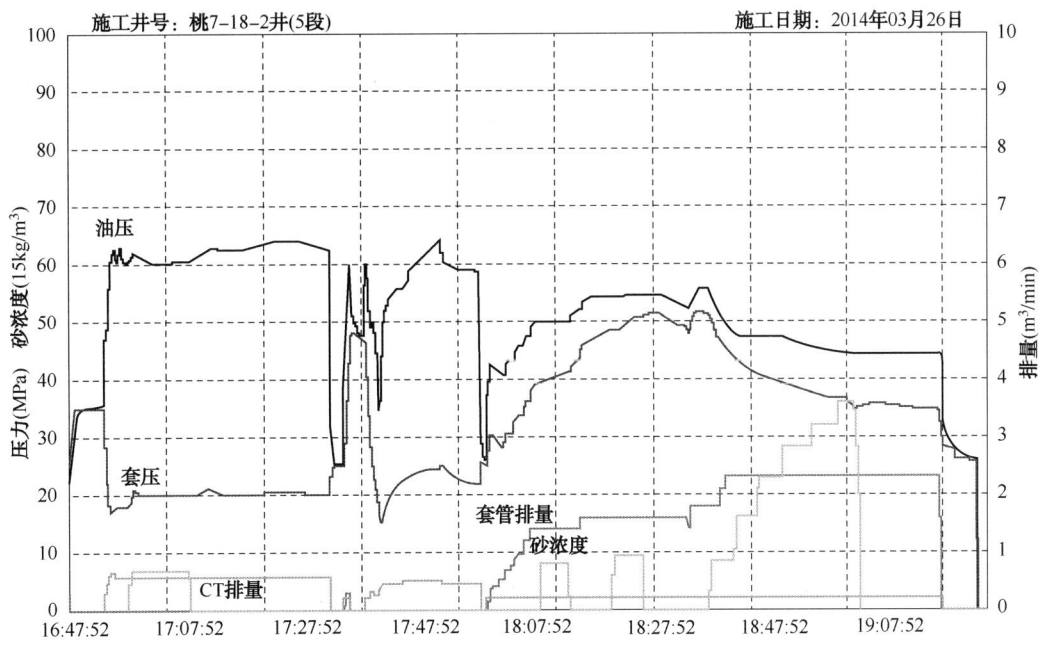

图 8-81 第五层加砂压裂施工曲线

# 第九章　井下开关储层改造开关管柱力学分析

本章对无限制开关储层改造连续油管开关管柱进行力学分析，得到以下结论：

(1) 针对无限级储层改造管柱结构特征，以大直径的井下工具为管柱与井壁接触点，建立两接触点之间的管柱力学模型和多接触点间的转角平衡方程，得出无限级储层改造管柱下入摩阻力计算模型。

(2) 考虑粗糙井壁对改造管柱前端和井下工具直径突变位置的阻力，将其考虑成附近摩阻力，得出管柱附加摩阻力的计算方法。

(3) 针对改造管柱下入剩余大钩载荷分析管柱下过程的摩阻力分布，得出管柱下入性的评价方法；建立管柱临界弯曲力的计算模型和强度校核方法，得出管柱下入后可靠性的评价方法；结合管柱刚性特征，得出管柱下入锁死的临界条件。

(4) 针对改造管柱摩阻力分布的特征，提出采用无量纲等差间距优化井下工具间距的方法，得出最优的无量纲公差为 0.075。

(5) 编制了"改造套管柱结构设计与力学分析软件"，改造管柱过程大钩载荷与现场 XX8 井符合程度较好。

(6) 考虑连续油管井口载荷、连续油管浮重、连续油管与套管的接触力、连续油管与套管间的摩阻力以及油管在套管内受到液体阻力及举升力对管柱的影响，建立了套管内连续油管非线性力学分析模型。

(7) 根据间隙元理论，运用空间梁单元和多项接触间隙元对连续油管开关管柱和工具串进行受力变形分析，并在连续油管梁单元最大位移处构造了"多项接触摩擦间隙元"，准确地描述出连续油管与套管内壁的接触摩擦状态。

(8) 选取直井、斜直井和弯曲井中的连续油管为研究对象，基于能量法分析套管内连续油管在井底压力作用下发生正弦、螺旋屈曲等多次失稳的临界载荷。根据受压管柱发生正弦或螺旋屈曲的几何形状，采用拉格朗日乘数法求解连续油管与套管的随机接触非线性问题，建立套管内连续油管屈曲数值分析方法，得到直井、斜直井和弯曲井中受压管柱与套管的接触力、摩阻力及变形状态。

(9) 建立了直管、弯管、变径管、环空直管、环空弯管和环空变径管的流场仿真模型，分析了压力分布，得到了各部分的流体摩阻分布。通过解析解的方法分析了直管、变径管、环空直管的压降，并将数值模拟计算结果与解析解比较，两者吻合较好。利用数值模拟计算结果，拟合了弯管、环空弯管和环空变径管的计算公式，拓宽了原有公式的应用范围，为现场压降计算提供了理论依据。

（10）基于理论研究方法，采用 delphi 软件编制"无限制选择性开关储层改造连续油管力学分析"软件，该软件能够考虑接触和屈曲特性，软件界面友好、方便用户操作。

（11）基于"无限制选择性开关储层改造连续油管力学分析"软件，对苏 75-60-34H 井下放、关闭开关滑套、打开开关滑套和上提四种工况、三种摩阻系数和五种水平段长度进行了力学分析，得到了各工况下不同摩阻系数和不同水平段长度下内力和应力的分布规律，在下放和关闭开关滑套工况下，对整体管柱进行分析，相同长度轴向力随摩阻系数增加而减小，等效应力随摩阻系数增加先减小后增大；不同水平段长度比较，下放工况下井口载荷和最大等效应力均随长度增加而减小；关闭开关滑套工况下，摩阻系数较小时，井口载荷和最大等效应力随水平段长度增加而增大，当摩阻系数较大时，井口载荷和最大等效应力随水平长度增加而减小。打开和关闭开关滑套工况下，对整体管柱进行分析，相同长度轴向力和等效应力均随摩阻系数增加而增大；不同水平段长度比较，井口载荷和最大等效应力均随长度增加而增大。综合考虑管柱接触和屈曲特性，在三种摩阻系数下，管柱下入深度在 1200m 以内，只考虑屈曲正弦最大可承受 25kN 的轴向载荷，若考虑螺旋屈曲最大可承受 42～46kN 的轴向载荷。对苏 75-60-34H 井的下放和上提两组数据的数值模拟计算结果与现场试验结果进行比较，误差分别为 6.30% 和 4.58%，吻合较好。

（12）对苏 75-54-34H 井五处开关滑套打开和关闭工况的 10 组操作进行数值模拟计算，并与现场试验结果进行了对比，除第八段关闭开关滑套工况下误差较大以外，其他组数据误差的绝对值都在 20% 以内，两者基本吻合。通过对两口井的应用，验证了连续油管开关管柱力学分析方法的正确性及软件编制的合理性。

（13）对苏 76-16-10H 井进行下放、关闭开关滑套、打开开关滑套和上提四种工况、三种摩阻系数的计算，得到的规律与苏 75-60-34H 规律一致，再次验证了连续油管开关管柱力学分析方法的正确性及软件编制的合理性。

# 第一节　无限级开关储层改造管柱结构设计与力学分析

## 一、改造管柱下入过程摩阻力计算

用长水平段裸眼封隔器加多级压裂滑套完井方法进行大规模压裂能够产生明显的增产效果，但在无限级开关储层改造管柱下入作业时，由于井壁摩阻系数较大，改造管柱封隔器数量多，井径变化不规则等因素将明显增大管柱下入摩阻，可能为管柱顺利下入带来隐患，本节主要介绍了改造管柱下入过程中摩阻力的分析与计算。

### （一）改造管柱结构

改造管柱联有较多的井下工具，管柱结构如图 9-1 所示。

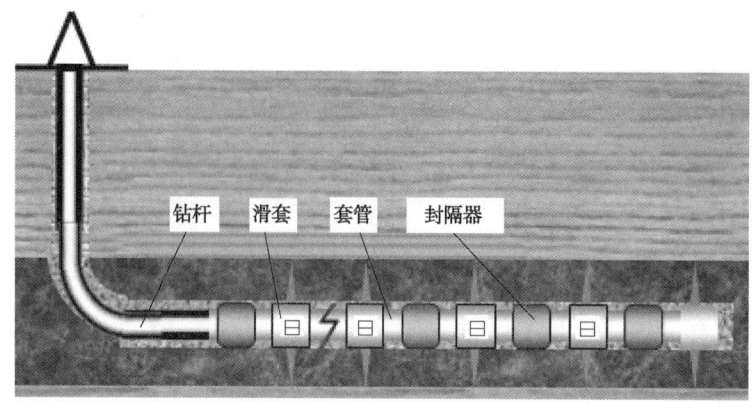

图 9-1　无限级开关储层改造管柱结构示意图

改造管柱悬挂器下端井下工具如下：

（1）定压压裂阀：依靠管内、外压差打开最下端压裂端口，进行第一段压裂的工具（图 9-2 和图 9-3）。

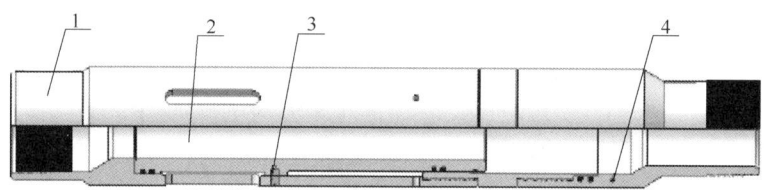

图 9-2　定压压裂阀结构图

1—上接头；2—滑套；3—剪钉；4—下接头

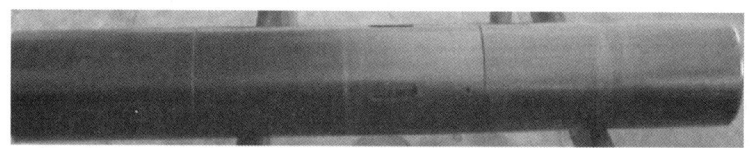

图 9-3　定压压裂阀图

（2）裸眼锚定封隔器：设计卡瓦锚定装置，坐封后起到锚定并密封裸眼段作用，防止压裂时管柱串动和段间串（图 9-4 和图 9-5）。

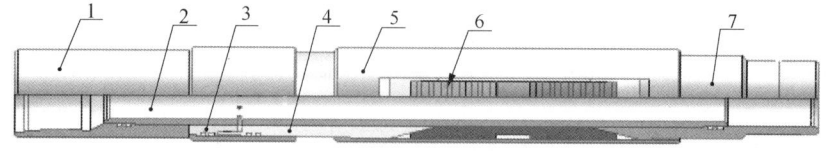

图 9-4　裸眼锚定封隔器结构图

1—上接头；2—中心管；3—副活塞；4—主活塞；5—卡瓦罩；6—卡瓦；7—下接头

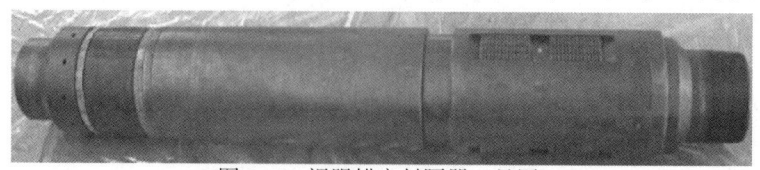

图 9-5　裸眼锚定封隔器工具图

（3）裸眼压裂封隔器：一种具有双密封胶筒刚性支撑密封形式的裸眼压裂封隔器，用于封隔裸眼压裂层段，防止压裂时段间串（图9-6和图9-7）。

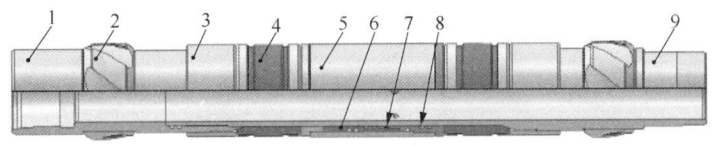

图9-6　裸眼压裂封隔器结构图

1—上接头；2—扶正体；3—剪切帽；4—胶筒；5—缸筒；
6—副活塞；7—坐封剪钉；8—主活塞；9—中心管

图9-7　裸眼封隔器工具图

（4）可开关式滑套压裂阀：通过投球打压打开，球座钻除后通过开关钥匙打开或者关闭压裂端口实现选择性开采及堵水（图9-8和图9-9）。

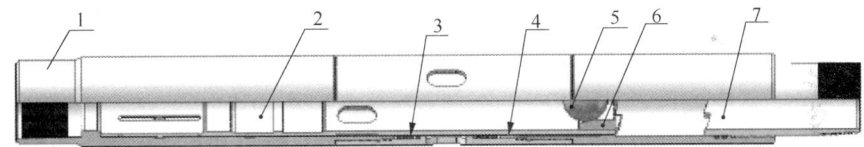

图9-8　可开关式滑套压裂阀结构图

1—上接头；2—滑套；3—密封胶筒；4—剪钉；5—球；6—球座；7—下接头

图9-9　可开关式滑套压裂阀图

（5）开关钥匙：通过液压控制可开关式滑套压裂阀的打开与关闭的一种工具（图9-10和图9-11）。

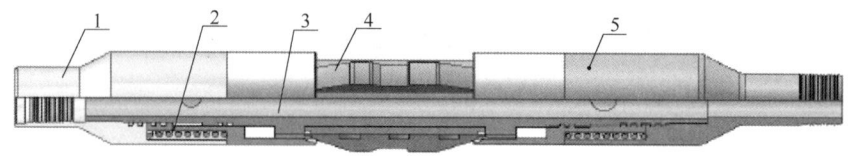

图9-10 开关钥匙结构图

1—上接头；2—弹簧；3—中心管；4—卡爪；5—下接头

图9-11 可开关控制工具图

（6）悬挂器：通过液压坐封、丢手，把裸眼段内工具悬挂在技术套管上，同时形成密封（图9-12和图9-13）。

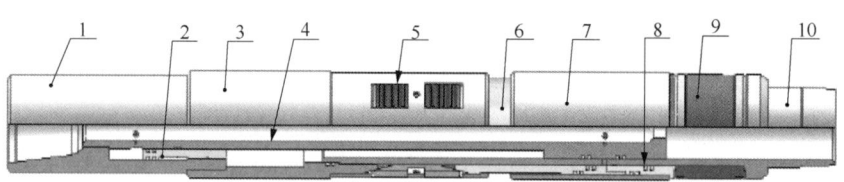

图9-12 悬挂器结构图

1—上接头；2—活塞；3—回接筒；4—中心管；5—卡瓦；
6—主活塞；7—缸筒；8—副活塞；9—胶筒；10—下接头

图9-13 悬挂器图

（7）插管：插管与悬挂器密封筒回接，密封插管与技套环空（图9-14和图9-15）。

（8）固井阀：通过开阀钥匙打开注水泥通道，投胶塞关闭注水泥通道，在水平井二开

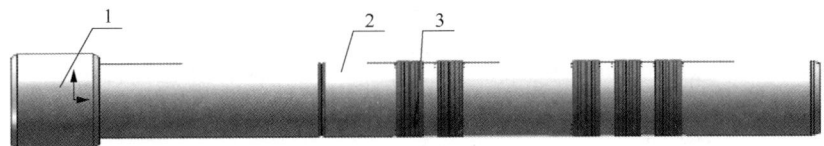

图 9-14 插管结构图

1—接箍；2—中心管；3—组合密封

图 9-15 回接插管图

完井中实现半程固井(图 9-16)。

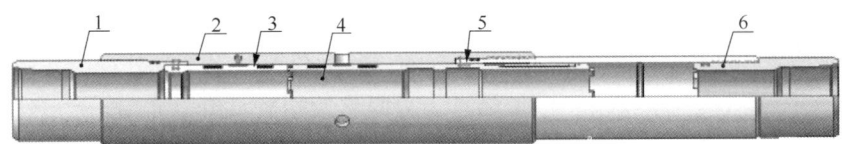

图 9-16 固井阀结构图

1—上接头；2—阀体；3—上滑套；4—下滑套；5—剪钉；6—下接头

## (二) 改造管柱下入过程中弯曲变形条件下摩阻力计算模型

1. 直井段

在垂直段时，改造管柱受垂直向下方向的重力和改造管柱与技术套管摩擦阻力作用。管柱在直井段的摩擦力发生在井眼出现局部倾斜位置，但摩阻力相对较小。同时管柱下入速度较快时与井眼内技术套管发生偶然接触，但降低下入速度后此部分摩阻消失。直井段摩阻较小，重力能够克服摩擦阻力，改造管柱也不会发生弯曲变形。

2. 弯曲段

随着无限级开关储层改造管柱进入弯曲段，当管柱所受重力沿井壁轴线方向的分量小于改造管柱与井壁之间的摩阻力时，需要前端管柱提供轴向力使改造管柱顺利下入。同时，实际施工作用中，水平井弯曲段狗腿度变化不均匀，可能存在局部狗腿度较大情况。另一方面，弯曲段管柱受前端管柱轴向压力最大，管柱变形大，管柱与井壁的接触点多，弯曲段摩阻力最大。

3. 水平段

进入水平段后，摩擦阻力继续增加，需要施加的轴向力继续增大。水平段管柱摩阻主要受水平段长度、水平段弯曲程度影响。由于管柱下入方向与重力方向垂直，水平段摩阻与下入长度正相关；水平井段井眼为裸眼井壁，完钻后井壁存在凹凸不平的表面，同时井眼直径、井眼轨迹也使得井壁与管柱接触面起伏不平。随着管柱在水平段长度增加，管柱摩阻逐渐增大、变形明显，管柱摩阻最大的弯曲段内管柱与井壁新接触点逐渐增多，使得改造管柱所受摩阻快速增加。

无限级开关储层改造管柱可划分为套管部分和钻杆部分。套管部分位于管柱的底端，通常有井底浮鞋、完井套管、裸眼封隔器、滑套、套管悬挂器、锚定器。钻杆部分全部为钻杆，不含其他井下工具，其作用是将套管部分送入井底。套管部分中的井底浮鞋、裸眼封隔器、滑套、悬挂器和锚定器井下工具外径较大、刚性较强且与裸眼井壁尺寸相当，在井眼中不易发生弯曲，使得整个改造管柱与常规管柱下入过程的受力和变形情况有较大差异。套管部分管柱刚性强，以弯曲变形为主，钻杆部分在轴向力作用下易发生螺旋屈曲，因此需要分别研究管柱的弯曲与屈曲的受力变形情况。

### （三）改造管柱下入过程中弯曲变形

改造管柱的下入过程所受阻力为轴向力，管柱在轴向压力作用下发生弯曲变形，管柱和井壁形成较多的接触点。改造管柱中裸眼封隔器和滑套等井下工具外径与井眼直径相当，可认为井下工具必然与井壁接触，以接触点为界限将改造管柱套管部分分为多段，并建立两接触点之间的力学模型，通过多接触点间的变形关系得出改造管柱的弯曲变形模型，结合粗糙井壁中管柱前端和井下工具摩擦力计算模型和实测井眼轨迹即可计算管柱弯曲管柱下入摩阻。

1. 两个接触点间管柱受力与变形模型

改造管柱在井眼内受到自身重力、钻井液浮力、管柱与井壁接触点支撑力、摩擦力等，受力、变形情况复杂。常规管柱下入摩阻计算模型通常假设管柱与井眼轨迹完全重合，但由于改造管柱封隔器及滑套与套管外径、刚性等参数差距大，导致常规模型计算误差很大。为此，针对改造管柱的特殊性，以两个接触点间管柱受力及变形模型为基础，随后依据建立的两支点间管柱力学模型，建立多接触点间平衡方程，并建立新接触点产生的判别条件，最终推导出适合描述改造管柱的模型。

如图 9-17 眼中改造管柱与井壁的两个任意相邻接触点 $i$、$i+1$，A 端点为固定简支梁，B 端点为活动简支梁。

假定通过两支点直线方向为 $x$ 方向，垂直于 $x$ 轴且与重力共面的方向为 $y$ 方向，$x$ 轴与水平面夹角为 $\alpha$。

支点 $i$ 受到 $x$、$y$、$z$ 方向的支持力为 $F_{xi}$，$F_{yi}$，$F_{zi}$；支点 $i+1$ 受到 $x$、$y$、$z$ 方向的支持力为 $F_{xi+1}$，$F_{yi+1}$，$F_{zi+1}$；支点 $i$ 与支点 $i+1$ 受 $y$ 轴、$z$ 轴力矩大小分别为 $M_{zi}$，$M_{zi+1}$，$M_{zi}$，$M_{zi+1}$。

由管柱 $x$ 方向的平衡方程得：

$$F_{xi} + F_{xi+1} + ql\sin\alpha = 0 \qquad (9-1)$$

由管柱 $y$ 方向的平衡方程得：

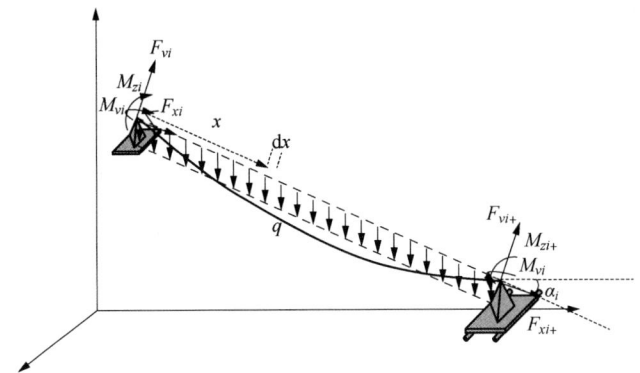

图 9-17 触点间管柱受力与变形模型

$$F_{yi} + F_{yi+1} = ql\cos\alpha \tag{9-2}$$

由支点 2 力矩平衡方程得：

$$M_{zi} + M_{zi+1} + \frac{1}{2}ql^2\cos\alpha = F_{yi}l \tag{9-3}$$

$y$ 轴方向力产生的弯矩方程为：

$$M_y(x) = q\cos\alpha\left(\frac{L}{2}x - \frac{1}{2}x^2\right) \tag{9-4}$$

在弯曲变形较小时可得到 $x$ 轴方向外力产生的弯矩方程为：

$$M_x(x) = -\omega\left(\frac{xq\sin\alpha}{2} + F_{xi}\right) \tag{9-5}$$

支点两端力矩产生的弯矩方程为：

$$M_m(x) = \frac{M_{zi+1} - M_{zi}}{l}x + M_{zi} \tag{9-6}$$

由式(9-5)和式(9-6)得到管柱弯矩方程为：

$$M(x) = -F_{xi}\omega - \frac{q\sin\alpha}{2}\omega x + \left(\frac{lq\cos\alpha}{2} + \frac{M_{zi+1} - M_{zi}}{l}\right)x - \frac{q\cos\alpha}{2}x^2 + M_{zi} \tag{9-7}$$

**2. 多接触点间管柱转角平衡方程**

两点间管柱力学模型将改造管柱分成有限的几段，如图 9-18 为第 $i$ 个接触点附近两个接触点间两段管柱变形。

由于在接触点附近管柱是连续的，因此第 $i$ 段的 $i$ 接触点处 $M_i$ 与第 $i$ 段 $i$ 接触点处 $M_i'$ 满足 $M_i = -M_i'$，其管柱轴向力 $F_{xi} = -F_{xi}'$。同时两段管柱在同一接触点处与地面的转角相等，即：

$$\beta_1 = \beta_2$$

因此：

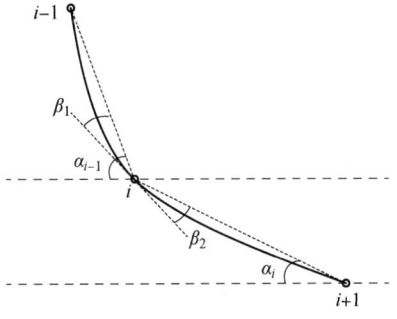

图 9-18 多接触点间管柱转角

$$\alpha_{i-1} - \theta_{i-1}(l_{i-1}) = \alpha_i + \theta_{i-1}(0) \qquad (9-8)$$

综上所述，3个井下工具间管柱转角模型化简结果表明：中间转角平滑方程是否成立与该点处的弯曲大小无关，因此两端支点的弯矩大小决定了中间支点处转角平滑方程是否成立。

### (四) 粗糙井壁内管柱前端和井下工具摩阻力模型

**1. 粗糙井壁内管柱前端摩阻力模型**

改造管柱下入裸眼段时，裸眼段井壁上下起伏，井眼直径不规则变化，对管柱下入产生额外摩阻力。井壁的上下起伏是由于井壁不平整表面、井径变化、井眼轨迹变化产生的。

为了研究单一不平整点对管柱摩阻力的影响，假设管柱下入井壁摩擦系数为 $\mu_0$ 的不规则井眼中，管柱前端或管柱接箍处接触到长度 $a$，宽度 $b$，底面积为 $A$，高度为 $h$ 的凸起，如图 9-19 所示。

图 9-19 管柱前端接触凸起点

管柱对半圆形凸起施加力 $F_b$，管柱前端将破坏凸起破坏。

当底面积较小时，可认为凸起沿着根部断裂，此时：

$$F_b = \tau A$$

式中 $\tau$——岩石抗剪强度。

当底面积较大时，凸起点从根部断裂需要较大轴向力，当达到一定值时，凸起点可能沿着某一方向产生三角形断裂面，假设断裂面沿着与井壁夹角为 $\alpha_1$，如图 9-20 所示。

图 9-20 管柱前端接触较长凸起

得出断裂面破坏方程：

$$F_b = \frac{\tau b h}{\sin\alpha_1 \cos\alpha_1}$$

此后，管柱前端将通过凸起点上部，并逐渐越过凸起点，同时，靠近凸点附近的管柱受到前端管柱的影响，将抬起部分长度，管柱前端随着管柱下入逐渐接近底部管柱，最终接触到地面并整体越过凸起点。

当线密度为 $q$ 的管柱越过凸起点 $x$ 长度时，假设管柱总抬起长度为 $L$，为越过凸起点的管柱部分抬起长度为 $L_u$，这部分管柱与水平面夹角 $\beta$，管柱通过凸起点后，凸起点受压变形，高度变为 $h'$，井壁对后端管柱支撑力 $F_1$，凸起点对管柱支撑力为 $F_2$，管柱静止平衡产生的附加轴向力 $F_e$ 作用在管柱后端，如图 9-21 所示。

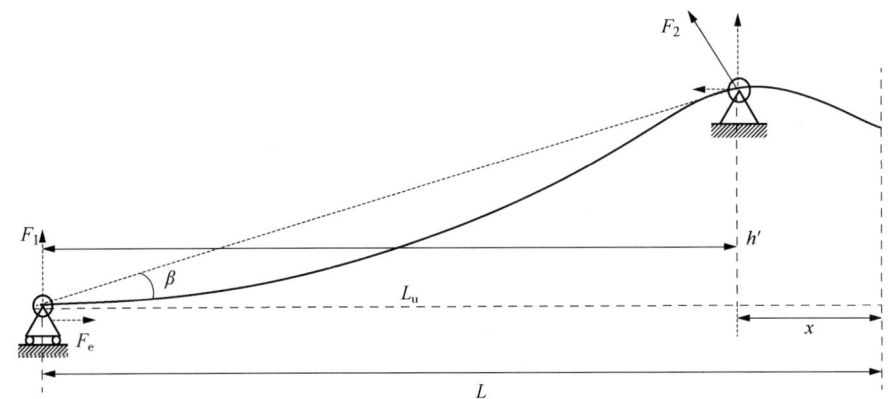

图 9-21 管柱通过凸起点模型

根据静力平衡原理得出管柱 $y$ 方向的平衡方程：

$$F_2\cos\beta + F_1 = qL(x)$$

$x$ 方向的平衡方程：

$$F_e - F_2\sin\beta = 0$$

管柱与井壁支点处力矩平衡方程：

$$F_2\cos\beta - \frac{1}{2}qL(x) = 0$$

$$h' = h - \frac{F_2\cos\beta}{A'E_r}$$

式中 $A'$——凸起点破坏后当量面积；

$E_r$——井壁围岩弹性模量。

$$A' = A - bh\cot\beta/2$$

代入后得：

$$h' = h - \frac{qL(x)}{(2A - bh\cot\beta)E_r}$$

为计算管柱抬起长度，沿管柱与水平面夹角 $\beta$ 方向建立管柱受力平衡方程，假设井壁与管柱接触点处平行、垂直与 $\beta$ 方向支撑力分别为 $F'_{x1}$，$F'_{y1}$，凸起点支撑管柱的支撑力分别为 $F'_{x2}$，$F'_{y2}$，如图 9-22 所示。

管柱 $x$ 方向的平衡方程：

$$F'_{x1} + F'_{x2} - qL_u\sin\beta = 0 \quad (9-9)$$

由管柱 $y$ 方向的平衡方程得：

$$F'_{y1} + F'_{y2} = qL_u\cos\beta \quad (9-10)$$

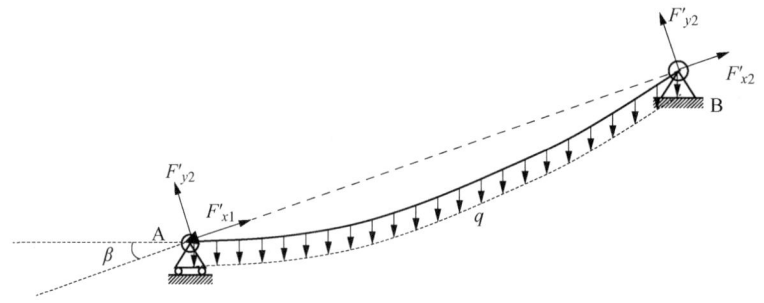

图 9-22　井壁与管柱接触点受力情况

管柱弯矩方程为：

$$M(x) = \left(\frac{L_u q\cos\beta}{2}\right)x - \frac{q\cos\beta}{2}x^2 \qquad (9-11)$$

因此，管柱因某一个单一凸起点作用产生额外阻力为：

$$f(x) = \frac{qL(x)\mu_0}{2}\left(\frac{1-\cos\beta}{\cos\beta}\right) + \frac{3q}{2}\left[\frac{L_u(x)-x}{L_u(x)}h'(x) - \frac{q\cos\beta}{24EI}(2L_u(x)x^3 - x^4 - L_u(x)^3 x)\right] \qquad (9-12)$$

管柱上端通过凸起点后附加摩阻力与通过距离关系如图 9-23 所示。

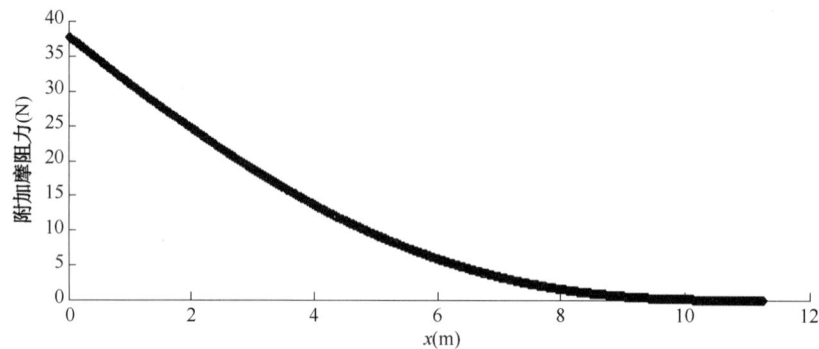

图 9-23　附加摩阻力与通过距离关系

假设管柱前端通过第一个高为 $h_1$ 的凸起点时，遇到高度为 $h_2$ 的凸起点，两凸起点距离为 $d$，在管柱刚接触第二凸起点时，管柱前端与井壁垂向距离为 $h_{p1}(d)$，如图 9-24 所示。

管柱通过第一个凸点后，到达第二个凸起点前轴向力为：

$$F_c(x) = q[s - L(x)]\mu_0 + \frac{qL(x)}{2}\mu_0 + \frac{qL(x)\mu_0}{2\cos\beta} +$$

$$\frac{3q}{2}\left[\frac{L_u(x)-x}{L_u(x)}h'(x) - \frac{q\cos\beta}{24EI}(2L_u(x)x^3 - x^4 - L_u(x)^3 x)\right]$$

到达第二凸起点时管柱前部抬起高度为：

$$h_{p1}(d) = \frac{L_{u1}-d}{L_{u1}}h'(d) - \frac{qL_u}{24lEI}[2ld^3 - d^4 - l^3 d]$$

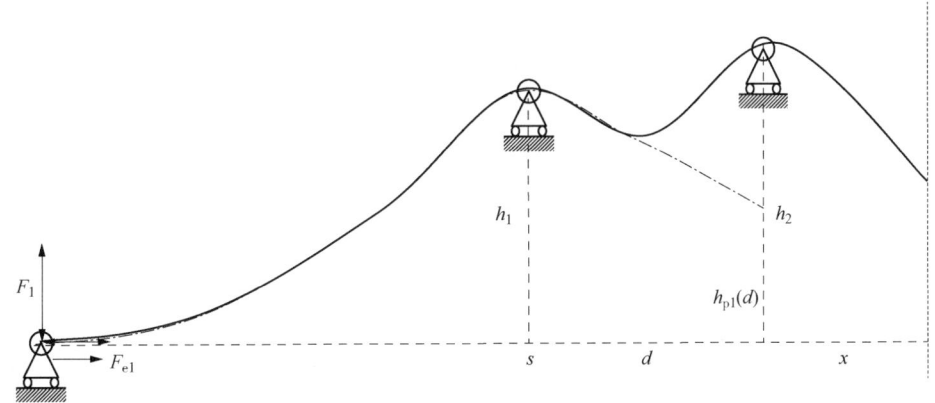

图 9-24 管柱与井壁存在双接触点模型

到达第二个凸起点后，若 $h_{p1}(d) > h_2$，管柱将直接跨过第二个凸起，管柱下入轴向力与一个凸点影响下管柱下入情况相同。

**2. 粗糙井壁内井下工具摩阻力模型**

裸眼封隔器、滑套等井下工具与完井套管相比具有较大外径，管柱受到粗糙井壁凸起的影响，如图 9-25 所示。

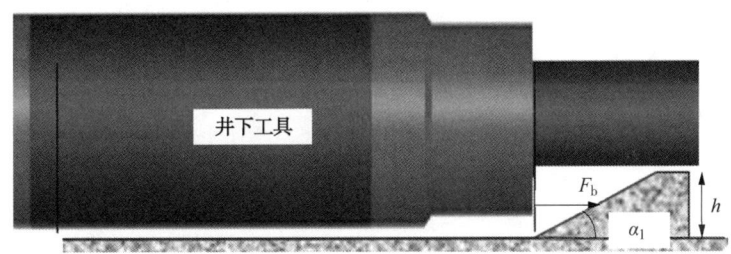

图 9-25 井下工具接触较长凸起

井下工具将通过凸起点上部，并逐渐越过凸起点，同时，靠近凸点附近的管柱受到前端管柱的影响，将抬起部分长度，管柱前端随着管柱下入逐渐接近底部管柱，最终接触到地面并整体越过凸起点。

当线密度为 $q$ 的管柱越过凸起点 $x$ 长度时，井下工具处于凸起点时一侧管柱抬起长度为 $L_u$，这部分管柱与水平面夹角 $\beta$，管柱通过凸起点后，凸起点受压变形，高度变为 $h'$，井壁对后端管柱支撑力 $F_1$，凸起点对管柱支撑力为 $F_2$，管柱静止平衡产生的附加轴向力 $F_e$ 作用在管柱后端。

根据静力平衡原理得出管柱 $y$ 方向的平衡方程：

$$F_2\cos\beta + F_1 = 2qL_u$$

$y$ 方向的平衡方程：

$$F_e - F_2\sin\beta = 0$$

管柱与井壁支点处力矩平衡方程：

$$F_2\cos\beta - qL_u = 0$$

$$F_e = F_2\sin\beta = qL_u\tan\beta$$

凸起点受压后高度发生变化，变化后的高度为：

$$h' = h - \frac{F_2\cos\beta}{A'E_r}$$

式中 $A'$ 为凸起点破坏后当量面积为：

$$A' = A - bh\cot\beta/2$$

管柱挠曲轴方程：

$$\omega(x) = \frac{q\cos\beta}{EI}\left[\frac{1}{12}L_u x^3 - \frac{1}{24}x^4 - \frac{1}{24}L_u^3 x\right]$$

管柱挠曲角方程：

$$\theta(x) = \frac{q\cos\beta}{EI}\left[\frac{1}{4}L_u x^2 - \frac{1}{6}x^3 - \frac{1}{24}L_u^3\right]$$

管柱下入时，除了克服管柱在井壁的摩阻力以及附加轴向力 $F_e$ 外，需要对管柱前部做功，管柱上抬产生的额外力：

$$F_u = qh_p$$

式中 $h_p$ ——管柱最前端与地面距离。

$$h_p = \frac{L_u - x}{L_u}h' - \omega(x)$$

随着管柱的不断下入，轴向附加力也相应发生变化：

$$F_e = \frac{qh'}{2} - \frac{q[h' - h_p]}{2} = \frac{qh_p}{2} \quad (9-13)$$

当没有凸点存在时，管柱下入需要的轴向力为：

$$F_{c0} = \int_0^s q\mu\,dx = q\mu_0 s$$

当 $x=0$ 处有一个凸起时，管柱到达凸起点瞬时轴向力为：

$$F_b = qs\mu_0 + \min\left(\tau A, \frac{\tau bh}{\sin\alpha_1\cos\alpha_1}\right)$$

管柱下入 $x$ 距离时所需轴向力为：

$$F_c(x) = q[s - 2L_u]\mu_0 + F_1\mu_0 + F_2\mu_0 + F_e + F_u \quad (9-14)$$

式(9-14)即为管柱通过单一凸起点摩阻力计算公式。

## (五) 改造管柱下入过程屈曲条件下摩阻力计算模型

改造管柱下入过程中，在弯曲段和水平段，管柱与套管内壁或井壁接触，管柱摩阻力较大。随着管柱的下入，在水平段改造管柱与井壁的接触长度变大，管柱与井壁的摩擦力变大，需要提供更大的轴向力，使管柱顺利下入目的井深。然而随着轴向力的增大会使管柱发生弯曲变形，当轴向力进一步增大到管柱发生屈曲变形的临界载荷时，管柱发生螺旋屈曲变形，管柱与井壁产生新的接触点，使得管柱与井壁之间产生正压力，进而产生摩阻力。轴向力越大，管柱与井壁接触点的正压力越大，管柱所受摩阻力越大。以下分别建立了改造管柱在垂直段、弯曲段、水平段屈曲变形微分方程，管柱螺旋屈曲临界载荷计算模型和管柱与井壁产生新接触点管柱所受的正压力计算模型。

### 1. 垂直段管柱屈曲

垂直段改造管柱受力分析如图 9-26 所示。改造管柱在轴向力作用下，发生屈曲变形后，其轴线上任意点必在半径为 $r$ 的圆柱面上，如图 9-27 所示，设 $A$ 点的坐标为 $(x, y, z)$，$\theta$ 为管柱发生屈曲变形时的偏转角。则 $A$ 点坐标用向量表示为：

$$\vec{r} = x\vec{i} + y\vec{j} + z\vec{k} \quad (9-15)$$

$$y = r\sin\theta \quad (9-16)$$

$$z = r(1 - \cos\theta) + R_p \quad (9-17)$$

式中 $\vec{i}, \vec{j}, \vec{k}$ ——分别为沿 $x, y, z$ 轴的单位矢量。

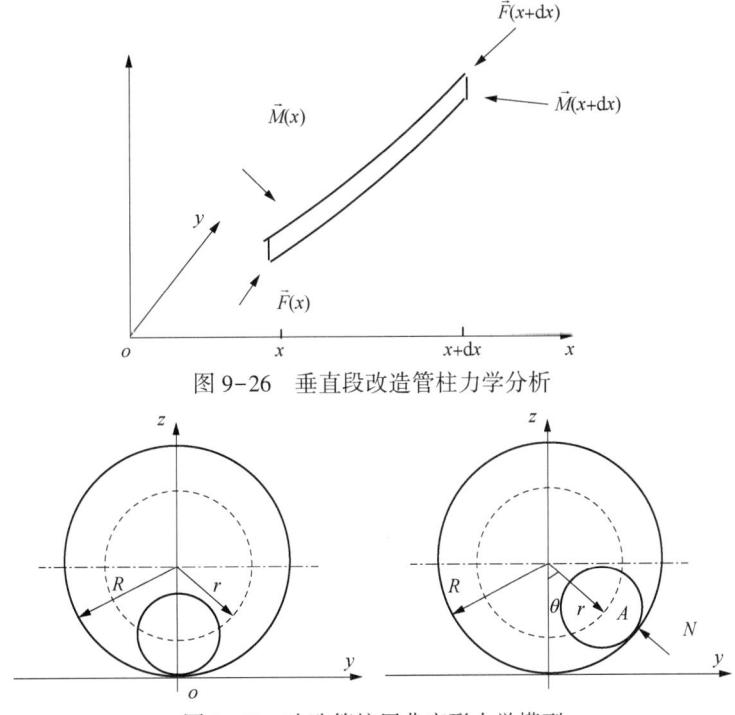

图 9-26 垂直段改造管柱力学分析

图 9-27 改造管柱屈曲变形力学模型

内力矩 $\vec{M}$、$\vec{F}$ 及外力 $\vec{f}$ 可表示为：

$$\vec{M}(x) = M_x \vec{i} + M_y \vec{j} + M_z \vec{k} \tag{9-18}$$

$$\vec{F} = F_x \vec{i} + F_y \vec{j} + F_z \vec{k} \tag{9-19}$$

$$\vec{f}(z) = -q\vec{i} - N\sin\theta \vec{j} + N\cos\theta \vec{k} \tag{9-20}$$

对微元体进行受力分析，得微元体的静力学平衡方程为：

$$\frac{\mathrm{d}\vec{M}}{\mathrm{d}x} = \begin{vmatrix} \vec{i} & \vec{j} & \vec{k} \\ F_x & F_y & F_z \\ 1 & r\cos\theta \frac{\mathrm{d}\theta}{\mathrm{d}x} & r\sin\theta \frac{\mathrm{d}\theta}{\mathrm{d}x} \end{vmatrix} \tag{9-21}$$

由式(9-21)可得：

$$F_x = F_a - qx \tag{9-22}$$

式中　$F_a$——管柱轴向力，N。

套管内壁对改造管柱的支持力 $N$ 为：

$$N = EIr\left[4\frac{\mathrm{d}^3\theta}{\mathrm{d}x^3}\frac{\mathrm{d}\theta}{\mathrm{d}x} + 3\left(\frac{\mathrm{d}^2\theta}{\mathrm{d}x^2}\right)^2 - \left(\frac{\mathrm{d}\theta}{\mathrm{d}x}\right)^4\right] + F_x r \left(\frac{\mathrm{d}^2\theta}{\mathrm{d}x^2}\right)^2 \tag{9-23}$$

令 $\lambda = \omega_1 x$，$\varepsilon = F_a/(EI\omega_1^3)$，$\omega_1 = \sqrt{\dfrac{F_a}{2EI}}$

无因次化可得：

$$\frac{\mathrm{d}^4\theta}{\mathrm{d}\lambda^4} + 2\frac{\mathrm{d}}{\mathrm{d}\lambda}\left[\left(1 - \frac{\varepsilon\lambda}{2} - \left(\frac{\mathrm{d}\theta}{\mathrm{d}\lambda}\right)^2\right)\frac{\mathrm{d}\theta}{\mathrm{d}\lambda}\right] = 0 \tag{9-24}$$

式中　$\lambda$——无量纲轴向坐标，无因次；

　　　$F_a$——轴向载荷，N。

套管内壁对管柱无量纲支持力 $N'$ 为：

$$N' = \frac{N}{EI\omega_1^4} = 4\frac{\mathrm{d}^3\theta}{\mathrm{d}\lambda^3}\frac{\mathrm{d}\theta}{\mathrm{d}\lambda} + 3\left(\frac{\mathrm{d}^2\theta}{\mathrm{d}\lambda^2}\right)^2 - \left(\frac{\mathrm{d}\theta}{\mathrm{d}\lambda}\right)^4 + 2\left(\frac{\mathrm{d}\theta}{\mathrm{d}\lambda}\right)^2 - \varepsilon\lambda\left(\frac{\mathrm{d}\theta}{\mathrm{d}\lambda}\right)^2 \tag{9-25}$$

2. 弯曲段管柱屈曲

弯曲段改造管柱在轴向力作用下，发生屈曲变形后，其轴线上任意点必在半径为 $r$ 的圆柱面上示。忽略改造管柱所受摩擦力和重力的影响，用矢量表示的弯曲段管柱所受外力 $\vec{f}$ 可表示为：

$$\vec{f}(s) = -N\sin\theta \vec{j} + N\cos\theta \vec{k} \tag{9-26}$$

弯曲段管柱屈曲微分方程为：

$$\frac{\mathrm{d}^4\theta}{\mathrm{d}s^4} + \frac{\mathrm{d}^2\theta}{\mathrm{d}s^2}\left[\frac{F_a}{EI} - 6\left(\frac{\mathrm{d}\theta}{\mathrm{d}s}\right)^2\right] + \frac{F}{EIRr}\sin\theta = 0 \tag{9-27}$$

套管壁对管柱支持力 $N$ 为：

$$N = EIR\left[4\frac{\mathrm{d}^3\theta}{\mathrm{d}s^3}\frac{\mathrm{d}\theta}{\mathrm{d}s} + 3\left(\frac{\mathrm{d}^2\theta}{\mathrm{d}s^2}\right)^2 - \left(\frac{\mathrm{d}\theta}{\mathrm{d}s}\right)^4\right] + F_a r\left(\frac{\mathrm{d}^2\theta}{\mathrm{d}s^2}\right)^2 + \frac{F_a}{R}\cos\theta \tag{9-28}$$

**3. 水平段管柱屈曲**

建立如图 9-27 所示的直角坐标系。$x$ 轴与套管底重合，$y$ 轴与套管壁相切，$z$ 轴通过井眼中心垂直向上。管柱发生屈曲变形后，其轴线上的任一点 $A$ 均在半径为 $r$ 的圆柱面上。设 $A$ 点的坐标为 $(x, y, z)$，$\theta$ 为对应的偏转角。

在距离原点 $x$ 处上截取一段微元 $\mathrm{d}x$，对其受力分析可知，作用力有内力 $\vec{F}(x)$、$\vec{F}(x+\mathrm{d}x)$；内力矩 $\vec{M}(x)$、$\vec{M}(x+\mathrm{d}x)$ 及分布的外力 $\vec{f}$。

外力 $\vec{f}$ 用矢量可表示为：

$$\vec{f} = -N\sin\theta\,\vec{j} + (N\cos\theta - q)\vec{k} \tag{9-29}$$

内力 $\vec{F}$，内力矩 $\vec{M}$ 在坐标轴上的投影分别为：

$$\vec{F} = F_x(x)\vec{i} + F_y(x)\vec{j} + F_z(x)\vec{k} \tag{9-30}$$

$$\vec{M}(x) = M_x(x)\vec{i} + M_y(x)\vec{j} + M_z(x)\vec{k} \tag{9-31}$$

由改造管柱弯曲挠度微分方程可得管柱弯矩为：

$$M_y = EI\frac{\mathrm{d}^2 z}{\mathrm{d}x^2} \tag{9-32}$$

$$M_z = -EI\frac{\mathrm{d}^2 y}{\mathrm{d}x^2} \tag{9-33}$$

式中　$E$——管柱材料弹性模量，MPa；
　　　$I$——管柱的惯性矩，m$^4$；

由此可得：

$$F_z = F_x r\sin\theta\frac{\mathrm{d}\theta}{\mathrm{d}x} - EIr\frac{\mathrm{d}^3\cos\theta}{\mathrm{d}x^3} \tag{9-34}$$

$$F_y = rF_x\cos\theta\frac{\mathrm{d}\theta}{\mathrm{d}x} + EIr\frac{\mathrm{d}^3\sin\theta}{\mathrm{d}x^3} \tag{9-35}$$

由此可得套管内壁对管柱的支持力 $N$ 为：

$$N = F_a r\left(\frac{\mathrm{d}\theta}{\mathrm{d}x}\right)^2 + EIr\left[4\frac{\mathrm{d}^3\theta}{\mathrm{d}x^3}\frac{\mathrm{d}\theta}{\mathrm{d}x} + 3\left(\frac{\mathrm{d}^2\theta}{\mathrm{d}x^2}\right)^2 - \left(\frac{\mathrm{d}\theta}{\mathrm{d}x}\right)^4\right] + q\cos\theta \tag{9-36}$$

当改造管柱所受轴向力大于螺旋屈曲临界失稳载荷时，管柱发生螺旋屈曲变形，管柱所受的井壁的正压力为：

$$N = EI\omega_1^4\left(1 + \frac{9}{5}\varepsilon\cos\lambda - \frac{9}{50}\varepsilon^2\cos2\lambda\right) \tag{9-37}$$

## 二、改造管柱下入可行性评价方法

### (一) 改造管柱下入性分析

为保证改造管柱顺畅下入,完钻后相继开展刮管器刮技术套管、单通井规通井、双通井规通井等工艺。刮管器刮技术套管工艺过程中使用的刮管器如图 9-28 所示。刮管器刮技术套管工艺过程中使用的通井规如图 9-29 所示。

图 9-28 刮管器

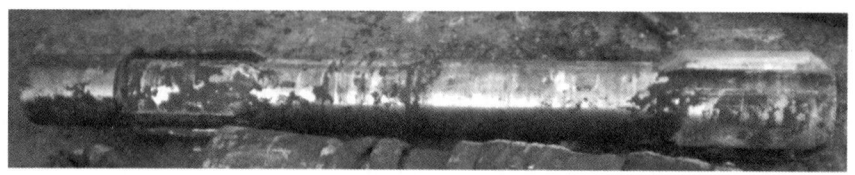

图 9-29 通井规

刮管器刮技术套管的主要目的是清理技术套管上的铁屑及钻井液淤泥,保证技术套管内通畅无阻。单通井规通井过程使用的通井规如图 9-30 所示。

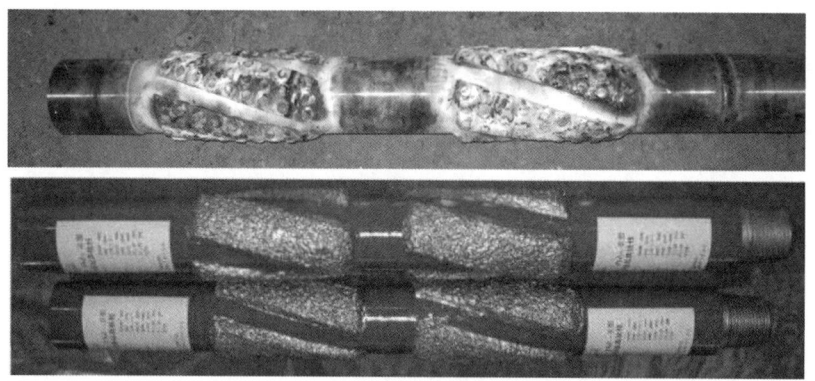

图 9-30 通井规

通井规工具外径约为 149mm,比完井裸眼封隔器外径大 3mm,单通井规通井工艺的主要目的是为了保证裸眼段井眼畅通无阻,并为下一步双通井规通井做准备。

单通井规通井过程使用的钻柱铣鞋如图 9-31 所示。

双通井规通井过程下入两个通井规,两个通井规间距为一根钻杆,该工艺的主要目的是模拟改造管柱下入情况,保证改造管柱能过顺利、安全地下入到目的位置。

# 第九章 井下开关储层改造开关管柱力学分析

图 9-31　钻柱铣鞋

1. 改造管柱下入过程中摩阻力分布

改造管柱中的封隔器、滑套外径大,与井眼直径相当,同时其刚性大,不易弯曲,下入摩阻较大。实际管柱下入过程中,对某个封隔器或滑套而言,相同的井下工具在不同下入深度时,所处井眼位置不同,摩擦阻力也不同。因此,优化管柱结构前需要研究管柱摩擦阻力分布情况。XX8 井改造管柱下入过程中,管柱下入到 2200～2250m 左右时,模型计算结果以及现场实际数据均显示,管柱下入至该段时,摩阻明显增加,大钩载荷明显降低。此段井眼井斜角 50°～58°,管柱底端浮鞋进入弯曲段 260m,弯曲段部分已下入井下工具 8 个,应用模型计算改造管柱下入至 2225m 时摩阻力分布如图 9-32 所示。

可见,管柱前端部分井下工具间距较小,较难弯曲,管柱底部浮鞋+压差滑套井下工具较长,管柱前端管柱摩阻较大,后端摩阻力几乎为 0。

管柱下入到最底端时,模型计算管柱摩阻力分布如图 9-33 所示。

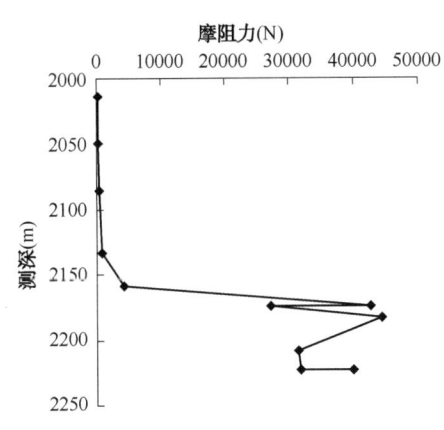

图 9-32　改造管柱下入至 2225m 时摩阻力分布

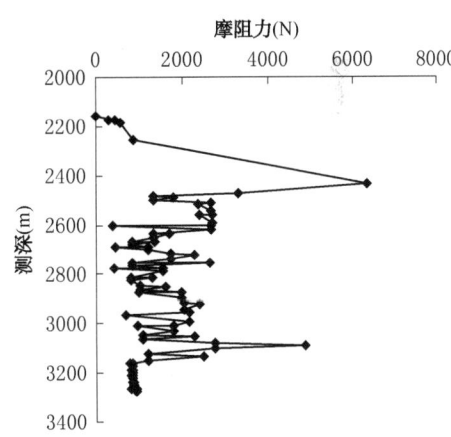

图 9-33　管柱下入到最底端摩阻力分布

如图可见,改造管柱下入后期,前端管柱处摩阻力较小,后端管柱处摩阻力较大。这是由于前端管柱处于水平段,管柱新接触点多数是与下井壁接触,因此不会产生附加的摩擦阻力;后端管柱处于弯曲段,井下工具间套管与上井壁接触点较多,此时其前端的管柱在水平段产生的摩阻,需要施加轴向力克服,增加的轴向力使后端管柱变形加剧,产生很大的摩阻力。

2. 改造管柱下入摩阻力影响因素

改造管柱刚性大,下入难度大,下入摩阻受较多因素影响,因此需要分析各个影响因素对摩阻的影响以便指导现场施工,降低管柱下入遇阻事故发生可能性。本节以XX6井实际管柱下入数据为例,计算并分析裸眼段井眼直径、井眼椭圆度、裸眼段摩擦系数、封隔器间距。

(1)裸眼段井眼直径的影响。

常用的井眼直径测量工具有8个触手,可测量4个方向的井眼直径值,假设井眼如图9-34所示。

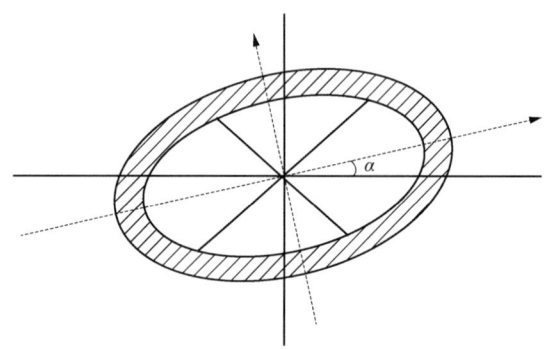

图9-34 井眼直径测量结果计算井壁椭圆参数

椭圆井壁与经过原点且斜率为 $\alpha_r$ 的直线 $y=\tan\alpha_r x$ 交点坐标方程为:

$$\frac{x^2}{a^2} + \frac{\tan^2\alpha_r x^2}{b^2} = 1$$

解得其交点坐标为:

$$\left(\frac{ab}{\sqrt{b^2 + a^2\tan^2\alpha_r}}, \frac{ab\tan\alpha_r}{\sqrt{b^2 + a^2\tan^2\alpha_r}}\right) \text{和} \left(-\frac{ab}{\sqrt{b^2 + a^2\tan^2\alpha_r}}, -\frac{ab\tan\alpha_r}{\sqrt{b^2 + a^2\tan^2\alpha_r}}\right)$$

直线经过椭圆井壁的线段长度为:

$$l(\alpha_r) = \frac{2ab}{\cos\alpha_r\sqrt{b^2 + a^2\tan^2\alpha_r}}$$

测井时,测井工具测出四个方向长度分别为 $-\alpha_r$,$\pi/4-\alpha_r$,$\pi/2-\alpha_r$,$3\pi/4-\alpha_r$。

通过 $l(-\alpha_r)$,$l(\pi/4-\alpha_r)$,$l(\pi/4-\alpha_r)$,$l(3\pi/4-\alpha_r)$ 即可得出关于 $a$,$b$ 和 $\alpha_r$ 的方程,从而求得平均井眼直径,井眼椭圆度和井眼椭圆与水平方向夹角。

XX6井完钻后测得裸眼段平均井眼直径为162mm。取井眼直径分别为157mm和167mm,运用编制的程序计算不同井眼直径管柱XX6井改造管柱下入时大钩载荷如图9-35所示。

计算结果表明,井眼直径井径减小后,管柱摩阻力急剧增大,且在管柱易受阻部分更加明显,井眼直径由162mm调整到157mm,管柱下入井底时的大钩载荷减少到14.68tf。井眼直径增加后,管柱整体摩阻减小,管柱下入摩阻力更加平稳,井眼直径由162mm调整到

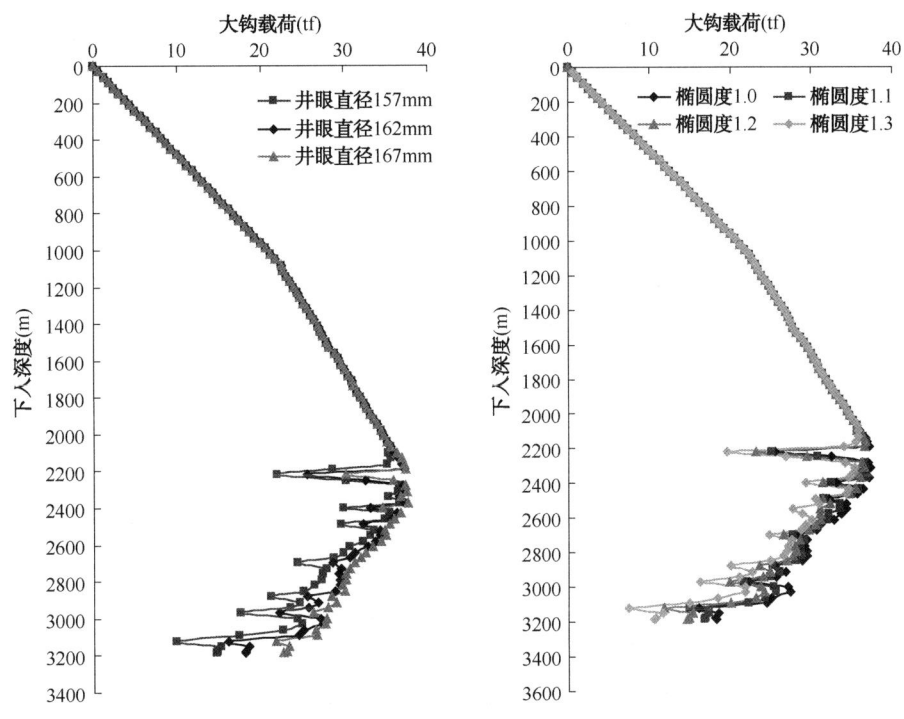

图 9-35 不同条件 XX6 井管柱下入大钩载荷

167mm，管柱下入井底时的大钩载荷增加到 22.69tf。

（2）井眼椭圆度的影响。

XX6 井完钻后测得裸眼段平均井眼椭圆度为 1.0。取井眼椭圆度分别为 1.1、1.2、1.3，运用编制的程序计算不同井眼椭圆度时管柱 XX6 井改造管柱下入时大钩载荷如图 9-35 所示。

计算结果表明，井眼椭圆度对管柱摩阻影响较大，井眼椭圆度由 1.0 增大到 1.3，管柱下入井底时，大钩载荷减小到 10.51tf，管柱下入过程摩阻力急剧增大，且在管柱易受阻部分更加明显，管柱下入过程大钩载荷最小值为 7.44tf。

（3）裸眼段摩擦系数的影响。

在技术套管内，改造管柱与技术套管在钻井液中的摩擦系数约为 0.25。管柱在裸眼井眼中，管柱和井壁围岩摩擦系数与井壁围岩性质相关。泥岩和砂岩与改造管柱摩擦系数具有一定的差异，同时不同区块地层泥岩、砂岩形成条件不同矿物成分不同，无法得出精确的计算方法。泥岩、砂岩摩擦系数可依据现场实际经验或实验数据按照区块给出。

泥岩、砂岩的识别可通过测井解释的渗透率、孔隙度与泥质含量判别。例如 S 油田依据以往经验，渗透率<0.0002D、孔隙度<4%或泥质含量<40%即可认为该段为泥岩。经实验测得，S 油田泥岩与管柱摩擦系数为 0.38，砂岩与管柱摩擦系数为 0.43。由此可计算出裸眼段井壁摩擦系数。由 XX6 井为例，得出全井摩阻系数如表 9-1 所示。

表 9-1　XX6 井裸眼段摩阻系数

| 测深(m) | 地层解释 | 摩擦系数 |
| --- | --- | --- |
| 2360 | 砂岩 | 0.43 |
| 2460 | 砂岩 | 0.43 |
| 2560 | 砂岩 | 0.43 |
| 2660 | 砂岩 | 0.43 |
| 2760 | 砂岩 | 0.43 |
| 2860 | 砂岩 | 0.43 |
| 2960 | 砂岩 | 0.43 |
| 3060 | 砂岩 | 0.43 |
| 3144 | 泥岩 | 0.38 |
| 3192 | 泥岩 | 0.38 |
| 3200 | 砂岩 | 0.43 |
| 3230.22 | 砂岩 | 0.43 |

XX6 井完钻后测得裸眼段井壁与改造管柱平均摩擦系数为 0.43。取摩擦系数分别 0.48 和 0.38，运用编制的程序计算不同井眼直径管柱 XX6 井改造管柱下入时大钩载荷如图 9-36 所示。

计算结果表明，裸眼井壁摩擦系数增大，管柱摩阻力整体增大，改造管柱下入井底时，大钩载荷降低至 12.24tf。裸眼井壁摩擦系数减小，管柱摩阻力整体减小，但减小幅度相对较低，改造管柱下入井底后，大钩载荷增至 21.18tf。

(4) 封隔器间距的影响。

XX6 井改造管柱套管总长 902m，联入裸眼封隔器 13 个，封隔器平均间距 69.38m。取裸眼封隔器数量分别为 12 个和 14 个若保持管柱总长不变，则封隔器平均间距为 75.17m 和 64.43m，运用编制的程序计算不同封隔器间距 XX6 井改造管柱下入时大钩载荷如图 9-36 所示。

计算结果表明，改造管柱封隔器数量增多，封隔器间距变小，管柱摩阻力整体增大，且在管柱易受阻部分更加明显，增加一个封隔器后，封隔器平均间距降低至 64.43m，管柱下入井底时大钩载荷降为 12.1。改造管柱封隔器数量减小后，管柱整体摩阻减小，减少一个封隔器，封隔器平均间距增至 75.17m，管柱下入井底时大钩载荷增加到 23.8tf，管柱下入摩阻力更加平稳。

## (二) 改造管柱可靠性分析

1. 临界弯曲力

在套管设计和完井作业中，如能定量地确定套管，由稳定平衡转为不稳定平衡的临界

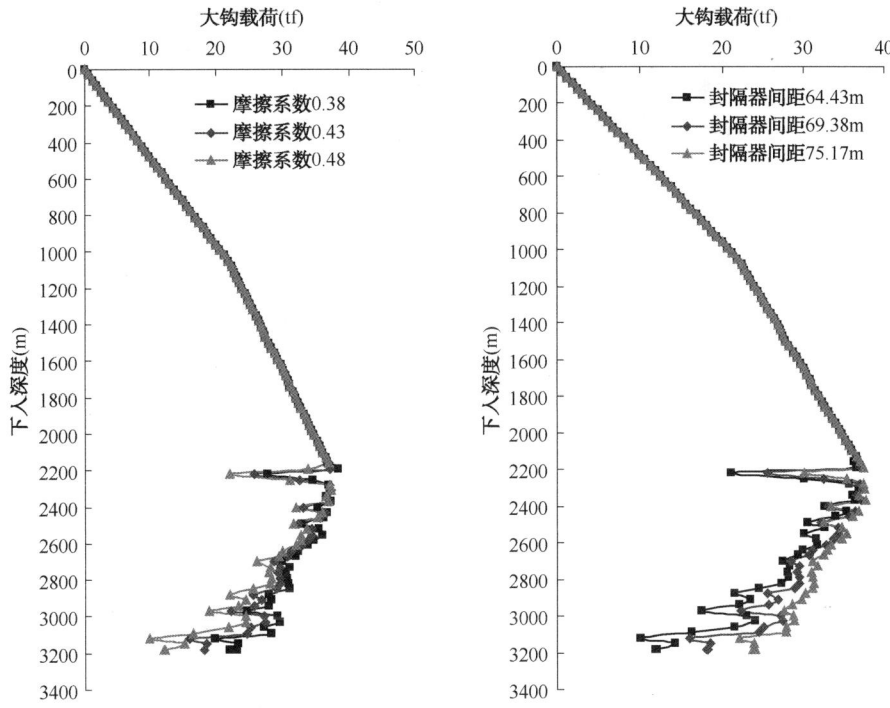

图 9-36　不同条件 XX6 井管柱下入大钩载荷

状态是很有益的。平衡状态转化时的压缩力称为临界弯曲力 $F_{cr}$，有很多学者对计算临界弯曲力进行了研究，下面概述几个主要计算公式。

（1）Lubinski 公式。

Lubinski 提出下列计算临界弯曲力 $F_{cr}$ 公式：

$$F_{cr} = 3.5\left[EI\left(W_n B_f\right)^2\right]^{\frac{1}{3}} \tag{9-38}$$

式中　$E$——管材的弹性模量，Pa；

　　　$I$——管子横截面惯性矩，$m^4$；

　　　$W_n$——管子在空气中单位长度重量，N/m；

　　　$B_f$——浮力系数，是井眼内液体密度与管材密度的比值。

（2）Dawson 公式。

Dawson 等人提出管体可承受的不发生弯曲的临界压缩力 $F_{cr}$ 为：

$$F_{cr} = 2\left(\frac{EI\rho A_s g \sin\alpha}{12r}\right)^{\frac{1}{2}} \tag{9-39}$$

式中　$\rho$——井眼内液体密度，$kg/m^3$；

　　　$\alpha$——井斜角，（°）；

　　　$r$——井眼与套管间径向间隙，m。

式（9-39）中其他参数同式（9-38），$\rho A_s g$ 是管子单位长度的浮重，与套管单位长度在空气中重量 $W_n$ 的关系为 $\rho A_s g = W_n B_f$。

当实际弯曲力超过临界弯曲力时，套管将发生永久变形。如果间隙 $r$ 足够大，如 $9\frac{5}{8}$in 套管中的油管，则根据力 $F_{cr}$ 的大小可判断发生螺旋弯曲或非螺旋弯曲。

式(9-39)的明显限制条件是对于垂直井临界弯曲力必然为零。为了补偿这一限制，设计者可假设一最小井斜角如 3°，这个角度在一口垂直井中是可能出现的。

2. 改造管柱强度校核方法

在套管弹性分析中，如果按照常规强度判别依据：某一点的应力超过材料的屈服极限或许用应力，就认为不安全。考虑到筛管工作状态和局部应力分布不均匀状态，选择在套管最大应力的地方，沿套管壁厚整个截面的平均应力都超过屈服极限才认为破坏，为确保安全工作，取一定的安全系数，安全系数的计算公式为：

$$n = \frac{2\sigma_s}{\sigma_{内表面} + \sigma_{外表面}} \tag{9-40}$$

式中　$\sigma_s$——屈服强度，MPa；

　　　$\sigma_{内表面}$——内表面等效应力，MPa；

　　　$\sigma_{外表面}$——外表面等效应力，MPa。

对于复杂应力状态的局部筛管进行理想弹塑性分析，筛管应力计算结果的最大应力只能小于或等于材料的屈服极限，因此可以按照塑性区面积来判断筛管是否破坏。弹塑性强度评价示意见图 9-37 所示，图中 $A_0$ 为单缝筛管的横截面积，$A$ 为塑性区面积，$B_0$ 为筛管的厚度，$B$ 为筛管弹性区厚度。

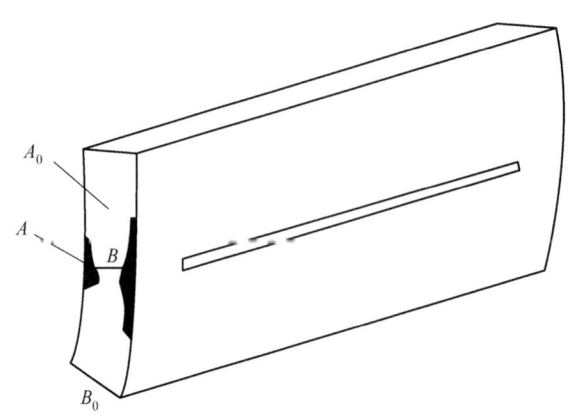

图 9-37　筛管弹塑性强度评价示意图

如果 $A/A_0 > 50\%$，认为筛管不安全；如果 $A/A_0 \leqslant 50\%$，筛管安全。但是塑性区的面积不易度量，便用横截面弹性区厚度占筛管厚度的比值 $B/B_0$ 来度量。

如果 $B/B_0 < 50\%$，筛管不安全；如果 $B/B_0 \geqslant 50\%$，筛管安全。

（三）改造管柱通过性分析

改造管柱下入过程中，内部刚性工具在弯曲度可能因井眼狗腿度过小而发生锁死现象，因此有必要对管柱锁死情况进行分析。

1. 曲率半径与狗腿度计算

假设井眼轨迹测段为空间曲线,则测段全角变化值为:

$$\varepsilon_i = \sqrt{(\alpha_{i+1} - \alpha_i)^2 + (\phi_{i+1} - \phi_i)^2 \sin\left(\frac{\alpha_i + \alpha_{i+1}}{2}\right)} \tag{9-41}$$

式中 $\varepsilon_i$——第 $i$ 段全角变化值,(°);

$\alpha_i$、$\alpha_{i+1}$——第 $i$ 测点和 $i+1$ 测点的井斜角,(°);

$\phi_i$、$\phi_{i+1}$——第 $i$ 测点和 $i+1$ 测点的方位角,(°)。

测段狗腿度为:

$$k_i = \frac{30\varepsilon_i}{s_{i+1} - s_i} \tag{9-42}$$

式中 $k_i$——第 $i$ 段每 30m 狗腿度,(°);

$s_i$、$s_{i+1}$——第 $i$ 测点和 $i+1$ 测点的测深,m。

测段的曲率半径为:

$$R_i = \frac{5400}{\pi k_i} \tag{9-43}$$

2. 考虑连接管柱挠曲的分析方法

刚性井下工具通过弯曲井段内变形如图 9-38 所示。设井眼曲率半径为 $R_1$,井眼直径为 $D$,刚性井下工具的最大外径为 $d_1$,两端连接管柱的外径为 $d_2$,两端连接管柱的最小挠曲半径为 $R_2$。

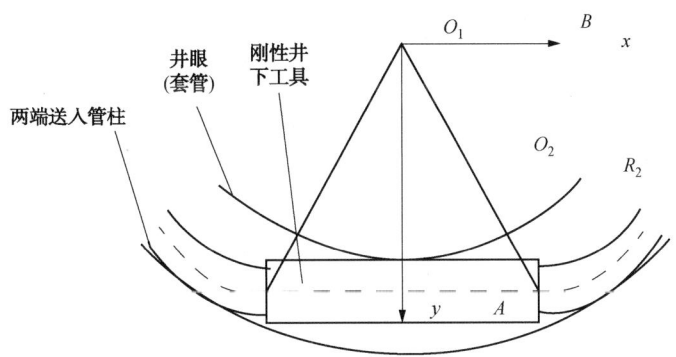

图 9-38 刚性井下工具通过弯曲井段示意图

弯曲理论方程为:

$$\frac{M}{l} = \frac{\sigma}{\gamma} = \frac{E}{R} \tag{9-44}$$

两端连接管柱的最小挠曲半径为:

$$R_2 = \frac{Ed_2}{2[\sigma]} \tag{9-45}$$

引入抗弯安全系数 $K_1$ 和螺纹连接部分安全系数 $K_2$,则式(9-45)转化为:

$$R_2 = \frac{Ed_2 K_1 K_2}{2[\sigma]} \tag{9-46}$$

以 $\overline{O_1B}$ 为 $x$ 轴，$\overline{O_1A}$ 为 $y$ 轴，建立如图 9-38 所示的坐标系，则有：

$$|\overline{O_1A}| = R_1 - D/2 + d_1/2 \tag{9-47}$$

$O_2$ 坐标为 $\left(\dfrac{L}{2},\ |\overline{O_1A}| - R_2\right)$，送入管柱与井眼（套管）相切的条件为：

$$|\overline{O_1O_2}| = \sqrt{\left(\frac{L}{2}\right)^2 + (\overline{O_1A} - R_2)^2} \tag{9-48}$$

$$|\overline{O_1O_2}| + \frac{d_2}{2} + R_2 = R_1 + \frac{D}{2} \tag{9-49}$$

将式（9-47）和式（9-48）代入式（9-49），化简得：

$$\begin{cases} L^2 = 8R_1(m+n) - 4m^2 + 4n^2 \\ m = D/2 - d_1/2 + R_2 \\ n = D/2 - R_2 - d_2/2 \end{cases} \tag{9-50}$$

由式（9-50）得，可通过最小井眼（或套管）曲率半径 $R_1$ 求得最小刚性井下工具长度，即：

$$L = 2\sqrt{2R_1(m+n) - m^2 + n^2} \tag{9-51}$$

由式（9-51）得，长 $L$ 的刚性井下工具可通过的最小井眼（或套管）曲率半径为：

$$R_1 = \frac{L^2 + 4m^2 - 4n^2}{8(m+n)} \tag{9-52}$$

式（9-52）和式（9-53）刚性井下工具通过能力的计算结果必须满足简化通过能力分析结果，因此需要判别是否对计算结果进行修正。修正公式如下：

$$|\overline{O_1C}| = \sqrt{\left(\frac{L}{2}\right)^2 + |\overline{O_1A}|^2} \tag{9-53}$$

$$L = \begin{cases} 2\sqrt{2R_1(m+n) - m^2 + n^2} \\ \left(|\overline{O_1C}| + \dfrac{d_1}{2} \leqslant R_1 + \dfrac{D}{2}\right) \\ 2\sqrt{|\overline{O_1C}|^2 - |\overline{O_1A}|^2} \\ \left(|\overline{O_1C}| + \dfrac{d_1}{2} > R_1 + \dfrac{D}{2}\right) \end{cases} \tag{9-54}$$

$$R_1 = \begin{cases} \dfrac{L^2 + 4m^2 - 4n^2}{8(m+n)} & \left(|\overline{O_1C}| + \dfrac{d_1}{2} \leqslant R_1 + \dfrac{D}{2}\right) \\ \dfrac{L^2}{8(D - d_1)} & \left(|\overline{O_1C}| + \dfrac{d_1}{2} > R_1 + \dfrac{D}{2}\right) \end{cases} \tag{9-55}$$

## 三、改造管柱封隔器间距设计方法

当无限级储层改造管柱下入到井中时,管柱所受摩阻力会对管柱的下入性起到决定性作用。若摩阻力远大于管柱自重,管柱将无法顺利下入。为保证该管柱能够顺利下入到目的层位,本节对无限级储层改造管柱的下入摩阻进行了计算,设计了考虑下入性的优化管柱封隔器间距的方案,最后对现场井进行了举例计算。

### (一) 改造管柱封隔器、滑套间距优化方案设计

依据摩阻力分布分析结果,由于弯曲段摩阻较大,为了降低弯曲段改造管柱摩阻,可在不改变封隔器、滑套数量的前提下适当增加管柱后端部分井下工具间距,缩短前端管柱间距。

前端管柱先进入弯曲段,虽然缩短前端封隔器、滑套的间距会增大该段下入的摩擦阻,但此时大部分较重的套管、封隔器、滑套等井下工具处于水平段,管柱的重力势能较大,同时进入水平段管柱较短,其他部分摩阻力较小,因此大钩载荷剩余悬重较大,对管柱下入影响较小。随着改造管柱的下入,前端管柱逐渐通过弯曲段,进入水平段,此时封隔器、滑套等刚性较强的井下工具之间的间距对该段管柱摩阻影响较小。

后端管柱后进入弯曲段,此时,前端管柱已经进入水平段。改造管柱下入过程中,后端改造管柱需要为水平段管柱提供轴向力以克服管柱下入摩阻。因此,后端管柱受到轴向力较大,管柱在弯曲段变形加剧。若增加后端管柱封隔器、滑套的间距,可有效降低改造管柱下入后期管柱与井壁的摩擦阻力。

实际改造管柱设计中,管柱最底端的滑套位置受井眼深度的限制,一般不做改变,管柱最上端的滑套设计位置受钻遇油层的位置限制,亦不能改变。因此,在保证压裂施工的工艺设计前提下,可进行优化调整的管柱部分为最上端滑套至井底的管柱。

为了研究不同位置封隔器、滑套等井下工具的间距对管柱下入摩阻的影响,优化无限级储层改造管柱的管柱结构,假设套管的长度可任意改变,每个井下工具的间距为 $d_i$,以 XX8 井井眼轨迹及井眼直径数据,改变其管柱设计结构,利用"完井改造管柱下入受力及变形分析"程序进行模拟计算。

XX8 井管柱结构从井底到最上端滑套,井下工具共有 26 个,其中浮鞋+压差滑套 1 个,锚定封隔器 1 个,裸眼封隔器 12 个,投球滑套 12 个,其间连入套管 71 根,总长度 804.62m。

由于下入深度不做调整,因此套管总长度不变,即:

$$\sum_{i=1}^{25} d_i = 804.62 \text{ m}$$

假设 $a_i$ 为每段间距的无量纲长度,且满足:

$$a_i = kd_i$$

$k$ 为比例常数,且:

$$k = \frac{\sum_{i=1}^{25} a_i}{\sum_{i=1}^{25} d_i}$$

通过管柱下入摩阻分析结果,前端井下工具间距减小,后端井下工具间距适当增加,可降低管柱最终时的摩阻。假设 $a_i$ 为等差数列:

$$a_i = c + a_{i-1}$$

假设 $a_1 = 1$,令 $c$ 取不同值,得到封隔器间距设计如表 9-2 所示。

表 9-2 当 $c$ 取不同值时井下工具间距

| $i$ | $c=0$ | | $c=0.03$ | | $c=0.06$ | | $c=0.09$ | | $c=0.12$ | | $c=0.15$ | |
|---|---|---|---|---|---|---|---|---|---|---|---|---|
| | $a_i$ | $d_i(\text{m})$ | $a_i$ | $d_i(\text{m})$ | $a_i$ | $d_i(\text{m})$ | $a_i$ | $d_i(\text{m})$ | $a_i$ | $d_i(\text{m})$ | $a_i$ | $d_i(\text{m})$ |
| 1 | 1 | 32.18 | 1 | 23.67 | 1 | 18.71 | 1 | 15.47 | 1 | 13.19 | 1 | 11.49 |
| 2 | 1 | 32.18 | 1.03 | 24.38 | 1.06 | 19.83 | 1.09 | 16.87 | 1.12 | 14.77 | 1.15 | 13.22 |
| 3 | 1 | 32.18 | 1.06 | 25.09 | 1.12 | 20.96 | 1.18 | 18.26 | 1.24 | 16.36 | 1.3 | 14.94 |
| 4 | 1 | 32.18 | 1.09 | 25.80 | 1.18 | 22.08 | 1.27 | 19.65 | 1.36 | 17.94 | 1.45 | 16.67 |
| 5 | 1 | 32.18 | 1.12 | 26.51 | 1.24 | 23.20 | 1.36 | 21.04 | 1.48 | 19.52 | 1.6 | 18.39 |
| 6 | 1 | 32.18 | 1.15 | 27.22 | 1.3 | 24.33 | 1.45 | 22.44 | 1.6 | 21.10 | 1.75 | 20.12 |
| 7 | 1 | 32.18 | 1.18 | 27.93 | 1.36 | 25.45 | 1.54 | 23.83 | 1.72 | 22.69 | 1.9 | 21.84 |
| 8 | 1 | 32.18 | 1.21 | 28.64 | 1.42 | 26.57 | 1.63 | 25.22 | 1.84 | 24.27 | 2.05 | 23.56 |
| 9 | 1 | 32.18 | 1.24 | 29.34 | 1.48 | 27.69 | 1.72 | 26.61 | 1.96 | 25.85 | 2.2 | 25.29 |
| 10 | 1 | 32.18 | 1.27 | 30.05 | 1.54 | 28.82 | 1.81 | 28.01 | 2.08 | 27.44 | 2.35 | 27.01 |
| 11 | 1 | 32.18 | 1.3 | 30.76 | 1.6 | 29.94 | 1.9 | 29.40 | 2.2 | 29.02 | 2.5 | 28.74 |
| 12 | 1 | 32.18 | 1.33 | 31.47 | 1.66 | 31.06 | 1.99 | 30.79 | 2.32 | 30.60 | 2.65 | 30.46 |
| 13 | 1 | 32.18 | 1.36 | 32.18 | 1.72 | 32.18 | 2.08 | 32.18 | 2.44 | 32.18 | 2.8 | 32.18 |
| 14 | 1 | 32.18 | 1.39 | 32.89 | 1.78 | 33.31 | 2.17 | 33.58 | 2.56 | 33.77 | 2.95 | 33.91 |
| 15 | 1 | 32.18 | 1.42 | 33.60 | 1.84 | 34.43 | 2.26 | 34.97 | 2.68 | 35.35 | 3.1 | 35.63 |
| 16 | 1 | 32.18 | 1.45 | 34.31 | 1.9 | 35.55 | 2.35 | 36.36 | 2.8 | 36.93 | 3.25 | 37.36 |
| 17 | 1 | 32.18 | 1.48 | 35.02 | 1.96 | 36.68 | 2.44 | 37.76 | 2.92 | 38.52 | 3.4 | 39.08 |
| 18 | 1 | 32.18 | 1.51 | 35.73 | 2.02 | 37.80 | 2.53 | 39.15 | 3.04 | 40.10 | 3.55 | 40.81 |
| 19 | 1 | 32.18 | 1.54 | 36.44 | 2.08 | 38.92 | 2.62 | 40.54 | 3.16 | 41.68 | 3.7 | 42.53 |
| 20 | 1 | 32.18 | 1.57 | 37.15 | 2.14 | 40.04 | 2.71 | 41.93 | 3.28 | 43.26 | 3.85 | 44.25 |
| 21 | 1 | 32.18 | 1.6 | 37.86 | 2.2 | 41.17 | 2.8 | 43.33 | 3.4 | 44.85 | 4 | 45.98 |
| 22 | 1 | 32.18 | 1.63 | 38.57 | 2.26 | 42.29 | 2.89 | 44.72 | 3.52 | 46.43 | 4.15 | 47.70 |
| 23 | 1 | 32.18 | 1.66 | 39.28 | 2.32 | 43.41 | 2.98 | 46.11 | 3.64 | 48.01 | 4.3 | 49.43 |
| 24 | 1 | 32.18 | 1.69 | 39.99 | 2.38 | 44.53 | 3.07 | 47.50 | 3.76 | 49.60 | 4.45 | 51.15 |
| 25 | 1 | 32.18 | 1.72 | 40.70 | 2.44 | 45.66 | 3.16 | 48.90 | 3.88 | 51.18 | 4.6 | 52.88 |

利用计算程序，得出 $c$ 取不同值时设计出的管柱结构下入实际井眼过程中的大钩载荷计算结果如图 9-39 所示。

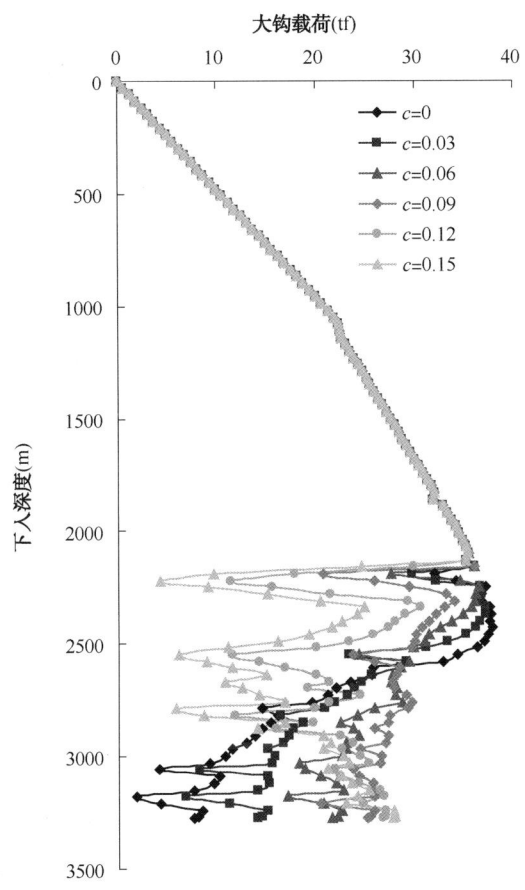

图 9-39　当 $c$ 取不同值时管柱下入大钩载荷

通过计算可知，当 $c=0$、$c=0.03$ 时，管柱分别下入到 2700m 左右时，大钩载荷小于 10tf，改造管柱下入到井底时大钩载荷分别为 7.28tf 和 14.15tf，因此这两个方案管柱下入后期易发生遇阻。

当 $c=0.12$、$c=0.15$ 时，由于前端管柱井下工具间距较小，管柱刚进入弯曲段后，大钩载荷明显增加，大钩载荷分别降到 8.1tf 和 11.2tf，此时悬重较小，极易发生下入遇阻的情况。

当 $c=0.06$、$c=0.09$ 时，改造管柱刚进入弯曲段时，虽然大钩载荷与 $c=0$、$c=0.03$ 比较小，但剩余大钩载荷足以保证管柱下入。改造管柱最终下入井底时大钩载荷小于 $c=0.12$、$c=0.15$ 时的大钩载荷，但 $c=0.06$、$c=0.09$ 时，管柱下入到在弯曲段时大钩载荷较大，有效避免出现此段下入遇阻的可能。因此 $c=0.06\sim0.09$ 为保证压力施工要求前提下，管柱下入的理想管柱结构。

由于套管长度的限制，管柱长度不可能为任意的，按照 $c=0.075$ 的设计方案，利用实际套管，尽可能匹配数据结果，得出改造管柱配管方案如表 9-3 所示。

表 9-3 优化方案改造管柱配管方案

| $i$ | 理论优化方案 | | | 优化方案 | | 累计长度与理论方案误差(m) |
|---|---|---|---|---|---|---|
| | $a_i$ | $d_i$(m) | 累计长度(m) | 套管个数 | 累计长度(m) | |
| 1 | 1 | 16.94 | 16.94 | 2 | 22.67 | 5.73 |
| 2 | 1.075 | 18.21 | 35.15 | 2 | 45.33 | 10.18 |
| 3 | 1.15 | 19.48 | 54.63 | 2 | 68.00 | 13.37 |
| 4 | 1.225 | 20.75 | 75.38 | 2 | 90.66 | 15.28 |
| 5 | 1.3 | 22.02 | 97.40 | 2 | 113.33 | 15.93 |
| 6 | 1.375 | 23.29 | 120.69 | 2 | 135.99 | 15.30 |
| 7 | 1.45 | 24.56 | 145.26 | 2 | 158.66 | 13.40 |
| 8 | 1.525 | 25.83 | 171.09 | 2 | 181.32 | 10.24 |
| 9 | 1.6 | 27.10 | 198.19 | 2 | 203.99 | 5.80 |
| 10 | 1.675 | 28.37 | 226.56 | 2 | 226.65 | 0.09 |
| 11 | 1.75 | 29.64 | 256.21 | 2 | 249.32 | -6.89 |
| 12 | 1.825 | 30.91 | 287.12 | 3 | 283.32 | -3.81 |
| 13 | 1.9 | 32.18 | 319.31 | 3 | 317.32 | -1.99 |
| 14 | 1.975 | 33.46 | 352.76 | 3 | 351.31 | -1.45 |
| 15 | 2.05 | 34.73 | 387.49 | 3 | 385.31 | -2.18 |
| 16 | 2.125 | 36.00 | 423.48 | 3 | 419.31 | -4.18 |
| 17 | 2.2 | 37.27 | 460.75 | 4 | 464.64 | 3.89 |
| 18 | 2.275 | 38.54 | 499.29 | 3 | 498.64 | -0.65 |
| 19 | 2.35 | 39.81 | 539.10 | 4 | 543.97 | 4.87 |
| 20 | 2.425 | 41.08 | 580.17 | 3 | 577.97 | -2.21 |
| 21 | 2.5 | 42.35 | 622.52 | 4 | 623.30 | 0.78 |
| 22 | 2.575 | 43.62 | 666.14 | 4 | 668.63 | 2.49 |
| 23 | 2.65 | 44.89 | 711.03 | 4 | 713.96 | 2.93 |
| 24 | 2.725 | 46.16 | 757.19 | 4 | 759.29 | 2.10 |
| 25 | 2.8 | 47.43 | 802.62 | 4 | 802.62 | 0.00 |

利用计算程序，计算出优化后改造管柱配管方案改造管柱下入的大钩载荷如图 9-40 所示。

**(二)改造管柱封隔器下入数量优化**

依据井下工具间距的设计方案，对改造管柱封隔器、滑套数量进行优化计算。为了保证压裂施工的工艺要求，每增加一级压裂，需要增加一个滑套及一个封隔器，在保证最上端滑套位置不变的基础上优化封隔器、滑套数量。

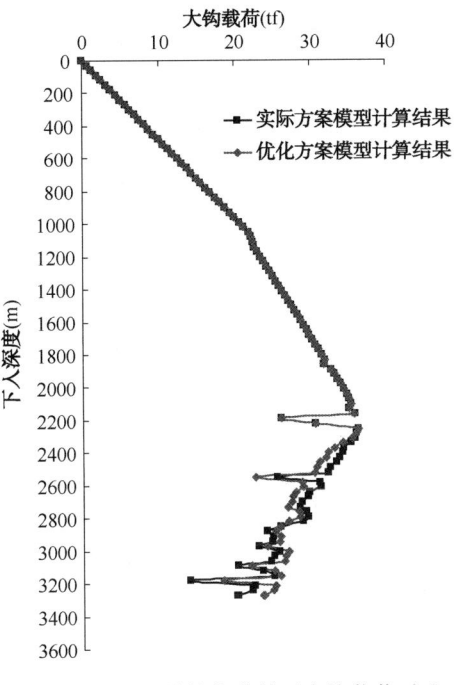

图 9-40 管柱结构优化前后大钩载荷对比

XX8 井模型计算结果与管柱下入实测大钩载荷吻合较好，采用实际施工套管，得出 XX8 井不同封隔器下入数量时管柱结构如表 9-4 所示。

表 9-4 XX8 井不同封隔器数量改造管柱结构设计

| 序号 | 不增加封隔器数量 | | 增加1个封隔器 | | 增加2个封隔器 | | 增加3个封隔器 | | 增加4个封隔器 | |
|---|---|---|---|---|---|---|---|---|---|---|
| | 套管个数 | 累计长度（m） | 套管个数 | 累计长度（m） | 套管个数 | 累计长度（m） | 套管个数 | 累计长度（m） | 套管个数 | 累计长度（m） |
| 1 | 2 | 22.7 | 2 | 22.7 | 2 | 22.7 | 2 | 22.7 | 2 | 22.7 |
| 2 | 2 | 45.3 | 2 | 45.3 | 2 | 45.3 | 2 | 45.3 | 2 | 45.3 |
| 3 | 2 | 68.0 | 2 | 68.0 | 2 | 68.0 | 2 | 68.0 | 2 | 68.0 |
| 4 | 2 | 90.7 | 2 | 90.7 | 2 | 90.7 | 2 | 90.7 | 2 | 90.7 |
| 5 | 2 | 113.3 | 2 | 113.3 | 2 | 113.3 | 2 | 113.3 | 2 | 113.3 |
| 6 | 2 | 136.0 | 2 | 136.0 | 2 | 136.0 | 2 | 136.0 | 2 | 136.0 |
| 7 | 2 | 158.7 | 2 | 158.6 | 2 | 158.6 | 2 | 158.6 | 2 | 158.6 |
| 8 | 2 | 181.3 | 2 | 181.3 | 2 | 181.3 | 2 | 181.3 | 2 | 181.3 |
| 9 | 2 | 204.0 | 2 | 204.0 | 2 | 204.0 | 2 | 204.0 | 2 | 204.0 |
| 10 | 2 | 226.7 | 2 | 226.6 | 2 | 226.6 | 2 | 226.6 | 2 | 226.6 |
| 11 | 2 | 249.3 | 2 | 249.3 | 2 | 249.3 | 2 | 249.3 | 2 | 249.3 |
| 12 | 3 | 283.3 | 2 | 271.9 | 2 | 271.9 | 2 | 271.9 | 2 | 271.9 |

续表

| 序号 | 不增加封隔器数量 | | 增加1个封隔器 | | 增加2个封隔器 | | 增加3个封隔器 | | 增加4个封隔器 | |
|---|---|---|---|---|---|---|---|---|---|---|
| | 套管个数 | 累计长度（m） | 套管个数 | 累计长度（m） | 套管个数 | 累计长度（m） | 套管个数 | 累计长度（m） | 套管个数 | 累计长度（m） |
| 13 | 3 | 317.3 | 2 | 294.6 | 2 | 294.6 | 2 | 294.6 | 2 | 294.6 |
| 14 | 3 | 351.3 | 2 | 317.3 | 2 | 317.3 | 2 | 317.3 | 2 | 317.3 |
| 15 | 3 | 385.3 | 2 | 339.9 | 2 | 339.9 | 2 | 339.9 | 2 | 339.9 |
| 16 | 3 | 419.3 | 2 | 362.6 | 2 | 362.6 | 2 | 362.6 | 2 | 362.6 |
| 17 | 4 | 464.6 | 3 | 396.6 | 2 | 385.2 | 2 | 385.2 | 2 | 385.2 |
| 18 | 3 | 498.6 | 3 | 430.6 | 2 | 407.9 | 2 | 407.9 | 2 | 407.9 |
| 19 | 4 | 544.0 | 3 | 464.5 | 2 | 430.6 | 2 | 430.6 | 2 | 430.6 |
| 20 | 3 | 578.0 | 4 | 509.9 | 2 | 453.2 | 2 | 453.2 | 2 | 453.2 |
| 21 | 4 | 623.3 | 3 | 543.9 | 3 | 487.2 | 2 | 475.9 | 2 | 475.9 |
| 22 | 4 | 668.6 | 3 | 577.8 | 3 | 521.2 | 2 | 498.5 | 2 | 498.5 |
| 23 | 4 | 714.0 | 4 | 623.2 | 3 | 555.2 | 2 | 521.2 | 2 | 521.2 |
| 24 | 4 | 759.3 | 4 | 668.5 | 3 | 589.2 | 2 | 543.9 | 2 | 543.9 |
| 25 | 4 | 804.6 | 4 | 713.8 | 3 | 623.2 | 2 | 566.5 | 2 | 566.5 |
| 26 | — | — | 4 | 759.1 | 3 | 657.2 | 2 | 589.2 | 2 | 589.2 |
| 27 | — | — | 4 | 804.6 | 4 | 702.5 | 3 | 623.2 | 2 | 611.8 |
| 28 | — | — | — | — | 4 | 747.8 | 3 | 657.2 | 2 | 634.5 |
| 29 | — | — | — | — | 4 | 793.1 | 4 | 702.5 | 2 | 657.2 |
| 30 | — | — | — | — | — | — | 4 | 747.8 | 2 | 679.8 |
| 31 | — | — | — | — | — | — | 4 | 793.1 | 2 | 702.5 |
| 32 | — | — | — | — | — | — | — | — | 3 | 736.5 |
| 33 | — | — | — | — | — | — | — | — | 4 | 781.8 |

利用程序计算出不同封隔器、滑套数量时管柱下入过程中大钩载荷如图9-41所示。

XX8井在原设计方案下，增加1个、2个封隔器及滑套时，管柱下入过程中，大钩剩余载荷较大，管柱可以安全下入。增加3个封隔器、3个滑套时，大钩载荷在管柱下入后期明显减小，下入可能发生遇阻现象。增加4个封隔器、4个滑套时，大钩载荷在管柱下入3120m时减小至10tf下，管柱无法安全下入。XX8井施工时，实际裸眼封隔器下入数为13个，用模型计算得出的极限封隔器下入数量为15个，因此，最多可以增加的封隔器数量为2个。

利用模型计算出XX6井不同封隔器、滑套数量时管柱下入过程中大钩载荷如图9-42所示。

# 第九章 井下开关储层改造开关管柱力学分析

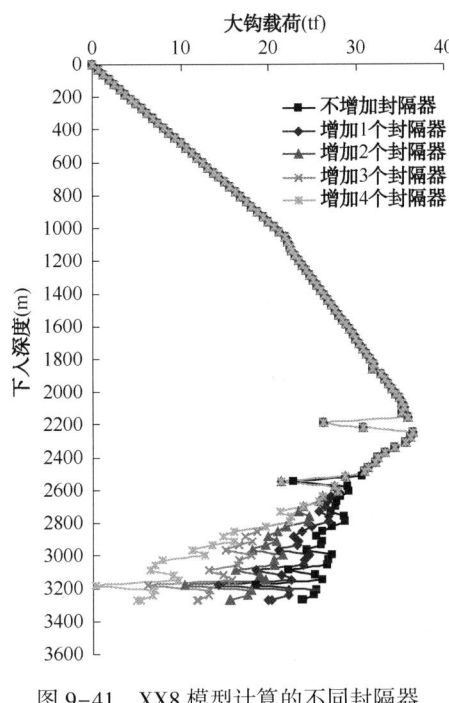

图 9-41　XX8 模型计算的不同封隔器、
滑套数量时大钩载荷

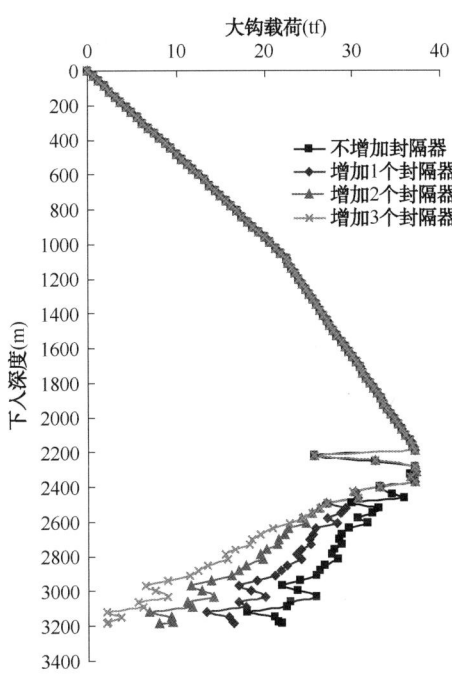

图 9-42　XX6 模型计算的不同封隔器、
滑套数量时大钩载荷

XX6 井在原设计方案下，增加 1 个封隔器及滑套时，管柱下入过程中，大钩剩余载荷较大，管柱可以安全下入。增加 2 个封隔器及滑套时，大钩载荷在管柱下入后期明显减小，降至 10tf 左右，下入可能发生遇阻现象。增加 3 个封隔器、3 个滑套时，大钩载荷在管柱下入 2900m 时减小至 10tf 下，管柱下入到井底时，大钩载荷仅剩 3.2tf，因此管柱无法安全下入。

XX6 井实际施工时裸眼封隔器下入数为 12 个，用模型计算得出的极限封隔器下入数量为 13 个，因此，最多可以增加的封隔器数量为 1 个。

## 四、改造套管柱结构设计与力学分析软件

### （一）下入摩阻计算模型

管柱变形与管柱下入摩阻相互影响，较大的变形产生新的接触点，新的接触点的出现改变了管柱受力条件，使得管柱变形、摩阻力又发生变化，因此管柱下入摩阻计算过程中需要的基本参数如图 9-43 所示。

为了计算下入摩阻，整套软件的计算流程方案如下：

（1）选取初始深度为零。

（2）每次开始运算时深度增加单位深度。

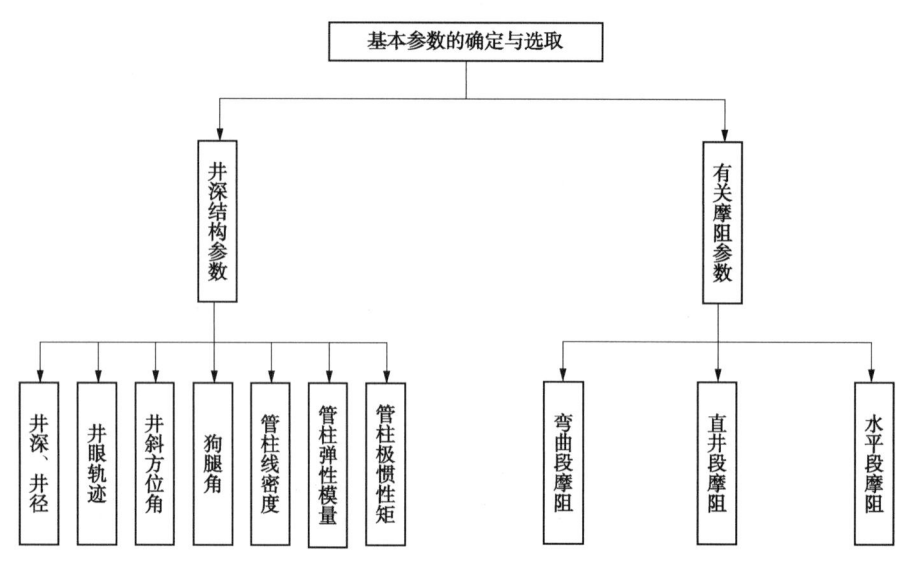

图 9-43 改造管柱下入基本计算参数

(3) 将已选取并计算完成的基本数据带入相关基本公式中,由此对两点间管柱受力及变形情况进行分析。假设最后一个支点($i+1$)处载荷为零,分析前一支点($i$)处载荷,由公式知其对于该段弯角无影响,故调整与之相邻下一点($i-1$)处载荷。

(4) 运用上述数据对该段管柱进行多点力矩平衡分析。

(5) 由于井眼空间的限制,管柱变形形变量大小受到限制,当变形量达到一定程度时,管柱将与井壁产生新的接触点,从而使其受力情况发生改变。故需要在此处判断管柱是否与井壁产生新的接触点。若存在新的接触点,则需计算各新接触点的位置。

(6) 并按照(3)、(4)中所介绍的方法重新分析计算并对载荷进行调整直至与井壁没有新接触点出现。

(7) 若不存在新的接触点,则需判断是否已调整至最大井深,若已达到最大井深,则停止运算,若还未达到最大井深,则重复(2)~(5)步操作直至达到最大井深。

以上运算过程中,需要注意的是(3)、(4)中对于各段管柱受力与变形情况的分析是采用倒推法来进行的,即每次循环运算中都是从最末的一个支点处算起,倒推至井口处,以此来实现全井段的支点载荷平衡调整。计算流程图如图 9-44 所示。

(二) 改造套管柱结构设计与力学分析软件的安装与启动

1. 硬件配置

(1) 系统:CPU 为 Pentium 75 以上的 IBM PC 机及其兼容机。

(2) 内存:64M 以上。

(3) 硬盘:256M 以上的可用磁盘空间。

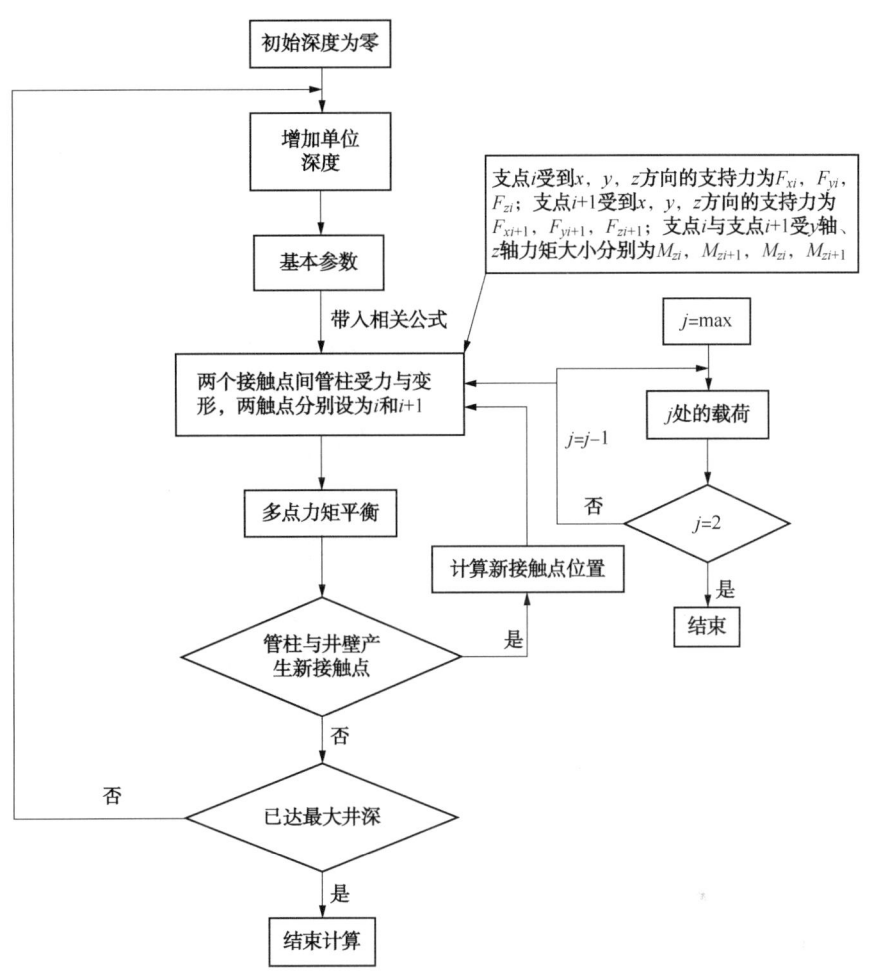

图 9-44 管柱下入摩阻、变形耦合计算流程图

2. 程序运行环境

(1) Windows 2000/XP 中文版。

(2) Windows Office 程序。

3. 程序安装过程

(1) 执行程序安装目录下 setup.exe 文件,启动安装程序,如图 9-45 所示。

图 9-45 程序安装流程图

（2）在“Welcome”界面点击“确定”按钮进行安装。

（3）在“安装”界面中，确认输入后单击“安装”按钮。

（4）在程序安装完成后点击“完成”按钮完成安装。

4. 启动程序

点击“开始”“程序”“改造管柱结构设计与力学分析软件”启动程序，程序启动后主界面如图9-46所示。

图9-46　程序主界面图

## （三）井眼轨迹的读取与浏览

1. 井眼轨迹数据格式要求

第一行为表头，需包含“井深”“井斜角”和“方位角”字样。中间用制表符(Tab)连接。第二行至最后一行为井眼轨迹数据，与第一行表头相对应，中间用制表符(Tab)连接，数据保存在txt文本中，如图9-47所示。

| 井深 | 井斜角 | 方位角 |
|---|---|---|
| 95 | 0.3 | 20 |
| 183 | 0.5 | 180 |
| 297 | 0.2 | 70 |
| 336 | 0.6 | 88.4 |
| 365.72 | 0.78 | 105.3 |
| 394.3 | 0.9 | 106.7 |
| 422.84 | 1.1 | 110.9 |
| 451.49 | 1.1 | 108.1 |
| 467 | 1.32 | 120.8 |
| 470.62 | 1.27 | 113.8 |
| 480.31 | 1.54 | 120.8 |

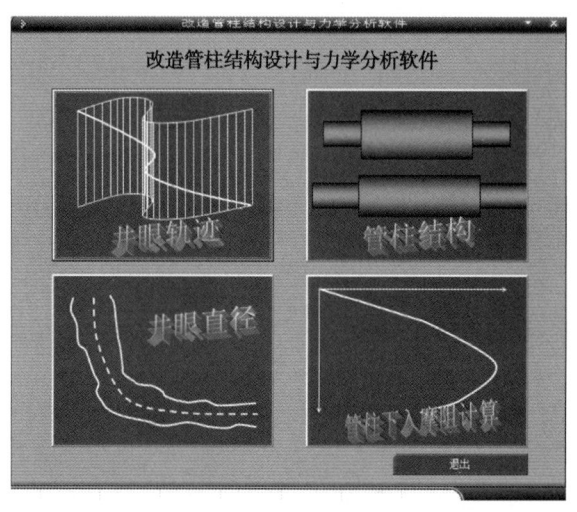

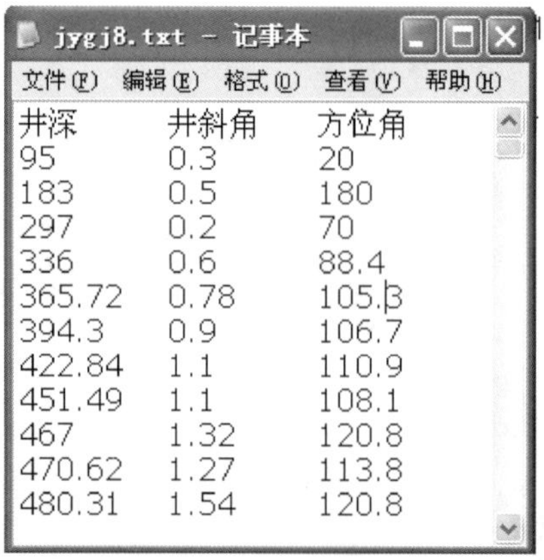

图9-47　井眼轨迹数据格式要求

"井深"为井眼测深,单位为 m,井斜角、方位角单位为°。

2. 井眼轨迹数据读取

在主界面中点击"井眼轨迹"按钮,进入"井眼轨迹"模块,如图 9-48 所示。

图 9-48　井眼轨迹程序界面

点击"指定文件"按钮读取"井眼轨迹"数据,如图 9-48 所示。

程序带有生成井眼轨迹的模块,可将 Excel、txt 中的数据转换成程序可以识别的格式。如图 9-49 所示。

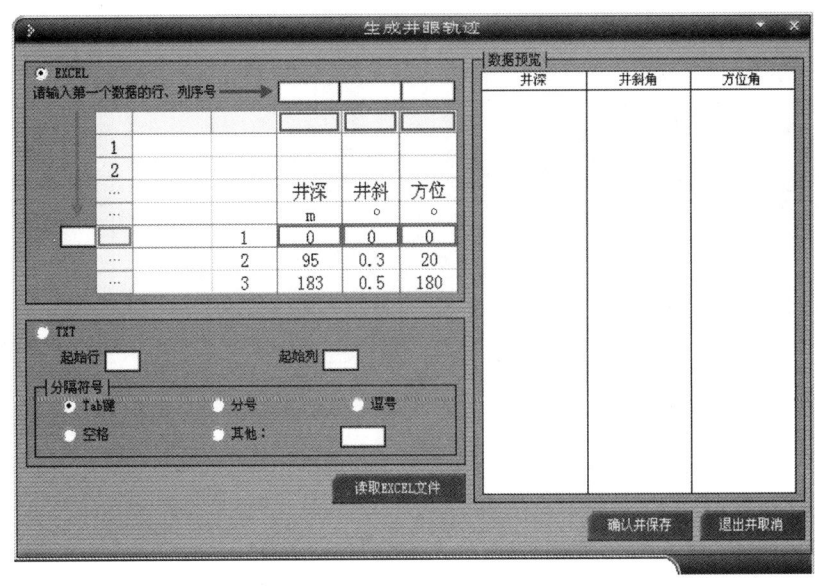

图 9-49　程序运行界面

(1) Excel 表格数据提取方法。

点击"Excel"单选框,输入数据在 Excel 中的相应编号在行号和列号,点击"读取 Excel 文件"按钮选择指定的 Excel 文件,如图 9-50 所示。

读取成功后,读取的数据会出现在"数据预览"窗口中,如图 9-51 所示。

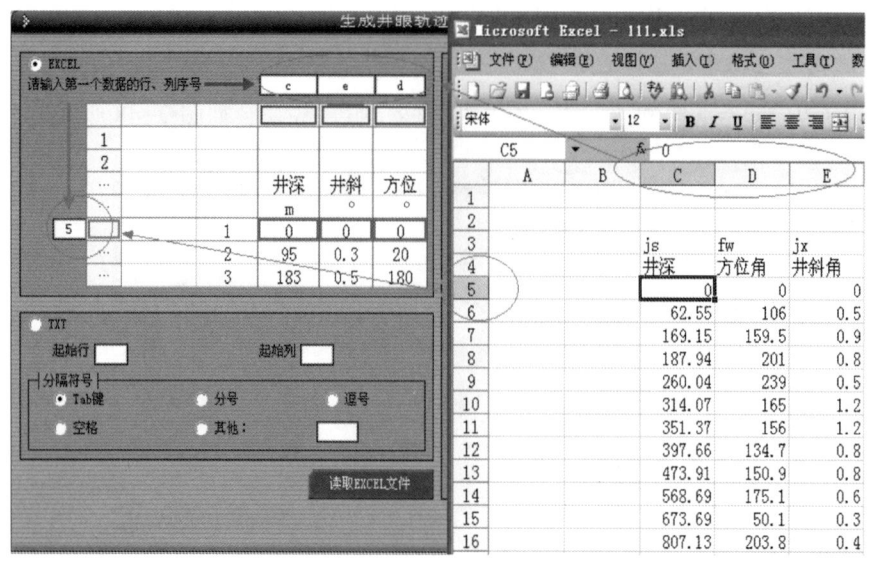

图 9-50　提取 Excel 表格

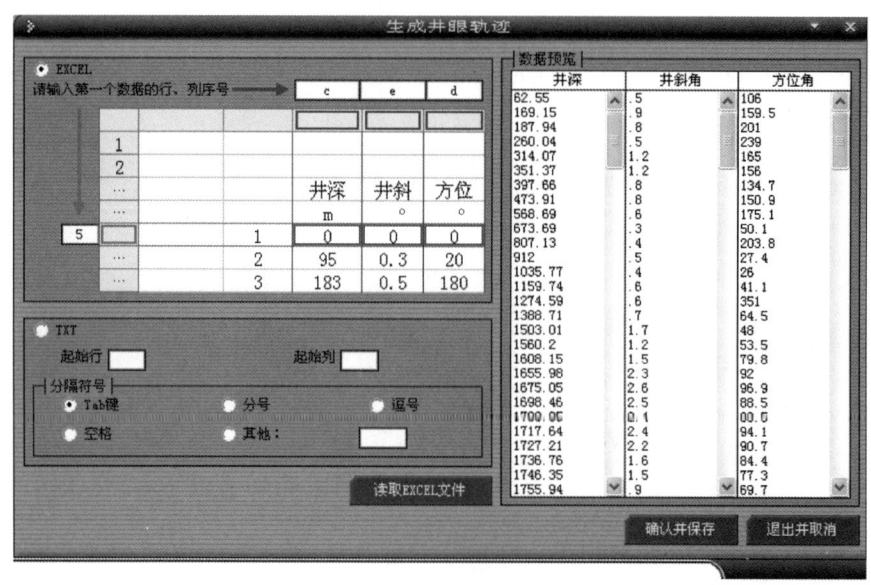

图 9-51　数据读取成功界面图

点击"确认并保存"按钮保存生产的数据。

（2）txt 数据提取方法。

点击"txt"单选框，输入数据在 txt 中的相应编号在行号和列号，选择数据间的分隔符号，点击"读取 txt 文件"按钮选择指定的 txt 文件。读取成功后，读取的数据会出现在"数据预览"窗口中，点击"确认并保存"按钮保存生产的数据。

3. 井眼轨迹浏览

在井眼轨迹模块中点击"井眼轨迹浏览"按钮，进入"井眼轨迹浏览"模块，如图 9-52 所示。

# 第九章　井下开关储层改造开关管柱力学分析

图 9-52　井眼轨迹界面图

点击"打开文件"按钮打开井眼轨迹。

井眼轨迹浏览窗口中有 4 个选项卡：

(1)"$xyz$ 坐标"选项卡显示计算出井眼轨迹的 $x$、$y$、$z$ 对应井眼轨迹坐标。

(2)"井深、井斜角、方位角"选项卡显示读取的井眼轨迹数据。

(3)"井眼轨迹投影图"中显示井眼轨迹的主视图、俯视图、左视图以及垂直剖面图。

(4)"三维轨迹"选项卡中显示井眼轨迹三维图像，如图 9-53 所示。

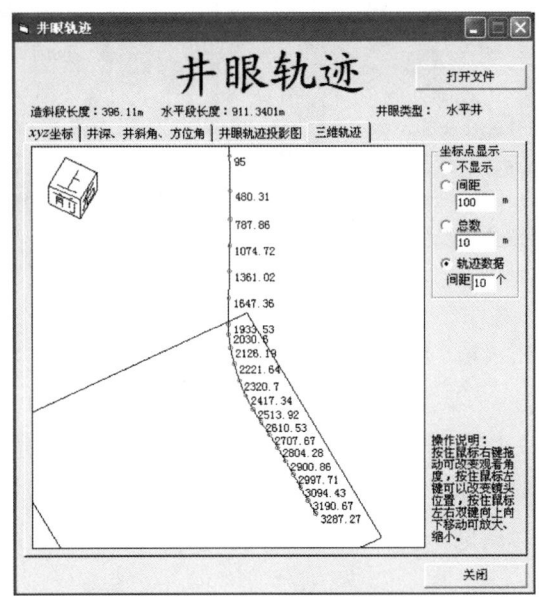

图 9-53　井眼轨迹模块运行图

— 459 —

在三维图像中可进行旋转、平移、缩放功能，操作方法如下：

（1）旋转：鼠标在三维图像中按住右键并拖拽。

（2）平移：鼠标在三维图像中按住左键并拖拽。

（3）缩放：鼠标在三维图像中同时按住左、右键并上下移动。

4. 井眼直径的读取与浏览

（1）井眼直径数据格式要求。

第一行为表头，需包含“井深”“直径”和“摩擦系数”字样。中间用制表符（Tab）连接。第二行至最后一行为井眼直径数据，与第一行表头相对应，中间用制表符（Tab）连接，数据保存在 txt 文本中，如图 9-54 所示。

“井深”为井眼测深，单位为 m，“直径”为改造管柱下入时改造管柱的活动空间，技术套管内一律为技术套管外径，裸眼段为对应测深的井眼直径，单位为 mm。摩擦系数为对应测深摩擦系数。

（2）井眼直径数据读取。

在主界面中点击“井径数据”按钮，进入“井径数据”模块，如图 9-55 所示。

| 井深 | 直径 | 摩擦系数 |
|---|---|---|
| 0 | 159.42 | 0.25 |
| 1 | 159.42 | 0.25 |
| 1000 | 159.42 | 0.25 |
| 2000 | 159.42 | 0.25 |
| 2230 | 159.42 | 0.25 |
| 2231 | 167.64 | 0.43 |
| 2260 | 166.94 | 0.43 |
| 2290 | 163.78 | 0.43 |
| 2320 | 161.75 | 0.43 |
| 2350 | 167.58 | 0.43 |
| 2380 | 161.28 | 0.43 |
| 2410 | 162.55 | 0.43 |
| 2440 | 163.63 | 0.43 |
| 2470 | 163.71 | 0.43 |
| 2500 | 166.60 | 0.43 |
| 2530 | 163.99 | 0.43 |
| 2560 | 160.23 | 0.43 |
| 2590 | 161.86 | 0.43 |
| 2620 | 165.18 | 0.43 |

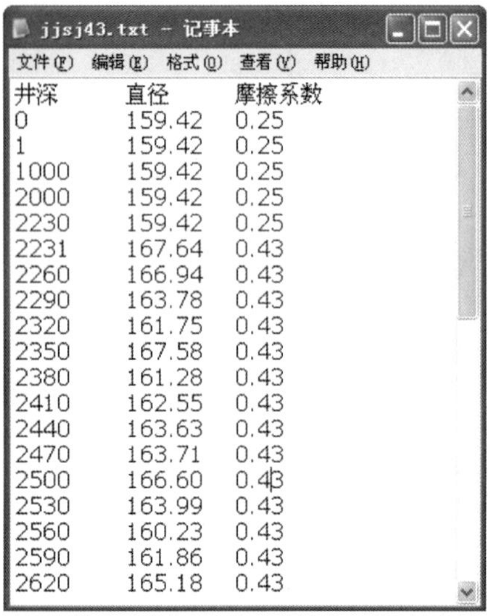

图 9-54　井眼直径数据格式要求

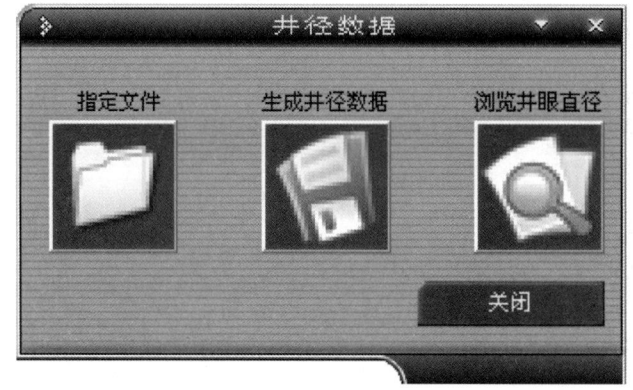

图 9-55　井径数据模块图

点击“指定文件”按钮读取“井径数据”数据。

（3）井径数据浏览。

在井径数据模块中点击“井眼直径浏览”按钮，进入“井眼直径、管柱结构浏览”模块点击“井眼直径”单选框读取井径数据，如图 9-56 所示。

5. 管柱结构的读取与浏览

（1）管柱结构数据格式要求。

第一行为表头，需包含“深度”“外径”“内径”和“刚性构件”字样。中间用制表符（Tab）

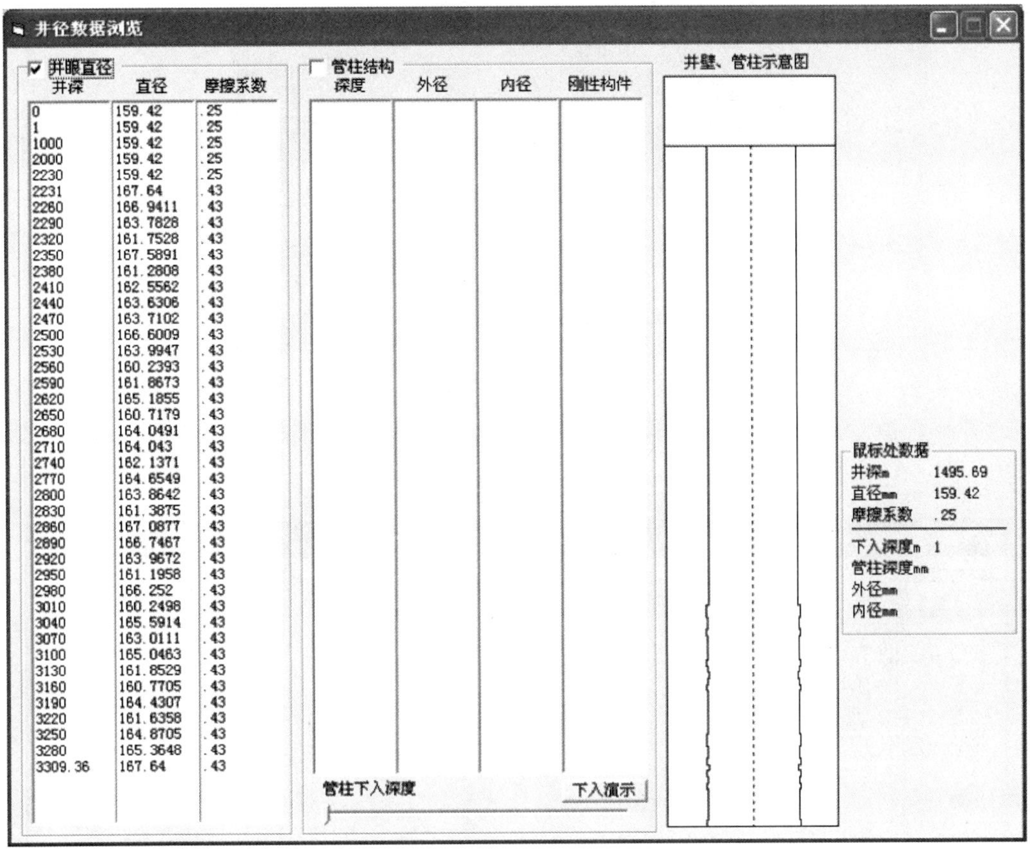

# 第九章 井下开关储层改造开关管柱力学分析

图 9-56 井眼直径模块读取数据图

连接。第二行至最后一行为井眼直径数据，与第一行表头相对应，中间用制表符(Tab)连接，数据保存在 txt 文本中，如图 9-57 所示。

"深度"为改造管柱下入到井底时，管柱从井口到井底的深度，单位为 m。"外径"为该行深度至下条数据深度完井间管柱的外径，单位为 mm。"内径"为该行深度至下条数据深度间改造管柱的内径，单位为 mm。若该行深度至下条数据深度间改造管柱为钻杆，"刚性构件"一项填"X"，若为套管填"N"，若为封隔器、滑套等刚性较强的井下工具填"Y"。

（2）管柱结构数据读取。

在主界面中点击"管柱结构"按钮，进入"管柱结构"模块，如图 9-58 所示。

点击"指定文件"按钮读取"管柱结构"数据。

（3）井径数据浏览。

在井径数据模块中点击"浏览管柱结构数据"按钮，

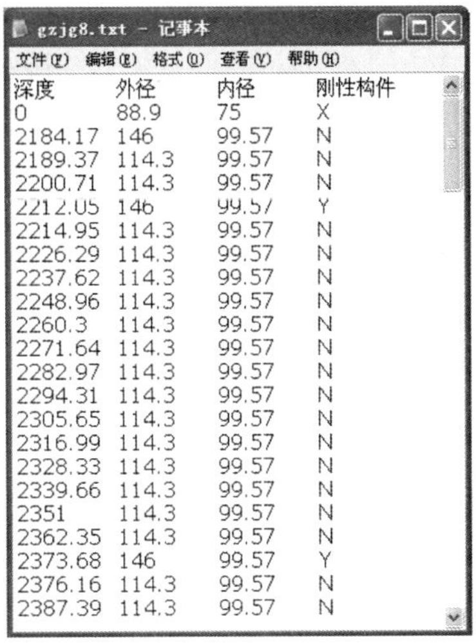

图 9-57 管柱结构数据格式要求

— 461 —

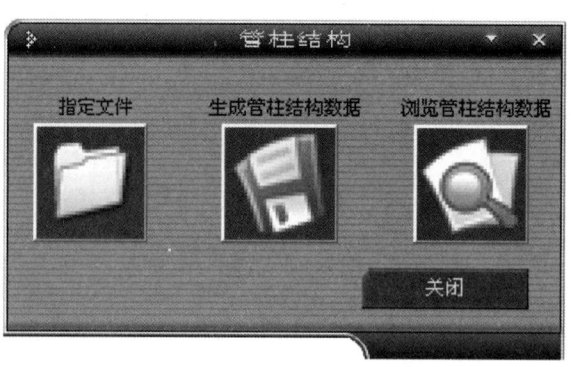

图 9-58 管柱结构程序界面

进入"井眼直径、管柱结构浏览"模块,点击"管柱结构"复选框读取管柱结构数据,如图 9-59 所示。

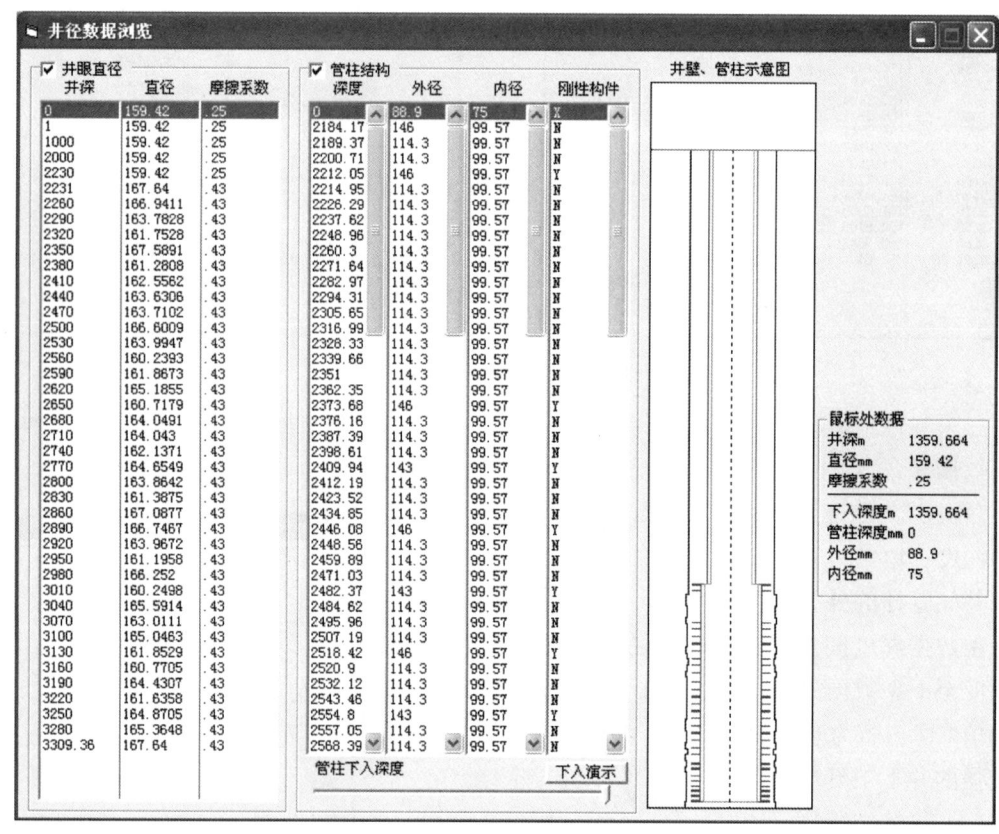

图 9-59 数据浏览图

移动"管柱下入深度"下滑块可浏览改造管柱下入至不同深度时,管柱与井眼对应位置。

6. 改造管柱下入摩阻及受力分析计算

点击主界面上"管柱下入摩阻"按钮进入"改造管柱下入摩阻及受力分析计算程序"模块,如图 9-60 所示。

# 第九章 井下开关储层改造开关管柱力学分析

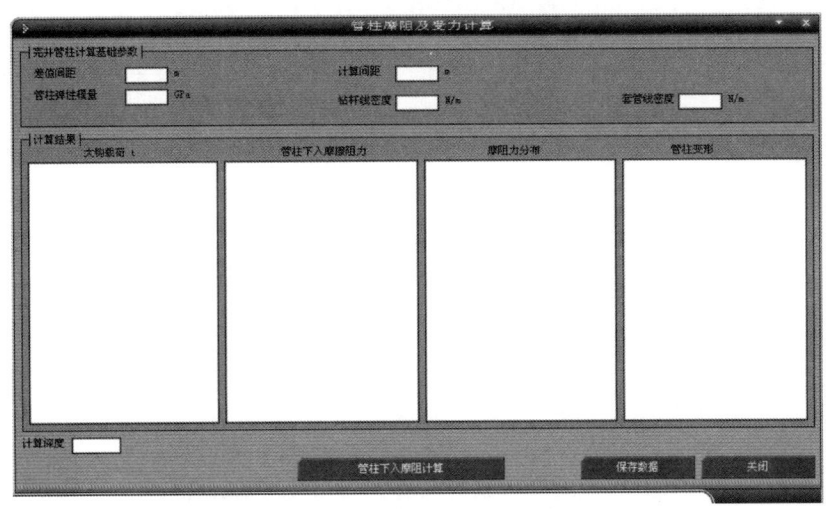

图 9-60 改造管柱下入摩阻及受力分析计算程序界面图

"井眼轨迹""井眼直径""管柱结构"指定完毕后输入管柱下入相应参数。点击"管柱下入摩阻计算"按钮,即可开始计算,如图 9-61 所示。

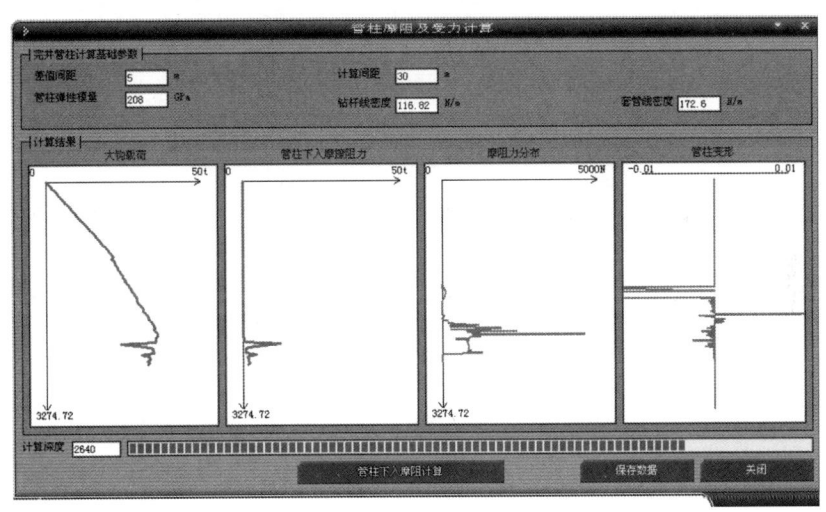

图 9-61 程序运行图

计算完毕后点击"保存数据"按钮即可将计算出的大钩载荷、摩阻力等数据保存至指定路径。

### 7. 计算结果对比验证

S 油田 XX8 井完井测深 3309.36m,垂直段长度 1973.42m,造斜弯曲段长度 453.57m,水平段长度 882.37m,技术套管下入深度 2230m。改造管柱设计长度 1085.35m,套管外径 114.3mm,内径 99.57mm,完井裸眼封隔器 13 个,外径 146m,滑套 13 个,外径 143m 改造管柱设计如表 9-5 所示。

表 9-5　XX8 井完井改造管柱结构设计

| 工具名称 | 工具长度(m) | 套管长度(m) | 累长(m) | 井下工具深度(m) 顶深 | 井下工具深度(m) 底深 |
| --- | --- | --- | --- | --- | --- |
| 浮鞋+压差滑套 | 3.1 | 11.33 | 14.43 | 3269.9 | 3273 |
|  |  | 11.33 | 25.76 | 3258.57 | 3258.57 |
| 锚定封隔器 1 | 2.3 | 11.34 | 39.4 | 3244.94 | 3247.24 |
|  |  | 11.34 | 50.74 | 3233.6 | 3233.6 |
| 裸眼封隔器 1 | 2.48 | 11.34 | 64.56 | 3219.78 | 3222.26 |
|  |  | 11.33 | 75.89 | 3208.44 | 3208.44 |
| 投球滑套 1 | 2.25 | 11.33 | 89.47 | 3194.86 | 3197.11 |
|  |  | 11.33 | 100.8 | 3183.53 | 3183.53 |
| 裸眼封隔器 2 | 2.48 | 11.23 | 114.51 | 3169.72 | 3172.2 |
|  |  | 11.23 | 125.74 | 3158.49 | 3158.49 |
| 投球滑套 2 | 2.25 | 11.22 | 139.21 | 3145.01 | 3147.26 |
|  |  | 11.22 | 150.43 | 3133.79 | 3133.79 |
|  |  | 11.34 | 161.77 | 3122.57 | 3122.57 |
| 裸眼封隔器 3 | 2.48 | 11.24 | 175.49 | 3108.75 | 3111.23 |
|  |  | 11.33 | 186.82 | 3097.51 | 3097.51 |
| 投球滑套 3 | 2.25 | 11.34 | 200.41 | 3083.93 | 3086.18 |
|  |  | 11.33 | 211.74 | 3072.59 | 3072.59 |
|  |  | 11.34 | 223.08 | 3061.26 | 3061.26 |
|  |  | 11.22 | 234.3 | 3049.92 | 3049.92 |
| 裸眼封隔器 4 | 2.48 | 11.24 | 248.02 | 3036.22 | 3038.7 |
|  |  | 11.34 | 259.36 | 3024.98 | 3024.98 |
|  |  | 11.34 | 270.7 | 3013.64 | 3013.64 |
| 投球滑套 4 | 2.25 | 11.34 | 284.29 | 3000.05 | 3002.3 |
|  |  | 11.34 | 295.63 | 2988.71 | 2988.71 |
|  |  | 11.34 | 306.97 | 2977.37 | 2977.37 |
| 裸眼封隔器 5 | 2.48 | 11.34 | 320.79 | 2963.55 | 2966.03 |
|  |  | 11.22 | 332.01 | 2952.21 | 2952.21 |
|  |  | 11.34 | 343.35 | 2940.99 | 2940.99 |
| 投球滑套 5 | 2.25 | 11.34 | 356.94 | 2927.4 | 2929.65 |
|  |  | 11.34 | 368.28 | 2916.06 | 2916.06 |
|  |  | 11.22 | 379.5 | 2904.72 | 2904.72 |

续表

| 工具名称 | 工具长度(m) | 套管长度(m) | 累长(m) | 井下工具深度(m) | |
|---|---|---|---|---|---|
| | | | | 顶深 | 底深 |
| 裸眼封隔器6 | 2.48 | 11.32 | 393.3 | 2891.02 | 2893.5 |
| | | 11.23 | 404.53 | 2879.7 | 2879.7 |
| | | 11.36 | 415.89 | 2868.47 | 2868.47 |
| 投球滑套6 | 2.25 | 11.34 | 429.48 | 2854.86 | 2857.11 |
| | | 11.23 | 440.71 | 2843.52 | 2843.52 |
| | | 11.34 | 452.05 | 2832.29 | 2832.29 |
| 裸眼封隔器7 | 2.48 | 11.34 | 465.87 | 2818.47 | 2820.95 |
| | | 11.33 | 477.2 | 2807.13 | 2807.13 |
| | | 11.23 | 488.43 | 2795.8 | 2795.8 |
| 投球滑套7 | 2.25 | 11.22 | 501.9 | 2782.32 | 2784.57 |
| | | 11.45 | 513.35 | 2771.1 | 2771.1 |
| | | 11.24 | 524.59 | 2759.65 | 2759.65 |
| 裸眼封隔器8 | 2.48 | 11.34 | 538.41 | 2745.93 | 2748.41 |
| | | 11.23 | 549.64 | 2734.59 | 2734.59 |
| | | 11.33 | 560.97 | 2723.36 | 2723.36 |
| 投球滑套8 | 2.25 | 11.23 | 574.45 | 2709.78 | 2712.03 |
| | | 11.33 | 585.78 | 2698.55 | 2698.55 |
| | | 11.34 | 597.12 | 2687.22 | 2687.22 |
| 裸眼封隔器9 | 2.48 | 11.33 | 610.93 | 2673.4 | 2675.88 |
| | | 11.33 | 622.26 | 2662.07 | 2662.07 |
| | | 11.34 | 633.6 | 2650.74 | 2650.74 |
| 投球滑套9 | 2.25 | 11.34 | 644.94 | 2639.4 | 2639.4 |
| | | 11.33 | 658.52 | 2625.81 | 2628.06 |
| | | 11.33 | 669.85 | 2614.48 | 2614.48 |
| | | 11.33 | 681.18 | 2603.15 | 2603.15 |
| 裸眼封隔器10 | 2.48 | 11.34 | 695 | 2589.34 | 2591.82 |
| | | 11.33 | 706.33 | 2578 | 2578 |
| | | 11.34 | 717.67 | 2566.67 | 2566.67 |
| 投球滑套10 | 2.25 | 11.34 | 731.26 | 2553.08 | 2555.33 |
| | | 11.34 | 742.6 | 2541.74 | 2541.74 |
| | | 11.22 | 753.82 | 2530.4 | 2530.4 |

续表

| 工具名称 | 工具长度(m) | 套管长度(m) | 累长(m) | 井下工具深度(m) | |
|---|---|---|---|---|---|
| | | | | 顶深 | 底深 |
| 裸眼封隔器11 | 2.48 | 11.23 | 767.53 | 2516.7 | 2519.18 |
| | | 11.23 | 778.76 | 2505.47 | 2505.47 |
| | | 11.34 | 790.1 | 2494.24 | 2494.24 |
| 投球滑套11 | 2.25 | 11.34 | 803.69 | 2480.65 | 2482.9 |
| | | 11.14 | 814.83 | 2469.31 | 2469.31 |
| | | 11.33 | 826.16 | 2458.17 | 2458.17 |
| 裸眼封隔器12 | 2.48 | 11.23 | 839.87 | 2444.36 | 2446.84 |
| | | 11.33 | 851.2 | 2433.13 | 2433.13 |
| | | 11.33 | 862.53 | 2421.8 | 2421.8 |
| 投球滑套12 | 2.25 | 11.33 | 876.11 | 2408.22 | 2410.47 |
| | | 11.22 | 887.33 | 2396.89 | 2396.89 |
| | | 11.23 | 898.56 | 2385.67 | 2385.67 |
| 裸眼封隔器13 | 2.48 | 11.33 | 912.37 | 2371.96 | 2374.44 |
| | | 11.35 | 923.72 | 2360.63 | 2360.63 |
| | | 11.34 | 935.06 | 2349.28 | 2349.28 |
| | | 11.33 | 946.39 | 2337.94 | 2337.94 |
| | | 11.34 | 957.73 | 2326.61 | 2326.61 |
| | | 11.34 | 969.07 | 2315.27 | 2315.27 |
| | | 11.34 | 980.41 | 2303.93 | 2303.93 |
| | | 11.34 | 991.75 | 2292.59 | 2292.59 |
| | | 11.33 | 1003.08 | 2281.25 | 2281.25 |
| | | 11.34 | 1014.42 | 2269.92 | 2269.92 |
| | | 11.34 | 1025.76 | 2258.58 | 2258.58 |
| | | 11.34 | 1037.1 | 2247.24 | 2247.24 |
| | | 11.33 | 1048.43 | 2235.9 | 2235.9 |
| | | 11.34 | 1059.77 | 2224.57 | 2224.57 |
| 锚定封隔器2 | 2.9 | 11.34 | 1074.01 | 2210.33 | 2213.23 |
| | | 11.34 | 1085.35 | 2198.99 | 2198.99 |
| 悬挂封隔器 | 5.2 | | | | |

刮管器刮技术套管、单通井规通井过程顺利无阻，双通井规通井时，当管柱下入2260m、2950m、3030m、3150m时发生不同程度遇阻。遇阻情况如表9-6所示。

表9-6  XX8井双通井规痛井时遇阻情况

| 遇阻深度(m) | 大钩载荷(tf) | 处理方法 | 处理时间(min) | 处理后大钩载荷(tf) |
| --- | --- | --- | --- | --- |
| 2260 | 10 | 提放管柱 | 3 | 23 |
| 2950 | 13 | 提放管柱 | 5 | 21 |
| 3030 | 8 | 提放管柱 | 7 | 19 |
| 3150 | 11 | 提放管柱 | 5 | 17 |

改造下入时，当管柱下入2550m、3180m时发生不同程度遇阻。通过管柱多次提放管柱方法，使改造管柱顺利下入。

软件计算了改造管柱允许通过的全角标化率，并与实际井眼的全角变化率进行了对比，如图9-62所示。

下入过程中，实测大钩载荷与运用模型计算大钩载荷对比如图9-63所示。

现场XX8井实测数据在1000~2200m处，改造管柱仍处于技术套管之内，实际井队施工时，管柱下入速度较快，较难测量匀速下入时的大钩载荷，因此浮动较大，管柱下入2200m至井底时，改造管柱逐渐进入裸眼段，通过对比可发现，模型计算的改造管柱大钩载荷与实测大钩载荷吻合较好。

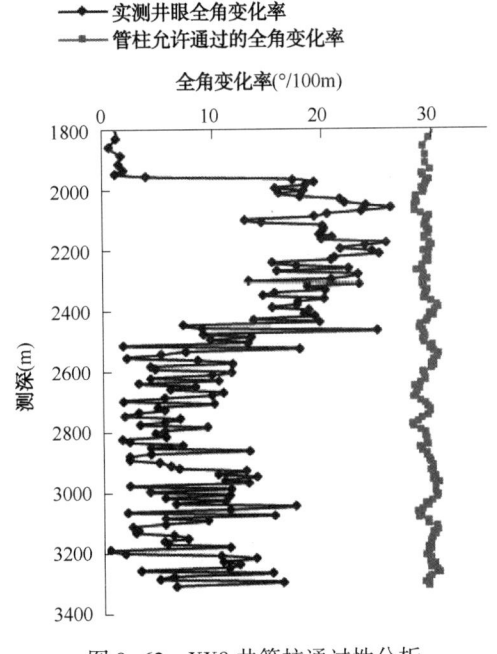

图9-62  XX8井管柱通过性分析

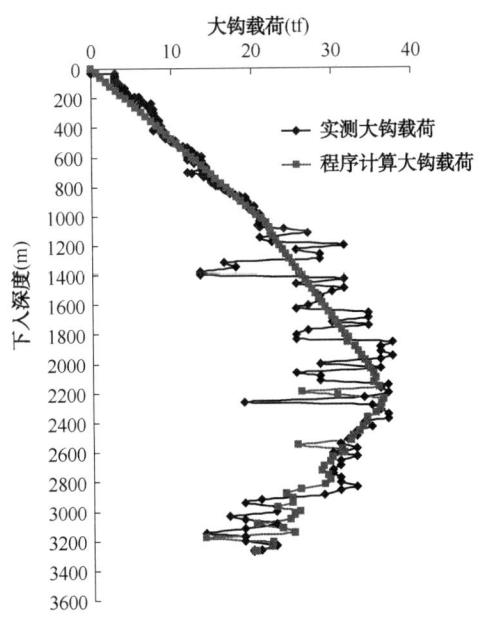

图9-63  XX8井实测与模型计算大钩实际载荷

## 第二节 连续油管开关管柱力学分析模型及力学分析方法

### 一、连续油管开关管柱力学分析模型

#### (一) 力学分析模型建立

根据连续油管开关管柱的实际工作状态,分为连续油管下放、关闭开关滑套、打开开关滑套、上提四种作业状态。水平井结构包括直井段、弯曲段和水平段,在下放或上提工况,连续油管开关管柱只做轴向运动,工具未工作,井底无载荷;关闭和打开开关滑套时,连续油管开关管柱受井底轴向力。根据不同的工艺要求,考虑连续油管开关管柱与套管的接触、连续油管与内外流体的接触及管柱屈曲特性,建立了水平井中套管内连续油管开关管柱下放、关闭开关滑套、打开开关滑套以及上提四种工况下的力学模型。

连续油管开关管柱在下放、关闭开关滑套、打开开关滑套和上提工况下,其受力情况如图 9-64~图 9-67 所示。

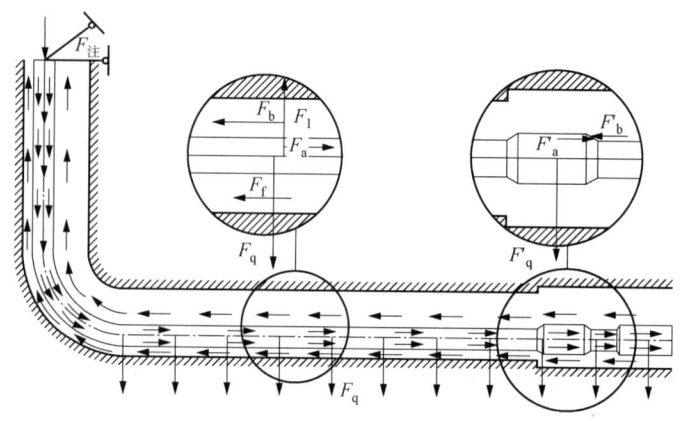

图 9-64 下放工况连续油管开关管柱力学模型

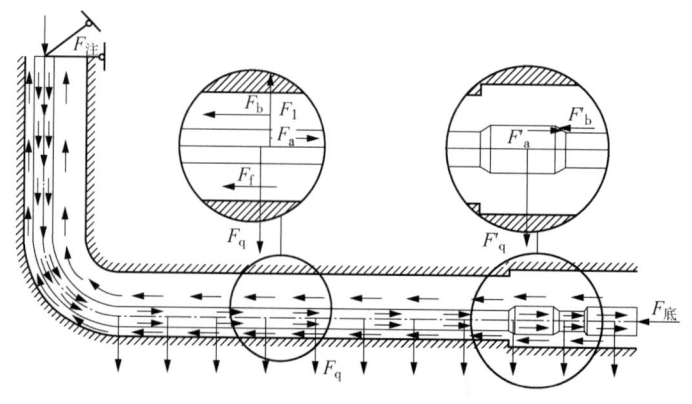

图 9-65 关闭开关滑套工况下连续油管开关关注力学模型

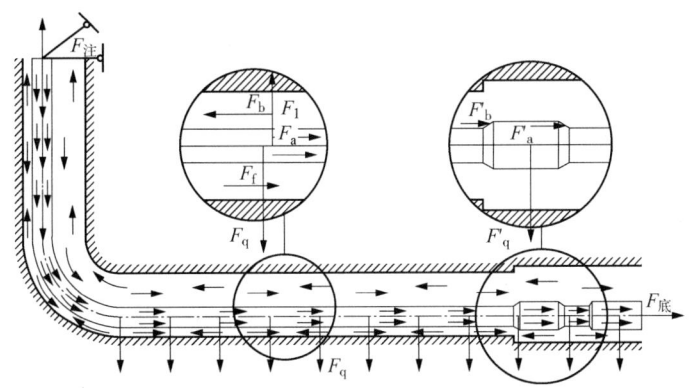

图 9-66 打开开关滑套工况下连续油管工况力学模型

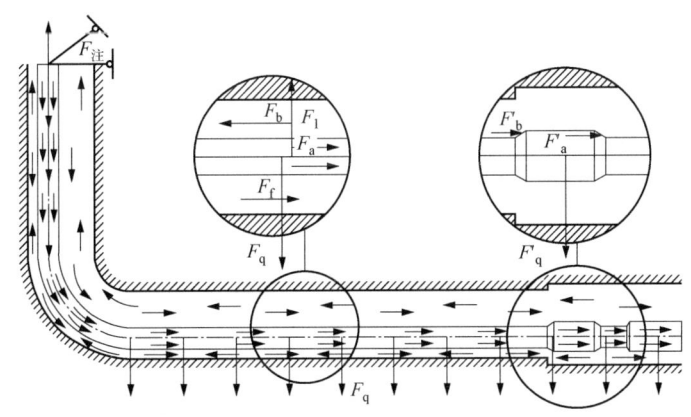

图 9-67 上提工况下连续油管开关管柱力学模型

图中：$F_{注}$ 为注入头力，为集中载荷；$F_q$ 为连续油管浮重，为均布载荷；$N$ 为连续油管受到的接触力，为均布载荷；$F_f$ 为连续油管与套管间的摩阻力，为均布载荷；$F_a$ 为连续油管内液体在油管内运动时对油管产生的摩阻力，为均布载荷；$F'_b$ 为油管内径产生变径时变径处的摩阻力，为集中载荷；$F_b$ 为环空内液体对油管产生的摩阻力，为均布载荷；$F'_b$ 为环空产生变径时，套管内液体对油管产生的摩阻力，为集中载荷；$F_l$ 为连续油管受到环空的液体举升力，为均布载荷；$F'_l$ 为连续油管变径处受到的环空液体举升力，为集中载荷。$F_{底}$ 为当连续油管开关管柱进行关闭或打开开关开关滑套工况时所受井底轴向力，为集中载荷。

在下放或上提工况中，井口为已知力边界，井底为自由边界；在水平井内直井段，连续油管及工具串与套管内壁未接触时，在套管内壁内自由运动，没有附加力存在；在弯曲段和水平段连续油管开关管柱及工具串与套管内壁的接触摩擦边界，属移动位移边界。外载荷主要有连续油管开关管柱及工具串的自重及流体浮力和阻力作用，这些载荷为线载荷。工具串底端有流体压力引起的活塞力，在与套管的接触处有接触力、摩阻力和阻力矩存在。

在关闭和打开开关滑套工况下，井口为已知力边界，井底为已知力边界和位移边界；

在关闭或打开开关滑套操作时,连续油管开关管柱及工具串与套管内壁的接触摩擦边界,属移动位移边界。外载荷除除下放和上提工况中的力外,还受到连续油管内及连续油管外环空的流体摩阻力,变径处所受到的液体举升力等,井底处还受轴向力作用。

### (二) 载荷计算

连续油管开关管柱力学模型中承受的载荷主要有浮重、连续油管与套管间的摩擦力、连续油管内液体在油管运动时对油管产生的摩阻力、油管内径产生变径时变径处的摩阻力、环空内液体对油管产生的摩阻力、环空产生变径时,套管内液体对油管产生的阻力、连续油管受到环空的液体举升力、连续油管变径处受到的环空液体举升力等。下面介绍各种载荷的计算。

(1) 浮重:

$$F_q = G - F_{fu} \tag{9-56}$$

式中　$G$——连续油管自重,N;

　　　$F_{fu}$——连续油管受到浮力,N。

其中,

$$G = \frac{\rho L \pi (D_o^2 - D_i^2)}{4}$$

$$F_{fu} = \frac{\rho_l L \pi (D_o^2 - D_i^2)}{4}$$

式中　$\rho$——连续油管密度,kg/m³;

　　　$\rho_l$——液体密度,kg/m³;

　　　$D_i$——油管内径,m;

　　　$D_o$——油管外径,m;

　　　$L$——连续油管长度,m。

(2) 连续油管与套管间的摩阻力:

$$F_f = f \cdot N \tag{9-57}$$

式中　$f$——连续油管与套管之间摩擦系数;

　　　$N$——连续油管与套管之间的接触力,N。

(3) 连续油管内液体在油管运动时对油管产生的单位长度摩阻力 $F_a$:

① 清水直管:

$$F_a = \frac{\Delta p_{sw} A_{sw}}{L_v} \tag{9-58}$$

式中　$\Delta p_{sw}$——油管内压降,MPa;

　　　$A_{sw}$——油管内径截面面积,m²;

　　　$L_v$——直管长度,m。

其中,

$$A_{sw} = \frac{\pi D_i^2}{4}$$

② 清水弯管:

$$F_{a} = \frac{\Delta p_{bw} A_{sw}}{L_{b}} \quad (9\text{-}59)$$

式中 $I_{b}$——弯曲段长度，m。

③ 作业液直管：

$$F_{a} = \frac{\Delta p_{sf} A_{sw}}{L_{v}} \quad (9\text{-}60)$$

式中 $\Delta p_{sf}$——油管内压降，MPa；
$A_{sw}$——油管内径截面面积，$m^{2}$；
$L_{v}$——为直管长度，m。

④ 作业液弯管：

$$F_{a} = \frac{\Delta p_{bf} A_{sw}}{L_{b}} \quad (9\text{-}61)$$

式中 $\Delta p_{bf}$——油管内压降，MPa；
$A_{sw}$——油管内径截面面积，$m^{2}$；
$L_{b}$——弯曲段长度，m。

（4）油管内径产生变径时变径处的摩阻力：

① 清水缩径：

$$F'_{a} = \Delta p_{ws} A_{ws} \quad (9\text{-}62)$$

式中 $\Delta p_{ws}$——油管内压降，MPa；
$A_{ws}$——变径处截面面积，$m^{2}$。

其中，

$$A_{ws} = \frac{\pi}{4}(D_{tix}^{2} - D_{tin}^{2})$$

式中 $D_{tix}$——大工具内径，m；
$D_{tin}$——小工具内径，m。

② 清水扩径：

$$F'_{a} = -\Delta p_{wk} A_{wk} \quad (9\text{-}63)$$

式中 $\Delta p_{wk}$——油管内压降，MPa；
$A_{wk}$——变径处截面面积，$m^{2}$。

其中，

$$A_{wk} = \frac{\pi}{4}(D_{tix}^{2} - D_{tin}^{2})$$

式中 $D_{tix}$——大工具内径，m；
$D_{tin}$——小工具内径，m。

③ 作业液缩扩结构：

$$F'_{a} = \Delta p_{fsk} A_{fsk} \quad (9\text{-}64)$$

式中 $\Delta p_{fsk}$——油管内压降，MPa；
$A_{fsk}$——变径处截面面积，$m^{2}$。

其中，
$$A_{fsk} = \frac{\pi}{4}(D_{tix}^2 - D_{tin}^2)$$

式中 $D_{tix}$——大工具内径，m；
$D_{tin}$——小工具内径，m。

(5) 环空内液体对油管产生的单位长度摩阻力 $F_b$：

① 清水直管：

$$F_b = -\frac{D_o}{(D_o + D_{ai})L_v}\Delta p_{asw}A_{asw} \tag{9-65}$$

式中 $\Delta p_{asw}$——环空压降，MPa；
$A_{asw}$——为套管环空面积，$m^2$；
$D_{ai}$——套管内径，m；
$D_o$——油管外径，m；
$L_v$——直管长度，m；

其中，
$$A_{asw} = \frac{\pi(D_{ai}^2 - D_o^2)}{4}$$

② 清水弯管：

$$F_b = -\frac{D_o}{(D_o + D_{ai})L_b}\Delta p_{abw}A_{asw} \tag{9-66}$$

式中 $\Delta p_{abw}$——环空压降，MPa；
$A_{asw}$——套管环空面积，$m^2$。

③ 作业液直管：

$$F_b = -\frac{D_o}{(D_o + D_{ai})L_v}\Delta p_{asf}A_{asw} \tag{9-67}$$

式中 $\Delta p_{asf}$——环空压降，MPa。

④ 作业液弯管：

$$F_b = -\frac{D_o}{(D_o + D_{ai})L_b}\Delta p_{abf}A_{asw} \tag{9-68}$$

式中 $\Delta p_{abf}$——环空压降，MPa。

(6) 环空产生变径时，套管内液体对油管产生的阻力：

① 清水缩径：

$$F'_b = -\frac{(D_{otix} + D_{otin})}{(D_{atix} + D_{atin} + D_{otix} + D_{otin})}\Delta p_{aws}A_{aws} \tag{9-69}$$

式中 $\Delta p_{aws}$——环空缩径压降，MPa；
$A_{aws}$——环空截面面积，$m^2$；
$D_{atix}$——大套管内径，m；
$D_{atin}$——小套管内径，m；

$D_{otix}$——大工具外径，m；

$D_{otin}$——小工具外径，m；

其中，
$$A_{aws} = \frac{\pi}{4}(D_{tix}^2 - D_{tin}^2)$$

② 清水扩径：

$$F'_b = \frac{(D_{otix} + D_{otin})}{(D_{atix} + D_{atin} + D_{otix} + D_{otin})}\Delta p_{awk} A_{awk} \tag{9-70}$$

式中 $\Delta p_{awk}$——环空缩径压降，MPa；

$A_{awk}$——环空截面面积，m²。

其中，
$$A_{awk} = \frac{\pi}{4}(D_{tix}^2 - D_{tin}^2)$$

③ 作业液缩扩结构：

$$F'_b = \frac{(D_{otix} + D_{otin})}{(D_{atix} + D_{atin} + D_{otix} + D_{otin})}\Delta p_{afsk} A_{afsk} \tag{9-71}$$

式中 $\Delta p_{afsk}$——环空缩扩结构压降，MPa；

$A_{afsk}$——环空截面面积，m²。

其中，
$$A_{afsk} = \frac{\pi}{4}(D_{tix}^2 - D_{tin}^2)$$

(7) 连续油管受到环空的液体举升力：

① 清水直管：

$$F_1 = -\frac{\Delta p_{asw} A_{al}}{L_v} \tag{9-72}$$

式中 $\Delta p_{asw}$——环空压降，MPa；

$A_{al}$——油管外表面面积，m²；

$L_v$——竖直段直管长度，m。

其中，
$$A_{al} = \pi D_o L_v$$

式中 $D_o$——油管外径，m。

② 清水弯管：

$$F_1 = -\frac{\Delta p_{abw} A_{al}}{L_b} \tag{9-73}$$

式中 $\Delta p_{abw}$——环空压降，MPa；

$A_{al}$——油管外表面面积，m²；

$L_b$——弯曲段长度，m。

③ 作业液直管：

$$F_1 = -\frac{\Delta p_{asf} A_{al}}{L_v} \tag{9-74}$$

式中 $\Delta p_{asf}$——环空压降，MPa；
$\Delta p_{f}$——油管外表面面积，$m^2$；
$I_v$——竖直段直管长度，m。

其中，
$$A_{al} = \pi D_o L_v$$

④ 作业液弯管：
$$F_1 = -\frac{\Delta p_{abf} A_{al}}{L_b} \tag{9-75}$$

式中 $\Delta p_{abf}$——环空压降，MPa；
$A_{al}$——油管外表面面积，$m^2$；
$L_b$——弯曲段长度，m。

其中，
$$A_{al} = \pi D_o L_b$$

(8) 连续油管变径处受到的环空液体举升力：

① 清水缩径：
$$F'_1 = -\frac{\Delta p_{aws} A_{awsl}}{L_g} \tag{9-76}$$

式中 $\Delta p_{aws}$——缩径结构压降，MPa；
$A_{awsl}$——变径处工具外表面面积，$m^2$；
$L_g$——为变径处工具长度，m。

其中，
$$\begin{cases} A_{awsl} = \pi D_{otix} L_g \\ A_{awsl} = \pi D_{otin} L_g \end{cases}$$

式中 $D_{otix}$——大工具外径，m；
$D_{otin}$——小工具外径，m。

② 清水扩径：
$$F'_1 = -\frac{\Delta p_{awk} A_{awkl}}{L_g} \tag{9-77}$$

式中 $\Delta p_{awk}$——扩径结构压降，MPa。

③ 作业液缩扩结构：
$$F'_1 = -\frac{\Delta p_{afsk} A_{afskl}}{L_g} \tag{9-78}$$

式中 $\Delta p_{afsk}$——扩径结构压降，MPa。

以上式中，压降公式 $\Delta p_{sw}$、$\Delta p_{bw}$、$\Delta p_{sf}$、$\Delta p_{bf}$、$\Delta p_{ws}$、$\Delta p_{wk}$、$\Delta p_{fsk}$、$\Delta p_{asw}$、$\Delta p_{abw}$、$\Delta p_{asf}$、$\Delta p_{abf}$、$\Delta p_{aws}$、$\Delta p_{awk}$、$\Delta p_{afsk}$ 详细计算过程见本章第三节。

## 二、连续油管开关管柱力学分析方法

### (一) 连续油管及工具串应力分析与强度计算方法

根据间隙元理论,运用空间梁单元和多向接触间隙元对管柱进行受力变形分析,可以得到管柱在任意井深处的轴力 $F_N$,弯矩 $M_y$ 和 $M_z$,扭矩 $M_x$,剪力 $Q_y$ 和 $Q_z$。这些内力是考虑管柱各种外载荷组合作用基础上求得的,由这些内力值可以计算出相应的应力及应变值。

(1) 注入头处连续油管环向及径向应力计算。

地面连续油管的拉压变形正应力、弯曲变形正应力、扭转变形剪应力以及危险截面的主应力计算同套管内连续油管应力计算,不同的是连续油管与注入头之间的夹持力分布沿着连续油管外表面不连续,见图9-68,所以用拉梅公式来计算连续油管环向及径向应力显然不适用,本项目采用弹性力学知识来推导不连续载荷作用下连续油管的环向及径向应力。

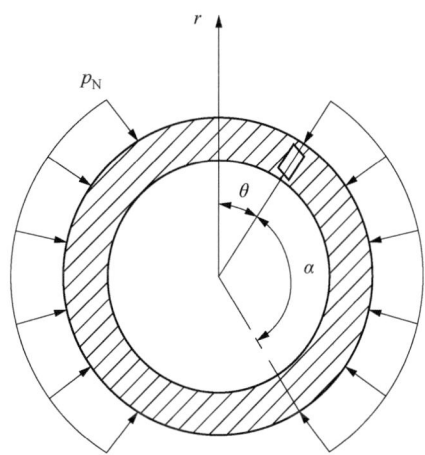

图 9-68 极坐标系下不连续载荷分布图

① 不连续载荷的级数处理。

如图9-68所示,取极坐标系,载荷的表达式可写成如下形式

$$q(\theta) = \begin{cases} p_N & \left(-\dfrac{\alpha}{2}+k\pi \leq \theta \leq \dfrac{\alpha}{2}+k\pi\right) \\ 0 & \text{其他} \end{cases} \quad (9\text{-}79)$$

式中:$k=1, 2, 3, \cdots, n$。

对 $q(\theta)$ 作偶延拓,得到一个偶函数 $Q(\theta)$,然后将 $Q(\theta)$ 展成傅里叶级数为

$$q(\theta) = \frac{a_0}{2} + \sum_{n=1}^{\infty} a_n \cos\left(\frac{2n\pi}{T}\right) = \frac{q}{4} - \frac{2q}{\pi}\sum_{n=1}^{\infty}\frac{1}{n}\sin(2n\alpha)\cos(2n\theta)$$

其中,$a_0 = \dfrac{p_N}{2}$,$a_n = -\dfrac{2p_N}{n\pi}\sin(2n\alpha)$,$-\pi \leq \theta \leq \pi$。

② 均布载荷 $\dfrac{a_0}{2}$ 在连续油管中产生的应力。

均布载荷$\dfrac{a_0}{2}$即$\dfrac{p_N}{4}$的作用，根据弹性力学知识，在连续油管内产生的应力计算公式如下：

$$\begin{cases} \sigma_{r0} = -\dfrac{p_N d_0^2}{4(d_0^2 - d_i^2)}\left(\dfrac{d_i^2}{(2r)^2} + 1\right) \\ \sigma_{\theta 0} = \dfrac{p_N d_0^2}{4(d_0^2 - d_{0=i}^2)}\left(\dfrac{d_i^2}{(2r)^2} - 1\right) \\ \tau_{r\theta 0} = 0 \end{cases} \tag{9-80}$$

③ 载荷$a_n \cos(2n\theta)$单独作用在连续油管中产生的应力。

由图 9-68 可知，连续油管在注入头的边界条件为：

$$\begin{aligned} (\sigma_r)_{r=\frac{d_0}{2}} &= -a_n \cos(2n\theta) \\ (\sigma_r)_{r=\frac{d_i}{2}} &= 0 \\ (\tau_{r\theta})_{r=\frac{d_i}{2}} &= 0 \\ (\tau_{r\theta})_{r=\frac{d_0}{2}} &= 0 \end{aligned} \tag{9-81}$$

设应力函数为

$$\varphi = f(r)\cos(2n\theta)$$

将其代入相容方程$\left(\dfrac{\partial^2}{\partial r^2} + \dfrac{1}{r}\dfrac{\partial}{\partial r} + \dfrac{1}{r^2}\dfrac{\partial^2}{\partial \theta^2}\right)^2 \varphi = 0$，得：

$$f^{(4)}(r) + \dfrac{2}{r}f^{(3)}(r) - \dfrac{1}{r^2}(1 + 8n^2)f^{(2)}(r) + \dfrac{1}{r^3}(1 + 8n^2)f^{(1)}(r) + \dfrac{1}{r^4}f(r)4n^2(4n^2 - 4) = 0$$

令$r = e^t$，经过代换得到特征方程为：

$$\lambda^4 - 4\lambda^3 - (1 + 8n^2)\lambda^2 + (1 + 8n^2)\lambda + 4n^2(4n^2 - 4) = 0$$

解得： $\lambda_1 = 2n$，$\lambda_2 = -2n$，$\lambda_3 = 2 - 2n$，$\lambda_4 = 2 + 2n$

所以： $f(r) = Ar^{2n} + Br^{-2n} + Cr^{2-2n} + Dr^{2+2n}$

$$\varphi = \cos(2n\theta)(Ar^{2n} + Br^{-2n} + Cr^{2-2n} + Dr^{2+2n})$$

由各个应力公式得：

$$\sigma_{rn} = \dfrac{1}{r}\dfrac{\partial \varphi}{\partial r} + \dfrac{1}{r^2}\dfrac{\partial^2 \varphi}{\partial \theta^2}$$

$$= \cos(2n\theta)\left[(2n - 4n^2)Ar^{2n-2} - (2n + 4n^2)Br^{-2n-2} + (2 - 2n - 4n^2)Cr^{-2n} + (2 + 2n - 4n^2)Dr^{2n}\right]$$

$$\sigma_{\theta n} = \dfrac{\partial^2 \varphi}{\partial r^2}$$

$$= \cos(2n\theta)\left[2n(2n-1)Ar^{2n-2} + 2n(2n+1)Br^{-2n-2} + (2-2n)(1-2n)Cr^{-2n} + (2+2n)(1+2n)Dr^{2n}\right]$$

$$\tau_{r\theta} = -\dfrac{\partial}{\partial r}\left(\dfrac{1}{r}\dfrac{\partial \varphi}{\partial \theta}\right)$$

$$= 2n\sin(2n\theta)\left[(1+2n)Ar^{2n-2} + (1-2n)Br^{-2n-2} + (3-2n)Cr^{-2n} + (3+2n)Dr^{2n}\right]$$

将 $\sigma_{rn}$、$\sigma_{\theta n}$、$\tau_{r\theta}$ 代入边界条件式(9-26)，可得线性方程组，其矩阵形式为

$$SX = Q$$

其中：

$$S = \begin{bmatrix} (2n-4n^2)b^{2n-2} & -(2n+4n^2)b^{-2n-2} & (2-2n-4n^2)b^{-2n} & (2+2n-4n^2)b^{2n} \\ (2n-4n^2)a^{2n-2} & -(2n+4n^2)a^{-2n-2} & (2-2n-4n^2)a^{-2n} & (2+2n-4n^2)a^{2n} \\ (1+2n)b^{2n-2} & (1-2n)b^{-2n-2} & (3-2n)b^{-2n} & (3+2n)b^{2n} \\ (1+2n)a^{2n-2} & (1-2n)a^{-2n-2} & (3-2n)a^{-2n} & (3+2n)a^{2n} \end{bmatrix},$$

$$X = \begin{Bmatrix} A \\ B \\ C \\ D \end{Bmatrix}, \quad Q = \begin{Bmatrix} -a_n \\ 0 \\ 0 \\ 0 \end{Bmatrix}.$$

设

$$T = S^{-1} = \begin{bmatrix} t_{11} & t_{12} & t_{13} & t_{14} \\ t_{21} & t_{22} & t_{23} & t_{24} \\ t_{31} & t_{32} & t_{33} & t_{34} \\ t_{41} & t_{42} & t_{43} & t_{44} \end{bmatrix}$$

$$X = TQ$$

即

$$\begin{pmatrix} A \\ B \\ C \\ D \end{pmatrix} = \begin{pmatrix} -t_{11}a_n \\ -t_{21}a_n \\ -t_{31}a_n \\ -t_{41}a_n \end{pmatrix}$$

得到

$$\sigma_{rn} = -a_n\cos(2n\theta)\left[(2n-4n^2)t_{11}r^{2n-2} - (2n+4n^2)t_{21}r^{-2n-2} + (2-2n-4n^2)t_{31}r^{-2n} + (2+2n-4n^2)t_{41}r^{2n}\right]$$

又因括号内的项只与 $r$ 有关，故令其为 $F_1(r)$

则有：

$$\sigma_{rn} = -a_n\cos(2n\theta)F_1(r)$$
$$\sigma_{\theta n} = -a_n\cos(2n\theta)F_2(r)$$
$$\tau_{r\theta} = -2na_n\sin(2n\theta)F_3(r)$$

$$F_2(r) = 2n(2n-1)t_{11}r^{2n-2} + 2n(2n+1)t_{21}r^{-2n-2} + (2-2n)(1-2n)t_{31}r^{-2n} + (2+2n)(1+2n)t_{41}r^{2n}$$

$$F_3(r) = (1+2n)t_{11}r^{2n-2} + (1-2n)t_{21}r^{-2n-2} + (3-2n)t_{31}r^{-2n} + (3+2n)t_{41}r^{2n}$$

④ 不连续载荷在连续油管产生的应力。

不连续载荷在连续油管产生的应力值为各载荷单独作用产生应力值的叠加。则解得连续油管的应力为

$$\begin{cases} \sigma_r = \sigma_{r0} + \sum_{n=1}^{\infty} \sigma_{rn} \\ \sigma_\theta = \sigma_{\theta 0} + \sum_{n=1}^{\infty} \sigma_{\theta n} \\ \tau_{r\theta} = \tau_{r\theta 0} + \sum_{n=1}^{\infty} \tau_{r\theta n} \end{cases} \qquad (9-82)$$

采用式(9-82)就可对连续油管注入头处的环向及径向应力进行计算。

(2) 套管内连续油管及工具串应力计算。

按照工程力学知识,忽略细长连续油管的剪应力,其余应力计算如下:

拉压变形正应力:
$$\sigma_1 = \frac{4F_N}{\pi(d_o^2 - d_i^2)} \qquad (9-83)$$

弯曲变形正应力:
$$\sigma_w = \frac{32(M_y + M_z)}{\pi d_o^3 \left(1 - \dfrac{d_i^4}{d_o^4}\right)} \qquad (9-84)$$

扭转变形剪应力:
$$\tau_n = \frac{16M_x}{\pi d_o^3 \left(1 - \dfrac{d_i^4}{d_o^4}\right)} \qquad (9-85)$$

式中 $d_o$——连续油管及工具串外径;
$d_i$——连续油管及工具串内径。

由于连续油管开关管柱极为细长,其剪力 $Q_y$ 和 $Q_z$ 较小,引起的剪应力必然很小,可以忽略不计。根据工程力学知识,分别可取危险面内圆和外圆为研究对象,求得其主应力:

$$\left.\begin{matrix}\sigma_1 \\ \sigma_3\end{matrix}\right\} = \frac{\sigma_a + \sigma_i}{2} \pm \left[\left(\frac{\sigma_a - \sigma_i}{2}\right)^2 + \tau_n^2\right]^{\frac{1}{2}} \qquad (9-86)$$

内壁:$\sigma_2 = -p_i$ 或者外壁: $\sigma_2 = -p_o$ (9-87)

式中:$\sigma_a = \dfrac{\sigma_1}{|\sigma_1|}(|\sigma_1| + |\sigma_w|)$。

按照第四强度理论,分别求得管内外壁的当量应力 $\sigma_A$ 和 $\sigma_B$,最后比较这两个应力值,确定出危险点的位置和最大应力 $\sigma_{max}$,从而建立起如下强度条件, $\sigma_{max} = \max(\sigma_A, \sigma_B) \leqslant [\sigma]$,此强度条件没有考虑一切动态因素,因此它只适用于管柱筒体部分的静力强度计算。

(3) 连续油管及工具串应变分析。

① 地面连续油管应变分析。

连续油管在滚筒或导向架上弯曲时,产生的总应变为

$$\varepsilon = \varepsilon_e + \varepsilon_p = \frac{d_o}{2\rho} \qquad (9-88)$$

式中 $\varepsilon$——总应变;

$\varepsilon_e$——弹性应变,$\varepsilon_e = \dfrac{\sigma_s}{E}$

$\sigma_s$——连续油管的屈服极限;

$E$——连续油管弹性模量;

$\varepsilon_p$——塑性应变;

$d_o$——连续油管外径。

当连续油管在滚筒上弯曲时,$\rho$ 为滚筒外半径,当连续油管在导向架上弯曲时,$\rho$ 为导向架外半径。

则连续油管在通过滚筒和导向架时产生的塑性应变为:

$$\varepsilon_p = \frac{d_o}{2\rho} - \frac{\sigma_s}{E} \tag{9-89}$$

② 套管内连续油管应变分析。

套管内连续油管在弹性极限范围内,由于受自重或各种外载荷作用下,将产生拉伸或压缩变形,其在轴向力作用下产生的轴向线应变为:

$$\varepsilon_e = \frac{4F_N}{E\pi(d_o^2 - d_i^2)} \tag{9-90}$$

管柱内外存在压差,其作用使管柱产生轴向载荷和长度变形,称为压力效应,连续油管在压力效应作用下引起的应变计算公式为

$$\varepsilon_p = \frac{2\mu(\Delta p_i d_i^2 - \Delta p_o d_o^2)}{E(d_o^2 - d_i^2)} \tag{9-91}$$

式中 $\Delta p_i$——连续油管内压力变化平均值;

$\Delta p_o$——连续油管外压力变化平均值;

$\mu$——泊松比。

**(二)连续油管非线性有限元分析方法**

(1)连续油管几何非线性分析的梁单元。

为了模拟连续油管及工具串的受力变形状态,保证理论方法不失一般性,采用几何非线性梁单元进行连续油管受力变形分析。

根据连续油管结构和井眼形态,将连续油管离散为若干个空间梁单元,对于每一个梁单元先建立局部坐标系下的单元平衡方程,然后再建立其在整体坐标系下的结构平衡方程。

图 9-69 为任一空间梁单元的节点位移和节点力的示意图,在局部坐标系下,梁单元节点位移向量为:

$$\boldsymbol{d}_e = [u_i, v_i, w_i, \theta_{ix}, \theta_{iy}, \theta_{iz}, u_j, v_j, w_j, \theta_{jx}, \theta_{jy}, \theta_{jz}]^T \tag{9-92}$$

与之相对应的节点力向量为:

$$\boldsymbol{F}_e = [F_{ix}, F_{iy}, F_{iz}, M_{ix}, M_{iy}, M_{iz}, F_{jx}, F_{jy}, F_{jz}, M_{jx}, M_{jy}, M_{jz}]^T \tag{9-93}$$

式中 $u_i$,$v_i$,$w_i$——节点 $i$ 在局部坐标系中的线位移;

$\theta_{ix}$——单元节点 $i$ 的扭转角;

$\theta_{iy}$——单元节点 $i$ 在 $xz$ 平面内的角位移;

$\theta_{iz}$——单元节点 $i$ 在 $xy$ 平面内的角位移;

$F_{ix}$——节点 $i$ 的轴向力;

$F_{iy}$——节点 $i$ 在 $xy$ 平面内的剪力;

$F_{iz}$——节点 $i$ 在 $xz$ 平面内的剪力;

$M_{ix}$——节点 $i$ 的扭矩;

$M_{iy}$——节点 $i$ 在 $xz$ 平面内的弯矩;

$M_{iz}$——节点 $i$ 在 $xy$ 平面内的弯矩。

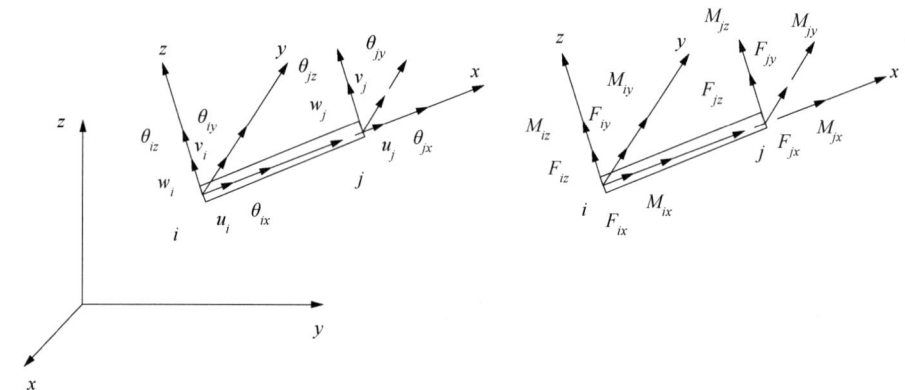

图 9-69 任一梁单元节点位移和节点力示意图

$j$ 节点位移和力的符号含义同 $i$ 节点。

根据虚功原理,任一梁单元的虚功方程可以表示为:

$$\int_{V_e}\delta\boldsymbol{\varepsilon}^{\mathrm{T}}\boldsymbol{\sigma}\mathrm{d}V=\int_L\delta\boldsymbol{f}^{\mathrm{T}}\boldsymbol{q}_V A\mathrm{d}l+\delta\boldsymbol{d}_e^{\mathrm{T}}\boldsymbol{P}_e \tag{9-94}$$

式中 $\varepsilon$——单元应变;

$\sigma$——单元应力;

$f$——单元位移;

$\boldsymbol{q}_V$——单元体力向量;

$\boldsymbol{p}_e$——单元节点力向量。

经推导可以得出梁单元平衡方程:

$$\boldsymbol{K}^e\boldsymbol{d}_e=\boldsymbol{F}_e \tag{9-95}$$

单元刚度矩阵为:

$$\boldsymbol{K}^e=\int_{V_e}\boldsymbol{B}^{\mathrm{T}}\boldsymbol{D}\boldsymbol{B}\mathrm{d}V \tag{9-96}$$

单元等效节点力为:

$$\boldsymbol{F}_e=\int_L N^{\mathrm{T}}q_V A\mathrm{d}l+P_e \tag{9-97}$$

式中 $\boldsymbol{B}$——单元应变矩阵;

$D$——单元弹性矩阵；

$N$——梁单元形函数矩阵。

式(9-95)的梁单元平衡方程是在局部坐标系中建立的，由于套管内连续油管及工具串轴线任意变化，离散后的梁单元局部坐标系可能就不同，为此，建立并采用坐标转换和"对号入座"法建立整体结构平衡方程的总体刚度矩阵和右端项。

经过所有单元组装，可以得到连续油管及工具串有限元分析的总体平衡方程：

$$K_0 d = F \tag{9-98}$$

式中 $K_0$——连续油管及工具串的总体刚度矩阵；

$d$——连续油管及工具串的节点位移向量；

$F$——连续油管及工具串的节点力向量。

（2）套管内连续油管接触非线性分析的间隙元。

对于一般的空间刚架结构，利用式(9-98)能够进行求解，但对于连续油管这类细长杆件还不能求解。这是由于在推导这些公式的过程中并没有考虑套管内壁对连续油管的约束作用，即几乎没有抗弯能力的细长连续油管在各种外载荷作用下，总体刚度矩阵可能会成为奇异矩阵，从而致使无法对这些方程求解。另外，连续油管与套管内壁的接触沿井深和井眼圆周方向呈随机分布状态，用位移法或力法都难以求解。为此，在连续油管梁单元最大横向位移处构造了"多向接触摩擦间隙元"，简称间隙元，见图9-70所示。该间隙元可以位于梁单元的任意位置，它不但能正确、方便地描述出连续油管与套管内壁的接触摩擦状态，而且还能使细长油管的总体刚度矩阵奇异性得到解决。

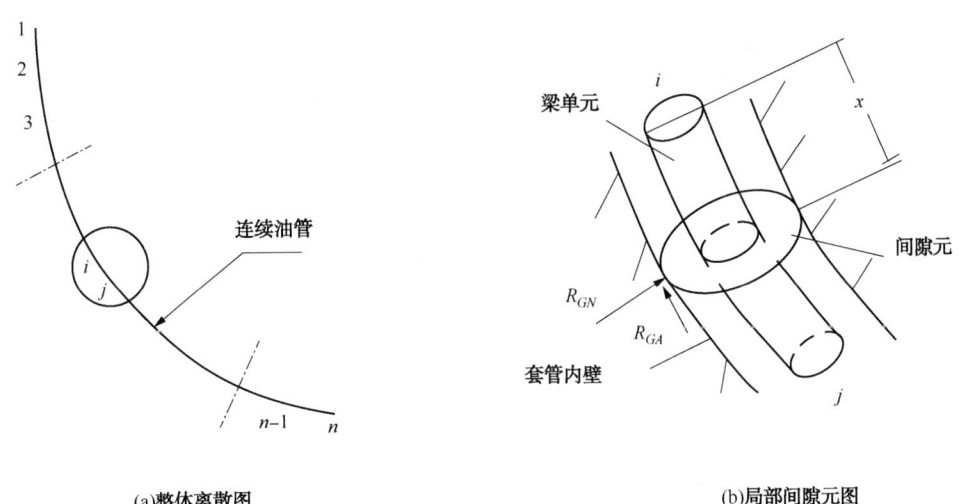

(a)整体离散图　　　　　　　　　　(b)局部间隙元图

图9-70　间隙元示意图

变形后的连续油管与套管内壁可能存在自由、刚性、弹性三种接触状态，根据间隙元的物理特性和应变，建立连续油管间隙元的接触状态的判别条件为：

自由状态：$\varepsilon_{GN} < 1.0$；$G_k = 0.0$；$S_{G1} \in S$

刚性接触：$\varepsilon_{GN} = 1.0$；$G_k = G_{k\max}$；$S_{G2} \in S$

弹性接触：$\varepsilon_{GN} \geqslant 1.0$；$G_k = G_{kc}$；$S_{G3} \in S$

式中 $S_{G1}$、$S_{G2}$、$S_{G3}$——间隙元所在区域；

$S$——表示接触区域；

$G_k$——表示间隙元抗压刚度。

利用虚功原理及坐标转换，建立间隙元的单元平衡方程为

$$K_G^e d_e = R_G^e \tag{9-99}$$

式中 $K_G^e$——间隙元的刚度矩阵；

$R_G^e$——间隙元接触力及摩阻力转换到梁单元的节点力。

经过所有梁单元中的间隙元坐标转换和拼装，并与式(9-97)相结合，可得间隙元与梁单元分析套管内细长连续油管的平衡方程式：

$$(K_0 + K_{G(d)})d = R_{G(d)} \tag{9-100}$$

方程(9-100)显然是一个非线性方程组，首先给定间隙元初始刚度，然后求得连续油管不同位置节点位移；其次，根据间隙元迭代收敛条件判别接触状态，修改间隙元刚度和接触力，再重复求解式(9-100)，直到所有的间隙元全部满足迭代收敛条件为止，此时求得连续油管不同井深处的位移才是真实的解。将位移代入梁单元平衡方程求解就可以得到连续油管及其工具串的广义内力，包括轴力、弯矩、扭矩等。

## 三、连续油管开关管柱正弦屈曲分析

### （一）直井、斜直井中连续油管正弦屈曲分析

（1）直井、斜直井中连续油管正弦屈曲的临界载荷。

① 建立连续油管在直井、斜直井中发生正弦屈曲数学模型。

在直井、斜直井中，连续油管在初始时完全躺在井壁上，如图9-71所示，在井底轴向压力的作用下，连续油管开始发生失稳，呈现正弦屈曲形状，如图9-72所示，建立连续油管正弦屈曲形状的几何关系为：

$$\begin{cases} x = r\cos\theta \\ y = r\sin\theta \\ \theta = A\sin\left(\dfrac{2\pi z}{p}\right) \end{cases} \tag{9-101}$$

式中 $x$、$y$——连续油管在坐标系中沿$x$、$y$方向的位移；

$\theta$——环向坐标系；

$z$——连续油管轴向位移；

$A$——连续油管发生正弦屈曲时的幅角；

$p$——连续油管发生正弦屈曲的波长；

$r$——环空间隙。

② 直井、斜直井中连续油管正弦屈曲临界载荷分析的能量法。

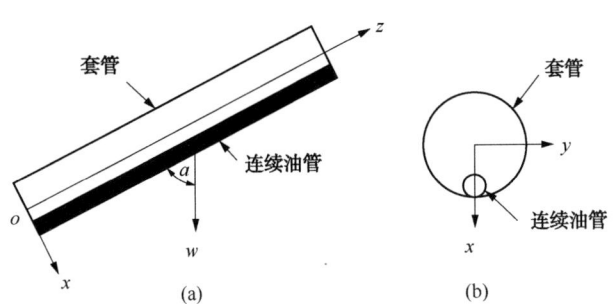

图 9-71 斜直井中连续油管初始位置图

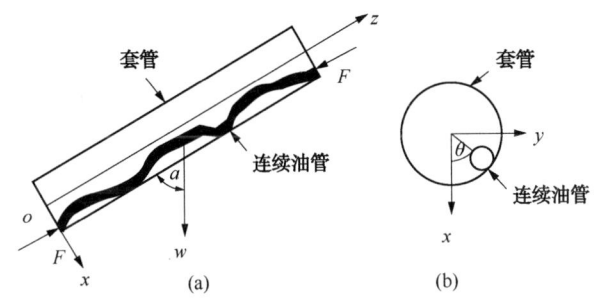

图 9-72 斜直井中连续油管发生正弦屈曲

连续油管发生屈曲时，系统的总势能包括弯曲变形能，外力势能，重力沿轴向、径向做功，其表达式为：

$$V = U_b - \Omega_F - W_{w\sin\alpha} - W_{w\cos\alpha} \tag{9-102}$$

式中 $U_b$——连续油管弯曲变形能；

$\Omega_F$——井底轴向力势能；

$W_{w\cos\alpha}$、$W_{w\sin\alpha}$——自重沿轴向、径向所做的功。

连续油管弯曲变形如图 9-72 所示，$d\lambda$ 为 $dz$ 微段连续油管变形时所产生的位移，由图 9-73 可得：

$$d\lambda = ds - dz = \sqrt{dx^2 + dy^2 + dz^2} - dz = \sqrt{1 + \left(\frac{dx}{dz}\right)^2 + \left(\frac{dy}{dz}\right)^2} dz - dz \tag{9-103}$$

$$\approx \frac{1}{2}\left[\left(\frac{dx}{dz}\right)^2 + \left(\frac{dy}{dz}\right)^2\right] dz$$

即 $dz$ 微段连续油管的变形量为：

$$d\lambda = \frac{1}{2}(x'^2 + y'^2) dz \tag{9-104}$$

故连续油管的弯曲变形 $U_b$ 表达式为：

$$U_b = \frac{1}{2}\int_0^L EI[(x'')^2 + (y'')^2] dz \tag{9-105}$$

井底压力势能 $\Omega_F$ 为：

$$\Omega_F = \frac{1}{2}\int_0^L F[(x')^2 + (y')^2] dz \tag{9-106}$$

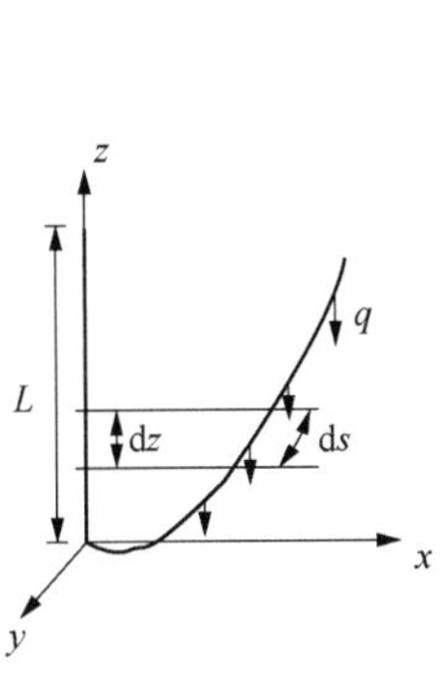

图 9-73 连续油管弯曲变形图

$W_{w\cos\alpha}$ 自重沿轴向所做的功为：

$$W_{w\cos\alpha} = \frac{1}{2}\int_0^L wz\cos\alpha[(x')^2 + (y')^2]dz \qquad (9-107)$$

$W_{w\sin\alpha}$ 自重沿径向所做的功是：

$$W_{w\sin\alpha} = \int_0^L w\sin\alpha r(1-\cos\theta)dz \qquad (9-108)$$

根据连续油管发生正弦屈曲的数学模型，对式(9-101)中的 $x$、$y$ 分别对 $\theta$ 求 1~4 阶导数：

$$x' = r(-\sin\theta)\theta'$$
$$x'' = r[-\cos\theta(\theta')^2 - \sin\theta\theta'']$$
$$x''' = r[\sin\theta(\theta')^3 - 3\cos\theta\theta'\theta'' - \sin\theta\theta''']$$
$$x^{iv} = r[\cos\theta(\theta')^4 + 6\sin\theta(\theta')^2\theta'' - 3\cos\theta(\theta'')^2 - 4\cos\theta\theta'\theta''' - \sin\theta\theta^{iv}]$$
$$y' = r\cos\theta\theta'$$
$$y'' = r[-\sin\theta(\theta')^2 + \cos\theta\theta'']$$
$$y''' = r[-\cos\theta(\theta')^3 - 3\sin\theta\theta'\theta'' + \cos\theta\theta''']$$
$$y^{iv} = r[\sin\theta(\theta')^4 - 6\cos\theta(\theta')^2\theta'' - 3\sin\theta(\theta'')^2 - 4\sin\theta\theta'\theta''' + \cos\theta\theta^{iv}]$$

将所得导数和(9-105)~(9-108)代入(9-102)中，得到：

$$V = \frac{EIr^2}{2}\int_0^L[(\theta'')^2 + (\theta')^4]dz - \frac{r^2}{2}\int_0^L F_b(\theta')^2 dz + \frac{r^2}{4}\int_0^L wz\cos\alpha(\theta')^2 dz + wr\sin\alpha\int_0^L(1-\cos\theta)dz \qquad (9-109)$$

$\theta$ 对 $z$ 的 1~4 阶导数：

$$\theta' = A\left(\frac{2\pi}{p}\right)\cos\left(\frac{2\pi z}{p}\right)$$
$$\theta'' = -A\left(\frac{2\pi}{p}\right)^2\sin\left(\frac{2\pi z}{p}\right)$$
$$\theta''' = -A\left(\frac{2\pi}{p}\right)^3\cos\left(\frac{2\pi z}{p}\right)$$
$$\theta^{iv} = A\left(\frac{2\pi}{p}\right)^4\sin\left(\frac{2\pi z}{p}\right)$$

将 $\theta$ 对 $z$ 的 1~4 阶导数代入式(9-109)得到：

$$V = \frac{4\pi^4 EILr^2 A^2}{p^4}\left(1 + \frac{3}{4}A^2\right) - \frac{F\pi^2 r^2 A^2 L}{p^2} + \frac{wL\cos\alpha}{2}\frac{\pi^2 r^2 A^2 L}{p^2} + wrL\sin\alpha\frac{A^2}{4}\left(1 - \frac{A^2}{16}\right) \qquad (9-110)$$

总势能对 $A$ 的一阶导数为：

$$\frac{\partial V}{\partial A} = \frac{8\pi^4 EILr^2 A}{p^4}\left(1 + \frac{3}{2}A^2\right) - \frac{F2\pi^2 r^2 LA}{p^2} + \frac{w\cos\alpha L}{2}\frac{2\pi^2 r^2 LA}{p^2} + wrL\sin\alpha\frac{A}{2}\left(1 - \frac{A^2}{8}\right) \qquad (9-111)$$

总势能对 $A$ 的二阶导数为：

$$\frac{\partial^2 V}{\partial^2 A} = \frac{8\pi^4 EILr^2}{p^4}\left(1+\frac{9}{2}A^2\right) - \frac{F2\pi^2 r^2 L}{p^2} + \frac{w\cos\alpha L}{2}\frac{2\pi^2 r^2 L}{p^2} + \frac{wrL\sin\alpha}{2}\left(1-\frac{3}{8}A^2\right)$$

(9-112)

令总势能对 $A$ 一阶导数为零，则井底压力与正弦波长的关系式为：

$$F = \frac{4\pi^2 EI}{p^2}\left(1+\frac{3}{2}A^2\right) + \frac{w\sin\alpha}{4\pi^2 r}\left(1-\frac{A^2}{8}\right)p^2 + \frac{w\cos\alpha L}{2}$$

(9-113)

若为直井，则为：

$$F = \frac{4\pi^2 EI}{p^2}\left(1+\frac{3}{2}A^2\right) + \frac{w\cos\alpha L}{2}$$

(9-114)

令 $\frac{\partial F}{\partial p}=0$，则连续油管产生正弦波长为：

$$p = 2\pi\sqrt[4]{\frac{EIr\left(\frac{3}{2}A^2+1\right)}{w\sin\alpha\left(1-\frac{A^2}{8}\right)}}$$

(9-115)

将式(9-115)代入式(9-113)中，得到：

$$F = 2\sqrt{\frac{EIw\sin\alpha\left(1+\frac{3}{2}A^2\right)\left(1-\frac{A^2}{8}\right)}{r}} + \frac{w\cos\alpha L}{2}$$

(9-116)

将式(9-115)和(9-116)代入式(9-113)中，得到 $A$ 的方程为：

$$3A^4 - 22A^2 + \frac{4r\left(F-\frac{w\cos\alpha L}{2}\right)^2}{EIw\sin\alpha} - 16 = 0$$

(9-117)

设 $u=A^2$，式(9-117)变换为：

$$3u^2 - 22u + \frac{4r\left(F-\frac{w\cos\alpha L}{2}\right)^2}{EIw\sin\alpha} - 16 = 0$$

方程存在两个根：$u_1 = \frac{22+\sqrt{\Delta}}{6}$，$u_2 = \frac{22-\sqrt{\Delta}}{6}$

其中：

$$\Delta = 22^2 - 4\times 3\times\left(\frac{4r\left(F-\frac{w\cos\alpha L}{2}\right)^2}{EIw\sin\alpha} - 16\right) = 676 - \frac{48r\left(F-\frac{w\cos\alpha L}{2}\right)^2}{EIw\sin\alpha}$$

如果每个根都大于零，$A^2 = u = \min(u_1 \text{和} u_2)$，然后得出 $A=\sqrt{u}$。

现在想要求正弦稳定情况下的最大轴向压缩力，要把 $A$ 求出来。而对于 $A$，可以用稳定性的方法。

$$\frac{\partial^2 V}{\partial A^2} = Lr^2 A^2 \left[ \frac{3}{2} EI \left( \frac{2\pi}{p} \right)^4 - \frac{1}{8} \frac{w\sin\alpha}{r} \right]$$

将方程(9-115)代入上式中得到：

$$\frac{\partial V^2}{\partial A^2} = \frac{rLA^2 w\sin\alpha}{4} \left( \frac{13}{3A^2 + 2} - 1 \right) \tag{9-118}$$

若 $\left( \frac{13}{3A^2+2} - 1 \right) < 0$，即：$A > 1.91$ 或 $A < -1.91$，则 $\frac{\partial V^2}{\partial A^2} < 0$，连续油管发生正弦屈曲形态是不稳定的；

若 $\left( \frac{13}{3A^2+2} - 1 \right) = 0$，即：$A = \pm 1.91$，$\frac{\partial V^2}{\partial A^2} = 0$，连续油管发生正弦屈曲形态处于临界状态；

若 $\left( \frac{13}{3A^2+2} - 1 \right) > 0$，即：$-1.91 < A < 1.91$，$\frac{\partial V^2}{\partial A^2} > 0$，连续油管发生正弦屈曲形态是稳定的。

将 $A^2 = \frac{11}{3}$ 代入到方程(9-115)得到斜直井连续油管发生正弦屈曲的波长为：

$$p = 2\pi \sqrt[4]{\frac{12EIer}{\omega\sin\alpha}} \tag{9-119}$$

将 $A^2 = \frac{11}{3}$ 代入式(9-116)得出斜直井连续油管产生稳定正弦屈曲的临界载荷为：

$$F^* = 3.75 \sqrt{\frac{EI\omega\sin\alpha}{r}} + \frac{w\cos\alpha L}{2} \tag{9-120}$$

利用式(9-119)、式(9-120)就可对连续油管发生正弦屈曲的波长及临界载荷进行计算。

(2) 直井、斜直井中连续油管正弦屈曲的接触力分析。

连续油管发生正弦屈曲的几何关系描述同式(9-101)，连续油管系统总势能为

$$V = U_b - \Omega_F - W_{w\cos\alpha} - W_{w\sin\alpha} + \Omega_\lambda + \Omega_{\lambda f} \tag{9-121}$$

其中，$U_b$、$\Omega_F$、$W_{w\cos\alpha}$、$W_{w\sin\alpha}$ 的表达式分别见式(9-105)、式(9-106)、式(9-107)和式(9-108)。$\Omega_\lambda$、$\Omega_{\lambda f}$ 分别为连续油管正弦屈曲后与井壁产生接触力、摩擦阻力势能，其计算式为：

$$\Omega_\lambda = \int_0^L \lambda g(x, y) dz \tag{9-122}$$

$$\Omega_{\lambda f} = \frac{1}{2} \int_0^L \lambda f z [(x')^2 + (y')^2] dz \tag{9-123}$$

式中 $\lambda$ ——单位长度接触力；

$f$ ——摩阻系数。

系统修改后的总势能为：

$$V_m = \int_0^L f(z, x', x'', y, y', y'') dz + \int_0^L \lambda g(x, y) dz \tag{9-124}$$

其中

$$f(z, x, x', x'', y, y', y'') = \frac{EI}{2}[(x'')^2 + (y'')^2] - \frac{F}{2}[(x')^2 + (y')^2] - \frac{w\cos\alpha z}{2}[(x')^2 + (y')^2]$$

$$-\frac{\lambda fz}{2}[(x')^2 + (y')^2] + w\sin\alpha\left(1 - \frac{x}{r}\right) \tag{9-125}$$

$$g(x, y) = \sqrt{x^2 + y^2} - r \tag{9-126}$$

修改后总势能的一阶全微分为：

$$\delta V_m = \frac{\partial f}{\partial x'}\delta x \Big|_0^l + \frac{\partial f}{\partial x''}\delta x' \Big|_0^l - \frac{\mathrm{d}}{\mathrm{d}\theta}\left(\frac{\mathrm{d}f}{\mathrm{d}x''}\right)\delta x \Big|_0^l + \int_0^l \left[\frac{\mathrm{d}f}{\mathrm{d}x} - \frac{\mathrm{d}}{\mathrm{d}\theta}\left(\frac{\mathrm{d}f}{\mathrm{d}x'}\right) + \frac{\mathrm{d}^2}{\mathrm{d}\theta^2}\left(\frac{\mathrm{d}f}{\mathrm{d}x''}\right) + \lambda\frac{\partial g}{\partial x}\right]\mathrm{d}z$$

$$+ \frac{\partial f}{\partial y'}\delta y \Big|_0^l + \frac{\partial f}{\partial y''}\delta y' \Big|_0^l - \frac{\mathrm{d}}{\mathrm{d}\theta}\left(\frac{\mathrm{d}f}{\mathrm{d}y''}\right)\delta y \Big|_0^l + \int_0^l \left[\frac{\mathrm{d}f}{\mathrm{d}y} - \frac{\mathrm{d}}{\mathrm{d}\theta}\left(\frac{\mathrm{d}f}{\mathrm{d}y'}\right) + \frac{\mathrm{d}^2}{\mathrm{d}\theta^2}\left(\frac{\mathrm{d}f}{\mathrm{d}y''}\right) + \lambda\frac{\partial g}{\partial y}\right]\mathrm{d}z$$

$$\tag{9-127}$$

令 $\delta V_m = 0$，得控制微分方程和边界条件：

$$\frac{\mathrm{d}f}{\mathrm{d}x} - \frac{\mathrm{d}}{\mathrm{d}\theta}\left(\frac{\mathrm{d}f}{\mathrm{d}x'}\right) + \frac{\mathrm{d}^2}{\mathrm{d}\theta^2}\left(\frac{\mathrm{d}f}{\mathrm{d}x''}\right) + \lambda\frac{\partial g}{\partial x} = 0 \tag{9-128}$$

$$\frac{\mathrm{d}f}{\mathrm{d}y} - \frac{\mathrm{d}}{\mathrm{d}\theta}\left(\frac{\mathrm{d}f}{\mathrm{d}y'}\right) + \frac{\mathrm{d}^2}{\mathrm{d}\theta^2}\left(\frac{\mathrm{d}f}{\mathrm{d}y''}\right) + \lambda\frac{\partial g}{\partial y} = 0 \tag{9-129}$$

$$\frac{\partial f}{\partial x'}\delta x \Big|_0^l = 0$$

$$\frac{\partial f}{\partial x''}\delta x' \Big|_0^l = 0$$

$$\frac{\mathrm{d}}{\mathrm{d}\theta}\left(\frac{\mathrm{d}f}{\mathrm{d}x''}\right)\delta x \Big|_0^l = 0$$

$$\frac{\partial f}{\partial y'}\delta y \Big|_0^l = 0$$

$$\frac{\partial f}{\partial y''}\delta y' \Big|_0^l = 0$$

$$\frac{\mathrm{d}}{\mathrm{d}\theta}\left(\frac{\mathrm{d}f}{\mathrm{d}y''}\right)\delta y \Big|_0^l = 0$$

其中总势能各函数对 $x$、$y$ 求导数：

$$\frac{\mathrm{d}f}{\mathrm{d}x} = -w\sin\alpha$$

$$\frac{\mathrm{d}f}{\mathrm{d}x'} = -(F - w\cos\alpha z + \lambda fz)x'$$

$$\frac{\partial f}{\partial x''} = EIx''$$

$$\frac{\partial g}{\partial x} = \frac{x}{\sqrt{x^2 + y^2}} = \cos\theta$$

$$\frac{d^2}{d\theta^2}\left(\frac{df}{dx''}\right) = EIx^{iv}$$

$$\frac{d}{d\theta}\left(\frac{df}{dx'}\right) = -(F - w\cos\alpha z + \lambda fz)x''$$

$$\frac{df}{dy} = 0$$

$$\frac{df}{dy'} = -(F - w\cos\alpha z + \lambda fz)y'$$

$$\frac{\partial f}{\partial y''} = EIy''$$

$$\frac{\partial g}{\partial y} = \frac{y}{\sqrt{x^2 + y^2}} = \sin\theta$$

$$\frac{d}{d\theta}\left(\frac{df}{dy'}\right) = -(F - w\cos\alpha z + \lambda fz)y''$$

$$\frac{d^2}{d\theta^2}\left(\frac{df}{dy''}\right) = EIy^{iv}$$

将总势能对 $x$、$y$ 求导数所得方程代入式(9-73)和式(9-74)中，得到：

$$-w\sin\alpha + (F - w\cos\alpha z + \lambda fz)x'' + EIx^{iv} + \lambda\cos\theta = 0 \quad (9-130a)$$

$$(F - w\cos\alpha z + \lambda fz)y'' + EIy^{iv} + \lambda\sin\theta = 0 \quad (9-130b)$$

将 $x$ 和 $y$ 对 $\theta$ 的 1~4 阶导数式分别代入至方程(9-130a)和式(9-130b)中，得

$$\{EIr[(\theta')^4 - 3(\theta'')^2 - 4\theta'\theta'''] - (F - w\cos\alpha z + \lambda fz)r(\theta')^2 + \lambda\}\cos\theta$$
$$+ \{EIr[6(\theta')^2\theta'' - \theta^{iv}] - (F - w\cos\alpha z + \lambda fz)r(\theta')^2\}\sin\theta - w\sin\alpha = 0$$
$$(9-131a)$$

$$\{EIr[(\theta')^4 - 3(\theta'')^2 - 4\theta'\theta'''] - (F - w\cos\alpha z + \lambda fz)r(\theta')^2 + \lambda\}\sin\theta$$
$$+ \{EIr[6(\theta')^2\theta'' - \theta^{iv}] - (F - w\cos\alpha z + \lambda fz)r(\theta')^2\}\cos\theta = 0$$
$$(9-131b)$$

方程(9-131a)两端乘 $\cos\theta$，并与方程(9-131b)两端乘 $\sin\theta$ 相加，得

$$EIr[(\theta')^4 - 3(\theta'')^2 - 4\theta'\theta''] - (F - w\cos\alpha z + \lambda fz)r(\theta')^2 + \lambda - W\sin\alpha\cos\theta = 0$$
$$(9-132)$$

求解方程(9-132)，解得直井、斜直井连续油管发生正弦屈曲后与井筒产生单位长度的接触力公式为：

$$\lambda = \frac{EIr[4\theta'\theta'' + 3(\theta'')^2 - (\theta')^4] + (F - w\cos\alpha z)r(\theta')^2 + w\sin\alpha\cos\theta}{1 - frz(\theta')^2} \quad (9-133)$$

(3) 直井、斜直井中连续油管正弦屈曲变形分析。

① 连续油管正弦屈曲几何变形分析。

a. 在直井、斜直井中，连续油管发生正弦屈曲的曲线方程为：

$$y = A\sin(\omega x + \psi) \quad (9-134)$$

$$A = \frac{1}{2}(a+b)$$

$$\omega = \pi/L$$

式中 $A$——振幅；

$\omega$——角频率；

$\psi$——初相（$\psi = 0$）；

$a$——套管内径，mm；

$b$——连续油管外径，mm。

由此可得

$$y = \frac{1}{2}(a - b)\sin(\pi x/L) \qquad (9\text{-}135)$$

b. 将半个正弦波长分成 $n$ 份：

把半个正弦波长 $L_1$ 分为 $n$ 份（图 9-74），根据式（9-135）进行计算得出不同点的坐标值如下：

$x = x_0$，$y = y_0$；$x = x_1$，$y = y_1$；$x = x_2$，$y = y_2$；$x = x_3$，$y = y_3$……$x = x_i$，$y = y_i$；$x = x_i - 1$，$y = y_i - 1$；……$x = x_n - 1$，$y = y_n - 1$；$x = x_n$，$y = y_n$。

c. 求解 $x$ 和 $y$ 方向的增加量：

$\Delta x_1 = x_{10} - x_0$，$\Delta y_1 = y_0 - y_0$；$\Delta x_2 = x_2 - x_1$，$\Delta y_2 = y_2 - y_1$；$\Delta x_3 = x_3 - x_2$，$\Delta y_3 = y_3 - y_2$……

$\Delta x_i = x_i - x_i - 1$，$\Delta y_i = y_i - y_i - 1$……$\Delta x_n = x_n - x_n - 1$，$\Delta y_n = y_n - y_n - 1$。

d. 如图 9-75 所示三角形是图 9-74 微段中阴影部分，求微段正弦曲线波的长度即阴影部分的三角形斜边长度：

$$S_i = \sqrt{(\Delta x_i)^2 + (\Delta y_i)^2}$$

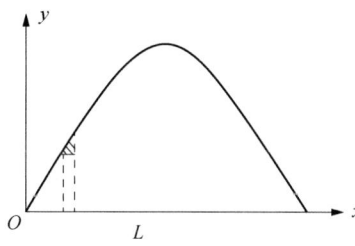

图 9-74 半个正弦曲线波

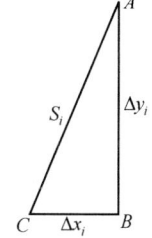

图 9-75 一微段曲线放大图

e. 求解正弦曲线半波的长度：

$$L_1 = \sum_{i=1}^{n} S_i$$

f. 求半个正弦曲线的长度变化量：

$$\Delta L = L_1 - L$$

式中 $L_1$——正弦曲线半波长度，mm；

$L$——正弦曲线半波水平方向距离，mm。

g. 求解长度为 $m$ 的连续油管正弦曲线弯曲时的长度变化量:

$$\Delta L_1 = \Delta L(m/L_1) \tag{9-136}$$

② 内压引起的轴向变形。

泵压引起内壁的环向应力:

$$\sigma_\theta = \frac{\dfrac{b^2}{a^2}+1}{\dfrac{b^2}{a^2}-1} P_{ci}$$

式中 $a$——连续油管内半径;

$b$——连续油管外半径。

由广义胡克定律得到连续油管的轴向应变为:

$$\varepsilon_z = \frac{1}{E}[\sigma_z - \mu(\sigma_\theta - \sigma_r)]$$

式中 $\sigma_z$——轴向应力;

$\sigma_r$——径向应力。

则连续油管内压引起的轴向变形量为:

$$\Delta L_2 = \int_0^L \frac{1}{E}[\sigma_z - \mu(\sigma_\theta - \sigma_r)]\mathrm{d}z \tag{9-137}$$

③ 轴向压力引起的轴向变形量。

轴向压力引起轴向变形计算公式为:

$$\Delta L_{压缩} = \int_0^l \frac{F_{vi}}{EA_i}\mathrm{d}l \tag{9-138}$$

④ 连续油管发生正旋屈曲后总变形量。

连续油管发生正旋屈曲后总变形量由三部分组成:几何变形引起的变形量、内压引起的轴向变形量和轴向压力引起轴向变形量。总变形量为

$$\Delta L_{总} = \Delta L_1 + \Delta L_2 + \Delta L_{压缩} \tag{9-139}$$

### (二) 弯曲井中连续油管正弦屈曲分析

(1) 弯曲井中连续油管正弦屈曲临界载荷。

① 建立连续油管在弯曲井中发生正弦屈曲数学模型。

在弯曲井中,连续油管在初始时完全躺在井壁上,如图 9-76 所示,在井底较大轴向压力作用下,油管在弯曲井内逐渐失稳,呈现正弦屈曲形状,如图 9-77 所示,建立弯曲井中连续油管正弦屈曲形状的几何关系为:

$$\begin{cases} u = r\cos\theta \\ v = r\sin\theta \\ \theta = A\sin\left(\dfrac{2\pi s}{p}\right) \end{cases} \tag{9-140}$$

式中 $s$——连续油管在弯曲井中的弧长;
$\theta$、$A$、$p$ 含义同式(9-101)。

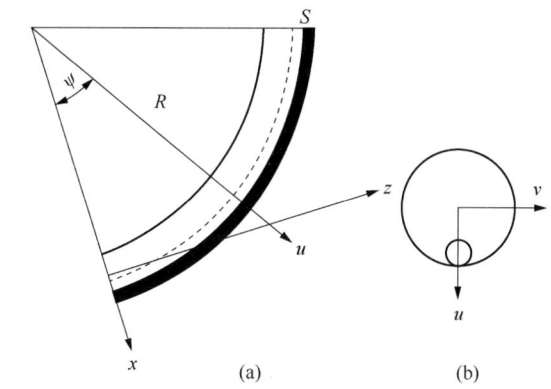

图 9-76 连续油管在弯曲井眼中初始位置图

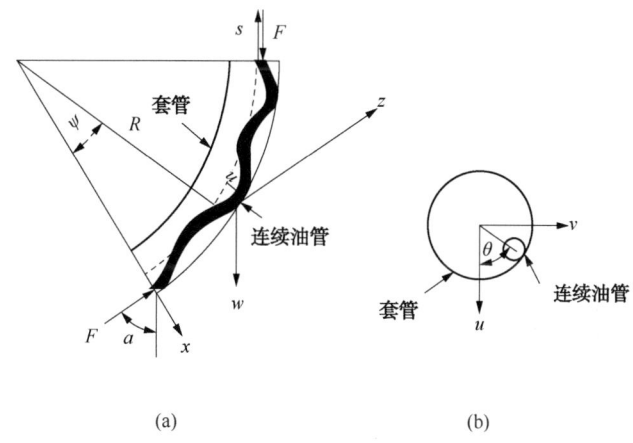

图 9-77 连续油管在弯曲井眼内发生正弦屈曲图

式(9-140)对 $s$ 求导,可以得到:

$$\frac{\mathrm{d}u}{\mathrm{d}s} = -r\sin\theta\theta'$$

$$\frac{\mathrm{d}v}{\mathrm{d}s} = r\cos\theta\theta'$$

$$\frac{\mathrm{d}^2 u}{\mathrm{d}s^2} = -r[\cos\theta(\theta')^2 + \sin\theta\theta'']$$

$$\frac{\mathrm{d}^2 v}{\mathrm{d}s^2} = r[\cos\theta\theta'' - \sin\theta(\theta')^2] \tag{9-141}$$

② 弯曲井中连续油管正弦屈曲临界载荷分析的能量法。

取两个相邻截面连续油管微段为研究对象,连续油管在 $u$-$s$,$v$-$s$ 平面内发生弯曲变形及绕 $s$ 轴发生扭转。分别设 $1/\rho_1$ 和 $1/\rho_2$ 是在 $u$-$s$ 和 $v$-$s$ 平面弯曲变形后的曲率,设 $\psi$ 为横

截面绕 $s$ 轴的转角，则：

$$\frac{1}{\rho_1} = \frac{\psi}{R} - \frac{\mathrm{d}^2 u}{\mathrm{d}s^2} \tag{9-142}$$

$$\frac{1}{\rho_2} = \frac{1}{R} + \frac{v}{R^2} + \frac{\mathrm{d}^2 v}{\mathrm{d}s^2} \tag{9-143}$$

$$\frac{\mathrm{d}\psi}{\mathrm{d}s} = \frac{1}{R}\frac{\mathrm{d}u}{\mathrm{d}s} \tag{9-144}$$

积分(9-144)代入到方程(9-142)得：

$$\frac{1}{\rho_1} = \frac{u}{R^2} + \frac{\mathrm{d}^2 u}{\mathrm{d}s^2} \tag{9-145}$$

因此，连续油管在 $u$-$s$ 和 $v$-$s$ 平面的弯矩为：

$$M_1 = EI \frac{1}{\rho_1} \tag{9-146}$$

$$M_2 = EI\left(\frac{1}{\rho_2} - \frac{1}{R}\right) \tag{9-147}$$

在 $u$-$s$ 和 $v$-$s$ 平面的角位移为：

$$\Delta\theta = \frac{\mathrm{d}^2 u}{\mathrm{d}s^2} \tag{9-148a}$$

$$\Delta\psi = \frac{\mathrm{d}^2 v}{\mathrm{d}s^2} \tag{9-148b}$$

故连续油管在弯曲井中的弯曲应变能为：

$$U_b = \int_0^l \frac{1}{2}\left[M_1 \cdot \Delta\theta + M_2 \cdot \Delta\psi\right] \tag{9-149}$$

其中 $M_1$ 和 $M_2$ 分别连续油管 $u$-$s$ 和 $v$-$s$ 平面的弯矩。

将式(9-146)和式(9-147)代入式(9-149)得到连续油管在弯曲井中的弯曲应变能为：

$$U_b = \frac{1}{2}\int_0^L IE\left[\left(\frac{u}{R^2} + \frac{\mathrm{d}^2 u}{\mathrm{d}s^2}\right)\frac{\mathrm{d}^2 u}{\mathrm{d}s^2} + \left(\frac{v}{R^2} + \frac{\mathrm{d}^2 v}{\mathrm{d}s^2}\right)\frac{\mathrm{d}^2 v}{\mathrm{d}s^2}\right]\mathrm{d}s \tag{9-150}$$

在弯曲井中，井底压力的势能为：

$$\Omega_F = \int_0^L F \cdot \mathrm{d}\Delta \tag{9-151}$$

其中，$\mathrm{d}\Delta$ 表示连续油管发生弯曲变形量，$\mathrm{d}\Delta = \mathrm{d}s_1 - \mathrm{d}s_0$，$\mathrm{d}s_0$ 连续油管没有发生屈曲的弧单元长度；$\mathrm{d}s_1$ 连续油管发生屈曲的弧单元长度。

$\mathrm{d}s_0$ 和 $\mathrm{d}s_1$ 计算式如下：

$$\mathrm{d}s_0 = \sqrt{\left(\frac{\mathrm{d}x_0}{\mathrm{d}s}\right)^2 + \left(\frac{\mathrm{d}y_0}{\mathrm{d}s}\right)^2 + \left(\frac{\mathrm{d}z_0}{\mathrm{d}s}\right)^2}\,\mathrm{d}s \tag{9-152}$$

$$\mathrm{d}s_1 = \sqrt{\left(\frac{\mathrm{d}x}{\mathrm{d}s}\right)^2 + \left(\frac{\mathrm{d}y}{\mathrm{d}s}\right)^2 + \left(\frac{\mathrm{d}z}{\mathrm{d}s}\right)^2}\,\mathrm{d}s \tag{9-153}$$

其中，$(x_0, y_0, z_0)$ 是连续油管在初始位置的坐标，$(x, y, z)$ 是连续油管发生屈曲后在某一位置的坐标。

如图 9-77 所示，开始时连续油管最初完全躺在套管下部，位移由下式给出：

$$\begin{cases} x_0 = (R+r)\cos\dfrac{s}{R} - R \\ y_0 = 0 \\ z_0 = (R+r)\sin\dfrac{s}{R} \end{cases} \quad (9\text{-}154)$$

将式(9-154)代入式(9-152)得到：

$$\mathrm{d}s_0 = \frac{(R+r)}{R}\mathrm{d}s \quad (9\text{-}155)$$

常曲率套管中心线方程为：

$$\begin{cases} x = R\cos\psi \\ y = 0 \\ z = R\sin\psi \end{cases} \quad (9\text{-}156)$$

套管中心线上的任一点能够可以表示为一个位置矢量为：

$$\vec{r}_c = (R\cos\psi - R)\vec{i} + 0\vec{j} + R\sin\psi\vec{k} \quad (9\text{-}157\mathrm{a})$$

根据位置矢量可求出单位切向量为

$$\vec{t}_c = \frac{\mathrm{d}\vec{r}_c}{\mathrm{d}s} = (-\sin\psi)\vec{i} + 0\vec{j} + \cos\psi\vec{k} \quad (9\text{-}157\mathrm{b})$$

根据单位切向量，得单位法向量为

$$\vec{n}_c = R\frac{\mathrm{d}\vec{t}_c}{\mathrm{d}s} = -\cos\psi\vec{i} + 0\vec{j} - \sin\psi\vec{k} \quad (9\text{-}157\mathrm{c})$$

单位副法向量为切向量与法向量叉乘，其值为：

$$\vec{b}_c = \vec{t}_c \times \vec{n}_c = 0\vec{i} - 0\vec{j} + 0\vec{k} \quad (9\text{-}157\mathrm{d})$$

在弯曲井中连续油管形态可以表示成

$$\vec{r} = \vec{r}_c - u\vec{n}_c - v\vec{b}_c \quad (9\text{-}158)$$

式中 　$\vec{r}$——连续油管位置矢量；

　　　$\vec{r}_c$——套管中心线的位置矢量；

　　　$\vec{n}_c$——套管中心线的法线矢量；

　　　$\vec{b}_c$——套管中心线的副法线矢量；

　　　$u$ 和 $v$——分别是连续油管 $u$ 和 $v$ 方向的位移。

将式(9-157)代入到式(9-158)中，得到弯曲井内连续油管在整体坐标系和柱坐标系的位移关系为：

$$\begin{cases} x = (R+u)\cos\psi - R \\ y = v \\ z = (R+u)\sin\psi \end{cases} \quad (9-159)$$

其中：$\psi = \dfrac{s}{R}$

将式(9-159)代入到式(9-153)中得：

$$\mathrm{d}s_1 = \left(\frac{R+u}{R}\right)\sqrt{1 + \left(\frac{R}{R+u}\right)^2\left[\left(\frac{\mathrm{d}u}{\mathrm{d}s}\right)^2 + \left(\frac{\mathrm{d}v}{\mathrm{d}s}\right)^2\right]}\,\mathrm{d}s$$

上式应用等价无穷小关系$(1-x)^a - 1 \approx ax$

得：

$$\sqrt{1 + \left(\frac{R}{R+u}\right)^2\left[\left(\frac{\mathrm{d}u}{\mathrm{d}s}\right)^2 + \left(\frac{\mathrm{d}v}{\mathrm{d}s}\right)^2\right]} \cong 1 + \frac{1}{2}\left(\frac{R}{R+u}\right)^2\left[\left(\frac{\mathrm{d}u}{\mathrm{d}s}\right)^2 + \left(\frac{\mathrm{d}v}{\mathrm{d}s}\right)^2\right] \quad (9-160)$$

因为$u \propto R$，可近似得到$\mathrm{d}s_1$：

$$\mathrm{d}s_1 \cong \left\{1 + \frac{u}{R} + \frac{1}{2}\left[\left(\frac{\mathrm{d}u}{\mathrm{d}s}\right)^2 + \left(\frac{\mathrm{d}v}{\mathrm{d}s}\right)^2\right]\right\}\mathrm{d}s \quad (9-161)$$

由式(9-155)和式(9-161)得到：

$$\mathrm{d}\Delta = \mathrm{d}s_1 - \mathrm{d}s_0 = \left\{\frac{u-r}{R} + \frac{1}{2}\left[\left(\frac{\mathrm{d}u}{\mathrm{d}s}\right)^2 + \left(\frac{\mathrm{d}v}{\mathrm{d}s}\right)^2\right]\right\}\mathrm{d}s \quad (9-162)$$

最后，将式(9-162)代入到式(9-151)得到弯曲井中连续油管井底压力势能

$$\Omega_F = \int_0^L F \cdot \left\{\frac{u-r}{R} + \frac{1}{2}\left[\left(\frac{\mathrm{d}u}{\mathrm{d}s}\right)^2 + \left(\frac{\mathrm{d}v}{\mathrm{d}s}\right)^2\right]\right\}\mathrm{d}s \quad (9-163)$$

则重力沿轴向、径向势能也能得到：

$$W_{w\cos\alpha} = \int_0^L w\cos\alpha s\left\{\frac{u-r}{R} + \frac{1}{2}\left[\left(\frac{\mathrm{d}u}{\mathrm{d}s}\right)^2 + \left(\frac{\mathrm{d}v}{\mathrm{d}s}\right)^2\right]\right\}\mathrm{d}s \quad (9-164)$$

$$W_{w\sin\alpha} = \int_0^L w\sin\alpha(r-u)\mathrm{d}s \quad (9-165)$$

将式(9-141)代入到式(9-150)~式(9-165)，得到：

$$U_b = \int_0^L \frac{EIr^2}{2}\left[(\theta')^4 + (\theta'')^2 - \frac{1}{R^2}(\theta')^2\right]\mathrm{d}s \quad (9-166)$$

$$\Omega_F = \int_0^L F\left[\frac{r}{R}(\cos\theta - 1) + r(\theta')^2\right]\mathrm{d}s \quad (9-167)$$

$$W_{w\cos\alpha} = \int_0^L w\cos\alpha z\left[\frac{r}{R}(\cos\theta - 1) + r(\theta')^2\right]\mathrm{d}s \quad (9-168)$$

$$W_{w\sin\alpha} = \int_0^l w\sin\alpha r(1 - \cos\theta)\mathrm{d}s \quad (9-169)$$

其中：$\theta' = A\left(\dfrac{2\pi}{p}\right)\cos\left(\dfrac{2\pi s}{p}\right)$，$\theta'' = -A\left(\dfrac{2\pi}{p}\right)^2\sin\left(\dfrac{2\pi s}{p}\right)$；

分别将 $\theta'$、$\theta''$ 代入式(9-166)~式(9-169)中，得到：

$$U_b = \int_0^L \frac{EIr^2}{2}\left[\frac{16\pi^4 A^2}{p^4}\left(\sin^2\frac{2\pi s}{p} + A^2\cos^4\frac{2\pi s}{p}\right) - \frac{4\pi^2 A^2}{R^2 p^2}\cos^2\frac{2\pi s}{p}\right]ds \quad (9\text{-}170)$$

$$\Omega_F = \int_0^L F\left[\frac{r}{R}(\cos\theta - 1) + \frac{4\pi^2 r^2 A^2}{p^2}\cos^2\frac{2\pi s}{p}\right]ds \quad (9\text{-}171)$$

$$W_{w\cos\alpha} = \int_0^L w\cos\alpha z\left[\frac{r}{R}(\cos\theta - 1) + \frac{4\pi^2 r^2 A^2}{p^2}\cos^2\frac{2\pi s}{p}\right]ds \quad (9\text{-}172)$$

$$W_{w\sin\alpha} = \int_0^L w\sin\alpha(1 - \cos\theta)ds \quad (9\text{-}173)$$

再对式(9-170)~式(9-173)积分得到：

$$U_b = \frac{EIrL}{2}\left[\frac{16\pi^4 r}{p^4}\left(\frac{A^2}{2} + \frac{3A^4}{8}\right) - \frac{2\pi^2 rA^2}{R^2 p^2}\right] \quad (9\text{-}174)$$

$$\Omega_F = \frac{FrL}{2}\left(-\frac{A^2}{2R} + \frac{A^4}{32R} + \frac{2\pi^2 rA^2}{p^2}\right) \quad (9\text{-}175)$$

$$W_{w\cos\alpha} = \frac{w\cos\alpha L^2}{4}\left(-\frac{A^2}{2R} + \frac{A^4}{32R} + \frac{2\pi^2 rA^2}{p^2}\right) \quad (9\text{-}176)$$

$$W_{w\sin\alpha} = \frac{w\sin\alpha rL}{2}\left(\frac{A^2}{2} - \frac{A^4}{32}\right) \quad (9\text{-}177)$$

因此得到弯曲井中连续油管产生正弦屈曲系统总势能：

$$V = \frac{EIrL}{2}\left[\frac{16\pi^4 r}{p^4}\left(\frac{A^2}{2} + \frac{3A^4}{8}\right) - \frac{2\pi^2 A^2 r}{R^2 p^2}\right] - \frac{FrL}{2}\left(-\frac{A^2}{2R} + \frac{A^4}{32R} + \frac{2\pi^2 rA^2}{p^2}\right)$$
$$- \frac{w\cos\alpha rL^2}{4}\left(-\frac{A^2}{2R} + \frac{A^4}{32R} + \frac{2\pi^2 rA^2}{p^2}\right) - \frac{w\sin\alpha rL}{2}\left(\frac{A^2}{2} - \frac{A^4}{32}\right) \quad (9\text{-}178)$$

总势能的一阶全微分为：

$$\delta V = \frac{\partial V}{\partial A}\delta A + \frac{\partial V}{\partial p}\delta p \quad (9\text{-}179)$$

其中：$\dfrac{\partial V}{\partial A} = \dfrac{EIrAL}{2}\left[\dfrac{16\pi^4 r}{p^4}\left(1 + \dfrac{3A^2}{2}\right) - \dfrac{4\pi^2 r}{R^2 p^2}\right] - \dfrac{FrAL}{2}\left(-\dfrac{1}{R} + \dfrac{A^2}{8R} + \dfrac{4\pi^2 r}{p^2}\right)$

$$+ \frac{w\cos\alpha rAL^2}{4}\left(-\frac{1}{R} + \frac{A^2}{8R} + \frac{4\pi^2 rA}{p^2}\right) + \frac{w\sin\alpha rAL}{2}\left(1 - \frac{A^2}{8}\right)$$

令 $\dfrac{\partial V}{\partial A} = 0$，得到：

$$EI\left[\frac{16\pi^4 r}{p^4}\left(1 + \frac{3}{2}A^2\right) - \frac{8\pi^2 r}{R^2 p^2}\right] - F\left[\frac{4\pi^2 r}{p^2} - \frac{1}{R}\left(1 - \frac{A^2}{8}\right)\right] + \frac{w\cos\alpha L}{2}\left[\frac{4\pi^2 r}{p^2} - \frac{1}{R}\left(1 - \frac{A^2}{8}\right)\right] + w\sin\alpha\left(1 - \frac{A^2}{8}\right) = 0$$

因此得到弯曲井中连续油管压力与正弦波长关系为：

$$F = \frac{1}{\left[4\pi^2 rR - \left(1 - \dfrac{A^2}{8}\right)p^2\right]}\left[\frac{16\pi^4 EIrR}{p^2}\left(1 + \frac{3A^2}{2}\right) + w\sin\alpha\left(1 - \frac{A^2}{8}\right)Rp^2 - \frac{4\pi^2 EIr}{R}\right] + \frac{w\cos\alpha L}{2}$$

$$(9\text{-}180)$$

令 $\frac{\partial F}{\partial p} = 0$,得到

$$-16EIrR\left(1+\frac{3A^2}{2}\right)\left(\frac{\pi}{p}\right)^4 + 8EI\left(1+\frac{3A^2}{2}\right)\left(1-\frac{A^2}{8}\right)\left(\frac{\pi}{p}\right)^2 + w\sin\alpha R\left(1-\frac{A^2}{8}\right) - \frac{EI}{R^2}\left(1-\frac{A^2}{8}\right) = 0(\text{m})$$

得到 $p$ 与 $A$ 的关系为:

$$\left(\frac{\pi}{p}\right)^2 = \frac{\left(1-\frac{A^2}{8}\right)}{4rR}\left(1+\sqrt{1+\frac{w\sin\alpha rR^2}{EI\left(1-\frac{A^2}{8}\right)\left(1+\frac{3A^2}{2}\right)} - \frac{r}{R\left(1-\frac{A^2}{8}\right)\left(1+\frac{3A^2}{2}\right)}}\right)$$

(9-181)

将式(9-181)代入式(9-180)中,得到弯曲井眼中连续油管发生正弦屈曲的临界载荷为:

$$F = \frac{2EI\left(1-\frac{A^2}{8}\right)\left(1+\frac{3A^2}{2}\right)}{rR}\left[1-\frac{r}{2R\left(1-\frac{A^2}{8}\right)\left(1+\frac{3A^2}{2}\right)} + \sqrt{1+\frac{w\sin\alpha rR^2}{EI\left(1-\frac{A^2}{8}\right)\left(1+\frac{3A^2}{2}\right)} - \frac{r}{R\left(1-\frac{A^2}{8}\right)\left(1+\frac{3A^2}{2}\right)}}\right] + \frac{w\cos\alpha L}{2}$$

(9-182)

求得总势能的二阶全微分为

$$\delta^2 V = \frac{EIrL}{2}\left[16r\left(1+\frac{9}{2}A^2\right)\left(\frac{\pi}{p}\right)^4 - \frac{4r}{R^2}\left(\frac{\pi}{p}\right)^2\right]$$
$$-\left[\frac{F-\frac{w\cos\alpha L}{2}}{2}\right]rL\left[4r\left(\frac{\pi}{p}\right)^2 - \frac{1}{R}\left(1-\frac{3}{8}A^2\right)\right] + \frac{w\sin\alpha rL}{2}\left(1-\frac{3}{8}A^2\right)$$

(9-183)

令 $\delta^2 V = 0$ 得到:

$$EI\left(16r\left(1+\frac{9}{2}A^2\right)\left(\frac{\pi}{p}\right)^4 - \frac{4r}{R^2}\left(\frac{\pi}{p}\right)^2\right) - \left(F-\frac{w\cos\alpha L}{2}\right)\left[4r\left(\frac{\pi}{p}\right)^2 - \frac{1}{R}\left(1-\frac{3}{8}A^2\right)\right] + w\sin\alpha\left(1-\frac{3}{8}A^2\right) = 0$$

(9-184)

将式(9-181)代入式(9-184)中,得到弯曲井连续油管发生稳定屈曲的幅角 $A$ 的大小约为110°,将 $A$ 代入式(9-182)中,得到

$$F^* = \frac{2.352EI}{rR}\left[1 - \frac{r}{2.352R} + \sqrt{1+\frac{w\sin\alpha rR^2}{3.52EI} - \frac{r}{3.25R}}\right] + \frac{w\cos\alpha L}{2}$$

(9-185)

令式(9-182)中 $A=0$ 得到弯曲井中连续油管发生弯曲的最小轴向压缩力:

$$F_s = \frac{2EI}{Rr}\left[1 - \frac{r}{2R} + \sqrt{1+\frac{w\sin\alpha rR^2}{EI} - \frac{r}{R}}\right] + \frac{w\cos\alpha L}{2}$$

(9-186)

对于实际应用,$r/R$ 是一个很小的值,方程(9-186)和(9-185)可以写成:

$$F_s = \frac{2EI}{rR}\left[1 + \sqrt{1+\frac{w\sin\alpha rR^2}{EI}}\right] + \frac{w\cos\alpha L}{2}$$

(9-187)

$$F^* = \frac{2.352EI}{rR}\left[1 + \sqrt{1+\frac{w\sin\alpha rR^2}{3.52EI}}\right] + \frac{w\cos\alpha L}{2}$$

(9-188)

则式(9-187)和式(9-188)分别为弯曲井中连续油管开始发生正弦屈曲及发生稳定正弦屈曲的临界载荷。

（2）弯曲井中连续油管正弦屈曲接触力分析。

在弯曲井中，连续油管系统修改后的总势能为：

$$V_m = \int_0^L f(s, u, u', u'', v, v', v'') \mathrm{d}s + \int_0^L \lambda g(u, v) \mathrm{d}s \tag{9-189}$$

其中，$\int_0^L f(s, u, u', u'', v, v', v'')$ 是系统的单位总势能；$g(u, v)$ 是约束函数；$\lambda$ 为单位长度连续油管与套管的接触力。其中：

$$f(s, u, u', u'', v, v', v'') = \frac{EI}{2}\left[\left(\frac{\mathrm{d}^2 u}{\mathrm{d}s^2} + \frac{u}{R^2}\right)\frac{\mathrm{d}^2 u}{\mathrm{d}s^2} + \left(\frac{\mathrm{d}^2 v}{\mathrm{d}s^2} + \frac{v}{R^2}\right)\left(\frac{\mathrm{d}^2 v}{\mathrm{d}s^2}\right)\right]$$

$$- (F - w\cos\alpha s + \lambda f s)\left\{\frac{u-r}{R} + \frac{1}{2}\left[\left(\frac{\mathrm{d}u}{\mathrm{d}s}\right)^2 + \left(\frac{\mathrm{d}v}{\mathrm{d}s}\right)^2\right]\right\} + w\sin\alpha(r - u);$$

$$g(u, v) = \sqrt{u^2 + v^2} - r$$

修改后的总势能的一阶全微分为：

$$\delta V_m = \frac{\partial f}{\partial u'}\delta u \Big|_0^L + \frac{\partial f}{\partial u''}\delta u' \Big|_0^L - \frac{\mathrm{d}}{\mathrm{d}s}\left(\frac{\partial f}{\partial u''}\right)\delta u \Big|_0^L + \int_0^L \left\{\left[\frac{\partial f}{\partial u} - \frac{\mathrm{d}}{\mathrm{d}s}\left(\frac{\partial f}{\partial u'}\right) + \frac{\mathrm{d}^2}{\mathrm{d}s^2}\left(\frac{\partial f}{\partial u''}\right)\right] + \lambda \frac{\partial g}{\partial u}\right\}\mathrm{d}s$$

$$+ \frac{\partial f}{\partial v'}\delta v \Big|_0^L + \frac{\partial f}{\partial v''}\delta v' \Big|_0^L - \frac{\mathrm{d}}{\mathrm{d}s}\left(\frac{\partial f}{\partial v''}\right)\delta v \Big|_0^L + \int_0^L \left\{\left[\frac{\partial f}{\partial v} - \frac{\mathrm{d}}{\mathrm{d}s}\left(\frac{\partial f}{\partial v'}\right) + \frac{\mathrm{d}^2}{\mathrm{d}s^2}\left(\frac{\partial f}{\partial v''}\right)\right] + \lambda \frac{\partial g}{\partial v}\right\}\mathrm{d}s$$

令 $\delta V_m = 0$，得到下面的控制微分方程和边界条件：

$$\frac{\partial f}{\partial u} - \frac{\mathrm{d}}{\mathrm{d}s}\left(\frac{\partial f}{\partial u'}\right) + \frac{\mathrm{d}^2}{\mathrm{d}s^2}\left(\frac{\partial f}{\partial u''}\right) + \lambda \frac{\partial g}{\partial u} = 0 \tag{9-190a}$$

$$\frac{\partial f}{\partial v} - \frac{\mathrm{d}}{\mathrm{d}s}\left(\frac{\partial f}{\partial v'}\right) + \frac{\mathrm{d}^2}{\mathrm{d}s^2}\left(\frac{\partial f}{\partial v''}\right) + \lambda \frac{\partial g}{\partial v} = 0 \tag{9-190b}$$

$$\frac{\partial f}{\partial u'}\delta u \Big|_0^L = 0 \tag{9-191a}$$

$$\frac{\partial f}{\partial u''}\delta u' \Big|_0^L = 0 \tag{9-191b}$$

$$\frac{\mathrm{d}}{\mathrm{d}s}\left(\frac{\partial f}{\partial u''}\right)\delta u \Big|_0^L = 0 \tag{9-191c}$$

$$\frac{\partial f}{\partial v'}\delta v \Big|_0^L = 0 \tag{9-192a}$$

$$\frac{\partial f}{\partial v''}\delta v' \Big|_0^L = 0 \tag{9-192b}$$

$$\frac{\mathrm{d}}{\mathrm{d}s}\left(\frac{\partial f}{\partial v''}\right)\delta v \Big|_0^L = 0 \tag{9-192c}$$

其中：$u$ 和 $v$ 函数相应的导数为：

$$\frac{\partial f}{\partial u} = \frac{EI}{2R^2}\frac{\mathrm{d}^2 u}{\mathrm{d}s^2} - \left(\frac{F}{R} - \frac{w\cos\alpha s}{R} + \frac{\lambda fs}{R} + w\sin\alpha\right) \tag{9-193a}$$

$$\frac{\partial f}{\partial u'} = -\left(F - w\cos\alpha s + \lambda fs\right)\frac{\mathrm{d}u}{\mathrm{d}s} \tag{9-193b}$$

$$\frac{\partial f}{\partial u''} = \frac{EI}{2R^2}u + EI\frac{\mathrm{d}^2 u}{\mathrm{d}s^2} \tag{9-193c}$$

$$\frac{\partial g}{\partial u} = \frac{u}{\sqrt{u^2 + v^2}} = \cos\theta \tag{9-194}$$

$$\frac{\mathrm{d}^2}{\mathrm{d}s^2}\left(\frac{\partial f}{\partial u''}\right) = \frac{EI}{2R^2}\frac{\mathrm{d}^2 u}{\mathrm{d}s^2} + EI\frac{\mathrm{d}^4 u}{\mathrm{d}s^4} \tag{9-195a}$$

$$\frac{\mathrm{d}}{\mathrm{d}s}\left(\frac{\partial f}{\partial u'}\right) = -F\frac{\mathrm{d}^2 u}{\mathrm{d}s^2} \tag{9-195b}$$

$$\frac{\mathrm{d}}{\mathrm{d}s}\left(\frac{\partial f}{\partial u'}\right) = -\left(F - w\cos\alpha s + \lambda fs\right)\frac{\mathrm{d}^2 u}{\mathrm{d}s^2} \tag{9-195c}$$

$$\frac{\partial f}{\partial v} = \frac{EI}{2R^2}\frac{\mathrm{d}^2 v}{\mathrm{d}s^2} \tag{9-196a}$$

$$\frac{\partial f}{\partial v'} = -\left(F - w\cos\alpha s + \lambda fs\right)\frac{\mathrm{d}v}{\mathrm{d}s} \tag{9-196b}$$

$$\frac{\partial f}{\partial v''} = \frac{EI}{2R^2}v + EI\frac{\mathrm{d}^2 v}{\mathrm{d}s^2} \tag{9-196c}$$

$$\frac{\partial g}{\partial v} = \frac{v}{\sqrt{u^2 + v^2}} = \sin\theta \tag{9-197}$$

$$\frac{\mathrm{d}}{\mathrm{d}s}\left(\frac{\partial f}{\partial v'}\right) = -F\frac{\mathrm{d}^2 v}{\mathrm{d}s^2} \tag{9-198a}$$

$$\frac{\mathrm{d}}{\mathrm{d}s}\left(\frac{\partial f}{\partial v'}\right) = -\left(F - w\cos\alpha s + \lambda fs\right)\frac{\mathrm{d}^2 v}{\mathrm{d}s^2} \tag{9-198b}$$

$$\frac{\mathrm{d}^2}{\mathrm{d}s^2}\left(\frac{\partial f}{\partial v''}\right) = EI\frac{\mathrm{d}^4 v}{\mathrm{d}s^4} + \frac{EI}{2R^2}\frac{\mathrm{d}^2 v}{\mathrm{d}s^2} \tag{9-198c}$$

将式(9-193)~式(9-195)代入式(9-190a)得到径向平衡方程为:

$$EI\frac{\mathrm{d}^4 u}{\mathrm{d}s^4} + \left[\left(F - w\cos\alpha s + \lambda fs\right) + \frac{EI}{R^2}\right]\frac{\mathrm{d}^2 u}{\mathrm{d}s^2} - \left(\frac{F}{R} - \frac{w\cos\alpha s}{R} + \frac{\lambda fs}{R} + w\sin\alpha\right) + \lambda\cos\theta = 0 \tag{9-199a}$$

将式(9-196)~式(9-198)代入式(9-190b)得到负法线方向的平衡方程:

$$EI\frac{\mathrm{d}^4 v}{\mathrm{d}s^4} + \left(F - w\cos\alpha s + \lambda fs + \frac{EI}{R^2}\right)\frac{\mathrm{d}^2 v}{\mathrm{d}s^2} + \lambda\sin\theta = 0 \tag{9-199b}$$

其中:$u$、$v$ 对 $\theta$ 的 1~4 阶导数为:

$$u' = r(-\sin\theta)\theta'$$

$$u'' = r[-\cos\theta\,(\theta')^2 - \sin\theta\theta']$$

$$u''' = r[\sin\theta\,(\theta')^3 - 3\cos\theta\theta'\theta'' - \sin\theta\theta''']$$

$$u^{iv} = r[\cos\theta\,(\theta')^4 + 6\sin\theta\,(\theta')^2\theta'' - 3\cos\theta\,(\theta'')^2 - 4\cos\theta\theta'\theta''' - \sin\theta\theta^{iv}]$$

$$v' = r\cos\theta\theta'$$

$$v'' = r[-\sin\theta\,(\theta')^2 + \cos\theta\theta'']$$

$$v''' = r[-\cos\theta\,(\theta')^3 - 3\sin\theta\theta'\theta'' + \cos\theta\theta''']$$

$$v^{iv} = r[\sin\theta\,(\theta')^4 - 6\cos\theta\,(\theta')^2\theta'' - 3\sin\theta\,(\theta'')^2 - 4\sin\theta\theta'\theta''' + \cos\theta\theta^{iv}]$$

将 $u$、$v$ 的 1~4 阶导数分别代入式(9-199a)、式(9-199b)中得到:

$$\left\{EIR[(\theta')^4 - 3(\theta'^2) - 4\theta'\theta'''] - \left(F - w\cos\alpha s + \lambda fs + \frac{EI}{R^2}\right)r(\theta') + \lambda\right\}\cos\theta +$$

$$\left\{EIr[6(\theta')^2\theta'' - \theta^{iv}] - \left(F - w\cos\alpha s + \lambda fs + \frac{EI}{R^2}\right)r\theta''\right\}\sin\theta - \left(\frac{F}{R} - \frac{w\cos\alpha s}{R} + \frac{\lambda fs}{R} + w\sin\alpha\right) = 0$$

(9-200a)

$$\left\{EI[(\theta')^4 - 3(\theta'')^2 - 4\theta'\theta'''] - \left(F - w\cos\alpha s + \lambda fs + \frac{EI}{R^2}\right)r(\theta')^2 + \lambda\right\}\sin\theta +$$

$$\left\{EIr[-6(\theta')^2\theta'' + \theta^{iv}] + \left(F - w\cos\alpha s + \lambda fs + \frac{EI}{R^2}\right)r\theta''\right\}\cos\theta = 0$$

(9-200b)

将式(9-200a)乘 $\cos\theta$ 加上式(9-200b)乘 $\sin\theta$, 可以得到

$$EIr[-4\theta'\theta''' - 3(\theta'')^2 + (\theta')^4] - \left(F - w\cos\alpha s + \lambda fs + \frac{EI}{R^2}\right)r(\theta')^2 + \lambda$$

$$- \left(\frac{F}{R} - \frac{w\cos\alpha s}{R} + \frac{\lambda fs}{R} + w\sin\alpha\right)\cos\theta = 0$$

(9-201)

求解式(9-201), 得弯曲井段中连续油管屈曲后与井壁单位长度接触力公式:

$$\lambda = \frac{EIr[4\theta'\theta''' + 3(\theta'')^2 - (\theta')^4] + \left(F - w\cos\alpha s + \frac{EI}{R^2}\right)r(\theta')^2}{1 - fsr(\theta')^2 - \frac{fs}{R}\cos\theta} + \frac{\left(\frac{F}{R} - \frac{w\cos\alpha s}{R} + w\sin\alpha\right)\cos\theta}{1 - fsr(0')^2 - \frac{fs}{R}\cos\theta}$$

(9-202)

## 四、连续油管开关管柱螺旋屈曲分析

### (一) 直井、斜直井中连续油管螺旋屈曲分析

(1) 直井、斜直井中连续油管螺旋屈曲临界载荷。

① 建立连续油管在直井、斜直井中发生螺旋屈曲数学模型。

在直井、斜直井中, 连续油管在初始时完全躺在井壁上, 在井底轴向力等作用下, 连

续油管开始发生失稳，最后呈现螺旋屈曲形状，如图9-78所示，建立连续油管螺旋屈曲形状的几何关系为：

$$\begin{cases} x = r\cos\theta \\ y = r\sin\theta \\ \theta = \dfrac{2\pi z}{p} \end{cases} \quad (9-203)$$

式中　$p$——连续油管发生螺旋屈曲的螺距。

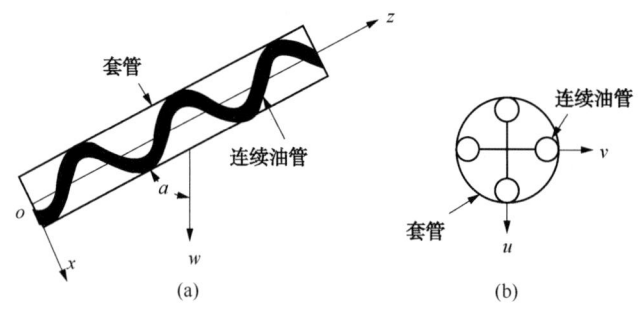

图 9-78　斜井中连续油管发生螺旋屈曲图

② 直井、斜直井中连续油管螺旋屈曲临界载荷分析的能量法。

连续油管系统总势能表达式中 $\theta$ 的一阶和二阶导数为

$$\theta' = \dfrac{2\pi}{p}, \quad \theta'' = 0$$

将 $\theta'$、$\theta''$ 代入 $V$ 中，得：

$$V = \dfrac{EIr^2}{2}\int_0^L\left(\dfrac{2\pi}{p}\right)^4 \mathrm{d}z - \dfrac{r^2}{4}\int_0^L F_b\left(\dfrac{2\pi}{p}\right)^2 \mathrm{d}z + \dfrac{r^2}{4}\int_0^L wL\cos\alpha\left(\dfrac{2\pi}{p}\right)^2 \mathrm{d}z + wr\sin\alpha\int_0^L\left(1-\cos\dfrac{2\pi z}{p}\right)\mathrm{d}z$$

积分得到：

$$V = \dfrac{EIr^2}{2}\left(\dfrac{2\pi}{p}\right)^4 L - \dfrac{r^2}{4}F_b\left(\dfrac{2\pi}{p}\right)^2 L + \dfrac{r^2}{4}w\cos\alpha\left(\dfrac{2\pi}{p}\right)^2 L^2 + wr\sin\alpha L \quad (9-204)$$

考虑系统能量守恒，令 $V=0$，得：

$$F_b = 2EI\left(\dfrac{2\pi}{p}\right)^2 + \dfrac{p^2 w\sin\alpha}{2\pi^2 r} + wL\cos\alpha \quad (9-205)$$

若为直井，则 $\alpha=0$，得到直井中连续油管发生螺旋屈曲的临界载荷为：

$$F_b = \dfrac{8\pi^2 EI}{P^2} + wL \quad (9-206)$$

令 $\dfrac{\partial F_b}{\partial p}=0$，得

$$EI8\pi^2(-2)\dfrac{1}{p^3} + \dfrac{w\sin\alpha}{2\pi^2 r}2p = 0 \quad (9-207)$$

解方程中的 $p^2$ 得

$$p^2 = \sqrt{\frac{8\pi^4 EIr}{w\sin\alpha}} \tag{9-208}$$

代入 $F_b$ 中,得到斜直井中连续油管产生螺旋屈曲的临界载荷计算公式为:

$$F_b = 4\sqrt{\frac{2EIw\sin\alpha}{r}} + \frac{w\cos\alpha L}{2} \tag{9-209}$$

(2) 直井、斜直井中连续油管螺旋屈曲接触力分析。

在直井、斜直井中连续油管发生螺旋屈曲后与套管的接触力计算公式推导过程同正弦屈曲过程,其单位长度接触力公式同式(9-133),将 $\theta = \frac{2\pi z}{p}$, $\theta' = \frac{2\pi}{p}$, $\theta'' = 0$,代入式(9-133),得到在直井、斜直井中连续油管发生螺旋屈曲与套管单位长度的接触力计算公式为:

$$\lambda = \frac{EIr\left[-\left(\frac{2\pi}{p}\right)^4\right] + (F - w\cos\alpha z)r\left(\frac{2\pi}{p}\right)^2 + w\sin\alpha\cos\left(\frac{2\pi}{p}\right)}{1 - frz\left(\frac{2\pi}{p}\right)^2} \tag{9-210}$$

(3) 直井、斜直井中连续油管螺旋屈曲变形分析。

① 连续油管螺旋屈曲几何变形分析。

连续油管弯曲成螺旋型,就像钢丝绳在轴筒上绕成螺线型一样,如图9-79所示,均匀轴筒的螺旋线绕过一圈,上升高度为 $h$,那么把侧面展开在平面上如图9-80所示,螺旋线 $L$ 是直线为三角形的斜边,底边为轴筒的周长 $\pi D$。

a. 由图9-79和图9-80所得:$AB = h$;$ADA' = \pi D$;$D = a - b$

b. $ACB$ 为一圈螺旋线长度即:$L = \sqrt{(\pi D)^2 + h^2}$

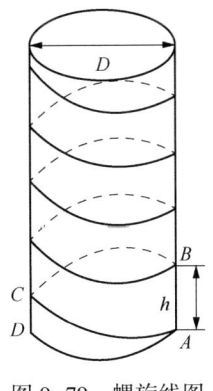

图9-79 螺旋线图

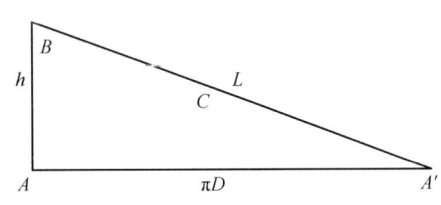

图9-80 圆柱轴侧面展开螺旋线

c. 连续油管螺旋弯曲后下井深度:$L_1 = \frac{S}{L}h$

d. 连续油管螺旋弯曲后长度变化量:

$$\Delta L_1 = S - L \tag{9-211}$$

式中 $L$——一圈螺旋线长度,mm;

$h$——螺距，mm；

$a$——井筒内径，mm；

$b$——连续油管外径，mm；

$L_1$——连续油管螺旋弯曲后下井深度，mm；

$S$——连续油管总长度，mm。

② 内压引起的轴向变形量。

泵压引起内壁的环向应力：

$$\sigma_\theta = \frac{\dfrac{b^2}{a^2}+1}{\dfrac{b^2}{a^2}-1} p_{ci}$$

式中　$a$——连续油管内半径；

$b$——连续油管外半径。

由广义胡克定律得到连续油管的轴向应变为：$\varepsilon_z = \dfrac{1}{E}[\sigma_z - \mu(\sigma_\theta - \sigma_r)]$

式中　$\sigma_z$——轴向应力；

$\sigma_r$——径向应力。

则连续油管内压引起的轴向变形量为：

$$\Delta L_2 = \int_0^L \frac{1}{E}[\sigma_z - \mu(\sigma_\theta - \sigma_r)]\mathrm{d}z \tag{9-212}$$

③ 轴向压力引起轴向变形量。

轴向压力引起轴向变形计算公式为：

$$\Delta L_{\text{压缩}} = \int_0^l \frac{F_{vi}}{EA_i}\mathrm{d}l \tag{9-213}$$

④ 连续油管发生螺旋屈曲后总变形量。

连续油管发生螺旋屈曲后总变形量由三部分组成：几何变形引起的变形量、内压引起的轴向变形量和轴向压力引起轴向变形量。总变形量为：

$$\Delta L_{\text{总}} = \Delta L_1 + \Delta L_2 + \Delta L_{\text{压缩}} \tag{9-214}$$

### （二）弯曲井中连续油管螺旋屈曲分析

(1) 弯曲井中连续油管螺旋屈曲临界载荷。

连续油管在弯曲井眼中发生螺旋屈曲如图 9-81 所示，建立连续油管螺旋屈曲形状的几何关系为：

$$\begin{cases} u = r\cos\theta \\ v = r\sin\theta \\ \theta = A\sin\left(\dfrac{2\pi s}{p}\right) \end{cases} \quad (9\text{-}215)$$

式中 $p$——连续油管发生螺旋屈曲的螺距；

$u$、$v$、$\theta$ 含义同式(9-100)。

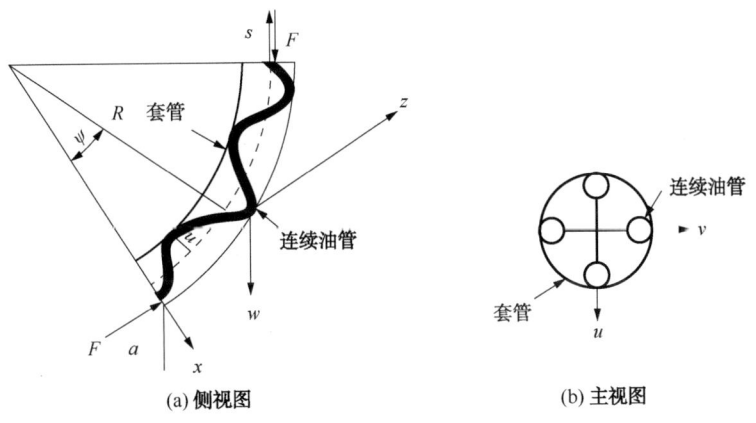

图 9-81 弯曲井中连续油管的螺旋形态

连续油管在弯曲井眼中，能量方程为：

$$\frac{1}{2}F\Delta = U_b + W_{w\sin\alpha} + W_{w\cos\alpha} \quad (9\text{-}216)$$

其中 $U_b = \dfrac{EIr^2L}{4}\left[\dfrac{32\pi^4}{p^4} - \dfrac{8\pi^2}{R^2p^2}\right]$，$W_{w\sin\alpha} = w\sin\alpha Lr$，$W_{w\cos\alpha} = \dfrac{1}{2}\dfrac{w\cos\alpha L}{2}\Delta$，$\Delta = \left(\dfrac{2\pi^2r^2}{p^2} - \dfrac{r}{R}\right)L$

将 $U_b$、$W_{w\sin\alpha}$、$W_{w\cos\alpha}$ 代入式(9-216)中，得

$$\frac{1}{2}F\left(\frac{2\pi^2r^2}{p^2} - \frac{r}{R}\right)L = \frac{EIr^2L}{4}\left(\frac{32\pi^4}{p^4} - \frac{8\pi^2}{R^2p^2}\right) + \frac{1}{2}\frac{w\cos\alpha L}{2}\left(\frac{2\pi^2r^2}{p^2} - \frac{r}{R}\right)L + w\sin\alpha L$$

(9-217)

解方程，求得 $F$ 的表达式为：

$$F = \frac{1}{(2\pi^2 rR - p^2)}\left(\frac{16\pi^4 EIrR}{p^2} + 2w\sin\alpha Rp^2 - \frac{4\pi^2 EIr}{R}\right) + \frac{w\cos\alpha L}{2} \quad (9\text{-}218)$$

其中，$F$ 是 $p$ 的函数，则

$$\frac{\partial F}{\partial p} = \frac{\left(-\dfrac{32\pi^4 EIrR}{p^3} + 4w\sin\alpha Rp\right)(2\pi^2 rR - p^2) + 2p\left(\dfrac{16\pi^4 EIrR}{p^2} + 2w\sin\alpha Rp^2 - \dfrac{4\pi^2 EIr}{R}\right)}{(2\pi^2 rR - p^2)^2}$$

(9-219)

令 $\dfrac{\partial F}{\partial p} = 0$，得

$$-8EIrR^2\left(\frac{\pi}{p}\right)^4 + 8EIR\left(\frac{\pi}{p}\right)^2 + w\sin\alpha R^2 - \frac{EI}{R} = 0 \qquad (9-220)$$

解上式得:

$$\left(\frac{\pi}{p}\right)^2 = \frac{1}{2rR}\left(1 + \sqrt{1 + \frac{rR^2 w\sin\alpha}{2EI} - \frac{r}{2R}}\right) \qquad (9-221)$$

将式(9-221)代入到 $F$ 中,得弯曲井中连续油管产生螺旋屈曲所需的临界轴向载荷为:

$$F_h = \frac{8EI}{rR}\left(1 - \frac{r}{4R} + \sqrt{1 + \frac{rR^2 w\sin\alpha}{2EI} - \frac{r}{2R}}\right) + \frac{w\cos\alpha L}{2} \qquad (9-222)$$

注意:在实际工程应用中,$r/R$ 是一个非常小的值,式(9-222)可以写成:

$$F_h = \frac{8EI}{rR}\left(1 + \sqrt{1 + \frac{w\sin\alpha rR^2}{EI}}\right) + \frac{w\cos\alpha L}{2} \qquad (9-223)$$

式(9-223)为弯曲井中连续油管发生螺旋屈曲的临界载荷计算公式。

(2)弯曲井中连续油管螺旋屈曲接触力分析。

在弯曲井中连续油管发生螺旋屈曲后与套管的接触力计算公式推导过程同正弦屈曲过程,其单位长度接触力公式同式(9-202),将 $\theta = \frac{2\pi s}{p}$、$\theta' = \frac{2\pi}{p}$、$\theta'' = 0$、$\theta''' = 0$ 代入式(9-202),得到在弯曲井中连续油管发生螺旋屈曲与套管单位长度的接触力计算公式为:

$$\lambda = \frac{EIr\left[-\left(\frac{2\pi}{p}\right)^4\right] + \left(F - w\cos\alpha s + \frac{EI}{R^2}\right)r\left(\frac{2\pi}{p}\right)^2}{1 - fsr\left(\frac{2\pi}{p}\right)^2 - \frac{fs}{R}\cos\left(\frac{2\pi s}{p}\right)} + \frac{\left(\frac{F}{R} - \frac{w\cos\alpha s}{R} + w\sin\alpha\right)\cos\left(\frac{2\pi s}{p}\right)}{1 - fsr\left(\frac{2\pi}{p}\right)^2 - \frac{fs}{R}\cos\left(\frac{2\pi s}{p}\right)}$$

$$(9-224)$$

## 第三节 连续油管开关管柱沿程摩阻及节流损失分析

连续油管开关管柱在打开和关闭开关滑套过程中,流体在经由卷筒、油管、工具、套管环空直至返回到地面将产生一定摩阻,常表现为地面泵压下降。准确预测油管及工具的摩阻损失,对保证施工质量和管柱安全显得尤为重要。因此,本项目进行了直管、弯管和环空的流体摩阻计算,并通过数值模拟计算结果修正和拓宽了理论计算公式的应用范围,为连续油管泵注参数优化提供了理论依据。

### 一、连续油管直管沿程摩阻计算

(一)理论计算公式及方法

直管结构如图 9-82 所示。

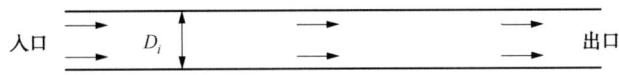

图 9-82 直管结构示意图

(1) 清水直管压降计算公式：

$$\Delta p_{sw} = \frac{2f_{sw}\rho_w v_w^2 L_v}{D_i} \quad (9\text{-}225)$$

式中 $\Delta p_{sw}$——油管内压降，MPa；
$\rho_w$——清水密度，kg/m³；
$v_w$——流经油管的速度，m/s；
$D_i$——油管内径，m；
$L_v$——直管长度，m；
$f_{sw}$——清水摩阻系数。

其中清水雷诺数：

$$Re_w = \frac{v_w D_i \rho_w}{\mu_w} \quad (9\text{-}226)$$

式中 $\mu_w$——清水黏度，Pa·s。

对于不同的 $Re_w$ 有：

① 当 $Re_w$<2100 认为是层流，摩阻系数公式为（不考虑粗糙度）：

$$f_{sw} = \frac{16}{Re_w} \quad (9\text{-}227)$$

② 当 $Re_w$>2100 认为是紊流，摩阻系数公式为：

a. 当 $e_p = 0$ 时：

$$f_{sw} = 0.0791 Re_w^{-0.25} \quad (9\text{-}228)$$

b. 当 $e_p > 0$ 时：

$$f_{sw} = \frac{1}{4}\left(\frac{1}{0.87\ln\frac{D_i}{2e_p} + 1.74}\right)^2 \quad (9\text{-}229)$$

式中 $e_p$——油管粗糙度，m。

(2) 作业液压降计算公式：

$$\Delta p_{sf} = \frac{2f_{sf}\rho_f v_f^2 L_v}{D_i} \quad (9\text{-}230)$$

式中 $\Delta p_{sf}$——油管内压降，MPa；
$\rho_f$——作业液密度，kg/m³；
$v_f$——流经油管的速度，m/s；
$D_i$——油管内径，m；

$L_v$——直管长度，m；

$f_{sf}$——作业液摩阻系数。

其中：
$$f_{sf} = \frac{a}{Re_f^b} \qquad (9-231)$$

作业液雷诺数：
$$Re_f = \frac{\rho_f v_f^{(2-n)} D_i^n}{\mu_f 8^{(n-1)}} \left(\frac{4n}{3n+1}\right)^n$$

$$a = \frac{\lg n + 3.93}{50} \qquad b = \frac{1.75 - \lg n}{7} \qquad (9-232)$$

式中 $\mu_f$——作业液黏度，Pa·s；

$n$——流性指数。

对于不同 $Re_f$ 有：

① 当 $Re_f < (3470-1370n)$ 认为是层流，此时 $a=16$，$b=1$；

② 当 $Re_f > (4270-1370n)$ 认为是紊流，此时 $a$、$b$ 分别为：

$$a = \frac{\lg n + 3.93}{50} \qquad b = \frac{1.75 - \lg n}{7}$$

### （二）流场模拟仿真计算及与理论结果对比

（1）直管流场仿真模型的建立。

现取 2in 和 2⅜in 两种连续油管的管柱结构，其内径分别为 44.5mm 和 50.3mm，管长 $L$ 取 3200mm，连续油管的弹性模量均为 210GPa，泊松比均为 0.3。根据井下作业常用工艺参数，分别取清水和作业液两种工程流体，取 0.5m³/min、1.0m³/min、1.5m³/min 和 2.0m³/min，4 种排量，共 8 种工况进行计算，其中工程流体属性见表 9-7。

表 9-7 工程流体属性

| 液体介质 | 黏度(mPa·s) | 密度(×10⁴kg/m³) | 流性指数 |
|---|---|---|---|
| 清水 | 1 | 1 | — |
| 作业液 | 35 | 0.95 | 0.55 |

流体在油管内流动过程中，受流体黏度和壁面粗糙度影响，流体在近壁面处的速度为 0，速度梯度较大。为了更准确地描述近壁面流场分布，近壁面网格加密，共划分 1425880 个单元，直管网格模型如图 9-83 所示。

模型边界如图 9-84 所示，左端平面入口，设置为速度入口边界条件；右端平面出口，设置为压力出口边界条件；环向圆周面，设置为壁面边界条件。

（2）直管流场计算结果分析。

根据数值模拟结果，按长度等比例换算 2 种管径结构，2 种工程流体在 4 种排量下 1000m 压降，其计算结果如表 9-8 所示。

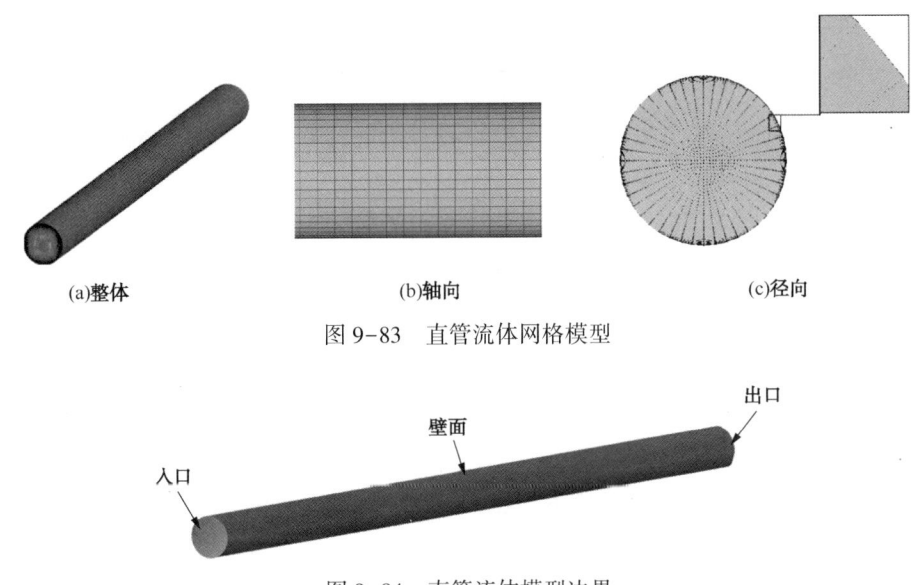

(a)整体　　　　　　　　(b)轴向　　　　　　　　(c)径向

图 9-83　直管流体网格模型

图 9-84　直管流体模型边界

表 9-8　直管数值模拟计算结果(1000m 压降)

| 排量(m³/min) | 2in 油管(MPa) | | 2⅜in 油管(MPa) | |
| --- | --- | --- | --- | --- |
| | 清水压降(MPa) | 作业液压降(MPa) | 清水压降(MPa) | 作业液压降(MPa) |
| 0.5 | 7.01 | 2.41 | 3.41 | 1.30 |
| 1.0 | 27.73 | 6.71 | 13.78 | 3.76 |
| 1.5 | 63.72 | 12.51 | 30.68 | 6.88 |
| 2.0 | 110.92 | 19.16 | 53.96 | 10.52 |

其中 2in 油管清水 0.5m³/min 和 2.0m³/min 两种排量下,压力云图如图 9-85 所示。

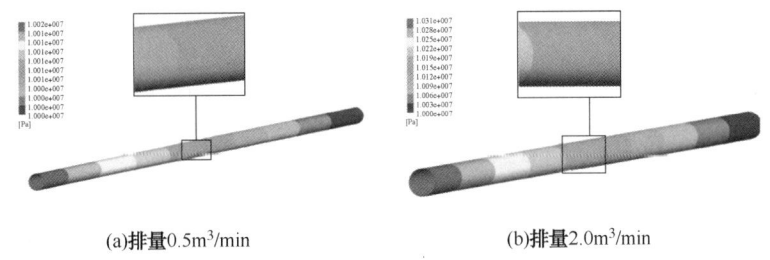

(a)排量0.5m³/min　　　　　　　(b)排量2.0m³/min

图 9-85　直管清水压力云图

由直管清水压力云图 9-85 可见,不同排量下,直管压力分布规律相同。直管左端为入口边界,右端为出口边界,液体压力沿入口至出口由红逐渐变蓝,说明压力由大变小,产生了压降。其他工况下压力云图规律与此工况相同,此处省略。

(3)理论计算与数值模拟对比。

根据本章第一节所列理论公式计算清水和作业液工况下直管不同排量不同管径值进行计算,得到的解析解与数值模拟计算结果对比见表 9-9。

表 9-9 清水直管解析解数值模拟计算结果对比（1000m 压降）

| 排量<br>（m³/min） | 2in 油管（MPa） | | | | | | 2⅜in 油管（MPa） | | | | | |
|---|---|---|---|---|---|---|---|---|---|---|---|---|
| | 清水 | | | 作业液 | | | 清水 | | | 作业液 | | |
| | 数值模拟（MPa） | 解析解（MPa） | 相对误差（%） | 数值模拟（MPa） | 解析解（MPa） | 相对误差（%） | 数值模拟（MPa） | 解析解（MPa） | 相对误差（%） | 数值模拟（MPa） | 解析解（MPa） | 相对误差（%） |
| 0.5 | 7.01 | 7.38 | −5 | 2.41 | 2.29 | 5 | 3.41 | 3.59 | −5 | 1.30 | 1.26 | 3 |
| 1.0 | 27.73 | 29.50 | −5 | 6.71 | 6.55 | 2 | 13.78 | 14.35 | −4 | 3.76 | 3.60 | 4 |
| 1.5 | 63.72 | 66.38 | −4 | 12.51 | 12.10 | 3 | 30.68 | 32.29 | −5 | 6.88 | 6.65 | 3 |
| 2.0 | 110.92 | 118.00 | −6 | 19.16 | 18.71 | 2 | 53.96 | 57.40 | −5 | 10.52 | 10.28 | 2 |

由表 9-9 中数据可知，直管压降随排量的增大和管径的减小而增大。压降理论计算结果与数值模拟有较好的吻合，误差均小于 6%，直管压降公式和数值模拟正确。

## 二、连续油管弯管沿程摩阻计算

### （一）理论计算公式及方法

弯管结构示意图如图 9-86 所示。

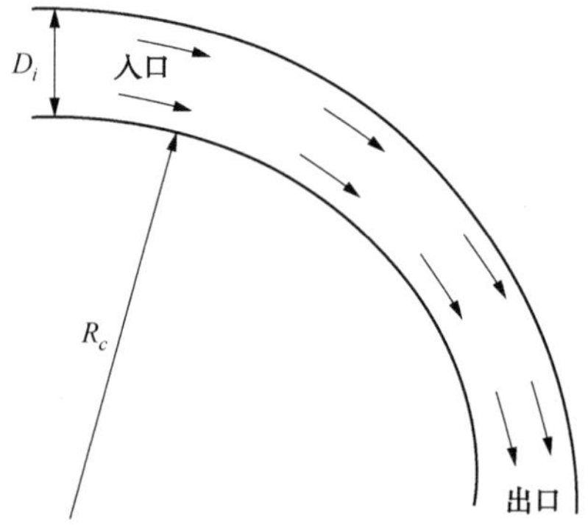

图 9-86 弯管结构示意图

现有弯管压降计算公式为文献中给出的卷筒压降计算公式，其内容如下：

（1）清水卷筒压降：

$$\Delta p_{ww} = \frac{2f_{ww}\rho_w v_w^2 L_b}{D_i} \quad (9-233)$$

式中 $\Delta p_{ww}$——油管内压降，MPa；
$\rho_w$——清水密度，kg/m³；
$v_w$——流经油管的速度，m/s；
$D_i$——油管内径，m；
$L_b$——弯曲段长度，m；
$f_{ww}$——清水摩阻系数。

其中：

$$f_{ww} = \frac{0.084}{Re_w^{0.2}}\left(\frac{D_i}{2R_c}\right)^{0.1} \quad (9-234)$$

式中 $R_c$——弯曲段曲率半径，m；
$Re_w$——清水雷诺数。

其中雷诺数：

$$Re_w = \frac{v_w D_i \rho_w}{\mu_w} \quad (9-235)$$

式中 $\mu_w$——清水黏度，Pa·s。

(2) 作业液弯管压降：

$$\Delta p_{\mathrm{wf}} = \frac{2f_{\mathrm{wf}}\rho_{\mathrm{f}}v_{\mathrm{f}}^2 L_{\mathrm{v}}}{D_{\mathrm{i}}} \tag{9-236}$$

式中　$\Delta p_{\mathrm{wf}}$——油管内压降，MPa；
　　　$\rho_{\mathrm{f}}$——作业液密度，kg/m³；
　　　$v_{\mathrm{f}}$——流经油管的速度，m/s；
　　　$D_{\mathrm{i}}$——油管内径，m；
　　　$L_{\mathrm{v}}$——竖直段弯管长度，m；
　　　$f_{\mathrm{wf}}$——作业液摩阻系数。

$$f_{\mathrm{wf}} = \frac{1.069a}{Re_{\mathrm{f}}^{0.8b}}\left(\frac{D_{\mathrm{i}}}{2R_{\mathrm{c}}}\right)^{0.1} \tag{9-237}$$

式中　$R_{\mathrm{c}}$——弯曲段曲率半径，m；
　　　$Re_{\mathrm{f}}$——作业液雷诺数。

其中：
$$a = \frac{\lg n + 3.93}{50} \quad b = \frac{1.75 - \lg n}{7}$$

$$Re_f = \frac{\rho_f v_f^{(2-n)} D_i^n}{\mu_f 8^{(n-1)}}\left(\frac{4n}{3n+1}\right)^n \tag{9-238}$$

式中　$\mu_{\mathrm{f}}$——作业液黏度，Pa·s；
　　　$n$——流性指数。

### （二）流场模拟仿真计算及与理论结果对比

（1）直管流场仿真模型的建立。

现取 2in 和 2⅜in 两种连续油管的管柱结构，其内径分别为 44.5mm 和 50.3mm。连续油管的弹性模量均为 210GPa，泊松比均为 0.3。根据井下作业常用工艺参数，取清水和作业液两种工程流体的 0.5m³/min、1.0m³/min、1.5m³/min 和 2.0m³/min 4 种排量，取 1.25m、2.5m、5m、10m、20m、40m、80m、160m、320m、640m 10 种曲率半径，共计算 80 种工况，其中工程流体属性见表 9-7。

为了消除弯管进出口边界对计算精度的影响，取一圈弯管进行计算。流体在油管内流动过程中，受流体黏度和壁面粗糙度影响，流体在近壁面处的速度为 0，速度梯度较大。为了更准确地描述近壁面流场分布，近壁面网格加密，共划分 404397 个单元，弯管网格模型如图 9-87 所示。

模型边界如图 9-88 所示，左端平面入口，设置为速度入口边界条件；右端平面出口，设置为压力出口边界条件；环向圆周面，设置为壁面边界条件。

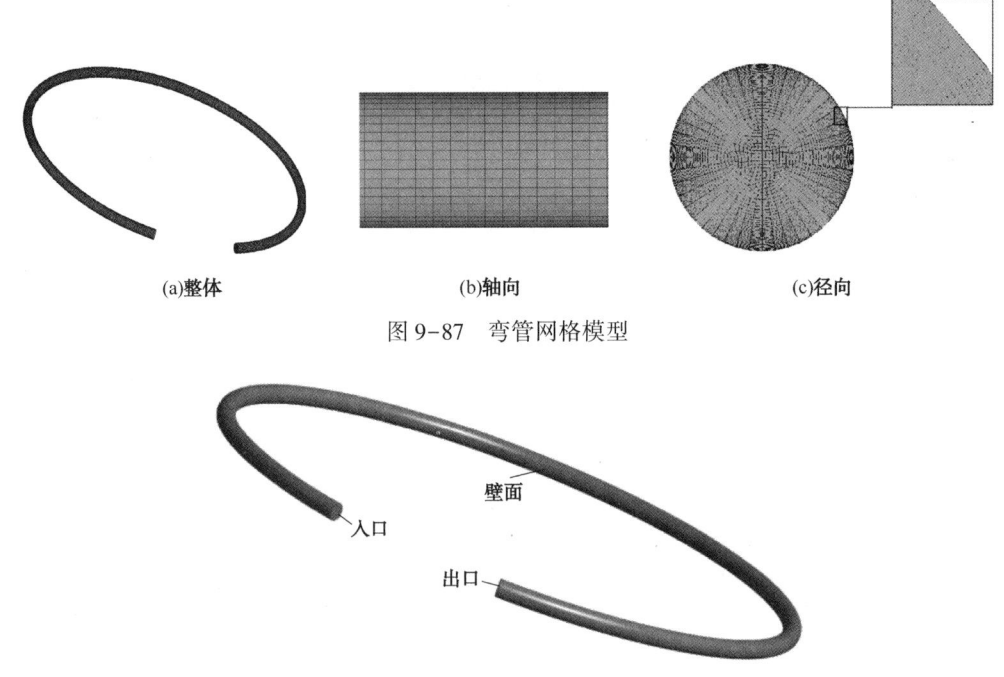

(a)整体　　　　　　　(b)轴向　　　　　　　(c)径向

图 9-87　弯管网格模型

图 9-88　弯管模型边界

（2）弯管流场计算结果分析。

根据数值模拟结果，按长度等比例换算 2 种管径结构在两种工程流体的 4 种排量下 1000m 压降，2in 弯管计算结果如表 9-10 所示，2⅜in 弯管计算结果如表 9-11 所示。

表 9-10　2in 弯管数值模拟计算结果（1000m 压降）

| 曲率半径<br>（m） | 0.5m³/min | | 1.0m³/min | | 1.5m³/min | | 2.0m³/min | |
|---|---|---|---|---|---|---|---|---|
| | 清水压降<br>（MPa） | 作业液压降<br>（MPa） | 清水压降<br>（MPa） | 作业液压降<br>（MPa） | 清水压降<br>（MPa） | 作业液压降<br>（MPa） | 清水压降<br>（MPa） | 作业液压降<br>（MPa） |
| 1.25 | 8.94 | 3.66 | 30.92 | 11.05 | 62.96 | 21.23 | 107.66 | 33.76 |
| 2.5 | 8.42 | 3.36 | 28.31 | 10.21 | 59.30 | 19.44 | 98.58 | 31.20 |
| 5.0 | 7.71 | 3.09 | 26.68 | 9.36 | 56.36 | 18.31 | 93.72 | 28.57 |
| 10 | 7.13 | 2.91 | 25.35 | 8.73 | 50.64 | 16.92 | 85.80 | 27.15 |
| 20 | 6.59 | 2.69 | 22.77 | 8.06 | 48.16 | 15.50 | 80.82 | 24.63 |
| 40 | 6.80 | 2.46 | 22.62 | 7.45 | 44.29 | 14.46 | 76.84 | 22.76 |
| 80 | 6.55 | 2.38 | 22.22 | 6.88 | 45.15 | 13.36 | 74.29 | 21.02 |
| 160 | 6.45 | 2.30 | 21.70 | 6.66 | 46.23 | 12.58 | 73.11 | 19.23 |
| 320 | 6.25 | 2.22 | 21.33 | 6.57 | 45.26 | 12.20 | 74.97 | 19.03 |
| 640 | 6.32 | 2.20 | 21.09 | 6.50 | 43.67 | 12.08 | 70.79 | 18.59 |

表 9-11  2⅜in 弯管数值模拟计算结果（1000m 压降）

| 曲率半径 (m) | 0.5m³/min | | 1.0m³/min | | 1.5m³/min | | 2.0m³/min | |
|---|---|---|---|---|---|---|---|---|
| | 清水压降 (MPa) | 作业液压降 (MPa) | 清水压降 (MPa) | 作业液压降 (MPa) | 清水压降 (MPa) | 作业液压降 (MPa) | 清水压降 (MPa) | 作业液压降 (MPa) |
| 1.25 | 4.55 | 1.94 | 15.41 | 5.95 | 32.77 | 11.44 | 55.60 | 18.53 |
| 2.5 | 4.20 | 1.81 | 14.78 | 5.65 | 29.84 | 10.47 | 50.53 | 16.97 |
| 5.0 | 3.85 | 1.68 | 13.28 | 5.13 | 27.57 | 9.87 | 46.71 | 15.98 |
| 10 | 3.67 | 1.56 | 12.64 | 4.84 | 26.22 | 9.12 | 43.99 | 14.78 |
| 20 | 3.32 | 1.45 | 11.57 | 4.47 | 23.77 | 8.42 | 39.89 | 13.65 |
| 40 | 3.25 | 1.33 | 10.98 | 4.09 | 22.35 | 7.71 | 37.58 | 12.51 |
| 80 | 3.32 | 1.30 | 11.31 | 3.78 | 22.99 | 7.34 | 36.39 | 11.43 |
| 160 | 3.21 | 1.26 | 10.83 | 3.73 | 21.57 | 7.06 | 35.07 | 10.46 |
| 320 | 3.21 | 1.21 | 10.59 | 3.59 | 21.38 | 6.99 | 34.75 | 11.05 |
| 640 | 3.20 | 1.19 | 10.58 | 3.55 | 21.36 | 6.97 | 34.72 | 11.30 |

其中 2in 弯管清水 0.5m³/min 压力云图见图 9-89 所示。

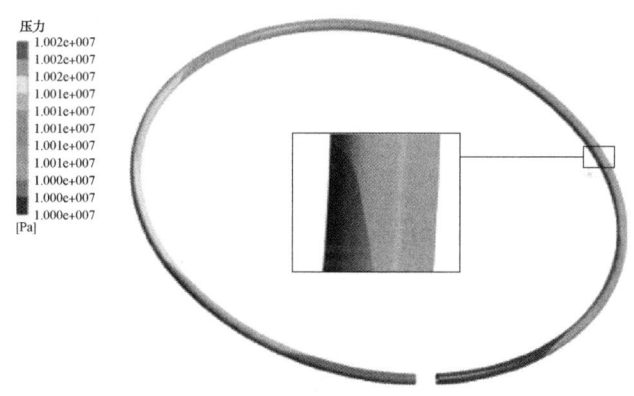

图 9-89  弯管清水压力云图

由弯管清水压力云图 9-89 可见，不同排量下，弯管压力分布规律相同。弯管豁口左端为入口边界，豁口右端为出口边界，液体压力沿入口至出口由红逐渐变蓝，说明压力由大变小，产生了能量损失。观察局部放大图可知，沿流速方向，弯管外缘流体压力要超过弯管内缘流体压力，主要是离心力导致的，这是弯管能量损失较直管大的原因之一。其他工况下压力云图规律与此工况相同，此处省略。

（3）理论计算与数值模拟对比。

① 清水工况结果对比。

根据前文所列理论公式对清水工况下弯管不同管径结构不同排量下压降进行计算，得到的解析解与数值模拟计算结果对比，见表 9-12~表 9-13。

表 9-12　清水 2in 弯管解析解与数值模拟计算结果对比（1000m 压降）

| 曲率半径（m） | 0.5m³/min | | | 1.0m³/min | | | 1.5m³/min | | | 2.0m³/min | | |
|---|---|---|---|---|---|---|---|---|---|---|---|---|
| | 数值模拟（MPa） | 解析解（MPa） | 相对误差（%） | 数值模拟（MPa） | 解析解（MPa） | 相对误差（%） | 数值模拟（MPa） | 解析解（MPa） | 相对误差（%） | 数值模拟（MPa） | 解析解（MPa） | 相对误差（%） |
| 1.25 | 8.94 | 8.57 | 4 | 30.92 | 29.64 | 4 | 62.96 | 61.49 | 2 | 107.66 | 103.19 | 4 |
| 2.5 | 8.42 | 7.99 | 5 | 28.31 | 27.65 | 2 | 59.30 | 57.37 | 3 | 98.58 | 96.29 | 2 |
| 5.0 | 7.71 | 7.46 | 3 | 26.68 | 25.8 | 3 | 56.36 | 53.52 | 5 | 93.72 | 89.84 | 4 |
| 10 | 7.13 | 6.96 | 2 | 25.35 | 24.07 | 5 | 50.64 | 49.94 | 1 | 85.80 | 83.82 | 2 |
| 20 | 6.59 | 6.50 | 1 | 22.77 | 22.46 | 1 | 48.16 | 46.59 | 3 | 80.82 | 78.2 | 3 |
| 40 | 6.80 | 6.06 | 11 | 22.62 | 20.96 | 7 | 44.29 | 43.48 | 2 | 76.84 | 72.97 | 5 |
| 80 | 6.55 | 5.66 | 14 | 22.22 | 19.56 | 12 | 45.15 | 40.57 | 10 | 74.29 | 68.08 | 8 |
| 160 | 6.45 | 5.28 | 18 | 21.70 | 18.24 | 16 | 46.23 | 37.86 | 18 | 73.11 | 63.53 | 13 |
| 320 | 6.25 | 4.91 | 21 | 21.33 | 17.02 | 20 | 45.26 | 35.32 | 22 | 74.97 | 59.28 | 21 |
| 640 | 6.32 | 4.59 | 27 | 21.09 | 15.88 | 25 | 43.67 | 32.96 | 25 | 70.79 | 55.3 | 22 |

表 9-13　清水 2⅜in 弯管公式与数值模拟计算结果对比（1000m 压降）

| 曲率半径（m） | 0.5m³/min | | | 1.0m³/min | | | 1.5m³/min | | | 2.0m³/min | | |
|---|---|---|---|---|---|---|---|---|---|---|---|---|
| | 数值模拟（MPa） | 解析解（MPa） | 相对误差（%） | 数值模拟（MPa） | 解析解（MPa） | 相对误差（%） | 数值模拟（MPa） | 解析解（MPa） | 相对误差（%） | 数值模拟（MPa） | 解析解（MPa） | 相对误差（%） |
| 1.25 | 4.55 | 4.32 | 5 | 15.41 | 15.05 | 2 | 32.77 | 31.23 | 5 | 55.60 | 52.41 | 5 |
| 2.5 | 4.20 | 4.03 | 4 | 14.78 | 14.04 | 5 | 29.84 | 29.14 | 2 | 50.53 | 48.9 | 3 |
| 5.0 | 3.85 | 3.76 | 2 | 13.28 | 13.1 | 1 | 27.57 | 27.19 | 1 | 46.71 | 45.63 | 2 |
| 10 | 3.67 | 3.51 | 4 | 12.64 | 12.23 | 3 | 26.22 | 25.37 | 3 | 43.99 | 42.57 | 3 |
| 20 | 3.32 | 3.28 | 1 | 11.57 | 11.41 | 1 | 23.77 | 23.67 | 0 | 39.89 | 39.72 | 0 |
| 40 | 3.25 | 3.06 | 6 | 10.98 | 10.64 | 3 | 22.35 | 22.08 | 1 | 37.58 | 37.06 | 1 |
| 80 | 3.32 | 2.85 | 14 | 11.31 | 9.93 | 12 | 22.39 | 20.6 | 5 | 36.39 | 34.58 | 5 |
| 160 | 3.21 | 2.66 | 17 | 10.83 | 9.27 | 14 | 21.57 | 19.22 | 11 | 35.07 | 32.26 | 8 |
| 320 | 3.21 | 2.48 | 23 | 10.59 | 8.64 | 18 | 21.38 | 17.94 | 16 | 34.75 | 30.1 | 13 |
| 640 | 3.20 | 2.32 | 28 | 10.58 | 8.07 | 24 | 21.36 | 16.73 | 22 | 34.72 | 28.09 | 16 |

由表 9-12、表 9-13 中数据可知，压降随排量的增大和曲率半径的减小而增大。在小曲率半径，即 1.25~20m 时，卷筒公式计算结果与数值模拟有较好的吻合，误差均小于 5%，说明卷筒数值模型正确。当曲率半径在 20~640m 范围时，卷筒公式计算结果与数值模拟相对误差随着曲率半径的增大而减小，但减小程度不同，当曲率半径由 20m 增加到 320m 时，解析解压降由 6.50MPa 减小到 4.91MPa，数值模拟压降由 6.59 MPa 减小到 6.25 MPa，即曲率半径增加了 15 倍，解析解压降减小了 0.24 倍，数值模拟压降减小了 0.05 倍，

且解析解在曲率半径大于 40m 时，压降计算结果就小于直管压降，而数值模拟压降计算结果在曲率半径为 320m 时更接近直管。

由此可知原卷筒压降计算公式仅在小曲率半径时可以准确计算压降，当曲率半径大于某一临界值时，计算结果将不准确，数值模拟计算结果在小曲率半径和大曲率半径时，均可较为准确的描述弯管流动状态，并准确计算压降。且原有卷筒计算公式假设管壁为光滑的，而实际管道粗糙度会对清水压降计算产生影响。为此通过数值模拟和现场实验结果，对式(9-179)修正得弯管清水摩阻系数：

$$f_{ww} = \frac{0.117}{Re_w^{0.2}} \left(\frac{D_i}{2R_c}\right)^{0.1} \quad (9-239)$$

为了给出大曲率半径的压降计算公式，下面以数值模拟计算为准，对卷筒压降公式进行修正，得到适用于小曲率半径弯管和大曲率半径弯管的计算公式如下。

首先判断弯管曲率半径 $R_{cri}$ 的临界值，再计算弯管压降。步骤如下：

清水弯管曲率半径 $R_{cri}$ 临界值：

$$R_{cri}^w = 15.5 + 13Q_w \quad (9-240)$$

当 $R_c < R_{cri}^w$ 时，则弯管用原公式 $\Delta p_{ww}$；

当 $R_c \geq R_{cri}^w$ 时，则弯管修正公式 $\Delta p_{bw} = \Delta p_{ww} \cdot K_w$，其中 $K_w$ 见下式：

$$K_w = \frac{1}{0.649 + 0.193e^{(-R_c/28.554)} + 0.219e^{(-R_c/225.989)} + 0.935D + 0.037Q_w} \quad (9-241)$$

根据修正后式(9-240)和式(9-241)进行理论计算，其结果与数值模拟计算结果对比如表 9-14 和表 9-15 所示。

表 9-14 清水 2in 弯管拟合公式与数值模拟计算结果对比(1000m 压降)

| 曲率半径(m) | 0.5m³/min | | | 1.0m³/min | | | 1.5m³/min | | | 2.0m³/min | | |
| --- | --- | --- | --- | --- | --- | --- | --- | --- | --- | --- | --- | --- |
| | 数值模拟(MPa) | 修正公式(MPa) | 相对误差(%) | 数值模拟(MPa) | 修正公式(MPa) | 相对误差(%) | 数值模拟(MPa) | 修正公式(MPa) | 相对误差(%) | 数值模拟(MPa) | 修正公式(MPa) | 相对误差(%) |
| 1.25 | 8.94 | 8.57 | 4 | 30.92 | 29.64 | 4 | 62.96 | 61.49 | 2 | 107.66 | 103.19 | 4 |
| 2.5 | 8.42 | 7.99 | 5 | 28.31 | 27.65 | 2 | 59.30 | 57.37 | 3 | 98.58 | 96.29 | 2 |
| 5.0 | 7.71 | 7.46 | 3 | 26.68 | 25.80 | 3 | 56.36 | 53.52 | 5 | 93.72 | 89.84 | 4 |
| 10 | 7.13 | 6.96 | 2 | 25.35 | 24.07 | 5 | 50.64 | 49.94 | 1 | 85.80 | 83.82 | 2 |
| 20 | 6.59 | 6.50 | 1 | 22.77 | 22.46 | 1 | 48.16 | 46.59 | 3 | 80.82 | 78.20 | 3 |
| 40 | 6.80 | 6.45 | 5 | 22.62 | 21.88 | 3 | 44.29 | 44.53 | -1 | 76.84 | 72.97 | 5 |
| 80 | 6.55 | 6.47 | 1 | 22.22 | 21.91 | 1 | 45.15 | 44.53 | 1 | 74.29 | 73.26 | 1 |
| 160 | 6.45 | 6.45 | 0 | 21.70 | 21.83 | -1 | 46.23 | 44.31 | 4 | 73.11 | 72.80 | 0 |
| 320 | 6.25 | 6.45 | -3 | 21.33 | 21.81 | -2 | 45.26 | 44.21 | 2 | 74.97 | 72.53 | -3 |
| 640 | 6.32 | 6.36 | -1 | 21.09 | 21.46 | -2 | 43.67 | 43.44 | 1 | 70.79 | 71.18 | -1 |

表 9-15 清水 2⅜in 弯管拟合公式与数值模拟计算结果对比（1000m 压降）

| 曲率半径（m） | 0.5m³/min | | | 1.0m³/min | | | 1.5m³/min | | | 2.0m³/min | | |
|---|---|---|---|---|---|---|---|---|---|---|---|---|
| | 数值模拟（MPa） | 修正公式（MPa） | 相对误差（%） | 数值模拟（MPa） | 修正公式（MPa） | 相对误差（%） | 数值模拟（MPa） | 修正公式（MPa） | 相对误差（%） | 数值模拟（MPa） | 修正公式（MPa） | 相对误差（%） |
| 1.25 | 4.55 | 4.32 | 5 | 15.41 | 15.05 | -2 | 32.77 | 31.23 | 5 | 55.60 | 52.41 | 5 |
| 2.5 | 4.20 | 4.03 | 4 | 14.78 | 14.04 | 5 | 29.84 | 29.14 | 2 | 50.53 | 48.9 | 3 |
| 5.0 | 3.85 | 3.76 | 2 | 13.28 | 13.1 | 1 | 27.57 | 27.19 | 1 | 46.71 | 45.63 | 2 |
| 10 | 3.67 | 3.51 | 4 | 12.64 | 12.23 | 3 | 26.22 | 25.37 | 3 | 43.99 | 42.57 | 3 |
| 20 | 3.32 | 3.28 | 1 | 11.57 | 11.41 | 1 | 23.77 | 23.67 | 0 | 39.89 | 39.72 | 0 |
| 40 | 3.25 | 3.23 | -1 | 10.98 | 11.04 | -1 | 22.35 | 22.47 | -1 | 37.58 | 37.06 | 1 |
| 80 | 3.32 | 3.24 | 2 | 11.31 | 11.05 | 2 | 22.99 | 22.46 | 2 | 36.39 | 36.95 | -2 |
| 160 | 3.21 | 3.23 | -1 | 10.83 | 11 | -2 | 21.57 | 22.34 | -4 | 35.07 | 36.7 | -5 |
| 320 | 3.21 | 3.23 | -1 | 10.59 | 10.99 | -4 | 21.38 | 22.28 | -4 | 34.75 | 36.55 | -5 |
| 640 | 3.20 | 3.18 | -2 | 10.58 | 10.81 | -2 | 21.36 | 21.88 | -2 | 34.72 | 35.85 | -3 |

由表 9-14 和表 9-15 中数据可知，拟合后的弯管公式计算结果与数值模拟有较好的吻合，误差均在 5%，说明公式拟合正确。

② 作业液工况下结果对比。

根据前文所列理论公式对作业液工况下弯管不同管径结构不同排量下压降进行计算，得到的解析解与数值模拟计算结果对比，见表 9-16 和表 9-17。

表 9-16 作业液 2in 弯管解析解与数值模拟计算结果（1000m 压降）

| 曲率半径（m） | 0.5m³/min | | | 1.0m³/min | | | 1.5m³/min | | | 2.0m³/min | | |
|---|---|---|---|---|---|---|---|---|---|---|---|---|
| | 数值模拟（MPa） | 解析解（MPa） | 相对误差（%） | 数值模拟（MPa） | 解析解（MPa） | 相对误差（%） | 数值模拟（MPa） | 解析解（MPa） | 相对误差（%） | 数值模拟（MPa） | 解析解（MPa） | 相对误差（%） |
| 1.25 | 3.66 | 3.46 | 5 | 11.05 | 10.59 | 4 | 21.23 | 20.35 | 4 | 33.76 | 32.36 | 4 |
| 2.5 | 3.36 | 3.23 | 4 | 10.21 | 9.88 | 3 | 19.44 | 18.99 | 2 | 31.20 | 30.19 | 3 |
| 5.0 | 3.09 | 3.02 | 2 | 9.36 | 9.22 | 1 | 18.31 | 17.72 | 3 | 28.57 | 28.17 | 1 |
| 10 | 2.91 | 2.81 | 3 | 8.73 | 8.6 | 1 | 16.92 | 16.53 | 2 | 27.15 | 26.28 | 3 |
| 20 | 2.69 | 2.63 | 2 | 8.06 | 8.02 | 1 | 15.50 | 15.43 | 0 | 24.63 | 24.52 | 0 |
| 40 | 2.46 | 2.45 | 0 | 7.45 | 7.49 | -1 | 14.46 | 14.39 | 0 | 22.76 | 22.88 | -1 |
| 80 | 2.38 | 2.29 | 4 | 6.88 | 6.99 | -2 | 13.36 | 13.43 | -1 | 21.02 | 21.35 | -2 |
| 160 | 2.30 | 2.13 | 8 | 6.66 | 6.52 | 2 | 12.58 | 12.53 | 0 | 19.23 | 19.92 | -4 |
| 320 | 2.22 | 1.99 | 10 | 6.57 | 6.08 | 7 | 12.20 | 11.69 | 4 | 19.03 | 18.59 | 2 |
| 640 | 2.20 | 1.86 | 15 | 6.50 | 5.67 | 13 | 12.08 | 10.91 | 10 | 18.59 | 17.34 | 7 |

表 9-17 作业液 2³⁄₈in 弯管解析解与数值模拟计算结果对比（1000m 压降）

| 曲率半径(m) | 0.5m³/min | | | 1.0m³/min | | | 1.5m³/min | | | 2.0m³/min | | |
|---|---|---|---|---|---|---|---|---|---|---|---|---|
| | 数值模拟(MPa) | 解析解(MPa) | 相对误差(%) | 数值模拟(MPa) | 解析解(MPa) | 相对误差(%) | 数值模拟(MPa) | 解析解(MPa) | 相对误差(%) | 数值模拟(MPa) | 解析解(MPa) | 相对误差(%) |
| 1.25 | 1.94 | 1.88 | 3 | 5.95 | 5.76 | 3 | 11.44 | 11.07 | 3 | 18.53 | 17.60 | 5 |
| 2.5 | 1.81 | 1.76 | 3 | 5.65 | 5.37 | 5 | 10.47 | 10.33 | 1 | 16.97 | 16.42 | 3 |
| 5.0 | 1.68 | 1.64 | 2 | 5.13 | 5.01 | 2 | 9.87 | 9.64 | 2 | 15.98 | 15.32 | 4 |
| 10 | 1.56 | 1.53 | 2 | 4.84 | 4.68 | 3 | 9.12 | 8.99 | 1 | 14.78 | 14.30 | 3 |
| 20 | 1.45 | 1.43 | 1 | 4.47 | 4.37 | 2 | 8.42 | 8.39 | 0 | 13.65 | 13.34 | 2 |
| 40 | 1.33 | 1.33 | 0 | 4.09 | 4.07 | 0 | 7.71 | 7.83 | -2 | 12.51 | 12.45 | 0 |
| 80 | 1.30 | 1.24 | 4 | 3.78 | 3.80 | 0 | 7.34 | 7.31 | 0 | 11.43 | 11.61 | -2 |
| 160 | 1.26 | 1.16 | 8 | 3.73 | 3.55 | 5 | 7.06 | 6.82 | 3 | 10.46 | 10.84 | -4 |
| 320 | 1.21 | 1.08 | 10 | 3.59 | 3.31 | 8 | 6.99 | 6.36 | 9 | 11.05 | 10.11 | 8 |
| 640 | 1.19 | 1.01 | 15 | 3.55 | 3.09 | 13 | 6.97 | 5.93 | 14 | 11.30 | 9.43 | 17 |

由表 9-16 和表 9-17 中数据可知，压降随排量的增大和曲率半径的减小而增大。在小曲率半径，即 1.25～80m 时，卷筒公式计算结果与数值模拟有较好的吻合，误差均小于 5%，说明卷筒数值模型正确。当曲率半径在 80～640m 范围时，卷筒公式计算结果与数值模拟随着曲率半径的增大而减小，但减小程度不同，当曲率半径由 80m 增加到 640m 时，解析解压降由 2.26MPa 减小到 1.86MPa，数值模拟压降由 2.38MPa 减小到 2.20MPa，即曲率半径增加了 7 倍，解析解压降减小了 0.18 倍，数值模拟压降减小了 0.08 倍，且解析解在曲率半径大于 80m 时，压降计算结果就小于直管压降，数值模拟压降计算结果在曲率半径为 320～640m 时更接近直管。

由此可以看出原卷筒压降计算公式仅在小曲率半径时可以准确计算压降，当曲率半径大于某一临界值时，计算结果将不准确，数值模拟计算结果在小曲率半径和大曲率半径时，均可较为准确的描述弯管流动状态，并准确计算压降。为了给出大曲率半径的压降计算公式，下面以数值模拟计算为准，对卷筒压降公式进行修正，得到适用于小曲率半径卷筒和大曲率半径弯管的计算公式。

首先判断弯管曲率半径 $R_{cri}$ 的临界值，再计算弯管压降。

作业液弯管曲率半径 $R_{cri}$ 临界值：

$$R_{cri}^f = 30 + 66Q_f \quad (9-242)$$

当 $R_c < R_{cri}^f$ 时，则弯管用原公式 $\Delta p_{wf}$

当 $R_c \geq R_{cri}^f$ 时，则弯管修正公式 $\Delta p_{bf} = \Delta p_{wf} \cdot K_f$，其中 $K_f$ 见下式：

$$K_f = \frac{1}{0.773 + 0.146e^{(-R_c/46.162)} + 0.210e^{(-R_c/286.102)} - 0.235D + 0.051Q_f} \quad (9-243)$$

式中 $Q_w$——油管清水排量，m³/min；

$Q_f$——油管作业液排量，m³/min。

根据上述修正公式再对弯管压降进行计算，其结果与数值模拟结果对比如表 9-18 和表 9-19 所示。

表 9-18 作业液 2in 弯管拟合公式与数值模拟计算结果对比（1000m 压降）

| 曲率半径（m） | 0.5m³/min | | | 1.0m³/min | | | 1.5m³/min | | | 2.0m³/min | | |
|---|---|---|---|---|---|---|---|---|---|---|---|---|
| | 数值模拟（MPa） | 修正公式（MPa） | 相对误差（%） | 数值模拟（MPa） | 修正公式（MPa） | 相对误差（%） | 数值模拟（MPa） | 修正公式（MPa） | 相对误差（%） | 数值模拟（MPa） | 修正公式（MPa） | 相对误差（%） |
| 1.25 | 3.66 | 3.46 | 5 | 11.05 | 10.59 | 4 | 21.23 | 20.35 | 4 | 33.76 | 32.36 | 4 |
| 2.5 | 3.36 | 3.23 | 4 | 10.21 | 9.88 | 3 | 19.44 | 18.99 | 2 | 31.20 | 30.19 | 3 |
| 5.0 | 3.09 | 3.02 | 2 | 9.36 | 9.22 | 1 | 18.31 | 17.72 | 3 | 28.57 | 28.17 | 1 |
| 10 | 2.91 | 2.81 | 3 | 8.73 | 8.6 | 1 | 16.92 | 16.53 | 2 | 27.15 | 26.28 | 3 |
| 20 | 2.69 | 2.63 | 2 | 8.06 | 8.02 | 1 | 15.50 | 15.43 | 0 | 24.63 | 24.52 | 0 |
| 40 | 2.46 | 2.45 | 0 | 7.45 | 7.49 | -1 | 14.46 | 14.39 | 0 | 22.76 | 22.88 | -1 |
| 80 | 2.38 | 2.35 | 1 | 6.88 | 6.99 | -2 | 13.36 | 13.43 | -1 | 21.02 | 21.35 | -2 |
| 160 | 2.30 | 2.34 | -2 | 6.66 | 6.96 | -5 | 12.58 | 13.02 | -3 | 19.23 | 19.92 | -4 |
| 320 | 2.22 | 2.32 | -4 | 6.57 | 6.9 | -5 | 12.20 | 12.9 | -6 | 19.03 | 19.95 | -5 |
| 640 | 2.20 | 2.29 | -4 | 6.50 | 6.8 | -5 | 12.08 | 12.68 | -5 | 18.59 | 19.58 | -5 |

表 9-19 作业液 2⅜in 弯管拟合公式与数值模拟计算结果对比（1000m 压降）

| 曲率半径（m） | 0.5m³/min | | | 1.0m³/min | | | 1.5m³/min | | | 2.0m³/min | | |
|---|---|---|---|---|---|---|---|---|---|---|---|---|
| | 数值模拟（MPa） | 修正公式（MPa） | 相对误差（%） | 数值模拟（MPa） | 修正公式（MPa） | 相对误差（%） | 数值模拟（MPa） | 修正公式（MPa） | 相对误差（%） | 数值模拟（MPa） | 修正公式（MPa） | 相对误差（%） |
| 1.25 | 1.94 | 1.88 | 3 | 5.95 | 5.76 | 3 | 11.44 | 11.07 | 3 | 18.53 | 17.6 | 5 |
| 2.5 | 1.81 | 1.76 | 3 | 5.65 | 5.37 | 5 | 10.47 | 10.33 | 1 | 16.97 | 16.42 | 3 |
| 5.0 | 1.68 | 1.64 | 2 | 5.13 | 5.01 | 2 | 9.87 | 9.64 | 2 | 15.98 | 15.32 | 4 |
| 10 | 1.56 | 1.53 | 2 | 4.84 | 4.68 | 3 | 9.12 | 8.99 | 1 | 14.78 | 14.3 | 3 |
| 20 | 1.45 | 1.43 | 1 | 4.47 | 4.37 | 2 | 8.42 | 8.39 | 0 | 13.65 | 13.34 | 2 |
| 40 | 1.33 | 1.33 | 0 | 4.09 | 4.07 | 0 | 7.71 | 7.83 | -2 | 12.51 | 12.45 | 0 |
| 80 | 1.30 | 1.28 | 1 | 3.78 | 3.8 | 0 | 7.34 | 7.31 | 0 | 11.43 | 11.61 | -2 |
| 160 | 1.26 | 1.27 | -1 | 3.73 | 3.79 | -2 | 7.06 | 7.1 | 0 | 10.46 | 10.84 | -4 |
| 320 | 1.21 | 1.27 | -5 | 3.59 | 3.76 | -5 | 6.99 | 7.03 | -4 | 11.05 | 10.87 | 2 |
| 640 | 1.19 | 1.25 | -5 | 3.55 | 3.7 | -4 | 6.97 | 6.91 | 0 | 11.30 | 10.67 | 5 |

由表 9-18 和表 9-19 中数据可知，弯管拟合公式计算结果与数值模拟有较好的吻合，误差均在 5%，说明公式拟合正确。

## (三) 连续油管变径管沿程摩阻计算

(1) 理论计算公式及方法。

圆管缩径和扩径结构如图 9-90 所示。

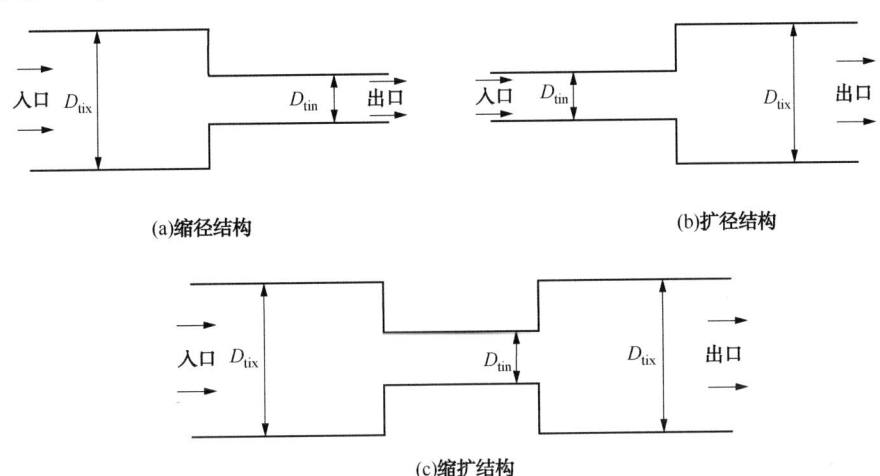

图 9-90 圆管缩扩径结构示意图

①清水计算公式。

缩径压降计算公式：

$$\Delta p_{ws} = \rho_w g \left( \frac{v_{tin}^2 - v_{tix}^2}{2g} + h_{jk} \right) \tag{9-244}$$

扩径结构压降计算公式：

$$\Delta p_{wk} = \rho_w g \left( \frac{v_{tix}^2 - v_{tin}^2}{2g} + h_{jk} \right) \tag{9-245}$$

式中 $\Delta p_{ws}$——缩径压降，MPa；
$\Delta p_{wk}$——扩径压降，MPa；
$v_{tix}$——大工具截面平均流速，m/s；
$v_{tin}$——小工具截面平均流速，m/s；
$h_{js}$——缩径水头损失，m；
$h_{jk}$——扩径水头损失，m；
$\rho_w$——清水密度，kg/m³；
$g$——重力加速度 m/s²。

其中：
$$v_{tin} = \frac{Q_w}{15\pi D_{tin}^2} \quad v_{tix} = \frac{Q_w}{15\pi D_{tix}^2}$$

$$h_{js} = \frac{0.5(1 - D_{tin}^2/D_{tix}^2)v_{tin}^2}{2g} \quad h_{jk} = \frac{(D_{tix}^2/D_{tin}^2 - 1)^2 v_{tix}^2}{2g}$$

式中 $Q_w$——油管清水排量，m³/min；
$D_{tix}$——大工具内径，m；

$D_{tin}$——小工具内径,m。

② 作业液计算公式。

对于作业液工况,缩扩结构为常用结构,因此以喷嘴压降公式为原型对缩扩结构压降计算公式是拟合。得到作业液缩扩结构压降计算公式:

$$\Delta p_{fsk} = 285.88\left(1.23 - 1.15\frac{D_{tin}}{D_{tix}}\right)\frac{\rho_f Q_f^2}{10^{12}C^2 D_{tin}^4} \quad (9-246)$$

式中 $\Delta p_{fsk}$——作业液压降,MPa;

$\rho_f$——作业液密度,kg/m³;

$D_{tix}$——大工具内径,m;

$D_{tin}$——小工具内径,m;

$C$——流量系数,一般取0.9;

$Q_f$——油管作业液排量,m³/min。

(2)流场模拟仿真计算及与理论结果对比。

① 直管流场仿真模型的建立。

清水为液体介质时,计算缩径和扩径结构压降,作业液为介质时计算缩径压降。取2in和2⅜in两种管柱的油管直径,即变径管大径,其内径分别为44.5mm和50.3mm。根据井下作业常用工具结构及工艺参数,取3种变径比,分别为0.3、0.6、0.9(变径比为$d/D$),取4种排量,分别为0.5m³/min、1.0m³/min、1.5m³/min和2.0m³/min,工程流体属性见表9-7所示。

为了消除变径管进出口边界对计算精度的影响,进出口计算域长度取管大径15倍。变径结构包括缩径结构和扩径结构。流体在油管内流动过程中,受流体黏度和壁面粗糙度影响,流体在近壁面处的速度为0,速度梯度较大。为了更准确地描述近壁面流场分布,近壁面网格加密,共划分1425880个单元,变径管网格模型如图9-91所示。

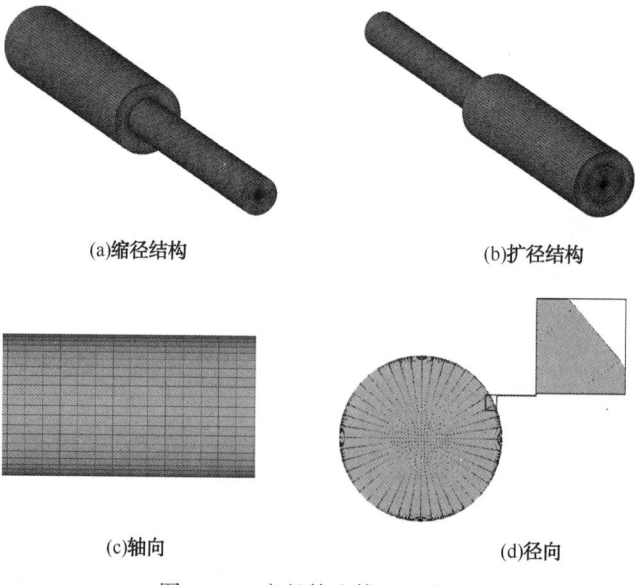

(a)缩径结构　　　　　　(b)扩径结构

(c)轴向　　　　　　(d)径向

图9-91 变径管流体网格模型

缩径结构与扩径结构进出口边界条件相似，下面以缩径结构模型边界为例进行介绍，如图 9-92 所示，左端平面入口，设置为速度入口边界条件；右端平面出口，设置为压力出口边界条件；环向圆周面，设置为壁面边界条件。

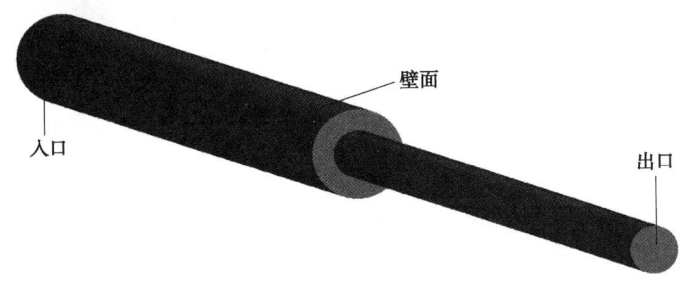

图 9-92 变径管流体模型边界

② 变径管流场计算结果分析。

根据数值模拟计算结果，按长度等比例换算 1000m 长度压降，各工况计算结果如表 9-20 所示。

表 9-20 变径管数值模拟计算结果（1000m 压降）

| 变径比 | 排量（m³/min） | 清水压降（MPa） | | | | 作业液压降（MPa） | |
|---|---|---|---|---|---|---|---|
| | | 缩径 | | 扩径 | | 缩扩 | |
| | | 2in | 2⅜in | 2in | 2⅜in | 2in | 2⅜in |
| 0.3 | 0.5 | 2.43 | 1.40 | -0.30 | -0.16 | 2.58 | 1.47 |
| | 1.0 | 9.85 | 5.53 | -1.19 | -0.68 | 10.10 | 6.15 |
| | 1.5 | 22.62 | 12.83 | -2.74 | -1.51 | 23.43 | 13.97 |
| | 2.0 | 42.67 | 24.20 | -4.83 | -2.71 | 43.77 | 24.60 |
| 0.6 | 0.5 | 0.13 | 0.07 | -0.05 | -0.03 | 0.10 | 0.06 |
| | 1.0 | 0.51 | 0.29 | -0.21 | -0.11 | 0.39 | 0.23 |
| | 1.5 | 1.18 | 0.68 | -0.48 | -0.27 | 0.89 | 0.53 |
| | 2.0 | 2.22 | 1.24 | -0.84 | -0.47 | 1.69 | 0.93 |
| 0.9 | 0.5 | 0.01 | 0.01 | -0.01 | -0.01 | 0.01 | 0.01 |
| | 1.0 | 0.04 | 0.02 | -0.03 | -0.02 | 0.03 | 0.02 |
| | 1.5 | 0.09 | 0.05 | -0.06 | -0.03 | 0.06 | 0.04 |
| | 2.0 | 0.15 | 0.09 | -0.11 | -0.06 | 0.11 | 0.06 |

其中清水工况下 2in 管变径变径比为 0.6、排量为 0.5 m³/min 时的缩径和扩径结构的压力分布如图 9-93 所示。

由图 9-93(a) 可见缩径管压力云图，在圆管大径段，压力呈红色，在圆管小径段，压力呈蓝绿色，在变径位置处，压力由红色逐步向蓝绿色过度，说明变径管在大径段压力比小径段压力大，在变径位置时压力急剧变化的位置。将变径位置压力局部放大可发现，此处不仅存在急剧的压力过度现象，还由于"缩脉"现象产生了低压区（图中蓝色区域），这说

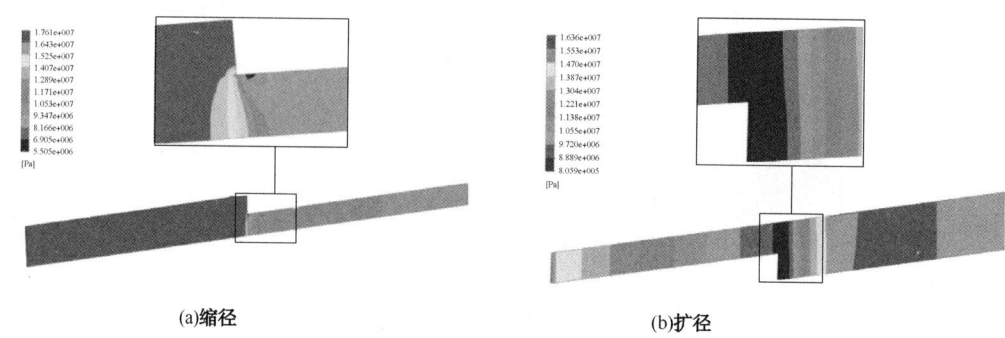

(a)缩径                                      (b)扩径

图 9-93　变径管清水压力云图

明此处会存在能量损失。

由图 9-93(b)可见扩径管压力云图，在圆管小径段，压力从黄色向蓝色过度，在圆管大径段，压力从蓝色向红黄色过度，说明变径管在小径段压力由高变低，流速高能量损失较多，到扩径位置产生涡流，并形成低压区，能量损失剧烈。在整个大径段，压力由低变高，是因为流速逐步降低，压力逐渐恢复所致。其他工况下压力云图规律与此工况相同，此处省略。

③ 理论计算与数值模拟对比。

根据前文所列理论公式对清水工况下变径管缩径、扩径结构理论计算结果与数值模拟对比见表 9-21。

表 9-21　清水缩径扩径结构理论计算与数值模拟结果对比

| 变径比 | 排量 (m³/min) | 缩径 | | | | | | 扩径 | | | | | |
|---|---|---|---|---|---|---|---|---|---|---|---|---|---|
| | | 2in | | | 2⅜in | | | 2in | | | 2⅜in | | |
| | | 数值模拟 (MPa) | 解析解 (MPa) | 相对误差 (%) | 数值模拟 (MPa) | 解析解 (MPa) | 相对误差 (%) | 数值模拟 (MPa) | 解析解 (MPa) | 相对误差 (%) | 数值模拟 (MPa) | 解析解 (MPa) | 相对误差 (%) |
| 0.3 | 0.5 | 2.43 | 2.56 | -5 | 1.40 | 1.44 | -3 | -0.30 | -0.29 | 3 | -0.16 | -0.16 | 0 |
| | 1.0 | 9.85 | 10.26 | -4 | 5.53 | 5.76 | -4 | -1.19 | -1.16 | 3 | -0.68 | -0.65 | 4 |
| | 1.5 | 22.62 | 23.08 | -2 | 12.83 | 12.96 | -1 | -2.74 | -2.61 | 5 | -1.51 | -1.47 | 3 |
| | 2.0 | 42.67 | 41.03 | 4 | 24.20 | 23.05 | 5 | -4.83 | -4.64 | 4 | -2.71 | -2.61 | 4 |
| 0.6 | 0.5 | 0.13 | 0.13 | 0 | 0.07 | 0.07 | 0 | -0.05 | -0.05 | 0 | -0.03 | -0.03 | 0 |
| | 1.0 | 0.51 | 0.53 | -4 | 0.29 | 0.3 | -3 | -0.21 | -0.2 | 5 | -0.11 | -0.11 | 0 |
| | 1.5 | 1.18 | 1.19 | -1 | 0.68 | 0.67 | 1 | -0.48 | -0.46 | 4 | -0.27 | -0.26 | 4 |
| | 2.0 | 2.22 | 2.11 | 5 | 1.24 | 1.19 | 4 | -0.84 | -0.82 | 2 | -0.47 | -0.46 | 2 |
| 0.9 | 0.5 | 0.01 | 0.01 | 0 | 0.01 | 0.01 | 0 | -0.01 | -0.01 | 0 | -0.01 | -0.01 | 0 |
| | 1.0 | 0.04 | 0.04 | 0 | 0.02 | 0.02 | 0 | -0.03 | -0.03 | 0 | -0.02 | -0.02 | 0 |
| | 1.5 | 0.09 | 0.09 | 0 | 0.05 | 0.05 | 0 | -0.06 | -0.06 | 0 | -0.03 | -0.03 | 0 |
| | 2.0 | 0.15 | 0.15 | 0 | 0.09 | 0.09 | 0 | -0.11 | -0.11 | 0 | -0.06 | -0.06 | 0 |

由表 9-21 可知，随排量的增大和变径比、管径的减小，缩径结构和扩径结构压降的绝对值逐渐减大。扩径结构与缩径结构解析解计算结果与数值模拟误差均在 5% 以内，说明变径管理论压降公式和数值模型均正确。

根据前文所列理论公式对清水工况下变径管缩径、扩径结构理论计算结果与数值模拟对比见表 9-22 所示。

表 9-22 作业液缩扩结构理论计算与数值模拟结果

| 变径比 | 排量<br>($m^3$/min) | 2in | | | 2⅜in | | |
|---|---|---|---|---|---|---|---|
| | | 数值模拟<br>(MPa) | 解析解<br>(MPa) | 相对误差<br>(%) | 数值模拟<br>(MPa) | 解析解<br>(MPa) | 相对误差<br>(%) |
| 0.3 | 0.5 | 2.58 | 2.63 | -2 | 1.47 | 1.48 | -1 |
| | 1.0 | 10.10 | 10.52 | -4 | 6.15 | 5.91 | 4 |
| | 1.5 | 23.43 | 23.67 | -1 | 13.97 | 13.3 | 5 |
| | 2.0 | 43.77 | 42.09 | 4 | 24.60 | 23.65 | 4 |
| 0.6 | 0.5 | 0.10 | 0.1 | 0 | 0.06 | 0.06 | 0 |
| | 1.0 | 0.39 | 0.4 | -3 | 0.23 | 0.23 | 0 |
| | 1.5 | 0.89 | 0.9 | -1 | 0.53 | 0.51 | 4 |
| | 2.0 | 1.69 | 1.61 | 5 | 0.93 | 0.9 | 3 |
| 0.9 | 0.5 | 0.01 | 0.01 | 0 | 0.01 | 0.01 | 0 |
| | 1.0 | 0.03 | 0.03 | 0 | 0.02 | 0.02 | 0 |
| | 1.5 | 0.06 | 0.06 | 0 | 0.04 | 0.04 | 0 |
| | 2.0 | 0.11 | 0.11 | 0 | 0.06 | 0.06 | 0 |

由表 9-22 可知，随排量的增大和变径比、管径的减小，缩径结构和扩径结构压降的绝对值逐渐减大。其解析解计算结果与数值模拟误差均在 5% 以内，说明变径管理论压降公式和数值模型均正确。

### (四) 连续油管环空直管沿程摩阻计算

(1) 理论计算公式及方法。

环空直管结构如图 9-94 所示。

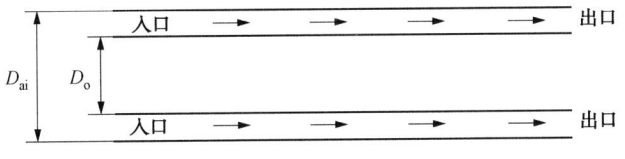

图 9-94 环空直管结构图

针对环空紊流流动，目前还没有专门的实验结果。由于流体力学的发展，在圆管紊流流动方面已经做了大量的实验工作。遗憾的是，这对于其他形状的流动管道并不一定正确。当遇到环空紊流流动时通常的做法是根据一定的假设，使环空紊流的流动特性粗略地等于圆管紊流的流动特性,从而可以利用圆管紊流流动的解决办法来解决环空紊流流动问题。

用圆管流动解决环空流动问题时,环空截面尺寸定义通常采用水力半径法,对于同心环空情况水力半径为:

$$R_h = \frac{\pi R_2^2 - \pi R_1^2}{\pi(R_1 + R_2)} = \frac{R_2 - R_1}{2} = \frac{D_{ai} - D_o}{4}$$

研究表明,在其他条件相同时,同心环空水力半径的四倍相当于具有同等流动特性的圆管直径:

$$D_e = 4R_h = D_{ai} - D_o \tag{9-247}$$

环空压降计算仍采用直管压降计算公式的形式,只是将式中的油管直径 $D_i$ 用环空水力半径 $D_{ai}-D_o$ 代替,具体如下:

① 清水压降计算公式:

$$\Delta p_{asw} = \frac{2f_{asw}\rho_w v_w^2 L_v}{D_{ai} - D_o} \tag{9-248}$$

式中　$\Delta p_{asw}$ ——环空清水压降,MPa;

　　　$\rho_w$ ——环空清水密度,kg/m³;

　　　$v_w$ ——流经环空的速度,m/s;

　　　$D_{ai}$ ——套管内径,m;

　　　$D_o$ ——油管外径,m;

　　　$L_v$ ——直管长度,m;

　　　$f_{asw}$ ——清水摩阻系数。

其中:

$$f_{asw} = \frac{1}{4}\left(\frac{1}{0.87\ln\dfrac{D_{ai} - D_o}{2e_a} + 1.74}\right)^2 \tag{9-249}$$

式中　$e_a$ ——套管粗糙度,m。

② 作业液压降计算公式:

$$\Delta p_{asf} = \frac{2f_{asf}\rho_f v_f^2 L_v}{D_{ai} - D_o} \tag{9-250}$$

式中　$\Delta p_{asf}$ ——环空作业液压降,MPa;

　　　$\rho_f$ ——环空作业液密度,kg/m³;

　　　$v_f$ ——流经环空的速度,m/s;

　　　$D_{ai}$ ——套管内径,m;

　　　$D_o$ ——油管外径,m;

　　　$L_v$ ——直管长度,m;

　　　$f_{asf}$ ——作业液摩阻系数。

其中:

$$f_{asf} = \frac{a}{Re_f^b} \tag{9-251}$$

式中 $Re_f$——作业液雷诺数，$a$、$b$ 分别由下式计算：

$$a = \frac{\lg n + 3.93}{50} \qquad b = \frac{1.75 - \lg n}{7}$$

其中：
$$Re_f = \frac{\rho_f v_f^{(2-n)} (D_{ai} - D_o)^n}{\mu_f 8^{(n-1)}} \left(\frac{4n}{3n+1}\right)^n$$

式中 $\mu_f$——作业液黏度，Pa·s；
　　$n$——流性指数，Pa·s。

（2）流场模拟仿真计算及与理论结果对比。

① 环空直管流场仿真模型的建立。

现取 2in 和 2⅜in 两种连续油管的管柱结构，其内径分别为 44.5mm 和 50.3mm，取 4in、5½in 和 7in 三种尺寸套管与上述两种油管配合，形成 4 种环空尺寸；管长 $L$ 取 3200mm，连续油管的弹性模量均为 210GPa，泊松比均为 0.3。根据井下作业常用工具结构及工艺参数，取 4 种排量，分别为 0.5m³/min、1.0m³/min、1.5m³/min 和 2.0m³/min，共 32 种工况进行计算。工程流体属性见表 9-7 所示。

环空直管网格模型如图 9-95 所示。流体在油管内流动过程中，受流体黏度和壁面的粗糙度影响，流体在近壁面处的速度为 0，速度梯度较大。为了更准确地描述近壁面流场分布，近壁面网格加密，共划分 1425880 个单元。

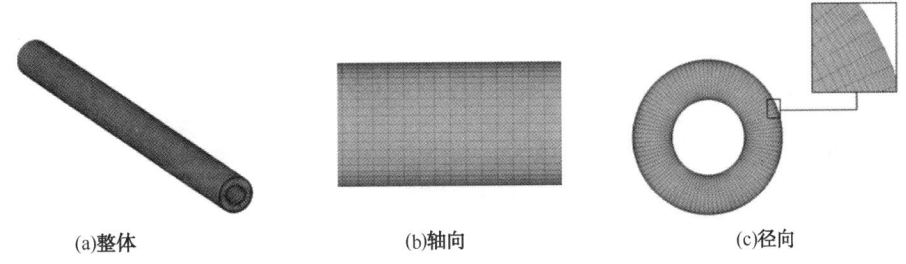

(a)整体　　　　(b)轴向　　　　(c)径向

图 9-95　环空流体网格模型

模型边界如图 9-96 所示，左端平面入口，设置为速度入口边界条件；右端平面出口，设置为压力出口边界条件；环向圆周面，设置为壁面边界条件。

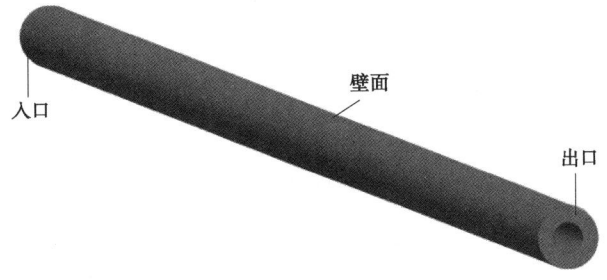

图 9-96　环空直管模型边界

② 环空直管流场计算结果分析。

根据数值模拟结果，按长度等比例换算环空直管1000m压降，其计算结果如表9-23所示。

表9-23 环空直管数值模拟计算结果（1000m压降）

| 排量<br>（m³/min） | 2⅜in 油管—4in 套管 | | 2⅜in 油管—5½in 套管 | | 2in 油管—5½in 套管 | | 2in 油管—7in 套管 | |
|---|---|---|---|---|---|---|---|---|
| | 清水压降<br>（MPa） | 作业液压降<br>（MPa） | 清水压降<br>（MPa） | 作业液压降<br>（MPa） | 清水压降<br>（MPa） | 作业液压降<br>（MPa） | 清水压降<br>（MPa） | 作业液压降<br>（MPa） |
| 0.5 | 3.36 | 1.50 | 0.17 | 0.11 | 0.13 | 0.08 | 0.03 | 0.02 |
| 1.0 | 14.12 | 4.20 | 0.75 | 0.33 | 0.55 | 0.24 | 0.12 | 0.06 |
| 1.5 | 30.52 | 7.66 | 1.61 | 0.56 | 1.14 | 0.43 | 0.25 | 0.15 |
| 2.0 | 53.12 | 11.49 | 2.78 | 0.85 | 2.05 | 0.65 | 0.44 | 0.18 |

其中2⅜in 油管—4in 套管环空清水和作业液0.5m³/min排量下，压力云图如图9-97和图9-98所示。

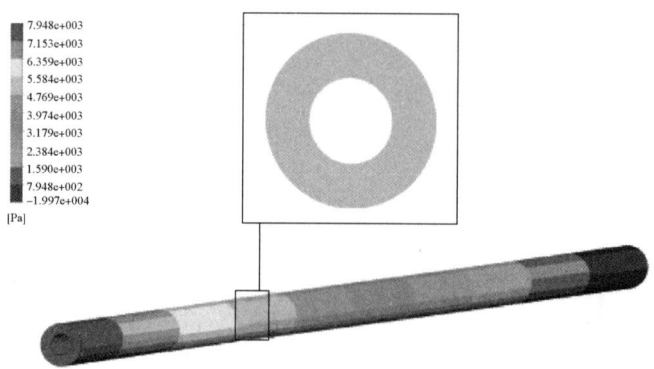

图9-97 环空直管清水压力云图

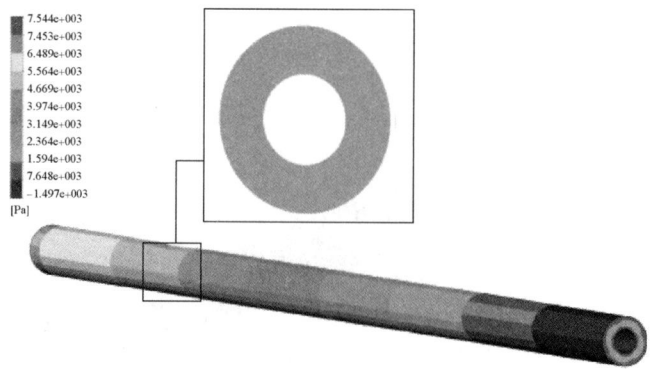

图9-98 环空直管作业液压力云图

由环空直管清水压力云图 9-97 的整体云图可知，流体左入右出，流体轴向压力云图由红变蓝，说明产生了能量损失。局部放大图的流体径向压力云图显示，压力无变化。由图 9-97 和图 9-98 可知，作业液流速和压力分布与清水基本相同，在此不复述。其他工况下压力云图规律与此工况相同，限于篇幅，此处省略。

③ 理论计算与数值模拟对比。

清水为液体介质时，根据井下作业常用结构及工艺，连续环空压降计算取 4 种结构、4 种排量，共 16 种工况，根据理论公式计算清水工况下环空直管不同排量不同管径值进行计算，得到的解析解与数值模拟计算结果对比见表 9-24。

表 9-24　清水环空直管理论公式与数值模拟计算结果对比（1000m 压降）

| 排量<br>（m³/min） | 2⅜in 油管—4in 套管 | | | 2⅜in 油管—5½in 套管 | | | 2in 油管—5½in 套管 | | | 2in 油管—7in 套管 | | |
|---|---|---|---|---|---|---|---|---|---|---|---|---|
| | 数值模拟（MPa） | 解析解（MPa） | 相对误差（%） | 数值模拟（MPa） | 解析解（MPa） | 相对误差（%） | 数值模拟（MPa） | 解析解（MPa） | 相对误差（%） | 数值模拟（MPa） | 解析解（MPa） | 相对误差（%） |
| 0.5 | 3.36 | 3.50 | -4 | 0.17 | 0.18 | -3 | 0.13 | 0.13 | 0 | 0.03 | 0.03 | 0 |
| 1.0 | 14.12 | 13.98 | 1 | 0.75 | 0.73 | 3 | 0.55 | 0.53 | 3 | 0.12 | 0.12 | 0 |
| 1.5 | 30.52 | 31.46 | -3 | 1.61 | 1.64 | -2 | 1.14 | 1.19 | -4 | 0.25 | 0.26 | -4 |
| 2.0 | 53.12 | 55.92 | -5 | 2.78 | 2.92 | -5 | 2.05 | 2.11 | -3 | 0.44 | 0.46 | -5 |

由表 9-24 中数据可知，随着排量增大和环空有效过流面积减小，环空压降逐渐增大。压降理论计算结果与数值模拟有较好的吻合，误差均小于 5%，说明环空压降公式和数值模型均正确。

作业液为液体介质时，根据井下作业常用结构及工艺，连续环空压降计算取 4 种管柱结构，4 种排量，共 16 种工况，根据前文所列理论公式计算作业液工况下环空直管不同排量不同管径值进行计算，得到的解析解与数值模拟计算结果对比见表 9-25。

表 9-25　作业液环空直管理论公式与数值模拟计算结果比较（1000m 压降）

| 排量<br>（m³/min） | 2⅜in 油管—4in 套管 | | | 2⅜in 油管—5½in 套管 | | | 2in 油管—5½in 套管 | | | 2in 油管—7in 套管 | | |
|---|---|---|---|---|---|---|---|---|---|---|---|---|
| | 数值模拟（MPa） | 解析解（MPa） | 相对误差（%） | 数值模拟（MPa） | 解析解（MPa） | 相对误差（%） | 数值模拟（MPa） | 解析解（MPa） | 相对误差（%） | 数值模拟（MPa） | 解析解（MPa） | 相对误差（%） |
| 0.5 | 1.50 | 1.43 | 5 | 0.11 | 0.11 | 0 | 0.08 | 0.08 | 0 | 0.02 | 0.02 | 0 |
| 1.0 | 4.20 | 4.06 | 3 | 0.33 | 0.32 | 4 | 0.24 | 0.24 | 0 | 0.06 | 0.06 | 0 |
| 1.5 | 7.66 | 7.41 | 3 | 0.56 | 0.58 | -4 | 0.43 | 0.43 | 0 | 0.15 | 0.15 | 0 |
| 2.0 | 11.49 | 11.22 | 2 | 0.85 | 0.88 | -3 | 0.65 | 0.64 | 2 | 0.18 | 0.18 | 0 |

由表 9-25 中数据可知，随着排量增大和环空有效过流面积减小，环空压降逐渐增大。压降理论计算结果与数值模拟有较好的吻合，误差均小于 5%，说明环空压降公式和数值模

型均正确。

### (五) 连续油管环空弯管沿程摩阻计算

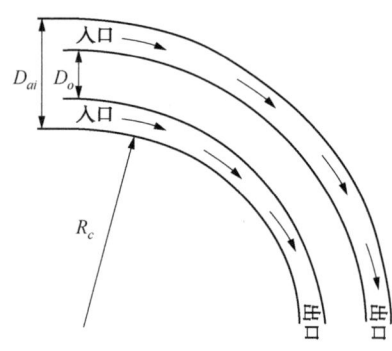

图 9-99 环空弯管结构图

(1) 理论计算公式及方法。

环空弯管结构如图 9-99 所示。

环空弯管压降计算仍采用直管压降计算公式的形式，即式(9-237)~(9-241)，只是将式中的油管直径 $D_i$ 用环空水力半径 $D_{oi}-D_o$ 代替，即：

① 清水压降计算公式：

$$\Delta p_{asw} = \frac{2f_{asw}\rho_w v_w^2 L_v}{D_{ai} - D_o} \qquad (9-252)$$

式中 $\Delta p_{asw}$——环空清水压降，MPa；
   $\rho_w$——环空清水密度，kg/m³；
   $v_w$——流经环空的速度，m/s；
   $D_{ai}$——套管内径，m；
   $D_o$——油管外径，m；
   $L_v$——直管长度，m；
   $f_{asw}$——清水摩阻系数。

其中：
$$f_{asw} = \frac{1}{4}\left(\frac{1}{0.87\ln\dfrac{D_{ai}-D_o}{2e_a} + 1.74}\right)^2 \qquad (9-253)$$

式中 $e_a$——套管粗糙度，m。

② 作业液压降计算公式：

$$\Delta p_{asf} = \frac{2f_{asf}\rho_f v_f^2 L_v}{D_{ai} - D_o} \qquad (9-254)$$

式中 $\Delta p_{asf}$——环空作业液压降，MPa；
   $\rho_f$——环空作业液密度，kg/m³；
   $v_f$——流经环空的速度，m/s；
   $D_{ai}$——套管内径，m；
   $D_o$——油管外径，m；
   $L_v$——直管长度，m；
   $f_{asf}$——作业液摩阻系数。

其中：
$$f_{asf} = \frac{a}{Re_f^b} \qquad (9-255)$$

式中 $Re_f$——作业液雷诺数，$a$、$b$ 分别由下式计算：

$$a = \frac{\lg n + 3.93}{50} \qquad b = \frac{1.75 - \lg n}{7}$$

其中:
$$Re_f = \frac{\rho_f v_f^{(2-n)} (D_{ai} - D_o)^n}{\mu_f 8^{(n-1)}} \left(\frac{4n}{3n+1}\right)^n$$

式中　$\mu_f$——作业液黏度；

　　　$n$——流性指数。

(2) 流场模拟仿真计算及与理论结果对比。

① 环空弯管流场仿真模型的建立。

现取 2in 和 2⅜in 两种连续油管的管柱结构，其外径分别为 50.8mm 和 60.3mm，取 4in、5½in 和 7in 三种尺寸套管，内径分别为 90.1mm、127.3mm 和 166.1mm 与上述两种油管配合，形成四种环空尺寸；连续油管的弹性模量均为 210GPa，泊松比均为 0.3。取清水和作业液两种工程流体，0.5m³/min 和 2.0m³/min 2 种排量，取 1.25m、2.5m、5m、10m、20m、40m、80m、160m、320m、640m，10 种曲率半径，共计 160 种工况。工程流体属性见表 9-7 所示。

环空弯管网格模型如图 9-100 所示，为了消除弯管进出口边界对计算精度的影响，弯管计算域长度取一圈环空弯管。流体在油管内流动过程中，受流体黏度和壁面的粗糙度影响，流体在近壁面处的速度为 0，速度梯度较大。为了更准确地描述近壁面流场分布，近壁面网格加密，共划分 1425880 个单元。

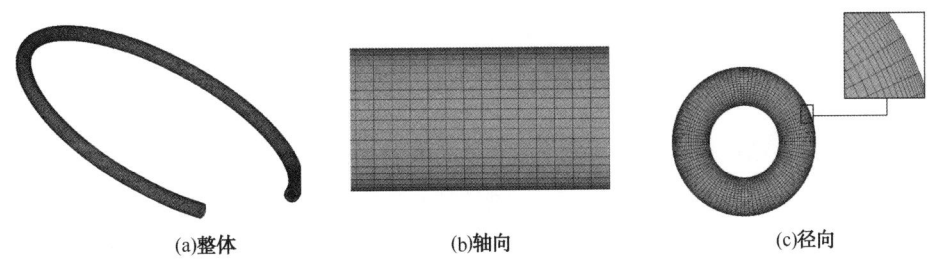

(a)整体　　　(b)轴向　　　(c)径向

图 9-100　环空弯管网格模型

模型边界如图 9-101 所示，左端平面入口，设置为速度入口边界条件；右端平面出口，设置为压力出口边界条件；环向圆周面，设置为壁面边界条件。

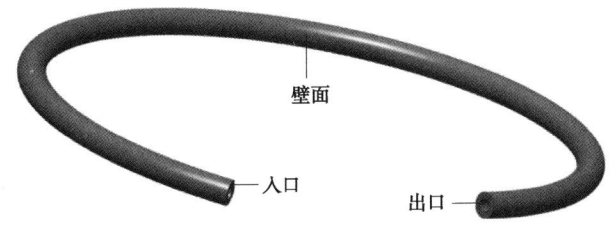

图 9-101　环空弯管模型边界

② 弯管流场计算结果分析。

根据数值模拟计算结果，按长度等比例换算1000m长度压降，各工况计算结果如表9-26所示。

表9-26 环空弯管数值模拟计算结果（1000m压降）

| 曲率半径(m) | 2⅜in 油管和4in 套管 | | | | 2in 油管和7in 套管 | | | | 2⅜in 油管和5½in 套管 | | | | 2in 油管和5½in 套管 | | | |
|---|---|---|---|---|---|---|---|---|---|---|---|---|---|---|---|---|
| | 0.5m³/min | | 2.0m³/min | | 0.5m³/min | | 2.0m³/min | | 0.5m³/min | | 2.0m³/min | | 0.5m³/min | | 2.0m³/min | |
| | 清水压降(MPa) | 作业液压降(MPa) | 清水压降(MPa) | 作业液压降(MPa) | 清水压降(MPa) | 作业液压降(MPa) | 清水压降(MPa) | 作业液压降(MPa) | 清水压降(MPa) | 作业液压降(MPa) | 清水压降(MPa) | 作业液压降(MPa) | 清水压降(MPa) | 作业液压降(MPa) | 清水压降(MPa) | 作业液压降(MPa) |
| 1.25 | 4.56 | 2.20 | 72.72 | 17.48 | 0.04 | 0.035 | 0.60 | 0.28 | 0.24 | 0.18 | 3.75 | 1.38 | 0.17 | 0.13 | 2.74 | 1.02 |
| 2.5 | 4.20 | 2.05 | 66.52 | 16.21 | 0.03 | 0.033 | 0.55 | 0.26 | 0.22 | 0.17 | 3.54 | 1.28 | 0.16 | 0.12 | 2.58 | 0.94 |
| 5.0 | 3.89 | 1.89 | 61.67 | 14.95 | 0.03 | 0.032 | 0.51 | 0.24 | 0.21 | 0.16 | 3.31 | 1.19 | 0.15 | 0.11 | 2.36 | 0.89 |
| 10 | 3.64 | 1.78 | 56.66 | 14.14 | 0.03 | 0.029 | 0.49 | 0.23 | 0.19 | 0.14 | 3.01 | 1.09 | 0.13 | 0.10 | 2.22 | 0.82 |
| 20 | 3.42 | 1.63 | 53.69 | 12.93 | 0.03 | 0.027 | 0.44 | 0.20 | 0.18 | 0.13 | 2.82 | 1.01 | 0.13 | 0.10 | 2.05 | 0.76 |
| 40 | 3.34 | 1.50 | 52.31 | 11.80 | 0.03 | 0.025 | 0.43 | 0.19 | 0.17 | 0.12 | 2.70 | 0.92 | 0.12 | 0.09 | 1.98 | 0.69 |
| 80 | 3.33 | 1.43 | 51.74 | 11.25 | 0.03 | 0.024 | 0.42 | 0.18 | 0.17 | 0.11 | 2.70 | 0.87 | 0.12 | 0.09 | 1.94 | 0.66 |
| 160 | 3.21 | 1.39 | 50.27 | 10.97 | 0.03 | 0.023 | 0.42 | 0.18 | 0.17 | 0.11 | 2.64 | 0.85 | 0.12 | 0.08 | 1.94 | 0.66 |
| 320 | 3.15 | 1.37 | 50.06 | 10.83 | 0.03 | 0.023 | 0.41 | 0.17 | 0.17 | 0.10 | 2.67 | 0.86 | 0.12 | 0.08 | 1.90 | 0.64 |
| 640 | 3.16 | 1.38 | 50.22 | 10.78 | 0.03 | 0.023 | 0.41 | 0.17 | 0.17 | 0.11 | 2.67 | 0.85 | 0.12 | 0.08 | 1.89 | 0.64 |

其中2⅜in 油管和4in 套管配合，曲率半径为1.25清水压力云图如图9-102所示。

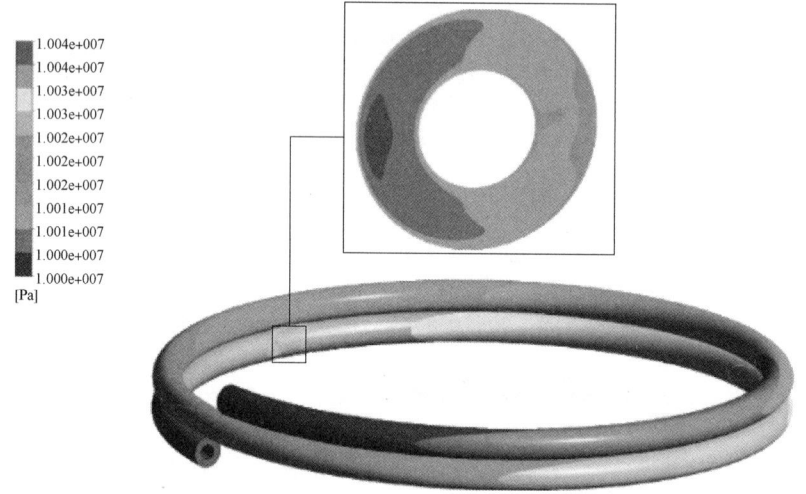

图9-102 环空弯管清水压力云图

由环空弯管清水压力云图9-102可知，流体下入上出，流体轴向压力云图由红变蓝，说明产生了能量损失。观察局部放大图可知，沿流速方向，弯管外缘流体压力要超过弯管内缘流体压力，主要是离心力导致的，这是弯管能量损失较直管大的原因之一。其他工况下压力云图规律与此工况相同,此处省略。

(3)理论计算与数值模拟对比。

①清水工况结果对比。

根据前文所列理论公式计算清水工况下环空弯管压降与数值模拟计算进行对比,其结果见表9-27。

由表9-27中数据可知,解析解由清水环空直管压降公式求得,由于公式未考虑曲率半径对压降的影响,所以曲率半径变化时,压降为定值,当排量增大和环空有效过流面积减小时,环空压降逐渐增大。排量和环空有效过流面积的变化,对数值模拟计算结果的影响同解析解相同,但曲率半径的逐渐减小,数值模拟压降计算结果逐渐增大,因此,下面将以数值模拟计算结果,对原有理论公式修正,得到环空弯管计算公式。

表9-27 清水环空弯管理论与数值模拟计算结果对比(1000m 压降)

| 曲率半径(m) | 2⅜in 油管和4in 套管 | | | | | | 2in 油管和7in 套管 | | | | | |
|---|---|---|---|---|---|---|---|---|---|---|---|---|
| | 0.5m³/min | | | 2.0m³/min | | | 0.5m³/min | | | 2.0m³/min | | |
| | 数值模拟(MPa) | 解析解(MPa) | 相对误差(%) | 数值模拟(MPa) | 解析解(MPa) | 相对误差(%) | 数值模拟(MPa) | 解析解(MPa) | 相对误差(%) | 数值模拟(MPa) | 解析解(MPa) | 相对误差(%) |
| 1.25 | 4.56 | 3.28 | 28 | 72.72 | 52.56 | 28 | 0.04 | 0.03 | 25 | 0.60 | 0.43 | 28 |
| 2.5 | 4.20 | 3.28 | 22 | 66.52 | 52.56 | 21 | 0.03 | 0.03 | 0 | 0.55 | 0.43 | 22 |
| 5.0 | 3.89 | 3.28 | 16 | 61.67 | 52.56 | 15 | 0.03 | 0.03 | 0 | 0.51 | 0.43 | 16 |
| 10 | 3.64 | 3.28 | 10 | 56.66 | 52.56 | 7 | 0.03 | 0.03 | 0 | 0.49 | 0.43 | 12 |
| 20 | 3.42 | 3.28 | 4 | 53.69 | 52.56 | 2 | 0.03 | 0.03 | 0 | 0.44 | 0.43 | 2 |
| 40 | 3.34 | 3.28 | 2 | 52.31 | 52.56 | 0 | 0.03 | 0.03 | 0 | 0.43 | 0.43 | 0 |
| 80 | 3.33 | 3.28 | 2 | 51.74 | 52.56 | −2 | 0.03 | 0.03 | 0 | 0.42 | 0.43 | −2 |
| 160 | 3.21 | 3.28 | −2 | 50.27 | 52.56 | −5 | 0.03 | 0.03 | 0 | 0.42 | 0.43 | −2 |
| 320 | 3.15 | 3.28 | −4 | 50.06 | 52.56 | −5 | 0.03 | 0.03 | 0 | 0.41 | 0.43 | −5 |
| 640 | 3.16 | 3.28 | −4 | 50.22 | 52.56 | −5 | 0.03 | 0.03 | 0 | 0.41 | 0.43 | −5 |
| 曲率半径(m) | 2⅜in 油管和5½in 套管 | | | | | | 2in 油管和5½in 套管 | | | | | |
| | 0.5m³/min | | | 2.0m³/min | | | 0.5m³/min | | | 2.0m³/min | | |
| | 数值模拟(MPa) | 解析解(MPa) | 相对误差(%) | 数值模拟(MPa) | 解析解(MPa) | 相对误差(%) | 数值模拟(MPa) | 解析解(MPa) | 相对误差(%) | 数值模拟(MPa) | 解析解(MPa) | 相对误差(%) |
| 1.25 | 0.24 | 0.17 | 29 | 3.75 | 2.75 | 27 | 0.17 | 0.12 | 29 | 2.74 | 1.98 | 28 |
| 2.5 | 0.22 | 0.17 | −23 | 3.54 | 2.75 | 22 | 0.16 | 0.12 | 25 | 2.58 | 1.98 | 23 |
| 5.0 | 0.21 | 0.17 | 19 | 3.31 | 2.75 | 17 | 0.15 | 0.12 | 20 | 2.36 | 1.98 | 16 |
| 10 | 0.19 | 0.17 | 11 | 3.01 | 2.75 | 9 | 0.13 | 0.12 | 8 | 2.22 | 1.98 | 11 |
| 20 | 0.18 | 0.17 | 6 | 2.82 | 2.75 | 2 | 0.13 | 0.12 | 8 | 2.05 | 1.98 | 3 |

续表

| 曲率半径 (m) | 2⅜in 油管和 5½in 套管 | | | | | | 2in 油管和 5½in 套管 | | | | | |
| --- | --- | --- | --- | --- | --- | --- | --- | --- | --- | --- | --- | --- |
| | 0.5m³/min | | | 2.0m³/min | | | 0.5m³/min | | | 2.0m³/min | | |
| | 数值模拟 (MPa) | 解析解 (MPa) | 相对误差 (%) | 数值模拟 (MPa) | 解析解 (MPa) | 相对误差 (%) | 数值模拟 (MPa) | 解析解 (MPa) | 相对误差 (%) | 数值模拟 (MPa) | 解析解 (MPa) | 相对误差 (%) |
| 40 | 0.17 | 0.17 | 0 | 2.70 | 2.75 | −2 | 0.12 | 0.12 | 0 | 1.98 | 1.98 | 0 |
| 80 | 0.17 | 0.17 | 0 | 2.70 | 2.75 | −2 | 0.12 | 0.12 | 0 | 1.94 | 1.98 | −2 |
| 160 | 0.17 | 0.17 | 0 | 2.64 | 2.75 | −4 | 0.12 | 0.12 | 0 | 1.94 | 1.98 | −2 |
| 320 | 0.17 | 0.17 | 0 | 2.67 | 2.75 | −3 | 0.12 | 0.12 | 0 | 1.90 | 1.98 | −4 |
| 640 | 0.17 | 0.17 | 0 | 2.67 | 2.75 | 3 | 0.12 | 0.12 | 0 | 1.89 | 1.98 | −5 |

首先计算清水环空弯管曲率半径的临界值：

$$R_{cri}^{w} = 15.5 + 13Q_{aw} \tag{9-255}$$

式中 $R_c$——环空弯管曲率半径，m；

$Q_{aw}$——环空清水排量，m³/min。

当 $R_c < R_{cri}^{w}$ 时，则清水环空弯管压降计算用原环空压降公式 $\Delta p_{asw}$；

当 $R_c \geq R_{cri}^{w}$ 时，则清水环空弯管修正公式为：

$$\Delta p_{abw} = \Delta p_{asw} \cdot K_{aw} \tag{9-256}$$

其中：$K_{aw} = 1.000 + 0.275e^{(-R_c/0.737)} + 0.334e^{(-R_c/6.566)}$

用重新拟合的弯管压降公式计算结果与数值模拟计算对比见表9-28。

表 9-28 清水环空弯管修正公式计算结果与数值模拟计算结果对比（1000m 压降）

| 曲率半径 (m) | 2⅜in 油管和 4in 套管 | | | | | | 2in 油管和 7in 套管 | | | | | |
| --- | --- | --- | --- | --- | --- | --- | --- | --- | --- | --- | --- | --- |
| | 0.5m³/min | | | 2.0m³/min | | | 0.5m³/min | | | 2.0m³/min | | |
| | 数值模拟 (MPa) | 修正公式 (MPa) | 相对误差 (%) | 数值模拟 (MPa) | 修正公式 (MPa) | 相对误差 (%) | 数值模拟 (MPa) | 修正公式 (MPa) | 相对误差 (%) | 数值模拟 (MPa) | 修正公式 (MPa) | 相对误差 (%) |
| 1.25 | 4.56 | 4.36 | 4 | 72.72 | 69.72 | 4 | 0.04 | 0.04 | 0 | 0.60 | 0.58 | 3 |
| 2.5 | 4.20 | 4.07 | 3 | 66.52 | 65.04 | 2 | 0.03 | 0.03 | 0 | 0.55 | 0.54 | 2 |
| 5.0 | 3.89 | 3.8 | 2 | 61.67 | 60.78 | 1 | 0.03 | 0.03 | 0 | 0.51 | 0.5 | 2 |
| 10 | 3.64 | 3.52 | 3 | 56.66 | 56.4 | 0 | 0.03 | 0.03 | 0 | 0.49 | 0.47 | 4 |
| 20 | 3.42 | 3.34 | 2 | 53.69 | 53.41 | 1 | 0.03 | 0.03 | 0 | 0.44 | 0.44 | 0 |
| 40 | 3.34 | 3.29 | 1 | 52.31 | 52.61 | −1 | 0.03 | 0.03 | 0 | 0.43 | 0.43 | 0 |
| 80 | 3.33 | 3.29 | 1 | 51.74 | 52.57 | −2 | 0.03 | 0.03 | 0 | 0.42 | 0.43 | −2 |
| 160 | 3.21 | 3.29 | −2 | 50.27 | 52.57 | −5 | 0.03 | 0.03 | 0 | 0.42 | 0.43 | −2 |
| 320 | 3.15 | 3.29 | −4 | 50.06 | 52.57 | −5 | 0.03 | 0.03 | 0 | 0.41 | 0.43 | −5 |
| 640 | 3.16 | 3.29 | −4 | 50.22 | 52.57 | −5 | 0.03 | 0.03 | 0 | 0.41 | 0.43 | −5 |

续表

| 曲率半径（m） | 2⅜in 油管和 5½in 套管 | | | | | | 2in 油管和 5½in 套管 | | | | | |
|---|---|---|---|---|---|---|---|---|---|---|---|---|
| | 0.5m³/min | | | 2.0m³/min | | | 0.5m³/min | | | 2.0m³/min | | |
| | 数值模拟（MPa） | 修正公式（MPa） | 相对误差（%） | 数值模拟（MPa） | 修正公式（MPa） | 相对误差（%） | 数值模拟（MPa） | 修正公式（MPa） | 相对误差（%） | 数值模拟（MPa） | 修正公式（MPa） | 相对误差（%） |
| 1.25 | 0.24 | 0.23 | 5 | 3.75 | 3.64 | 3 | 0.17 | 0.16 | 5 | 2.74 | 2.63 | 4 |
| 2.5 | 0.22 | 0.21 | 3 | 3.54 | 3.4 | 4 | 0.16 | 0.15 | 4 | 2.58 | 2.45 | 5 |
| 5.0 | 0.21 | 0.2 | 4 | 3.31 | 3.18 | 4 | 0.15 | 0.14 | 5 | 2.36 | 2.29 | 3 |
| 10 | 0.19 | 0.18 | 4 | 3.01 | 2.95 | 2 | 0.13 | 0.13 | 0 | 2.22 | 2.13 | 4 |
| 20 | 0.18 | 0.17 | 3 | 2.82 | 2.79 | 1 | 0.13 | 0.13 | 0 | 2.05 | 2.01 | 2 |
| 40 | 0.17 | 0.17 | 2 | 2.70 | 2.75 | -2 | 0.12 | 0.12 | 0 | 1.98 | 1.98 | 0 |
| 80 | 0.17 | 0.17 | 2 | 2.70 | 2.75 | -2 | 0.12 | 0.12 | 0 | 1.94 | 1.98 | -2 |
| 160 | 0.17 | 0.17 | 0 | 2.64 | 2.75 | -4 | 0.12 | 0.12 | 0 | 1.94 | 1.98 | -2 |
| 320 | 0.17 | 0.17 | 0 | 2.67 | 2.75 | -3 | 0.12 | 0.12 | 0 | 1.90 | 1.98 | -4 |
| 640 | 0.17 | 0.17 | 0 | 2.67 | 2.75 | -3 | 0.12 | 0.12 | 0 | 1.89 | 1.98 | -5 |

在以上 160 种工况下，误差均小于 5%，误差在合理范围内，证明清水工况环空弯管修正公式正确。

② 作业液工况结果对比。

根据理论公式计算清水工况下环空弯管各工况压降与数值模拟计算进行对比，其结果见表 9-29。

**表 9-29　作业液环空弯管理论与数值模拟计算结果对比（1000m 压降）**

| 曲率半径（m） | 2⅜in 油管和 4in 套管 | | | | | | 2in 油管和 7in 套管 | | | | | |
|---|---|---|---|---|---|---|---|---|---|---|---|---|
| | 0.5m³/min | | | 2.0m³/min | | | 0.5m³/min | | | 2.0m³/min | | |
| | 数值模拟（MPa） | 解析解（MPa） | 相对误差（%） | 数值模拟（MPa） | 解析解（MPa） | 相对误差（%） | 数值模拟（MPa） | 解析解（MPa） | 相对误差（%） | 数值模拟（MPa） | 解析解（MPa） | 相对误差（%） |
| 1.25 | 2.20 | 1.43 | 35 | 17.48 | 11.22 | 36 | 0.035 | 0.023 | 34 | 0.28 | 0.18 | 36 |
| 2.5 | 2.05 | 1.43 | 30 | 16.21 | 11.22 | 31 | 0.033 | 0.023 | 30 | 0.26 | 0.18 | 31 |
| 5.0 | 1.89 | 1.43 | 24 | 14.95 | 11.22 | 25 | 0.032 | 0.023 | 28 | 0.24 | 0.18 | 25 |
| 10 | 1.78 | 1.43 | 20 | 14.14 | 11.22 | 21 | 0.029 | 0.023 | 21 | 0.23 | 0.18 | 22 |
| 20 | 1.63 | 1.43 | 12 | 12.93 | 11.22 | 13 | 0.027 | 0.023 | 15 | 0.20 | 0.18 | 10 |
| 40 | 1.50 | 1.43 | 5 | 11.80 | 11.22 | 5 | 0.025 | 0.023 | 8 | 0.19 | 0.18 | 5 |
| 80 | 1.43 | 1.43 | 0 | 11.25 | 11.22 | 0 | 0.024 | 0.023 | 4 | 0.18 | 0.18 | 0 |
| 160 | 1.39 | 1.43 | -3 | 10.97 | 11.22 | -2 | 0.023 | 0.023 | 0 | 0.18 | 0.18 | 0 |
| 320 | 1.37 | 1.43 | -4 | 10.83 | 11.22 | -4 | 0.023 | 0.023 | 0 | 0.17 | 0.18 | -6 |
| 640 | 1.38 | 1.43 | -4 | 10.78 | 11.22 | -4 | 0.023 | 0.023 | 0 | 0.17 | 0.18 | -6 |

续表

| 曲率半径 (m) | 2⅜in 油管和 5½in 套管 | | | | | | 2in 油管和 5½in 套管 | | | | | |
|---|---|---|---|---|---|---|---|---|---|---|---|---|
| | 0.5m³/min | | | 2.0m³/min | | | 0.5m³/min | | | 2.0m³/min | | |
| | 数值模拟 (MPa) | 解析解 (MPa) | 相对误差 (%) | 数值模拟 (MPa) | 解析解 (MPa) | 相对误差 (%) | 数值模拟 (MPa) | 解析解 (MPa) | 相对误差 (%) | 数值模拟 (MPa) | 解析解 (MPa) | 相对误差 (%) |
| 1.25 | 0.18 | 0.11 | 39 | 1.38 | 0.88 | 36 | 0.13 | 0.083 | 36 | 1.02 | 0.65 | 36 |
| 2.5 | 0.17 | 0.11 | 35 | 1.28 | 0.88 | 31 | 0.12 | 0.083 | 31 | 0.94 | 0.65 | 31 |
| 5.0 | 0.16 | 0.11 | 31 | 1.19 | 0.88 | 26 | 0.11 | 0.083 | 25 | 0.89 | 0.65 | 27 |
| 10 | 0.14 | 0.11 | 21 | 1.09 | 0.88 | 19 | 0.10 | 0.083 | 17 | 0.82 | 0.65 | 21 |
| 20 | 0.13 | 0.11 | 15 | 1.01 | 0.88 | 13 | 0.10 | 0.083 | 17 | 0.76 | 0.65 | 14 |
| 40 | 0.12 | 0.11 | 8 | 0.92 | 0.88 | 4 | 0.09 | 0.083 | 8 | 0.69 | 0.65 | 6 |
| 80 | 0.11 | 0.11 | 0 | 0.87 | 0.88 | −1 | 0.09 | 0.083 | 8 | 0.66 | 0.65 | 2 |
| 160 | 0.11 | 0.11 | 0 | 0.85 | 0.88 | −4 | 0.08 | 0.083 | −4 | 0.66 | 0.65 | 2 |
| 320 | 0.10 | 0.11 | −10 | 0.86 | 0.88 | −2 | 0.08 | 0.083 | −4 | 0.64 | 0.65 | −2 |
| 640 | 0.11 | 0.11 | 0 | 0.85 | 0.88 | −4 | 0.08 | 0.083 | −4 | 0.64 | 0.65 | −2 |

由表 9-29 中数据可知，解析解由环空作业液直管压降公式求得，由于公式未考虑曲率半径对压降的影响，所以曲率半径变化时，压降为定值，当排量增大和环空有效过流面积减小时，环空压降逐渐增大。排量和环空有效过流面积的变化，对数值模拟计算结果的影响同解析解相同，但曲率半径的逐渐减小，数值模拟压降计算结果逐渐增大，因此，下面将以数值模拟计算结果，对原有理论公式修正，得到环空弯管计算公式如下。

首先计算作业液环空弯管曲率半径的临界值：

$$R_{\text{cri}}^f = 30 + 66Q_{\text{af}} \tag{9-257}$$

式中 $Q_{\text{af}}$——环空作业液排量，m³/min。

当 $R_c < R_{\text{cri}}^f$ 时，则作业液环空弯管压降计算用原环空压降公式 $\Delta p_{\text{asf}}$；

当 $R_c \geqslant R_{\text{cri}}^f$ 时，则作业液环空弯管修正公式为：

$$\Delta p_{\text{abf}} = \Delta p_{\text{asf}} \cdot K_{\text{af}} \tag{9-258}$$

其中： $K_{\text{af}} = 1.012 + 0.339e^{(-R_c/19.815)} + 0.305e^{(-R_c/2.006)}$

用重新拟合的弯管压降公式计算结果与数值模拟计算对比见表 9-30。

在以上 160 种工况下，误差均小于 5%，误差在合理范围内，证明作业液环空弯管压降修正公式正确。

表 9-30　作业液环空弯管修正公式与数值模拟计算结果（1000m 压降）

| 曲率半径（m） | 2⅜in 油管和 4in 套管 | | | | | | 2in 油管和 7in 套管 | | | | | |
|---|---|---|---|---|---|---|---|---|---|---|---|---|
| | 0.5m³/min | | | 2.0m³/min | | | 0.5m³/min | | | 2.0m³/min | | |
| | 数值模拟（MPa） | 修正公式（MPa） | 相对误差（%） | 数值模拟（MPa） | 修正公式（MPa） | 相对误差（%） | 数值模拟（MPa） | 修正公式（MPa） | 相对误差（%） | 数值模拟（MPa） | 修正公式（MPa） | 相对误差（%） |
| 1.25 | 2.20 | 2.13 | 3 | 17.48 | 16.76 | 4 | 0.035 | 0.034 | 3 | 0.28 | 0.27 | 4 |
| 2.5 | 2.05 | 2.00 | 2 | 16.21 | 15.69 | 3 | 0.033 | 0.032 | 3 | 0.26 | 0.25 | 4 |
| 5.0 | 1.89 | 1.86 | 2 | 14.95 | 14.59 | 2 | 0.032 | 0.03 | 5 | 0.24 | 0.23 | 4 |
| 10 | 1.78 | 1.74 | 2 | 14.14 | 13.68 | 3 | 0.029 | 0.028 | 3 | 0.23 | 0.22 | 4 |
| 20 | 1.63 | 1.62 | 1 | 12.93 | 12.74 | 1 | 0.027 | 0.026 | 4 | 0.20 | 0.2 | 0 |
| 40 | 1.50 | 1.51 | −1 | 11.80 | 11.86 | −1 | 0.025 | 0.024 | 4 | 0.19 | 0.19 | 0 |
| 80 | 1.43 | 1.45 | −1 | 11.25 | 11.42 | −2 | 0.024 | 0.023 | 4 | 0.18 | 0.18 | 0 |
| 160 | 1.39 | 1.44 | −4 | 10.97 | 11.36 | −4 | 0.023 | 0.023 | 0 | 0.18 | 0.18 | 0 |
| 320 | 1.37 | 1.44 | −5 | 10.83 | 11.35 | −5 | 0.023 | 0.023 | 0 | 0.17 | 0.18 | −5 |
| 640 | 1.38 | 1.44 | −4 | 10.78 | 11.35 | −5 | 0.023 | 0.023 | 0 | 0.17 | 0.18 | −5 |
| 曲率半径（m） | 2⅜in 油管和 5½in 套管 | | | | | | 2in 油管和 5½in 套管 | | | | | |
| | 0.5m³/min | | | 2.0m³/min | | | 0.5m³/min | | | 2.0m³/min | | |
| | 数值模拟（MPa） | 修正公式（MPa） | 相对误差（%） | 数值模拟（MPa） | 修正公式（MPa） | 相对误差（%） | 数值模拟（MPa） | 修正公式（MPa） | 相对误差（%） | 数值模拟（MPa） | 修正公式（MPa） | 相对误差（%） |
| 1.25 | 0.18 | 0.17 | 5 | 1.38 | 1.32 | 4 | 0.13 | 0.124 | 5 | 1.02 | 0.97 | 5 |
| 2.5 | 0.17 | 0.16 | 4 | 1.28 | 1.23 | 4 | 0.12 | 0.116 | 4 | 0.94 | 0.91 | 3 |
| 5.0 | 0.16 | 0.15 | 5 | 1.19 | 1.15 | 3 | 0.11 | 0.108 | 4 | 0.89 | 0.85 | 4 |
| 10 | 0.14 | 0.14 | 3 | 1.09 | 1.07 | 2 | 0.10 | 0.101 | 3 | 0.82 | 0.79 | 4 |
| 20 | 0.13 | 0.13 | 2 | 1.01 | 1.00 | 1 | 0.10 | 0.094 | 4 | 0.76 | 0.74 | 3 |
| 40 | 0.12 | 0.12 | −2 | 0.92 | 0.93 | −1 | 0.09 | 0.088 | 2 | 0.69 | 0.69 | 0 |
| 80 | 0.11 | 0.11 | −2 | 0.87 | 0.90 | −3 | 0.09 | 0.084 | 3 | 0.66 | 0.66 | 0 |
| 160 | 0.11 | 0.11 | −4 | 0.85 | 0.89 | −5 | 0.08 | 0.084 | 0 | 0.66 | 0.66 | 0 |
| 320 | 0.10 | 0.11 | −5 | 0.86 | 0.89 | −4 | 0.08 | 0.084 | 0 | 0.64 | 0.66 | 0 |
| 640 | 0.11 | 0.11 | −3 | 0.85 | 0.89 | −5 | 0.08 | 0.084 | 0 | 0.64 | 0.66 | 0 |

## （六）连续油管环空变径管压降计算

（1）理论计算公式及方法。

环空变径结构如图 9-103 所示。

① 清水环空变径管压降计算公式。

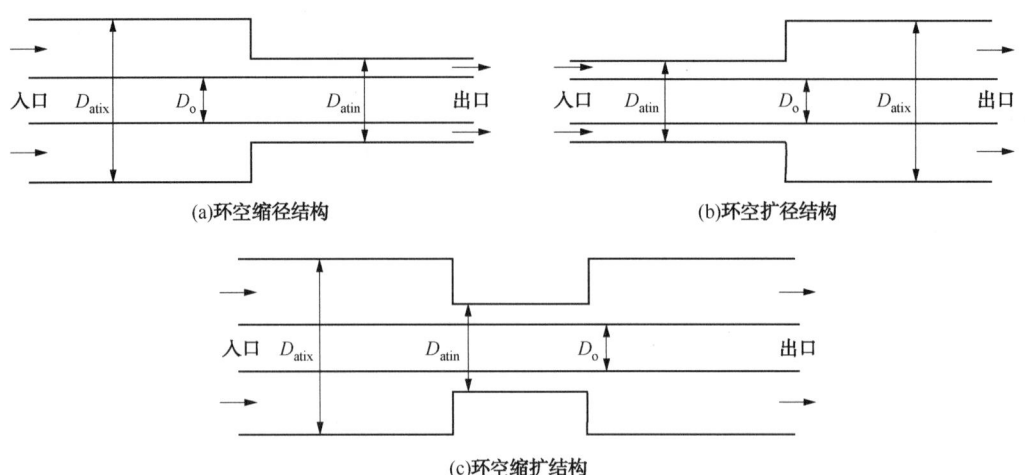

图 9-103 环空变径结构示意图

计算直管环空压降最常用的方法是当量直径法。计算变截面环空压降时，采用与直管环空类似的方法进行假设，由于圆管变截面公式中变截面面积是计算主要变量，因此下面以当量面积法，即环空面积等效成普通圆管面积，代入圆管变截面压降计算公式，计算环空变截面压降。

环空缩径结构如图 9-103(a)，其压降计算公式为：

$$\Delta p_{\text{aws}} = \rho_{\text{w}} g \left( \frac{v_{\text{tin}}^2 - v_{\text{tix}}^2}{2g} + h_{\text{ajk}} \right) \tag{9-259}$$

环空扩径结构如图 9-103(b)，其压降计算公式为：

$$\Delta p_{\text{awk}} = \rho_{\text{w}} g \left( \frac{v_{\text{tix}}^2 - v_{\text{tin}}^2}{2g} + h_{\text{ajk}} \right) \tag{9-260}$$

式中 $\Delta p_{\text{aws}}$——环空缩径压降，MPa；

$\Delta p_{\text{awk}}$——环空扩径压降，MPa；

$v_{\text{tix}}$——大径和小径截面平均流速，m/s；

$v_{\text{tin}}$——大径和小径截面平均流速，m/s；

$h_{\text{ajs}}$——缩径水头损失，m；

$h_{\text{ajk}}$——扩径水头损失，m；

$\rho_{\text{w}}$——清水密度，kg/m³；

$g$——重力加速度 m/s²。

其中：
$$v_{\text{tin}} = \frac{Q_{\text{w}}}{15\pi(D_{\text{tin}}^2 - D_{\text{o}}^2)} \qquad v_{\text{tix}} = \frac{Q_{\text{w}}}{15\pi(D_{\text{tix}}^2 - D_{\text{o}}^2)}$$

$$h_{\text{ajs}} = \frac{0.5\left(1 - \dfrac{D_{\text{atin}}^2 - D_{\text{o}}^2}{D_{\text{atix}}^2 - D_{\text{o}}^2}\right) v_{\text{tin}}^2}{2g} \qquad h_{\text{ajk}} = \frac{\left(\dfrac{D_{\text{atix}}^2 - D_{\text{o}}^2}{D_{\text{atin}}^2 - D_{\text{o}}^2} - 1\right)^2 v_{\text{tix}}^2}{2g}$$

式中 $Q_w$——油管清水排量，$m^3/min$；
$D_{atix}$——大套管内径，m；
$D_{atin}$——小套管内径，m；
$D_o$——油管外径，m。

② 作业液环空变径管压降计算公式。

采用与拟合清水环空变径管压降公式同样的方法，对作业液缩扩结构压降公式进行拟合，求得作业液环空压降计算公式为：

$$\Delta p_{afsk} = 285.88 \left( 1.23 - 1.15 \sqrt{\frac{D_{atin}^2 - D_o^2}{D_{atix}^2 - D_o^2}} \right) \frac{\rho_f Q_f^2}{10^{12} C^2 (D_{atin}^2 - D_o^2)^2} \quad (9-261)$$

式中 $\Delta p_{afsk}$——环空缩扩结构 $D_{atin}$ 压降，MPa；
$\rho_f$——作业液密度，$kg/m^3$；
$D_{atix}$——大套管内径，m；
$D_{atin}$——小套管内径，m；
$D_o$——油管外径，m；
$C$——流量系数，一般取 0.9，
$Q_f$——油管作业液排量，$m^3/min$。

(2) 流场模拟仿真计算及与理论结果对比。

① 环空变径管流场仿真模型的建立。

计算环空缩径和环空扩径结构，取 4in 与 7in 为套管大径 $D$，尺寸分别为 90.1mm 和 166.1mm；套管小径 $d$ 分别为套管大径 $D$ 的 0.3、0.6、0.9 倍，即 $0.3D$、$0.6D$、$0.9D$；油管外径 $d_1$ 分别为套管小径 $d$ 的 0.3、0.6、0.9 倍，即 $0.3d$、$0.6d$、$0.9d$；根据井下作业常用工艺参数，排量取 $2.0m^3/min$，共计算 54 种工况。工程流体属性见表 9-7 所示。

连续油管环空变径网格模型如图 9-104 所示，为了消除变径管进出口边界对计算精度

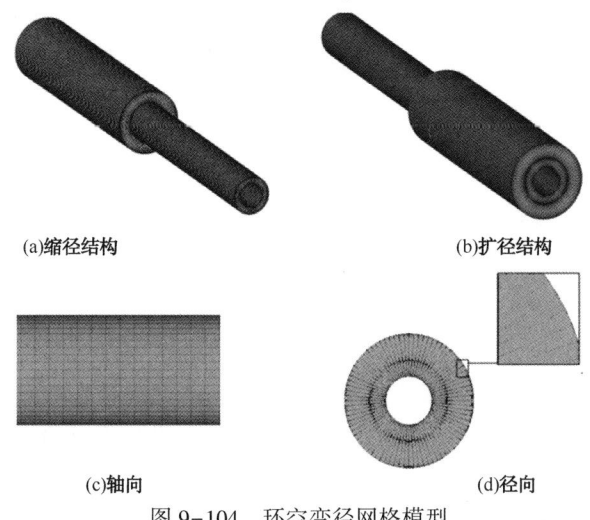

(a)缩径结构　　　　　　　　(b)扩径结构

(c)轴向　　　　　　　　(d)径向

图 9-104　环空变径网格模型

的影响，进出口计算域长度取套管大径 15 倍。流体在油管内流动过程中，受流体黏度和壁面的粗糙影响，流体在近壁面处的速度为 0，速度梯度较大。为了更准确地描述近壁面流场分布，近壁面网格加密，共划分 1425880 个单元。

缩径结构与扩径结构进出口边界条件相似，下面以缩径结构模型边界为例进行介绍，如图 9-105 所示，左端平面入口，设置为速度入口边界条件；右端平面出口，设置为压力出口边界条件；环向圆周面，设置为壁面边界条件。

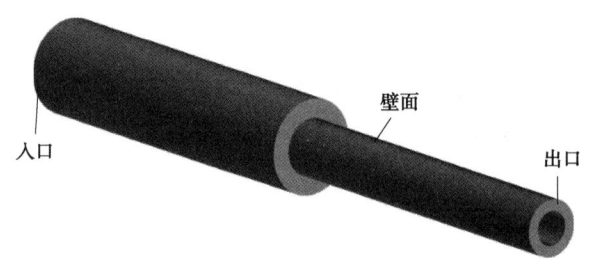

图 9-105　环空变径模型边界

②环空变径管流场计算结果分析。

根据数值模拟结果，按长度等比例换算 3 种变径结构两种工程流体 1000m 压降，其计算结果如表 9-31 所示。

表 9-31　环空变径管数值模拟计算结果（1000m 压降）

| $d$ | $d_1$ | 清水压降（MPa） | | | | 作业液压降（MPa） | |
| --- | --- | --- | --- | --- | --- | --- | --- |
| | | 环空缩径 | | 环空扩径 | | 环空缩径 | 环空扩径 |
| | | 4in 套管 | 7in 套管 | 4in 套管 | 7in 套管 | | |
| 0.3D | 0.3d | 3.32 | 0.329 | −0.35 | −0.036 | 3.780 | 0.367 |
| | 0.6d | 6.92 | 0.657 | −0.52 | −0.051 | 7.998 | 0.723 |
| | 0.9d | 84.72 | 8.219 | −2.08 | −0.200 | 92.712 | 10.146 |
| 0.6D | 0.3d | 0.20 | 0.019 | −0.07 | −0.007 | 0.146 | 0.013 |
| | 0.6d | 0.38 | 0.036 | −0.11 | −0.010 | 0.304 | 0.030 |
| | 0.9d | 5.23 | 0.504 | −0.62 | −0.061 | 5.160 | 0.511 |
| 0.9D | 0.3d | 0.01 | 0.001 | −0.01 | −0.001 | 0.010 | 0.001 |
| | 0.6d | 0.04 | 0.003 | −0.02 | −0.002 | 0.019 | 0.002 |
| | 0.9d | 0.71 | 0.070 | −0.31 | −0.032 | 0.546 | 0.049 |

其中 4in 套管清水 2.0m³/min 排量下，套管大小径变径比均为 0.3 时，缩径结构和扩径结构压力云图如图 9-106 所示。

由图 9-106(a)可见环空缩径管压力云图，在圆管大径段，压力呈红色，在圆管小径段，压力呈蓝绿色，在变径位置处，压力由红色逐步向蓝绿色过渡，说明变径管在大径段压力比小径段压力大，在变径位置时压力急剧变化的位置。将变径位置压力局部放大可发现，此处不仅存在急剧的压力过度现象，还由于"缩脉"现象产生了低压区，这说明此处会

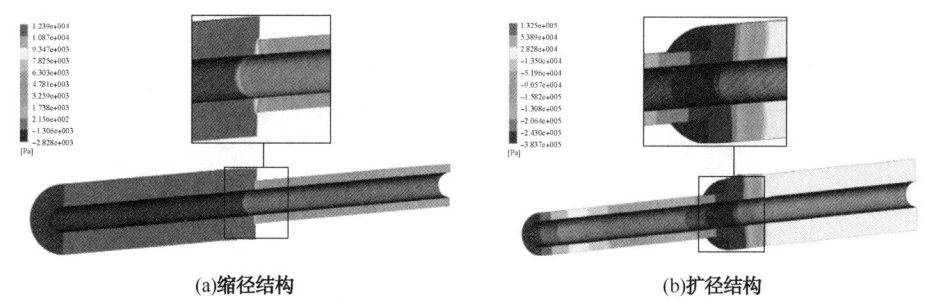

图 9-106 环空变径清水压力云图

存在能量损失。

由图 9-106(b)可见环空扩径管压力云图，在圆管小径段，压力从红色向蓝色过渡，在圆管大径段，压力从蓝色向红黄色过渡，说明变径管在小径段压力由高变低，流速高能量损失较多，到扩径位置产生涡流，并形成低压区，能量损失剧烈。在整个大径段，压力由低变高，是因为流速逐步降低，压力逐渐恢复所致。其他工况下压力云图规律与此工况相同。

③ 理论计算与数值模拟对比。

根据理论公式对清水缩径和扩径结构流体压降进行计算，得到的解析解与数值模拟计算结果对比见表 9-32。

表 9-32 清水环空缩径扩径结构与数值模拟计算结果对比

| | | 环空缩径 | | | | | | 环空扩径 | | | | | |
|---|---|---|---|---|---|---|---|---|---|---|---|---|---|
| | | 4in 套管 | | | 7in 套管 | | | 4in 套管 | | | 7in 套管 | | |
| $d$ | $d_1$ | 数值模拟(MPa) | 解析解(MPa) | 相对误差(%) | 数值模拟(MPa) | 解析解(MPa) | 相对误差(%) | 数值模拟(MPa) | 解析解(MPa) | 相对误差(%) | 数值模拟(MPa) | 解析解(MPa) | 相对误差(%) |
| 0.3$D$ | 0.3$d$ | 3.32 | 3.46 | -4 | 0.329 | 0.339 | -3 | -0.35 | -0.36 | -3 | -0.036 | -0.035 | 3 |
| | 0.6$d$ | 6.92 | 7.06 | -2 | 0.657 | 0.692 | -5 | -0.52 | -0.54 | -4 | -0.051 | -0.053 | 4 |
| | 0.9$d$ | 84.72 | 81.46 | 4 | 8.219 | 7.98 | 3 | -2.08 | -1.98 | 5 | -0.200 | -0.194 | 3 |
| 0.6$D$ | 0.3$d$ | 0.20 | 0.18 | 10 | 0.019 | 0.018 | 5 | -0.07 | -0.07 | 0 | -0.007 | -0.007 | 0 |
| | 0.6$d$ | 0.38 | 0.39 | -3 | 0.036 | 0.040 | -11 | -0.11 | -0.12 | -9 | -0.010 | -0.011 | -10 |
| | 0.9$d$ | 5.23 | 4.93 | 6 | 0.504 | 0.483 | 4 | -0.62 | -0.6 | 3 | -0.061 | -0.058 | 5 |
| 0.9$D$ | 0.3$d$ | 0.01 | 0.01 | 0 | 0.001 | 0.001 | 0 | -0.01 | -0.01 | 0 | -0.001 | -0.001 | 0 |
| | 0.6$d$ | 0.04 | 0.04 | 0 | 0.003 | 0.003 | 0 | -0.02 | -0.02 | 0 | -0.002 | -0.002 | 0 |
| | 0.9$d$ | 0.71 | 0.73 | -3 | 0.070 | 0.071 | -1 | -0.31 | -0.33 | -6 | -0.032 | -0.033 | -3 |

由表 9-32 可知，随变径比、有效过流面积的增大，环空缩径结构和扩径结构压降的绝对值逐渐增大。环空扩径、缩径结构解析解计算结果与数值模拟误差仅有 4 种工况大于 5%，达到 11%，其余 32 种工况误差均在 5%以内，说明环空变径结构拟合公式合理。

根据前文所列理论公式对作业液环空缩径结构压降进行计算,得到的解析解与数值模拟计算结果对比见表9-33。

表9-33 作业液环空缩径结构与数值模拟计算结果对比

| $d$ | $d_1$ | 4in 套管 | | | 7in 套管 | | |
|---|---|---|---|---|---|---|---|
| | | 数值模拟(MPa) | 解析解(MPa) | 相对误差(%) | 数值模拟(MPa) | 解析解(MPa) | 相对误差(%) |
| 0.3D | 0.3d | 3.780 | 3.6 | 5 | 0.367 | 0.353 | 4 |
| | 0.6d | 7.998 | 7.69 | 4 | 0.723 | 0.753 | -4 |
| | 0.9d | 92.712 | 98.63 | -6 | 10.146 | 9.663 | 5 |
| 0.6D | 0.3d | 0.146 | 0.14 | 4 | 0.013 | 0.014 | -8 |
| | 0.6d | 0.304 | 0.32 | -5 | 0.030 | 0.032 | -7 |
| | 0.9d | 5.160 | 5.01 | 3 | 0.511 | 0.491 | 4 |
| 0.9D | 0.3d | 0.010 | 0.01 | 0 | 0.001 | 0.001 | 0 |
| | 0.6d | 0.019 | 0.02 | -5 | 0.002 | 0.002 | 0 |
| | 0.9d | 0.546 | 0.52 | 5 | 0.049 | 0.051 | -4 |

由表9-33可知,随变径比、有效过流面积的增大,环空缩径结构和扩径结构压降的绝对值逐渐减小。环空扩径、缩径结构解析解计算结果与数值模拟误差仅有3种工况大于5%,达到8%,其余15种工况误差均在5%以内,说明环空变径结构拟合公式合理。

# 第四节 无限制选择性开关储层改造连续油管力学分析软件

## 一、软件功能及结构

该软件由东北石油大学计算力学研究室、渤海钻探工程有限公司工程技术研究院共同开发,主要应用于连续油管在上提、下放、操作三种工况下的接触变形、强度计算以及连接器、加压器、安全接头、开关工具等关键工具的强度、位移等。现将该软件采用的使用程序、数据结构、计算结果分析等内容做一简介。

### (一)软件运行环境及安装

运行环境:该软件为计算机版,可以在装有windows系统的PC机上运行。

安装:软件被封装在一个SETUP.EXE文件中,在PC机上双击、运行SETUP.EXE,就可以根据汉字提示安装在任意指定的目录下(默认路径为D:\ctdring),也可以在桌面上创建一快捷键。双击快捷键或安装目录下ctdring.EXE文件就可以运行该软件。

## （二）软件的主要功能及用途

该软件应用于连续油管受力变形分析，其主要功能是：

（1）力学分析：对连续油管轴向载荷作用下发生正弦、螺旋屈曲进行力学分析，得到连续油管在一定连续轴向载荷作用下接触力、轴向力、轴向应力及变形的计算结果。

（2）文本输出：输出连续油管在距井底不同位置处接触力、累积摩阻力、轴向力、变形以及屈曲状态计算结果，并得到在具体井中连续油管能否正常下入的结论。

（3）图形输出：得到连续油管距不同钻头位置处接触力、累积摩阻力、轴向力、变形的变化曲线。

## （三）软件结构

在软件安装的根目录下运行程序 ctdring.EXE，其结构如图 9-107 所示。软件安装根目录下包含 2 个子目录，它们的名称和含义如下。

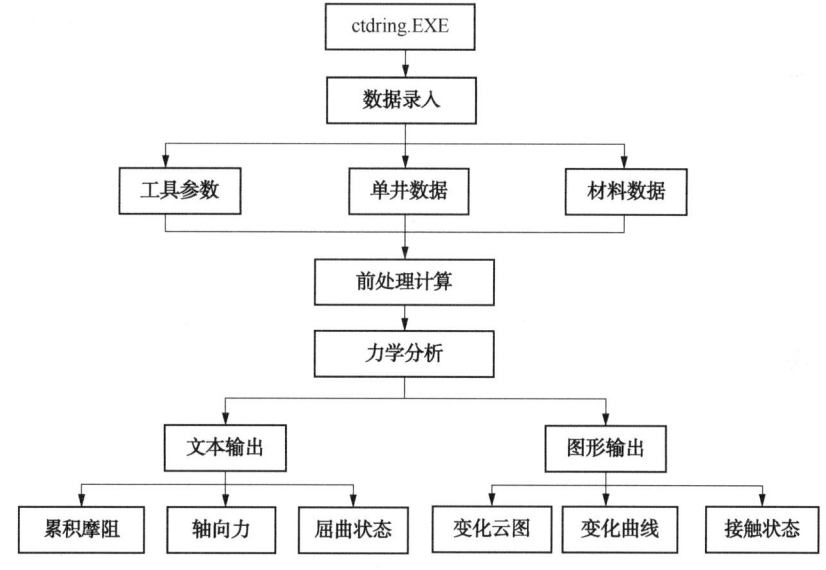

图 9-107　连续油管受力变形分析图

（1）.*\DB 目录下的非文件夹形式的数据为软件对数据库进行操作的基本描述和数据格式描述，在程序运行时必须存在。该目录下有若干个子目录，例如，*\WELL-1。该子目录为单井计算数据，包括井身结构数据、井眼尺寸、管柱结构以及工艺参数等。其子目录名由"数据录入"菜单中的"单井数据"的输入井号给定。一般情况下，WELL-1 为井号，可以位于计算机中的任意驱动器和路径，若已存在可以打开，反之将根据选择的路径和井号重新创建路径。该软件给定的 *\WELL-1 目录是一个例题，供软件的学习使用。

（2）.*\RES 目录下的所有文件为软件计算过程中产生的各种计算结果文件，这些文件可以随时消除，不会影响程序的正常运行。

## 二、软件运行规则及主界面

### (一) 软件的一般运行规则

规则1：①运行 ctdring 程序进入主界面→②文件录入菜单中单井数据，可以打开已经存在的井，亦可以新建一口井。新建一口井可按照规则2→③文件录入菜单中单井数据可以打开→④根据单井数据菜单中的上提、下放或作业工况进行管柱力学分析→⑤前处理计算→⑥计算结果文本输出(可编辑、保存到指定路径和文件)→⑦图形输出摩阻力、内力、应力等结果(可查询、输出到指定路径或文件)→⑧若分析计算该井其他工况请回到主界面→退出程序。

规则2：①进入数据管理菜单添入井眼数据→②井眼尺寸结构中填入终止井深以及井径值→③管柱结构选项中选择连续油管结构→④在工艺参数工况选择中选择工况→⑤在计算方式中选择柔索模型(含屈曲)或接触非线性(不含屈曲)→⑥在流体摩阻选项中选择流体类型，牛顿流体或非牛顿流体，并输入流态指数 $n$；若忽略流体摩阻，则不需要输入任何流体参数→⑦在工艺参数菜单中填入摩擦系数、管粗糙度、注入头注入压力、与井壁产生挂壁最小接触力、泵压、管上提速度、底部轴向载荷的各种工艺参数。

其中规则1为软件运行的主原则，规则2为单井数据输入、添加的原则。还有一些简单规则，如图片管理、文件管理等，只要按程序菜单进行即可。

### (二) 软件的主界面

软件主界面包含了7个菜单项，见图9-108，具体如下：

图9-108　无限制选择性开关储层改造连续油管力学分析软件主界面

(1) 软件简介。

"软件简介"菜单中包括了版本介绍功能项。

(2) 数据录入菜单。

在数据录入菜单中，其下拉菜单包括材料数据、工具参数和单井数据。材料数据包括管柱结构材料型号、屈服极限、弹性模量和泊松比；工具参数包括连续油管、开关工具、加压器、安全接头和连接器的型号、外径、内径以及材料；单井数据包括井身数据、井眼尺寸、管柱结构以及工艺参数。

① 材料数据。

材料性能的界面见图9-109，主要对连续油管材料的机械性能进行描述，参数的名称、含义为：

a. 材料型号：根据手册输入，但不能有空，各为15个有效字符。

b. 屈服极限：为管柱材料的屈服应力 $\sigma$，单位为 MPa。

c. 弹性模量、泊松比：分别为管柱材料的弹性模量(单位为GPa)和泊松比。

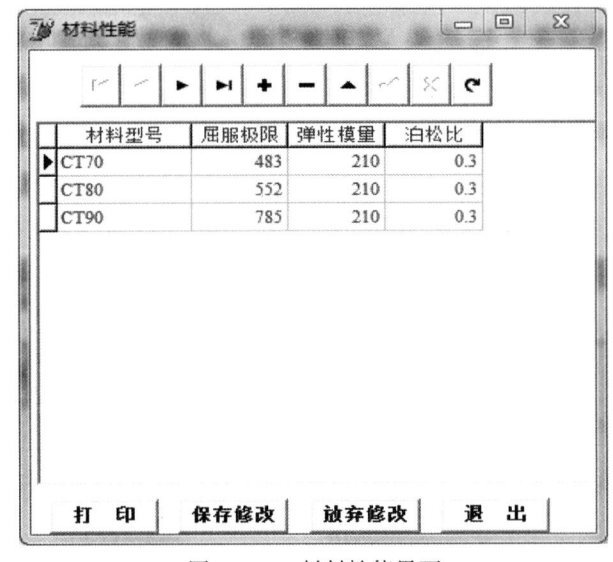

图9-109　材料性能界面

② 工具参数。

油管结构数据界面如图9-110所示，其主要参数含义如下。

a. 连续油管结构数据。

连续油管型号：根据标准输入，不能有空格、为20个有效字符，且前两个字符必须是"lxyg"，后面字符没有要求。

外径：连续油管的有效外径，单位为 mm。

内径：连续油管的有效内径，单位为 mm。

材料：根据下拉菜单选择输入，其具体数据在材料数据中已经输入。

b. 开关工具结构数据。

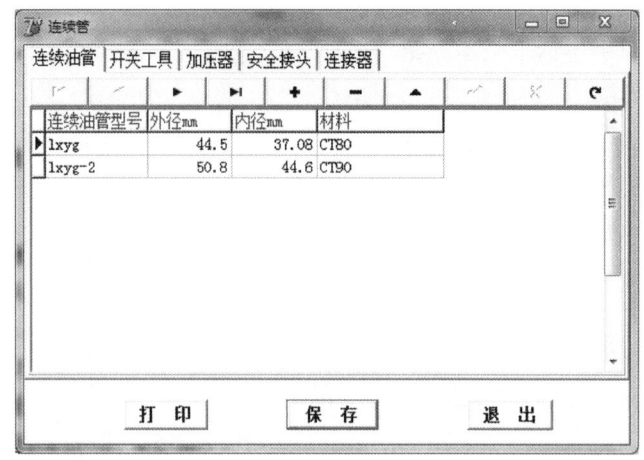

图 9-110 工具参数界面

开关工具型号：根据标准输入，不能有空格、为 20 个有效字符，且前四个字符必须是"kggj"，后面字符没有要求。

外径：开关工具的有效外径，单位为 mm。

内径：开关工具的有效内径，单位为 mm。

长度：根据标准或实际丈量结果输入，工程中标准与实际丈量长度相差不大时，都可近似输入，单位为 m。

材料：根据下拉菜单选择输入，其具体数据在材料数据中已经输入。

c. 加压器结构数据。

加压器型号：根据标准输入，不能有空格、为 20 个有效字符，且前三个字符必须是"jyq"，后面字符没有要求。

外径：加压器的有效外径，单位为 mm。

内径：加压器的有效内径，单位为 mm。

长度：根据标准或实际丈量结果输入，工程中标准与实际丈量长度相差不大时，都可近似输入，单位为 m。

材料：根据下拉菜单选择输入，其具体数据在材料数据中已经输入。

d. 安全接头结构数据。

安全接头型号：根据标准输入，不能有空格、为 20 个有效字符，且前三个字符必须是"aqjt"，后面字符没有要求。

外径：安全接头的有效外径，单位为 mm。

内径：安全接头的有效内径，单位为 mm。

长度：根据标准或实际丈量结果输入，工程中标准与实际丈量长度相差不大时，都可近似输入，单位为 m。

材料：根据下拉菜单选择输入，其具体数据在材料数据中已经输入。

e. 连接器结构数据。

连接器型号：根据标准输入，不能有空格、为 20 个有效字符，且前两个字符必须是"ljq"，后面字符没有要求。

外径：连接器的有效外径，单位为 mm。

内径：连接器的有效内径，单位为 mm。

长度：根据标准或实际丈量结果输入，工程中标准与实际丈量长度相差不大时，都可近似输入，单位为 m。

材料：根据下拉菜单选择输入，其具体数据在材料数据中已经输入。

③ 单井数据输入。

a. 井深数据。

井身数据界面如图 9-111 所示，其主要参数含义如下。

井型：分为理想井型和实测井型。

直井段长度：井斜角近似为零的井段长度之和，单位为 m。

弯曲段长度：井斜角不为零的井段长度之和，单位为 m。

弯曲段曲率：每 100m 井斜角的变化角度，单位为(°/100m)。

斜直段长度：井斜角不为零，且井斜角为一固定值，不随井深发生变化的井段长度之和，单位为 m。

备注：当井型为直井时，井眼结构中的直井段长度、弯曲段长度、弯曲段曲率半径和斜直段长度菜单关闭，不显示。

实测井型：可手动输入实际井型数据，也可以导入 EXCEL 文件数据。

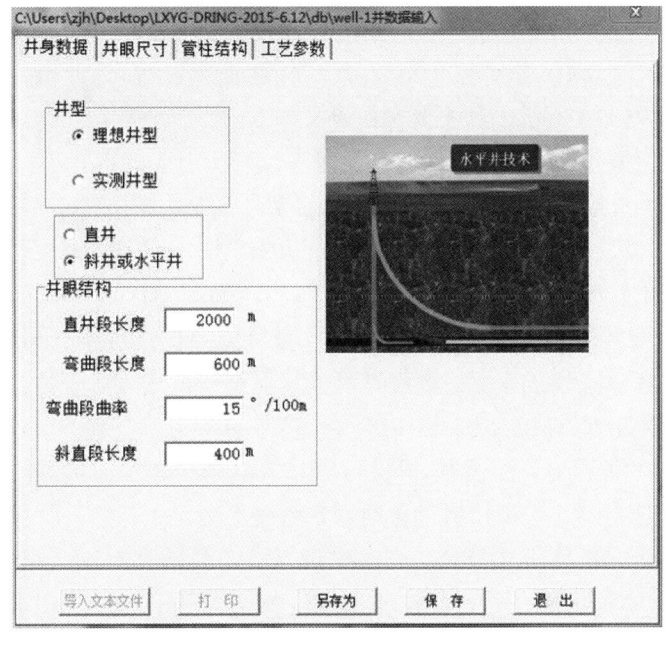

图 9-111　井身结构数据结构界面

b. 井眼尺寸。

井眼尺寸界面如图9-112所示，其主要参数含义如下。

终止井深：相同套管内径值所对应的最后井深，单位为m。

套管内径：终止井深所对应的套管内径值，根据标准输入，单位为mm。

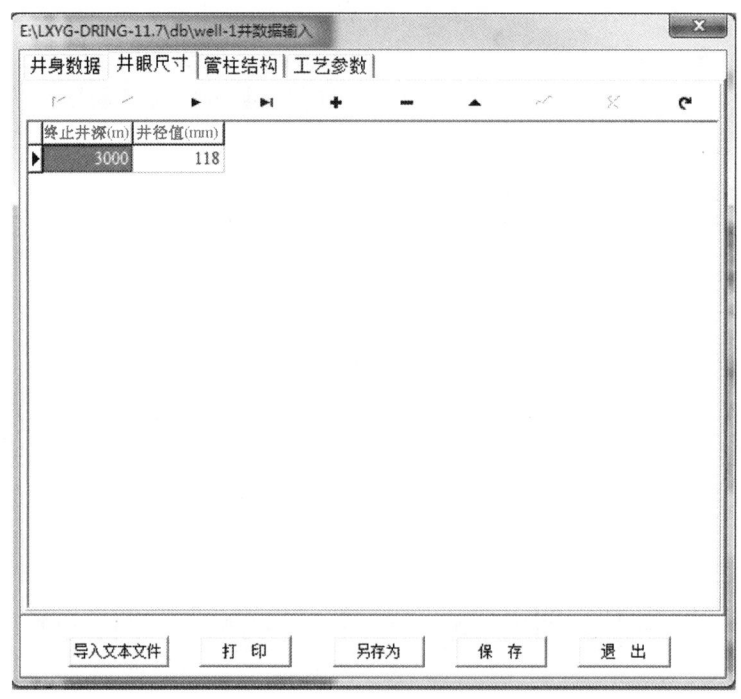

图9-112 井眼尺寸界面

c. 管柱结构。

管柱界面如图9-113所示，其主要参数含义如下。

连续油管：可由型号中的列表选择，若列表中没有所需要的选择项，可返回到工具参数菜单中添加，长度可直接输入。若已选择连续油管型号，输入好长度，可单击下面的"+"号来确定。这时就会在"管柱组合"一栏中显示连续油管的结构。一般的形式为：lxyg ×1000，其中1000表示连续油管的长度。

连接器：可由型号的列表选择，若列表中没有所需要的选择项，可返回到工具参数菜单中添加，还可输入连接器的个数。若已选择连接器型号，输入好个数，可单击下面的"+"号来确定。这时就会在"管柱组合"一栏中显示连接器的结构。一般的形式为：ljq ×0.64，其中0.64表示连接器的长度。若形式为：ljq ×0.64 ×2，其中2表示连接器的个数为2，第一种形式表示只有一个连接器，一般个数为1时通常省略不写。

加压器：可由型号的列表选择，若列表中没有所需要的选择项，可返回到工具参数菜单中添加，还可输入加压器的个数。若已选择连接器型号，输入好个数，可单击下面的"+"号来确定。这时就会在"管柱组合"一栏中显示加压器的结构。一般的形式为：jyq ×0.64，其中0.64表示连接器的长度。若形式为：jyq ×0.64 ×2，其中2表示加压器的个数为

2,第一种形式表示只有一个连接器,一般个数为 1 时通常省略不写。

安全接头:可由型号的列表选择,若列表中没有所需要的选择项,可返回到管柱结构菜单中添加,还可输入安全接头的个数。若已选择安全接头型号,可单击下面的"+"号来确定。这时就会在"管柱组合"一栏中显示安全接头的结构。一般的形式为:aqjt-1 ×0.9,其中 0.9 表示每个安全接头的长度。若形式为:aqjt-1 ×0.9 ×2,其中 2 表示安全接头的个数为 2,第一种形式表示只有一个安全接头,一般个数为 1 时通常省略不写。

开关工具:可由型号的列表选择,若列表中没有所需要的选择项,可返回到管柱结构菜单中添加,还可输入开关工具的个数。若已选择开关工具型号,可单击下面的"+"号来确定。这时就会在"管柱组合"一栏中显示安全接头的结构。一般的形式为:kggj ×0.65,其中 0.65 表示每个开关工具的长度。若形式为:kggj ×0.65 ×2,其中 2 表示开关工具的个数为 2,第一种形式表示只有一个安全接头,一般个数为 1 时通常省略不写。

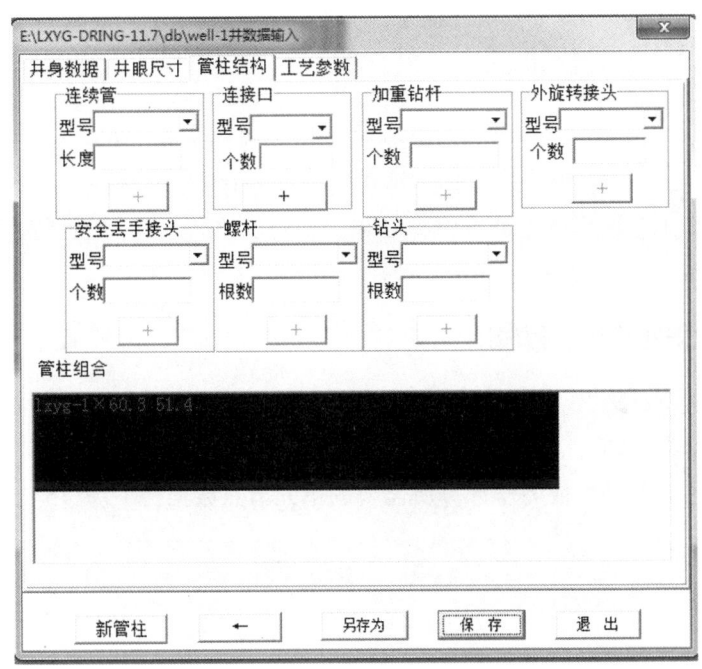

图 9-113 管柱结构界面

d. 工艺参数。

工艺参数界面见图 9-114,主要对连续油管工作中的参数进行了描述,具体描述的参数如下:

计算工况:上提,下放,作业。

计算方式:柔索模型(含屈曲)、接触非线性(不含屈曲)。

流体参数:管内介质密度($g/cm^3$)、管外介质密度($cm^3$)、液体黏度($mPa \cdot s$)、管内排量($m^3/min$)、管外排量($m^3/min$)、流入地层深度(m)、牛顿流体、非牛顿流体、流态指数 $n$。

工艺参数:管密度($g/cm^3$)、连续油管与套管摩擦系数、管粗糙度(mm)、井底能实现钻进的最小钻压(kN)、注入头注入压力(kN)、与井壁产生挂壁最小接触力(kN)、泵压(MPa)、管上提速度(m/s)、底部轴向载荷(kN)。

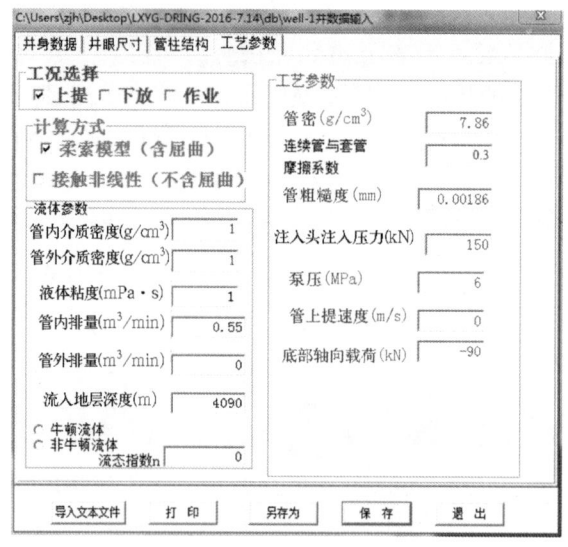

图 9-114 连续油管计算的工艺参数界面

备注：在退出工艺参数描述过程中，必须生成计算文件，方可激活前处理菜单，否则无法进行力学分析。

### (三) 软件数据处理及结果输出

(1) 软件的数据处理及界面。

① 前处理计算菜单项。

前处理计算主要就是生成力学计算所需要的单元节点数据(图 9-115)。

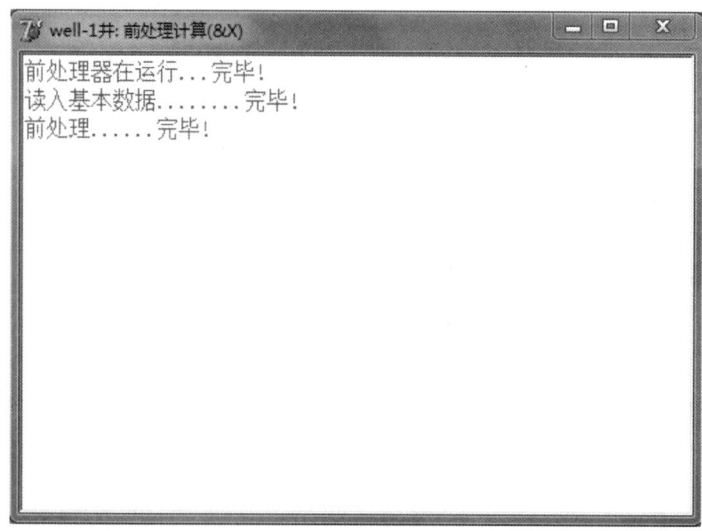

图 9-115 前处理计算界面

②力学分析菜单项。

力学分析是程序的核心部分，它把前处理生成的单元数据利用间隙元法进行迭代求解。其运行界面如图 9-116 所示。

图 9-116　力学分析界面

（2）软件的结果输出及界面。

① 文本输出菜单界面。

程序在运行过程中，将各种计算结果或中间文件保存到 * \ RES 子目录，最终计算结果文件和含义如下：

a. 接触非线性(不含屈曲)模型文本输出。分别输出节点坐标、管柱接触位移状态、管柱内力状态、管柱应力状态结果数据(图 9-117)。

ZJSL.res

一 节点三维直角坐标与井眼自然坐标

| 节点号 | X (m) | Y (m) | Z (m) | 井深 (m) | 井斜角 (deg) | 方位角 (deg) |
|---|---|---|---|---|---|---|
| 1 | 0.000 | 0.000 | -0.000 | 0.000 | 0.00 | 0.00 |
| 2 | 0.000 | 0.000 | -10.000 | 10.000 | 0.00 | 0.00 |
| 3 | 0.000 | 0.000 | -20.000 | 20.000 | 0.00 | 0.00 |
| 4 | 0.000 | 0.000 | -30.000 | 30.000 | 0.00 | 0.00 |
| 5 | 0.000 | 0.000 | -40.000 | 40.000 | 0.00 | 0.00 |
| 6 | 0.000 | 0.000 | -50.000 | 50.000 | 0.00 | 0.00 |
| 7 | 0.000 | 0.000 | -60.000 | 60.000 | 0.00 | 0.00 |
| 8 | 0.000 | 0.000 | -70.000 | 70.000 | 0.00 | 0.00 |
| 9 | 0.000 | 0.000 | -80.000 | 80.000 | 0.00 | 0.00 |
| 10 | 0.000 | 0.000 | -90.000 | 90.000 | 0.00 | 0.00 |
| 11 | 0.000 | 0.000 | -100.000 | 100.000 | 0.00 | 0.00 |
| 12 | 0.000 | 0.000 | -110.000 | 110.000 | 0.00 | 0.00 |
| 13 | 0.000 | 0.000 | -120.000 | 120.000 | 0.00 | 0.00 |
| 14 | 0.000 | 0.000 | -130.000 | 130.000 | 0.00 | 0.00 |
| 15 | 0.000 | 0.000 | -140.000 | 140.000 | 0.00 | 0.00 |
| 16 | 0.000 | 0.000 | -150.000 | 150.000 | 0.00 | 0.00 |
| 17 | 0.000 | 0.000 | -160.000 | 160.000 | 0.00 | 0.00 |
| 18 | 0.000 | 0.000 | -170.000 | 170.000 | 0.00 | 0.00 |
| 19 | 0.000 | 0.000 | -180.000 | 180.000 | 0.00 | 0.00 |
| 20 | 0.000 | 0.000 | -190.000 | 190.000 | 0.00 | 0.00 |
| 21 | 0.000 | 0.000 | -200.000 | 200.000 | 0.00 | 0.00 |
| 22 | 0.000 | 0.000 | -210.000 | 210.000 | 0.00 | 0.00 |

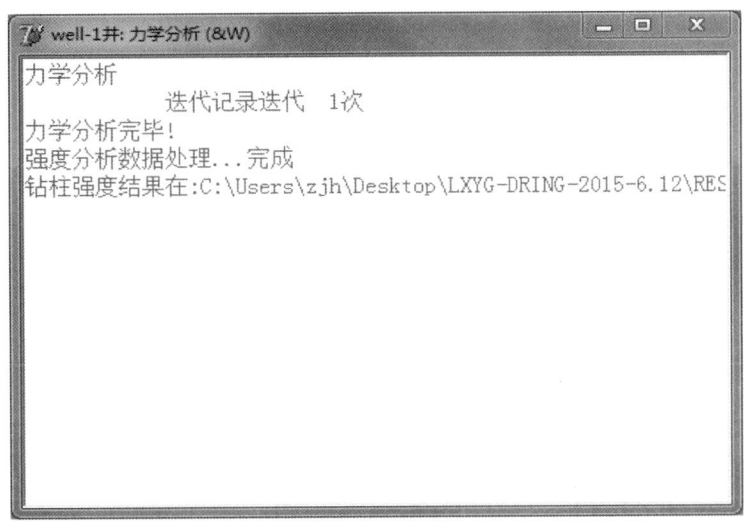

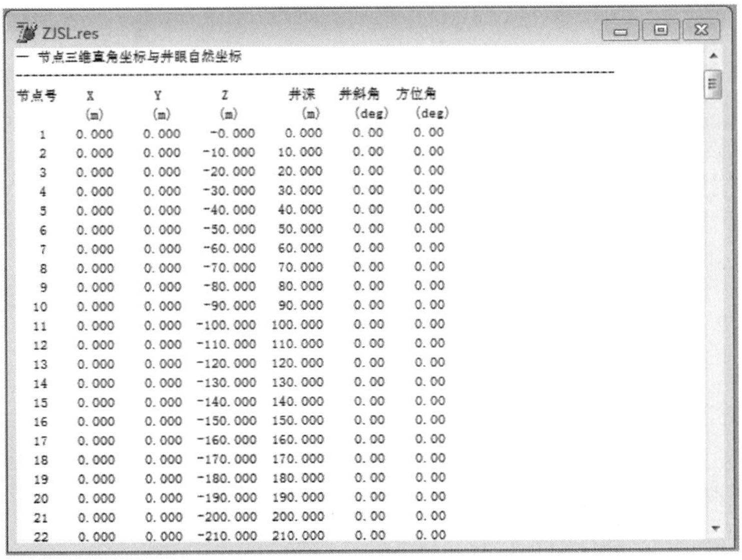

图 9-117　接触非线性模型节点坐标文本输出界面

b. 柔索模型(含屈曲)模型文本输出。输出结果包括：距井底距离(m)、接触力(N)、摩阻力(N)、累积摩阻力(N)、轴向力(kN)、轴向应力(MPa)、轴向位移(mm)、屈曲状态(图 9-118)。

| 距钻头距离(m) | 接触力(N) | 摩阻力(N) | 累积摩阻力(N) | 轴向力(kN) | 轴向应力(MPa) | 轴向位移 | 屈曲状态 |
|---|---|---|---|---|---|---|---|
| 0.0 | 0.00 | 0.00 | 0.00 | 0.00 | 0.00 | 0.00 | 未失稳 |
| 10.0 | 155.95 | 31.19 | 31.19 | -19.69 | -10.39 | 44.83 | 未失稳 |
| 20.0 | 155.95 | 31.19 | 62.38 | -19.38 | -10.22 | 46.08 | 未失稳 |
| 30.0 | 155.95 | 31.19 | 93.57 | -19.06 | -10.06 | 47.33 | 未失稳 |
| 40.0 | 155.95 | 31.19 | 124.76 | -18.75 | -9.89 | 48.57 | 未失稳 |
| 50.0 | 155.92 | 31.18 | 155.95 | -18.41 | -9.71 | 49.79 | 未失稳 |
| 60.0 | 155.57 | 31.11 | 187.06 | -17.99 | -9.49 | 51.01 | 未失稳 |
| 70.0 | 154.83 | 30.97 | 218.03 | -17.49 | -9.23 | 52.22 | 未失稳 |
| 80.0 | 153.70 | 30.74 | 248.77 | -16.92 | -8.93 | 53.42 | 未失稳 |
| 90.0 | 152.19 | 30.44 | 279.21 | -16.27 | -8.59 | 54.60 | 未失稳 |
| 100.0 | 150.29 | 30.06 | 309.27 | -15.56 | -8.21 | 55.77 | 未失稳 |
| 110.0 | 148.02 | 29.60 | 338.87 | -14.77 | -7.79 | 56.92 | 未失稳 |
| 120.0 | 145.38 | 29.08 | 367.95 | -13.92 | -7.34 | 58.04 | 未失稳 |
| 130.0 | 142.38 | 28.48 | 396.42 | -12.99 | -6.86 | 59.15 | 未失稳 |
| 140.0 | 139.02 | 27.80 | 424.23 | -12.01 | -6.34 | 60.23 | 未失稳 |
| 150.0 | 135.31 | 27.06 | 451.29 | -10.96 | -5.78 | 61.29 | 未失稳 |
| 160.0 | 131.27 | 26.25 | 477.54 | -9.86 | -5.20 | 62.33 | 未失稳 |
| 170.0 | 126.89 | 25.38 | 502.92 | -8.70 | -4.59 | 63.33 | 未失稳 |
| 180.0 | 122.20 | 24.44 | 527.36 | -7.49 | -3.95 | 64.31 | 未失稳 |
| 190.0 | 117.20 | 23.44 | 550.80 | -6.22 | -3.28 | 65.25 | 未失稳 |
| 200.0 | 111.91 | 22.38 | 573.18 | -4.91 | -2.59 | 66.17 | 未失稳 |
| 210.0 | 106.34 | 21.27 | 594.45 | -3.56 | -1.88 | 67.05 | 未失稳 |
| 220.0 | 100.50 | 20.10 | 614.55 | -2.16 | -1.14 | 67.89 | 未失稳 |
| 230.0 | 94.42 | 18.88 | 633.44 | -0.73 | -0.39 | 68.70 | 未失稳 |
| 240.0 | 88.09 | 17.62 | 651.05 | 0.73 | 0.38 | 69.48 | 未失稳 |

图 9-118　柔索模型文本输出界面

②图形输出菜单项。

在菜单处可进行“选择工况”、“图形类型”、“关闭”选择。图形类型中可出变化云图、变化曲线、接触状态三大类图形。

a. 连续油管受力变化云图见图 9-119。

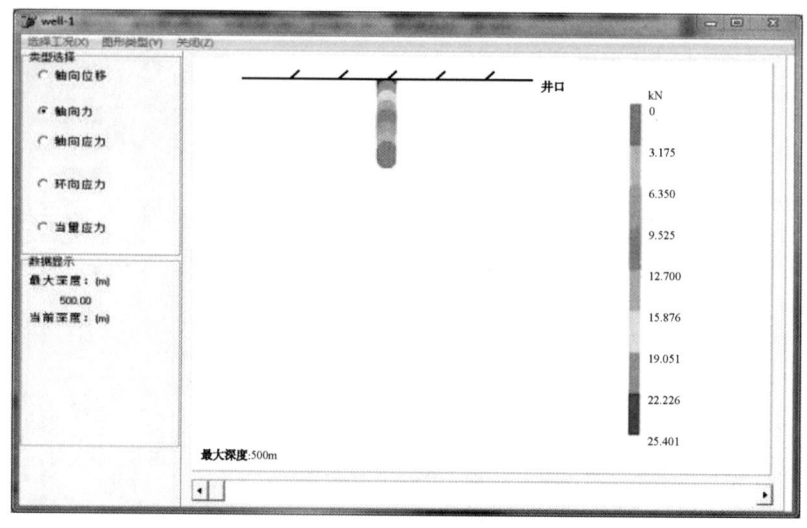

图 9-119　连续油管受力变化云图

b. 连续油管受力变化曲线图见图 9-120。

c. 连续油管接触状态图见图 9-121。

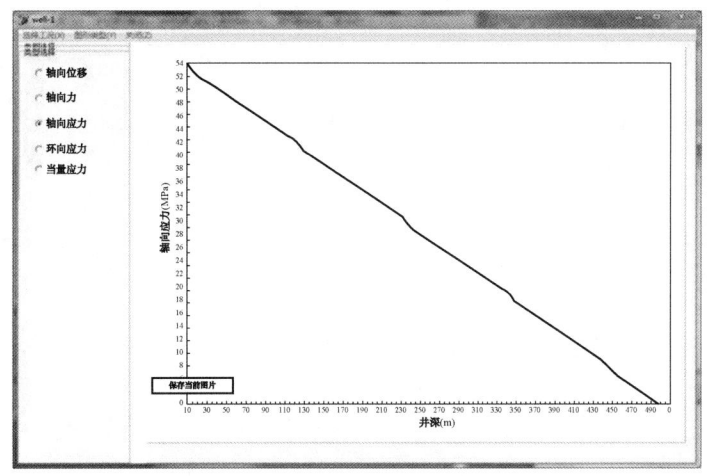

图 9-120　连续油管受力变化曲线图

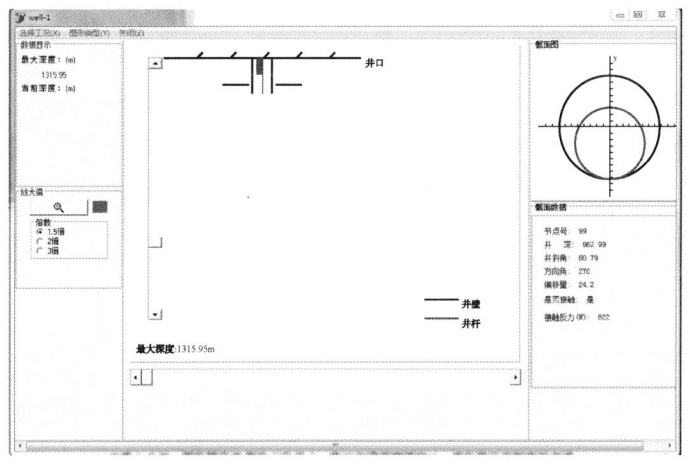

图 9-121　连续油管接触状态图

### (四) 软件编制算例

本节主要以大庆油田龙 26—平 28 井、龙 26—平 30 井及放平 5 井三口井测试数据为计算依据，根据三口井的井身数据、管柱结构及工艺参数分别计算出三口井的理论计算结果并进行对比分析，从而验证理论计算模型的正确性。

(1) 龙 26—平 28 井数据对比分析。

龙 26—平 28 井位于黑龙江省大庆市及其所管辖的杜尔伯特蒙古自治县内，为一口采油井，已完成压裂施工。该井完钻井深 3534.0m，直井段长 1533.0m，弯曲段长 450.3m，水平段长 1544.0m，水平段垂直深度 1828.3m。油层套管为 5½in 套管，外径 139.70mm，内径 121.36mm。图 9-122 为龙 26—平 28 井施工现场照片，依据大庆采油九厂龙 26—平 28 井现场钻磨实验数据为依据，对比理论计算结果。详细井深数据、管柱结构见表 9-34 和表 9-35。计算结果对比见表 9-36。

图 9-122　龙 26—平 28 井施工现场

表 9-34　龙 26—平 28 井井身基础数据

| 项目 | | 数据 |
|---|---|---|
| 井别 | | 油井 |
| 水泥返深 | | 地面 |
| 直井段长度(m) | | 1533 |
| 弯曲段长度(m) | | 450.3 |
| 弯曲段曲率(°/100m) | | 19.99 |
| 水平段长度(m) | | 1544 |
| 套管头限压(MPa) | | 70 |
| 5½in 套管 | 外径(mm) | 139.70 |
| | 内径(mm) | 121.36 |
| | 壁厚(mm) | 9.17 |
| | 钢级 | P110 |
| | 抗内压(MPa) | 70 |

表 9-35　连续油管及工具串结构参数(钻磨桥塞)

| 名称 | 外径(mm) | 内径(mm) | 长度(m) | 钢级 | 挤毁压力[psi(MPa)] |
|---|---|---|---|---|---|
| 连续油管总长 | 50.8 | 44.5 | 4600 | CT80 | 13100 (92.13) |
| 外卡瓦接器 | 73 | 35 | 0.557 | CT80 | |
| 马达头总成 | 73 | 17.5 | 1.24 | CT80 | |
| 双向震击器 | 73 | 25.4 | 1.34 | CT80 | |
| 水力振荡器 | 73 | 7.54 | 0.829 | CT80 | |
| 2.88 马达 | 73 | 25.4 | 4.13 | CT80 | |
| 4.5 磨鞋 | 114 | 35 | 0.348 | CT80 | |

## 第九章 井下开关储层改造开关管柱力学分析

表9-36 龙26—平28井理论与现场数据对比分析

| 井深(m) | 实测井口载荷(kN) | 理论值(kN) | 相对误差(%) |
|---|---|---|---|
| 2000 | 68.70 | 76.58 | 11.47 |
| 2100 | 66.8 | 75.04 | 12.34 |
| 2200 | 64.75 | 71.75 | 10.81 |
| 2300 | 62.34 | 71.04 | 13.96 |
| 2400 | 60.24 | 69.43 | 15.27 |
| 2500 | 58.01 | 67.16 | 15.77 |
| 2600 | 56.35 | 66.54 | 18.08 |
| 2700 | 54.42 | 63.58 | 16.83 |
| 2800 | 51.99 | 62.04 | 19.33 |

由表9-36可知,分别取井深为2000~2800m的9组现场试验数据,对比可知9组数据与理论计算的最大相对误差为19.33%,最小相对误差为10.81%,其中低于15%的数据有6组,现场实验数据与理论数据吻合较好。

(2)龙26—平30井数据对比分析。

依据大庆采油九厂龙26—平30井现场钻磨实验数据为依据,对比理论计算结果。详细井深数据、管柱结构分别见表9-37和表9-35,计算结果对比见表9-38。

表9-37 龙26—平30井身基础数据

| 项目 | | 数据 |
|---|---|---|
| 井别 | | 油井 |
| 水泥返深 | | 地面 |
| 直井段长度(m) | | 1530 |
| 弯曲段长度(m) | | 450 |
| 弯曲段曲率(°/100m) | | 20 |
| 水平段长度(m) | | 1784 |
| 套管头限压(MPa) | | 70 |
| 5½in 套管 | 外径(mm) | 139.70 |
| | 内径(mm) | 121.36 |
| | 壁厚(mm) | 9.17 |
| | 钢级 | P110 |
| | 抗内压(MPa) | 70 |

表 9-38 龙 26—平 30 井理论与现场数据对比分析

| 深度(m) | 实测井口载荷(kN) | 理论值(kN) | 相对误差(%) |
|---|---|---|---|
| 2000 | 86.52 | 88.2 | 1.94 |
| 2100 | 84.63 | 86.21 | 1.87 |
| 2200 | 82.02 | 83.7 | 2.05 |
| 2300 | 80.37 | 81.36 | 1.23 |
| 2400 | 78.26 | 78.07 | 0.24 |
| 2500 | 71.75 | 75.99 | 5.91 |
| 2600 | 69.21 | 73.31 | 5.92 |
| 2700 | 63.8 | 70.43 | 10.39 |
| 2800 | 59.71 | 66.77 | 11.82 |

由表 9-38 可知，分别取井深为 2000~2800m 的 9 组现场试验数据，对比可知 9 组数据的最大相对误差为 11.82%，最小误差为 0.24%，9 组数据误差维持在 10% 左右，现场实验数据与理论数据吻合较好。

（3）敖平 5 井数据对比分析。

依据大庆采油九厂敖平 5 井现场钻磨实验数据为依据，对比理论计算结果。详细井深数据、管柱结构见表 9-39，计算结果对比见表 9-40。

表 9-39 敖平 5 井井身基础数据

| 项目 | | 数据 |
|---|---|---|
| 井别 | | 油井 |
| 水泥返深 | | 地面 |
| 直井段长度(m) | | 1585.57 |
| 弯曲段长度(m) | | 414.43 |
| 弯曲段曲率(°/100m) | | 21.72 |
| 水平段长度(m) | | 946 |
| 套管头限压(MPa) | | 70 |
| 5½in 套管 | 外径(mm) | 139.70 |
| | 内径(mm) | 121.36 |
| | 壁厚(mm) | 9.17 |
| | 钢级 | P110 |
| | 抗内压(MPa) | 70 |

表 9-40 敖平 5 井理论与实验数据

| 深度(m) | 实测井口载荷(kN) | 理论值(kN) | 相对误差(%) |
|---|---|---|---|
| 1600 | 83.14 | 75.29 | 9.44 |
| 1700 | 85.82 | 79.26 | 7.64 |
| 1800 | 87.89 | 81.83 | 6.89 |

续表

| 深度(m) | 实测井口载荷(kN) | 理论值(kN) | 相对误差(%) |
|---|---|---|---|
| 1900 | 90.55 | 83.09 | 8.24 |
| 2000 | 89.92 | 82.23 | 8.55 |
| 2100 | 89.03 | 81.55 | 8.4 |
| 2200 | 87.47 | 80.92 | 7.49 |
| 2300 | 82.44 | 80.12 | 2.81 |
| 2400 | 78.52 | 79.72 | 1.53 |
| 2500 | 75.02 | 79.23 | 5.61 |
| 2600 | 74.09 | 78.6 | 6.09 |

由表 9-40 可知，分别取井深为 1600~2600m 的 11 组现场试验数据，对比可知 11 组数据的最大相对误差为 9.44%，最小误差为 1.53%，11 组数据误差全部小于 10%，现场实验数据与理论数据吻合较好。

通过对龙 26—平 28 井、龙 26—平 30 井及敖平 5 井的三组现场实验数据与理论计算结果对比分析可知，三口井的计算结果误差最大为 19.33%，最小为 0.24%，误差全部在 20% 之内，一共 29 组数据误差低于 10% 的为 24 组数据，占总数据的 82.76%，因此可以认为进一步验证连续油管水力喷砂射孔及钻磨桥塞力学计算模型的正确性。

## 三、软件现场应用

利用无限制选择性开关储层改造连续油管力学分析软件，对苏 75-60-34H 井和苏 75-54-34H 井共两口井型进行了力学分析，并与现场试验结果进行了对比。

### （一）苏 75-60-34H 井连续油管开关管柱受力变形计算及分析

1. 水平井连续油管开关管柱结构参数

采用 QT800 型号 2in 的连续油管进行计算，连续油管的外径为 φ50.8mm，壁厚为 5.15mm，单位长度质量为 5.805kg/m。配合 3½in N80 套管，其内径为 φ76mm，开关工具组合为：开关工具串+安全接头+加压器+连接器。工具串的材料为 42CrMo，连续油管和工具串的弹性模量均为 210GPa，泊松比均为 0.3，管内外液体密度 1.0g/cm³。水平井竖直段长度为 3040m，弯曲段长度为 650m，水平段全长为 1200m，其结构见图 9-123。

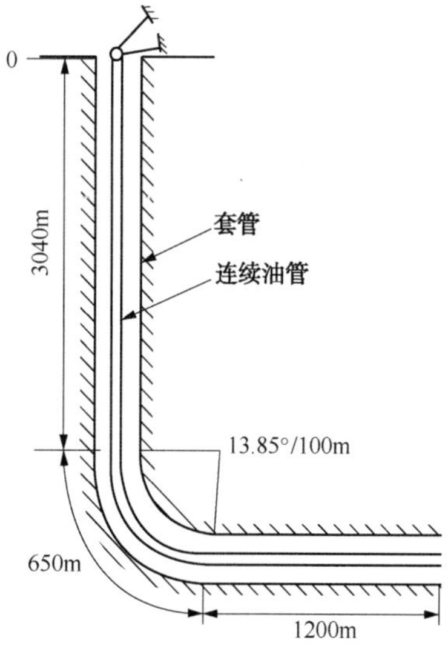

取套管和连续油管及工具串为研究对象，建立了连续油管开关管柱下放工况、关闭开关滑套、打开开关滑套、上提四种工艺过程的力学分析模型（图 9-64~图 9-

图 9-123 苏 75-60-34H 井井身结构图

67),并在四种工艺过程下,对 3 种摩阻系数、5 种不同水平段长度的连续油管开关管柱进行分析,同时还从接触和屈曲两方面对关闭开关滑套开展了研究,计算工况如表 9-41 所示。

表 9-41 计算工况统计表

| 工况 | | 摩阻系数 | 不同水平段长度(m) |
|---|---|---|---|
| 下放工况 | | 0.3 | 0 |
| | | | 300 |
| | | | 600 |
| | | | 900 |
| | | | 1200 |
| | | 0.2 | 0 |
| | | | 300 |
| | | | 600 |
| | | | 900 |
| | | | 1200 |
| | | 0.1 | 0 |
| | | | 300 |
| | | | 600 |
| | | | 900 |
| | | | 1200 |
| 关闭开关滑套 | 考虑接触 | 0.3 | 0 |
| | | | 300 |
| | | | 600 |
| | | | 900 |
| | | | 1200 |
| | | 0.2 | 0 |
| | | | 300 |
| | | | 600 |
| | | | 900 |
| | | | 1200 |
| | | 0.1 | 0 |
| | | | 300 |
| | | | 600 |
| | | | 900 |
| | | | 1200 |
| | 考虑屈曲 | 0.3 | — |
| | | 0.2 | |
| | | 0.1 | |

续表

| 工况 | 摩阻系数 | 不同水平段长度(m) |
|---|---|---|
| 打开开关滑套 | 0.3 | 0 |
| | | 300 |
| | | 600 |
| | | 900 |
| | | 1200 |
| | 0.2 | 0 |
| | | 300 |
| | | 600 |
| | | 900 |
| | | 1200 |
| | 0.1 | 0 |
| | | 300 |
| | | 600 |
| | | 900 |
| | | 1200 |
| 上提工况 | 0.3 | 0 |
| | | 300 |
| | | 600 |
| | | 900 |
| | | 1200 |
| | 0.2 | 0 |
| | | 300 |
| | | 600 |
| | | 900 |
| | | 1200 |
| | 0.1 | 0 |
| | | 300 |
| | | 600 |
| | | 900 |
| | | 1200 |

2. 下放工况下，连续油管开关管柱力学分析

（1）整体连续油管开关管柱受力情况分析。

采用数值模拟的方法，利用自编软件，在下放工况下，对不同摩阻系数连续油管开关管柱整体管柱进行了力学分析，得到不同摩阻系数连续油管开关管柱受力情况及应力分布

情况。其3种摩阻系数下连续油管开关管柱受力情况如表9-42所示，管柱各点轴向力、摩阻力和弯矩分布分别如图9-124~图9-126所示。连续油管开关管柱应力情况如表9-43所示，管柱各点拉压应力、弯曲应力和等效应力分布分别如图9-127~图9-129所示。

表 9-42　不同摩阻系数下，连续油管开关管柱受力情况

| 工况 | 摩阻系数 | 轴向力(kN) | | | | 弯矩(kN·m) | | | | 剪力(kN) | | | | 摩阻力(kN) | | | | 累积摩阻力(kN) |
|---|---|---|---|---|---|---|---|---|---|---|---|---|---|---|---|---|---|---|
| | | 井口 | 弯曲段起始点 | 水平段起始点 | 井底 | 井口 | 弯曲段起始点 | 水平段起始点 | 井底 | 井口 | 弯曲段起始点 | 水平段起始点 | 井底 | 井口 | 弯曲段起始点 | 水平段起始点 | 井底 | |
| 下放工况 | 0.3 | 174.43 | -14.86 | -22.39 | 0 | 0 | 0.000 | 0.52 | 0.65 | 0 | 0 | 0.31 | 0.25 | 0 | 0.055 | 0.27 | 0.07 | 40.75 |
| | 0.2 | 191.74 | 2.45 | -14.99 | 0 | 0 | 0.003 | 0.52 | 0.65 | 0 | 0 | 0.31 | 0.25 | 0 | 0.005 | 0.16 | 0.05 | 23.31 |
| | 0.1 | 204.64 | 15.34 | -7.41 | 0 | 0 | 0.008 | 0.52 | 0.65 | 0 | 0.001 | 0.31 | 0.25 | 0 | 0.018 | 0.07 | 0.03 | 10.34 |

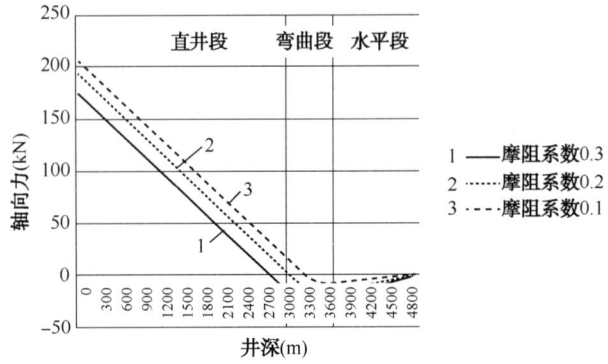

图 9-124　不同摩阻系数连续油管开关管柱轴向力分布图

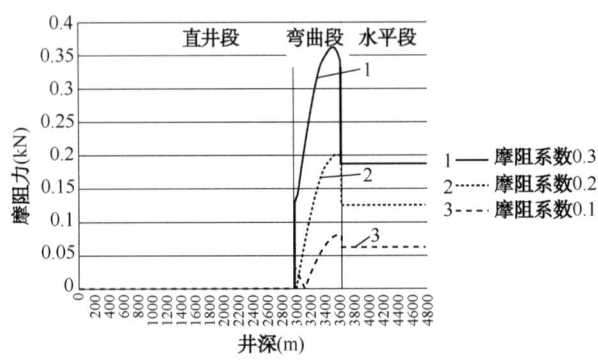

图 9-125　不同摩阻系数连续油管开关管柱摩阻力分布图

由表9-42可知，在下放工况下，剪力较小，直井段主要载荷是轴向力，而在弯曲段和水平段，主要载荷是轴向力和弯矩。在摩阻系数为0.3时，连续油管开关管柱井口、弯曲段起始点和水平段起始点轴向力分别为174.43kN、-14.86kN和-22.39kN，可见主要受压段在弯曲段和水平段，而且累积摩阻力较大，为40.75kN。摩阻系数为0.2和0.1的两种情

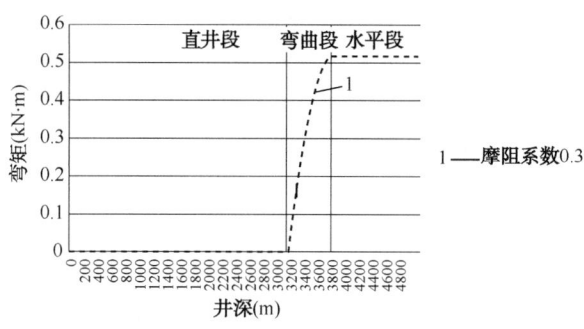

图 9-126　不同摩阻系数连续油管开关管柱弯矩分布图

况，受压段主要在水平段，累积摩阻力分别为 23.31kN 和 10.34kN。

由图 9-124~图 9-126 可知，在直井段连续油管开关管柱所受的轴向力随长度的增加而减小，相同长度所受轴向力随摩阻系数增加而减小；在弯曲段连续油管开关管柱所受的轴向力随长度的增加先减小后增大，相同长度所受轴向力随摩阻系数增加而减小；在水平段连续油管开关管柱所受的轴向压力大小随长度的增加而减小，相同长度所受轴向压力随摩阻系数增加而增大。在直井段弯矩为 0，在弯曲段弯矩随长度增加逐渐增大，水平段弯矩保持不变，不同摩阻系数下弯矩基本相同。在直井段无摩阻力产生；弯曲段连续油管开关管柱受到的摩阻力随长度的增加先增大后减小，相同长度所受的摩阻力随摩阻系数的增加而增大；在水平段摩阻力保持不变，相同长度所受摩阻力随摩阻系数的增加而增大。

表 9-43　不同摩阻系数下，连续油管开关管柱应力情况

| 工况 | 摩阻系数 | 拉压应力（MPa） | | | | 弯曲应力（MPa） | | | | 等效应力（MPa） | | | | 最大等效应力 | | 安全系数 |
| --- | --- | --- | --- | --- | --- | --- | --- | --- | --- | --- | --- | --- | --- | --- | --- | --- |
| | | 井口 | 弯曲段起始点 | 水平段起始点 | 井底 | 井口 | 弯曲段起始点 | 水平段起始点 | 井底 | 井口 | 弯曲段起始点 | 水平段起始点 | 井底 | 位置（m） | 数值（MPa） | |
| 下放工况 | 0.3 | 236.17 | -20.13 | -30.33 | 0.12 | 0 | 0.02 | 67.72 | 67.72 | 236.17 | 20.14 | 98.04 | 68.73 | 0 | 236.17 | 2.6 |
| | 0.2 | 259.62 | 3.32 | -20.30 | -0.04 | 0 | 0.42 | 67.69 | 67.69 | 259.62 | 3.74 | 87.99 | 68.70 | 0 | 259.62 | 2.4 |
| | 0.1 | 277.07 | 20.77 | -10.05 | 0.05 | 0 | 0.92 | 67.67 | 67.67 | 277.07 | 21.69 | 77.71 | 68.70 | 0 | 277.07 | 2.2 |

由表 9-43 可知，在直井段，连续油管开关管柱的等效应力主要由轴向力产生，主要变形是轴向拉压变形；在弯曲段和水平段，等效应力主要是拉压和弯曲共同作用的结果。最大等效应力出现在井口处。

由图 9-127~图 9-129 可知，在直井段连续油管开关管柱拉应力沿井身逐渐减小，摩阻系数为 0.3 时，拉压应力由拉逐渐变为压；相同长度下，拉压应力随摩阻系数增加而逐渐减小；弯曲应力为 0；等效应力主要是由拉压变形引起的，随长度的增加而减小，相同长度等效应力随摩阻系数增加而减小。在弯曲段，当摩阻系数为 0.1 和 0.2 时，拉压应力由拉转为压，摩阻系数为 0.3 时均为压应力；弯曲应力随长度的增加而增大；等效应力主要由弯曲变形引起的，随长度的增加而逐渐增大，相同长度下等效应力随摩阻系数增加而增大。

在水平段，拉压应力为负值，说明水平段受压，相同长度下压应力的大小随摩阻系数增加而增大；弯曲应力不随长度和摩阻系数而改变；等效应力随长度的增加而减小，相同长度等效应力随摩阻系数增加而增大。最大等效应力都是在井口，对摩阻系数分别为 0.3、0.2、0.1 时安全系数分别为 2.6、2.4 和 2.2。

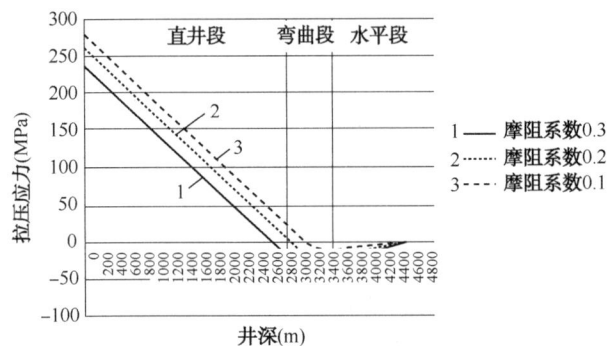

图 9-127　不同摩阻系数，连续油管开关管柱拉压应力分布图

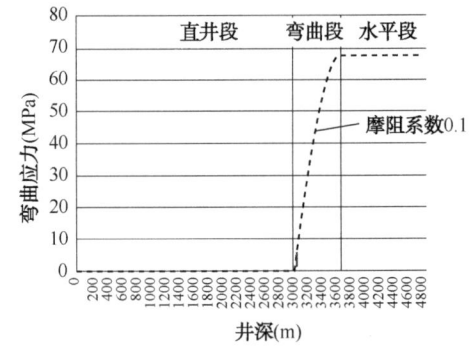

图 9-128　不同摩阻系数，连续油管开关管柱弯曲应力分布图

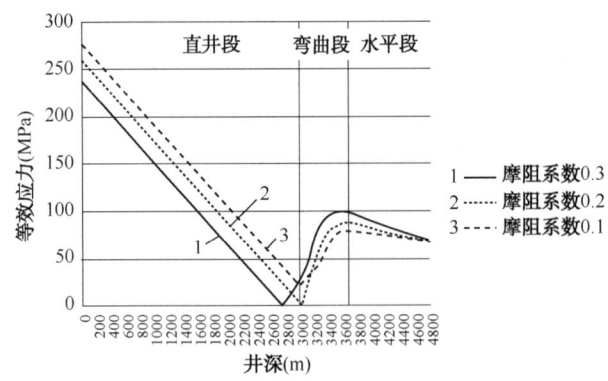

图 9-129　不同摩阻系数，连续油管开关管柱等效应力分布图

（2）不同水平段长度连续油管开关管柱力学分析。

采用数值模拟的方法，利用自编软件，在下放工况下，对不同摩阻系数不同水平段长度的连续油管开关管柱进行了力学分析，得到不同摩阻系数、不同水平段长度连续油管开关管柱受力情况及应力分布规律。其三种摩阻系数下不同水平段长度的连续油管开关管柱受力情况见表9-44。不同摩阻系数下,不同水平段长度管柱井口载荷、最大等效应力分别如图9-130和图9-131所示。

表9-44 不同摩阻系数,不同水平段长度,连续油管受力情况表

| 摩阻系数 | 水平段长度(m) | 轴向力(kN) | | | 弯矩(kN·m) | | | | 最大摩阻力 | | 最大等效应力 | | 安全系数 |
|---|---|---|---|---|---|---|---|---|---|---|---|---|---|
| | | 井口 | 弯曲段起始点 | 水平段起始点 | 井口 | 弯曲段起始点 | 水平段起始点 | 井底 | 数值(kN) | 位置(m) | 应力值(MPa) | 位置(m) | |
| 0.3 | 0 | 207.38 | 18.08 | -0.04 | 0 | 0.000 | 0.52 | 0.52 | 0.21 | 3680 | 280.78 | 0 | 2.2 |
| | 300 | 200.80 | 10.78 | -5.62 | 0 | 0.000 | 0.52 | 0.52 | 0.23 | 3600 | 270.90 | 0 | 2.3 |
| | 600 | 191.98 | 2.68 | -11.21 | 0 | 0.000 | 0.52 | 0.52 | 0.27 | 3570 | 259.93 | 0 | 2.4 |
| | 900 | 183.21 | -6.08 | -16.78 | 0 | 0.000 | 0.52 | 0.52 | 0.31 | 3560 | 248.07 | 0 | 2.5 |
| | 1200 | 174.43 | -14.86 | -22.39 | 0 | 0.000 | 0.52 | 0.52 | 0.36 | 3550 | 236.17 | 0 | 2.6 |
| 0.2 | 0 | 210.05 | 20.75 | 0.01 | 0 | 0.003 | 0.52 | 0.52 | 0.14 | 3680 | 284.40 | 0 | 2.2 |
| | 300 | 205.69 | 16.39 | -3.79 | 0 | 0.003 | 0.52 | 0.52 | 0.14 | 3620 | 278.50 | 0 | 2.2 |
| | 600 | 201.28 | 11.98 | -7.47 | 0 | 0.003 | 0.52 | 0.52 | 0.16 | 3610 | 272.53 | 0 | 2.3 |
| | 900 | 196.66 | 7.63 | -11.19 | 0 | 0.003 | 0.52 | 0.52 | 0.18 | 3600 | 266.28 | 0 | 2.3 |
| | 1200 | 191.74 | 2.45 | -14.99 | 0 | 0.003 | 0.52 | 0.52 | 0.20 | 3590 | 259.62 | 0 | 2.4 |
| 0.1 | 0 | 212.44 | 23.14 | -0.06 | 0 | 0.008 | 0.52 | 0.52 | 0.07 | 3680 | 287.64 | 0 | 2.1 |
| | 300 | 210.57 | 21.27 | -1.85 | 0 | 0.008 | 0.52 | 0.52 | 0.07 | 3980 | 285.11 | 0 | 2.2 |
| | 600 | 208.57 | 19.27 | -3.74 | 0 | 0.008 | 0.52 | 0.52 | 0.07 | 3620 | 282.40 | 0 | 2.2 |
| | 900 | 206.66 | 17.36 | -5.54 | 0 | 0.008 | 0.52 | 0.52 | 0.07 | 3640 | 279.81 | 0 | 2.2 |
| | 1200 | 204.64 | 15.34 | -7.41 | 0 | 0.008 | 0.52 | 0.52 | 0.08 | 3620 | 277.07 | 0 | 2.2 |

由表9-44可知,相同摩阻系数下,连续油管开关管柱井口所受轴向拉力随水平段长度的增加逐渐减小;摩阻系数为0.3时,随长度的增加,弯曲段起始点受力由拉力18.08 kN逐渐降为压力14.86 kN,摩阻系数为0.1和0.2时,弯曲段起始点所受拉力逐渐减小;水平段起始点所受轴向力均为压力,且随长度增加逐渐增大。最大摩阻力随长度增加逐渐增大。最大等效应力位置都在井口处,随水平段长度的增加逐渐减小。各情况下,安全系数均大于2.1。

由图9-130和图9-131可知,在相同摩阻系数下随着连续油管水平段长度的增加,井口轴向力逐渐减小,最大等效应力逐渐减小;在相同水平段长度的情况下,连续油管井口载荷及最大等效应力均随摩阻系数的增加而减小。

3. 关闭开关滑套,连续油管开关管柱力学分析

(1) 考虑接触特性的连续油管开关管柱力学分析。

① 整体连续油管开关管柱力学分析。

采用数值模拟的方法,利用自编软件,在关闭开关滑套工况下,对不同摩阻系数连续油管开关管柱整体管柱进行了力学分析,得到3种摩阻系数连续油管开关管柱受力情况及应力

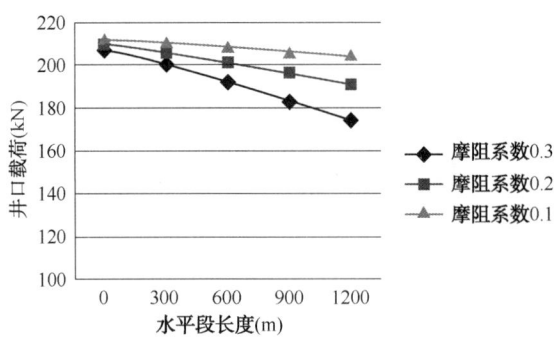

图 9-130　不同摩阻系数、不同水平段长度下井口载荷

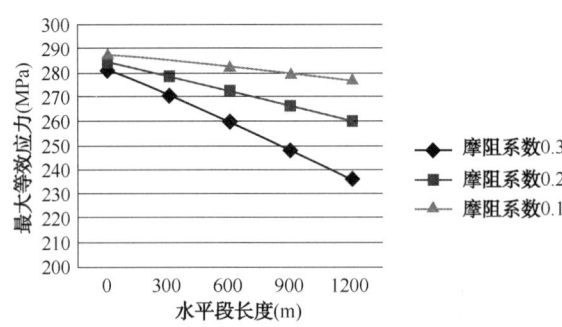

图 9-131　不同摩阻系数、不同水平段长度下最大等效应力

分布情况。其3种摩阻系数下连续油管开关管柱受力情况如表9-45所示，连续油管开关管柱应力情况如表9-46所示，管柱各点轴向力和等效应力分布分别如图9-132和图9-133所示。

表 9-45　不同摩阻系数下，连续油管开关管柱受力情况表

| 工况 | 摩阻系数 | 轴向力(kN) | | | | 弯矩(kN·m) | | | | 剪力(kN) | | | | 摩阻力(kN) | | | | 累积摩阻力(kN) |
|---|---|---|---|---|---|---|---|---|---|---|---|---|---|---|---|---|---|---|
| | | 井口 | 弯曲段起始点 | 水平段起始点 | 井底 | 井口 | 弯曲段起始点 | 水平段起始点 | 井底 | 井口 | 弯曲段起始点 | 水平段起始点 | 井底 | 井口 | 弯曲段起始点 | 水平段起始点 | 井底 | |
| 关闭开关滑套 | 0.3 | 99.82 | -72.00 | -60.28 | -50 | 0 | 0.002 | 0.41 | 0.52 | 0 | 0 | 0.25 | 0.20 | 0 | 0.26 | 0.37 | 0.14 | 56.36 |
| | 0.2 | 122.80 | -49.02 | -54.09 | -50 | 0 | 0.002 | 0.42 | 0.52 | 0 | 0 | 0.25 | 0.20 | 0 | 0.12 | 0.23 | 0.09 | 33.11 |
| | 0.1 | 141.54 | -30.28 | -47.30 | -50 | 0 | 0.005 | 0.42 | 0.52 | 0 | 0 | 0.25 | 0.20 | 0 | 0.04 | 0.11 | 0.06 | 14.60 |

表 9-46　不同摩阻系数下，连续油管开关管柱应力情况表

| 工况 | 摩阻系数 | 拉压应力(MPa) | | | | 弯曲应力(MPa) | | | | 等效应力(MPa) | | | | 最大等效应力 | | 安全系数 |
|---|---|---|---|---|---|---|---|---|---|---|---|---|---|---|---|---|
| | | 井口 | 弯曲段起始点 | 水平段起始点 | 井底 | 井口 | 弯曲段起始点 | 水平段起始点 | 井底 | 井口 | 弯曲段起始点 | 水平段起始点 | 井底 | 位置(m) | 数值(MPa) | |
| 关闭开关滑套 | 0.3 | 135.16 | -97.49 | -81.62 | -68.59 | 0 | 0.27 | 54.26 | 50.32 | 135.16 | 97.75 | 135.88 | 121.64 | 3530 | 140.80 | 4.4 |
| | 0.2 | 166.27 | -66.38 | -73.24 | -68.16 | 0 | 0.23 | 54.24 | 50.32 | 166.27 | 66.61 | 127.48 | 121.56 | 0 | 166.27 | 3.7 |
| | 0.1 | 191.65 | -41.00 | -64.05 | -67.14 | 0 | 0.66 | 54.24 | 50.32 | 191.65 | 41.66 | 118.29 | 120.98 | 0 | 191.65 | 3.2 |

由表 9-45 和图 9-132 可见，在直井段，连续油管开关管柱所受的主要载荷是轴向力，剪力和弯矩较小。轴向力沿井深逐渐减小，且由受拉逐渐转为受压，相同长度所受轴向力随摩阻系数增加而减小。在弯曲段，主要载荷是轴向力和弯矩，剪力较小。轴向力均为压力，摩阻系数较小时，轴向压力大小沿井深逐渐增加；摩阻系数较大时，轴向压力大小沿井深逐渐减小，相同长度所受轴向压力随摩阻系数增加而增大。弯矩沿井深逐渐增大，不随摩阻系数而变化。在水平段，主要载荷也是轴向力和弯矩，剪力较小。轴向力均为压力，摩阻系数较小时，轴向压力大小沿井深变化不大，摩阻系数较大时，轴向压力大小沿井深逐渐减小。相同长度所受水平段轴向压力大小随摩阻系数增加而增大。弯矩沿井深逐渐增大，不随摩阻系数而变化。摩阻力在弯曲段最大，且累积摩阻力较大，三种摩阻系数下累计摩阻力分别为 56.36kN、33.11kN 和 14.60kN。

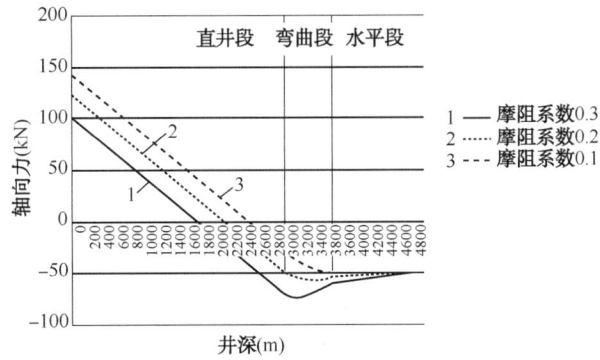

图 9-132　不同摩阻系数下连续油管轴向力分布

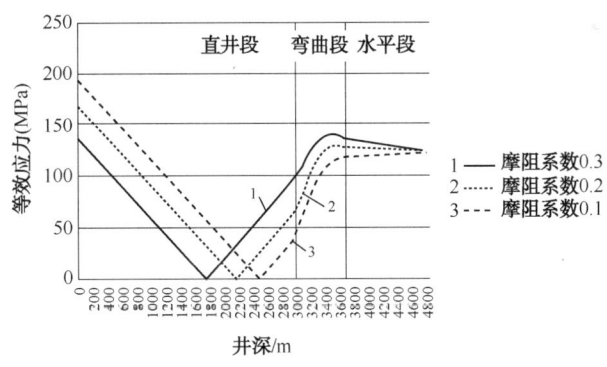

图 9-133　不同摩阻系数下连续油管等效应力分布

由表 9-46 和图 9-133 可知，在直井段，连续油管开关管柱的等效应力主要由轴向力产生，主要变形是轴向拉压变形；连续油管开关管柱等效应力沿井深先减小至 0 后逐渐增加，在直井段其拐点随摩阻力的增加逐渐向井口移动。在弯曲段和水平段，等效应力主要是拉压和弯曲共同作用的结果。在弯曲段等效应力沿井深先增大后减小，相同长度下，等效应力随摩阻系数增加而增大；在水平段当摩阻系数较小时，等效应力沿井身变化不大，当摩阻系数较大时，等效应力沿井身逐渐减小，相同长度等效应力随摩阻系数增加而增大。摩阻系数为 0.3 时，最大等效应力位于弯曲段，摩阻系数为 0.1 和 0.2 时，最大等效应力位于井口处。摩阻系数分别为 0.3、0.2、0.1 时,安全系数分别为 4.4、3.7、3.2。

经分析,关闭开关滑套工况下连续油管开关管柱所受摩阻力、弯矩和弯曲应力分布规律同下放工况,拉压应力分布规律同轴向力分布规律。

② 不同水平段长度连续油管开关管柱力学分析。

采用数值模拟的方法,利用自编软件,在关闭开关滑套工况下,对不同摩阻系数不同水平段长度的连续油管开关管柱进行了力学分析,得到不同摩阻系数、不同水平段长度连续油管开关管柱受力情况及应力分布规律。其 3 种摩阻系数下不同水平段长度的连续油管开关管柱受力情况如表 9-47 所示。不同摩阻系数下,不同水平段长度管柱井口载荷、最大等效应力分别如图 9-134 和图 9-135 所示。

表 9-47 不同摩阻系数、不同水平段长度下连续油管受力情况表

| 摩阻系数 | 水平段长度(m) | 轴向力(kN) | | | 弯矩(kN·m) | | | | 最大摩阻力 | | 最大等效应力 | | 安全系数 |
|---|---|---|---|---|---|---|---|---|---|---|---|---|---|
| | | 井口 | 弯曲段起始点 | 水平段起始点 | 井口 | 弯曲段起始点 | 水平段起始点 | 井底 | 数值(kN) | 位置(m) | 数值(MPa) | 位置(m) | |
| 0.3 | 0 | 115.67 | -56.15 | -49.50 | 0 | 0.001 | 0.42 | 0.42 | 0.53 | 3470 | 156.62 | 0 | 4.0 |
| | 300 | 111.11 | -60.71 | -53.05 | 0 | 0.001 | 0.42 | 0.42 | 0.56 | 3460 | 150.44 | 0 | 4.1 |
| | 600 | 107.35 | -64.47 | -55.46 | 0 | 0.001 | 0.42 | 0.42 | 0.58 | 3450 | 145.35 | 0 | 4.3 |
| | 900 | 103.59 | -68.23 | -57.87 | 0 | 0.002 | 0.42 | 0.42 | 0.60 | 3430 | 140.26 | 0 | 4.4 |
| | 1200 | 99.82 | -72.00 | -60.28 | 0 | 0.002 | 0.42 | 0.42 | 0.62 | 3440 | 140.80 | 3530 | 4.4 |
| 0.2 | 0 | 128.29 | -43.53 | -49.50 | 0 | 0.001 | 0.42 | 0.42 | 0.35 | 3680 | 173.71 | 0 | 3.6 |
| | 300 | 126.95 | -44.87 | -50.54 | 0 | 0.001 | 0.42 | 0.42 | 0.35 | 3560 | 171.89 | 0 | 3.6 |
| | 600 | 125.23 | -46.59 | -52.27 | 0 | 0.001 | 0.42 | 0.42 | 0.35 | 3550 | 169.56 | 0 | 3.7 |
| | 900 | 124.02 | -47.80 | -53.18 | 0 | 0.001 | 0.42 | 0.42 | 0.36 | 3530 | 167.92 | 0 | 3.7 |
| | 1200 | 122.80 | -49.02 | -54.09 | 0 | 0.002 | 0.42 | 0.42 | 0.36 | 3540 | 166.27 | 0 | 3.7 |
| 0.1 | 0 | 138.89 | -32.93 | -49.63 | 0 | 0.001 | 0.42 | 0.42 | 0.16 | 3680 | 188.05 | 0 | 3.3 |
| | 300 | 139.51 | -32.31 | -49.09 | 0 | 0.001 | 0.42 | 0.42 | 0.16 | 3600 | 188.89 | 0 | 3.3 |
| | 600 | 140.19 | -31.63 | -48.49 | 0 | 0.001 | 0.42 | 0.42 | 0.16 | 3620 | 189.81 | 0 | 3.3 |
| | 900 | 140.87 | -30.96 | -47.90 | 0 | 0.001 | 0.42 | 0.42 | 0.16 | 3600 | 190.73 | 0 | 3.3 |
| | 1200 | 141.54 | -30.28 | -47.30 | 0 | 0.002 | 0.42 | 0.42 | 0.16 | 3610 | 191.65 | 0 | 3.2 |

由表 9-47、图 9-134 和图 9-135 可知,当摩阻系数为 0.1 时,连续油管开关管柱所受井口轴向力随水平段长度增加而略有增大,但变化不是很大;在弯曲段起始点和水平段起始点所受轴向压力大小均随长度的增加而略有减小,但变化也不是很大。摩阻系数为 0.2 和 0.3 时,连续油管开关管柱井口所受轴向力随水平段长度增加而逐渐减小;在弯曲段起始点和水平段起始点所受轴向压力均随长度的增加而增大。相同摩阻系数下最大摩阻力随水平段长度增加而增大,相同水平段长度下最大摩阻力随摩阻系数的增加而增大。最大等效应力在摩阻系数为 0.1 时随长度的增加而增大;摩阻系数为 0.2 和 0.3 时,最大等效应力随水平段长度的增加逐渐减小;在相同水平段长度的情况下,最大等效应力随摩阻系数的

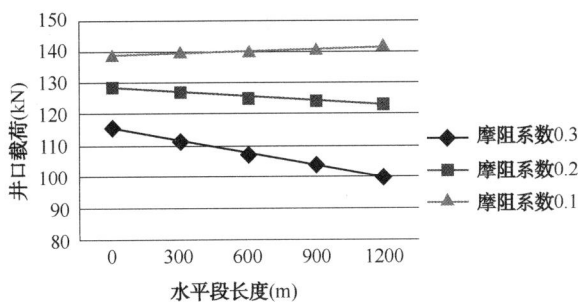

图 9-134 不同摩阻系数、不同水平段长度下井口载荷

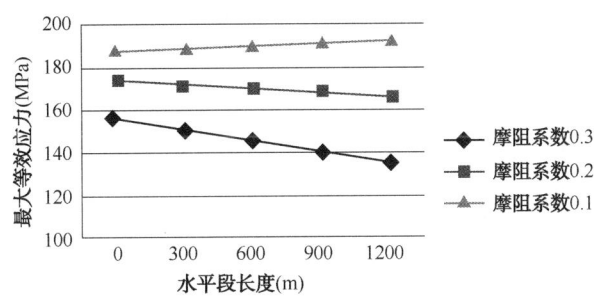

图 9-135 不同摩阻系数、不同水平段长度下最大等效应力

增加而减小。最大等效应力的位置基本都在井口处,但当摩阻系数为0.3,水平段长度为1200m时,最大等效应力受压应力和弯曲应力共同影响,最大位置在弯曲段。各情况下,安全系数均大于3.2。

(2) 考虑屈曲连续油管开关管柱力学分析。

① 连续油管开关管柱不同井段临界载荷计算。

考虑屈曲特性,对连续油管开关管柱直井段、弯曲段和水平段进行屈曲分析,得到不同井段发生正弦、螺旋屈曲临界载荷如表9-48所示。

表 9-48 不同井段发生正弦、螺旋屈曲临界载荷表

| 屈曲形态 | 直井段 | 弯曲段 | 水平段 |
| --- | --- | --- | --- |
| 正弦屈曲临界值(kN) | 6.90 | 45.57 | 25.41 |
| 螺旋屈曲临界值(kN) | 16.93 | 158.23 | 71.87 |

由表9-48可知,连续油管开关管柱在直井段发生正弦、螺旋屈曲临界载荷分别为6.90kN和16.93kN;在弯曲段发生正弦、螺旋屈曲临界载荷分别为45.57kN和158.23kN;水平段发生正弦、螺旋屈曲临界载荷分别为25.41kN和71.87kN,由此可见,连续油管开关管柱在直井段较容易发生屈曲,水平段次之,最后是弯曲段。

② 连续油管开关管柱不同水平段长度发生屈曲临界值计算。

对三种摩阻系数、五种水平段长度的连续油管开关管柱进行屈曲分析,得到不同摩阻系数、不同水平段长度下管柱发生屈曲井底轴向力临界值见表9-49。不同摩阻系数、不同水平段长度情况下,正弦、螺旋屈曲临界值对比如图9-136和图9-137所示。

表 9-49　不同摩阻系数、不同水平段长度下管柱发生屈曲时井底轴向力临界值计算结果

| 屈曲形态 | 摩阻系数 | 水平段长度(m) | | | | |
|---|---|---|---|---|---|---|
| | | 0 | 300 | 600 | 900 | 1200 |
| 正弦屈曲临界值（kN） | 0.3 | 31.7 | 25.3 | 25.2 | 24.9 | 24.7 |
| | 0.2 | 33.6 | 25.4 | 25.3 | 25.1 | 25.0 |
| | 0.1 | 35.8 | 25.5 | 25.4 | 25.3 | 25.2 |
| 螺旋屈曲临界值（kN） | 0.3 | 42.0 | 44.0 | 49.9 | 47.8 | 43.4 |
| | 0.2 | 44.0 | 45.9 | 50.0 | 49.2 | 45.7 |
| | 0.1 | 45.9 | 48.4 | 50.3 | 51.2 | 48.0 |

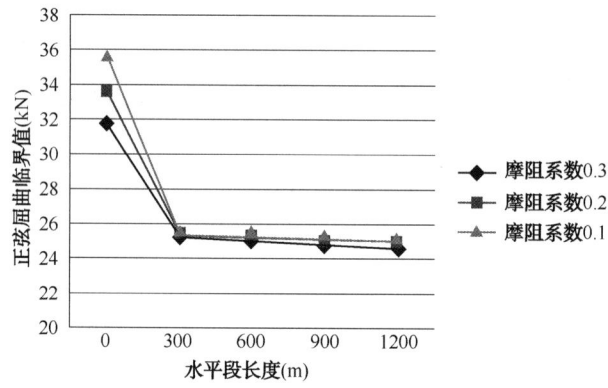

图 9-136　不同水平段长度发生正弦屈曲临界值对比图

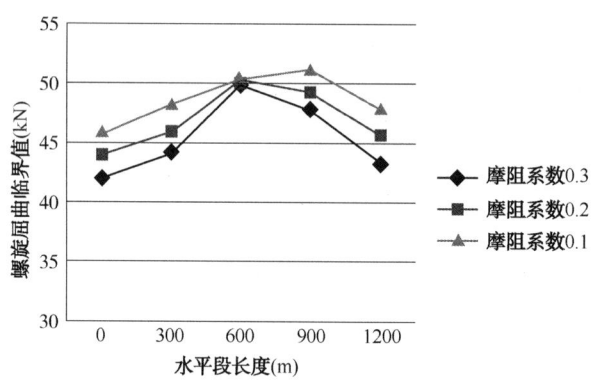

图 9-137　不同水平段长度发生螺旋屈曲临界值对比图

由表 9-49、图 9-136 和图 9-137 可知，水平段长度在 300m 以内，连续油管开关管柱正弦屈曲临界载荷随水平段长度增加而减小，随摩阻系数的增加而减小；水平段长度超过 300m，管柱正弦屈曲临界载荷随水平段长度增加变化不大，基本不随摩阻系数而变化。在摩阻系数较小时，螺旋屈曲临界值随水平段长度增加而增加；在摩阻系数较大时，螺旋屈曲临界值随水平段长度增加先增大后减小。相同水平段长度下，螺旋屈曲临界值随摩阻系数的增加而减小。

# 第九章 井下开关储层改造开关管柱力学分析

综上所述，综合考虑接触和屈曲模型计算，连续油管水平段长度分别为0、300m、600m、900m和1200m时，在摩阻系数为0.3，连续油管所能承受的最大载荷分别为31.7kN、25.3kN、25.2kN、24.9kN和24.7kN；摩阻系数为0.2，连续油管所能承受的最大载荷分别为33.6kN、25.4kN、25.3kN、25.1kN和25.0kN；摩阻系数为0.1，连续油管所能承受的最大载荷分别为35.8kN、25.5kN、25.4kN、25.3kN和25.2kN。

考虑到连续油管开关管柱发生正弦屈曲时仍能承受一定载荷，综合考虑接触和屈曲模型进行计算，连续油管水平段长度分别为0、300m、600m、900m和1200m时，摩阻系数0.3，所能承受的最大载荷分别为42.0kN、44.0kN、49.9kN、47.8kN和43.4kN；摩阻系数0.2，所能承受的最大载荷分别为44.0kN、45.9kN、50.0kN、49.2kN和45.7kN；摩阻系数0.1，所能承受的最大载荷分别为45.9kN、48.4kN、50.3kN、51.2kN和48.0kN。

简而言之，综合考虑管柱接触和屈曲特性，在三种摩阻系数下，管柱下入深度在1200m以内，只考虑屈曲正弦最大可承受25kN的轴向载荷，若考虑螺旋屈曲最大可承受42~46kN的轴向载荷。

4. 打开开关滑套，连续油管开关管柱力学分析

（1）整体连续油管开关管柱力学分析。

采用数值模拟的方法，利用自编软件，在打开开关滑套工况下，对不同摩阻系数连续油管开关管柱整体管柱进行了力学分析，得到不同摩阻系数连续油管开关管柱受力情况及应力分布情况。其3种摩阻系数下连续油管开关管柱受力情况如表9-50所示。不同摩阻系数下，连续油管开关管柱应力情况如表9-51所示，管柱各点轴向力及等效应力分布分别如图9-138和图9-139所示。

表9-50 不同摩阻系数下，连续油管受力情况表

| 工况 | 摩阻系数 | 轴向力(kN) | | | | 弯矩(kN·m) | | | | 剪力(kN) | | | | 摩阻力(kN) | | | | 累积摩阻力(kN) |
|---|---|---|---|---|---|---|---|---|---|---|---|---|---|---|---|---|---|---|
| | | 井口 | 弯曲段起始点 | 水平段起始点 | 井底 | 井口 | 弯曲段起始点 | 水平段起始点 | 井底 | 井口 | 弯曲段起始点 | 水平段起始点 | 井底 | 井口 | 弯曲段起始点 | 水平段起始点 | 井底 | |
| 打开开关滑套 | 0.3 | 356.06 | 161.25 | 85.13 | 50 | 0 | 0.02 | 0.43 | 0.52 | 0 | 0.001 | 0.25 | 0.20 | 0 | -0.58 | -0.16 | -0.14 | -66.27 |
| | 0.2 | 329.28 | 134.47 | 78.55 | 50 | 0 | 0.01 | 0.43 | 0.52 | 0 | 0.001 | 0.25 | 0.20 | 0 | -0.32 | -0.09 | -0.10 | -39.51 |
| | 0.1 | 307.80 | 112.99 | 72.87 | 50 | 0 | 0.009 | 0.43 | 0.52 | 0 | 0.001 | 0.25 | 0.20 | 0 | -0.14 | -0.04 | -0.05 | -17.89 |

表9-51 不同摩阻系数下，连续油管应力情况表

| 工况 | 摩阻系数 | 拉压应力(MPa) | | | | 弯曲应力(MPa) | | | | 等效应力(MPa) | | | | 最大等效应力 | | 安全系数 |
|---|---|---|---|---|---|---|---|---|---|---|---|---|---|---|---|---|
| | | 井口 | 弯曲段起始点 | 水平段起始点 | 井底 | 井口 | 弯曲段起始点 | 水平段起始点 | 井底 | 井口 | 弯曲段起始点 | 水平段起始点 | 井底 | 位置(m) | 应力值(MPa) | |
| 打开开关滑套 | 0.3 | 482.09 | 218.33 | 115.27 | 68.44 | 0 | 1.29 | 56.44 | 50.39 | 482.09 | 219.63 | 171.71 | 118.83 | 0 | 482.09 | 1.4 |
| | 0.2 | 445.83 | 182.07 | 106.36 | 67.50 | 0 | 1.26 | 56.56 | 50.39 | 445.83 | 183.33 | 162.92 | 118.42 | 0 | 445.83 | 1.5 |
| | 0.1 | 416.75 | 152.99 | 98.67 | 67.75 | 0 | 1.20 | 56.49 | 50.39 | 416.75 | 154.19 | 155.16 | 118.14 | 0 | 416.75 | 1.6 |

由表 9-50 和图 9-138 可见，在直井段，连续油管开关管柱所受的主要载荷是轴向力，剪力和弯矩较小。轴向力沿井深逐渐减小，全部受拉，相同长度所受轴向力随摩阻系数增

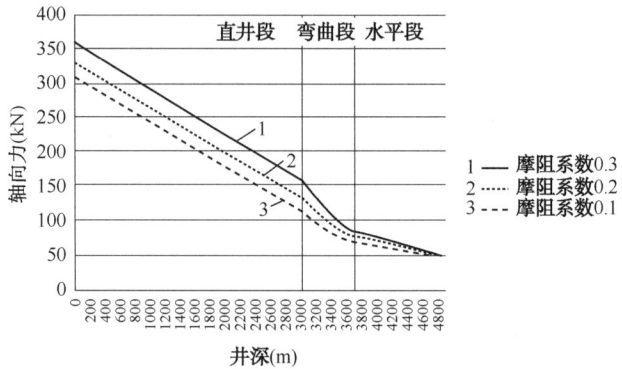

图 9-138　不同摩阻系数下连续油管开关管柱轴向力分布

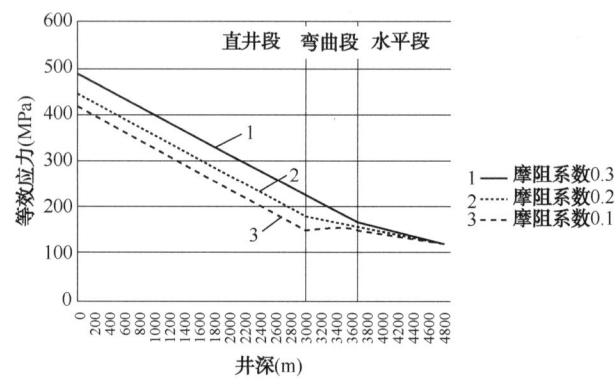

图 9-139　不同摩阻系数下连续油管开关管柱等效应力分布

加而增大。在弯曲段，主要载荷是轴向力和弯矩，剪力较小。轴向力均为拉力，轴向力沿井深逐渐减小，相同长度所受轴向拉力随摩阻系数增加逐渐增大。弯矩沿井深逐渐增大，不随摩阻系数而变化。在水平段，主要载荷也是轴向力和弯矩，剪力较小。轴向力均为拉力，沿井深逐渐变小，相同长度所受轴向拉力大小随摩阻系数增加而增大。弯矩沿井深逐渐增大，不随摩阻系数而变化。摩阻力在弯曲段最大，且累积摩阻力较大，三种摩阻系数下累积摩阻力分别为 -66.27kN、-39.51kN、-17.89kN。

由表 9-51 和图 9-139 可知，在直径段，连续油管开关管柱的等效应力主要由轴向力产生，主要变形是轴向拉压变形；连续油管开关管柱等效应力沿井深逐渐减小。在弯曲段和水平段，等效应力主要是拉压和弯曲共同作用的结果。在弯曲段，当摩阻系数较大时，等效应力沿井深逐渐增大，当摩阻系数较小时，等效应力沿井深先增大后减小，相同长度下，等效应力随摩阻系数增加而增大。在水平段等效应力沿井深逐渐减小，相同长度等效应力随摩阻系数增加而增大。最大等效应力位于井口处，摩阻系数分别为 0.3、0.2、0.1 时，安全系数分别为 1.4、1.5、1.6。

经分析，打开开关滑套工况下连续油管开关管柱摩阻力、弯矩和弯曲应力分布规律同

下放工况，拉压应力分布规律同轴向力分布。

(2) 不同水平段长度连续油管开关管柱受力情况分析。

采用数值模拟的方法，利用自编软件，在下放工况下，对不同摩阻系数不同水平段长度的连续油管开关管柱进行了力学分析，得到不同摩阻系数、不同水平段长度连续油管开关管柱受力情况及应力分布规律。其3种摩阻系数下不同水平段长度的连续油管开关管柱受力情况如表9-52所示。不同摩阻系数下，不同水平段长度管柱井口载荷、最大等效应力分别如图9-140和图9-141所示。

表9-52 不同摩阻系数，不同水平段长度，连续油管受力情况表

| 摩阻系数 | 水平段长度(m) | 轴向力(kN) | | | | 弯矩(kN·m) | | | | 最大摩阻力 | | 最大等效应力 | | 安全系数 |
| --- | --- | --- | --- | --- | --- | --- | --- | --- | --- | --- | --- | --- | --- | --- |
| | | 井口 | 弯曲段起始点 | 水平段起始点 | 井底 | 井口 | 弯曲段起始点 | 水平段起始点 | 井底 | 数值(kN) | 位置(m) | 数值(MPa) | 位置(m) | |
| 0.3 | 0 | 300.51 | 105.71 | 50.00 | 50 | 0 | 0.008 | 0.41 | 0.41 | 0.74 | 3050 | 406.88 | 0 | 1.7 |
| | 300 | 314.13 | 119.32 | 58.47 | 50 | 0 | 0.009 | 0.42 | 0.42 | 0.84 | 3050 | 425.32 | 0 | 1.6 |
| | 600 | 328.43 | 133.63 | 67.48 | 50 | 0 | 0.008 | 0.42 | 0.42 | 0.94 | 3050 | 444.69 | 0 | 1.5 |
| | 900 | 342.25 | 147.44 | 76.31 | 50 | 0 | 0.009 | 0.42 | 0.42 | 1.04 | 3050 | 463.39 | 0 | 1.5 |
| | 1200 | 356.06 | 161.25 | 85.13 | 50 | 0 | 0.10 | 0.42 | 0.42 | 1.14 | 3050 | 482.09 | 0 | 1.4 |
| 0.2 | 0 | 290.19 | 95.38 | 49.80 | 50 | 0 | 0.008 | 0.42 | 0.42 | 0.45 | 3050 | 392.91 | 0 | 1.7 |
| | 300 | 299.89 | 105.08 | 56.89 | 50 | 0 | 0.008 | 0.42 | 0.42 | 0.49 | 3050 | 406.04 | 0 | 1.7 |
| | 600 | 309.68 | 114.88 | 64.20 | 50 | 0 | 0.008 | 0.42 | 0.42 | 0.54 | 3050 | 419.30 | 0 | 1.6 |
| | 900 | 319.67 | 124.87 | 71.66 | 50 | 0 | 0.008 | 0.42 | 0.42 | 0.59 | 3050 | 432.83 | 0 | 1.6 |
| | 1200 | 329.28 | 134.47 | 78.55 | 50 | 0 | 0.008 | 0.42 | 0.42 | 0.63 | 3050 | 445.83 | 0 | 1.5 |
| 0.1 | 0 | 281.18 | 86.37 | 49.80 | 50 | 0 | 0.008 | 0.42 | 0.42 | 0.20 | 3050 | 380.70 | 0 | 1.8 |
| | 300 | 287.80 | 92.99 | 55.43 | 50 | 0 | 0.008 | 0.42 | 0.42 | 0.22 | 3050 | 389.67 | 0 | 1.7 |
| | 600 | 294.47 | 99.66 | 61.25 | 50 | 0 | 0.008 | 0.42 | 0.42 | 0.23 | 3050 | 398.70 | 0 | 1.7 |
| | 900 | 301.30 | 106.49 | 67.20 | 50 | 0 | 0.008 | 0.42 | 0.42 | 0.25 | 3050 | 407.95 | 0 | 1.7 |
| | 1200 | 307.80 | 112.99 | 72.87 | 50 | 0 | 0.008 | 0.42 | 0.42 | 0.26 | 3050 | 416.75 | 0 | 1.6 |

由表9-52、图9-140和图9-141可知，三种摩阻系数下，连续油管开关管柱所受井口轴向力随水平长度的增加而增大；在弯曲段起始点和水平段起始点所受轴向拉力随长度增加而逐渐增大。相同摩阻系数下最大摩阻力随水平长度的增加而增大，相同水平段长度下最大摩阻力随摩阻系数的增加而增大。最大等效应力随长度的增加而增大，相同水平段长度下，最大等效应力随摩阻系数的增加而增大，最大等效应力的位置都在井口处。

综合以上分析，在打开开关滑套工况下整体管柱受拉，应力较大，安全系数较小，因此：在摩阻系数为0.3时，建议水平段长度超过900m请谨慎作业；摩阻系数0.2、0.1，水平段全长可正常进行打开开关滑套操作。

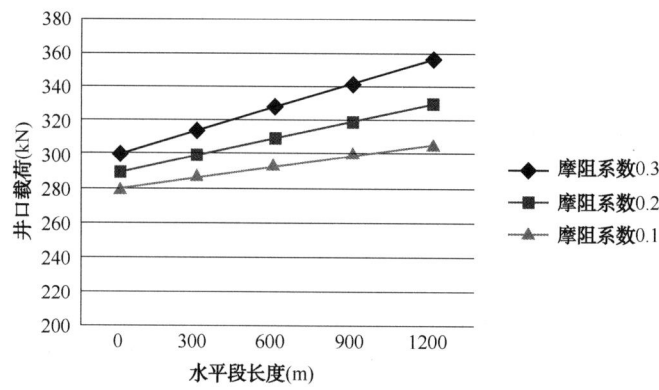

图 9-140　不同摩阻系数、不同水平段长度下井口载荷

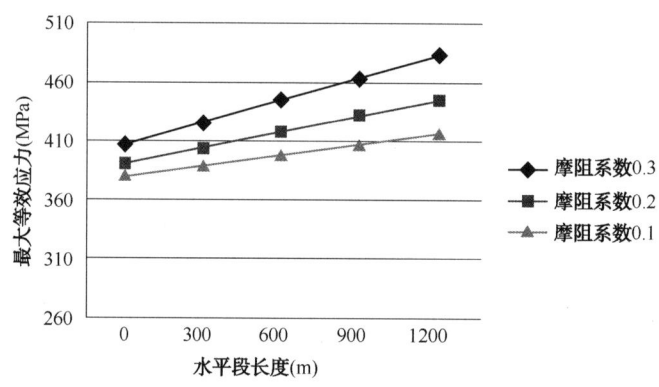

图 9-141　不同摩阻系数、不同水平段长度下最大等效应力

5. 上提工况下，连续油管开关管柱力学分析

（1）整体连续油管开关管柱力学分析。

采用数值模拟的方法，利用自编软件，在上提工况下，对不同摩阻系数连续油管开关管柱整体管柱进行了力学分析，得到不同摩阻系数连续油管开关管柱受力情况及应力分布情况。其 3 种摩阻系数下连续油管开关管柱受力情况见表 9-53。不同摩阻系数下，连续油管开关管柱应力情况如表 9-54，管柱各点轴向力、等效应力情况分别如图 9-142 和图 9-143 所示。

表 9-53　不同摩阻系数下，连续油管受力情况表

| 工况 | 摩阻系数 | 轴向力（kN） | | | | 弯矩（kN·m） | | | | 剪力（kN） | | | | 摩阻力（kN） | | | | 累积摩阻力（kN） |
|---|---|---|---|---|---|---|---|---|---|---|---|---|---|---|---|---|---|---|
| | | 井口 | 弯曲段起始点 | 水平段起始点 | 井底 | 井口 | 弯曲段起始点 | 水平段起始点 | 井底 | 井口 | 弯曲段起始点 | 水平段起始点 | 井底 | 井口 | 弯曲段起始点 | 水平段起始点 | 井底 | |
| 上提工况 | 0.3 | 245.22 | 55.92 | 22.35 | 0 | 0 | 0.008 | 0.52 | 0.65 | 0 | 0.001 | 0.31 | 0.25 | 0 | -0.20 | -0.11 | -0.07 | -30.59 |
| | 0.2 | 234.17 | 44.87 | 15.01 | 0 | 0 | 0.008 | 0.52 | 0.65 | 0 | 0.001 | 0.31 | 0.25 | 0 | -0.11 | -0.09 | -0.05 | -19.40 |
| | 0.1 | 224.46 | 35.16 | 7.56 | 0 | 0 | 0.008 | 0.52 | 0.65 | 0 | 0.001 | 0.31 | 0.25 | 0 | -0.04 | -0.05 | -0.06 | -9.53 |

表 9-54　不同摩阻系数下，连续油管应力情况表

| 工况 | 摩阻系数 | 拉压应力(MPa) | | | | 弯曲应力(MPa) | | | | 等效应力(MPa) | | | | 最大等效应力 | | 安全系数 |
|---|---|---|---|---|---|---|---|---|---|---|---|---|---|---|---|---|
| | | 井口 | 弯曲段起始点 | 水平段起始点 | 井底 | 井口 | 弯曲段起始点 | 水平段起始点 | 井底 | 井口 | 弯曲段起始点 | 水平段起始点 | 井底 | 位置(m) | 数值(MPa) | |
| 上提工况 | 0.3 | 332.02 | 75.72 | 30.27 | 0.49 | 0 | 1.05 | 67.57 | 63.06 | 332.02 | 76.77 | 97.84 | 63.55 | 0 | 332.02 | 2.0 |
| | 0.2 | 317.06 | 60.76 | 20.33 | 0.44 | 0 | 1.09 | 67.59 | 63.06 | 317.06 | 61.84 | 87.92 | 63.50 | 0 | 317.06 | 2.1 |
| | 0.1 | 303.91 | 47.61 | 10.24 | 0.26 | 0 | 1.08 | 67.62 | 63.06 | 303.91 | 48.68 | 77.85 | 63.32 | 0 | 303.91 | 2.2 |

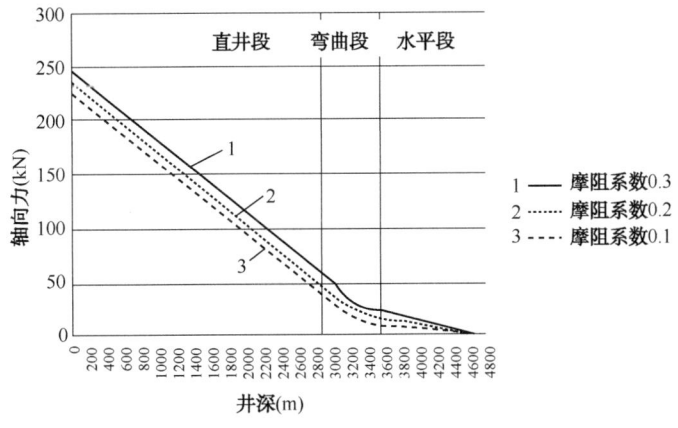

图 9-142　上提管柱，不同摩阻系数下，连续油管轴向力分布图

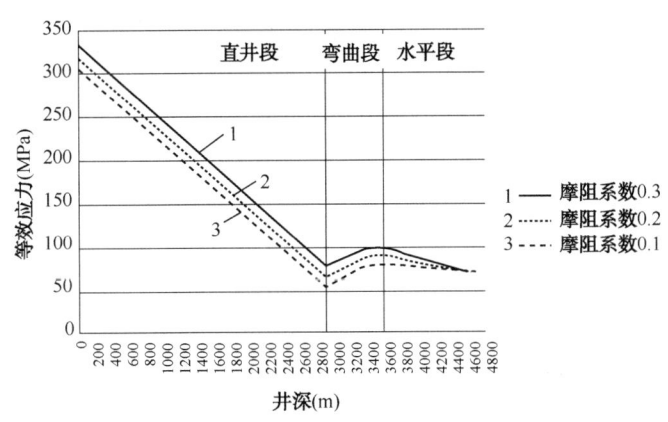

图 9-143　不同摩阻系数下，连续油管等效应力分布图

由表 9-53 和图 9-142 可见，在直径段，连续油管开关管柱所受的主要载荷是轴向力，剪力和弯矩较小。轴向力沿井深逐渐减小，且均为拉力，相同长度所受轴向力随摩阻系数增加而减小。在弯曲段，主要载荷是轴向力和弯矩，剪力较小，轴向力沿井深逐渐减小，相同长度所受轴向拉力随摩阻系数增加而增大。弯矩沿井深逐渐增大，不随摩阻系数而变化。在水平段，主要载荷也是轴向力和弯矩，剪力较小。轴向力均为拉力，沿井深方向逐

渐减小，相同长度所受轴向力大小随摩阻系数增加而增大。弯矩沿井深逐渐增大，不随摩阻系数而变化。摩阻力在弯曲段最大，且累积摩阻力较大，三种摩阻系数下累积摩阻力分别为-30.59kN、-19.40 kN、-9.53 kN。

由表9-54和图9-143可知，在直径段，连续油管开关管柱的等效应力只要由轴向力产生，主要变形是轴向拉压变形；连续油管开关管柱等效应力沿井深逐渐减小。在弯曲段和水平段，等效应力主要是拉力和弯曲共同作用的结果，在弯曲段摩阻系数较大时，等效应力沿井深先增大后减小，摩阻系数较小时等效应力沿井深逐渐增大，相同长度等效应力随摩阻系数增加而增大。最大等效应力位于井口处，摩阻系数分别为0.3、0.2、0.1时，安全系数分别为2.0、2.1、2.2。

经分析，上提工况下连续油管开关管柱摩阻力、弯矩和弯曲应力分布规律同下放工况，拉压应力分布规律同轴向力分布。

（2）不同水平段长度连续油管开关管柱受力情况分析。

采用数值模拟的方法，利用自编软件，在下放工况下，对不同摩阻系数不同水平段长度的连续油管开关管柱进行了力学分析，得到不同摩阻系数、不同水平段长度连续油管开关管柱受力情况及应力分布规律。其3种摩阻系数下不同水平段长度的连续油管开关管柱受力结果见表9-55。不同摩阻系数下，不同水平段长度下管柱井口载荷、最大等效应力分别如图9-144和图9-145所示。

表9-55 不同摩阻系数、不同水平段长度下，连续油管受力情况表

| 摩阻系数 | 水平段长度（m） | 轴向力（kN） | | | | 弯矩（kN·m） | | | | 最大摩阻力 | | 最大等效应力 | | 安全系数 |
| --- | --- | --- | --- | --- | --- | --- | --- | --- | --- | --- | --- | --- | --- | --- |
| | | 井口 | 弯曲段起始点 | 水平段起始点 | 井底 | 井口 | 弯曲段起始点 | 水平段起始点 | 井底 | 数值（kN） | 位置（m） | 数值（MPa） | 位置（m） | |
| 0.3 | 0 | 222.07 | 32.77 | 0.01 | 0 | 0 | 0.008 | 0.52 | 0.52 | 0.22 | 3050 | 300.68 | 0 | 2.3 |
| | 300 | 227.27 | 37.97 | 5.69 | 0 | 0 | 0.008 | 0.52 | 0.52 | 0.26 | 3050 | 307.71 | 0 | 2.2 |
| | 600 | 232.69 | 43.39 | 11.20 | 0 | 0 | 0.008 | 0.52 | 0.52 | 0.30 | 3050 | 315.05 | 0 | 2.2 |
| | 900 | 238.68 | 49.38 | 16.83 | 0 | 0 | 0.008 | 0.52 | 0.52 | 0.34 | 3050 | 323.16 | 0 | 2.1 |
| | 1200 | 245.22 | 55.92 | 22.35 | 0 | 0 | 0.008 | 0.52 | 0.52 | 0.39 | 3050 | 332.02 | 0 | 2.0 |
| 0.2 | 0 | 219.61 | 30.31 | -0.03 | 0 | 0 | 0.008 | 0.52 | 0.52 | 0.14 | 3680 | 297.34 | 0 | 2.3 |
| | 300 | 223.01 | 33.71 | 3.67 | 0 | 0 | 0.008 | 0.52 | 0.52 | 0.15 | 3050 | 301.94 | 0 | 2.3 |
| | 600 | 226.70 | 37.40 | 7.55 | 0 | 0 | 0.008 | 0.52 | 0.52 | 0.17 | 3050 | 306.94 | 0 | 2.2 |
| | 900 | 230.31 | 41.00 | 11.22 | 0 | 0 | 0.008 | 0.52 | 0.52 | 0.19 | 3050 | 311.82 | 0 | 2.2 |
| | 1200 | 234.17 | 44.87 | 15.01 | 0 | 0 | 0.008 | 0.52 | 0.52 | 0.21 | 3050 | 317.06 | 0 | 2.1 |
| 0.1 | 0 | 217.32 | 28.01 | 0.05 | 0 | 0 | 0.008 | 0.52 | 0.52 | 0.07 | 3680 | 294.23 | 0 | 2.3 |
| | 300 | 219.03 | 29.73 | 1.88 | 0 | 0 | 0.008 | 0.52 | 0.52 | 0.07 | 3980 | 296.55 | 0 | 2.3 |
| | 600 | 220.83 | 31.52 | 3.77 | 0 | 0 | 0.008 | 0.52 | 0.52 | 0.07 | 3050 | 298.99 | 0 | 2.3 |
| | 900 | 222.59 | 33.29 | 5.62 | 0 | 0 | 0.008 | 0.52 | 0.52 | 0.07 | 3050 | 301.38 | 0 | 2.3 |
| | 1200 | 224.46 | 35.16 | 7.56 | 0 | 0 | 0.008 | 0.52 | 0.52 | 0.08 | 3050 | 303.91 | 0 | 2.2 |

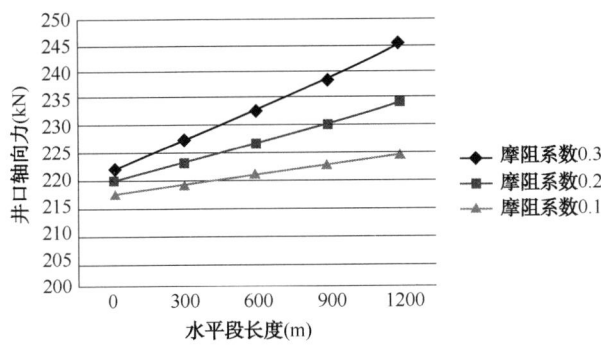

图 9-144 不同摩阻系数、不同水平段长度下井口载荷

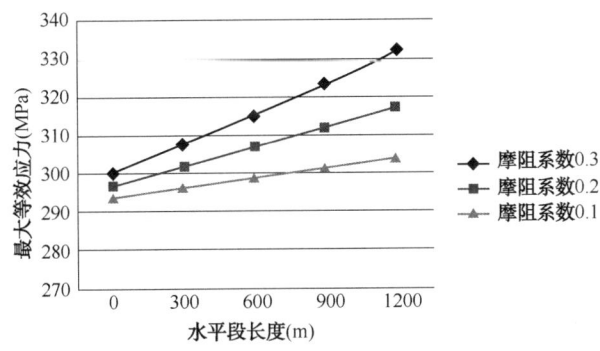

图 9-145 不同摩阻系数、不同水平段长度下最大等效应力

由表 9-55、图 9-144 和图 9-145 可知，连续油管开关管柱所受井口轴向力随水平长度增加而增大。在弯曲段起始点所受轴向拉力大小均随长度的增加而增大。相同摩阻系数下最大摩阻力随长度的增加而增大，相同水平段长度下最大摩阻力随摩阻系数的增加而增大。最大等效应力随长度的增加而增大，相同水平段长度的情况下，最大等效应力随摩阻系数的增加而增大。最大等效应力的位置都在井口处。各情况下，安全系数均大于 2.0。

6. 数值模拟计算结果与现场实验数据对比

以现场下放和上提工况参数进行计算并与实验数据进行对比，下放至 3933m，完成操作后再由 3791m 处上提，注入头力 30kN，套管内摩阻系数为 0.2。数值模拟结果及与现场实验结果对比如表 9-56 所示。

表 9-56 下放和上提工况下数值模拟结果与现场实验结果对比

| 位置<br>（m） | 工况 | 数值模拟 | | | 实测井口载荷<br>（kN） | 相对误差<br>（%） |
| --- | --- | --- | --- | --- | --- | --- |
| | | 累积摩阻力<br>（kN） | 最大等效应力<br>（MPa） | 数值模拟井口<br>载荷（kN） | | |
| 3933 | 下放 | 7.74 | 292.77 | 189.32 | 178 | 6.30 |
| 3791 | 上提 | -5.48 | 312.81 | 202.28 | 212 | -4.58 |

由表 9-56 可知,与现场实测数据比较,下放和上提工况下数值模拟结果与实测值相对误差的绝对值分别为 6.30% 和 4.58%,两者吻合较好,验证了连续油管开关管柱力学分析方法的正确性及软件编制的合理性。

## (二) 苏 75-54-34H 井连续油管开关管柱力学分析及应用

苏 75-54-34H 共进行了 5 处开关滑套的开关操作,本小节取实际参数,对 5 处开关滑套的关闭和打开操作进行了力学分析,并将 10 组操作计算结果与实测载荷进行了对比。

1. 水平井连续油管开关管柱结构参数

苏 75-54-34H 井为现场试验井,共有 5 处开关滑套,采用 QT800 型号 2in 的连续油管进行现场施工,连续油管的外径为 $\phi50.8$mm,壁厚为 5.15mm,单位长度质量为 5.805kg/m。配合 $3\frac{1}{2}$in N80 套管,其内径为 $\phi76$mm,开关工具组合为:开关工具串+安全接头+加压器+连接器。注入头力 30kN。工具串的材料为 42CrMo,连续油管和工具串的弹性模量均为 210GPa,泊松比均为 0.3,管内外液体密度 1.0g/cm³,套管内摩阻系数 0.2。水平井竖直段长度为 3020m,弯曲段长度为 590m,水平段全长为 1200m。井身结构如图 9-146 所示。

打开和关闭开关滑套工况,施工参数分别如表 9-57 和表 9-58 所示。

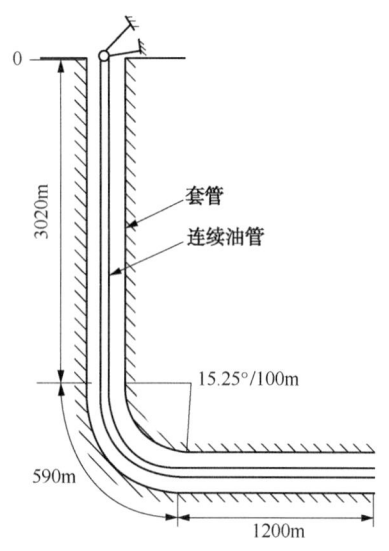

图 9-146 苏 75-54-34H 井井身结构图

表 9-57 打开开关滑套工况下施工参数

| 位置 | 井深(m) | 管内排量(m³/min) | 上提力(kN) |
| --- | --- | --- | --- |
| 第七段 | 4090 | 0.45 | 90 |
| 第八段 | 3980 | 0.55 | 90 |
| 第九段 | 3830 | 0.60 | 100 |
| 第十段 | 3730 | 0.45 | 90 |
| 第十一段 | 3630 | 0.50 | 90 |

表 9-58 关闭开关滑套工况下施工参数

| 位置 | 位置(m) | 管内排量(m³/min) | 下压力(kN) |
| --- | --- | --- | --- |
| 第七段 | 4090 | 0.5 | 80 |
| 第八段 | 3980 | 0.5 | 60 |
| 第九段 | 3830 | 0.45 | 110 |
| 第十段 | 3730 | 0.45 | 100 |
| 第十一段 | 3630 | 0.45 | 100 |

## 2. 数值模拟计算结果与现场实验数据对比

对此井五处连续油管开关管柱打开和关闭开关滑套工况分别进行了力学分析，其计算结果及与实测载荷对比情况分别如表9-59和表9-60所示。

表9-59 打开开关滑套工况数值模拟与实验数据对比

| 位置井深（m） | 工况 | 井口轴向力（kN） | 累积摩阻力（kN） | 最大等效应力 | | 安全系数 | 上提力（kN） | | 相对误差（%） |
| --- | --- | --- | --- | --- | --- | --- | --- | --- | --- |
| | | | | 数值（MPa） | 位置（m） | | 数值模拟 | 实测载荷 | |
| 第七段4090 | 上提 | 202.64 | -9.2 | 313.37 | 0 | 2.1 | 74.51 | 90 | -17.21 |
| | 打开开关滑套 | 277.15 | -25.41 | 428.53 | 0 | 1.6 | | | |
| 第八段3980 | 上提 | 201.43 | -7.99 | 311.49 | 0 | 2.2 | 84.38 | 90 | -6.24 |
| | 打开开关滑套 | 285.81 | -24.22 | 441.98 | 0 | 1.5 | | | |
| 第九段3830 | 上提 | 199.78 | -6.36 | 308.95 | 0 | 2.2 | 90.83 | 100 | -9.17 |
| | 打开开关滑套 | 290.61 | -21.38 | 449.41 | 0 | 1.5 | | | |
| 第十段3730 | 上提 | 198.78 | -5.29 | 307.39 | 0 | 2.2 | 72.15 | 90 | -19.83 |
| | 打开开关滑套 | 270.93 | -19.92 | 402.16 | 0 | 1.7 | | | |
| 第十一段3630 | 上提 | 197.73 | -4.23 | 305.72 | 0 | 2.2 | 74.45 | 90 | -17.27 |
| | 打开开关滑套 | 272.18 | -17.72 | 407.17 | 0 | 1.7 | | | |

表9-60 关闭开关滑套工况数值模拟与实验数据对比

| 位置井深（m） | 工况 | 井口轴向力（kN） | 累积摩阻力（kN） | 最大等效应力 | | 安全系数 | 下压力（kN） | | 相对误差（%） |
| --- | --- | --- | --- | --- | --- | --- | --- | --- | --- |
| | | | | 数值（MPa） | 位置（m） | | 数值模拟 | 实测载荷 | |
| 第七段4090 | 下放 | 183.19 | 10.64 | 283.30 | 0 | 2.2 | 82.98 | 80 | 3.72 |
| | 关闭开关滑套 | 100.21 | 24.09 | 154.97 | 0 | 4.0 | | | |
| 第八段3980 | 下放 | 184.77 | 9.09 | 285.73 | 0 | 2.1 | 84.20 | 60 | 40.0 |
| | 关闭开关滑套 | 100.57 | 23.04 | 155.5 | 0 | 4.0 | | | |
| 第九段3830 | 下放 | 186.74 | 7.05 | 288.78 | 0 | 2.1 | 90.36 | 110 | -17.80 |
| | 关闭开关滑套 | 96.38 | 21.78 | 149.04 | 0 | 4.2 | | | |
| 第十段3730 | 下放 | 188.07 | 5.70 | 290.84 | 0 | 2.1 | 91.21 | 100 | -8.79 |
| | 关闭开关滑套 | 96.86 | 20.81 | 149.19 | 0 | 4.1 | | | |
| 第十一段3630 | 下放 | 189.27 | 4.38 | 292.70 | 0 | 2.1 | 91.85 | 100 | -8.15 |
| | 关闭开关滑套 | 97.42 | 19.79 | 150.65 | 0 | 4.1 | | | |

由表9-59和表9-60可知，与现场实测数据比较，五个开关滑套10组数据数值模拟结果与实测值相对误差除第八段关闭开关滑套工况下误差较大以外，其他组数据误差的绝对值都在20%以内，两者吻合较好，验证了连续油管开关管柱力学分析方法的正确性及软件编制的合理性。第八段滑套关闭工况实测数据与其他组数据相比规律性不强，考虑可能为实际操作中遇到了特殊情况。

## （三）苏76-16-10H井连续油管开关管柱受力变形及算例分析

此井计算分析过程与75-60-34H井相同，在此只给出计算参数和部分结果图表。

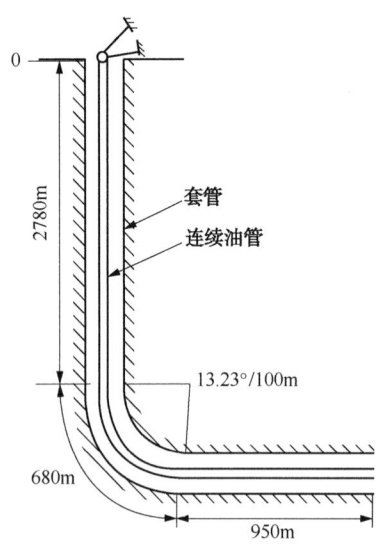

图9-147 苏76-16-10H井井身结构图

1. 水平井连续油管开关管柱结构参数

采用QT900型号2in的连续管进行计算，连续油管的外径为$\phi50.8mm$，壁厚为4.44mm，单位长度质量为5.083kg/m。配合$3\frac{1}{2}$in N80套管，其内径为$\phi76mm$，井下钻具组合为：开关工具串+安全接头+加压器+连接器。工具串的材料为42CrMo，连续管和工具串的弹性模量均为210GPa，泊松比均为0.3，管内外液体密度$1.0g/cm^3$，排量$0.5m^3/min$。其井身结构如图9-147所示。

取套管和连续油管及工具串为研究对象，建立了连续油管开关管柱下放工况、关闭开关滑套、打开开关滑套、上提四种工艺过程的力学分析模型（图9-64～图9-67），并在上提和下放工况下对三种摩阻系数全井段进行整体计算；在关闭开关滑套和打开开关滑套工艺过程下对三种摩阻系数、五种不同水平段长度的连续油管开关管柱进行分析，同时对关闭开关滑套还从接触和屈曲两方面进行了计算，计算工况见表9-61。

表9-61 计算工况统计表

| 工况 | | 摩阻系数 | 水平段长度(m) |
|---|---|---|---|
| 下放工况 | | 0.3 | 950 |
| | | 0.2 | |
| | | 0.1 | |
| 关闭开关滑套 | 考虑接触 | 0.3 | 0 |
| | | | 200 |
| | | | 400 |
| | | | 600 |
| | | | 800 |
| | | | 950 |
| | | 0.2 | 0 |
| | | | 200 |
| | | | 400 |
| | | | 600 |
| | | | 800 |
| | | | 950 |

续表

| 工况 | | 摩阻系数 | 水平段长度(m) |
|---|---|---|---|
| 关闭开关滑套 | 考虑接触 | 0.1 | 0 |
| | | | 200 |
| | | | 400 |
| | | | 600 |
| | | | 800 |
| | | | 950 |
| | 考虑屈曲 | 0.3 | 正弦、螺旋屈曲临界值 |
| | | 0.2 | |
| | | 0.1 | |
| 打开开关滑套 | | 0.3 | 0 |
| | | | 200 |
| | | | 400 |
| | | | 600 |
| | | | 800 |
| | | | 950 |
| | | 0.2 | 0 |
| | | | 200 |
| | | | 400 |
| | | | 600 |
| | | | 800 |
| | | | 950 |
| | | 0.1 | 0 |
| | | | 200 |
| | | | 400 |
| | | | 600 |
| | | | 800 |
| | | | 950 |
| 上提工况 | | 0.3 | 950 |
| | | 0.2 | |
| | | 0.1 | |

2. 下放工况下，连续油管开关管柱受力情况分析

采用数值模拟的方法，利用自编软件，在下放工况下，对不同摩阻系数连续油管开关管柱整体管柱进行了力学分析，得到不同摩阻系数连续油管开关管柱受力情况及应力分布情况。其三种摩阻系数下连续油管开关管柱受力情况见表9-62。

表 9-62 不同摩阻系数下，连续油管开关管柱受力情况

| 摩阻系数 | 轴向力（kN） | | | | 等效应力（MPa） | | | | 最大等效应力 | | 安全系数 |
| --- | --- | --- | --- | --- | --- | --- | --- | --- | --- | --- | --- |
| | 井口 | 弯曲段起始点 | 水平段起始点 | 井底 | 井口 | 弯曲段起始点 | 水平段起始点 | 井底 | 位置（m） | 数值（MPa） | |
| 0.3 | 156.0 | -2.6 | -14.8 | 0 | 241.3 | 4.34 | 91.7 | 64.8 | 0 | 241.3 | 2.9 |
| 0.2 | 168.2 | 9.6 | -9.2 | 0 | 260.1 | 15.6 | 83.2 | 64.5 | 0 | 260.1 | 2.7 |
| 0.1 | 177.5 | 18.4 | -3.7 | 0 | 274.5 | 30.3 | 74.6 | 64.2 | 0 | 274.5 | 2.6 |

3. 关闭开关滑套，连续油管开关管柱受力情况分析

（1）整体连续油管开关管柱受力情况分析。

采用数值模拟的方法，利用自编软件，在关闭开关滑套工况下，对不同摩阻系数连续油管开关管柱整体管柱进行了力学分析，得到不同摩阻系数连续油管开关管柱受力情况及应力分布情况。其三种摩阻系数下连续油管开关管柱受力情况见表 9-63。

表 9-63 管柱不同位置所受轴向力分布情况

| 摩阻系数 | 轴向力（kN） | | | | 等效应力（MPa） | | | | 最大等效应力 | | 安全系数 |
| --- | --- | --- | --- | --- | --- | --- | --- | --- | --- | --- | --- |
| | 井口 | 弯曲段起始点 | 水平段起始点 | 井底 | 井口 | 弯曲段起始点 | 水平段起始点 | 井底 | 数值（MPa） | 位置（m） | |
| 0.3 | 110.5 | -48.4 | -48.9 | -50 | 170.0 | 75.5 | 128.4 | 127.2 | 170.0 | 0 | 4.2 |
| 0.2 | 127.9 | -31.0 | -43.8 | -50 | 197.8 | 48.5 | 120.6 | 125.7 | 197.8 | 0 | 3.6 |
| 0.1 | 141.5 | -17.5 | -39.7 | -50 | 218.7 | 27.6 | 114.2 | 125.6 | 218.7 | 0 | 3.3 |

（2）不同水平段长度连续油管开关管柱受力情况分析。

采用数值模拟的方法，利用自编软件，在关闭开关滑套工况下，对不同摩阻系数不同水平段长度的连续油管开关管柱进行了力学分析，得到不同摩阻系数、不同水平段长度连续油管开关管柱受力情况及应力分布规律。其三种摩阻系数下不同水平段长度的连续油管开关管柱受力结果见表 9-64。

（3）考虑屈曲连续油管开关管柱受力情况分析。

① 连续油管开关管柱不同段临界载荷计算。

对连续油管开关管柱不同段的临界载荷进行计算，得到水平段、弯曲段、直径段发生正弦、螺旋屈曲临界载荷如表 9-65 所示。

由表 9-65 可知，连续油管开关管柱在直井段发生正弦、螺旋屈曲临界载荷分别为 6.12kN 和 15.03kN；在弯曲段发生正弦、螺旋屈曲临界载荷分别为 39.39kN 和 135.83kN；水平段发生正弦、螺旋屈曲临界载荷分别为 22.56kN 和 63.78kN，由此可见，连续油管开关管柱在直径段较容易发生屈曲，水平段次之，最后是弯曲段。

表 9-64 不同摩阻系数下不同水平段长度计算结果

| 摩阻系数 | 水平段长度(m) | 轴向力(kN) | | | | 弯矩(kN·m) | | | | 最大摩阻力 | | 最大等效应力 | | 安全系数 |
| --- | --- | --- | --- | --- | --- | --- | --- | --- | --- | --- | --- | --- | --- | --- |
| | | 井口 | 弯曲段起始点 | 水平段起始点 | 井底 | 井口 | 弯曲段起始点 | 水平段起始点 | 井底 | 数值(kN) | 位置(m) | 数值(MPa) | 位置(m) | |
| 0.3 | 0 | 108.1 | -50.8 | -50.0 | -50 | 0 | 0.001 | 0.36 | 0.36 | 0.49 | 3450 | 167.2 | 0 | 4.3 |
| | 200 | 108.3 | -50.7 | -49.8 | -50 | 0 | 0.004 | 0.36 | 0.36 | 0.48 | 3300 | 167.4 | 0 | 4.3 |
| | 400 | 108.8 | -50.1 | -49.8 | -50 | 0 | 0.004 | 0.36 | 0.36 | 0.48 | 3320 | 168.3 | 0 | 4.3 |
| | 600 | 109.5 | -49.5 | -49.6 | -50 | 0 | 0.004 | 0.36 | 0.36 | 0.48 | 3300 | 169.3 | 0 | 4.3 |
| | 800 | 110.1 | -48.9 | -49.2 | -50 | 0 | 0.004 | 0.36 | 0.36 | 0.47 | 3300 | 170.2 | 0 | 4.2 |
| | 950 | 110.5 | -48.2 | -48.9 | -50 | 0 | 0.004 | 0.36 | 0.36 | 0.47 | 3300 | 170.9 | 0 | 4.2 |
| 0.2 | 0 | 120.2 | -38.7 | -50.0 | -50 | 0 | 0.001 | 0.36 | 0.36 | 0.32 | 3450 | 185.9 | 0 | 3.9 |
| | 200 | 121.6 | -37.4 | -48.6 | -50 | 0 | 0.004 | 0.36 | 0.36 | 0.30 | 3450 | 188.3 | 0 | 3.8 |
| | 400 | 123.3 | -35.7 | -47.3 | -50 | 0 | 0.004 | 0.36 | 0.36 | 0.30 | 3450 | 190.7 | 0 | 3.8 |
| | 600 | 124.9 | -33.9 | -46.0 | -50 | 0 | 0.004 | 0.36 | 0.36 | 0.30 | 3450 | 193.3 | 0 | 3.7 |
| | 800 | 126.7 | -32.3 | -44.8 | -50 | 0 | 0.004 | 0.36 | 0.36 | 0.29 | 3450 | 195.9 | 0 | 3.7 |
| | 950 | 127.9 | -31.0 | -43.8 | -50 | 0 | 0.004 | 0.36 | 0.36 | 0.29 | 3450 | 197.8 | 0 | 3.6 |
| 0.1 | 0 | 130.0 | -28.9 | -50 | -50 | 0 | 0.001 | 0.36 | 0.36 | 0.16 | 3450 | 201.0 | 0 | 3.6 |
| | 200 | 132.3 | -26.7 | -47.7 | -50 | 0 | 0.004 | 0.36 | 0.36 | 0.15 | 3450 | 204.5 | 0 | 3.5 |
| | 400 | 134.7 | -24.2 | -45.6 | -50 | 0 | 0.004 | 0.36 | 0.36 | 0.15 | 3450 | 208.3 | 0 | 3.5 |
| | 600 | 137.2 | -21.8 | -43.5 | -50 | 0 | 0.004 | 0.36 | 0.36 | 0.14 | 3450 | 212.1 | 0 | 3.4 |
| | 800 | 139.6 | -19.3 | -41.3 | -50 | 0 | 0.004 | 0.36 | 0.36 | 0.14 | 3450 | 215.9 | 0 | 3.3 |
| | 950 | 141.5 | -17.5 | -39.7 | -50 | 0 | 0.004 | 0.36 | 0.36 | 0.13 | 3450 | 218.7 | 0 | 3.3 |

表 9-65 水平段、弯曲段、直径段发生正弦、螺旋屈曲临界载荷列表

| 屈曲形态 | 直井段 | 弯曲段 | 水平段 |
| --- | --- | --- | --- |
| 正弦屈曲临界值(kN) | 6.12 | 39.39 | 22.56 |
| 螺旋屈曲临界值(kN) | 15.03 | 135.83 | 63.78 |

② 考虑屈曲，连续油管开关管柱不同水平段长度发生屈曲临界值计算。

考虑屈曲，分别在摩阻系数为 0.3、0.2 和 0.1，水平段分别为 0、200m、400m、600m、800m 和 950m 时管柱发生屈曲临界值结果见表 9-66。

4．打开开关滑套，连续油管开关管柱受力情况分析

（1）整体连续油管开关管柱受力情况分析。

采用数值模拟的方法，利用自编软件，在打开开关滑套工况下，对不同摩阻系数不同水平段长度的连续油管开关管柱进行了力学分析，得到不同摩阻系数、不同水平段长度连续油管开关管柱受力情况及应力分布规律。其三种摩阻系数下不同水平段长度的连续油管开关管柱受力结果见表 9-67。

表 9-66  不同摩阻系数下，不同水平段长度发生屈曲时井底轴向力临界值计算结果

| 屈曲形态<br>(kN) | 摩阻系数 | 水平段长度(m) | | | | | |
|---|---|---|---|---|---|---|---|
| | | 0 | 200 | 400 | 600 | 800 | 950 |
| 正弦屈曲临界值<br>(kN) | 0.3 | 30.4 | 22.5 | 22.5 | 22.5 | 22.5 | 22.4 |
| | 0.2 | 32.6 | 22.5 | 22.5 | 22.5 | 22.5 | 22.4 |
| | 0.1 | 35.4 | 22.5 | 22.5 | 22.5 | 22.4 | 22.3 |
| 螺旋屈曲临界值<br>(kN) | 0.3 | 40.0 | 40.0 | 40.0 | 41.0 | 41.8 | 42.3 |
| | 0.2 | 42.6 | 42.6 | 42.5 | 43.2 | 43.5 | 43.9 |
| | 0.1 | 43.4 | 41.7 | 43.5 | 45.3 | 46.7 | 46.8 |

表 9-67  不同摩阻系数下，连续油管受力情况表

| 摩阻系数 | 轴向力(kN) | | | | 等效应力(MPa) | | | | 最大等效应力 | | 安全系数 |
| | 井口 | 弯曲段起始点 | 水平段起始点 | 井底 | 井口 | 弯曲段起始点 | 水平段起始点 | 井底 | 数值(MPa) | 位置(m) | |
|---|---|---|---|---|---|---|---|---|---|---|---|
| 0.3 | 305.1 | 146.1 | 76.7 | 50 | 471.7 | 227.1 | 173.6 | 127.2 | 471.7 | 0 | 1.5 |
| 0.2 | 283.0 | 124.0 | 72.2 | 50 | 437.7 | 193.0 | 166.7 | 126.6 | 437.7 | 0 | 1.6 |
| 0.1 | 265.1 | 106.2 | 68.1 | 50 | 409.9 | 165.5 | 154.4 | 126.3 | 409.9 | 0 | 1.7 |

（2）不同水平段长度连续油管开关管柱受力情况分析。

采用数值模拟的方法，利用自编软件，在打开开关滑套工况下，对不同摩阻系数不同水平段长度的连续油管开关管柱进行了力学分析，得到不同摩阻系数、不同水平段长度连续油管开关管柱受力情况及应力分布规律。其三种摩阻系数下不同水平段长度的连续油管开关管柱受力结果见表 9-68。

表 9-68  不同摩阻系数下，不同水平段长度计算结果

| 摩阻系数 | 水平段长度(m) | 轴向力(kN) | | | | 弯矩(kN·m) | | | | 最大摩阻力 | | 最大等效应力 | | 安全系数 |
| | | 井口 | 弯曲段起始点 | 水平段起始点 | 井底 | 井口 | 弯曲段起始点 | 水平段起始点 | 井底 | 数值(kN) | 位置(m) | 数值(MPa) | 位置(m) | |
|---|---|---|---|---|---|---|---|---|---|---|---|---|---|---|
| 0.3 | 0 | 263.2 | 104.2 | 50.0 | 50.0 | 0 | 0.007 | 0.38 | 0.38 | 0.69 | 2790 | 407.0 | 0 | 1.8 |
| | 200 | 271.8 | 112.8 | 55.2 | 50.0 | 0 | 0.008 | 0.38 | 0.38 | 0.75 | 2790 | 420.3 | 0 | 1.7 |
| | 400 | 280.5 | 121.6 | 60.8 | 50.0 | 0 | 0.008 | 0.38 | 0.38 | 0.81 | 2790 | 433.8 | 0 | 1.7 |
| | 600 | 289.3 | 130.3 | 66.5 | 50.0 | 0 | 0.008 | 0.38 | 0.38 | 0.87 | 2790 | 447.3 | 0 | 1.6 |
| | 800 | 298.5 | 139.5 | 72.5 | 50.0 | 0 | 0.008 | 0.38 | 0.38 | 0.93 | 2790 | 461.2 | 0 | 1.6 |
| | 950 | 305.1 | 146.2 | 76.7 | 50.0 | 0 | 0.008 | 0.38 | 0.38 | 0.97 | 2790 | 471.7 | 0 | 1.5 |
| 0.2 | 0 | 253.5 | 94.5 | 50.0 | 50.0 | 0 | 0.008 | 0.38 | 0.38 | 0.42 | 2790 | 392.0 | 0 | 1.8 |
| | 200 | 259.3 | 100.3 | 54.4 | 50.0 | 0 | 0.008 | 0.38 | 0.38 | 0.45 | 2790 | 400.9 | 0 | 1.8 |
| | 400 | 265.6 | 106.6 | 59.2 | 50.0 | 0 | 0.008 | 0.38 | 0.38 | 0.47 | 2790 | 410.7 | 0 | 1.8 |
| | 600 | 271.9 | 112.9 | 63.9 | 50.0 | 0 | 0.008 | 0.38 | 0.38 | 0.50 | 2790 | 420.5 | 0 | 1.7 |
| | 800 | 278.3 | 119.3 | 68.7 | 50.0 | 0 | 0.008 | 0.38 | 0.38 | 0.53 | 2790 | 430.4 | 0 | 1.7 |
| | 950 | 283.0 | 124.0 | 72.3 | 50.0 | 0 | 0.008 | 0.38 | 0.38 | 0.55 | 2790 | 437.7 | 0 | 1.6 |

续表

| 摩阻系数 | 水平段长度(m) | 轴向力(kN) | | | | 弯矩(kN·m) | | | | 最大摩阻力 | | 最大等效应力 | | 安全系数 |
|---|---|---|---|---|---|---|---|---|---|---|---|---|---|---|
| | | 井口 | 弯曲段起始点 | 水平段起始点 | 井底 | 井口 | 弯曲段起始点 | 水平段起始点 | 井底 | 数值(kN) | 位置(m) | 数值(MPa) | 位置(m) | |
| 0.1 | 0 | 244.0 | 85.1 | 50.0 | 50.0 | 0 | 0.008 | 0.38 | 0.38 | 0.19 | 2790 | 377.4 | 0 | 1.9 |
| | 200 | 248.4 | 89.5 | 53.6 | 50.0 | 0 | 0.008 | 0.38 | 0.38 | 0.20 | 2790 | 384.2 | 0 | 1.9 |
| | 400 | 252.8 | 93.9 | 57.4 | 50.0 | 0 | 0.008 | 0.38 | 0.38 | 0.21 | 2790 | 391.1 | 0 | 1.8 |
| | 600 | 257.3 | 98.4 | 61.3 | 50.0 | 0 | 0.008 | 0.38 | 0.38 | 0.22 | 2790 | 397.9 | 0 | 1.8 |
| | 800 | 261.8 | 102.8 | 65.2 | 50.0 | 0 | 0.008 | 0.38 | 0.38 | 0.23 | 2790 | 404.1 | 0 | 1.8 |
| | 950 | 265.1 | 106.4 | 68.1 | 50.0 | 0 | 0.008 | 0.38 | 0.38 | 0.24 | 2790 | 409.9 | 0 | 1.8 |

5. 上提工况下，连续油管开关管柱受力情况分析

采用数值模拟的方法，利用自编软件，在上提工况下，对不同摩阻系数连续油管开关管柱整体管柱进行了力学分析，得到不同摩阻系数连续油管开关管柱受力情况及应力分布情况。其三种摩阻系数下连续油管开关管柱受力情况见表9-69。

表9-69 不同摩阻系数下，连续油管受力情况表

| 摩阻系数 | 轴向力(kN) | | | | 等效应力(MPa) | | | | 最大等效应力 | | 安全系数 |
|---|---|---|---|---|---|---|---|---|---|---|---|
| | 井口 | 弯曲段起始点 | 水平段起始点 | 井底 | 井口 | 弯曲段起始点 | 水平段起始点 | 井底 | 数值(MPa) | 位置(m) | |
| 0.3 | 208.5 | 49.9 | 17.9 | 0 | 322.4 | 77.9 | 96.5 | 64.7 | 322.4 | 0 | 2.2 |
| 0.2 | 200.7 | 41.6 | 12.6 | 0 | 309.7 | 65.5 | 88.3 | 64.7 | 309.7 | 0 | 2.3 |
| 0.1 | 192.7 | 34.1 | 7.1 | 0 | 297.9 | 53.8 | 79.9 | 64.5 | 297.9 | 0 | 2.4 |

## 参 考 文 献

[1] 周俊然,王益山,郭贤伟,等.组合式滑套分段压裂管柱研究及现场应用[J].石油钻采工艺,2016,38(4):83-86.

[2] 杨永青,王治华,王磊,等.无限极滑套压裂新工艺在苏里格气田的应用[J].钻采工艺,2015(1):62-63.

[3] 阮臣良,朱和明,冯丽莹.国外智能完井技术介绍[J].石油机械,2011,39(3):82-84.

[4] 赵忠建,汪团员,谢小辉,等.智能电动开关滑套:CN201310229788.9[P].

[5] 董社霞,赵利昌,张海龙,等.一种液压滑套:CN201310218445.2[P].

[6] 刘合,郑立臣,裴晓含,等.一种井下电液控制压裂滑套:CN201310023260.6[P].

[7] 范业活,李天禄,杨志强.随钻无线传输技术分析与比较[J].测井技术,2016,40(4):455-459.

[8] 鄢志丹,魏春明,耿艳峰,等.连续波泥浆脉冲模拟信号发生器的设计与实现[J].电子测量技术,2015,38(2):122-125.

[9] 赵国山,王斌斌,都振川,等.钻柱中换能器声波信号传输特性实验研究[J].科学技术与工程,2015,15(30):14-17.

[10] 李红伟,刘兵,李强,等.RFID技术在压裂滑套工具中的应用[J].传感器与微系统,2016,35(6):142-145.

[11] 易灿,李冬梅,邱胜蓝,等.基于射频识别技术的无干预完井系统[J].石油机械,2015,43(7):19-22.

[12] 程恩,袁飞,苏为,等.水声通信技术研究进展[J].厦门大学学报(自然版),2011,50(2):271-275.

[13] 孙东奎,董绍华.钻井液水力通信通道传输信号的时频特性分析[J].石油机械,2008,36(4):42-44.

[14] 赵国山,王斌斌,都振川,等.钻柱信道中声波信号传输性能研究[J].石油机械,2014,42(10):9-12.

[15] 马西庚,李超,柳颖.钻杆中声波传输特性测试[J].中国石油大学学报(自然科学版),2010,34(4):70-74.

[16] 莫喜平.水声换能器研究新进展[J].应用声学,2012(3):171-177.

[17] 陈士广,陈华宾,程恩,等.水声换能器功放与匹配电路的设计与实现[J].传感技术学报,2014(8):1065-1069.

[18] 俞绍诚,等.水力压裂技术手册[M].北京:石油工业出版社,2010.

[19] 陈大钧,陈馥.油气田应用化学[M].北京:石油工业出版社,2006.

[20] 米卡尔 J.埃克诺米德斯,肯尼斯 G.诺尔特.油藏增产措施[M].北京:石油工业出版社,2006.

[21] 罗平亚，郭拥军，刘通义，等．一种新型压裂液[J]．石油与天然气地质，2007，28(4)．511-515．

[22] 鲍晋，罗平亚，郭拥军，等．非交联缔合结构压裂液新型增黏辅剂优选与性能评价[J]．油田化学，2015，32(2)，175-179．

[23] 林波，刘通义，赵众从，等．抗高温无残渣压裂液的研究与应用[J]．钻井液与完井液，2012，(5)：70-73，100-101．

[24] 赵众从，刘通义，罗平亚，等．一种疏水缔合聚合物水溶液的黏弹性与减阻特性研究[J]．油田化学，2014，31(4)，594-599．

[25] 鲍晋，罗平亚，郭拥军，等．疏水缔合聚合物湍流减阻特性影响研究[J]．精细化工，2015，32(3)，327-332．

[26] 黄世财，刘通义，董樱花，等．非交联压裂液的摩阻测试与现场应用[J]．钻采工艺，2015，38(1)，109-112．

[27] 刘通义，罗平亚，郭拥军，等．清洁压裂液摩阻特性研究[J]．钻采工艺，2009，32(5)，85-87．

[28] 林波，刘通义，谭浩波，等．新型缔合压裂液黏弹性控制滤失的特性研究[J]．西南石油大学学报，2014，36(3)，151-156．

[29] 张林．聚合物压裂液的合成及压裂关键技术研究[D]．陕西科技大学，2014．

[30] 李超颖，王英东，曾庆雪．水基压裂液增稠剂的研究进展[J]．内蒙古石油化工，2011，(2)：8-10．

[31] 李永明，刘林，李莎莎．含纤维的超低浓度稠化剂压裂液的研究[J]．钻井液与完井液，2010，34(2)：50-55．

[32] 管保山，薛小佳，何治武．低分子量合成聚合物压裂液研究[J]．油田化学，2006，23(01)：36-38，62．

[33] 蒋羿黎，廖刚．无破胶剂聚合物压裂液的研究[J]．应用化工，2007，36(3)：240-242．

[34] 周成裕，陈馥，黄磊光，等．一种高温抗剪切聚合物压裂液的研制[J]．钻井液与完井液，2008，25(01)：67-68，72．

[35] 杜涛，姚奕明，蒋廷学．新型疏水缔合聚合物压裂液的流变性能研究[J]．精细石油化工，2014，31(2)：37-40．

[36] 吴伟，高艳敏，张晓云．一种高温嵌段聚合物水基压裂液的室内研究[J]．钻井液与完井液，2010，36(4)：68-70，74．

[37] 赖小娟，龚米娜，崔争攀，等．低渗透油气储层压裂液的研究进展[J]．精细石油化工，2015，32(4)：77-80．

[38] 王均，曹学军，陈瑶．超支化压裂液在川西致密气藏的应用研究[J]．中外能源，2013，18(01)：51-57．

[39] 陈凯，吕永利，王丹．耐高温压裂液增稠剂的制备及耐温构效关系[J]．石油与天然气

化工，2011，40(4)：385-389.

[40] 楚振中，卢宗平，熊兆军. 油基压裂液性能的特点及应用[J]. 胜利油田职工大学学报，2009，23(6)：38-40.

[41] 陈改新，刘崇，郑哲夏，等. 油基压裂液在春光油田低温水敏油井的应用[J]. 石油地质与工程，2014，28(01)：124-127.

[42] 王满学，何静，张文生. 磷酸酯/$Fe^{3+}$型油基冻胶压裂液性能研究[J]. 西南石油大学学报(自然科学版)，2013，35(01)：150-154.

[43] 陈馥，刘彝，王大勇，等. 阳离子表面活性剂基压裂液的地层伤害性研究[J]. 钻井液与完井液，2007，24(6)：62-65.

[44] 陈凯，蒲万芬. 新型清洁压裂液的室内合成及性能研究[J]. 中国石油大学学报，2006，30(3)：107-110.

[45] 耿向飞，胡星琪，贾学成，等. 中低温清洁压裂液BVES-80的性能评价[J]. 油田化学，2014，31(3)：339-342.

[46] 尹忠. 抗高温清洁压裂液的性能研究[J]. 石油钻采工艺，2005，27(2)：55-57.

[47] 贾振福，钟静霞，牛红彬，等. 新型清洁压裂液的实验室合成[J]. 钻井液与完井液，2006，23(6)：42-44.

[48] 胡忠前，马喜平，何川，等. 国外低伤害压裂液体系研究新进展[J]. 海洋石油，2007，27(03)：93-97.

[49] 李元灵，杨甘生，朱朝发，等. 页岩气开采压裂液技术进展[J]. 探矿工程(岩土钻掘工程)，2014，41(10)：13-16.

[50] 付晓泰，王振平，卢双舫. 气体在水中的溶解机理及溶解度方程[J]. 中国科学(B辑)，1996，26(4)：124-130.

[51] 康万利，孟令伟，牛井岗，等. 矿化度影响HPAM溶液黏度机理[J]. 高分子材料科学与工程，2006，22(5)：175-178.

[52] 李美容，柳智，宋新旺，等. 金属阳离子对聚丙烯酰胺溶液黏度的影响及其降黏机理研究[J]. 燃料化学学报，2012，40(01)：43-47.

[53] 陈庆海，杨付林，刘英杰. 低剪切速率下部分水解聚丙烯酰胺溶液的流变特性研究[J]. 大庆石油地质与开发，2006，25(1)：91-93.

[54] 孔原，陈辉，李兆敏，等. 聚合物KYPAM-6A动态剪切试验研究[J]. 石油天然气学报，2009，31(2)：343-348.

[55] 王鉴，赵福麟. 高价金属离子与聚丙烯酰胺的交联机理[J]. 石油大学学报(自然科学版)，1992，16(3)：32-39.

[56] 陈馥，王安培，李凤霞，等. 国外清洁压裂液的研究进展[J]. 西南石油学院学报，2002，24(5)：65-69.

[57] 尧君，郭付君，郭广军，等. 高温交联剂ZS_1的合成与应用[J]. 钻井液与完井液，2010，37(4)：74-77.

[58] 李从妮,雷珂,朱明道,等.柠檬酸铝交联剂的制备及其性能影响因素研究[J].化学工程师,2013,27(5):14-16

[59] 吴双,刘平礼,罗志锋,等.致密油储层改造的技术难点及工艺技术措施[J].重庆科技学院学报(自然科学版),2014,(06):85-88,118.

[60] 王永辉,卢拥军,李永平,等.非常规储层压裂改造技术进展及应用[J].石油学报,2012,33(增):149-157.

[61] 叶成林,王国勇.体积压裂技术在苏里格气田水平井开发中的应用——以苏53区块为例[J].石油与天然气化工,2013,42(4):382-386.

[62] 王俊明,林海,彭继,等.复杂岩性油藏重复压裂裂缝转向机理研究及应用[J].青海石油,2014,32(1):85-89.

[63] 王永辉,卢拥军,李永平,等.非常规储层压裂改造技术进展及应用[J].石油学报,2012,(S1):149-158.

[64] 董建立,马宏伟,肖诚诚,等.管外封投球滑套压裂技术[J].石油钻采工艺,2014,(05):97-99.

[65] 李梅,刘志斌,吕双,等.连续油管喷砂射孔环空分段压裂技术在苏里格气田的应用[J].石油钻采工艺,2013,(04):82-84.

[66] 姚昌宇,王迁伟,高志军,等.连续油管带底封分段压裂技术在泾河油田的应用[J].石油钻采工艺,2014,(01):94-96.

[67] 赵小龙,董建国,伊西锋,等.固井开关滑套多级分段压裂完井工艺技术分析[J].特种油气藏,2014,(04):145-147,158.

[68] 李梅,刘志斌,路辉,等.连续管无限级滑套分段压裂技术在苏里格的应用[J].石油机械,2015,42(02):40-43.

[69] 李大寨,王克沛.基于RFID技术的智能滑套分段压裂工具的设计[J].机械与电子,2014(2):50-53.

[70] 李敢.电控式全通径压裂技术[J].石油机械,2015,43(3):104-106.

[71] 郭子义,王国庆,曾立军,等.直井分层压裂新技术在青海油田的应用[J].青海石油,2012(1):131-134.

[72] 潘祖跃,李建科.高能气体压裂技术在超低渗透油田的应用研究[J].特种爆破,2012:1230-1234.

[73] 陈志海,戴勇.深层碳酸盐岩储层酸压工艺技术现状与展望[J].石油钻探技术,2015,33(1):58-62.

[74] 徐军.注水井分层酸化工艺技术在现河的应用[J].内蒙古石油化工,2013(1):107-109.

[75] 任小强,梁东亮,朱好阳,等.暂堵酸化技术在水平井酸化中的应用[J].油气井测试,2014,18(1):64-65.

[76] 张少标.投球分层酸化措施在低渗碳酸盐岩油藏中的应用——以哈萨克斯坦

SouthAlibec 油田为例[J]. 石油天然气学报, 2011(5): 234-235.

[77] 蔡承政, 李根生, 沈忠厚, 等. 水平井分段酸化酸压技术现状及展望[J]. 钻采工艺, 2013, 36(2): 48-51.

[78] 杨旭, 何冶, 李长忠, 等. 水平井连续油管酸化及效果评价[J]. 天然气工业, 2014, 24(7): 45-48.

[79] 邹鸿江, 袁学芳, 杨向同, 等. 连续油管拖动喷射酸压工艺在和田河气田的应用[J]. 钻采工艺, 2012, 35(3): 44-45.

[80] 杨战伟, 胥云, 程兴生, 等. 水力喷射酸压技术在轮南碳酸盐岩水平井中的应用[J]. 钻采工艺, 2012, 35(1): 49-51.

[81] 叶登胜, 王素兵. 川渝地区水平井裸眼封隔器分段酸化工艺[J]. 油气井测试, 2011, 20(4): 69-72.

[82] 蔡承政, 李根生, 沈忠厚, 等. 水平井分段酸化酸压技术现状及展望[J]. 钻采工艺, 2013, 36(2): 48-51.

[83] 邹洪岚, 朱洪刚, 唐晓兵. 水平井连续油管拖动转向酸化技术在艾哈代布油田的应用[J]. 石油钻采工艺, 2014(2): 88-91.

[84] 彭俊威, 周青, 戴启平, 等. 国内大型压裂装备发展现状及分析[J]. 石油机械, 2016, 44(5): 82-86.

[85] 胡科先, 王晓华. 压裂液技术发展现状研究[J]. 石油化工应用, 2015, 34(2): 13-16.

[86] 王丽伟, 程兴生, 卢拥军, 等. 我国压裂液技术现状与展望[C]. 全国天然气学术年会. 2013.

[87] 吴志鹏, 苟利鹏. 油井酸化用酸液的研究与进展[J]. 化学工程与装备, 2015(9): 178-180.

[88] 管保山, 刘玉婷, 刘萍, 等. 煤层气压裂液研究现状与发展[J]. 煤炭科学技术, 2016, 44(5): 11-17.

[89] J. WEAVER, E. SCHMELZL, AL M J E. New Fluid Technology Allows Fracturing without Internal Breakers [J]. Society of Petroleum Engineers, 2002.

[90] LUNGWITZ L B. Viscoelastic Surfactant Fluids Stable at High Brine concentrations: US. 2001.

[91] CRISTIAN F, ENRIQUE MURUAGA E A. Successful Application of a High Temperature Viscoelastic Surfactant(VES) Fracturing Fluids under Extreme Conditions in Patagonian Wells [J]. SPE, 2007.

[92] ZAITOUN A, POTIE B. Limiting Conditions for the Use of Hydrolyzed Polyacrylamides in Brines Containing Divalentions: Proceedings of the SPE Oilfield and Geothermal Chemistry Symposium, F, 1983 [C]. Society of Petroleum Engineers.

[93] TORABI F, LUO W, XU S. Chemical Degradation of HPAM by Oxidization in Produced Wa-

ter: Experimental Study; Proceedings of the SPE Americas E&P Health Safety Security and Environmental Conference, F, 2013 [C]. Society of Petroleum Engineers.

[94] YE L, HUANG R. Study of P (AM-NVP-DMDA) Hydrophobically Associating Water-Soluble Terpolymer [J]. Journal of Applied Polymer Science, 1999, 74(1): 211-217.

[95] AUDIBERT A, ARGILLIER J-F. Thermal Stability of Sulfonated Polymers; Proceedings of the International Symposium on Oilfield Chemistry, F, 1995 [C].

[96] SMITH F W. The Behavior of Partially Hydrolyzed Polyacrylamide Solutions in Porous Media [J]. Journal of Petroleum Technology, 1970, 22(02): 148-156.